U0272108

多用途苎麻新品种“中苎 3 号”通过品种审定

高 CBD 含量工业大麻新品种“云麻 5 号”

亚麻新品种“黑亚 21 号”原茎产量达 5 590.2kg / hm^2

育成了中黄麻 2 ～ 5 号、福黄麻 1 号、福黄麻 2 号、闽黄麻 1 号等高产优质黄麻新品种 7 个

对 15 个剑麻品种进行了耐旱性能筛选

红麻新品种“中红麻 16 号”亩产干茎 2 500kg，小区测产达到“637 工程”的高产目标

苎麻反季节栽培实现全年不间断生产

大麻养分利用效率的品种差异研究

利用剑麻水肥药一体化技术麻苗生长量一个月便可增长 20% 左右

南方冬闲地亚麻原茎的产量达 5.7t / hm^2

盐碱地黄麻亩产可达 390kg

盐碱地栽培红麻生物量达到 14.3t / hm^2

苎麻高产栽培技术机理研究

工业大麻免耕栽培技术研究

黄麻田施用异丙甲草胺防除杂草，防除效果达到 94%

黄红麻根结线虫病综合防治示范试验

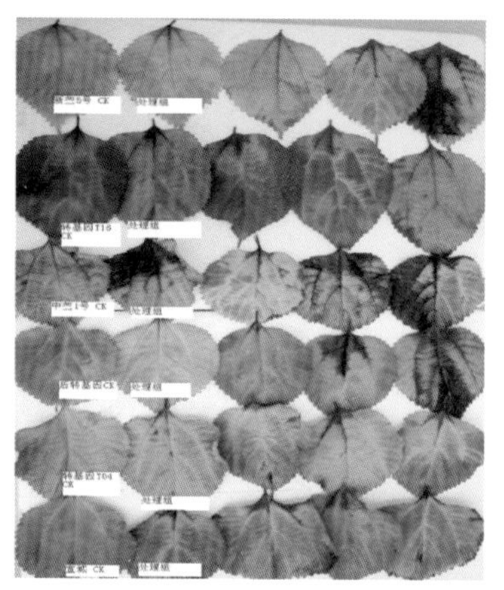

苎麻炭疽病抗性品种筛选

苎麻主要虫害发生情况调查

大麻田杂草防除试验结果表明，体系研发的茎叶处理除草剂对大麻生长安全

大麻虫害调查

举办剑麻病虫害安全高效技术培训班

苎麻收割机田间试验与调试

大型苎麻剥麻生产线剥麻试验

麻纤维膜水稻机插育秧现场观摩培训

黄红麻剥皮机在浙江萧山进行使用示范

试制出第一台大麻收割机样机并进行试验

剑麻田机械化喷药防治粉蚧

体系设施设备研究室三个岗位之间相互交流

在长沙召开全国麻类机械化生产技术研讨会

苎麻青贮副产物培养基配制

培养基装袋

培养基灭菌

催蕾及栽培管理

专用菇房培养

食用菌接种

苎麻青贮副产物栽培食用菌，与棉籽壳和木屑相比，可以减少氮源原料用量，避免了转基因原料混入和农药残留问题，栽培出的食用菌风味独特、品质好

牵切苎麻精梳纱质量与常规苎麻精梳纱质量接近，但是牵切纱的纺纱效率较高

苎麻纤维测试试样制备（开松）仪，消除了刺辊缠绕和粒子现象

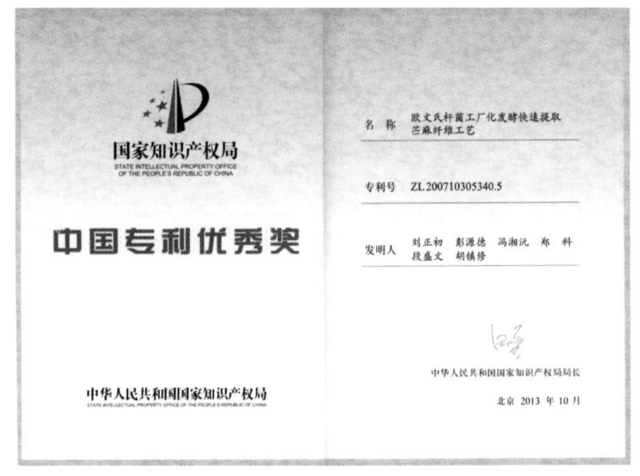

国家知识产权局

STATE INTELLECTUAL PROPERTY OFFICE OF THE PEOPLE'S REPUBLIC OF CHINA

中国专利优秀奖

中华人民共和国国家知识产权局

名 称 欧文氏杆菌工厂化发酵快速提取苎麻纤维工艺

专利号 ZL200710305340.5

发明人 刘正初 彭源德 冯湘沅 郑 科 段盛文 胡镇修

中华人民共和国国家知识产权局局长

北京 2013 年 10 月

实用新型专利证书

局长 田力普

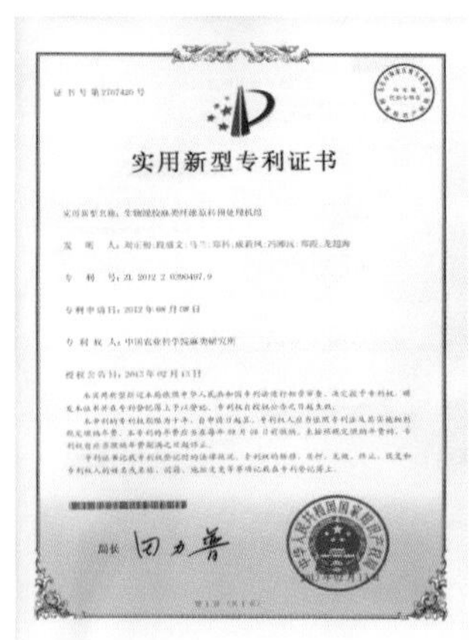

实用新型专利证书

局长 田力普

形成麻类生物脱胶工艺技术，获得中国专利优秀奖 1 项、授权专利 2 项

江西宜春点苎麻"369"工程测产验收暨培训会

麻纤维膜水稻机插育苗技术培训现场

哈尔滨亚麻试验站召开亚麻产业技术培训会

湛江剑麻试验站举办骨干人员技术培训会

漳州等站示范副产物栽培食用菌技术

苎麻多用途技术培训现场

信阳红麻试验站为麻农提供技术服务

汾阳大麻试验站开展麻类生物质高效利用技术培训

国家麻类产业技术体系 2012 年度工作总结暨现代麻类发展学术研讨会在广西南宁召开

麻类作物多用途与重金属污染耕地科学利用学术研讨会在长沙召开

《中国现代农业产业可持续发展战略研究》丛书（麻类分册）审稿会在长沙召开

湖南省委组织部领导考察苎麻饲料化技术研究进展

湖南省政协委员考察麻类体系

调研亚麻超高产技术应用情况

湖北咸宁点苎麻“369”工程现场测产验收

广西区剑麻主要虫害调查

考察籽用大麻及工业大麻良种繁殖示范

体系专家考察河南红麻生产与市场情况

执行专家组考察萧山黄 / 红麻试验站

2012—2013 国家麻类产业技术发展报告

熊和平 等 著

中国农业科学技术出版社

图书在版编目（CIP）数据

国家麻类产业技术发展报告. 2012—2013 / 熊和平等著. —北京：中国农业科学技术出版社，2014. 12
ISBN 978 -7 -5116 -1954 -9

Ⅰ. ①国… Ⅱ. ①熊… Ⅲ. ①麻类作物 - 种植业 - 经济发展 - 研究报告 - 中国 - 2012—2013 Ⅳ. ①F326. 12

中国版本图书馆 CIP 数据核字（2014）第 289659 号

责任编辑 崔改泵 张孝安
责任校对 贾晓红

出 版 者 中国农业科学技术出版社
北京市中关村南大街 12 号 邮编：100081
电 话 (010)82109194(编辑室) (010)82109702(发行部)
(010)82109709(读者服务部)
传 真 (010)82106650
网 址 http://www. castp. cn
经 销 者 各地新华书店
印 刷 者 北京富泰印刷有限责任公司
开 本 880 mm×1 230 mm 1/16
印 张 39 彩页 10
字 数 1 126 千字
版 次 2014 年 12 月第 1 版 2014 年 12 月第 1 次印刷
定 价 268. 00 元

编　委　会

主　　任　熊和平

副 主 任　唐守伟　陈继康

编 委 会　(按“十二五”国家麻类产业技术体系岗位排序)

粟建光　熊和平　周文钊　臧巩固　杨　明　方平平
李德芳　关凤芝　薛召东　陈绵才　张德咏　柏连阳
唐守伟　王玉富　刘飞虎　周瑞阳　易克贤　黄道友
彭定祥　崔国贤　龙超海　李显旺　王朝云　刘正初
郁崇文　彭源德　陈　收　康红梅　凤　桐　吴广文
李泽宇　金关荣　杨　龙　洪建基　潘其辉　潘兹亮
熊常财　朱爱国　庹年初　黄　标　李初英　王春田
周光凡　魏　刚　孙　涛　朱　炫　张　正

编写人员　熊和平　陈继康　卢凌霄　唐守伟　喻春明　王延周
陈　平　朱娟娟

审稿人员　熊和平　张德咏　彭定祥　王朝云　刘正初　陈　收
周文钊　杨　明　李德芳　关凤芝　魏　刚　潘兹亮
欧阳西荣

校　　对　陈继康　卢凌霄　朱娟娟

美术编辑　卢凌霄

目　　录

第一篇　综合报告

第二篇　产业技术研究进展

第一篇

综合报告

第一章　麻类产业技术发展概况

本章简述2012—2013年国际、国内的麻类生产与贸易特征以及产业技术研发进展，分析我国相对于国际先进水平的优势与不足，并提出技术研发与政策建议。

一　国际麻类生产与贸易特征

不同于国内苎麻、亚麻、大麻、红/黄麻和剑麻并重发展的格局，欧洲目前种植的最主要麻类作物是亚麻和大麻。其中，法国（6.78万 hm^2）和俄罗斯（5.50万 hm^2）的亚麻种植面积约占全球的2/3；全球工业大麻种植面积稳定维持在6万 hm^2 左右；麻类纤维的单产近年来也没有重大突破。

受当前的经济形势以及产业形势的影响，2012年国际麻类生产与贸易状况仍然维持着低位徘徊的局面。世界麻类的进出口规模较大，但与2011年同期相比亚麻、大麻、黄麻的数量和价格均有所下降；而在麻纱线中，亚麻纱线的数量、价格同比均呈上升趋势，黄麻的进出口数量同比上升，但价格却有下降趋势。

2013年，国际麻类生产与贸易状况受到全球经济和贸易形势的有利影响，出现了复苏和增长态势。世界麻类的进出口规模与2012年同期相比，亚麻、大麻、黄麻及其纱线、织物等相关制品的进出口的数量和价格总体呈上升趋势。

国际麻类生产与贸易的格局近年来一直没有太大变化，其中，以中国、日本、孟加拉国等亚洲国家为主要出口国，而欧盟成员国、美国则为主要进口国，黄麻的主要进出口地均为孟加拉国和蒙古等亚洲国家。

从总体来看，2012—2013年度，麻类的国际贸易由多年来的下降转变为向好的发展趋势，并且呈现出对麻类的深加工市场需求不断加强的态势。

二　国内麻类生产与贸易特征

2012—2013年度，我国保持了麻类作物种植与加工的国际优势，各类麻的种植面积与加工量均居国际前列。与上年度相比，亚麻、工业大麻种植面积有所增加，苎麻等其他麻类作物种植面积稳定，而麻纤维价格则表现出大幅上涨的态势。受国际上经济发展的影响，我国纺织出口量不断增长，麻纺行业迎来新的一轮发展机会。国内纺纱企业在调整产品结构的过程中，高价棉催生可替代产品的涌现，加之越来越多的国家实行禁塑令等环保法令，世界各国对天然纤维制品的需求持续走高，麻纤维替代棉纤维的应用将成为未来纺织产品的发展趋势。

根据中国麻纺行业的统计数据显示，2012年1～10月份，我国麻类进出口金额共计14.56亿美元，同比下降13.75%。其中，进口5.04亿美元，同比下降22.44%；出口9.51亿美元，同比下降8.36%。

其中，麻纱线进出口数量分别同比增长33.53%和9.3%，但是累计单价分别下降17.39%和13.35%，反映出当前我国麻类用途单一，仍然集中于纺织，且受影响于当前经济形势而进出口价格不断走低。麻织物进出口数量同比分别下降了32.01%和12.76%，累计单价却有明显提升；麻原料的进出口数量相对平稳，但是价格明显走低。说明我国麻原料对外依赖的现状并没有得到改善，麻原料价格逐年走低更导致了种麻者积极性不断下降。在全球外需萎缩形成的下行压力下，我国麻纺行业和企业经营困难加重，未来工业品出口增长还存在着较大的难度。

海关数据显示，2013年我国麻纺行业进口市场总体情况良好，但麻原料进口数量小幅下降。1～9月份，全国麻纺织行业累计进口总额5.30亿美元，同比增长15.08%；累计出口总额10.31亿美元，同比增长24.27%。其中，麻原料累计进口金额4.30亿美元，同比增长14.24%；累计进口数量54.612万t，累计数量同比下降2.33%；麻织物累计出口6.13亿美元，同比增长35.95%。

分析进出口产品结构可知，主要进口产品为麻原料，其中，亚麻企业的生产经营活动较为活跃，成为麻纺织原料进口的主要拉动力量；主要出口产品为麻织物与麻纱线，麻织物的出口增长态势稳定，其中，苎麻织物与亚麻织物累计出口金额分别为3.80亿美元与2.21亿美元，同比增长分别为72.43%与1.29%，黄麻织物的出口增速也较快。

三 国际麻类产业技术研发进展

（一）遗传育种研究

2012—2013年国际上未见关于苎麻育种以及麻类作物栽培方面的研究报道。亚麻的研究比较丰富，包括营养学、生殖学、物候特性、核心种质库构建、外植体培养等，其中，土耳其的6个栽培亚麻品种和34个野生品种在12个数量性状和7个质量性状进行比较，为栽培种的驯化进程与遗传改良研究提供理论依据。对黄麻、红麻的研究主要包括遗传多样性分析、农艺性状的遗传关联等。美国和荷兰联合经营的药物基因公司完成了大麻两个品系的全基因组测序，测序结果包括超过1 310亿的碱基对序列。由于剑麻育种的独特性，目前，仍采用组织培养方法改良种质，研究力量主要集中在美国、墨西哥等。巴西、印度、泰国、法国等主要针对剑麻纤维的综合利用展开研究。

在亚麻和工业大麻研究方面，美国、加拿大及欧盟部分国家已开展基因组学及功能基因相关工作。2013年国际上公布许可种植的工业大麻品种约70个，与2012相比有所增加。红麻育种主要集中在孟加拉和印度，品种选育以中迟熟品种和玫瑰麻为主。在黄麻育种中主要着力于耐涝性育种，国际黄麻组织、孟加拉和巴基斯坦开展长果种和圆果种选育。在剑麻种质资源方面，发现了2个龙舌兰科植物的新品种（*Agave verdensis* 和 *A. yavapaiensis*）。

（二）栽培与耕作研究

国外只在菲律宾、巴西、老挝等国有小规模苎麻种植。菲律宾曾在苎麻育种、优质高产栽培技术、收获机械等方面开展过研究工作。近年来，随着苎麻种植面积的减小，相关研究基本处于停滞状态。

在世界经济形势的影响下，欧盟国家虽然通过亚麻种植机械的不断普及与实用化，以及亚麻生物抗旱剂（波兰）的使用，维持着国际最先进种植水平，但整体上没有重大进展。

工业大麻主要集中在品种引进与适应性评价、种植制度、重金属污染土壤修复和盐碱地栽培等方面。

黄/红麻、剑麻栽培相关研究的报道也较少，其中耐盐碱栽培是当前红麻栽培研究的主要趋势，黄麻主要进行了耐旱资源的筛选。

（三）病虫草害防控研究

国外亚麻病虫草害防控技术研究实力较强。开展了如亚麻栅锈菌 L5 和 L6 抗性蛋白与 AvrL567 配体之间的相互作用；亚麻锈病病原体效应基因和寄主之间的协同进化规律；利用亚麻锈病无毒蛋白 avrl567 - a 晶体结构和三维结构基础预测亚麻对病害的抗性等研究。

印度、孟加拉等黄/红麻主产地和巴西、坦桑尼亚等剑麻主产地仍然没有专门从事本领域的基础和防控技术研究的科研机构，仅有结合了区域的麻类作物种植、纤维生产和市场贸易等情况的一些常见病虫草害的发生、为害和防治的简要概述。比较突出的是在南非首次发现红麻茎腐病、霜霉病、枯萎病、菌核病和灰霉病，并分别详细阐述病害的为害性、症状、病原菌形态学与分子生物学鉴定和遗传多样性。工业大麻种植由于密植杂草危害少和虫害危害少两个重要因素导致国内外很少研究该作物病虫草害防控技术。

国外在亚麻病虫草害防控方面的研究进展较快。Kostyn K. 等研究亚麻枯萎病的苯丙氨酸代谢途径基因在应对亚麻枯萎病早期感染时被激活，能够抵抗病原的侵染。这是第一个报告在亚麻早期应对病原体研究的基因和代谢产物的一个全面的方法。荷兰瓦赫宁根大学 Huiting H. F. 等人研究用噻虫嗪对亚麻种子进行处理，防治亚麻跳甲和亚麻大跳甲效果显著。W. J. Swart 等报道，在南非首次发现红麻茎腐病、霜霉病、枯萎病、菌核病、灰霉病，并分别详细阐述病害的危害性、症状、病原菌形态学与分子生物学鉴定和遗传多样性。

（四）设施设备研究

2012 年，国外在机械化方面，沿用了前期研制的机械投入生产，也没有创新方面的报道。2013 年国外科研机构和企业研制的典型麻类剥制收获机械有：德国农业工程研究所研制的工业大麻产品加工生产线，主要包括大型的大麻纤维提取、大麻碎屑物质的加工利用机械等。加拿大马尼托大学生物工程系，对亚麻自动化收割机械进行了研究。但在麻类的耕整地及田间管理、收获及剥制脱粒机械方面，未见新技术、新机型的相关报道。

（五）纤维加工研究

国外麻类生物脱胶的研究主要涉及菌种选育与改良，果胶酶、甘露聚糖酶、木聚糖酶等麻类脱胶关键酶的纯化与酶学特性研究，以及麻类生物脱胶技术的应用。

在麻类纤维与副产物新用途方面，主要强调环境保护功能、创制新型复合材料等，但没有麻地膜相关研究的新报道。研究对六大麻类纤维均有涉及，内容包括纤维糖化发酵技术、新材料的重金属吸附性能、形态学特性、机械性能以及改良剂等。在副产物栽培食用菌方面，国外进行了红麻秆栽培双孢蘑菇、美味牛肝菌和平菇的相关研究，并已延伸到对冷冻和罐头产品的品质分析。在立项方面，欧盟启动了以欧洲国家为主的工业大麻多用途开发项目，准备占据行业制高点。

国外麻类纤维加工产业化程度已经很高，但关于麻类作物纤维提取及加工新技术、新产品的研究报道较少。Dochia 报道了亚麻脱胶进入工厂化中试；Raveendran Nair 报道了一种新的微波辅助亚麻茎脱胶的方法；Silv 报道了利用 PLA、PLC 和 PLD 的混合物进行酶法脱胶的研究进展；Sung 等报道了大麻纤维提取方法的发明专利。同时，还研究了不同的纤维表面修饰方法在黄麻和红麻纤维复合材料中的应用，还对黄麻纤维的微结构进行了初步研究。

各国在麻类作物多用途开发方面的研究探索已成为热点。研究已经广泛涉及生态价值挖掘、生物活性物质分析、生物复合材料研制等，而且针对其应用于新产业开发、食品医药、汽车工业、玩具制造等领域的商业化模式进行了深入调研和分析。如意大利探索了在未充分利用及废弃的土地上种植麻类作物的潜力；荷兰对麻类作物的多糖成分进行了研究；希腊针对本区域的气候环境、土壤条件等，将红麻作为一种新的农作物，对其引入种植的可行性作了研究，并将麻类作物作为工业产品的一种生物基材料，对其种植情况、经济价值、市场行情等做了相关研究，旨在通过各项数据的搜集和分析，建立中欧间长期的针对纤维作物研究的合作关系。

四 国内麻类产业技术研发进展

（一）遗传育种研究

2012 年，国内麻类作物种质资源和遗传育种方面主要进行了专用品种选育、优异资源挖掘、育种技术创新等研究。育成亚麻品种“黑亚 21”、黄麻品种“福黄麻 3 号”等新品种 6 个，创制 NC03、中杂红 368、中杂红 328 等新品系 29 个。

鉴定出 4 份高细度苎麻种质，发现 2 株雄性不育系。完成悬铃叶苎麻无融合生殖型和有性生殖型的 F1 杂交群体的生殖性状调查，发现了 F1 单雌植株大孢子发育为二倍体孢子生殖方式。筛选出黑亚 19 号和双亚 14 号等适于黑龙江中性盐和碱性盐土壤种植的亚麻品种。克隆了红麻雄性不育相关的 ATP 酶编码基因中间片段，已初步构建了系统发育树。构建了盐胁迫下红麻 sRNA 文库，克隆到红麻对盐胁迫响应的 miRNA18 个，均首次在红麻中发现。通过水分胁迫形态学鉴定，初步筛选出抗旱性较强的种质资源材料 7 份：IJO20 号，SM\\ 070\\ CO，179（1），Xu\\ 057，闽革 4 号，Y\\ 134Co，Y\\ 105Co。工业大麻研究方面，构建含 THCA 合成酶和 CBDA 合成酶基因的农杆菌转化载体。开展了剑麻愈伤组织生长和不定芽分化条件优化研究。

2013 年共选育新品种 20 个，其中，苎麻 1 个、亚麻 6 个、黄麻 7 个、红麻 6 个。在基础研究方面，继续开展了无融合生殖悬铃叶苎麻花粉母细胞减数分裂行为；首次成功克隆圆果黄麻纤维素合成酶基因 CcCesAl 5′端 500bp 序列以外的全部 cDNA 序列；发现了亚麻差异表达基因富集的 4 条途径，并研究了盐碱胁迫下基因表达差异；研究了抗生素对剑麻愈伤组织生长和植株再生的影响；探索了烷化剂 EMS 诱导剑麻愈伤组织突变的方法。

（二）栽培与耕作研究

在以“多用途”为导向的生产方式的引导下，麻类作物高产高效种植在麻类纤维及副产物产量上均取得了突破性的进展。其中，苎麻的试验产量在湖南、湖北、江西等地率先全面突破了亩（15 亩 = $1hm^2$。全书同）产 300kg 原麻、600kg 嫩茎叶和 900kg 麻骨的高产目标，并在部分区域坡耕地突破亩产 200kg 原麻、400kg 嫩茎叶和 800kg 麻骨的高产目标；亚麻小区试验原茎亩产达到 1 032kg，而且达到纤维 216kg，麻屑 505kg，亚麻籽 116kg 的水平；红麻干皮亩产达 631kg，干骨 1 100kg；黄麻亩产达生麻 520kg、嫩茎叶 210kg、麻骨 608kg；工业大麻达到亩产干皮 200kg、生物量 2 000kg 的目标。充分展示了麻类作物的高产潜力。

在技术创新方面，研究了施肥方式、土壤条件、种植方式等对麻类作物产量的影响，为麻类作物的高产高效栽培提供了技术基础。研究了不同营养元素对亚麻产量的影响，提出了高产高效优化施肥的肥料运筹策略。针对我国多地重金属污染严重的现状，研究了重金属胁迫对亚麻、红麻、苎麻幼苗的影响，集成了在不同程度重金属污染土壤中种植苎麻、亚麻及红麻等麻类作物的高效技术。研究了麻类作物抵抗盐碱、干旱等逆境胁迫条件下植麻土壤的养分管理措施，初步形成了一套逆境条件下麻类作物高产栽培技术。开展了麻类作物抗旱机理研究。

在基础研究方面，抗旱、耐盐碱、耐重金属等抗逆栽培机理仍然是当前的研究重点，并建立了苎麻抗旱栽培优化数学模型、验证了麻类作物可作为重金属污染修复较理想的植物、筛选出多个耐盐碱亚麻和红/黄麻品种、获得了影响红麻生长发育及产量性状的因素优先序、明确了水肥耦合对剑麻生长的叠加效应。

（三）病虫草害防控研究

苎麻病虫草害防控技术方面系统研究了花叶病毒与苎麻根腐线虫的病原及发生、流行规律等，并且研制出了一种云金芽孢杆菌与ALA的复合菌剂，防治效果显著。亚麻病害研究主要集中在白粉病、炭疽病、锈病、枯萎病上，包括抗、耐病基因的标记等；杂草防治研究主要集中在除草剂的筛选和转抗除草剂基因亚麻研究上，筛选了如2，4-D、地乐胺、乙草胺等适用于南方亚麻的除草剂，并获得了抗除草剂bar基因的转基因亚麻。红麻、黄麻、剑麻方面主要开展了主要病虫害的应用基础研究工作，其中新虫害新菠萝粉蚧属于外来入侵生物，一些相关科研机构对其开展了生物学和分子检测技术以及防控技术研究。目前大麻病虫草害主要是以化学防治为主，并开展了复配药剂的研制，其中二甲四氯钠与烯草酮混用能很好地防除大麻田中的杖藜、蒲公英、凹头苋、狗尾草等杂草。

对麻类作物主产区的病虫草害进行了监测，进一步明确了麻类作物主要病虫草害的发生情况和流行规律，并通过不同品种抗病性筛选、环保型生物农药研发、不同药剂混配药效试验等，研发了一系列麻田专用植保药剂与技术。集成了苎麻炭疽病单项防控技术、苎麻根腐线虫绿色防控技术、苎麻花叶病绿色防控技术、亚麻白粉病防治技术、亚麻顶枯病防治技术、亚麻重大有害生物综合防控技术、黄/红麻主要虫害的防治技术、大麻灰霉病防治技术和剑麻叶斑病防治技术等，为提升麻类生产效率起到了重要作用。

随着麻类作物“三地”转移战略和饲料化等多用途技术研究的深化，相应病虫草害防控技术研发的重点也向多生态区域、食品安全等方面靠拢。针对苎麻饲料化、牧草化战略，研究了菊酯类农药在苎麻植株和土壤中残留消减动态和最终残留规律，建立了饲用苎麻农药残留的检测技术。

（四）麻类生产机械研究

开展了大型苎麻剥麻机加工生产线的剥麻试验，目前，剥麻过程基本能够完成。另外，武汉纺织大学和纺织机械厂家合作，也开展了大型苎麻剥麻加工机械成套设备的研究与生产试验。中国农业科学院麻类研究所与广西壮族自治区（全书称广西）武鸣县东风农场联系，利用其剑麻机械刮麻加工生产线，对苎麻鲜茎进行了剥制试验。取得了比较好的效果：一是苎麻鲜茎基梢一次剥制完成，不留鼠尾；二是皮、骨、麻壳剥制分开；三是剥制工效高；但存在的问题是麻骨、屑与纤维粘在一起，还需后续分离处理才能得到洁净的纤维。

麻类体系设施设备和栽培与耕作研究室联合，开展了农机农艺相结合相关研究，进行了苎麻收割机的设计、试制和行走、收割试验。通过种植方式改畦作，有效地解决了垄高沟深的苎麻地的行走问题，优化了切割装置和输送装置等运动参数。

2013年农业部南京农业机械化研究所进行了新一代履带自走式4LMZ-160型苎麻联合收获机的优化设计、试制和田间收割试验，通过了湖北省农机鉴定站的性能鉴定。中国农业科学院麻类研究所设计了一种大型、高效、专用的横向喂入式苎麻剥麻机并进行了样机试制和剥麻试验，能够完成长度800~2 040mm的苎麻茎秆剥制；其生产率达131kg/h，鲜茎出麻率4.14%。此外，武汉纺织大学设计了一种序批式苎麻分纤水洗机和一种自动苎麻表皮纤维拷麻机，均已申请国家发明专利。河南舞阳惠方现代农机有限公司设计了一款针对高茎秆类作物收割的双塔牌GL-160/185玉米胡麻（亚麻）收割机，农业部南京农业机械化研究所研究设计了与50马力级拖拉机配套的大麻收割机，还有待优化改进。湛江农垦第二机械厂生产出了配套动力为40kW的YGL-120-1400MA-5剑麻理麻机，该机可完成将已脱胶水洗后的剑麻纤维进行开松、梳理、牵伸、清除杂质等工序。

（五）纤维加工研究

在脱胶技术与工艺方面，主要开展了优良脱胶菌株的筛选与基础研究、脱胶工艺的研发、废水处理技术以及配套技术设备的创新的等研究，并研发了果胶菌属 CXJU－120 菌株快速脱胶技术、苎麻脱胶过程与脱胶废水处理一体化方法、UV—冷冻—骤热脱胶（UVHF）工艺，水解酸化与膜生物反应器组合黄麻生物脱胶废水处理工艺，微波辅助加热、高温高压蒸煮剑麻叶片脱胶法等。

在纤维加工方面，亚麻生物脱胶及精细化处理用于亚麻类高档针织面料的研发全面展开。湖南郴州湘南麻业发明了一种黄麻纺纱方法，能有效改善黄麻纤维的可纺性，降低纤维长度差异率，提高了黄麻纤维的强度，满足了精纺生产高支纯黄麻纱的要求，能够生产出 6～12 公支的高支纯黄麻纱。同时，利用麻类等纤维质原料开发燃料乙醇的研究，在菌种选育与改良、预处理技术以及糖化发酵技术等方面做了大量工作，取得了一些重要进展。

麻纺市场的迅速回暖促进了麻类纤维加工技术的研发与应用，各项行业标准逐步出台。有关苎麻脱胶的研究涉及脱胶菌株的选育、生物脱胶工艺、化学脱胶工艺、复合方法脱胶工艺、生物脱胶工艺设备和脱胶废水治理方法等研究或发明。麻类研究所在模拟工厂化条件下试验，红麻生物脱胶高浓度废水中 COD 约 4 800mg/L，沉淀物约占污染物总量的 80%；低浓度废水在 60mg/L 以下。筛选出碱性脱胶菌株 DA8，对亚麻具有较好的脱胶效果。并发现采用碱性果胶酶对亚麻原茎进行脱胶时，在脱胶温度为 40℃、加酶量为 1：10、pH 值为 9.8、加入尿素作为脱胶助剂时脱胶效果最好。麻类研究所完成了大麻韧皮工厂化生物脱胶中试，脱胶制成率达到 62% 以上。亚麻纤维精细化处理到产品加工已逐步形成生产链。“亚麻棉精梳混纺纱”和“大麻棉精梳”混纺纱标准的制定，已通过专家审定。

（六）麻类多用途研究

国内对麻类作物多用途的认识不断加深，麻类纤维及麻骨麻渣等副产物的新型利用途径开发成为当前研究的一个热点，研究内容涉及重金属污染耕地利用与农业产业机构调整、籽粒油脂提取与保健食品开发、生物复合材料研制与商业应用等领域。其中，发展苎麻、亚麻、黄麻产业的技术措施已纳入湖南省重金属严重污染耕地产业结构调整工程实施方案；油纤兼用亚麻品种选育取得新进展；初步形成了苎麻副产物青贮料栽培杏鲍菇技术，苎麻、亚麻、大麻、红麻副产物及剑麻渣栽培食用菌技术等；浙江、江苏等省区企业的红麻复合材料产品进入市场。苎麻饲料化与多用途技术、研究和应用继续深化，湖南、湖北、四川、江西、重庆等多省区市进行了产业化示范。

研发了苎麻副产物饲料化与食用菌基质化高效利用技术，较好地解决了我国南方蛋白饲料供给、食用菌培养基原料供给和副产物防霉变储藏三大难题，为开辟资源丰富的南方植物蛋白饲料与食用菌基质的新来源找到了有效途径，总体达到了国际先进水平。该技术通过青贮、制粒等方式，将苎麻麻骨、麻叶不经分离，直接转化为优质蛋白饲料与食用菌基质，资源利用率能从 20% 增加到 80% 以上，实现了生物质资源的高效利用；通过拉伸膜包裹技术以及揉碎复配颗粒料技术的研发，青贮和苎麻嫩茎叶蛋白等关键营养指标分别达到 13% 和 20%，提高了青贮和颗粒饲料的营养价值。利用苎麻青贮饲料喂养奶牛、肉牛，在保持生产性能稳定的条件下，可替代 30% 的精饲料，每天降低饲料成本 6～7 元/头。通过将苎麻副产物替代棉籽壳作为食用菌的栽培基质，可显著降低原料成本，其栽培的杏鲍菇生物学效率可提高 13 个百分点，且蛋白质含量有所提高。

育苗麻纤维膜分别在浙江、湖北、湖南进行了在机插水稻育秧上应用的生产示范，取得了良好效果。麻纤维育苗基布良好的保湿和水分传导功能，使秧盘苗床水分分布均匀，秧苗出苗整齐；可提早 5 天进入机械适插期；秧盘根系盘结好，便于起秧和运输，提高工作效率；装秧过程不散秧，插秧效率高，机插漏秧率低；受雨天影响较小，雨天可照常插秧，不误农时。

第二章　国家麻类产业技术体系建设与推进

2012—2013 年是“十二五”攻坚战的关键时期，通过全体系人员的共同努力，顺利完成《任务书》及《委托协议》规定的各项任务指标和农业部交办的各项应急性任务，开展了科学调研、学术研讨、会议交流、技术培训及文化建设等一系列重要工作，为进一步促进体系研发成果的转化、加大对我国麻类产业发展的科技支撑力度、提高麻类产业的社会认知度做出了最大努力。

通过“十二五”任务的凝练与实施，国家麻类产业技术体系针对当前麻类产业生存、效益与发展的瓶颈问题，提出了以高产种植立足、以高效多用途提升经济效益、以麻类种植适应性广的特点拓展空间、促进生态恢复的科学发展理念，提出了麻类产业生存与发展的有效措施。形成了以产业需求为导向，以高效种植为基础，以原始创新技术为主导，以多用途开发为带动的循环农业模式；实现了动物→植物→微生物三者之间物质与能量的有效转化，最大程度地实现了麻类资源的多用途利用；充分发挥了示范基地的成果转化、示范引导、科技培训的作用，将示范基地建设成为与地方创新团队和基层农技推广体系工作对接的重要平台，形成了科技服务的巨大合力，为麻类产业发展和麻农增收做出了重要贡献。

本章将简要介绍国家麻类产业技术体系在“麻类作物高产高效种植与多用途关键技术研究”、“非耕地麻类作物种植关键技术研究与示范“、“苎麻剑麻固土保水关键技术研究与示范”等十一项重点任务和试验示范工作中取得的重要进展。

一　麻类作物高产高效种植与多用途关键技术研究

“高产高效种植与多用途”是国家麻类产业技术体系“十二五”重点任务的“重中之重”。在前期工作的基础上，截至 2013 年，共选育出一年生麻类作物新品种 23 个，其中，亚麻 7 个（黑亚 21、黑亚 22 号、吉亚 5 号、伊亚 5 号、同升福 1 号、云亚 3 号、云亚 4 号）、黄麻 10 个（福黄麻 1 号、福黄麻 2 号、福黄麻 3 号、闽黄 1 号、中黄麻 2 号、中黄麻 3 号、中黄麻 4 号、中黄麻 5 号、帝王菜 1 号、帝王菜 2 号），红麻 6 个（中杂红 368 中、中红麻 16 号、中杂红 328、红优 4 号、中红麻 T17、中红麻 T19）；多年生麻类作物新品种 1 个（苎麻新品种湘杂苎 1 号）。通过配套高产栽培技术，显著提高了麻类作物单产。

（一）高产高效种植技术研究

1. 苎麻

完成了氮钾肥互作对华苎 4 号品质及产量的影响试验，提出了成龄麻获得产量大于 2 600kg/hm^2 优质纤维的优化栽培措施：密度 28 350～31 650蔸/hm^2，施氮量 363～387kg/hm^2，施磷量 98.58～105.48kg/hm^2，施钾量 280.20～319.8kg/hm^2；开展了不同苎麻品种需肥规律的比较试验和高效施肥试验，部分品种原麻年产量达到了3 750kg/hm^2。2013年，由执行专家组组织、相关体系专家参与，对依托土壤肥料岗位、宜春、咸宁等试验站建设的苎麻高产高效种植技术集成与示范基地进行了苎麻测产验收。其中，土壤肥料岗位建设在湖南浏阳的中苎1号高产示范田亩产达到346kg原麻、561kg麻叶和1 095kg麻骨；宜春苎麻试验站中苎1号高产示范田亩产达到了328kg原麻、619kg麻叶和909kg麻骨；咸宁苎麻试验站采用"三季+半季"的种植模式，亩产达到了351kg原麻、643kg麻叶和913kg麻骨，全面完成了苎麻"369"和"315"工程的任务目标。

2. 亚麻

选育出了黑亚21号、黑亚22号两个亚麻新品种。黑亚21号原茎、长麻、全麻、种子产量分别为5590.2、924.9、1451.1、578.4kg/hm^2，分别比对照增产13.7%、23.7%、20.9%、9.2%。全麻率31.0%，比对照高2.4个百分点。黑亚22号原茎、全麻、种子亩产分别为409.9、107.1、42.1kg，分别比对照增产11.0%、23.2%和14.1%。全麻率31.3%，比对照高2.7个百分点。不同亚麻品种、种植密度、氮肥、磷肥、钾肥和抗旱剂处理的试验得出，亚麻品系5F069，在亩施尿素18kg，过磷酸钙32kg，氯化钾19kg，密度为2 650粒/m^2，抗旱剂150ml模式下，原茎产量达到1 032kg/亩，而且达到纤维216kg/亩，麻屑505kg/亩，亚麻籽116kg/亩的产量水平，达到"255"工程目标。

3. 红麻

在湖南望城和沅江试验站示范19个红麻高产株系，分别为223HP系列、QD系列、QP系列和YA系列，4个系列亩产干皮产量在400~631kg，干骨产量700~1 100kg。其中，干皮在600kg以上株系1个，500kg以上株系3个，所有麻骨产量超过700kg。采用中杂红368和中红麻16号等品种在湖南长沙、广西南宁开展的高产红麻种植试验，集成稀播、配方施肥、湿润出苗等技术，平均株高在6m，直径为3.00cm，亩产干茎2 500kg。

4. 黄麻

育成高产黄麻新品种中黄麻4号、中黄麻5号、福黄麻1号、福黄麻2号、福黄麻3号和闽黄麻1号等，通过了国家级品种鉴定，平均亩产纤维均达到200kg以上（生麻500kg以上）。福建省多年多点对比试验表明，福黄麻3号平均原麻产量达7 690.4kg/hm^2，比对照黄麻179增产11.17%。在沅江草尾、黄茅洲和目平湖进行了"摩维1号"高产种植试验，高产地块的测产结果为株高485cm、茎粗1.6cm、分枝高430cm、生物产量11.34t/亩、干茎产量1.2t/亩，生麻520kg/亩、嫩茎叶产量210kg/亩、麻骨产量608kg/亩，达到黄麻"526"工程指标。

5. 工业大麻

分别在云南昆明、云南勐海、山西汾阳、安徽六安等地开展了不同生态区不同种植密度和施肥量处理下工业大麻的栽培技术研究。研究表明，适当增加密度和因地施肥可以提高工业大麻产量，可以达到亩产干皮200kg、每亩生物产量2 000kg的目标。在云南西定巴达乡、勐宋乡等地采用云麻1号、云麻5号开展工业大麻高产高效种植技术研究与示范，其中，西定巴达乡原麻、嫩茎叶、麻秆芯亩产分别达到210.2、168.4、262.8kg，较常规种植法分别增产50%、30%和10%以上，亩产值可达3 417元。

6. 剑麻

布置了剑麻斑马纹病大田抗病性重复试验，初步筛选出有刺番麻、南亚1号和无刺番麻3个高抗品种。进一步优化剑麻组培苗带根种植技术、小行覆盖施肥技术、剑麻间种柱花草技术等，其中，常规苗6kg切根种植技术可提高剑麻年叶片亩产至4 952kg。

（二）多用途技术研究

1. 麻类作物副产物饲料化

进一步优化了苎麻副产物饲料化与食用菌基质化高效利用技术，开展了肉牛养殖、食用菌栽培等试验示范工作。该技术通过青贮、制粒等方式，将苎麻麻骨、麻叶不经分离，直接转化为优质蛋白饲料与食用菌基质，资源利用率能从20%增加到80%以上，实现了生物质资源的高效利用；通过拉伸膜包裹技术以及揉碎复配颗粒料技术的研发，青贮和苎麻嫩茎叶蛋白等关键营养指标分别达到13%和20%，提高了青贮和颗粒饲料的营养价值；利用苎麻青贮饲料喂养奶牛、肉牛，在保持生产性能稳定的条件下，可替代30%的精饲料，每天降低饲料成本6～7元/头。在种养结合研究与示范的基础上，向湖南长沙、新晃、江永、沅江、张家界等地建立了副产物饲料化推广基地。该成果创新性强，总体达到了国际先进水平，并已获得2013年度湖南省科技进步奖一等奖。

同时还开展了黄麻嫩茎叶粉饲喂肉猪研究。初步结果表明，在生长阶段，5%、10%的替代水平使得杜洛克生长猪的平均日增重显著增加，料肉比下降，对猪平均日采食量的影响不显著，从而降低了日粮饲料成本。

进行了剑麻废渣多用途利用研究。测定了废渣养分含量，建成了叶片加工厂房和汇集废渣的沼气池，引入了剑麻小型叶片加工机械并试产，开展了新鲜叶渣用作饲料的青贮试验和废渣生产沼气等多用途利用试验，并已初步形成循环农业模式。

2. 麻类副产物食用菌基质化

麻类副产物食用菌基质化技术在亚麻、大麻上进行了深入探索。继续开展了适于亚麻屑培养基栽培的食用菌品种筛选工作，对杏鲍菇、平菇、香菇、木耳等品种进行了不同配方的栽培试验，亚麻屑含量最高达到了78%。与云南大康蕈菌科技开发有限公司合作开展工业大麻全秆、秆芯、麻籽壳等副产物作为高档香菇栽培基质的相关试验，利用麻秆、秆芯及麻籽壳作为香菇的栽培基质配料，可获得高产优质的效果，外观表现香菇个大、肉厚、味香，产量高于树木锯末沫对照。麻秆占基质的40%，麻籽壳占20%的配方，在产量上表现最高。初步形成了苎麻副产物青贮料栽培杏鲍菇技术，苎麻、亚麻、大麻、红麻副产物栽培食用菌（杏鲍菇、真姬菇、凤尾菇、平菇和黑木耳等）技术等。研究表明，基质中添加亚麻屑栽培凤尾菇、平菇和黑木耳明显提高了菌丝生长速度，其中在凤尾菇栽培基质中，最适亚麻屑替代比例为45%，比对照增产10.00%；在平菇栽培基质中，目前最适亚麻屑替代比例为60%，比对照增产9.09%，还将继续优化。“工业大麻麻籽壳及麻茎秆替代木屑栽培香菇研究”通过了由云南省农业科学院科研管理处主持的成果鉴定。

通过将苎麻副产物替代棉籽壳作为食用菌的栽培基质，显著降低了原料成本，其栽培的杏鲍菇生物学效率可提高13个百分点，且蛋白质含量提高，总糖与脂肪含量降低。

3. 苎麻牧草与生态种养模式

以生长育肥期的鹅苗为适用对象，研发了以集约轮流放牧和减量补饲相结合为特点、生产生态产品的苎麻园生态肉鹅养殖技术模式。研究表明，该技术模式下苎麻种植过程不适用任何化学农药或化学生长调节剂，保障食品安全，改善鹅肉品质，提高高档鹅肉生产量；提高肉鹅抵抗力和对环境的适应力；节省粮食，提高苎麻园土地资源利用率；还可减少麻园生产人力投入，降低生产成本，促进苎麻产业和养鹅产业的共同发展，达到产业发展与环境保护的协调统一。该技术成果以获得国家发明专利授权。在此基础上还针对冬季牧草不足、养鹅季节性强等问题，开展了反季节种植苎麻、养殖肉鹅试验。

4. 生态功能挖掘与产品

在黄麻多用途技术研究方面，已初步明确长果黄麻嫩梢叶重金属吸附的良好效果：叶粉（100目）

对废水中大多数重金属有一定吸附效果，其中，Cd、Cu、Pb、Ni 的去除率分别大于 98%、96%、98.5%、60%。

二 非耕地麻类作物种植关键技术研究与示范

（一）苎麻

在湖南张家界利用山坡地对中苎 1 号、中苎 2 号、中饲苎 1 号、NC03 等苎麻品种进行了筛选，初步筛选出适合缓坡生长的中苎 2 号，并在张家界市许家坊乡缓坡地进行了中苎 2 号生产示范，原麻单产在 200kg/亩以上。2013 年，专家组对依托张家界苎麻试验站建立的山坡地苎麻高产种植技术示范基地进行了测产验收，其亩产达到了 232kg 原麻、508kg 麻叶和 709kg 麻骨，地上部总生物量达 1.45t，原麻和麻叶两项指标均已显著超过体系山坡地苎麻“248”工程目标。

2012 年，对湖北阳新和赤壁两个山坡地苎麻种植基地的三麻进行了测产，分别达到了亩产原麻 110.2kg 和 65.4kg，并对示范基地的品种进行了纯化、补苗和高标准冬培管理。2013 年，在遭遇严重旱情影响的情况下，在湖北阳新、赤壁华苎 4 号和华苎 5 号山坡地试验基地新建麻园原麻亩产分别达到 108.01kg 和 135kg，而成龄麻示范区原麻亩产达到 180kg 以上，而且通过副产物多用途利用和冬季套种榨菜、红苔菜的立体种植等平均每亩产值超过 2 600元，对周边苎麻种植农户起到很好的示范效果。

（二）亚麻

利用盐碱土（pH 值 8.77、盐分 0.108%）建立了亚麻耐盐碱品种筛选体系，并以黑亚系列、双亚系列、Agathan、美若琳、New2 和 Diane 等 16 个品种为材料，研究了不同浓度中性、碱性与混合盐胁迫处理对亚麻发芽率等指标的影响，发现萌发期在三种胁迫条件下发芽率最高的品种是黑亚 19 号，表型差异分析表明黑亚 17 号和 Agatha 长势最好，原茎亩产最高的是黑亚 16 号（268.1kg），种子亩产最高的是美若琳（26.8kg），综合指标最好的是美若琳。通过不同施肥处理冬闲地亚麻种植试验得出，硫包膜复合肥 23.3kg/亩，过磷酸钙 2kg/亩作为底肥，亩产亚麻原茎 448.4kg、种子 63.0kg，是在干旱影响下提高亚麻产量的有效措施。另外还对冬闲地亚麻剂抗倒伏技术进行了研究，并提出了“0.8% 的化学杀雄剂 2 号，在亚麻现蕾期和初花期连续喷施 2 次”的技术手段。

（三）红麻

选用中杂红 318、中杂红 316、中红麻 13 号和 QP32（青）在新疆（新疆维吾尔自治区简称新疆，下同）阿克苏等地进行种植和耐盐碱筛选发现，4 个品种均能在 0.3% ~0.4% 盐碱地正常生长，植株高度在 4.5m 左右，鲜茎产量达到 3 750kg/亩，折合干皮产量 400kg/亩，干茎产量 600kg/亩，嫩梢 150kg/亩。在种植技术上，采用播前压盐处理、起垄播种、湿润出苗、覆膜保水提高播量至普通播种的 2 倍和取消前期间苗等措施，可有效提高红麻产量。

对红优 2 号、红优 4 号、福红 992、福航优 3 号等 9 个品种在浙江萧山等地进行了耐盐碱筛选，其中福航优 3 号和红优 2 号亩产生麻均超过了 500kg。在此基础上，进行了稻草、塑料薄膜等不同覆盖处理研究，发现盐碱地覆盖栽培具有极显著的增产作用，其中，覆盖塑料薄膜亩产生麻可达 568.07kg，较不覆盖增产 17.21%。

（四）黄麻

通过对146份黄麻种质资源材料进行室内水分胁迫盆栽试验，以叶片形态为评价指标，经水分胁迫形态学鉴定，初步筛选出抗旱性较强的种质资源材料7份：IJO20号，SM\\ 070\\ CO，179（1），Xu\\ 057，闽革4号，Y\\ 134Co，Y\\ 105Co；以及耐旱性较弱的种质资源：郁南长果，179（7），高雄青皮，梅峰6号，和字4号等，为后续的耐旱分子生理及耐旱品种选育奠定基础。

在前期研究基础上，初步筛选出摩维1号、福黄麻1号、福黄麻2号耐盐黄麻品种9个，在浙江、江苏沿海滩涂进行耐盐碱品种筛选与抗压试验。选择不积水的盐碱地后，将播种量提高至750g/亩，生长后期加强水肥管理，可得到较高产量。研究表明，黄麻在0.3%～0.4%盐碱浓度下，能正常生长并获得较高生物产量，但随盐碱浓度增加，生长势降低，至0.6%的盐碱含量就基本不能生长；品种的耐盐碱能力有一定差异。在江苏大丰盐碱度0.4%的盐碱地进行了黄麻高产种植试验，摩维1号2012年亩产生麻410kg、嫩茎叶185kg、麻骨510kg，2013年亩产生麻420kg、嫩茎叶180kg、麻骨515kg，为实现了体系“425”工程预期目标奠定了坚实基础，已被江苏紫荆花科技股份有限公司确立为在盐碱地推广黄麻种植的主栽品种。莆田秀屿盐碱地黄麻亩产生麻可达350～380kg，江苏大丰可达390kg。

三　苎麻剑麻固土保水关键技术研究与示范

开展苎麻高产栽培的固土保水效应研究与技术示范，并在湖南长沙对饲用苎麻和牧草等作物进行了水土保持效应比较。初步筛选出固土保水和抗风性能优良的、适合中陡坡地种植的苎麻品种华苎4号和新品系NC03，其中，NC03产量与“中苎2号”相当，年平均纤维细度在2 400支以上，头麻纤维细度高达2 600支；湖北崇阳华苎4号亩产原麻70kg。NC03是深根型品种，水土保持效果好，并且具有茎秆挺拔、坚硬的特点，抗风性能突出，能够满足中坡地生长的要求。NC03参加2013年的全国苎麻区试，若能在区试中表现突出，可作为山坡地多用途利用品种进行推广种植。

在桃源县黄甲铺乡缓坡地的麻园内开展了不同保水技术（措施）的效应研究。试验设置对照、有限灌溉（利用径流池集水灌溉）、工程储水－1（竹节沟）、工程储水－2（暗沟）、工程储水－3（竹节沟＋暗沟）和施用化学保水剂（BS）共6个处理，以NC03为材料。研究表明，与对照相比，3种工程措施增加土壤水分的效果最为显著，各处理全年土壤的含水量平均增加了7.3%（竹节沟）、8.9%（暗沟）与9.8%（竹节沟＋暗沟）。有限灌溉与化学保水剂虽有一定的效果，但与对照之间没有显著差异。值得说明的是，有限灌溉与化学保水剂两种措施，在8月份季节性干旱较为严重的时候，亦具有明显的增加土壤含水量的效果。

对15个剑麻品种通过根系模拟干旱胁迫处理与坡地小区种植试验，初步筛选出假菠萝麻、南亚2号、墨引12、墨引6等4个固土性能较好的品种，其中，南亚1号和H.11648两个固土保水效果最好。按照干旱胁迫与固土试验结果，结合不同品种的长势，在云南省元谋县干热河谷区建立了固土保水与生态恢复试验点，对不同剑麻品种及种植技术进行了筛选与研发。研究表明，水平沟方式种植剑麻的10度坡径流场中流失最小，而以鱼鳞坑方式种植剑麻的10度坡径流场中流失最大，品种、种植方式间存在复杂交互作用。干热河谷不同种植密度剑麻生产试验表明，400株/亩的剑麻株高、叶长、叶厚、叶宽以及叶重量、全株重量较好，但与300、500株/亩相比没有显著差异。同时，对不同施肥水平和间种方式对剑麻生长和产量及其固土保水效果的影响进行了研究。

四　麻类作物育种与制种技术研究

（一）种质资源创新

2012—2013 年度，采用远缘杂交、外源 DNA 导入，以及多胚种质利用等手段，展开了麻类种质原始创新，获得创新后代 98 份（红麻 45 份、黄麻 39 份、苎麻 14 份），并初评出新材料 15 份（红麻 8 份、黄麻 3 份、苎麻 4 份）；发掘优异种质 13 份（优质红麻 7 份，耐盐碱黄麻 6 份）；在 5 个试验站完成 6 份红麻优异种质的评价与示范。

（二）苎麻

对 2011 年远缘杂交获得的 17 份苎麻材料的种子播种栽培，并采用分子标记方法进行了亲子鉴定。鉴定出高细度种质 4 份，即 31－2、38－3、50－3、36－2，分别为3 159、3 096、3 046、2 923m/g。

表型鉴定发现雌性不育种质 2 份。获得 F1 代中悬铃叶苎麻无融合生殖型和有性生殖型转录组差异谱，建立 F2 代群体（179 株）。

在湖南沅江试验基地进行了 NC03 品比试验。2013 年沅江地区旱情严重，未进行特殊的灌溉，在自然条件下，NC03 的年纤维产量为：204. 87kg/亩，对照圆叶青为：211. 08kg/亩。两个品种在纤维产量上差异不显著。NC03 的年生物产量为：6 342. 85kg/亩，对照圆叶青为：6 015. 70kg/亩，略高于对照，差异不显著。但纤维品质方面，NC03 头麻的纤维细度为 2 347 支，比对照圆叶青的 1 564 支高 50%，可以满足高档面料纺织的要求。

（三）亚麻

继续开展了亚麻优异种质的创制工作，完善了亚麻优异种质的鉴定与评价体系，重点是原茎产量、纤维产量和出麻率等种质的鉴定与评价，并鉴定出了 5 份优异高纤、优质、抗病品系。其中，品系 D95027－9－3－1 的原茎产量、纤维产量和全麻率都是最高的，分别达到了 445. 1kg/亩、113. 7kg/亩和 31. 2%。

从 400 多份材料中筛选出优质、抗倒伏材料 4 份，分别是 D97021－10、95023－1、97175－58、97175－75－9。

完善亚麻优异种质的鉴定与评价体系对辐射诱变和化学诱变 M2 代亚麻种子进行了耐盐碱筛选，最终收获 M2 代耐盐突变体单株约 150 株，为继续开展相关工作打好基础。

继续开展集成系统选育、分子育种技术和单倍体育种技术研究，研制出亚麻良种技术规程一套，并决选鉴定出抗倒伏优良亚麻双单倍体品系 2 个，其中，H04088－4 原茎产量 435. 1kg/亩，全麻率 30. 5%。

（四）红麻

利用性状差异大的不同优良亲本配制杂交组合在长沙、沅江、福建漳州、南宁等多地选择和穿梭育种，选育出新品系 4 份。利用红麻雄性不育杂种优势三系法制种技术，杂交红麻制种达到 45kg/亩。利用红麻良种繁育制种技术，红麻良种繁育制种产量达到 80kg/亩。

在南宁、深圳、祁东、长沙等多地轮回选择，通过测产和比较试验从中筛选出表现稳定的优良品系和高产杂交组合。其中，中红麻 16 号、中杂红 328、中杂红 368 在 2009—2010 年全国区试中其纤维产量分别为 285. 19、284. 99、297. 08kg，比对照福红 991 分别增产 20. 31%、20. 22%、25. 32%，位居所有参试品种第一、第二、第三位，2013 年 11 月均通过全国麻类品种委员会鉴定，并配套红麻高效制（繁）种技术，在海南三亚、广西南宁和福建漳州示范 26 亩。

（五）黄麻

在福建莆田白沙开展了黄麻高产繁种技术研究，通过常规留种、打顶留种、扦插留种等方式，制订黄麻高产繁种的技术与规程 1 份，创制出不育、抗病、耐旱等优异种质资源 15 份。研究表明，一般打顶比不打顶种子产量可达 75kg，比对照提高 20% 以上。

（六）工业大麻

对前期收集保存的来自全国的大麻地方品种、72 份野生种质材料的性状进行鉴定评价，筛选出低毒型（THC 含量 <0. 3%）种质 36 份。对收集保存的 8 个种质资源在位于昆明小哨基地进行种植，对资源的生物特性、品质特性及抗逆性等进行了田间观察及初步评价。

开展了工业大麻雌雄同株品种育种技术研究，并得到了一种化学诱导大麻性别转化的技术，能够通过化学诱导在雌雄异株群体中诱导出雌雄同株材料，诱导率达到 10% 以上。对 72 个工业大麻杂交组合进行品系比较试验，优选出高产、优质的杂 5 和杂 26 两个优良组合。

完成了云南省地方标准《工业大麻良种繁育技术规程》（常规种）的起草工作，在永德县示范 105 亩，种子亩产量达 102kg。

继续开展大麻 THC 含量相关的分子标记技术研究，开发了 3 461对 SSR 引物，筛选出 40 对引物检测了 24 个样品，共检测到 105 个多态性位点。对大麻干旱处理材料进行了 DGE 差异分析，共得到 1 292个差异表达基因，通过 RACE 法从中克隆 3 个基因。

（七）剑麻

采用烟草疫霉菌游动孢子进行接种的方法，对 14 个剑麻品种进行接种，研究了室内与大田抗病性鉴定方法。研究表明，烟草疫霉菌游动孢子接种方法可作为剑麻斑马纹病抗性鉴定方法，其优点是接种体定量，准确性高。同时，研究了降低剑麻愈伤诱导不定芽玻璃化率的方法，剑麻 H. 11648 种子的保存方法等技术，并制订了剑麻种苗繁育技术规程 1 套。

继续开展剑麻杂交育种工作，通过不同亲本杂交，共获杂交果 643 个，收集了优良杂交后代 H10 及实生后代 S09 等品系一年的增叶数及叶长、叶宽等数据。

通过对辐射处理材料的形态特征观察筛选突变体，发现 136 株处理材料的平均变异率为 11%，其表型变异主要表现在叶色、叶形、叶片数、叶缘刺、株型等方面。对现有的 1 052株 EMS 突变植株进行表型观察，并进行烟草疫霉菌离体接种试验。

结合大田抗病性试验，选择了优良品系 K1、K2、K3、南亚 1、南亚 2、H08、S09 进行抗病性测定，其中，南亚 2 号、S09 达中抗水平，南亚 1 号达高抗水平。

五 麻类作物重大有害生物预警及综合防控技术研究与示范

（一）成灾规律调查与研究

先后 30 多次深入吉林、黑龙江、山西、安徽、河南、浙江、湖南、湖北、福建、广东、广西、四川、西藏自治区（全书称西藏）、新疆、海南和云南等麻类作物主产区，对苎麻、亚麻、黄/红麻、大麻及剑麻上的主要病、虫、草害进行了调研。

针对麻类生产上为害严重且经常发生的黄/红麻炭疽病、黄/红麻根结线虫病、亚麻顶枯病、大麻灰霉病、剑麻紫色卷叶病、苎麻根腐病、亚麻枯萎病、炭疽病等的发生规律和为害条件进行深入研究，明确一些常规病害发生特点的同时，及时发现了黄/红麻立枯病 + 根结线虫病等一些新病害发生模式和大麻顶枯病、黑穗病及剑麻紫色卷叶病等一些危害性较大的新发病害。目前，已采集病原菌样本 500 多份，分离纯化 200 多份，活体保存 50 多个，并对其生物学特性进行了鉴定。

完成了 43 种麻类常见虫害原色图谱的采集和其发生规律的调查，其中，苎麻田间主要虫害有苎麻夜蛾、苎麻黄蛱蝶、苎麻赤蛱蝶、苎麻天牛和大理窃蠹等 17 种；亚麻田间主要虫害有蒙古灰象甲、黏虫、潜叶蝇和叶甲等 6 种；红麻田间主要虫害有小造桥虫、棉红蝽和扶桑绵粉蚧等 10 种；黄麻田间主要虫害有象甲、棉大卷叶螟和黄麻夜蛾 3 种；大麻田间主要虫害有大麻跳甲、大麻象甲和玉米螟 3 种；剑麻田间主要虫害有新菠萝灰粉蚧（剑麻粉蚧）、褐圆盾蚧、斜纹夜蛾和蜗牛 4 种。

亚麻田中主要的杂草种类有：看麦娘、日本看麦娘、罔草、稻槎菜、羊蹄等多种杂草；大麻田中主要的杂草种类有：杖藜、蒲公英、凹头苋、狗尾草等杂草；黄/红麻田间的主要杂草有：苍耳、龙葵、狗尾草等。

（二）检测预警系统建立

对麻类作物上的重大有害生物运用形态学、分子生物学等检测技术进行早期诊断及鉴定鉴定。如：对重要病原菌分离纯化后，运用形态学方法初步鉴定出多种病原菌：剑麻斑点病 *Dothiorella sisalanae*；剑麻茎腐病 *Aspergillus niger*；红麻立枯病 *Rhizoctonia solani*；红麻根腐病 *Fusarium solani*；红麻黑霉病 *Drechslera ellisii*；大麻棒孢霉 *Corynespora* sp.；大麻尖孢镰刀菌 *Fusarium oxsporum*；苎麻疫霉 *Phytophthora boehmeriae*；苎麻链格孢 *Alternaria* sp.；大麻灰霉病 *Botrytis cinerea*。

对麻类作物重要病害的基础生物学进行了研究：通过室内生物测定，测定了红麻炭疽病菌、大麻致病性镰刀菌、红麻立枯病菌、大麻灰霉病菌、亚麻白粉病菌、剑麻叶斑病菌等 6 种重要病原菌的生物学特性。研究了培养基温度、pH 值、光照条件、碳源、氮源等因子对菌丝生长的影响，研究了部分病原菌的最佳产孢条件。

对红黄麻炭疽病早期诊断技术的应用开展了基础研究：收集来自广西、浙江、河南、福建、安徽等省区的红/黄麻炭疽病菌 18 份，经过分离纯化，提取 DNA，扩增其 ITS 序列，测序并进行比对，发现能侵染红麻或黄麻的病原菌中 14 株均为胶孢炭疽菌（*Colletotrichum gloeosporioides*），其余 4 株为疑似辣椒炭疽菌（*Colletotrichum capsici*），不能确定具体病菌种。

对 14 株的炭疽病菌进行同源性分析表明，14 株病菌被分为两大组，均具有较高的同源性。红/黄麻炭疽病菌主要致病菌种类的鉴定，为早期诊断技术的建立奠定了基础。

建立了大麻灰霉病菌快速检测技术：收集大麻灰霉病菌菌株 12 个，通过形态学进行了鉴定与检测，已初步研发出了基于分子生物学的试剂盒，有待于进一步开展检测的验证，并应用于生产。

（三）综合防治技术研发

1. 病害

通过大量的药剂筛选、复配药剂研究与应用等工作，目前，已经研发了黄/红麻炭疽病、红麻立枯病、大麻灰霉病、亚麻顶枯病和黄麻根结线虫病等麻田主要病害的综合防治技术。其中，推荐使用的有 42.8% 氟吡菌酰胺·肟菌酯悬浮剂 200g/hm^2、500g/L 氟吡菌酰胺悬浮剂 100g/hm^2 或 10% 苯醚甲环唑水分散粒剂 90g/hm^2 防治红/黄麻炭疽病；43% 戊唑醇悬浮剂和 25% 丙环唑乳油防治红麻立枯病；60% 嘧霉胺·异菌脲 WDG 50g/亩、50% 异菌脲 WP 66.7g/亩或 400g/L 嘧霉胺 SC 150g/亩防治大麻灰霉病；30% 咪鲜胺·异菌脲 SC 1 000倍液、450g/L 咪鲜胺 EW 1 800倍液或 255g/L 异菌脲 SC 400 倍液防治亚麻顶枯病；阿维菌素防治黄麻根结线虫病；棉隆防治红麻根结线虫病；40%福星乳油或43%好力克悬浮剂防治亚麻白粉病；72%炭疽福美可湿性粉剂800倍液加72.2%普力克水剂600倍液或用70%敌克松800倍液加75%百菌清800倍液防治猝倒病、立枯病；75%百菌清500倍液、72.2%普力克水剂500倍液、70%代森锰锌600倍液或25%瑞毒霉500倍液防治霜霉病、褐斑病和疫病；“健壮素”加75%百菌清500倍喷雾防治大麻生理性顶枯病等。

2. 虫害

对于虫害的防治，采用了传统的物理防治、化学防治和生物防治等措施对其进行防控。常用的物理防治方法有：人工对虫源进行捻死处理、防虫网隔离等方法；常用的化学药剂有：高效氯氰菊酯、阿维菌素、克蛾宝等；生物防治的常用天敌：赤眼蜂。目前，已经筛选出亩旺特、绿清灵、特丁磷3种防治剑麻粉蚧的药剂，混灭·噻嗪酮和啶虫脒2种防治大麻跳甲的药剂。针对跳甲、象甲、夜蛾科害虫，推荐施用48%乐斯本乳油500～800倍液或2.5%敌杀死乳油800～1 000倍液或5%锐劲特氟虫清1 500倍液喷雾；防治白蚂蚁施用5%辛硫磷，每亩2～3kg拌毒土撒施，或用灭白蚁粉在白蚂蚁巢或其过路的地方撒施导致白蚂蚁互相传毒死亡，“天王星”按每亩120～150ml灌根防治。

3. 草害

目前，已经筛选出乙氧氟草醚、地乐胺、异丙隆、50%精喹·氯磺WP、40%立清乳油、10.8%高效盖草能、二甲四氯钠和烯草酮混用等防治亚麻田杂草的药剂；异丙甲草胺、乙氧氟草醚EC、二甲四氯钠和烯草酮混用等防治大麻田间杂草的药剂；24%乙氧氟草醚EC、二甲四氯钠和烯草酮混用等防治黄/红麻田间杂草的药剂。研究表明，大麻根与芽对供试的大部分除草剂比较敏感，这与田间试验情况相吻合；而红麻、亚麻和麻菜根与芽对除草剂的敏感程度低，推荐剂量下不会引发幼苗药害。因此，基于各类麻对除草剂的敏感度，配套了不同的使用方法，提高了防治效果并降低了药剂对麻苗的毒害作用。

六 麻类作物抗逆机理与土壤修复技术研究

（一）麻类作物抗旱栽培相关机理与技术研究

针对伏秋旱导致苎麻三麻减产甚至绝收的问题，开展了苎麻抗旱栽培相关技术研究和赤霉素影响苎麻旱耐受能力的研究，结果表明覆盖麻骨可减轻干旱胁迫对苎麻生长的影响；GA可以明显缓解对干旱环境的反应，提高纤维的产量。开展了苎麻干旱胁迫下差异表达基因筛选工作，共完成了52 915 810个clean read的测序，通过生物信息学分析完成这43 990个基因的COG和GO功能分类，并将这些基因分类到了126个代谢途径。

开展了南方坡耕地贫瘠土壤种植苎麻及抗逆栽培试验，筛选出叶片SPAD、氮肥利用效率、钾肥利用效率等8个可以有效评价苎麻耐瘠性与抗逆能力的指标。在湘北山坡旱地开展苎麻不同栽培管理措施研究，发现施肥+抗旱剂+覆盖稻草处理能增产94.2%，进而在湖南张家界和沅江建立贫瘠土壤苎麻高产高效施肥技术示范点建设，取得良好效果。在汉寿山坡地设计了简易的水塔和蓄水设施，降低灌水成本，节约抗旱劳动力成本投入，劳动力成本降低20%以上。开展了适应机械化收获和田间管理的苎麻轻简化栽培研究，筛选脱叶剂及其适宜浓度，研究发现乙烯利2 000mg/kg时脱落效果较佳，辅助增施2%磷酸二氢钾及0.5%的尿素脱落更加均匀。

设置了不同营养元素胁迫、干旱胁迫对剑麻幼苗生长和养分含量的影响以及剑麻对干旱胁迫的生理响应研究，明确了在干旱条件下部分营养元素供给的优先序（氮最大，钙次之）以及剑麻在干旱胁迫下叶片相对电导率、MDA含量和脯氨酸含量的变化特征，通过盆栽试验，研究了不同水分胁迫处理对剑麻幼苗生长情况和抗逆性的影响。结果表明：轻度水分胁迫有利于剑麻的生长和对 N、P、K 的吸收，增加了剑麻植株的抗逆性。研究了干热河谷不同的覆盖方式对剑麻生长及产量的影响，试验表明，活覆盖和秸秆覆盖可显著提高剑麻的株高、叶片数、叶片鲜重和整株鲜重，且一定的灌溉能促进干热河谷剑麻生长和提高其产量。开展了剑麻轻简化栽培技术研究，对比不同控草方式（生态、化学）对剑麻园杂草的防除效果：发现生态控草中间种花生和大翼豆有较好的效果，化学控草中百草枯效果较好。形成了剑麻覆盖技术、剑麻水肥药一体化技术、剑麻免耕与轮耕相结合技术各一套，开展基本全程机械化耕作示范，每亩可节省成本 80 元以上。

（二）重金属污染土壤麻类作物高产栽培技术研究

对重金属污染区麻类作物的栽培关键技术进行了系统总结，提出了不同程度重金属污染土壤上苎麻、亚麻、黄麻的种植方法。研究共申请了 5 个栽培方面的发明专利。此外，研究表明在重金属污染土壤中种植大麻，产量受不同施肥组合的影响，低氮磷钾有利于提高大麻产量，经济高产的施肥组合为 $N:P_2O_5:K_2O=225kg/hm^2:75kg/hm^2:150kg/hm^2$。

开展了砷、铅重金属污染土地工业大麻栽培技术研究，分析了不同磷肥对大麻积累砷的影响，发现施用磷酸二氢钾的大麻皮中砷含量较低，而施用磷酸二氢铵会提高麻皮中砷的含量。

开展了黄/红麻对重金属污染土壤的修复效果研究，试验表明红麻具有较强的主动吸收和富集镉的能力。以红麻亩产麻秆 1 200kg，麻皮 400kg 计算，红麻麻秆和麻皮的重金属清除量分别为 1 716mg/kg 和 1 182mg/kg。红麻适应性强，不需要精细管理，对镉污染的耐性强，产量高，可应用于镉污染土壤的植物修复实践。另外，还开展了铅锌复合污染对红麻的吸收重金属的影响研究、锌胁迫对红麻生长及钾营养的影响研究以及红麻亲本及其子代对钾的吸收利用研究，基本阐明了黄/红麻对重金属污染土壤的修复生理，初步形成了一套重金属污染土壤红麻栽培技术。同时，以红优 2 号为材料，在江苏紫荆花集团大丰示范区及浙江萧山进行了耐盐品种的筛选、覆盖栽培试验及高产栽培试验示范，示范面积 5 亩；初步实现了轻度盐碱地“526”的高产目标。

（三）麻类作物盐碱地栽培技术研究

完成了 8 个亚麻品种的耐镉性能的初步筛选试验，初步确定这 8 个品种的耐镉能力大小依次是 Agatha（YM6）＞Elise（YM7）＞Viking（YM5）＞Venus（YM4）＞双亚 11 号（YM3）＞黑亚 14 号（YM2）＞美若琳（YM1）＞Hernus（YM8）。

利用不同浓度的中性盐 NaCl 溶液处理组和碱性盐 Na_2CO_3 溶液处理组对亚麻品种中亚麻 2 号做了盐碱梯度发芽试验，表明亚麻对盐碱的耐受临界值为盐度 200mmol/L，pH 值 10.03。从 381 份亚麻材料中选取了 17 个耐盐碱表现最好的品种，推荐将 HB06、双亚 10 号、Y0I342、Y0I426、BG19 和 Y0I302 等品种用于大田盐碱土种植。

选择了 10 个主栽亚麻品种进行了盐碱胁迫对种子萌发的影响研究，明确了在中性盐、碱性盐、复合盐碱条件下对相对发芽势、相对发芽率、发芽指数和活力指数的变化；通过筛选发现晋亚 9 号对中性盐、碱性盐和复合盐碱胁迫的耐性均为最强，可在盐碱地推广种植。从平板耐盐碱试验筛选出在盐碱条件发芽情况较好的 6 个品种，在黑龙江大庆盐碱地进行大田试验，筛选出一般作物难以生长的重盐碱地情况下，原茎产量达到 300kg/亩的品种 5 个；通过石膏及腐殖酸调控使原茎产量超过了 380kg/亩。在 2013 年的干旱条件下，研究发现免耕条件下与非免耕条件下植株生长、与茎重的增加基本都呈“S”曲线，前期免耕茎粗的增加略慢。通过试验总结出了适应机械化作业雨露沤制栽培模式的亚麻品种、播种期以及密度。亩产干茎产量达到 550kg，示范面积 15 亩。

进行了耐盐性大麻品种筛选，初步推测皖麻 1 号、巴马火麻、云麻 1 号以及云麻 5 号的耐盐性较高，而 SOD 活性、脯氨酸和 MDA 含量的变化与大麻品种耐盐性的关系密切，可以考虑作为大麻耐盐性鉴定的生理指标。

在大庆盐碱地种植工业大麻，形成盐碱地工业大麻高产种植技术方案 1 套，干皮产量达到 199.1kg/亩。在不同地区开展了不同前作旱地工业大麻免耕栽培试验，初步形成技术方案 1 套。在前作玉米（版纳、汾阳）、红麻（六安）、油菜（文山）免耕种植工业大麻，产量与耕地种植的基本相当，免耕种植可行。并通过盆栽试验初步筛选工业大麻专用脱叶剂，发现适当浓度的乙烯利在大麻收获前 1 周左右喷施有较好脱叶效果。

七　麻类作物轻简化栽培技术研究与示范

继续开展了适应机械化收获和田间管理的轻简化苎麻栽培技术研究，对收获前脱叶剂等进行了筛选。研究发现 2 000mg/kg 的乙烯利处理 48h 内脱落率可以达到 80% 以上，增施 2% 磷酸二氢钾及 0.5% 的尿素脱落更加均匀，且对苎麻品质没有显著影响。

建立了一个以苎麻生长的降雨量等外界环境因素和苎麻生长天数为自变量模拟模型，预测苎麻的产量和品质。通过模型预测苎麻生长到特定纤维支数的时间，可以在任何地区、任何年份的各季麻都达到企业需要的基本一致纤维支数的原麻，可很好地解决目前麻产业遇到的问题。

建立一套亚麻少免耕栽培技术，产量 800kg/亩以上，每亩节约成本 80 ~ 100 元。初步明确云南少免耕条件下的干物质积累规律。通过试验初步形成适应机械化作业雨露沤制的亚麻栽培技术，从播种到沤制可以全程机械化作业。

通过工业大麻茬口衔接相关研究得出，前作亚麻和蚕豆地免耕种植工业大麻可行，可以达到每公顷 1 500kg 地上部生物量产量水平。并提出了以免耕地、除草剂、精量播种、一次性施肥为要点的轻简化工业大麻栽培技术。

在剑麻轻简化栽培技术研究方面，开展了覆盖技术、水肥药一体化技术、免耕与轮耕技术等方面的研究，并开展了剑麻全程机械化耕作示范工作。

八　可降解麻地膜生产与应用技术研究与示范

继续开展可降解麻地膜配方优化和生产工艺改进研究，对麻地膜的水蒸气渗透性能、吸湿性、透光性、热稳定性和降解性能进行了全面分析。在湖南长沙、沅江和浙江萧山开展了不同季节麻地膜覆盖应用试验。结果表明，露天麻地膜覆盖春萝卜、辣椒、冻白菜等作物比塑料地膜覆盖和无覆盖增产效果显著，其中，白色麻地膜覆盖效果最好。

为制成机插育秧麻纤维膜新产品，尝试采用天然胶黏剂明胶、阿拉伯胶、壳聚糖与合成胶黏剂 PVA 作为胶黏剂将缓释肥料黏附在未拒水麻纤维基布上或者将缓释肥量与水稻种子黏附到麻纤维基布上制成育秧基布。研究表明，3% 浓度 PVA 更适宜作为种子肥料的黏合剂；对于晚稻种子，先将多效唑喷洒在麻纤维基布上，然后再黏附缓释肥料或/和水稻种子。

在湖北武汉、湖北赤壁、湖南沅江、浙江萧山、黑龙江兰西县和 852 农场开展早稻、中稻和晚稻机插育秧试验，研究了苗盘垫铺麻育秧膜及其在不同用土用种量下的秧苗根系形成、秧苗素质及产量。结果显示，苗盘垫铺麻育秧膜显著促进了水稻秧苗根系的生长发育，提高了秧苗素质，此效应在秧苗移栽后进一步表现为水稻具有更多的田间苗数，显著提高了有效穗数，进而提高了水稻产量；麻育秧膜育秧中，在保证育秧效果的条件下可适量减少育秧土用量；麻育秧膜秧苗田间返青快、分蘖早，其植株营养物质储备显著高于对照。

九 麻类作物收获与剥制机械的研究和集成

（一）大型苎麻剥麻系统研究

在苎麻剥制中引进了剑麻大型剥麻系统，对剥制和传送系统进行改造，已进入试运行阶段。针对大型苎麻剥麻机生产线样机剥麻滚筒缠麻、匀麻机构设计不合理、剥好的苎麻纤维不能进入接麻绳、喂麻口发生堵麻、出麻渣口堵塞等问题，进行了样机的改进设计工作，通过加长接麻绳、改进导麻板等方法，解决了剥制好的麻纤维不能进入接麻绳的问题，减少了刮麻现象的发生。重点对苎麻剥制后输送过程中堵麻的装置和结构进行部分改进。将夹持带由原来的二次夹持输送变成一次输送，输送不畅的问题得到了有效解决。调整了两对剥麻滚筒的电机频率，改变了剥麻滚筒速度，并通过调整调节螺丝的长度，对剥麻间隙的大小进行了调整。对生产线局部结构进行调整后，其运行状态及剥麻效果得到明显改善，但仍然存在喂麻不畅、二次夹持不稳和缠麻等问题。改进后的大型剥麻机进行了剥麻试验，整个生产线运转基本正常。目前，该机械能大大提高剥制效率，并能实现纤维与副产物一站式分离，为副产物的收集和利用提供了极大的便利。

（二）麻类剥皮机械研究

根据我国盐碱地、荒漠地大规模种植红麻的需求，开展大型红麻鲜茎分离机械的集成研究，完成样机改进工作，并绘制出图纸，试制出红麻鲜茎剥皮机样机 1 台，并在河南信阳等地进行了示范应用与改进。一是将第二对压辊轴承座装置改为只能上下移动的可调弹性装置，减少压辊之间的碰撞和摩擦；二是加大输出皮带支架的材料型号，提高其工作稳定性，避免工作过程中接麻皮带的跑偏现象发生；三是设计链条传动输送带进行麻皮输送试验，避免了输送带跑偏现象，经剥皮试验链条输送带输送麻皮效果较好。该机剥净率≥90%，鲜皮含骨率 7.22%，鲜皮生产效率可达 1 000kg/h 以上，工作噪声 97.5dB。

（三）麻类收获机械研究

研究改进了麻类收获机械，并开展了农机农艺结合研究。提出了底盘采用液压无级变速行走装置强化了行走履带防脱轨装置，采用双动刀切割形式提高了切割质量和刀片的耐磨性，采用双层强制性夹持输送提高了割台输送性能。进过进一步的优化设计、改进、试制、试验，并对切割刀片的切割质量及耐磨性、割台输送和纵向输送采用强制输送的可行性、切割和输送的配合等进行研究，研制除了 4LMZ160 型、4LMZ160A 苎麻收割机。两种机型均通过了湖北省农机检测站的检测，性能指标达到了设计要求。机具试制完成后分别于 2013 年 5 月、6 月、8 月和 11 月在湖北省咸宁市咸安区横沟镇进行了 4 次试验和可靠性考核。试验表明，本轮设计的苎麻收割机切割装置的结构与形式是可行的，强制输送效果较好。根据农机与农艺相结合的思路，通过将种植方式改为畦作，有效地解决了垄高沟深的苎麻地的行走问题。切割和输送的基本流畅，取得了很大进展。另外，对东北大麻产区进行了大麻品种特性、种植和收获现状等情况的调研，制定了大麻收割机总体设计方案。

十 麻类生物脱胶与新产品加工技术

（一）生物脱胶技术与工艺研究

麻类生物脱胶工艺装备研究取得突破。形成了与生物脱胶工艺配套的 2 款工艺装备，即生物脱胶原料预处理机组和生物脱胶碾压水冲耦合洗麻机组。基于其新颖性、先进性和实用性突出，申请了2项实用新型专利。并在湖南广源麻业有限公司、江西井竹科技股份有限公司开展了苎麻脱胶高技术产业化示范工程建设。

选择了新型的氧化剂对苎麻纤维进行氧化处理及改性技术研究，使苎麻纤维制成率提高10%～15%，脱胶工艺时间缩短，能耗显著降低。但在纤维的脆性、伸长性等方面还需要进一步的完善与改进。使用新型的环境友好型过氧化物——过碳酸钠对苎麻进行脱胶处理研究发现，该方法可应用于苎麻快速脱胶工艺。

应用新功能菌株DCE－01对苎麻、红麻、黄麻、大麻、亚麻、龙须草、麦秆等草本纤维原料进行了生物脱胶处理试验。结果证实：DCE－01菌株具有剥离各种草本纤维原料非纤维素的能力，发酵6～8h可以实现苎麻、红麻、黄麻、大麻、亚麻完全脱胶，采用适当机械物理作用补充可以达到生物制浆目的。

通过采样、分离、筛选及宏基因技术，从麻类脱胶富集液中分离、筛选出84个具有麻类脱胶功能的菌株，隶属8属12种。同时，通过基因操作方法，构建基因工程菌株3个（包括多基因共表达体系）。此外，提纯复壮并保存常用高效菌株500拷贝。在模拟工厂化条件下，应用DCE－01及其模式菌株对五种麻类纤维原料进行了生物脱胶试验。其中，工业大麻韧皮生物脱胶制成率61.8%；红麻生物脱胶高浓度废水中COD约4 800mg/L，沉淀物约占污染物总量的80%。胞外复合酶催化活性分析表明，DCE－01菌株8h纯培养液中果胶酶、甘露聚糖酶和木聚糖酶活性依次为其模式菌株的4.4倍、4.6倍和5.3倍。“高效节能清洁型苎麻生物脱胶示范工程”在湖南、湖北、江西多家企业试验示范，年生产精干麻超过30 000t，增收节支效益超过6亿元，生物脱胶制成率达70.5%，精干麻的残胶率为4.8%。

（二）纤维性能改良与加工技术研究

系统考察了亚麻纤维线密度、亚麻纤维长度及长度不匀率、强度及强度不匀率、回潮率、含油率、粒结杂质数等主要技术指标，制订了精细化亚麻纤维评价技术标准。采用织物单面压缩测试法提取苎麻类织物毛羽特征值，考察苎麻织物压缩时表面毛羽集合体的力学指标来评价刺痒感。研究表明，使用高支纱、混纺纱进行交织并对织物组织进行设计可以大大减小苎麻类织物的刺痒感。

建立了苎麻纤维纱线性能的预测模型，分析得出纤维各个性能指标对成纱性能影响的重要程度。与江苏丹阳毛纺厂和江苏江阴华芳毛纺厂等企业的合作，优化了苎麻的毛纺路线纺纱工艺技术。并为湖南瑞亚高科集团新建的苎麻长麻纺的设备选型提供了依据。

《精梳大麻棉混纺本色纱》和《精梳亚麻棉混纺本色纱》两个行业标准通过审核。“苎麻精干麻硬条（并丝）率试验方法”于2013年12月20日通过了由国家纤维检验局组织的专家审定，该方法的制定，为苎麻精干麻品质的评价与检验提供了基础和依据。《苎麻纤维细度的测定（气流法）》国家标准的制订工作按计划进度要求，完成了苎麻纤维细度的测定（气流法）法与苎麻纤维细度中段切断法检测的对比基础数据的积累、分析的工作，并研制预期配套的性能测试（开松）仪，进一步完善了该方法的建立与检测标准的确定。

（三）纤维质能源加工技术研究

开展了纤维质能源菌株的选育工作，分离出1个具有一定酶活力的菌株，命名LY－4。其纤维素酶活为22.8IU/ml，木聚糖酶活为442.6IU/ml。成功将植物源的木糖异构酶基因导入酿酒酵母CEN.PK113－5D中，并使获得的重组C5D－W菌株具备了较好的己糖木糖共酵能力，木糖利用率达到52.3%。

以快速腐烂的苎麻基质为对象进行了产酶菌的筛选，获得了2株具有较高酶活的菌株，并发现

0.4%玉米粉和0.4%硝酸钾可提高LY－4菌的发酵酶活至638.5U/ml。针对工程酵母菌株C2X－pXylB进行木糖发酵条件优化，明确了木糖发酵优化参数，木糖的利用率大于83.2%，糖醇转化率高于0.44g/g。

开展了红麻纤维糖化技术研究，对酸水解及汽爆＋酶解糖化液进行成分分析，分析表明，汽爆＋酶解的糖化液以葡糖糖和木糖为主，其中葡萄糖含量占67.6%～71%和木糖含量占25%左右，甘露糖、阿拉伯糖等含量较低，且检测不到果糖。由此可见，红麻韧皮糖化液可发酵糖含量较高，适合于乙醇发酵。用酿酒酵母S132对汽爆＋酶解的糖化液进行初步发酵试验，最终的酒精浓度约为1.1%。

测定酿酒酵母重组菌株C5D－W利用木糖发酵乙醇的能力，发现C5D－W在24h内即可将葡萄糖代谢完毕，随着葡萄糖的急剧减少，其菌体呈指数生长，乙醇快速生成。24h以后，菌体浓度保持稳定，随着木糖较快的利用，乙醇继续较快生成，木糖利用率为52.3%，相比对照菌株提高了5.59倍，乙醇产率可以达到0.42g/g消耗糖。

十一 基于多用途的麻类产业持续发展研究

对湖南省苎麻产业发展存在的问题进行了分析，提出2013年麻类产业发展的五大趋势：麻类产业结构性调整，形成纵向一体化；研发重点转向良种繁育和深加工技术；行业进一步紧密联合，形成麻类行业联合会；麻类作物多用途是重点攻关的方向；加工环节转向生物化、环保化，并根据现阶段麻类产业发展存在的问题和发展趋势提出了相应的政策建议。分析了苎麻高产高效种植与多用途技术经济效益分析，在传统利用模式的基础上提出“369模式”和“3（15）模式”，并分析了改进后模式的经济效益。

在分析我国麻类产业特点基础上，指出麻类产业当前存在的诸如技术成果转化慢、科研与生产脱节、产品创新缓慢等问题，提出2014年麻类产业发展的三大趋势：麻类多用途技术与应用趋向产业化示范；麻类生产方式向生态与种植园模式发展；麻类纺织加工技术转向多样化与精细化。并根据现阶段麻类产业发展存在的问题和发展趋势提出了诸如加大麻类多用途产业化示范与应用推广、促进无污染脱胶技术研发和成果转化和加大麻类科技创新和多产品的技术研发等麻类产业发展建议。

深入对麻类多用途的研究，重点对麻类多用途的利用前景进行分析和探讨，开展了麻类多用途综合利用及战略专题研究。该研究专题将深入分析麻类作物饲料化与食用菌基质化以及麻地膜、麻育秧基布等新产品的综合利用，并进一步对麻类作物在环保、建材等领域中的拓展应用进行分析。在此基础上，该研究专题还就如何有效实施麻类产业可持续发展战略，强化麻类产业各环节自主创新能力建设的战略发展问题进行探讨。该专题的研究对于提升我国麻类资源高效综合利用水平，满足农业现代化对资源节约与环境友好的要求起到积极的推动作用。

十二 示范与培训

（一）建立示范基地，落实体系任务

2012年麻类体系试验示范与示范基地建设工作进展顺利。依托各试验站，在各主产麻区建立示范基地共131个，示范面积达3 575亩，其中，苎麻示范基地770亩、亚麻示范基地625亩、大麻示范基地585亩、黄/红麻示范基地795亩和剑麻示范基地800亩。将示范基地建设成为与地方创新团队和基层农技推广工作对接的重要平台，形成科技服务的巨大合力。

按照国家麻类产业技术体系与农业部签订的《任务书（2011—2015）》的要求，采用岗站对接（岗位专家与试验站）、任务牵线（体系十一大重点任务）和突出区域特色等方式落实了体系的各项任务。

（二）开展技术培训，支撑产业发展

为贯彻落实《农业部办公厅关于现代农业产业技术体系贯彻落实中央一号文件精神扎实开展农业科技创新和服务的通知》（农办科〔2012〕10号）精神，切实把“2012年麻类产业任务书”规定的科技服务工作与农业部“农业科技促进年”活动紧密结合起来，国家麻类产业技术体系积极组织开展“基层骨干农技人员和种养大户培训活动”，活动以“展示先进技术、培训基层骨干、保障麻类丰收”为主题，以“技术覆盖全部生产环节、培训覆盖全部主产县区、展示覆盖全部示范基地”为主要目标，以“全年全程培训千名基层骨干农技人员和种养大户”为重点任务，以“首席科学家牵头、岗位科学家参与、综合试验站负责实施”为组织架构，深入推进农业科技快速进村、入户、到田，推进麻类产业技术提高，提升麻类体系技术支撑能力与社会认知度。2012年度，共培训人员达7 775名，包括岗位人员741人、农技人员2 610人、农民4 424人。

2013年，国家麻类产业技术体系重点结合当前研发重点任务并已取得重要进展的技术成果，通过开展培训班、技术咨询会、科技入户、实地示范指导、发放宣传资料等方式，多途径、全方位地开展了技术培训活动。培训的内容在种植环节，主要有新品种、高产高效种植技术、盐碱地栽培等非耕地利用技术、抗逆栽培技术、轻简化实用技术、机械收获与剥麻技术、有害生物防控技术等；在加工环节，主要包括副产物青贮饲料加工技术、副产物栽培食用菌技术、可降解麻地膜生产与应用技术；另外麻类体系将高产品种、高效种植技术、副产物多用途技术、机械化生产技术、动物养殖等单项技术整合起来，形成了循环农业技术模式，并在此基础上大力宣传培训。全年共培训人员达10 281名，其中，包括岗位人员924人、农技人员2 541人、农民6 816人。

在开展培训工作中，以苎麻高产高效种植与多用途技术、可降解麻纤维育苗基布用于机插水稻育秧等技术的培训为代表，得到了技术用户和相关领导的充分肯定。农业部副部长、中国农业科学院院长李家洋院士一行，农业部科技教育司刘艳副司长、张国良处长、徐利群副处长，湖南省政协委员，长沙市主要负责人，湖南省和湖北省相关农业主管部门等先后进行了实地考察，为麻类产业技术发展起到了重要推动作用。

1. 苎麻多用途技术培训

2013年9月5～8日在湖南省长沙市组织了“苎麻养牛与栽培食用菌关键技术的推广应用项目启动会暨苎麻多用途技术培训会”。来自湖南涟源市、沅江市、汉寿县、新晃县、张家界市、醴陵市等地方畜牧水产局和农业主管部门的领导、养殖大户、示范基地技术骨干、企业代表、国家麻类产业技术体系6个苎麻试验站团队成员及示范县代表等共计60余人参加了培训。培训班设置了饲料用苎麻品种“中饲苎1号”繁殖与栽培技术要点、苎麻高产栽培与369工程关键技术、苎麻饲料青贮加工技术、苎麻颗粒饲料制粒技术、苎麻养殖肉牛关键技术、苎麻园生态肉鹅养殖技术、食用菌栽培概述与理论和麻类副产物工厂化栽培高档食用菌技术等八个专题讲座，分别从种麻、加工、养殖、食用菌栽培等方面做详细的讲解，并结合现场观摩与实地操作指导进行了全面培训，取得了良好效果。

2. 麻育秧膜机插水稻育秧技术培训

2013年4～8月分别在湖南沅江、湖北咸宁和浙江萧山举办了“麻育秧膜机插水稻育秧现场观摩会”，并参加了广州科技成果展和武汉科技成果展等活动，受到了行业专家、农机与种植大户、地方农技人员及部门领导的高度评价和湖南卫视、湖南日报和农民日报等媒体的高度关注。与会代表认为麻育秧膜机插水稻育秧技术突破了水稻机械化生产育秧瓶颈，是一项划时代的新技术。2013年累计培训农技骨干和农户130余人，分发资料600余份。该技术成果还在湖南、黑龙江、湖北、浙江等省进行了生产示范，其中，湖南省75个县市均开展麻育秧膜集中育秧示范，黑龙江兰西、852农场都开展了大面积的应用示范，2013年累计推广麻育秧膜机插水稻育秧10余万亩，示范取得了很好的增产增效效果。

第三章　我国麻类产业发展的主要障碍、特征与建议

一　麻业发展的主要障碍

（一）种植业与加工业分离，种植效益空间不断受到挤压

当前，麻类产业种植业和加工业处于分离状态，各级政府没有制定、出台相关工业反哺农业的优惠扶持政策。企业在利益最大化的驱动和国际市场形势不为乐观的情况下，采取了压低原麻收购价格以维持效益的方式，进一步加剧了工农业的不协调。原麻收购价格逐年走低，种麻效益下降，种麻收入无保障，种植面积逐年减少，最终导致了麻农弃麻毁麻、企业无麻可纺的恶性循环，严重影响了麻类产业的健康稳定发展。

（二）技术成果转化慢，科研与生产脱节问题仍然严重

麻类是我国传统的特色纤维作物，一直沿用手工方式收获，机械化作业程度低，生产成本过高。在加工过程中，仍沿用烧碱煮炼、水沤洗等传统脱胶方法，水量消耗过大、环境污染严重、麻纤维制成品率低资源消耗大，效益不高。技术研发工作主要由科研单位完成，尤其是国家麻类产业技术体系的建立，储备了一批高效的技术。但是，企业迫于当前低迷的产业形势和缺失的扶持政策，引进、消化新理念、新技术的能力不断下降，科研与生产脱节的问题依然严重。

（三）产品创新缓慢，国内消费群体尚未培养起来

当前麻纤维纺织产品市场由于相关扶持政策的缺失，加上推广和宣传力度不够，国内消费群体还没有培养起来。国内市场对麻产品的认识还局限在“风格粗犷”等传统特点中，与偏好于精细化纺织的消费习惯大相径庭。国际市场的低迷导致企业资金流通不畅，产品创新缓慢，国内消费群体的培养还需要假以时日。在麻类作物多用途中，以副产物饲料化和食用菌基质化为代表的产品研发与应用，受限于长期以来处于低迷状态的产业形势，生产规模目前还没有完全恢复，麻类多用途技术潜在的规模效益尚未凸显。

（四）麻类作物多用途技术产业化应用尚在起步

一方面，黄/红麻、剑麻、工业大麻的高效、大宗、新型产品的研发还没有取得突破性进展，应用领域比较狭窄。另一方面，苎麻多用途等相关技术成果属新生事物，在宣传力度不够、苎麻种植萎缩等因素的影响下，其产业化应用仍处于小规模示范阶段，对推进整个产业现代化进程的效果还没有体现出来。

（五）纺织原料产业缺乏规划，结构性问题突出

近年来，我国纺织品出口数量不断增加，对纺织原料的要求也越来越严格。但天然纤维与化纤相比，在功能性开发上远远落后，而国家对各种类型纤维也缺乏结构性的调整与规划，导致天然纤维整体产量有所下降。鉴于能源和资源的可持续性，如何协调天然纤维与化纤、天然纤维之间等各纺织原料产业的发展，以保持一个合理的结构将是我国纺织行业面临的一个新问题。

（六）麻类多用途缺乏多产业联合的机制

加强麻类副产物资源化利用是促进麻类产业发展的一个关键任务。随着麻类多用途研究的深入，麻类副产物资源化利用技术不断成熟，如何将这些多用途产业化推广和利用将是接下来麻类产业面临的重要课题。由于麻类的多用途往往与其他产业相关联，这就要求相关产业能够在研发、生产、销售等方面对麻类多用途产业进行支撑，逐步形成以麻类多用途为核心的多产业联合机制，但目前还没有相关政策。

二　麻类产业的发展特征与趋势

（一）麻类多用途技术与应用趋向产业化示范

近年来，麻类多用途开发利用不断加深，目前麻类在用作饲料、水土保持作物、食用菌培养基质、生物能源、制浆造纸、麻碳、环保型麻地膜、麻塑材料、菜用和药用等方面的应用推广逐步向产业化方向发展。尤其是麻类作物副产物饲料化与食用菌基质化技术上的突破，为麻类作物的种植效益提升、草食动物养殖与食用菌栽培成本的降低等方面提供了有力的技术支撑。2013 年麻类作物多用途方面，将进一步加深副产物饲料化等方面的产业化应用与示范。

（二）麻类生产方式向生态与种植园模式发展

将生产方式向种植园模式转变，是解决农业与工业脱节问题的有效手段。通过麻类产业链的运筹布局，应用无污染脱胶技术等，将原料生产环节延伸到初加工环节，消除原料由企业单方定价、挤压农户利益的弊端，形成农业与工业合理分工的格局；或通过企业建麻园和原料基地，保障稳定的原料供给，以原料生产和加工结合的方式，解决农业与工业脱节的问题。

（三）麻类纺织加工技术转向多样化与精细化

纺织加工一直是麻类的主要利用方式。近年来，麻类纺织加工技术不断发展，尤其是在生物加工处理、微波技术在纺织品染整加工中的应用、加工机械改良方面的研究逐步加深，纺织加工技术呈现多样化、精细化的趋势。

（四）麻类作物多用途开发与产业化应用进一步熟化

麻类作物产业技术的研发重点向高产高效种植与多用途开发进一步延伸。在原料生产环节，麻类作物单产将取得更大面积的显著提高，并在生物质原料供给方面取得显著进展；在加工方面，以复合材料为代表的黄麻、红麻等作物的多用途产品研发将加深；在成果转化方面，麻类作物副产物饲料化、食用菌基质化、可降解麻地膜等成熟技术成果的产业化应用进一步深化。

（五）麻类纤维纺织设备与技术更新加快

得益于麻纺国际市场的复苏与看好的前景，麻纺企业的资金等实力有所增长，设备与技术更新的积极性有所提高。为尽快解决脱胶污染治理成本高、麻纺产品档次偏低、纺织设备陈旧等问题，2014年相关技术与设备的更新速度将加快。通过新型麻纺织工艺和纤维加工技术装备项目的研制，走产学研联合的道路，促进麻纺织行业设备升级换代。在技术研发方面，将重点转向满足国内市场需求努力扩大内需，对内销、出口结构加以调整，降低企业对国际市场的依存度，实现企业的可持续发展。

（六）出现现代麻业

随着现代科技的推进，麻类产业也进入了新的现代化阶段，现代麻业以高效、环保、规模化、多用途为特点，将突破传统的种植方式，不断向机械化、规模化、轻简化方向发展。麻类产业链各个环节的相互渗透不断加深，加工方向也将有所调整，通过密切结合环保、节能、高效的发展趋势，重点着力于生物质材料与复合材料等方向的研究。

三 推进我国麻类产业发展的建议

（一）加大麻类多用途产业化示范与应用推广

麻类作物副产物饲料化和食用菌培养基质化、可降解麻地膜等生产与应用技术上已经成熟，但是由于人们对于这些用途的不了解，导致麻类新用途的产业化应用和推广步履维艰。因此，为进一步促进麻类多用途产业的发展，需要不断加大对麻类新用途产业化应用的推广。我国麻类种植面积大，副产物多，通过收获、加工、运输技术的整合和新饲料生产与菌类栽培等成果的应用，市场潜力大，建议大规模推广应用，探索产业化模式。

（二）优化麻类生产布局，推进种植园式生产

一是要加大麻类作物种植的政策扶持力度。消除由于补贴造成麻类种植比较效益下降、植麻积极性下降等因素，稳定麻类种植面积。二是重视非耕地的利用。推进苎麻向山坡地、亚麻向冬闲地、黄/红麻向盐碱地发展的战略，提高土地利用率。三是要按照不同地区的区位优势，布局以供给纺织、饲料、食用菌培养基原料等不同目的的种植园。充分考虑该区域麻类多用途产业化应用的适宜性及前景，努力建设麻类种植、研发和多用途产业化应用相协调的麻类产业带。

（三）加强麻类高新技术研发投入，促进技术成果转化

亚麻不仅可以供给纤维，还可以在亚麻油等优质食用油、保健品的生产上有所作为。大麻纤维、大麻籽也有类似的作用。黄/红麻纤维当前受化纤等产品的替代影响，亟须寻找大宗用途。加工环节中的技术落后是制约我国麻类产业发展的重要因素，要结合实际情况提升技术，加大麻类高新技术研发投入，特别是麻类机械化生产与多用途新型产品研发方面的资金投入，以技术链升级推动产业链升级。引导麻类产业走种植、加工和贸易“三位一体”的产业发展道路，实施加工企业向原料生产环节延伸或原料生产者向加工环节延伸的发展模式，促进技术成果转化

（四）建立健全麻类产业优惠政策，增强种麻积极性

从技术改进、体制改革、放松银行信贷、给予税收优惠等各方面实行政策倾斜；制定可行有效的

补助政策进行补贴；通过价格调节补助政策在市场行情低迷时对麻农售麻差价进行补助，以此排除企业和农户在种植上的后顾之忧，增强企业和农户对种植麻类作物的积极性，保障麻类产业健康、持续发展。

（五）重视挖掘麻类作物生态功能，调整产业结构

麻类作物应用于非耕地的优势被广泛认同，国家麻类产业技术体系已研发了相应技术。进一步加快挖掘麻类作物生态功能，发展非耕地种植，扩大耕种土地面积，调整污染区域农业产业结构，促进生产与生态恢复。

（六）加快现代麻业研究与规划的步伐

积极响应麻类产业现代化的号召，加快研究与整体规划的步伐。重视麻类作物在纺织与新生物质材料等领域的战略地位，制订各层级发展规划与目标。加大对麻类产业科技加大对先进生产理念与技术的引进力度，配套新型环保、高效生产技术与设备补贴政策，促进产业技术与设备的更新。

第 二 篇

产业技术研究进展

第四章　资源与育种

一　苎麻

（一）优质苎麻新品种选育与示范

按照苎麻高产高效种植技术的要求，2012 年、2013 年分别对中苎 1 号、中苎 2 号示范地进行了经济性状测定（表 4－1）。其中，2012 年中苎 1 号头麻的株高为（189 ±25. 6）cm，茎粗为（1. 21 ±0. 22）cm，皮厚为（0. 87 ±0. 2）mm，有效株数为 3. 1 株/蔸，有效株率为 93. 7%；二麻的株高为（131. 6 ±10. 7）cm，茎粗为（1. 01 ±0. 14）cm，皮厚为（0. 87 ±0. 16）mm，有效株数为 5. 0 株/蔸，有效株率为 95. 3%。中苎 2 号头麻的株高为（186 ±27）cm，茎粗为（0. 92 ±0. 13）cm，皮厚为（0. 66 ±0. 12）mm，有效株数为 6. 5 株/蔸，有效株率为 95. 3%；二麻的株高为（122 ±8. 4）cm，茎粗为（0. 88 ±0. 12）cm，皮厚为（0. 70 ±0. 15）mm，有效株数为 6. 6 株/蔸，有效株率为 88. 1%。

表 4－1　2012 年两个苎麻品种二龄麻经济性状测定结果

类别	中苎 1 号		中苎 2 号	
	头麻	二麻	头麻	二麻
株高（cm）	189 ±25. 6	131. 6 ±10. 7. 6	186 ±27. 0	122 ±8. 4
茎粗（cm）	1. 21 ±0. 22	1. 01 ±0. 142	0. 92 ±0. 13	0. 88 ±0. 12
皮厚（mm）	0. 87 ±0. 20	0. 87 ±0. 160	0. 66 ±0. 12	0. 70 ±0. 15
总鲜重（kg/亩）	1387	1298	1381	1183
有效株率（%）	93. 7	95. 3	95. 3	88. 1
每蔸有效株数	3. 1	5	6. 5	6. 6

从育种圃中筛选出一批农艺性状优良的单蔸材料和优良饲用苎麻资源，进行扦插繁殖，并进行杂交，创制新种质。繁育出 NC03、中饲苎 1 号无性繁殖苗共 15 万多株。新品系 NC03 已选送参加全国区试。该品种由厚皮种 S2 × 玉山麻 S2。1999 年配制杂交组合，2000 年入选优良单蔸，2001—2002 年进行蔸系比较和鉴定。2005—2006 年品系小区产量为原麻产量 180kg/亩，2005 年 NC03 的平均支数为 2 875，该品种叶片椭圆形，叶色深绿，主叶脉红色，叶面皱纹多，叶柄红色，有托叶，微红，夹角小，叶片分布均匀，冠层结构合理。该品种分株能力中等强，无效分株少，植株挺拔，茎秆粗壮，上下均匀一致，群体结构整齐协调；抗逆性强。麻皮与麻骨易分离，麻骨微红色；原麻青白色，锈脚少，含

胶量低，品质优良。株高一般185～205cm，茎粗1.0～1.3cm。雌花红色，果穗长10～15cm，瘦果即种子黄褐色，千粒重0.052g，结果量较少。全年三季合计工艺成熟期185d，其中，头麻70d、二麻50d、三麻65d。新品系NC03产量与中苎2号相当，年平均纤维细度在2 400支以上，头麻纤维细度高达2 600支。NC03是深根型品种，水土保持效果好；并且具有茎秆挺拔、坚硬的特点，抗风性能突出，能够满足中坡地生长的要求。

2013年，在湖南沅江试验基地进行了NC03品比试验。该年度沅江地区旱情严重，未进行特殊的灌溉，在自然条件下，NC03的年纤维产量为204.87kg/亩，对照圆叶青为：211.08kg/亩。两个品种在纤维产量上差异不显著。NC03的年生物产量为：6 342.85kg/亩，对照圆叶青为：6 015.70kg/亩，略高于对照，差异不显著。但纤维品质方面，NC03头麻的纤维细度为2 347支，比对照圆叶青的1 564支高50%，可以满足高档面料纺织的要求。

另外，鉴定出高细度种质4份，即31－2、38－3、50－3、36－2，细度分别为3 159、3 096、3 046、2 923m/g。表型鉴定发现雌性不育种质2份。对远缘杂交获得的17份材料的种子播种栽培，并采用分子标记方法进行了亲子鉴定。对103份苎麻种质进行了全年生育期和基本形态特性的调查与记载，采集原始数据30 000多个，数据库新增数据约20 000个。

（二）苎麻自交后代遗传分析

从筛选出的多态性SSR引物中挑选29对，进行各苎麻品种的自交S1代分析。目前，已完成赣苎3号分子数据分析，共扩增出82条条带，其中多态性条带59条，占总条带的71.9%（图4－1）。平均每对引物扩增出2.82条。Popgene结果显示，赣苎3号苎麻品种平均等位基因数为2.27，有效等位基因数为1.83，观测杂合度为0.501，预期杂合度为0.4367，遗传多样性指数为0.6563。将53个个体聚类分析得个体间最小遗传相似系数仅为0.65。赣苎3号杂合度较高，从扩增结果图中也可以看出在同一位点扩增出的条带类型较多，后代的变异较大，在生产上不适宜种子繁殖。

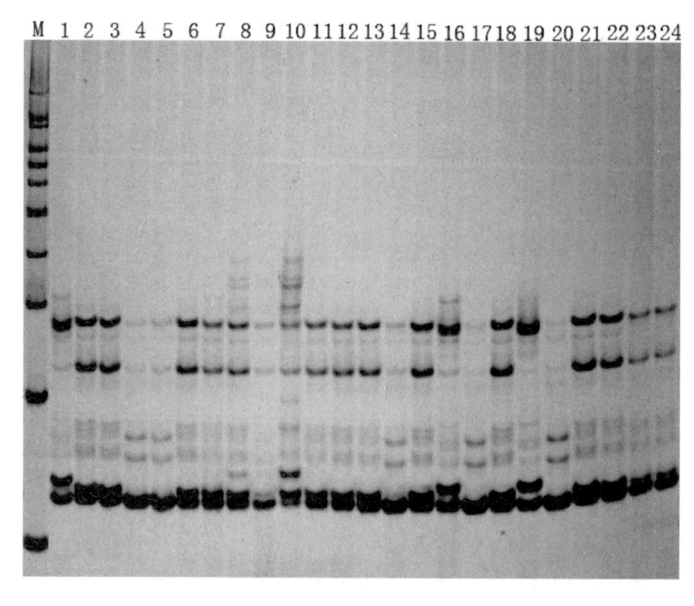

图4－1　赣苎3号S1代部分样品引物B53扩增图

中苎1号自交后代聚类分析结果遗传相似系数最小为0.79，最大为0.94。在遗传相似系数为0.817处将23个自交后代分为3类，7号和21号植株各单独为一类，其余21株聚类一大类。

中苎2号自交后代遗传相似系数最小为0.76，最大为0.97，大部分集中在为0.85以上。说明中苎2号自交后代倾亲遗传性很高，自交后代分离变异程度不是很大。

赣苎 3 号自交 S1 代遗传相似系数最小为 0.73，最大为 0.90。在遗传相似系数为 0.736 处将赣苎 3 号自交 S1 代 57 株植株分为三大类。

华苎 4 号聚类分析结果显示遗传相似系数最小为 0.72，最大为 0.96。在遗传相似系数为 0.765 处将华苎 4 号自交后代 53 株植株分为三大类。

综合田间性状和分子标记分析，中苎 1 号和中苎 2 号杂合度值较低，自交后代变异程度较小，可以考虑在生产上应用种子繁殖。赣苎 3 号和华苎 4 号杂合度较高，变异程度较大，遗传多样性相对丰富，不太适合在生产上应用种子繁殖。

（三）苎麻纯系选育研究

继续开展苎麻纯系筛选工作，从杂交种子中筛选双胚苗，延迟授粉后代种子中筛选单倍体，从高代自交后代中筛选纯系。

（1）通过高双胚苗材料正反交试验，得出苎麻多胚特性属于胞质遗传。以靖西青麻和中苎 1 号杂交种中，筛选出 21 对双胚苗和 3 株三胚苗，用 SRAP 标记对这些材料及其亲本进行聚类分析，在遗传相似系数 0.51 处可将全部材料划分为 A、B、C、D 四类群，在遗传相似系数 0.586 处，A 类群又可以分为 3 个亚群；多胚苗与亲本没有出现扩增条带完全一致的情况，说明苎麻多胚材料与无融合生殖无关。

（2）用 30 对 SSR 引物对中苎 1 号、中苎 2 号自交 5 代、6 代、7 代的后代进行分子标记筛选，筛选出 3 株纯合位点较多的植株，其中纯合率最高的为 83%。9 月对筛选出的植株进行自交，准备 2014 年再考察其纯合度。

（四）苎麻 GS 基因研究

克隆获得控制苎麻氮代谢关键基因谷氨酰胺合成酶（GS）基因家族成员的全长 cDNA 序列，命名为 BnGS1－1、BnGS1－2、BnGS2－1、BnGS2－2。通过序列及同源建树分析，发现苎麻 GS 基因蛋白序列特点使其具有高的氮合成效率和强的环境适应性（图 4－2）。同时，发现其与苜蓿（*Medicago sativa*）和大豆（*Glycine max*）具有很近的亲缘关系，进一步证明其在饲用性能上跟它们具有相似性。通过 GS 基因的表达和定位分析，发现 GS 基因家族在苎麻不同组织呈现不同的分布特征，不同发育阶段也呈现不一样的表达特性，同时，在不同的发育阶段，一个或几个 GS 起着决定性作用。在苎麻快速生长过程中，BnGS2 及 BnGS1－1 具有很高的表达量，说明这几个基因控制苎麻快速生长中氮的合成；同时也发现 BnGS1－2 与苎麻纤维发育具有一定的相关性，表现为 BnGS1－2 在苎麻纤维发育过程中，在韧皮部和木质部被快速诱导。

（五）主要苎麻品种系谱数据库建设

在建立中国主要苎麻品种系谱数据库的基础上，对主要品种遗传多样性进行分析。从 76 对 SSR 引物中筛选出 29 对多态引物对我国 9 个主要苎麻品种进行遗传多样性分析，共检测到 152 个位点，其中，多态性位点为 127，占总扩增位点的 83.5%。每对引物检测到 2～11 个位点，平均为 4.38 个，片段大小介于 100～600bp。Popgene 分析显示 Nei 基因多样性为 0.3371，Shannon 信息指数为 0.5071。聚类分析结果显示 9 个苎麻品种的遗传相似系数为 0.58～0.80。在遗传相似系数为 0.61 处可将全部材料分为 A、B、C 三大类，分子水平上说明供试材料遗传基础较狭窄。聚类分析结果与系谱来源有较好的一致性。9 个苎麻品种遗传多样性的研究为苎麻种质资源的开发和利用打下基础。

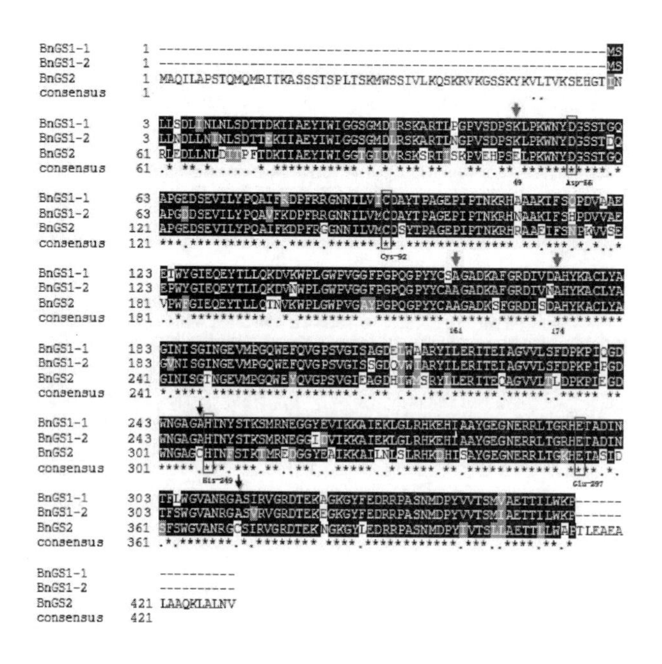

图 4－2　GS 基因序列

（六）苎麻分子身份证构建

确立了在冰浴条件下的多重 PCR 反应体系，利用一套 SSR 核心引物（8 个），建立了苎麻种质 DNA 分子身份证构建体系和关键技术，并构建了 110 份苎麻种质 DNA 分子身份证（表 4－2）。

表 4－2　110 份苎麻种质资源的 DNA 分子身份证

品种名称	DNA 分子身份证	品种名称	DNA 分子身份证
瓦窑苎麻	43311132	满娘苎麻	32246322
赣杂 2 号	23122223	绿竹白	44424323
庙坝苎麻	23413323	大浴见刀白	34231123
思茅红苎麻	24434323	衢县苎麻	34224223
水箐青麻	12435223	竹子鞭	44214103
宜春铜皮青	24221233	阳朔鸡骨白	23217312
鸭池白麻的	54326123	虎皮麻	24221312
荣昌苎麻的	25221113	阳新细叶绿	44426312
广东黄皮蔸 2 号	42444113	湘苎 6 号	23418313
青叶苎麻	45425323	宁都大白麻	24231213
贺县家麻	37214303	湘苎 1 号	14246213
广皮麻	54215323	新民青麻	17646213
卷洞土麻	27221113	油漆麻	12326313
栗木青麻	24336333	白叶麻	74323113
大刀麻	32227223	黎川厚皮苎麻	35326332
黎平青麻	32453122	波阳黄叶麻	47640132
里达苎麻	34436223	小青秆	11324132
革步青麻	25248123	宜黄家麻	43325322

（续表）

品种名称	DNA 分子身份证	品种名称	DNA 分子身份证
桐木青麻	24223213	咸宁大叶绿	74626233
青皮大麻 1 号	24221123	野苑子	44235332
高安麻的	22334133	天台铁麻	32211132
余江麻	24321233	大叶红蚱蜢	34415312
福利丝麻	13224123	江口青皮	30265122
务川白麻	55201333	龙塘白麻	30244122
宣汉丛麻	34323323	武昌山坡苎麻 1 号	74236133
南充苎麻	35329322	锦屏青麻	50236133
西宁线麻	45221232	青皮秆	44224123
蒲圻大叶绿 1 号	24625223	分宜黄庄蔸	34231122
武隆红秆	37225222	黄九麻	17221222
小骨白	54221133	广皮麻	14446232
榕江白麻 1 号	43226223	黔苎 1 号	04025033
牛蹄麻	34233323	娄山黄皮麻	54233133
南城厚皮	54221333	安龙苎麻 2 号	44233032
黄青蔸	27226323	岭巩青皮麻	25221133
资溪麻	53225323	日本苎麻 7 号	54220233
大田黄秆	27235323	协力青麻	72334332
宁都野麻	07226123	苦瓜青	44424122
黑皮麻	37234123	隆回白麻 1 号	04465123
天宝麻 1 号	54215123	永善苎麻	77333223
长沙青叶麻	43224332	红骨筋	37621333
川苎 2 号	24265323	玉山麻	44225132
南城薄皮苎麻	72225113	印尼 1 号	20225132
宁都青苎麻	52234112	四川高堤白麻	72334222
山青白麻	21541132	印尼 2 号	02225232
恩施青麻 2 号	23424323	高堤青麻	14243222
新宁青麻	54224222	定业苎麻	22234132
洗马土麻	72430222	勐拉苎麻	47321322
印尼 3 号	72237322	盛坝线麻	25313123
遵义串根麻	27637332	新铺青麻	74325232
大浴见刀白	54615322	天排山野麻	14234233
小叶芦秆	77225223	黄金蔸	54334132
平昌家麻	34225212	崇仁苎麻	34432323
耒阳黄壳麻	24225232	葛根麻	24325222
宜黄家麻	47323223	天宝麻	22333332
B	27223223	黄平黄秆麻	57224333

（七）苎麻近缘种无融合生殖研究

1. F_1 代杂交群体生殖性状调查

完成悬铃叶苎麻无融合生殖型和有性生殖型的 F_1 代杂交群体的生殖性状调查，初步确定了后代群生殖分离的比例。悬铃叶苎麻无融合生殖型和有性生殖型的 F_1 代植株共 107 株；调查结果显示只开雌花植株 16 株，开两性花植株 48 株，未开花植株 45 株；（开两性花植株数量：单雌植株数量 =3：1）。首先对 F_1 代植株雌花进行整体透明观察胚胎发育和大孢子发育情况，发现 F_1 单雌植株大孢子发育为二倍体孢子生殖方式；并且在两种开花类型植株开花前进行套袋处理，种子成熟后播种发现两种类型的种子均能正常发芽成苗，单雌植株发芽率（64±3）%，开两性花植株发芽率（53±5）%，初步认为单雌植株为无融合生殖型。并通过对 F_1 代分离群进行套袋自交建立 F_2 代群（179 株）。

2. 悬铃叶苎麻无融合生殖型和有性生殖型转录组差异谱

悬铃叶苎麻无融合生殖型大孢子母细胞有丝分裂前（有性生殖型大孢子母细胞减数分裂前）雌花序进行 Solexa 转录组测序，得到了 189 680个 Unigene，大小 138Mb（图 4－3）。对拼接 Unigene 的长度分布及 GC 含量作图，见图 4－3。

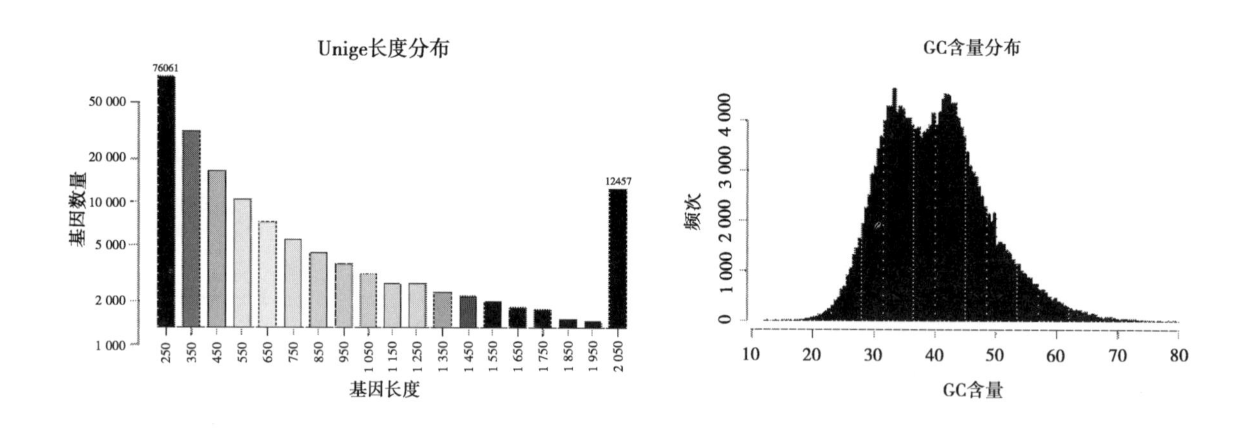

图 4－3　悬铃叶苎麻无融合生殖型大孢子母细胞有丝分裂前雌花序 Solexa 转录组测序

对 Unigene 进行 KOG 功能分类预测：共有 31 016个 Unigene 被注释上 25 种 KOG 分类。对 Unigene 进行 GO 功能分类预测，有 59 873个 Unigene 被注释上 GO 分类。

样本基因的功能在 Biological Process 分类中主要聚集于 cellular process 和 metabolic process；在 Cellular Component 主要聚集于 cell part 和 cell；在 Molecular Function 分类中主要聚集于 binding 和 catalytic activity。

对悬铃叶苎麻无融合生殖型和有性生殖型转录组差异分析，共得到 348 个与激素合成、查尔酮合成、异黄酮合成等相关的差异表达基因（$P \leq 0.05$），其中，上调表达 99 个，下调表达 249 个。

（八）苎麻的转录组测序

基于 Illumina 测序技术，一共完成了 52915810 个 clean read 的测序，通过序列组装拼接后一共获得了 43 990个非冗余的 EST 序列，序列的平均长度为 824 bp。通过数据库中序列类似性分析，34 192（77.7%）基因注释了它们的功能（图 4－4）。另外通过生物信息学分析完成这 43 990个基因的 COG 和 GO 功能分类，并将这些基因的分类到了 126 个代谢途径。

分析这 43 990个基因一共发现了 51 个苎麻的纤维素合成酶基因，对这些基因的表达模式分析发现，其中35个基因特异的仅在苎麻的韧皮部表达，很有可能这些基因参与了苎麻的韧皮纤维的合成（图4－5）。

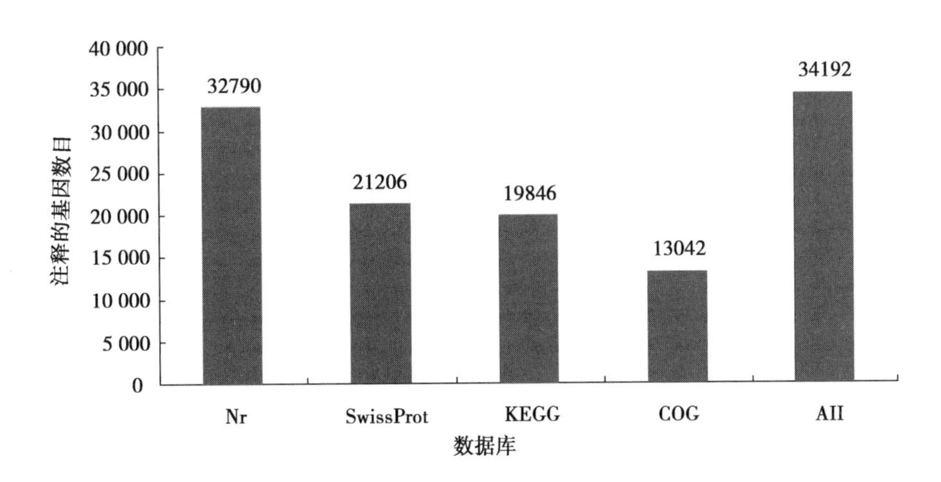

图4－4　各数据库中注释的基因数目

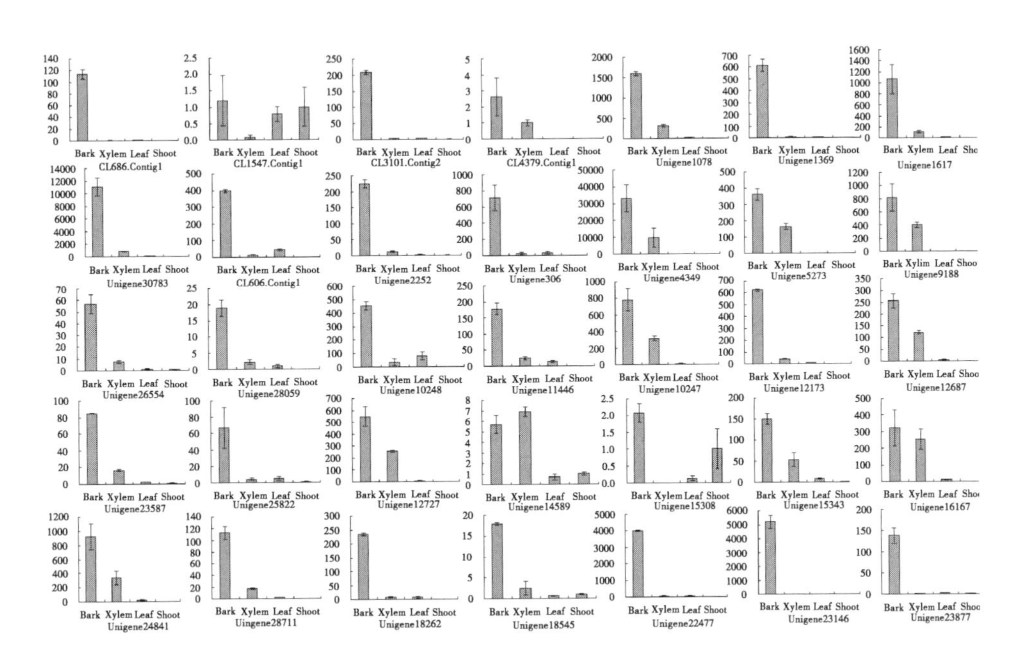

图4－5　韧皮部特异表达的纤维素合成酶基因表达谱

（横坐标中：Bark—韧皮部；Xylem—木质部；Leaf—叶；Shoot—茎。纵坐标为表达量）

二　亚麻

（一）高产优质亚麻品种选育研究

2012年选育一个亚麻新品种黑亚21号：原茎、长麻、全麻、种子产量分别为5 590.2、924.9、1 451.1、578.4kg/hm^2，分别比对照增产13.7%、23.7%、20.9%和9.2%。全麻率31.0%，比对照高2.4个百分点。黑亚21号高产优质栽培技术要点：该品种前茬以杂草基数少，土壤肥沃的大豆、玉米、小麦茬为宜。在黑龙江省播期为4月25日至5月15日。每公顷播种量为105～110kg，15cm或7.5cm条播。每公顷施用磷酸二铵100kg、硫酸钾50kg或每公顷施三元复合肥180～200kg，播前深施5～8cm

土壤中。苗高 5 ~ 10cm 时进行除草，工艺成熟期及时收获。

2013 年选育一个亚麻新品种黑亚 22 号：原茎、全麻、种子产量分别为 6 149.2、1 607.1、631.4kg/hm^2，分别比对照增产 11.0%、23.2% 和 14.1%。全麻率 31.3%，比对照高 2.7 个百分点。黑亚 22 号高产优质栽培技术要点：该品种前茬以杂草基数少，土壤肥沃的大豆、玉米、小麦茬为宜。在黑龙江省播期为 4 月 25 日至 5 月 15 日。每公顷播种量为 105 ~ 110kg，15cm 或 7.5cm 条播。每公顷施用磷酸二铵 100kg、硫酸钾 50kg 或每公顷施三元复合肥 180 ~ 200kg，播前深施 5 ~ 8cm 土壤中。苗高 5 ~ 10cm 时进行除草，工艺成熟期及时收获。

2013 年 1 个亚麻新品系 2013 – 1 进入区域试验，1 个亚麻新品系 2011 – 1 进入生产试验。亚麻区域试验新品系 2013 – 1：原茎、全麻、种子每公顷产量分别为5 377.5、1 396.0、627.8kg，分别比对照增产 15.8%、27.7%、9.8%。全麻率 31.2%，比对照高 2.2 个百分点。亚麻生产试验新品系2011 – 1：原茎、全麻、种子每公顷产量分别为 6141.1、1 556.2、636.3kg，分别比对照增产 17.5%、25.3%、13.5%。全麻率 30.8%，比对照高 1.8 个百分点。

表 4 – 3　5 份高纤抗病品系产量鉴定结果

品系	原茎产量（kg/hm^2）	纤维产量（kg/hm^2）	全麻率（%）
D95027 – 9 – 3 – 1	6 676.1	1 705.2	31.2
98057 – 26 – 3	6 596.0	1 692.1	30.9
D97021 – 5	6 533.0	1 664.4	30.7
99068 – 20	6 493.0	1 657.2	31.1
D97021 – 2	6 424.3	1 632.4	30.6
CK（黑亚 16 号）	5 720.7	1 456.2	30.8

鉴定出了 5 份高纤、抗病品系（表 4 – 3）和 11 份优异种质（表 4 – 4）。其中，品系 D95027 – 9 – 3 – 1 的原茎产量、纤维产量和全麻率都是最高的。品系 99068 – 20 的原茎产量和纤维产量一般，但是全麻率较高。5 个高纤抗病品系的原茎产量和纤维产量均比对照高 10% 以上，全麻率均在 30% 以上。11 份优异种质的抗旱性能均较强，全麻率达到 30% 以上，最高原茎产量达到 8 687.5kg/hm^2，纤维产量达到 2 219.8kg/hm^2。

表 4 – 4　11 份优异亚麻种质产量鉴定结果

品系	生育期（d）	抗旱性	株高（cm）	工艺长（cm）	全麻率（%）	原茎产量（kg/hm^2）	纤维产量（kg/hm^2）
D95009 – 13 – 5	80	强	98	84	30.6	6 166.7	1 549.2
92068 – 20	76	强	103	89	30.9	8 062.5	2 035.4
90018 – 3 – 1 – 28	76	强	92	78	30.7	7 208.3	1 909.8
D97021 – 2	75	强	96	82	30.8	6 770.8	1 697.5
98019 – 10	80	强	101	87	31.9	8 687.5	2 219.8
D93005 – 15 – 3	80	强	100	86	32.0	7 729.2	2 008.4
98010 – 23	76	强	104	90	31.6	7 708.3	1 997.4
03150 – 7	80	强	94	80	30.6	7 916.7	1 957.4
98076 – 15 – 3 – 1	80	强	101	87	31.6	8 125.0	2 077.1
M97015 – 11 – 4 – 7	80	强	88	74	31.1	8 087.5	2 027.3
M97020	80	强	95	81	32.7	7 862.5	2 015.7

（二）耐盐碱亚麻品种筛选

以黑亚系列、双亚系列、Agatha、Diane、美若琳和 New2 等 16 个亚麻品种为材料。选取萌发期（播种后 5d）和苗期（播种后 14d）两个时间节点，通过水培（水和胁迫溶液）和土培（营养土和盐碱土）两种方法，对中性盐 NaCl、碱性盐 $NaHCO_3$ 和混合盐三种处理（2 水平）下的亚麻生长状况进行了比较分析。初步筛选出 5 个较耐盐碱品种，分别为黑亚 19 号、黑亚 17 号、Agatha、美若琳和双亚 14 号。

1. 中性盐胁迫对亚麻发芽率的影响

经过不同浓度中性盐胁迫处理后，16 个亚麻品种的发芽率均受到不同程度的抑制，且随着盐浓度的升高发芽率逐渐降低，除 150mmol/L NaCl 处理下，黑亚 14 号的发芽率高于对照（图 4－6）。低浓度中性盐胁迫下，各品种的发芽率差异不大，均在 50% 以上；高浓度盐胁迫下，只有 3 个品种的发芽率在 50% 以上，有 5 个品种的发芽率低于 10%；高浓度盐胁迫下发芽率的变异系数较大（表 4－5）。由此可见，不同亚麻品种萌发期耐高浓度中性盐的差异很大。

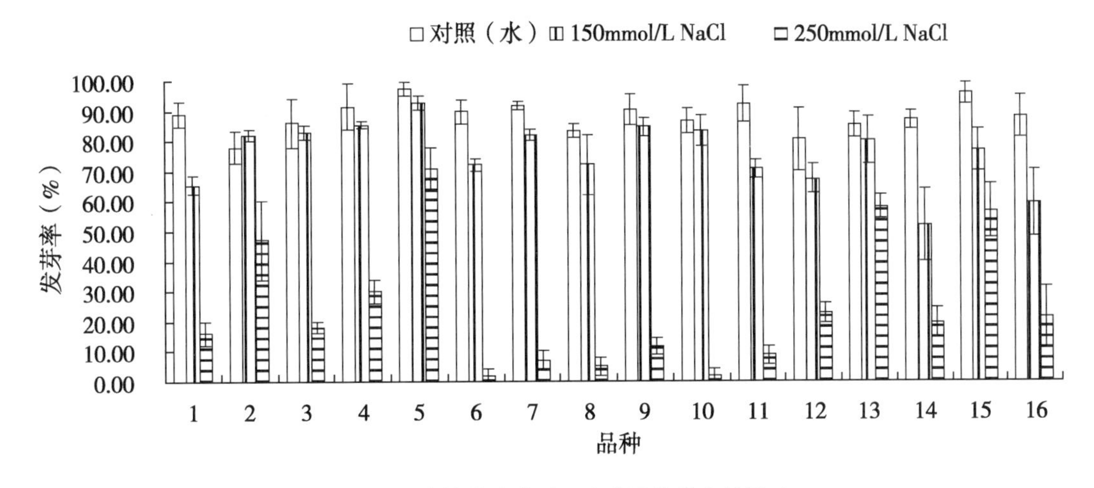

图 4－6　中性盐胁迫对亚麻种子发芽率的影响

通过调查在 150mmol/L NaCl 和 250mmol/L NaCl 胁迫下不同亚麻品种的发芽率，筛选出萌发期较耐中性盐品种有：黑亚 14 号、黑亚 17 号、黑亚 19 号、双亚 9 号和双亚 12 号；对中性盐敏感的品种有：双亚 2 号、Agatha、Diane、美若琳、New2 和黑亚 20 号。

表 4－5　亚麻不同品种盐碱胁迫下发芽率的统计分析

处理		发芽率（%）				
		最小值	最大值	平均值	标准差	变异系数
中性盐	150mmol/L NaCl	52.00	92.67	75.52	10.73	14.21
	250mmol/L NaCl	2.00	70.67	24.75	21.75	87.86
碱性盐	30mmol/L $NaHCO_3$	58.67	85.00	72.75	6.90	9.49
	80mmol/L $NaHCO_3$	23.00	84.00	58.50	17.23	29.46
混合盐	40mmol/L	20.33	95.33	84.67	7.70	9.10
	100mmol/L	4.33	84.33	34.04	24.13	70.9

对发芽率最高的 5 个亚麻品种进行中性盐胁迫下的表型差异分析。结果表明，黑亚 14 号和黑亚 17

号的长势较好，可能这 2 个品种在苗期耐中性盐的能力较强，这还需要后续试验的验证。

2. 碱性盐胁迫对亚麻发芽率的影响

经过不同浓度碱性盐胁迫处理后，16 个亚麻品种的发芽率均受到不同程度的抑制，且随着盐浓度的升高发芽率逐渐降低（图 4－7）。大部分品种在这两种碱性盐浓度盐胁迫下，发芽率差异不大，均在 50% 以上；高浓度盐胁迫下，只有 5 个品种的发芽率在 50% 以下；高浓度盐胁迫下发芽率的变异系数没有中性盐胁迫和混合盐胁迫的大。由此可见，不同亚麻品种萌发期耐碱性盐的差异不明显。

通过调查在 30mmol/L $NaHCO_3$ 和 80mmol/L $NaHCO_3$ 胁迫下亚麻的发芽率，筛选出萌发期较耐碱性盐品种有：黑亚 17 号、黑亚 19 号、Agatha、Diane 和美若琳；对碱性盐敏感的品种有：双亚 10 号、双亚 12 号、黑亚 13 号、黑亚 14 号和黑亚 16 号。

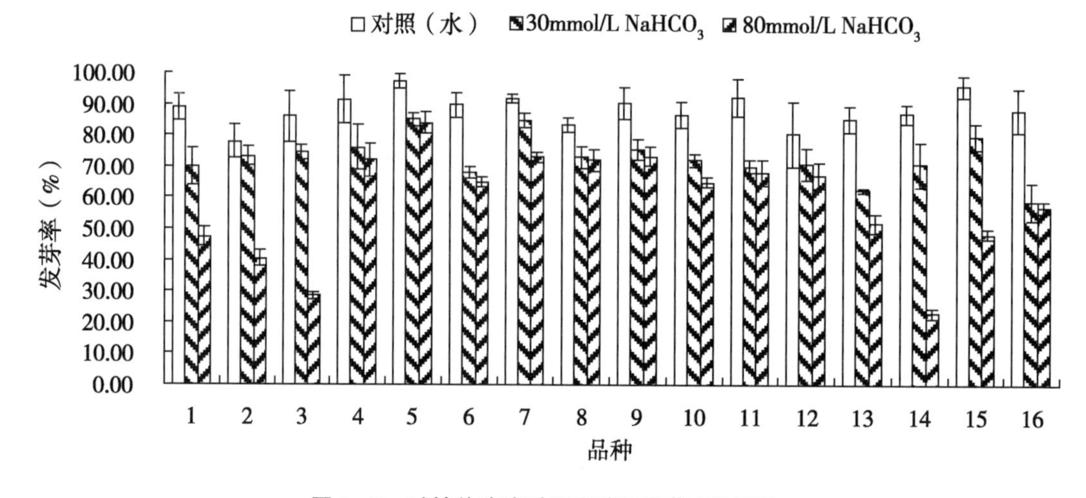

图 4－7 碱性盐胁迫对亚麻种子发芽率的影响

发芽率最高的 5 个亚麻品种进行碱性盐胁迫下的表型差异分析。结果表明，黑亚 17 号和 Agatha 的长势较好，可能这 2 个品种在苗期耐碱性盐的能力较强，这还需要后续试验的验证。

3. 混合盐胁迫对亚麻发芽率的影响

经过不同浓度混合盐胁迫处理后，16 个亚麻品种的发芽率均受到不同程度的抑制，且随着盐浓度的升高发芽率逐渐降低（图 4－8）。低浓度混合盐胁迫下，各品种的发芽率差异不大，均在 70% 以上；高浓度盐胁迫下，只有 4 个品种的发芽率在 50% 以上，有 2 个品种的发芽率低于 10%；高浓度盐胁迫下发芽率的变异系数较大。由此可见，不同亚麻品种萌发期的高浓度混合盐的差异很大。

通过调查在 40mmol/L 混合盐和 100mmol/L 混合盐胁迫下亚麻的发芽率，筛选出萌发期较耐混合盐品种有：黑亚 19 号、Agatha、Diane、美若琳和双亚 14 号；对混合盐敏感的品种有：双亚 9 号、双亚 10 号、黑亚 20 号、黑亚 14 号和黑亚 16 号。

对发芽率最高的 5 个亚麻品种进行碱性盐胁迫下的表型差异分析。结果表明，Agatha 和美若琳的长势较好，可能这 2 个品种在苗期耐混合盐的能力较强，这还需要后续试验的验证。

4. 盐碱土盆栽对不同亚麻品种发芽率的影响

盐碱土（pH8.8）盆栽实验中表现较好的品种有：黑亚 14 号、黑亚 17 号、黑亚 19 号、双亚 12 号和双亚 14 号。对发芽率较高的 5 个亚麻品种进行碱性盐胁迫下的表型差异分析发现，黑亚 19 号和双亚 14 号的长势较好（图 4－9）。

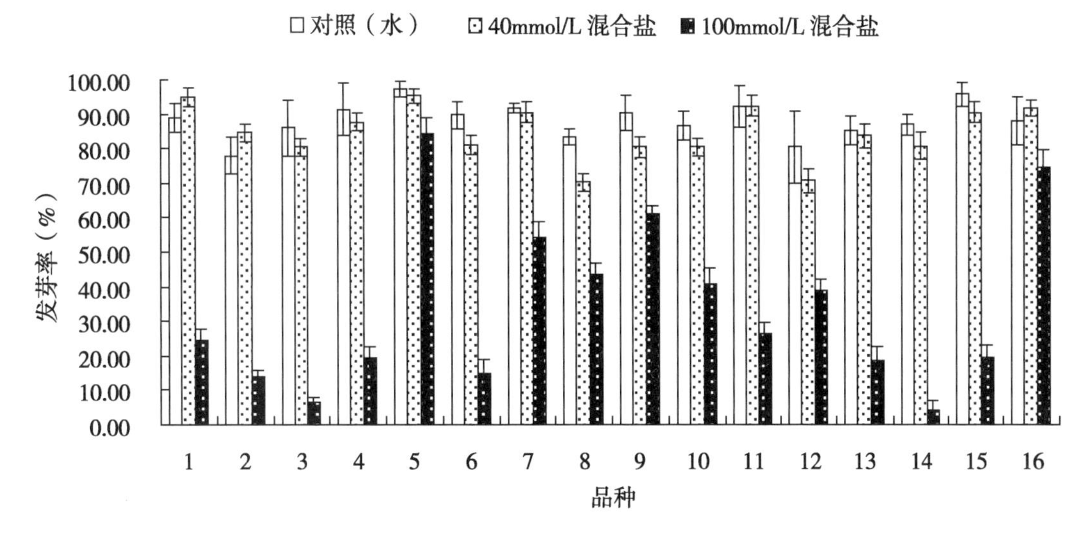

图 4-8　混合盐胁迫对亚麻种子发芽率的影响

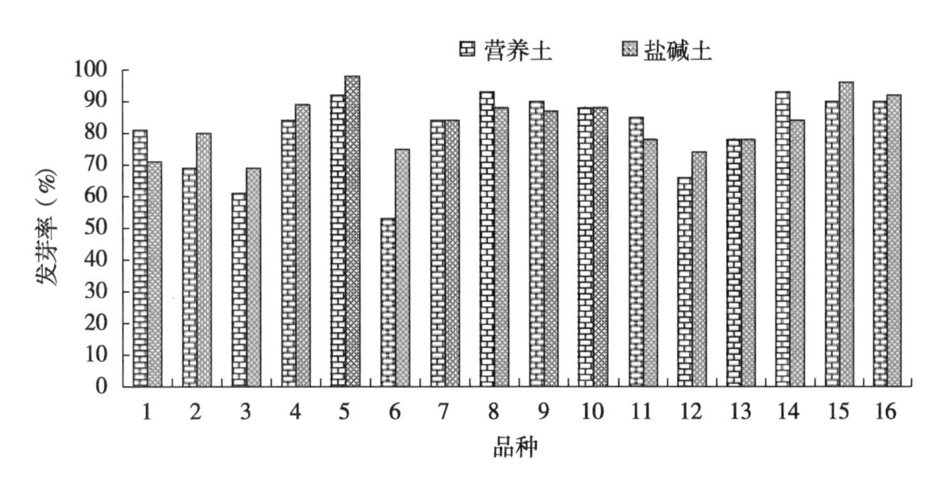

图 4-9　盐碱土盆栽对不同亚麻品种发芽率的影响

（三）亚麻制种与繁种技术

1. *原原种生产技术*

采用四圃法提纯复壮生产原原种是保证原原种纯度的有效措施。

第一年选择单株。选择具有某品种典型性状单株 400～500 株，室内复选保留 200 株，单株脱粒保存。第二年将入选单株种成株行，等距离点播，田间入选整齐一致、典型性状株行 100 行，每行分别用网袋套袋收获，运输和晾晒，室内测出麻率后，保留 80 个株行。第三年将入选株行种成株系，行长 4～5m，每行播种 600～800 粒，每个株系种植行数视种子量而定（每株行种子应全部播种），田间按品系特征特性和整齐度选择株系，淘汰过劣株系，室内测定出麻率和株高，蒴果数后复选，入选最优株系 15 个。第四年将入选的 15 个株系种成小区进入家系鉴定（剩余种子种入繁殖区），小区按 1 500 粒/m^2有效播种粒计算播量，小区面积 15m^2，随机区组设计，重复 4 次（不设对照），进行农艺性状和产质量的全面鉴定后，保留性状一致的若干个最好家系用于繁殖原原种一代。原原种一代再繁殖一代为原原种二代，为了保证数量足、质量好的原原种投入原种生产，应采取稀播高倍繁殖和异地繁殖，一年多代的方法加速原原种繁殖速度。以上各代的数量可以根据种子需求量适当增减。

2. *原种生产技术*

原种生产除利用原原种直接生产外，种子生产部门可根据生产需要采用下列方法生产原种。

三圃法：多年来亚麻原种生产大都采用传统的“三圃法”提纯复壮，即单株选圃、株行鉴定圃和混系繁殖圃。

单株选择圃：从当地表现最好的超级原种田或原种田中选择单株，按品种特性选择生育期、株高、花序、蒴果、抗倒伏和抗病性状。入选1.5万~3万株室内考种复选保留70%，单株脱粒、单装保存。

株行鉴定圃：将上年入选单株每株种成一行，顺序排列，行长1m，行距15~20cm，均匀条播。花期拔出异花株行。工艺成熟期按品种特征特性严格选择，一般入选70%株行，淘汰30%株行，要做好标记。完熟期开始收获，收获时先将淘汰的株行拔出运走，然后将入选株行混收，混脱保管。

混系繁殖圃：将株行圃混合收获的种子，在优良栽培条件下以30kg/hm^{2}播量高倍繁殖，要隔离种植，花期和收获前期再严格去杂去劣。完熟期开始收获，收获后种子仍为原种级别，种子来年入原种田。

三圃法优点是简单易掌握，提纯复壮速度快。缺点是入选单株数目大，参加选择的专业人员少，入选单株的可靠性小。

二圃提纯复壮法：是由单株培育选择和高繁两圃组成，培育材料可以是从原原种或上年从原种圃选择的单株混合脱粒的种子，培育方法同三圃法所不同的是省去株行鉴定圃，所以选择的单株不是单株脱粒，而是集中一起脱粒，留做第二年培育高繁。因此，在已经建立两圃的地方，实际上只有一圃。在高繁过程中加强田间拔杂去劣工作，在种子成熟期收获。收获前继续选择优株，每100株捆一把风干，脱粒前在室内复选一次，然后将优异单株集中一起混合脱粒留做明年种子高倍繁殖用。其余混收，留做明年生产田用种。一般1hm^{2}种子田选择15万株混合脱粒可获得35~40kg种子。

3. 亚麻原（良）种繁育的基本技术

亚麻良种繁育主要是抓住种好、管好、收好三个环节十项技术措施。种好是基础，管好是保证，收好是关键。

选地选茬。亚麻种子田应选择地势平坦、土壤肥沃、疏松、保水保肥良好的平川地或排水良好的二洼地。不可选用跑风地、岗地、山坡地、低洼内涝地、瘠薄地。茬口应选择上年施有机肥多、杂草少的玉米、高粱、谷子、小麦、大豆等；不应选用消耗水肥多、杂草多的甜菜、白菜、香瓜、向日葵、马铃薯等。更不能重茬、迎茬，应轮作5~6年以上，这样可以防止菟丝子、公亚麻等杂草及立枯病、炭疽病的危害。

整地保墒。黑龙江省十春九旱，特别是掐脖旱严重影响亚麻田间保苗和起身而造成减产。亚麻是平播密植作物，根系吸收能力较强，需水多，每形成一份干物质需要430份水，所以整好地保住墒是一次播种一次全苗的关键。玉米、高粱、谷子等前作应秋翻秋耙，然后耢平来年春天化冻4~5cm深横顺耢一次，使土壤达到播种状态，切断土壤表层毛细管，防止土壤水分蒸发，保住底墒。早春耙茬整地保墒，在土壤返浆期前破垄，将地耙细，耢平，镇压连续作业，使地平整细碎，达到播种状态。

合理施肥。亚麻生育期短，需肥高峰期仅有半个月左右。为了增加种子产量，增加千粒重，提高发芽率，必须满足亚麻充足的营养，特别是能促使亚麻早熟、壮秆、提高千粒重的磷、钾肥及微量元素锌、硼等。一般有机肥要求发好熟透捣细，40 000~80 000kg/hm^{2}做基肥，在秋翻前或春耙前均匀施入，然后耙地。化肥主要用做种基肥，磷酸二铵75~150kg/hm^2，三料磷肥50~75kg/hm^2，硫酸钾50~75kg/hm^2，深施8~10cm，在播种前施用。亚麻种子可用种子重量的0.2%~0.3%的硫酸锌拌种，1~1.5kg/hm^2，绿熟期可用0.2%~0.3%磷酸二氢钾水溶液喷施，0.75kg/hm^2，这样可以提高种子产量20%~30%，千粒重提高0.3~0.5g。

适时播种。亚麻种子田的适宜播期是4月25日到5月15日之间。原原种高倍繁殖，播量30~40kg/hm^2，采用行距45cm双行条播；原种一代加速繁殖，播量40~50kg/hm^2，采用30~45cm双行条播；原种二代扩大繁殖，播量60~70kg/hm^2，采用15cm加宽播幅条播。土壤商情良好，适宜浅播，一般播 2～3cm 深，可以在播前镇压和播后镇压各一次，这样做出苗快、整齐、苗壮、病害轻。亚麻播前，除了锌肥拌种外，还需用 0.3% 的炭疽福美药剂拌种，防治立枯病及炭疽病。种子必须用选种机精选加工，选净菟丝子、公亚麻、亚麻毒麦等杂草种子。

除草松土。为了给亚麻生长发育创造一个良好的环境条件，必须彻底及时地拔出与亚麻争水争肥争光的各种杂草。人工除草应在亚麻苗高 10～20cm 进行一次。要拔净菟丝子放在地头上，不能随地乱扔。同时要拔净公亚麻、亚麻毒麦。化学除草应选用拿扑净，在亚麻 5～10cm，禾本科杂草三叶期及时进行。配成 0.25%～0.3% 水溶液喷洒。拿扑净用量 1.2～1.5kg/hm^2 可以达到 99% 防除效果，对双子叶杂草如：苍耳、苋菜、刺菜、灰菜等杂草，可用二甲四氯，用量 1.2～1.5kg/hm^2，配成 0.2%～0.3% 的水溶液喷施，使用二甲四氯应注意，在亚麻高于 10cm 时，药的浓度太大和用药过量均可造成药害。

灌水防旱。在亚麻枞形期和快速生长期遇旱影响亚麻的正常生长时，必须灌水防旱。灌水方法可以用慢灌或沟灌，也可喷灌，但每次灌水必须灌透、灌匀，防止涝溏和上湿下干。

除杂去劣。为了确保亚麻种子纯度，提高种子质量，必须在开花期执行严格的除杂去劣工作，一般在早上 7～10 时，拔出杂花杂株、早花多果矮株、晚花多分枝的大头怪及各种可疑单株。

除杂去劣应在开花期每天进行一次，直至开花结束前看不见杂株为止。

适期收获。亚麻种子田的收获适期是种子成熟期，又称黄熟期。此期亚麻的特征是：蒴果有 2/3 成熟呈黄褐色。一般从亚麻出苗到成熟期长短因品种而异。达到种子成熟期时应及时收获，过早过晚都影响种子产质量。收获方法如下：

①人工收获：手拔麻，应抢晴天，集中劳动力在短期内突击收完。收获时要求做到“三净一齐”，即拔净麻、挑净草、摔净土、蹲齐根，用短麻或毛麻做绕，在茎基 1/3 处捆成拳头粗的小把，然后在梢部打开呈扇子面状平铺地上晾晒。

一般晾晒 1～2 天翻晒一次达 6 成干时垛小园垛；每垛不宜超过 200 把麻，先用 10～15 把麻在稍部捆紧立在地上，再把下边的麻把掰开当作麻脚立稳，然后再在周围一圈一圈地立上 90～100 把麻，其余的麻根向上，稍向下一层压一层往上边码，码到3～4 层后封尖，用 7～10 把麻在根部捆上做一个帽子盖在上边防雨。

田间防雨的麻垛还可以堆成“人”字形，先把麻把搭码成“人”字形，长 3m 左右，每码 200～300 把麻，宽 0.7～1.0m，上边用部分麻堆起来沟心，然后在上部用麻把码成“人”字形，根向上，稍向下。一般码3～4 层便可以了。

田间晾好的麻，应及时拉回场院堆成南北大垛，垛底用木头垫底，根向里、稍向外垛，上边用塑料布盖上防雨。

②机械收获：我国在亚麻大面积种植区采用牵引式拔麻机收获。亚麻机械收获是在 2/3 蒴果变黄时进行。50 马力以上的拖拉机均可作为牵引动力。拔麻幅宽 1.5m，拔麻脱粒同时进行，每天可收获 7～10hm^2，拔麻前在每块地按照车行走的路线人工拔出车道即可。收获的硕果要及时晾晒，防止发烧霉烂。机械收获的特点是速度快、成本低，避免了传统收获方式经常由于多雨造成麻茎霉烂现象的发生。机械收获后麻茎平铺在田间，此法最适宜雨露沤麻。

精选入库。亚麻晾干后应抢晴天集中劳动力脱粒。原茎分级打捆出售，每捆 30～40kg。种子应及时扬出来，通过筛选、风车选或选种机选除去果皮泥土，晒至安全水分含量（含水量 9% 以下）装袋入库保存。每个品种、每个级别的种子应分别保存，注明品种名称、种子级别，严防混杂。

（四）亚麻纤维含量QTL定位

1. 优化亚麻不同分子标记体系

亚麻SRAP分析的反应体系为：在20μl反应体系中模板75ng，25ng/μl的上下游引物用量为70ng，Mg^{2+}1.5mmol/L，dNTP为0.40mmol/L，1.5U Taq酶。反应热循环程序为：94℃ 5min；94℃ 1min、35℃ 1min、72℃ 1min、5次循环；94℃ 1min、50℃ 1min、72℃ 1min、循环35次；最后72℃ 10min；4℃保温。

SSR－PCR反应均在PTC－100上进行。10μl反应体系中含有0.2μl的10mmol/L dNTP，1U Taq酶，50ng DNA，1μl的10×loading buffer（含Mg^{2+}）和0.2μl的10mmol/L primers。整个热反应程序是：94℃ 2min；94℃ 45s，60℃ 30s，72℃ 0.5min，共35个循环；72℃ 10min。

2. 筛选亚麻特异性标记引物

选择了8条前引物和11条后引物组成88对SRAP引物，对高麻率亚麻品种Diane和低麻率亚麻品种宁亚17进行分析，筛选出19对特异性引物对（表4－6），在2个亚麻品种间扩增出稳定的多态性片段，共扩增出151条带，平均每对引物扩增出7.9条带，引物筛出率为21.6%。

表4－6　19对有效SRAP引物及序列表

NO.	SRAP primers	
M1	me1：5′TGAGTCCAAACCGGATA－3′	em4：5′GACTGCGTACGAATTTGA－3′
M2	me1：5′TGAGTCCAAACCGGATA－3′	em8：5′GACTGCGTACGAATTCTG－3′
M3	me1：5′TGAGTCCAAACCGGATA－3′	em9：5′GACTGCGTACGAATTCGA－3′
M4	me2：5′TGAGTCCAAACCGGAGC－3′	em1：5′GACTGCGTACGAATTAAT－3′
M5	me2：5′TGAGTCCAAACCGGAGC－3′	em7：5′GACTGCGTACGAATTCAA－3′
M6	me3：5′TGAGTCCAAACCGGAAT－3′	em2：5′GACTGCGTACGAATTTGC－3′
M7	me3：5′TGAGTCCAAACCGGAAT－3′	em3：5′GACTGCGTACGAATTGAC－3′
M8	me3：5′TGAGTCCAAACCGGAAT－3′	em6：5′GACTGCGTACGAATTGCA－3′
M9	me3：5′TGAGTCCAAACCGGAAT－3′	em10：5′GACTGCGTACGAATTCAG－3′
M10	me4：5′TGAGTCCAAACCGGACC－3′	em1：5′GACTGCGTACGAATTAAT－3′
M11	me4：5′TGAGTCCAAACCGGACC－3′	em10：5′GACTGCGTACGAATTCAG－3′
M12	me5：5′TGAGTCCAAACCGGAAG－3′	em2：5′GACTGCGTACGAATTTGC－3′
M13	me5：5′TGAGTCCAAACCGGAAG－3′	em3：5′GACTGCGTACGAATTGAC－3′
M14	me5：5′TGAGTCCAAACCGGAAG－3′	em6：5′GACTGCGTACGAATTGCA－3′
M15	me6：5′TGAGTCCAAACCGGTAA－3′	em11：5′GACTGCGTACGAATTCCA－3′
M16	me7：5′TGAGTCCAAACCGGTCC－3′	em3：5′GACTGCGTACGAATTGAC－3′
M17	me7：5′TGAGTCCAAACCGGTCC－3′	em7：5′GACTGCGTACGAATTCAA－3′
M18	me8：5′TGAGTCCAAACCGGTGC－3′	em6：5′GACTGCGTACGAATTGCA－3′
M19	me8：5′TGAGTCCAAACCGGTGC－3′	em10：5′GACTGCGTACGAATTCAG－3′
M20	me8：5′TGAGTCCAAACCGGTGC－3′	em11：5′GACTGCGTACGAATTCCA－3′

从100对亚麻SSR引物中选取10对多态性较好的亚麻特异性SSR标记（表4－7）。

表 4－7　所用引物序列

编号	引物名称	引物序列	T_m（℃）
1	SSR－9	5′TTA CTC TCG CTG GCT CTT CC 3′ 5′TGA ATC TGA GCG TTG AGC AG 3′	56
2	SSR－25	5′AGC GAG TTT GGT GAG CTT TC 3′ 5′TGG GAA GCA AAG ATC AAT GG 3′	56
3	SSR－44	5′CCA TCG CCA CTA CCT TTT TC 3′ 5′CAA CTG CAA TTC CTG GTG AG 3′	54
4	SSR－46	5′GGT TTC ACT TCA TCC GCT TT 3′ 5′ACG ACC CAG ATT TCA CTT GG 3′	53
5	SSR－52	5′GGA AAA CAC CCA GCT CCT TA 3′ 5′GCT TCC CTG AAG TGA TGA GAG 3′	55
6	SSR－56	5′CTG CTC CTC CAA GAA GAT GG 3′ 5′CTT GAA GGT GAC CGA GGA AG 3′	55
7	SSR－58	5′CAC CAC CAC CAC AGT TTC TG 3′ 5′AGG AAC TCA GAG AGG CAG CA 3′	56
8	SSR－61	5′CCA GTA AAT TGG GAT GCT CT 3′ 5′GAC TCC AAG CAC AGC CTG AT 3′	53
9	SSR－91	5′TGC AAT TCG CGA TAC TGT TC 3′ 5′TCC AGA TGC AAT CTT CTC CA 3′	55
10	SSR－106	5′CAC CGT TAA CTT CGC CAT CT 3′ 5′AAA TGA TGG ATG GGA TTG GA 3′	56

（五）亚麻根系形态、活力的测定

利用 CI－600 根系生长监测系统实时图像、根系形态学离体测定和根系活力测定等手段，对亚麻根系的形态等性状进行了测定（表 4－8）。研究表明，黑亚 14 号的根系根长、根干重与根系活力要高于 Diane，根系总吸收面积略低，说明 Diane 根系分支数比黑亚 14 号要多，但吸收养分的能力较差；原 85－8（白花）的各项指标最高，根系活力最旺盛，同时盆栽表现较抗倒伏，可能与其根系发达有关。

表 4－8　不同品种亚麻根系形态学指标及根系活力测定结果

品种	主根长（cm）	根干重（mg）	根系总吸收面积（cm^2）	根系活力［μg/（g·h）］
黑亚 14 号	5.15	12.95	21.9	15.035
Diane	4.35	11.45	24.05	13.64
原 85－8	6.55	16.6	24.15	21.31

（六）亚麻双单倍体品种选育研究

以亚麻杂交后代为试验材料，通过镜检将花粉粒处于单核靠边期的花蕾进行消毒处理，取出花药进行培养，筛选出最适愈伤组织诱导培养基：MS +（0.05mg/L）NAA +（1mg/L）6 - BA + 15g/L 蔗糖 + 15g/L 葡萄糖（pH5.8），待诱导出愈伤组织后进行愈伤组织分化培养，筛选出最适愈伤组织分化培养基：MS +（1mg/L）玉米素 + 15g/L 蔗糖 + 15g/L 葡萄糖（pH5.8）。将再生苗进行生根培养和炼苗移栽，初步建立一套亚麻花药培养体系。

1. 亚麻总 DNA 导入

利用花粉管通道法导入供体的基因组 DNA，导入组合 10 个。碱草、野生亚麻做供体，98019 - 1 - 6、98031 - 12 - 6 - 6、98080 - 1 - 3 - 7、98076 - 15 - 19、98054 - 40 - 2 - 8 作受体，全部获得 5 个以上蒴果（表 4 - 9）。

表 4 - 9　DNA 导入组合获得蒴果数

组合编号	受体	供体	蒴果数
D1301	98019 - 1 - 6	碱草	6
D1302	98031 - 12 - 6 - 6	碱草	7
D1303	98080 - 1 - 3 - 7	碱草	6
D1304	98076 - 15 - 19	碱草	5
D1305	98054 - 40 - 2 - 8	碱草	8
D1306	98019 - 1 - 6	野生亚麻	7
D1307	98031 - 12 - 6 - 6	野生亚麻	7
D1308	98080 - 1 - 3 - 7	野生亚麻	9
D1309	98076 - 15 - 19	野生亚麻	6
D1310	98054 - 40 - 2 - 8	野生亚麻	8

2. 小孢子发育时期与花蕾形态的观察

通过观察花蕾外部形态，以及多数小孢子所处的发育时期，将黑亚 14 号材料处于单核靠边期的小孢子发育阶段与花蕾的大小的对应关系进行研究。单核靠边期时花蕾大小范围为蕾纵径 5.1 ~ 5.9mm，蕾横径 1.9 ~ 2.1mm（图 4 - 10）。但因材料不同，相同植株取花蕾时期不同，花蕾大小选择应作出相应调整。因此每一次的花药培养都要进行显微观察。

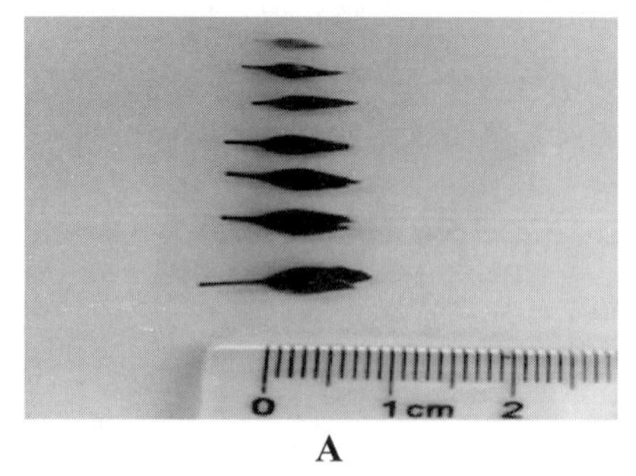

A

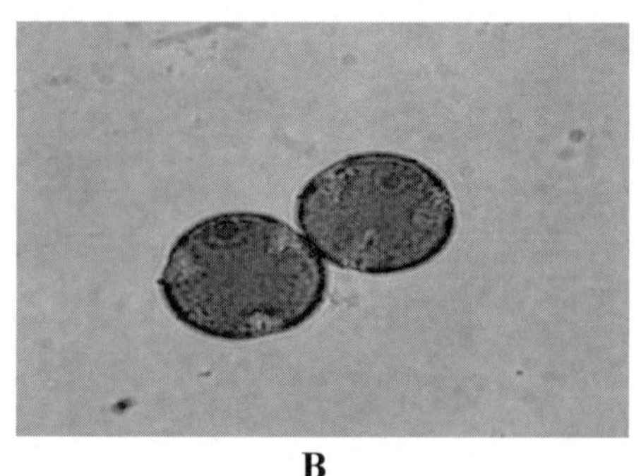
B

图 4 - 10　花蕾大小与单核靠边期的小孢子

（A：花蕾不同大小，从上至下第四个花蕾大小对应单核靠边期；B：单核靠边期）

3. 红花亚麻诱导栽培亚麻产生双单倍体的研究

根据不同批次材料的花期进行了 5 个阶段的杂交授粉工作，5 个时间段为：①2 月 25 日至 3 月 15

日（温室）；②5月29日至6月6日；③7月12日至8月12日；④8月9日至9月6日；⑤9月9～12日。分别统计不同材料的蒴果膨大率。

杂交授粉。杂交蒴果膨大受温度、光照、材料基因型以及红花亚麻花粉质量等因素影响，在不同阶段的蒴果膨大率略有不同。单次授粉时，栽培亚麻的蒴果平均膨大率在31.89%～43.66%。在③、④、⑤阶段同时进行单次授粉和重复授粉。结果表明，重复授粉时，栽培亚麻的蒴果膨大率提高幅度明显，蒴果膨大率平均提高了35.26%，其中，膨大率提高幅度最大的材料为11065（提高了44.86%），提高幅度最小的材料为11021（提高了25.51%）。

绿胚剥离。选取授粉后8～24d膨大的蒴果作为试验材料进行剥胚处理，统计蒴果中较大种子数（较小种子直接放入培养基培养，未进行剥离，不计入总数）和剥离绿胚数，计算绿胚获得率（表4－10）。结果表明，由于授粉天数过短，种子中绿胚未完全形成或绿胚过小。授粉后8～14d种子中剥离绿胚数量比授粉后15～24d中绿胚数量要少。同时，授粉后8～14d剥离的绿胚放入培养基观察表明，由于绿胚形态较小，导致影响后期的愈伤组织形成。授粉后15～19d和20～24d两个阶段，通过体视显微镜获得的绿胚较多，但由于授粉时间过长，对种子进行胚剥离时，获得的种子呈干瘪状，给剥胚过程造成困难，自然条件下，远缘杂交后种子接近失去活力不能为幼胚提供足够的营养，使得胚的活力受到了一定影响，因此剥离幼胚的时期以授粉后15～19d为宜。

表4－10　F_1材料编号及父母本信息及其绿胚获得率

编号	母本	父本	绿胚获得率		
			授粉后8～14d	授粉后15～19d	授粉后20～24d
11021	mo298－4－6	Ariane	11.11%	41.94%	36.84%
11065	mo298－4－6	Viking	18.18%	26.79%	28.89%
11088	抗4	俄10－14	18.75%	26.02%	27.27%
11089	原03－43	Viking	18.57%	20.00%	19.35%
11144	mo298－4－6	Toooha－1	22.30%	25.30%	26.43%

种子的培养。将较小的种子放入不同培养基中进行培养，观察发现培养基2和培养基4中，有幼胚呈球形长大。并且培养基4中幼胚比培养基2中的幼胚颜色绿，可将绿胚剥离出，放入培养基中继续培养。

胚的培养。将剥离的幼胚放入不同培养基中培养1个月以后观察愈伤组织状态，统计愈伤组织形成率（表4－11）。结果表明，4号培养基中，幼胚长大形成肉眼能够观察到的愈伤组织较多，并且愈伤组织颜色呈绿色。能够进行继代培养或进行芽的分化培养。因此，确定4号培养基为最适愈伤组织培养基。

表4－11　愈伤组织形成观察

培养基	幼胚愈伤组织形成率	愈伤组织状态
1	9.26%	形态小，黄色
2	27.78%	形态大，黄绿色
3	16.23%	形态小，黄色
4	42.86%	形态大，绿色
5	11.11%	形态小，黄白色

研究表明：①单次授粉时，栽培亚麻的蒴果平均膨大率在31.89% ~43.66%。重复授粉时，栽培亚麻的蒴果膨大率提高幅度明显，蒴果膨大率平均提高了35.26%，其中，膨大率提高幅度最大的材料为11065，提高了44.86%。②最适的幼胚剥离时期为授粉后15 ~19d，绿胚获得率最高可达41.94%。③4号培养基（MS +0.1mg/L NAA +5mg/L 玉米素 +15g/L 蔗糖 +15 g/L 葡萄糖 pH5.6）为最适愈伤组织培养基，幼胚愈伤组织形成率可达42.86%。

2013年决选鉴定出抗倒伏优良亚麻双单倍体（DH）品系2个，H08015和H07008 -2。其中，品系H08015株高70cm，原茎、全麻、种子每公顷产量分别为6 526kg、1 554.8kg和875.3kg，全麻率30.5%；品系H07008 -2株高65cm，原茎、全麻、种子每公顷产量分别为4 708.3kg、1357.9kg和847.3kg，全麻率34.6%。

（七）亚麻全基因组遗传连锁图谱的构建

利用WJZ2（国外引进品种，产量和出麻率都较高）和WJZ6（国内主推的油用亚麻品种，含油量高，出麻率较低）两个材料，进行了亚麻全基因组遗传连锁图谱构建工作。

1. 遗传连锁图谱分离群体分析

本次从遗传分离群体中选取其中的204份材料进行部分农艺性状的考种工作，其中，株高在53 ~84cm；工艺长度在40 ~68cm；分枝数由3 ~10个不等；分枝高度介于6 ~50cm；种子产量在0.3 ~4.7g。

2. 筛选亚麻特异性标记引物

选择了8条前引物和11条后引物组成88对SRAP引物，对高麻率亚麻品种戴安娜和低麻率亚麻品种宁亚17进行分析，筛选出19对特异性引物对（表4 -12），在2个亚麻品种间扩增出稳定的多态性片段，共扩增出151条带，平均每对引物扩增出7.9条带，引物筛出率为21.6%。

表4 -12　19对有效SRAP引物及序列表

NO.	SRAP primers	
M1	me1：5′TGAGTCCAAACCGGATA -3′	em4：5′GACTGCGTACGAATTTGA -3′
M2	me1：5′TGAGTCCAAACCGGATA -3′	em8：5′GACTGCGTACGAATTCTG -3′
M3	me1：5′TGAGTCCAAACCGGATA -3′	em9：5′GACTGCGTACGAATTCGA -3′
M4	me2：5′TGAGTCCAAACCGGAGC -3′	em1：5′GACTGCGTACGAATTAAT -3′
M5	me2：5′TGAGTCCAAACCGGAGC -3′	em7：5′GACTGCGTACGAATTCAA -3′
M6	me3：5′TGAGTCCAAACCGGAAT -3′	em2：5′GACTGCGTACGAATTTGC -3′
M7	me3：5′TGAGTCCAAACCGGAAT -3′	em3：5′GACTGCGTACGAATTGAC -3′
M8	me3：5′TGAGTCCAAACCGGAAT -3′	em6：5′GACTGCGTACGAATTGCA -3′
M9	me3：5′TGAGTCCAAACCGGAAT -3′	em10：5′GACTGCGTACGAATTCAG -3′
M10	me4：5′TGAGTCCAAACCGGACC -3′	em1：5′GACTGCGTACGAATTAAT -3′
M11	me4：5′TGAGTCCAAACCGGACC -3′	em10：5′GACTGCGTACGAATTCAG -3′
M12	me5：5′TGAGTCCAAACCGGAAG -3′	em2：5′GACTGCGTACGAATTTGC -3′
M13	me5：5′TGAGTCCAAACCGGAAG -3′	em3：5′GACTGCGTACGAATTGAC -3′
M14	me5：5′TGAGTCCAAACCGGAAG -3′	em6：5′GACTGCGTACGAATTGCA -3′
M15	me6：5′TGAGTCCAAACCGGTAA -3′	em11：5′GACTGCGTACGAATTCCA -3′
M16	me7：5′TGAGTCCAAACCGGTCC -3′	em3：5′GACTGCGTACGAATTGAC -3′
M17	me7：5′TGAGTCCAAACCGGTCC -3′	em7：5′GACTGCGTACGAATTCAA -3′
M18	me8：5′TGAGTCCAAACCGGTGC -3′	em6：5′GACTGCGTACGAATTGCA -3′
M19	me8：5′TGAGTCCAAACCGGTGC -3′	em10：5′GACTGCGTACGAATTCAG -3′

从100对亚麻SSR引物中选取10对多态性较好的作为亚麻特异性SSR标记（表4 -13）。

表 4-13 所用引物序列

编号	引物名称	引物序列	T_m (℃)
1	SSR-9	5′TTA CTC TCG CTG GCT CTT CC 3′ 5′TGA ATC TGA GCG TTG AGC AG 3′	56
2	SSR-25	5′AGC GAG TTT GGT GAG CTT TC 3′ 5′TGG GAA GCA AAG ATC AAT GG 3′	56
3	SSR-44	5′CCA TCG CCA CTA CCT TTT TC 3′ 5′CAA CTG CAA TTC CTG GTG AG 3′	54
4	SSR-46	5′GGT TTC ACT TCA TCC GCT TT 3′ 5′ACG ACC CAG ATT TCA CTT GG 3′	53
5	SSR-52	5′GGA AAA CAC CCA GCT CCT TA 3′ 5′GCT TCC CTG AAG TGA TGA GAG 3′	55
6	SSR-56	5′CTG CTC CTC CAA GAA GAT GG 3′ 5′CTT GAA GGT GAC CGA GGA AG 3′	55
7	SSR-58	5′CAC CAC CAC CAC AGT TTC TG 3′ 5′AGG AAC TCA GAG AGG CAG CA 3′	56
8	SSR-61	5′CCA GTA AAT TGG GAT GCT CT 3′ 5′GAC TCC AAG CAC AGC CTG AT 3′	53
9	SSR-91	5′TGC AAT TCG CGA TAC TGT TC 3′ 5′TCC AGA TGC AAT CTT CTC CA 3′	55
10	SSR-106	5′CAC CGT TAA CTT CGC CAT CT 3′ 5′AAA TGA TGG ATG GGA TTG GA 3′	56

3. 构建亚麻遗传连锁图谱

用 MapDraw V2.1 进行亚麻遗传连锁图的绘制，构建了一张全长为 546.5cM，含 12 个连锁群（LGs）的亚麻遗传连锁图谱（图 4-11），每个连锁群有 4~15 个标记，该图谱中标记间平均距离为 5.75cM（表 4-14）。

表 4-14 连锁图谱中各个连锁群的标记分布

连锁群	标记数目	长度（cM）	平均图距（cM）
LG1	5	21.6	4.32
LG2	12	56.3	4.69
LG3	15	98.7	6.58
LG4	14	76.7	5.48
LG5	7	26.5	3.79
LG6	7	30.6	4.37

（续表）

连锁群	标记数目	长度（cM）	平均图距（cM）
LG7	5	31.1	6.22
LG8	8	71.5	8.94
LG9	4	25.6	6.40
LG10	8	63.7	7.96
LG11	5	23.7	4.74
LG12	5	20.6	4.12

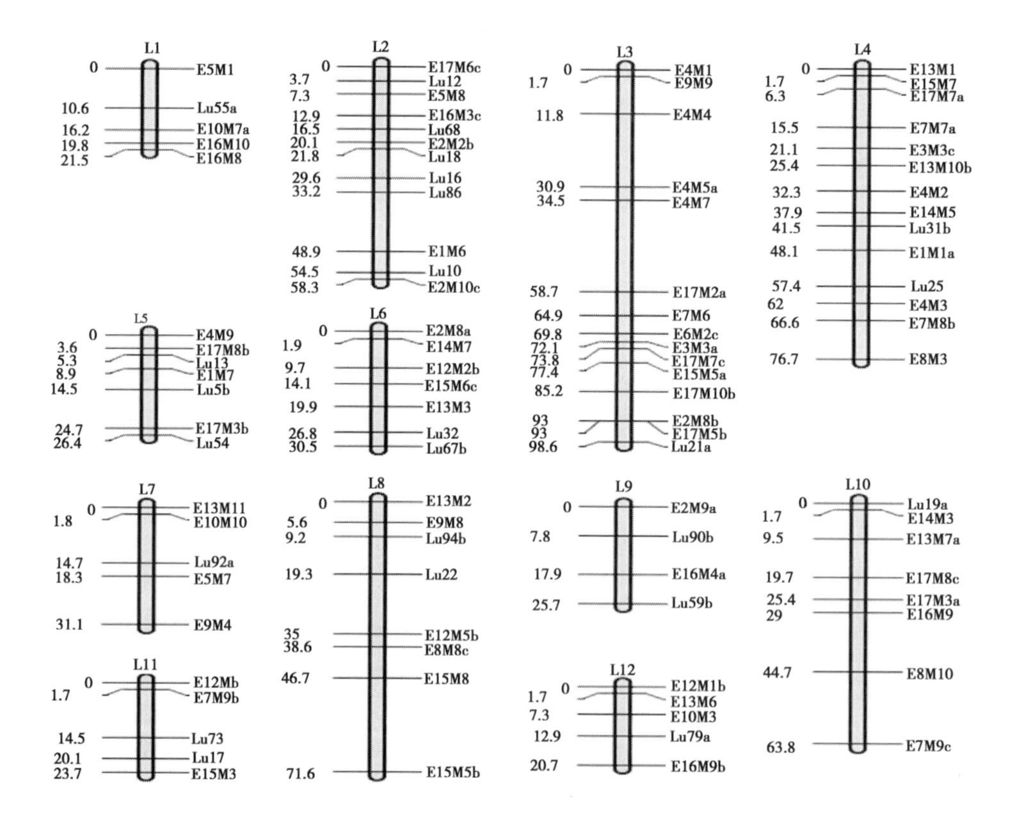

图4－11　亚麻全基因组遗传连锁图谱

（八）多胚亚麻创新育种技术研究

2012年配制多胚杂交组合48个（表4－15），每份获得杂交果10个以上。以此为材料，开展了多胚亚麻多胚率的传递规律研究。

表4－15　2012年多胚杂交组合表

组合号	母本	父本	果数	组合号	母本	父本	果数
H2012001	H2010063	H2010050	12	H2012025	H09027P－21	87HAO－1QIU	15
H2012002	H2010063	N1	11	H2012026	H09027P－20	H2010067	12
H2012003	H2010063	N2	10	H2012027	H09027－21	H2010010	16
H2012004	H2010063	H2010010	13	H2012028	H09027－20	N2	15

（续表）

组合号	母本	父本	果数	组合号	母本	父本	果数
H2012005	H2010039－1	H2010010	14	H2012029	D95029－8－3－3SHUANG	H2010039	14
H2012006	H2010039－2	H2010010	11	H2012030	DIANA	H2010063	11
H2012007	H2010039	N1	13	H2012031	D200004－30－3JUE	H09012P－1	17
H2012008	H2010039－3	N2	12	H2012032	D200004－30－3JUE	H09020P－16	10
H2012009	H2010039－1	N2	13	H2012033	D200004－30－3JUE	H09052－3DUIDA	12
H2012010	H2010045	N2	11	H2012034	D200004－27－1－29WAN	H09052－3DUIDA	10
H2012011	H2010045	N1	13	H2012035	D200004－7－6HUN	H2010063	13
H2012012	H2010045－1	N2	13	H2012036	ZYMA217	H2010019	15
H2012013	H2010045	H2010010	12	H2012037	ZYMA237	H2010024	11
H2012014	H2010050	N1	14	H2012038	N1	H2010011	11
H2012015	H2010050－1	N1	13	H2012039	N1	H2010050	13
H2012016	H2010050	N2	12	H2012040	N1	H2010010	15
H2012017	H09003P－1	N1	13	H2012041	H09003P	M06－K6－F	10
H2012018	H09003P－1	H2010011	14	H2012042	D200004－27－1－29WAN	M06－K6－F	14
H2012019	H09003P－5	H04052－8DAN	13	H2012043	H09009P－14	H2010040	13
H2012020	H09003P－16	H2010063	11	H2012044	D95029－8－3－3SHUANG	H2010010	13
H2012021	H09003P－16	H09052－3DUIDA	10	H2012045	H09009P－13	M06－K6－F	11
H2012022	H09003P－16	H09012－7	11	H2012046	M（ZA50－1×H04052）	H2010021	13
H2012023	H09009P－13	H2010050	13	H2012047	M（ZA50－1×H04052）	H09052	12
H2012024	H09027P－21	H2010063	11	H2012048	M（ZA50－1×H04052）	N2	13

以具多胚性的株系D95029－10－3、D95029－18－7、D95029－8－3、D95029－8－5、1－6Ha为试验材料，从每个株系中选择一定数量单株（6果以上），2010年种成株行，株行收获后检测多胚率，2011年及2012年将收获的株行取一定数量的种子种成株系，再检测多胚率，试验结果显示，绝大部分株系的多胚率随着种植世代的增加，呈下降趋势，说明所育成的多胚材料，如果在不选择的情况下连续种植，其多胚率会以不同的程度下降；同样，为了提高或选育或保持高多胚率的种质或材料，必须对其进行连续系选。

以2006年的21个诱导多胚的杂交组合的F_1和F_2代为试验材料，进行了亚麻多胚诱导及遗传研究，通过分析多胚亲本及杂交后代材料的多胚水平可知，以高多胚率的材料无论作父本还是母本，杂交后代都有可能获得多胚现象，且亲本的多胚水平越高，杂交后代的多胚出现的几率越大；同时发现16个组合F_2代多胚率高于F_1代，5个组合F_1代高于F_2代（表4－16）。该试验结果表明多胚性既可以通过母本也可以通过父本进行遗传，并且在杂种F_1代即可表现，其多胚率在F_2代群体有增大的可能性，该试验结果对利用多胚种质进行单倍体育种具有重要意义。

表 4－16　多胚现象在亚麻杂种 F_1、F_2 代中的遗传

品系名称	母本	父本	亲本多胚（种子数/600 粒）	F_1 代多胚（种子数/600 粒）	F_2 代多胚（种子数/600 粒）
H06127	D95029－12－4（多胚性）	97192－79	12	14	23
	D95029－11－1（多胚性）	阿卡塔	18	9	31
H06143	D95029－18－18（多胚性）	阿卡塔	0	1	3
H06141	D95029－20－1（多胚性）	阿卡塔	0	0	1
H06119	D95029－12－7（多胚性）	97192－79	9	6	4
H06124	H04052（多胚性）	ARGOS	13	7	8
H06130	D95029－12－7（多胚性）	97175－58	5	3	3
H06146	H05106（多胚性）	HERNERS	5	1	2
H06116	原 2000－4（多胚性）	D95029－8－3	12	4	10
H06138	D95029－18－3（多胚性）	97175－58	9	2	10
H06139	D95029（多胚性）	JITKA	0	8	0
H06125	D95029－19－2（多胚性）	DIANE	15	8	13
H06118	D95029－18－18（多胚性）	D97008－3	未检测	14	25
H06155	D95029－12－1（多胚性）	ARGOS	未检测	7	1
H06126	D95029－18－3（多胚性）	97175－72	6	7	12
H06154	98047－32	D95029－10－3（多胚性）	39	12	3
H06136	DIANE	D95029－18－7（多胚性）	0	0	8
H06112	DIANE	D95029－（1－4）－4（多胚性）	50	12	7
H06115	ARIANE	D95029－10－34（多胚性）	未检测	2	7
H06121	DIANE	D95029－12－5（多胚性）	30	4	7
H06111	汉母斯	H04052（多胚性）	12	0	2

2012 年收获多胚低世代组合材料 196 份，选出多胚高世代单株 10 000余株，单株脱粒保存。共决选品系 10 份，麻率 30% 以上的 4 份（表 4－17）。

表 4－17　2012 年决选品系

2012 决选	品系名称	株高（cm）	工艺长（cm）	干茎制成率（%）	麻率（%）
2012K11	h04052－4dan	87	67	81.3	33.5
2012K15	d95029－8－3－1duida	90	71	76.1	32.9
2012K17/2012K8	d95029－8－3－22	90	73	80.8	32.6
2012K9/2012K2	h02147－2	116	91	81.0	32.4
2012K16	d95029－8－3－4dan	96	76	81.0	27.9
2012K7	h04052－8dan	94	75	82.5	26.5
2012K19/K10/K20	h06154xiao	97	74	80.5	25.5
2012K13	h02150－3－1duida	90	75	80.1	25.3
2012K3/2012K1	H06146－1duida	91	73	82.2	24.6
2012K18	d95029－8－3danqi	86	68	82.3	24.1

（九）BRs 处理对盐害胁迫下亚麻转录表达谱的影响

1. 植物材料

选择亚麻品种 New2，在植株发育至花期，分别采用喷施清水（对照 CK），喷施 BRs（T1），根施 NaCl（T2）及根施 NaCl 同时喷施 BRs（T3）等四种处理，处理 12h 后取材，取材部位为植株茎中部 20cm，每个处理分别取 3 株，作为 3 次生物学重复。取材后将样品置于液氮中迅速冷冻，于 -80℃冰箱保存，用于 RNA 的提取。

2. 总 RNA 的提取质量检测结果

琼脂糖凝胶电泳显示（图 4-12），样品总 RNA 中 28SrRNA 与 18SrRNA 的亮度比例接近 2∶1，经紫外分光光度仪检测，A260/280 值在 1.8~2.0，A260/230 值大于 2.0。利用 Agilent2100 生物分析仪检测 12 个样品的总 RNA 质量。测定了样品总 RNA 浓度、28S/18S 和 RIN（RNA integrity Number）完整性。RNA 总量达到 20μg，浓度达到 400ng/μl，RIN 大于 6.5，表明所制备的总 RNA 浓度合适、质量较好，能用于下一步试验。

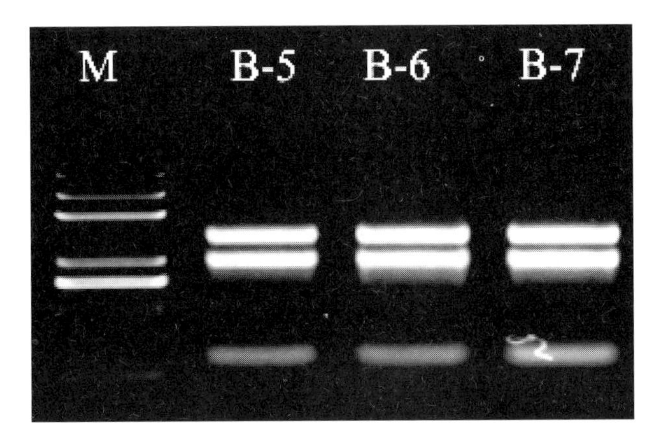

图 4-12 亚麻总 RNA 琼脂糖凝胶电泳

3. 亚麻数字基因表达谱分析结果

利用 Solexa 测序技术对亚麻 4 种不同处理，3 次生物学重复的 12 个样品材料建立数字基因表达库。原始序列数据经过去除杂质后得到的数据为 Clean Tag。首先对测序质量评估，结果表明，各样品的总 Reads 数在 0.79G~1.15G。Clean Reads 分别占总 Reads 数的 93%（Q30），98%（Q20）以上，GC 含量均在 47% 左右。各样品的 Total mapped 值在 91%~93%，均高于标准值 70%，Multiple mapped 值均小于 10%，在参考序列上有唯一比对位置的测序序列的数值在 85%~87% 之间。RNA-Seq 相关性检测 R2 值均在 95% 以上，不同表达水平的转录本的 reads 均一分布。

各样品的 Total mapped 值在 91%~93%，以 CK-1 图为例（图 4-13），测序量已经基本覆盖了细胞中能够检测到的基因。

4. 差异表达基因的筛选

本试验分析中，DESeq 已经进行了生物学变异的消除，对差异基因筛选的标准一般为：| log2 (FoldChange) | >1，padj <0.05，差异表达基因数量见图 4-14。T1 处理与对照相比差异表达基因 30 个，上调表达基因 20 个，下调表达基因 10 个；T2 处理与对照相比差异表达基因 15 个，上调表达基因 13 个，下调表达基因 2 个；T3 处理与 T2 处理相比较，差异表达基因 76 个，其中，上调表达基因 75 个，下调表达基因 1 个。

对所有差异表达基因进行了 Gene Ontology（GO）功能显著性富集分析。在差异表达基因中显著富

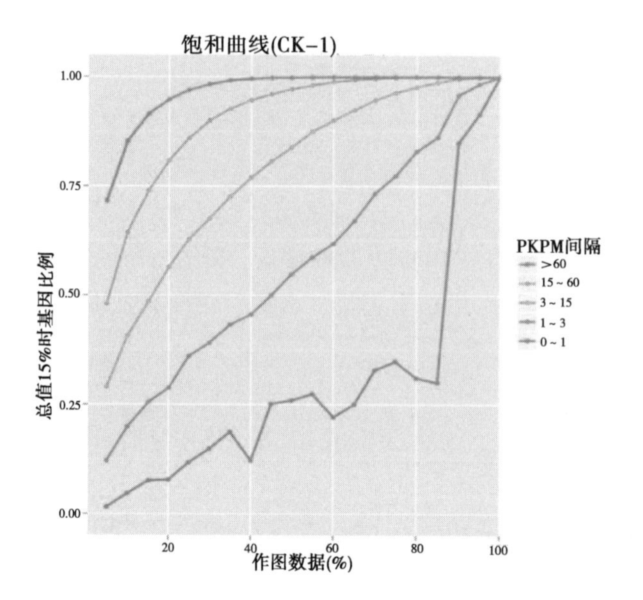

图4-13　CK-1样品饱和度分析

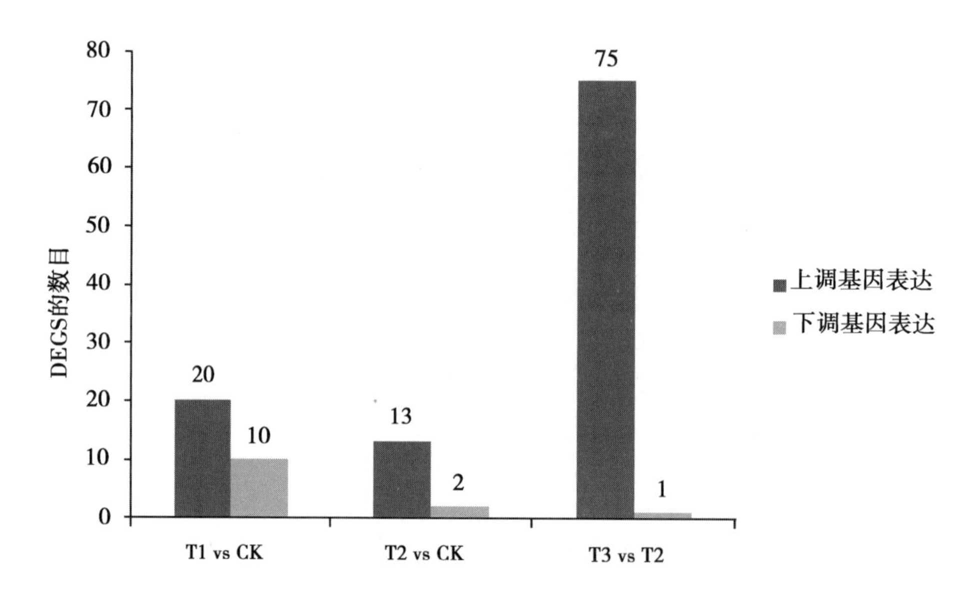

图4-14　样品间差异表达基因

集的GO条目，其计算公式为

$$P = 1 - \sum_{i=0}^{m-1} \frac{(M_i)(N - M_{n-i})}{(N_n)}$$

其中，n为N中差异表达基因的数目；N为基因组中具有GO注释的基因数目；m为注释为某特定GO term的差异表达基因数目；M为基因组中注释为某特定GO term的基因数目。计算得到的pvalue通过Bonferroni校正之后，以corrected-pvalue≤0.05为阈值，满足此条件的GO term定义为在差异表达基因中显著富集的GO term，同时对注释到每个term中的基因进行了聚类分析。通过GO功能显著性富集分析能确定差异表达基因行使的主要生物学功能。

T3 vs T2差异表达基因注释到molecular function、cellular component、biological process，选取其中p-Value值最小的30个GO term，biological process中富集的term有12个（图4-15），包括胞吐作用、分泌细胞、分泌、细胞定位的建立、细胞定位、囊泡运输、蛋白泛素化、共轭小蛋白的蛋白修饰、小蛋白共轭或去除的蛋白修饰、细菌响应、真菌响应、细菌的防御响应、真菌的防御响应，但没有显著富集的 term。注释到 molecular function 中的 term 有 9 个，包括甘油三酯脂酶活性、脂肪酶活性、泛素蛋白连接酶的活性、小的结合蛋白连接酶活性、水解酶活性、对酯键、核酸结合、钼离子结合。注释到 cellular component 的富集的 term 有 9 个，包括异位、细胞皮层、细胞皮层部分、细胞边缘、泛素连接酶复合体、蛋白复合体、细胞内部分、细胞、细胞部分。

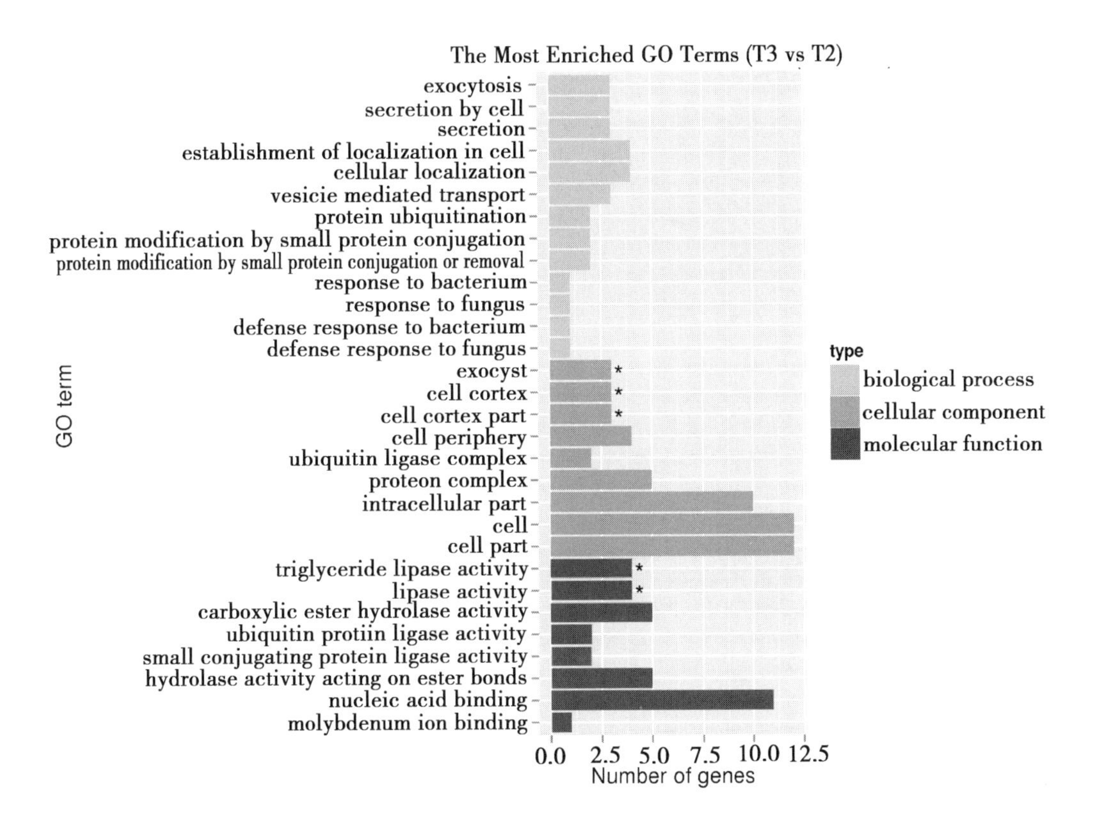

图 4－15　差异基因 GO 富集柱状图

（纵坐标为富集的 GO term，横坐标为该 term 中差异基因个数。不同颜色用来区分生物过程、细胞组分和分子功能，带“ * ”为富集的 GO term）

为了进一步理解差异表达基因的功能，将所有基因与 KEGG 数据库比对，确定差异表达基因参与的最主要的生化代谢途径和信号转导途径。T3 vs T2 中，差异表达基因有 pathway 注释的基因为 4 个，富集的途径有 4 条，包括次胡萝卜素生物合成途径（Carotenoid biosynthesis）、胰岛素信号途径（Insulin signaling pathway）、次生代谢生物合成途径（Biosynthesis of secondary metabolites）及代谢途径（Metabolic pathways）。其中，基因 *NCED*（Lus10035696. g）在次胡萝卜素生物合成途径调控脱落酸的合成，推测 BR 提高植物抗逆性可能与激素互作及激素间的信号传导有关，但需实验进一步验证。

（十）盐碱胁迫下亚麻差异基因表达分析

对三周龄亚麻幼苗（黑亚 19 号）进行 50mmol/L NaCl、25mmol/L Na_2CO_3和 pH 值 11. 6 的 NaOH 溶液胁迫处理，在处理 18h 后取样，以蒸馏水作对照。进行总 RNA 提取，质检，纯化以及文库构建。利用 illumina HiSeq2000 技术测序平台，对样品进行数字表达谱分析。

1. 数字基因表达谱测序数据基础分析

如表 4－18 所示，每个样品构建的文库中大约有 6 690 000～8 500 000原始数据，其中，98% 以上是过滤后的数据。将数据与亚麻基因组进行比对，至少 85 % 的数据可以比对上，说明获得了高质量的测序数据。

表4－18　测序数据与亚麻基因组比对结果

样品名称	碱性盐胁迫（ASS）	碱胁迫（AS）	对照（CK）	中性盐胁迫（NSS）
Raw reads	6693708	8504625	6680440	7977529
Clean reads	6560438	8336189	6561531	7844294
Total mapped	5640964（85.98%）	7207975（86.47%）	5804096（88.46%）	7014963（89.43%）
Multiple mapped	396367（6.04%）	572414（6.87%）	467406（7.12%）	542772（6.92%）
Uniquely mapped	5244597（79.94%）	6635561（79.6%）	5336690（81.33%）	6472191（82.51%）
Reads map to "+"	2646837（40.35%）	3380017（40.55%）	2703758（41.21%）	3292442（41.97%）
Reads map to "－"	2597760（39.6%）	3255544（39.05%）	2632932（40.13%）	3179749（40.54%）
Non－splice reads	3992382（60.86%）	4987110（59.82%）	4020844（61.28%）	4883042（62.25%）
Splice reads	1252215（19.09%）	1648451（19.77%）	1315846（20.05%）	1589149（20.26%）

2. *差异表达基因分析*

如图4－16所示，有292个基因在3种胁迫处理下都是差异表达的，其中，上调136个，下调138个。与对照相比，ASS中上调基因有3 208个，下调基因有4 528个；NSS中上调基因有888个，下调基因有678个；AS中上调基因有264个，下调基因有190个。结果表明，碱性盐胁迫下差异表达基因最多，碱胁迫下差异表达基因最少。

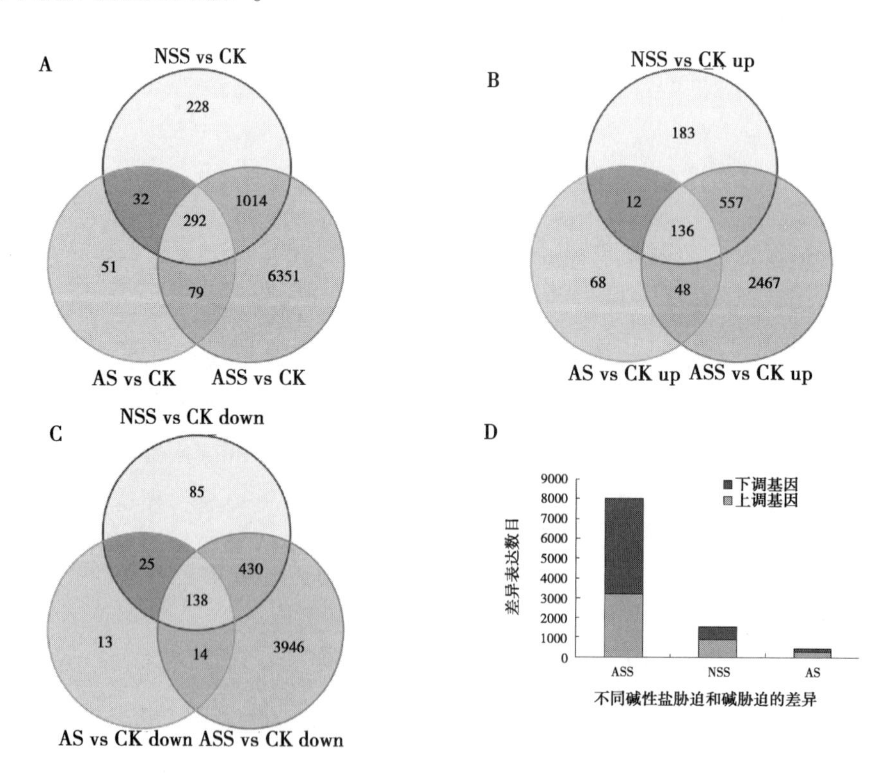

图4－16　三种胁迫下差异基因表达的统计

A. 所有差异表达基因；B. 上调表达基因差异；C. 下调表达基因差异；D. 差异表达基因统计

3. *差异表达基因的聚类分析*

通过差异表达基因的聚类分析可以看出，AS与对照的相关性最近，最远的是ASS。说明碱性盐胁迫更加的复杂，在碱性盐胁迫下亚麻中有更多的基因表达发生变化。通过 GO 分析和 KEGG 分析，发现 3 种胁迫下均有特殊的富集组分和代谢路径，这些差异也许能够解释碱性盐胁迫和中性盐胁迫分子机制的差异。

（十一）亚麻应答盐碱胁迫相关 microRNA 的预测

通过查阅文献，找到 61 个其他植物与盐胁迫相关的 microRNA，其中，上调 38 个，下调 23 个。在 microRNA 数据库中查找这些 microRNA 的序列，获得 34 条序列，其中，上调 25 个，下调 9 个。利用这些序列和 BLAST 程序搜索亚麻 microRNA 数据库，得到亚麻 microRNA25 个。再利用 microRNA 靶基因预测软件预测其靶基因，其中，2 个 microRNA（lus－MIR395d 和 lus－MIR399e）的靶基因与盐碱胁迫相关，表明这两个 microRNA 与亚麻应答盐碱胁迫密切相关（表 4－19）。

表 4－19　亚麻耐盐碱相关 microRNA 及其靶基因

候选 microRNA	亚麻同源 microRNA	靶基因
ghr－MIR156d	lus－MIR156a	Squamosa promoter－binding－like protein 16
vun－MIR156a	lus－MIR156g	
vun－MIR160	lus－MIR160f	Auxin response factor 17
vun－MIR162	lus－MIR162a	355 nt
ath－MIR164a	lus－MIR164e	Methionine sulfoxide reductase A
ath－MIR166a	lus－MIR166h	Class III HD－Zip protein 4
ath－MIR165a	lus－MIR166i	
ptc－MIR167h	lus－MIR167a	Putative multidrug resistance protein 22
ghr－MIR827b	lus－MIR167b	
ghr－MIR167a	lus－MIR167c	
ath－MIR167a	lus－MIR167e	
vun－MIR168/ath－MIR168a	lus－MIR168b	Cytochrome P450 monooxygenase
osa－MIR169g/o	lus－MIR169a	NON result
osa－MIR169n/gma－MIR169t/ghr－MIR169	lus－MIR169c	T12H1. 5 protein
vun－MIR169	lus－MIR169f	NON result
ath－MIR169a	lus－MIR169g	NON result
gma－MIR171p	lus－MIR171g	Protein ARF－GAP DOMAIN 3
ath－MIR319a	lus－MIR319a	272 nt
ath－MIR390a	lus－MIR390c	288 nt
osa－MIR393a	lus－MIR393a	NON result
mtr－MIR395a	lus－MIR395d	Dof zinc finger protein DOF4. 6
osa－MIR396c	lus－MIR396b	Vitis vinifera contig VV78X030262. 6
osa－MIR398b	lus－MIR398a	NON result
ghr－MIR399a	lus－MIR399e	CDK－activating kinase
osa－MIR408/vun－MIR408	lus－MIR408a	199 nt

（十二）转基因技术在亚麻品种选育中的应用

1. 亚麻遗传转化体系的建立

菌液的制备：将农杆菌接种到 YEP 培养基（含有抗生素）中，28℃ 150r/min 振荡培养 48h，5 000 r/min 离心 5min，收集的菌体用 MS 液体培养基重悬，待用。

外植体消毒：室内播种一周左右的亚麻幼苗，高度约 8cm，剪下下胚轴，用 70% 乙醇消毒 2min，无菌水冲洗 2 次，10% NaClO 消毒 10min，无菌水冲洗 5 次。

农杆菌侵染：将制备的菌液倒入装有消毒后的下胚轴的容器中，将下胚轴剪成 0.5 ~ 1cm 的小段，侵染 10min。将侵染后的下胚轴先放在滤纸上吸干多余菌液，然后放入共培养基 MS1（MS + 6 - BA + NAA）中，暗培养 2d。

亚麻转基因植株再生：2d 后将下胚轴从共培养基 MS1 中转移到筛选培养基 MS2（MS + 6 - BA + NAA + 抗生素）中，每隔 2 ~ 3 周继代一次，大约培养 6 周后，待幼苗长至 1 ~ 2cm 时，将幼苗从愈伤组织上切下，移入生根培养基 MS3（MS + 抗生素）中。

转基因亚麻幼苗的移栽：将生根的小苗敞口在组培室中生长 2d，以适应外界有菌环境，再移入营养土中培养。

2. 亚麻遗传转化体系的优化

受体材料：黑亚 14 号、黑亚 19 号、New2 和 Diane。

侵染再生部位：子叶、下胚轴和真叶。

影响诱导抗性芽因素：pH 值、激素浓度、培养基稀释程度、光照时间、光照强度。

影响生根因素：玻璃化苗、pH 值、激素浓度、培养基稀释程度、蔗糖含量、琼脂含量。

Kan 浓度的筛选：30、50、100、150、200、250mmol/L。

BASTA 浓度的筛选：0.001%、0.002%、0.003%、0.004%、0.005%。

优化结果表明，New2 比较适合作为遗传转化的受体材料，下胚轴是再生能力最好的部位，抗性芽诱导最重要的因素是激素浓度的配比，影响生根最重要的因素是玻璃化苗，最适宜的 Kan 筛选浓度为 50mmol/L，最适宜的 BASTA 筛选浓度为 0.002%。

设计了 9 种诱导培养基的激素比例（表 4 - 20），进行抗性芽的诱导。结果表明，4、5、8 三种激素比例的诱导情况比较好。

表 4 - 20 诱导培养基中的不同激素配比情况

编号	6 - BA (mg/L)	NAA (mg/L)	产生愈伤的外植体/外植体总数（%）	正常苗数/总再生苗数（%）	生根苗数/总再生苗数（%）
1	0.5	0.01	81.3	0	0
2	1	0.05	37.5	0	0
3	2	0.1	81.3	0	0
4	0.5	0.1	43.8	11.1	7.1
5	1	0.01	87.5	33.3	22.2
6	2	0.05	81.3	0	0
7	0.5	0.05	68.8	0	0
8	1	0.1	75	7.1	7.1
9	2	0.01	75	11.1	0

降低6－BA的浓度又设计了7种诱导培养基的激素比例（表4－21），进行抗性芽的诱导。结果表明，2、3、4三种激素比例的诱导情况比较好。

表4－21　诱导培养基中的不同激素配比情况

编号	6－BA（mg/L）	NAA（mg/L）	产生愈伤的外植体/外植体总数（%）	正常苗数/总再生苗数（%）	生根苗数/总再生苗数（%）
1	0.5	0.05	56.9	0	0
2	0.5	0.1	68	37.5	25
3	0.5	0.5	71.9	14.3	7.1
4	0.5	1	80	33.3	33.3
5	0.1	0.1	41.5	50	0
6	0.25	0.1	47.6	33.3	0
7	1	0.1	72.5	16.7	0

3. *CHI*基因和*BADH*基因转化亚麻

构建了2个含有目的基因的农杆菌，用于亚麻遗传转化。目的基因分别是来源于羊草的几丁质酶基因（*CHI*）和来源于滨藜的甜菜碱脱氢酶基因（*BADH*），这两个基因分别是已经在模式植物中验证完功能的耐盐碱基因。用于遗传转化的两份受体材料分别是较耐盐碱的黑亚19号和再生能力较强的New2。分别获得亚麻转基因植株12个（*CHI*基因转化黑亚19号）和15个（*BADH*基因转化New2）。

三　黄麻

（一）高产优质黄麻新品种选育与示范

2011—2012年黄麻冬季繁种15亩，完成了黄麻长果种材料加代120份，配制杂交组合10个，高代材料与优良品种摩维1号等6个品种繁殖13亩，生产优良种子550kg。

在湖南沅江试验基地建立长果黄麻选种圃，对320份不同世代单株、株系、品系进行比较鉴定，高世代株系与品系进行经济性状与产量考察。Za01－1－3等59份优良后代将晋级下一步鉴定。

2012—2013年育成的中黄麻4号、中黄麻5号、福黄麻1号、福黄麻2号、闽黄麻1号5个黄麻新品种通过了国家品种鉴定，福黄麻3号通过地方品种审定。其中，在2011—2012年度国家黄麻品种区域试验站，福黄麻1号、福黄麻2号和闽黄麻1号3个品种的平均纤维亩产分别达到了209.2kg、213.9kg和208.7kg，较对照“黄麻179”分别增产7.69%、10.14%和7.45%；在2013年度生产试验中，平均纤维亩产分别达到了200.6kg、203.1kg和197.6kg，较对照“黄麻179”分别增产8.12%、9.43%和6.08%。

长果种黄麻“中黄麻4号”在2011—2012年全国黄麻区试中，纤维产量大幅高于其他参试品种，比对照179增产18.86%，比居第二位的参试圆果品种福黄麻2号增产8.72%，首创我国长果黄麻纤维产量高于圆果黄麻的记录。

福黄麻1号为圆果常规种黄麻，由梅峰2号×粤圆5号杂交后代选育而成。茎秆粗壮，梢部较粗，群体生长整齐。工艺成熟期125d。株高345cm，分枝位高306cm，茎粗14.6mm，鲜皮厚1.02mm，干皮精洗率56.77%。纤维产量3 138.0 kg/hm^2，纤维支数395公支，纤维强力309N。采用人工接种炭疽病菌鉴定，福黄麻2号在60d后的病情指数为20.00%，发病指数为各参试品种最低，明显优于对照1

黄麻179和对照2宽叶长果，为中抗黄麻炭疽病。

福黄麻2号为圆果种常规黄麻，由“闽麻5号”辐射后代选育而成。茎秆粗壮，梢部较粗，群体生长整齐。工艺成熟期135d。株高345cm，分枝位高306cm，茎粗14.9mm，鲜皮厚1.05mm，干皮精洗率57.89%。纤维亩产213.9kg，纤维支数405公支，纤维强力333N，居各参试品种首位。采用人工接种炭疽病菌鉴定，福黄麻2号在60d后的病情指数为28.57%，明显优于对照1黄麻179和对照2宽叶长果，为中抗黄麻炭疽病。

闽黄麻1号为圆果黄麻，茎绿色，叶柄、托叶、花萼、蒴果淡红色，有腋芽。单叶互生，为长卵圆形叶，平均长宽为13.0cm×5.8cm。株高335.27cm，茎粗1.44cm，鲜皮厚1.01mm，第一分枝高度291.85cm，笨麻率14.55%，干皮精洗率56.02%。纤维亩产208.7kg，纤维支数434公支，列各参试品种首位，纤维强力298N，抗炭疽病性为中抗。工艺成熟期128d，全生育期188d。

福黄麻3号是福建农林大学作物科学学院1990年以圆果种黄麻梅峰2号为母本，闽麻5号作父本杂交，经连续8代系谱选择，于2009年选育而成。该品种群体生长整齐，茎秆粗壮，梢部较粗。经2008—2010年福建省多年多点对比试验，平均原麻产量达7 690.4 kg/hm^2，比对照黄麻179增产11.17%，增产幅度大。该品种于2012年通过福建省黄麻新品种认定（闽认麻2012003）。

另外，Y007－10（摩维1号）、C2005－43参加了2011—2012年全国黄麻区试。结果表明，其产量比对照均增产10%以上。其中“摩维1号”在湖南沅江草尾、黄茅洲和目平湖进行了70亩高产试验示范，高产地块的测产结果为株高485cm、茎粗1.6cm、分枝高430cm、生物产量11.34t/亩、干茎产量1.2t/亩，生麻520kg/亩、嫩茎叶产量210kg/亩、麻骨产量608kg/亩，具有突破黄麻高产“526”工程目标的潜力。

（二）黄麻新品种的鉴定

1. 不同产区黄麻新品种的鉴定

2012年，通过国家麻类产业技术体系信阳红麻试验站、萧山黄/红麻试验站、南宁黄/红麻试验站和漳州黄/红麻试验站四个产区，以黄麻179为对照，对新育成的福黄麻1号、福黄麻2号、福黄麻3号、闽黄麻1号，新品系09c黄繁－9、09c黄繁－13和黄麻831等品种（系）的农艺性状进行了比较分析（表4－22）。

表4－22　不同产区黄麻品种（系）比较试验

区域	品种	株高（m）	茎粗（cm）	皮厚（mm）	有效株（株/亩）	干皮产量（kg/亩）	干麻骨产量（kg/亩）
信阳	福黄麻1号	3.43	1.54	1.27	8 733	301.3	364.6
	福黄麻2号	3.17	1.29	1.22	11 868	278.9	388.7
	福黄麻3号	3.35	1.32	1.04	12 057	295.4	413.0
	闽黄1号	3.31	1.40	1.00	14 924	313.4	563.4
	黄麻179（CK）	3.39	1.40	1.11	10837	292.6	395.6
	09c黄繁－9	3.46	1.43	1.11	9 497	294.4	349.0
	09c黄繁－13	3.37	1.39	1.18	12 400	316.2	434.0
	黄麻831	3.40	1.40	1.21	10 993	329.8	406.8

（续表）

区域	品种	株高（m）	茎粗（cm）	皮厚（mm）	有效株（株/亩）	干皮产量（kg/亩）	干麻骨产量（kg/亩）
萧山	福黄麻1号	3.08	1.42	1.11	12 840	295.3	449.4
	福黄麻2号	3.11	1.44	1.24	14 659	335.7	527.7
	福黄麻3号	3.17	1.32	0.96	16 371	329.1	491.1
	闽黄1号	2.76	1.36	1.05	13 482	247.4	337.1
	黄麻179（CK）	2.99	1.24	1.02	16 692	280.4	375.6
	09C黄麻-9	3.04	1.26	1.04	16 371	294.7	409.3
	09C黄麻-13	3.01	1.26	0.93	16 157	283.6	403.9
	黄麻831	3.00	1.19	1.11	11 663	205.9	262.4
合浦	福黄麻1号	3.26	1.57	0.90	9 150	298.2	346.9
	福黄麻2号	3.10	1.48	0.88	8 505	234.8	288.3
	福黄麻3号	3.01	1.40	0.80	7 920	191.0	262.4
	闽黄1号	3.09	1.35	0.69	9 930	184.7	272.1
	黄麻179（CK）	3.03	1.41	0.80	9 840	229.8	326.1
	09C黄麻-9	3.08	1.40	0.87	10 635	265.8	292.6
	09C黄麻-13	2.83	1.30	0.81	11 670	254.1	320.6
	黄麻831	3.00	1.30	0.73	9 900	233.4	236.9
漳州	福黄麻1号	3.77	1.65	1.06	7 000	329.1	382.8
	福黄麻2号	3.94	1.67	0.96	7 850	318.4	391.0
	福黄麻3号	3.60	1.48	0.91	8 750	318.5	437.5
	闽黄1号	3.62	1.54	0.92	5 600	238.5	351.4
	黄麻179（CK）	3.58	1.40	1.33	7 350	278.0	394.5
	09C黄麻-9	3.86	1.62	0.80	7 500	226.1	248.9
	09C黄麻-13	3.63	1.58	0.94	5 850	245.2	309.4
	黄麻831	3.62	1.57	1.02	7 350	306.1	310.7

其中，河南信阳点黄麻新品系黄麻831和09c黄繁-13表现突出，亩纤维产量分别比对照黄麻179增产24.3%和11.6%；浙江萧山点黄麻新品种福黄麻3号和新品系09c黄繁-9的小区干皮产量分别比对照黄麻179增产24.1%和22.6%；广西合浦点福黄麻1号、2号、3号小区鲜重分别比对照179增产35.4%、30.7%和21.4%；福建漳州点福黄麻1号、2号、3号原麻产量分别比对照179增产18.4%、14.5%和14.5%。

2013年，在前期试验的基础上，对初步确定在各大产区主推的福黄麻系列的3个新品种，以黄麻179为对照进行了进一步的农艺性状比较分析（表4-23）。

表 4－23　不同生产区黄麻新品种的农艺性状表现

区域	品种	株高（m）	茎粗（mm）	皮厚（mm）	有效株（株/亩）	干皮产量（kg/亩）	干麻骨产量（kg/亩）
信阳	福黄麻 1 号	3.54	1.65	1.18	12 257	409.5	359.4
	福黄麻 2 号	3.53	1.57	1.19	13 078	316.1	414.8
	福黄麻 3 号	3.42	1.48	1.22	10 565	291.2	252.7
	179	3.58	1.68	1.29	13 539	335.4	506.6
萧山	福黄麻 1 号	3.56	1.65	1.33	10 500	420.0	656.3
	福黄麻 2 号	3.50	1.74	1.25	9 550	382.0	489.9
	福黄麻 3 号	3.71	1.68	1.31	10 700	428.0	722.3
	179	3.53	1.62	1.22	10 473	354.0	576.0
合浦	福黄麻 1 号	3.55	1.50	1.10	7 937	277.8	469.5
	福黄麻 2 号	3.17	1.31	1.02	9 222	253.6	367.9
	福黄麻 3 号	3.53	1.42	1.05	6 618	215.1	365.6
	179	3.37	1.44	1.01	8 397	224.2	380.5
漳州	福黄麻 1 号	4.59	1.98	1.14	7 782	497.6	523.9
	福黄麻 2 号	4.79	2.21	1.24	7 648	504.8	518.8
	福黄麻 3 号	4.63	1.91	1.19	7 426	485.9	537.3
	179	4.35	1.88	1.19	7 782	413.7	566.1

试验示范结果表明，河南信阳产区黄麻新品种福黄麻 1 号、2 号、3 号的产量表现均优于对照黄麻 179，其中，福黄麻 1 号的单株干皮重比对照高 34.9%；浙江萧山产区黄麻新品种福黄麻 1 号、2 号、3 号的亩产量分别比对照 179 增产 18.6%、7.9% 和 20.9%；广西合浦产区福黄麻 1 号亩干皮产量比对照 179 增产 23.9%，亩干骨产量比对照增产 23.4%；福建漳州产区福黄麻 1 号、2 号、3 号亩干皮产量分别比对照 179 增产 20.3%、22.0% 和 17.5%。试验结果符合上一轮试验的推断，建议加快福黄麻系列品种在上述产区的推广应用。

2. 黄麻新品系的鉴定评价

在福建尤溪洋中、莆田涵江、莆田秀屿、漳州漳浦和诏安等地建立了 5 个 100 亩黄红麻盐碱地、旱地繁种基地与高产栽培中心示范片。其中，福建尤溪点品种试验结果表明，09c 黄麻－8、09c 黄麻－6、09c 黄麻－23、09c 黄麻－52 等均表现出茎秆粗，皮厚，单株鲜皮重较大等优良特性（表 4－24）。另外还完成了 320 份黄麻种质资源及核心种质性状鉴定，为后续遗传育种研究及利用奠定坚实基础。

表 4－24　黄麻新品系福建尤溪品种试验结果

品系	株高（cm）	分枝高（cm）	茎粗（mm）	皮厚（mm）	单株鲜茎重（kg）	单株鲜皮重（kg）
09c 黄麻－7	420.5	374.9	17.8	0.983	0.457	0.154

（续表）

品系	株高（cm）	分枝高（cm）	茎粗（mm）	皮厚（mm）	单株鲜茎重（kg）	单株鲜皮重（kg）
09c 黄麻 - 1	447.1	356.5	17.3	1.107	0.357	0.140
09c 黄麻 - 29	425.4	341.6	16.6	0.962	0.400	0.158
09c 黄麻 - 30	440.8	350.2	16.8	0.998	0.369	0.148
09c 黄麻 - 15	417.2	377.8	17.4	1.034	0.456	0.156
09c 黄麻 - 22	423.2	376.2	18.3	1.124	0.489	0.171
09c 黄麻 - 31	403.4	328.4	15.0	0.694	0.307	0.114
09c 黄麻 - 21	392.0	352.2	16.0	0.870	0.308	0.107
09c 黄麻 - 17	392.4	357.6	16.5	0.926	0.346	0.125
09c 黄麻 - 2	376.7	286.0	14.9	0.923	0.312	0.105
09c 黄麻 - 33	387.0	320.0	15.7	0.997	0.368	0.128
09c 黄麻 - 8	416.7	364.3	19.4	1.273	0.557	0.202
09c 黄麻 - 3	376.0	299.0	15.1	0.797	0.270	0.098
09c 黄麻 - 6	427.3	374.3	18.0	1.340	0.610	0.195
09c 黄麻 - 10	393.7	322.3	15.6	1.040	0.287	0.127
09c 黄麻 - 40	429.7	360.0	16.6	1.107	0.397	0.160
09c 黄麻 - 41	418.3	329.7	16.7	1.140	0.450	0.178
09c 黄麻 - 51	426.7	332.7	17.6	0.987	0.445	0.162
09c 黄麻 - 39	428.3	362.3	16.1	1.087	0.377	0.157
09c 黄麻 - 50	439.7	379.7	16.6	1.100	0.410	0.155
09c 黄麻 - 28	414.3	315.0	16.0	1.073	0.363	0.152
09c 黄麻 - 26	406.7	362.3	17.9	1.203	0.565	0.173
09c 黄麻 - 23	439.3	395.0	17.8	1.447	0.430	0.200
09c 黄麻 - 12	422.7	380.0	17.0	1.040	0.427	0.147
09c 黄麻 - 65	425.3	345.7	16.0	1.103	0.403	0.165
09c 黄麻 - 64	439.0	353.7	16.8	1.153	0.405	0.167
09c 黄麻 - 63	442.3	349.0	16.5	1.050	0.385	0.162
09c 黄麻 - 54	415.7	370.3	18.2	1.150	0.508	0.187
09c 黄麻 - 53	410.3	368.7	17.6	1.103	0.410	0.170
09c 黄麻 - 62	439.3	344.7	16.7	1.147	0.398	0.153
09c 黄麻 - 61	420.0	338.7	16.9	1.110	0.393	0.163
09c 黄麻 - 52	461.3	366.0	18.0	1.277	0.430	0.185
09c 黄麻 - 4	391.3	284.0	14.8	1.017	0.290	0.103

（三）耐盐碱黄麻品种筛选

在浙江、江苏和福建等地沿海滩涂区持续开展耐盐碱黄麻品种筛选工作。在福建莆田秀屿区盐碱地进行黄麻新品种（系）繁种与高产示范15亩，在江苏大丰盐碱地示范种植福黄麻1号、2号、3号30亩。其中，莆田秀屿盐碱地黄麻亩产原麻可达350～380kg；江苏大丰盐碱地黄麻亩产可达390kg。

选择9个品种在浙江、江苏沿海滩涂进行耐盐碱品种筛选与抗压试验。初选出耐盐碱（耐盐浓度0.3%～0.5%）品种6个，长果种3个（摩维1号、Y05－02、中引黄麻1号）、圆果种3个（中黄麻1

号、中引黄麻2号、C2005－43）。结果表明，黄麻在0.3%～0.4%盐碱浓度下，能正常生长并获得较高生物产量，但随盐碱浓度增加，生长势降低，至0.6%的盐碱含量就基本不能生长；品种的耐盐碱能力有一定差异，其中，品种摩维1号2012年生麻亩产410kg、嫩茎叶产量185kg、麻骨510kg，2013年亩产达到生麻420kg、嫩茎叶产量180kg、麻骨515kg，基本实现了盐碱地高产黄麻“425”工程的预期目标，被江苏紫荆花科技股份有限公司确立为2013年盐碱地原料基地建设的主栽品种。

研究提出了盐碱地黄麻种植的主要技术措施：选择适宜盐碱地（盐碱含量0.4%以下，不积水），播前10d施草甘灵一次性清除各类杂草，重施偏酸性复合肥，雨后播种，播种量适度提高到750 g/亩，后期一定要加强水肥管理，防止早衰，适时收获，黄麻叶片等残留物留在原地块培肥土壤；由于盐碱地黄麻后期水肥供应不足，易早衰，叶片脱落较多，嫩茎叶产量偏低，应加强后期水肥管理。

（四）初步筛选出黄麻耐旱种质资源

通过对146份黄麻种质资源材料进行室内水分胁迫盆栽试验，以叶片形态为评价指标，通过水分胁迫形态学鉴定，初步筛选出抗旱性较强的种质资源材料7份：IJO20号，SM\\ 070\\ CO，179（1），Xu\\ 057，闽革4号，Y\\ 134Co，Y\\ 105Co；以及耐旱性较弱的种质资源：郁南长果，179（7），高雄青皮，梅峰6号，和字4号等，为后续的耐旱分子生理及耐旱品种选育奠定基础。

（五）黄麻种质资源SRAP指纹图谱构建

应用自主开发的麻类种质资源基因组DNA指纹图谱判别的计算机软件，完成了对35份黄麻品种分子身份证制作。利用筛选的30对SRAP标记多态性引物和判读软件，成功绘制出35个黄麻品种的DNA指纹图谱，在该图谱中每个品种均有各自特异的DNA指纹，对于品种标识及知识产权的保护有重要的应用价值，也为黄麻种质资源分子鉴定提供理论依据。

（六）圆果种黄麻叶片全长cDNA文库构建及ESTs分析

以圆果黄麻179幼嫩叶片为材料，利用通用植物试剂盒试剂提取总RNA，采用SMART建库技术成功构建了黄麻叶片全长cDNA文库。对黄麻叶片cDNA文库测序获得的279条有效EST序列通过利用phrad软件进行拼接后得到61个Unigenes。比对及功能注释结果表明，具已知功能或推测功能的基因41个，功能未知的的基因有6个，未比对上的基因有14个，这14个基因很有可能是新基因。

（七）黄麻高世代RI遗传作图群体的构建与性状调查

已利用性状差异明显的黄麻栽培种“179”和野生种“爱店野生种”为亲本杂交，成功构建了包含144个株系F9代的高世代RI黄麻作图群体。这是一个永久作图群体，可连续提供一致的种子进行重复实验。2012年于苗期和旺长期考察了苗期茎色、叶柄色、中期茎色、分枝习性、茎型等质量性状，以及株高、茎粗、鲜皮重、干皮重、鲜茎重、种子蒴果数、千粒重等数量性状。并完成了144个株系基因组DNA的提取，目前正在进行高密度遗传连锁图谱的构建工作，将为我国高密度黄麻遗传连锁图谱的构建和性状定位奠定坚实的基础。

（八）黄麻雌性不育的蛋白质差异研究

比较了黄麻粤圆6号正常可育与其雌性不育突变体材料的蛋白差异点（图4－17），从46个差异蛋白点中挑选出重复性强的22个蛋白点进行MALDI－TOF－MS/MS串联质谱分析，其中，15个蛋白点成功鉴定。在这15个蛋白点中，7个在雌性不育株中表现为下调，4个在不育株中表现上调，其余的蛋白点为特异表达点。鉴定的蛋白其功能涉及物质能量和糖代谢、蛋白质降解、细胞防卫等代谢过程，黄麻雌性不育的发生很可能与这些代谢体系有关。

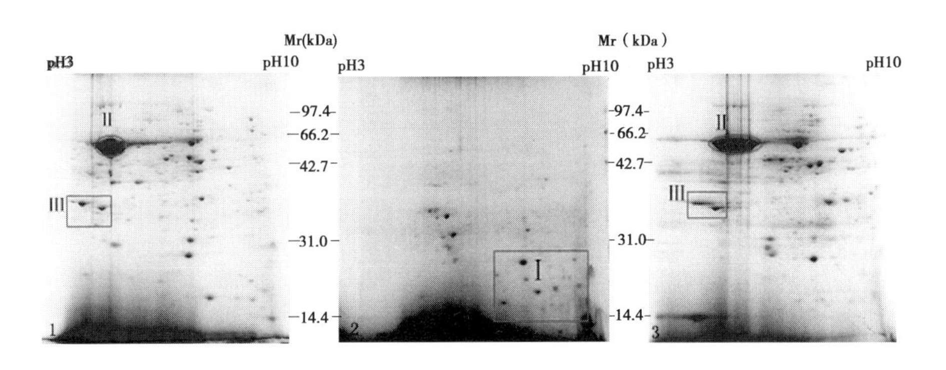

图 4－17　3 种不同方法提取黄麻叶总蛋白 2－DE 图谱效果

（九）黄麻纤维素合成酶基因克隆

以黄麻栽培种“黄麻 179”为材料，茎秆表皮 mRNA 为模板，通过简并引物 RT－PCR 结合 RACE 技术，首次从黄麻中克隆了与纤维素合成前体—尿苷二磷酸葡萄糖的代谢有关的尿苷二磷酸葡萄糖焦磷酸化酶基因（*UGPase*），所获得的黄麻尿苷二磷酸葡萄糖焦磷酸化酶基因（*UGPase*）cDNA 全长 1978bp，其中开放阅读框 1398bp，编码 465 个氨基酸，该片段与 Gossypium hirsutum 和 Populus trichocarpa 相似度最高，分别达到 90% 和 88%，与其他植物的 *UGPase* 基因的序列相比也有较高的同源性。推测的氨基酸序列含有保守的 LYS 残基（Lys258，Lys324，Lys362，Lys404，Lys405），是典型的 *UGPase* 蛋白。将该基因的 ORF 表达框正向克隆到植物高效表达载体 pCMBIA1301 中，利用热激法转入农杆菌 LBA4404 中，经酶切，测序验证，表明携带 *UGPase* 基因的工程菌构建成功。

四　红麻

（一）高产优质红麻品种选育与示范

中红麻 16 号、中杂红 328、中杂红 368 在 2009—2010 年全国区试中其纤维亩产量分别达到 285.19、284.99、297.08kg，比对照福红 991 分别增产 20.31%、20.22%、25.32%，位居所有参试品种第一、第二、第三位。2013 年 11 月均通过了全国麻类品种委员会鉴定。

在前期工作的基础上，采取田间和室内相结合的方法，2013 年发掘出具有特色功能基因型的材料 15 份。其中，红麻特早熟、种子高产的高油种质 5 份，分别为 K117、K232、K128、K194 和 K221，在湖南的生育日数小于 100d。

评价出高支数种质 K－223、泰红 763（全叶）、H134（B）和 K419 等 4 份材料，纤维支数分别是 310、314、314、328 公支；在漳州、萧山、六安、信阳和沅江 5 个综合试验站开展了 6 份高产优异种质的综合评价与试验示范，评估出生麻产量较对照 83－20 增产 10% 以上的 T19 和 FHH992。

对 3 个不育系和 4 个恢复系配制的 12 个杂交组合的主要经济性状进行了比较（表 4－25）。试验发现，各杂交组合的茎粗和皮厚之间无明显差异，而株高存在显著差异。其中，100－4A×131 鲜重最高，比 100－8A×189 增产 38.8%。3 个不育系中，100－4A 和 100－7A 的一般配合力强于 100－84A，其配制组合较 100－8A 分别增产为 10.99% 和 7.18%。4 个恢复系进行测交，配制的杂交组合主要经济性状表明，131 株系的配合性能优于其他 3 个。

表 4－25 杂交红麻的主要经济性状

杂交组合	株高（cm）	茎粗（mm）	皮厚（mm）	亩鲜重（kg）
100－4A×131	475±5	25.11±0.50	1.89±0.02	4642.6±3.0
100－4A×165	478±10	27.67±1.13	2.03±0.06	3857.7±8.0
100－4A×189	458±7	25.11±0.61	1.95±0.07	3582.2±4.1
100－4A×220	496±11	26.96±0.17	2.17±0.15	4038.1±2.1
100－7A×131	483±4	26.31±0.18	1.94±0.28	4166.7±2.9
100－7A×165	462±11	24.82±0.05	1.99±0.03	3473.6±1.1
100－7A×189	481±6	26.91±0.37	2.14±0.22	4303.6±1.2
100－7A×220	491±19	26.11±1.43	2.09±0.12	3618.9±2.9
100－8A×131	457±9	26.58±0.41	2.12±0.20	3759.2±3.5
100－8A×189	445±21	25.43±0.28	1.80±0.01	3345.0±1.7
100－8A×189	476±5	25.32±1.27	1.88±0.07	3827.6±2.6
100－8A×220	472±10	24.91±1.24	1.86±0.21	3587.2±3.7

对 9 个优良株系在湖南沅江进行了比较（表 4－26）。各株系的有效株数在 3 573～5 240株/亩之间，株高介于 447～510cm，均存在显著差异。株系 261N5－18 和 261N5－19 产量最高，亩产鲜茎为 4 319.4kg 和 4 200.3kg。经调查最高产田块发现，株系 261N5－18 的亩产可达到 4 819.9kg。研究表明进行厢播、合理密植能显著增加产量，增加将近 200kg/亩；选用优良的品种有利于大幅提高产量。

表 4－26 优良株系的主要经济性状

株系名称	有效株数（株/亩）	株高（cm）	茎粗（mm）	皮厚（mm）	鲜茎亩产（kg）
$223HP_{25}$	4 049	474	22.05	1.75	3 771.5
$223HP_{35}$	3 811	470	22.65	1.64	3 596.8
$QP_{32}NN$	4 764	491	23.66	1.75	3 660.3
QD_{110}	5 082	486	21.43	1.40	3 819.1
QP_{32}	3 573	474	21.95	1.59	3 747.7
YA_1Fn1－1－8－2	5 240	510	23.74	1.64	3 692.1
261N5－18	5 240	447	21.70	1.52	4 319.4
261N5－19	4 923	461	21.32	1.64	4 200.3
QP32 单株混	4 843	519	24.05	1.72	4 105.0

2013 年，在湖南望城工业园区和沅江试验站示范 19 个高产株系（表 4－27），分别为 223HP 系列、QD 系列、QP 系列和 YA 系列，4 个系列干皮产量在 400～631kg/亩，干骨产量 700～1 100kg/亩。其中，干皮在 600kg 株系 1 个，500kg 的株系 3 个，所有麻骨产量超过 700kg，初步达到了红麻高产种植“637”工程目标（即亩产 600kg 生皮、300kg 嫩茎叶和 700kg 麻骨）。

表 4－27 637 工程高产株系数据

品种名称	亩生皮重（kg）	亩干叶重（kg）	亩干骨重（kg）
223HP35－11	456.5	213.7	877.8
223HP35－10	458.4	230.0	868.3
223HP35－23	494.8	170.5	877.0
223HP35－22	439.4	222.9	717.3
223HP35－13	449.6	209.7	786.2
QD－68	467.9	226.6	973.3
QD－30	515.5	213.5	974.1
QD－22	531.9	123.5	950.8
QD－24	532.9	126.2	955.3
QD－69	490.9	238.3	926.1
QP32－13	506.8	279.1	895.5
QP32－12	459.2	443.9	801.1
QP32－29	475.5	232.6	942.8
QP32－14	407.4	199.6	788.6
QP32－15	441.7	215.4	892.4
YA118－20	472.9	287.2	983.7
YA119－25	631.3	148.7	1011.0
YA119－16	401.7	262.1	827.7
YA119－20	472.8	315.2	825.2

在望城 87 亩基地建立红麻体系“637”工程栽培模式，通过 3 年的高产示范表明，争取红麻超高产，首先要确保地面平整，开沟做到无积水。根据土壤贫瘠程度和土壤理化性质确定施肥量和施肥次数。根据种子发芽率和发芽势确定每亩播种量，做到播种均匀，无需间苗，节省劳力。肥水管理做到湿润出苗，不宜板结，中后期看苗施肥，特别在中后期不宜灌水太多，以防倒伏。

从表 4－28 中可以看出：在安徽六安进行的 11 个品种比较，比对照闽红 321 增产 10% 以上的品种有福航优 3 号增产 22.26%（481.5kg），H368 增产 21.45%（478.3kg），H1301 增产 18.87%（468.2kg），杂红 992 增产 18.71%（467.5kg），红优 2 号增产 16.61%（459.3kg），闽红 964 增产 13.55%（447.2kg），福航优 1 号增产 12.90%（444.7kg）等 7 个新品种。

表 4－28 11 个红麻品种产量性状比较表

品种	有效株数（株/亩）	株高（cm）	茎粗（cm）	皮厚（mm）	产量（kg/亩）			鲜茎出麻率（%）
					生皮	嫩茎叶	麻骨	
H368	11 005	490	2.13	1.85	478.3	208.2	924	7.49
闽红 964	10 405	456	2.14	1.64	447.2	226.5	892	7.16
D139	8 138	461	2.13	1.73	398.9	123.6	766	8.05
福航优 1 号	9 827	482	2.03	1.75	444.7	279.5	814	8.64
D138	8 404	414	1.95	1.37	364.6	232.0	663	8.9

（续表）

品种	有效株数（株/亩）	株高（cm）	茎粗（cm）	皮厚（mm）	产量（kg/亩）			鲜茎出麻率（%）
					生皮	嫩茎叶	麻骨	
闽红 321（CK）	9 828	463	2.08	1.52	393.9	245.3	776	7.85
杂红 992	10 272	492	2.11	1.82	467.5	197.6	894	8.09
199	9 938	454	2.04	1.39	426.9	204.2	848	7.86
福航优 3 号	10 605	486	2.17	1.83	481.5	276.9	927	7.73
红优 2 号	9 338	447	2.00	1.59	459.3	291.7	852	8.08
H1301	9 605	478	2.00	1.51	468.2	248.2	923	7.6

（二）饲用红麻品种筛选

选取 3 个饲用红麻品种（2 个裂叶、1 个圆叶）对其播种方法、栽培模式、施肥水平、收割次数和再生能力进行系统的研究，结合高产栽培筛选出高产、优质的饲用红麻品种。

研究表明，圆叶型 K114×YA1 在 3 次采收中，产量均为最高，分别比最低品种增产 8.4kg、34kg 和 5.4kg，3 次采收总鲜重为 322.3kg，比其他 2 个分别增产 44.9kg 和 46.4kg，平均增产 16%。以第二次增产幅度最大，第二次采收的产量几乎接近第一次和第三次鲜重之和。9 月 4 日对 3 个品种 20 株分叉情况调查，QD110 分叉数最少，为 60 个，而 K114×YA1 分叉数在 70 个左右。K114×YA1 主要以生长速度快，叶多，蛋白质含量高取胜（表 4－29）。因此，K114×YA1 更适合作为饲料红麻品种。2014 年将在留桩高度、采收时间方面进一步优化，达到最佳的收获指数。

表 4－29　不同时期饲料红麻的产量表现

品种	7/24				9/4				10/25			
	Ⅰ	Ⅱ	Ⅲ	平均	Ⅰ	Ⅱ	Ⅲ	平均	Ⅰ	Ⅱ	Ⅲ	平均
QD110	77.1	90.8	79.1	82.3	153.7	131.1	107.6	130.8	67.0	65.0	61.0	64.3
223HP35	82.3	79.0	86.8	82.7	140.4	126.5	116.9	127.9	71.0	60.0	64.8	65.3
K114×YA1	84.3	98.5	89.4	90.7	154.9	174.9	155.8	161.9	62.0	74.0	73.0	69.7

（三）耐盐碱地红麻品种的选育研究

1. 不同产区耐盐碱红麻品种筛选

在新疆阿克苏、浙江萧山、江苏盐城等地，以中杂红 318、中杂红 316、中红麻 13 号和 QP32（青）等为材料，开展了耐盐碱红麻品种筛选工作。在江苏盐城，4 个品种均能在 0.3%～0.4% 盐碱地正常生长，植株高度在 4.5m 左右，鲜茎产量达到 3 750kg/亩，折合干皮产量 400kg/亩，干茎产量 600kg/亩，嫩梢 150kg/亩。研究提出了盐碱地红麻种植技术：对播种前的盐碱地进行压盐处理、采用起垄的方法，开沟尽量深，播种后湿润出苗，保证齐苗。播种量为普通播种的 2 倍，可以条播或者撒播，每亩播种 2～2.5kg，前期不间苗，确保有足够的苗数。采用覆膜技术，减少水分蒸发量，降低盐分含量。条件允许的话，灌溉淡水，尽量保持土壤湿润。

2. 转耐盐基因红麻的研究

LEA 蛋白可以作为渗透调节蛋白和脱水保护剂，参与细胞渗透压的调节，保护细胞结构的稳定性，

避免植物在干旱高盐等胁迫下细胞成分的晶体化；还可以与核酸结合调控相关基因的表达。克隆了一个红麻 *LEA* 基因，其与棉花的同源性高达 87%。植物水通道蛋白（aquaporins，AQP）在逆境胁迫中通过促进细胞内外的跨膜水分运输、调节细胞内外水分平衡及细胞的胀缩等来维持细胞渗透压防止渗透伤害。克隆了两个不同的红麻 *AQP* 基因，其与拟南芥 *AQP* 基因的同源性达到了 81%。

选用红麻为材料，构建盐胁迫下小 RNA（sRNA）文库。对 sRNA 进行测序，将获得的序列信息与红麻和同属锦葵科的棉花 EST 数据库进行比对分析，鉴定所有表达的 sRNA 的来源，对候选 sRNA（或 miRNA）进一步比对 miRNA 数据库，筛选同源性基因，分析其茎环结构。从中克隆到红麻对盐胁迫响应的 miRNA18 个，均首次在红麻中发现，而对这些 miRNA 基因的靶基因进行生物信息学分析得到其调控网络模式。

通过对 sRNA 耐盐基因长度和丰度分析，长度分布主要在 21bp 和 24bp 差异显著，对照 24bp，处理后 21bp 最多（图 4－18）。在 31 个保守的 *miRNA* 中，*MiRNA*156 表达峰最高。在处理后，*MiRNA*394 和 *MiRNA*395 最高，表明这两个基因在起作用（图 4－19）。

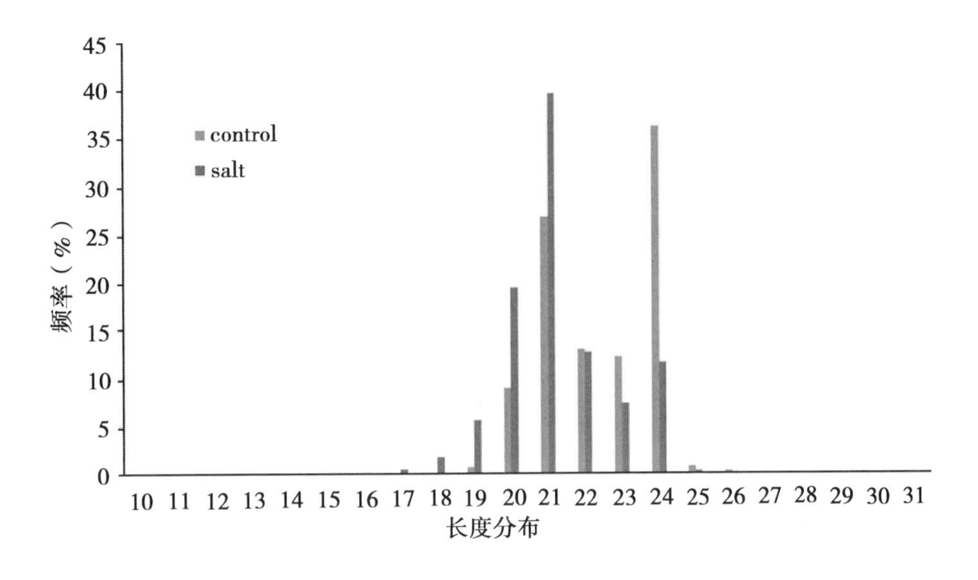

图 4－18　盐胁迫下红麻 sRNAs 的长度分布

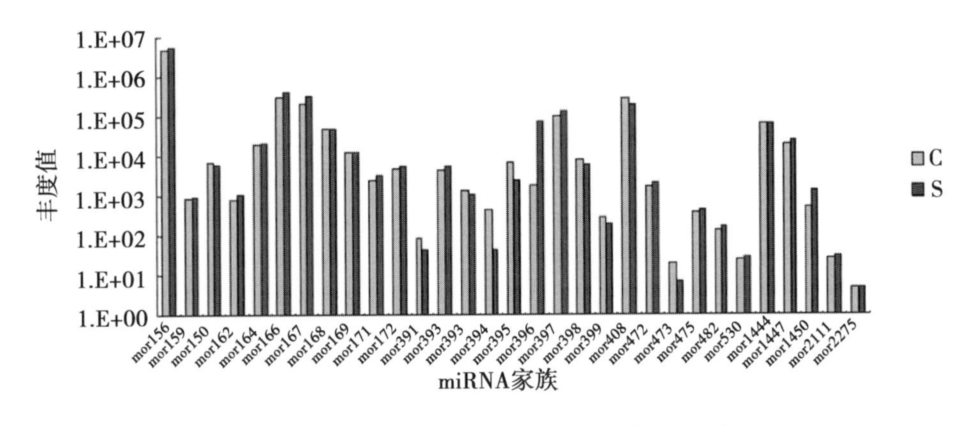

图 4－19　31 个保守 miRNA 家族的丰度分布

（四）红麻杂交种三系法制种技术

在三亚、湛江、南宁等地对其种植区域、播种时间，父母本种植比例、父母本花期相遇、施肥水平等进行系统研究。

红麻属于短日照作物，一般在南方繁殖种子，特别是人工制种。在三亚对 15 个不育系和保持系进行杂交制种。其中中熟不育系 3 个，45d 左右开花，植株高度在 1. 2m 左右。由于红麻属于无限花序，因此通过 1 个月的开花授粉，植株高度达到 2. 5m 左右，每株可挂果 60 ~ 100 个。对于光钝感不育系，植株高度达到 3 ~ 3. 8m，制种难度极大。中熟不育系播种时间在 11 月中旬，迟熟或钝感不育系播种时间可调整到 10 月中下旬。父母本种植比率 1：（6 ~ 8）。对于中熟不育系施肥水平一般为每亩复合肥 150kg，光钝感不育系一般控制肥水，每亩复合肥为 100kg，土壤湿度保持在 40% ~ 50%，不宜太湿。三亚不育系繁殖和杂交制种产量达到每亩 40 ~ 50kg。

三亚试验基地采用厢宽 0. 8m，沟宽 0. 6m 条播栽培模式，机械铺黑塑料薄膜保墒、保肥、免除杂草，在膜两侧每隔 15 ~ 20cm 打孔精量播种，每孔播种 1 ~ 2 粒，亩定苗 8 000株，施足基肥，中施 2 次尿素，节水灌溉，中熟不育系播种时间在 11 月中旬，为了达到花期相遇，钝感不育系播种时间必须提早 10 月中、下旬，父母本种植比率为 1：（6 ~ 8），采用不去雄人工授粉，不育系和杂交红麻制种产量达 40kg/亩。繁殖常规种 500 余份，每穴 1 ~ 2 株，每株可收获荚果 20 ~ 30 个，每亩种子产量 60 ~ 70kg。深圳试验地基中熟材料于 5 月 20 日播种。10 月 20 日收获，生育期 150d。采用宽窄行，平均每株挂果 40 ~ 60 个，每亩收获种子 50 ~ 60kg。

（五）光钝感红麻遗传育种研究

光钝感红麻品种的选育主要针对不同地区选择不同类型的品种。目前以培育出适应河南和安徽种植光钝感中熟品种是 12/13138 系列品系；适于广西合浦和热带（马来西亚）种植 251NN18 和 251NN19 品系。

以红麻品种福红 952 经航天诱变获得的光钝感突变体与光敏感红麻细胞质保持系 L23B 品种杂交，杂交后代即 F_2 群体在海南 130d 短日照条件下诱导了花蕾的分化发育，统计其分离情况，同时利用经筛选的多态性较好的 RAPD 引物扩增光钝感红麻与对照品种基因组 DNA。结果表明，光钝感与光敏感性状存在一对基因的遗传差异，红麻光周期钝感性状为隐性遗传。从 24 个多态性较好的 RAPD 引物中筛选到 3 个引物可以把红麻光钝感突变体与对照品种区分开来，其中有 1 条（1178bp）是编码蛋白的基因片段，说明 RAPD 不仅扩增基因组上的非编码蛋白序列，同时可扩增编码蛋白的基因片段，反映不同红麻光钝感材料遗传上的差异（表 4 – 30）。该研究结果可为进一步开展红麻光钝感的基因克隆及分子机理研究提供重要的遗传材料。

表 4 – 30　序列统计分析

引物编号	引物（5′–3′）	片段大小（bp）	E 值	同源性	Blast 比对结果
OPB08	GTCCACACGG	1178	0. 0	749/789（95%）	Theobroma cacao genotype Amelonado 18S ribosomal RNA gene
OPC08	TGGACCGGTG	742	0	0	Unknown gene 未知基因序列
OPB12	CCTTGACGCA	723	$2e^{-10}$	98/135（73%）	Vitas vinifera 蛋白非编码序列
OPB08	GTCCACACGG	611	0	0	Unknown gene 未知基因序列

（六）红麻光周期相关基因 GI 和 CO 的克隆和表达分析

节律钟输出基因 GI 受昼夜节律的调控，在整个光周期途径中起应答节律信号、调控下游开花促进因子的重要角色。而 CO 基因介于生物节律钟与下游开花基因之间，将光信号转变为开花信号，它与 GI 基因关系密切，两者在光周期途径中起关键作用。根据其他物种中这两个基因的保守区域设计简并引物，扩增中间片段，再通过3′race和5′race往两端扩增，现已得到CO基因开放阅读框996bp，与陆地棉CO基因相似度达83%。设计CO基因组全长引物，得到952B、85~132、赞比亚3个品种的CO基因组全长，通过DNAMAN比对，CO基因有两个内含子，3个品种在靠近5′端的第一个内含子位置一致，但952B与其他两个品种序列差异较大。GI基因已经拿到一个3448bp的开放阅读框，3′端已经到达终止密码子。通过荧光定量PCR，根据亲缘关系比较近的陆地棉的序列设计引物，得到一段666bp的actin序列。

（七）红麻根HcWRKY1基因的表达分析

WRKY转录因子家族在调节植物逆境诱导反应、生长发育以及信号转导等方面起着重要的分子生物学功能。为了探究红麻生长发育过程中遭受逆境胁迫所作出的反应，以红麻福红992为材料，利用RT-PCR和RACE技术成功克隆获得红麻转录因子基因HcWRKY1的全长cDNA。该基因全长1 126bp，包含102bp的5′UTR和112bp的3′UTR，915bp的开放阅读框，编码304个氨基酸的多态，属于WRKY类转录因子的第Ⅱa组成员。半定量RT-PCR以及qRT-PCR分析表明，HcWRKY1基因的表达受NaCl、PEG、机械损伤及低温等胁迫诱导，且具有组织特异性，根中表达水平最高。通过构建pCAMBIA1304-HcWRKY1-GFP表达载体，亚细胞定位结果表明HcWRKY1定位于细胞核内；构建正义表达载体pCAMBIA1301-HcWRKY1，采用花絮侵染法转化拟南芥，PCR鉴定表明HcWRKY1在拟南芥中成功表达。

（八）红麻再生体系优化及双价抗虫基因遗传转化

以红麻子叶和下胚轴为外植体，通过对活性炭、不同激素配比以及$AgNO_3$等因子的研究，优化再生体系。农杆菌介导双价抗虫基因Bt-pta转化红麻福红992的研究，获得了阳性植株（图4-20）。

图4-20　红麻植株再生及移栽图

A. 愈伤组织形成绿色瘤状体；B. 愈伤组织分化出不定芽（箭头所示）；
C. 子叶直接分化出不定芽（箭头所示）；D. 不定芽增殖培养；
E. 不定芽生根培养形成完整的根系；F. 再生苗移栽到盆钵生长良好

（九）应用 SMART 构建红麻幼叶全长 cDNA 文库

以红麻福红 992 为材料，利用 SMART 技术构建红麻幼叶全长 cDNA 文库，为今后红麻相关基因的克隆和分子生物学研究奠定基础。红麻叶片总 RNA 提取后，用总 RNA 反转录合成 cDNA 第一链，通过 LD－PCR 合成足量的双链 cDNA，经过蛋白酶 K 消化及 cDNA 大小片段分级分离后与载体链接并转化入大肠杆菌 DH5a 中。所构建的红麻幼叶 cDNA 文库的重组率为 100%，初级文库的滴度为 1.34×10^{7}（pfu/ml）；随机挑取 150 个克隆进行 EST 测序，所得 EST 序列拼接出 60 个 unigenes，其中有 12 个 cotings 和 48 个 singlets，进行功能注释表明，有 35 个 unigenes 成功比对，且比对的相似序列共来自 17 个物种；另外，GO 分类结果表明有 17 个基因在分子功能中得到了分类。本研究为国内外首次报道的红麻叶片全长 cDNA 文库构建，经检测所构建的文库拥有较好的质量。

（十）红麻分子身份证构建

利用 SRAP 标记，从 15 对核心引物组合扩增的图谱中筛选出多态性好、鉴别效率高的图谱，使之数字化，构建 127 份红麻种质资源数字指纹图谱，15 对核心引物组合 36 条谱带构建 127 份红麻种质资源的分子身份证（图 4－21）。

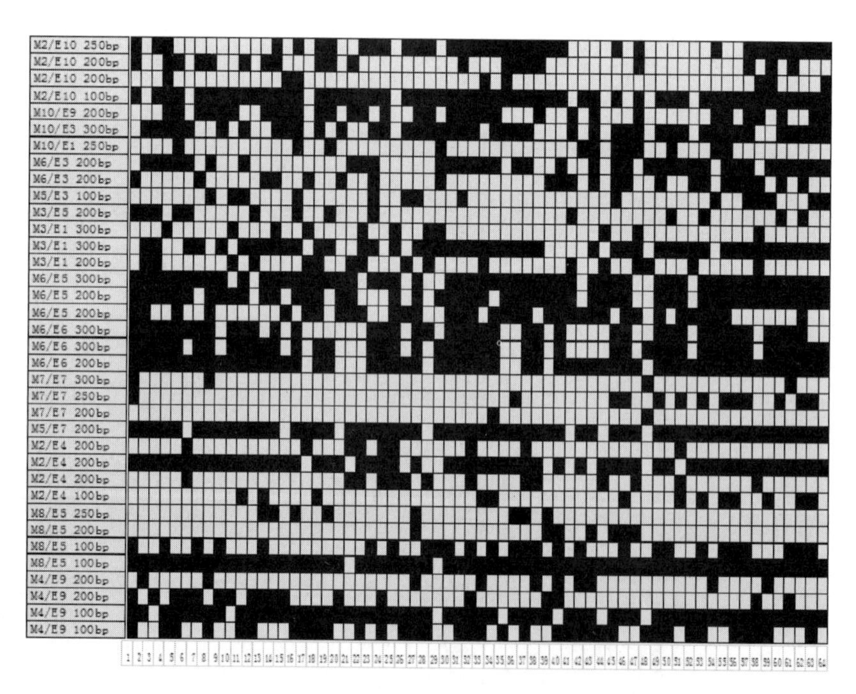

图 4－21　SRAP 标记构建的红麻种质资源分子身份证

五　工业大麻

（一）大麻种质资源性状鉴定与评价

对 72 份来自全国的地方品种、野生种质资源的种子千粒重、种子形状、种皮颜色、种皮光泽、种子脱落性、株高、主茎分枝数、主茎叶片数等表型性状，以及油脂、蛋白、四氢大麻酚（THC）、大麻二酚（CBD）含量等性状进行鉴定评价（表 4－31 和表 4－32）。

表 4-31 多用途品种及种质筛选——表型性状

保存编号	种子千粒重（g）	种子形状	种皮颜色	种皮光泽	种子脱落性	株高（cm）	主茎分枝数（个）	主茎叶数（片）
ym195	35.1	卵圆	褐	有	弱	306	14	23
ym81	17.7	卵圆	褐	有	弱	285	16	25
ym255	19	卵圆	褐	有	弱	310	15	24
ym527	30.6	卵圆	浅褐	无	中	318	16	25
ym176	27.1	卵圆	褐	无	中	305	15	26
ym102-B	63	圆形	灰	无	中	326	17	27
ym3	23.4	近圆	黑褐	有	弱	260	16	26
ym230-B	25.6	卵圆	褐	无	中	298	14	22
ym52	21.4	近圆	浅灰	有	弱	328	16	25
ym8	31.3	卵圆	浅褐	无	弱	337	15	23
ym2	23.4	近圆	浅灰	无	弱	391	13	25
ym124	20.8	卵圆	黑褐	有	中	329	15	24
ym1	24	近圆	浅灰	有	弱	382	13	26
ym34	29.1	卵圆	浅褐	无	中	396	15	26
ym4	27	卵圆	褐	无	中	386	13	25
ym165-A	13.5	卵圆	黑褐	有	强	237	17	21
ym179-B	6.4	卵圆	黑褐	有	强	228	16	19
ym271	15.9	卵圆	黑褐	有	弱	204	18	22
ym208	20.3	近圆	浅褐	有	弱	250	16	21
ym273	18.9	卵圆	灰	有	弱	205	15	22
ym219	26.8	近圆	褐	无	弱	350	11	25
ym406	20.3	卵圆	黑褐	无	弱	368	13	27
ym428	17.7	卵圆	褐	有	弱	335	15	25
ym289	25.6	卵圆	灰	无	中	302	14	24
ym466	25	卵圆	灰	无	中	269	13	24
ym270	5.4	卵圆	浅褐	无	强	192	17	19
ym269	16.1	卵圆	黑褐	有	中	174	5	18
ym466	48.3	近圆	浅褐	有	中	282	11	22
ym467	18.6	近圆	灰	有	中	297	14	24
ym250	30	近圆	黑褐	有	弱	301	14	25
ym278-A	45.8	卵圆	浅灰	无	弱	249	12	23
ym279	20.3	卵圆	浅褐	有	弱	301	11	24
ym481	18.9	卵圆	浅褐	无	弱	209	14	22
ym477	20.6	卵圆	黑褐	有	弱	306	16	24
ym480	38.3	卵圆	灰	有	弱	284	15	23

（续表）

保存编号	种子千粒重（g）	种子形状	种皮颜色	种皮光泽	种子脱落性	株高（cm）	主茎分枝数（个）	主茎叶数（片）
ym269	24	卵圆	浅褐	无	中	330	12	26
ym469	17	卵圆	灰	无	弱	238	14	24
ym474	15.5	卵圆	浅褐	有	弱	322	13	24
ym274 – B	9.8	卵圆	褐	无	强	163	9	20
ym274 – F	14.6	卵圆	浅褐	无	弱	257	16	24
ym275	21.9	卵圆	灰	无	中	302	14	25
ym258 – B	15.3	卵圆	浅褐	有	中	301	11	24
ym435	17.7	卵圆	灰	无	弱	170	12	21
ym249 – A	21.1	卵圆	褐	无	弱	402	14	26
ym224	19.2	卵圆	灰	有	弱	350	12	27
ym224 – A	18.5	卵圆	灰	有	弱	401	13	26
ym265 – B	10	卵圆	灰	有	中	150	9	19
ym266	12.9	卵圆	浅褐	有	中	348	12	27
ym251	18.4	卵圆	褐	有	弱	307	13	26
ym468	18.7	卵圆	浅褐	无	弱	312	15	24
ym50 – B	4.7	卵圆	黑褐	无	强	172	16	21
ym262	40.5	卵圆	浅褐	无	中	204	9	20
ym264	28	卵圆	浅褐	有	中	251	13	22
ym464	48.9	圆形	浅褐	无	中	223	10	21
ym261 – A	50	近圆	浅灰	无	中	217	11	21
ym263	52.4	卵圆	浅灰	有	中	212	9	22
ym462	21.4	近圆	浅褐	有	中	236	12	24
ym460	13.2	近圆	褐	有	弱	247	14	24
ym459	20.9	近圆	浅灰	有	中	269	13	25
ym455	17.7	近圆	浅褐	有	中	252	11	24
ym223	21.8	近圆	浅褐	有	中	217	10	23
ym280 – A	21.7	近圆	灰	有	中	233	13	24
ym246	22.4	近圆	灰	有	中	249	13	25
ym456	22	圆形	浅灰	无	中	231	12	24
ym280	21.7	近圆	灰	有	中	192	10	22
ym438	18.6	卵圆	浅褐	无	中	219	11	21
ym281	16.5	近圆	浅褐	无	中	208	9	20
ym449	16.6	近圆	灰	无	弱	213	8	19
ym442	21	近圆	浅灰	有	弱	229	10	22
ym448	18.8	近圆	褐	无	中	201	9	20
ym443	21	卵圆	灰	无	中	217	8	21
ym446	19	近圆	灰	有	中	210	11	21

表型变异分析表明，大麻资源在多数表型性状上具有很大的变异，千粒重的变异系数最高，达到了0.474，株高的变异系数也达到了0.235，主茎分枝数变异系数为0.202，主茎叶数最低，为0.097。

说明我国大麻在表型性状上具有丰富的遗传多样性，这些性状在不同资源中、不同环境条件下变异很大。千粒重、主茎分枝数、株高等性状都是和大麻产量性状密切相关的性状，在新品种选育及栽培推广过程中，可以利用这一特征来调整生产。比如，在工业大麻推广过程中，就可以摸索不同的栽培模式（种植密度等）来调整大麻的分枝数和主茎叶数，从而进行纤维型或者籽用型专门性生产。千粒重较大的可兼用于嗑食性零食品种，如 ym102 – B、ym262、ym263、ym278 – A、ym464、ym466，千粒重均在 40g 以上。

表 4 – 32　大麻种质资源的主要化学成分含量

保存编号	粗脂肪（%）	粗蛋白（%）	CBD（%）	THC（%）
ym195	30.01	23.31	0.02	0.17
ym81	28.48	22.70	0.00	0.20
ym255	25.73	22.65	0.14	0.56
ym527	29.10	24.43	0.02	0.19
ym176	27.96	20.98	0.03	0.10
ym102 – B	30.28	22.31	0.01	0.40
ym3	33.87	25.88	0.23	0.09
ym230 – B	31.24	24.92	0.02	0.12
ym52	31.71	23.43	0.07	0.10
ym8	27.86	22.13	0.08	0.53
ym2	33.80	25.60	0.70	0.32
ym124	33.75	23.35	0.41	0.21
ym1	35.30	25.10	0.28	0.15
ym34	34.42	24.27	0.43	0.15
ym4	30.27	25.53	0.37	0.25
ym165 – A	33.33	24.98	0.01	0.32
ym179 – B	32.43	24.40	0.20	0.48
ym271	26.74	21.16	0.16	0.27
ym208	28.39	23.69	0.00	0.18
ym273	30.06	22.84	0.00	0.23
ym219	31.24	23.04	0.00	0.36
ym406	30.27	26.83	0.26	0.20
ym428	31.46	24.06	0.51	0.22
ym289	29.87	23.48	0.32	0.58
ym466	31.00	24.84	0.21	0.44
ym270	31.68	23.87	0.11	0.65
ym269	38.59	24.37	0.21	0.02
ym466	30.23	23.12	0.21	0.38
ym467	33.92	23.21	0.19	0.46
ym250	20.13	22.02	0.00	0.25
ym278 – A	31.31	22.75	0.00	0.24
ym279	34.51	24.65	0.02	0.11
ym481	36.70	22.15	0.16	0.43
ym477	33.30	21.99	0.21	0.36

（续表）

保存编号	粗脂肪（%）	粗蛋白（%）	CBD（%）	THC（%）
ym480	30.91	22.66	0.18	0.47
ym269	29.73	23.77	0.00	0.37
ym469	34.86	24.42	0.00	0.21
ym474	33.97	24.86	0.00	0.33
ym274 - B	31.35	20.52	0.20	0.16
ym274 - F	25.39	21.21	0.24	0.28
ym275	33.76	23.80	0.11	0.19
ym258 - B	39.46	22.38	0.15	0.12
ym435	38.58	25.49	0.08	0.00
ym249 - A	28.22	25.30	0.00	0.44
ym224	32.55	26.56	0.00	0.63
ym224 - A	35.96	28.94	0.00	0.46
ym265 - B	36.76	24.76	0.00	0.54
ym266	37.67	23.92	0.00	0.60
ym251	36.60	24.68	0.09	0.04
ym468	32.60	26.44	0.00	0.60
ym50 - B	31.40	21.67	0.37	0.25
ym262	30.93	23.93	0.08	0.06
ym264	34.63	24.15	0.00	0.13
ym464	33.19	22.15	0.00	0.30
ym261 - A	30.79	21.73	0.00	0.29
ym263	31.12	23.88	0.00	0.18
ym462	31.48	24.13	0.00	0.29
ym460	32.96	23.56	0.00	0.41
ym459	34.31	24.92	0.00	0.55
ym455	31.86	26.08	0.00	0.34
ym223	33.22	23.10	0.00	0.25
ym280 - A	32.90	24.13	0.00	0.42
ym246	29.02	27.55	0.00	0.07
ym456	32.93	23.73	0.01	1.37
ym280	32.90	24.13	0.00	0.91
ym438	30.60	22.22	0.00	0.39
ym281	32.08	23.06	0.00	0.99
ym449	31.55	25.61	0.07	1.14
ym442	32.10	25.16	0.10	0.98
ym448	32.50	22.97	0.08	0.75
ym443	33.04	25.14	0.01	0.88
ym446	33.00	24.31	0.00	1.28

在来源于全国的72份大麻种质资源中，粗脂肪含量最低为20.1%，最高为39.5%。粗脂肪含量<30%的有13份，占18.1%；含量在30%~35%之间的有50份，占69.4%；含量>35%的有9份，占

12.5%。说明粗脂肪含量中等的占较大比例，分布于全国各地；高低两端所占比例较小，高粗脂肪含量的资源主要分布在甘肃、安徽一带，低粗脂肪含量的资源主要分布在西南一带。72 份品种资源中，粗脂肪含量 >35% 的有 9 份，分别是 ym1、ym269、ym481、ym258 - B、ym435、ym224 - A、ym251、ym265 - B 和 ym266，这些品种资源可以作为油纤兼用型品种利用。

粗蛋白含量差异与粗脂肪相似，总体含量差异变幅不大，地域分布没有明显规律。粗蛋白含量低于 23% 的有 20 份，占 27.8%；含量在 23% ~25% 的有 37 份，占 51.4%；含量高于 25% 的有 15 份，占 20.8%，同样表现为中间含量占大多数，高含量和低含量资源数量接近。其中，粗蛋白含量高于 25% 的 15 份可作为籽用型或籽纤兼用品种。

THC 含量差异变幅较大，最低为 0.02%，最高达到 1.37%。THC 含量 <0.3% 即低毒型的有 36 份，占 50%；THC 含量在 0.3% ~0.5% 的有 19 份，占 26.4%；THC 含量高于 0.5% 的有 17 份占 23.6%。

CBD 含量差异变幅较大，没有明显的地理分布规律。未检测出 CBD 的有 26 份，36.1%；CBD 含量在 0 ~0.1% 的有 20 份，占 27.8%；CBD 含量 >0.1% 的有 26 份，占 36.1%；其中，ym2 和 ym428 CBD 含量 >0.5%，有利于嫩茎叶提取 CBD 的利用。

（二）高产优质工业大麻品种选育研究

适于不同种植模式的工业大麻品种选育研究如下。

以云麻 5 号（CK）、ym64、ym145、ym151、ym172、ym188、ym197、ym198 等 8 份中晚熟材料，开展了纤维型种植模式和籽秆兼用型种植模式下的品种选育研究。

从表 4 -33 中可以看出，在纤维型种植模式下，麻皮产量以云麻 5 号、ym145 和 ym188 的较高，均超过 200kg/亩，其中，云麻 5 的最高，达 230.84kg/亩。

从表 4 -33 可以看出，在籽秆兼用型种植模式下，8 个品比材料株高均在 300cm 上，ym172、云麻 5、ym151、ym64 的株高均在 370cm 以上，这 4 个材料的亩产雄株鲜秆重也相对较高，均在 600kg 以上。

表 4 -33　2012 纤维型品比试验雄株性状表现

材料	第一分枝高（cm）	株高（cm）	茎粗（cm）	花序始节	轮生始节	节数	分枝数	雄株平均总数	雄秆鲜重（kg/亩）	雄枝叶鲜重（kg/亩）
云麻 5	131.7	389.0	1.76	14.30	9.97	25.93	17.00	3 933.6	978.20	289.24
ym64	165.1	379.7	1.74	12.93	11.27	24.53	18.43	3 517.1	671.03	255.68
ym145	204.5	361.8	1.49	13.67	11.27	23.77	13.30	3 389.9	465.67	89.08
ym151	204.6	381.5	1.88	14.83	11.73	26.53	15.5	3 019.6	628.22	112.80
ym172	176.7	407.7	2.05	16.70	10.13	28.23	18.37	2 996.5	894.9	237.17
ym188	166.0	355.4	1.57	14.47	11.47	26.90	19.06	3 898.9	625.91	198.99
ym197	105.8	320.9	1.70	10.75	9.81	22.90	18.85	4 477.4	554.18	224.45
ym198	145.4	309.1	1.55	9.00	10.67	21.50	15.47	4 581.5	576.16	242.96

（三）高 CBD 含量工业大麻品系多点试验

采用前期筛选、鉴定出的 CBD 含量较高的云麻 2 号、ym145、ym230 - B、ym197、ym523 等 5 份材料，目前，主栽品种云麻 1 号作为对照，分别在云南昆明小哨基地、昭通市昭阳区、丽江市古城区 3 个地点开展多点试验。

2013 年 5 月 20 日播种，采用条播，播种沟内施氮磷钾复合肥（每亩 30kg）。按照统一的栽培技术和管理措施进行管理。对 6 份参试材料的主要经济性状进行观察记载和统计分析，结果见表 4 – 34。

表 4 – 34　高 CBD 含量工业大麻品系主要经济性状

序号	材料编号	株高（cm）	茎粗（cm）	原麻亩产量（kg）	秆芯亩产量（kg）	嫩茎叶亩产量（kg）	CBD 含量（%）	THC 含量（%）
1	云麻 1 号	280	1. 2	128. 3	513. 2	128. 4	0. 38	0. 19
2	云麻 2 号	180	0. 6	98. 7	394. 8	90. 8	0. 34	0. 14
3	Ym145	260	1. 1	131. 3	525. 2	131. 2	0. 65	0. 16
4	Ym197	250	1. 0	139. 8	559. 2	139. 8	0. 70	0. 12
5	Ym230 – B	269	1. 2	143. 6	574. 4	143. 1	0. 71	0. 22
6	Ym523	271	1. 3	148. 8	595. 2	148. 9	0. 72	0. 06

在参试品种（系）中，云麻 2 号为早熟偏籽用型品种，株高、原麻产量、秆芯产量、嫩茎叶产量等经济指标均低于对照品种云麻 1 号，CBD 含量接近云麻 1 号。品系 ym145、ym197、ym230 – B 和 ym523 的原麻、嫩茎叶产量等综合指标均高于对照，特别是 CBD 含量较高，均高于 0. 5% 的育种目标，ym523 的 CBD 含量达到对照的 2 倍。在主产品原麻单产接近或高于云麻 1 号的前提下，CBD 含量的提高意味着嫩茎叶的利用价值大幅度提高。参试材料的纤维品质的检测数据尚未得出。

（四）工业大麻高产创建与高效种植试验示范

针对国家麻类产业技术体系工业大麻高产高效种植试验示范任务，工业大麻育种岗位分别在昭通和联合西双版纳工业大麻试验站实施了该项任务。实施方案是总结了多年来开展的多项工业大麻高产高效栽培技术试验的基础上形成的，以目前生产上主要推广的品种“云麻 1 号”和在西双版纳适应性较好的晚熟品种“云麻 5 号”作为示范品种，分设在勐海县 2 个工业大麻主产区和昭阳区实施（表 4 – 35）。

表 4 – 35　2013 年度工业大麻高产创建试验示范测产结果

试验点	品种	密度（万株/亩）	株高（m）	茎粗（cm）	产量（kg/亩）		
					嫩茎叶	原麻	麻秆芯
西定八达乡	云麻 1 号	2. 21	3. 22	1. 51	168. 4	210. 2	262. 8
勐宋乡	云麻 5 号	1. 93	2. 84	1. 31	201. 3	183. 0	254. 0
昭阳区	云麻 1 号	8. 60	3. 60	1. 20	187. 5	208. 5	832. 5

1. 勐海县试验点

西定八达乡试验点属旱地，地势为一整块平缓坡地，土层深厚、土壤疏松、肥沃、光照充足。种植“云麻 1 号”测产结果表明，小麻率（单位面积工业大麻株高 < 2m、茎粗 < 1cm 麻株占总株数的比率）达 57. 23%，成株密度 2. 21 万株/亩，原麻干重 210. 2kg/亩、嫩茎叶干重 168. 4kg/亩、麻秆芯干重 262. 8kg/亩，较常规种植法原麻增产 50% 以上、嫩茎叶增产 30%、秆芯增产 10% 以上。按平均收购价计算：原麻产值为 210. 2 × 11 元 = 2 312. 2元；嫩茎叶 168. 4 × 5 元 = 842 元；秆芯 262. 8 × 1 元 = 262. 8 元；每亩产值达 3 417元。

勐宋乡试验点种植“云麻 5 号”小麻率 71.43%，可收获成株密度 1.93 万株/亩，亩产原麻 183.0kg/亩、嫩茎叶 201.3kg/亩、麻秆芯 254.0kg/亩。较常规种植法原麻增产 40% 以上、嫩茎叶增产 40% 以上、秆芯增产 10%。按平均收购价计算：原麻产值为 183 ×11 元 = 2 013元；嫩茎叶 201.3 ×5 元 =1 006.5元；秆芯 254 ×1 元 =254 元；每亩产值可达3 273.5元。

从测产结果分析，由于小麻数较多，且成株密度未达到合理密度（3 万株/亩）影响了群体产量，特别是对嫩茎叶、秆芯产量的影响较大。造成小麻率大、成株密度低的原因主要为2013 年4 ~5 月间示范种植点播种、出苗期干旱，特别是勐宋乡示范点干旱情况更为严重，进行了一次补种。干旱使土壤水分分布不匀，致出苗不整齐和缺苗现象，造成后期小麻率高、成株密度低。两个高产高效示范点虽然仅西定八达乡示范点原麻产量达 200kg/亩以上的目标任务，但两个示范点皆获得较高的经济效益，且各项指标皆较常规种植法有显著增产。

工业大麻的纤维、花叶、秆等的产量是由单位面积有效株数，单株经济性状决定，针对“云麻 1 号”、“云麻 5 号”的品种特性，利用鲜茎皮秆分离机械的加工方法，其合理的最高产量潜力应为：原麻 220kg/亩、嫩茎叶 220kg/亩、秆芯 300kg/亩。

在 2013 年的工业大麻高产高效种植示范实施的基础上，总结各项技术和经验，把好出苗关，下年度将可实现原麻 220kg/亩、嫩茎叶 220kg/亩、秆芯 300kg/亩的高产高效目标。本高产高效种植技术具有可操作性强、适应性广，种植户易于接受等特点，示范点的成功将起到较好的带动作用，辐射面广，是使农户增产增收的一条有效途径。

2. 昭阳区试验点

昭阳区示范点位于昭通市昭阳区青岗岭乡落水洞，前作为玉米。种植云麻 1 号获得纤维亩产量 208.5kg，干茎出麻率为 20%，其中长麻率 9%。该试验地土壤、水肥等条件较好，是获得工业大麻高产的重要因素。该区域采取高密度纤维型种植模式（种植密度达到 8.60 万株/亩），使得干茎产量突破 1t（1 042.5kg/亩），其中嫩茎叶鲜重亩产量 750kg，干重亩产量达到 187.5kg，这在云南全省范围属于高产。而且，高密度纤维型种植只要做到麻苗先于杂草或者与杂草一起出苗，杂草的长势均竞争不过工业大麻，不需采取任何除草措施，就可达到高效种植的目的。以纤维平均价格 18 元/kg、嫩茎叶干重 15 元/kg、秆芯 1.0 元/kg 计算，每亩产值达到 7 398元。

该技术模式后期打麻加工还存在一些问题需要进一步优化。目前，后期加工最理想的茎粗是 0.5 ~ 1.0cm，茎粗过高会导致出麻率降低，还不便于打麻加工。而该技术模式下工业大麻的平均茎粗达到了 1.2cm，且麻秆粗度均匀性不够，部分麻秆茎粗超过 1.5cm。研究表明，要保证茎粗的一致性，需要加强整地质量，同时种子大小要均匀。云麻 1 号是植株高大型品种，耐密植性能差一些，只有做到土壤细碎均匀、种子大小均匀、播种深度均匀、出苗均匀四个均匀，才能达到最终麻茎秆均匀一致。

（五）大麻种质资源耐盐性评价

1. 大麻耐盐性评价指标的确定

以来源于山西广灵的大麻材料为实验材料进行 NaCl 盐浓度测定，研究发现随着盐浓度的增加发芽率逐渐降低，胚根、胚芽长度依次降低，但是以发芽率的差异最为明显且易于判断，因此，选择以发芽率测定为耐盐性评价的指标，结果如图 4 –22 所示，1% 盐浓度时发芽率急剧下降，易于分辨不同大麻材料间的抗性差异，为最佳筛选浓度。

2. 大麻耐盐性评价

将 60 份大麻材料在 1% 盐浓度的培养皿内进行耐盐性筛选，其中，发芽率达到 90% 以上发芽率的有 9 份材料，占 15%，抗性最高的是俄罗斯引进种质材料 R412，发芽率达到 95.6%，基本与水处理对照没有差异；发芽率 70% ~90% 的材料有 31 份，占 51.6%；发芽率 50% ~70% 的材料有 25 份，占

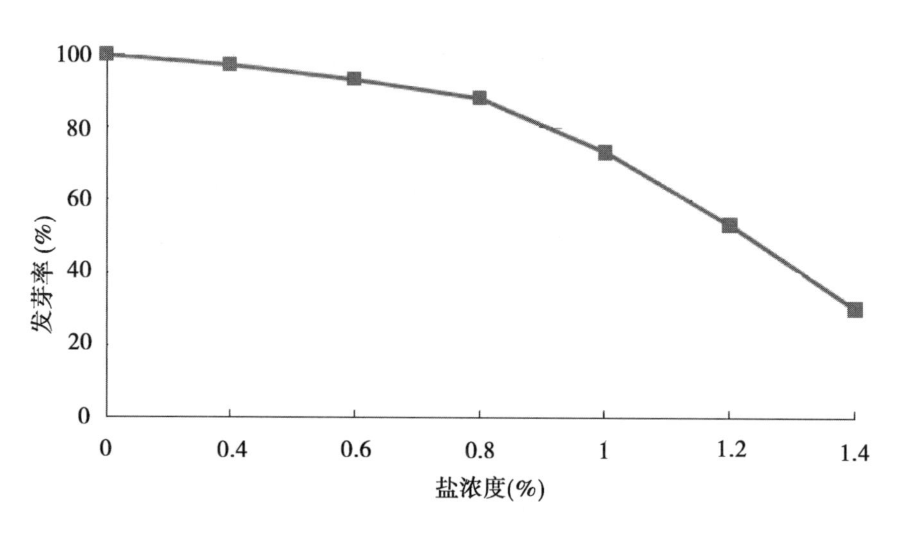

图4－22　NaCl盐浓度对广灵大麻发芽率的影响

41.7%；发芽率50%以下的材料有5份，占8.3%，其中，发芽率最低的为来源于黑龙江的1份种质资源C145，发芽率仅为15.9%（图4－23）。

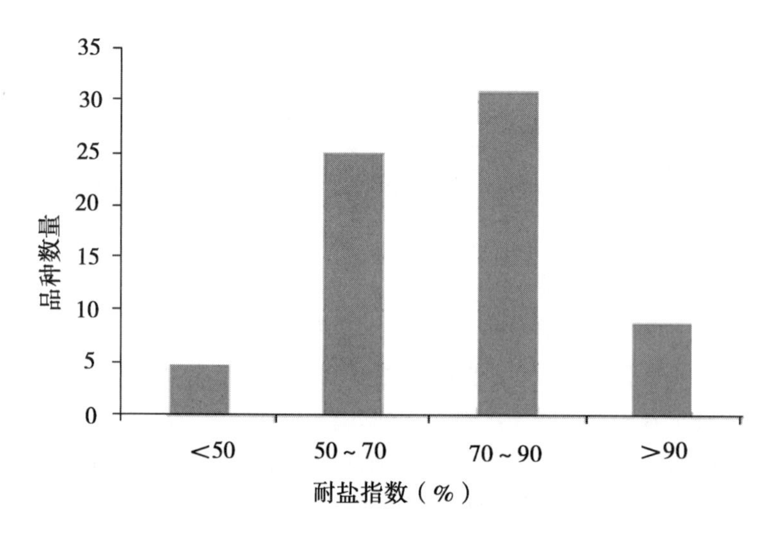

图4－23　1%盐浓度对大麻种质材料的发芽率的影响

以上结果说明收集的60份种质材料的抗盐能力存在较大的差别，其中有9份为高抗盐材料，为下一步实验打下了坚实基础。

（六）大麻THC含量相关的分子标记技术研究

选择THC含量为高（≥1%）、中（0.3%～1%）、低（≤0.3%）的大麻品种进行ISSR、SSR、AFLP等分子标记筛选。其中，THC含量>1%的品种6个，有YM512、YM535等；THC含量为0.3%～1%的品种5个，为K448、K436、448、K110、K290；THC含量<0.3%的品种16个，包括Bialobrzeskie、Beniko Tygra、Dolnoslaskie、Dziki Polski、K－176、K－542、Juso 14、Juso 31、Fibrimon 21、Santhica 27、Codimono、Giganthea、Jermakowska、Finola、Novosadska。目前，已筛选出SSR引物60对、SRAP引物66对、AFLP引物20对。利用引物F－THCAs和R－THCAs扩增THCAs全长基因，期望通过比较不同THC含量品种该基因的序列差异，寻找相关分子标记。目前已克隆到6个大麻品种的THCAs序列。

（七）基于大麻再生体系的转基因技术研究

选择了几种有代表性的大麻种质资源，进行子叶离体培养研究，考察基因型，激素配比，苗龄，外植体接种方式等因素对大麻再生的影响，旨在对大麻离体培养体系进行优化。主要调查外植体的再分化频率和再生系数，具体计算方法如下：

再分化频率（%）＝（形成再生芽的外植体数/接种的外植体总数）×100

再生系数＝再生不定芽数/再生外植体数

1. 基因型对大麻再生的影响

试验所用大麻材料 K449、K448、K369、YM1、汾 1、尤纱 31。

选取上述大麻材料种子，经三重处理法消毒灭菌后得到无菌苗，取 3d 苗龄子叶，置于添加了一定量的 TDZ、NAA 的 MS6 培养基上培养 25d，调查其再分化频率和再生系数。由图 4－24 可以看出，尤纱 31 再分化频率最高，可达 50%，K448 最低，仅为 23%；各品种的再生系数则较为接近，均为 2～3 之间。综合考虑再分化频率、再生系数、种植面积、应用前景等因素，决定以中原地区的主栽大麻品种汾麻 1 号作为重点研究对象，进行后续研究。

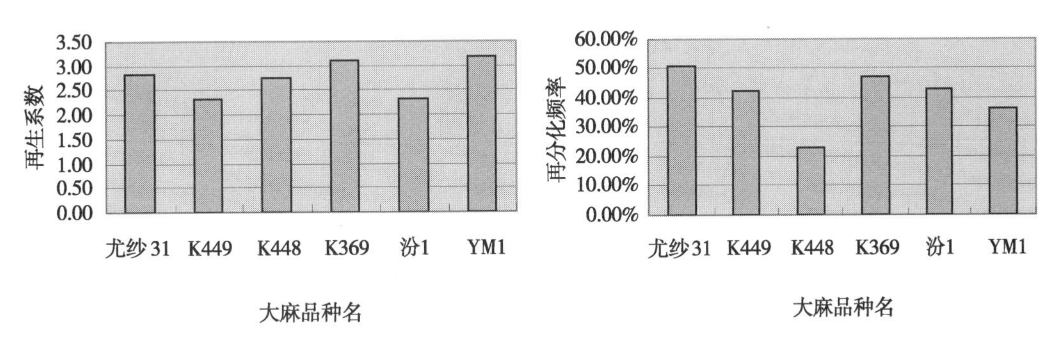

图 4－24　不同大麻品种的再分化频率和再生系数

2. 子叶苗龄对大麻再生的影响

子叶日龄是决定再分化频率的重要因素，将培养至不同日龄的子叶从下胚轴上撕下，置于 MS6 培养基上培养 25d，调查其再分化频率和再生系数。如图 4－25 所示，不同日龄子叶的再生系数相差较小，但 3d 苗龄的子叶比其他日龄子叶具有更好的再分化能力。因此，3d 日龄的无菌苗子叶，是诱导大麻再生的最佳外植体。

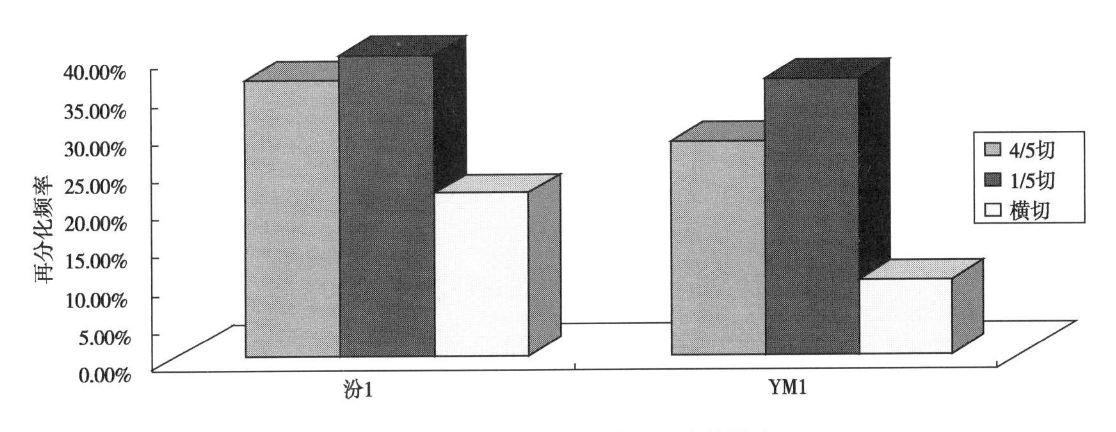

图 4－25　子叶苗龄对大麻再生的影响

3. 外植体接种方式对大麻再生的影响

子叶从下胚轴上被撕下后，对叶尖部位进行不同比例的切割，也是影响其再分化频率的重要因素之一。对子叶进行三种切割处理：1/5 切、4/5 切、横切。由图 4 – 26 看出，两个当家品种云麻 1 号和汾麻 1 号的再生频率，均为 1/5 ＞ 4/5 ＞ 横切，因此，切割保留子叶叶柄端 1/5 切面作为外植体，是诱导大麻再生的最佳切割方式。

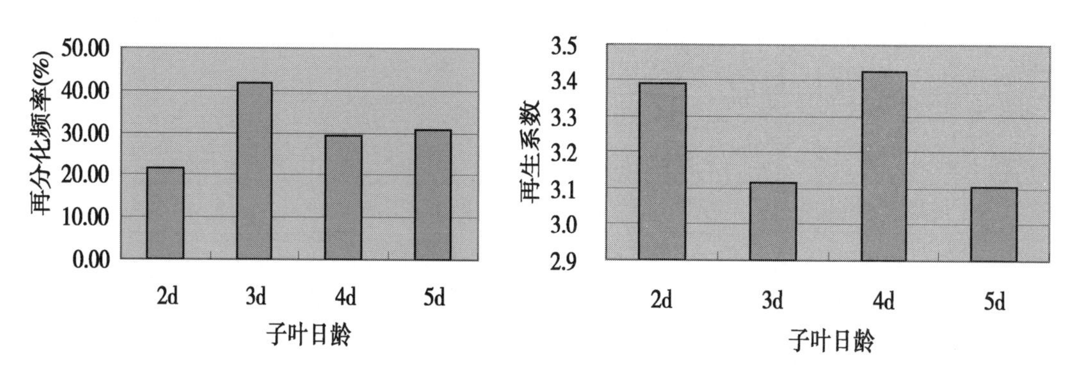

图 4 – 26　不同切割方式对大麻再分化频率的影响

4. 大麻转基因体系的建立和优化

在大麻再生体系研究的基础上，以汾麻 1 号为材料，选取 3d 苗龄的无菌苗子叶，切割保留叶柄端 1/5 面积作为外植体，进行了农杆菌介导的转基因体系的建立和优化试验。本试验所用载体为木质素基因 Ccomt 3′端片段的 RNA 干扰表达载体，所用筛选基因为潮霉素抗性基因，载体结构如图 4 – 27 所示。

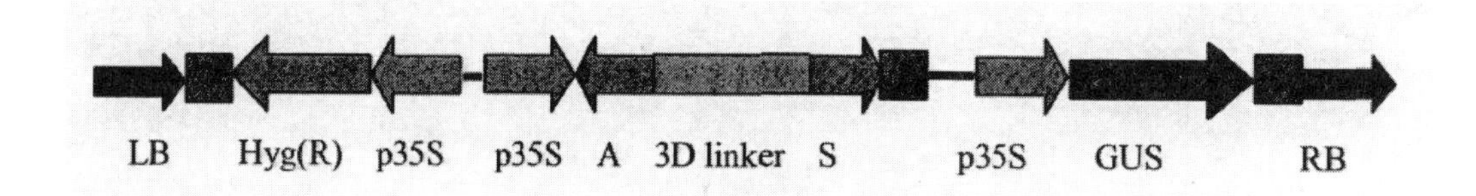

图 4 – 27　大麻转基因载体机构

根据影响转基因效率的各个因素，设计三因素（预培养时间、菌液浓度、浸染时间）实验方案，GUS 瞬时表达情况如图 4 – 28 所示，试验结果表明，预培养时间为 4d 时 GUS 瞬时表达率普遍较高，菌液浓度和浸染时间适中时，效率最高，达到 65%。

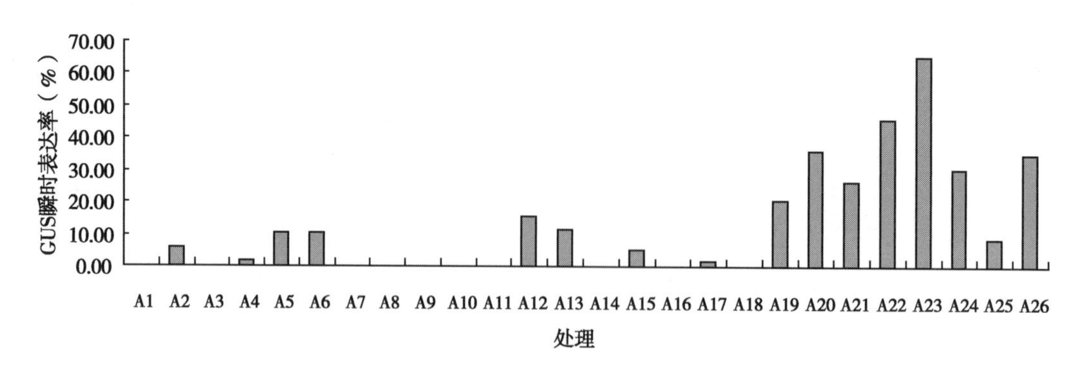

图 4 – 28　不同处理后的外植体 GUS 瞬时表达率

预培养 4d 的子叶外植体受农杆菌浸染后，外源基因已经整合进入叶片组织，表达部分以切口处为主，但总体来说，外源基因的表达量不够丰富，整个体系有待进一步优化和提高。培养 25d 后，长出的愈伤组织中也有外源基因的大量表达。

根据上述实验结果，初步总结出大麻转基因的基本程序和培养条件，如图 4 – 29 所示，虽然 GUS 基因的瞬时表达率达到 65%，但外源基因表达量不强，而且浸染后的外植体再生频率不高，还有许多细节亟待进一步优化和完善。

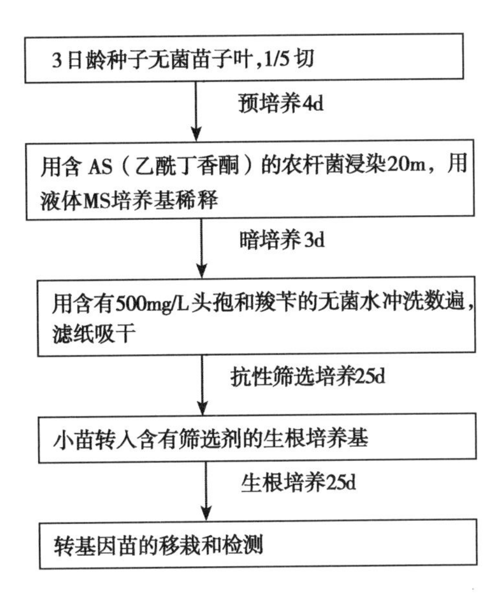

图4－29　大麻转基因的基本程序和培养条件

（八）农杆菌介导的大麻遗传转化体系研究

研究表明，大麻无菌苗子叶外植体在预培养4d后，利用OD为0.6左右的农杆菌浸染，GUS瞬时表达率可以达到65%，但是，在后期形成的丛生芽中却鲜有表达。这可能是因为预培养过程中，子叶切口处再生芽分化基本完成，此时再进行农杆菌浸染，外源基因只能侵入切口处产生的薄层愈伤组织，而不能进入已经完成分化的再生芽。综合近两年研究结果，总结了一套农杆菌介导的大麻遗传转化体系，目前，已经得到一批经抗性筛选的试管苗，正在进行生根及驯化移栽，具体转化体系如下：

1. 无菌苗获得

选取饱满、匀实种子，用98%工业硫酸浸泡2min后，于自来水下冲洗30min；3%次氯酸钠浸泡20min后，用无菌水冲洗数次，于干净滤纸上吸干水分，用手术刀和镊子剥去种皮，接种于MS培养基上。每个三角瓶中接种6粒种子。置于室温22℃、光照时间为16h/d、光照强度为2 000lx条件下培养，获得无菌苗。

2. 农杆菌浸染

研究了预培养时间与外源基因表达的关系。如表4－36所示，预培养4d后的外植体经农杆菌浸染后，再生频率虽然达不到不经浸染时的45%（去年数据）的频率，但仍可达到22%。随着预培养时间的缩短，外植体再生频率明显降低，预培养0d（即不经预培养）的子叶经农杆菌浸染后，再生频率降到7.6%。但外植体经20d的生长后，其愈伤和再生芽中外源基因的表达频率却随着预培养时间的降低而增加。当预培养时间比较长时，外源基因大多在子叶基部的愈伤组织内大量表达，再生芽中则表达很少。而不经预培养的外植体产生的再生芽，外源基因多在再生芽的茎、叶中表达。

表4－36　不同预培养时间处理与GUS瞬时表达频率和再生频率的关系

预培养时间	共培养结束后外植体的瞬时GUS表达频率	分化培养20d后，外植体的GUS表达频率	再生频率	备注
0d	53.8%	30.2%	7.6%	蓝色常位于茎、叶
1d	58.3%	—	12.8%	—
3d	64.3%	14.3%	15.2%	蓝色常位于愈伤部分
4d	66.2%	10.1%	22%	蓝色常位于愈伤部分

3. 分化培养及抗性筛选

采用的载体含有潮霉素抗性基因，为了找到合适的筛选指标，进行了子叶外植体对不同浓度的潮霉素抗性的梯度试验，结果表明（图4－30至图4－32），随着培养基中潮霉素浓度的增加，外植体的再生频率和再生系数均呈明显下降趋势，当达到35mg/L时，几乎无再生植株。而外植体的褐死频率则随着潮霉素浓度的增加显著提高，当含量达到35mg/L时，80%的外植体褐化死亡。因此，浓度为35mg/L的潮霉素可以作为合适的筛选剂量。

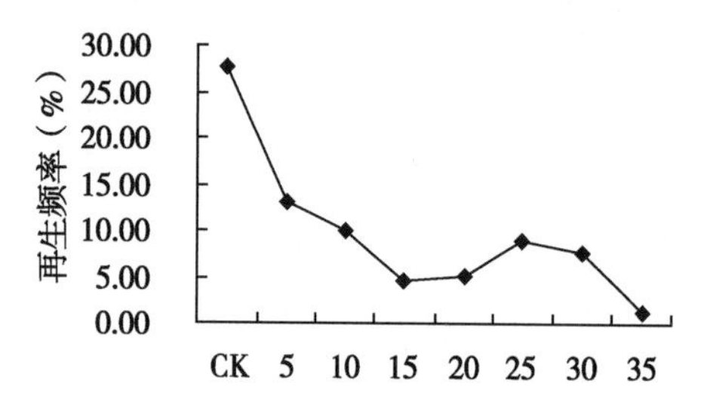

图4－30　再生频率与潮霉素含量的关系

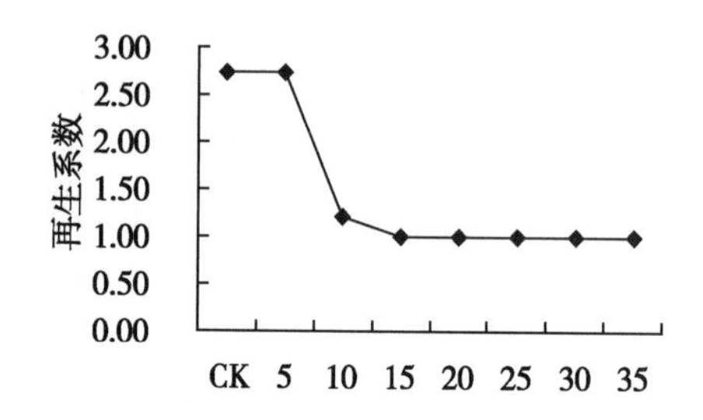

图4－31　再生系数与潮霉素含量的关系

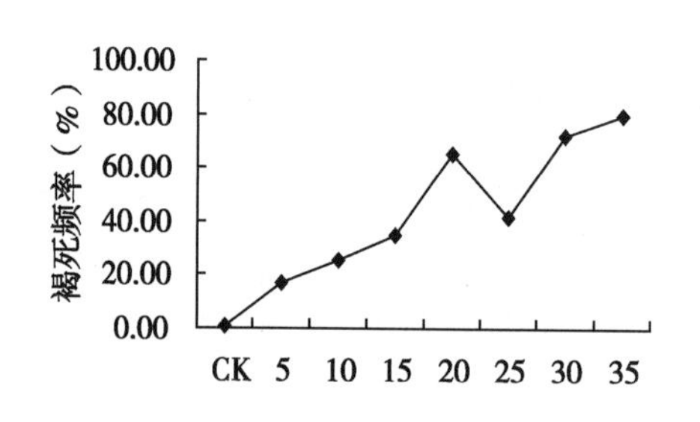

图4－32　褐死频率与潮霉素含量的关系

用镊子将共培养基上的叶片取出，用含抗生素的灭菌蒸馏水清洗数遍，于滤纸上吸干水分，转入分化培养基（MS＋0.02mg/L TDZ＋0.01mg/L NAA ＋400mg/L Cb＋400mg/L Cef＋35mg/LHyg），此后每18d继代一次，待苗长出至1cm高后将周围愈伤组织去掉，转入生根培养基（MS ＋0.5mg/L IBA ＋400mg/L Cb＋400mg/L Cef＋35mg/L Hyg）。

4. 驯化移栽

从生根培养基移入珍珠岩时：小心取出植株，用手捏碎根上附着的培养基，放入水中洗去残留的培养基。移入经灭菌处理过的混和基质，用手指戳一个大小合适的洞，将苗放入，移入温室进行驯化。

六　剑麻

（一）高产多用途剑麻品种选育

1. 抗斑马纹病剑麻品种选育

以H.11648（高产）和粤西114（抗病）为对照，在广东剑麻植区建立了剑麻新品系南亚1、K1、K2的品比试验，在广西剑麻植区选择病区布置了大田抗病性试验；并以H.11648长周期（生命周期18年）、短周期（生命周期8年）及正常开花的剑麻组培苗（生命周期12年）的种苗为材料，建立了剑麻高产种植示范点。

经过本年度多雨季节后对抗病试验点进行观察（图4－33），结果表明，K1、K2、粤西114、南亚

1 号、H. 11648 剑麻斑马纹病发病指数分别为：78.2、81.6、63.2、22.4、78.1。除南亚 1 号外，其他品系受害严重，主要由于人为设置基地积水的缘故。

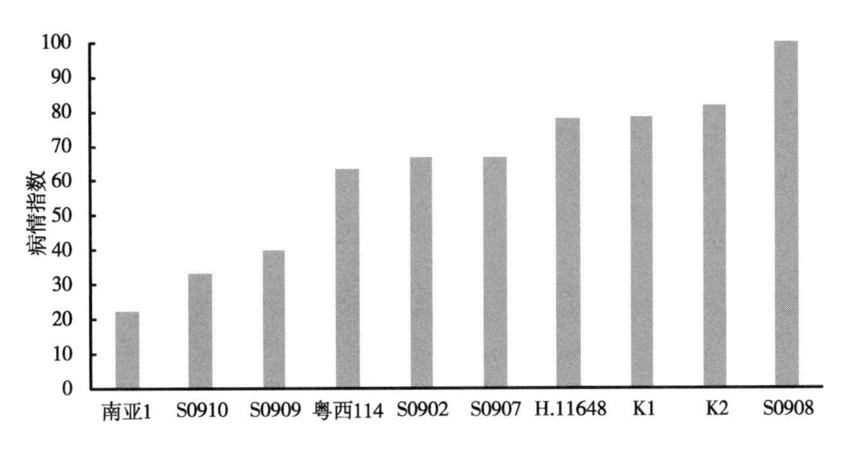

图 4－33 广西东方农场斑马纹病抗性鉴定各品种病情指数

2013 年 3 月在广西农垦国有东方农场抗病试验点布置了剑麻斑马纹病大田抗病性重复试验，参与鉴定的有 K1、K2、K3、H. 11648、南亚 1、南亚 2、粤西 114、有刺番麻、无刺番麻、墨引 6、墨引 8、东 74 共 12 个品种（系）。分别在 5 月、6 月、7 月和 11 月对发病情况进行了调查，其中，7 月 17 日对照品种 H. 11648 的病情指数已达到 75 以上，达到抗病性测定标准要求。通过调查对各品系的抗病性进行了测定。各品系病情指数及抗病性等级见表 4－37。

表 4－37 各品系病情指数及抗病性等级

品系	病情指数	抗病等级
H. 11648	84. 7	高感
K2	76. 4	高感
K1	76. 2	高感
东 74	69. 0	中感
K3	61. 2	中感
粤西 114	57. 2	中感
墨引 8	47. 0	中抗
南亚 2	44. 2	中抗
墨引 6	33. 3	中抗
无刺番麻	24. 2	高抗
南亚 1	20. 5	高抗
有刺番麻	4. 4	高抗

试验结果表明，H. 11648、K1、K2 和南亚 1 号的抗病性测定结果与 2012 年的大田鉴定结果完全一致，有刺番麻在这次大田测试中个别植株有病斑出现，但不影响其继续生长。

2. 优良品系杂交后代生物学特性观测

对优良品系杂交后代生物学特征特性进行了观测，2012 年对上一年布置的品比试验进行了生物学特性观察（表 4－38、表 4－39）。

表 4－38　南亚所品比试验 2012 年生长量调查统计表

品种	区	2011 年叶片基数平均值			2012 年叶片生长量		
		叶片（片）	叶长（cm）	叶宽（cm）	增叶数（片）	叶长（cm）	叶宽（cm）
K2（有刺）	Ⅰ	35.10	63.70	10.33	43.60	78.80	10.13
	Ⅱ	42.00	70.30	10.65	42.10	82.73	10.37
	Ⅲ	38.70	63.70	9.83	41.50	82.33	9.98
K1	Ⅰ	58.50	65.60	9.92	75.00	75.95	9.88
	Ⅱ	69.20	67.10	10.19	75.90	79.53	10.13
	Ⅲ	69.00	63.70	9.98	75.10	75.03	9.74
K2	Ⅰ	55.00	62.40	10.15	74.70	73.78	9.81
	Ⅱ	66.60	64.60	9.79	73.30	75.10	10.43
	Ⅲ	67.50	66.20	10.19	82.20	77.35	9.99
K3	Ⅰ	26.20	59.30	9.05	39.70	70.63	9.22
	Ⅱ	35.80	72.00	9.63	36.40	81.80	10.05
	Ⅲ	29.40	53.60	8.10	37.20	65.33	8.81
东 1	Ⅰ	59.00	65.30	9.79	77.30	74.85	9.85
	Ⅱ	71.00	68.80	10.18	78.70	77.58	10.18
	Ⅲ	69.80	69.00	10.18	75.50	78.28	10.07
南亚 1	Ⅰ	52.50	72.60	12.18	61.80	85.95	12.79
	Ⅱ	37.30	58.60	11.00	55.00	74.48	11.56
	Ⅲ	31.80	56.40	10.59	53.90	71.13	11.27
114	Ⅰ	26.40	52.80	10.39	48.70	69.65	10.96
	Ⅱ	25.00	47.20	10.21	48.00	63.93	10.56
	Ⅲ	47.20	65.80	10.87	24.30	50.20	9.90

观测了 60 个剑麻种质资源的生物学特征特性，对相关数据进行了规范整理，对纤维强力等特性和抗寒、抗病等指标进行了测定，对 15 个种质的耐旱及固土特性进行了测定，完善剑麻种质资源基础数据库建设。

表 4－39　优良单株生长量调查统计表

品系	2011 年基数			2012 年增长量		
	叶片（片）	叶长（cm）	叶宽（cm）	增叶数（片）	叶长（cm）	叶宽（cm）
S0910	24	105	13.4	56	116	14.3
S0908	75	80	11.0	81	94	11.2
S0904	113	113	15.1	60	125	15.6
S0905	95	108	14.2	75	117	14.4
S0902	100	94	11.0	69	107	12.2
S0903	82	96	13	60	112	14.1

3. 剑麻优异种质的筛选与评价

通过对杂交后代生物学特性观察，筛选了剑麻优异种质 3 个，对优异种质进行组培快繁，共繁殖无菌苗21 956株，部分已进行生根，目前已移栽1 231株。同时对优良材料S0902、S0909、S0910初步进行了大田斑马纹病抗性试验，初步结果表明，S0902病情指数为66.7为中感水平，S0909和S0910病情指数分别为40和33.3，达中抗水平，因试验株数比较少，未设置重复，结果还不能完全说明其抗病性，有待今后进一步验证。

4. 耐旱剑麻品种筛选

利用干旱胁迫法通过凋萎系数差异进行了剑麻品种耐旱特性测定。同时利用高约20 cm植株在营养液（配方为NH_4NO_3 114.3 mg/L，$NaH_2PO_4 \cdot 2H_2O$ 50.4 mg/L，KCl 76.4 mg/L，$CaCl_2$ 110.8 mg/L，$MgCl_2$ 158.3 mg/L）中自然培养7 d后移入含30% PEG－6000的营养液中经根系模拟干旱胁迫处理，测定了15个剑麻品种叶片超氧化歧化酶（SOD）和丙二醛（MDA）等生理指标含量。结果表明，随着水分胁迫时间的增加，15种剑麻叶片超氧化歧化酶（SOD）活性先增加后降低，在处理的第14 d达到活性高峰（图4－34）；丙二醛（MDA）含量随水分胁迫时间的增加而逐渐增加，在处理的最后一天其含量达到最高（图4－35）。15个剑麻品种抗氧化能力南亚二号＞番麻＞肯2＞无刺番麻＞广西76416＞墨引8＞肯1＞墨引12＞粤西114＞假菠萝麻＞剑麻H.11648＞墨引6＞灰叶剑麻＞普通剑麻＞南亚一号，这个顺序体现了不同品种的抗旱能力差异。

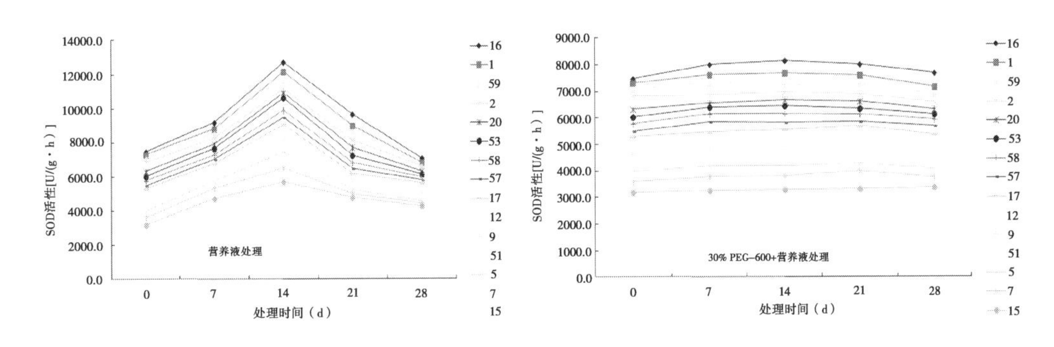

图4－34　水分胁迫下15个剑麻品种叶片SOD活性变化

16. 南亚二号　1. 番麻　59. 肯2　2. 无刺番麻　20. 广西76416　53. 墨引8　58. 肯1　57. 墨引12
17. 粤西114　12. 假菠萝麻　9. 剑麻H.11648　51. 墨引6　5. 灰叶剑麻　7. 普通剑麻　15. 南亚一号

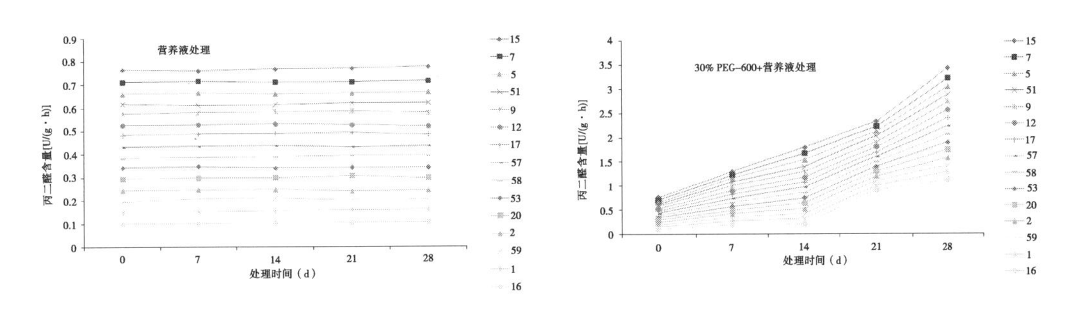

图4－35　水分胁迫下15种剑麻叶片MDA含量变化

15. 南亚一号　7. 普通剑麻　5. 灰叶剑麻　51. 墨引6　9. 剑麻H.11648　12. 假菠萝麻　17. 粤西114　57. 墨引12
58. 肯1　53. 墨引8　20. 广西76416　2. 无刺番麻　59. 肯2　1. 番麻　16. 南亚二号

5. 固土剑麻品种筛选

对一定坡度小区的15个剑麻品种种植后的固土效果进行了观察，通过固土效果差异测定品种固土保水效果（表4－40）。利用土壤水分测定仪测定剑麻斜坡固土保水试验点不同品种种植小区土壤的含水量。

表 4－40　15°～25°坡地上不同剑麻固土保水效果比较

品种	土壤含水量（%）	土壤冲刷量（kg）
无刺番麻	23. 8 ±2. 5a	50. 25
南亚 1 号	23. 6 ±2. 7a	3. 13
粤西 114	22. 4 ±3. 1ab	26. 61
普通剑麻	22. 0 ±1. 4ab	111. 62
灰叶剑麻	20. 4 ±3. 8abc	53. 62
墨引 8	19. 7 ±2. 4abc	91. 93
K2	19. 0 ±0. 6abc	13. 21
H. 11648	18. 6 ±1. 8abc	4. 46
假菠萝麻	18. 6 ±4. 0abc	101. 45
番麻	18. 3 ±2. 1abc	141. 29
K1	16. 7 ±0. 3abc	8. 93
墨引 12	16. 6 ±3. 1abc	91. 42
广西 76416	16. 6 ±1. 5 abc	14. 52
墨引 6	15. 5 ±0. 6bc	31. 18
南亚 2 号	13. 7 ±1. 1c	11. 73
空白对照	13. 4 ±2. 4c	348. 48

注：表中相同小写字母表示不同田块土壤含水量没有显著差异（a＝0. 05）

结果表明，无刺番麻田土壤含水量最高（23.8%）与墨引 6、南亚二号及空白对照有显著差异，但与其他 13 个样本没有显著差异；无刺番麻、南亚 1 号、粤西 114、普通剑麻与对照有显著差异；而灰叶剑麻、墨引 8、K2、H. 11648、假菠萝麻、番麻、K1、墨引 12、广西 76416、墨引 6、南亚 2 号与空白对照没有显著差异。15 个品种的保水能力从高到低的顺序排列为：无刺番麻、南亚 1 号、粤西 114、普通剑麻、灰叶剑麻、墨引 8、K2、H11648、假菠萝麻、番麻、K1、墨引 12、广西 76416、墨引 6、南亚 2 号。从表 4－40 的品种固土效果测定结果看，南亚 1 号、H. 11648、K1、南亚 2 号、K2、广西 76416 等品系固土效果比较好。综合两项测定结果，南亚 1 号、H. 11648 固土保水效果最好。

按照干旱胁迫与固土试验结果，结合不同品种的长势，选择剑麻品种在云南省元谋县干热河谷区建立了固土保水与生态恢复示范点 5 亩，参试品种为 H. 11648、无刺番麻、广西 76416、墨引 12、粤西 114、墨引 6、南亚 1 号，目前长势良好。对云南元谋剑麻品种固土保水与生态恢复试验点的生长量进行了测定（表 4－41），对固土和生态恢复效果进行了观察，初步看出广西 76416、南亚 1 号、无刺番麻长势良好。

表 4－41　元谋固土保水试验点 2013 年剑麻生长量调查表

品种	基数平均值			2013 年度增长平均值		
	叶片（片）	叶长（cm）	叶宽（cm）	叶片（片）	叶长（cm）	叶宽（cm）
H. 11648	23. 27	65. 07	5. 06	21. 43	54. 23	6. 58
无刺番麻	14. 97	45. 13	6. 89	10. 87	47. 38	8. 13
墨引 12	14. 63	50. 47	7. 05	12. 40	51. 08	8. 51
广西 76416	25. 65	56. 03	7. 13	21. 73	53. 43	8. 59
南亚 1 号	17. 10	42. 40	5. 93	16. 55	42. 46	7. 41
粤西 114	19. 93	57. 80	7. 17	18. 30	54. 69	8. 68
墨引 6	15. 10	54. 87	8. 08	11. 43	55. 52	9. 13

6. 剑麻种质品质性状检测

对70个剑麻种质资源的生物学特性，农艺学及植物学性状等进行了观测，对相关数据进行了规范整理，测定了15个种质的保水特性，对12份种质抗斑马纹性状进行了鉴定与评价；对照行业标准对20份剑麻种质品质性状进行了测定（表4－42）。

表4－42　剑麻纤维品质性状测定结果表

序号	种质名称	纤维长度（cm）	束纤维强力（N）
1	东109	80	560
2	皮带麻	93	624
3	毛里求斯麻	96	562
4	292	59	555
5	117	61	588
6	东5	81	854
7	广西76416	90	620
8	东16	91	523
9	亚洲马盖麻	105	632
10	普通剑麻	99	696
11	银边假菠萝麻	39	542
12	假菠萝麻	60	583
13	多叶普通剑麻	55	660
14	肯1	66	580
15	假7	57	521
16	金边东1号	82	826
17	桂幅4号	88	870
18	墨引5	64	880
19	东27	71	620
20	东26	71	731

（二）剑麻育种技术研究

1. 室内抗病性鉴定方法

采用烟草疫霉菌游动孢子进行接种的方法，先用针刺伤剑麻叶片表面，然后滴0.1ml游动孢子液，浓度为每视野5个（200倍显微镜），接种后保湿。通过对14个剑麻品种进行接种，每品种9株，3次重复。调查结果表明，用游动孢子接种进行室内鉴定，与大田鉴定剑麻斑马纹病抗性结论基本一致，因此烟草疫霉菌游动孢子接种方法可作为斑马纹病抗性鉴定方法。其优点是接种体定量，准确性高。

从表4－43可看出：K1、H.11648、K3和S0909病情指数都大于90，为高感品种；而K2、东74、南亚2、东16病情指数80－90，为中感品种；粤西114和S0910病情指数分别为75.9、75.0，为中抗品种；广西76416病指为65.4，为高抗品种；有刺番麻、无刺番麻和南亚1号为免疫品种。虽然各品种测定结果与大田测定的抗病性不完全相符，但各品种的相对抗病性还是一致的。

表 4-43　剑麻品种室内斑马纹病抗性鉴定试验病情指数

品种	病情指数
南亚 1（无刺）	0
无刺番麻	0
有刺番麻	0
广西 76416	65.4
S0910	75.0
粤西 114	75.9
东 16	83.3
K2	86.5
东 74	87.0
南亚 2	88.0
K1	91.7
H.11648	93.5
S0909	94.6
K3	96.3

2. 降低剑麻愈伤诱导不定芽玻璃化率的方法

通过调节培养基组分形成的改良 SH 配方，有效克服了不定芽玻璃化现象。把部分或完全玻璃化的再生植株接种于该培养基上，并添加外源激素6-BA、NAA 和 IBA 进行培养，玻璃化苗恢复比例达67.06%。取玻璃化的带芽的愈伤团块去除玻璃化的芽和嫩叶，接种于该培养基上，添加外源激素为6-BA、NAA 和 IBA 进行培养，不定芽诱导比例为88.71%，其中正常不定芽比例为85.45%。该成果已申报了专利（图 4-36）。

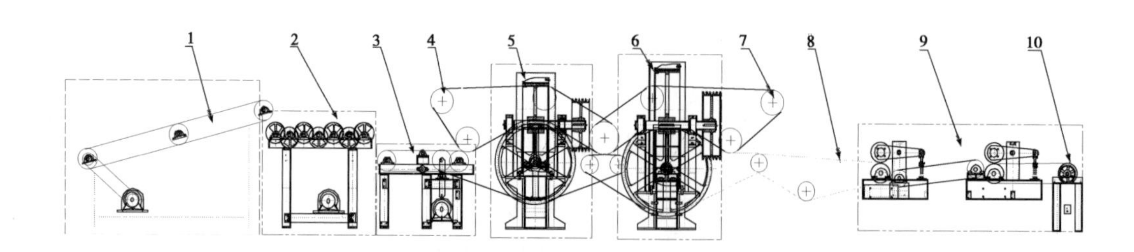

图 4-36　剑麻不定芽玻璃化调控

1. 送麻装置　2. 匀麻装置　3. 喂麻装置　4. 第一夹持装置　5. 小剥麻滚筒装置　6. 大剥麻滚筒装置　7. 第二夹持装置　8. 水洗装置　9. 压轧装置　10. 接麻装置

3. 剑麻 H.11648 种子的保存方法

分别取 6000 粒种子在常温及低温（-20℃）条件下储存，经过一年不同月份的播种试验，结果表明（表 4-44），常温下保存种子 1 个月发芽率较好，第 2 个月锐减，紧接第 3、4 个月稳定，第 5 个月开始减少。因此，常温下保存种子一般不应超过 5 个月。低温（-20℃）条件下储存，前两个月发芽率与常温保存类似，第 3 个月至第 12 个月比较稳定，-20℃低温条件下储存的种子全年平均发芽率为25.77%，而常温（对照）下只有 8.67%。因此，-20℃条件下剑麻种子可储存 1 年以上。

表 4 - 44　剑麻 H. 11648 种子发芽试验结果

播种日期	调查日期	月数	常温	发芽率（%）	低温（-20℃）	发芽率（%）
2011. 5. 27	2011. 6. 27	1	159	31. 80	161	32. 20
2011. 6. 27	2011. 7. 27	2	64	12. 80	69	13. 80
2011. 7. 27	2011. 8. 27	3	91	18. 20	124	24. 80
2011. 8. 27	2011. 9. 27	4	63	12. 60	122	24. 40
2011. 9. 27	2011. 10. 27	5	44	8. 80	160	32. 00
2011. 10. 27	2011. 11. 27	6	21	4. 20	125	25. 00
2011. 11. 27	2012. 4. 27	7	21	4. 20	65	13. 00
2012. 1. 27	2012. 4. 27	8	16	3. 20	139	27. 80
2012. 2. 27	2012. 4. 27	9	25	5. 00	132	26. 40
2012. 3. 27	2012. 4. 27	10	7	1. 40	149	29. 80
2012. 4. 27	2012. 7. 17	11	7	1. 40	150	30. 00
2012. 5. 27	2012. 7. 17	12	2	0. 40	150	30. 00
发芽数及发芽率均数			520	8. 67	1546	25. 77

4. 继续开展杂交育种工作

选择体细胞染色体倍数为偶数的亲本，并到云南元谋采集番麻新鲜花粉进行杂交，采用搭架法以保持母本长势，在花蕾长出前去除顶部花梗，减少植株营养消耗，以提高稔实率；选取 2 株南亚 1 号作为授粉母株，番麻为父本，授粉 3854 朵花，稔实率为 18. 6%，结果率 10. 5%。通过不同亲本杂交，共获杂交果 643 个，效果很好（表 4 - 45）。收集了优良杂交后代 H10 及实生后代 S09 等品系一年的增叶数及叶长、叶宽等数据。

表 4 - 45　2013 年杂交授粉统计表

序号	母本（♀）	父本（♂）	授粉花朵总数	稔实果数	采收果数
1	S09 - 5	银边假菠萝麻	577	0	0
2		番麻	1 187	63	103
3	南亚 1 号	银边假菠萝麻	540	1	0
4		番麻	1 653	321	191
5	南亚 1 号	番麻	2 201	398	215
6	南亚 1 号（自交）			134	

5. 辐射突变材料的形态特征观察与筛选

种苗经过辐射处理后生长受到抑制，经过一年多时间的培育基本已恢复长势，对其生长特性（株高、叶片数、叶长、叶宽，叶色等）的观察结果见表 4 - 46。由表 4 - 46 可见，30Gy、40Gy 处理材料的叶长与对照有显著差异，而株高、叶片数、叶宽、叶形指数方面与对照差异不显著。

表 4－46　辐射处理种苗的生长特性观测结果

材料	株高（cm）	叶片数	叶长（cm）	叶宽（cm）	叶形指数
CK	78.00 ±6.43 a	41.7 ±1.5 a	67.67 ±3.33 a	6.03 ±0.23 a	11.21 ±0.22 a
20Gy	53.00 ±14.46a	28.5 ±7.5a	50.00 ±10.11ab	4.18 ±1.00a	12.54 ±1.60a
30Gy	46.83 ±6.52a	31.8 ±6.7a	37.17 ±4.56b	3.72 ±0.48a	10.15 ±0.68a
40Gy	45.33 ±7.51a	40.3 ±9.1a	42.67 ±3.84b	4.17 ±0.64a	10.46 ±0.76a

注：字母不同代表有显著差异（P ＞ 95%）。

处理材料的表型变异主要表现在叶色、叶形、叶片数、叶缘刺、株型等方面。调查的处理材料共 136 株，发生表型变异的有 15 株，平均变异率为 11%。通过观察筛选出了一些表型变异类型，如叶片有黄色条带或叶片变多、株型矮化等。

6. EMS 突变体植株表型观察和抗病性鉴定

对现有的 1 052株 EMS 突变植株进行表型观察，除了正常植株和叶色发生变化外，有部分植株表现为叶条纹、叶缘有刺、叶片数变少，叶片变软，叶片变硬（直，细），矮化等。

对 1 052株 EMS 突变株进行烟草疫霉菌离体接种试验，每株取 1 片叶，分别在叶尖和叶基接种病原菌，3d 后观察病斑大小，对首次接种未发病或未接种上的再取 3 片叶进行重复接种试验。结果发现，所有植株叶基发病基本一致，但叶尖则表现 3 种不同的抗病类型，I 型为叶基病斑较大，叶尖有病斑但不扩散（图 4－37），II 型为病斑有扩散，但叶尖的病斑明显比叶基的病斑要小，III 类为叶尖和叶基病斑大小一致。下一步将选择病斑不扩散的材料进行活体接种，筛选抗病性材料。

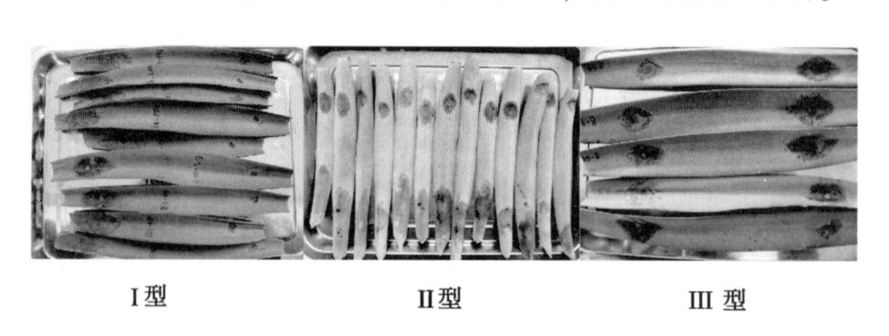

I 型　　II 型　　III 型

图 4－37　剑麻 EMS 突变株烟草疫霉菌离体接种试验

7. 剑麻多倍体育种与倍性鉴定

以剑麻 H. 11648 愈伤组织为材料，分别采用 0、2、4、6、8g/L 浓度的秋水仙碱对愈伤组织进行不同时间（1、2、3、4、5、6d）的诱导处理，观察处理后的再生植株气孔大小、保卫细胞叶绿体数目、叶长、叶宽、叶形指数、叶片厚度以及苗头大小等，采用流式细胞仪倍性鉴定方法对处理后的再生植株体细胞 DNA 含量进行了检测，结果表明（表 4－47），用 4g/L 浓度的秋水仙碱处理 2d 诱变率最高，诱变率为（57.69 ±6.66）%，不定芽分化率为（63.33 ±2.89）%，分化系数为 3.55 ±1.24，加倍后的再生植株叶片下表皮气孔变大，单位叶面积的气孔数减少，叶片变宽变厚，叶形指数变小，植株变粗，突变体再生植株体细胞 DNA 含量是二倍体的 2 倍（图 4－38 至图 4－40、表 4－48、表 4－49）。

表 4－47　不同浓度和处理时间组合的秋水仙碱对剑麻不定芽分化和诱变的影响

处理浓度（g/L）	处理时间（d）	愈伤组织总数	不定芽分化率（%）	分化系数	诱变率（%）
	1	60	（96.67 ±2.89）a	（7.87 ±2.87）a	0
	2	60	（100 ±0.00）a	（6.56 ±2.58）a	0

（续表）

处理浓度（g/L）	处理时间（d）	愈伤组织总数	不定芽分化率（%）	分化系数	诱变率（%）
对照	3	60	(96.67 ±2.89) a	(6.3 ±2.82) a	0
	4	60	(91.67 ±2.89) a	(5.88 ±2.31) ab	0
	5	60	(93.33 ±2.89) a	(6.24 ±2.62) a	0
	6	60	(91.67 ±2.89) a	(5.45 ±2.42) ab	0
	1	60	(86.67 ±2.89) b	(4.91 ±1.56) b	(7.62 ±3.02) c
	2	60	(71.67 ±2.89) c	(3.78 ±1.31) cd	(11.59 ±3.88) c
2	3	60	(56.67 ±2.89) e	(3.34 ±1.39) cde	(11.62 ±4.38) c
	4	60	(51.67 ±2.89) fg	(2.63 ±1.01) efg	(12.73 ±4.72) c
	5	60	(3.33 ±2.89) l	(2.5 ±0.71) efg	-
	6	60	(1.67 ±2.89) l	-	-
	1	60	(86.67 ±2.89) b	(4.21 ±1.92) bc	(35.14 ±3.82) b
	2	60	(63.33 ±2.89) d	(3.55 ±1.24) cd	(57.69 ±6.66) a
4	3	60	(53.33 ±2.89) ef	(3.40 ±1.28) cde	(43.63 ±3.14) ab
	4	60	(43.33 ±2.89) i	(2.45 ±0.89) fg	(42.59 ±8.49) ab
	5	60	-	-	-
	6	60	-	-	-
	1	60	(63.33 ±2.89) d	(3.75 ±1.59) cd	(47.44 ±8.01) ab
	2	60	(46.67 ±2.89) hi	(3.03 ±1.22) def	(46.29 ±3.21) ab
6	3	60	(18.33 ±2.89) j	(2.11 ±0.86) g	(44.44 ±9.62) ab
	4	60	(10.00 ±0.00) k	(1.33 ±0.29) h	-
	5	60	-	-	-
	6	60	-	-	-
	1	60	(48.33 ±2.89) gh	(2.89 ±1.18) defg	(51.85 ±10.50) a
	2	60	(13.33 ±5.77) k	(2.56 ±0.96) efg	(48.89 ±18.36) ab
8	3	60	-	-	-
	4	60	-	-	-
	5	60	-	-	-
	6	60	-	-	-

注：同列数据后不同小写字母表示 0.05 水平上的差异显著性，下同。“-”表由于愈伤组织经秋水仙碱处理后出现部分或全部死亡，仅有 0~1 个观测值，无法进行统计分析

表 4-48　剑麻变异体植株与对照植株叶片形态比较

倍性	叶长（cm）	叶宽（cm）	叶形指数	叶厚（mm）	苗头大小（纵向，mm）	苗头大小（横向，mm）
变异体	(10.25 ±2.82) a	(0.95 ±0.17) a	(10.85 ±2.68) b	(0.97 ±0.22) a	(6.70 ±0.96) a	(7.58 ±1.02) a
二倍体	(9.18 ±2.45) b	(0.66 ±0.16) b	(14.64 ±5.72) a	(0.75 ±0.21) b	(5.01 ±0.77) b	(5.71 ±0.80) b

图 4－38　剑麻变异植株与对照植株比较

左为变异植株，右为二倍体对照植株

表 4－49　二倍体与变异体植株叶片保卫细胞比较

倍性	保卫细胞长（μm）	保卫细胞宽（μm）	气孔密度（个/每个视野）
二倍体	（62.21 ±7.37）b	（26.54 ±4.71）b	（15.05 ±3.26）a
变异体	（75.78 ±10.69）a	（36.01 ±4.61）a	（8.17 ±1.91）b

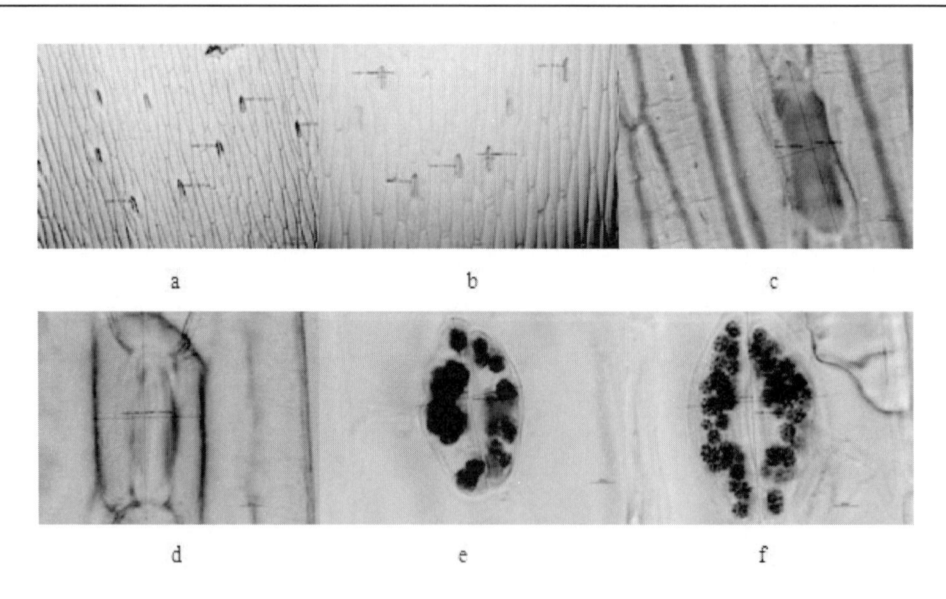

图 4－39　变异体和二倍体剑麻叶片气孔

a、c、e 为二倍体植株气孔，b、d 及 f 为变异体植株气孔，a、b、c、d 为关闭状态，e、f 为打开状态，a、b 为 10 ×/0. 3 视野下拍摄，c、d、e 和 f 为油镜下拍摄（bar = 100px）

（三）剑麻遗传转化体系研究

1．抗生素敏感试验研究

进行了抗生素敏感试验研究，确定了剑麻遗传转化体筛选时抗生素的使用浓度。通过在愈伤组织生长和不定芽分化阶段用 4 种抗生素的 6 个不同浓度梯度进行试验，结果表明，潮霉素明显抑制剑麻愈伤组织生长和不定芽分化，卡那霉素次之，头孢霉素和羧苄青霉素相对较小；4 种抗生素均能抑制剑麻

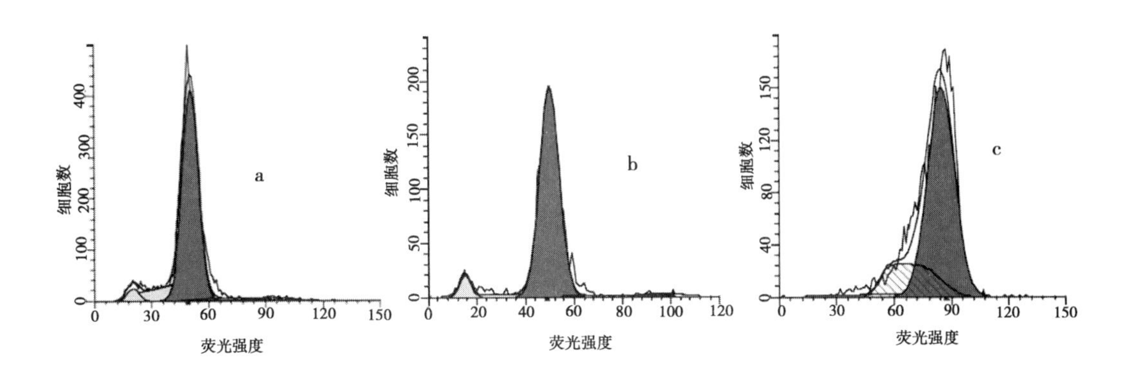

图 4-40　DNA 含量分布图

a 为对照的二倍体植株 DNA 含量分布图；b 为二倍体再生植株 DNA 含量分布图；
c 为多倍体再生植株 DNA 含量分布图

生根，其抑制效果为头孢霉素 > 卡那霉素 > 羧苄青霉素 > 潮霉素。因此在筛选剑麻转化体时，卡那霉素和潮霉素的使用浓度分别为 100mg/L 和 50mg/L 为宜（表 4-50、表 4-51、表 4-52、图 4-41）。

表 4-50　抗生素对剑麻愈伤组织生长的影响

抗生素类型	浓度（mg/L）	愈伤生长	愈伤死亡率（%）	愈伤白化率（%）
卡那霉素	25	+ + +	0	0
	50	+ + +	0	0
	80	+ +	0	17.44 ± 1.17[A]
	100	+ +	0	28.28 ± 0.72[B]
	200	+ +	23.24 ± 0.88[E]	55.83 ± 0.88[C]
	300	+ +	50.92 ± 1.71[D]	96.57 ± 0.79[D]
潮霉素	5	+ +	0	0
	10	+/-	19.07 ± 1.57[E]	0
	25	+/-	55.00 ± 1.44[D]	0
	50	-	71.31 ± 2.17[C]	0
	80	-	89.29 ± 2.09[B]	0
	100	-	95.83 ± 0.84[A]	0
头孢霉素	100	+ +	0	0
	200	+ +	0	0
	300	+ +	0	0
	500	+ +	0	0
	800	+/-	10.83 ± 1.67[F]	0
	1000	+/-	21.67 ± 0.83[E]	0
羧苄青霉素	100	+ +	0	0
	200	+ +	0	0
	300	+ +	0	0
	500	+ +	0	0
	800	+/-	9.17 ± 2.20[F]	0
	1000	+/-	14.17 ± 0.84[F]	0

注：愈伤生长情况。“+”愈伤增殖；“-”抑制生长或死亡；“+/-”部分死亡。同一栏内相同字母表示两两之间差异不显著

表 4－51　抗生素对剑麻不定芽分化的影响

抗生素类型	浓度（mg/L）	分化率（%）	分化系数	白化苗比率（%）
对照	0	95.33 ±3.00^{AB}	20.52 ±1.79^{A}	－
卡那霉素	10	95.83 ±0.83^{AB}	14.67 ±1.63^{BC}	10.44 ±0.55^{E}
	25	84.80 ±2.41^{DE}	12.89 ±2.39^{BCDE}	30.49 ±0.38^{D}
	50	71.67 ±2.2^{F}	12.78 ±1.77^{BCDE}	76.25 ±0.79^{C}
	100	65.83 ±1.67^{FG}	10.20 ±1.31^{CDEF}	96.79 ±0.79^{B}
	200	68.07 ±2.94^{F}	6.67 ±2.43^{FGHI}	98.67 ±1.09^{A}
	300	66.10 ±0.74^{FG}	6.23 ±1.18^{FGHI}	99.42 ±0.58^{A}
潮霉素	5	83.33 ±0.87^{CDE}	7.83 ±1.19^{FGH}	－
	10	60.83 ±3.63^{HG}	6.15 ±0.67^{FGHI}	－
	25	57.50 ±3.82^{H}	5.00 ±0.73^{GHI}	－
	50	42.33 ±2.89^{I}	4.29 ±0.59^{GHI}	－
	80	31.57 ±3.72^{I}	3.06 ±0.52^{HI}	－
	100	14.77 ±1.46^{J}	2.50 ±0.56^{I}	－
头孢霉素	200	95.83 ±0.83^{AB}	13.76 ±0.95^{BC}	－
	300	98.33 ±0.83^{A}	14.39 ±0.93^{BC}	－
	400	97.50 ±1.4^{4AB}	13.18 ±1.04^{BCD}	－
	500	98.33 ±0.83^{A}	13.15 ±1.09^{BCD}	－
	800	94.17 ±0.83^{ABC}	12.79 ±0.98^{BCDE}	8.26 ±2.7^{FG}
	1000	90.83 ±0.83^{BCD}	11.33 ±0.83^{CDE}	10.56 ±0.48^{E}
羧苄霉素	200	96.67 ±0.83^{AB}	16.88 ±1.12^{AB}	－
	300	99.17 ±0.83^{A}	16.94 ±1.06^{AB}	－
	400	98.33 ±0.83^{A}	14.85 ±1.26^{BC}	－
	500	97.50 ±2.50^{AB}	14.50 ±1.18^{BC}	－
	800	90.83 ±1.67^{BCD}	14.13 ±0.90^{BC}	6.92 ±0.27^{G}
	1000	88.33 ±0.83^{CDE}	13.95 ±1.05^{BC}	8.89 ±0.10^{EF}

注：表中数据为“平均值 ± 标准差”；“－”表正常；同一栏内相同字母表示两两之间差异不显著（$P<0.01$）

表 4－52　抗生素对剑麻组培苗生根的影响

抗生素类型	浓度（mg/L）	生根率（%）	生根数（条）	根长（cm）
对照	0	95.83 ±2.20^{A}	5.81 ±0.69^{A}	8.44 ±0.25^{A}
卡那霉素	25	86.07 ±0.74^{BCD}	3.76 ±0.32^{BC}	4.39 ±0.26^{EF}
	50	73.61 ±2.00^{E}	3.67 ±0.39^{BC}	3.96 ±0.26^{FG}
	100	81.39 ±3.09^{CDE}	3.89 ±0.46^{BC}	3.00 ±0.27^{H}
	200	64.76 ±2.90^{F}	2.61 ±0.41^{C}	2.91 ±0.25^{H}
潮霉素	10	92.12 ±2.44^{AB}	5.29 ±0.32^{AB}	7.31 ±0.23^{B}
	25	93.85 ±3.19^{AB}	5.32 ±0.49^{AB}	6.36 ±0.18^{C}
	50	95.63 ±1.57^{A}	5.26 ±0.54^{AB}	6.44 ±0.18^{C}
	100	90.48 ±1.87^{AB}	4.91 ±0.40^{AB}	5.73 ±0.20^{CD}

（续表）

抗生素类型	浓度（mg/L）	生根率（%）	生根数（条）	根长（cm）
头孢霉素	200	65.64 ± 3.44^{F}	2.86 ± 0.54^{C}	5.05 ± 0.45^{DE}
	300	85.83 ± 3.00^{BCD}	2.21 ± 0.43^{C}	2.91 ± 0.25^{H}
	500	59.44 ± 2.94^{F}	3.08 ± 0.87^{C}	3.21 ± 0.28^{GH}
	800	47.22 ± 3.13^{G}	2.01 ± 0.53^{C}	2.28 ± 0.24^{H}
羧苄霉素	200	79.58 ± 2.32^{DE}	3.92 ± 0.53^{BC}	3.79 ± 0.19^{FG}
	300	89.38 ± 3.66^{ABC}	5.83 ± 0.46^{A}	5.14 ± 0.14^{DE}
	500	96.67 ± 2.20^{A}	5.95 ± 0.43^{A}	4.93 ± 0.15^{DE}
	800	80.00 ± 2.89^{DE}	4.22 ± 0.34^{AB}	4.02 + 0.13^{DE}

注：表中数据为“平均值 ± 标准差”。同一栏内相同字母表示两两之间差异不显著（$P < 0.01$）

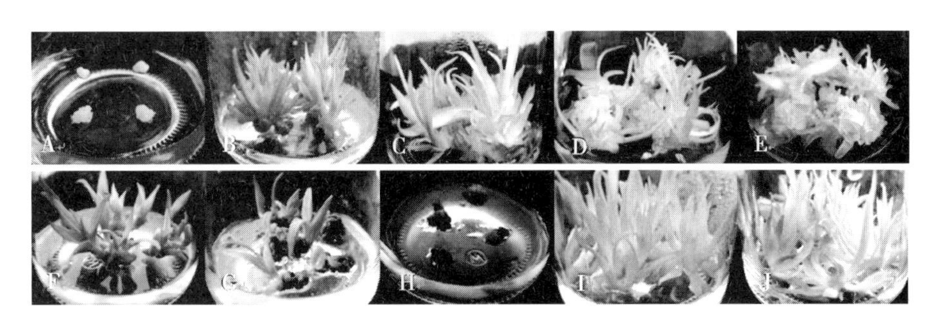

图 4－41　抗生素对剑麻愈伤组织诱导不定芽的影响

A：愈伤组织；B：愈伤组织分化不定芽；C～E：愈伤组织分别在添加 10、100、300mg/L 卡那霉素培养基上分化不定芽；F～H：愈伤组织分别在添加 5、50、100mg/L 潮霉素培养基上分化不定芽；I～J：愈伤组织分别在添加 1 000mg/L 羧苄青霉素和 1 000mg/L 头孢霉素培养基上分化不定芽

2. 除草剂敏感筛选试验

以筛选阳性愈伤组织或转化植株的除草剂浓度。通过在不定芽诱导和继代培养基中添加不同浓度（0.25、0.5、1.0、1.5、2.0mg/L）的除草剂进行筛选试验（图 4－42），结果表明，以愈伤组织试验浓度范围内，愈伤组织死亡率为 100%；在不定芽中当除草剂浓度大于 1.0mg/L 时，不定芽全部黄化死亡。建议筛选阳性愈伤组织的除草剂使用浓度为 0.25mg/L；筛选阳性转化植株的除草剂使用浓度为 1.0mg/L。

3. 农杆菌抑菌试验

筛选用于剑麻遗传转化的抑制农杆菌生长的合适抗生素及浓度。抑菌试验的头孢霉素和羧苄青霉素的质量浓度为 200、300、500、800mg/L，外植体经农杆菌浸染、共培养后，分别接种在加入以上浓度的头孢霉素和羧苄青霉素的不定芽诱导培养基上，以不添加抗生素的培养基为对照，2 周后观察农杆菌的生长情况。结果表明，在所试浓度范围内，农杆菌的生长均受到良好抑制，即在转化过程中头孢霉素和羧苄青霉素的质量浓度为 200mg/L 即可。

4. 剑麻遗传转化体系构建

以剑麻愈伤组织为受体，采用农杆菌浸染法，以 pIV2678 为载体，将牵牛花中的两个抗烟草疫霉菌基因 AP1 和 AP2 转入剑麻中，建立了剑麻遗传转化体系，共获得了 700 株转化植株，并已生根，下一步将进行 PCR 检测和定量分析，以及除草剂和病原接种试验（图 4－43）。

5. 剑麻遗传转化体系的应用

对 2012 年获得的 700 株转化植株进行移栽，继续开展剑麻遗传转化，新获剑麻转化植株 220 株，

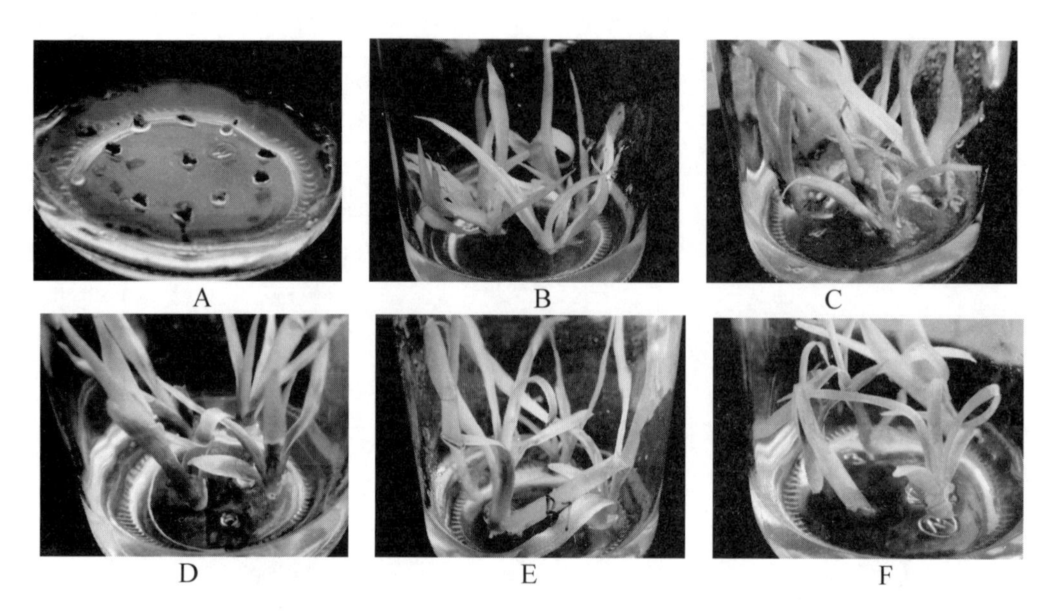

图 4－42　除草剂筛选

A 为愈伤组织在添加 0.25mg/L 除草剂的培养基上培养 3 周后的结果；
B ~ F 分别为再生植株在添加 0.5、1.0、1.5、2.0mg/L 除草剂的培养基上培养 3 周后的结果

图 4－43　剑麻转化植株的筛选

A ~ D 分别为转化后培养的剑麻愈伤组织、初次筛选的剑麻转化植株、
转化植株的二次筛选和生根培养

并对其进行了继代培养。转化愈伤组织 2000 块，获得抗性愈伤 86 块，转化率为 4.3%。开展了部分转化植株的 PCR 检测，阳性率为 100%（图 4－44）。

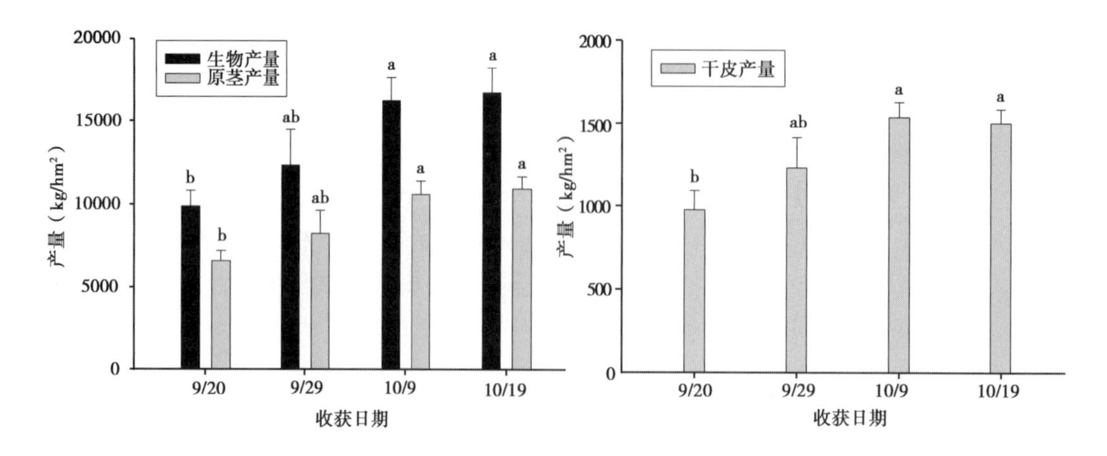

图 4－44　转基因植株 DNA 检测

第五章　病虫草害防控研究

一　重大有害生物成灾规律研究

（一）麻类作物病虫草害鉴定及检测

1. 病害

收集各地样本，对病原菌进行分离纯化保存，收集病害症状、病原菌症状等相关信息。截至目前，采集病原菌样本500多份，分离纯化200多份，活体保存50多个。通过室内生物测定，测定了红麻炭疽病菌、大麻致病性镰刀菌、红麻立枯病菌、大麻灰霉病菌、亚麻白粉病菌、剑麻叶斑病菌等重要病原菌的生物学特性。研究了温度、pH值、光照条件、碳源、氮源等因子对菌丝生长的影响，研究了部分病原菌的最佳产孢条件。

对重要病原菌分离纯化后，运用形态学方法初步鉴定出多种病原菌，如苎麻疫霉 *Phytophthora boehmeriae*；苎麻链格孢 *Alternaria* sp.；红麻立枯病 *Rhizoctonia solani*；红麻根腐病 *Fusarium solani*；红麻黑霉病 *Drechslera ellisii*；大麻棒孢霉 *Corynespora* sp.；大麻尖孢镰刀菌 *Fusarium oxsporum*；大麻灰霉病 *Botrytis cinerea*；剑麻斑点病 *Dothiorella sisalanae*；剑麻茎腐病 *Aspergillus niger*。

（1）不同生态区苎麻根腐线虫种类鉴定

利用形态鉴定和分子鉴定技术对不同生态区苎麻根腐线虫种类进行了鉴定。结果表明，对湖南沅江、湖北咸宁、四川达州的苎麻根腐线虫的虫体形态的具有较大差异（图5－1）。

利用早期快速检测技术，对采自湖南沅江、湖南张家界、湖北咸宁、四川达州、江西宜春等地的苎麻根际土壤样品进行了根腐线虫的分离鉴定。通过分子鉴定，湖北咸宁（XN）为咖啡短体线虫（*P. coffeae*），与中国沅江种群HQ403649、中国湖北种群HM469441、台湾种群FJ827747和等西非种群（JN809830）有着较近的亲缘性，而江西宜春（YC）鉴定为饰环矮化线虫（*Tylenchorhynchus annulatus*）、沅江（YJ）为光端矮化线虫（*Tylenchorhynchus leviterminalis*）、张家界（ZJJ）和四川达州（DZ）为矮化线虫（*Tylenchorhynchus claytoni*）（图5－2）。鉴定结果与2012年的结果有一些差异，初步鉴定为咖啡短体线虫和矮化线虫混合侵染。下一步需要计算咖啡短体线虫和矮化线虫在苎麻根际土壤和苎麻根中的比例，研究对苎麻产生根腐的作用大小。

（2）苎麻炭疽病病原鉴定

苎麻炭疽病是苎麻上发生普遍且较为严重的病害之一，可为害叶片和茎秆，被害叶片产生大小1～3mm的圆形小斑点，病斑中部淡褐色或灰色，周围褐色或黑褐色。有的1张叶片上生数十个病斑。叶柄、茎染病，现中间凹陷的灰色梭形斑，边缘褐色，严重时茎部病斑深入韧皮部，致纤维上出现红褐色斑点。尤其是茎秆受害后，纤维支数、断裂强度、断裂伸长率下降，严重影响苎麻纤维的产量和品

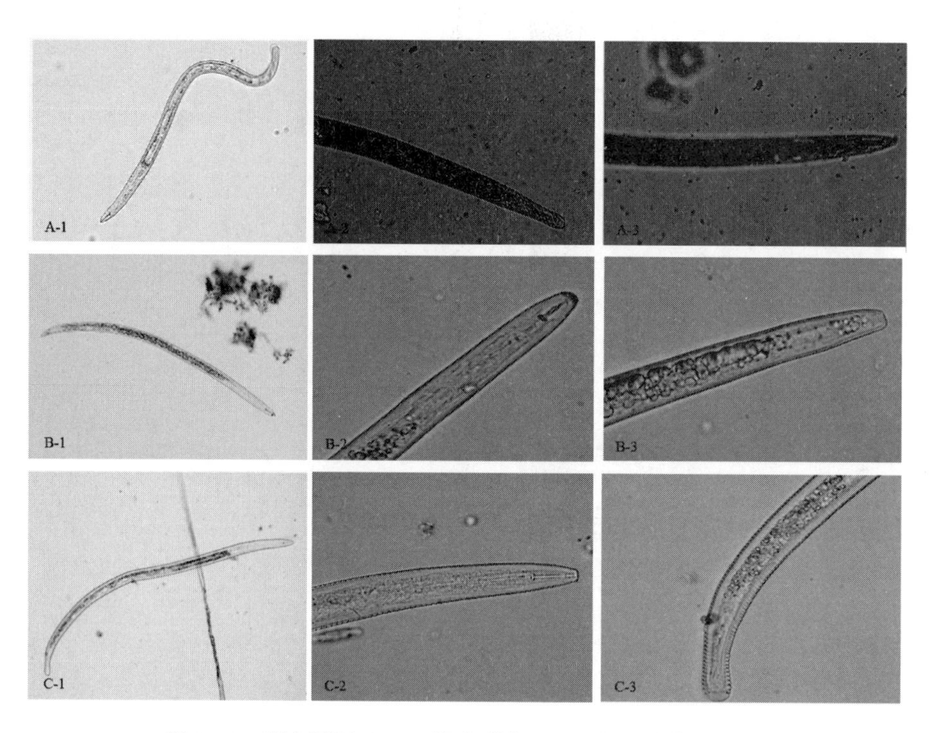

图 5-1　湖南沅江（A）、湖北咸宁（B）和四川达州（C）产区苎麻根腐线虫形态特征

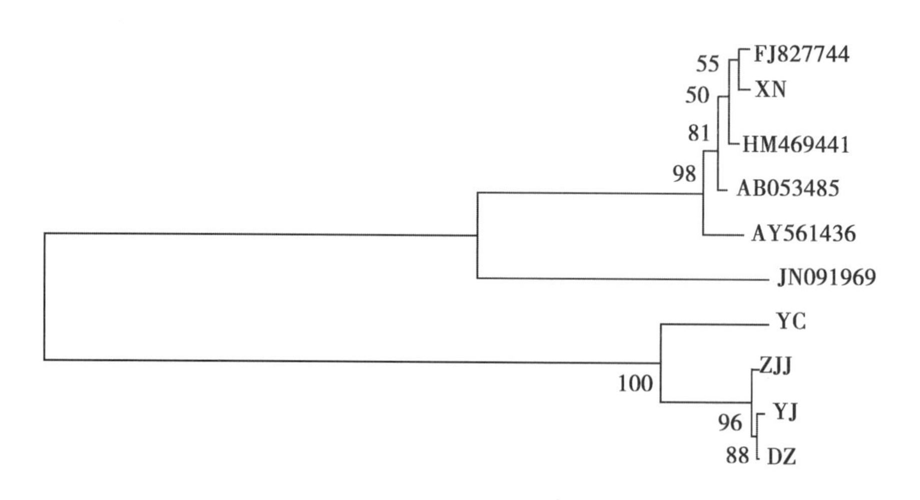

图 5-2　不同地区苎麻根腐线虫的聚类分析

注：XN—湖北咸宁，DZ—四川达州，YJ—湖南沅江，YC—江西宜春，ZZJ—为湖南张家界，HM469441—湖北，FJ827747—台湾，JN809830—西非

质。重病地幼苗往往成片倒伏死亡，成株发病病叶穿孔，叶片发黄早落。

病菌以菌丝体在种子或病残体组织中越冬，成为翌年初侵染源。苎麻生育过程中病部产生的分生孢子可借风雨及昆虫传播，进行多次再侵染。遇有高温多雨、氮肥偏多、植株密度过大、地势低洼或经常出现湿气滞留的麻田易发病。从江西、湖南、重庆、四川、海南等苎麻产区采集了苎麻炭疽病标样，样品用塑料袋包装并保湿，同时在标签和记录本上简要注明采集时间、地点、寄主名称等。选取典型的病组织用水冲洗干净，剪取病健交界处约 0.5cm 小块，用 75% 酒精表面消毒 10s、0.1% 升汞消毒 1～2min，再用无菌水冲洗 3 次，针对所分离的病原菌不同，把病组织移置 PDA 培养基上培养，采用菌落边缘反复取样纯化法进行分离、纯化和保存，共分离到 12 个炭疽菌菌株。

根据形态学观察，初步将其鉴定为苎麻炭疽病的病原为胶孢炭疽菌（*Colletotrichum gloeosporioides*），属半知菌亚门真菌。分生孢子盘暗褐色，四周生数根黑褐色刚毛，具 2～4 个隔膜，基部膨大，顶端细、略尖，直或稍弯曲，大小（45～85）μm×（4～5）μm。分生孢子单胞无色，长椭圆形，大小（25～45）μm×（12～18）μm。

苎麻炭疽病病原菌菌丝在 pH 值在 3～12 均能生长，当 pH 值为 3 时，培养基成液体状，不易测量菌丝生长量，当 pH 值在 5～7 区间，菌丝生长量逐渐增加，pH 值为 7 时菌丝生长量达到最大值，随后随着 pH 值的升高菌丝生长量逐渐下降。可见其菌丝生长适宜 pH 值为 5～11，最适 pH 值为 7，当 pH 值 <6 时，对菌丝的生长有抑制作用，说明偏碱性环境较适宜菌丝的生长。不同的 pH 值对孢子萌发的影响较大，分生孢子萌发的最适 pH 值为 6，萌发率平均为 95%，当 pH 值 <4 或 pH 值 >12 时，分生孢子不能萌发。

苎麻炭疽病病原菌对不同光照条件反应结果，与 12h 光暗交替处理相比，完全黑暗和完全光照有利于病原菌菌丝的生长，而完全黑暗最有利于分生孢子萌发。

（3）亚麻白粉病病原生物学特性鉴定

亚麻白粉病病原为亚麻粉孢（*Oidium lini* Skoric），属半知菌亚门真菌，其有性态为二孢白粉菌（*Erysiph cichoracearum* Dc.）是制约亚麻原茎和麻籽优质、高产的主要病害。亚麻白粉病菌来自田间自然发病的植株病叶，用无菌水洗脱，制成孢子悬浮液用于试验。

结果表明，亚麻白粉病病原茵分生孢子萌发初始温度为 15℃，最适温度 25℃，35℃时萌发停止；萌发最适相对湿度 90% 左右，初始相对湿度 35%；初始 pH 值为 4，最适 pH 值为 6，pH 值为 10 时萌发停止。亚麻白粉病病原菌寄生性很强，有伤和无伤接种均能发病，其潜育期 10d 左右。人工接种试验结果表明，在温度 25℃，相对湿度 90%，pH 值为 6 时亚麻白粉病发生最严重。

（4）黄/红麻炭疽病病原鉴定与早期诊断

对收集来自广西、浙江、河南、福建、安徽等省区的红/黄麻炭疽病菌 18 份，经过分离纯化，提取 DNA，扩增其 ITS 序列，测序并进行比对，发现能侵染红麻或黄麻的病原菌中 14 株均为胶孢炭疽菌（*Colletotrichum gloeosporioides*），其余 4 株为疑似辣椒炭疽菌（*Colletotrichum capsici*）。

对 14 株的炭疽病菌进行同源性分析表明（图 5－3），14 株病菌被分为两大组，均具有较高的同源性。红/黄麻炭疽病菌主要致病菌种类的鉴定，为早期诊断技术的建立奠定了基础。

（5）南方麻区黄/红麻根结线虫的鉴定和检测

从河南信阳、海南三亚等地采集了黄/红麻根结线虫，对其生物学特性进行了详细鉴定。调查发现，根结线虫对黄/红麻苗期、成株期均可受害（图 5－4A）。根部初生很多细小根瘤，后可长到绿豆至大豆或蚕豆粒大小（图 5－4B）。虫瘿初为黄白色，后变褐或全根腐烂。严重时每株根系上生数十个根瘤，有的相互融合引起全根或侧根肿胀扭曲变形，细根毛很少，地上部叶色变黄或株枯。

黄、红麻根结线虫雌虫成熟时成梨形，虫体白色，前体部突出如颈，后体部圆球形。其长（含颈部）为 415.12～1 004.20μm（平均为 731.33μm），宽为 173.52～612.65μm（平均为 393.59μm）。雌成虫梨形，每头雌线虫可产卵 300～800 粒（平均 548 粒）（图 5－4C）。食道垫刃型，中食道球发达，食道腺发育良好。背食道腺膨大成囊状体。其口针长为 12.34～21.60μm（平均为 17.69μm）（图 5－4D）。会阴花纹背弓明显，背弓线平滑至波浪形，侧面一些线纹有分叉，但无明显侧线，为典型南方根线线虫会阴花纹（图 5－4E）。雄虫蠕虫形，长为 1 080.22～1 393.32μm（平均为 1190.14μm），宽为 25.25～37.30μm（平均为 31.01μm）。雄虫头部略尖呈圆锥形，尾短钝圆，后体部向腹面弯曲。食道垫刃型，口针发育良好，长为 25.25～37.30μm（平均为 31.01μm）。交合刺粗大，无交合伞。二龄幼虫蠕虫形，虫体细长，体表密布细纹，长为 401.35～536.44μm（平均为 486.60μm），宽为 13.70～

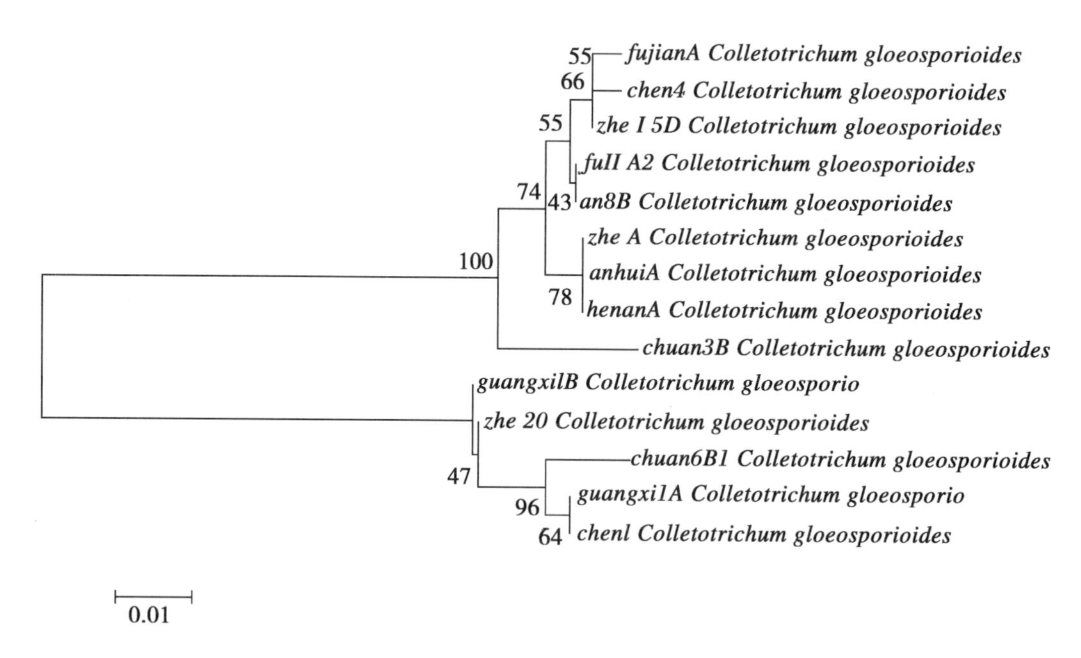

图 5－3　14 株 Colletotrichum gloeosporioides 同源关系分析

19.70μm（平均为 15.81μm）（图 5－4F）。二龄幼虫头冠明显，头区与虫体无明显界限。口针基球小，口针纤细，锥体与基杆的界限不明显，长 11.43～15.58μm（平均为 13.32μm）。二龄幼虫尾比较长，尾透明末端界限不明显，其长度为 16.28～32.86μm（平均为 21.83μm），其尾透明末端不平滑，有弯曲或不明显缢缩，尾尖尖圆（图 5－4G）。卵为肾脏形至长椭圆形，淡褐色，长为 81.79～108.72μm（平均为 94.27μm），宽为 34.78～45.23μm（平均为 10.28μm）（图 5－4H）。

分子鉴定根结线虫扩增出大小 2 种不同的条带，泳道 1 样品扩增出约 1 200bp 和 1 500bp 大小的 2 条条带；泳道 2～3 样品扩增出约 1 200bp 大小的条带。条带由华大基因公司测序（图 5－4I）。序列结果在 GenBank 中进行 Blast，表明所测序列与南方根结线虫（相似性为 99%）。

据报道，侵染黄麻的病原线虫有南方根结线虫、爪哇根结线虫、花生根结线虫等。其中南方根结线虫占绝大多数。根据根结线虫的形态和会阴花纹的观察测量，以及 ITS－PCR 检测结果表明，侵染黄麻的根结线虫中病原为南方根结线虫，但是否存在复合侵染，有待进一步验证。

（6）红麻立枯丝核菌生物学特性研究

主要测定不同生长条件对病菌菌丝生长的影响。因在预备试验中发现红麻立枯丝核病菌生长速度较快，在 PDA 培养基中，病菌在 48h 时菌落直径已经达到 80mm 以上，基本上长满整个培养皿。因此在以下试验中均在 48h 后测量菌落直径。

①不同温度对病菌生长的影响：试验设 7 个温度梯度，分别为 5℃、10℃、15℃、20℃、25℃、30℃和 35℃。将直径为 5mm 的红麻立枯丝核病菌菌块置于 PDA 平板的中央，于上述温度下的培养箱内培养。每个处理重复 3 次。在 48h 后采用十字交叉法测量菌落直径，15d 后比较培养皿上菌核产生情况。

试验结果如图 5－5 所示。在试验设计的 7 个温度阶梯中，红麻立枯丝核病菌在 5～30℃温度范围内均能生长，在 20～25℃时病菌生长最快，其中 25℃为该病菌的最适生长温度。红麻立枯丝核病菌在 35℃时不能生长。15d 后观察发现，病菌在 25℃时产生的菌核量最多最密。

②不同光照对病菌生长的影响：将直径为 5mm 红麻立枯丝核病菌菌块置于 PDA 平板中，分别置于全黑暗、全光照、12h 光暗交替 3 个条件下置于 25℃培养箱内培养，每个处理重复 3 次。

结果如图 5－6 所示。在全黑暗、全光照、12h 光暗交替 3 个处理下红麻立枯丝核病菌均可生长，

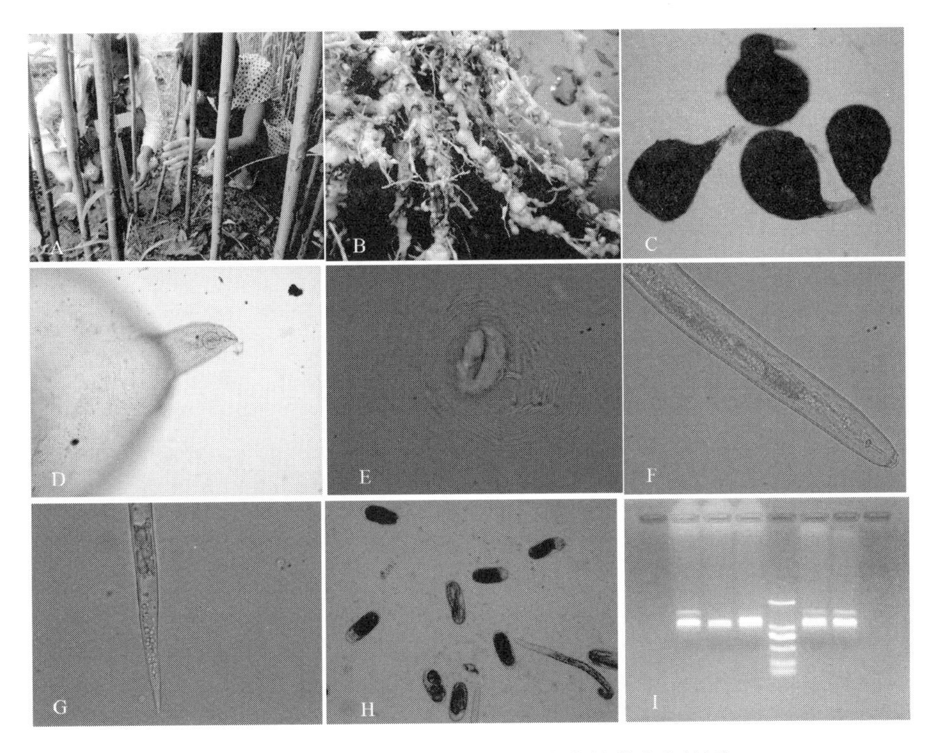

图 5－4　南方麻区黄/红麻根结线虫的鉴定和检测

A. 红麻茎部症状；B. 红麻根部根结；C. 根结线；D. 根结线虫雌虫口针；E. 根结线虫会阴花纹；F. 根结线虫雄虫；G. 根结线虫二龄幼虫；H. 根结线虫卵；I. 根结线虫 PCR 检测

其中生长速度最快的是 12h 光暗交替的处理，2d 后菌落直径的平均值为 69. 5mm；其次为全黑暗处理，菌落直径为 63. 5mm。12h 光暗交替和全黑暗两个处理的病菌菌丝长得较厚，长势较好。全光照处理的病菌菌丝较稀薄，生长速度也较缓慢。全黑暗条件下最适宜病菌菌核的产生。

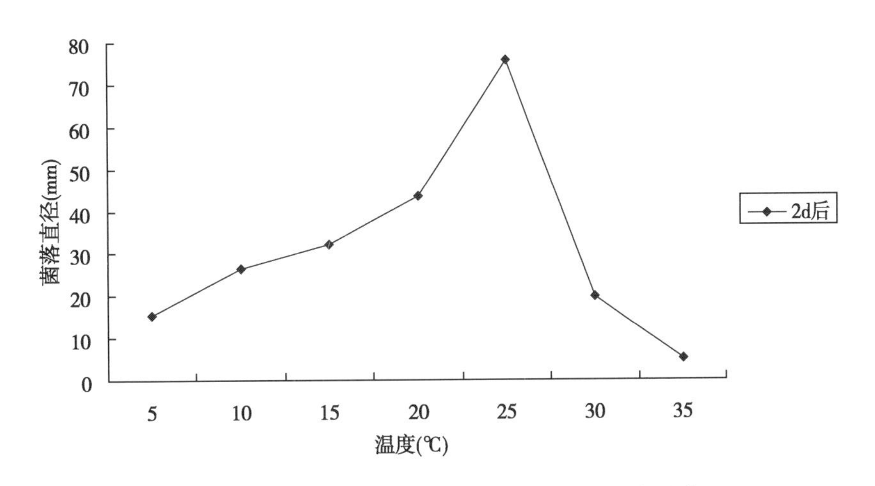

图 5－5　不同温度对红麻立枯丝核病菌生长的影响

③pH 值对病菌生长的影响：试验设 12 个 pH 值梯度，分别为 1、2、3、4、5、6、7、8、9、10、11、12。用 1mol/L NaOH 溶液和 1mol/L HCl 溶液将 PDA 培养基分别调成以上 pH 值。将 5mm 的红麻立枯丝核病菌菌块置于不同 pH 值的 PDA 平板中央，于 25℃培养箱内培养。

结果如图 5－7 所示，试验所设计的 12 个 pH 值梯度对红麻立枯丝核病菌生长的影响各不同。在 pH 值为 1、2、12 时，病菌停止生长。即强酸强碱的条件下不利于红麻立枯丝核病菌的生长。pH 值为 3～11 时病菌均能生长，在 pH 值是 7 时为红麻立枯丝核病菌的最适生长 pH 值，菌落平均生长直径可

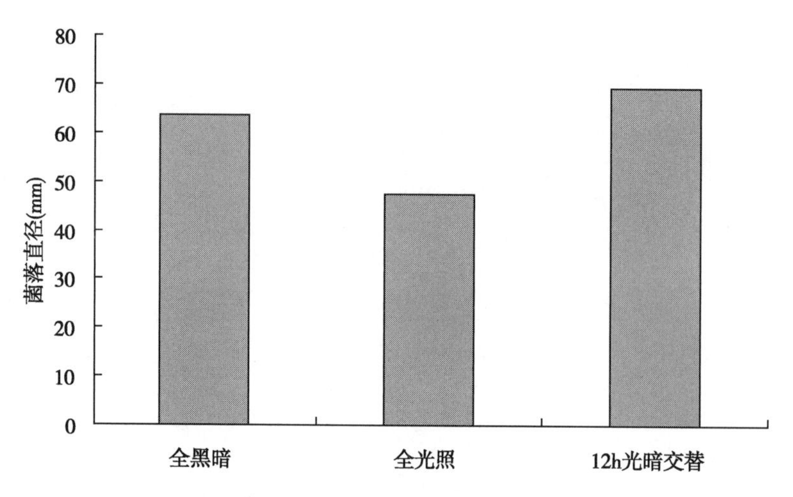

图5－6　不同光照处理2d后红麻立枯丝核病菌的生长情况

达到82.7mm。15d后观察发现，pH值为7时最适宜病菌菌核生长。

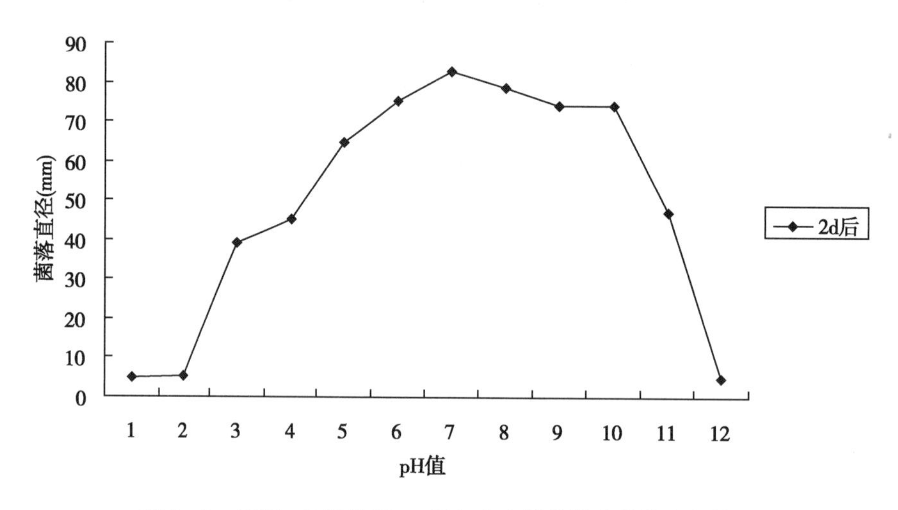

图5－7　不同pH值处理2d后红麻立枯丝核病菌的生长情况

④不同碳源对病菌生长的影响：选用5种碳源，分别为蔗糖、葡萄糖、可溶性淀粉、麦芽糖和乳糖。采用Czapek培养基作为基础培养基，将培养基中的蔗糖以不同的碳源等量代替（以30g蔗糖中的含碳量为12.62g换算），制成平板，将5mm红麻立枯丝核病菌菌块置于平板中央。每个处理重复3次。将培养皿置于25℃培养箱内培养，48h后测量菌落直径，15d后比较菌核产生情况。

在供试的5种碳源中，红麻立枯丝核病菌均能生长（表5－1）。在以可溶性淀粉为碳源的Czapek培养基上，病菌生长速度最快，菌落直径平均值可达68.5mm；其次是以蔗糖为碳源的培养基，菌落直径为62.8mm；碳源为葡萄糖的培养基上菌丝生长最慢，菌落直径仅为37.3mm，与其他处理的差异达到极显著水平。在5种不同碳源中，以乳糖为碳源的培养基上病菌菌丝生长最厚，以葡萄糖为碳源的培养基上病菌菌丝生长稀疏。在菌核产生方面，15d后以蔗糖为碳源的培养基上菌核产生量最多，葡萄糖培养基上的菌核产生最少。

表5－1　不同碳源对红麻立枯病菌菌丝生长的影响

碳源	菌落直径（mm）	5%显著水平	1%极显著水平
可溶性淀粉	68.50	a	A
蔗糖	62.83	b	AB

（续表）

碳源	菌落直径（mm）	5%显著水平	1%极显著水平
乳糖	58	c	BC
麦芽糖	53.33	d	C
葡萄糖	37.33	e	D

⑤不同氮源对病菌生长的影响：选用5种氮源，分别为硝酸钠、甘氨酸、硝酸钾、蛋白胨和牛肉浸膏。采用Czapek培养基作为基础培养基，将培养基中的硝酸钠以不同的氮源等量代替（以2g硝酸钠中的含氮量为0.28g换算），制成平板，将5mm红麻立枯丝核病菌菌块置于平板中央，置于25℃培养箱内培养。

氮源对红麻立枯丝核病菌生长的影响见表5－2，病菌均能利用牛肉浸膏、蛋白胨、硝酸钾、硝酸钠和甘氨酸为氮源生长。其中，以牛肉浸膏、蛋白胨和硝酸钾为氮源的培养基最适合病菌生长，三者的菌落直径分别为82.7mm、79.3mm和78.7mm，与其他处理的差异达到极显著水平。以甘氨酸为氮源的培养基上病菌菌丝生长最缓慢，菌落直径为45.8mm，菌丝生长小而稀疏，与其他处理的差异也达到了极显著水平。15d后，在以牛肉浸膏为氮源的培养基上病菌菌核产生量最多最密，但菌核体积较小；以甘氨酸为氮源的培养基上菌核产生最少，体积较大。

表5－2　不同氮源对红麻立枯病菌菌丝生长的影响

氮源	菌落直径（mm）	5%显著水平	1%极显著水平
牛肉浸膏	82.67	a	A
蛋白胨	79.33	b	A
硝酸钾	78.67	c	A
硝酸钠	58.17	d	B
甘氨酸	45.83	e	C

（7）大麻灰霉病病原鉴定与生物学特性研究

经鉴定，大麻灰霉病病原菌为 *Botrytis cinerea* Pers。结果表明，大麻灰霉病菌分生孢子萌发的温度范围为10～25℃，最适温度为20℃；在pH值为3～12条件下均能萌发，最适pH值为5；分生孢子在各种营养物质中均能萌发，在10%的蔗糖液中萌发最好，其次为大麻汁液；分生孢子的致死温度为58℃，5min。大麻灰霉病菌在大多数培养基上均能良好生长，其中，PDA＋大麻汁（茎叶汁）培养基最适宜菌丝生长，产孢的最适培养基为PDA。病菌在5～30℃均能生长，适温为20～25℃，30℃以上生长受抑制；在10～30℃条件下均能产孢，最适产孢温度为20℃；在pH值为3～12时均能生长及产孢，适宜pH值为4～7，最适pH为5。黑暗或交替光照条件，有刺激产生分生孢子的作用，交替光照条件下产孢最好。

（8）剑麻叶斑病病原菌鉴定与生物学特性研究

剑麻叶斑病是剑麻生产上最常见的病害，因不是毁灭性病害，因此一般不引起人们的重视，但研究发现，剑麻叶斑病严重影响了剑麻的品质，拉伸度也有不同程度的降低。经鉴定，剑麻叶斑病的病原菌为 *Dothiorella sisalanae*，属半知菌亚门真菌。系从海南省昌江剑麻基地采集和分离而获得。生物学特性研究结果表明（图5－8），剑麻叶斑病病原菌菌丝在5～35℃温度范围内均能生长，其中15～25℃温度范围内菌丝生长较快，25℃时最适菌丝生长；在pH值为3～11的PDA培养基上均能生长，最适pH值为7。该菌丝在完全光照和光暗交替两种环境下生长最好，菌落直径最大；完全黑暗不利于菌丝的生长。过离体的叶片接种和田间发病情况调查发现，生长各期植株均能感染此病，离体针刺接种 4d 即可发病，该病的发生与氮、磷、钾的施用量无明显相关。

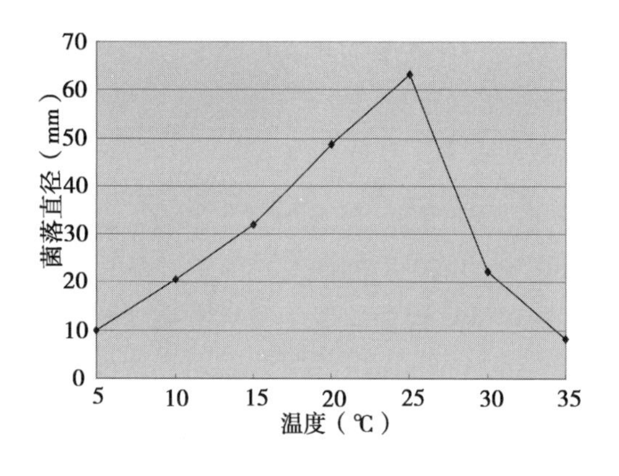

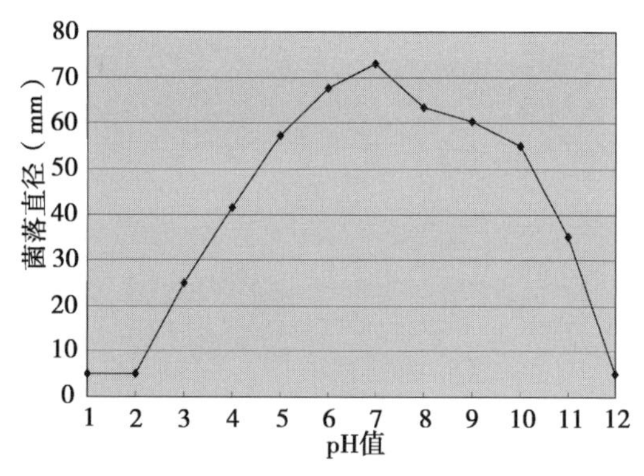

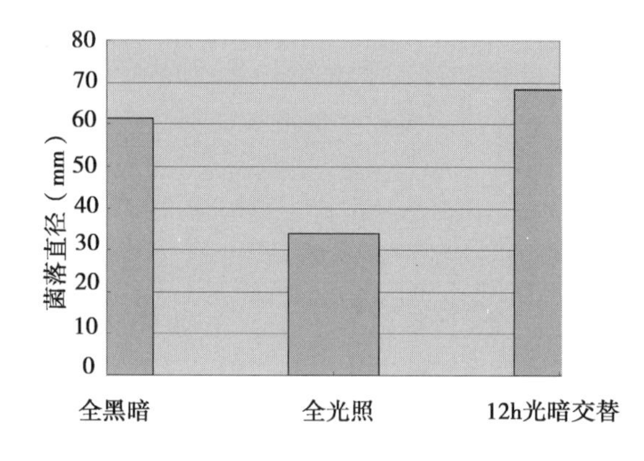

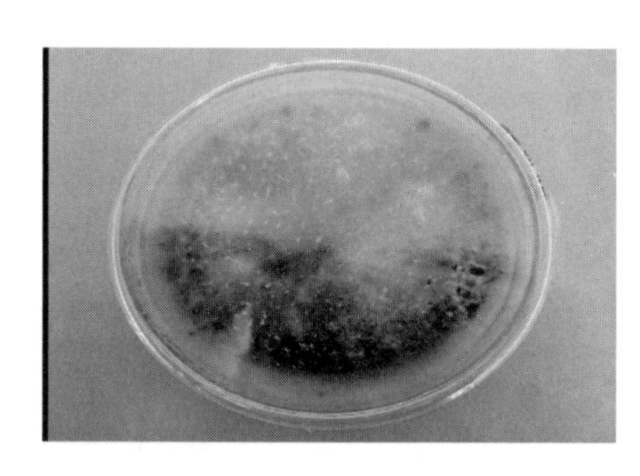
剑麻叶斑病菌菌落培养形态

图 5－8　温度和 pH 值等对剑麻叶斑病菌菌丝生长的影响

2. 虫害

共完成 43 种麻类常见虫害原色图谱的采集，其中包括：

苎麻虫害：苎麻夜蛾、苎麻黄蛱蝶、苎麻赤蛱蝶、苎麻天牛、大理窃蠹、金龟子、眼纹广翅蜡蝉，卜馍夜蛾；蝽、弄蝶、白粉虱、叶蝉、灰蜗牛，蚜虫、沫蝉、植食性瓢虫、眼蝶。

大麻虫害：大麻跳甲、大麻象甲、玉米螟。

亚麻虫害：蒙古灰象甲、黏虫、潜叶蝇；叶甲、蚱蜢、毒蛾。

红麻虫害：小造桥虫、棉红蝽、龟叶甲、螟虫、棉大造桥虫；扶桑绵粉蚧、广翅蜡蝉、玉米螟、棉大卷叶螟、螟蛾。

黄麻虫害：象甲、棉大卷叶螟、黄麻夜蛾。

剑麻虫害：新菠萝灰粉蚧（剑麻粉蚧）、褐圆盾蚧、斜纹夜蛾、蜗牛。

另外，应用频振式杀虫灯在苎麻田诱杀害虫 4 目 9 科 19 种，地下害虫种类较多，主要包括金龟子、叩甲、天牛、蝼蛄、拟步甲和地老虎等 6 类。地下害虫又以金龟子为主，主要有华北大黑鳃金龟、铜绿丽金龟、黑绒鳃金龟、斑喙丽金龟、鲜黄鳃金龟、暗黑鳃金龟等 6 种。另外，麻类作物上的其他虫害种类还有：跳甲、卷叶虫、绿壳甲虫、造桥虫、红色甲虫、螨类、黄麻夜蛾、玉米螟、棉小造桥虫、广翅蜡蝉等。

3. 草害

根据近年的调查，亚麻田中主要的杂草种类有：看麦娘、日本看麦娘、罔草、稻槎菜、羊蹄等多种杂草；大麻田中主要的杂草种类有：杖藜、蒲公英、凹头苋、狗尾草等杂草；黄/红麻田间的主要杂草有：苍耳、龙葵、狗尾草等。其中，山西吕梁地区大麻田杂草以阔叶杂草为主，主要有山黧豆、蒲公英、杖藜等，危害较严重的是杖藜；云南西双版纳大麻田杂草种类多，禾本科和阔叶杂草都有发生，主要有辣子草、空心莲子草、蓼、鬼针草、狗尾草、早熟禾等，危害严重的是辣子草和狗尾草。而在黑龙江大庆，麻田杂草以阔叶杂草为主。

（二）麻类作物病虫草害发生规律调查

先后30多次深入吉林、黑龙江、山西、安徽、河南、浙江、湖南、湖北、福建、广东、广西、四川、西藏、新疆、海南和云南等麻类作物主产区，对黄/红麻、大麻、亚麻、苎麻及剑麻上的主要病害进行调研，针对麻类生产上为害严重且经常发生的黄/红麻炭疽病、黄/红麻根结线虫病、亚麻顶枯病、大麻灰霉病、剑麻紫色卷叶病、苎麻根腐病、亚麻枯萎病、炭疽病等的发生规律和为害条件进行深入调查。通过调查，明确一些常规病害发生特点的同时，及时发现了黄/红麻立枯病＋根结线虫病等一些新病害发生模式和大麻顶枯病、黑穗病及剑麻紫色卷叶病等一些为害性较大的新发病害。

1. 苎麻线虫与病毒病害

(1) 苎麻根腐线虫病的发生与分布

苎麻根腐线虫的监测地点：湖南沅江发生较重，有20%左右的发病率，湖南南县发生中等，发生面积近10%，江西宜春发生重度，发生面积近10%，四川达州发生轻，发病率在1%左右，四川邻水没有发生。苎麻根腐线虫发生的危害程度各地轻重不一，但是，只要有发生，随着苎麻种植的年度增加，苎麻根腐线虫会随着时间越来越严重。因此，苎麻根腐线虫是重点的防治对象。目前采取的防治方法主要是拌土撒施杀线虫剂。本团队研究的生物ALA杀线虫粉剂无污染、无残留，而且具有增产作用，可用于防治该类病害。

根据近10年的发生数据，对苎麻根腐线虫病的发生分布进行了研究。数据显示，苎麻根腐线虫在江西宜春麻区2000—2001年没有发生，2002—2004年发生轻，2005—2009年发生中等，2010—2012年发生重，这可能与近几年农民疏于田间管理和麻田趋于老化有关。

将苎麻根腐线虫病发生区域分为3个主要区（图5－9），其中：

①重度发生区：江西宜春、湖南沅江；

②中度发生区：湖南长沙、湖南南县；

③轻度发生区：四川大竹、达县、湖南张家界、湖北咸宁、重庆。

(2) 苎麻花叶病的发生与分布

四川达州、湖南沅江、湖南南县、湖南张家界、江西宜春等地的苎麻花叶病都比较轻，病叶率在0.1%左右，四川邻水目前还没有发生苎麻花叶病。由于病毒病的发生是累积的，而且传播迅速，所以要连续监控苎麻花叶病毒病的发生发展扩散情况，以便随时提出防控的方法。

近10年的调查发生数据表明，将苎麻花叶病发生区分为3个主要区（图5－10）。

①重度发生区：无；

②中度发生区：四川大竹、长沙、沅江；

③轻度发生区：四川邻水、达县、湖北咸宁、南县、张家界、重庆。

(3) 苎麻根腐线虫和苎麻花叶病的危害损失调查

对苎麻根腐线虫和苎麻花叶病的危害程度和危害损失进行了调查：在湖南沅江市实施了苎麻根腐线虫及对苎麻花叶病对苎麻产量损失试验。连续3年在同一块地做的苎麻根腐线虫和苎麻花叶病的危害损失试验，具体结果见表5－3和表5－4。

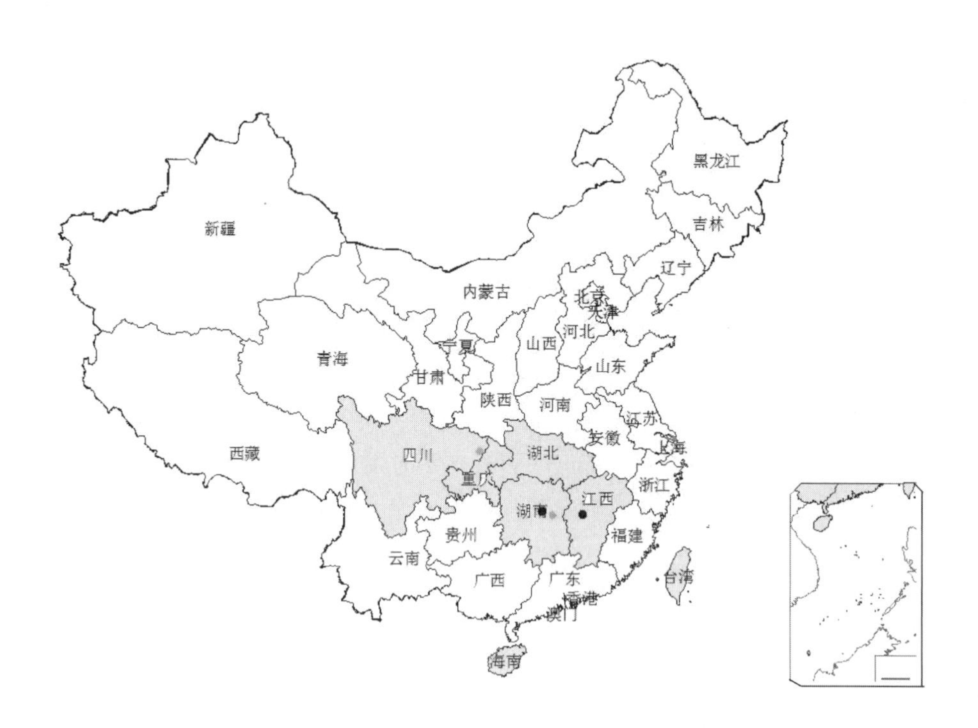

图 5－9　苎麻根腐线虫发生程度及分布示意图

黑色：重度发生区；深灰色：中度发生区，浅灰色：轻度发生区

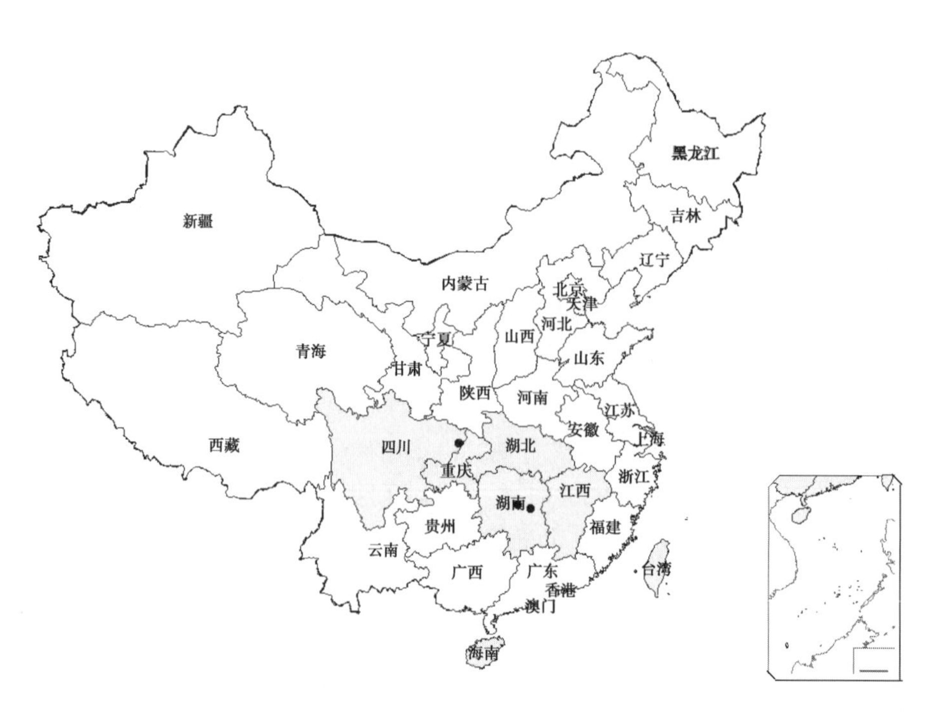

图 5－10　苎麻花叶病发生程度及分布示意图

黑色：中度发生区，灰色：轻度发生区

表 5-3　2011—2013 年苎麻根腐线虫和苎麻花叶病的危害损失情况

年份	序号	处理	头麻		二麻		三麻	
			产量（kg/亩）	增产率（%）	产量（kg/亩）	增产率（%）	产量（kg/亩）	增产率（%）
2011	1	不施药处理	47.99	—	42.15	—	19.82	—
	2	防治线虫（阿维菌素）	53.80	12.11	50.58	20.00	20.39	2.87
	3	防治病毒病（20%吗胍乙酸铜）	56.05	16.80	45.02	6.83	20.15	1.66
	4	同时防治线虫和病毒病	60.30	25.65	48.35	14.72	22.35	12.76
	5	自制生防菌剂处理	64.50	34.40	50.75	20.42	24.19	22.05
2012	1	不施药处理	32.64	—	57.47	—	63.4	—
	2	防治线虫（阿维菌素）	55.36	69.61	61.28	11.67	68.09	14.37
	3	防治病毒病（20%吗胍乙酸铜）	51.05	56.40	60.61	9.62	69.12	17.52
	4	同时防治线虫和病毒病	66.37	103.34	68.34	33.30	69.99	20.19
	5	自制生防菌剂处理	65.46	100.55	83.22	78.89	78.00	44.73
2013	1	不施药处理	30.98		33.52		49.94	
	2	防治线虫（阿维菌素）	42.10	35.89	46.40	38.42	69.44	39.05
	3	防治病毒病（20%吗胍乙酸铜）	57.47	85.51	63.19	88.51	93.13	86.48
	4	同时防治线虫和病毒病	53.64	73.14	63.41	89.17	94.72	89.67
	5	自制生防菌剂处理	55.10	77.86	60.18	79.53	92.08	84.38

表 5-4　2011—2013 年苎麻根腐线虫和苎麻花叶病的危害程度

年份	序号	处理	头麻		二麻		三麻	
			虫量（条/100g 土）	防治效果（%）	虫量（条/100g 土）	防治效果（%）	虫量（条/100g 土）	防治效果（%）
2011	1	不施药处理	104	—	181	—	141	—
	2	防治线虫（阿维菌素）	3	97.11	4	97.79	9	93.62
	3	防治病毒病（20%吗胍乙酸铜）	44	57.69	38	79.01	142	0
	4	同时防治线虫和病毒病	3	97.11	4	97.79	13	90.78
	5	自制生防菌剂处理	3	97.11	4	97.79	3	97.87
2012	1	不施药处理	137.30	—	182.00	—	199.60	—
	2	防治线虫（阿维菌素）	2.30	98.32	0.70	99.62	9.30	95.34
	3	防治病毒病（20%吗胍乙酸铜）	5.30	96.14	1.30	99.29	8.30	95.84
	4	同时防治线虫和病毒病	1.30	99.05	0	100.00	11.50	94.24
	5	自制生防菌剂处理	2.00	98.54	2.00	98.90	5.00	97.49

（续表）

年份	序号	处理	头麻		二麻		三麻	
			虫量（条/100g 土）	防治效果（%）	虫量（条/100g 土）	防治效果（%）	虫量（条/100g 土）	防治效果（%）
2013	1	不施药处理	123		138		190	
	2	防治线虫（阿维菌素）	0	100	0	100	0	100
	3	防治病毒病（20% 吗胍乙酸铜）	3	97.56	1	99.27	3	9.42
	4	同时防治线虫和病毒病	0	100	0	100	0	100
	5	自制生防菌剂处理	0	100	0	100	0	100

对苎麻根腐线虫的发生和分布规律进行了调查：2012—2013 年从不同的时间和不同土层分别取同一地点的土样进行苎麻根腐线虫的种群密度调查。

苎麻根腐线虫种群数量在 2012 年中随时间的变化发生明显的波动，以全年不同时间的线虫密度来看，春、夏季线虫密度较大，秋、冬季线虫密度较小。季节变化会直接影响土壤中生物的种群数量。季节变化会影响土壤的温度，而土壤温度对线虫的种群数量具有重要的影响。这可能就是本次试验中各种线虫种群数量随时间变化趋势不同的原因。苎麻根腐线虫在 8 月份的时候的种群密度最高，可以达到 100 条/100g 土，而湖南在 8 月份的时候是最热的时段，由此可以推测苎麻根腐线虫的耐热能力较强。

土壤含水量会影响到其中线虫的种群数量，土壤越潮湿，线虫密度越大。本次试验在进行调查的 2011 年 3 月到 2012 年 11 月，春、夏季降水较多，土壤湿度较大，更适合线虫的生长。而从秋季到冬季这段时间，降水一直较少，土壤环境持续干燥。这也许也成为全年的线虫密度在春、夏季较高，而秋、冬季线虫密度较小的原因之一。

苎麻根腐线虫在 21 ~ 30cm 的土层中分布密度最大，最大达到 45 条/100g 土，0 ~ 10cm 的土层分布密度最小，小于 20 条/100g 土。这可能是由于植物会影响线虫的垂直分布。根腐线虫主要寄生在苎麻的主根上，其次土壤的通气性、水分状况、养分状况、有机质以及各种微生物都会影响大多数线虫分布。因此可以推测苎麻根腐线虫的防治对象在苎麻的深土层，这也加大了苎麻根腐线虫的防治力度。

2013 年夏季干旱少雨，因此线虫数量低，而冬季温暖湿润导致线虫数量突高。苎麻根腐线虫在 21 ~ 30cm 的土层中分布密度最大，最大达到 370 条/100g 土，0 ~ 10cm 的土层分布密度最小，小于 20 条/100g 土。这可能是由于植物会影响线虫的垂直分布。根腐线虫主要寄生在苎麻的主根上，其次土壤的通气性、水分状况、养分状况、有机质以及各种微生物都会影响大多数线虫分布。因此可以推测苎麻根腐线虫的防治对象在苎麻的深土层，这也加大了苎麻根腐线虫的防治力度。随着时间的推移，线虫的数量越来越多，危害越来越大。

2. *亚麻顶枯病*

病原菌以菌丝体或厚垣孢子在土壤或病残体组织中越冬，也可以分生孢子在种子内外越冬。种子可带菌，成为翌年初侵染来源。病菌的分生孢子在有水滴条件下萌发后可直接侵入寄主嫩梢组织。病菌的分生孢子随雨水溅飞是该菌再侵染的主要途径。发病初期，田间有明显的发病中心，每次雨后，发病中心即向四周扩散蔓延。病原菌为专化寄生菌，在 5 ~ 37℃的温度范围内菌丝可生长，但菌丝发育适温为 28℃，分生孢子萌发最适温度为 27℃，在 20℃时病害趋向缓和。病害流行对湿度要求严格，空气相对湿度达 80% 以上、且维持时间长，则发病严重。管理粗放、生长衰弱的麻田易诱发该病。

3. 亚麻根结线虫

委托伊犁亚麻试验站采集新源县、伊宁市、尼勒克市三地的在亚麻收获后的亚麻地土样分离分析，结果发现寄生的根结线虫比较少，没有达到发病的线虫数量（表5－5）。短体腐生的线虫也比较少，这可能与当地干燥的气候有关。但是因为以前没有报道亚麻根结线虫的发生，因此下一年度要制订详细的监测计划，与各个亚麻试验站合作，加强监测力度，防止病害的大范围发生。

表5－5　伊犁亚麻根结线虫数量调查表

采集地点	新源县	伊宁市	尼勒克市
寄生根结线虫（平均条/100g土）	4	3	0
短体腐生线虫（平均条/100g土）	3	5	2

4. 大麻灰霉病

大麻灰霉病在大麻生长期均可为害，麻株所有器官均可受害，持续25～30℃、伴有降雨天气、麻田高湿是发病的关键因素。发病高峰期随雨季而定。根据该病历年发生情况及天气预报情况综合分析，2013年大麻灰霉病总体发生程度为中等偏轻，雨季与发病高峰期一致。北方麻区在5～6月、长江流域麻区在8～9月、西南麻区在8～10月适宜病害发生。带菌种子及土壤中的病残是该病的初次侵染源。分生孢子主要靠雨水传播进行再次侵染，潜伏期短，流行迅速。该病原菌寄主范围极广，除侵染大麻外，还可以为害多种蔬菜作物。由于中间寄主种类繁多，山西、河南和云南大麻产区均为重点防治区域。

病菌主要以菌核、菌丝体或分孢梗随病残体遗落在土中越夏或越冬，条件适宜时，萌发菌丝，产生分生孢子，借气流、雨水和农事活动进行传播，菌核可以通过带有病残体的农家肥进行传播。分生孢子在适宜的温度和湿度下萌发产生芽管，通过伤口或衰老器官侵入寄主植物诱发病害。病菌为弱寄生菌，可在有机物上营腐生生活。在寡照条件下，空气湿度90%以上时，在4～31℃的温度范围内可发病，但发育适温为20～23℃，最高32℃，最低4℃。病害流行对湿度要求严格，空气相对湿度达90%时开始发病，高湿维持时间长，发病严重；寡照、适温、相对湿度大时有利于发病。疏于管理、生长衰弱的麻田易诱发病害。

病害侵染循环：菌核、菌丝体或分生孢子梗经过越冬后萌发产生的分生孢子成为翌年初侵染源，产生芽管侵入寄主，引起大麻发病，形成初次侵染；发病部位在适宜温度范围和高湿的条件下产生分生孢子，借气流和雨水进行再次侵染，直至环境条件不适宜于发病时产生菌核越冬或越夏。

发病与寄主的关系：大麻灰霉病菌属弱寄生性病菌，寄主的抗性与病害是否流行关系密切。当寄主植物生长健壮、抗病性较强时，不易被侵染，寄主处于生长衰弱的状况下，抗病性较弱，最易感病。病害主要在大麻苗期和开花结果期危害。苗期植株幼嫩、花萼和花瓣处易积水、幼果期果实幼嫩，遇上高湿气候，适宜病菌侵入和发病。

5. 大麻黑穗病

大麻黑穗病目前仅发现在云南省大麻产区零星发生，具有潜在的爆发性危险。该病在气温较低的天气条件下，局部麻园株发病率高达60%以上。可为害植株地上部的各个部位，以叶片和嫩枝受害最重，高密植情况下易发病，苗期引起猝倒。麻株营养生长期叶片和顶梢易感病，植株最初出现水渍状小斑，病斑边缘为褐色，迅速扩展萎蔫腐烂，最后整株枯萎。如遇不利发病天气，病斑停止扩展而成黑褐色略下陷的条斑。生殖生长期为害花穗顶部和茎秆，特别是雌株果穗。病部在天气潮湿条件下产生灰色霉层，穗梗发病后变黑色，潮湿时可见灰绿色或灰黑色霉状物，即分生孢子梗和分生孢子。因而被种植户俗称为“黑穗病”。

经接种观察和对照文献资料描述，该病原菌以菌丝、菌核或分生孢子越夏或越冬。条件不适时病部产生菌核，遇到适合条件后，即长出菌丝、分生孢子梗和孢子。孢子借雨水溅射或随病残体、水流、气流传播。腐烂的病叶、败落的病花、落在健部即可发病。病原菌寄主范围广，为害时期长，次侵染源量大，给有效防治带来困难。

综合实地调查发病症状比对，初步认为“大麻黑穗病“实际上即为大麻灰霉病。国内有大麻灰霉病的发生与为害的报道，但缺乏系统性深度研究。本年度已经对采集到的该病害样本进行了病原菌的分离和纯化，病原的准确鉴定、遗传多样性分析、致病性和生物学特性的数据有待于进一步系统研究加以完善。

6. 其他病害

2012 年黄麻、红麻病害均有不同程度发生，菜用黄麻中后期有少数植株出现由茎秆变黑而干枯、还有少数植株出现花叶现象；红麻发现有白娟病发生，造成植株干枯严重，全生育期未进行药物防治。

2013 年黄麻、红麻、大麻病害均发生。武鸣基地，8 月中下旬发现 5 月播种的红麻地块出现金边叶或叶尖干枯现象以及有些材料部分植株基部上来 30 ~ 50cm 处因病斑折断现象，4 月份播种的红麻有个品种基部上来 10cm 处及周围杂草上长一圈灰绿的霉点，旁边杂草也有，具体什么病不清楚；4 月份播种的红麻，部分材料 9 月中旬开始出现早衰现象，有些材料很多植株叶片脱落，叶片脱落的麻，部分材料 9 月中旬开始出现早衰现象，有些材料很多植株叶片脱落，叶片脱落的植株随后干枯无法现蕾开花结果。9 月中旬发现育苗盘里的大麻麻苗顶部子叶及周围长白色霉菌而死苗；秋播大麻大田里也发现有猝倒死苗现象，针对上述情况请教植保专家并及时到农资公司购买杀菌剂对育秧盘里以及大田的麻苗进行药剂喷施防治。

另外，通过田间深入调查分析，研究了黄/红麻炭疽病、大麻灰霉病、亚麻顶枯病和剑麻卷叶病、黄/红麻根结线虫病等 10 种病害的为害发生规律。通过调查，详细了解其发生与环境因子、前茬作物等的关系，了解病原菌越冬越夏方式及传播规律，为病害的提前预防做准备。

7. 剑麻褐圆蚧

褐圆盾蚧在广东、广西 1 年发生 4 ~ 6 代。后期世代重叠，均以若虫越冬，多数以第二龄若虫越冬。卵产于雌虫介壳下，孵出的若虫自介壳边缘爬出，经数小时后，当口针刺入寄主叶片组织后即营固定吸食生活直至成虫期。福州地区，5 月中旬、7 月中旬、9 月上旬、11 月下旬各有 1 代若虫的盛发期。成虫产卵期长，可达 2 ~ 8 星期，每雌卵量 80 ~ 145 粒。

8. 剑麻粉蚧

在实验室、人工气候箱和网室种植东 1 号剑麻（麻苗由剑麻育种岗位专家提供），并在剑麻上每株接种 20 头剑麻粉蚧，定期观察和记录剑麻粉蚧的发生发展情况，结合相关文献资料进行总结。

结果表明（图 5 - 11），剑麻粉蚧成虫体呈淡红色，体长 2 ~ 3mm，体卵形而稍扁平，披白色蜡粉，其触角退化，行走缓慢。若虫体呈淡黄色至淡红色，触角及足发达、活泼，一龄体长约 0. 8mm，二龄体长 1. 1 ~ 1. 3mm，三龄体长约 2. 0mm。若虫共三龄，二龄便可产生白色蜡粉。

剑麻粉蚧［*Dysmicoccus neobrevipes*（Beardsley）］又名新菠萝灰粉蚧，属半翅目、同翅亚目、粉蚧科（*Pseudococcidae*）、洁粉蚧属（*Dysmicoccus*）。我国为外来物种，最早发现于美国夏威夷，目前主要分布在热带地区，在亚热带地区也有少量分布，例如斐济、美国夏威夷、马来群岛、密克罗尼西亚、牙买加、墨西哥、菲律宾。在国内，剑麻粉蚧最早发现于台湾，主要分布于海南省和广东省所在的热带、亚热带地区。1998 年该虫在我国海南省昌江市青坎农场的剑麻园暴发，2001 年蔓延至昌江剑麻农场及周围农村麻园，为害植株率达 100%，造成年减产 30% 以上，损失严重；到 2006 年冬，该虫在广东湛江徐海麻区发生蔓延，发生为害面积达 2 万多亩，两地为害面积共达 4. 5 万余亩，且有迅速蔓延的趋势。目前，剑麻粉蚧在我国大陆呈现急剧扩散的趋势，对我国剑麻产业构成了巨大的威胁。

图 5－11　剑麻粉蚧虫体形态与危害情况

（A 成虫；B 若虫；C 为害状；D 剑麻紫色卷叶病）

剑麻粉蚧先是在肥厚叶基为害，然后蔓延至叶片顶部及心叶（叶轴），严重田块其大田间的走茎苗地上部分和头部（地下 2cm 左右）也发生该虫危害。该虫大量吸食剑麻汁液，消耗植株营养，致营养衰竭；同时排泄蜜露，引起煤烟病的大量发生，严重影响光合作用，植株长势衰弱，部分叶片凋萎卷缩。此外，伴随紫色卷叶病（常兼心叶腐烂）大量发生，初步鉴定为该虫吸食植株汁液时，放出一种有毒物质致植株根系坏死，顶上叶片出现紫色卷叶和褪绿黄斑（初期为黄豆大小，以后扩大连片，最后干枯）及常常并发心叶（叶轴）腐烂，该病主要在冬季发生，翌年 4 月份后逐渐恢复，而病害不再复发。海南昌江麻区和广东湛江雷州北和镇等地剑麻农场及农户剑麻因该虫害引发紫色卷叶病致年减产 30% 以上，损失惨重。

剑麻粉蚧的成虫、若虫整年在田间为害，先是在叶基为害，然后蔓延至叶片顶部及叶轴和潜入半张开的心叶缝隙（甚至迁移到花轴上为害珠芽苗）吸食植株汁液，严重田块其大田间的走茎苗地上部分和地下头部（表土 2cm 左右）也发生该虫危害。在剑麻田间，粉蚧与蚂蚁表现为共生关系，蚂蚁喜好吸食粉蚧的分泌物（蜜露），当粉蚧遇天敌攻击时，常见蚂蚁担当保护粉蚧的角色。

剑麻粉蚧属孤雌生殖，世代重叠，27～34d 为 1 世代，平均每个世代为 29d，5～7 月高温不利该虫生长繁育，其每世代为 30～34d；8 月到翌年 4 月份温度下降有利于该虫生长发育，每世代只需 27～29d。每雌虫繁殖倍数为 36～85 倍，平均 55 倍。雨季，尤其是台风暴雨冲刷对其有较大杀伤力，虫口密度下降。

剑麻粉蚧的高温致死温度为 48℃，低温致死温度约 3℃。远距离传播主要是靠种苗（带虫）传播。近距离传播主要是自身爬行迁移和靠蚂蚁、风、雨传播，蚂蚁喜好吸食其分泌物（蜜露），在吸食活动过程中进行搬迁。

低温干旱季节有利剑麻粉蚧的生育繁殖，为害严重，但温度过低也会抑制生长，呈休眠状态或死亡，如 2008 年春季低温致粉蚧死亡率达 50% 以上；雨季，受大雨，尤其是台风暴雨冲刷对粉蚧消灭作用较大，从而抑制其繁殖量，使虫口密度大幅度下降；高温不利生长发育。剑麻（寄主）汁液丰富，有利于该虫吸食，满足该虫生长繁育所需，其生长发育迅速，繁殖快、世代重叠，整年在田间为害，通常没有明显的休眠期。苗期及大田幼龄麻、成龄麻、老龄麻等不同麻龄均可发生危害，但生长旺盛、叶色浓绿的虫害严重。

调查品种与虫害有密切关系发现，墨西哥系列引5、引8、引9、引10和灰叶剑麻、无刺剑麻等抗虫性强或较强，可探讨作育种亲本，此外近年杂交培育的剑198、110、201、277、389、388、386、556、495等9个新株系较抗剑麻粉蚧和抗紫色卷叶病及抗斑马纹病、抗寒能力强，且具长势良好等优势；而墨西哥系列引1、引2、引3和东26、南亚2号、东27、东109、广西76416、当家种H·11648麻等抗虫能力差。

9. 其他虫害

2012年黄麻、红麻虫害有不同程度发生，6月初菜用黄麻试验地里局部有卷叶虫危害；6月份为害的造桥虫发生相对较少，武鸣基地部分材料局部发生危害，7月份红麻有绿壳甲虫，6月底至7月初院内基地红麻螟虫危害相对较重，但因植株较高不好喷药，故未进行药物防治，进入8月后基本不危害了，蒴果成熟期田间红色甲虫较多。

2013年虫害相对比较轻，除秋播黄麻始花期螨类为害较重喷农药后控制，其他害虫基本为害不大，也比较少见。院内秋播火麻鸟类啄食麻籽现象较重，鸟害通过拉捕鸟网得到一定控制，武鸣基地秋播火麻老鼠啃食植株严重，通过清除田间杂草及电鼠得到一定控制。

信阳地区的虫害发生情况：以鳞翅目为优势种群，主要包括黄麻夜蛾、玉米螟、棉大卷叶螟、棉小造桥虫，其次为半翅目的广翅蜡蝉，地下害虫主要是鞘翅目的金龟子。

2012年、2013年4～9月在杨畈苎麻科技园利用频振式杀虫灯诱虫试验和相关田间调查。苎麻夜蛾、苎麻赤蛱蝶在整个试验期间几乎均有发生，有世代重叠现象。苎麻黄蛱蝶发生量不是特别大，但低龄幼虫群聚为害，局部地区几株受害苎麻虫量达几百头甚至上千头。

苎麻金龟子类和苎麻天牛成虫、幼虫均可为害苎麻，但以幼虫危害为主。5月开始，金龟子成虫发生量明显增加，6月达到最高。6月中下旬为最高峰，7月虫量波动性很大，8月成虫数量逐渐减少，9月初灯下数量很少。苎麻天牛1年1代，5～6月成虫发生，主要为害头麻。4月末田间可见成虫，但5月初成虫始上灯，并且试验期间灯诱数量较少。而田间观察发现苎麻天牛数量较多，因此可以推测苎麻天牛趋光性较弱。

金龟子从4月中旬至9月初均灯下可见，以6～7月为诱集高峰期。主要诱集天敌昆虫为步甲、隐翅甲、寄生蜂和瓢虫等4类，除步甲外，其他3类诱集量相对较小，步甲诱集高峰期为4月下旬至5月上旬。频振式杀虫灯最佳使用时间为6～7月，在此期间诱杀苎麻田金龟子类地下害虫数量大、种类多，且避免大量杀伤天敌昆虫。

10. 草害

重点对信阳地区红麻田杂草的种类、分布及危害进行了调查，初步了解该地区红麻田杂草的分布规律及危害状况。结果显示，该地区杂草共有34种，隶属15科，发生危害重的有7科22种，占64.71%；双子叶杂草27种，达79.41%；单子叶杂草7种，占20.59%；一年生杂草22种，占64.71%，一年生或越年杂草5种，占14.71%；多年生杂草7种，占20.59%。县区出草量以息县地区最高，达284株/m^2。其中莎草和粟米草的多度与频度最高，为本地区优势种群。

二　重大有害生物防控技术

（一）苎麻

1. 苎麻遗传转化体系建立

（1）建立并完善了苎麻的遗传转化体系，构建能表达苎麻根腐线虫 16D10 基因 dsRNA 的载体 1 个。

（2）构建能表达双生病毒基因 dsRNA 的载体 1 个，获得转基因材料 3 个。构建含有多个病毒基因（包括苎麻花叶病的主要病原双生病毒的基因）的 dsRNA 植物表达载体，首先转入模式植物烟草中评价烟草对 3 种病毒的多抗性。下一步计划利用苎麻成熟的转化体系，将多抗病毒的 dsRNA 植物表达载体转入苎麻中（图 5－12）。

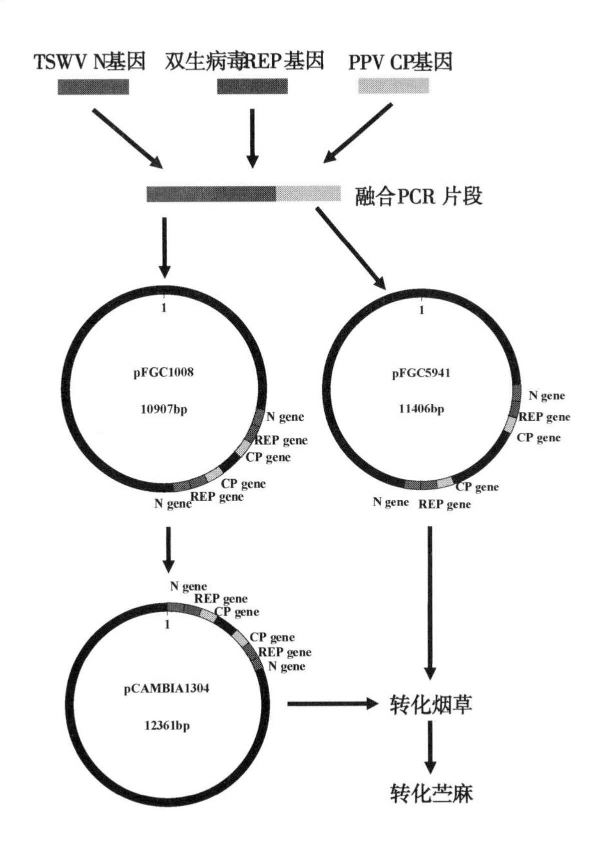

图 5－12　多病毒基因植物表达载体的构建

2. 根结线虫 16D 基因克隆

从浏阳河边采集南瓜、落葵等植物的根（有根结），提取了植物根系总 RNA 和线虫 RNA（其中，植物根系总 RNA 提取方法较为有效）。通过反转录、PCR 获得扩增片段。经过割胶回收、连接、转化获得菌液；将菌液测序获得目标片段。

方法：①挑选 10 条虫于去 RNA 酶离心管内，加入 20μl M9 溶液；②加入 250μl Trizol；③手中旋转 30s，4℃放置 20min，期间不时颠倒混匀使虫体完全溶解；④加入 50μl 氯仿，旋转 30s，室温静置 3min；⑤4℃12 000r/min 离心 15min，取上清；⑥重复上两步；⑦上清加入 125μl 异丙醇，上下颠倒混匀，室温静置数分钟；⑧4℃12 000r/min 离心 10min，小心移出上清以免影响沉淀；⑨250μl－500μl

70%乙醇洗涤沉淀；⑩4℃14 000r/min 离心 5min；⑪尽可能吸出上清，室温或真空干燥沉淀；⑫加入10μl ddH_2O 溶解 RNA，于 -80℃保存。

筛选了多对引物，最后 PCR 效果最好的引物为：

（1）16D10 - F：GAGAAAATAAAATATAAATTATTCCTC；

（2）16D10 - R：CAGATATAATTTTATTCAGTAAAT。

3. 苎麻夜蛾各虫态有效积温的研究

各虫期发育起始温度 C（式中，T 为温度，n 为处理数，V 为发育速率）和有效积温 K 的计算公式分别为：

$$C = \frac{\sum V^2 \sum T - \sum V \sum VT}{n \sum V^2 - (\sum V)^2} \qquad K = \frac{n \sum VT - \sum V \sum VT}{n \sum V^2 - (\sum V)^2}$$

研究结果：发育历期起始温度为 9.96℃，有效积温为 610.43 日·℃，其中，卵期起始温度为 10.79℃，有效积温为 77.93 日·℃；1 龄幼虫分别为 10.49℃和40.33 日·℃；2 龄幼虫分别为 10.24℃和 37.64 日·℃；3 龄幼虫分别为 9.35℃和 41.58 日·℃；4 龄幼虫分别为 9.35℃和 43.98 日·℃；5 龄幼虫分别为 9.63℃和 56.13 日·℃；六龄幼虫分别为 9.41℃和 54.49 日·℃。预蛹期分别为 10.50℃和 34.02 日·℃，蛹期分别为 10.26℃和 213.46 日·℃（表 5 - 6）。

表 5 - 6　苎麻夜蛾各虫态有效积温

温度（℃）	卵期	1 龄期	2 龄期	3 龄期	4 龄期	5 龄期	6 龄期	预蛹期	蛹期	总历期
20	7.46	3.48	3.63	3.83	3.92	5.1	5.32	3.51	21.56	59.24
23	6.18	3.05	2.97	3.02	3.15	4.27	4.48	2.74	17.43	47.67
26	5.06	2.49	2.35	2.45	2.58	3.55	3.68	2.23	13.08	38.02
29	4.04	2.15	2.07	2.18	2.23	2.98	3.11	1.85	11.43	32.73
32	3.32	1.75	1.71	1.82	1.98	2.45	2.58	1.57	9.89	27.36
起始温度	10.79	10.49	10.24	9.35	9.40	9.63	9.41	10.50	10.26	9.96
有效积温日	77.93	40.33	37.64	41.58	43.98	56.13	59.49	34.02	213.46	610.43

4. 苎麻夜蛾人工饲料配方初步研究

初步制定苎麻夜蛾人工饲料配方一套：麦胚粉 94g，V_C 2g，苎麻叶（干粉）20g，山梨酸 1g，尼泊金 2g，琼脂 12g，加水 500ml。苎麻夜蛾可在该人工饲料上完成生活世代，但在该人工饲料上幼虫死亡率较高，其配方有待进一步改进。

5. 苎麻抗虫基因研究

完成了苎麻夜蛾取食诱导的苎麻叶片转录组测序，测序共获得 10.49Gb 数据量，reads 数 51 935 990条，Q30 达到 30%。de novo 组装后共获得 46 533条 Unigenes，其中，长度在 1kb 以上的 Unigenes 有 12 332条。进行基于 Unigene 库的基因结构分析，包括 ORF 预测、SSR 分析以及样品间 SNP 分析，获得 SSR 标记 11 406个。进行 Unigenes 的生物信息学注释，包括 NR、SwissProt、KEGG、COG、GO 数据库的比对，共获得 24 327条 Unigenes 的注释结果。进行了个样品中基因表达量和差异表达基因的分析，共发现差异表达基因 1 980个，上调基因 750 个，下调基因 1 230个。其中，与抗虫相关基因 5 个，分别为蛋白酶抑制剂，过氧化物酶和多酚氧化酶基因（图 5 - 13、表 5 - 7）。

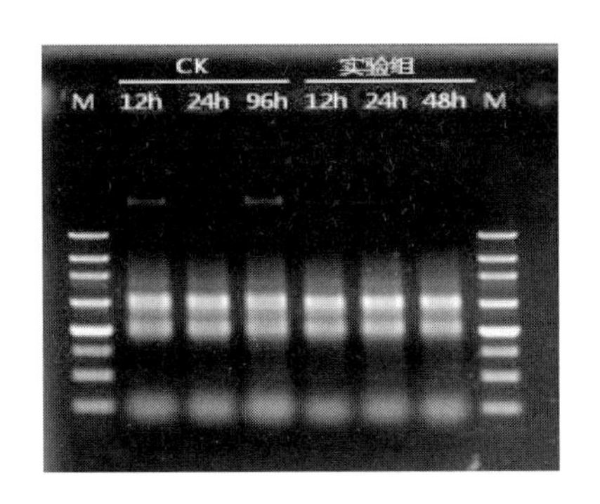

图 5－13　苎麻叶片部分总 RNA 提取电泳图

表 5－7　抗性相关基因表达情况

编号	名称	FDR	表达量 T/CK	变化	获得序列长度（bp）
39830－c0	蛋白酶抑制剂	0	5.88	up	645
30740－c0	过氧化物酶	0.000671	2.21	up	1 392
35793－c0	多酚氧化酶	4.31×10^{-5}	2.44	up	2 501
20474－c0	多酚氧化酶	0	84.43	up	2 262
31888－c0	过氧化物酶	0	0.19	down	1 420

6. 苎麻炭疽病菌防治技术研究

（1）杀菌剂对苎麻炭疽病菌的室内毒力测定

在预备试验的基础上每种杀菌剂设 5 个浓度梯度，每个浓度设 3 个重复。将表 5－8 中的药剂分别配成所需浓度 50 倍，分别用移液枪吸取各种浓度的药液 1ml 注入 49ml 的 PDA 培养基中，摇匀后倒入 3 个直径为 9cm 的灭菌培养皿中，制成表 5－8 中所需浓度药液平板。以 1mL 无菌水代替药液作空白对照。用直径为 5mm 的打孔器将供试菌种打取至菌饼置于培养皿中央位置，带菌丝一面接触培养基，28℃培养箱中倒置培养。6d 后用十字交叉法测量病菌菌落直径，用 DPS 软件进行统计分析，求出各药剂对苎麻炭疽病菌的毒力回归方程、抑制中浓度（EC_{50}）及相关系数（R）。

结果表明，供试 8 种杀菌剂对苎麻炭疽病菌的菌丝均有抑制作用，同一种杀菌剂不同浓度对菌丝的抑制作用也不同。其中 50% 咪酰胺锰盐 WP 对菌丝的抑制效果最好，EC_{50}和 EC_{90}分别为 1.3147mg/L 和 13.8234mg/L。其次为 25% 吡唑醚菌酯 EC、10% 苯醚甲环唑 WDG，EC_{50} 分别为 22.6663mg/L、25.7133mg/L，EC_{90}为 79.598mg/L、550.7089mg/L。75% 百菌清 WP 和 12.5% 腈菌唑 EC 对菌丝的抑制效果也较好，EC_{50}为 49.0234mg/L、45.0996mg/L。25% 嘧菌酯 SC 和 50% 醚菌酯 WDG 也表现出了较好的抑制效果，EC_{50}为 301.0725mg/L、106.4477mg/L。对菌丝抑制效果较差的为 70% 甲基托布津 WP，EC_{50}和 EC_{90}分别为 1 758.607mg/L、12 631.15mg/L（表 5－8）。

表 5－8　不同杀菌剂对苎麻炭疽病菌的室内毒力测定结果

药剂名称	毒力回归方程	相关系数	EC_{50}（mg/L）	EC_{90}（mg/L）
25% 吡唑醚菌酯 EC	$y=2.3492x+1.8159$	0.946	22.6663	79.598
10% 苯醚甲环唑 WDG	$y=0.963x+3.642$	0.9838	25.7133	550.7089
50% 咪鲜胺锰盐 WP	$y=1.2542x+4.851$	0.9533	1.3147	13.8234
75% 百菌清 WP	$y=1.6709x+0.4223$	0.9173	49.0234	3 210.379

（续表）

药剂名称	毒力回归方程	相关系数	EC_{50}（mg/L）	EC_{90}（mg/L）
25%嘧菌酯 SC	$y=1.0458x+2.4078$	0.9568	301.0725	5 059.575
12.5%腈菌唑 EC	$y=1.4173x+2.65561$	0.932	45.0996	361.7441
50%醚菌酯 WDG	$y=1.3909x+2.1805$	0.9916	106.4477	888.2641
70%甲基托布津 WP	$y=1.4967x+0.1431$	0.9437	1 758.607	12 631.15

杀菌剂是目前防治苎麻炭疽病的重要措施之一。本试验结果表明，50%咪酰胺锰盐 WP 对菌丝的抑制效果最理想，EC_{50}和EC_{90}分别为1.3147mg/L和13.8234mg/L。25%吡唑醚菌酯 EC 和10%苯醚甲环唑 WDG 对苎麻炭疽病菌菌丝的抑制效果也较好，仅次于50%咪酰胺锰盐 WP。75%百菌清 WP 和12.5%腈菌唑 EC 对菌丝也具有一定的抑制效果。在供试的8种杀菌剂中，70%甲基托布津 WP 对苎麻炭疽病菌菌丝的抑制效果较差，可能是生产上使用年限过长，导致抗药性产生的原因，有待进一步展开研究。

（2）75%百菌清 WP500 倍液防治苎麻炭疽病的田间药效试验

在江西宜春苎麻试验站进行了75%百菌清 WP500 倍液防治苎麻炭疽病的田间药效试验，设喷药防治区和空白对照区两个处理。每处理面积约为5亩。于第二季麻发病初期进行施药。采用随机取样调查。每个处理调查3组数据（视为3次重复），每组调查5株，每株调查10片叶片。病害发生初期第一次施药前，第二次施药前，第三次施药前（如果没有实施第三次施药，则在第二次药后第7d），第三次药后第7d，共调查3～4次。记录每组（重复）的调查总叶数和分级别的发病叶数。

病情分级标准：

0级：无病；

1级：病斑面积占整个叶片面积的5%以下；

3级：病斑面积占整个叶片面积的6%～15%；

5级：病斑面积占整个叶片面积的16%～25%；

7级：病斑面积占整个叶片面积的26%～50%；

9级：病斑面积占整个叶片面积的51%以上。

数据统计分析：

$$病情指数=\frac{\sum（各级病叶数\times 相对病级数值）}{调查叶总数\times 9}\times 100$$

$$防治效果（\%）=(1-\frac{CK_0\times pt_1}{CK_1\times pt_0})\times 100$$

式中：CK_0、CK_1分别为空白对照施药前、后的病情指数；pt_0、pt_1分别为药剂处理区施药前、后的病情指数。

结果表明（表5-9），第二次施药后，防治区的病情指数迅速下降，已明显低于施药前和对照区病情指数，为9.27；第三次施药后，防治区的病情指数为仅为1.04，远低于对照区病情指数8.15。第二次施药后的防治效果为69%，第三次施药后的防治效果达77%。

表 5－9　75%百菌清 WP 防治苎麻炭疽病试验结果

调查日期	平均病情指数（%）		防治效果（%）
	防治区	对照区	
6 月 20 日	28.93	16.44	
6 月 28 日	9.27	16.84	69
7 月 8 日	1.04	8.15	77

（3）苎麻炭疽病抗性品种的筛选

供试苎麻品种为 6 个生产上的主要苎麻品种：新苎 5 号、转基因 T16、中苎 1 号、后转基因、转基因 T04、安徽宣城。供试菌种为胶胞炭疽菌（*Colletotrichum gloeosporioides*），系江西宜春苎麻发病植株叶片分离纯化获得。将苎麻炭疽病菌种置于 PDA 培养基中倒置培养 12～16d，在其产生大量分生孢子后，用无菌水洗下炭疽菌的分生孢子，采用血球计数板计数法将其配制成试验所需浓度的孢子悬浮液。孢子液浓度为 2×106 个/ml。

采用室内离体法接种病原菌。选取生长发育一致的健康苎麻叶片，用流动的自来水把叶片上的污渍冲洗干净，待叶片晾干后用 75% 的酒精拭擦叶片，再用无菌水冲洗叶片，置于无菌操作台上晾干备用。

人工接种试验。用无菌接种针在叶片正面和叶柄周围制造伤口，便于病原菌的侵入，同时应避免将叶片戳穿。用灭菌好的刷子或毛笔将孢子悬浮液均匀的涂在叶片上，晾干后将叶片正面朝上置于装有三层滤纸保湿的密封袋内，在 25℃的人工气候培养箱中保湿培养。将涂有无菌水的叶片作为空白对照。每个苎麻品种处理 8 片叶片，重复 3 次，接种 5d 后调查病情指数。

表 5－10　不同苎麻品种对炭疽病抗性的室内鉴定结果

品种	病情指数	抗性分级
新苎 5 号	13.6	R
转基因 T16	10.5	HR
中苎 1 号	60.2	S
后转基因	37.8	MR
转基因 T04	5.1	HR
安徽宣城	18.8	R

室内离体接种炭疽病菌 5d 后调查结果发现，6 个苎麻品种的病情指数大小差异明显，表明其抗病性存在明显差异。由表 5－10 可见，转基因 T16 和转基因 T04 的病情指数分别为 10.5 和 5.1，表现高抗；新苎 5 号和安徽宣城的病情指数分别为 13.6 和 18.8，表现抗病；后转基因病情指数为 37.8，表现中抗；中苎 1 号病情指数为 60.2，表现感病。试验结果与孢子悬浮液的浓度、接种方法和接种后培养时间均有很大关系。在本试验中采用的孢子悬浮液浓度为 2×10^{6} 个/ml，接种方法为病原菌涂抹法，接种后培养时间为 5d。如果改变其中一项因子，试验结果将会有所偏差。

（4）苎麻炭疽病综合防控试验

在江西省宜春市开展了苎麻炭疽病综合防控技术试验。实施方案与技术要点：①选择抗病高产品种：选择适合当地生产的抗性品种，如中苎 1 号；选择无病麻园的麻蔸进行移植。②农业措施：选择排水良好的地块种麻，做好低洼地排水；深翻地，清除田间病残体，减少菌源。③肥水调控：分期追施氮肥，同时磷、钾肥配合施用。④化学防控：发病初期选用 70% 代森锰锌 WP 600～800 倍液，或

75% 百菌清 WP 600 ~800 倍液喷雾保护；病害严重时选用药剂有 70% 甲基硫菌灵 WP 800 ~1 000倍液，或 50% 咪鲜胺 WP 1 000 ~1 500倍液，或 25% 丙环唑 EC 1 000倍液，或 25% 醚菌酯 EC 1 500 ~2 000倍液喷雾治疗，视病情施用 2 ~3 次，每隔 5 ~7d 施用一次，注意上述药剂的轮换使用。

7. 研究苎麻草害绿色防控技术

在湖南娄底苎麻试验基地进行了高效盖草能（高效氟吡甲禾灵）对苎麻田禾本科杂草马唐和狗尾草的药效试验。采用常规喷雾方式，药后 20d 的株防效最高，在推荐剂量下，株防效为 89.08%；药后 30d 的鲜重防效为 77.26%（表 5 -11）。

表 5 -11　高效盖草能防除苎麻田一年生杂草试验（湖南娄底）

处理	药后 10d		药后 20d		药后 30d		药后 30d	
	株数	防效（%）	株数	防效（%）	株数	防效（%）	鲜重（g）	防效（%）
10.8% 高效盖草能 EC 1.5g/亩	15.67	57.66	17.67	55.46	21.67	52.55	149.57	44.78
10.8% 高效盖草能 EC 2.5g/亩	9.67	73.87	10.00	74.79	15.00	67.15	102.87	62.02
10.8% 高效盖草能 EC 3.5g/亩	4.67	87.39	4.33	89.08	12.00	73.72	61.60	77.26
10.8% 高效盖草能 EC 7.0g/亩	2.67	92.79	3.33	91.60	6.67	85.40	40.17	85.17
对照：35% 稳杀得 EC 25g/亩	9.00	75.68	9.67	75.63	14.67	67.88	99.17	63.39
人工除草	8.33	77.48	21.67	45.38	31.67	30.66	139.83	48.38
空白对照	37.00		39.67		45.67		270.87	

（二）亚麻

1. 亚麻白粉病综合防控技术研究

（1）室内毒力测定

将采集到的具有典型症状的叶片经常规组织分离法分离得到病原菌粉孢的无性阶段，采用生长速率法测定了 8 种药剂对该菌的抑制效果。

表 5 -12　杀菌剂对亚麻白粉病菌的室内毒力测定结果

药剂名称	毒力回归方程	EC_{50}（mg/L）	EC_{90}（mg/L）	相关系数 r
15% 三唑酮 WP	$y=2.1836x+2.1006$	21.2716	82.1662	0.9805
70% 百菌清 WP	$y=1.0907x+3.2464$	40.5280	606.375	0.9654
70% 甲基硫菌灵 WG	$y=0.9125x+4.6322$	2.5297	64.1876	0.9714
90% 多菌灵 WG	$y=1.1992x+3.4622$	19.1600	224.4338	0.9753
25% 乙嘧酚 SC	$y=1.0839x+4.1140$	6.5672	99.9351	0.9798
30% 醚菌·啶酰菌 SC	$y=0.9228x+4.7112$	2.0559	50.3291	0.9271
20% 硫磺·三唑酮 WP	$y=1.0388x+4.7285$	1.8254	31.263	0.9566
43% 戊唑醇 SC	$y=0.6418x+5.7715$	0.0628	6.2342	0.9668

表 5 -12 结果表明，不同药剂间抑制率也有明显差异。从菌落生长直径和抑制率可以看出，43% 戊唑醇 SC 的抑制效果最好，其次是 20% 硫磺·三唑酮 WP，抑制效果最差的是 70% 百菌清 WP。15% 三唑酮 WP、70% 百菌清 WP、70% 甲基硫菌灵 WG、90% 多菌灵 WG 、25% 乙嘧酚 SC、30% 醚菌·啶酰菌 SC、20% 硫磺·三唑酮 WP、43% 戊唑醇 SC 对亚麻白粉病病菌的有效中浓度（EC_{50}）分别为

21.2716、40 5280、2.5297、19.1600、6.5672、2.0559、1.8254、0.0628mg/L，其毒力大小依次为：43%戊唑醇 SC >20%硫磺·三唑酮 WP >30%醚菌·啶酰菌 SC >70%甲基硫菌灵 WG >25%乙嘧酚 SC >90%多菌灵 WG >15%三唑酮 WP >70%百菌清 WP。

由此可见，不同药剂间抑制率具有明显差异，43%戊唑醇 SC 对亚麻白粉病病菌菌丝的抑制效果最好，20%硫磺·三唑酮 WP 次之，70%百菌清 WP 最差。

（2）化学防控技术研究

试验在本单位试验大棚内进行，自然发病，在发病初期进行施药，每隔7d 施药1 次，共施药3 次。供试药剂：80%苯醚甲环唑·醚菌酯 WP（山东贵合生物科技有限公司生产）；10%苯醚甲环唑 WDG（先正达〈中国〉有限公司生产）；50%醚菌酯 WDG（巴斯夫〈中国〉有限公司生产）。随机区组排列，重复三次。

由表 5－13 可见，第三次施药后第 10d，80%苯醚甲环唑·醚菌酯 WP 180g/hm^2、150g/hm^2、120g/hm^{2}3 个处理的平均病情指数分别为 2.20、3.91、5.67，远低于空白对照区的病情指数 26.65，3 个处理的防效分别为 91.94%、85.69%、78.34%；对照药剂 10%苯醚甲环唑 WDG 90 克/hm^2 和 50%醚菌酯 WDG 150g/hm^2 两个处理的病情指数分别为 3.76、4.14，防效分别为 86.08%、84.95%。

方差分析结果显示，80%苯醚甲环唑·醚菌酯 WP 180g/hm^2 处理的防效优于其他药剂处理的防效，差异均达极显著水平；其 150g/hm^2 处理的防效与两对照药剂 10%苯醚甲环唑 WDG 90g/hm^2 和 50%醚菌酯 WDG 150g/hm^2 处理的防效相当，差异不显著；而其 120g/hm^2 倍液处理的防效低于两对照药剂处理的防效，差异达极显著水平。

表 5－13　80%苯醚甲环唑·醚菌酯 WP 防治亚麻白粉病试验结果

处理	药前病指	药后病指	平均防效（%）	差异显著性	
				5%	1%
80%苯醚甲环唑·醚菌酯 WP 180g/hm^2	6.69	2.20	91.94	a	A
80%苯醚甲环唑·醚菌酯 WP 150g/hm^2	6.70	3.91	85.69	bc	BC
80%苯醚甲环唑·醚菌酯 WP 120g/hm^2	6.42	5.67	78.34	d	D
10%苯醚甲环唑 WDG 90g/hm^2	6.62	3.76	86.08	b	B
50%醚菌酯 WDG 150g/hm^2	6.77	4.14	84.95	c	C
空白对照	6.54	26.65			

综上所述，80%苯醚甲环唑·醚菌酯 WP 对亚麻白粉病具有较好的防治效果，且对其安全无药害。在发生初期及时施用，180g/hm^2 剂量第三次药后 10d 的防效最高可达 91.94%，其 120g/hm^2 剂量的防效也可达 78.34%，因此认为该剂经进一步示范试验后可大面积推广应用。建议于发病初期开始用药，使用商品剂量为 10～15 克/亩（有效成分 120～180g/hm^2），均匀喷湿亚麻叶面及叶背，连续施用 3 次，每次间隔 7～10d。

（3）东北产区亚麻白粉病综合防控技术

实施方案与技术要点：①选地整地：尽量选择疏松、肥沃、透气性强的沙质土壤，实行 4～5 年轮作，耕作层要求深耕、且复耕浅翻，保持土壤上松下实。②种子处理：选用适合当地生产且具有一定的抗病性的品种，如吉亚 2 号、吉亚 3 号、吉亚 4 号；对种子进行筛选，去除瘪籽、发霉变质的种子，筛选好的种子播种前晾晒 2～4d；化学药剂拌种处理，播种前采用占种子重量 0.3%的 50%多菌灵 WP、77%多宁 WP、70%甲基硫菌灵 WP 拌种。③肥水调控：播种前施足基肥并根据亚麻生长需求及时进行追肥，施用充分腐熟的有机肥，增施氮、磷、钾肥；根据土壤墒情及时进行浇水灌溉，保持土壤适当湿度。④农业措施：合理密植，用种量8~9kg/亩，保证基本苗有1 600~1 800株/m^2；及时进行除草，合理使用化学除草剂，保持通风透气；雨季及时排涝，防止湿气滞留，降低田间湿度；加强栽培管理，及时清理病株。⑤化学防控：坚持“预防为主，综合防治”的方针，在病害发生前提前进行预防性施药，可选用75%百菌清WP 110~200g/亩提前1~2周进行喷施1~2次；发病初期用15%三唑酮WP 100~150g/亩或50%甲基硫菌灵WP 50~60g/亩，对水60kg进行叶面喷雾，每隔7d喷施1次，连续用药2~3次；在发病重的田块，使用40%氟硅唑EC 6ml/亩，或43%戊唑醇SC 9ml/亩对水60kg进行叶面喷雾，约7~10d喷施1次，连续用药2~3次。

（4）西北产区亚麻白粉病综合防控技术

2013年，在新疆伊犁进行了亚麻白粉病危害损失试验。试验供试药剂为40%福星乳油（氟硅唑，美国杜邦）；43%好力克悬浮剂（戊唑醇，美国拜耳作物科学公司）。试验品种为“戴安娜”。试验设5个处理：处理1为空白对照（CK）；处理2为43%好力克SC 15ml/亩；处理3为43%好力克18ml/亩；处理4为40%福星EC 7.5ml/亩；处理5为40%福星EC 10ml/亩。6月14日亚麻白粉病始发期（各小区出现零星病株），第二天用背负式电动喷雾器进行第一次喷药，7d后（6月20日）喷第二次，共两次，用水量45kg/亩。6月13日亚麻白粉病始发期，每小区“Z”字形定5个点、每点20株调查第一次发病情况，用药后每7d调查1次，共调查4次。每点逐株分级调查，计算发病率、病情指数和相对防效。工艺成熟期每小区人工单独收获，田间自然风干后分别称量记载每小区的亚麻生物学产量（收获总重量）和经济产量（亚麻纤维产量），并进行经济效益分析。

结果表明（表5-14），两种药剂第一次用药后6d的防效均好于药后12d，说明在发现白粉病株初期及时喷施杀菌剂有一定的控病效果。而40%福星乳油10ml/亩的高浓度处理6d后防效为70.77%，高于43%好力克悬浮剂18ml/亩的高浓度处理的43.50%。第二次药后6d的相对防效比前两次都好，最高达85.40%。因此，40%福星乳油的防效优于43%好力克悬浮剂。

表5-14 两种杀菌剂对亚麻白粉病的防治效果（2013）

处理	6月13日（用药前）	6月20日（药后第6d）		6月27日（药后第12d）		7月4日（二次药后第6d）	
	病情指数（%）	病情指数（%）	相对防效（%）	病情指数（%）	相对防效（%）	病情指数（%）	相对防效（%）
空白对照	4.71	21.67	—	22.95	—	47.00	—
43%好力克SC 15ml/亩	2.89	10.81	42.08	9.33	34.32	21.52	66.89
43%好力克18ml/亩	4.25	14.43	43.50	11.33	37.47	28.05	61.62
40%福星EC 7.5ml/亩	3.95	8.52	56.45	9.00	46.19	17.24	77.60
40%福星EC 10ml/亩	2.32	5.14	70.77	7.57	53.30	38.71	85.40

从生物学产量上看，施药处理均比对照（不施药）增产，4个施药处理亩产量比对照增产15.3~40.9kg，增产幅度在6.77%~18.05%。40%福星乳油10ml/亩比对照显著增产，4个施药处理之间产量差异不显著（表5-15）。

施药处理原茎亩产量比对照增产42.0~61.1kg，增产幅度在10.20%~14.83%，处理5比对照增产显著，4个施药处理之间产量差异不显著。施药处理籽粒亩产量比对照增产5.1~8.5kg，增产幅度在7.06%~11.77%，各处理之间产量差异不显著。施药处理亩产纤维87.46~94.40kg，均比对照增产，亩增产16.52%~25.76%。处理2和处理3分别增产16.52%和14.88%；处理4和处理5分别增产

20.26%和25.76%，40%福星乳油增产效果好于43%的好力克悬浮剂。

表5－15 两种杀菌剂对亚麻的增产作用（2013）

处理	生物学产量		原茎产量		籽粒产量		纤维产量	
	亩产量（kg）	比CK±（%）	亩产量（kg）	比CK±（%）	亩产量（kg）	比CK±（%）	亩产量（kg）	比CK±（%）
空白对照	226.54 b	—	411.81b	—	71.81a	—	75.06b	—
43%好力克15ml/亩	241.88ab	6.77	453.83ab	10.20	76.88a	7.06	87.46a	16.52
43%好力克18ml/亩	248.01ab	9.48	455.23ab	10.54	77.73a	8.24	86.23a	14.88
40%福星EC7.5ml/亩	251.59ab	11.06	455.23ab	10.54	77.73a	8.24	90.27a	20.26
40%福星EC10ml/亩	267.44	18.05	472.88a	14.83	80.26a	11.77	94.40a	25.76

按照2013年本地原茎平均收购价2.2元/kg，麻籽均价5元/kg计算，4个施药处理的原茎、籽粒亩收入比对照增加72.62～116.60元。不同剂量的好力克悬浮剂的处理2和处理3每亩分别比对照增加72.79元和77.12元；福星乳油的处理4和处理5每亩分别比对照增加72.62元和116.60元，其中，40%福星乳油10ml/亩的处理亩增加效益最大（表5－16）。

表5－16 各处理效益比较（2013）

处理	原茎亩产（kg）	比CK增产（kg）	籽粒亩产（kg）	比CK增产（kg）	亩药剂成本（元）	亩施药用工（元）	亩增效益（元）
空白对照	411.81	—	71.81	—			—
43%好力克15ml/亩	453.83	42.02	76.88	5.07	15.0	30	72.79
43%好力克18ml/亩	455.23	43.42	77.73	5.92	18.0	30	77.12
40% 福 星 EC 7.5ml/亩	455.23	43.42	77.73	5.92	22.5	30	72.62
40%福星EC 10ml/亩	472.88	61.07	80.26	8.45	30.0	30	116.60

2. 亚麻顶枯病综合防治技术研究

选用30%咪鲜胺·异菌脲SC（广东金农达生物科技有限公司）、450g/L咪鲜胺EW（美国富美实公司）、255g/L异菌脲SC（德国拜耳作物科学公司）3种杀菌剂对亚麻顶枯病实施药效筛选试验。

结果表明（表5－17），第三次施药后第7d，当空白对照区的病情指数为36.67时，30%咪鲜胺·异菌脲SC 750倍液、1 000倍液和1 500倍液三个处理的平均病情指数分别为1.79、4.58和8.04，防效分别为95.15%、87.50%和78.09%；450g/L咪鲜胺EW 1 800倍液处理的的平均病情指数为5.36，防效为85.40%；255g/L异菌脲SC 400倍液处理的平均病情指数为3.87，防效为89.43%。由此可见，田间防治亚麻顶枯病时，可推荐选用30%咪鲜胺·异菌脲SC 1 000倍液、450g/L咪鲜胺EW 1 800倍液、255g/L异菌脲SC 400倍液进行叶面喷雾。

表5－17 杀菌剂防治亚麻顶枯病的药效筛选试验结果

处理	病情指数	防效（%）	差异显著性	
			5%	1%
30%咪鲜胺·异菌脲SC 750倍液	1.79	95.15	a	A
30%咪鲜胺·异菌脲SC 1 000倍液	4.58	87.50	bc	BC

（续表）

处理	病情指数	防效（%）	差异显著性	
			5%	1%
30%咪鲜胺·异菌脲 SC 1 500倍液	8.04	78.09	d	D
450g/L 咪鲜胺水乳剂 1 800 倍液	5.36	85.40	c	C
255g/L 异菌脲 SC 400 倍液	3.87	89.43	b	B
CK（清水对照）	36.67			

3. 南方亚麻田草害防控技术

（1）二甲四氯钠和烯草酮混用技术

在湖南省娄底市早元、关家垴进行了二甲四氯钠和烯草酮混用对南方亚麻田杂草防除的小试试验，结果表明，二甲四氯钠和烯草酮混用亩用量分别为 11.2g（a.i.）和 3.12g（a.i.）时，对亚麻田杂草婆婆纳、牛繁缕、黄花蒿、狗尾草等杂草的防效在 85% 以上。

（2）苗前处理除草剂筛选

在湖南娄底和云南大理进行了芽前除草剂对亚麻田杂草的防除试验，试验结果表明，在湖南娄底，乙氧氟草醚施用一个星期后再播种亚麻，能很好的防除亚麻田看麦娘、日本看麦娘、罔草、稻槎菜、羊蹄等多种杂草（表 5－18）。

表 5－18　乙氧氟草醚、异丙隆等芽前除草剂对南方亚麻田杂草防除（娄底早元）

处理	用量［(g·a.i.)/亩］	药后 10d		药后 20d		药后 30d		药后 30d	
		株数	防效（%）	株数	防效（%）	株数	防效（%）	鲜重（g）	防效（%）
48%地乐胺 EC	48.0	23.33	32.69	26.33	35.77	27.33	37.88	129.87	42.10
	86.4	19.67	43.27	22.33	45.53	22.33	49.24	104.53	53.40
	124.8	14.33	58.65	15.00	63.41	15.00	65.91	63.53	71.67
	172.8	9.33	73.08	9.00	78.05	8.33	81.06	51.27	77.14
50%异丙隆 SC	25.0	22.33	35.58	24.67	39.84	26.00	40.91	124.47	44.51
	45.0	18.00	48.08	19.67	52.03	19.67	55.30	100.63	55.13
	65.0	12.33	64.42	13.33	67.48	12.67	71.21	71.10	68.30
	90.0	8.00	76.92	7.67	81.30	7.33	83.33	45.07	79.91
24%乙氧氟草醚 EC	2.4	23.33	32.69	22.67	44.72	23.33	46.97	117.77	47.50
	3.6	18.00	48.08	18.33	55.28	17.33	60.61	97.33	56.61
	4.8	11.33	67.31	10.67	73.98	9.67	78.03	74.47	66.80
	7.2	7.33	78.85	6.67	83.74	6.33	85.61	44.13	80.32
40%丁草胺 WP	150	11.00	68.27	12.00	70.73	11.67	73.48	91.17	59.36
人工除草		14.33	58.65	19.00	53.66	24.67	43.94	131.43	41.40
空白对照		34.67		41.00		44.00		224.30	

在大理腾冲，地乐胺和异丙隆对田间杂草防效良好。田间杂草种类不同、发生时期不同，除草剂的选择也应作相应的变化（表 5－19）。

表5－19 4种芽前除草剂防除亚麻田一年生杂草田间试验（云南大理腾冲）

药剂	用量［（g·a.i.）/亩］	株防效（%）			鲜重防效（%）
		药后10d	药后20d	药后30d	药后30d
48%地乐胺EC	48	39.1	63.5	73.3	71.4
	86.4	64.6	80.3	86.1	87.4
	124.8	75.2	88.6	92.1	93.3
	172.8	81.7	92.1	99.5	99.1
50%异丙隆SC	25	55.2	80.6	87.9	85.4
	45	64.1	91	95.5	92.1
	65	68	89.7	97.3	96.8
	90	75.5	96	99.5	99.1
24%乙氧氟草醚	2.4	57.4	40.5	19.6	20.3
	3.6	42.7	43.1	46.3	27.3
	4.8	49.5	57.9	40.6	40.3
	7.2	63.4	66.7	57.7	63.2
25%噁草酮EC	12.5	29.3	37.1	33.2	27.4
	22.5	46	54.1	53.7	44.2
	32.5	54.9	73.8	81	62
	45	52.5	84	93.2	68.4
40%丁草胺WP（对照药剂）	60	32.2	65	79.6	84.4

（3）茎叶处理除草剂筛选

苯达松、三氟啶磺隆、二氯吡啶酸对耿马亚麻田杂草有很好的株防效，但鲜重防效相对偏低；甲咪唑烟酸亩用量为8.64g（有效成分）时对杂草的株防效在83%以上，鲜重防效为78.4%；异丙隆亩用量为45g（有效成分）时对杂草的株防效在84%以上，鲜重防效为82.1%，效果优良，可用于防除亚麻田杂草（表5－20）。另外，在此试验中采用氯氟吡氧乙酸时出现了较为严重的药害，此药剂为激素型除草剂，易对亚麻苗产生药害，不建议生产上使用。

表5－20 茎叶处理除草剂防除亚麻田一年生杂草田间试验（云南大理耿马）

药剂	用量［（g·a.i.）/亩］	株防效（%）			鲜重防效（%）
		药后10d	药后20d	药后30d	药后30d
240g/L甲咪唑烟酸AS	4.32	62.4	53.6	64.2	68.9
	6.24	75.2	63.3	82.3	74.4
	8.64	85.1	83.1	92.0	78.4
50%异丙隆SC	25.00	63.8	74.1	88.3	69.1
	45.00	84.5	94.6	94.8	82.1
	65.00	91.7	97.3	97.8	86.1
	90.00	93.4	99.6	99.6	90.6

（续表）

药剂	用量［（g·a.i.）/亩］	株防效（%）			鲜重防效（%）
		药后10d	药后20d	药后30d	药后30d
75%二氯吡啶酸SGX	2.00	41.3	40.3	29.8	39.6
	5.00	52.2	52.2	31.3	50.8
	8.00	70.5	64.3	47.0	58.0
	10.00	84.4	67.4	78.8	67.9
48%苯达松WP	50.00	47.3	31.7	23.8	22.6
	90.00	66.8	45.8	37.6	33.6
	130.00	74.5	64.4	62.0	45.0
	180.00	85.1	71.8	71.7	54.6
10%三氟啶磺隆WP	5.00	9.8	30.1	41.3	36.9
	10.00	40.1	52.4	55.0	42.9
	15.00	76.7	59.8	59.2	51.9
	20.00	79.5	68.8	75.2	59.7
乙氧氟草醚（CK）	2.70	96.6	95.1	98.5	94.5

（4）除草剂混用技术

二氯吡啶酸（有效成分3.75g/亩）与精喹禾灵（有效成分1.32g/亩）混用能较好的防除亚麻田苗期杂草，药后10d、20d、30d的株防效与鲜重防效分别为59.36%、56.25%、77.99%，73.54%，但防效未达到80%以上，可继续探索在不造成药害的前提下适量加大药剂用量（表5-21）。

表5-21　二氯吡啶酸与精喹禾灵混用防除亚麻田一年生杂草试验（云南大理宾川）

处理及用量［（g·a.i.）/亩］	株防效（%）			鲜重防效（%）
	药后10d	药后20d	药后30d	药后30d
75%二氯吡啶酸SGX 0.75g+8.8%精喹禾灵EC 2.64g	20.16 cd	30.46 ab	42.36 bc	28.62b
75%二氯吡啶酸SGX 2.25g+8.8%精喹禾灵EC 2.20g	27.26c	38.19ab	53.00ab	36.44b
75%二氯吡啶酸SGX 3.75g+8.8%精喹禾灵EC 1.76g	42.12b	40.62ab	69.11a	47.20ab
75%二氯吡啶酸SGX 5.25g+8.8%精喹禾灵EC 1.32g	59.36a	56.25a	77.99a	73.54a
75%二氯吡啶酸SGX 6.00g	13.58d	14.53b	15.81d	22.30b
8.8%精喹禾灵EC 3.52g	17.87cd	27.10ab	23.69d	21.13b

（三）黄/红麻

1. 红麻立枯丝核菌杀菌剂的室内毒力测定

采用生长速率法测定了6种杀菌剂对红麻立枯丝核菌的室内毒力测定。供试药剂如表5-22所示。

表 5－22　供试药剂及使用浓度

药剂名称	生产厂家	剂型	使用浓度（mg/L）
50%多菌灵	上海升联化工有限公司	WP	20、10、5、2、1
15%三唑酮	江苏剑牌农药化工有限公司	WP	400、200、100、50、30
25%丙环唑	瑞士先正达作物保护有限公司	EC	10、2、1、0.5、0.1
99%恶霉灵	威海韩孚生化药业有限公司	TF	15、10、5、1、0.5
3%井冈霉素	山东科大创业生物有限公司	SPX	2.5、2、1.5、1、0.5
43%戊唑醇	苏州里贝尔化工有限公司	SC	5、1、0.5、0.1、0.05

杀菌剂室内毒力测定试验结果（表 5－23）表明，43%戊唑醇悬浮剂和25%丙环唑乳油对菌丝的抑制效果最好，EC_{50}分别为0.5198mg/L、1.0295mg/L；其次为3%井冈霉素可溶性粉剂和50%多菌灵可湿性粉剂，EC_{50}分别为2.8613mg/L、3.3955mg/L。

立枯丝核菌是常见的土壤习居菌，无寄主条件下可以长时间存活，主要侵染农作物幼苗而引发立枯病，造成大量死苗，化学防治仍然是控制该病的主要技术措施。本试验选用6种化学杀菌剂对采自红麻上的致病立枯丝核菌进行了室内毒力测定，发现43%戊唑醇悬浮剂和25%丙环唑乳油具有理想的菌丝抑制效果，结果可为红麻立枯病的防治提供理论基础。

戊唑醇、丙环唑和三唑酮均属于三唑类杀菌剂，它们都具有内吸性，能够对染病植株起到保护和治疗作用。本次试验中，此3种杀菌剂对立枯丝核菌菌丝的抑制效果相差很大，一方面可能与其作用机制和作用位点有关，另一方面是因为所使用的药剂为制剂而并非原药，其中的助剂和填充剂对病菌的作用效果可能存在一定的影响。

表 5－23　六种杀菌剂对红麻立枯丝核菌的室内毒力测定结果

药剂名称	毒力回归方程	相关系数	EC_{50}（mg/L）
50%多菌灵 WP	$y=2.5862x+3.627$	0.9471	3.3955
15%三唑酮 WP	$y=1.4575x+2.3179$	0.9828	69.2238
25%丙环唑 EC	$y=1.8964x+4.976$	0.9861	1.0295
99%恶霉灵 TF	$y=0.8938x+4.0508$	0.8471	11.5344
3%井冈霉素 SPX	$y=1.6125x+4.2638$	0.9720	2.8613
43%戊唑醇 SC	$y=1.0325x+5.2934$	0.9878	0.5198

2. 抗根结线虫红麻种质的筛选与鉴定

对从国内外收集的220个红麻种质材料系进行了抗性筛选与鉴定。选取常年根结线虫发病严重的沙质壤土地块进行试验，试验前将地块平整，适当撒施复合肥和有机肥。播种后喷带灌溉，适时浇水。每份材料设2个重复，每个重复小区播种70株左右，出齐苗后进行适当间苗，最终留苗50株左右。每个处理约1m²，各个小区随机排列。于2013年11月下旬播种，拟于播种后75d左右（即2014年2月中旬）进行调查。取小区所有植株作为调查对象，调查发病级别并记载。依据田间初步筛选结果，对抗性级别为高抗（HR）和中抗（MR）的种质材料进行盆栽定量接种准确鉴定，对获得的抗病种质进一步开展抗性遗传和抗性机理研究。

阿维菌素对不同黄麻品种根结线虫病有一定的防治效果。施用阿维菌素对10份黄麻品种根结线虫病的防治效果（表5－24）明显，有4个品种防治效果达80%以上，4个品种防治效果达70%～80%，2个品种防治效果在70%以下。

表 5－24　不同黄麻品种施用阿维菌素防治效果

品种名称	根结指数（%）（对照区）	根结指数（%）（处理区）	防治效果（%）
09c 黄繁－9	100.00	28.57	71.43
黄麻 971	97.14	10.00	89.71
09c 黄繁－13	100.00	28.57	71.43
黄麻 831	100.00	14.29	85.71
梅峰 4 号	100.00	14.29	85.71
黄麻 179	100.00	25.71	74.29
闽黄 1 号	100.00	34.29	65.71
福黄麻 3 号	100.00	17.14	82.86
福黄麻 2 号	100.00	28.57	71.43
福黄麻 1 号	100.00	51.43	48.57

施用棉隆对 13 份红麻品种根结线虫病进行防治试验（表 5－25）。研究表明，有 8 个品种防治效果达 90% 以上，3 个品种防治效果达 85% ～90%，2 个品种防治效果达 70% ～80%。

表 5－25　不同红麻品种施用棉隆防治效果

品种名称	根结指数（%）（对照区）	根结指数（%）（处理区）	防治效果（%）
闽红 964	100.00	10.00	90.00
杂红 952	100.00	5.71	94.29
福航优 1 号	74.29	5.71	92.31
航优 3 号	97.14	1.43	98.53
红优 2 号	97.14	4.29	95.59
H368	88.57	12.86	85.48
H1301	68.57	4.29	93.75
福红 952	45.71	12.86	71.88
闽红 321	80.00	11.43	85.71
福红航 1 号	85.71	11.43	86.67
福红航 5 号	28.57	2.86	90.00
红优 4 号	91.43	7.14	92.19
杂交种	40.00	8.57	78.57

3. 黄/红麻根结线虫病综合防治技术

实施方案与技术要点：①合理轮作：采用非寄主作物如玉米、水稻、高粱、棉花或水稻进行轮作一年以上。②及时清除病残体：收获麻后在其根系腐烂前及时清洁病田，将染病根系连同植株残体清理出田外集中焚烧。③深翻改土、破畦换沟，把病原线虫较多的表层土壤翻到深层。④生物熏蒸与阳光消毒：非寄主作物收获后均匀撒施石灰 50kg/亩，并将秸秆翻犁入耕作层直至秸秆腐烂，或盛夏季节对耕作层土壤实施深翻晒垡 15d 以上。⑤播种前土壤消毒：用 35% 威百亩纳（线克）水剂 3kg/亩对水 300kg 浇灌并用地膜覆盖熏蒸 7d 后，翻土释放毒气后播种。⑥加强肥水管理：合理施肥与灌溉，实行配方施肥，注意及时增施有机肥和生物肥料以及土壤改良剂；适时适度灌溉，防止麻株根系早衰。

⑦播前施用杀线虫剂：播种前于播种沟中施用5%阿维菌素颗粒剂4.5～6.0kg/亩，或5%丁硫克百威（好年冬）颗粒剂2.25～3.0kg/亩，或2.5亿孢子/g淡紫拟青霉（线虫必克）粉粒剂，并与土壤充分混匀后播种。

4. 黄/红麻麻种子包衣技术

种子包衣技术主要是用于防治植物苗期种传和土传的病害，持效期一般为40～60d，不同的有效成分其持效期不同。因此对于麻类种子包衣重点关注了猝倒病（卵菌引起），立枯病（真菌），白绢病（真菌），麻叶甲等，用先正达的种衣剂产品35%满适金（有效成分为咯菌腈和精甲霜灵），4.4%宝路（有效成分为精甲霜灵+咯菌腈+嘧菌酯）。这两种对卵菌和真菌有效，但不能防虫，再选择先正达的70%锐胜（噻虫嗪）或拜耳公司的60%高巧（吡虫啉）种衣剂，按照其有效用量，将杀菌与杀虫的2种种衣剂混和后用于麻类种子包衣。

（四）工业大麻

1. 大麻灰霉病防控技术研究

（1）杀菌剂防控大麻灰霉病的药效筛选试验

引进60%嘧霉胺·异菌脲WDG（山东科创生物科技有限公司）、400g/L嘧霉胺SC（江苏江南农化有限公司）和50%异菌脲WP（新沂农药有限公司）等3种杀菌剂实施防控大麻灰霉病的药效筛选试验。

结果表明（表5－26），第三次施药后第7d，当空白对照区的病情指数为22.78时，60%嘧霉胺·异菌脲WDG 60g/亩、50g/亩和40g/亩3个处理平均病情指数分别为3.48、4.31和5.65，防效分别为85.10%、81.11%和75.02%；400g/L嘧霉胺SC 150g/亩处理的平均病情指数为5.52，防效为76.13%；50%异菌脲WP 66.7g/亩处理的平均病情指数为4.35，防效为81.09%。由此可见，田间防治大麻灰霉病时，可推荐选用60%嘧霉胺·异菌脲WDG 50g/亩、50%异菌脲WP 66.7g/亩、400g/L嘧霉胺SC 150g/亩，即可达到有效防治的目的。

表5－26　杀菌剂防治大麻灰霉病的药效筛选试验结果

处理	病情指数		防效（%）
	药前	药后	
60%嘧霉胺·异菌脲水分散粒剂60克/亩	5.28	3.48	85.10Aa
60%嘧霉胺·异菌脲水分散粒剂50克/亩	5.17	4.31	81.11Bb
60%嘧霉胺·异菌脲水分散粒剂40克/亩	5.11	5.65	75.02Cc
400g/L嘧霉胺SC150克/亩	5.20	5.52	76.13Cc
50%异菌脲WP66.7克/亩	5.19	4.35	81.09Bb
空白对照	5.13	22.78	

（2）大麻灰霉病化学防控技术试验

试验在海南省海口市进行。自然发病，在发病初期进行施药，每隔7d施药1次，共施药3次。供试药剂：500g/L异菌脲SC（山东科创生物科技有限公司生产）；500g/L扑海因SC（拜耳作物科学〈中国〉有限公司生产）。随机区组排列，重复3次。试验结果表明，第三次施药后第7d，500g/L异菌脲SC 100ml/亩、75ml/亩和50ml/亩3个处理的平均病情指数分别为3.54、5.23和7.79，大大低于空白对照区的病情指数20.82，3个处理的防效分别为83.15%、75.98%和63.62%；对照药剂500g/L扑海因 SC75ml/亩处理的病情指数和防效分别为 4.72 和 77.00%。

方差分析结果显示，500g/L 异菌脲 SC 100ml/亩处理的防效高于对照药剂 500g/L 扑海因 SC 75ml/亩处理，差异达极显著水平；500g/L 异菌脲 SC 75ml/亩和对照药剂 500g/L 扑海因 SC 75ml/亩处理防效相当，差异不显著；50ml/亩两个处理的防效均低于对照药剂 500g/L 扑海因 SC 75ml/亩处理，差异分别达极显著水平；500g/L 异菌脲 SC 3 个处理彼此间的防效差异也分别达极显著水平（表 5－27）。

表 5－27　500g/L 异菌脲 SC 防治大麻灰霉病药效试验结果

处理	药前病指	药后病指	防效（%）	差异显著性	
				5%	1%
500g/L 异菌脲 SC 100ml/亩	4.61	3.54	83.15	a	A
500g/L 异菌脲 SC 75ml/亩	4.66	5.23	75.98	b	B
500g/L 异菌脲 SC 50ml/亩	4.69	7.79	63.62	c	C
500g/L 扑海因 SC 75ml/亩	4.51	4.72	77.00	b	B
CK（空白对照）	4.57	20.82			

（3）大麻灰霉病综合防控技术

防治大麻灰霉病应本着“预防为主，综合防治“的植保方针，实施综合防治和应急防治相结合的防治策略。专业防治和群众防治相结合，早期统一防治和全程综合防治相结合。具体防治技术措施如下。

①切断病原传播途径。因地制宜地选择抗病品种，不在前作为茄果类蔬菜的地块种植大麻；播种前进行种子消毒，可用 70% 托布津 +75% 百菌清 WP（1：1），按种子重量 0.5% 进行拌种，密封半个月后播种。

②加强栽培管理。轮作换茬：发病严重的麻地改种其他非寄主作物一到两年，可大大减轻苗期该病的发生；合理密植，加强田间管理，施足基肥，增施磷肥、钾肥；做好田间排灌，提高麻田防涝抗旱能力。

③统一开展预防性防治。提早喷药，做好预防保护。在常发病区，在苗期或病害发生前喷施 75% 百菌清 WP 600～800 倍液，或 80% 代森锰锌 WP 800～1000 倍液保护。

④实施区域化病情预警。因各产区气候因素和种植季节不同，应于雨季及病害流行季节适时到田间调查，及时通过预警系统进行预警。大麻灰霉病主要以发生症状结合病原观察进行确定，必要时通过快速检测试剂盒进行检测。

⑤适时开展应急防治。若发现该病发生，并有蔓延的趋势，应及时采取措施进行处理。对于轻病麻地，应及时拔除发病植株，带出田地进行焚烧等措施防止病情蔓延，并在晴天午后实施全田喷药防治。可喷施发病初期喷施 50% 异菌脲 WP 800～1 000倍液，或 50% 腐霉利 WP 800～1 000倍液，或 10% 苯醚甲环唑 WG 800～1 000倍液，视病情连续施用 2～3 次，每隔 5～7d 施用一次。

2. 开展了大麻跳甲的室内毒力测定

2013 年大麻跳甲的化学防治药剂筛选试验在黑龙江省农业科学院大庆分院试验基地进行，供试大麻品种为尤纱－31，出苗后 21d 用药。试验结果：筛选出大麻田较好的防治药剂两种，分别为混灭·噻嗪酮和啶虫脒，防治效果分别为 90.48% 和 88.42%，并且这两种药剂在田间均表现出较好的速效性和持效性。另外，从 6 种药剂中筛选出了 3 种对大麻跳甲效果较好的药剂：溃甲（10% 啶虫脒溴虫氰乳油，中正化工），1.8% 阿维啶虫咪和倍内威（溴氰虫酰胺，美国杜邦）。

3. 大麻种子包衣技术

(1) 包衣剂对大麻种子发芽率的影响

采用自然光照发芽纸试验，20～30℃变温处理。变温处理为高温时段8h黑暗，低温时段16h黑暗，保持滤纸湿润即可正常发芽。试验设3次重复，每次100粒。发芽开始后，每天观察并记录，根据情况加水，保持湿润；再将不正常幼苗和死种子拣出并记录，试验过程中出现的严重霉烂的种子随时拣出并加以记录。发芽标准以突破种皮的胚轴长度到达真种子自身的长度2倍为发芽。以达到50%发芽率的天数为初次计数时间（第3d）。相关指标的计算公式如下：

发芽率：$GR=(n/N)\times100\%$（式中：n为最终达到的正常发芽粒数；N为供试种子数，本实验中n为试验第3天正常发芽粒数）

发芽势：$GE=(n_3/N)\times100\%$（n_3为种子发芽第3d的正常发芽种子数；N为供试种子数）

试验结果表明，供试3种子包衣剂对大麻种子发芽势有一定的影响。试验第3d，3种种子包衣剂在供试浓度范围内的种子发芽势最高仅为16.67%，空白对照的发芽势为59%。药剂处理后的发芽势明显低于空白对照，差异达到极显著水平。可见3种种子包衣剂在抑制大麻种子霉变的同时，也抑制种子发芽（表5－28）。试验结果还表明，供试3种种子包衣剂在本试验设计用量范围内不能应用于生产，准确的使用量有待进一步试验予以确定。

表5－28　大麻种子包衣剂室内发芽试验结果

药剂名称	使用剂量 [（g或ml）/100kg种子]	发芽势（%）	霉变率（%）
11%精甲·咯·嘧菌SD	220	3.33dDE	0.00cB
	440	2.67dDE	0.00cB
	660	0.67dE	0.00cB
70%噻虫嗪SD	300	8.67cCD	2.00bcB
	1200	0.33dE	0.67bcB
	1500	0.67dE	0.67bcB
30%双苯菌胺SC	200	15.33bBC	4.00abAB
	600	14.00bBC	3.67abcAB
	1200	16.67bB	1.33bcB
CK		59.00aA	7.00aA

(2) 包衣剂对大麻种子出苗率的影响

试验将营养一致、孔隙度相似的土壤装于盆钵内进行土壤试验，土壤含水量大约60%。将各处理的100粒大麻种子分别播种于盆钵内平整的土壤表面，再覆土3～10mm，于25℃自然光照培养，于出苗后7d和14d定期观察记录出苗情况。记录大麻生长状况和描述药害症状，检查和计算不同处理间的出苗率、株高、主根长、死苗率。

成苗率（%）＝（正常成苗的种子数/供试种子）×100

由实验结果可以看出，供试的3种种子包衣剂各自3个浓度对种子进行包衣后，其不同时间的出苗率均低于空白对照。试验第15d，空白对照的最终发芽率为55.67%，而70%噻虫嗪SD 1500g/100kg种子处理的最终发芽率仅为17%。各药剂处理的最终根长和茎长与空白对照无明显差别（表5－29）。

本试验设计中供试药剂的最高使用量均略高于其他作物的推荐剂量，在同种药剂的处理中，药剂剂量越大，对发芽的抑制作用越明显。由此可见，在实际生产过程中，一定要注意药剂的使用剂量，否则可能造成严重后果。

表 5－29　种子包衣剂对大麻出苗率的试验结果

药剂名称	使用剂量［（g或ml）/100kg种子］	播种3d	播种15d			
		发芽率（%）	根长（cm）	茎长（cm）	死苗率（%）	出苗率（%）
11%精甲·咯·嘧菌SD	220	13.00bcdBC	3.67aA	12.99aA	bA	31.00bcB
	440	8.3cdBC	3.47aA	12.57aA	bA	20.00cB
	660	8.00cdBC	4.1aA	11.09aA	5.67abA	31.33bcB
70%噻虫嗪SD	300	16.67bcBC	3.0aA	9.16aA	15.33aA	37.00AB
	1200	9.67bcdBC	3.86A	12.12A	5.00abA	28.33bcB
	1500	4.67C	3.49aA	10.80aA	3.67bA	17.0c B
30%双苯菌胺SC	200	16.33bcBC	3.57aA	12.0aA	6.33aA	37.33bAB
	600	18.33bB	3.9aA	11.96aA	2.6bA	38.00bAB
	1200	14.33bcBC	3.5aA	12.15A	1.67bA	27.6bcB
CK	清水	34.33A	3.65aA	13.0aA	1.67bA	55.67aA

4. 大麻田杂草化学防除技术研究

在西双版纳大麻试验站进行了乙氧氟草醚、丁草胺对大麻田杂草的药效试验，施药时间为大麻播后苗前，常规喷雾，药液量为40L/亩。乙氧氟草醚药后20～30d的株防效较高，亩用量为30～40ml时，株防效为80%～82%；药后40d的鲜重防效为71%～74%；丁草胺用量大，效果不理想（表5－30）。

表 5－30　乙氧氟草醚、丁草胺防除大麻田一年生杂草试验（云南西双版纳）

处理	药后20d		药后30d		药后40d		药后30d	
	株数	防效（%）	株数	防效（%）	株数	防效（%）	鲜重（g）	防效（%）
24%乙氧氟草醚EC　20g/亩	114.7	56.57	64.0	58.35	109.0	43.72	156.2	32.33
24%乙氧氟草醚EC　30g/亩	51.0	80.68	28.7	81.34	49.3	74.53	66.5	71.18
24%乙氧氟草醚EC　40g/亩	49.3	81.31	27.3	82.21	48.0	75.22	59.1	74.41
24%乙氧氟草醚EC　60g/亩	63.3	76.01	78.0	49.24	83.0	57.14	102.2	55.73
40%丁草胺EC　50g/亩	236.7	10.35	137.7	10.41	161.7	16.52	201.3	12.81
40%丁草胺EC　100g/亩	113.3	57.07	112.7	26.68	86.7	55.25	152.0	34.14
40%丁草胺EC　150g/亩	98.3	62.75	81.0	47.29	93.0	51.98	121.7	47.29
40%丁草胺EC　200g/亩	73.3	72.22	51.3	66.59	87.7	54.73	140.0	39.35
对照药剂：20%乙草胺WP 50ml/亩	82.7	68.69	51.3	66.59	68.3	64.72	126.2	45.34
人工除草	153.7	41.79	81.0	47.29	126.3	34.77	156.5	32.20
空白对照	264.0	—	153.7	—	193.7	—	230.8	—

在山西汾阳大麻试验站进行了芽前除草剂精异丙甲草胺对大麻田杂草的药效试验，施药时间为大

麻播后苗前，常规喷雾，药液量为40L/亩。药后30～50d，亩用量为60～100ml时株防效在73.1%～83.7%；药后50d的鲜重防效为67.6%～78.2%（表5－31）。

表5－31　精异丙甲草胺防除大麻田一年生杂草试验（山西汾阳）

处理	药后30d		药后40d		药后50d		药后50d	
	株数	防效（%）	株数	防效（%）	株数	防效（%）	鲜重（g）	防效（%）
960g/L精异丙甲草胺EC　40g/亩	8.3	43.9	27.7	46.6	71.0	45.8	377.0	38.4
960g/L精异丙甲草胺EC　50g/亩	5.3	64.2	18.3	64.1	48.3	63.2	296.5	51.3
960g/L精异丙甲草胺EC　60g/亩	4.0	73.1	12.3	76.4	33.0	75.0	196.7	67.6
960g/L精异丙甲草胺EC　100g/亩	2.7	82.3	8.7	83.7	23.7	82.1	132.2	78.2
对照药剂：50%乙草胺EC　50g/亩	3.7	75.5	11.7	77.2	36.7	72.3	287.3	52.7
人工除草	4.7	68.8	20.3	61.3	43.7	67.1	179.3	70.5
空白对照	15.0	—	46.6	—	133.3		611.0	

5. 植物性安全剂在大麻田间杂草防控中的应用

初步研究植物性安全剂花椒、羌活和川芎是否能缓解除草剂对大麻幼苗的毒害。结果表明，川芎对缓解乙草胺、丁草胺和精异丙甲草胺均有一定的效果，大麻麻苗的株高恢复率在11.83%～19.79%之间（表5－32）。

表5－32　3种植物性安全剂缓解酰胺类除草剂对大麻种子发芽和株高生长的影响

处理	播种后5d		药后5d		药后15d	
	发芽数（棵）	发芽率（%）	平均株高（cm）	株高恢复率（%）	平均株高（cm）	株高恢复率（%）
乙草胺1 000mg/L	4	40	2.0		2.3	
乙草胺1 000mg/L＋花椒300倍	6	60	2.2	9.47	2.6	12.54
乙草胺1 000mg/L＋川芎30倍	7	70	2.3	14.99	2.8	18.59
乙草胺1 000mg/L＋解草啶5倍	7	70	2.0	0.88	2.4	2.61
乙草胺2 000mg/L	3	30	1.6		1.9	
乙草胺2 000mg/L＋花椒300倍	6	60	1.8	8.16	2.1	11.40
乙草胺2 000mg/L＋川芎30倍	7	70	1.9	16.33	2.3	19.55
乙草胺2 000mg/L＋解草啶5倍	6	60	1.7	5.10	2.1	7.89
丁草胺1 600mg/L	6	60	2.1		2.5	
丁草胺1 600mg/L＋花椒300倍	7	70	2.2	2.36	2.5	3.21
丁草胺1 600mg/L＋川芎30倍	7	70	2.4	13.39	2.9	19.53
丁草胺1 600mg/L＋解草啶5倍	6	60	2.1	0.79	2.5	1.36
丁草胺3200mg/L	4	40	1.7		2.1	
丁草胺3 200mg/L＋花椒300倍	6	60	1.8	4.90	2.3	10.84
丁草胺3 200mg/L＋川芎30倍	7	70	2.0	16.81	2.5	19.79
丁草胺3 200mg/L＋解草啶5倍	5	50	1.8	3.53	2.2	6.99
精异丙甲草胺1 600mg/L	5	50	2.1		2.2	
精异丙甲草胺1 600mg/L＋花椒300倍	6	60	2.2	6.80	2.4	7.36

（续表）

处理	播种后5d		药后5d		药后15d	
	发芽数（棵）	发芽率（%）	平均株高（cm）	株高恢复率（%）	平均株高（cm）	株高恢复率（%）
精异丙甲草胺1 600mg/L+川芎30倍	7	70	2.3	13.04	2.7	19.69
精异丙甲草胺1 600mg/L+解草啶5倍	6	60	2.1	1.94	2.3	2.85
精异丙甲草胺3 200mg/L	4	40	1.6		1.8	
精异丙甲草胺3 200mg/L+花椒300倍	5	50	1.7	7.10	2.0	11.78
精异丙甲草胺3 200mg/L+川芎30倍	6	60	1.7	11.83	2.2	18.72
精异丙甲草胺3 200mg/L+解草啶5倍	5	50	1.6	4.52	2.0	9.59
CK	15	93.75	7.9		8.7	

6. 大麻田除草剂组配配方筛选

研究了除草剂混用技术对大麻田杂草的防控效果，进行了二甲四氯钠和烯草酮混用、丁草胺与苄嘧磺隆混用的施药处理。调查结果表明（表5－33），二甲四氯钠与烯草酮混用能很好的防除大麻田中的杖藜、蒲公英、凹头苋、狗尾草等杂草；而丁草胺与苄嘧磺隆混用施用后易对大麻麻苗产生药害。

表5－33　除草剂混用防除大麻田一年生杂草试验（山西汾阳）

处理［（g·a.i）/亩］	药后20d株数	药后30d株数	药后40d株数	药后40d鲜重（g）
56%2甲4氯钠WP 20g+120g/L烯草酮EC 23ml	243.67c	354.33b	370.67b	5.97c
56%2甲4氯36g	491.3bc	515.00b	519.33b	15.40bc
120g/L烯草酮35ml	757.3b	793.0b	806.33b	23.1b
50%丁草胺EC 96ml+40%苄嘧磺隆3g	223.00c	277.00c	294.00b	8.27b
50%丁草胺EC 160ml	491.67b	529.67b	540.67b	14.87b
40%苄嘧磺隆5g	424.3b	440.33bc	460.67b	13.17b
空白对照	1403.00a	1440.67a	1456.67a	63.13a

（五）剑麻

1. 研究了剑麻褐圆蚧的发生规律和控制技术

总结出剑麻褐圆蚧发生规律，通过室内独立测定，筛选出3种褐圆蚧的防治药剂，分别为40%氧化乐果乳油1 000倍液、10%吡虫啉可湿性粉剂1 000倍、3%啶虫脒1 000倍液，室内毒力测定对褐圆蚧的防治效果可达95%以上（表5－34）。

表5－34　各药剂室内毒力测定（按有效成分计）

药剂名称	毒力方程	回归系数（R）	LC_{50}/LC_{95}（mg/L）
绿清灵（2%十八烷基三甲基氯化铵可溶性粉剂）	$Y=2.1221+2.1570x$	0.9935	21.59/124.97
77.5%敌敌畏乳油	$Y=0.6454+1.9389x$	0.9767	176.16/1242.49

（续表）

药剂名称	毒力方程	回归系数（R）	LC_{50}/LC_{95}（mg/L）
10%吡虫啉可湿性粉剂	$Y=1.8781+2.1984x$	0.9489	26.31/147.35
3%啶虫脒乳油	$Y=3.1859+2.4583x$	0.9708	5.47/25.53
40%氧化乐果乳油	$Y=1.1188+2.2241x$	0.9954	55.60/305.23
4.5%高效氯氰菊酯乳油	$Y=2.2757+1.7517x$	0.9961	35.91/312.08

2. 剑麻粉蚧化学防治技术研究

通过浸泡法测定了亩旺特、特丁磷、毒死蜱、氧化乐果、2%十八烷基三甲基氯化铵可溶性粉剂（绿清灵）等5种药剂对剑麻粉蚧的室内毒力，初步结果表明，亩旺特效果最好，其次是绿清灵、特丁磷、毒死蜱，氧化乐果效果较差。同时进行了绿僵菌等生防菌对剑麻粉蚧的侵染试验，结果表明（表5-35），绿僵菌对剑麻粉蚧有一定的侵染能力。

表5-35　四种药剂对剑麻粉蚧独立测定（按有效成分计）

药剂	毒力回归方程	LC_{50}/LC_{95}（mg/L）	相关系数 R^2
24%亩旺特悬浮剂	$Y=3.3822+1.4227x$	13.71/196.46	0.9930
5%特丁磷颗粒剂	$Y=3.2886+1.1731x$	28.76/726.13	0.9979
40%毒死蜱乳油	$Y=2.4775+1.3530$	73.18/1202.84	0.9896
40%氧化乐果乳油	$Y=0.7028+1.4957x$	746.66/9395.13	0.9911
2%十八烷基三甲基氯化铵可溶性粉剂	Y=2.9943+1.5569x	19.42/221.21	0.9858

在防治过程中，应注意：①培育抗虫优质高产新品种。②抓好虫源检疫制度，落实消毒工作，防止种苗传虫。③挖除麻园小行走茎苗，消除粉蚧栖息处。④控氮增钾，抑制徒长或生长过旺，提高抗虫能力。⑤实行轮作，切断粉蚧生物链，有效消灭虫源；麻园间套种绿肥等。以培肥地力，改善生态环境，有效控制粉蚧为害。⑥生物防治，麻园间套种热研柱花草，改善生态环境，使生物多样性，促进天敌——草蛉等大量繁衍，以虫治虫，有效控制粉蚧危害。⑦药剂防治，根据预警抓好麻园巡查，在粉蚧为若虫低龄期选用高效低毒环保型药剂进行扑杀，采用统一行动，群防群治，确保有效控制虫害和保护天敌。可选用亩旺特2 800倍+快润4 500倍或48%毒死蜱、40%杀扑磷、40%氧化乐果均600倍液或撒施5%特丁磷75～150kg/hm^2，亩旺特、特丁磷有效期长达两个月左右，其他药剂有效期约15d。长效药剂要两个月左右交替使用一次，其他药剂半个月左右交替使用一次，方可有效控制粉蚧蔓延，减轻紫色卷叶病为害。

3. 剑麻粉蚧生物防控技术研究

（1）天敌种类调查

在海南（昌江、东方、海口、儋州等）、广东（湛江）新菠萝灰粉蚧发生地进行该害虫天敌种类调查，发现丽草蛉、隐唇瓢虫、弯叶毛瓢虫及红纹瓢虫为该虫的主要天敌，其中丽草蛉为优势种天敌。

（2）天敌丽草蛉的捕食效能研究

丽草蛉1～3龄幼虫对新菠萝灰粉蚧1龄若虫的日捕食量（表5-36）。丽草蛉1～3龄幼虫的日食蚧量与新菠萝灰粉蚧 1 龄若虫的密度呈负加速曲线关系。

表 5-36　丽草蛉 1~3 龄幼虫在不同猎物密度下日平均捕食量

虫龄	项目	幼虫在不同粉蚧密度下的食蚧量（头）				
1 龄	粉蚧密度（N）	20	40	60	80	100
	食蚧量（Na）	16.3333	21.0000	39.6667	44.6667	49.6667
2 龄	粉蚧密度（N）	30	55	80	105	130
	食蚧量（Na）	18.6667	24.3333	51.0000	52.3333	60.6667
3 龄	粉蚧密度（N）	55	80	105	130	155
	食蚧量（Na）	34.6667	51.3333	71.3333	70.0000	70.6667

丽草蛉 1~3 龄幼虫对新菠萝灰粉蚧 1 龄若虫的理论日最大捕食量均较高，分别为 91.0412 头、191.1940 头和 265.3587 头（表 5-37）。

表 5-37　丽草蛉 1~3 龄幼虫对新菠萝灰粉蚧 1 龄若虫的捕食功能反应

虫龄	圆盘方程	A′	Th（d）	a′/Th	R	日最大捕食量（头）
1 龄	Na = 0.9384N/（1 + 0.0103N）	0.9384	0.0110	85.4367	0.9505	91.0412
2 龄	Na = 0.6566N/（1 + 0.0034N）	0.6566	0.0052	125.5375	0.9553	191.1940
3 龄	Na = 0.7555N/（1 + 0.0028N）	0.7555	0.0038	200.4754	0.9666	265.3587

表明丽草蛉 3 龄幼虫对新菠萝灰粉蚧 1 龄若虫的理论日最大捕食量最大。丽草蛉 1~3 龄幼虫对新菠萝灰粉蚧 1 龄若虫的功能反应的 a′/Th 值分别为 85.4367、125.5375、200.4754，表明幼虫随着龄期增大，对新菠萝灰粉蚧 1 龄若虫的控制能力越强。丽草蛉幼虫 3 个龄期的 $1/Na$ 和 $1/N$ 之间的相关系数 R 分别为 0.9505、0.9553 和 0.9666，均大于 $R_{0.05,3}=0.8780$，表明两者均显著相关。对功能反应的方程进行 χ^2 适合性检验，丽草蛉幼虫 3 个龄期 χ^2 分别为 2.4471、3.6174 和 3.3042，均小于 χ^2（4，0.05）= 9.4880，说明圆盘方程理论值和实测值拟合较好，试验得到的模型均能反映丽草蛉各龄幼虫在新菠萝灰粉蚧 1 龄若虫不同密度下的捕食变化规律。

（3）丽草蛉 2 龄幼虫自身密度干扰作用

在捕食过程中，随着捕食者自身密度的增加，从而增加了捕食者个体间的相互干扰，往往导致其对猎物的捕食作用率下降。捕食者的捕食作用率为：$E = Na/(N * P)$，其中，E 为捕食作用率，Na 为捕食量，N 为猎物密度，P 为捕食者密度。丽草蛉 2 龄幼虫自身密度与其对新菠萝灰粉蚧 1 龄若虫的捕食作用率的关系见表 5-38。

表 5-38　丽草蛉 2 龄幼虫自身密度与其对新菠萝灰粉蚧 1 龄若虫的捕食作用率的关系

幼虫密度（P）	捕食量（Na）	捕食作用率（E）
1	207.6667	0.4615
2	312.0000	0.3467
3	402.6667	0.2983

丽草蛉 2 龄幼虫对新菠萝灰粉蚧 1 龄若虫的捕食作用率随着丽草蛉 2 龄幼虫自身密度的增大而减小。

用 Hassell&Varley（1969）提出的公式 $E = QP^{-m}$ 和 Beddington 提出的公式 $E = aT/[1 + btw(p-1)]$ 进行拟合的模型所示，实测值曲线与理论值曲线非常接近（图 5 - 14）。丽草蛉 2 龄幼虫自身密度干扰作用导致其对新菠萝灰粉蚧 1 龄若虫的捕食作用率下降。

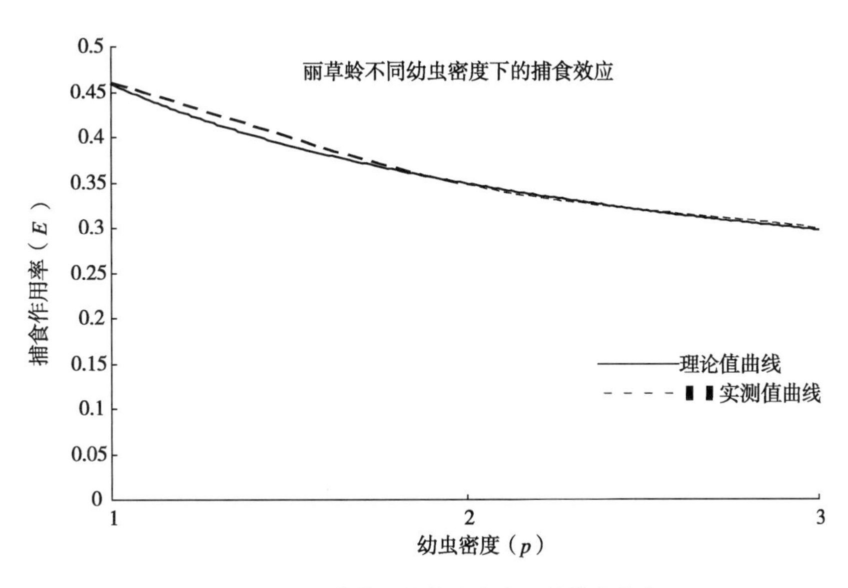

图 5 - 14　丽草蛉不同幼虫密度下的捕食效应

（4）种内干扰效应

捕食者在捕食过程中，随着其密度增大和猎物数量成倍增加，由于增加了个体间的相互干扰，导致捕食者的捕食率下降。丽草蛉幼虫在捕食新菠萝灰粉蚧 1 龄若虫的过程中，随着其密度增大和新菠萝灰粉蚧 1 龄若虫数量成倍增加，幼虫的捕食量和捕食作用率见表 5 - 39。结果表明，丽草蛉幼虫的捕食作用率 *E* 明显下降。

表 5 - 39　丽草蛉幼虫密度、新菠萝灰粉蚧 1 龄若虫密度与捕食作用率的关系

丽草蛉密度（*P*）	粉蚧密度（*N*）	捕食量（*Na*）	捕食作用率（*E*）
1	150	88.6667	0.5844
2	300	284.3333	0.4739
3	450	402.6667	0.2983

（5）丽草蛉幼虫人工饲料的研究

分别以全脂蝇蛆粉、脱脂蝇蛆粉、猪肝粉、酵母粉作为主成分，再另外添加牛肉粉、鸡蛋黄、蜂蜜等成分探索丽草蛉幼虫的人工饲料配方。从 2 龄开始饲养，以 1 ~ 2 龄新菠萝灰粉蚧饲养丽草蛉作为对照，对丽草蛉生长阶段的各项发育指标进行观测与比较（图 5 - 15）。结果表明，4 种配方均能使丽草蛉完成 1 个世代，其中以脱脂蝇蛆粉作为饲料主成分饲养丽草蛉效果最佳，幼虫发育历期为 9 ~ 14d，幼虫存活率达到 76.7%，羽化率达到 66.7%。选取脱脂蝇蛆粉、猪肝粉、牛肉粉、蜂蜜、鸡蛋黄作为配方的主要成分，通过均匀设计法与 SAS 软件分析得出其最佳配比为：脱脂蝇蛆粉 6.0g、牛肉粉 4.0g、猪肝粉 1.6g、蛋黄 1.6g、蜂蜜 1.3g。

4. 干旱条件下剑麻病虫害安全高效防控技术示范

实施方案与技术要点：①选用抗性品种。如剑麻 H.11648、孤叶龙舌兰等产量高、根系适量的品种。②科学施肥。下足基肥，基肥以厩肥、绿肥、磷肥、钾肥和石灰等混合施用，用量为 5 000 ~ 7 500

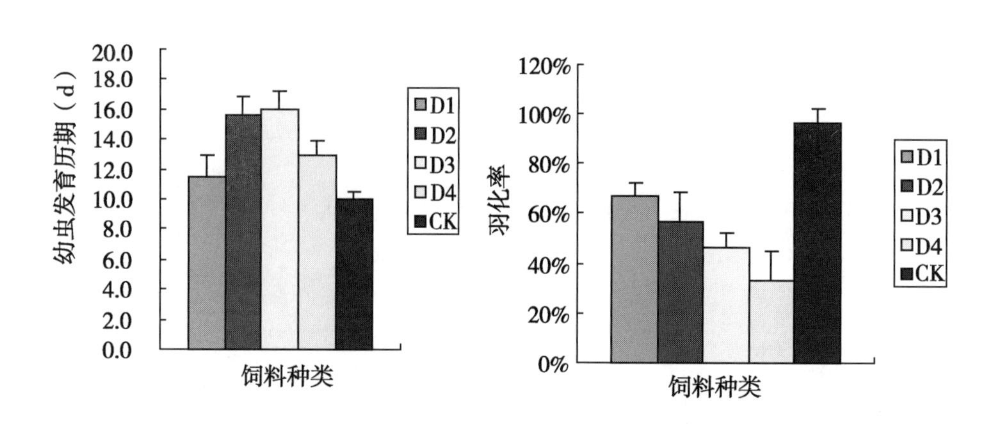

图5－15　人工饲料对丽草蛉幼虫生长发育的影响

D1：脱脂蝇蛆粉　D2：全脂蝇蛆粉　D3：猪肝粉　D4：酵母粉　CK：新菠萝灰粉蚧

kg/亩。追肥视麻株生长情况而定或进行测土配方施肥，一般每年追肥1～2次。针对剑麻紫色先端卷叶病，采用麻渣还田，并追施有机肥每亩1 000～1 500kg，开割后壮龄麻则在大行中开沟施肥等措施可有效缓解。③保墒与灌溉。秸秆保墒：充分利用秸秆、杂草等，切割后均匀地覆盖在剑麻行间，厚度以15cm为宜，可降低土壤温度，有效减少土壤水分的蒸发，增加土壤蓄水量，起到保墒作用，同时提高肥料利用率；培土保墒：根部四周进行培土，加深根茎部土层，提高根系抗旱能力；节水灌溉：提高水资源利用率，采用滴灌方法进行灌溉；合理割叶，减少蒸腾作用：针对干旱的气候特点，适当割除老叶大叶，合理减少叶面积，减少植株蒸腾作用。④化学防治：重点防治新菠萝灰粉蚧、斑马纹病和紫色卷叶病。对新菠萝灰粉蚧，采用石灰防治技术，或选用24%螺虫乙酯SC 3 000～4 000倍液，选用48%毒死蜱EC 800～1 000倍液＋10%吡虫啉WP 500～600倍液进行喷雾。斑马纹病可喷施80%代森锰锌WP 600倍液，或58%甲霜灵锰锌WP 500倍液，或72%霜脲锰锌WP 600～800倍液，或50%烯酰吗啉WP 800～1 000倍液，视病情连喷3～4次。对紫色卷叶病，可通过加强肥水管理，增施有机肥进行防治。

三　麻类作物多用途配套检测技术

根据国家麻类产业技术体系“十二五”重点研发任务将传统纤维作物向饲料作物拓展的战略部署，以及苎麻作为新型饲料作物对农药残留的新要求，开展了饲用苎麻农药残留检测方法的研究。在前期工作的基础上，2012—2013年度重点对饲用苎麻菊酯类农药的检测方法进行了改进，建立了饲用苎麻上菊酯类农药的前处理改进方法。

（一）饲用苎麻农药残留的检测技术改进

苎麻上菊酯类农药的前处理改进方法：①在50ml离心管中称取5g样品，添加1mg/kg的标样0.25ml，涡旋混合1min，放置30min。②加入5ml水、20ml乙腈，涡旋3～5min，加入2g NaCl涡旋1～3min，4 000r/min离心5min。③取上清液8ml转入50ml旋蒸瓶中蒸至近干加入2ml正己烷，待净化。④将弗罗里硅土柱用5ml丙酮＋正己烷（10∶90）、5ml正己烷预淋洗，条件化，当溶剂液面到达柱吸附层表面时，立即将上述待净化溶液转入柱中，用15ml刻度离心管接受洗脱液，用5ml丙酮＋正己烷（10∶90）冲洗旋蒸瓶后淋洗弗罗里硅土柱，并重复一次。⑤将盛有淋洗液的刻度离心管放置水浴温度为40℃的氮吹仪上，氮吹蒸发近干，用正己烷定容2ml，在涡旋混合仪上混匀，取1ml左右过0.22μm

有机系滤膜于自动进样瓶中，待测。

重新优化了仪器条件：仪器型号：GC－7890A（安捷伦）；进样口：220℃；不分流进样；流速1ml/min；柱温箱：升温程序：120℃（保留1min），以20℃/min的速度升温至200℃（不保留），再以10℃/min升温至280℃（保留15min）电子捕获检测器：300℃。

结果：由于存在基质效应，所以用基质标作为回收率参照。几种菊酯类农药的回收率均达到80%以上。甲氰菊酯：86.5%；溴氰菊酯：91.6%；高效氯氰菊酯：83.9%；高效氯氟氰菊酯：90.4%（图5－16）。

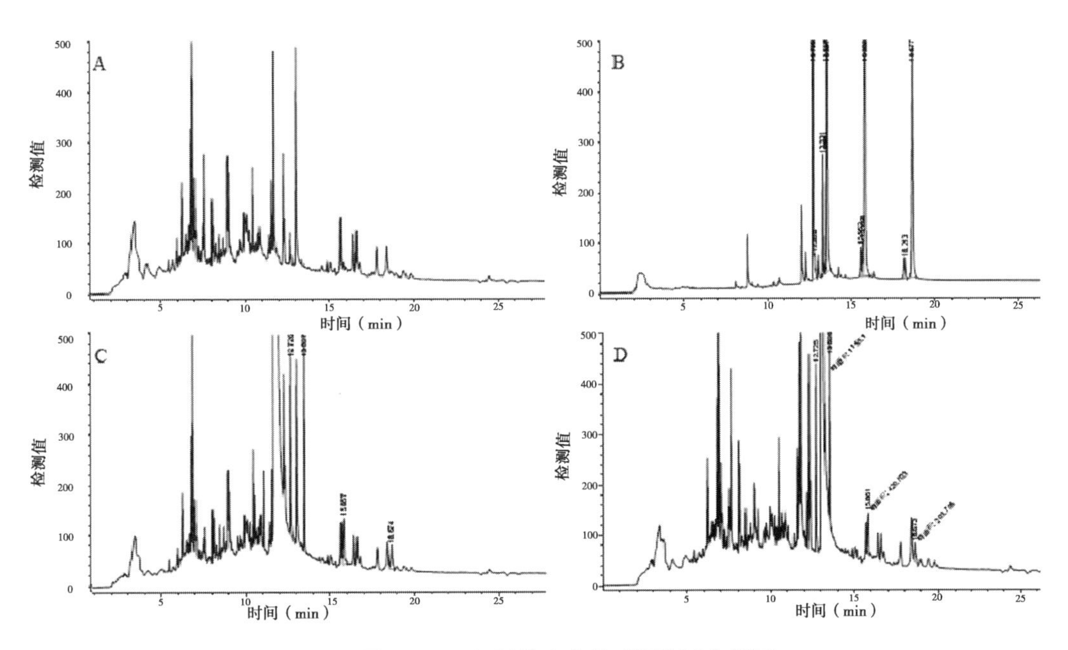

图5－16　饲用苎麻农药残留检测色谱图

（A. 苎麻基质色谱图；B. 几种菊酯类农药的标样色谱图；
C. 几种菊酯类农药的标样和基质色谱图；D. 苎麻中几种菊酯类农药的检测色谱图）

（二）苎麻农药多残留方法的建立及其应用

拟除虫菊酯类农药是继有机氯、有机磷和氨基甲酸酯之后的生物活性优异、环境相容性较好的一大类杀虫剂，是目前最主要的杀虫剂品种，约占世界杀虫剂总量的1/4。其具有高效、广谱、低毒和能生物降解等特性，对鳞翅目、鞘翅目、半翅目、缨翅目等多种昆虫害虫有效，主要应用在农业领域，如防治棉花、蔬菜和果树的食叶和食果害虫，此外还作为家庭用杀虫剂被广泛应用，用于防治蚊蝇及畜牧寄生虫等。

由于此类农药有蓄积性，长期接触即使是低剂量的也会引起慢性疾病；有些品种有致癌、致畸、致突变作用；对哺乳动物具有中等的神经毒性、免疫系统毒性、心血管毒性和遗传毒性；对家蚕、蜜蜂和鱼类等生物高毒，所以，联合国粮农组织和世界卫生组织已对菊酯类农药在农产品中的残留作出严格的限量。然而，从20世纪80年代以来，菊酯类农药在我国被广泛用于粮食、蔬菜和果树等多种作物。目前，菊酯类农药残留已成为我国部分农产品中主要的农药残留类型之一，严重影响了我国农产品安全和出口创汇，也给农田生态环境以及人们的身体健康带来严重的威胁。近年来，随着部分高毒有机磷农药逐步被禁用，菊酯类农药作为替代农药使用量稳步上升，随之而来的环境和生态风险加大。为了给苎麻饲料化提供依据，选择了高效氯氰菊酯、效氯氟氰菊酯、溴氰菊酯和甲氰菊酯等菊酯类农药，研究了其在苎麻植株和土壤中残留消减动态和最终残留。

1. 试验方案

试验设置在湖南省长沙县榔梨镇雨福村，采用高效氯氰菊酯、高效氯氟氰菊酯、溴氰菊酯、甲氰菊酯四类药剂。以推荐施用剂量的高限量为最终残留的低剂量，最终残留低剂量的1.5倍为最终残留的高剂量和消解动态的施用剂量的水平喷雾，其中，施药用水量50L/亩，高效氯氰菊酯（有效成分含量4%）低剂量为42（g·a.i.）/hm^2；高效氯氟氰菊酯（有效成分含量2.5%）低剂量为15（g·a.i.）/hm^2；溴氰菊酯（有效成分含量25g/L）低剂量为18.75（g·a.i.）/hm^2；甲氰菊酯（有效成分含量20%）低剂量为1 000倍稀释液150（g·a.i.）/hm^2；高剂量为低剂量的1.5倍。开展了土壤消解动态试验、苎麻植株（以下均采集叶片）残留消解动态试验、苎麻和土壤的最终残留试验等。具体实施方案见表5－40。

表5－40　苎麻中多残留方法建立及田间试验设计

处理编号	小区编号	面积（m^2）	试验项目	施药剂量	施药次数	施药间隔（d）	施药时间			采样距末次施药间隔（d）	采样种类
							1	2	3		
1	1～3	30	最终残留量	低剂量	2	5	—	X+5d	X+10d	5、10、15	植株、土壤
2	4～6	30	最终残留量	低剂量	3	5	x	X+5d	X+10d	5、10、15	植株、土壤
3	7～9	30	最终残留量	高剂量	2	5	—	X+5d	X+10d	5、10、15	植株、土壤
4	10～12	30	最终残留量	高剂量	3	5	x	X+5d	X+10d	5、10、15	植株、土壤
5	13～15	30	苎麻动态	高剂量	1	—		植株适当大小		药后2h、6h、1d、2d、3d、5d、7d、14d、21d、28d、35d、45d	植株
6	16	30	土壤动态	高剂量	1	—		植株适当大小		药后2h、6h、1d、2d、3d、5d、7d、14d、21d、28d、35d、55d	土壤
7	17	30	对照CK			不施药				消解动态试验期采样1次；最终残留采样期采样1次	植株、土壤

备注：设预计第一次打药日期X

2. 前处理方法

苎麻：称取5g苎麻田间样本于100ml离心管中，加入25ml乙腈涡旋提取1min，静置5min，再加入5g NaCl，涡旋混匀后于4 000r/min离心5min。取上清液1ml于50ml的烧杯中，于65℃水浴条件下蒸干，用10ml乙酸乙酯洗脱，取洗脱液约1ml待净化。

洗脱液转入装有40mg PSA和20mg Carb的2ml微量离心管中，8 000r/min离心5min。上清液过0.22μm有机系滤膜于自动进样瓶中，待测。

土壤：称取10g土壤田间样本于100ml离心管中，加入5ml蒸馏水，涡旋混匀。加入20ml乙腈涡旋提取1min，静置5min，再加入5g NaCl，涡旋混匀后于4 000r/min离心5min。取上清液2ml于50ml的烧杯中，于65℃水浴条件下蒸干，用2ml乙酸乙酯洗脱，取洗脱液约1ml待净化。

洗脱液转入装有40mg PSA的2ml微量离心管中，8 000r/min离心5min。上清液过0.22μm有机系滤膜于自动进样瓶中，待测。

3. 仪器条件

Agilent6890N（μECD）；载气：氮气，纯度≥99.999%，流速为1ml/min；辅助气：氮气，纯度≥99.999%，流速为60ml/min；柱温：120℃保持1min，以20℃/min升温至200℃，保持0min，再以10℃/min升温至280℃，保持10min；色谱柱：HP－5（φ0.25μm×0.32mm×28.9m）；气化温度：220℃；检测室温度：300℃；进样量：1μl；不分流进样。

4. 标准曲线

配制质量浓度为0.001、0.005、0.01、0.05、0.1mg/L的混合标准工作液（甲氰菊酯、高效氯氟氰菊酯、高效氯氰菊酯、溴氰菊酯）系列。分别以嘧菌酯的浓度为横坐标，以它们对应的峰面积为纵坐标作图。其中：①甲氰菊酯标准曲线的线性方程为 $y=137\ 161x+5.7182$，相关系数为：$r^2=0.999$，其中，y 为甲氰菊酯峰面积，x 为标准溶液浓度。②高效氯氟氰菊酯标准曲线的线性方程为 $y=292\ 016x-427.57$，相关系数为：$r^2=0.998$，其中，y 为高效氯氟氰菊酯峰面积，x 为标准溶液浓度。③高效氯氰菊酯：高效氯氰菊酯标准曲线的线性方程为 $y=115\ 268x+42.29$，相关系数为：$r^2=0.999$，其中，y 为高效氯氰菊酯峰面积，x 为标准溶液浓度。④溴氰菊酯标准曲线的线性方程为 $y=36\ 905x+76.252$，相关系数为：$r^2=0.998$，其中，y 为溴氰菊酯峰面积，x 为标准溶液浓度。

5. 添加回收

土壤中：每种农药在土壤中的 3 个添加浓度为 0.2、0.02、0.002mg/L，实测浓度为 0.1、0.01、0.001mg/L。表 5－41 为混标添加时各农药不同浓度的平均回收率和 RSD 值。

表 5－41　农药在土壤中的回收率

添加浓度（mg/kg）	土壤中平均回收率；RSD 值（%）			
	甲氰菊酯	高效氯氟氰菊酯	高效氯氰菊酯	溴氰菊酯
0.002	102.4；3.6	97.0；4.3	106.7；4.5	108.5；5.9
0.02	107.3；1.6	104.8；2.0	108.5；2.2	102.7；1.3
0.2	101.0；2.1	103.9；1.8	109.2；0.5	108.2；2.5

苎麻中：每种农药在苎麻中的 3 个添加浓度为 5、0.5、0.05mg/L，实测浓度为 0.1、0.01、0.001mg/L。表 5－42 为混标添加时各农药不同浓度的平均回收率和 RSD 值。

表 5－42　农药在苎麻中的回收率

添加浓度（mg/kg）	苎麻中平均回收率；RSD 值（%）			
	甲氰菊酯	高效氯氟氰菊酯	高效氯氰菊酯	溴氰菊酯
0.05	104.4；4.6	105.7；3.0	106.7；2.7	109.3；4.8
0.5	107.4；1.7	100.5；5.4	107.9；1.5	105.9；3.5
5	104.5；2.7	105.7；3.2	106.6；2.4	108.5；1.0

6. 消解动态（表 5－43、表 5－44）

表 5－43　农药在土壤中消解动态

时间（d）	甲氰菊酯		高效氯氟氰菊酯		高效氯氰菊酯		溴氰菊酯	
	残留量（mg/kg）	消解率（%）	残留量（mg/kg）	消解率（%）	残留量（mg/kg）	消解率（%）	残留量（mg/kg）	消解率（%）
1/12	0.326	—	0.034	—	0.094	—	0.065	—
1	0.324	0.5	0.043	－25.8	0.091	3.0	0.065	0.4
2	0.144	55.8	0.018	47.9	0.038	59.4	0.029	56.0
3	0.095	70.8	0.017	49.2	0.024	74.4	0.027	58.8
5	0.281	13.7	0.033	2.3	0.041	56.1	0.061	7.1
7	0.069	78.9	0.012	65.3	0.016	82.8	0.015	77.7
14	0.120	63.0	0.023	31.4	0.034	63.3	0.033	49.9

（续表）

时间（d）	甲氰菊酯		高效氯氟氰菊酯		高效氯氰菊酯		溴氰菊酯	
	残留量（mg/kg）	消解率（%）	残留量（mg/kg）	消解率（%）	残留量（mg/kg）	消解率（%）	残留量（mg/kg）	消解率（%）
21	—	—	—	—	—	—	—	—
28	0.031	90.4	0.010	70.2	0.009	90.1	0.009	86.6
35	0.027	91.8	0.012	65.2	0.005	94.5	0.006	90.8
55	0.011	96.6	0.009	72.6	0.003	96.9	0.003	95.1
方程	$y=0.210e-0.057x$		$y=0.026e-0.022x$		$y=0.051e-0.057x$		$y=0.046e-0.052x$	
R^2	0.839		0.526		0.829		0.827	
T1/2（d）	12.2		31.5		12.2		13.3	

表5－44　农药在苎麻中消解动态

时间（d）	甲氰菊酯		高效氯氟氰菊酯		高效氯氰菊酯		溴氰菊酯	
	残留量（mg/kg）	消解率（%）	残留量（mg/kg）	消解率（%）	残留量（mg/kg）	消解率（%）	残留量（mg/kg）	消解率（%）
1/12	29.12	—	2.72	—	8.81	—	4.01	—
1	20.46	29.7	1.83	32.6	4.32	51.0	2.52	37.2
2	13.81	52.6	1.12	58.6	3.78	57.1	1.79	56.1
3	19.19	34.1	1.76	35.1	6.46	26.6	2.91	27.4
5	9.86	66.1	0.84	68.8	3.44	61.0	1.44	64.1
7	10.11	65.3	0.93	65.8	3.43	61.0	1.61	59.9
14	7.78	73.3	0.88	67.5	3.11	64.7	1.43	64.4
21	8.22	71.8	1.02	62.5	3.51	60.2	1.60	60.1
28	3.00	89.7	0.41	84.7	1.59	81.9	0.77	80.8
35	4.11	85.9	0.55	79.6	2.05	76.6	0.92	77.1
45	0.67	97.7	0.11	95.8	0.46	94.7	0.20	95.1
方程	$y=20.439e-0.064x$		$y=1.765e-0.049x$		$y=5.771e-0.044x$		$y=2.746e-0.046x$	
R^2	0.880		0.795		0.787		0.799	
T1/2（d）	10.8		14.1		15.8		15.1	

7. 最终残留（表 5 -45 至表 5 -48）

表 5 -45　甲氰菊酯的最终残留

剂量 [（g·a.i.）/hm²]	次数	采收间隔期（d）	平均残留量（mg/kg）	
			土壤	苎麻
150	2	5	0.087	23.208
		10	0.007	10.642
		15	0.005	4.951
	3	5	0.114	32.219
		10	0.015	14.000
		15	0.014	6.312
225	2	5	0.173	27.537
		10	0.031	15.892
		15	0.012	10.444
	3	5	0.196	29.167
		10	0.078	21.383
		15	0.007	13.551

表 5 -46　高效氯氟氰菊酯的最终残留

剂量 [（g·a.i.）/hm²]	次数	采收间隔期（d）	平均残留量（mg/kg）	
			土壤	苎麻
15	2	5	0.012	1.967
		10	0.003	0.891
		15	0.001	0.486
	3	5	0.018	2.776
		10	0.003	1.257
		15	0.003	0.661
22.5	2	5	0.025	1.462
		10	0.007	1.229
		15	0.003	0.961
	3	5	0.030	3.097
		10	0.013	1.729
		15	0.002	0.680

表 5－47　高效氯氰菊酯的最终残留

剂量 [（g·a. i.）/hm²]	次数	采收间隔期（d）	平均残留量（mg/kg）	
			土壤	苎麻
42	2	5	0. 024	6. 921
		10	0. 002	3. 480
		15	0. 002	1. 984
	3	5	0. 029	10. 302
		10	0. 004	4. 789
		15	0. 001	2. 693
63	2	5	0. 036	6. 951
		10	0. 006	4. 451
		15	0. 003	3. 636
	3	5	0. 045	10. 977
		10	0. 017	6. 028
		15	0. 002	4. 848

表 5－48　溴氰菊酯的最终残留

剂量 [（g·a. i.）/hm²]	次数	采收间隔期（d）	平均残留量（mg/kg）	
			土壤	苎麻
18. 75	2	5	0. 020	2. 953
		10	0. 001	1. 397
		15	0. 003	0. 708
	3	5	0. 025	4. 041
		10	0. 003	1. 851
		15	0. 002	0. 984
28. 125	2	5	0. 031	2. 563
		10	0. 005	1. 748
		15	0. 002	1. 376
	3	5	0. 040	3. 946
		10	0. 016	2. 394
		15	0. 002	1. 752

第六章　栽培与耕作研究

一　苎麻

（一）苎麻高产技术及相关机理研究

1. 苎麻“369”工程高产技术研发进展

由国家麻类产业技术体系执行专家组组织，相关体系内外专家和当地农业主管部门参与，对依托该体系土壤肥料岗位专家、宜春苎麻试验站、咸宁苎麻试验站等团队建设的苎麻高产高效种植技术集成与示范基地进行了苎麻测产验收。其中，土壤肥料岗位建设在湖南浏阳的中苎1号高产示范田亩产达到346kg原麻、561kg麻叶和1 095kg麻骨；宜春苎麻试验站中苎1号高产示范田亩产达到了328kg原麻、619kg麻叶和909kg麻骨；咸宁苎麻试验站采用“三季+半季”的种植模式，亩产达到了351kg原麻、643kg麻叶和913kg麻骨，全面完成苎麻“369”工程和“315”工程的任务目标。

土壤肥料岗位专家浏阳苎麻基地“中苎1号”苎麻测产分头麻（6月5日）、二麻（8月5日）、三麻（10月17日）进行（表6-1）。测产结果表明，全年纤维产量达到345.5kg/亩，干麻叶560.9kg/亩，干麻骨1 095.8kg/亩，干麻叶麻骨1 656.7kg/亩，全面完成苎麻“315”工程目标；全年生物学干重（麻叶、麻骨、原麻）达到2 002.2kg/亩，达到2t/亩的新记录；产量构成因素中全年三季麻平均株高2.35m，茎粗（1/2处）1.26cm，皮厚0.91mm，有效株13 408株/亩；鲜茎出麻率4.48%，鲜（整）株出麻率3.22%，麻：叶：骨干重比例1：1.62：3.17，鲜皮出麻率12.58%（为72型剥麻器取得数据）；头麻纤维产量占全年的50%以上，头麻是超高产的关键。

表6-1　2013年“369”工程浏阳苎麻试验点测产结果

麻季	株高（m）	茎粗（cm）	皮厚（mm）	有效株（株/亩）	有效株率（%）	鲜茎出麻率（%）	产量（kg/亩）		
							叶	骨	原麻
头麻	2.99	1.43	0.97	12 560	94.9	4.94	249.0	535.0	187.0
二麻	1.98	1.23	0.93	13 307	92.0	4.65	149.9	269.4	87.5
三麻	2.09	1.13	0.82	14 356	92.6	3.84	162.0	291.4	71.0
平均/合计	2.35	1.26	0.91	13 408	93.2	4.48	560.9	1 095.8	345.5

宜春苎麻试验站中苎1号测产分别于6月3日、8月3日和10月25日开展（表6-2）。结果表明，全年纤维产量达到327.9kg/亩，干麻叶618.9kg/亩，干麻骨908.8kg/亩，干麻叶麻骨1 527.4kg/亩，

全面完成苎麻“315”工程目标；全年生物产量（麻叶、麻骨、原麻）达到1 855.3kg/亩；产量构成因素中全年三季麻平均株高1.93m，茎粗（1/2处）1.13cm，皮厚0.87mm，有效株17 227株/亩；头麻纤维产量占全年的50%左右。

表6-2　2013年“369”工程宜春苎麻试验点测产结果

麻季	单蔸有效株	株高（cm）	茎粗（mm）	鲜皮厚（mm）	总株数（株/亩）	产量（kg/亩）		
						原麻	麻叶	麻骨
头麻	6.28	248.53	12.2	0.95	17 360	150.7	165.8	403.3
二麻	6.88	176.58	11.74	1.01	14 710	108.3	172.2	263.8
三麻	10.4	152.71	10.05	0.66	19 610	68.9	280.6	241.7
平均/合计	7.85	192.6	11.33	0.87	17 227	327.9	618.6	908.8

咸宁苎麻试验站“华苎5号”测产分别于6月5日、8月13日、10月15日、11月24日开展（表6-3）。结果表明，全年纤维产量达到351kg/亩，干麻叶643kg/亩，干麻骨908kg/亩，干麻叶麻骨1 551kg/亩，全面完成苎麻“315”工程目标；全年生物学干重（麻叶、麻骨、原麻）达到1 902kg/亩；头麻纤维产量占全年的50%左右。

表6-3　2013年“369”工程咸宁苎麻试验点测产结果

	原麻（kg/亩）	麻叶（kg/亩）	麻骨（kg/亩）
头麻	167	158	302
二麻	82	211	207
三麻	102	206	246
四麻	—	68	153
总和	351	643	908

2. 不同苎麻品种的种植密度试验

试验品种为多倍体1号（浏阳基地）、中苎1号、湘苎7号（长沙基地）共3个，移栽密度共4个处理，分别为处理1：2 000株/亩，9×5=45株/小区；处理2：4 000株/亩，12×6=72株/小区；处理3：6 000株/亩，15×8=120株/小区；处理4：8 000株/亩，17×10=170株/小区。3次重复，随机区组设计，共12个小区，小区面积18.2m^2（2.6m×7m）。试验在浏阳、长沙2个苎麻基地进行，移栽时间为2012年6月初，破秆时间为2012年10月初，2013年正常收获头麻、二麻与三麻。

初步试验结果表明：2个试验点3个参试品种的破秆麻生物产量均随栽培密度增大而增加，因试验品种与试验点不同，其破秆麻生物产量也呈现一定差异。新栽麻第二年，随着移栽密度增大，苎麻有效株、无效株、皮厚、鲜皮重、原麻产量均呈增加趋势，而茎粗、皮厚呈下降趋势，株高及鲜皮出麻率无显著性差异。当移栽密度超过4 000株/亩时，尽管有效株还有增加空间，但纤维产量增加趋势放缓，而且3个品种间存在一定差异（表6-4、表6-5）。由此可说明，适当的移栽密度对新栽麻产量构成影响较大，当移栽密度超过4 000株/亩时，对新栽苎麻纤维产量的进一步提升意义不大。

表 6－4 2012 年不同密度试验破秆麻生物产量

密度（株/亩）	地上部鲜重（kg/小区）		
	多倍体 1 号（浏阳）	中苎 1 号（长沙）	湘苎 7 号（长沙）
2 000	37.83	11.87	9.96
4 000	40.33	14.49	14.19
6 000	45.50	18.18	16.27
8 000	49.17	18.69	17.97

表 6－5 2013 年不同密度试验三季麻平均小区产量及农艺性状

品种与处理		株高（cm）	茎粗（mm）	皮厚（mm）	有效株率	小区鲜皮重（kg）	小区原麻产量（kg）	鲜皮出麻率（%）
中苎 1 号	1	184.11	11.24	1.065	90.4%	7.95	0.99	12.60
	2	178.00	10.91	1.014	89.9%	8.67	1.10	12.79
	3	179.44	10.70	0.977	89.3%	9.58	1.14	11.95
	4	178.89	10.16	0.967	87.3%	9.51	1.15	12.17
湘苎 7 号	1	206.78	11.32	1.002	88.7%	8.75	1.19	13.71
	2	187.89	11.11	0.980	88.4%	10.18	1.34	14.16
	3	201.22	10.87	0.941	85.7%	9.66	1.42	13.96
	4	192.56	9.97	0.897	86.0%	10.73	1.52	14.37
多倍体 1 号	1	220.11	11.66	1.034	93.8%	10.68	1.19	11.09
	2	219.11	11.61	1.012	91.8%	11.13	1.23	10.99
	3	215.22	11.15	1.010	90.7%	12.87	1.55	12.53
	4	216.78	11.05	0.953	89.6%	13.74	1.60	11.14

注：中苎 1 号、湘苎 7 号的试验点为浏阳苎麻基地，多倍体 1 号的试验点为长沙苎麻基地

3. 植物生长调节物质应用技术

以华苎 4 号为材料，从激素（GA 和 CPPU）调节、N 素营养及 N 素胁迫蛋白质组学等方面进行高产机理研究。

(1) 喷施 GA 和 CPPU 对苎麻产量和品质的影响

以华苎 4 号为材料，在三季麻的旺长期喷施 5 种浓度的植物生长调节剂［赤霉素（GA_3）和氯吡苯脲（CPPU）］，研究其对苎麻纤维产量和品质的影响及作用机理。喷施 GA_3 和 CPPU 均能增加苎麻纤维产量，并随着喷施浓度的上升呈现先增后降的趋势，且 GA_3 和 CPPU 均在浓度 10mg/L 时取得最大产量，分别比对照增加 24.93% 和 12.46%。喷施低浓度 GA_3 和 CPPU 均有利于鲜茎出麻率和鲜皮出麻率的提高，GA_3 在 10mg/L 和 20mg/L 时效果较好，而 CPPU 在 5mg/L 和 10mg/L 时效果最佳（表 6－6）。

喷施 GA_3 对头麻和三麻的含胶率影响不显著，40mg/L 的 GA_3 能显著降低二麻的含胶率；CPPU 对各季麻含胶率的影响均不显著。喷施 GA_3 对头麻和三麻的断裂强力影响不显著，二麻期间 10mg/L 浓度处理显著高于对照。头麻和二麻的各 GA_3 处理与对照纤维直径相比差异不显著，但三麻的 10mg/L 和 20mg/L 浓度处理显著高于对照。喷施 CPPU 对苎麻断裂强力影响不大，各处理与对照相比均无显著差

异。喷施 GA_3 对三季麻的结晶度影响不显著，GA_3 处理的纤维结晶度低于对照，而三麻则相反。低浓度 CPPU 时结晶度低于对照，对头麻和三麻的结晶度影响不显著，而二麻期间，40mg/L 和 80mg/L 的浓度处理其结晶度显著高于对照。

表 6-6　赤霉素和氯吡苯脲处理对苎麻产量及含胶率的影响

药剂	浓度（mg/L）	原麻产量（kg/hm^2）			总产量（kg/hm^2）	含胶率（%）		
		头麻	二麻	三麻		头麻	二麻	三麻
GA_3	0	627.00 ±57.16c	803.00 ±181.75a	539.00 ±68.70b	1 969.00 ±306.62b	26.88 ±1.38ab	30.76 ±2.30a	26.58 ±0.56ab
	10	968.00 ±50.41a	913.00 ±19.05a	748.00 ±19.05a	2 629.00 ±68.70a	25.49 ±1.40bc	31.36 ±0.79a	25.15 ±0.54abc
	20	979.00 ±133.37a	891.00 ±118.98a	715.00 ±19.05a	2 585.00 ±247.68a	25.99 ±0.38bc	30.05 ±0.93a	24.88 ±0.62bc
	40	715.00 ±148.81bc	759.00 ±66.00a	605.00 ±50.41b	2 079.00 ±200.73b	24.60 ±0.53c	29.52 ±1.57a	26.31 ±0.51ab
	80	891.00 ±66.00ab	858.00 ±132.00a	748.00 ±68.70a	2 497.00 ±169.34a	26.80 ±1.24ab	29.79 ±1.76a	24.45 ±1.69c
	200	1 056.00 ±118.98a	902.00 ±83.05a	726.00 ±87.31a	2 684.00 ±238.73a	27.88 ±0.95a	30.04 ±0.89a	26.88 ±1.44a
CPPU	0	693.00 ±33.00a	935.00 ±148.81ab	627.00 ±87.31a	2 255.00 ±249.87a	25.44 ±0.75a	28.37 ±0.89ab	25.36 ±0.63b
	5	792.00 ±143.84a	1 012.00 ±115.89a	682.00 ±68.70a	2 486.00 ±295.78a	26.54 ±1.01a	27.09 ±2.13b	26.15 ±0.87ab
	10	715.00 ±83.05a	1 034.00 ±50.41a	759.00 ±151.22a	2 508.00 ±231.00a	27.50 ±0.62a	27.67 ±2.18ab	25.55 ±0.36ab
	20	737.00 ±68.70a	869.00 ±50.41ab	682.00 ±19.05a	2 288.00 ±50.41a	27.28 ±2.07a	28.37 ±1.03ab	27.09 ±1.20a
	40	814.00 ±190.53a	759.00 ±151.22b	594.00 ±87.31a	2 167.00 ±420.45a	27.46 ±1.31a	30.07 ±0.87a	25.67 ±0.42ab
	80	693.00 ±99.00a	902.00 ±187.65ab	671.00 ±124.94a	2 266.00 ±390.93a	27.18 ±2.00a	29.66 ±1.40ab	25.58 ±1.36ab

注：同列不同字母表示 $\alpha=0.05$ 显著水平

（2）赤霉素和氯吡苯脲对苎麻产量和品质的影响

鲜茎出麻率和鲜皮出麻率是苎麻产量的构成因子，其大小能直接影响苎麻原麻产量。从整体上看，赤霉素可以显著增加苎麻的鲜茎出麻率，从而促进产量增加。喷施赤霉素后，三季麻在不同浓度处理下其鲜茎出麻率均有所增加，且都在 20mg/L 时达到最大值 4.86%、6.77% 和 6.43%，分别比对照增加 34.25%、10.26% 和 25.10%。与此同时，40mg/L 浓度下其鲜茎出麻率相比其他浓度都低。氯吡苯脲处理对二麻和三麻的鲜茎出麻率影响不显著，但在头麻期间，10mg/L 和 40mg/L 浓度的处理能显著增加鲜茎出麻率。

鲜皮出麻率表现为：除 40mg/L 的赤霉素处理与对照相比无显著差异外，其余处理均能显著增加头麻和三麻的鲜皮出麻率。对于 CPPU，头麻和二麻分别在 10mg/L 和 40mg/L 的浓度下可显著增加鲜皮出麻率，而三麻与对照差异不显著。

从整体上看，除 CPPU 在二麻期间，喷施 GA_3 和 CPPU 都有增大苎麻断裂强力的作用。赤霉素浓度范围在 10～80mg/L 范围内，随着赤霉素浓度增加，头麻的断裂强力依次增大，且在 80mg/L 时达到最大，但是除 10mg/L 的浓度显著低于对照处理外，其余处理与对照相比均不存在显著差异。二麻期间各处理与对照相比均无显著差异，而三麻与头麻相反，除 10mg/L 的浓度与对照相比不存在显著差异外，随着赤霉素喷施浓度的增加，其断裂强力显著增大。李宗道等（1980）研究表明，对苎麻喷施赤霉素后苎麻纤维强力增大，与本研究结果一致。而对于 CPPU，头麻随着 CPPU 的浓度升高，断裂强力不断下降，这恰恰与三麻相反，二麻则表现为喷施 CPPU 对苎麻断裂强力提高作用不大，甚至显著降低，但综合发现三季麻在高浓度（80mg/L）处理下时断裂强力皆达到较大值，提高效果较好。

断裂伸长率方面，赤霉素处理对其影响不显著，整体上与对照相比不存在显著差异。头麻期间，5mg/L 浓度的 CPPU 处理及二麻、三麻期间 80mg/L 浓度的 CPPU 处理与对照相比断裂伸长率显著提高，且头麻表现为随着 CPPU 浓度的提高，断裂伸长率逐渐下降，而二麻、三麻则表现为上升的趋势。

纤维素结晶度是指纤维素构成的结晶区占纤维素整体的比例，通常其结晶度为 30% ~80%。纤维素从结晶区到非结晶区是逐步过渡的，无明显界限。从整体上看，赤霉素处理对苎麻结晶度影响不显著，只在二麻期间的 80mg/L 与对照相比存在显著差异。氯吡苯脲处理在头麻期间，所有处理均较对照显著降低，二麻期间 5mg/L 和 20mg/L 浓度与对照相比也显著降低，三麻期间所有处理与对照相比均无显著差异。

（3）N 素营养及 N 素蛋白质组学研究

通过蛋白质组学分析了苎麻在缺 N 处理 3d 的叶片差异蛋白，通过 MALDI－TOF/TOF 质谱鉴定分别得到多种差异蛋白，这些差异蛋白参与光合作用、蛋白质贮藏、能量代谢、初生代谢、病害与抗性、信号传导、细胞结构、转录、次生代谢、蛋白质合成。苎麻在 N 胁迫下通过增强次生代谢活动、降低光合作用和能量代谢来提高耐性。通过提高信号传导途径，加强糖酵解与光合作用联系，促进 C、N 在细胞内的流动，促进半胱氨酸和相关激素合成，积累和分泌柠檬酸盐及 Actin 蛋白上调促进根系生长等过程来提高对 N 缺失的适应性。

上样量为 600μg/胶条，所用 IPG 胶条为 pH 值 4 ~7，17cm，线性，凝胶为 12% 聚丙烯酰胺凝胶，考马斯亮蓝染色（图 6－1）。

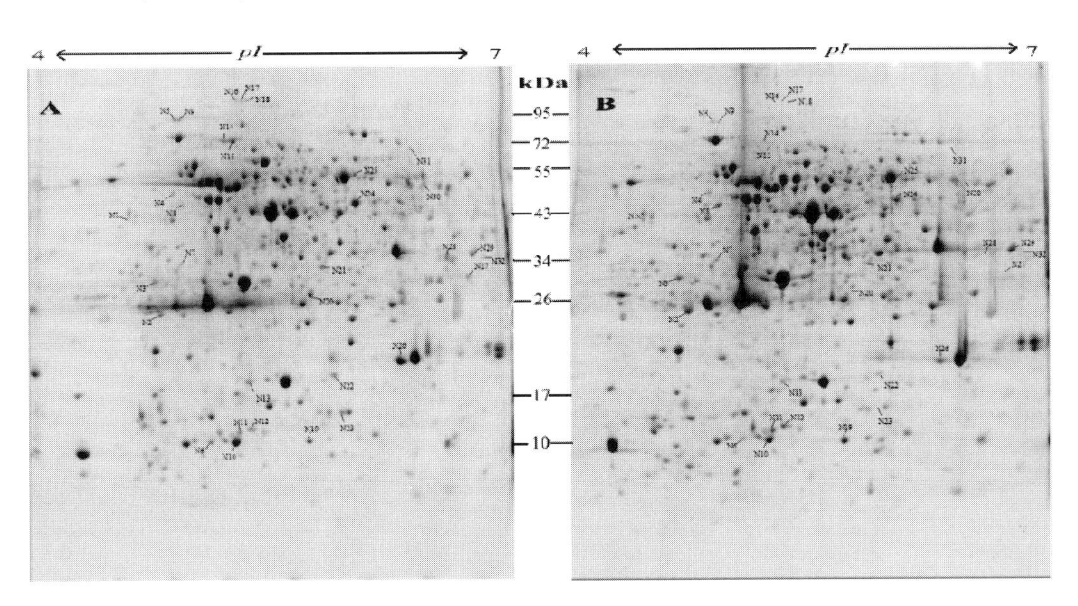

图 6－1　苎麻缺 N 处理叶片双向电泳图

A. 缺 N 处理 0d（对照）；B. 缺 N 处理 6d

苎麻在缺 N 下，相对叶绿素含量不断下降，生长速度也逐渐停止，细胞对 C 源和 NADPH 减少，光合作用相关蛋白下调如 RBCL 以适应营养胁迫。缺 N 通过维持 TCA 循环提供能量来适应胁迫。苎麻大量 HSP 家族蛋白下调，苎麻在缺素期间其可能产生一些的过氧化物和 ROS，但其在缺 N 时分别通过提高铜—锌超氧物歧化酶活性对此进行清除。苎麻在 N 胁迫时通过加强信号传导调节 ATP 和 DNA 的合成而调控各种生命活动，以提高对缺 N 的耐性。

4. 苎麻田土壤肥料研究

（1）品种需肥规律比较

2012 年（四龄麻）三季麻 3 个品种株高平均值为 2.02m，茎粗平均值为 11.42mm（表 6－7），皮厚平均值为 0.97mm，原麻年产量平均为 162.64kg/亩，品种间纤维产量相差不大，其中，以中苎 1 号最高，年产量为 169.21kg/亩，湘苎 3 号次之。2013 年（五龄麻）与 2012 年结果相近，以湘苎 3 号纤维产量最高，但品种间相差不大，由此说明四龄、五龄苎麻纤维产量趋于稳定。

表 6－7　2012—2013 年长沙定位试验三季麻农艺性状

年份	品种	株高（m）	茎粗（mm）	皮厚（mm）	有效株率	原麻产量（kg/亩）
2012	A	1.90	11.55	0.96	80.8%	169.21
	B	2.07	11.63	0.98	76.8%	154.60
	C	2.08	11.08	0.96	78.4%	164.10
	平均	2.02	11.42	0.97	83.3%	162.64
2013	A	2.08	11.70	0.88	86.7%	157.41
	B	2.26	11.69	0.87	87.7%	146.74
	C	2.24	11.63	0.88	88.1%	165.42
	平均	2.19	11.67	0.88	87.5%	156.52

注：A：中苎 1 号；B：多倍体 1 号；C：湘苎 3 号

（2）高产高效施肥试验

在浏阳苎麻高产高效试验与示范点继续开展高产高效施肥试验。2012 年三季麻试验结果如表 6－8。株高平均值为 2.54m，茎粗平均值为 12.93mm，皮厚平均值为 0.91mm，原麻年产量平均为 175.90kg/亩，最高年产量为 208.15kg/亩。由于 10 月雨水过多使得三麻倒伏严重，据估计原麻产量损失在 20% 以上。按未倒伏计算，估计部分品种原麻年产量可达到 250kg/亩。

表 6－8　2012 年浏阳高产高效试验与示范点三季麻农艺性状

品种		株高（m）	茎粗（mm）	皮厚（mm）	鲜皮出麻率（%）	有效株率（%）	原麻产量（kg/亩）
A	头麻	2.99	13.53	—	12.40	83.93	90.10
	二麻	2.18	12.79	0.97	8.80	66.10	56.00
	三麻	2.31	12.50	0.82	9.53	—	42.46
	平均/合计	2.49	12.94	0.90	10.24	75.01	188.57
B	头麻	3.13	14.33	—	11.60	75.07	59.53
	二麻	2.22	13.26	0.97	8.70	64.47	33.57
	三麻	2.28	12.27	0.85	9.67	—	34.01
	平均/合计	2.54	13.29	0.91	9.99	69.77	127.11

（续表）

品种		株高（m）	茎粗（mm）	皮厚（mm）	鲜皮出麻率（%）	有效株率（%）	原麻产量（kg/亩）
C	头麻	3.01	13.70	—	12.93	84.63	92.00
	二麻	2.22	12.84	0.98	10.33	69.60	54.66
	三麻	2.22	11.80	0.86	8.48	86.41	33.13
	平均/合计	2.48	12.78	0.92	10.58	80.21	179.79
D	头麻	3.15	13.77	—	13.17	83.00	87.66
	二麻	2.36	13.06	0.98	12.30	71.20	64.90
	三麻	2.34	11.37	0.82	12.08	88.85	55.58
	平均/合计	2.62	12.73	0.90	12.52	81.02	208.15
平均	头麻	3.07	13.83	—	12.52	81.66	82.32
	二麻	2.25	12.98	0.98	10.03	67.84	52.28
	三麻	2.29	11.98	0.84	9.94	87.63	41.29
总平均/合计		2.54	12.93	0.91	10.83	79.04	175.90

2012 年（二龄麻）三季麻 4 个品种株高平均值为 2.54m，茎粗平均值为 12.93mm，皮厚平均值为 0.91mm，原麻年产量平均为 175.90kg/亩，其中，以湘苎 7 号纤维产量最高，年产量为 208.15kg/亩，中苎 1 号次之。2013 年（三龄麻）三季麻 4 个品种原麻年产量平均为 204.26kg/亩，比 2012 年增产 16% 以上，且各品种纤维产量相差较大，以湘苎 7 号最高达 247.46kg/亩（三季麻比较均衡），湘苎 3 号次之。由此可以说明，三龄麻比二龄麻具有 16% 以上的纤维产量上升空间（表 6-9）。

表 6-9　2013 年浏阳高产高效试验与示范点三季麻农艺性状

品种与麻季		株高（m）	茎粗（mm）	皮厚（mm）	鲜皮出麻率（%）	有效株率（%）	原麻产量（kg/亩）
A	头麻	2.59	13.45	1.002	13.42	64.11	67.37
	二麻	2.08	12.73	0.977	11.66	82.69	68.70
	三麻	2.12	11.27	0.863	9.50	88.47	42.69
	平均/合计	2.26	12.48	0.947	11.53	78.42	178.76
B	头麻	2.68	13.62	0.992	10.05	91.56	68.37
	二麻	2.00	11.70	0.857	11.00	84.98	49.36
	三麻	2.21	10.24	0.786	11.01	94.44	44.69
	平均/合计	2.30	11.85	0.878	10.69	90.33	162.42
C	头麻	2.62	12.82	1.001	12.47	90.47	97.38
	二麻	2.06	11.56	0.892	12.34	90.27	79.04
	三麻	2.28	10.43	0.723	10.80	93.81	52.03
	平均/合计	2.32	11.60	0.872	11.87	91.52	228.45

（续表）

品种与麻季		株高（m）	茎粗（mm）	皮厚（mm）	鲜皮出麻率（%）	有效株率（%）	原麻产量（kg/亩）
D	头麻	2.73	13.35	1.012	13.03	82.06	87.38
	二麻	2.08	11.87	0.908	20.36	88.87	93.71
	三麻	2.23	10.39	0.811	12.92	90.48	66.37
	平均/合计	2.35	11.87	0.910	15.44	87.14	247.46
平均	头麻	2.66	13.31	1.002	12.24	82.05	80.12
	二麻	2.05	11.97	0.909	13.84	86.70	72.70
	三麻	2.21	10.58	0.796	11.06	91.80	51.44
总平均/合计		2.31	11.95	0.902	12.38	86.85	204.26

注：A：中苎1号；B：多倍体1号；C：湘苎3号；D：湘苎7号

（3）叶面肥配方筛选与应用

以国家发明授权专利“苎麻用氨基酸叶面肥料及其制备方法”为基础，配制4种不同叶面肥，进行苎麻田间与盆栽筛选试验与应用研究，筛选出以腐殖酸复合叶面肥配方在苎麻应用效果最佳。主要研究结果：（A）苎麻喷施叶面肥后，植株生长旺盛，较对照叶色加深，叶片较大，植株生长速率较快。根系活力较对照有显著提高，其中，以配方4腐殖酸叶面肥最为显著，中苎1号较对照提高了38.07%，达到22.76μg/（g·h），多倍体1号较对照提高了44.66%，达到24.13μg/（g·h）；过氧化物酶活性也有所提高，配方4中苎1号提高了15.33%，达到75.58U/（min·g·FW），多倍体1号提高了13.41%，达到67.92U/（min·g·FW）。（B）苎麻喷施叶面肥能提高原麻产量和生物产量，株高、茎粗、皮厚等产量因素有所提高。其中，以喷施配方4腐殖酸复合叶面肥的增产效果最为显著，头麻原麻产量较对照增产31.6%（中苎1号）和37.2%（多倍体1号），地上部分生物产量增产较对照增加5.5%（中苎1号）和13.4%（多倍体1号）；二麻原麻产量较对照增产33.6%（中苎1号）和33.1%（多倍体1号），地上部分生物产量增产较对照增加14.2%（中苎1号）和19.1%（多倍体1号）；三麻原麻产量较对照增产33.0%（中苎1号）和37.2%（多倍体1号）。（C）不同叶面施肥处理的苎麻纤维支数较对照有所增加，其中，配方4腐殖酸叶面肥效果最显著。头麻多倍体1号增加了139公支，较对照增加了7.2%，中苎1号增加了98公支，较对照增加了4.8%；二麻多倍体1号增加了143公支，较对照增加了7.6%，中苎1号增加了109公支，较对照增加了5.4%；三麻多倍体1号增加了140公支，较对照增加了7.5%，中苎1号增加了52公支，较对照增加了2.6%。

（4）NK互作对苎麻生长的影响

①影响因子权重。完成了NK肥互作对华苎4号品质及产量影响试验，重点研究了肥料运转及分配规律（测定了苎麻三季麻的苗期、快速生长期及纤维发育成熟期的光合指标，叶片SPAD值及株高等农艺性状，叶片和叶柄、韧皮部、茎秆的全氮，全磷，全钾含量等指标）。针对长江中游特殊的生态条件，以密度、施氮量、施磷量、施钾量为参试因子，采用四元二次回归正交旋转组合设计，研究各因子对苎麻品种华苎4号成龄麻产量和品质的影响。研究结果表明，4个参试因子对成龄麻产量的影响顺序为：磷肥（χ_3）>钾肥（χ_4）>密度（χ_1）>氮肥（χ_2）。频率分析结果显示：成龄麻获得产量大于2 600kg/hm^{2}优质纤维的最佳栽培措施为：密度28 350～31 650蔸/hm^2，施氮量363～387kg/hm^2，施磷量98.58～105.48kg/hm^2，施钾量280.20～319.8kg/hm^2。适宜种植密度及施肥量有助于获得较高产量的苎麻纤维。

②对苎麻产量和品质的影响。此外，以 N、K 不同的施肥为试验因子，以磷肥为底肥，氮肥、钾肥分季分量施肥，以华苎 4 号为研究对象，种植密度为 2 354蔸/亩。研究各试验因子对苎麻产量、纤维的品质、光合作用和叶片 SPAD 值等方面的影响（表 6－10）。寻求适合长江中游地区的良种配套良法，达到增产、增收、增效的目的。

表 6－10　NK 互作对苎麻产量及品质影响实验设计表格

处理	因素		编号	处理	因素	
	N（kg/亩）	K（kg/亩）			N（kg/亩）	K（kg/亩）
N1K1	16	8	9	N3K1	24	8
N1K2	16	12	10	N3K2	24	12
N1K3	16	16	11	N3K3	24	16
N1K4	16	20	12	N3K4	24	20
N2K1	20	8	13	N4K1	28	8
N2K2	20	12	14	N4K2	28	12
N2K3	20	16	15	N4K3	28	16
N2K4	20	20	16	N4K4	28	20

注：表中各个水平皆以 N1、N2、N3、N4；K1、K2、K3、K4 分别代替因素 N 和因素 K 下的四个施肥水平。氮肥：尿素，含 N 46.4%；钾肥：氯化钾，含 K_2O 60%；磷肥：过磷酸钙，含 $P_2O_5$12%；小区为 6.0m×7.0m，各个小区为随机排列

研究结果表明：苎麻各季节产量提高需肥的趋势均为头麻到三麻需 N 由高 N 水平到中等 N 水平，而 K 的需求量逐渐升高。另外，低 N、K 水平都不利于各季麻产量的提高，同时 N、K 之间存在显著互作作用，故需要搭配 N、K 使用，高 N 肥力下控制 K 肥可提高苎麻产量（表 6－11、表 6－12、表 6－13）。三季麻低 K 水平都有利于出麻率的提高，其中 K 对鲜茎与鲜皮出率影响较大。低 K 对头麻分蘖有抑制作用，N、K 肥之间相互作用对有效分株率因素显著，N 肥在二麻纤维成熟期与收获期对株高的生长作用不显著。N、K 互作对纤维品质影响显著，而中等 N 水平对品质提高作用较大，而 K 的促进作用由于互作而掩盖其对纤维品质影响效果，从而表现出无规律性。

高 N 和高 K（K4，300kg/hm^2）不能提高苎麻净光合速率，三麻 K 肥水平和互作对苎麻净光合速率影响较头、二麻影响显著，而 N 水平对净光合速率影响只在三麻的生殖生长期起显著作用。苎麻含 N 量增加会相应的增加叶片叶绿素含量，但是，在三麻进入生殖生长时会随 N 的施用量增加而下降。K 对 SPAD 值影响一般为低 K 时较大，但在三麻收获时由于生长旺盛，苎麻对 K 的需求量较大，SPAD 值随之增大。高 N 高 K 促进头麻有效株数和总株数增加，二麻继续需要高施 K、N，但是需求量要求逐渐减少，三麻则表现为 N、K 互作显著，需搭配使用。三麻靠近生殖生长期，适当降低 N 的施肥量，并需要尽量避免在高 N 肥情况下施用高 K 肥。

表 6－11　不同施肥处理的苎麻产量

处理	产量（kg/hm^2）		
	头麻	二麻	三麻
1	147.13±50.97c	534.58±118.92e	85.13±10.36h
2	148.27±0.25c	559.10±140.35e	263.39±16.93ab
3	195.03±19.8bc	270.12±0.92c	152.04±42.47defg

（续表）

处理	产量（kg/hm²）		
	头麻	二麻	三麻
4	191. 27 ±89. 49bc	512. 23 ±25. 43e	132. 42 ±23. 57efgh
5	205. 99 ±14. 72bc	583. 62 ±42. 48cde	102. 71 ±17. 27gh
6	225. 61 ±55. 7bc	740. 57 ±33. 98a	156. 94 ±30. 63cdefg
7	137. 33 ±22. 48c	573. 82 ±25. 48de	205. 98 ±67. 42bcd
8	201. 08 ±51. 68bc	603. 24 ±89. 5bcde	215. 80 ±30. 63bc
9	225. 60 ±97. 96bc	554. 81 ±61. 56e	156. 21 ±21. 13cdefg
10	220. 70 ±76. 45bc	701. 33 ±114. 28abc	176. 56 ±38. 93cde
11	282. 90 ±59. 13b	737. 68 ±41. 14a	282. 24 ±44. 39a
12	215. 80 ±55. 7bc	716. 05 ±30. 63ab	171. 66 ±47. 3cdef
13	176. 56 ±29. 43c	557. 24 ±35. 76e	111. 65 ±23. 64fgh
14	215. 80 ±75. 5bc	691. 52 ±134. 84abcd	182. 46 ±70. 71cde
15	201. 08 ±37. 02bc	613. 05 ±59. 47bcde	173. 04 ±32. 96cdef
16	383. 52 ±14. 81a	710. 37 ±22. 29ab	187. 23 ±41. 22cde

表 6－12　NK 互作对华苎 4 号纤维断裂强力及纤维伸长率的影响

处理	断裂强力（cN）			断裂伸长率（%）		
	头麻	二麻	三麻	头麻	二麻	三麻
1	35. 36 ±3. 61gh	41. 63 ±3. 13bcd	19. 81 ±0. 99g	3. 52 ±0. 23ef	3. 38 ±0. 6bcd	2. 79 ±0. 066f
2	36. 6 ±4. 03gh	38. 19 ±3. 66cdef	24. 36 ±1. 85def	3. 26 ±0. 17f	3. 46 ±0. 56b	3. 2 ±0. 79bcde
3	48. 67 ±2. 4bc	37. 68 ±4. 12def	36. 36 ±4. 5a	3. 98 ±0. 75bde	3. 34 ±0. 63bcde	4. 00 ±0. 48ab
4	35. 45 ±0. 79gh	35. 92 ±4. 24ef	31. 51 ±3. 83b	3. 66 ±0. 12def	3. 4 ±0. 46bc	3. 83 ±0. 39ab
5	42. 44 ±4. 54ef	40. 33 ±3. 07bcde	22. 04 ±. 36efg	4. 00 ±0. 38bcde	2. 85 ±0. 47de	3. 41 ±0. 36bcde
6	47. 77 ±2. 93bcd	43. 32 ±5. 31bc	25. 51 ±1. 06cde	3. 62 ±0. 05def	3. 39 ±0. 69bcd	2. 82 ±0. 35f
7	48. 06 ±4. 59bc	42. 66 ±2. 66bcd	37. 63 ±2. 5a	4. 29 ±0. 84abc	3. 54 ±0. 32b	3. 56 ±0. 66bcde
8	56. 14 ±3. 19a	35. 7 ±3. 42ef	23. 48 ±2defg	4. 00 ±0. 37abcd	3. 42 ±0. 2bc	4. 22 ±0. 94a
9	43. 3 ±3. 39cde	41. 62 ±3. 12bcd	26. 19 ±1. 81cd	3. 5 ±0. 36ef	3. 81 ±0. 61ab	3. 66 ±. 35abcd
10	31. 16 ±2. 87h	33. 48 ±1. 84f	29. 08 ±1. 49bc	3. 82 ±0. 83cdef	3. 84 ±1. 1ab	3. 65 ±0. 51abcd
11	37. 83 ±1. 77efg	48. 86 ±3. 27a	29. 4 ±2. 92bc	4. 32 ±0. 69abc	3. 68 ±0. 29ab	3. 69 ±0. 26abc
12	49. 24 ±1. 65b	45. 45 ±0. 95ab	22. 97 ±1. 64defg	3. 73 ±0. 61cdef	2. 89 ±0. 27cde	3. 1 ±0. 57def
13	46. 56 ±6. 27bcd	41. 75 ±4. 87bcd	25. 09 ±2. 21de	3. 76 ±0. 24cdef	4. 18 ±0. 31a	3. 67 ±0. 74abcd
14	42. 33 ±1. 88ef	34. 14 ±1. 02f	24. 34 ±2. 47def	4. 68 ±0. 41a	4. 20 ±0. 53a	3. 74 ±0. 81abc
15	43. 35 ±2. 56cde	37. 58 ±0. 11def	20. 89 ±1. 04fg	4. 46 ±0. 5ab	3. 47 ±0. 5b	3. 03 ±0. 3ef
16	37. 58 ±3. 25fg	38. 16 ±2. 72cdef	23. 67 ±2defg	4. 19 ±0. 88abcd	2. 84 ±0. 28e	3. 76 ±0. 43abc

表 6－13　NK 互作对华苎 4 号净光合速率的影响　[$\mu molCO_2$/（m^2·s）]

处理号	头麻		二麻		三麻	
	纤维成熟期	快速生长期	纤维成熟期	快速生长期	纤维成熟期	收获期
1	15.13±1.58abc	28.05±1.52ab	14.24±0.9de	18.20±0.57a	17.88±1.63abc	11.98±1.97ab
2	15.10±0.85abc	25.90±2bc	16.88±1.12a	15.24±1.24c	19.00±1.08a	6.94±1.48e
3	15.32±2.13ab	20.88±2.98c	13.90±1.42e	18.32±1.81a	15.65±1.2bcde	10.84±0.83abcd
4	11.77±1.55de	32.13±2.17a	14.88±1.22bcde	17.64±0.81ab	14.49±0.73def	10.21±1.84abcde
5	12.18±2.97cde	24.43±3.98bc	15.60±1.23abcde	18.11±1.42a	12.58±2.4f	8.14±0.35bcde
6	11.64±2.81e	24.90±1.99bc	13.86±1.46e	17.08±1.3abc	14.73±1.15def	6.83±2.48e
7	14.74±1.33abcd	27.62±4.86ab	15.97±0.71abcd	17.15±1.49abc	17.27±1.97abcd	8.61±0.69abcde
8	16.27±1.53a	25.25±5.42bc	16.66±1.3ab	17.97±1.08a	16.32±2.26abcd	12.28±1.28a
9	14.45±2.21abcd	27.78±2ab	14.62±1.7cde	16.73±1.84abc	17.02±1.49abcd	12.19±6.74a
10	14.77±1.63abcd	25.65±4.06bc	16.30±0.87abc	17.87±0.85a	14.93±0.93cdef	11.31±1.18abc
11	13.50±1.44abcd	26.70±4.13abc	14.28±1.23de	18.17±0.99a	18.43±3.18ab	9.66±0.6abcde
12	12.63±1.44bcd	26.90±2.77abc	15.55±1.01abcde	15.54±0.8c	12.83±1.96ef	10.92±2.08abcd
13	14.98±0.87abc	28.02±5.99ab	14.33±1.41de	16.95±0.83abc	16.38±0.73abcd	10.27±2.17abcde
14	13.79±1.78abcd	23.65±2.3bc	16.05±0.76abcd	16.51±0.82abc	16.18±1.46abcd	7.74±1.26cde
15	14.93±1.62abc	29.05±3.67ab	15.39±0.68abcde	17.63±0.62abc	16.45±2.81abcd	7.55±3.12cde
16	13.50±1.83abcd	25.72±4.24bc	15.51±0.8abcde	15.75±0.8bc	15.23±1.23cdef	7.02±1.41de

5. 苎麻连作障碍机理研究

在 2011 年研究的基础上，对苎麻存在的连作障碍现象进行进一步的研究，选择中苎 1 号扦插苗为材料，设 5 个不同处理 A：新茬土，B：新茬土＋苎麻带毒块根（1 000g），C：新茬土＋苎麻带毒块消毒根（1 000g），E：新茬土＋苎麻带毒根际土（1 000g），F：新茬土＋苎麻带毒根际土消毒（1 000 g），进行自毒物质试验，通过试验明确连作障碍与自毒物质的关系，下一步的试验已经布置好，麻苗已经移栽好。

（1）影响苎麻生长不同连作障碍因子试验

针对影响苎麻连作的主要因子（根腐线虫土、根际残渣及根系分泌物土壤、土壤带毒、土壤消毒土、未种植苎麻的土为对照）设计不同的处理进行苎麻的生长发育及产量指标的分析来确定主要的影响因子，从 4 个不同处理可以看出，苎麻产量性状指标中 4 处理于对照比都存在一定的显著性差异，其中，处理 1：根腐线虫土壤和处理 2：根系分泌物土在株高和产量指标明显的低于对照，明显影响苎麻的株高和产量等指标，其中头麻中影响最大的是处理 1：根腐线虫土栽苎麻；处理 4：消毒处理的土壤也存在差异，这可能是土壤消毒后里面的有些有益微生物有所减少的原因（表 6－14）。

表 6－14　不同处理头麻产量性状指标

处理	株高（cm）	茎粗（mm）	皮厚（mm）	叶绿素（SPAD 值）	单株产量（g）
带根腐线虫土壤（1）	96.93A	9.57s	0.74a	40.85	4.89a
带根系分泌物土（2）	130.86B	10.50ab	0.86b	41.47	5.91b
带毒的土壤（3）	133.00B	11.14b	0.87b	41.86	6.31bc
消毒的土壤（4）	143.00B	11.68b	0.88b	42.26	6.43c
未种植苎麻的土壤（对照）	170.89C	12.08b	0.95b	42.48	7.52d

从表6－14可以看出，苎麻二麻不同处理间在株高和产量指标等都存在显著的差异，其中，株高高度处理1、2与对照存在显著差异，处理3、4与对照差异不显著，单株产量处理1、2产量最低与对照存在显著性差异，这说明处理1：根腐线虫土壤、处理2：根系分泌物土两障碍因子对苎麻产量影响最大（表6－15）。从三麻的产量指标性状株高指标可以看出，处理1、2与对照及其他处理存在显著差异，茎粗几个处理间差异不大，从产量因子看出处理1、2、3与处理4及对照间存在显著性差异，由此可见在苎麻连作障碍因子中，苎麻根腐线虫土（处理1）及根系分泌物土对苎麻产量指标具有最大的影响（表6－16）。

表6－15　不同处理二麻产量性状指标比较

处理	株高（cm）	茎粗（mm）	皮厚（mm）	叶绿素（SPAD值）	单株产量（g）
带根腐线虫土壤（1）	86.65a	9.43	0.74a	38.85	2.86a
带根系分泌物土壤（2）	94.81ab	9.51	0.80a	37.80	3.07ab
带毒的土壤（3）	102.57bc	9.82	0.81a	38.60	3.26b
消毒的土壤（4）	108.57c	9.97	0.84a	39.20	3.79c
未种植苎麻的土壤（对照）	111.64c	10.86	0.85b	40.38	4.36d

表6－16　不同处理三麻产量性状指标比较

处理	株高（cm）	茎粗（mm）	皮厚（mm）	叶绿素（SPAD值）	单株产量（g）
带根腐线虫土壤（1）	123.89a	10.05	0.65a	38.65	3.07a
带根系分泌物土（2）	124.04a	10.58	0.68ab	38.68	3.59b
带毒的土壤（3）	137.00b	10.66	0.71ab	39.05	3.82c
消毒的土壤（4）	138.59b	10.75	0.73ab	38.76	3.92d
未种植苎麻的土（对照）	143.26b	11.01	0.75b	39.60	3.98d

（2）苎麻抗根腐线虫生物逆境条件下转录组测序分析

为了分析苎麻根腐线虫危害逆境下的全基因组表达谱，设计了接种根腐线虫和不接虫两个处理的4个样品开展了苎麻的转录组测序。基于Illumina测序技术，一共完成了4个样品（CO1、CO2、Inf1和Inf2）的测序，分别产生了56.3×10^6、51.7×10^6、43.4×10^6、45.0×10^6条reads数据，将这些reads数据进行重头组装，共获得50 486条Unigenes，其中，长度在1kb以上的有13 449条，平均长度组装长度为853bp，最终获得蛋白注释信息的Unigenes有24 820个。

基因功能分类和注释：为了观察感染根腐线虫苎麻的防御反应差异基因的表达水平，比较了两个样品间每个基因的平均RPKM值，通过RPKM分析它们各自被拼接出的基因，其中，有777个基因在两者间的表达水平有差异，接虫不接虫的比较其中592个基因是上调表达，185个基因是下调表达，在这些基因中表达水平有2倍的差异，其中，有11个上调基因和5个下调基因在侵染根腐线虫后的表达水平有20倍的差异。所有的差异基因在COG数据库进行蛋白功能分类，总共有差异214个基因分成了23个COG类，在GO分类中有694个差异基因分类到51个GO分类中。经过分析受苎麻根腐线虫的侵染调节的转录因子有40个分布到21个基因家族（图6－2）。

通过差异基因的KEGG代谢通路分析，当植株受到虫子侵染时有61条代谢通路受到影响，其中，有3种途径：苯丙氨酸代谢、类胡萝卜素和苯丙生物合成受到严重影响。

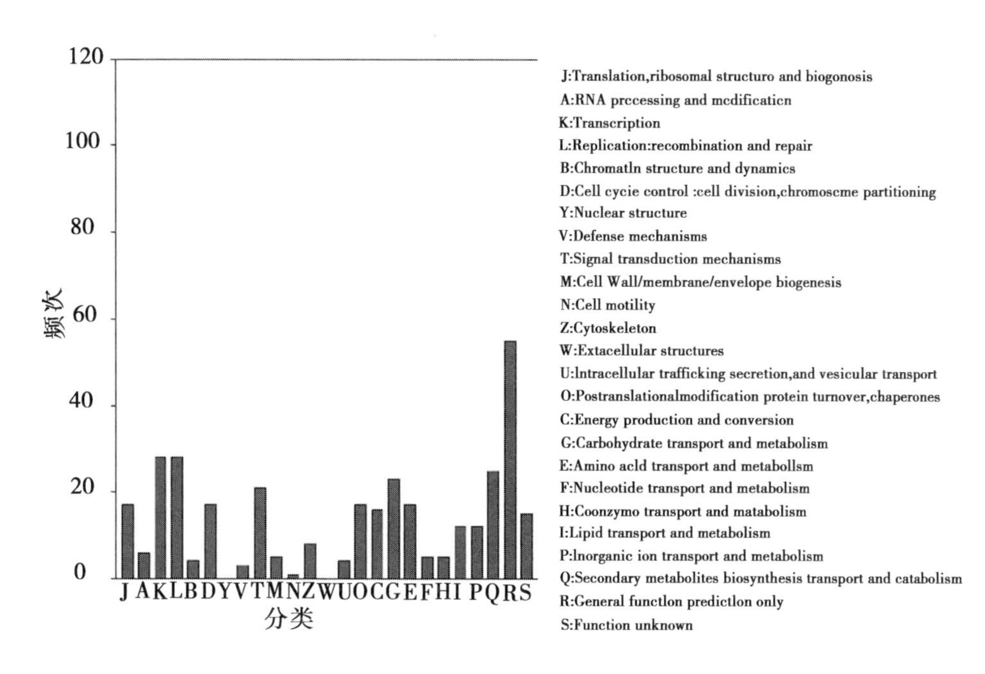

图 6－2　差异基因的 COG 注释分类

（3）苎麻农田土壤微生物数量的影响

探讨了长期种植苎麻后根际微生物数量及其对农艺性状和产量的影响。不同苎麻品种根际微生物数量差异明显，湘苎 3 号真菌数量显著大于 0501、T－1 和中苎 1 号。不同品种间根际微生物数量差异较显著，0501 的根际土壤环境最适合真菌的生长。

研究了不同苎麻品种根际微生物量碳氮的差异。中苎 1 号根际土壤微生物量碳呈先增后降的趋势，湘苎 3 号逐年递减，T－1 先降后增；微生物量氮比较时中苎 1 号呈逐年增大的趋势，湘苎 3 号逐年递减，T－1 不同年份差别不显著。不同品种间根际微生物量氮比较，T－1 与中苎 1 号、湘苎 3 号差异极显著，但中苎 1 号和湘苎 3 号差异不明显；苎麻品种碳氮不同年份间变化幅度小，品种间没有显著差异。

通过田间喷施 3 种浓度的乙草胺试验，观察其对苎麻农田生态系统中细菌、真菌、放线菌数量的影响。结果表明，乙草胺在施入土壤之后对细菌、真菌、放线菌数量呈现抑制－逐渐恢复的趋势；施药 7d 后，细菌、真菌、放线菌数量均大幅下降，并且随着浓度的增大下降越明显，之后这 3 类微生物数量逐渐恢复。

（4）收获高度与氮肥用量对苎麻败蔸的影响

开展不同收获高度（40cm、70cm、100cm）及不同氮素水平（N0：0kg/hm^2 尿素、N1：200kg/hm^2 尿素、N2：300kg/hm^2 尿素）对苎麻栽培品种“湘苎 3 号”和“多倍体 1 号”败蔸的影响研究，40cm、70cm 的收获高度共 7 次，100cm 收获高度共 6 次（表 6－17）。结果表明，苎麻经 6～7 次收获后，小区平均蔸数由 32 蔸减至 21.2 蔸，败蔸率 33.8%，1/3 的苎麻已败蔸；湘苎 3 号、多倍体 1 号蔸数分别为 19.33 蔸、23.11 蔸，品种间败蔸抗性存在显著差异；N0、N1、N2 处理时蔸数分别为 21.0 蔸、23.7 蔸、19.0 蔸，以 200kg/hm^2 尿素时蔸型最高，说明不施肥或超高量施肥都可能导致更多苎麻的败蔸发生。由以上结果可以初步推断，采用不施用氮肥、每年收割 6～8 次对成龄苎麻（2～3 龄以上苎麻）的败蔸抗性进行田间鉴定，是可行的，但还需要进一步研究与验证。相关数据资料还在整理中。

表 6－17　不同收获高度及氮肥处理对苎麻败蔸的影响

品种	收获高度（cm）	尿素处理（kg/hm²）	收获前小区蔸数（蔸/小区）	6～7次收获后小区平均蔸数（蔸/小区）
湘苎3号	40	N0（0）	32	17
		N1（200）	32	20
		N2（300）	32	16
	70	N0（0）	32	24
		N1（200）	32	24
		N2（300）	32	19
	100	N0（0）	32	17
		N1（200）	32	22
		N2（300）	32	15
多倍体1号	40	N0（0）	32	20
		N1（200）	32	25
		N2（300）	32	23
	70	N0（0）	32	24
		N1（200）	32	27
		N2（300）	32	22
	100	N0（0）	32	24
		N1（200）	32	24
		N2（300）	32	19

（5）抗败蔸苎麻资源筛选

湖南农业大学苎麻基因资源圃于2008年5月移栽建立，2013年是六龄麻，于头麻收获期对苎麻败蔸情况及农艺性状进行调查。从表6－18可知，比较粗放的管理条件下105份苎麻的平均败蔸率达1/4，而且各基因资源间败蔸率变异最大，变异系数达89.39%，从而影响其地上部鲜重，其变异系数达54.96%，株高及茎粗变异相对较小。通过调查，初步得到一批败蔸抗性较好，地上部鲜重比较高的苎麻基因材料，如邵阳四号、武岗厚皮种、平江丛蔸麻、大竹黄白麻、长沙青叶麻、毕节园麻等，有待进一步研究与调查。

表 6－18　105份苎麻基因资源败蔸情况调查

调查项目	平均值	标准差	变异系数	95%平均值置信区间
败蔸率（%）	24.52	21.92	0.8939	20.28～28.77
株高（cm）	104.57	24.57	0.2349	99.80～109.30
茎粗（mm）	6.68	1.18	0.1764	6.49～6.90
地上部鲜重（kg/小区）	4.26	2.34	0.5496	3.80～4.71

注：小区面积3.6m²

（二）山坡地苎麻高产栽培技术研究

1. 武陵山区山坡地苎麻高产栽培技术研究

将中苎1号、中苎2号、中饲苎1号、NC03在张家界进行品种比较试验，初步筛选出中苎2号作为山坡地种植品种。2013年，在湖南张家界市许家坊乡和湖南沅江市继续进行了新品种中苎2号高效轻简化栽培技术生产示范，面积180亩。2013年遭遇严重旱情，示范区原麻单产每亩仍达到180kg，通过副产物多用途利用和冬季套种榨菜、红苔菜的立体种植等平均每亩产值超过2 600元，对周边苎麻种植农户起到很好的示范效果。

新品系NC03产量与中苎2号相当，年平均纤维细度在2 400支以上，头麻纤维细度高达2 600支。NC03是深根型品种，水土保持效果好；并且具有茎秆挺拔、坚硬的特点，抗风性能突出，能够满足中坡地生长的要求。NC03参加2013年的全国苎麻区试，若能在区试中表现突出，可作为山坡地多用途利用品种进行推广种植。

2. 洞庭湖区丘陵山地苎麻高产栽培技术研究

在常德汉寿县蒋家嘴龙潭桥乡租地5亩进行山坡地栽培试验，共设置3个不同的水分处理。在建立了3～5亩山坡地栽培示范基地，并完成了蓄水池的建立工作，2013年6月6日对汉寿山坡地栽培试验麻进行了产量相关性状指标的测定，从表6－19可见，头麻平均株高约1.9m，茎粗达到1.1cm，按照每亩1 800蔸折算，平均亩产约64kg；7月29日课题组进行了二麻产量的调查，由于当年旱期较长，苎麻由于缺水产量也受到了严重的影响，平均株高约1.2m，平均每亩产量约51kg。10月21日对试验麻三麻进行了产量的测定，三麻由于雨水比较充足，产量明显地高于二麻，平均株高达1.60m，平均亩产达57kg，三季麻合计产量为172.40kg。

表6－19　汉寿山坡地栽培试验麻产量性状

麻季	株高（m）	茎粗（cm）	皮厚（mm）	单株纤维产量（g）	每蔸株数（株）	每亩总产量（kg）
头麻	1.88	1.15	0.91	5.08	7	64.12
二麻	1.23	1.04	0.75	4.27	6.67	51.13
三麻	1.60	1.11	0.76	4.78	6.67	57.12

3. 鄂东南低山丘陵区山坡地苎麻高产栽培技术研究

2011年开始共建成山坡地苎麻种植基地2个。一个是老麻园改造而成，位于湖北省阳新县陶港镇王桥村，基地面积5亩，主栽品种为华苎4号。另一基地位于湖北省赤壁市神山镇毕畈村，基地面积5亩，为新麻园，主栽品种为华苎5号，移栽密度2 000蔸/亩。分别委托湖北省阳新县生产力促进中心、湖北省赤壁市特产局测产，2012年华苎4号试验点亩产110.2kg（阳新试验点），华苎5号试验点亩产65.4kg（赤壁试验点）。2013年华苎5号试验点亩产135.1kg（赤壁试验点）（表6－20）。

表6－20　鄂东南低山丘陵区苎麻测产情况

地点与品种	麻季	产量（kg/亩）			
		地上鲜重	鲜茎	鲜皮	原麻
赤壁（华苎5号）	头麻	2 575.9±775.5	1 874.8±434.4	532.3±91.01	63.58±11.14
	二麻	1 141.2±159.4	727.09±108.5	242.36±36.2	30.1±4.48
	三麻	1 925.82±629.00	1 175.01±627.79	370.10±134.80	41.42±15.55

（续表）

地点与品种	麻季	产量（kg/亩）			
		地上鲜重	鲜茎	鲜皮	原麻
阳新（华苎4号）	头麻	1 329.68±299.80	1 050.29±340.69	452.50±255.61	55.5±10.2
	二麻	964.18±27.33	589.70±66.78	287.25±11.44	40.65±7.67
	三麻	1 105.58±154.81	715.26±104.99	303.84±54.39	34.55±7.68

（三）苎麻抗旱栽培技术

1. 干旱胁迫下苎麻生理生化指标分析

（1）干旱胁迫对苎麻生理生化特性的影响

干旱胁迫下，各苎麻品种的气孔导度下降幅度都很大。干旱胁迫造成的气孔关闭程度很大，其中，黄壳早、广西黑皮蔸、细叶绿和芦竹青受到干旱胁迫导致气孔导度下降幅度较大，均超过0.45mmolH_2O/（m^2·s）；而资兴麻、牛耳青和江西铜皮青受到胁迫影响最轻，降幅分别为0.27mmolH_2O/（m^2·s）、0.30mmolH_2O/（m^2·s）和0.33mmolH_2O/（m^2·s）。

气孔的关闭同时造成了胞间CO_2浓度和蒸腾速率的下降，由于气体进入苎麻叶片的阻力增加，胞间CO_2浓度一定程度的下降，黄壳早和巴西2号受到干旱胁迫导致胞间CO_2浓度下降较大，分别为138.16μmolCO_2/mol和120.73μmolCO_2/mol；而恩施鸡骨白、资兴麻和百里子青受到胁迫影响最轻，降幅分别为25.34μmolCO_2/mol、25.67μmolCO_2/mol和36.67μmolCO_2/mol。蒸腾速率则下降得比较厉害，其中，黄壳早、细叶绿和巴西2号受到干旱胁迫导致蒸腾速率下降幅度较大，分别为10.63mmolH_2O/（m^2·s）、10.48mmolH_2O/（m^2·s）和10.01mmolH_2O/（m^2·s）；而在干旱胁迫下受到影响较轻的是资兴麻和牛耳青，下降幅度分别为6.20mmolH_2O/（m^2·s）和5.91mmolH_2O/（m^2·s）（图6-3）。

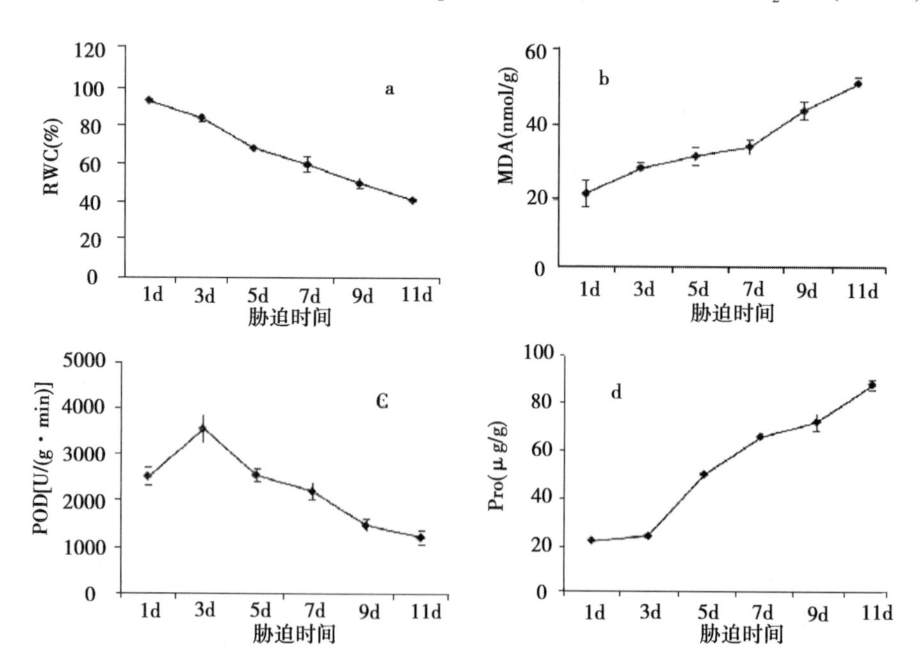

图6-3　干旱胁迫下华苎4号生理生化指标的动态变化

植物受到干旱胁迫后，随着时间的延长，胁迫程度逐渐加深。从图6-3a可以看出，随着时间的延长，干旱胁迫程度在逐渐增加，华苎4号的叶片相对含水量逐渐下降，失水越来越严重，叶片出现萎蔫，到胁迫第11d时，叶片相对含水量下降到40.45%。丙二醛含量（图6－3b）则在胁迫程度加深的情况下逐渐升高，到胁迫第11d时，丙二醛含量增加了2.5倍左右，表明干旱对膜脂的伤害越来越大。过氧化物酶活性（图6－3c）呈现一种先增后减的趋势，在胁迫第3d达到峰值，之后一直下降，甚至在第11d时，酶活性水平还低于胁迫初期。脯氨酸含量（图6－3d）在胁迫第3d后开始迅速增加，胁迫第11d时，增加了3.6倍左右。

在湖北武汉，以栽培品种为华苎4号为材料，室内温室进行盆栽试验，设置4个覆盖处理，分别为100g麻骨/每盆（B）、200g麻骨/每盆（C）、50g稻草/每盆（D）、100g稻草/每盆（E），不覆盖作为空白对照（A）。旺长期过后进行2周的干旱处理，然后测定各项生理指标，复水3d后再次测定这些指标。

研究表明，干旱处理后各个覆盖处理的叶片脯氨酸含量都低于对照，说明覆盖减轻了干旱胁迫的程度。复水后，对照的脯氨酸含量显著降低，200g麻骨/每盆和稻草覆盖处理的叶片脯氨酸含量变化不明显，而100g麻骨/每盆处理的叶片脯氨酸含量显著增加，可能是采样不当造成的。总体而言，覆盖能够减轻干旱引起的植株损伤。

100g麻骨/盆处理的叶片POD活性比对照高，其他覆盖处理比对照低。复水后对照的POD活性略微上升，覆盖处理的都有所降低。覆盖对POD活性的影响不明显，两者的关系有待更深入的研究。

各个覆盖处理的丙二醛含量都低于对照，说明覆盖减轻膜脂的过氧化程度。复水后，对照的丙二醛含量显著降低，200g麻骨/盆和稻草覆盖处理的丙二醛含量也有所降低，而100g麻骨/盆处理的丙二醛含量有所上升。综合考虑，复水后丙二醛含量的变化也说明覆盖减轻了膜脂的过氧化程度。

麻骨和50g稻草/盆覆盖处理的叶片相对含水量高于对照，说明这几个处理对于水分的保持都起到一定作用。复水后，所有处理的叶片相对含水量都恢复到正常水平。

（2）激素补偿对苎麻生理生化指标的影响

对盆栽苎麻设置4个试验组，分别是正常水分下苎麻（control），正常水分下苎麻喷洒GA_3，干旱逆境下苎麻（DS）和旱逆境下苎麻喷洒外源的GA_3（$DS+GA_3$）。在苎麻收获的时候考察各个经济性状及产量发现，干旱逆境导致苎麻茎秆明显短小，茎粗和皮厚等性状值都降低，苎麻纤维产量明显减少（表6－21），而干旱逆境下喷洒外源的GA_3，其纤维产量，株高、茎粗和皮厚等性状都比干旱逆境下的苎麻高，各个值都类似于正常水分下的苎麻。

表6－21　四试验组苎麻的纤维产量及经济性状比较（$P<0.05$）

处理	单株纤维产量（g）	株高（cm）	茎粗（mm）	皮厚（mm）
Control	8.99^{b}	128.9^{b}	11.79^{a}	0.987^{a}
Control + GA_3	12.89^{a}	160.9^{a}	11.92^{a}	0.892^{b}
DS + GA_3	8.05^{b}	135.1^{b}	10.90^{b}	0.902^{b}
DS	6.62^{c}	98.6^{c}	9.70^{c}	0.793^{c}

对各处理苎麻的GA、IAA和ABA含量进行测定发现，干旱胁迫后GA含量明显降低，而补偿GA后则显著增加，并且其量远高于正常水分下的苎麻；就IAA水平，干旱胁迫后也显著降低，喷洒GA后IAA含量有一定的上升，但不显著，比正常水分低；干旱胁迫后ABA含量显著升高，即使干旱下喷洒GA，其含量变化不明显（图6－4）。

测定4个处理苎麻的叶片叶绿素含量发现，叶绿素a、叶绿素b和类胡萝卜素的含量都以正常水分

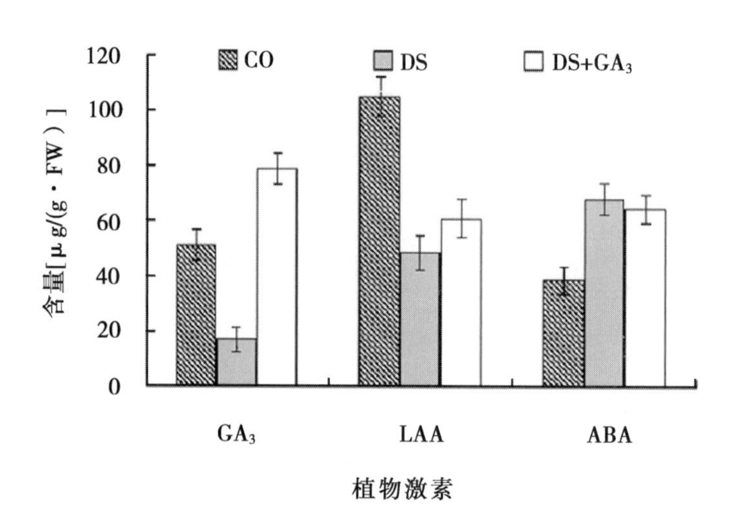

图6-4　干旱胁迫对苎麻内源激素的影响

的最高，干旱胁迫后会显著降低，而在正常水分和干旱胁迫下喷洒GA会进一步降低它们的含量（表6-22）。

表6-22　GA_3和干旱胁迫对苎麻叶片中的叶绿素及类胡萝卜素含量的影响　（mg/g）

处理	叶绿素a	叶绿素b	总叶绿素	类胡萝卜素
Control	1.863[a]	0.895[a]	2.758[a]	0.206[a]
Control + GA_3	1.335[c]	0.631[b]	1.966[c]	0.174[c]
DS + GA_3	1.446[c]	0.655[b]	2.101[c]	0.173[c]
DS	1.646[b]	0.836[a]	2.482[b]	0.186[b]

比较4个处理的叶片相对含水量发现，干旱胁迫下和干旱胁迫喷洒GA的含水量显著低于正常水分和正常水分下喷洒GA的苎麻，可见GA对苎麻叶片的相对含水量有影响（图6-5）；而正常水分下喷洒GA会显著提高苎麻的游离脯氨酸含量，干旱胁迫后和干旱胁迫下喷洒GA进一步增加苎麻的游离脯氨酸含量（图6-5）；比较叶片内可溶糖含量发现，干旱胁迫和喷洒GA都会显著提高可溶糖含量（图6-5）；比较丙二醛含量发现，干旱胁迫后丙二醛含量显著上升，但喷洒GA后其丙二醛含量显著下降，与正常水分下的苎麻处于同一水平（图6-5）。

比较了四个处理中的抗氧化酶活性，发现干旱胁迫后三大抗氧化酶POD、SOD、CAT的活性相较于正常水分苎麻都显著升高；干旱胁迫后喷洒GA，其活性有不同程度的降低，其中POD和SOD活性都介于于正常水分和干旱胁迫之间，而CAT活性则完全恢复到正常水分苎麻水平（表6-23）。

表6-23　GA_3和干旱胁迫对苎麻叶片中的抗氧化酶活性影响

处理	POD［OD/（g·FW·min）］	SOD［U/（g·FW·min）］	CAT［mg/（g·FW·min）］
Control	32.36b	6.42c	11.71b
Control + GA_3	22.60c	6.42c	11.10b
DS + GA_3	35.94ab	13.46b	10.98b
DS	38.22a	20.12a	14.22a

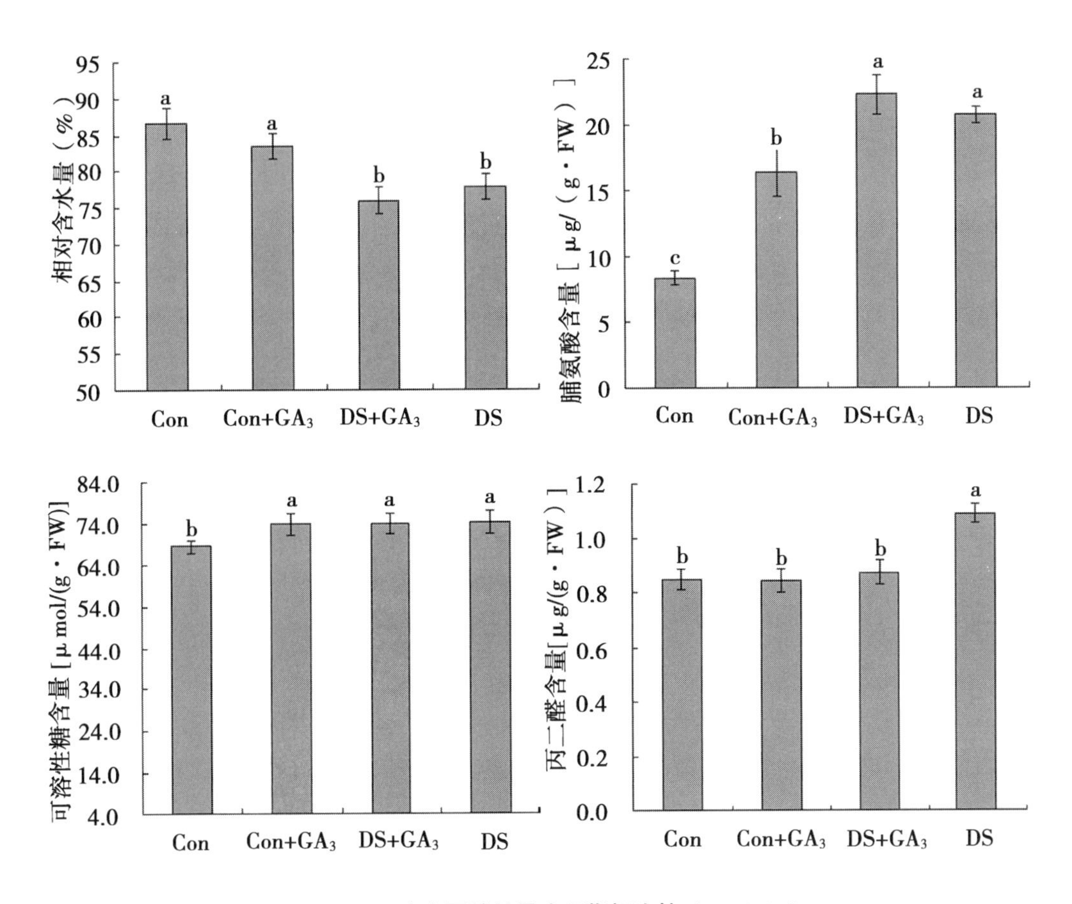

图6－5　四个主要的抗旱生理指标比较（$P<0.05$）

干旱胁迫下，各苎麻品种净光合速率迅速下降，其中，黄壳早、细叶绿和巴西2号受到干旱胁迫导致净光合速率下降幅度较大，分别为11.43μmolCO_2/（m^2·s）、11.17μmolCO_2/（m^2·s）和10.17μmolCO_2/（m^2·s）；而在干旱胁迫下受到影响较轻的是江西芦番和牛耳青，下降幅度分别为4.14μmolCO_2/（m^2·s）和4.50μmolCO_2/（m^2·s），说明江西芦番和牛耳青在干旱胁迫下能产生更多的光合产物，这对抗旱能力的提高是非常重要的。

2. 苎麻抗旱分子机理研究

（1）受干旱逆境诱导上升或下调表达的基因

基于Illuminatag－sequencing技术，分析了干旱逆境下苎麻的全基因组表达谱。结果显示1 011个基因受到干旱逆境诱导上升表达，505个基因下调表达（图6－6）。利用荧光定量PCR，随机选择的12个基因被进一步的验证干旱逆境和正常水分下差异表达（图6－7）。

（2）GA信号途径中的DELLA蛋白编码基因分析

苎麻的Unigene19721属于DELLA蛋白编码基因，在干旱逆境下，其表达倍数上升了335倍。Unigene19721与拟南芥的RGA基因高度同源，命名为BnRGA（图6－8）荧光定量PCR分析也验证了BnRGA受到干旱诱导下上升表达，而复水后其表达量又有所下降（图6－9）。

（3）苎麻NAC家族基因的干旱等逆境表达谱研究

利用已完成的转录组，从中筛选50个苎麻的NAC基因，其中，有10个包含全长的ORF。利用RACE技术以获得这些NAC基因的全长序列，最后一共得到41个具有全长的ORF的苎麻NAC基因序列。结合其他物种中报道的已知生物功能的44个NAC基因进行序列进化，最后这85个NAC基因可以分为8类，其中，NAC－Ⅱ类所有的基因都是逆境反应基因，因此在序列上位于该类的苎麻NAC基因

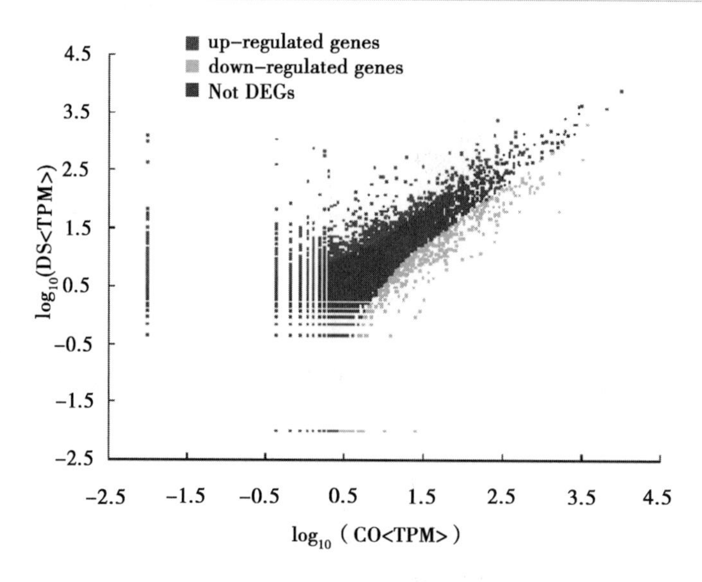

图6-6 干旱诱导差异表达的基因

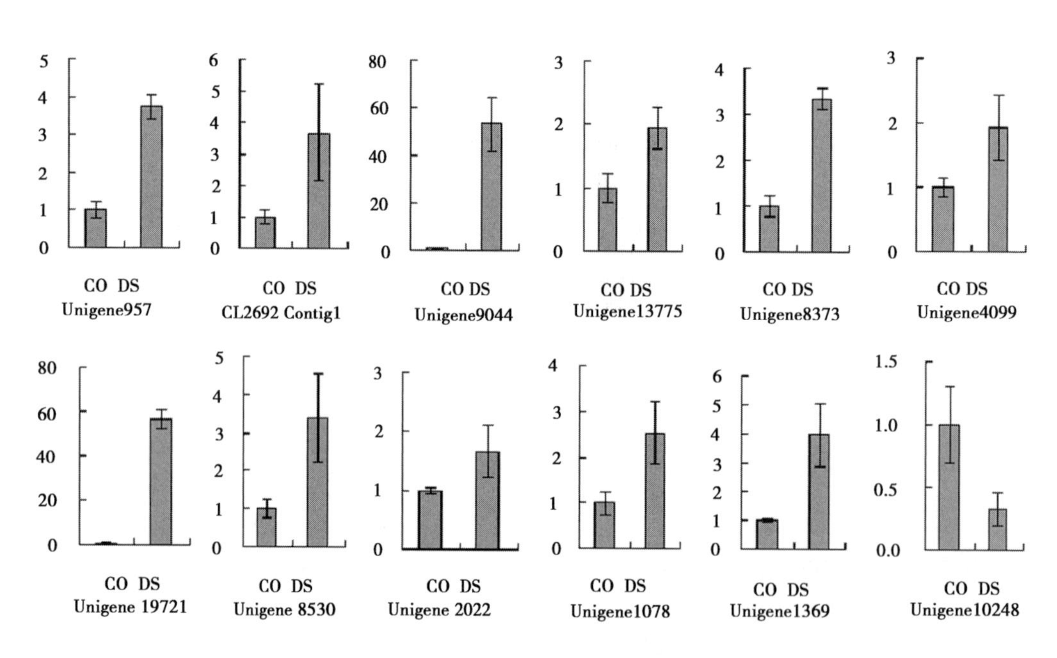

图6-7 12个经验证的差异表达基因

（横坐标为不同基因在正常水分与干旱胁迫2种情况；纵坐标为表达量）

可能是抗旱相关的基因（图6-10）。

分析这41个苎麻NAC基因的表达谱发现其中29个基因特异的在茎木质部表达，另外在叶片和花中各有3个特异表达的NAC基因。分析这些基因对不同逆境的反应，发现干旱胁迫后有15个基因上升表达，而镉金属胁迫后有11个基因上升表达（图6-11）。在受根腐线虫感染后，有4个NAC基因下调表达，1个NAC基因上调表达。

（4）苎麻GRAS转录因子BnRGA的抗旱功能鉴定

CONSTANCE-like（COL）基因在模式植物中具有重要的开花调节功能，在苎麻中识别13个全长的苎麻COL基因。这13个基因共可以分为3个亚家族，其中，BnCOL13与拟南芥的CO和水稻的HD1高度同源，很可能与苎麻的开花时间相关。表达谱分析发现9个基因主要在茎木质部表达，1个基因主要在叶片中表达，另外，3个基因主要在花中表达（图6-12）。分析这些基因的光周期表达谱，发现3个基因对光周期敏感，在短日照条件下这些基因不表达，长日照条件下则表达呈现节律性，即白天高

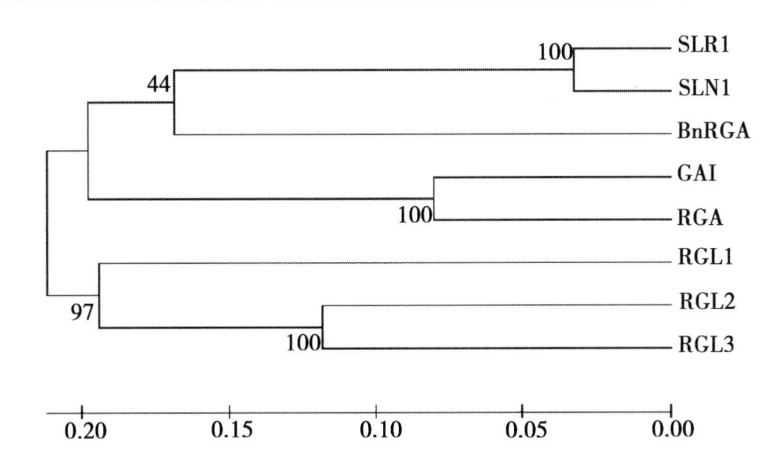

图 6－8　*BnRGA* 和其他物种同源基因的亲缘关系图

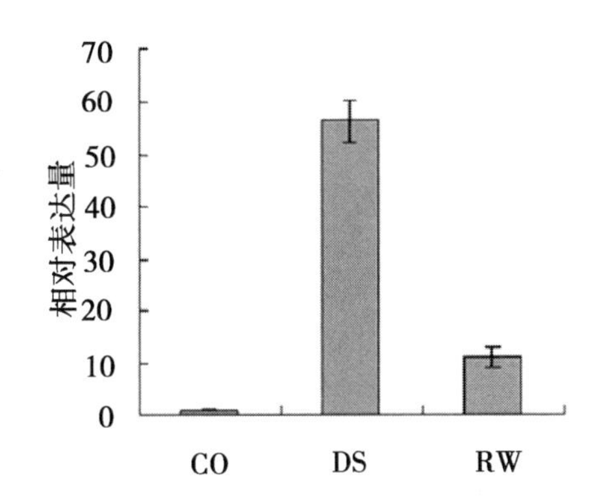

图 6－9　qPCR 分析 *BnRGA* 在正常水分（CO），干旱逆境（DS）环境下的苎麻及干旱逆境苎麻复水后的表达量

表达，晚上低表达（图 6－13）。

3. 苎麻抗旱材料形态学鉴定

对 15 份抗旱材料采用水培法培养生根，检测新生根形态和数量、新生叶片形态、气孔分布及生物量等，筛选出了牛耳青、恩施鸡骨白、资兴麻、华苎 5 号、卢竹青、江西芦番、百里子青等 8 份抗旱性差异较大的苎麻品种（表 6－24）。

表 6－24　经过筛选的抗旱性差异大的苎麻材料

编号	品种名称	产地	编号	品种名称	产地
1	黄壳早	湖南	9	广西黑皮蔸	广西
2	巴西 2 号	巴西	10	恩施鸡骨白	湖北
3	细叶绿	湖北	11	华苎 5 号	湖北
4	黔苎 1 号	贵州	12	江西芦番	江西
5	湘苎 1 号	湖北	13	资兴麻	湖南
6	江西铜皮青	江西	14	芦竹青	湖南
7	修水麻	江西	15	百里子青	湖南
8	牛耳青	湖南			

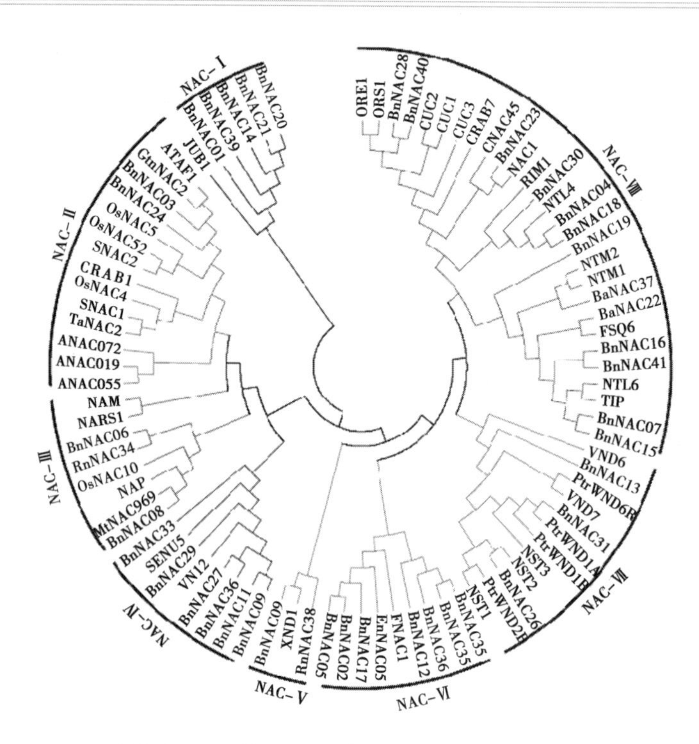

图 6－10　41 个苎麻 NAC 基因和 44 个已知功能的 NAC 基因的序列进化树

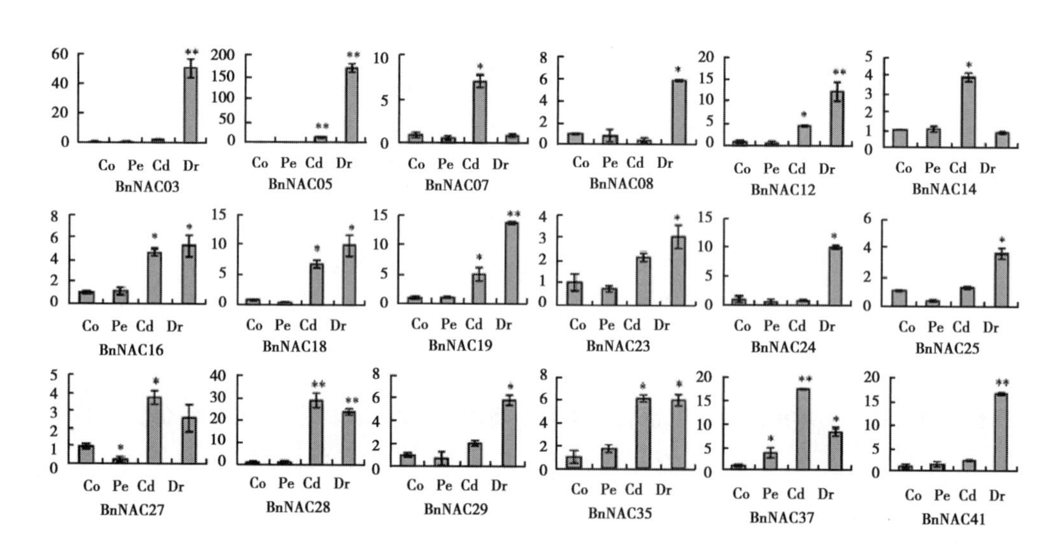

图 6－11　受逆境调控表达的基因

（横坐标为基因，纵坐标为表达量）

以上述抗旱性差异较大的 8 个苎麻品种为材料，开展了抗旱苎麻形态学鉴定研究。试验于 2013 年 5 月 31 日剪茎尖水培，6 月 9 日开始长根，6 月 22 日随机选择各品种 9 棵苗测量指标数据（表 6－25）。

表 6－25　抗旱性差异较大的 8 个苎麻品种新生根叶形态学鉴定

项目		牛耳青	恩施鸡骨白	资兴麻	华苎 5 号	卢竹青	江西芦番	百里子青
新生根	长度（cm）	14.10 ±3.11ab	10.35 ±2.10c	15.88 ±2.75a	13.26 ±1.43b	12.40 ±2.48bc	13.19 ±2.29b	13.84 ±2.77ab
	数量（根）	23.56 ±5.17bc	35.00 ±13.39a	32.22 ±9.35ab	41.67 ±14.97a	36.78 ±11.76a	38.89 ±10.75a	15.44 ±6.50c
	鲜重（g）	1.66 ±0.21b	1.69 ±0.26b	2.28 ±0.48ab	3.13 ±0.65a	2.04 ±0.48b	2.55 ±0.98ab	1.66 ±0.16b

（续表）

项目		牛耳青	恩施鸡骨白	资兴麻	华苎5号	卢竹青	江西芦番	百里子青
	干重（g）	0.097 ±0.010ab	0.065 ±0.007b	0.098 ±0.017ab	0.131 ±0.029a	0.083 ±0.017b	0.102 ±0.037ab	0.065 ±0.012b
新生叶	数量（片）	3.44 ±1.24ab	2.33 ±0.71c	3.33 ±0.50abc	2.89 ±1.27bc	3.11 ±0.78abc	4.11 ±1.17a	3.89 ±1.05ab
	长/宽比	1.26 ±0.28ab	1.24 ±0.24ab	1.27 ±0.15ab	1.15 ±0.17b	1.37 ±0.26a	1.16 ±0.14ab	1.12 ±0.17b
	鲜重（g）	1.41 ±0.46ab	0.97 ±0.19b	1.36 ±0.31ab	1.59 ±0.30ab	1.24 ±0.30b	1.98 ±0.17a	2.04 ±0.62a
	干重（g）	0.21 ±0.07ab	0.14 ±0.05b	0.21 ±0.05ab	0.23 ±0.05ab	0.15 ±0.06b	0.28 ±0.02a	0.31 ±0.09a

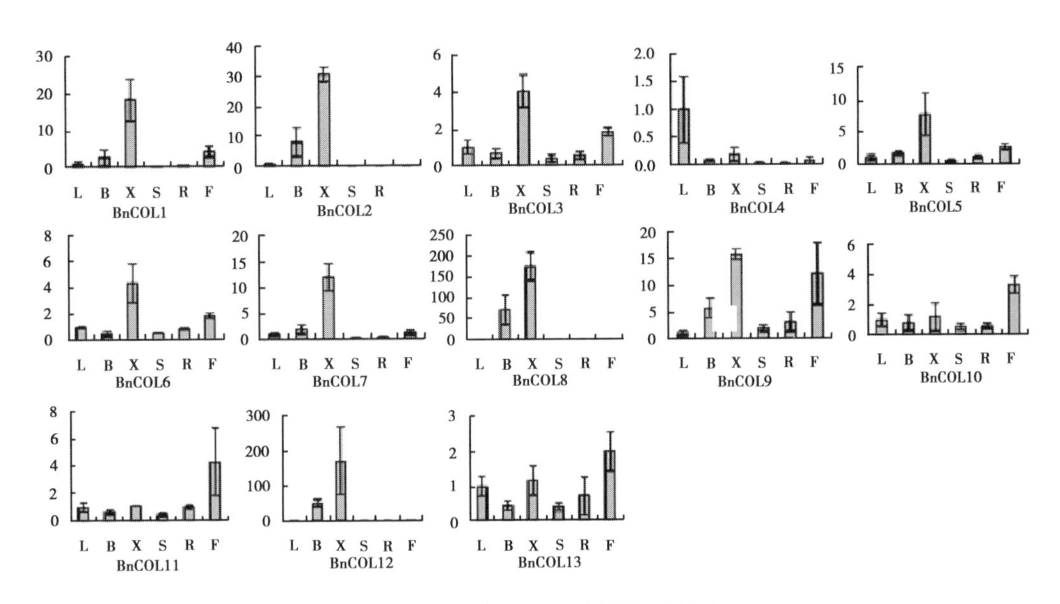

图6－12　苎麻COL基因的表达谱

（横坐标为不同部位，纵坐标为表达量）

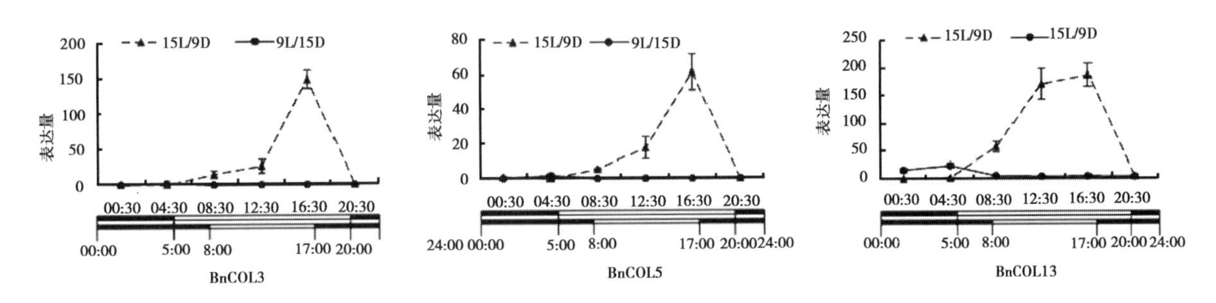

图6－13　3个光周期敏感的苎麻COL基因

4. 苎麻抗旱栽培技术研究

（1）抗旱剂抗旱效果

试验材料为华苎5号，根据预实验筛选出两种对于苎麻抗旱效果较好的抗旱剂及其浓度，分别为0.5g/L甜菜碱（GB）和1.0g/L黄腐酸（FA）。每种抗旱剂又分别做3种不同喷施次数的处理：喷施1次（干旱处理第1天），喷施两次（干旱处理第1和第4天），喷施3次（干旱处理第1、第4和第

9d），喷到所有叶片滴水为止。

试验结果（表6-26）表明，喷蒸馏水并进行干旱胁迫的CK2的相对含水量低于不进行干旱胁迫的CK1得到的相对含水量。在处理组中，喷施抗旱剂GB三次得到的相对含水量最高，喷施抗旱剂FA两次得到的相对含水量最低。从而得出，喷施抗旱剂GB三次和喷施抗旱剂FA三次对提高植株抗旱性效果最好。

表6-26　不同处理下苎麻叶片的相对含水量

处理（次数）	鲜重（g）	饱和重（g）	干重（g）	相对含水量
GB（一次）	0.2877	0.3200	0.0519	0.8805
GB（两次）	0.2987	0.3437	0.0512	0.8471
GB（三次）	0.3013	0.3337	0.0568	0.8819
FA（一次）	0.3037	0.3473	0.0588	0.8494
FA（两次）	0.3153	0.3640	0.0549	0.8427
FA（三次）	0.3020	0.3427	0.0576	0.8575
CK1	0.3047	0.3540	0.0555	0.8348
CK2	0.3130	0.3687	0.0588	0.8201

喷施抗旱剂GB的一次和三次得到的叶片相对含水量与喷施抗旱剂FA的三次得到的叶片相对含水量不存在差异显著性（$P>0.05$），它们与其他的都存在差异显著性（$P<0.05$）；喷施抗旱剂FA的三次得到的相对含水量与喷蒸馏水并进行干旱胁迫的CK2存在差异显著性（$P<0.05$），与喷施抗旱剂FA的一次和两次、喷施抗旱剂GB的两次、不进行干旱胁迫的CK1得到的相对含水量不存在差异显著性（$P>0.05$）；不进行干旱胁迫的CK1与喷蒸馏水并进行干旱胁迫的CK2、喷施抗旱剂FA两次得到的相对含水量不存在差异显著性（$P>0.05$），与其他的均存在差异显著性（$P<0.05$）。

（2）湘北山坡旱地栽培技术研究

采用施肥、施肥+抗旱剂、施肥+抗旱剂+覆盖稻草、叶面肥+抗旱剂、单施叶面肥、单施抗旱剂等不同栽培管理措施，探讨在山坡旱地提高苎麻纤维产量的途径。进行苎麻几种栽培措施研究。初步结果表明，与不施肥比较，施肥+抗旱剂+覆盖稻草处理增产94.2%；而施肥+抗旱剂处理增产78.09%；施肥处理增产64.12%；叶面肥+抗旱剂增产17.5%；叶面肥单施增产10.6%；单施抗旱剂增产5.1%。

以华苎5号为材料，采取盆栽的方式，从灌溉方式、覆盖栽培等方面开展研究非破坏性指标。研究结果表明，喷施甜菜碱2次、黄腐酸1次处理能够有效地减少苎麻在干旱胁迫下的MDA积累量两种处理间的差别不明显。覆盖稻草200g/盆能够有效地减少苎麻在干旱胁迫下的MDA积累量（图6-14a、b）。

由喷蒸馏水但不进行干旱胁迫的CK1和喷蒸馏水并进行干旱胁迫的CK2的MDA的含量比较得出：植物在高温干旱下叶细胞膜膜脂过氧化产物MDA逐渐增多。本试验结果表明，干旱胁迫下，华苎5号在GB的处理下随着喷施的次数越多，对提高苎麻抗旱性的效果越明显；华苎5号在FA的处理下在第二次的效果最明显（图6-15）。

不同品种以及不同浓度的抗旱剂对华苎5号的处理，都能降低苎麻植株内的MDA的浓度，经过数据处理、比较，得出以下结论：MDA浓度与抗旱指数呈负相关关系；喷施三次的GB和喷施两次的FA对提高苎麻抗旱能力的效果明显（图6-16）。

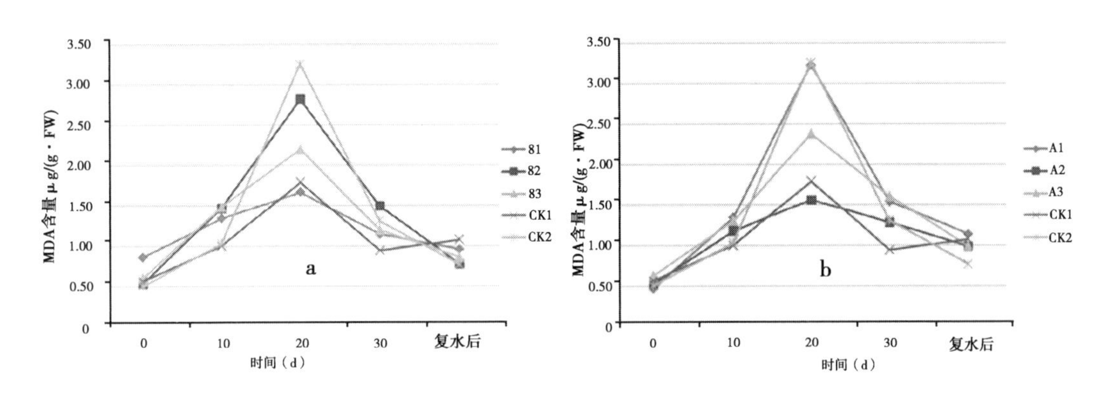

图 6－14 喷施甜菜碱（a）、黄腐酸（b）对叶片 MDA 含量的影响

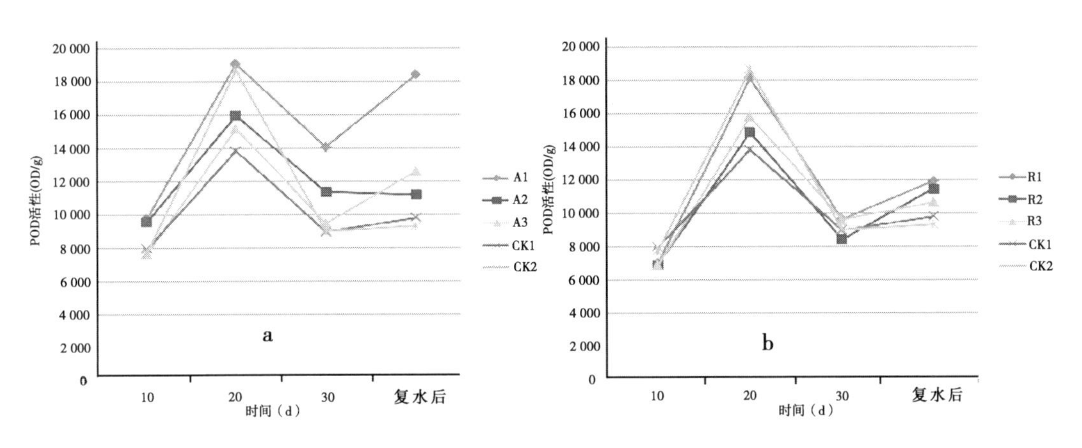

图 6－15 喷施甜菜碱（a）、黄腐酸（b）对叶片 POD 活力的影响

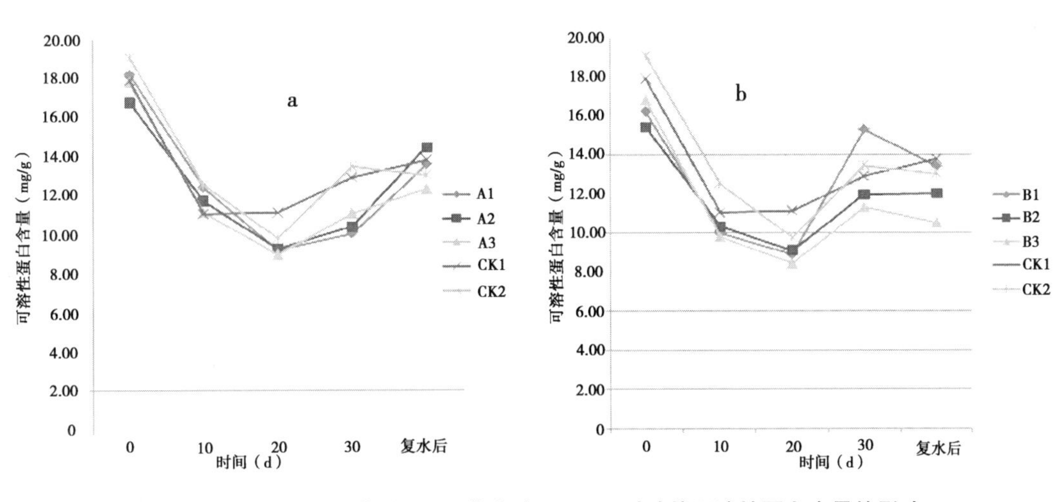

图 6－16 喷施甜菜碱（a）黄腐酸 （b）对叶片可溶性蛋白含量的影响

（四）苎麻轻简化栽培技术及相关机理研究

1. 苎麻轻简化栽培技术研究

（1）脱叶剂筛选

与咸宁苎麻试验站合作，在咸宁咸安区杨畈村开展此项研究。试验设计 6 个小区，小区面积 0.5 亩。本试验除适应机械化收获外，冬季进行套种蔬菜、马铃薯等农作物，也可以进行机械化

冬培等相关工作。9 月底购买了红菜薹、榨菜、雪里蕻等种子，采用露天育苗。经过炼苗后移栽到机械化收获试验地中，进行冬季套菜实验，每种蔬菜套种面积各 1 亩。目前育苗工作已经完成，已经移栽。

2012 年进行脱叶剂实验，头麻进行预备实验，选择脱叶效果最好的脱叶剂配方，二三麻进行验证。实验分为四组：A 组施用乙烯利，B 组施用乙烯利和 0.5% 尿素，C 组施用乙烯利 +2% 磷酸二氢钾，D 组施用乙烯利 +0.5% 尿素 +2% 磷酸二氢钾，设置三个对照（CK_1：喷施清水，CK_2喷施 0.5% 尿素，CK_3喷施 2% 磷酸二氢钾）进行对比实验，乙烯利设置 5 种浓度梯度（1 000mg/kg，2 000mg/kg，3 000 mg/kg，4 000mg/kg，5 000mg/kg）（图 6－17）。

头麻脱叶效果如下：

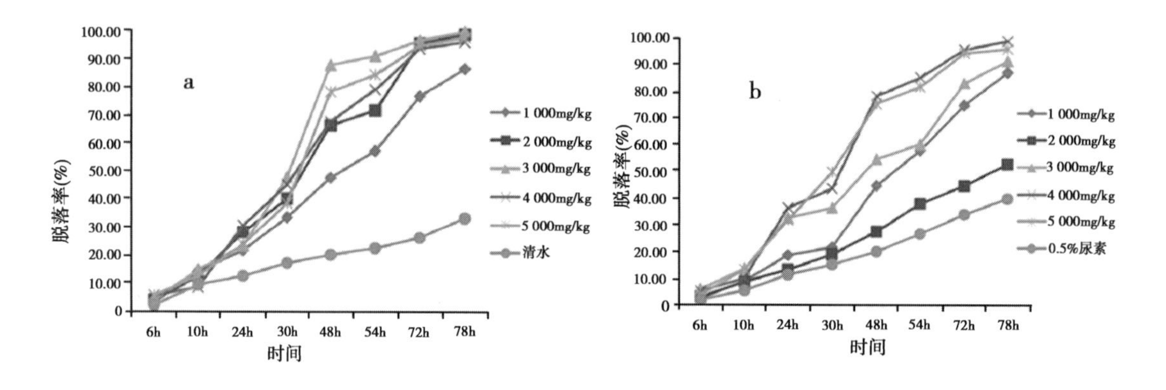

a. 头麻喷施不同浓度乙烯利脱叶效果　　b. 头麻喷施不同浓度乙烯利 +0. 5% 尿素脱叶效果

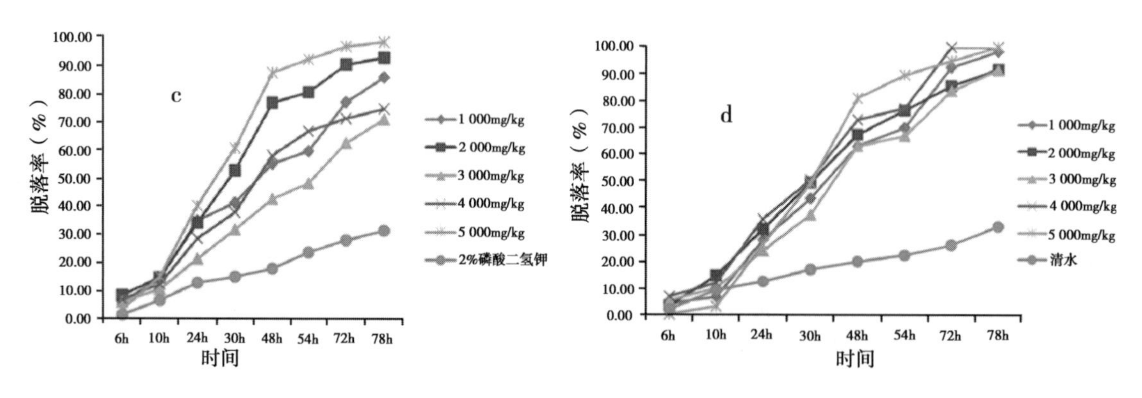

c. 头麻喷施不同浓度乙烯利 +2% 磷酸二氢钾脱叶效果　d. 头麻喷施不同浓度乙烯利 +0. 5% 尿素 +2% 磷酸二氢钾脱叶效果

图 6－17　脱叶试验

在 2012 年的基础上稍作调整，2013 年将乙烯利浓度从 1 000～5 000mg/kg 调整为 2 000～6 000mg/kg，同时增加“0.5% 尿素 +2% 磷酸二氢钾”的对照组，2012 年实验的最佳组合为：4 000mg/kg 的乙烯利 + 0.5% 尿素（$CO(NH_2)_2$）组合，同时缺少“0.5% 尿素 +2% 磷酸二氢钾”的对照，所以作此调整。

本次实验期间天气皆为晴天，气温持续在 33℃左右，由于接近一个月的干旱，实验初期已有少量叶片脱落，对实验效果有些许影响。

所有对照组在整个实验过程中，除了人为接触和自然脱落，几乎没有脱叶，表明乙烯利是脱叶剂配方的主要有效成分，尿素和磷酸二氢钾只对乙烯利起到辅助作用。

乙烯利浓度为 4 000mg/kg 时，对比 2 000mg/kg 和 3 000mg/kg，作用效果已十分明显，同时 4 000 mg/kg 和 5 000mg/kg、6 000mg/kg 的作用效果没有较大的差异，表明当浓度达到 4 000mg/kg 时，脱叶剂对苎麻叶片的作用效果已达到适宜的浓度，随着浓度的提高，作用效果没有变化，此结果与上年实验的最佳浓度一致。

实验最佳组合为：4 000mg/kg 的乙烯利 +0.5% 尿素 +2% 磷酸二氢钾，当实验为此浓度时，第 3d 的叶片全部脱落，但组合为：4 000mg/kg 的乙烯利 +0.5% 尿素和 4 000mg/kg 的乙烯利 +2% 磷酸二氢钾时，脱叶效果也可以。

研究发现 2 000mg/kg 的乙烯利处理 48 小时内脱落率可以达到 80% 以上，增施 2% 磷酸二氢钾及 0.5% 的尿素脱落更加均匀，且对苎麻品质没有显著影响。二麻及三麻的研究结果类似。

（2）除草剂筛选

新麻园及老麻园杂草种类多，但以喜温喜湿的种类居多。出现频率较高有马唐、千金子、马齿苋、鲤肠、喜旱莲子草，其他如牛筋草、狗尾草、香附子、狗芽根、苘麻等多有发生。目前，试验地内杂草防除主要采取两种方法：

一是土壤喷雾处理，即麻苗出土前施用。50% 乙草胺每亩 60 ~ 100ml，对水 30 ~ 50kg 均匀喷雾处理土壤对水 30 ~ 50kg 均匀喷雾处理土壤，注意不要超过 200ml，避免药害。土壤墒情好时，药效高。60% 丁草胺每亩 125 ~ 175ml，对水 30 ~ 50kg 均匀喷雾处理土壤，要求土壤湿润，若药后干旱需浅混土。

二是当苎麻进入苗期及快速生长期时，在防除上要进行茎叶处理，一般采用精稳杀得、高效盖草能、精禾草克、拿捕净等防除禾本科草；在苎麻 30cm 以上，用草甘膦、克芜踪等灭生性除草剂进行低位定向喷雾。10% 草甘膦每亩 200 ~ 250ml（草 4 叶）、400 ~ 600ml（草 6 叶以上），对水 30 ~ 50kg，或者 20% 克芜踪每亩 200 ~ 300ml（草 4 叶）、300 ~ 400ml（草 6 叶以上），对水 30 ~ 50kg。进行行间低位定向喷雾，防止药液沾苎麻叶片上。

（3）机械收获实验产量情况

咸宁轻简化及配套机械化收获实验基地进行了测产，头麻由于机器损伤进行了估产为 45kg，70cm × 70cm、60cm × 80cm 种植模式产量较高，总产量为 124.57kg（表 6 – 27）。

表 6 – 27 咸宁实验基地三季麻测产情况（华苎 4 号）

种植模式（cm）	地上鲜重（kg/亩）	鲜茎产量（kg/亩）	鲜皮产量（kg/亩）	原麻产量（kg/亩）
二麻 70 × 70、60 × 80	1282.3 ± 94.11	740.09 ± 14.83	199.63 ± 4.0	37.01 ± 0.74
二麻 60 × 60 × 80 × 100	514.79 ± 28.71	284.59 ± 25.76	97.78 ± 8.85	14.59 ± 1.32
三麻 70 × 70、60 × 80	1316.2 ± 356.24	858.89 ± 195.15	267.92 ± 27.54	42.56 ± 3.86
三麻 60 × 60 × 80 × 100	1327.6 ± 273.44	558.24 ± 163.22	183.78 ± 23.33	29.04 ± 7.67

2. 苎麻循环收获技术研究

研究将苎麻田分成 14 个等面积的小区，从 5 月 19 日开始每隔 10 天开始收割，直到 10 月 9 日共分 14 批收割，计算单位面积纤维产量。并计算每批苎麻生长期间的积温，累计日照，累计降水量和生长天数，发现所有 4 个参数与产量呈二次曲线相关（图 6 – 18）。

另外，对单位面积的苎麻进行等生长天数（50d）下的产量比较，从 5 月 19 日开始每隔 10d 收获生长了 50d 的苎麻，最后对产量与各气候因子进行关系比较，发现所有气候因子与产量成正比关系（$P > 0.05$）（图 6 – 19）。

最后，利用神经网络模型建立基于气候因子参数苎麻产量预测模型，模型的最佳模型是 4 –

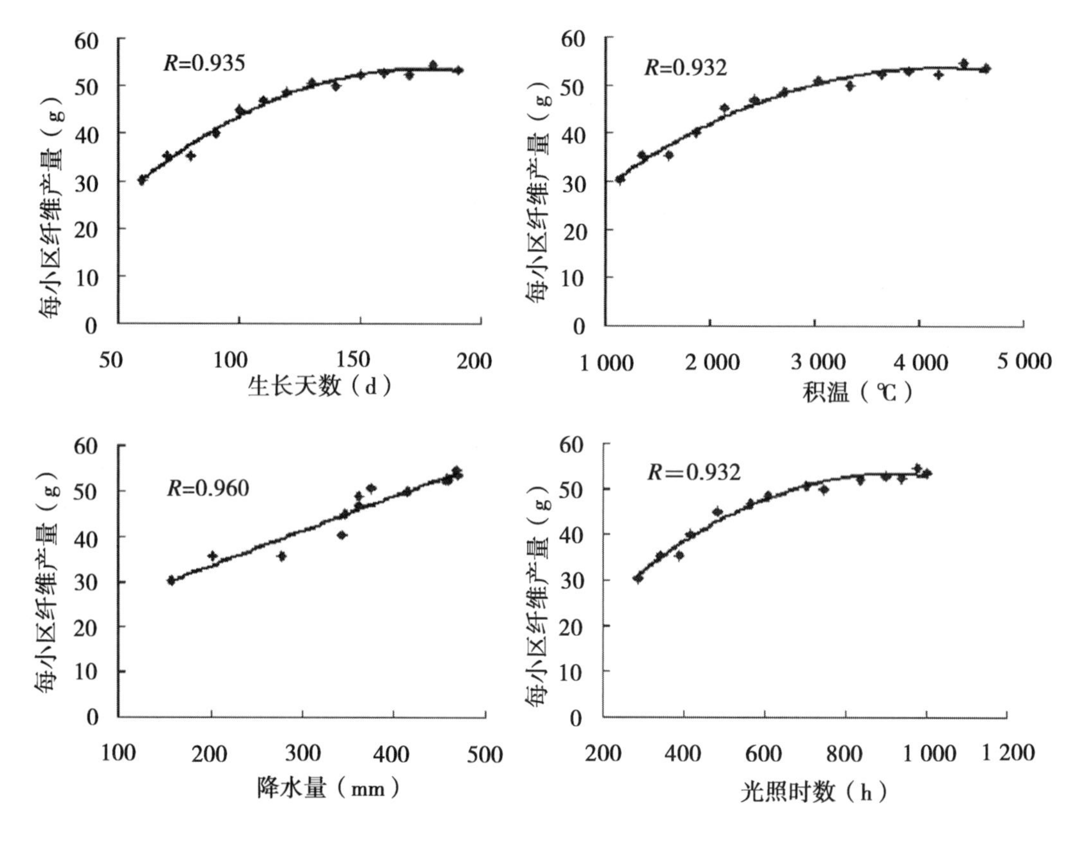

图6-18　不同生长天数下苎麻产量与气候因子的关系图

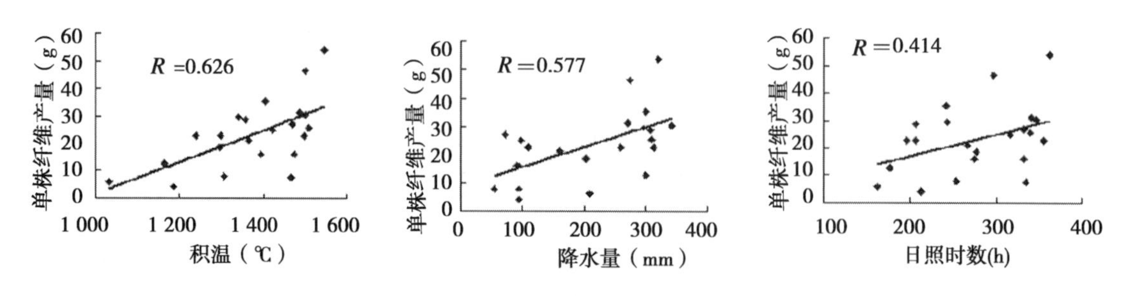

图6-19　等天数生长下苎麻产量和气候因子的关系

9-2 模型（$R=0.90$，MSE=0.046），该模型的训练，测试和预测 R 值见图 6-20，其预测效果见图 6-21。

（五）重金属污染区苎麻高产栽培技术及相关机理研究

1. 土壤镉浓度对苎麻生长的影响

采用第一年三麻（2012）的原麻干重（图6-22A）、地上部干重（图6-22B）和有效分蘖数（图6-22C）来反映苎麻的生长农艺性状。田间微区试验结果表明，在添加镉浓度为0~100mg/kg 的范围内，苎麻均可完成正常的生理周期，湘苎3号的各生物性状值均高于中苎1号。其中，添加2mg/kg处理的中苎1号和湘苎3号原麻产量、地上部干重和有效分蘖数分别比对照增加10.8%、25.8%、20.0%和10.2%、8.3%、8.7%；5mg/kg 处理比对照则分别增加13.6%、13.0%、12.8%和3.6%、3.1%、2.9%，5mg/kg 处理对湘苎3号的增产效果小于中苎1号。随着镉处理浓度升高，苎麻原麻产量、地上部干重和有效分蘖数呈下降趋势。与对照相比，在镉处理浓度超过10mg/kg时，苎麻地上部

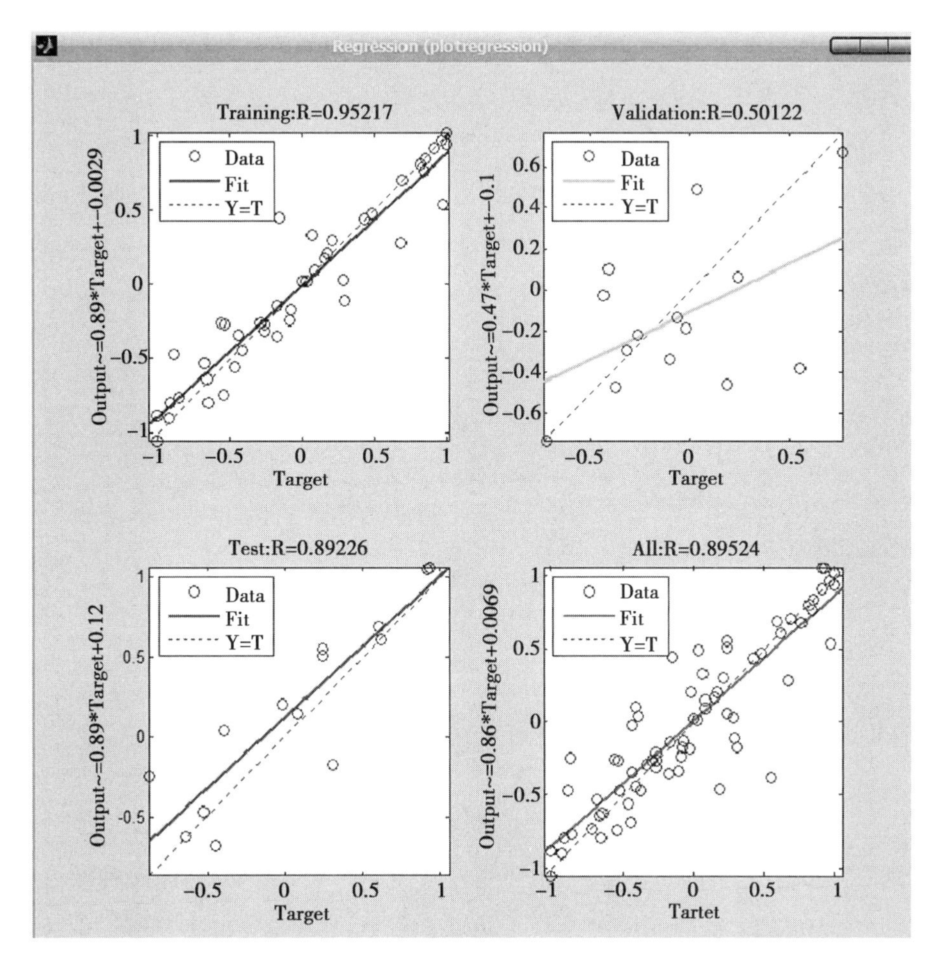

图 6－20　预测模型（4－9－2 模型）的测试、训练及预测的 R 值

干重显著降低（$p<0.05$）；镉添加浓度为 100mg/kg 时，中苎 1 号的原麻产量、地上部干重和有效分蘖数分别下降了 27.6%、37.7%、23.6%，对苎麻生长造成危害。可见，低浓度的镉对苎麻生长有一定的刺激增产作用，高浓度镉处理则会抑制苎麻的生长。镉处理对湘苎 3 号最大抑制作用的浓度为 65mg/kg，原麻产量、地上部干重和有效分蘖数分别比对照降低了 25.7%、33.9%、31.9%，100mg/kg 处理下苎麻生长好于 65mg/kg 处理，可能是苎麻对高浓度镉通过各种排斥机制减少了对镉的吸收，从而以减轻了危害。

将土壤镉含量（x）与中苎 1 号原麻产量（y_1）和地上部干重量（y_2）分别进行拟合，可得到回归方程：$y_1 = -6.1493\text{Ln}(x) + 70.588$，$R^2 = 0.7834$；$y_2 = -91.516\text{Ln}(x) + 863.53$，$R^2 = 0.7478$。计算得原麻产量减产 50% 时的土壤镉临界含量为 131mg/kg。出麻率（原麻产量/地上生物量）是决定苎麻产量的一个主要影响因素。本试验各处理下两个苎麻品种的出麻率变化区间在 8%～9%，处理间无显著差异（图 6－23）。王凯荣等（1998）的研究结果显示，土壤镉含量从 1.1mg/kg 增加至 74mg/kg 时，苎麻的出麻率维持在 15% 左右，仅在土壤镉含量达到 127mg/kg 时，略有下降。这表明土壤镉污染对苎麻出麻率影响较小。

根据 2013 年头麻生物性状结果可得（图 6－24），低浓度镉处理对苎麻生长仍有一定的促进作用，但不及 2012 年三麻效果明显，增产效果均不显著，中苎 1 号在 5mg/kg 处理时增产作用最大，茎鲜重和地上部鲜重比对照分别增加 5.00% 和 1.02%，湘苎 3 号最大为 7.44% 和 4.67%。

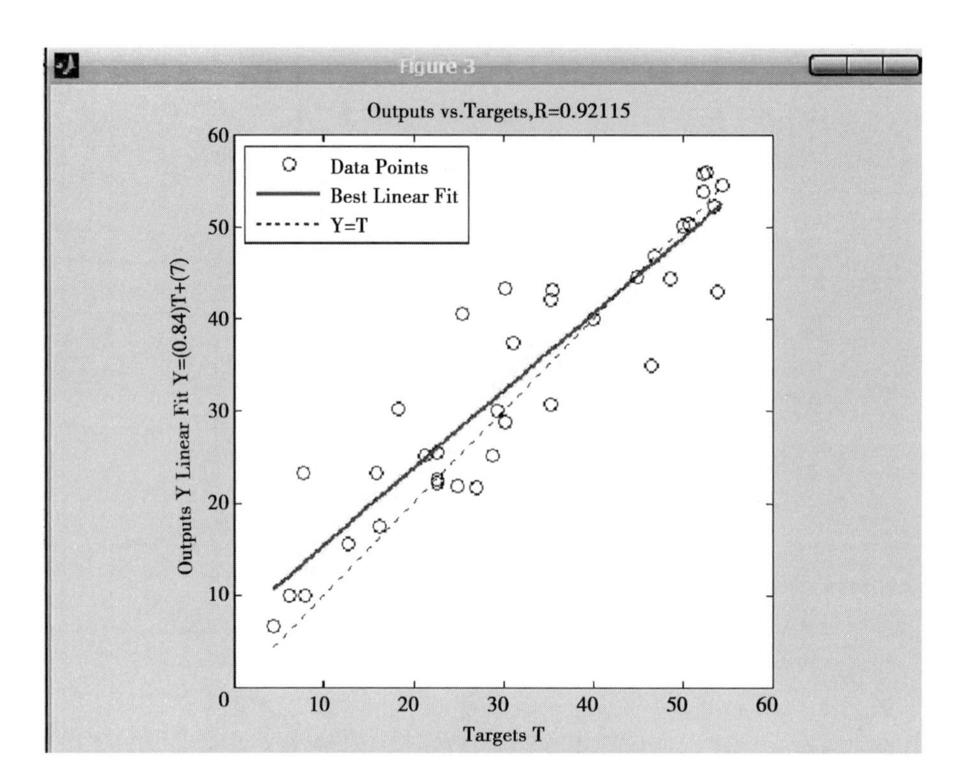

图 6－21　预测模型预测效果

而高浓度镉处理对苎麻生长的抑制作用较 2012 年三麻更强，65mg/kg 处理两种苎麻的产量均仅为对照的一半左右，100mg/kg 处理时中苎 1 号大幅减产，茎、叶鲜重和地上部鲜重分别只有对照的 22.34%、28.66% 和 25.31%，表明随着栽植时间的延长，镉对苎麻的影响强度增大，这与王凯荣等（2000）的研究结果相反。与 2012 年三麻的结果一致，湘苎 3 号在 100mg/kg 处理下的生长显著好于 65mg/kg 处理，茎、叶和地上部鲜重分别比后者增加了 81.88%、26.08% 和 55.52%。各浓度处理下，湘苎 3 号对中苎 1 号的产量优势在 2013 年头麻比 2012 三麻更为明显，其中作为收获原麻产品的茎部分尤为显著，中浓度处理 2013 年头麻的茎鲜重比 2012 年三麻增多 40% ~ 60%，100mg/kg 处理时多 3.8 倍。

2. 不同苎麻品种对土壤镉污染的响应

供试苎麻品种为中苎 1 号（Z1）、湘苎 2 号（X2）和湘苎 3 号（X3）；以 $CdCl_2$ 溶液的形式均匀向表层土壤（0 ~ 20cm）添加外源 Cd，设置 0（CK）、5（T1）、10（T2）、20（T3）、35（T4）、65（T5）、100（T6）mg/kg 共 7 个浓度梯度的 Cd 添加量。于当年 11 月中旬进行破秆后的第一次苎麻收获，测算每个微区苎麻的有效分蘖数、地上部全量干重、原麻产量，同时采集各微区土壤。

试验结果表明（表 6－28），在 Cd 添加量为 0 ~ 100mg/kg 的范围内，3 个品种的苎麻均能完成正常的生长周期，其有效分蘖数、生物量（即全量干重）和原麻产量均呈现出随土壤 Cd 添加量增加而降低的趋势。

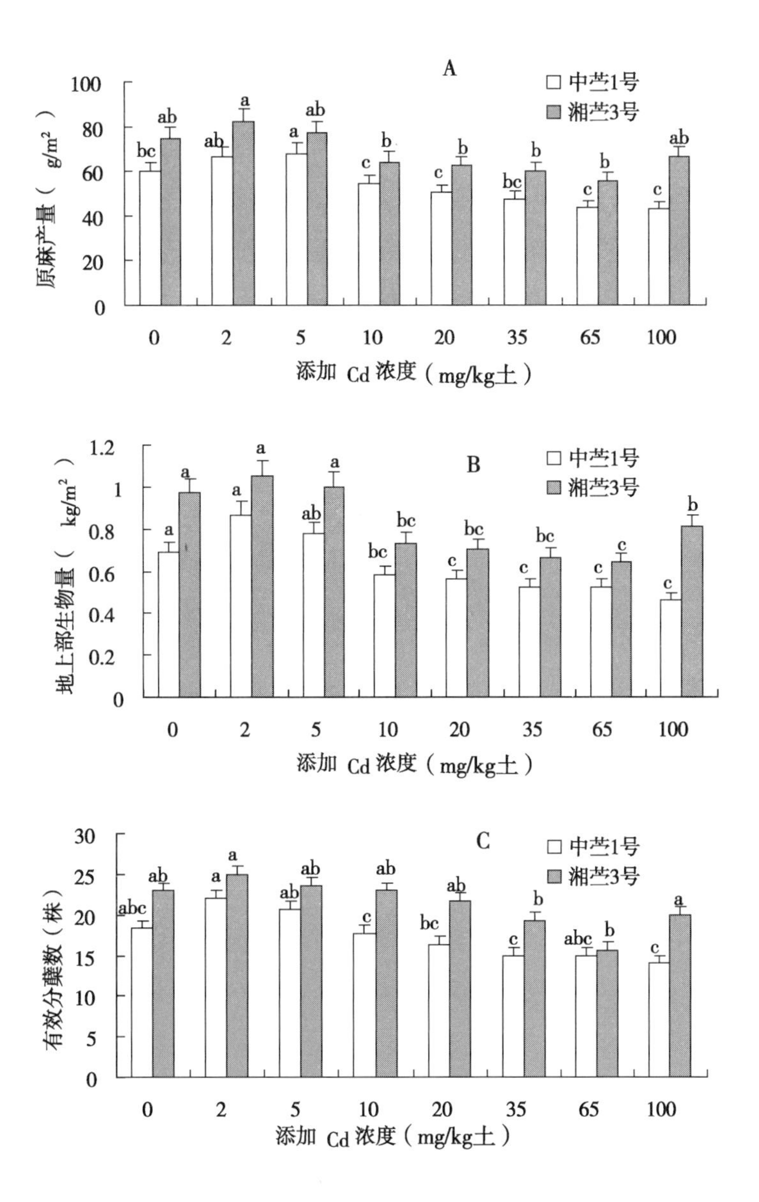

图6-22　镉处理对苎麻生长的影响

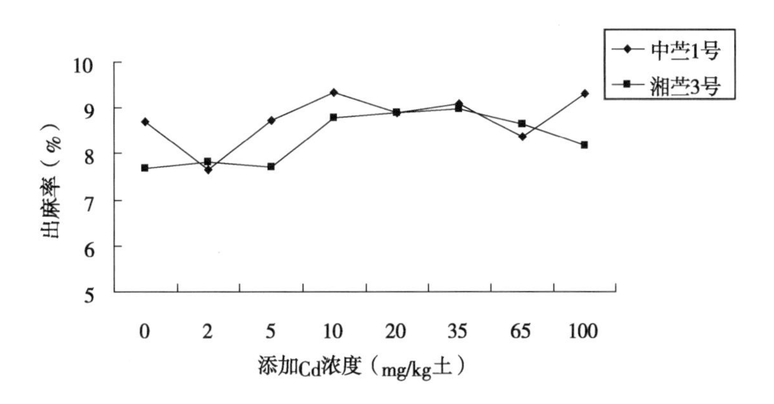

图6-23　镉处理对苎麻出麻率的影响

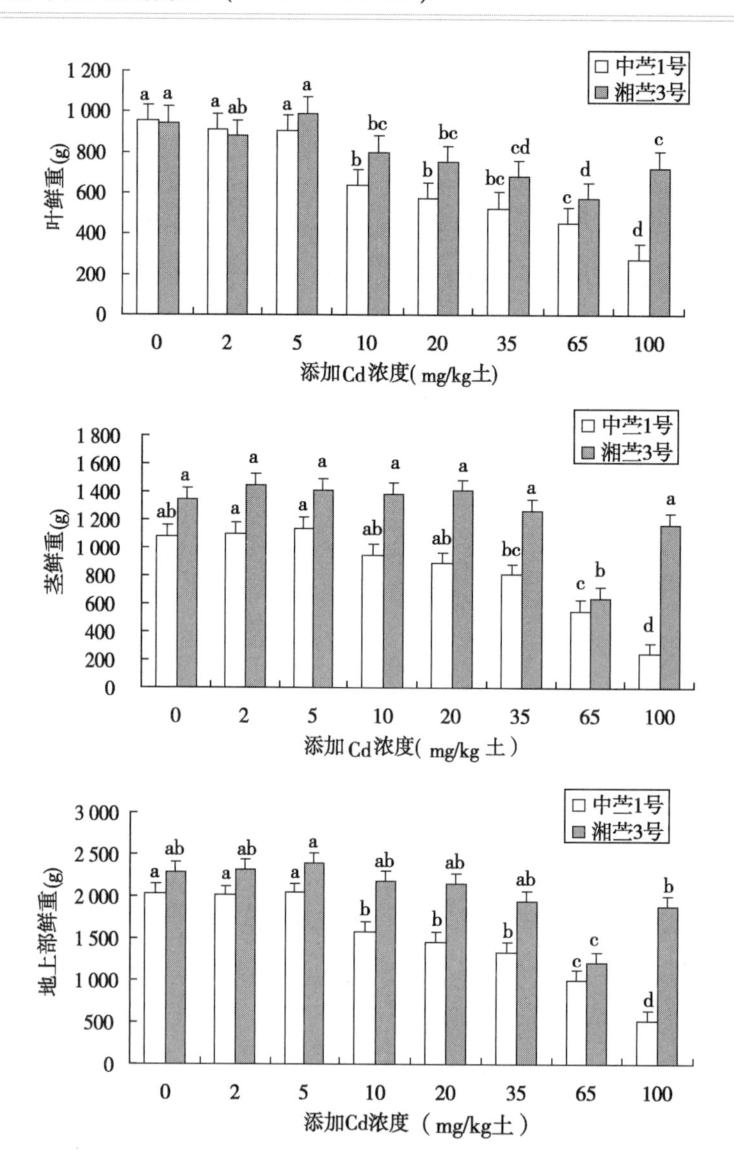

图6-24　2013年镉处理对苎麻头麻生长的影响

表6-28　镉对苎麻生长状况和原麻产量的影响

指标	品种	CK	T1	T2	T3	T4	T5	T6
有效分蘖（株）	Z1	18.3±0.9ab	20.7±2.9a	15.0±2.6ab	16.3±2.3ab	14.0±1.0b	16.7±1.8ab	15.0±1.2ab
	X2	21.0±1.5a	16.3±0.3ab	16.0±3.5ab	14.3±1.2b	14.7±0.9b	13.7±1.9b	14.3±2.9b
	X3	29.0±2.0a	23.7±1.8ab	23.0±2.0b	21.7±1.9b	19.3±1.9bc	15.7±0.7c	20.0±2.3bc
生物量（kg/m²）	Z1	0.81±0.13a	0.78±0.02ab	0.59±0.09b	0.57±0.06bc	0.53±0.04bc	0.56±0.04bc	0.46±32.07bc
	X2	0.87±0.01a	0.65±0.03b	0.57±0.05bc	0.48±0.04bc	0.47±0.05bc	0.47±0.04bc	0.48±0.05bc
	X3	1.01±0.03a	0.91±0.09ab	0.73±0.09bcd	0.86±0.04abc	0.67±0.05d	0.69±0.04cd	0.81±0.07bcd
原麻产量（g/m²）	Z1	52.1±7.7ab	68.0±5.5a	50.4±4.3b	50.4±7.7b	51.5±3.7ab	48.3±4.9b	43.3±2.3b
	X2	61.6±3.1a	53.4±1.6ab	48.3±7.0abc	37.4±5.9c	35.9±3.5c	42.5±5.1bc	44.5±6.1bc
	X3	74.5±4.4ab	73.6±5.9ab	60.4±5.4abc	76.8±2.6a	59.8±1.0bc	55.4±4.1c	66.3±10.4abc

注：相同字母表示差异不显著，下同

与对照相比，其降低的幅度范围依次为8.7%～45.9%、3.7%～43.2%和1.2%～41.7%，其中，

T1 和 T2 处理与对照间的差异未达到显著水平（$p>0.05$），但随着 Cd 添加量的继续增大（>20mg/kg），苎麻的上述 3 项农艺指标均显著低于对照处理（$p<0.05$），这表明 3 个苎麻品种对 Cd 均具有较强的耐受性，但在高 Cd 浓度胁迫条件下其生长受到一定的抑制。对于本研究而言，Cd 添加量为 10mg/kg（土壤的实际 Cd 含量为 11.72mg/kg）是苎麻耐受 Cd 的阈值，超过该阈值苎麻生长将受到较显著的影响。

表 6－28 的结果还表明，Cd 添加量对不同苎麻品种的生长抑制效果并不一致，说明苎麻品种间的耐 Cd 能力具有一定的差异性，其中，湘苎 3 号的有效分蘖数为 15.7～29.0 株/m^2，其生物量为 0.67～1.01kg/m^2、原麻产量为 55.4～76.8g/m^2，显著高于中苎 1 号和湘苎 2 号两个品种（但 T5 处理除外，其有效分蘖数小于中苎 1 号），但中苎 1 号与湘苎 2 号之间无显著差异（$p>0.05$）。与中苎 1 号和湘苎 2 号相比，湘苎 3 号在土壤 Cd 胁迫的条件下具有较好的适生性以及较强的耐受 Cd 的能力。

3. 苎麻地上部对镉的吸收与累积特征

苎麻不仅具有较强的耐受 Cd 的能力，而且还对 Cd 具有较强的吸收与积累能力（表 6－29）。

表 6－29　苎麻地上部对镉的吸收与累积特征

处理	含量（mg/kg）			累积量（mg/m^2）		
	Z1	X2	X3	Z1	X2	X3
CK	8.3±0.4a	9.7±0.9a	11.2±0.9a	6.6±0.8d	8.5±0.7c	11.3±1.0c
T1	18.1±0.7ab	19.5±0.1ab	23.3±1.8abc	14.1±0.9cd	12.6±0.5bc	21.2±2.7bc
T2	25.0±2.1bc	24.2±2.2b	28.7±0.2bc	14.9±3.3cd	13.6±0.9bc	20.9±2.6bc
T3	34.6±2.6c	40.0±5.0c	37.8±6.2c	19.9±3.8bc	19.0±1.7b	31.8±3.5b
T4	49.4±4.4d	34.4±3.6c	36.9±4.9c	26.3±4.3ab	16.2±2.9bc	25.1±5.3bc
T5	61.5±5.1e	43.4±0.8c	36.19±7.0c	34.0±0.4a	20.3±1.5b	25.1±4.7bc
T6	56.5±5.2de	60.1±6.3d	61.5±9.6d	25.9±0.6b	28.9±5.7a	49.6±8.7a

研究结果表明，Cd 添加量对 3 个苎麻品种地上部分的 Cd 含量及 Cd 的累积量均具有极显著的影响（$p<0.01$）：随着土壤 Cd 添加量的增大，3 个苎麻品种地上部分的 Cd 含量和 Cd 的累积量显著提高。与对照相比（表 6－30），中苎 1 号、湘苎 2 号和湘苎 3 号地上部的 Cd 含量分别增加了 2.2～6.8 倍、2.0～6.2 倍和 2.1～5.5 倍，Cd 的累积量相应增加了 2.1～5.2 倍、1.5～3.4 倍和 1.9～4.4 倍。与一般植物相比，在 Cd 胁迫条件下，苎麻地上部的 Cd 含量提高了 80～300 倍，表明苎麻对 Cd 具有较强的富集能力。

根据报道，Cd 的超富集植物需要同时具备以下 4 个条件：一是地上部 Cd 的含量需达到 100mg/kg 以上，二是其转移系数需大于 1，三是富集系数也需大于 1，四是在 Cd 污染土壤上的生物量不能显著降低。虽然本研究并未采集与分析苎麻根部样品，但根据前期研究结果和表 6－29、表 6－30 的相关研究数据，仍可以判断出供试的 3 个苎麻品种均非 Cd 的超富集植物。然而，苎麻具有较大的生物量，且每年可以收获 3 次，其产品亦具有较好的经济效益，苎麻在 Cd 污染土壤修复与利用中具有较好的应用前景，是一种理想的修复与高效利用重金属污染土壤的备选植物。

4. 镉对苎麻吸收其他重金属元素的影响

Cd 胁迫条件下，3 个品种对 Pb、Cu、Zn、Ni 等重金属的吸收因元素种类的不同而异，其中，中苎 1 号对 Pb、Ni 吸收呈现出随土壤 Cd 添加量增大而增加的趋势，湘苎 3 号对 Zn、Ni 吸收则呈现出随土壤 Cd 添加量增大而减少的趋势，但土壤 Cd 添加量对 3 个品种吸收 Cu 的影响并不明显，这可从表6－

30 的研究结果中清楚地看出。

表 6－30　不同 Cd 添加量下 3 个苎麻品种地上部的重金属含量　　　（单位：mg/kg）

处理		CK	T1	T2	T3	T4	T5	T6
Pb	Z1	72.0 ±4.0c	81.8 ±8.1abc	80.2 ±3.0bc	84.8 ±4.3abc	89.9 ±5.1ab	78.8 ±3.1bc	95.7 ±1.6a
	X2	88.5 ±10.1ab	72.1 ±4.1b	86.6 ±3.1ab	95.0 ±6.4a	83.1 ±1.5ab	91.0 ±9.5ab	84.4 ±2.3ab
	X3	79.9 ±3.2ab	76.3 ±11.4ab	84.1 ±2.6a	81.9 ±2.7ab	70.5 ±4.1ab	67.8 ±1.4b	77.9 ±2.7ab
Cu	Z1	15.0 ±1.0a	17.0 ±1.4a	17.0 ±0.5a	17.2 ±0.3a	17.2 ±0.6a	16.5 ±0.4a	18.9 ±0.9a
	X2	16.6 ±1.3a	16.8 ±0.8a	16.7 ±0.6a	18.6 ±1.0a	17.5 ±0.6a	17.9 ±0.1a	17.6 ±0.6a
	X3	16.2 ±0.6a	17.6 ±0.6a	18.1 ±0.3a	18.3 ±0.4a	17.1 ±0.9a	17.1 ±1.0a	17.1 ±1.5a
Zn	Z1	231.0 ±10.6c	301.6 ±3.7a	281.5 ±8.3ab	284.0 ±21.9ab	290.6 ±8.5a	251.0 ±2.2bc	282.3 ±11.5ab
	X2	326.0 ±16.2a	328.6 ±20.9a	279.9 ±11.5a	313.7 ±25.7a	273.4 ±12.9a	288.7 ±15.6a	273.0 ±32.4a
	X3	323.0 ±6.6a	309.8 ±14.6a	306.3 ±8.9ab	285.6 ±10.4abc	254.2 ±22.6cd	233.7 ±19.3d	262.6 ±11.3bcd
Ni	Z1	5.6 ±0.1ab	6.6 ±0.2a	4.0 ±1.0b	6.2 ±0.4a	7.1 ±0.4a	7.4 ±1.1a	6.4 ±0.1a
	X2	5.2 ±0.5a	6.5 ±1.0a	5.4 ±0.7a	6.0 ±0.9a	5.8 ±0.1a	6.9 ±0.1a	7.2 ±0.6a
	X3	7.2 ±0.3ab	6.0 ±0.4cd	7.0 ±0.3abc	7.7 ±0.3a	6.5 ±0.4b	5.3 ±0.5d	7.2 ±0.2ab

根据表 6－30 的研究结果，3 个品种地上部 Pb 的含量范围为 51.8～95.7mg/kg，其中，中苎 1 号地上部的 Pb 含量随着土壤 Cd 添加量的增大而呈现出显著增加的趋势（与对照相比，T6 处理的 Pb 含量增加了 33%），但土壤 Cd 添加量的变化对湘苎 2 号与湘苎 3 号地上部的 Pb 含量无显著影响；3 个品种地上部 Cu 的含量范围为 15.0～18.9mg/kg，土壤 Cd 的添加量对 3 个品种地上部的 Cu 含量均无显著影响；3 个品种地上部 Zn 的含量范围为 231.0～328.6mg/kg，均呈现出随土壤 Cd 的添加量增大而地上部 Zn 的含量逐渐降低的趋势，其中，湘苎 3 号各处理间的差异达到极显著的水平（$p<0.01$），当土壤 Cd 添加量达到 35mg/kg 和 65mg/kg 时，其地上部 Zn 的含量分别比对照降低 12% 与 28%；3 个品种地上部 Ni 的含量范围为 4.0～7.7mg/kg，其变化规律则明显不同，其中，中苎 1 号地上部 Ni 含量表现出随土壤 Cd 添加量增大而增加的趋势，增幅为 10.7%～32.1%，湘苎 2 号地上部 Ni 含量处理间无显著差异，而湘苎 3 号地上部 Ni 含量处理间有极显著差异，但随土壤 Cd 添加量增大并未呈现出规律性的变化。

5. 重金属污染耕地高产栽培技术总结

在品种筛选的基础上，重点对重金属污染区麻类作物的栽培关键技术进行了系统总结，初步编制重金属污染区的麻类作物高产高效栽培技术规程。主要内容包括：耐镉苎麻品种的选择、麻园规划、园区道路和排灌系统的完善、土地平整、施肥和害虫防治以及苎麻栽植方法等几个方面的内容。

——耐镉苎麻品种的选择。目前，确定的耐镉品种主要有湘苎 3 号、湘苎 2 号和中苎 1 号 3 个品种。

——麻园区划。先搞好土地平整规划，划分区块。一般采用长方形，区块长 100～200m，宽 30～40m，区块的长边要与主要风向垂直，以利防风。

——园区道路和排灌系统的完善。主路设在区块的分界线，便于运输土、肥；小路是通往厢块的人行道。排灌系统由主沟、小沟组成。主沟设在区块的分界线，宽 1～1.7m，与主路平行；区块内的小沟与支路平行，将水引入小沟，小沟设在区块内，宽 0.7～1m，灌排兼用。

——土地平整。在平整土地时，深耕改土，深挖麻地 30cm 左右，还应注意保存表土，再整碎土块，清除杂草。

——施肥与害虫防治。增施有机肥，改良土壤，培肥地力。栽麻前增施饼肥 1 500～2 250kg/hm^2，加土杂肥30～45t/hm²。提倡施用有机复合肥，合理施用化肥。用呋喃丹撒施或穴施，防治一次地下害虫。

——栽植方式与方法。秋冬栽麻宜深，盖土2～3cm厚，以利防旱、防冻；有条件的地方可采用铺地膜的方式，防止冻害。

（六）苎麻固土保水技术研究

1. 不同苎麻种植密度固土保水效应研究

设休闲（A）、75%常规密度（B）、常规密度（C）、25%常规密度（D）和旱地粮油作物（E）五个处理。2011年11月至2012年10月，黄甲铺基地累计的降雨量为1 106.8mm，只占该地区近来40多年（1970—2011）平均降水量1 312.8mm的84.3%，属于较干旱的年份（表6－31）。

表6－31　2011年11月至2012年10月桃源黄甲铺基地降水概况及各处理径流量（单位：mm）

项目/处理		11月	12月	1月	2月	3月	4月	5月	6月	7月	8月	9月	10月	合计
降水量		10.88	30.50	36.85	50.64	135.60	133.35	98.60	192.22	183.64	90.30	58.88	85.32	1 106.78
径流量	A	2.93	5.47	9.43	25.95	33.51	56.78	51.40	94.24	81.43	51.00	19.89	12.08	444.11
	B	1.94	4.66	7.79	16.41	26.10	33.70	30.08	44.95	38.05	31.50	14.10	8.50	257.78
	C	1.85	4.23	6.62	11.84	24.35	26.44	22.08	33.29	35.04	20.88	11.54	5.98	204.14
	D	1.82	4.23	6.20	11.84	23.95	21.03	17.54	25.68	31.25	17.56	9.98	5.58	176.66
	E	0.76	2.05	3.58	7.13	12.20	12.79	30.00	70.54	45.63	31.90	18.64	10.60	245.82

A. 休闲；B. 75%常规密度；C. 常规密度；D. 125%常规密度；E. 旱地粮油作物；下同

各处理的年降水径流系数（表6－32），依次是A（休闲）＞B（75%的常规密度）＞E（玉米—油菜）＞C（常规密度）＞D（125%的常规密度）。与常规种植密度相比，除B、C两个处理无显著差异外，其余各处理的差异显著（$P<0.01$）。与上一观测年度（2010.11—2011.10）相比，虽然全年度降水量增加了6.7%，但其降水径流系数除B、C处理明显下降外（$P<0.05$），其他3个处理的差异不明显。

表6－32　桃源黄甲铺基地各处理两个观测周年水土流失的比较

观测年度	项目	A	B	C	D	E
2010年11月至2011年10月	径流系数（%）	41.2±4.62	24.4±2.46	19.8±1.78	15.8±1.26	22.3±1.85
	侵蚀模数[t/（km²·年）]	2 105.4±288.8	971.8±126.7	863.6±105.8	715.9±83.2	1 085.0±125.7
2011年11月至2012年10月	径流系数（%）	40.1±4.62	23.3±2.46	18.4±1.78	16.0±1.46	22.2±2.15
	侵蚀模数[（t/（km²·年）]	2 040.2±240.2	920.6±101.7	832.8±91.2	683.1±73.0	1 076.6±100.9

各处理的土壤侵蚀模数，其变化趋势与降水的径流系数一致，亦是依次为A（休闲）＞B（75%的常规密度）＞E（玉米—油菜）＞C（常规密度）＞D（125%的常规密度）。与常规种植密度的相比，各处理的差异显著（$P<0.01$）。与上一观测年度（2010.11—2011.10）相比，虽然全年降水量有所增加，但其土壤侵蚀模数均有所下降，3个苎麻的分别下降了5.3%（B）、3.6%（C）、4.6%（D），休闲和玉米—油菜的为3.1%（A）和0.8%（E），明显低于3个苎麻的处理。其原因主要是小区内的土壤紧实度较前一年明显增强，更重要的是苎麻根系发育与长势显著增强。

从图6－25可以看出，3种苎麻处理的土壤水分含量并没有明显差异，但他们与休闲、玉米—油菜处理的差异明显（$P<0.05$）。

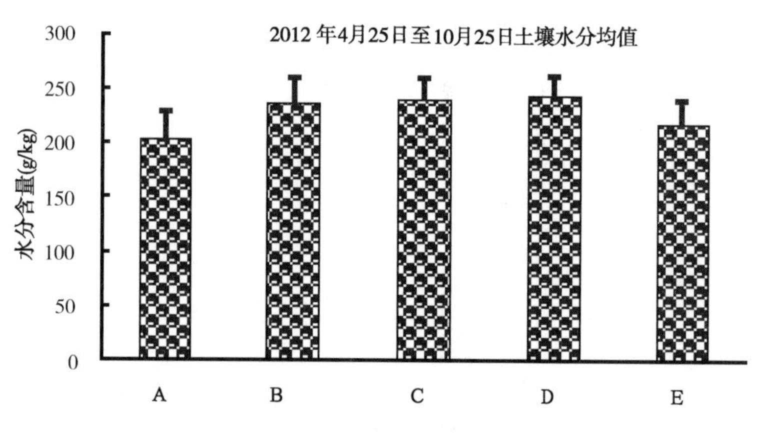

图 6－25　黄甲铺各处理土壤水分变化（2012）

2012 年 11 月至 2013 年 10 月，黄甲铺基地累计的降水量为 913.3mm（表 6－33），较上年度（1106.8mm）降水量还少近 200mm，是该地区自 1970 年以来第六个降水量未超过 1 000mm 的年份，旱情严重。

表 6－33　2013 年度桃源黄甲铺基地降水概况及各处理径流量　（单位：mm）

项目/处理	11 月	12 月	1 月	2 月	3 月	4 月	5 月	6 月	7 月	8 月	9 月	10 月	合计
降水量	13.12	28.52	38.45	45.65	140.32	135.66	112.50	185.22	142.61	30.34	18.65	22.24	913.28
A	4.32	4.65	7.65	16.50	33.00	53.40	58.33	87.22	59.62	16.47	2.27	1.88	345.31
B	2.46	2.84	4.24	9.88	25.02	26.44	23.00	30.02	29.03	5.45	0.54	0.45	159.37
C	2.14	2.65	3.82	8.83	22.81	25.24	22.68	29.00	28.02	5.12	0.35	0.20	150.86
D	2.10	2.51	3.90	8.55	22.83	23.13	20.34	28.43	26.80	4.90	0.27	0.20	143.96
E	1.58	2.46	3.65	5.62	10.84	16.85	36.54	60.65	39.42	10.12	2.12	1.77	191.62

各处理的年降水径流系数（图 6－26），休闲（A）的为 0.378、75% 常规密度（B）的为 0.175、常规密度（C）的为 0.165、25% 常规密度（D）的为 0.158、旱地粮油作物（E）的为 0.210。根据统计结果，C、D 两个处理间已无明显差异（$P>0.05$），但两者间与其他三个处理依然存在着显著（$P<0.05$）或极显著差异（$P<0.01$）。从防治地表径流的角度考虑，加大苎麻种植密度的时效性有限（因本试验仅进行 3 年）（表 6－34）。

但从防治土壤侵蚀的角度考虑，加大苎麻种植密度很有必要，这可从图 6－27 的结果中清晰看出来：D 处理与其他四个处理依然存在极显著差异（$P<0.01$）。因此，利用苎麻防治水土流失，要因地制宜选择适宜的种植密度（方式）。

从图 6－28 中可以看出，3 种苎麻处理的土壤水分含量并没有明显差异，但它们与休闲和旱地粮油作物两个处理的差异明显（$P<0.05$）。

2. 苎麻与其他植物覆盖的固土保水效应比较

盘塘基地的山坡地是经过严格的等高梯土、深沟撩壕、开挖竹节沟（或暗沟）、设置生物篱笆等水土保持工程综合治理的高标准水土保持示范基地。

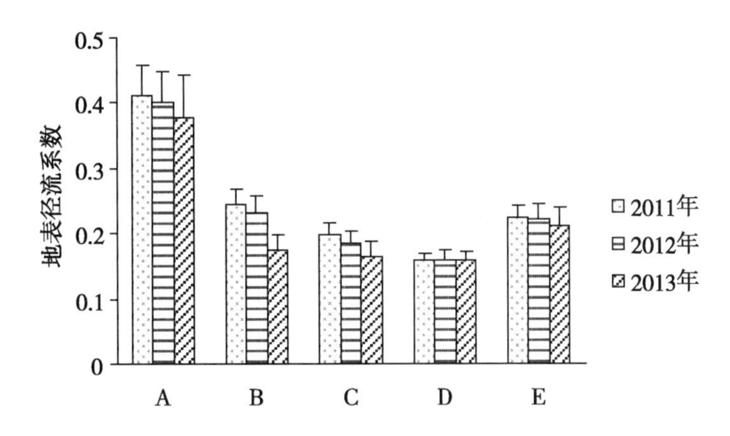

图6－26　不同种植密度的年地表径流动态（2013年度）

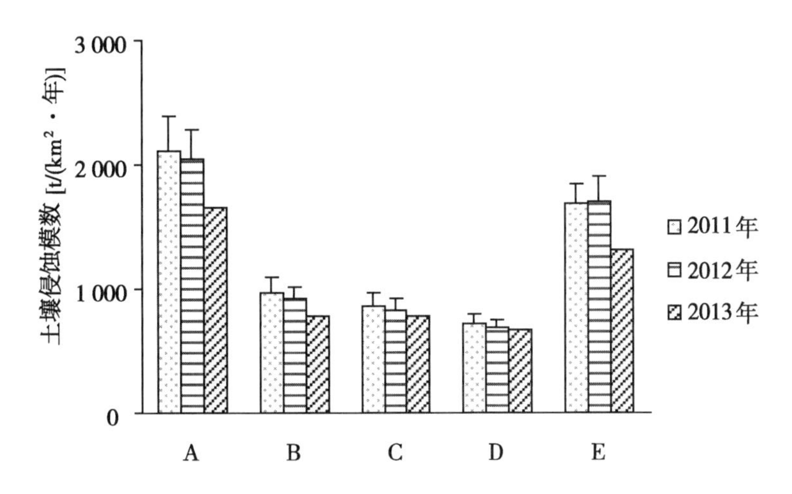

图6－27　不同种植密度的土壤年侵蚀动态（2013年度）

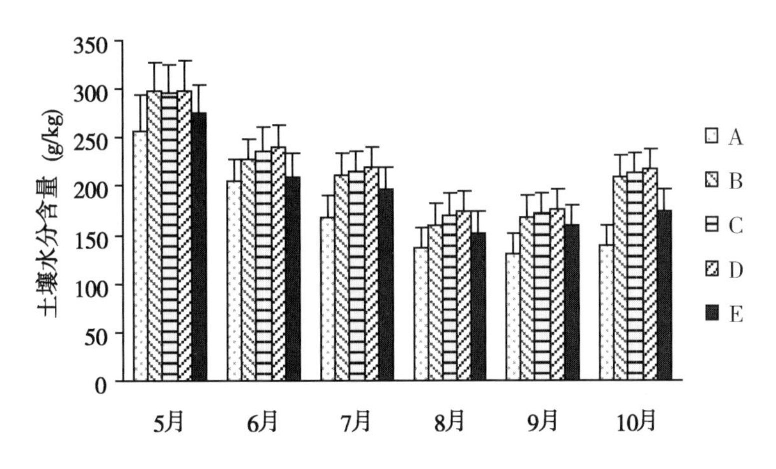

图6－28　不同种植密度的土壤水分动态（2013年度）

表 6－34 2011 年 11 月至 2012 年 10 月桃源盘塘基地降水概况及各处理径流量 （单位：mm）

项目/处理		11 月	12 月	1 月	2 月	3 月	4 月	5 月	6 月	7 月	8 月	9 月	10 月	合计
降水量		9.62	28.55	38.02	50.33	130.60	135.56	96.88	190.20	176.54	88.64	52.32	83.64	1 080.90
径流量	乔灌	—	—	2.21	5.51	5.84	9.96	8.45	13.57	13.48	10.06	4.41	5.47	78.96
	灌木	—	—	3.16	9.48	9.63	12.98	12.26	18.97	22.07	12.41	6.21	7.27	114.44
	乔木	—	—	3.60	9.96	14.65	17.17	14.49	23.49	23.17	14.39	7.46	9.08	137.46
	旱地	1.04	1.68	4.45	7.57	15.43	17.10	19.28	24.38	24.39	16.53	7.45	11.19	150.49
	苎麻	1.31	2.06	5.36	10.96	16.75	18.07	11.83	22.59	17.28	11.86	5.67	7.23	130.97

与黄甲铺基地相比，其水土流失量要显著低得多，说明工程措施的水土保持效果要显著优于利用植物特性防治的效果。因此，在充分利用植物特性防控水土流失的同时，最好配合工程技术措施。值得说明的是，与上一观测年度（2010.11—2011.10）相比，虽然全年降水量仅增加 10.7%，其降水径流系数亦增加了 10% 以上（乔木除外），这可能与 6、7 两个月连续普降暴雨，土壤过度饱和导致径流增大有关（表 6－35）。

表 6－35 桃源盘塘基地各处理两个观测周年水土流失的比较

观测年度	项目	乔灌	灌木	乔木	旱地	苎麻
2010.11－2011.10	降水量（mm）			976.72		
	径流系数（%）	6.1	9.3	11.7	12.4	10.6
	侵蚀模数［t／（km^2·年）］	66.2	195.0	243.5	255.6	232.0
2011.11－2012.10	降水量（mm）			1 080.90		
	径流系数（%）	7.3	10.6	12.7	13.9	12.1
	侵蚀模数［t／（km^2·年）］	68.6	205.7	263.0	286.2	248.9

观测结果表明（图 6－29），麻园土壤全年（2012 年 4 月 25 日至 10 月 25 日）的平均含水量，比林地、果园、茶园和坡耕地的分别高出 12.2%、10.6%、5.7%、6.1%，差异明显（$P<0.05$），充分证明了苎麻的保水效果，这可能与苎麻根系发达能够吸附大量水分、废弃物大量还土增加土壤有机质等有关。

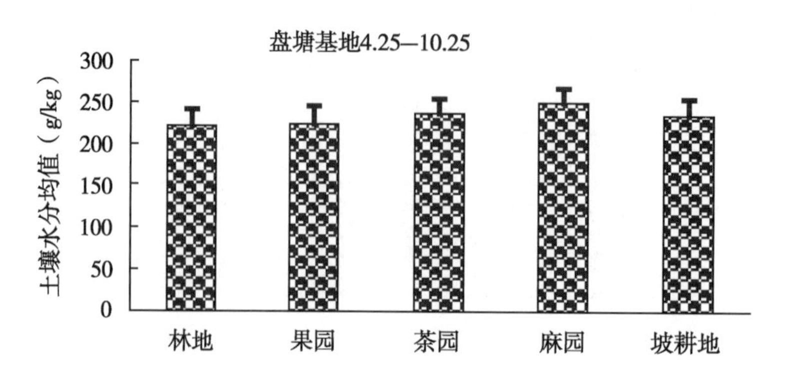

图 6－29 盘塘各处理土壤水分变化（2012 年度）

2013 年，根据年度观测结果（表 6－36、图 6－30），各种土地利用方式的年降水径流系数的大小排序是乔灌草（0.054）＜灌木林（0.089）、苎麻（0.088）＜乔木林（0.105）＜旱粮作物（0.126），土壤侵蚀模数是乔灌草［60.2t／（km^2·年）］＜灌木林［187.6t／（km^2·年）］、苎麻［185.6t／（km^2·

年)] <乔木林 [222.6t/(km²·年)] <旱粮作物 [260.8t/(km²·年)]。与黄甲铺基地相比，其水土流失量要低得多，说明工程措施的水土保持效果要显著优于利用植物特性防治的效果。因此，在充分利用植物特性防治水土流失的同时，最好配合工程技术措施进行综合治理。

表6-36　2012年11月至2013年10月桃源盘塘基地降水概况及各处理径流量　(单位：mm)

项目/处理		11月	12月	1月	2月	3月	4月	5月	6月	7月	8月	9月	10月	合计
降水量		9.78	24.35	32.82	42.17	132.50	126.30	98.42	185.62	133.21	28.54	19.26	24.22	857.19
径流量	乔灌			1.23	1.74	5.54	8.32	4.55	16.00	8.91				46.29
	灌木			2.17	4.15	7.82	15.33	12.26	21.52	11.37	1.32	0.35		76.29
	乔木		1.03	2.52	4.34	15.65	16.00	12.60	22.34	12.00	2.22	0.71	0.49	89.90
	旱地	0.23	1.32	3.00	4.50	14.66	16.50	14.00	30.12	18.98	2.87	1.23	0.59	108.00
	苎麻		1.11	1.56	2.33	10.21	18.72	3.32	20.20	15.40	2.33	0.25		75.43

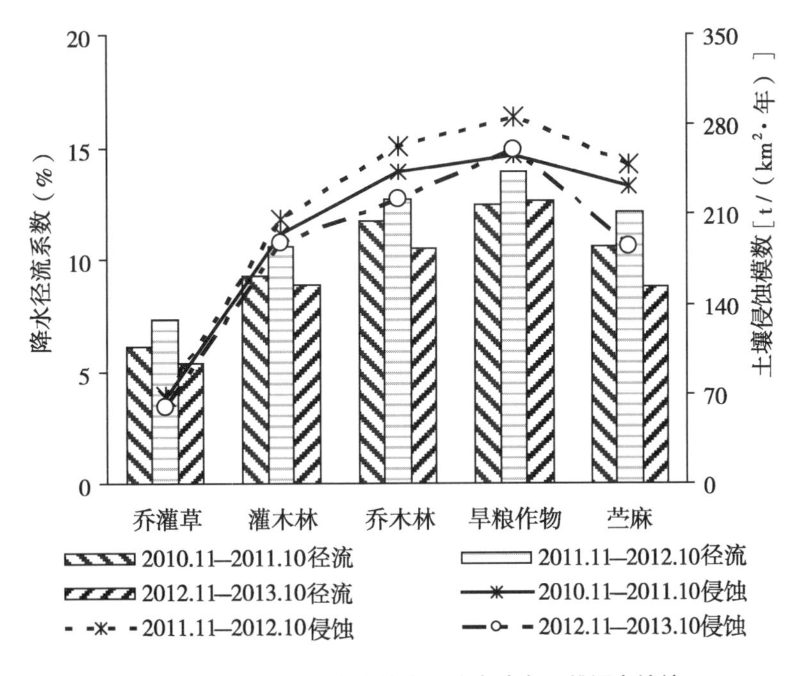

图6-30　坡地不同利用方式的水土流失动态(桃源盘塘镇)

与上两个观测年度(2010年11月至2012年10月)相比，2013年度灌木林与苎麻两种坡地利用方式之间已基本没有差异，其效果有待进一步验证。

(七)饲用苎麻高产栽培与种养结合技术研究

1. 中陡坡地施肥处理对饲用苎麻产量的影响

对中苎2号的饲用特性及饲用相配套的栽培模式进行了研究。在二麻、三麻两个生长季节测定了中苎2号的生长速度及营养成分变化，筛选饲用最适合的收获季节。氮钾配施试验表明，中苎2号植株鲜重的最优氮钾配比为：N 20kg/亩，K_2O 27.071kg/亩；原麻产量的最优氮钾配比为：N 17.92kg/亩，K_2O 27.071kg/亩。

在湖南张家界中陡坡地贫瘠土壤饲用苎麻高产高效施肥试验。供试品种为中饲苎1号、中苎2号，共设5个处理(表6-37)。2012年6月移栽，30cm×50cm；30cm×60cm，约2 200株/亩。2013年进行试验处理，生长期施肥：在采收前后3d撒施速效肥，如遇干旱，于早晚结合灌水施肥。试验小区内一半以上苎麻植株长到65cm时采收。因2013年大旱实收4次，结果表明，中饲苎1号比中苎2号饲用产量高42.6%，中饲苎1号更加适合在山坡地种植作为饲用苎麻；从6月8日（第3次收割）与8月22日（第4次收割）结果看，各处理以处理1增产效果最好，分别比其他处理或对照增产13.5%～27.9%，说明适当增施肥料对提高山坡地贫瘠土壤苎麻饲用产量至关重要，因天气干旱对本试验影响较大，有待进一步深入研究。

表6－37　中陡坡度贫瘠土壤饲用苎麻高产高效施肥试验处理方案

处理	生长期施肥（kg/亩）			基肥（冬培）（kg/亩）	备注
	尿素	磷肥	钾肥		
处理1	37.5	12.5	12.5	枯饼100，复合肥50	尿素（46%）；磷肥（12% P_2O_5）；钾肥（50% K_2SO_4）；45%复合肥（N/P/K：15/15/15）；菜籽饼肥
处理2	30	10	10	枯饼100，复合肥50	
处理3	25	7.5	7.5	枯饼100，复合肥50	
处理4	22.5	0	0	枯饼100，复合肥50	
CK	0	0	0	枯饼100，复合肥50	

2. 山坡地饲用苎麻土壤水分管理技术研究

在桃源县黄甲铺乡缓坡地的麻园内开展了不同保水技术（措施）的效应研究。试验设置对照（CK）、有限灌溉（利用径流池集水灌溉/GG）、工程储水－1（竹节沟/GC1）、工程储水－2（暗沟/GC2）、工程储水－3（竹节沟＋暗沟/GC3）和施用化学保水剂（BS）共6个处理。供试品种为NC03（中苎3号）。

2012年与对照相比，3种工程措施增加土壤水分的效果最为显著（图6－31－A），各处理全年土壤的含水量平均增加了7.3%（竹节沟）、8.9%（暗沟）与9.8%（竹节沟＋暗沟）。有限灌溉与化学保水剂虽有一定的效果，但与对照之间没有显著差异。值得说明的是，有限灌溉与化学保水剂两种措施，在8月份季节性干旱较为严重的时候，亦具有明显的增加土壤含水量的效果。

2013年，与对照（CK）相比，三种工程措施提高土壤水分含量的效果显著（$P<0.01$），各处理全年土壤的含水量平均增加了12.39%（竹节沟）、13.83%（暗沟）与17.83%（竹节沟＋暗沟）；有限灌溉与施用化学保水剂亦有较明显的效果（$P<0.05$），分别较对照增加了9.34%与8.05%（图6－31B）。特别是在2013年度8月底至10月初的严重干旱季节，三种工程措施处理的苎麻基本能够正常生长，有限灌溉与施用化学保水剂两种措施处理的苎麻仅部分出现萎蔫现象，而对照处理则出现死株现象，影响到了产量，特别是二麻、三麻的产量。

从原麻产量来看（表6－38），各种保水技术（措施）在头麻中没有很好地体现出来，但在二麻、三麻中的增产效果十分明显，尤其是在二麻中的增产效果更为显著。与对照相比，二麻的工程技术（措施）的增产率高达14.2%～19.4%，有限灌溉与化学保水剂处理的也分别有7.7%与8.2%。

表6－38　不同保水技术（措施）的原麻产量　（单位：kg/亩）

收获期	CK	GG	GC1	GC2	GC3	BS
头麻	115.2±10.2	116.3±10.1	115.4±10.3	116.3±10.4	117.5±10.6	115.6±10.3
二麻	63.3±6.6	68.2±5.9	72.3±6.9	73.5±6.9	75.6±7.1	68.5±6.4
三麻	45.8±5.4	48.4±5.0	49.3±4.3	49.5±4.5	50.2±4.8	47.0±4.3
合计	224.3	232.9	237	239.3	243.3	231.1

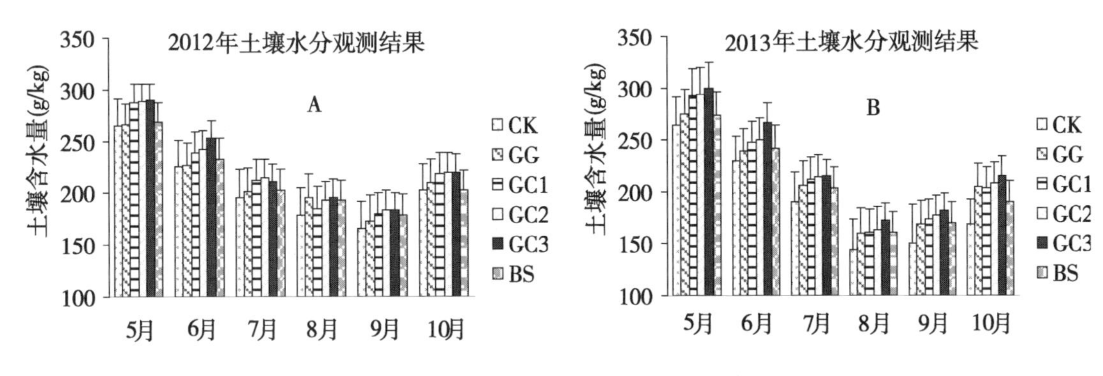

图 6－31　不同保水技术（措施）的土壤水分管理变化动态

与2012年相比（表6－38），2013年在各处理头麻普遍增产（增幅为4.6%～7.2%）的前提下，CK减产明显（$P<0.05$，降幅达6.9%），特别是三麻，减产幅度超过了23%。各种保水技术措施的产量也仅与2012年持平或略高（高出幅度<10.5%）。

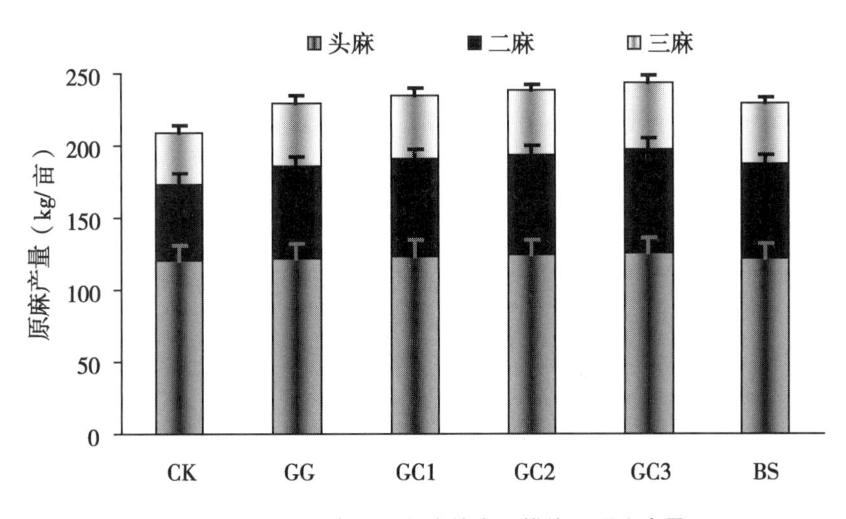

图 6－32　2013 年不同保水技术（措施）原麻产量

从土壤水分与原麻产量的关系来看（图6－32），各种保水技术（措施）的增产效应在土壤水分充足季节（即头麻）未能很好地体现出来，但在干旱季节（即二麻、三麻）的增产效果十分明显（$P<0.01$），其增幅均超过了20%。

试验区2012年1～11月的降水量为1065.4mm。根据其原麻产量，各处理的降水利用效率分别为0.211、0.219、0.222、0.225、0.228、0.217kg/（mm·亩）。3种工程技术（措施）的降水利用效率，较对照处理的高出5.7%～8.5%，差异显著。2013年1～10月的累积降水量为871.6mm。根据其原麻产量，本年度各处理的降水利用效率（图6－33），与2012年度同期相比均有较大幅度的提高。

3. 苎麻园生态种养技术研究

以生长育肥期的鹅苗为适用对象，其目的在于提供一种放牧与补饲相结合的、生产生态产品的肉鹅饲养方法。将鹅饲养以集约轮流放牧和减量补饲相结合，苎麻种植过程不使用任何化学农药或化学生长调节剂，保障了食品安全，改善鹅肉品质，提高高档鹅肉生产量；提高肉鹅抵抗力和对环境的适应力，减少禽药的使用；节省粮食，提高苎麻园土地资源利用率；还可减少麻园生产人力投入，降低生产成本，促进苎麻产业和养鹅产业的共同发展，达到产业发展与环境保护的协调统一。

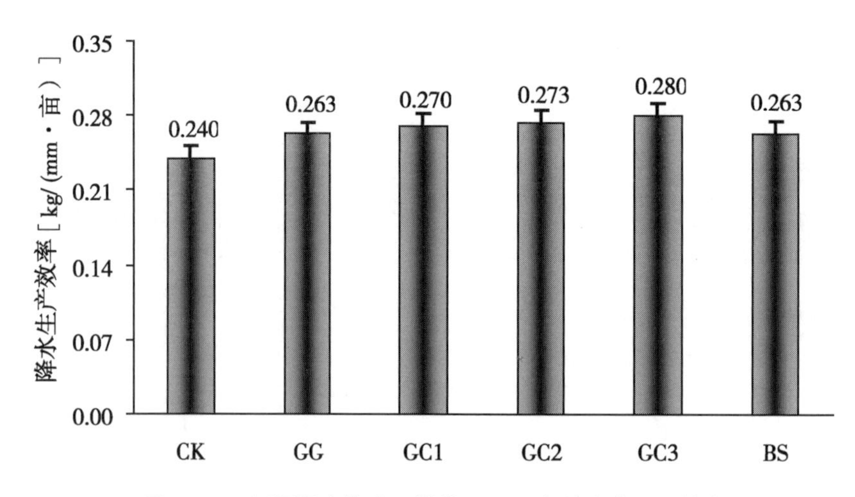

图6－33　不同保水技术（措施）2013年的降水利用效率

该技术的要点是：利用种植饲用苎麻、面积为6亩的苎麻地，苎麻地采用ALA生物农药、太阳能杀虫灯等防治线虫、苎麻夜蛾等主要病虫害，苎麻地周围建防护栏，苎麻地内用防护栏分割为6个小区，防护栏的作用为防止肉鹅逃逸，每个小区面积1亩，小区内放置水槽和饲料桶，头龄麻破秆后将14日龄及以上的鹅放入苎麻地放牧，每批放养鹅控制在80只/亩，在6个小区内轮流放牧，每个小区放牧5～6d，6个小区的整体放牧时间维持在1个月，以保证每次轮牧时苎麻的高度达到70cm；每天上午和下午各放牧1次，每次2～3h，夏季避开12：00～16：00的高温时段，每天上午放牧前和晚上放牧后各补全价配合饲料1次，全价配合饲料的量由50g/只逐日增加，日增加量7.8g/（只·d），直至60日龄。到达60日龄后，每周每只鹅在原来喂料量的基础上增加50g，生长阶段或育肥阶段的肉鹅根据体重出栏，放牧初期采用打顶的方式控制苎麻长高，促进分枝生长，每轮牧2次，用圆盘刈草机将地上残余的茎秆切割1次，并给苎麻施复合肥，冬季停止放牧，用快速降解麻地膜覆盖苎麻蔸，进行冬培。

研究表明，该放牧方法养殖与常规养殖的肉鹅相比，屠宰性能基本持平或略高，本方法在保持肉鹅生产性能的同时，通过减量补饲，显著提高生产效益（表6－39）。同时，鹅肉铅残留量远低于国家标准（GB 2762—2005）中对禽畜肉类食品铅限量的要求（≤0.2mg/kg），生态安全性能显著。

表6－39　14日龄开始放牧肉鹅的屠宰性能与铅残留检测（朗德鹅）

重复	屠宰率	半净膛率	全净膛率	胸肌率	鹅肉铅残留量（mg/kg）
1	86.16%	77.37%	74.14%	13.52%	0.059
2	94.16%	82.74%	78.01%	11.96%	0.112
3	89.27%	79.54%	75.88%	11.08%	0.114

二　亚麻

（一）亚麻高产高效栽培技术研究与示范

1. 亚麻高产栽培技术研究

试验地点在云南宾川，采用六因素五水平正交设计开展了亚麻高产栽培技术研究（表6－40）。

表 6-40　各因素及水平表

处理编号	品种	密度（万粒/亩）	尿素（kg/亩）	普钙（kg/亩）	氯化钾（kg/亩）	抗旱剂（g/亩）
1	中亚 1 号	24 000	2 700	2 700	2 025	7.50
2	中亚 2 号	29 250	4 050	3 825	3 150	11.25
3	派克斯	34 500	5 400	4 950	4 275	15.00
4	5F069	39 750	6 750	6 075	5 400	18.75
5	双亚 7 号	45 000	8 100	7 200	6 525	22.50

本试验是在前期试验的基础上进行设计的，所有处理都获得了较好的产量（802.62～1 031.62kg/亩，25 个处理的平均产量为 885.66kg/亩）。通过进一步优化试验，获得了最高 1 031.62kg/亩的产量。该处理（亚麻品种为 5F069，亩施尿素 18kg，过磷酸钙 32kg，氯化钾 19kg，密度为 2 650粒/m^2，抗旱剂 150ml/亩）与其他处理差异达到极显著水平，并超过世界亚麻栽培最先进国家法国（500～700kg/亩）47%～106%，达到了世界顶尖水平。小区最高产量 1 032kg/亩，纤维产量 216kg/亩，麻屑 505kg/亩，亚麻籽产量最高达到 116kg/亩。超过亚麻高产种植“255”工程的指标，实现了重大突破。通过数据分析发现，亚麻播种密度对亚麻原茎产量有影响，但在一定范围内影响不显著；播种密度 2 300～3 000/m^2 均可实现高产；考虑到出麻率、纤维质量及云南当地气候情况，推荐使用较大种植密度。

2. 肥料控施技术

采用 L9（34）正交试验设计，进行了肥料控施试验（表 6-41）。磷、钾肥，底肥与追肥（播种 60 天后施）各占 1/2；氮肥 10% 作为底肥，其他作为追肥分 2～4 次施下。区间道为 80cm，组间道为 80cm，小区面积 6m^2，小区长 3m，宽 2m，播种密度 2 000粒/m^2。

表 6-41　肥料控施试验设计及亚麻原茎产量

处理序号	N 肥用量（kg/hm^2）	P 肥用量（kg/hm^2）	K 肥用量（kg/hm^2）	N 肥追施次数	N 肥追肥时间（天）				原茎产量（kg/亩）
					1 次	2 次	3 次	4 次	
1	200	250	60	2	60	—	—	110	669.97ab
2	200	400	105	3	40	60	—	110	681.82ab
3	200	550	150	4	40	60	90	110	722.58ab
4	300	250	105	4	40	60	90	110	632.91b
5	300	400	150	2	60	—	—	110	689.23ab
6	300	550	60	3	40	60	—	110	736.67ab
7	400	250	150	3	40	60	—	110	781.50a
8	400	400	60	4	40	60	90	110	747.04ab
9	400	550	105	2	60	—	—	110	674.78ab

经过品种比较筛选和肥料控施试验，选出适应冬闲田种植的亚麻品种 3 个：5F069、派克斯、中亚麻 2 号，最高亩产 781.5kg，种子 132kg，所有处理在云南地区的冬闲田种植，亚麻原茎产量和亚麻籽产量均分别超过 500kg 和 25kg 的指标。由试验结果得出，各处理原茎产量除了产量最高的处理 7 与最低的处理 4 在 5% 水平差异显著，其他差异显著不明显。各因素除了 K 肥用量水平 3 与水平 2 在 5% 水平差异显著，其他都不显著。

由于 2012 年 10 月至 2013 年 4 月云南持续干旱，楚雄仅 2013 年 1 月 1 日至 4 月 10 日降水 1mm，

11 日降水 8mm。对亚麻生长造成了重大影响，各处理原茎产量都在 400kg/亩左右，最高原茎产量 448.38kg/亩，种子产量 63.0kg/亩。但是远低于往年情况。从表 6－42 可看出，处理 5 原茎产量显著高于其他处理，CK 产量最低。硫包膜缓释肥，其使用方便（一次性施肥），肥效周期较长，是提高亚麻原茎产量的有效措施。

表 6－42　冬闲地种植亚麻肥料控施试验原茎产量

编号	处理	原茎产量（kg/亩）	种子产量（kg/亩）
CK	不施肥处理	370.92	52.8
1	未包膜普通复合肥作底肥 150kg/hm^2，并在快速生长期追尿素 47.4kg/hm^2	391.31	56.0
2	普通复合肥作底肥 300kg/hm^2，并在快速生长期追尿素 83kg/hm^2	399.46	56.0
3	普通复合肥 450kg/hm^2，并在快速生长期追尿素 118.5kg/hm^2	395.38	50.3
4	硫包膜复合肥（25℃控释期 3 个月）200kg/hm^2，过磷酸钙 16.7kg/hm^2 作为底肥	387.23	55.7
5	硫包膜复合肥 350kg/hm^2，过磷酸钙 29.2kg/hm^2 作为底肥	448.38	63.0
6	硫包膜复合肥 500kg/hm^2，过磷酸钙 41.7kg/hm^2 作为底肥	395.38	58.2
7	硫包膜复合肥 350kg/hm^2，过磷酸钙 29.2kg/hm^2，平均分成两份，分两次施，一次底肥，一次追肥	399.46	59.5

3. 亚麻抗倒伏技术研究

进行了亚麻多效唑对农艺性状、产量的影响试验，结果见表 6－43。经过试验证明多效唑对亚麻抗倒伏具有一定作用，但是由于 2013 年亚麻生长后期雨水过大，效果不是很理想。从结果可以看出，高浓度多效唑对亚麻高度具有一定影响，但是中后期进行处理具有一定的增产效果。从试验结果看出在亚麻快速生长期进行处理产量最高，亩产可达到 440kg/亩，比对照增产 13.8%。这在湖南 2013 年亚麻生长后期雨水过大的情况下已经是比较好的产量。

表 6－43　亚麻抗倒伏试验性状及产量结果表

喷施时期	喷施浓度（mg/kg）	株高（cm）	工艺长度（cm）	茎粗（mm）	分枝数	蒴果数	单株茎重（g）	原茎产量（kg/亩）	倒伏
对照	0	93.8	81.3	1.9	4.4	2.0	0.9	386.7	4
苗期	100	89.9	74.6	1.9	4.4	1.2	0.9	313.3	4
	200	89.5	73.9	2.0	4.1	0.9	0.9	380.0	4
	300	89.9	72.1	2.0	4.3	2.1	1.0	246.7	4
快速生长期	100	94.8	79.2	2.1	4.8	1.0	0.9	440.0	3
	200	89.9	78.6	1.8	4.0	1.4	0.8	426.7	3
	300	87.8	77.3	2.4	5.1	4.3	2.1	433.4	3
现蕾期	100	91.6	80.3	2.0	3.9	3.4	0.9	433.4	3
	200	91.4	80.5	2.1	4.2	3.3	1.0	333.4	3
	300	88.3	77.8	2.1	4.3	2.0	0.9	393.4	3

（二）亚麻轻简化栽培技术研究

1. 模拟机械化免耕栽培试验

开展了模拟机械化条件下免耕栽培试验。从产量结果方差分析看，各个处理差异不显著（表6－44），说明各个处理均可采用。但是从减少投入，增加效益的角度，本试验得到2种可行的简约化耕种方式：a. 墒面破碎2cm，行播，覆稻草0.4kg/m² 或覆土0.5cm，灌出苗水，亩产量可达836kg/亩，比常规种植方式增产13kg，但能有效减低能耗减少土地投入成本约80元/亩；b. 完全免耕，不开沟，行播，均匀覆稻草0.4kg/m² 覆沟边碎土，灌出苗水，亩产量可达810kg以上，比常规种植方式低1～11kg，差异不明显，但可减少耕种成本100元以上。

表6－44　不同耕作方式下中亚麻2号原茎产量

编号	处理	均值（kg/亩）
1	翻15cm，碎土，行播、做对照	822.63
2	完全免耕不开沟，行播、不覆稻草	762.24
3	完全免耕不开沟，行播，覆干稻草2～3层，地面表皮覆盖率95%以上，约0.4kg/m²	810.04
4	完全免耕不开沟，行播，覆大沟边碎土不大于0.5cm	821.89
5	免耕开小沟，不覆稻草	774.83
6	免耕开小沟，覆稻草2～3层，地面表皮覆盖率95%以上，约0.4kg/m²	799.66
7	免耕开小沟，覆土深度不大于0.5cm	793.73
8	免耕破碎厢面2cm，行播、不覆稻草	780.39
9	免耕破碎厢面2cm，行播，覆稻草2～3层	835.97
10	免耕破碎厢面2cm，行播，覆土深度不大于0.5cm	829.67

通过比较发现，免耕在一定程度上会影响亚麻的出苗率，而覆盖稻草有遮阴保水的作用，可以在一定程度上可以提高亚麻的出苗率，从而增加该小区的亚麻干物质量；同时整个生育期都存在的稻草使土壤含水量可以保持在相对较高的水平，有利于亚麻的生长，从而增加了亚麻原茎产量。

2. 免耕栽培亚麻田土壤水热研究

主要针对亚麻免耕条件下的土壤含水量和土壤温度变化情况进行了研究，结果发现该免耕处理对土壤含水量的保持有明显作用，相同时间段内土壤湿润度明显较大，在干旱的云南地区，是提高亚麻产量的有力措施；同时，发现免耕覆盖使得土壤温度在一天内的变化幅度较小，白天升温速度较慢，傍晚降温速度也较慢；在整个白天地表温度均低于正常耕作情况，而夜晚时间则高于正常耕作温度。20cm土壤层温度两者基本一致。

3. 免耕条件下亚麻干物质形成规律研究

为探讨亚麻免耕条件下干物质形成规律与对照的对比研究，在云南楚雄州采用单因素随机区组设计，设免耕与对照组，各3次重复，使用品种“派克斯”，播种密度2 600株/m²，肥料只使用复合肥，底肥40kg/亩，追肥20kg/亩，田间管理与正常耕作方式相同。

在相同的播种密度下，亚麻单株株高、茎粗、单株总重、单株茎重、平均原茎产量均与对照具有相同的累积规律，对比差异在4%以内。除茎粗外，其他产量指标在2月15日至3月25日间具有最快的增长速度，此期间各项指标的累积量占据60%以上，而苗期及工艺成熟期以后各项指标增长缓慢，两段时间的累积量均低于20%。与春播亚麻相比，冬播亚麻的生育期长很多，主要是由于冬播亚麻苗

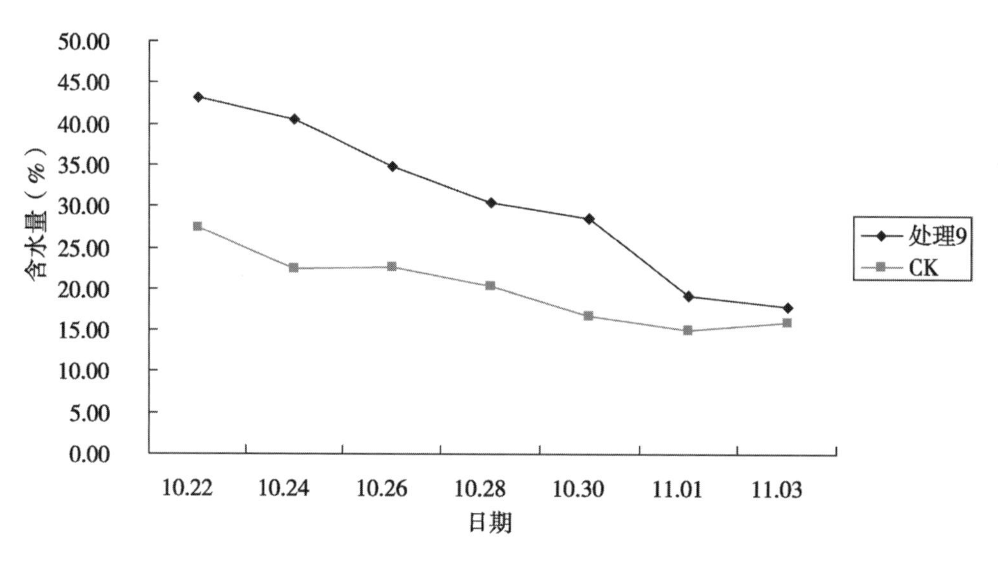

图 6-34 亚麻免耕土壤含水量变化

期气温低，亚麻生长缓慢，使得苗期生长时间长于春播亚麻，亚麻快速生长期对肥料和水分的需求最大，在此阶段应保证充足的水肥（图 6-35）。

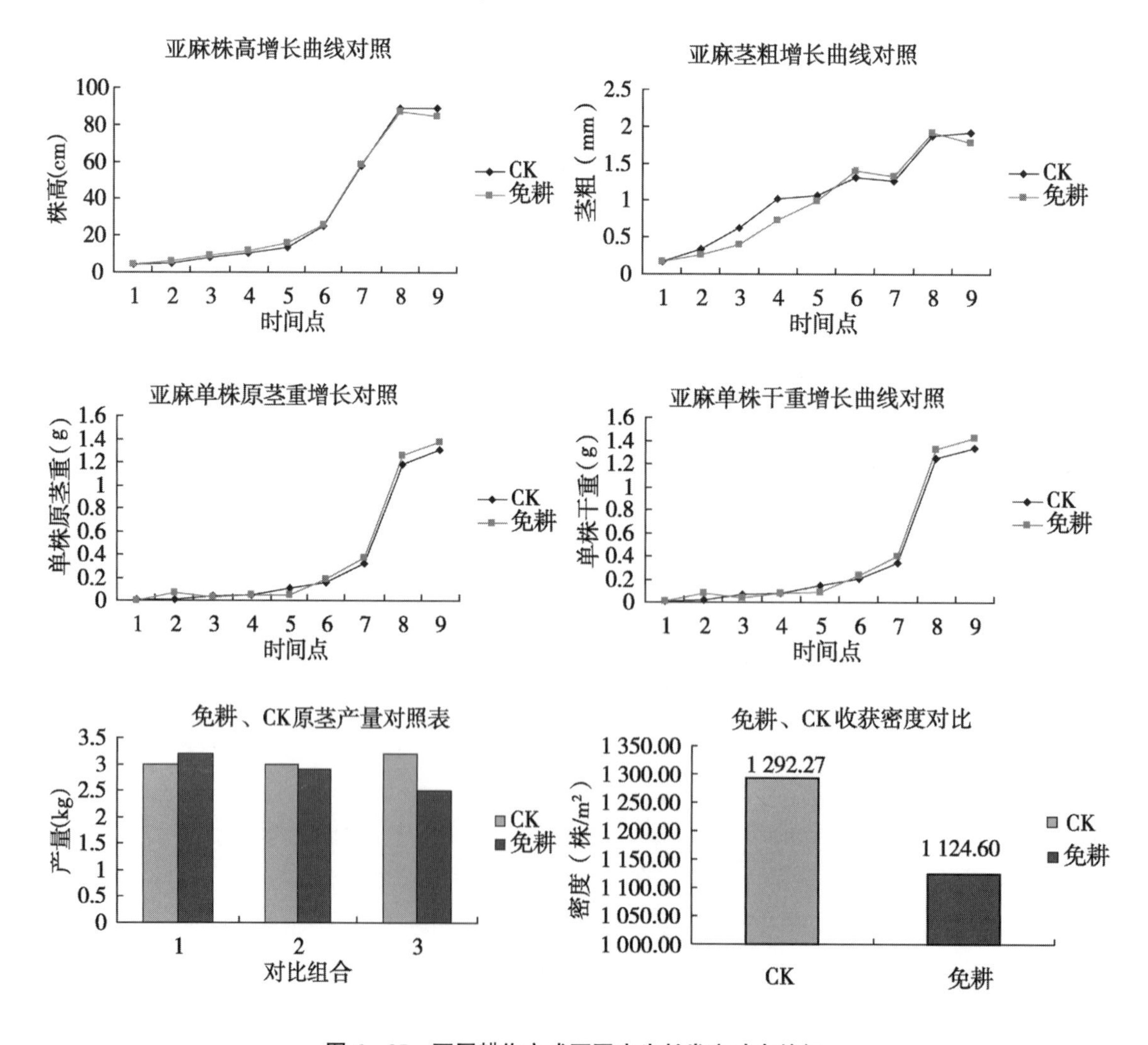

图 6-35 不同耕作方式下亚麻生长发育动态特征

4. 免耕条件下亚麻田土壤菌群数量变化研究

为了研究免耕对土壤生态的影响，2013 年在云南楚雄州对免耕条件下土壤微生物的分布情况进行了研究。试验品种派克斯，肥料使用 N：P_2O_5：K_2O = 16：16：16 的复合肥 60kg/亩，有效栽培密度 2 600株/m^2，通过对免耕、浅耕及对照土层的 0～5cm、5～10cm、10～20cm 深度的含水量、土壤 5～10cm 温度、微生物种群进行研究，探讨不同耕作方式对土壤生态环境的影响（图 6－36）。

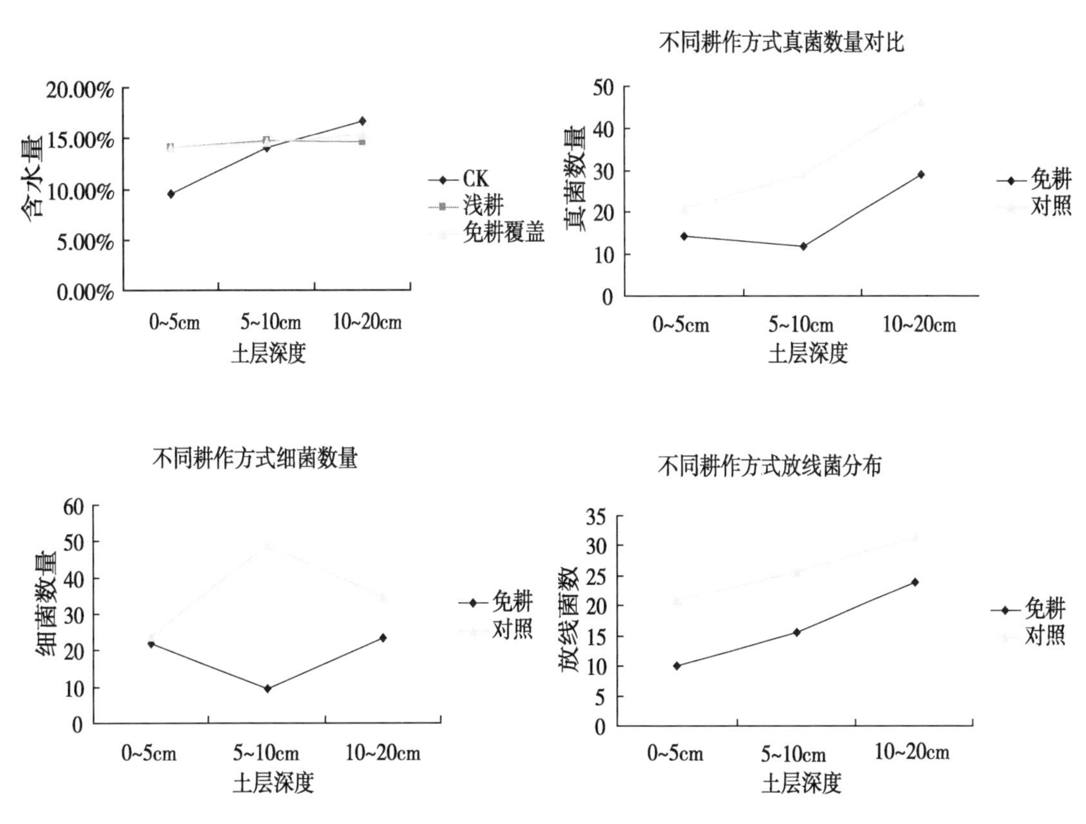

图 6－36　严重干旱条件不同耕作方式下亚麻田土壤含水量及微生物数量

土壤含水量情况见图 6－36，3 种耕作模式的土壤水分含量都随着土壤深度的增加而增加，浅耕及免耕变化较小，基本维持在 15% 上下；而 CK 的变化较大，约 9%～16.5%。0～5cm 深度，免耕及浅耕土壤含水量超过对照含水量；5～10cm 深度，三者含水量基本一致；10～20cm 深度，对照含水量超过免耕及浅耕。由于云南今年上半年长时间干旱，取材前已经多日无雨，导致土壤含水量均极低；简约化耕种覆盖秸秆能够显著增加土壤表层含水量；10～20cm 土壤含水量简约化耕种略低于对照；推测可能是由于覆盖秸秆导致土壤水分趋于均衡所致。

土壤温度情况：通过对免耕及对照的土壤表层温度进行检测，发现：两者土壤表层温度都是经历低—高—低的抛物线过程，免耕的温度在白天均低于对照，晚上则等于或略高于对照，凌晨显著高于对照，早上 6 点测的，高 2～3℃。一天中的温度变化曲线相对平缓，分析可能是由于覆盖的稻草白天挡住了阳光直射，减缓了热量吸收的速度，夜间稻草同样阻碍了热量的流失，有一定保温作用。

对照的真菌、细菌、放线菌数量均超过免耕，说明土地翻耕有利于增加菌群数量。真菌和放线菌数量都是随着土壤深度的增加而增加，但细菌数量中间层最少，分析可能是由于透气性与湿度平衡的结果。

5. 不同播种量和施肥措施对免耕亚麻产量的影响

为优化免耕技术，提高免耕条件下的亚麻原茎产量，在云南楚雄州开展免耕密度及肥料试验。采用两因素随机区组设计，使用品种派克斯。亚麻每平方米有效播种粒为1 800、2 200、2 600、3 000、3 400粒/m^2。肥料处理为一是基肥施复合肥（16∶16∶16）35kg/亩，快速生长前期追施35kg/亩；二是基肥施普钙35kg/亩、尿素12kg/亩、硫酸钾25kg/亩，苗期追施尿素6kg/亩，快速生长前期追施尿素12kg/亩。

在2013年严重干旱的情况下，小区最高产量达到了533kg/亩。进行多重比较发现，1 800～3 400粒/m^2 播种量处理下原茎平均产量依次为405.8、398.3、453.9、465.0、463.2kg/亩，处理间没有显著差异，以密度4即有效播种密度3 000株/m^2 最佳；两种肥料处理下的原茎产量分别为458.0和416.5kg/亩，两种肥料使用效果差异显著，肥料1显著优于肥料2。收获株数达到2 000株/m^2，单株重0.4g。相对来说，免耕试验需要较大的播种密度，单独使用复合肥可以达到较高的产量，有利于免耕技术机械化的开展。

6. 适应机械化作业雨露沤制的亚麻栽培技术

2012年设4因素3水平的正交试验，对适合机械化作业雨露沤制的亚麻栽培技术进行了研究和优化。

研究表明，在品种因素下，干茎产量以F9最好，其次为中亚麻2号，显著好于Y5F069；出麻率则表现为Y5F069 > F9 > 中亚麻2号，Y5F069显著好于后两者；纤维产量F9 > Y5F069 > 中亚麻2号，没有显著差异（表6－45）。在密度因素下，干茎产量2 500 > 2 000 > 1 500（株/m^2），但不存在显著差异；出麻率1 500 > 2 000 > 2 500（株/m^2），2 500（株/m^2）显著低于前两者；纤维产量1 500 > 2 000 > 2 500（株/m^2），只有1 500株/m^2 与2 500株/m^2 产量之间存在显著差异，说明2 500株/m^2在黑龙江地区不适于纤用亚麻种植。在沤麻方法因素下，干茎产量原茎水沤麻 > 原茎雨露沤麻 > 鲜茎雨露沤麻，他们之间都存在显著差异，鲜茎雨露沤麻方法对干茎产量造成的影响大；出麻率两者区别很细微，没有显著差异；纤维产量茎水沤麻 > 原茎雨露沤麻 > 鲜茎雨露沤麻，原茎水沤麻显著高于后两者，原茎雨露沤麻与鲜茎雨露沤麻之间不存在显著差异。

表6－45　机械化作业雨露沤制的亚麻栽培试验产量参数及方差分析

编号	处理				产量指标		
	品种	播种日期	密度（粒/m^2）	沤麻方法	干茎产量（kg/亩）	纤维产量（kg/亩）	出麻率（%）
1	F9	4.25	1 500	原茎雨露沤麻	485.80bc	98.60abc	20.41abc
2	F9	4.3	2 000	鲜茎雨露沤麻	439.78cd	84.73bc	19.33bc
3	F9	5.5	2 500	原茎水沤麻	623.87a	106.25ab	16.99cd
4	中亚麻2号	4.25	2 000	原茎水沤麻	557.39ab	111.53ab	19.96abc
5	中亚麻2号	4.3	2 500	原茎雨露沤麻	465.34cd	71.99c	15.52d
6	中亚麻2号	5.5	1 500	鲜茎雨露沤麻	450.00cd	86.48bc	19.15bc
7	Y5F069	4.25	2 500	鲜茎雨露沤麻	388.64d	73.30c	18.91bc
8	Y5F069	4.3	1 500	原茎水沤麻	516.48bc	119.08a	22.77a
9	Y5F069	5.5	2 000	原茎雨露沤麻	470.46cd	96.42abc	20.47ab

可见，在适宜播种期范围内播种日期的因素影响最小，在黑龙江地区，5月5日前相隔几天播种对产量不造成显著差异；沤麻方法因素上，从单因素上考虑，传统的原茎水沤麻对产量有着显著的优势，但是，其相对费工费时，还造成环境污染。在黑龙江南部地区，结合合适的亚麻品种如F9，适合的播种密度为1 500～2 000株/亩，可以获得适中的纤维产量，这样在省工省时并不增加环境污染的前提下，

获得可观的经济效益，示范的15亩，干茎产量达到了500kg/亩。

（三）非宜粮田亚麻种植技术研究

1. 重金属污染耕地亚麻种植与土壤修复技术研究

完成了8个亚麻品种的耐镉性能的初步筛选试验。供试土壤为株洲重金属污染土壤，其Cd、Pb含量分别为1.72、128.4mg/kg（Pb未超标），共设置0、3、6、9、18、36、60mg/kg共6个浓度梯度的Cd（$CdCl_2$）添加量，3次重复，随机区组排列。供试品种为美若琳（YM1）、黑亚14号（YM2）、双亚11号（YM3）、Venus（YM4）、Viking（YM5）、Agatha（YM6）、Elise（YM7）和Hernus（YM8）。

通过发芽试验和田间微区试验（表6－46），初步确定这8个品种的耐镉能力大小依次是Agatha（YM6）＞Elise（YM7）＞Viking（YM5）＞Venus（YM4）＞双亚11号（YM3）＞黑亚14号（YM2＞美若琳（YM1）＞Hernus（YM8）。

表6－46　不同镉浓度对8个亚麻品种产量的影响　（g/m^2）

Cd浓度 (mg/kg)	亚麻品种							
	YM01	YM02	YM03	YM04	YM05	YM06	YM07	YM08
0	377.5	393.6	398.7	434.1	416.7	473.0	427.1	344.9
3	412.2	418.5	478.5	470.8	474.5	518.5	489.6	386.2
6	431.2	444.5	479.7	483.1	496.2	506.7	500.4	376.8
9	350.8	372.6	396.8	401.3	406.6	436.5	411.3	307.3
18	299.3	317.3	340.5	351.0	351.4	379.8	352.5	272.6
36	278.4	295.0	316.6	326.4	326.8	353.2	327.8	253.5
60	223.9	236.8	254.8	258.5	263.4	286.9	268.6	207.0

2. 盐碱地亚麻种植技术研究

（1）耐盐梯度发芽试验

用不同浓度的中性盐NaCl溶液处理组和碱性盐Na_2CO_3溶液处理组对亚麻品种中亚麻2号做了盐碱梯度发芽试验（图6－37）。测定了发芽第3d至第8d各处理的发芽率。

盐溶液梯度发芽试验中，NaCl溶液浓度≥50mmol/L的溶液均对亚麻的最终发芽率产生影响。NaCl溶液浓度在100mmol/L和150mmol/L之间时，亚麻发芽率表现延缓，但最终发芽率与50mmol/L时相近。NaCl溶液浓度≥200mmol/L，亚麻种子发芽率显著降低，说明200mmol/L浓度以上的盐溶液对亚麻种子发芽有抑制作用。

碱溶液梯度发芽试验中，当pH＜9.50时，3种处理的最终发芽率比对照高，说明低离子浓度的溶液可以促进亚麻种子发芽（图6－38）。当pH值＝9.91时，3种处理的发芽率在第3d至第6d低于对照，而在第6d至第8d高于对照，说明亚麻种子对此浓度的溶液有一个适应过程。当pH值≥10.03时，3种处理的发芽率比对照明显降低，说明pH值≥10.03的碱溶液对亚麻种子发芽有抑制作用（图6－38）。

综合以上试验结果，表明亚麻对盐碱的耐受临界值为盐度200mmol/L、pH值10.03。

（2）盐碱土成分分析

对大庆、伊犁、兰西、杭州、长春、莆田等6个地点的盐碱土的全N，全P，可溶性K、Na、Ca、Mg，CO_3^{2-}、HCO_3^-、SO_4^{2-}等进行了分析，大庆、伊犁以碳酸盐和硫酸盐为主，杭州、莆田以盐酸盐

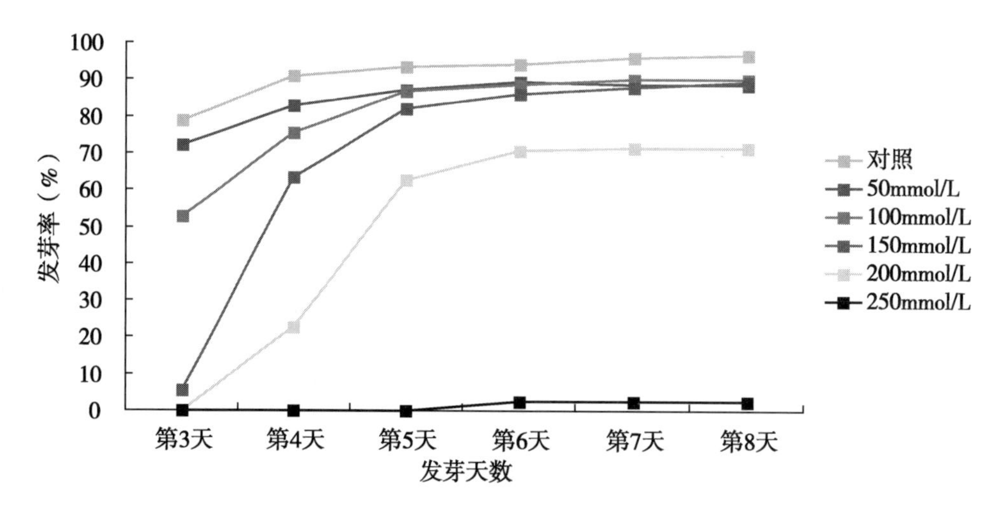

图 6－37　亚麻在不同盐度溶液中的发芽率

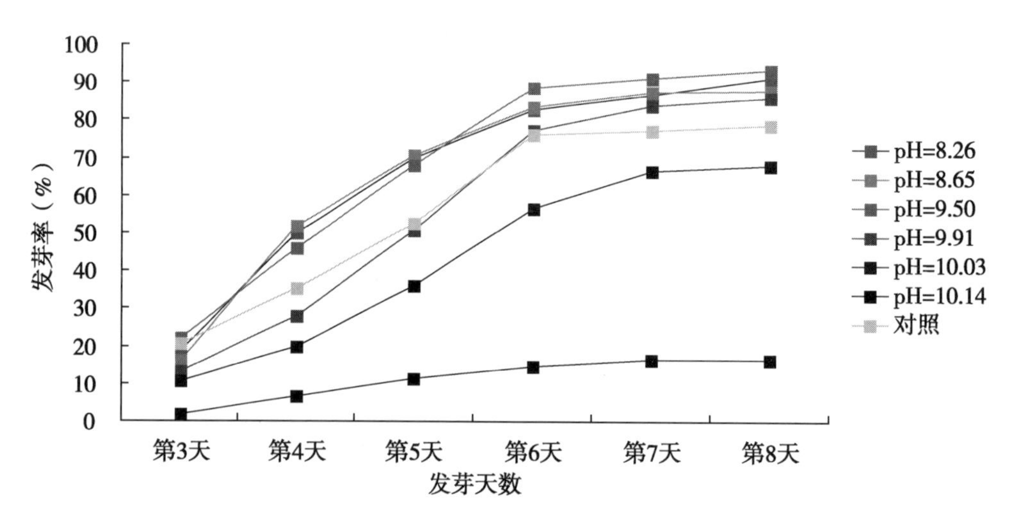

图 6－38　亚麻在不同 pH 值溶液中的发芽率

为主，长春的以碳酸盐为主，兰西碳酸盐、硫酸盐、盐酸盐 3 种都有，有机质含量都比较低。通过成分分析为盐碱土种植亚麻的调控技术奠定了基础。

自 2011 年以来，对兰西盐碱地的土壤逐年进行土壤盐分的测定（表 6－47）。结果表明，兰西盐碱地土壤的 pH 值为 8.77～10.47，盐分为 0.64～2.9g/kg。按照盐分单位 1g/kg＝0.1% 换算，盐分为 0.064%～0.29%，都低于合同指标的土壤盐分 0.3%～0.5%。因此，目前还没有检测到合同规定盐分的土壤样本。

表 6－47　2011—2013 年兰西盐碱地的土壤盐分测定结果

序号	年份－测定序次	pH 值	盐分（g/kg）	盐分换算（%）
1	2011－1	9.8	2.68	0.268
2	2011－2	9.45	0.95	0.095
3	2012－1	10.47	2.9	0.29
4	2012－2	8.86	0.64	0.064
5	2013	8.77	1.08	0.108

（3）耐盐品种筛选

在浓度为1.2%、pH值为10.30的复合盐溶液条件下检测亚麻耐盐碱性，根据发芽7d后处理和对照的发芽率和苗长，评价其耐盐碱能力；从381份亚麻材料中选取了17个耐盐碱表现最好的品种。

对试验室筛选出的耐盐碱品种进行了盆栽试验，试验用盐碱土分别取自大庆、兰西、长春、伊宁、杭州、莆田。出苗后45d测量苗高，结果见表6－48，盐碱土苗高和对照的苗高相差小的品种有：HB06、双亚10号、Y0I342、Y0I426、BG19和Y0I302等品种，已将这些品种大面积繁种用于大田盐碱土种植。

表6－48　各地盐碱土情况及筛选出的相应耐盐碱亚麻品种

产区	盐碱度级别	盐度	pH值	适应品种
大庆	轻度	0.25%	7.79	Y0I348 \\ Y0I303 \\ HB06 \\ Y0I229
杭州	轻度	0.25%	8.06	Y0I348 \\ Y0I303 \\ HB06 \\ Y0I229
大庆	中度	0.10%	8.03	Y0I303 \\ HB06
长春	轻度	0.05%	9.33	双亚10号
莆田	轻度	0.05%	9.33	双亚10号
莆田	轻度	0.05%	9.33	Y0I302
兰西	轻度	0.25%	7.81	Y0I426 \\ BG19
兰西	中度	0.35%	7.95	Y0I426 \\ BG19
伊宁	轻度	0.65%	7.71	Y0I426 \\ BG19

2013年，在盐分为0.108%（pH值8.77）的盐碱地上进行了亚麻耐盐碱品种的筛选试验。结果表明，原茎产量最高的是黑亚16号4 021.5kg/hm^2，种子产量最高的是美若琳401.9kg/hm^2，综合指标最好的是美若琳（表6－49）。说明盐分为0.108%（pH值8.77）的盐碱土可以进行亚麻耐盐碱品种的筛选，本试验筛选出的耐盐碱品种为美若琳。

表6－49　2013年兰西盐碱地不同亚麻品种测产结果

品种	原茎产量（kg/hm^2）	种子产量（kg/hm^2）
黑亚14号	3 725	232.2
黑亚16号	4 022	204.6
黑亚17号	3 394	236.4
黑亚19号	3 063	276.3
Agatha	3 407	323.8
美若琳	3 927	401.9
双亚9号	3 852	225.1
双亚12号	3 970	229.4
双亚14号	2 612	200.8

从平板耐盐碱试验筛选出在盐碱条件发芽情况较好的6个品种，在大庆盐碱地进行大田试验播种密度为1 500粒/m^2，施肥为20kg/亩复合肥（15：15：15）。从表6－50可看出，Y0I292原茎产量最高，达到384.59kg/亩，其次是Y0I302，原茎产量为370.52kg/亩，他们都显著高于其他品种，高于中亚麻2号常规品种。Y0I229最低，只有279.41kg/亩。

表 6－50　大庆盐碱地亚麻品比试验原茎产量方差分析

处理	原茎产量（kg/亩）	5%显著水平	1%极显著水平
Y0I292	384.59	a	A
Y0I302	370.52	a	AB
Y0I348	328.33	b	BC
中亚 2 号	316.10	bc	BC
Y0I329	313.66	bc	BC
Y0I229	279.41	c	C

（4）盐碱胁迫对不同地区亚麻主栽品种种子萌发的影响

试验分为中性盐处理组（S1－S5）、碱性盐处理组（A1－A5）和混合盐碱处理组（F1－F5），3 个处理组的离子组成和浓度见表 6－51。碱性盐处理组和混合盐碱处理组的 pH 值范围为 10.10～10.75。每个处理及对照设置 3 次重复。选取籽粒饱满大小均匀一致的种子，置于直径 9cm 内铺 2 层滤纸的培养皿中，每皿均匀摆放 50 粒种子，然后分别加入处理液，每皿 15ml，置于 24℃恒温培养箱光照和黑暗交替（光照时间 14h，黑暗时间 10h）条件下发芽 8d。72h 后开始记载发芽数，以后每天观察记载种子发芽数，萌发以胚芽长达到种子长度一半为标准，并补充处理液使培养皿内的盐浓度保持稳定。

表 6－51　各处理组的离子组成和浓度

中性盐（mmol/L）				碱性盐（mmol/L）				混合盐碱（mmol/L）					
处理	NaCl	Na^+	Cl^-	处理	Na_2CO_3	Na^+	CO_3^{2-}	处理	NaCl	Na_2CO_3	Na^+	Cl^-	CO_3^{2-}
S1	50	50	50	A1	5	10	5	F1	50	5	60	50	5
S2	100	100	100	A2	10	20	10	F2	100	10	120	100	10
S3	150	150	150	A3	15	30	15	F3	150	15	180	150	15
S4	200	200	200	A4	20	40	20	F4	200	20	240	200	20
S5	250	250	250	A5	25	50	25	F5	250	25	300	250	25

在中性盐、碱性盐、复合盐碱 3 组胁迫处理下，10 个亚麻品种的种子萌发随着离子浓度的升高均有不同程度的下降。低浓度的中性盐和碱性盐胁迫对 10 个亚麻品种发芽的影响均较小，且对部分亚麻品种的发芽有促进作用；复合盐碱胁迫对 10 个亚麻品种发芽的影响均较大，高浓度的复合盐碱胁迫严重抑制种子萌发。晋亚 9 号对中性盐、碱性盐和复合盐碱胁迫的耐性均为最强。

用隶属方程的方法，分别在中性盐处理 S3（NaCl 150mmol/L），碱性盐处理 A5（Na_2CO_3 25mmol/L），复合盐碱处理 F2（NaCl 100mmol/L，Na_2CO_3 10mmol/L）条件下对相对发芽势、相对发芽率、发芽指数和活力指数（图 6－39）这 4 个指标进行综合评价和分析。由图 6－39 可看出，晋亚 9 号在中性盐、碱性盐和复合性盐碱胁迫下的芽期耐性均为最强。陇亚 10 号在中性盐胁迫下的耐性最弱。华星 010 在碱性盐和复合性盐处理条件下的耐性均为最弱。

（5）外源 NO 在亚麻盐胁迫中的作用试验

为探讨外源一氧化氮（NO）在亚麻盐胁迫中的生理调节作用，采用沙培的方法，研究了外源 NO 供体硝普钠（SNP）对 250nmol/L NaCl 胁迫处理下亚麻幼苗超氧化物歧化酶（SOD）和丙二醛（MDA）含量。

由图 6－40 可看出盐胁迫下，亚麻的 MDA 含量升高，SOD 含量下降，外源 NO 加盐胁迫处理条件

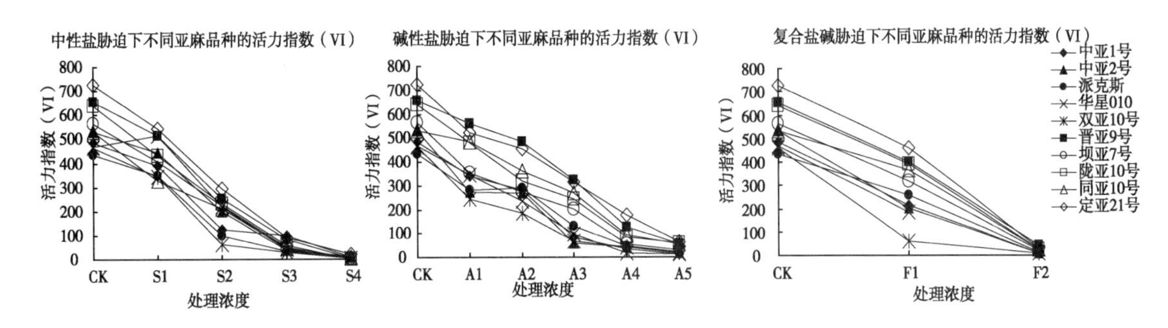

图 6－39　不同品种在 2 种盐中的活力指数

下，MDA 含量升高，而且比对照 MDA 含量高，但 SOD 含量比盐胁迫处理低。

由于试验过程中的亚麻沙培条件，胁迫处理时间，处理天数，测定时间等试验条件都在摸索阶段，所以试验所得数据结果有待进一步细化确认。

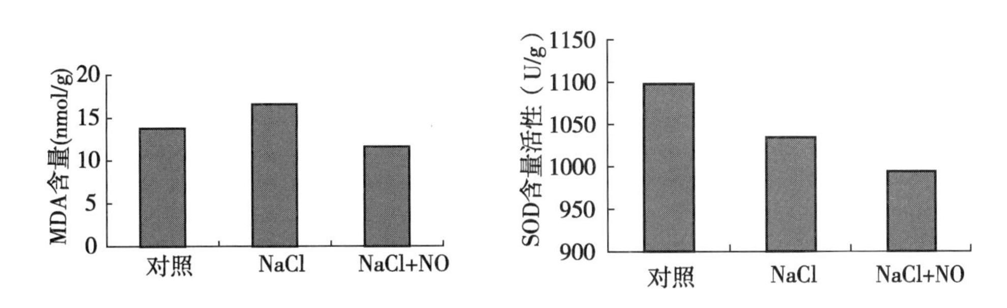

图 6－40　亚麻 MDA 含量和 SOD 活性差异

（6）盐碱地种植亚麻调控试验

选取的盐碱地为大庆林甸县草甸新开发的盐碱耕地，利用亚麻品种为 Y01348。开展了盐碱地种植亚麻调控技术研究。施地佳和禾康、腐殖酸肥是液体，通过喷雾器喷到土壤表面，按照一定的剂量共处理两次，第一次是在播种，立即灌水，第二次在亚麻进入快速生长期喷，结合灌水；硫酸亚铁、磷石膏都在播种前一次性拌进土壤中。

所选用的亚麻品种在盐碱地生长情况较好，不做任何处理的情况下，原茎产量达到了 321.6kg/亩。盐碱地改良需要一个较长期的过程，仅靠简单的一次性化学方法改良效果不是太好。但是某些处理方法还是能促进增加亚麻的原茎产量。以处理 8（石膏 133.4kg/亩）和处理 15（腐殖酸复合肥 40ml/小区，处理两次）原茎产量较好，达到 380kg/亩以上，约高出对照 60kg/亩（表 6－52）。从改良剂种类来看，石膏效果最好，腐殖酸复合肥其次，但腐殖酸复合肥处理剂量达到 80ml/小区，处理两次后，对亚麻生长产生了负作用，原茎产量显著低于对照。施地佳与禾康是已商品化的盐碱地改良剂，施地佳产生了一定改良效果，当处理剂量得当（如处理 1、2）产量稍高于对照；禾康在本次试验未见改良效果。硫酸亚铁不适合所选用的这块盐碱地改良，不同剂量处理后（处理 10、11、12）原茎产量均显著低于对照。

表 6－52　大庆盐碱地种植亚麻调控试验原茎产量方差分析

编号	处理	原茎产量（kg/亩）	5% 显著水平	1% 极显著水平
1	施地佳 2kg/亩	327.72	ab	ABC
2	施地佳 4kg/亩	323.44	abc	ABCD
3	施地佳 8kg/亩	255.57	bcde	BCDE
4	禾康 2kg/亩	256.19	bcde	BCDE

（续表）

编号	处理	原茎产量（kg/亩）	5%显著水平	1%极显著水平
5	禾康 4kg/亩	214.61	e	CDE
6	禾康 8kg/亩	309.99	abcd	ABCDE
7	石膏 66.7kg/亩	303.27	abcd	ABCDE
8	石膏 133.4kg/亩	382.14	a	A
9	石膏 266.8kg/亩	336.27	ab	AB
10	硫酸亚铁 27.8kg/亩	228.05	de	BCDE
11	硫酸亚铁 55.6kg/亩	208.49	e	DE
12	硫酸亚铁 111.2kg/亩	196.27	e	E
13	CK（不做任何处理）	321.6	abc	ABCD
14	腐殖酸复合肥 2kg/亩	320.99	abc	ABCD
15	腐殖酸复合肥 4kg/亩	380.92	a	A
16	腐殖酸复合肥 8kg/亩	239.06	cde	BCDE

（四）亚麻水分胁迫应答机理研究

开展了亚麻水分胁迫研究，研究在不同强度的水分胁迫处理下几个亚麻品种苗期及花期的变化规律，了解水分胁迫对亚麻的根、茎等结构的影响，探讨水分胁迫对亚麻生长发育的影响。

1. 苗期水分胁迫处理

在苗期对盆栽进行水分处理，结果表明，2 个亚麻品种在苗期对水分都非常敏感，在干旱胁迫下，Y4F082 在重度胁迫和轻度胁迫处理中的存活率分别为 34%、55%，AGATHA 在重度胁迫和轻度胁迫处理中的存活率分别为 64%、87%，可见 Y4F082 比 AGATHA 对水分干旱胁迫更敏感，而在淹水胁迫中 2 个品种都长势良好，存活率达到 100%。重度和中度水分胁迫对亚麻的株高及干物质的积累影响较大，淹水胁迫则显著增加了亚麻的株高，茎粗及茎重，从表 6－53 也可看出同样条件下，无论是干旱还是淹水处理 Y4F082 比 AGATHA 对水分变化更敏感。可见亚麻在苗期喜水，灌水足量才可保证亚麻的正常生长，而不同的亚麻品种间对水分的需求有差异。

表 6－53 苗期水分处理对亚麻生长的影响

指标	MY1	MY2	MY3	MY4	MA1	MA2	MA3	MA4
株高（cm）	14.83	9.833	13.83	15.67	22.83	11.5	15.67	24.16
与对照组比较（%）		66.29	93.26	105.6		50.36	88.61	105.84
茎粗（mm）	1.043	0.85	1.23	1.433	1.09	1.057	1.047	1.2
与对照组比较（%）		81.47	117.9	137.4		96.94	96.02	110.09
茎重（g）	0.253	0.134	0.193	0.412	0.555	0.289	0.388	0.699
与对照组比较（%）		52.76	76.18	162.8		51.98	69.93	126.04

2. 花期水分胁迫处理

在花期对盆栽进行水分处理（表 6－54），结果表明，重度和中度水分胁迫使亚麻的株高、茎粗及茎重减少，但干旱促进对根的生长，重度干旱处理的 Y4F082 与对照相比增长了 151%，Agatha 则增加了 129%。对于 Y4F082 淹水胁迫可增加亚麻的株高、茎粗及茎重，而对 Agatha 则会减少株高、茎粗及茎重。但淹水条件下，在花期植株叶片变黄，且有严重的倒伏现象。

表 6－54　花期水分处理对亚麻生长的影响

指标	HY1	HY2	HY3	HY4	HA1	HA2	HA3	HA4
株高（cm）	67	61.3	54.67	83	68	51.8	73.3	64.3
与对照组比较（%）		91.5	91.5	124		76.1	108	94.5
茎粗（mm）	1.69	1.68	1.63	2.52	1.98	1.64	2.24	1.7
与对照组比较（%）		96.74	99.7	149		82.7	113	85.8
茎重（g）	1.377	1.64	1.377	2.39	2.04	0.91	1.44	1.85
与对照组比较（%）		67.07	79.7	116		44.4	70.5	90.7
根长（cm）	8.2	12.4	8.6	4.8	8.2	10.6	7.2	2.6
与对照组比较（%）		151	104.9	58.5		129	87.8	31.7

3. 水分胁迫下根茎内部结构

通过观察根部结构可以看出，Y4F082 在淹水条件下根部可以形成大量的皮层通气组织，Agatha 品种则不能产生。因此，Y4F082 较 Agatha 更耐渍；在茎结构观察中发现：Agatha 的茎在淹水条件下其木质部增生出大量的薄壁细胞，Y4F082 木质部的薄壁细胞数量较少，髓腔增大；Y4F082 的木质部与韧皮部结构相对紧密，可能是由于大量的薄壁细胞在长时间的淹水胁迫下破裂所导致（图 6－41 至图 6－44）。

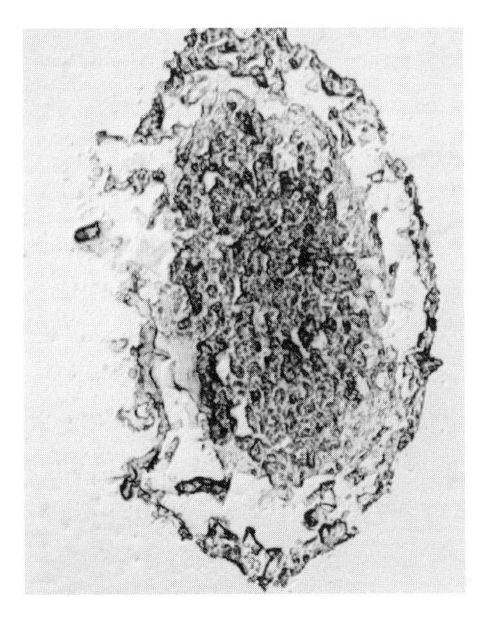

图 6－41　Y4F082 品种淹水处理根结构

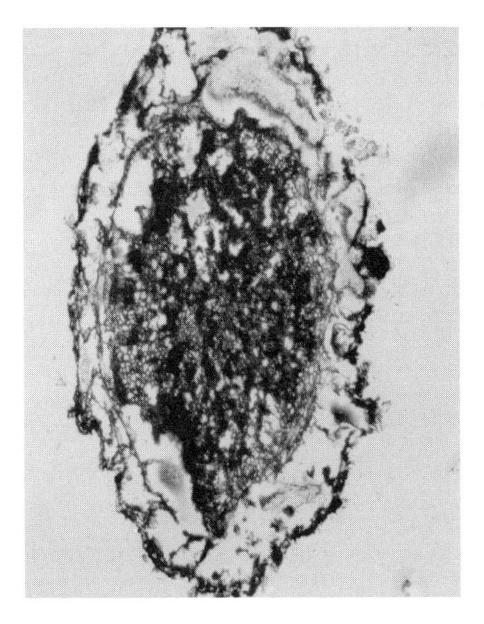

图 6－42　Agatha 品种干旱处理根结构

从试验结果可以看出，苗期和花期的干旱胁迫处理均能减少亚麻的株高，茎粗，茎重，对根的生长则有促进作用，其中重度干旱抑制 Y4F082 的株高，茎粗，茎重，但根系发育则更最为发达，Agatha 不论是在苗期或花期受干旱影响都较小，因此 Agatha 较 Y4F082 更能抗旱。而在淹水条件下，Y4F082 的株高、茎粗及茎重都显著增加，而 Agatha 则会减少株高、茎粗及茎重，可见 Y4F082 的耐渍性能较 Agatha 更好。

综上所述，亚麻在苗期对水非常敏感，需要足量灌溉才可保证亚麻正常生长，且过量灌水不影响

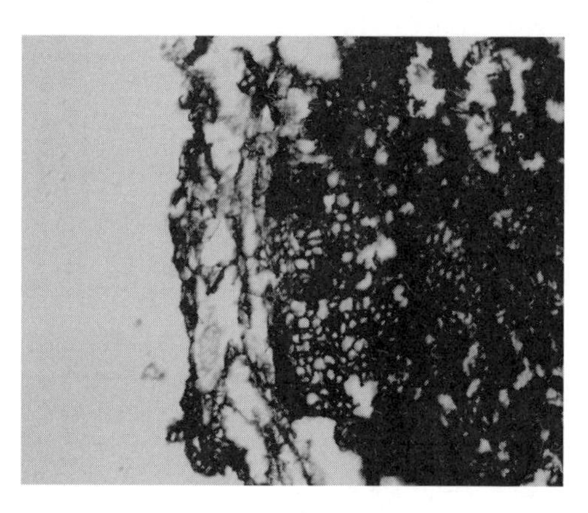

图 6-43　Y4F082 品种茎结构

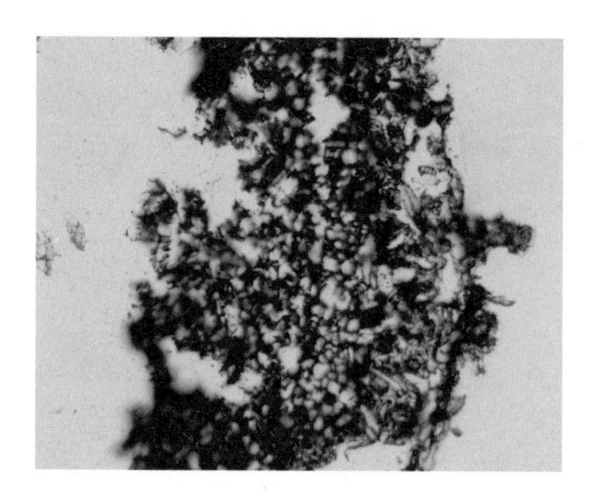

图 6-44　Agatha 品种茎结构

亚麻的生长。干旱胁迫有助于亚麻根系的形成，可在现蕾期前适度减少灌水，以促进根系发育。花期水分灌溉则需适量增加，以免植株黄化及倒伏。不同亚麻品种对水分胁迫的适应能力有明显差异，本试验中的 Agatha 较 Y4F082 更抗旱，Y4F082 则较 Agatha 更耐渍。因此，在品种选育时可利用水分处理对亚麻品种的抗旱及耐渍能力进行评估，并针对品种差异提供配套的栽培方案。

4. 水分胁迫对亚麻生理生态及干物质积累的影响

采用盆栽方式对快速生长期的亚麻进行持续干旱和淹水胁迫处理，研究水分胁迫对各项生理生化指标亚麻生长形态及干物质积累的影响，比较分析亚麻对不同程度水分胁迫响应特征的差异及形成机制，探讨水分胁迫对亚麻生长发育的影响，为亚麻的栽培管理提供理论参考。

供试材料为 A-96。采用盆栽控水法，花盆高 30cm，内侧直径 25cm。每盆装 6.12kg（带盆 6.5kg）土壤，每盆播 120 粒种子，常规育苗，待出苗后每盆定苗 100 株，进行正常的栽培管理，到亚麻快速生长期（播种后第 70~85d）进行水分处理。水分处理为 3 个等级，对照为正常水分处理，为保持田间最大持水量的 75%~80%，干旱胁迫处理为保持田间最大持水量的 30%~40%，淹水胁迫处理为保持田间最大持水量的 120%~130%。各水分处理在处理时期内进行水分控制，根据试验设计每天用称重法控制水分，其他时期均保持对照水平，各处理分别设 6 次重复，共 18 个盆。试验持续时间为 16d，分别于处理前及第 4、8、12、16d 对盆栽进行取样，测定各项指标。

水分胁迫处理前及第 1、4、8、12、16d，从各处理取 20 株/盆，用清水冲洗干净，测株高、茎粗、根长，再分根、茎、叶等放入烘箱，105℃杀青 15min，然后置于 80℃下烘 48h 至恒重。土壤含水量用浙江托普仪器有限公司生产的 TZS-IW 型土壤水分测定仪测定；叶片相对含水量采用饱和称重法；叶片叶绿素含量采用日本 KONZCAMINOLTA 牌 SPAD-502 型便携式叶绿素测定仪测定；丙二醛（MDA）含量测定用硫代巴比妥酸法；游离脯氨酸测定用酸性茚三酮比色法。各项生理生化指标测定重复 3 次。

（1）水分胁迫对亚麻叶片相对含水量的影响

叶相对含水量（RWC）是反映植物水分状况，研究植物水分关系的重要指标（武维华，2003）。相对含水量是指植物组织实际含水量占水分饱和时的含水量的比例，反映了植物体内水分亏缺程度。

由图 6-45 可以看出，不同水分胁迫处理条件下对亚麻叶片相对含水量的下降程度不同。随着水分胁迫时间的延长，对照处理的亚麻叶片相对含水量变化不明显，淹水处理的亚麻叶片在前期胁迫的 8d 里呈上升趋势，而干旱处理的亚麻叶片在整个胁迫期呈下降趋势。胁迫 16d 时淹水，及干旱组与对照组之间在 0.05 水平上有显著性差异。干旱胁迫 16d 的亚麻叶片相对含水含量均值只有 66.3%，相比对照下降了近 24.17%。

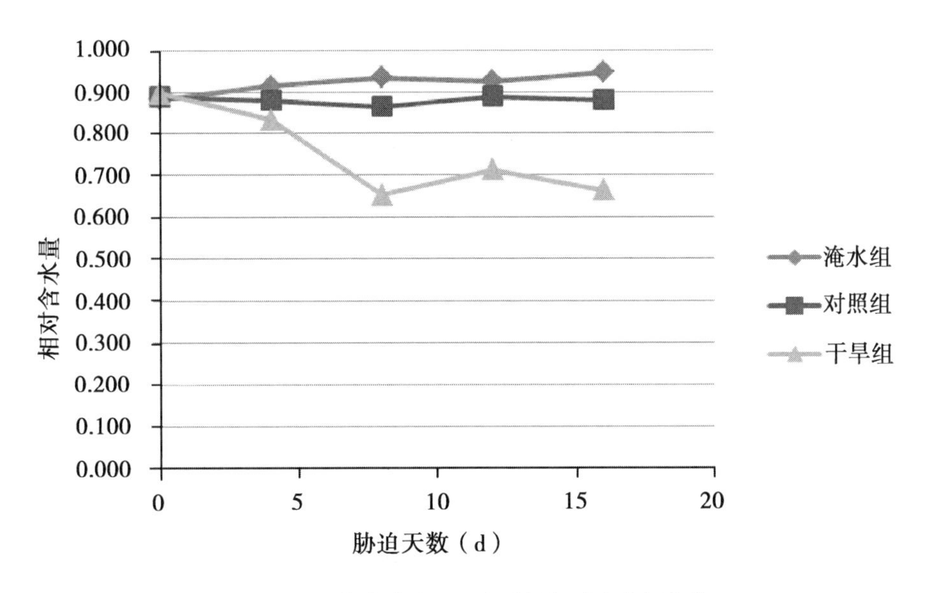

图 6－45　水分胁迫下亚麻叶片相对含水量变化

（2）水分胁迫对亚麻生长形态的影响

从表 6－55 可以看出。随着时间的延长，各组亚麻的株高，根长及茎粗均呈现上升趋势。对照处理相比较，淹水胁迫处理增加了亚麻的株高和茎粗，却降低了亚麻的根长，与对照组比较 $P<0.05$，差异具有显著性；干旱胁迫处理的亚麻则显著降低了的株高和茎粗，而根长则有显著的增加趋势，与对照组比较 $P<0.05$，差异具有显著性。

表 6－55　水分胁迫对亚麻生长形态的影响

指标	处理后天数（d）	对照组	干旱组	淹水组
株高（cm）	0	31.138 ± 1.957	31.142 ± 2.011	31.965 ± 1.748
	4	32.568 ± 1.508	32.511 ± 2.235	34.941 ± 2.564
	8	46.356 ± 2.614	35.222 ± 0.902 *	47.411 ± 2.106
	12	47.433 ± 1.749	35.6 ± 2.098 *	50.13 ± 2.018 *
	16	51.578 ± 1.987	37.511 ± 2.233 *	52.444 ± 2.224 *
根长（cm）	0	6.212 ± 0.596	6.191 ± 0.763	6.213 ± 0.83
	4	7.5 ± 0.551	9.033 ± 0.847 *	6.8 ± 0.484 *
	8	8.733 ± 0.572	9.467 ± 0.571 *	7.722 ± 0.466 *
	12	9.511 ± 0.781	10.311 ± 0.291 *	8.544 ± 0.627 *
	16	10.345 ± 0.665	12.005 ± 0.847 *	9.033 ± 0.509 *
茎粗（mm）	0	1.017 ± 0.046	1.018 ± 0.027	1.021 ± 0.02
	4	1.1 ± 0.051	1.062 ± 0.018	1.06 ± 0.071
	8	1.104 ± 0.051	1.077 ± 0.052	1.08 ± 0.027
	12	1.251 ± 0.014	1.121 ± 0.064 *	1.334 ± 0.037 *
	16	1.283 ± 0.023	1.197 ± 0.069 *	1.369 ± 0.02 *

注：* 与对照组比较有显著性差异 $P<0.05$

（3）水分胁迫对叶绿素的影响

干旱和淹水胁迫均会影响亚麻叶片中叶绿素的含量。经过 16d 的生长，对照组亚麻叶绿素的含量有所增加，前后比较有显著性差异 $P<0.05$。

淹水前期对亚麻叶绿素的含量影响不大，当淹水胁迫到一定时间，叶片叶绿素含量会下降。从表6-56可以看出从第12d开始，淹水组亚麻的叶绿素含量与对照组比较具有显著性差异。干旱胁迫对亚麻叶绿素影响较大，从第4d开始，干旱组亚麻的叶绿素就显著性低于对照组。

表6-56 水分胁迫对亚麻叶片叶绿素含量的影响

处理	处理后天数（d）				
	0	4	8	12	16
对照组	28.132 ±2.447	30.333 ±2.386	34.083 ±2.862	35.317 ±1.872	35.812 ±1.702
干旱组	29.912 ±2.26	27.35 ±1.511 *	26.333 ±1.6 *	26.65 ±2.279 *	25.983 ±4.358 *
淹水组	27.514 ±3.264	30.3 ±2.347	31.6 ±3.572	28.867 ±2.258 *	27.85 ±1.99 *

注：* 与对照组比较有显著性差异 $P<0.05$

（4）水分胁迫对丙二醛及脯氨酸的影响

渗透调节物质是植物在水分胁迫下自身产生的，渗透调节物质可以增大细胞的浓度，降低水势，维持体内的水分平衡，保证植物的正常生长，这类物质主要包括脯氨酸。由表6-57可以看出，在处理前，各处理组之间不存在显著性差异。不论是干旱还是淹水胁迫都会对亚麻叶片的脯氨酸含量造成影响。与对照组相比，淹水组脯氨酸含量从第8d开始与对照组间存在显著性差异，至试验结束时，淹水处理使脯氨酸含量只有对照组的28.71%。而干旱处理会增加脯氨酸含量，干旱组的脯氨酸含量从第4d开始就与对照组存在显著性差异，至试验结束时，与对照组比较，干旱处理使脯氨酸含量增加了174.36%。

表6-57 水分胁迫对亚麻叶片中丙二醛及脯氨酸含量的影响

指标	处理后天数（d）	对照组	干旱组	淹水组
脯氨酸（mg/g）	0	3.516 ±0.286	3.569 ±0.008	3.584 ±0.616
	4	3.631 ±0.318	3.831 ±0.008 *	3.445 ±0.670
	8	3.707 ±0.002	4.632 ±0.001 *	2.226 ±0.554 *
	12	3.637 ±0.001	5.372 ±0.001 *	1.082 ±0.918 *
	16	3.624 ±0.001	6.319 ±0.001 *	1.040 ±0.719 *
丙二醛（μmol/g）	0	0.0035 ±0.0004	0.0036 ±0	0.0036 ±0.0004
	4	0.0036 ±0.0004	0.0046 ±0.0001	0.0039 ±0.0006
	8	0.0036 ±0	0.0054 ±0 *	0.0035 ±0.0008
	12	0.004 ±0	0.0051 ±0.0001 *	0.0036 ±0.0007
	16	0.0035 ±0	0.0059 ±0 *	0.0036 ±0.0008

注：* 与对照组比较有显著性差异 $P<0.05$

水分胁迫会扰乱植物体内活性氧产生和清除的平衡，引起活性氧的积累，而丙二醛是脂质过氧化的主要降解产物，对膜有毒害作用。它可能与细胞膜上的蛋白质、酶等结合、交联，使之失活，破坏生物膜的结构和功能。因此，MDA含量的变化是质膜损伤程度的重要标志之一。干旱组丙二醛的含量在水分胁迫初并未增加，随着胁迫程度的加强，直到第8d其含量开始增加，这表明干旱对亚麻叶片的质膜造成了伤害，随着胁迫时间的增加，丙二醛的含量逐步增加，至试验结束，干旱组的丙二醛含量是对照组的 167.07%。而各个时期淹水组与对照组的丙二醛含量均无显著性差异，表明淹水处理对亚麻叶片中丙二醛含量的影响不大。

（5）水分胁迫对亚麻干物质积累的影响

从表 6－58 可以看出。随着时间的延长，各组亚麻的根重、茎重及叶重均呈现上升趋势。但干旱组的根重较对照组明显增加，从第 8d 开始干旱组的根重高于对照组，两组之间存在显著性差异，试验结束时干旱组的根重是对照组的 112.69%。淹水处理会减少亚麻的根重，从第 8d 开始，淹水组和对照组比较存在显著性差异，至试验结束时，淹水组的根重只有对照组的 88.43%。

干旱对于亚麻的茎重和叶重都会造成影响，从试验的第 8d 开始，干旱组的茎重和叶重均小于对照组，至试验结束，干旱组的茎重和叶重分别是对照组的 74.53% 和 76.83%。而淹水处理虽然会小幅增加亚麻的茎重和叶重，但与对照组比较其差异没有显著性。

表 6－58　水分胁迫对亚麻干物质积累的影响　（g）

指标	处理后天数（d）	对照组	干旱组	淹水组
根重	0	0.073 ±0.026	0.072 ±0.008	0.072 ±0.01
	4	0.085 ±0.006	0.092 ±0.009	0.078 ±0.01
	8	0.093 ±0.009	0.103 ±0.008 *	0.086 ±0.016 *
	12	0.103 ±0.007	0.11 ±0.008 *	0.093 ±0.012 *
	16	0.111 ±0.017	0.125 ±0.021 *	0.098 ±0.016 *
茎重	0	0.353 ±0.131	0.356 ±0.016	0.351 ±0.036
	4	0.37 ±0.145	0.372 ±0.018	0.384 ±0.068
	8	0.526 ±0.131	0.403 ±0.035 *	0.531 ±0.077
	12	0.548 ±0.147	0.405 ±0.089 *	0.553 ±0.08
	16	0.562 ±0.108	0.419 ±0.12 *	0.593 ±0.08
叶重	0	0.268 ±0.049	0.271 ±0.019	0.287 ±0.038
	4	0.278 ±0.055	0.28 ±0.022	0.309 ±0.044
	8	0.375 ±0.06	0.299 ±0.029 *	0.399 ±0.067
	12	0.382 ±0.048	0.301 ±0.03 *	0.418 ±0.068
	16	0.409 ±0.04	0.314 ±0.047 *	0.434 ±0.049

（6）讨论

水分是影响亚麻生长发育的重要环境因素。亚麻对水分反应敏感，生长发育过程中极易受到干旱或淹水胁迫等不良影响。许多研究表明，在土壤缓慢水分胁迫下，植物组织含水量相对降低，降低程度与水分亏缺程度和持续时间有关，同时与植物本身内在生理特性也有很大的关系。本研究表明，干旱胁迫使亚麻叶片相对含水量从开始的 90% 左右下降到 66.3%，而淹水胁迫会增加亚麻叶片的相对含水量。

水分胁迫会使得叶绿体膨胀，排列紊乱，基质片层模糊，基粒间连接松弛，类囊体层肿胀或解体，叶绿素含量下降。本研究表明，长期干旱胁迫明显减少了亚麻叶片叶绿素的含量。干旱胁迫还严重影响了亚麻植株生长发育，导致植株矮、茎粗小，植株地面部分的生物量降低。而淹水胁迫对亚麻地面部分的生物量影响不大，表明亚麻在快速生长期对于淹水胁迫的适应能力较强。淹水和干旱还会影响亚麻根系的发育，本研究表明，干旱会导致亚麻根长和根重增加，而淹水会导致亚麻根长和根重降低。

脯氨酸是植物体内重要的渗透调节物质，能在一定程度上反映植物受胁迫程度。干旱胁迫下亚麻叶片脯氨酸大量积累。而淹水会降低亚麻叶片脯氨酸的含量。高等植物代谢过程中活性氧（ROS）的产生是不可避免的，本底或自稳态水平的ROS在植物的生长发育以及对环境胁迫的反应中起重要作用。生物及非生物胁迫（如干旱等）常导致植物细胞ROS含量急剧上升。过量的ROS对植物的伤害之一表现为膜脂过氧化作用，ROS促使膜脂中不饱和脂肪酸过氧化产生丙二醛（MDA），MDA能与酶蛋白发生链式反应聚合，使膜系统变性。本研究表明，干旱会导致亚麻的丙二醛含量迅速增高，而淹水对丙二醛的含量影响有限，这说明亚麻在快速生长期对干旱更为敏感，对于淹水有一定的耐受性。

本试验结果表明，与淹水胁迫相比，干旱胁迫可能会对快速生长期的亚麻造成更为严重的生理伤害，生产上应重视干旱带来的不利影响，但淹水胁迫会影响亚麻根系的发育，从而使亚麻在生长后期更易倒伏，从而严重影响亚麻的纤维和种子产量，因此，在南方种植亚麻也应对田间渍水引起重视。

三　黄/红麻

（一）黄/红麻高产高效栽培技术研究与示范

1. 红麻水肥耦合作用和红麻吸肥规律研究

（1）不同时期不同灌水水平对红麻生长和产量的影响

以红优2号与福红992为材料，设置了苗期、旺长期和开花现蕾期三个剩余时期的不同灌溉水平，开展了红麻灌溉技术优化研究。处理分别为：苗期（A）分为高水（A_1）、中水（A_2）和低水（A_3）三种灌水水平；旺长期（B）分为高水（B_1）、中水（B_2）和低水（B_3）三种灌水水平；开花现蕾期（C）分为高水（C_1）、中水（C_2）和低水（C_3）三种灌水水平。

试验结果表明，品种、旺长期和开花现蕾期的灌水水平对红麻干物质产量影响显著，不同生育期的灌水水平对红麻产量的影响顺序为：旺长期 > 开花现蕾期 > 苗期。品种之间差异表现为：红优2号 > 福红992。对于红优2号和福红992而言，B因素增产效果如下：与B_3处理相比，B_1与B_2处理的麻皮干质量分别增加了122.31%和130.24%，49.27%和73.81%；C因素增产效果为：与C_3相比，C_1与C_2处理的麻皮干质量分别增加了44.77%和17.45%，20.39%和5%。说明旺长期水分管理对于红麻产量的形成有极其重要的影响。

与B_3相比，B_1和B_2处理的株高、茎粗、皮厚、主根长、地上部干质量等指标均提高，且B_1处理的各项指标均高于B_2处理，除根冠比外，其他差异显著；B_1和B_2处理获取的各项指标中，除主根长、根冠比外均差异显著。说明水分主要影响了株高、茎粗和皮厚的增长。

与C_3相比，C_1处理和C_2处理的株高、地上部干质量、皮骨比有所提高；除C_3与C_2处理的株高、根冠比和地上部干质量不显著以外，其他处理的各性状差异均显著；C_1处理的皮厚和地上部干质量高于C_2处理，差异显著。在本试验条件下，对于红优2号和福红992这两个红麻品种，旺长期和开花现蕾期均为高水有利于麻皮干质量的积累，差异显著，苗期不同灌水水平对麻皮干质量影响不显著。通过极差分析的方法，不同生育期灌水水平最优组合为$B_1C_1A_1$，即不同生育时期均以高水分管理有利于红麻的生长剂产量的提高。

（2）施肥水平和方式对红麻生长和产量的影响

通过盆栽试验，研究了施肥水平和方式对不同红麻品种干皮产量与农艺性状的影响。试验设2种红麻品种，即福红992与红优2号；3种施肥水平，即低肥（F_L，N 0.10g/kg土，P_2O_5 0.05g/kg土和K_2O 0.10g/kg土），中肥（F_M，N 0.15g/kg土，P_2O_5 0.75g/kg土和K_2O 0.15g/kg土）和高肥（F_H，

N0. 20g/kg 土，P_2O_5 0. 10g/kg 土和 K_2O 0. 20g/kg 土）；以及 3 种施肥方式，即全部 N 和 K 肥作基肥（T_1），60% N 和 K 肥作基肥和 40% N 和 K 肥作追肥（T_2）以及全部 N 和 K 肥作追肥（T_3）。

结果表明，与 F_L 相比，F_M 处理显著增加红麻干皮产量，红优 2 号和福红 992 分别增加 16. 31% ~ 32. 33% 和 6. 51% ~17. 72%，且 F_M 处理均显著提高茎粗、地上部干质量、皮骨比和根干质量。说明施肥对于杂交种“红优 2 号”较其亲本具有更显著的增产作用。

与 T_3 相比，T_1 和 T_2 处理显著增加干皮产量，红优 2 号分别增加 21. 30% ~34. 16% 和 12. 65% ~ 29. 36%，福红 992 分别增加 19. 09% ~40. 92% 和 7. 45% ~32. 50%，且 T_1 和 T_2 处理株高、茎粗和地上部干质量均提高，T_2 处理皮厚和主根长提高，而 T_1 处理根冠比和皮骨比均降低，但是 T_1 和 T_2 处理上述各指标之间的差异不显著。对于红优 2 号和福红 992，中肥水平下，T_1 和 T_2 方式均有利于红麻生长和干皮产量的增加。

（3）氮磷钾肥运筹对红麻养分利用的影响

通过盆栽试验，研究了氮磷钾肥运筹对红麻不同器官养分含量和吸收以及土壤速效养分含量的影响，以探讨不同红麻品种养分利用特点，为红麻高产高效栽培提供合理施肥依据。试验设 2 种红麻品种，即福红 992 与红优 2 号；3 种施肥水平，即低肥（F_L，N 0. 10g/kg 土，P_2O_5 0. 05g/kg 土和 K_2O 0. 10g/kg 土），中肥（F_M，N 0. 15g/kg 土，P_2O_5 0. 75g/kg 土和 K_2O 0. 15g/kg 土）和高肥（F_H，N 0. 20g/kg 土，P_2O_5 0. 10g/kg 土和 K_2O 0. 20g/kg 土）；以及 3 种施肥方式，即全部 N 和 K 肥作基肥（T_1），60% N 和 K 肥作基肥和 40% N 和 K 肥作追肥（T_2）以及全部 N 和 K 肥作追肥（T_3）。

结果表明，随着肥料用量的增加，各器官中 N、P、K 含量、植株 N、P、K 吸收总量以及土壤速效 N、P、K 含量均出现增加的趋势。随着 NK 肥追肥比例的上升，红麻各器官中 N 含量、根叶秆中 P 含量、植株 N、P 吸收总量均出现下降的趋势；麻皮中 P 和各器官 K 含量、土壤速效养分、红麻吸 K 量均出现上升的趋势。说明，在本试验条件下，高肥且全部做基肥施用时，有利于红麻对养分吸收和土壤速效养分含量的提高。

2. 高产高效模式化种植技术研究

（1）高产红麻品种的筛选

在河南信阳黄褐土性水稻土中开展了红麻高产品种筛选工作。该试验区耕层土壤有机质含量 10. 7g/kg，全氮 1. 04g/kg，速效磷 14. 1mg/kg，速效钾 60. 4mg/kg。于 2013 年 5 月 28 日深犁、深耙，结合耙地亩施入 N：P_2O_5：K_2O = 15：15：15 复合肥 50kg，5 月 29 日划区起沟，划行条播。播种过程中下雨，雨后气温适宜，红麻出苗很快；播后雨停喷洒芽前除草剂乙草胺，防治杂草。6 月 15 日定苗 1. 2 万株/亩，期间与 6 月 8 日间苗 1 次。6 月 26 号施追肥尿素 5kg/亩，氯化钾 2. 55kg/亩；7 月 22 日追尿素 5kg/亩。试验期间共放水浇灌 2 次；遇雨天及时排水。10 月 11 日收获。

结果表明，在所有参试组合中，只有组合 F3A/R7F_1、P3A/992F_1 和品种中杂红 368 的纤维产量同时大于两对照，且比 CK1（福红 992）分别增产 26. 5%、6. 4%、5. 8%，增产幅度较大；对于 CK2（R7），分别增产 42. 7%、20. 0%、19. 4%。对于 CK3（中杂红 318），分别增产 28. 5%、8. 0%、7. 4%，两个杂交组合和中杂红 368 比 3 个对照均增产超过 5%。其中，产量最高的 2 个组合为 P3A/R7F_1 代和 P3A/992F_1 代，纤维产量分别为 2836. 0、2384. 7kg/hm^2，折合亩产 189. 7、159. 0kg。因其属夏播红麻，产量水平与“637”的高产指标相差甚远（表 6 - 59）。

表6－59　2013年参试品种（组合）的产量比较

项目	纤维产量（kg/hm²）	比CK±%			排序
		CK_1	CK2	CK3	
P3A/R1F_2	1961.6	－12.5	－1.3	－11.1	10
F3A/R1F_2	2110.4	－5.8	6.2	－4.4	8
P3A/R7F_1	1756.5	－21.6	－11.6	－20.4	12
P3A/R7F_2	1718.0	－23.3	－13.5	－22.2	13
F3A/R7F_1	2836.0	26.5	42.7	28.5	1
F3A/R7F_2	2123.2	－5.3	6.8	－3.8	7
P3A/992F_1	2384.7	6.4	20.0	8.0	2
P3A/992F_2	1879.6	－16.1	－5.4	－14.9	11
F3A/992F_2	2215.5	－1.1	11.5	0.3	5
P3A/F3BF_1	1261.6	－43.7	－36.5	－42.9	14
中杂红368	2371.9	5.8	19.4	7.4	3
福红992（CK1）	2241.1	—	12.8	1.5	4
R7（CK2）	1987.3	－11.3	—	－10.0	9
中杂红318（CK3）	2207.8	－1.5	11.1	—	6

（2）信阳春播红麻高产栽培试验

2013年在河南信阳红麻试验站进行的春播红麻高产栽培试验，因播种较早，受晚霜危害严重，且深受根结线虫病危害，单位面积产量很低（表6－60）。可以看出，红优2号F_1代在亩有效株仅为4 637（为福红992有效株数的66.40%）的情况下，仍比其亲本福红992（有效株为6 983）增产18.82%。说明红麻杂交种巨大增产潜力和不同产量构成因素的相互协调机制。红优2号F_2代的产量显著高于F_1代，主要是F_2代的有效株数比F_1高出57.67%所致。红优2号F_2代的有效株数与其亲本福红992没有显著差异，但纤维产量比福红992高31.52%，由此表明杂交F_2代的推广利用价值。

表6－60　高产栽培试验经济性状表

项目	株高（m）	茎粗（mm）	皮厚（mm）	精洗率（%）	鲜茎出麻率（%）	有效株（株/亩）	纤维产量（kg/亩）
福红992	2.80	19.50	1.150	61.53	6.44	6 983.44	117.4
红优2号	3.21	12.98	1.264	77.50	6.57	4 637.44	139.5
P3A/992F2	3.07	15.53	1.020	74.43	7.79	7 310.79	154.4

（3）信阳夏播红麻高产栽培试验

在河南信阳，以红优2号F_1，红优2号F_2，P3A/R1F_1，F3A/R1F_2为材料，开展了高产夏红麻栽培试验。6月6日深犁，深耙，结合耙地亩施入N：P_2O_5：K_2O＝15：15：15复合肥50kg，6月6日下午划区，6月7日起沟，划行条播。播后打乙草胺封闭除草。播种后，气温适宜，红麻出苗较快；6月28日定苗1.2万株/亩，期间与6月21日间苗1次。试验期间，追肥两次，6月26号施追肥尿素5kg/亩，氯化钾2.55kg/亩；7月22日追尿素5kg/亩。试验期间共放水浇灌2次；遇雨天及时排水。10月9日收获。

结果表明，参试的4个组合的纤维产量以红优2号 F_2 最高，达到240.0kg/亩；其次是红优2号 F_1，为238.0kg/亩；P3A/R1F_1 和 F3A/R1F_2 分别为206.7、225.1kg/亩。

（4）萧山高产品种的筛选及栽培试验示范

在浙江萧山以红麻杂交组合红优2号、H368和常规品种福红992为材料，进行了该区域高产红马品种筛选与栽培技术研究。播种量1.5kg/亩，播种日期2013年4月26日，调查出苗2013年5月2日，第二次考察2013年5月8日，第三次考察2013年7月11日，收获期2013年9月13日。结果表明，福红992和H368的产量均超过500kg/亩，而红优2号亩产仅450kg，主要是红优2号有效株株数较少之故（表6-61）。

表6-61 红麻高产栽培表现

品种	株高（cm）	茎粗（mm）	皮厚（mm）	亩产（kg/亩）
福红992	412.5	19.098	1.143	529.6
红优2号	400.8	18.312	1.365	450.0
H368	440.2	19.578	1.808	526.3

3. 红麻轻简化栽培留种技术研究

在福建漳州以闽红964、福红952和红优2号为材料，进行了红麻轻简化栽培留种技术研究。5月初播种。处理：以1次性施肥（施用基肥复合肥30kg/亩+尿素10kg/亩）、喷芽前除草剂（丁草胺）、穴播和不间苗；对照：以施用基肥复合肥30kg/亩、追肥尿素10kg/亩、不喷除草剂、条播、田间管理按照正常栽培技术进行。

经考种测产和成本分析，结果表明（表6-62），轻简化处理红麻原麻产量在392.6~450.8kg/亩，正常管理（对照）条件下，红麻原麻产量为377.4~456.1kg/亩。就原麻产量指标，轻简化技术与常规栽培技术的原麻产量相当，无显著性差异。但经成本核算，采用轻简化栽培技术可以每亩节约500元的生产成本，因此可以间接提高麻农的种麻收益率。3个供试品种（组合），以红优2号的产量最高，轻简化栽培和对照分别为450.8、456.1kg/亩，远远超过规定的高产指标，是轻简化栽培的优良品种（组合）。

分析以上品种比较和栽培试验结果，可以总结出高产的主要措施：不连作；增施有机肥；高起垄；覆盖栽培；适时早播；高肥水管理；防治病虫害；拨除笨麻；适当晚收。

表6-62 红麻轻简化栽培试验

处理	品种	株高（cm）	茎粗（cm）	皮厚（mm）	有效株数（株/13.3 m^2）	单株鲜皮（g）	单株干皮（g）	亩产原麻（kg）	成本（元/亩）	节约（元/亩）
轻简化	闽红964	407.3	1.89	1.13	157	202.5	52.3	411.8	1 000	500
	福红952	420.5	2.04	1.05	145	211.5	54.0	392.6		
	红优2号	434.3	2.29	1.26	146	264.0	61.4	450.8		
对照	闽红964	434.8	2.26	1.24	161	240.0	50.4	406.8	1 500	—
	福红952	430.5	2.06	1.14	156	213.5	48.4	377.4		
	红优2号	416.3	1.95	1.19	157	291.0	57.9	456.1		

4. 红麻亲本及其子代对钾的吸收利用研究

以红麻雄性不育系P3A、恢复系992及 F_1 代红优2号3个红麻品种为材料，设置不施钾（K_2O）、低浓度钾（K^+）和高浓度钾（K^+）3 个处理，通过盆栽试验，研究红麻亲本及其子代苗期对钾元素的吸收利用。结果表明，在施钾量 0～300mg 的范围内，子代红优 2 号的植株叶片数、株高都随着施钾量的增加而下降，在不施钾状态下，子代的叶片数高于相应两亲本的，而在低钾状态下，子代的叶片数、株高基本高于相应两亲本的；其根、茎、叶的干重和总生物重受施钾量的影响都不明显，但是随着施钾量的增加都有增加趋势，在高钾状态下，子代的根、茎、叶干重以及总生物量都高于两亲本；其根、茎、叶的钾含量都随着施钾量的增加而增加，且在高钾状态下，子代根、茎、叶的钾含量都低于相应两亲本的。子代红优 2 号的钾在茎和叶片的分配受施钾量的影响较大，且与两亲本的变化不一致，并且红麻亲本及其子代钾在植株的中分配都为叶 > 茎 > 根。

子代的根、茎、叶的钾含量低于亲本，但其生物量高于亲本，因此可知子代对钾的吸收利用效率高于亲本，且钾在植株的叶片中分配为叶 > 茎 > 根。

（二）黄/红麻耐盐碱栽培技术研究

1. 耐盐碱品种的筛选

江苏大丰盐碱地试验供试品种 9 个。小区面积 13.34m^2，3 次重复。2013 年 6 月 2 日播种，2013 年 9 月 27～28 日收获。主要经济性状及产量见表 6－63。可见，亩产原麻超过 500kg 的品种有：福航优 3 号和红优 2 号。

表 6－63　2013 年大丰盐碱地红麻品种比较试验收获期数据

覆盖	株数（株/亩）	株高（cm）	茎粗（mm）	皮厚（mm）	原麻产量（kg/亩）
P3A	8 250	371.52	18.13	1.165	446.90
P3B	7 600	370.13	17.85	1.152	405.31
F3B	7 350	367.73	18.24	1.161	379.77
红优 2 号	9 050	381.67	18.01	1.163	520.38
红优 4 号	7 450	381.82	19.23	1.248	465.63
福红 992	10 400	370.50	16.70	0.995	502.63
H368	7 600	384.73	16.71	1.225	430.69
福航优 3 号	9 850	381.47	17.74	1.199	541.75
ZHKX－01	8 400	380.43	16.94	1.141	441.00

浙江萧山湘湖奶牛场盐碱地试验供试品种 9 个。随机区组排列，3 次重复。小区面积 13.34m^2，2013 年 5 月 10 日播种，5 月 21 日调查出苗率，8 月 28 日取样、施肥，9 月 24 日收获。试验结果如表 6－64。可见，不同品种（组合）比较，以福航优 1 号产量最高，其次为 H368，保持系 P3B 位居第三，与福红 992 产量持平。而红优 2 号和红优 4 号表现不佳，甚至低于其亲本保持系 P3B。这一结果与大丰盐碱地试验结果差异很大。其原因尚不清楚，需要进一步试验确定。

表 6－64　2013 年萧山湘湖奶牛场盐碱地红麻品种比较试验

品种/组合	株数	株高（cm）	茎粗（cm）	皮厚（mm）	亩产原麻量（kg）
P3A	168	271.02	12.52	0.9677	231.00
P3B	217	264.38	12.35	0.9389	307.38
F3B	181	270.22	12.75	0.9140	248.88

（续表）

品种/组合	株数	株高（cm）	茎粗（cm）	皮厚（mm）	亩产原麻量
红优 2 号	198	292.37	12.70	0.8817	288.78
红优 4 号	170	290.97	12.45	0.9783	255.00
福红 992	194	288.47	10.99	0.8527	307.20
H368	211	297.62	12.22	0.9121	334.12
福航优 1 号	222	310.20	12.63	0.8603	342.21
ZHKX-01	197	281.93	11.62	0.7977	221.63

2. *盐碱地覆盖栽培试验*

以红麻杂交组合 H368 为材料，分别在江苏大丰和浙江萧山开展了盐碱地红麻覆盖栽培技术研究。

在江苏大丰，研究设置了稻草覆盖和塑料薄膜覆盖两个处理，并以不覆盖为对照。结果表明，盐碱地以覆盖塑料薄膜的产量最高，达 568.07kg/亩，分别比覆盖稻草和不覆盖（CK）增产 6.43% 和 17.21%（表 6-65）。说明，盐碱地覆盖栽培具有极显著的增产作用。

表 6-65　大丰盐碱地红麻覆盖栽培试验

覆盖	株数（株/亩）	株高（cm）	茎粗（mm）	皮厚（mm）	原麻产量（kg/亩）
稻草	10 675	380.88	16.17	1.085	533.75
塑料膜	10 175	392.70	16.67	1.104	568.07
对照	10 575	379.07	15.49	1.076	484.65

浙江萧山湘湖奶牛场盐碱地红麻于 2013 年 5 月 10 日播种，5 月 16 日破膜，5 月 21 日调查出苗率，8 月 28 日取样、施肥，9 月 24 日收获。试验结果表明，产量最高的稻草覆盖，比未覆盖的对照增产 37%；其次为碎麻和塑料膜覆盖，分别比 CK 增产 25.38% 和 24.26%；麻地膜覆盖是覆盖栽培中产量最低的，比 CK 增产 12.55%。这一结果与大丰盐碱地的试验结果不同，大丰盐碱地以覆盖塑料薄膜的产量最高，覆盖稻草其次。其原因尚不清楚，需进一步试验确定。但有一点是肯定的，盐碱地覆盖栽培是红麻高产栽培重要措施之一。

表 6-66　2013 年萧山湘湖奶牛场盐碱地红麻覆盖栽培试验

处理	亩株数（株/亩）	株高（cm）	茎粗（mm）	皮厚（mm）	原麻产量（kg/亩）
对照	9 100	288.00	12.14	0.909	135.77
塑料膜	11 500	281.62	11.57	0.8653	168.71
碎麻	9 500	298.80	12.79	0.9837	170.24
麻地膜	9 450	297.72	12.82	1.0767	152.81
稻草	9 300	306.38	13.64	1.0603	186.00

通过以上 2 个地点的 5 个盐碱地栽培试验，可以得出结论：翻耕、高起垄、多施有机肥和覆盖栽培是盐碱地栽培红麻高产的主要措施，初步实现了轻度盐碱地“526”的高产目标，初步形成了一套适于盐碱地种植红麻的高产栽培关键技术。

3. 盐碱地增施有机肥和覆盖栽培技术研究

示范品种有红优2号及其亲本之一福红992。处理为：翻耕增施有机肥、覆盖麦草，对照（CK）为翻耕和常规栽培，未覆盖。处理施用有机、无机复混肥料150kg/亩，有机质≥20%，N：P_2O_5：KO_2=14：3：3。播种日期：2013年6月3日，收获期2013年9月27～28日。结果表明，2个品种均表现为在翻耕栽培条件下，增施有机肥和覆盖麦草处理的产量均显著高于常规栽培，福红992和红优2号分别增产2.66%和39.4%，增产幅度存在较大的品种间差异。在翻耕栽培、增施有机肥和覆盖麦草条件下，红优2号和福红992的产量均超过600kg/亩，红优2号比福红992增产5.27%，远高于信阳的耕地栽培（表6-67）。其原因除了北海盐碱地土地肥沃之外，增施有机肥和覆盖麦草也是获得高产的重要措施。由此可见，在滨海盐碱地覆盖栽培和增施有机肥具有极显著的增产效果；杂交种比常规品种具有更加显著的增产效应。

表6-67　2013年大丰盐碱地红麻高产栽培示范

处理	亩株数（株/亩）	株高（cm）	茎粗（mm）	皮厚（mm）	原麻产量（kg/亩）
福红992翻耕、增施有机肥、覆盖麦草	9 780	371.2	14.98	1.02	635.70
福红992常规翻耕栽培CK	10 040	385.83	16.13	1.083	652.60
红优2号翻耕、增施有机肥、覆盖麦草	7 580	355.14	14.71	0.972	492.70
红优2号常规翻耕栽培CK	9 160	371.4	17.41	1.159	687.00

（三）重金属污染耕地黄/红麻栽培技术研究

1. 红麻套种东南景天修复镉污染土壤技术研究

2012—2013年，连续在广西环江某重金属污染农田区域进行红麻修复重金属污染土壤的大田试验。土壤重金属污染水平如表6-68。从表中可看出，土壤中Cd含量超标2.5倍，Pb和Zn含量不超标。

表6-68　土壤重金属含量

	Cd	Pb	Zn
土壤重金属含量（mg/kg）	0.7533	345.7	212.4
土壤环境质量标准（mg/kg）（6.5 < pH值 < 7.5）	≤0.3	≤300	≤250

种植模式为红麻套种镉超积累植物东南景天，两行红麻中间套种一行东南景天，红麻定苗密度为15 000株/亩，东南景天种植密度为2 000株/亩。4月11号播种红麻，4月12号移栽东南景天，11月11号收获红麻和东南景天，测定红麻和东南景天的生物量和重金属含量（表6-69）。红麻主要为麻秆和麻皮部分。重金属累积率为植物地上部与土壤重金属含量的比值，表示植物对土壤中重金属的吸收能力。从表6-69可以看出，红麻麻秆和麻皮的镉含量达到1.43mg/kg和2.955mg/kg，重金属累积率均大于1，表明红麻具有较强的主动吸收和富集镉的能力。重金属清除量为植物地上部重金属含量与干重的乘积，以红麻亩产麻秆1 200kg，麻皮400kg计算，红麻麻秆和麻皮的重金属清除量分别为1 716 mg/kg和1 182mg/kg。

虽然红麻对镉的清除量小于东南景天，但由于红麻适应性强，不需要精细管理，对镉污染的耐性强，产量高，可应用于镉污染土壤的植物修复实践。

表 6－69　红麻和东南景天不同部位的重金属含量

	重金属含量（mg/kg）			重金属积累率			重金属清除量（mg/kg）		
	Cd	Pb	Zn	Cd	Pb	Zn	Cd	Pb	Zn
麻秆	1.43	10.95	59.43	2.89	0.03	0.28	1 716	13 140	71 316
麻皮	2.955	1.325	86.41	5.98	0.00	0.40	1 182	530	34 564
东南景天	55.28	47.74	1 564	111.9	0.14	7.27	11 057	9 549	312 872

2. 铅锌复合污染对红麻的吸收重金属的影响

红麻品种为红优 2 号（P3A/992）。试验与 2013 年 5～11 月在广西大学农场实验基地的网室大棚内进行。土风干后敲碎过筛并装入直径为 20cm，高 30cm 的桶，每桶 5kg，桶下放一个直径为 30cm，高为 10cm 的盆。试验用的化合物为 $Pb(NO_3)_2$、$ZnSO_4 \cdot 7H_2O_2$，以纯 Pb、Zn 计。各化合物按各处理浓度所需之量分别溶于水注入于土中使之与土壤均匀混合。正常水肥处理条件下，每个处理 3 次重复，供参照用。试验设计见表 6－70。

表 6－70　试验处理元素种类与处理组合　（单位：mg/kg）

元素种类	处理水平（mg/kg）								
铅	200	200	200	500	500	500	800	800	800
锌	100	500	800	100	500	800	100	500	800

试验结果表明，单一处理情况下，随着锌或铅浓度的升高，生物量均下降；在同一水平锌或铅处理下，植物的生物量随着铅或锌处理浓度的增加而降低；铅或锌浓度升高，植物叶片均萎缩，植株矮化，叶边缘卷曲，生长缓慢，导致生物量下降，在铅和锌复合浓度均为 800mg/kg 时，接近死亡。

试验结果还表明，在同一铅处理水平下，红麻根、茎、叶中锌含量随着锌处理水平的增加而增加；在同一锌处理水平下，铅处理对植物的根、茎、叶锌含量随着土壤中铅处理浓度的增加而增加(表 6－71)。

表 6－71　铅锌处理下红麻体内锌含量

Zn 处理（mg/kg）	Pb 处理（mg/kg）								
	根			茎			叶		
	200	500	800	200	500	800	200	500	800
100	7.60e	26.80cd	32.07cde	11.27c	23.63b	39.27a	17.06d	24.96cd	27.48cd
500	8.23d	42.13cd	46.40bc	7.87cd	22.3b	37.97a	18.80d	37.56bcd	43.20bc
800	10.77d	55.85b	59.62a	5.43d	19.77b	30.27ab	31.93cde	49.24b	54.8a

试验结果还表明，在同一锌处理水平下，铅处理浓度为 500mg/kg 时，根中的铅含量上升，随后铅含量反而下降，且降幅较大；在同一铅处理水平下，根中的铅含量锌处理浓度为 500mg/kg 时，根中的铅含量低，随后又升高；在同一锌水平下，茎中的铅含量则随着铅处理浓度增加而减少，但在同一铅水平下，茎的铅含量则随着锌处理浓度增加而增加；叶中的铅含量情况与茎相似，即在同一铅或处理水平下，铅含量随着锌或铅浓度的增加而增加或减少（表 6－72）。

表 6-72　铅锌处理下红麻体内铅含量

Zn 处理 (mg/kg)	Pb 处理（mg/kg）								
	根			茎			叶		
	200	500	800	200	500	800	200	500	800
100	5.37d	11.24bc	5.13d	1.43bc	0.30d	0.17d	0.57cd	0.60cd	0.33d
500	4.60d	9.26c	4.83d	2.07a	0.87c	0.33	0.6cd	1.29b	0.5cd
800	13.53b	23.04a	14.42b	2.17a	1.13bc	0.94c	0.70c	1.69a	1.78a

3. 锌胁迫对红麻生长及钾营养的影响

以红麻雄性不育系 P3A、恢复系 P3B 及杂交子一代红优 2 号 3 个红麻品种为材料，采用盆栽方法研究锌胁迫对红麻亲代与杂交子代苗期生长及其钾营养的影响。结果表明，0～40mg/kg 锌浓度对红麻株高起促进作用；超过 40mg/kg 起抑制作用，品种间无明显差异。8mg/kg 锌浓度促进亲代与子代根干重增加，80mg/kg 浓度起抑制作用，但子代受抑制作用比两亲本明显；0～8mg/kg 锌浓度促进亲代和子代茎干重增加，超过 40mg/kg 浓度起抑制作用，但两亲本受抑制作用比子代明显，子代表现出杂种优势；0～40mg/kg 锌浓度促进子代和亲本 P3B 叶干重增加，超过 40mg/kg 起抑制作用；亲代与子代在不同锌条件与不施锌相比各部位含锌量都呈上升趋势。8mg/kg 锌条件下，子代根钾含量高于亲本，但超过 40mg/kg 则低于亲本；40mg/kg 锌条件下，子代茎钾含量高于亲本。在 8、80mg/kg 锌条件下，子代叶钾含量高于亲本，40mg/kg 条件下子代表现出抑制作用，耐锌能力比亲本弱。亲本和子代根的锌钾含量均呈负相关，叶部位呈正相关，子代茎的锌钾含量呈负相关，两亲本均呈正相关。0～40mg/kg 锌条件下，子代的锌钾利用率介于两亲本之间，80mg/kg 利用率高于两亲本，表现出耐高锌杂种优势。

通过以上试验，基本阐明了黄/红麻对重金属污染土壤的修复生理，初步形成了一套重金属污染土壤红麻栽培技术；培训体系内人员 3 人，培训基层干部和农民 10 人次，完成了该项任务。

4. 耐（抗）重金属污染的红麻品种筛选

收集目前在南方种植面积最大的 10 个红麻品种，分别将种子置于用浓度为 10mgCd/L 和 500mgPb/L 溶液浸泡过的滤纸盘内（150 粒/盘），用原溶液始终保持滤纸的适宜湿度进行发芽试验。结果表明，在 10mgCd/L 的浓度胁迫下，各种子的发芽率依次是：HM6（75.5%）＜HM3（75.8%）＜HM8（80.0%）＜HM1（83.2%）＜HM1（85.6%）＜HM5（88.2%）＜HM2（92.0%）＜HM9（92.4%）＜HM7（93.2%）＜HM4（94.3%）；在 500mgPb/L 的浓度胁迫下，各种子的发芽率依次是 HM6（73.2%）＜HM3（76.2%）＜HM8（78.6%）＜HM1（84.2%）＜HM10（85.6%）＜HM2（86.5%）＜HM9（89.2%）＜HM5（89.5%）＜HM7（90.0%）＜HM4（91.1%）（图 6-46A）。

在冷水江镉/铅复合污染的土壤（镉含量为 4.52mg/kg、铅含量为 625.6mg/kg）中种植上述品种，其单株干重依次是：HM9（13.80g）＜HM4（15.0g）＜HM3（15.20g）＜HM7（15.20g）＜HM1（15.50g）＜HM2（15.50g）＜HM10（15.80g）＜HM8（16.40g）＜HM5（16.50g）＜HM6（17.70g）；其出麻率依次是 HM6（9.6%）＜HM3（10.3%）＜HM8（11.3%）＜HM10（11.9%）＜HM1（12.5%）＜HM5（13.2%）＜HM2（14.5%）＜HM9（15.4%）＜HM7（16.2%）＜HM4（16.8%）（图 6-46B）；其原麻产量依次是：HM6（5.54kg/15m^2）＜HM3（5.58kg/15m^2）＜HM8（6.07kg/15m^2）＜HM10（6.45kg/15m^2）＜HM1（6.74kg/15m^2）＜HM5（7.11kg/15m^2）＜HM2（7.28kg/15m^2）＜HM9（7.54kg/15m^2）＜HM7（7.63kg/15m^2）＜HM4（7.76kg/15m^2）（图 6-46C）；原麻纤维镉含量依次是 HM4（0.732mg/kg）＜HM7（0.735mg/kg）＜HM9（0.777mg/kg）＜

HM2（0.809mg/kg）＜HM5（0.833mg/kg）＜HM1（0.865mg/kg）＜HM10（0.879mg/kg）＜HM8（0.901mg/kg）＜HM3（0.909mg/kg）＜HM6（0.920mg/kg）（图6－46D）；原麻纤维铅含量，依次是HM4（0.764mg/kg）＜HM7（0.794mg/kg）＜HM5（0.818mg/kg）＜HM9（0.828mg/kg）＜HM2（0.870mg/kg）＜HM10（0.889mg/kg）＜HM1（0.920mg/kg）＜HM8（0.927mg/kg）＜HM3（0.932mg/kg）＜HM6（0.943mg/kg）。

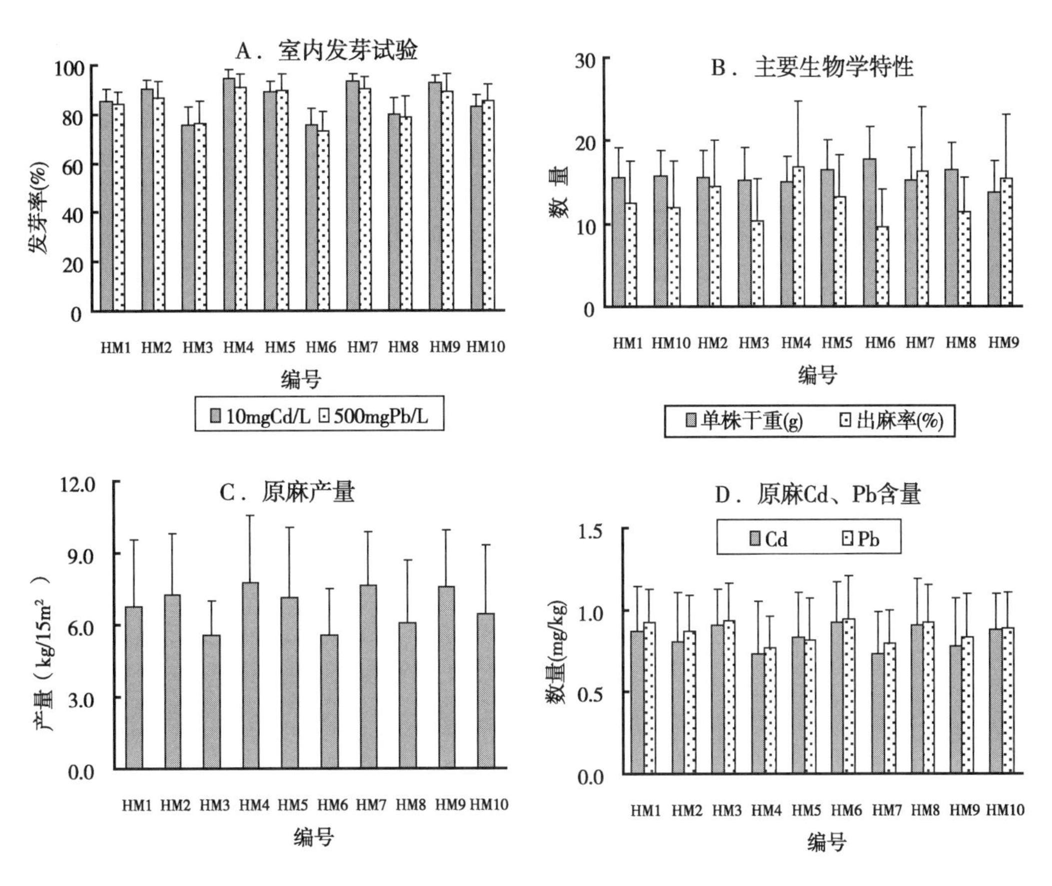

图6－46　不同品种红麻对镉/铅污染的响应

综合分析种子发芽率、红麻主要生物学体系、原麻产量和其重金属含量，发现编号为HM4、HM5和HM7品种具有较强的耐（抗）镉、铅等重金属污染的能力，它们的品种名称依次是湘红2号、湘红早和中红2号。

四　工业大麻

（一）工业大麻高产高效栽培技术研究

1. 不同地区工业大麻高产施肥技术研究

在云南昆明、勐海、景洪、文山、山西汾阳以及安徽六安等地开展了不同生态区工业大麻施肥高产施肥技术研究。除安徽试验点之外，其他试验点均采用种植密度和施肥量（高氮低磷高钾复合肥＋尿素）2因子组合设计，其中A1、A2、A3分别为低（30株/m^2）、中（50株/m^2）、高（70株/m^2）三个水平种植密度，B1、B2、B3分别为低（40＋4kg/亩）、中（60＋6kg/亩）、高（80＋8kg/亩）3个水平施肥量。

山西汾阳产区试验结果表明，不同处理组合晋麻1号工业大麻的茎粗差异很小，但有效株数和株高有较明显的差异，干皮产量以处理组合 A1B3 最高，达到 1988.9kg/hm^2，A3B3 组合最低（表 6－73）。密度 A 和施肥量 B 因素的效应看，密度（播种量）对干皮产量的影响明显，以低密度的产量最高，高密度反而产量降低；施肥水平间差异不明显，原因尚待进一步试验。

表 6－73　山西点工业大麻高产试验结果（晋麻 1 号）

组合	有效株（株/hm^2）	株高（m）	茎粗（cm）	干皮产量（kg/hm^2）
A1B1	130 000	3.7	1.5	1 711.1bc
A1B2	149 333	4.1	1.6	1 788.9ab
A1B3	137 333	3.9	1.6	1 988.9a
A2B1	170 889	3.5	1.4	1 633.3bcd
A2B2	163 778	3.9	1.4	1 511.1cd
A2B3	174 000	3.4	1.4	1 688.9bcd
A3B1	191 778	3.8	1.4	1 666.7bcd
A3B2	145 111	3.6	1.4	1 555.6bcd
A3B3	142 666	3.8	1.4	1 433.3d

云南昆明产区试验结果表明，云麻 1 号品种干皮产量以 A1B3 组合（低密度高施肥量）最高，达到 1 721.8kg/hm^2，而 A1B1（低密度低施肥量）最低；但不同处理组合的经济性状差异不明显（表 6－74）。由于风灾造成部分植株倒伏，使得不同密度大麻的产量差异不显著，但不同施肥量的产量差异显著。

表 6－74　昆明点工业大麻高产试验结果（2012 年，云麻 1 号）

组合	有效株（株/hm^2）	株高（m）	茎粗（cm）	鲜皮厚（mm/10 张）	干皮产量（kg/hm^2）
A1B1	146 667	305.0	1.3	3.4	1 202.0c
A1B2	151 667	329.0	1.3	4.6	1 303.2bc
A1B3	203 333	313.7	1.3	3.2	1 721.8a
A2B1	236 667	301.7	1.2	3.1	1 240.0c
A2B2	206 667	318.3	1.3	3.5	1 378.7bc
A2B3	193 333	295.0	1.3	3.8	1 392.0bc
A3B1	191 667	295.0	1.3	3.9	1 258.5c
A3B2	216 667	325.7	1.3	3.6	1 343.8bc
A3B3	220 000	311.3	1.2	3.6	1 479.3b

注：A1，A2，A3 为低、中、高密度设计；B1，B2，B3 为低、中、高施肥量设计。下同

云南勐海产区结果显示，不同处理组合对株高和茎粗影响甚小，对有效株数有一定影响，但中、高设计密度的有效株数几乎没有差异；干皮产量以 A1B1 最高，达到 2 400kg/hm^2，而组合 A3B2 最低（表 6－75）。从各因素的水平效应看，低密度的干皮产量最高，增大密度有减产效应；而施肥量效果看不出规律性。

表 6-75 勐海点工业大麻高产实验结果（2012 年，云麻 1 号）

处理组合	有效株（株/hm²）	株高（cm）	茎粗（cm）	第 1 分枝高度（cm）	干皮产量（kg/hm²）
A1B1	163 000	270	1.22	172.0	2 400.0a
A1B2	161 000	258	1.27	142.0	2 100.0abc
A1B3	129 000	285	1.37	170.1	2 166.7ab
A2B1	189 000	260	1.33	158.3	2 200.0ab
A2B2	205 000	256	1.21	171.0	2 033.3bcd
A2B3	187 000	270	1.28	140.0	2 133.3ab
A3B1	214 000	263	1.14	119.8	2 000.0bcd
A3B2	183 000	226	1.20	158.1	1 766.7d
A3B3	184 000	258	1.19	171.6	1 800.0cd

云南景洪产区结果表明，不同处理组合的有效株数差异甚小，但株高和茎粗有较明显的差异。干皮产量以 A1B2 最高，达到 2 240kg/hm²，A2B2 最低（表 6-76）。密度因子中，以 A1 的产量最高，但不同施肥水平之间干皮产量没有差异。

表 6-76 景洪点工业大麻高产实验结果（2012 年，云麻 1 号）

处理组合	有效株/hm²	株高（cm）	茎粗（cm）	第 1 分枝高度（cm）	干皮产量（kg/hm²）
A1B1	213 300	376.2	1.48	200.3	1 923.3ab
A1B2	206 000	367.2	1.37	199.9	2 240.0a
A1B3	191 300	360.2	1.33	172.1	2 073.3ab
A2B1	206 700	369.0	1.45	187.3	2 160.0ab
A2B2	183 000	324.5	1.20	154.3	1 383.3c
A2B3	237 300	318.3	1.70	163.3	1 776.7bc
A3B1	216 700	286.9	1.45	150.3	1 730.0bc
A3B2	259 000	338.5	1.34	162.4	2 090.0ab
A3B3	213 300	378.1	1.30	174.9	1 796.7abc

云南文山产区试验结果表明，密度与施肥量组合处理对有效株数、株高、茎粗有较明显影响，但对第 1 分枝高度没有影响；干皮产量以 A3B1 最高，达到 3 396.2kg/hm²，A1B1 最低（表 6-77）。密度因子对云麻 1 号原茎和干皮产量都有显著影响，高密度的产量较高；但施肥量的影响呈现负效应，即增加施肥出现减产效应。

表 6-77 文山点工业大麻高产实验结果（2012 年，云麻 1 号）

处理组合	有效株/hm²	株高（m）	茎粗（cm）	第 1 分枝高度（m）	原茎产量（kg/hm²）	干皮产量（kg/hm²）
A1B1	190 000	3.4	1.3	1.6	10 646.2d	1 639.9e
A1B2	185 333	3.4	1.3	1.6	11 554.2d	1 747.4de

（续表）

处理组合	有效株/hm²	株高（m）	茎粗（cm）	第1分枝高度（m）	原茎产量（kg/hm²）	干皮产量（kg/hm²）
A1B3	194 000	3.4	1.2	1.5	12 015.0d	1 744.4de
A2B1	258 667	3.5	1.2	1.6	17 668.3bc	2 323.2c
A2B2	250 000	3.7	1.2	1.6	16 228.3c	2 186.0c
A2B3	231 667	3.3	1.3	1.6	12 112.3d	1 909.7d
A3B1	316 667	3.7	1.2	1.6	23 102.0a	3 396.2a
A3B2	311 333	3.5	1.1	1.6	21 017.5a	3 269.9ab
A3B3	298 333	3.7	1.2	1.6	20 037.3ab	3 134.1b

在安徽六安产区，设置品种、密度、施氮肥量3因素4水平正交试验。结果显示，处理组合R2产量最高（3 422 kg/hm²），而R14最低；品种间差异较大，以云麻1号产量最高（3 026.95kg/hm²）（表6－78）。

表6－78　安徽点工业大麻高产实验结果（2012）

处理	品种	生长天数	株高（cm）	茎粗（cm）	干皮产量（kg/hm²）
R1	云麻1号	158	388	1.757	3 060.9
R2	云麻1号	158	386	1.805	3 421.8
R3	云麻1号	158	398	1.641	3 281.3
R4	云麻1号	158	389	1.603	3 063.8
R5	云麻5号	158	387	1.719	3 244.8
R6	云麻5号	158	386	1.945	3 020.0
R7	云麻5号	158	388	1.703	2 770.1
R8	云麻5号	158	391	1.656	3 064.7
R9	皖麻1号	117	390	1.324	2 523.8
R10	皖麻1号	117	384	1.302	2 989.5
R11	皖麻1号	117	388	1.258	3 137.6
R12	皖麻1号	117	404	1.292	3 085.1
R13	晋麻1号	117	376	1.320	2 358.6
R14	晋麻1号	117	375	1.269	2 268.5
R15	晋麻1号	117	381	1.327	2 643.9

2. 工业大麻收获期试验

在传统的适宜收获期适当提前进行分期收获，随着收获期延后，云麻1号的株高和茎粗均有增加，但鲜皮厚度的变化不规则，可见适当推迟（雄花盛花期后10d左右）收获有利于植株的充分发育，增加株高和茎粗，但过迟收获的经济性状没有改善（表6－79）。生物产量、原茎产量和干皮产量（图6－47）都说明适当延迟收获可以增产，但过迟收获不会增产，实际中反而增加皮秆分离难度，不可取。4个收获时期测定的干皮/原茎（原茎出麻率）没有差异也从另一方面说明了这一点。

此外，原茎/鲜茎和枝叶干/鲜比例随收获期推迟呈上升态势，可能主要是后期植株含水率下降的作用，但不排除干物质也有一定增加。

表 6－79　分期收获大麻的经济性状（云麻 1 号）

收获时期	有效株（株/hm^2）	株高（cm）	茎粗（mm）	鲜皮厚（mm/10 片）
9 月 20 日	226 190	292.3	12.1	3.4
9 月 29 日	238 095	308.3	12.7	4.1
10 月 9 日	222 222	328.7	13.1	3.7
10 月 19 日	232 143	325.7	13.8	4.2

注：9 月 29 日为雄花盛花期（传统适宜收获期）

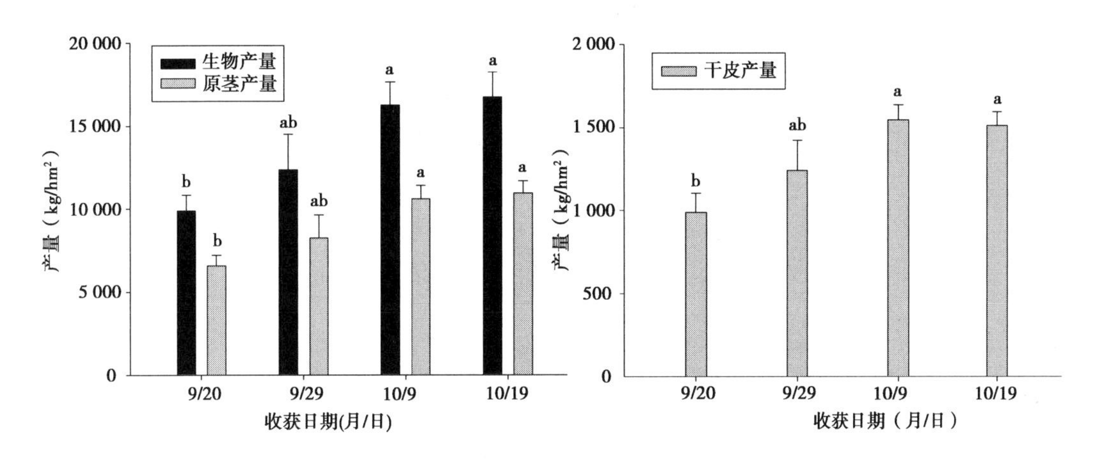

图 6－47　分期收获大麻生物产量、原茎和干皮产量差异

3. 工业大麻优化群体结构研究

品种（云麻 1 号、云麻 5 号、云晚 6 号）、密度和肥料 3 个处理因素，每个处理因素设置 3 个水平，采用 L_9（3^4）正交试验设计方案（表 6－80）。

表 6－80　试验因素和水平设计

处理编号	列号			
	1（密度）	2（肥料）	3（品种）	4（空列）
1	1（15 株/m^2）	1（复合肥 20kg + 尿素 3kg）	1（云麻 1 号）	1
2	1（15 株/m^2）	2（复合肥 40kg + 尿素 6kg）	2（云麻 5 号）	2
3	1（15 株/m^2）	3（复合肥 60kg + 尿素 9kg）	3（云晚 6 号）	3
4	2（50 株/m^2）	1（复合肥 20kg + 尿素 3kg）	3（云晚 6 号）	2
5	2（50 株/m^2）	2（复合肥 40kg + 尿素 6kg）	1（云麻 1 号）	3
6	2（50 株/m^2）	3（复合肥 60kg + 尿素 9kg）	2（云麻 5 号）	1
7	3（85 株/m^2）	1（复合肥 20kg + 尿素 3kg）	2（云麻 5 号）	3
8	3（85 株/m^2）	2（复合肥 40kg + 尿素 6kg）	3（云晚 6 号）	1
9	3（85 株/m^2）	3（复合肥 60kg + 尿素 9kg）	1（云麻 1 号）	2

分析结果表明，密度对株高的影响很大，达到了极显著差异水平；肥料对株高的影响也较大，达到了显著差异水平；而品种间株高差异不显著。多重比较结果显示，随着密度的增大株高逐渐变小，不同密度间株高差异显著或极显著。随着施肥量的增大株高呈逐渐变大的趋势（表 6－81）。

表 6-81　密度、肥料对株高影响的多重比较

因素	处理水平	株高平均值（cm）	差异显著性	
			α=0.05	α=0.01
密度	17 株/m²	368.28	a	A
	48 株/m²	331.78	b	B
	72 株/m²	308.94	c	B
肥料	复合肥 60kg + 尿素 9kg	350.22	a	A
	复合肥 40kg + 尿素 6kg	333.11	ab	A
	复合肥 20kg + 尿素 3kg	325.67	b	A

密度和肥料对茎粗的影响均达到极显著差异水平，而品种间茎粗差异不显著。在试验密度范围内，随着密度的增大茎粗逐渐变小；相反，随着施肥量的增大茎粗逐渐变大（表 6-82）。

表 6-82　不同种植密度与施肥处理对工业大麻农艺性状的影响

处理编号	茎粗（mm）	韧皮厚（mm）	木质部厚（mm）	韧皮干物重比例	麻骨干物重比例	枝叶干物重比例	地上部分干物质量（kg/hm²）	干皮产量（kg/hm²）
1	18.75	0.54	3.86	16.0%	58.1%	25.9%	21 863.7	2 504.8
2	19.05	0.63	3.99	15.4%	54.8%	29.8%	15 736.8	2 846.1
3	19.15	0.61	4.10	15.9%	56.8%	27.2%	22 724	3 042.3
4	13.60	0.50	2.59	16.9%	60.8%	22.3%	26 237.9	3 460.4
5	13.50	0.45	2.36	15.3%	59.3%	25.4%	44 162.5	4 033.5
6	15.15	0.44	2.64	17.0%	56.4%	26.6%	32 554.2	5 078.4
7	12.65	0.49	2.78	17.2%	59.7%	23.2%	31 647.1	5 882.9
8	14.20	0.47	3.48	17.5%	61.2%	21.4%	44 200.3	6 142.1
9	13.90	0.44	3.31	18.2%	58.5%	23.3%	40 735.2	5 553.7

密度对韧皮厚的影响很大，达到了极显著差异水平；而肥料和品种对韧皮厚的影响不显著。随着密度的增大韧皮厚呈逐渐变小的趋势，但密度超过 48 株/m²后韧皮厚度变化不明显。

密度对木质部厚的影响较大，达到了极显著差异水平；而肥料和品种对木质部厚的影响不显著。随密度的增大，木质部厚减小，但密度进一步增大时木质部厚度变化不明显。

密度、肥料和品种对韧皮干重/植株干重的影响均不显著。表明大麻韧皮干重/植株干重比例较稳定，不易受种植密度、施肥量和所栽品种的影响。不同处理组合的收获期干物质积累量差异显著。密度对群体地上部分干物重的影响很大，达到了极显著差异水平。肥料和品种对群体地上部分干物重也有一定影响，但未达到显著水平。随着密度的增大群体地上部分干物重呈逐渐变大的趋势，但密度超过 48 株/m² 后对群体地上部分干物重的影响不显著。对群体地上部分干物重影响的大小为密度 > 品种 > 肥料。

干皮产量的处理组合效应明显。密度对群体干皮产量的影响很大，达到了极显著差异水平，但肥料和品种对群体干皮产量的影响不显著。随着密度的增大群体干皮产量逐渐变大，不同密度间群体干皮产量差异极显著，密度为 72 株/m² 时产量最高，达到 5 859.55kg/hm²，暗示密度增大群体干皮产量还可进一步提高。对群体干皮产量影响的大小为密度 > 肥料 > 品种；其中肥料、品种对群体干皮产量

影响不显著，表明在最优组合中密度择优的前提下，可以任意选择品种及施肥量。所以获得最大群体干皮产量的最优组合为种植密度为72株/m²，肥料为复合肥40kg+尿素6kg，品种为云麻5号，群体干皮产量可达6 142.1kg/hm²。

综合处理因素对大麻个体发育和群体产量的影响，可以发现密度对个体发育和群体产量存在相互矛盾的情况，低密度个体植株发育健壮，而高密度群体产量高，研究中发现，在密度大于48株/m²后，茎粗、韧皮厚、木质部厚、群体地上部分干物质积累量变化不显著，而株高、群体干皮产量变化显著。在密度为72株/m²或更高时不严重削弱个体发育的基础上可能获得较高的群体干皮产量；密度只需达到48株/m²，就能获得较高的群体地上部干物质积累量，且个体植株发育较健壮。较高的施肥量对群体产量和个体植株的发育都有利，能使个体植株发育健壮和获得较高的群体产量，所以生产中应该合理增施肥料。不同品种在个体发育和群体产量的表现不同，云晚6号品种个体植株最为健壮，云麻1号能够获得较高的群体地上部分干物质积累量，云麻5号能够获得较高的群体干皮产量。这些研究结果表明，在生产中应根据不同的需要选择不同的品种、不同的种植密度和不同的施肥量。

4. 施氮对工业大麻产量和氮素平衡的影响

试验在昆明进行，以“云麻1号”为品种，采用氮肥分施和施氮量二因素裂区设计，主区为氮肥分施比例，副区为氮肥用量，氮肥分施设A1（2/3基肥、1/3追肥）；A2（1/2基肥、1/2追肥）两个水平，施氮量设4个水平，共8个处理组合，重复3次，小区面积15m²，工艺成熟期收获测产，并分析植株全氮和土壤无机氮。

从表6-83中可以看出，不同施氮量对大麻株高、有效株数、茎粗和鲜皮厚没有显著影响，但对大麻植株全氮含量的影响达到显著水平；不同施氮量仅对干皮产量有显著影响，氮肥分施也仅对有效株数有显著影响，氮肥分施和不同施氮量对农艺指标也没有交互作用。结合图6-48和图6-49来看，氮肥分施对干皮产量影响较小，施氮量则是N3显著大于N0，其他施氮量水平间差异不显著。试验结果说明，一次性施氮10kg/亩的施氮方式，工业大麻干皮产量最高，还能节省施肥用工。

表6-83　氮肥分施及不同施氮量试验结果

处理组合	株高（cm）	茎粗（cm）	有效株数（株/亩）	鲜皮厚（mm）	干皮产量（kg/亩）	植株氮吸收（kgN/hm²）
A1N0	287.30	1.22	19 553.33	0.34	95.13	132.3+14.68
A1N1	278.70	1.21	19 380.00	0.34	112.87	156.5+65.69
A1N2	294.70	1.26	18 846.67	0.35	103.13	184.5+36.92
A1N3	298.70	1.25	16 713.33	0.37	113.80	186.4+41.11
A2N0	274.00	1.16	16 353.33	0.32	97.80	117.1+24.74
A2N1	286.70	1.20	16 353.33	0.34	93.33	139.9+63.09
A2N2	301.70	1.22	14 580.00	0.35	104.00	163.5+34.93
A2N3	301.30	1.20	16 180.00	0.34	124.47	175.4+15.44
氮肥分施	n.s.	n.s.	*	n.s.	n.s.	n.s.
施氮量	n.s.	n.s.	n.s.	n.s.	*	*
交互效应	n.s.	n.s.	n.s.	n.s.	n.s.	n.s.

注：*表示在0.05水平下差异显著；n.s. 没有差异

从表6-84可以看出，播种前0~90cm土层无机氮存留为325.4kgN/hm²，收获后各处理0~90cm土层无机氮存留不一致，随施氮量的增加土壤无机氮存留也在增加，并且1/2追施的A2处理无机氮存留高于1/3追施的A1处理，说明增加施氮量以及增加追肥比例会增加收获后土壤无机氮存留，可能增加氮素损失风险。但是增加施氮量可以显著提高大麻产量和地上部分氮素带走量，结合表6-83和表

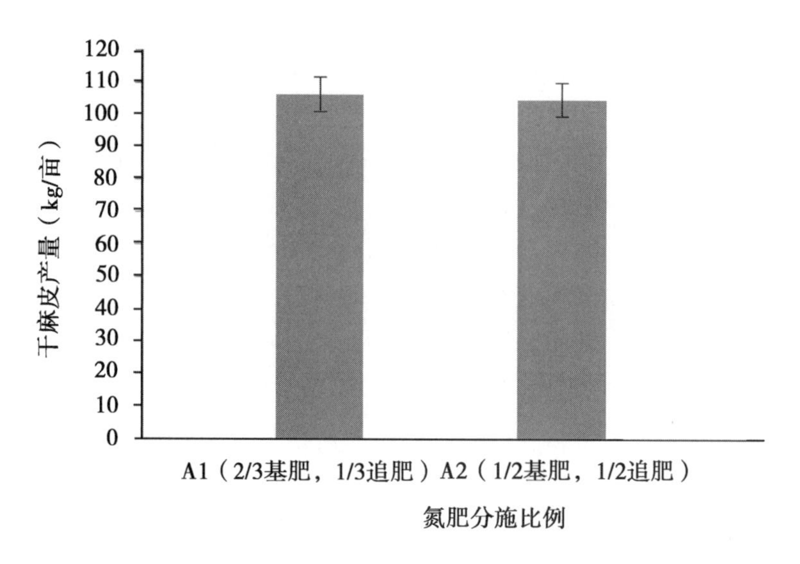

图 6－48　氮肥分施对干皮产量的影响

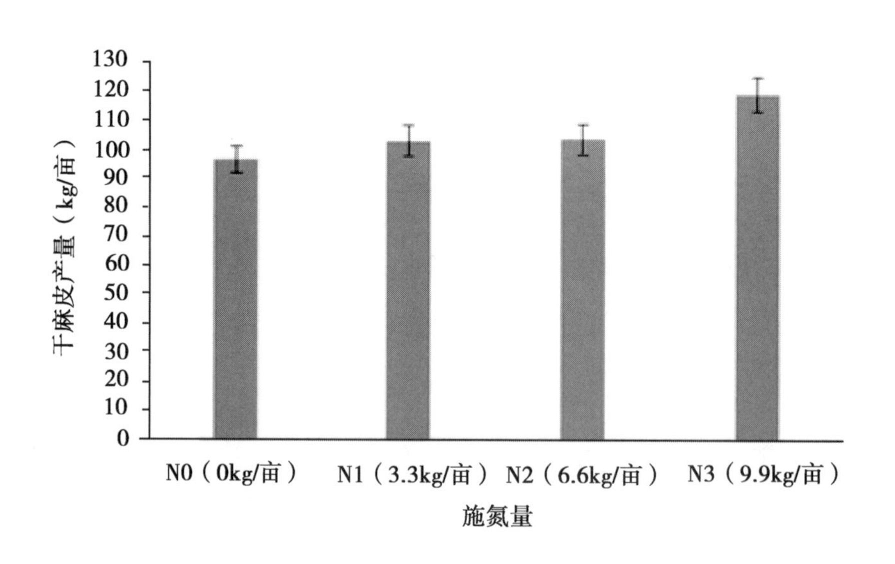

图 6－49　施氮量对干皮产量的影响

6－84 来看，N2（100kgN/hm^2）处理效果最好，N2 在 2/3 基施和 1/3 追施（A1）以及 1/2 基施和 1/2 追施（A2）处理条件下表观氮平衡分别为 56.23、40.22kgN/hm^2，与不施氮的 N0 处理相差不大，具有较好的产量效应和环境效应。

表 6－84　氮肥分施和施氮量对大麻—土壤体系氮素平衡的影响　（kgN/hm^2）

氮肥分施	施氮量	播种前 0～90cm 无机氮	植株地上部带走氮素	收获后 0～90cm 无机氮	表观氮平衡
A1 2/3 基肥 1/3 追肥	0（N0）	325.4	132.3	142.6	50.55
	50（N1）	325.4	156.5	154.0	64.86
	100（N2）	325.4	184.5	184.7	56.23
	150（N3）	325.4	186.4	208.3	80.72

（续表）

氮肥分施	施氮量	播种前0～90cm无机氮	植株地上部带走氮素	收获后0～90cm无机氮	表观氮平衡
A2 1/2基肥 1/2追肥	0（N0）	325.4	117.1	160.9	47.41
	50（N1）	325.4	139.9	186.0	49.49
	100（N2）	325.4	163.5	221.7	40.22
	150（N3）	325.4	175.4	240.1	59.90

5. 工业大麻氮磷钾高效利用技术研究

以品种为云麻1号为材料，通过大田试验对不同肥料的增产效果、施肥方式对大麻功能叶的影响及大麻养分利用效率的影响研究。试验中N设0、7.5、15、22.5kg/亩四个水平，P设0、2.5、5、7.5kg/亩四个水平，K设0、5、10、15kg/亩四个水平。

盆栽试验品种为云麻1号、云麻5号和云晚6号。设①NPK（施用氮、磷、钾肥）、②NP（仅施氮、磷肥）、③NK（仅施氮、钾肥）、④PK（仅施磷、钾肥）4个处理，另设CK（不施肥）为对照；施肥量以每亩N 15kg，P_2O_5 5kg，K_2O 10kg进行折算。对施肥处理下大麻主要农艺性状和盆栽大麻养分利用效率的品种差异进行了研究。

（1）不同肥料增产效果分析

不同施氮处理大麻产量有显著性差异（表6－85）。随施氮水平的提高大麻产量显著上升，施N 22.5kg/亩的大麻产量最高，比不施氮处理增产3.75g/株，增产率达22.8%，说明施氮对大麻有明显增产效果。

表6－85　云麻1号的施氮效果

处理	氮肥用量（kg/亩）	麻皮产量（g/株）	增产量（g/株）	增产率（%）
$N_0P_2K_2$	0	16.46±0.31b	0	0
$N_1P_2K_2$	7.5	16.58±1.52b	0.13	0.77
$N_2P_2K_2$	15	19.30±1.04ab	2.84	17.28
$N_3P_2K_2$	22.5	20.21±2.69a	3.75	22.80

注：增产率%＝施氮增产量/不施氮麻皮产量×100；同列数据后不同字母代表0.05水平差异显著

不同施磷处理大麻产量有显著性差异（表6－86）。随施磷水平的提高大麻产量显著下降，其中施P 2.5kg/亩的大麻产量最高，比不施磷处理增产0.24g/株，增产率1.20%，说明施磷对大麻增产效果不明显。大麻对磷肥的需求量较少，过量施磷肥反而降低大麻的产量。

表6－86　云麻1号的施磷效果

处理	磷肥用量（kg/亩）	麻皮产量（g/株）	增产量（g/株）	增产率（%）
$N_2P_0K_2$	0	20.18±2.75ab	0	0
$N_2P_1K_2$	2.5	20.42±2.44a	0.24	1.20
$N_2P_2K_2$	5	19.30±1.04ab	－0.88	－4.36
$N_2P_3K_2$	7.5	16.71±1.11b	－3.47	－17.20

注：增产率%＝施磷增产量/不施磷麻皮产量×100；同列数据后不同字母代表0.05水平差异显著

不同施钾处理大麻产量有显著性差异（表6-87）。随施钾水平的提高大麻产量显著下降，其中施K 5kg/亩的大麻产量最高，比不施氮钾增产1.84g/株，增产率达9.72%，说明施钾对大麻增产有较好效果。从本试验的情况看，少量施钾能增产，但施钾太多反而降低大麻产量。

表6-87　云麻1号的施钾效果

处理	钾肥用量（kg/亩）	麻皮产量（g/株）	增产量（g/株）	增产率（%）
$N_2P_2K_0$	0	18.97±1.42a	0	0
$N_2P_2K_1$	5	20.81±2.10a	1.84	9.72
$N_2P_2K_2$	10	19.30±1.04a	0.33	1.75
$N_2P_2K_3$	15	18.59±3.73a	-0.38	-2.00

注：增产率% =施钾增产量/不施钾麻皮产量×100；同列数据后不同字母代表0.05水平差异显著

（2）施肥大麻功能叶可溶性蛋白和酶活性的影响

从不同的施氮处理来看，随着施氮量的增加，大麻功能叶片中硝酸还原酶活性增加，高氮条件下活性最高，不施氮肥条件下活性最低，达到了显著水平，说明施氮肥显著提高大麻功能叶的氮代谢活性。随着施氮量的增加，酸性磷酸酶活性下降，而POD增加，但变化不显著；从生育时期看，雄花现蕾期的硝酸还原酶活性显著高于快速生长期，说明大麻进入雄花现蕾期对氮肥的需求更大；酸性磷酸酶活性下降而POD活性增加（表6-88）。

表6-88　施氮对大麻功能叶可溶性蛋白和酶活性的影响

生育期	处理	可溶性蛋白（mg/g）	硝酸还原酶［μgN/（g·h）］	酸性磷酸酶［mg/（protein·min）］	POD（OD/g）
快速生长期	$N_0P_2K_2$	41.91±2.71b	11.63±0.40c	0.29±0.02a	4 754.07±734.21a
	$N_1P_2K_2$	50.39±2.42a	12.02±1.70c	0.28±0.08a	4 074.08±1 503.76a
	$N_2P_2K_2$	43.72±2.97b	14.38±0.85b	0.26±0.04a	5 434.08±670.52a
	$N_3P_2K_2$	50.91±4.99a	17.24±0.84a	0.25±0.005a	5 462.37±1 324.64a
雄花现蕾期	$N_0P_2K_2$	39.14±2.68c	19.81±0.92b	0.25±0.04a	15 148.89±2 543.73a
	$N_1P_2K_2$	47.03±6.99b	28.57±2.47a	0.24±0.01ab	6 951.10±2 347.96b
	$N_2P_2K_2$	47.46±2.90ab	28.05±3.38a	0.18±0.02bc	6 026.66±162.20b
	$N_3P_2K_2$	50.64±4.49a	29.89±2.23a	0.17±0.04c	12 280.00±327.41a

注：同列数据后不同字母代表0.05水平差异显著

从表6-89可以看出，随着施磷量的增加，硝酸还原酶活性和可溶性蛋白含量也增加，高磷条件下活性最高，不施磷肥条件下活性最低，达到了显著水平，说明施磷肥有助于提高大麻功能叶的氮代谢水平。随着施磷量的增加，酸性磷酸酶活性和POD活性呈下降或上升态势，但差异不显著。从生育时期看，雄花现蕾期的硝酸还原酶活性显著高于快速生长期，可溶性蛋白和酸性磷酸酶变化不大，但POD活性显著增加。

表6-89　施磷对大麻功能叶酶活性的影响

生育期	处理	硝酸还原酶［μgN/（g·h）］	可溶性蛋白（mg/g）	酸性磷酸酶［mg/（protein·min）］	POD（OD/g）
快速生长期	$N_2P_0K_2$	11.04±1.89b	41.91±2.71b	0.36±0.04a	3 431.11±1 370.59b
	$N_2P_1K_2$	11.50±3.79b	46.39±8.24ab	0.29±0.08b	6 908.15±2 451.37a

（续表）

生育期	处理	硝酸还原酶 [μgN/（g·h）]	可溶性蛋白 (mg/g)	酸性磷酸酶 [mg/（protein·min）]	POD (OD/g)
	$N_2P_2K_2$	14.38 ±0.85ab	46.95 ±3.62ab	0.26 ±0.04b	5 434.08 ±670.52ab
	$N_2P_3K_2$	16.16 ±1.67a	53.56 ±4.08a	0.30 ±0.05b	4 776.29 ±1 180.61ab
雄花现蕾期	$N_2P_0K_2$	10.80 ±1.69c	39.14 ±2.68c	0.38 ±0.01a	13 002.21 ±2 318.53a
	$N_2P_1K_2$	18.93 ±3.09b	42.09 ±9.18b	0.27 ±0.07b	13 164.45 ±1 482.48a
	$N_2P_2K_2$	18.93 ±3.42b	45.26 ±6.75ab	0.26 ±0.06b	11 426.67 ±1 315.40a
	$N_2P_3K_2$	28.05 ±3.38a	49.30 ±7.30a	0.25 ±0.11b	6 026.66 ±162.20b

注：同列数据后不同字母代表0.05水平差异显著

从不同的施钾处理来看，施钾量的增加，对可溶性蛋白含量和POD活性有较大影响，而对酸性磷酸酶和硝酸还原酶活性的影响甚小。从生育时期看，雄花现蕾期的硝酸还原酶活性显著高于快速生长期，说明施钾肥可促进大麻生育后期的氮代谢；酸性磷酸酶和POD活性都呈上升趋势（表6－90）。

表6－90 施钾对大麻功能叶酶活性的影响

生育期	处理	硝酸还原酶 [μgN/（g·h）]	可溶性蛋白 (mg/g)	酸性磷酸酶 [mg/（protein·min）]	POD (OD/g)
快速生长期	$N_2P_2K_0$	14.38 ±0.85a	41.91 ±2.71b	0.27 ±0.06a	8 041.49 ±1 187.02a
	$N_2P_2K_1$	16.35 ±5.14a	43.22 ±4.88b	0.26 ±0.04a	4 305.19 ±752.96b
	$N_2P_2K_2$	16.54 ±0.75a	48.66 ±6.79a	0.25 ±0.01a	5 434.08 ±670.52b
	$N_2P_2K_3$	16.63 ±2.07a	50.58 ±6.29a	0.24 ±0.04a	4 506.67 ±971.05b
雄花现蕾期	$N_2P_2K_0$	18.34 ±2.27b	39.14 ±2.68b	0.36 ±0.13	13 266.67 ±2 466.20a
	$N_2P_2K_1$	26.01 ±4.02a	46.14 ±6.10ab	0.35 ±0.15	6 284.45 ±202.36b
	$N_2P_2K_2$	26.96 ±1.04a	48.10 ±4.32a	0.27 ±0.07	6 026.66 ±162.20b
	$N_2P_2K_3$	28.05 ±3.38a	48.74 ±2.27a	0.25 ±0.12	8 475.55 ±673.60b

注：同列数据后不同字母代表0.05水平差异显著

（3）施肥对大麻养分利用效率的影响

由表6－91可以看出，3种施氮水平下，大麻的氮肥偏生产力，以低氮水平的最高，中氮水平次之，高氮水平最低；3种施氮水平下的农学效率没有显著的差异。在3种施磷水平下，大麻的磷肥偏生产力同样以低磷水平最高，高磷水平最低；而农学效率则以高磷水平最高。3种施钾水平下，大麻的钾肥偏生产力仍然是低钾水平的最高，中钾水平次之，高钾水平最低；而农学效率还是以高钾水平的最高。

表6－91 不同氮磷钾水平下云麻1号养分利用效率差异

养分因子	参数	施肥水平		
		水平1	水平2	水平3
N	偏生产力（kg/kg）	73.70 ±6.75a	42.89 ±2.31b	29.94 ±3.98c
	农学效率（kg/kg）	4.88 ±1.85a	6.66 ±2.57a	5.56 ±4.28a

（续表）

养分因子	参数	施肥水平		
		水平1	水平2	水平3
P	偏生产力（kg/kg）	272.28 ±32.56a	128.66 ±6.92b	74.26 ±4.94c
	农学效率（kg/kg）	17.24 ±4.24ab	10.72 ±3.28b	22.09 ±3.20a
K	偏生产力（kg/kg）	138.74 ±13.97a	64.33 ±3.46b	41.31 ±8.28c
	农学效率（kg/kg）	5.63 ±2.23ab	2.85 ±1.21b	6.62 ±2.10a

注：同一行数据后不同字母代表0.05水平差异显著

（4）施肥处理对盆栽大麻工艺成熟期主要农艺性状的影响

不同大麻品种在相同的施肥处理下，单株干物质产量有显著性差异，在不同肥料处理下的干物质产量，云麻1号和云晚6号互有高低，但云麻5号偏低。在各种施肥处理下，大麻的麻骨、麻皮、枝叶分配都没有明显的品种差异。同时发现，缺氮或不施肥情况下的麻皮比例最高（表6－92）。

表6－92　不同处理下大麻干物质积累和分配的品种差异

处理	品种	干物重（g/株）	麻骨比重（%）	麻皮比重（%）	枝叶比重（%）
NPK	云1	217.19 ±14.09b	30.87 ±3.39a	6.32 ±0.87a	62.81 ±4.23a
	云5	223.83 ±5.81ab	26.62 ±1.31a	6.93 ±0.48a	66.44 ±1.71a
	云6	242.67 ±9.62a	28.66 ±2.08a	7.03 ±0.43a	61.32 ±2.49a
NP	云1	239.90 ±15.29a	22.44 ±3.43a	6.35 ±0.95a	71.21 ±4.38a
	云5	190.98 ±4.20b	25.64 ±2.61a	7.97 ±1.16a	66.40 ±1.48a
	云6	221.29 ±4.03a	25.97 ±1.10a	7.70 ±1.47a	66.33 ±1.22a
NK	云1	248.62 ±11.41a	26.28 ±3.05a	6.64 ±0.21a	67.08 ±3.11a
	云5	209.86 ±10.41b	30.25 ±2.55a	7.04 ±0.64a	62.71 ±3.12a
	云6	234.55 ±5.47a	27.80 ±1.26a	6.66 ±0.31a	65.53 ±1.51a
PK	云1	79.59 ±0.71b	42.21 ±0.29a	11.52 ±0.12a	46.28 ±0.41a
	云5	74.37 ±5.83b	44.71 ±2.87a	8.65 ±1.54b	46.64 ±3.54a
	云6	90.89 ±2.88a	41.83 ±2.24a	10.78 ±1a	47.40 ±1.49a
CK	云1	46.44 ±1.04a	69.19 ±0.74a	18.97 ±0.25a	11.85 ±0.49a
	云5	46.24 ±0.89a	70.1 ±0.63a	17.10 ±0.25a	12.79 ±0.42a
	云6	34.31 ±0.81b	71.35 ±0.90a	16.18 ±0.33a	12.48 ±0.59a

注：字母标记各施肥处理下不同品种间的差异性（0.05水平）

通过分析可知，不同肥料处理下对3个大麻品种的株高没有显著的影响（图6－50）。在不施肥的条件下，云麻5号的茎粗明显高于云麻1号和云晚6号，而其他施肥处理下，大麻的茎粗没有显著性差异（图6－51）。在施N、P、K肥的条件下，云晚6号的单株干物重最高，云麻5号次之，云麻1号最低；在施N、P肥条件下，云麻1号和云晚6号的单株干物重均显著高于云麻5号；在施N、K肥条件下没有显著的品种差异；在施P、K肥条件下，云晚6号的单株干物重显著高于云麻1号和云麻5号；在不施肥条件下，云麻1号和云麻5号的单株干物重均显著高于云晚6号（图6－52）。这说明供试品种对肥料处理的反应不同。

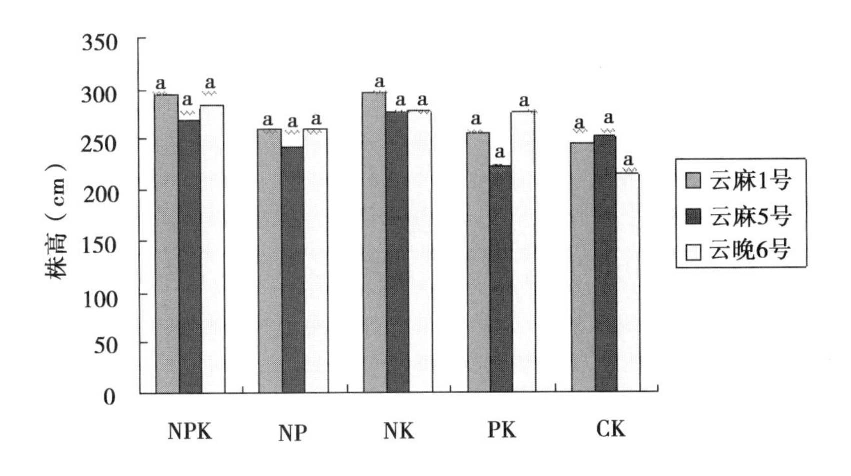

图 6－50　不同肥料处理大麻株高的品种差异

注：同列数据上不同字母代表 0.05 水平差异显著

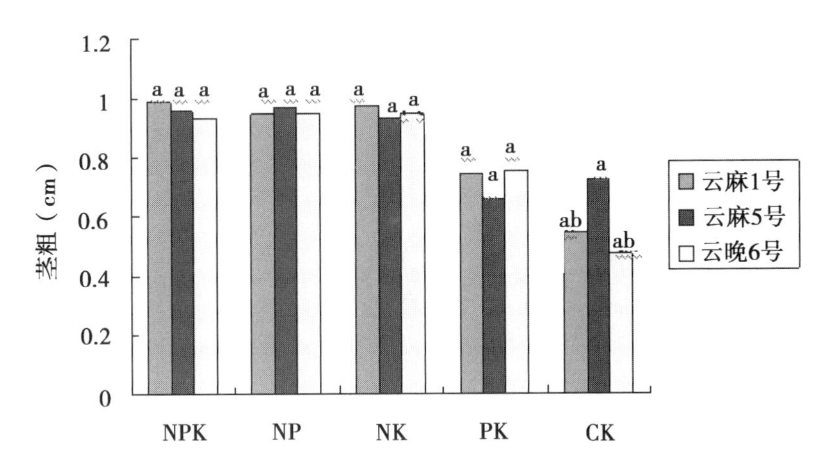

图 6－51　不同处理下大麻茎粗的品种差异

注：同列数据上不同字母代表 0.05 水平差异显著

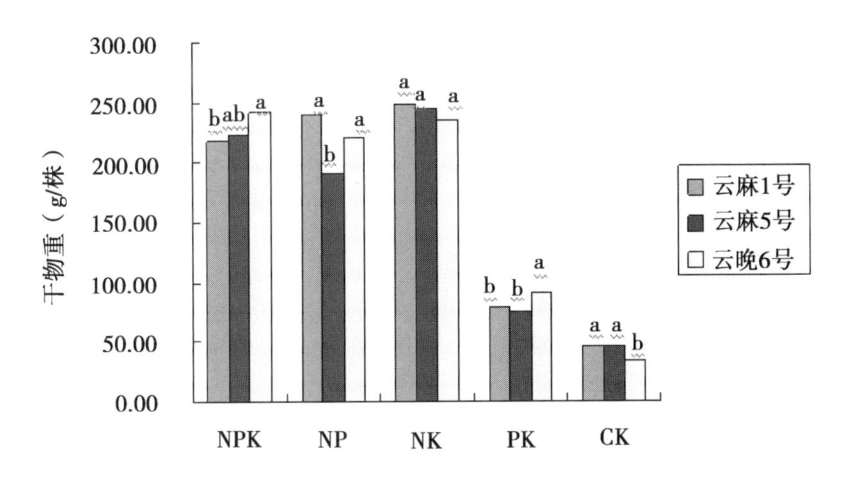

图 6－52　不同处理下大麻单株干物质的品种差异

注：同列数据上不同字母代表 0.05 水平差异显著

（5）盆栽大麻养分利用效率的品种差异

大麻不同品种的肥料利用效率相关指标均有品种差异（表6-93）。不同品种在氮肥偏生产力、农学效率、肥料贡献率和地力贡献率上均存在显著性差异。云麻5号和云晚6号的氮肥偏生产力显著高于云麻1号；农学效率以云麻5号最高，云晚6号次之，云麻1号最低；肥料贡献率则是云麻5号显著高于云麻1号和云晚6号；云麻5号从土地里吸收的养分最多（地力贡献率最高），云麻1号次之，云晚6号最少。由此看出，云麻5号有较高的氮肥利用效率。

不同的大麻品种在磷肥偏生产力、肥料贡献率和地力贡献率上均存在显著性差异。云麻5号和云晚6号的磷肥偏生产力显著高于云麻1号；肥料贡献率是云晚6号显著高于云麻1号和云麻5号；而地力贡献率则是云麻1号和云麻5号较高（从土地吸收的养分多）；3个品种的农学效率无显著差异。因此，云麻5号和云晚6号有较高的磷肥利用效率。

不同的大麻品种在钾肥偏生产力、农学效率、肥料贡献率和地力贡献率上均存在显著性差异（表6-93）。从钾肥的偏生产力来看，云麻5号和云晚6号均显著高于云麻1号；云晚6号的农学效率显著高于云麻5号和云麻1号；肥料贡献率以云晚6号最高，云麻5号次之；云麻1号和云麻5号的地力贡献率高（从土地里吸收的养分多）。结果表明，云麻5号和云晚6号有较高的钾肥利用效率。

表6-93　不同大麻品种肥料利用率的差异

养分因子	参数	品种		
		云麻1号	云麻5号	云晚6号
N	偏生产力（kg/kg）	30.47±3.75b	41.55±4.82a	41.97±5.78a
	农学效率（kg/kg）	11.89±2.08c	30.65±2.76a	16.68±2.22b
	肥料贡献率（%）	2.38±1.04b	8.19±2.27a	2.77±1.50b
	地力贡献率（%）	100.52±3.03b	126.27±7.17a	57.23±6.50c
P	偏生产力（kg/kg）	64.75±21.50b	124.64±14.47a	125.09±17.33a
	农学效率（kg/kg）	22.09±3.93a	21.73±2.99a	23.91±6.05a
	肥料贡献率（%）	50.67±4.27b	48.25±7.21b	65.39±3.43a
	地力贡献率（%）	49.33±4.27a	55.08±10.73a	34.61±3.43b
K	偏生产力（kg/kg）	47.37±3.80b	62.32±7.23a	62.95±8.66a
	农学效率（kg/kg）	5.62±2.61b	9.06±1.95b	23.07±1.56a
	肥料贡献率（%）	35.33±3.74c	51.71±7.36b	67.99±8.10a
	地力贡献率（%）	61.33±2.41a	51.62±1.84a	32.01±8.10b

注：同一行数据后不同字母代表0.05水平差异显著

综上所述，大田条件下，不同的氮、磷、钾水平对云麻1号株高、茎粗和皮厚没有显著影响，但对产量有显著影响，表现出随着施氮量增加，产量显著上升；但随着施磷量增加，产量显著下降；在低施钾水平下的产量较高，而高施钾也造成减产。说明施氮肥对云麻1号有显著的增产效果，但云麻1号对磷、钾肥需求量不大，过量的磷、钾肥反而使产量降低。云麻1号在低水平的氮磷钾条件下的肥料利用效率更高。在同一生育期内随着氮磷钾水平的增加，功能叶的硝酸还原酶、可溶性蛋白含量、POD活性也增加，而酸性磷酸酶活性呈下降趋势。随着生育期的推进，叶片的硝酸还原酶、可溶性蛋白含量、POD活性和酸性磷酸酶活性都呈增加趋势，说明在大麻生长后期，大量的营养物质用于麻皮产量的形成。

盆栽条件下，云麻5号和云晚6号比云麻1号对肥料反应更敏感。不同大麻品种均表现为不施肥和缺氮处理的干物重和茎粗显著低于其他处理，说明氮肥对大麻的影响最大。云麻5号和云晚6号对氮磷钾的利用效率高于云麻1号。

6. 工业大麻内生菌回接对大麻生长发育的影响

（1）工业大麻内生菌在植株中的分布

从4个样地（云南省勐海县勐宋、曼迈、蚌岗、大曼吕，下同）的1 400块大麻组织中共分离得到531株内生真菌，鉴定到29个属级分类单元。大麻茎部分离得到内生真菌138株，占分类总数的25.99%，包含22个属级分类单元；大麻叶部分离得到内生真菌393株，占分类总数的74.01%，包含24个属级分类单元。

炭疽菌 *Colletorichum* 在大麻的茎、叶中广泛存在，在茎、叶中优势度均最高。而白粉寄生菌属 *Ampelomyces*、顶囊壳属 *Gaeumannomyces*、青霉菌属 *Penicillium*、短梗霉属 *Aureobasidium* 仅存在于大麻的茎部，而棒孢属 *Corunespora*、炭团菌属 *Hypoxylon*、节菱孢属 *Arthrimium*、黑孢霉属 *Nigrospora*、枝顶孢属 *Acremonium*、球座菌属 *Guignardia*、孢子丝菌属 *Sporothrix* 仅存在于大麻叶部，其中的黑孢霉属为大麻的第二大优势类群，但仅存于大麻的叶部。内生真菌对宿主大麻的不同组织表现出一定的偏好性。

除勐宋样地外，大麻下部叶的内生真菌分离率最高（图6－53）；除蚌岗样地，大麻茎基部的分离率最高（图6－54）。茎部内生真菌的分离率明显低于叶部（图6－54）。大曼吕样地的大麻叶和茎的内生真菌多样性指数最高。大曼吕和曼迈两个样地中大麻茎部的多样性指数均比叶部高。与茎相比，从叶部分离的内生真菌数目多，但是叶部某一内生真菌分离率高，则其均匀度下降（图6－55）。

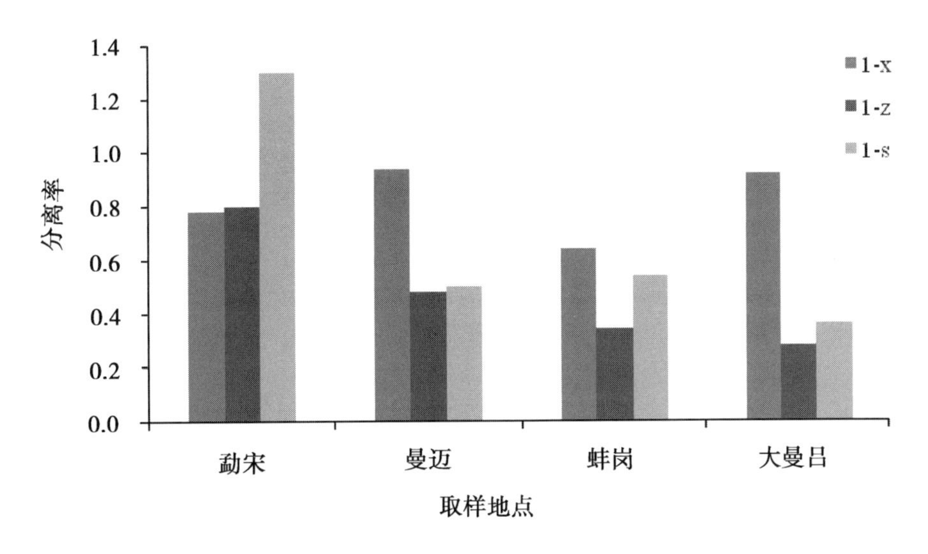

图6－53　不同部位大麻叶内生真菌分离率

注：x、z、s分别代表大麻植株的下部、中部和上部。下同

（2）不同品种内生真菌的多样性

该样地面积为0.53hm²，位于云南省勐海县，海拔1397m，地势平坦，壤土肥力中等，2011年首次种植大麻，品种为云麻3号、4号、5号和云晚6号。

发现炭疽菌 *Colletorichum* 广泛存在于大麻的各个部位，是4个品种共同的优势菌属。4个品种共分离出内生真菌376株，归为20个分类单元。其中，炭角菌属 *Xylaria*、黑孢霉属 *Nigrospora*、小不整球壳属 *Plectosphaerella*、茎点霉属 *Phoma* 和间座壳属 *Diaporthe* 普遍存在于4个品种中。一些内生真菌具有特殊偏好性，如棒孢属 *Corunespora* 仅存在于云麻3号；亚隔孢壳属 *Didymella* 和节菱孢属 *Arthrimium* 仅存在于云麻5号；枝顶孢属 *Acremonium*、漆斑菌属 *Myrothecium*、拟茎点霉属 *Phomopsis*、交链孢霉属 *Alternaria*、黑团孢属 *Periconia* 和 *Sporothrix* 孢子丝菌属仅存在于云晚6号；镰孢菌属 *Fusarium* 仅存在于云麻

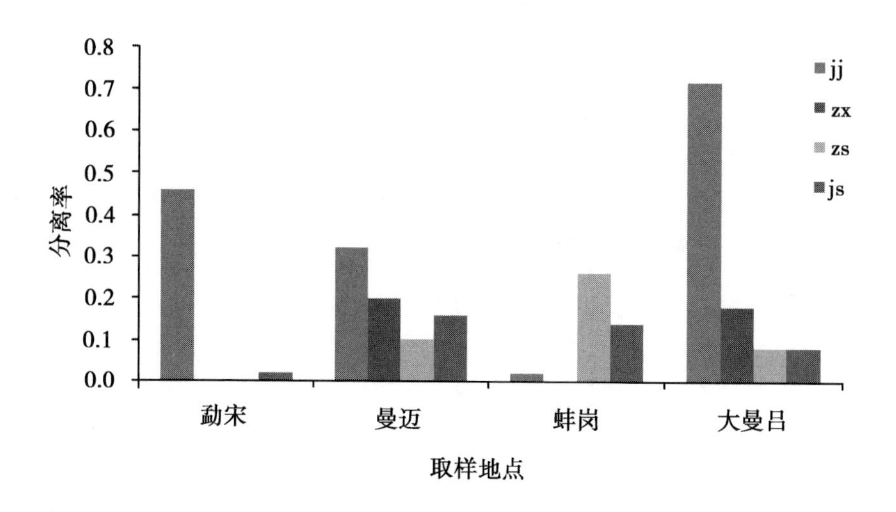

图 6-54　不同部位大麻茎内生真菌分离率

注：jj、zx、zs、js 分别代表大麻的茎基部、中下部、中上部和上部

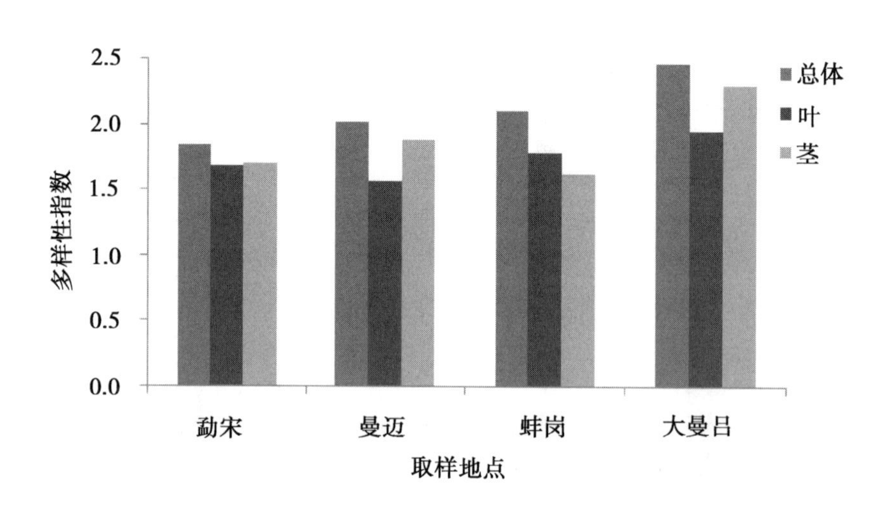

图 6-55　不同样地大麻茎与叶的内生真菌多样性指数

3 号和云麻 5 号上部叶。与其他品种相比，云麻 4 号内生真菌的组成较单一，只包含 6 个菌属，其他 3 个品种内生真菌组成较为丰富。除云麻 4 号，其他品种均分离出毛壳菌 *Chaetomium*。

同一样地不同品种的内生真菌多样性指数和分离率，云麻 4 号的多样性指数明显低于其他 3 个品种，而云麻 3 号的分离率最低（0.47）（图 6-56）。

（3）大麻内生真菌对大麻生理及生产性能的影响

将 6 种内生真菌进行液体培养，制成真菌菌剂喷施大麻。于快速生长期测量大麻的生理指标。结果发现，毛壳菌 *Chaetomium* 及镰孢菌 *Fusarium* 两个处理组，大麻的 POD、SOD 活性显著提高，而其他菌剂处理组与对照组未达到显著性差异（$P>0.05$）。镰孢菌 *Fusarium* 处理组的大麻，其纤维素酶活性显著低于对照，其他菌剂处理组与对照组无显著性差异。

收获期，测定大麻的各项农艺指标。结果表明，喷施的所有真菌菌剂，对大麻的鲜重、株高、茎粗和茎节数等指标无显著影响。毛壳菌 *Chaetomium* 处理组，大麻茎节长度与对照达到显著性差异；除炭疽菌处理组外，大麻的麻皮干重均与对照达到显著差异；毛壳菌 *Chaetomium* 处理组与镰孢菌 *Fusarium* 处理组的麻皮厚度显著高于其他菌剂处理组及对照组。

综上所述，本研究发现喷施毛壳菌 *Chaetomium* 和镰孢菌 *Fusarium* 有利于大麻抵抗不利的生长环

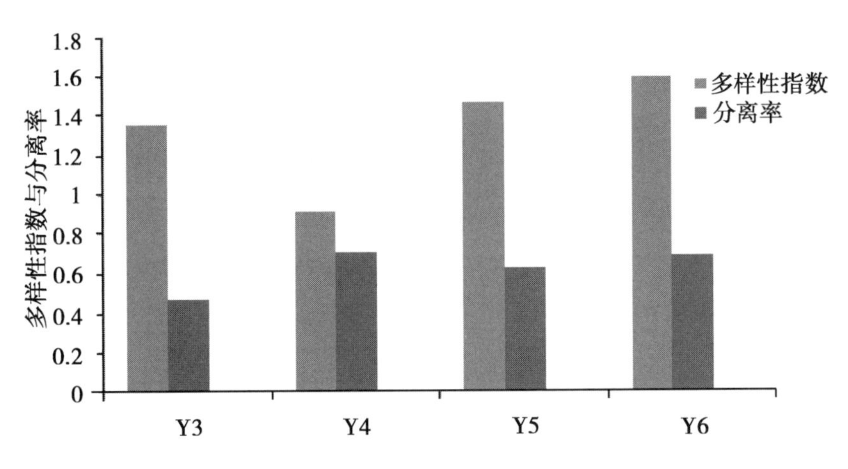

图 6－56　不同大麻品种内生真菌的多样性指数及分离率

境，并促进纤维的形成。而作为大麻内生菌群中的优势菌属——炭疽菌 *Colletorichum* 对大麻的生长状态及农艺性状并未表现出积极的促进作用。

（4）大麻内生菌回接对大麻产量和纤维品质的影响

试验在昆明进行，以云麻 1 号为材料，选用前期工作中分离的黑孢霉菌、毛壳菌等 6 种内生菌，用液体培养基培养制成菌悬液分别处理大麻种子（播种前浸种 8h），6 个处理，3 次重复，随机区组排列，小区面积 9m^2，主要试验结果见表 6－94。

表 6－94　大麻内生菌菌悬液处理试验结果

处理	株高（cm）	茎粗（cm）	有效株（株/亩）	鲜皮厚（mm）	干皮产量（kg/亩）
黑孢霉	346.00	1.47	15 037.79	0.46	163.34
毛壳菌	331.00	1.48	14 346.40	0.47	152.97
镰孢菌	352.33	1.49	14 692.09	0.43	168.53
小不整球壳	334.00	1.59	12 790.76	0.43	157.29
炭疽菌	329.67	1.52	14 692.09	0.46	154.70
黏束孢	344.67	1.50	14 173.55	0.45	143.46

试验结果表明，株高在镰孢菌悬液处理下最好，茎粗在小不整球壳菌悬液处理下最好，有效株数在黑孢霉菌悬液处理下最好，鲜皮厚在毛壳菌悬液处理下最好，干皮产量在镰孢菌悬液处理下最好，但处理间差异不显著，尚需进一步试验。

（二）工业大麻轻简化栽培技术研究

1. 不同前作免耕工业大麻产量的影响

结合播种或整地每亩施高氮低磷高钾复合肥 50kg + 尿素 7kg 做基肥，旺长期每亩追施尿素 5kg；每亩播种量 4kg，条播，行距 40cm；播后土表喷除草剂覆盖除草；定苗 40 株/m^2。

前作亚麻地免耕种植工业大麻品种云麻 1 号，茎粗和鲜皮厚度没有差异，株高以耕地种植的更高，有效株数和干皮产量没有差异；前作蚕豆地免耕种植大麻，耕地种植的茎粗和鲜皮厚度大一些，可能是有效株数减少的补偿作用所致，株高和干皮产量没有显著差异（表 6－95）。

表 6-95　免耕栽培大麻的经济性状比较

前作	处理	有效株（株/hm^2）	株高（cm）	茎粗（cm）	鲜皮厚（mm/10 片）	干皮产量（kg/hm^2）
亚麻	耕地	373 333	253.0	1.0	2.5	1 514.7a
	免耕	388 889	218.0	1.0	2.5	1 368.4a
蚕豆	耕地	144 000	309.3	1.6	4.9	1 557.3a
	免耕	220 444	291.3	1.4	4.4	1 618.3a

在本试验条件下，工业大麻（云麻 1 号）在亚麻和蚕豆前作地免耕种植可以获得与常规整地种植相当的产量（每公顷 1 500kg 左右）。

2. 不同地区工业大麻免耕栽培试验

在云南西双版纳试验点，试验品种为云麻 1 号，前作玉米，2 个处理（M—免耕和 G—精耕），3 次重复，分别采用对比法和间比法田间排列，小区面积 11m^2，于工艺成熟期测产。免耕栽培和精耕栽培的主要农艺性状和干皮产量均差异不显著（表 6-96）。

表 6-96　版纳点免耕和精耕种植大麻的主要农艺性状

试验方法	处理	株高（cm）	茎粗（cm）	有效株数（株/亩）	干皮产量（kg/亩）
对比法	免耕	341.47 ± 14.47	1.38 ±0.09	18 785.23 ±1946.11	99.10 ±6.60
	精耕	351.10 ±4.53	1.39 ±0.06	16 185.17 ±808.15	100.23 ±3.58
间比法	免耕	339.10 ±20.33	1.18 ±0.13	17 786.60 ±493.84	96.60 ±7.20
	精耕	334.10 ±19.40	1.22 ±0.09	17 409.80 ±1 426.62	99.67 ±2.66

注：表中的数据为“均值 ± 标准差”；* 表示 0.05 显著水平

在山西汾阳试验点，试验品种为晋麻 1 号，前作玉米，2 个处理（M—免耕和 G—精耕），3 次重复，采用对比法排列，小区面积 11m^2，播前地里杂草少，故未作特别清除，未用除草剂，于工艺成熟期收获测产，结果是有效株数和茎粗均是免耕优于精耕，株高和干皮产量差异不显著（表 6-97）。

表 6-97　汾阳点免耕和精耕种植大麻的主要农艺性状

处理	株高（cm）	茎粗（cm）	有效株数（株/亩）	干皮产量（kg/亩）
免耕	313.33 ±5.77	1.23 ±0.12 *	12 546.00 ±480.96 *	140.41 ±15.25
精耕	310.00 ±10.00	0.93 ±0.06	8 606.00 ±730.68	110.11 ±24.68

注：表中的数据为“均值 ± 标准差”；* 表示 0.05 显著水平

在安徽六安试验点，试验品种为皖大麻 1 号，前作红麻，2 个处理（M—免耕和 G—精耕），3 次重复，采用对比法排列。小区面积 60m^2（包括走道），小区长 10m、宽 6m，于工艺成熟期收获测产。结果（表 6-98）表明，免耕和精耕在主要农艺性状以及干皮产量上差异不明显。

表 6-98　六安点免耕和精耕种植大麻的主要农艺性状

处理	株高（cm）	茎粗（cm）	鲜皮厚（mm）	有效株数（株/亩）	干皮产量（kg/亩）
免耕	405	1.32	0.468	15 452	161.14a
精耕	403	1.36	0.452	15 430	159.52a

注：小写字母不同表示免耕和精耕之间 0.05 水平的差异显著

在云南文山，试验以云麻1号为材料，前作油菜，2个处理（M—免耕和G—精耕），3次重复，采用对比法排列，小区面积15m^2，于工艺成熟期收获测产（表6-99），免耕和精耕种植大麻的株高、茎粗、有效株数和干皮产量均差异不显著。

表6-99　文山点免耕和精耕种植大麻的主要农艺性状

处理	株高（cm）	茎粗（cm）	有效株数（株/亩）	干皮产量（kg/亩）
免耕	317.00±1.00	0.74±0.01	20 786.22±1692.67	113.64±12.90
精耕	310.33±15.57	0.74±0.05	21 023.27±1399.19	115.86±15.35

注：表中的数据为“均值±标准差”；*表示0.05显著水平

从不同地区（云南、山西、安徽）和不同前作（玉米、红麻、油菜）土地的试验结果看，工业大麻免耕种植的产量与精耕种植相当，免耕种植是可行的。

3. 工业大麻脱叶剂脱叶效果试验

试验在昆明进行。盆栽工业大麻的脱叶试验以云麻1号为材料，脱叶剂为乙烯利并设置5个浓度梯度（含对照），每个处理设置3个重复，生长后期喷施2次，喷施后5~10d观测统计脱叶效果。

第一次喷施乙烯利后，脱叶率较低（表6-100）。但是与对照相比，脱叶率明显增加，说明乙烯利对工业大麻的脱叶有一定的效果。

表6-100　昆明点第一次乙烯利脱叶处理结果

处理	处理前叶片数	处理5d后叶片	脱叶率（%）
对照	48	58	-20.83
500x*	39	42	-7.69
400x	49	46	6.12
250x	51	35	31.37
200x	45	36	20.00

注：*表示浓度为80%的乙烯利稀释倍数；脱叶率% =（处理前叶片数-处理后叶片数）/处理前叶片数×100

第二次喷施乙烯利，脱叶效果较理想（表6-101），处理5d后大麻的脱叶率都在50%以下，而处理10d后的脱叶率（除了乙烯利稀释500倍外）都在50%以上。

表6-101　昆明点第二次乙烯利脱叶处理结果

处理	处理前叶片数	处理5d后		处理10d后	
		叶片数	脱叶率（%）	叶片数	脱叶率（%）
对照	58	63	-8.62	55	5.17
500x*	42	32	23.81	28	33.33
400x	46	32	30.43	22	52.17
250x	35	24	31.42	16	54.28
200x	36	20	44.44	15	58.33

注：*表示浓度为80%的乙烯利稀释倍数；脱叶率% =（处理前叶片数-处理后叶片数）/处理前叶片数×100

田间工业大麻脱叶试验以云麻1号为材料，脱叶剂为乙烯利和TDZ两种，分别设置4个浓度梯度，于工艺成熟期喷施，1 周后的脱叶效果。通过处理前后的对比可以发现，乙烯利处理后，大麻植株（除了顶部外）的叶片大部分脱落，而 TDZ 的处理效果不理想。

综上所述，田间和盆栽大麻的脱叶结果显示，乙烯利对大麻的脱叶具有一定的作用，但要应用于生产实际中，还需进一步试验。

（三）重金属污染耕地工业大麻栽培技术研究

1. 大麻重金属积累部位分析

云麻 1 号的 Pb 含量是根 > 皮 > 叶 > 茎，主要是因为铅化合物不容易迁移。Cu 与 Zn 含量都是叶 > 根 > 皮 > 茎，说明它们在植物体内是向上迁移的。总含量是 Zn > Pb > Cu，且 Zn 含量过高。国家蔬菜中重金属含量标准一般是 Cu≤10. 0mg/kg、Zn≤20. 0mg/kg、Pb≤0. 3mg/kg。若以此为判断标准，则大麻体内 Cu、Pb 与 Zn 严重超标（表 6 – 102）。这说明大麻可以富集重金属 Cu、Pb 与 Zn，即使土壤中 Pb、Cu 含量正常也是这样。

一般认为植物 Zn 含量过多会引起毒害，植物中的 Zn 含量一般为 20 ~ 150mg/kg，观测到的大麻 Zn 含量超出此范围，但未发现中毒症状，提示大麻可以忍耐较高的 Zn 浓度（表 6 – 102）。

表 6 – 102 采样点栽培大麻云麻 1 号重金属含量 (mg/kg)

采样点	土壤锌含量 (mg/kg)	大麻样品部位	Cu	Zn	Pb
A（农地）	795. 667	叶	18. 00	383. 00	19. 95
		根	13. 50	167. 50	21. 70
		皮	12. 35	141. 50	19. 80
		茎	8. 38	50. 00	3. 24
B（撂荒地）	681. 333	叶	20. 40	464. 00	15. 90
		根	13. 00	222. 50	20. 20
		皮	10. 95	138. 50	21. 55
		茎	10. 39	61. 30	8. 08

2. 施肥制度对重金属污染耕地大麻生长的影响

设计施肥水平：N 225、300mg/kg；P_2O_5 75、150mg/kg；K_2O 150、225kg/hm^2，摸索重金属污染地工业大麻品种云麻 1 号种植的施肥技术。

在重金属污染土地种植的云麻 1 号，不同肥料处理组合的有效株数、株高、茎粗等经济性状有显著差异，以处理组合 1 表现较好。原茎产量和干皮产量也以处理组合 1 为最高（表 6 – 103）。

表 6 – 103 重金属污染地种植云麻 1 号的经济性状和产量

处理号	有效株 (万/hm^2)	株高 (m)	茎粗 (cm)	原茎产量 (kg/hm^2)	干皮产量 (kg/hm^2)
1	36. 0a	2. 4ab	1. 26a	11 367. 3a	3 014. 7a
2	36. 0a	2. 3b	0. 94c	9 463. 7b	2 450. 5ab
3	24. 0b	2. 3ab	1. 07bc	5 795. 7c	1 489. 0b
4	30. 0ab	2. 5a	1. 15ab	10 213. 7ab	2 581. 8ab

注：同列不同字母表示处理间差异达到 0. 05 显著水平

在试验地区重金属污染土壤中种植大麻（云麻1号），不同施肥组合的产量不同，其中以低氮磷钾的大麻产量最高，经济高产的施肥组合为N：P_2O_5：K_2O＝225：75：150kg/hm^2。

3. 砷、铅重金属污染土地工业大麻栽培技术研究

试验地点为云南省个旧市大屯镇红土坡村，试验土壤含砷169～277mg/kg，铅812～1443mg/kg，铜132～218mg/kg，锌399～744mg/kg。试验以云麻1号为材料，磷酸二氢铵（A）、磷酸二氢钾（B）和过磷酸钙（C）3种磷肥，每种磷肥设置2个水平（表6－104）。

表6－104 个旧点砷污染土壤磷肥种类及用量对工业大麻的影响

处理	株高（cm）	茎粗（cm）	有效株数（株/亩）	原茎重（kg/亩）	干皮产量（kg/亩）	麻皮中砷含量（mg/kg）
A1	289.3	1.58	3 500.0	290.9	43.9	19.0
A2	318.3	1.82	6 555.5	545.9	81.9	16.8
B1	296.0	1.60	5 555.5	467.5	70.9	15.5
B2	275.0	1.55	4 944.4	267.7	40.9	12.7
C1	294.7	1.63	5 555.5	432.2	62.1	18.5
C2	301.7	1.70	5 027.7	517.7	75.1	12.8

P_2O_5用量7.3kg/亩的，不同磷肥的效应差异不显著。在P_2O_5用量10kg/亩时，使用磷酸二氢钾干皮产量最小；磷酸二氢铵不同施肥量间差异显著，10kg/亩时干皮产量最高，且是3种磷肥中产量最高的。说明施用10kg/亩的磷酸二氢铵的干皮产量最好（表6－105）。

表6－105 砷污染土壤磷肥种类及用量对干皮产量（kg/亩）的影响

种类	P_2O_5用量7.3kg/亩		P_2O_5用量10kg/亩	
	干皮产量（kg/亩）	麻皮砷含量（mg/kg）	干皮产量（kg/亩）	麻皮砷含量（mg/kg）
磷酸二氢铵	19.0±1.0	43.9±8.6	16.8±0.8	81.9±6.5
磷酸二氢钾	15.5±2.5	70.9±27.4	12.7±0.9	40.9±7.1
过磷酸钙	18.5±3.2	62.1±28.2	12.8±2.3	75.1±32.5

结果表明，磷酸二氢铵、磷酸二氢钾和过磷酸钙3种磷肥中，增加磷酸二氢铵和过磷酸钙的施用量可显著减少大麻皮砷含量；但3种磷肥中，施用磷酸二氢钾的大麻皮中砷含量较低，而施用磷酸二氢铵会提高麻皮中砷的含量。

（四）工业大麻耐盐碱高产栽培技术研究

1. 工业大麻耐盐性测试技术和耐盐性机理研究

以晋麻1号和巴马火麻为材料，用NaCl和Na_2SO_4配制的7种不同比例的中性混合盐溶液（pH值6.66～7.01），用Na_2CO_3和$NaHCO_3$配制成的7种不同比例的碱性混合盐溶液（pH值9.53～9.84）；采用沙培和纸培两种方式，使用盐溶液替代蒸馏水做发芽试验（蒸馏水为对照），根据种子发芽率计算相对盐害率等指标。

从图6－57可知，纸培试验盐浓度升高，盐害率也随之提高。NaCl和Na_2SO_4混合盐处理时，随着比例的变化两个品种的盐害率都表现为先增大后减小的趋势；低浓度时两个品种之间的盐害值差异不明显，中高浓度时，特别是中浓度时，晋麻1号的盐害率明显小于巴马火麻。

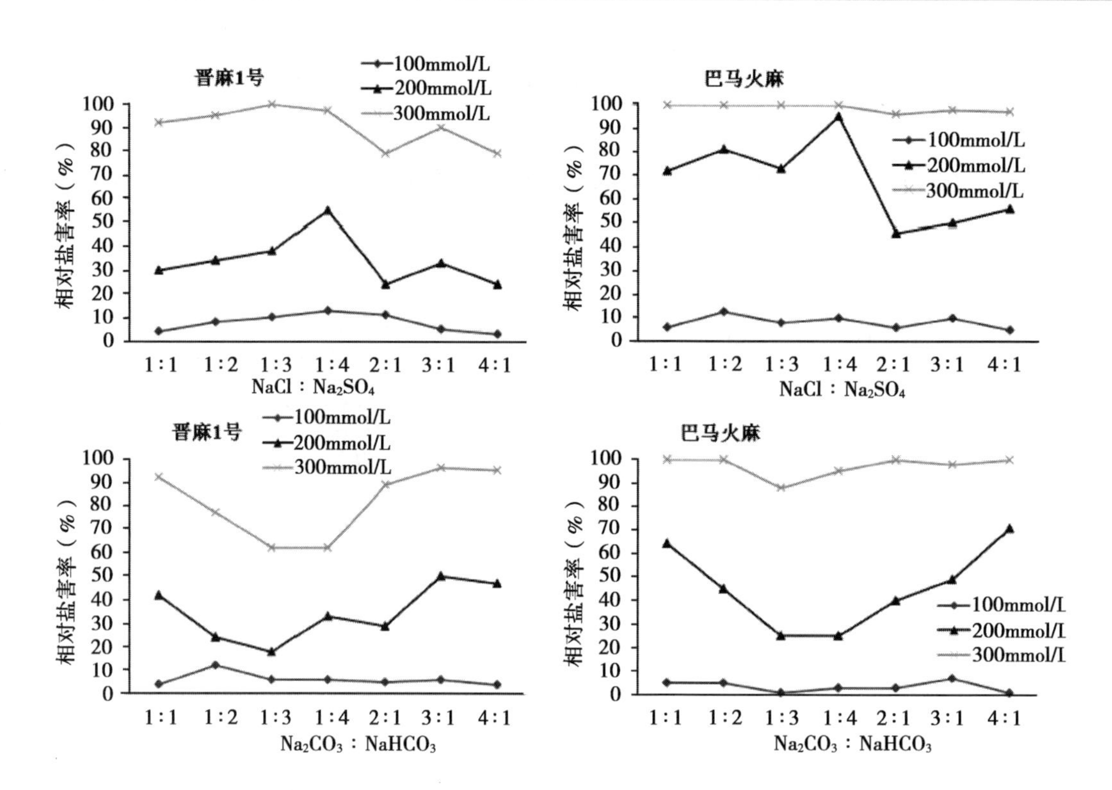

图6－57　混合盐纸培大麻发芽的相对盐害率变化情况

Na_2CO_3和$NaHCO_3$碱性混合盐处理时，随比例的变化，低浓度的盐害率变化不大，中高浓度盐害率表现为先减小后增大的趋势。中高浓度时，晋麻1号的盐害率明显小于巴马火麻，而低浓度时差异不大。

对于供试的两个品种，Na_2CO_3和$NaHCO_3$碱性混合盐的盐害率要小于NaCl和Na_2SO_4混合盐。

从图6－58可以看出，沙培试验盐浓度升高，盐害率也随之提高。NaCl和Na_2SO_4混合盐处理时，各处理浓度下晋麻1号的盐害率明显小于巴马火麻，在高盐浓度时巴马火麻的盐害率在不同比例的混合盐中都达到100%。

Na_2CO_3和$NaHCO_3$碱性混合盐处理时，不同浓度盐溶液对晋麻1号与巴马火麻的盐害率无明显差别，并且对两个品种的盐害率要比NaCl和Na_2SO_4混合盐处理时稍大。这与纸培条件下的情况不一致，有待进一步研究证实。此外，低盐浓度时沙培的盐害率要明显大于纸培，中高盐浓度时则无明显差别，其原因有待研究。

综上所述，晋麻1号的耐盐性要好于巴马火麻。

2. 工业大麻盐碱地高产栽培技术研究

试验在黑龙江省农业科学院大庆分院基地进行，供试大麻品种为肇州大麻，土壤为碳酸盐草甸黑钙土，前茬作物为大豆。试验采用3414试验设计，设置N、P_2O_5、K_2O 3因素4水平，3次重复，随机区组排列，小区面积7.5m^2，于工艺成熟期收获测产（表6－106）。

表6－106　大庆盐碱地大麻施肥试验结果

序号	处理组合	株高（cm）	茎粗（cm）	原茎产量（kg/亩）	干皮产量（kg/亩）
1	N0P0K0	267.97	1.01	931.60	121.16
2	N0P2K2	271.50	1.07	973.09	124.20

（续表）

序号	处理组合	株高（cm）	茎粗（cm）	原茎产量（kg/亩）	干皮产量（kg/亩）
3	N1P2K2	269.77	1.06	1 106.43	166.84
4	N2P0K2	274.23	1.05	1 134.87	182.13
5	N2P1K2	275.83	1.07	1 244.21	199.14
6	N2P2K2	277.17	1.11	1 169.24	192.61
7	N2P3K2	272.20	1.04	1 176.36	140.17
8	N2P2K0	279.80	1.17	1 005.09	127.06
9	N2P2K1	274.53	1.09	1 181.10	155.76
10	N2P2K3	268.77	1.05	1 033.54	141.89
11	N3P2K2	276.23	1.04	1 155.62	170.51
12	N2P1K1	258.03	1.00	1 036.50	137.76
13	N1P2K1	270.20	1.03	1 031.16	152.22
14	N1P1K2	262.67	1.01	1 096.94	160.88

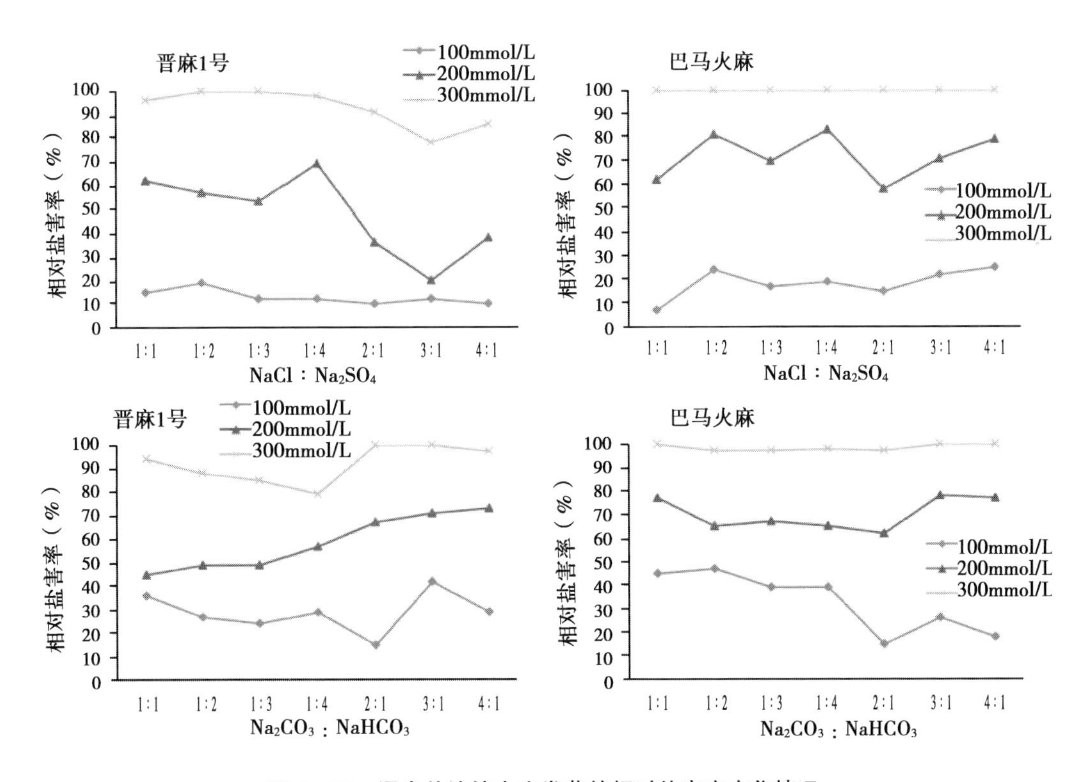

图6-58　混合盐沙培大麻发芽的相对盐害率变化情况

利用3414数据管理系统（2.0）进行回归分析，拟合出本试验土壤环境条件下氮磷钾对工业大麻原茎产量的三元二次综合效应方程：

$$Y=919.7007+18.6612N-10.0734P+17.3255K+0.3149NP+0.2504NK+0.3297PK-0.7201N^2+0.1890P^2-0.7697K^2$$

（$R=0.9504$　$F=1.2139$　$F_{0.05}=5.9988$　$F_{0.01}=14.6591$）

根据三元二次效应方程推出工业大麻的最佳施肥量：施纯氮（N）15.33kg/亩，磷（P_2O_5）

1.92kg/亩，钾（K_2O）13.71kg/亩，最佳产量为1 171.86kg/亩。

表6－107　大庆盐碱地不同施肥处理的原茎产量方差分析

变异来源	自由度	平方和	均方	F值	$F_{0.05}$
处理间	13	323 753.745	24 904.134	2.157＊	2.119
重复间	2	27 833.268	13 916.634	1.205	3.369
误差	26	300 221.457	11 546.979		
总变异	41	651 808.470			

各处理原茎产量的方差分析及多重比较的结果（表6－107、表6－108），N2P1K2即纯氮（N）12.0kg/亩、磷（P_2O_5）4.5kg/亩、钾（K_2O）18.0kg/亩时原茎产量最高（1 244.21kg/亩）。结合氮磷钾干皮产量效应图来看（图6－59、图6－60和图6－61），适量增施氮肥和钾肥的增产效果明显，但过量则有反作用；增施磷肥基本没有增产效果。N2P1K2是最佳的施肥量。

表6－108　大庆盐碱地不同施肥处理的大麻原茎产量比较

处理组合	平均值（kg/亩）	差异显著性	
		a＝0.05	a＝0.01
N2P1K2	1 244.213	a	A
N2P2K1	1 181.097	ab	AB
N2P3K2	1 176.357	ab	AB
N2P2K2	1 169.243	ab	AB
N3P2K2	1 155.617	ab	AB
N2P0K2	1 134.873	abc	AB
N1P2K2	1 106.430	abc	AB
N1P1K2	1 096.943	abc	AB
N2P1K1	1 036.497	abc	AB
N2P2K3	1 033.537	bc	AB
N1P2K1	1 031.163	bc	AB
N2P2K0	1 005.087	bc	AB
N0P2K2	973.087	bc	AB
N0P0K0	931.603	c	B

3. 盐胁迫对工业大麻苗期的影响研究

水培试验使用云麻1号、云麻5号、皖麻1号、巴马火麻、龙麻1号、晋麻1号、哈尔滨大麻7个品种；幼苗适应水培环境4d后，使用0%、0.4%、0.8%、1.2% NaCl（重量/体积，下同）胁迫处理30d。每7d更换一次营养液，期间添加适量蒸馏水保持营养液体积稳定。

盆栽试验使用云麻1号、云麻5号2个品种，幼苗生长至10cm左右时开始用设计浓度盐水浇灌，每3d浇灌一次，每次浇灌盐水500ml/盆，NaCl浓度为0%、0.4%、0.8%、1.2%，盐胁迫30d。

（1）盐胁迫对大麻不同品种苗期生长的影响

在水培试验盐胁迫下，供试品种麻苗存活率随着盐胁迫时间和盐浓度增加而快速减少

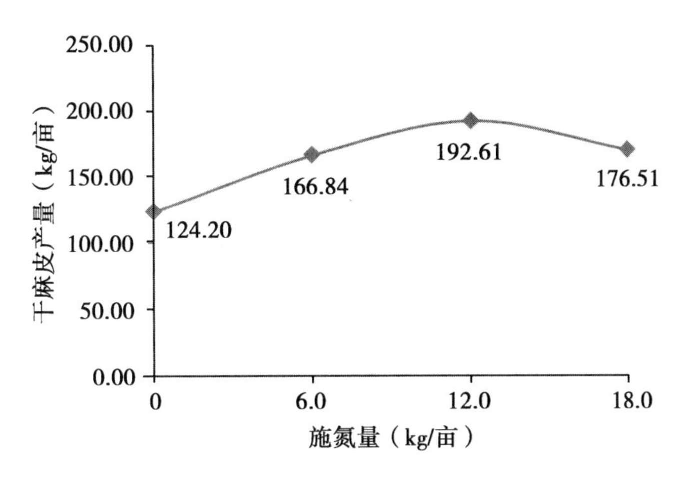

图 6－59　氮肥干皮产量效应图

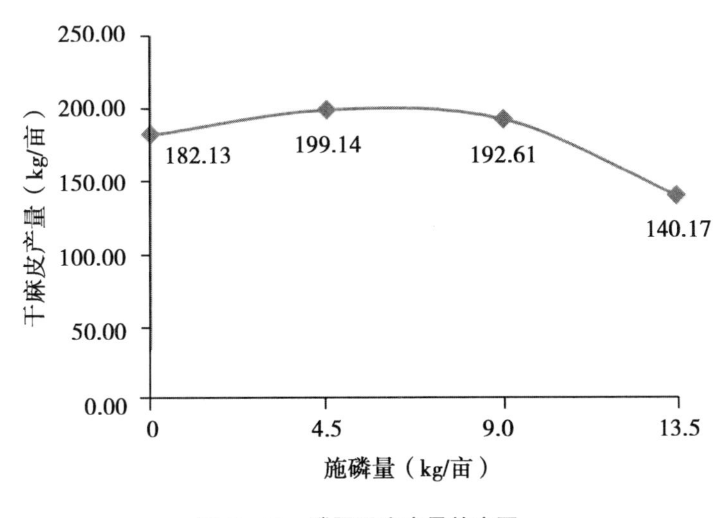

图 6－60　磷肥干皮产量效应图

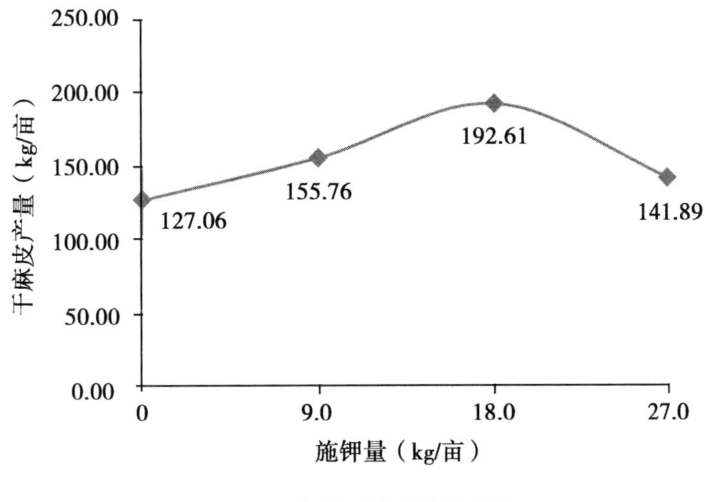

图 6－61　钾肥干皮产量效应图

（表 6－109）。随着胁迫程度的增加，7 个不同品种大麻幼苗生长受到的抑制程度增加，株高呈下降趋势（图6－62）；不仅如此，随着盐浓度的增加，7个大麻品种植株鲜重、干重、冠干重、根干重以及叶片相对含水量都明显受到抑制（图6－63）。另外，由图6－63（f）可知，随着盐浓度增加，除云麻5号和哈尔滨大麻两个品种的根冠比受到明显抑制外，其余5个品种大麻幼苗根冠比均呈现出先增后减的趋势，这是由于在低盐逆境胁迫下大部分植物通过减少茎、叶的比重，使地上部分生物量减少，从而避免有限资源在地上部分的消耗；另一方面，植物为了在逆境下尽可能的吸收养分，因此，将较多的生物量分配给根，有利于植物适应逆境胁迫条件。然而7个品种在0.8%～1.2%高盐胁迫下的根冠比均呈下降趋势，说明大麻幼苗在高盐浓度下这种分配机制作用不明显，大麻幼苗在高盐胁迫下受到很大程度的伤害。

表6－109　不同胁迫时间、不同浓度NaCl对7个大麻品种生存的影响

品种	盐浓度	胁迫初期死亡率（%）	胁迫中期死亡率（%）	胁迫后期死亡率（%）
皖麻1号	0	0	0	0
	0.4	0	0	10
	0.8	0	30	70
	1.2	10	50	70
巴马火麻	0	0	0	0
	0.4	0	10	10
	0.8	10	50	70
	1.2	10	50	80
云麻1号	0	0	0	0
	0.4	0	10	10
	0.8	30	40	70
	1.2	10	60	80
云麻5号	0	0	0	0
	0.4	0	10	10
	0.8	10	60	70
	1.2	20	70	90
龙麻1号	0	0	0	0
	0.4	30	30	30
	0.8	30	60	80
	1.2	70	70	90
哈尔滨大麻	0	0	0	0
	0.4	10	50	50
	0.8	10	50	70
	1.2	30	70	90
晋麻1号	0	0	0	0
	0.4	20	10	20
	0.8	60	60	80
	1.2	70	80	90

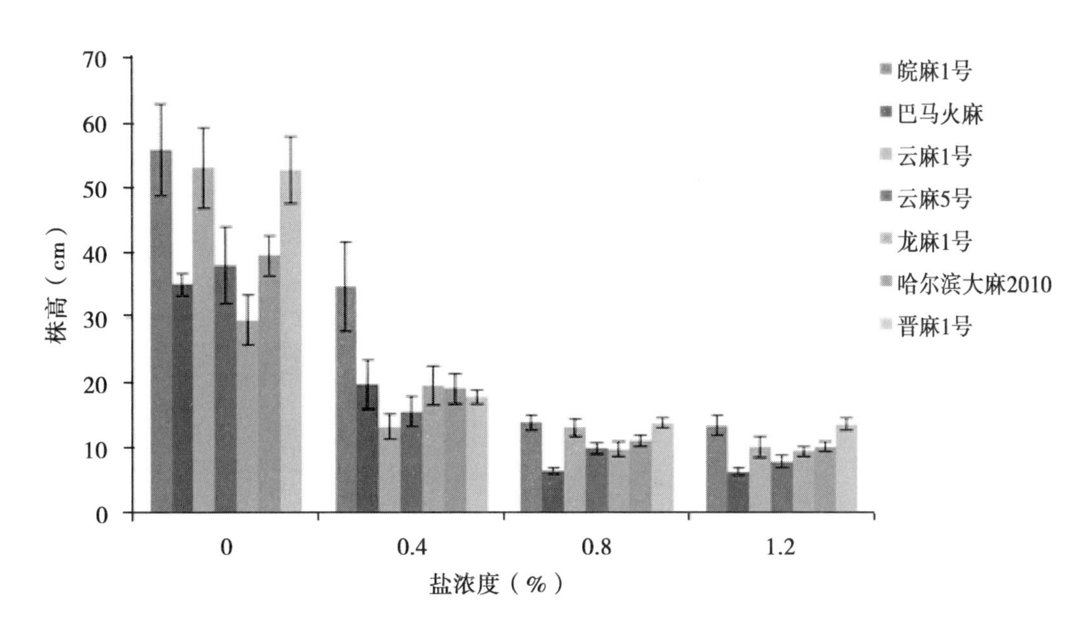

图 6－62　胁迫第 30d，不同浓度 NaCl 胁迫对 7 个大麻品种株高的影响

在盆栽试验盐分胁迫条件下，大麻的生长均呈现下降的趋势，不仅如此，在胁迫的每个阶段，两个品种在高浓度 NaCl 下株高显著小于对照（$P<0.05$）。随着胁迫程度的增加和胁迫时间的延长，两个品种麻苗生长受到的抑制程度不同，云麻 5 号株高随着盐浓度的增加而降低的幅度小于云麻 1 号，因此，初步认为云麻 5 号的耐盐性高于云麻 1 号（图 6－64）。

由图 6－65 可知，盆栽条件下随着盐浓度的增加，2 个大麻品种植株根长、茎粗、鲜重、干重、冠鲜重、冠干重、根鲜重、根干重以及叶片相对含水量都明显受到抑制，而对于根冠比，两个品种都出现上升过程。云麻 5 号在高盐浓度下根冠比呈现上升趋势，加之云麻 5 号各指标随着盐浓度的增加而降低的幅度均小于云麻 1 号，由此说明云麻 5 号的抗盐能力在一定程度上高于云麻 1 号。

（2）盐胁迫对大麻不同品种苗期抗氧化酶的影响

在水培试验盐胁迫下，7 个品种大麻幼苗的 POD 和 SOD 两种酶对盐胁迫的反应呈现不同形式的波动。大部分品种 SOD 活性在盐胁迫过程中呈上升趋势，其中，云麻 5 号、皖麻 1 号、巴马火麻以及云麻 1 号 SOD 活性显著高于对照（$P<0.01$），龙麻 1 号 SOD 活性随胁迫加大而升高的程度不显著；与此相反，哈尔滨大麻以及晋麻 1 号则呈现先升后降的趋势。另外，随着盐胁迫时间的增加，除皖麻 1 号和巴马火麻两个品种 SOD 活性仍保持上升趋势外，其余品种的 SOD 均有不同程度的下降（图 6－66）。

不同品种大麻受盐胁迫后 POD 波动的规律性不强（图 6－67）。另外发现，在胁迫中期（第 20d）多数品种的 POD 活性升高，而在胁迫后期各品种 POD 活性均有下降趋势。

在盆栽试验盐分胁迫条件下，2 个品种大麻幼苗体内 POD 和 SOD 两种酶对盐胁迫的反应都出现相似的波动，随着胁迫程度的加强以及胁迫时间的延长，酶活性均有明显的上升趋势（图 6－68）。

云麻 5 号在胁迫后期（处理第 30d），高盐浓度下 SOD、POD 活性均显著高于对照（$P<0.01$），而云麻 1 号 SOD、POD 活性在胁迫后期（处理第 30d）出现先增后减的趋势（图 6－68），说明随着盐胁迫时间的增长，云麻 1 号清除自由基和过氧化物的能力降低。由此提示云麻 5 号更能耐受盐胁迫。

（3）盐胁迫对大麻不同品种苗期丙二醛（MDA）的影响

在水培试验盐胁迫下，7 个品种大麻幼苗体内 MDA 对盐胁迫的反应都出现不同程度的波动。大部分品种幼苗叶片 MDA 含量与盐浓度呈现正相关，在高盐浓度下均显著高于对照（$P<0.05$），而云麻 1 号、龙麻 1 号以及哈尔滨大麻在胁迫初期（处理的 10d）随着盐浓度增大出现下降趋势（图 6－69）。

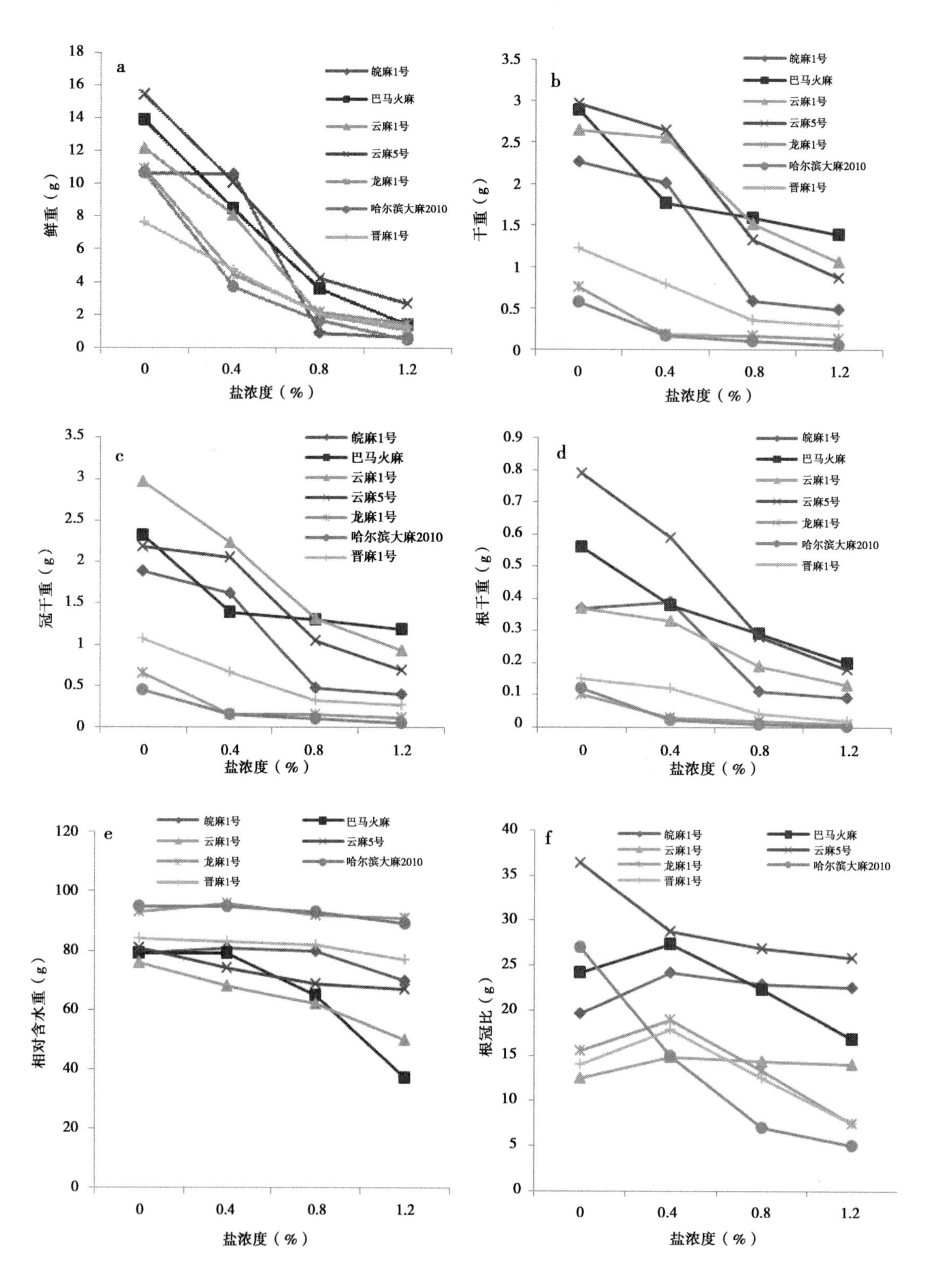

图 6－63　胁迫第 30d，不同浓度 NaCl 对 7 个大麻品种生长的影响

然而随着胁迫时间的延长，各品种大麻在胁迫后期 MDA 含量均显著高于胁迫初期（$P<0.05$），说明膜的结构和功能受到进一步的破坏（图 6－70）。

在盆栽试验盐分胁迫条件下，随着盐浓度的升高，两个品种大麻体内 MDA 含量呈明显的上升趋势，说明胁迫诱导产生的自由基对膜的攻击造成明显影响（图 6－71）。云麻 5 号在胁迫中期表现出先

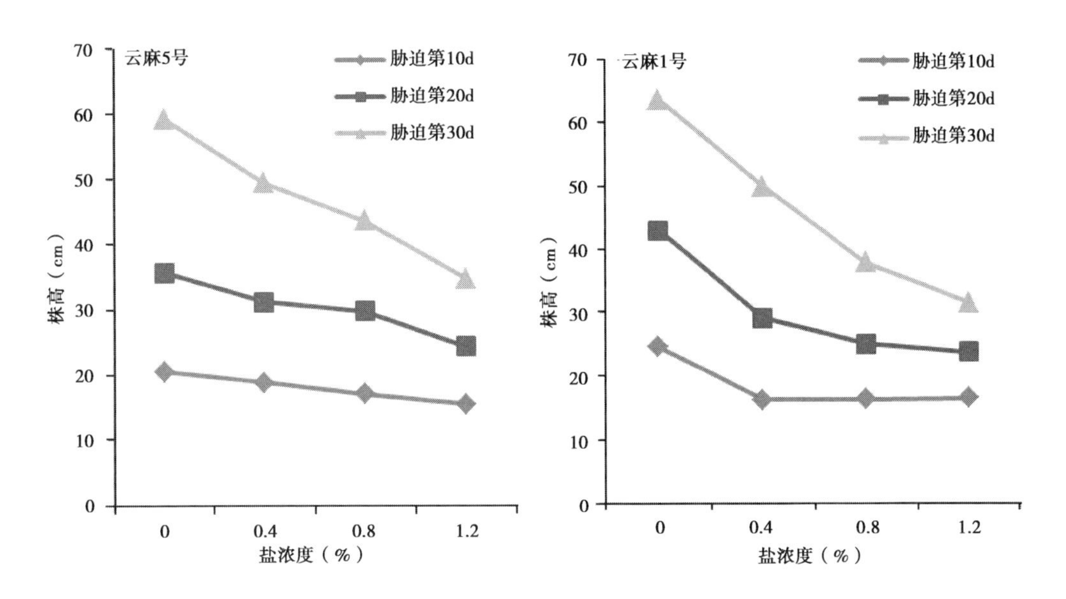

图 6-64　不同浓度 NaCl、不同胁迫时间对盆栽云麻 5 号、云麻 1 号株高的影响

降后升的趋势。随着盐胁迫时间的延长，云麻 5 号丙二醛含量升高幅度较小，而云麻 1 号升高幅度较大。因此初步推测云麻 5 号耐盐性高于云麻 1 号。

（4）盐胁迫对大麻不同品种苗期脯氨酸的影响

在水培试验下，盐胁迫刺激大麻幼苗体内合成一定数量的脯氨酸，且随着胁迫程度的增加，脯氨酸含量增大。由于品种耐盐性高低的差异导致各品种叶片内脯氨酸积累的敏感程度不同。另外，随着胁迫时间的延长，培养后期各品种的 Pro 含量仍呈不断上升趋势，除了晋麻 1 号外，其他所有品种在胁迫后期的 Pro 含量显著高于胁迫前期（$P<0.05$），这在一定程度上减轻了大麻体内抗氧化酶活性降低导致未能及时清除多余活性氧而造成的伤害（图 6-73）。

在盆栽试验盐分胁迫条件下，随着盐浓度提高和盐胁迫时间的延长，两个品种的脯氨酸含量变化不一致。在相同盐胁迫条件下，两个品种的脯氨酸积累均有上升的趋势，但云麻 5 号比云麻 1 号在总体水平上能积累更多的脯氨酸，也再次说明云麻 5 号的耐盐性较高（图 6-74）。

综上所述，无论是水培还是盆栽条件下，大麻苗期遭遇盐胁迫后总的趋势都是生长受到抑制，而株高、鲜重、干重、地上/下部分鲜重及地上/下部分干重也随着胁迫程度的增加而呈下降趋势。在水培条件下，在胁迫初期（处理的第 10d）各品种幼苗基本还存活，低浓度下的有明显生长；到胁迫中期（处理的第 20d），高浓度下的幼苗开始死亡；到胁迫后期（处理的第 30d），低盐浓度下的麻苗亦开始脱水死亡，其中，龙麻 1 号、哈尔滨大麻、晋麻 1 号在此期间死亡率较高。由此初步推测，皖麻 1 号、巴马火麻、云麻 1 号以及云麻 5 号的耐盐性高于龙麻 1 号、哈尔滨大麻、晋麻 1 号。4 项生理指标的分析结果也基本支持这一结论。

大麻耐盐性鉴定应该以适当盐浓度胁迫下的植株（尤其是幼苗）生长状况和存活率为主要依据，但的试验结果提示，SOD 活性、脯氨酸含量和 MDA 含量的变化与大麻品种耐盐性的关系密切，可以考虑作为大麻耐盐性鉴定的生理指标。

（五）工业大麻耐旱性研究

（1）-0.1MPa 渗透压对各品种发芽率的影响

试验材料为云麻 1 号、大庆大麻、云麻 5 号、云晚 6 号、岚县大麻、巴马火麻、皖麻 1 号、龙大

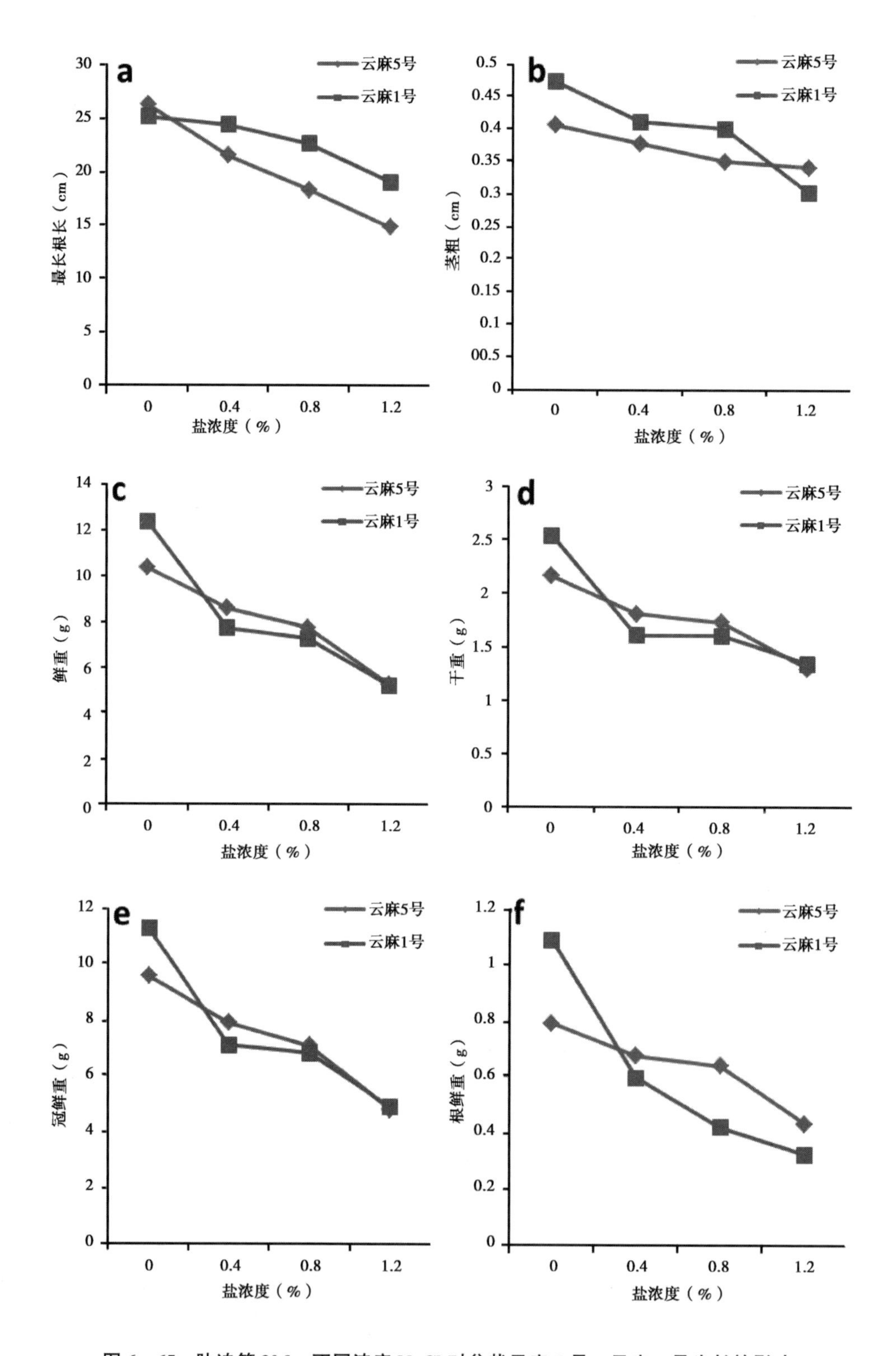

图 6－65　胁迫第 30d，不同浓度 NaCl 对盆栽云麻 5 号、云麻 1 号生长的影响

麻、松原火麻及晋麻 1 号 10 个品种。采用培养皿纸培法，以－0. 1MPa 渗透压 PEG－6000 溶液作为处理剂，设处理与对照两组，3 次重复。于 25℃恒温恒湿光照培养箱内培养 12d，每天统计发芽数（根长超过种子长度视为发芽）并补足缺失水分。发芽过程中计数种子发芽率，试验结束时测量各组大麻幼苗根长及芽长，结果见图 6－75 和图 6－76。

从图 6－75 可见，－0. 1MPa 渗透压对云晚 6 号发芽的影响最小，其发芽抑制率仅为 2. 08%，其次是云麻 5 号为 4. 26% 和云麻 1 号 6. 38%，受影响最大的是松原火麻，其抑制率高达 58. 33%。

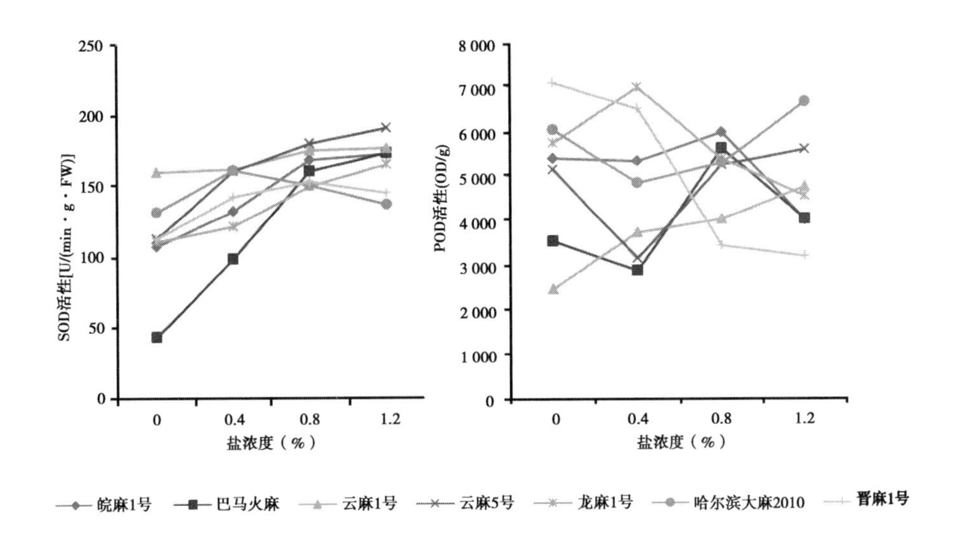

图 6－66　胁迫第 10d、不同浓度 NaCl 对 7 个大麻品种 SOD、POD 活性的影响

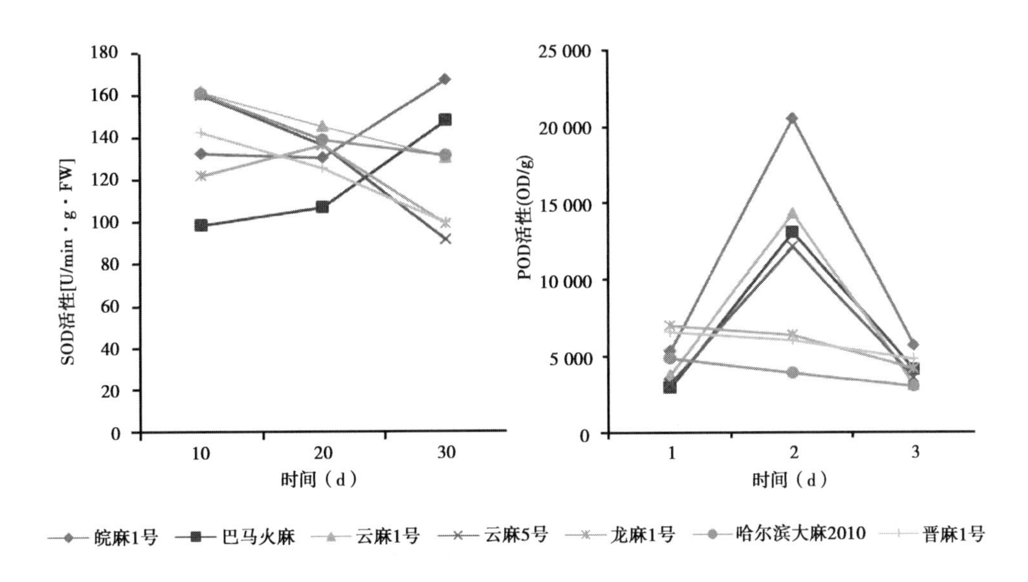

图 6－67　0.4%NaCl 胁迫下、7 个大麻品种在不同盐胁迫时间内 SOD、POD 活性的变化

由于受霉菌影响，部分品种幼苗无法准确测量其根长和芽长。这里只测量了受霉菌影响较小的云麻 1 号等 5 个品种的根长芽长数据（图 6－76）。可以看出，与芽相比，根生长受胁迫影响更大。

（2）不同浓度 PEG 溶液对大麻种子萌发的影响

选取纸培试验中响应水分胁迫较好的云麻 1 号、大庆大麻、云麻 5 号、云晚 6 号、晋麻 1 号 5 个品种，以蛭石为培养基质，以 5%、10%、15% 和 20% 的 PEG－6000 溶液作为处理剂，试验结果见图 6－77。可以看出，不同 PEG 浓度对大麻根长的影响更大。在 20% PEG 浓度时，各品种根长芽长受到极大抑制，几乎不能正常生长，与其他品种相比，云晚 6 号和晋麻 1 号表现较好。

（3）土壤盆栽大麻幼苗耐旱试验

以云麻 1 号、云麻 5 号及云晚 6 号为试验材料，以土壤相对含水量 80% 为最佳水分条件，50% 为轻度干旱，30% 为重度干旱，苗高 20cm 左右开始处理，3 次重复，采用称重法维持各处理的土壤含水

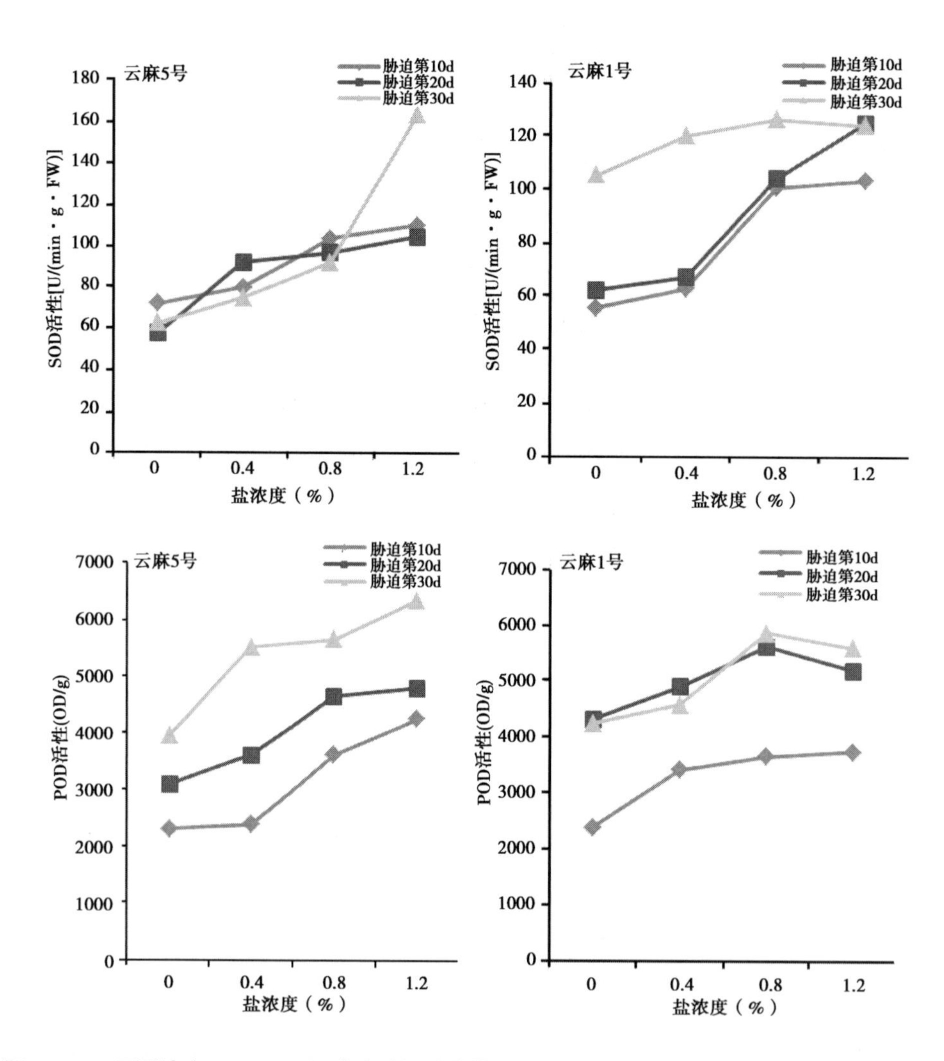

图 6－68　不同浓度 NaCl、不同胁迫时间对盆栽云麻 5 号、云麻 1 号 SOD、POD 活性的影响

量。每 3 天取样测定相关指标，同时每天补充消耗掉的水分。

从图 6－78 中可以看出，云晚 6 号是 3 个品种中表现最好的，显示出其较好的抗旱性，但其高度也分别减少了 22% 和 26%，这表明干旱对 3 个大麻品种的株高有很大影响。

此外，脯氨酸、可溶性糖和 MDA（丙二醛）含量，以及 SOD 活性分析结果均表明云晚 6 号抗旱性较强（资料略）。

（4）快速生长期土壤盆栽大麻自然干旱致死试验

以云麻 1 号、云麻 5 号及云晚 6 号为试验材料，待大麻处于快速生长期，择日浇足水分，然后停止浇水直至大麻干旱死亡，期间每 3 天取样测定相关指标。

叶片数均呈现先增加后减少的趋势（图 6－79）。在相同干旱条件下，云晚 6 号虽然植株高、叶面积大、蒸腾作用强，却仍比其他两个品种生长得更好，可见其抗旱性确要比其他两个品种高。

株高、茎粗，叶绿素、脯氨酸、可溶性糖和 MDA（丙二醛）含量，以及 SOD 活性分析结果亦说明云晚 6 号耐旱性更强（资料略）。

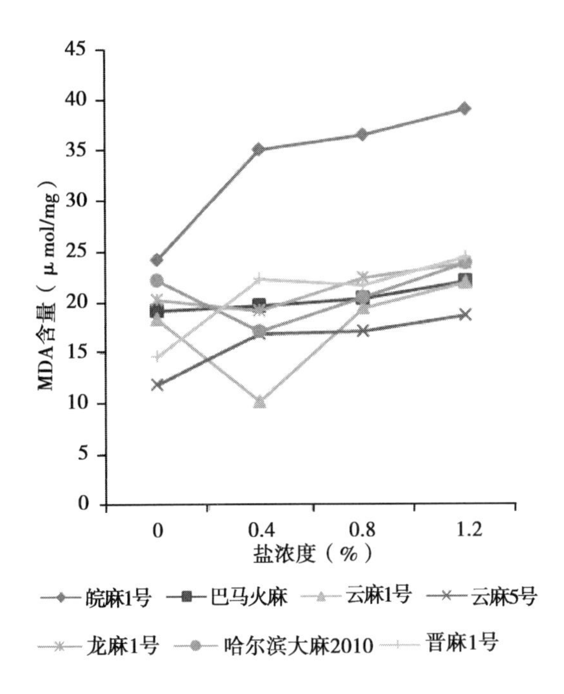

图6-69 胁迫第10d、不同浓度NaCl对7个大麻品种MDA活性的影响

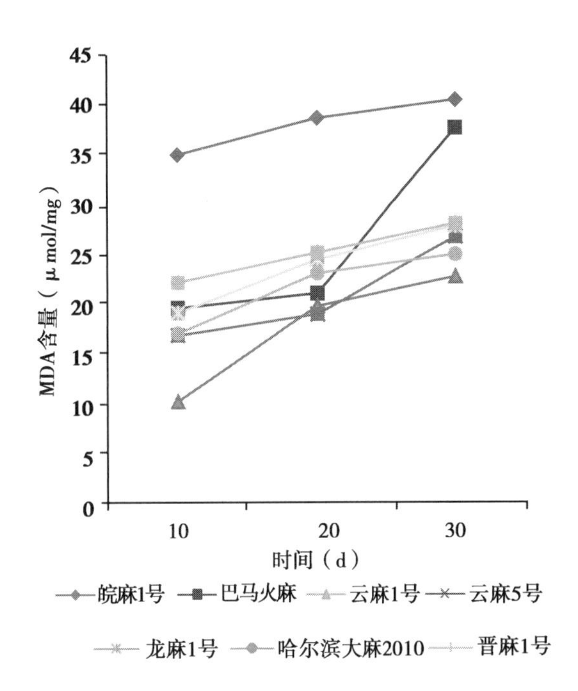

图6-70 0.4%NaCl胁迫下、7个大麻品种在不同盐胁迫时间内MDA活性的变化

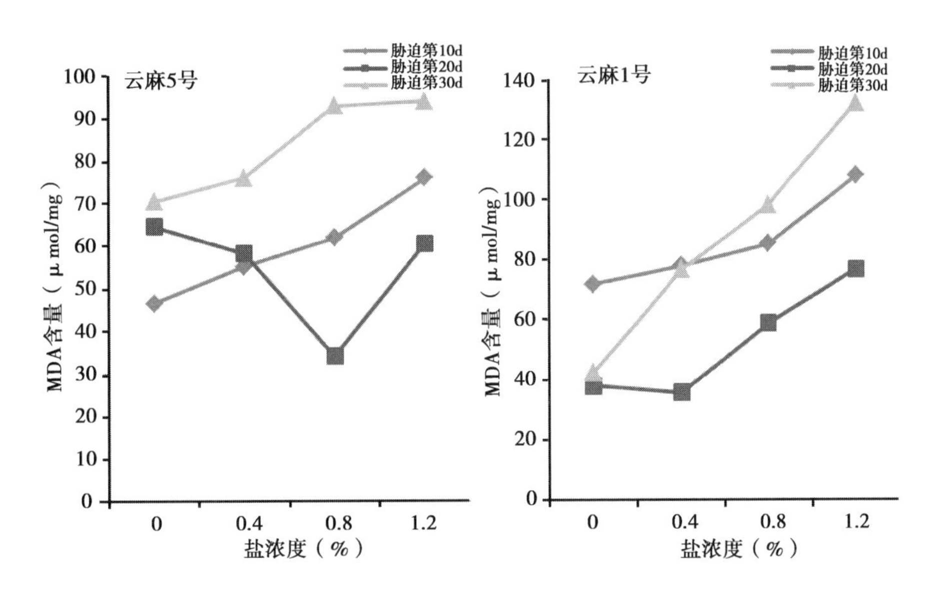

图6-71 不同浓度NaCl、不同胁迫时间对盆栽云麻5号、云麻1号MDA含量的影响

五 剑麻

（一）剑麻肥水运筹管理技术研究

1. 剑麻微肥试验

在广西山圩农场开展了增施微肥试验。研究在亩施用剑麻专用肥100kg、碳铵25kg的基础上，设置了增施B（硼砂0、0.5、1kg/亩）和Zn（硫酸锌0、0.5、1kg/亩）等处理（表6-110）。

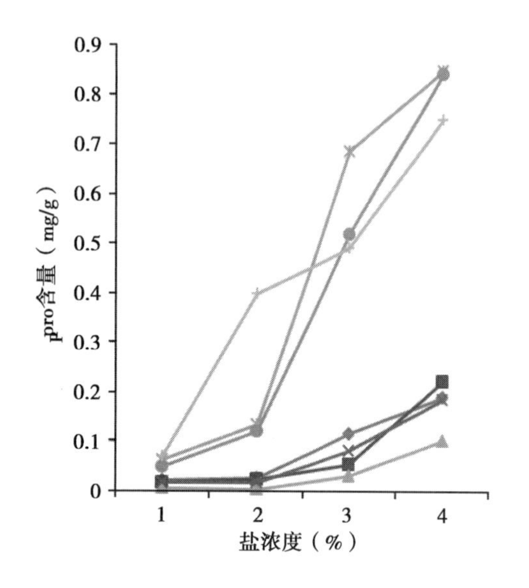

图6－72　胁迫第10d、不同浓度NaCl对7个大麻品种Pro活性的影响（左）

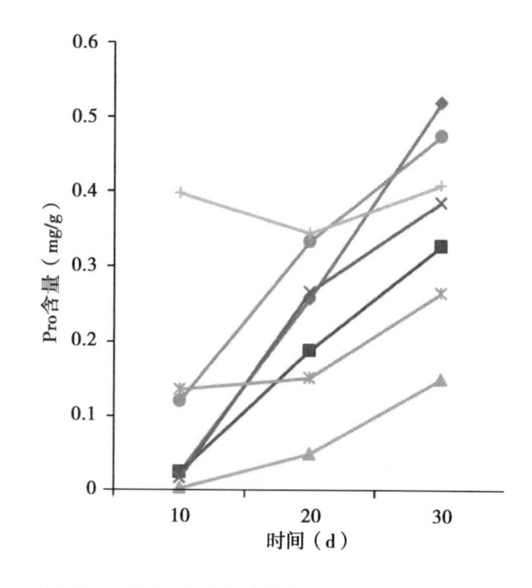

图6－73　0.4%NaCl胁迫下、7个大麻品种在不同盐胁迫时间内Pro活性的变化

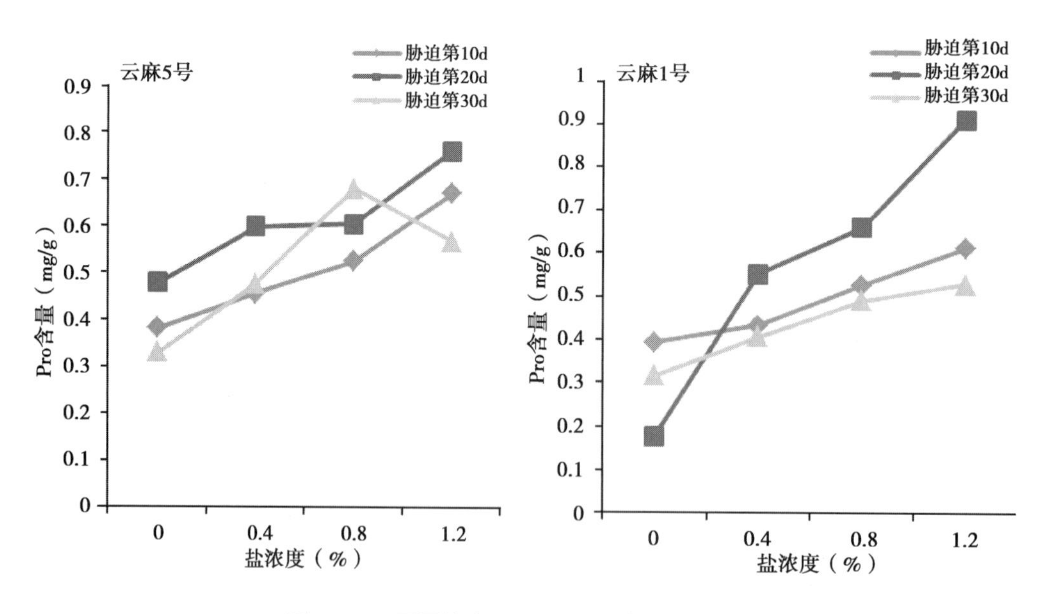

图6－74　不同浓度NaCl、不同胁迫时间对盆栽云麻5号、云麻1号Pro含量的影响

研究表明，在不同硼肥施用量下，剑麻单叶鲜重和鲜叶产量大小为B1 > B0 > B2，其中，鲜叶产量处理B1最大，为139.5t/hm²，为处理B0的110.7%。在不同锌肥施用量下，剑麻单叶鲜重大小为Zn1 > Zn2 > Zn0，差异不明显。鲜叶产量大小都为Zn1 > Zn0 > Zn2。鲜叶产量处理Zn1最大，为128.105t/hm²，为处理Zn0的113.3%。施锌处理平均鲜叶产量为130.9t/hm²，为不施肥处理B0的105.7%。

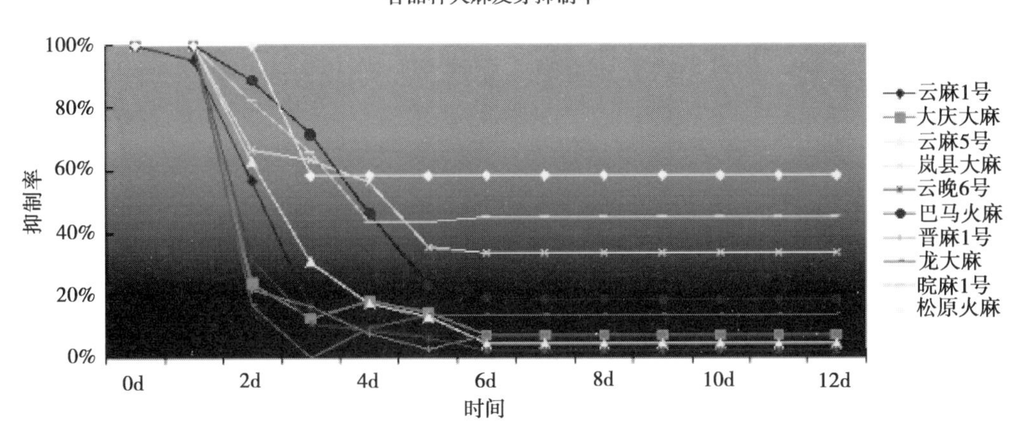

图 6－75　－0. 1MPa PEG 溶液对大麻种子发芽的影响（纸培）

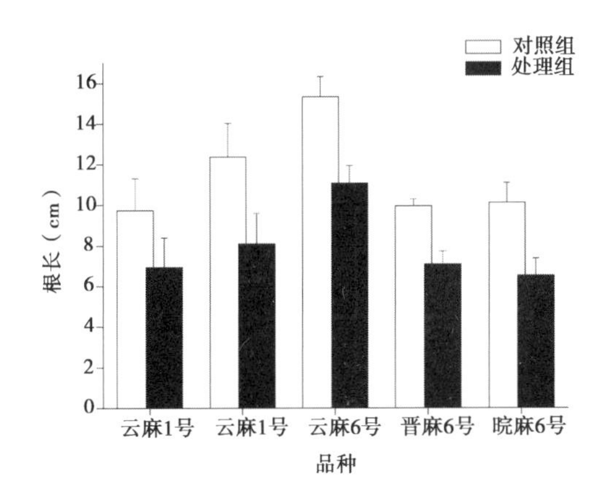

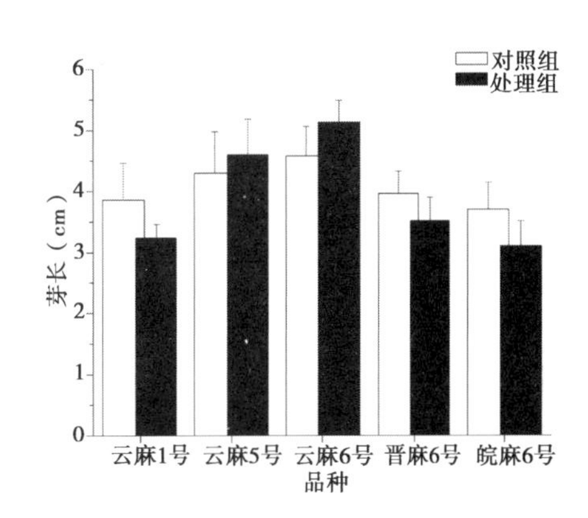

图 6－76　－0. 1MPa 渗透压对大麻种子萌发期芽、根生长的影响（纸培）

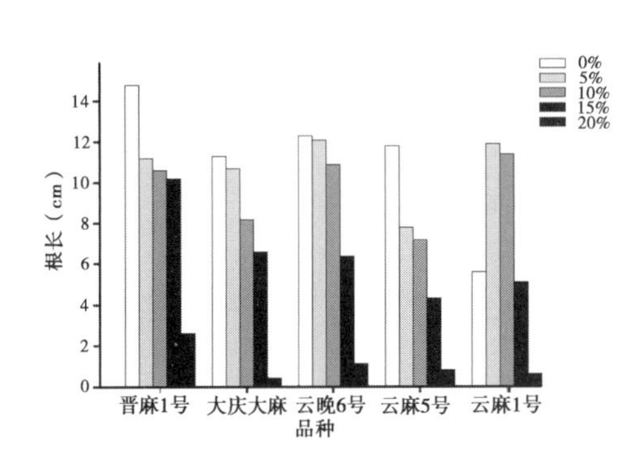

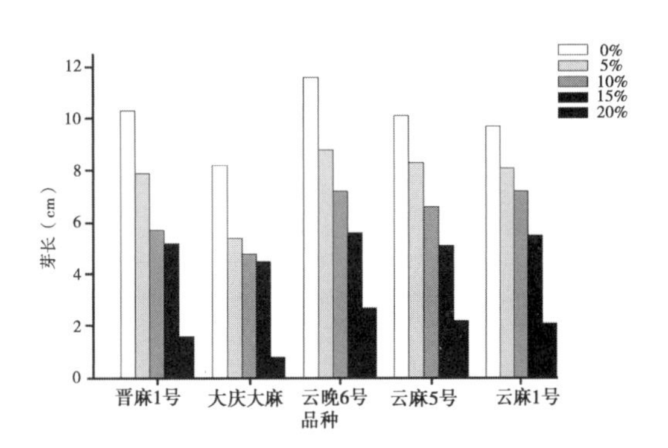

图 6－77　不同 PEG 浓度对大麻种子萌发期根、芽生长的影响（蛭石培）

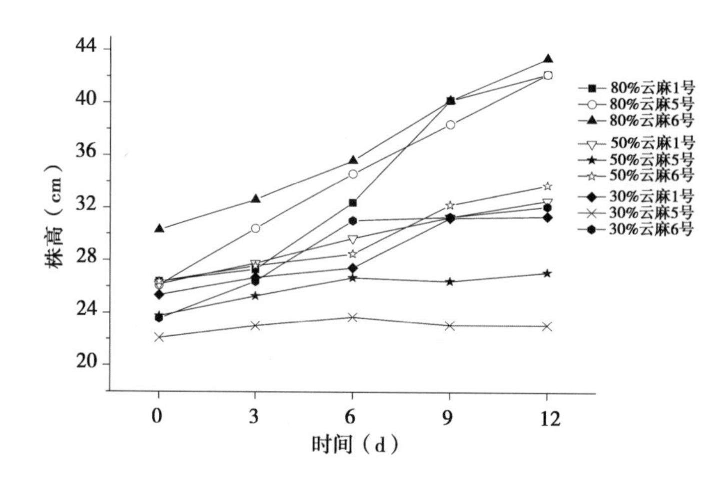

图 6－78　干旱对大麻株高生长的影响（土壤盆栽）

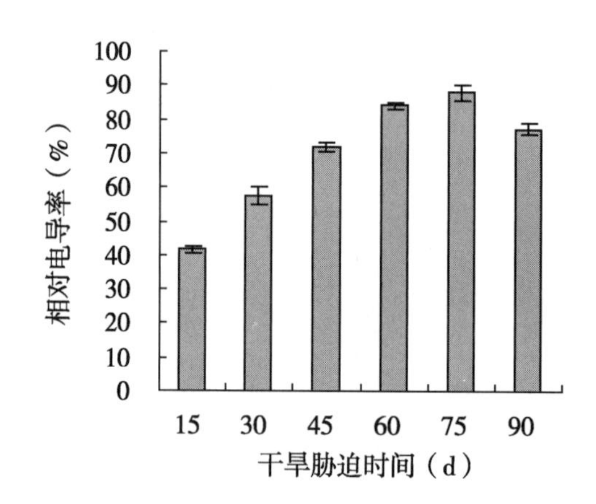

图 6－79　快速生长期持续干旱下大麻叶片数变化（土壤盆栽）

表 6－110　不同施肥处理剑麻产量

微肥用量（kg/亩）		处理编号	单叶鲜重（kg/片）	鲜叶产量（t/hm²）
硼砂	0	B0	0.66	126.0
	0.5	B1	0.65	139.5
	1	B2	0.55	110.3
硫酸锌	0	Zn1	0.56	123.8
	0.5	Zn2	0.66	140.3
	1	Zn3	0.58	121.5

2. 不同施肥比例试验

以品种 H.11648 为材料，在成龄剑麻园布置不同施肥比例试验。研究设计 3 个处理，分别为处理 N：P：K＝1：0.24：2，N：P：K＝1：0.50：2 和 N：P：K＝1：0.70：2。尿素用量为 75g/株/年。

研究表明，施肥处理剑麻产量均大于不施肥处理 CK。其中，处理 2 最大，比 CK 增产 31.1%，处理 1 和处理 3 处理相当。按剑麻鲜叶 320 元/t、磷肥 2 元/kg 的市场价格计算，处理 2 比处理 1 和处理 3 分别增产 2 272元/hm^2、2 400元/hm^2。磷肥投入各处理之间相差 891 元/hm^2，处理 2 的投入与产出比为1：7.5。可见，适当施用磷肥剑麻增产明显，磷肥施用量在处理1到处理2水平时，随着肥料用量的增加，剑麻产量增加，但处理2水平之后，继续施肥剑麻产量反而降低（表6－111）。

表6－111　不同施肥处理剑麻产量

处理编号	N：P：K	单叶鲜重（kg/片）	鲜叶产量（t/hm²）	产值（元/hm²）	磷肥投入（元/hm²）
1	1：0.24：2	0.66	168.0	53 760	891
2	1：0.50：2	0.70	175.1	56 032	1 782
3	1：0.70：2	0.70	167.6	53 632	2 673

3. 水肥运筹对剑麻幼苗生长的影响

采用盆栽试验的方法，探索不同水肥组合对剑麻生长的影响。研究结果表明不同的水肥组合会对剑麻的生长产生不同程度的影响，当含水量和施肥量均达到适宜水平时，会对剑麻生长产生叠加效应；剑麻的质膜透性随着土壤干旱程度的增加而升高；当施肥过量，不利于剑麻生长时，剑麻的质膜透性也明显增大。在一定施肥量范围内，剑麻体内过氧化物酶活性随着施肥量的增加而增加，同时也随着干旱胁迫的严重而增加；当施肥过量，过氧化物酶的活性反而降低。在一定的施肥量范围内，丙二醛随着干旱胁迫的加重而提高。施肥量上升会提高剑麻体内N、P、K的含量，同时土壤含水量的上升也会促进剑麻对这些元素的吸收。在本试验条件下，综合不同处理下对剑麻各项指标的影响，得出剑麻生长最适宜的水肥条件为土壤含水量占田间持水量的60%～70%，施肥量为每千克干土N 0.6g、P_2O_5 0.4g、K_2O 0.6g（表6－112、表6－113）。

表6－112　不同水肥处理对剑麻生长和叶片含水量的影响

	鲜重（g）				株高（cm）				叶片含水量（%）			
天数	30d	60d	90d	120d	30d	60d	90d	120d	30d	60d	90d	120d
W0B0	26.02a	40.24a	75.86b	92.25b	27.50a	29.33a	32.00a	34.50b	83.22d	82.87a	88.70b	86.78a
W1B0	29.56c	52.72c	94.49d	119.09d	28.00a	32.17c	34.67c	36.50c	87.73h	89.78d	91.18c	86.48a
W2B0	32.23d	60.35d	114.33g	148.88f	32.00f	35.33e	36.50d	38.83d	88.88k	90.60d	91.15c	87.78a
W0B1	30.23c	44.74a	77.92c	96.45b	29.00d	33.75b	36.50c	39.50d	78.84f	79.93b	85.27c	86.04a
W1B1	43.77f	60.60e	99.75f	116.90d	31.50j	36.38e	38.50d	43.25e	85.88i	87.39d	90.29c	90.09c
W2B1	51.05g	70.01g	119.14i	161.37f	37.00h	40.38f	43.38f	46.25f	88.96j	90.18c	89.94c	91.13e
W0B2	38.06e	39.20a	87.36a	111.00c	30.00a	31.00a	34.33a	37.33c	84.45a	85.14a	90.16b	87.35a
W1B2	43.27f	61.67b	106.30a	127.67d	33.00a	35.17b	37.17b	39.33d	87.85b	83.62a	90.90a	90.34d
W2B2	50.52g	80.30d	125.38c	191.61e	35.50c	37.17d	41.33c	44.33e	88.42c	87.35a	91.30c	91.45e
W0B3	28.36b	35.36b	49.84b	74.14a	27.00b	28.33d	30.83d	32.33a	72.03c	74.27a	88.92a	89.52b
W1B3	28.50b	45.74d	63.11e	88.63b	28.50e	30.67f	32.33e	34.50b	76.45g	77.02c	87.11c	91.44e
W2B3	31.67d	57.93f	79.98h	102.41c	30.00h	34.00g	35.17g	36.67c	83.32l	82.82d	91.03c	90.86e

表 6-113 不同水肥处理对剑麻生理指标的影响

天数	细胞膜透性（%）				游离脯氨酸含量（%）				过氧化物酶活性［OD/（min·mg）］			
	30d	60d	90d	120d	30d	60d	90d	120d	30d	60d	90d	120d
W0B0	57.66f	60.10c	67.80d	64.74e	20.00d	20.67d	21.00d	22.00f	989j	981f	1059f	1143e
W1B0	48.26c	50.07a	52.72c	55.06d	19.00b	18.33b	17.00b	17.33d	901i	932e	929e	947b
W2B0	42.36a	47.67a	46.04b	45.82c	17.00a	14.33a	13.67a	11.33a	755f	778c	791d	767c
W0B1	59.55i	62.54e	65.22c	67.81e	21.00d	21.50e	21.50c	22.00f	821i	860g	945g	996f
W1B1	53.34e	56.28b	56.30c	53.07d	18.00b	17.75d	18.00a	16.25d	789i	821f	881f	728d
W2B1	44.23a	47.73a	43.62c	34.81b	15.00b	14.50b	14.00a	11.25b	705e	739c	649e	621b
W0B2	64.32i	66.94f	71.05f	71.77f	21.00e	22.33f	18.67e	21.67e	988h	1142d	1237e	1 438f
W1B2	55.24h	57.91d	52.85d	52.69d	19.00c	20.33c	15.67b	16.67c	901g	966c	1104e	1 290d
W2B2	43.44d	46.22b	34.76c	23.87a	18.00b	17.33b	13.00a	8.67b	724d	762b	909c	835a
W0B3	70.75g	71.67d	76.44d	82.84g	22.00d	23.00d	26.33f	28.67h	458b	474a	330a	264g
W1B3	60.24d	62.33b	65.51c	71.82f	20.00b	20.00b	24.67f	26.67g	423a	440a	438b	337f
W2B3	53.55b	55.28a	56.38b	55.16d	18.00a	17.00a	21.67e	23.67f	601c	651b	749d	1 000b

4. 不同施氮水平对剑麻生长的影响

通过盆栽试验，研究不同氮水平（0、0、1、0.2、0.4、0.8、1.6g/kg 土）对剑麻幼苗地上部和根系生物量、养分含量、氮肥利用效率的影响。结果表明，剑麻地上部和根系生物量（干重）、氮肥回收率、氮肥农学利用率均在施氮水平为0.1g/kg 土时最高，地上部、根系干重分别为15.39g/株、2.30g/株，为对照的128%、131%；氮肥回收率、氮肥农学利用率分别为12.68%、8.48kg/kg。而施氮水平为1.6g/kg 土时，剑麻地上部和根系生物量反而降低。与对照相比，适量施氮明显增加剑麻地上部生物量，但各施氮处理之间差异不显著。剑麻根系生物量则随着施氮水平的增加呈先上升后下降的趋势。剑麻地上部和根系含氮量、植株氮素积累量总体上随着施氮水平的升高而升高，而氮肥回收率、氮肥农学利用率则随着施氮水平升高而降低（表6-114）。

表 6-114 不同氮水平剑麻植株生物量

处理	冠鲜重（g）	冠干重（g）	根鲜重（g）	根干重（g）	总鲜重（g）	根冠比
N0	115.35a	12.00a	4.43ab	1.75ab	119.78	0.15
N1	162.14a	15.39a	6.06a	2.3a	168.20	0.15
N2	145.14a	13.96a	3.90b	1.64ab	149.04	0.12
N3	152.20a	12.75a	2.76bc	1.2b	154.96	0.09
N4	160.38a	13.48a	2.76bc	1.16b	163.13	0.09
N5	111.13a	9.21a	1.14c	0.42c	112.27	0.05
施N平均	143.62	12.96	3.32	1.34	149.52	0.10
施N增加量	30.85	0.96	-1.11	-0.41	29.74	-0.05
施N增加率（%）	26.74	7.98	-24.97	-23.20	24.83	-2.01

（二）剑麻养分需求特性研究

1. 不同营养元素胁迫对剑麻幼苗生长和养分含量的影响

选取长势正常一致的剑麻幼苗进行沙培，试验设置了 N 胁迫（－N），P 胁迫（－P），K 胁迫（－K），Ca 胁迫（－Ca），Mg 胁迫（－Mg）和完全营养液（CK）6 个处理。结果表明，－N 和－Ca 处理剑麻幼苗株高、叶片数、地上部和根系干重均明显减小，其他缺素处理影响不明显。各不同营养元素胁迫处理剑麻植株叶片和根系相应元素含量均降低。－K、－Ca 处理植株含 N 量降低，－N、－K 处理植株含 P 量明显增加，－Mg 处理植株含 K 量以及－K 处理植株含 Ca 量也明显增加，而－N 处理植株含 Mg 量明显降低。说明 N、P、K、Ca、Mg 胁迫对剑麻幼苗生长和叶片养分含量均造成一定程度的影响，但影响程度不同，缺氮影响最大，缺钙次之（表 6－115、表 6－116）。

表 6－115 不同缺素处理对剑麻植株生物量的影响

处理	地上部			根系			总干重	根冠比
	鲜重（g）	干重（g）	含水量（%）	鲜重（g）	干重（g）	含水量（%）		
－N	156.96±19.97b	25.67±4.9b	83.64	6.03±1.28c	2.84±0.56c	52.90	28.51	0.11
－P	362.53±55.53a	45.93±10.08a	87.33	9.44±2.47ab	4.31±1.22b	54.35	50.24	0.09
－K	316.66±30.04a	41.44±5.76a	86.91	9.52±1.58ab	4.34±0.17b	54.39	45.78	0.10
－Ca	297.07±61.20a	36.75±8.70a	87.63	9.12±1.70ab	4.53±0.75b	50.34	41.27	0.12
－Mg	338.71±49.75a	44.67±8.46a	86.81	12.03±2.69a	6.31±1.47a	47.59	50.98	0.14
CK	333.58±51.12a	46.14±4.67a	86.17	8.24±0.46bc	4.36±0.48b	47.10	50.50	0.09

表 6－116 剑麻幼苗地上部养分状况

处理	全氮（%）	全磷（%）	全钾（%）	全钙（%）	全镁（%）
－N	0.464±0.041c	0.249±0.028b	1.105±0.082b	4.958±0.461b	0.519±0.035b
－P	1.141±0.103a	0.081±0.004c	0.924±0.113b	5.002±0.105b	0.663±0.079a
－K	0.951±0.08b	0.279±0.016a	0.433±0.019c	5.830±0.242a	0.703±0.051a
－Ca	0.832±0.133b	0.092±0.011c	1.160±0.131b	4.296±0.921b	0.719±0.093a
－Mg	1.162±0.098a	0.086±0.016c	1.675±0.218a	4.754±0.288b	0.244±0.014c
CK	1.140±0.143a	0.102±0.013c	1.046±0.157b	4.415±0.570b	0.656±0.011a

2. 剑麻开花前后形态解剖与激素变化研究

在对剑麻开花前后形态解剖、剑麻开花前后激素变化等研究基础上，继续开展剑麻开花的生理生化基础研究，利用转录组学克隆开花相关基因。克隆了剑麻开花位点基因 FT（FLOWERINGLOCUS T）。该基因最初是从模式植物拟南芥中得到的，在叶片表达产生一种促进植物开花的信号因子，进而运送到顶端分生组织，促进开花。该基因序列保守性较高，最高达到 93%。通过在保守区设计引物，扩增得到该基因片段，为将来通过 RACE 技术扩增全长奠定基础。

采用传统的石蜡切片的方法进行剑麻形态的观察，其试验步骤为：取材→用 FAA 固定液固定 48 h→脱水（30%→40%→50%→60%→70%→80%→90%→100% 梯度脱水，每个梯度 30min）→透明（1/3 二甲苯+2/3 乙醇→1/2 二甲苯+1/2 乙醇→2/3 二甲苯+1/3 乙醇梯度透明，每个梯度 30min）→

浸蜡（1/2 二甲苯 +1/2 石蜡浸蜡 12h→纯石蜡浸蜡 6h）→包埋（材料浸蜡后再换两次已熔融的纯蜡，然后将材料和石蜡一起倒入提前叠好的包埋纸盒中）→修块→切片→粘片→脱蜡、染色、脱水透明和封片。结果表明，未抽薹的剑麻茎尖的组织切片细胞较大、液泡化且排列松散，此时生长点细胞分裂旺盛；将要抽薹的剑麻茎尖组织切片细胞排列紧密、细胞核较大、染色较深且生长点细胞分裂非常旺盛，分析原因可能是花柱分化的重要时期，即花柱诱导期与形态分化的临界期。

采用高效液相色谱法进行剑麻开花的不同阶段激素测定。结果表明标准样品的回收率为 50% ~ 70%，但未提取出该种植物的该四种激素。存在的问题及原因分析：①在提取剑麻内源激素的过程中发现剑麻中含有大量的有机物的溶解性和内源激素的溶解性相同，用以往的方法进行提取会造成最终的提取物中含有大量的杂质，继续纯化会导致内源激素的大量损失，而造成最终的提取液中的有效成分较少，达不到质谱的检测线。②在剑麻中可能存在某种物质和内源激素结合而导致无法有效地将其提取出来。③试验进行了标准样品的回收率的测定，发现标准样品的回收率为 50% ~70%，说明该方法可以提取出内源激素，但最终的提取液经高效液相色谱和质谱没有相应的响应值，可能原因是剑麻中的激素含量非常低，导致不能在高效液相色谱和质谱中检测出。

3. 高产剑麻植株各器官的养分含量及分布特征

剑麻各器官的养分含量测定结果表明（表 6 – 117），根系中以 N 的含量最高，各种养分含量从高到低排列：N > Ca > K > S > P > Mg > Cl > Zn > Fe > Cu > B > Mo，茎中以 Ca 的含量最高，各种养分含量从高到低排列：Ca > N > K > S > Mg > P > Cl > > Zn > B > Cu > Mo；叶中以 Ca 的含量最高，各种养分含量从高到低排列：Ca > K > N > Mg > S > P > Cl > Zn > B > Cu > Mo。

表 6 – 117　高产剑麻各部位的养分含量　（mg/kg）

养分含量	根	茎	叶
N	2 988. 89 ±236. 49	10 177. 78 ±3 327. 05	9 588. 89 ±1143. 74
P	283. 33 ±51. 32	952. 22 ±366. 22	1 158. 89 ±71. 28
K	2 012. 22 ±457. 55	5 991. 11 ±2 651. 60	15 288. 89 ±4 825. 89
Ca	2 903. 33 ±714. 99	24 777. 78 ±4 867. 62	37 425. 56 ±4 140. 59
Mg	247. 78 ±40. 32	1 514. 44 ±601. 69	3 923. 33 ±945. 33
S	452. 22 ±71. 67	3 112. 22 ±1 173. 72	2 010. 00 ±264. 22
Cu	5. 09 ±2. 87	4. 14 ±1. 35	2. 19 ±1. 17
Zn	5. 56 ±0. 87	25. 69 ±10. 29	17. 77 ±3. 02
B	4. 44 ±0. 53	13. 16 ±2. 89	12. 89 ±1. 26
Mo	0. 07 ±0. 01	0. 14 ±0. 01	0. 09 ±0. 01
Cl	70. 75 ±8. 31	154. 70 ±59. 47	264. 36 ±67. 65

各种养分在剑麻各器官含量分布各有特点。总的来说，大多数元素在叶和茎中相对养分含量高于根系，Cu 则是根系含量最高。N 含量的分布特点是茎 > 叶 > 根系，相对养分含量最高值为 44. 73%；P 含量的分布特点是叶 > 茎 > 根系，最高值为 48. 40%；K 含量的分布特点是叶 > 茎 > 根系，最高值为 65. 64%；Ca 含量的分布特点是叶 > 茎 > 根系，最高值为 57. 48%；Mg 含量的分布特点是叶 > 茎 > 根系，最高值为 69. 01%；S 含量的分布特点是茎 > 叶 > 根系，最高值为 55. 83%；Cu 含量的分布特点是根系 > 叶 > 茎，最高值为 44. 56%；Zn 含量的分布特点是茎 > 叶 > 根系，最高值为 52. 41%；B 含量的分布特点是茎 > 叶 > 根系，最高值为 43. 15%；Mo 含量的分布特点是茎 > 叶 > 根系，最高值为

47.44%；Cl 含量的分布特点是叶 > 茎 > 根系，最高值为 53.97%（表 6－118）。

表 6－118 剑麻茎养分含量

养分含量	3 月	6 月	9 月	12 月	年平均
N（g/kg）	6.53 ±1.15	11.57 ±1.01	12.03 ±1.13	12.00 ±1.15	10.42 ±2.52
P（g/kg）	0.60 ±0.03	1.24 ±0.44	1.30 ±0.47	1.37 ±0.45	1.11 ±0.45
K（g/kg）	5.60 ±0.60	7.67 ±2.90	7.83 ±2.86	8.00 ±2.42	7.23 ±2.28
Ca（g/kg）	33.67 ±3.51	38.33 ±4.04	38.59 ±3.63	40.00 ±1.00	37.58 ±3.80
Mg（g/kg）	2.10 ±0.10	1.80 ±0.00	1.78 ±0.08	1.87 ±0.06	1.89 ±0.14
B（mg/kg）	33.67 ±17.62	36.00 ±10.58	35.94 ±7.57	36.33 ±5.69	35.50 ±10.21
Zn（mg/kg）	20.07 ±4.31	32.53 ±3.07	34.03 ±3.26	34.13 ±0.95	29.82 ±6.48

通过对广西山圩农场高产剑麻 H.11648 茎、叶性状和养分含量全年跟踪调查分析，研究高产剑麻的营养特性，结果表明：①剑麻茎养分年平均含量大小为：Ca > N > K > Mg > P > Zn > B，叶养分年平均含量大小为：Ca > K > N > Mg > P > Zn > B。②各种养分在茎、叶中的含量大小为：叶片 N、P 含量 3 月大于茎，6～12 月小于茎，叶片 K、Ca、Mg、B 含量 3～12 月都大于茎，而叶片含 Zn 量 3～12 月都小于茎。③不同部位不同养分含量变化有所差异，3～6 月，剑麻叶片 N、K、Ca、Mg 含量大幅下降，叶片含 P 量降幅较小，而 Zn、B 含量则小幅上升；3～6 月，剑麻茎 N、P、Zn 含量大幅上升，K、Ca、B 含量小幅上升；6～12 月，剑麻茎、叶 N、P、K、Ca、Mg、Zn、B 含量变化都不是很明显（表 6－119）。

表 6－119 剑麻叶片养分含量

养分含量	3 月	6 月	9 月	12 月	年平均
N（g/kg）	13.33 ±0.61	10.70 ±1.75	10.71 ±1.73	10.73 ±1.70	11.37 ±1.77
P（g/kg）	0.98 ±0.03	0.94 ±0.27	0.96 ±0.25	0.99 ±0.28	0.96 ±0.20
K（g/kg）	15.20 ±0.30	12.37 ±5.13	12.28 ±4.46	12.23 ±4.34	13.04 ±3.83
Ca（g/kg）	50.00 ±3.46	41.00 ±5.57	43.84 ±4.23	45.67 ±3.06	44.42 ±5.52
Mg（g/kg）	5.07 ±0.31	3.80 ±0.20	3.88 ±0.24	3.93 ±0.15	4.15 ±0.59
B（mg/kg）	16.33 ±4.16	19.33 ±6.11	19.42 ±5.13	19.00 ±3.61	18.50 ±4.56
Zn（mg/kg）	37.37 ±16.97	39.37 ±0.38	39.20 ±0.43	38.67 ±0.21	38.69 ±7.29

4. 收获后高产剑麻吸收养分的去向分析

剑麻是一种多年生热带硬质纤维作物，收割叶片中的养分为带走量，根系和茎中的为残留量（表 6－120）。结果表明，每收获 1t 剑麻叶片从麻地中带走的大量元素和中量元素养分数量平均为 N 1.34kg，P_2O_5 0.16kg，K_2O 2.14kg，CaO 5.24kg，MgO 0.55kg，S 0.28kg；微量元素的带走量为 Cu 0.31g、Zn 2.49g、B 1.80g、Mo 0.0g1、Cl 37.01g。

表 6－120　高产剑麻收获后植株的养分去向

养分（kg/t）	N	P_2O_5	K_2O	CaO	MgO	S	Cu	Zn	B	Mo	Cl
养分吸收量	3.20	0.34	3.26	9.36	0.81	0.80	1.43	7.00	4.27	0.04	67.68
叶片带走量	1.34	0.16	2.14	5.24	0.55	0.28	0.31	2.49	1.80	0.01	37.01
根系残留量	0.28	0.03	0.19	0.27	0.02	0.04	0.47	0.52	0.41	0.01	6.60
茎残留量	1.58	0.15	0.93	3.85	0.24	0.47	0.64	4.00	2.05	0.02	24.06

（三）剑麻高产高效栽培技术研究

1. 种植密度试验

在广东湛江开展了剑麻种植密度与产量关系的研究。研究设置了亩种植 281、296 和 314 株剑麻 3 个处理。试验田地力中上，一直种植剑麻，2010 年剑麻淘汰后轮作辣椒，2011 年 10 月继续种麻。

结果显示，不同处理剑麻产量以处理 333 株/亩产量最高，为 5 032.65kg/亩；其次为 314 株/亩的处理，产量为 4 971.65kg/亩（表 6－121）。

表 6－121　不同密度种植处理剑麻生长情况

处理	叶长（cm）	叶宽（cm）	单叶重（kg）	总增叶（数/片）	年均增叶（数/片）	产量（kg/亩）
333 株/亩	89.35	10.23	0.35	151.85	70.09	5 032.65
314 株/亩	91.24	10.32	0.38	150.76	69.58	4 971.65
296 株/亩	88.01	10.32	0.35	151.04	69.71	4 438.01
281 株/亩	88.87	10.71	0.38	152.74	70.50	4 541.55

同时，剑麻斑马纹病和紫色卷叶病发病率总体呈现规律性变化，随着种植密度的下降，剑麻发病率总体呈现下降的趋势，这与种植密度的下降有利于麻田的通风透光有关（表 1－122）。

表 6－122　不同密度种植处理剑麻病害发生情况

处理	斑马纹病死亡株数	死亡率（%）	紫色卷叶病发病株数	发病率（%）
333 株/亩	2.75	6.88	0.00	0.00
314 株/亩	4.00	10.00	0.50	1.25
296 株/亩	0.75	1.88	0.50	1.25
281 株/亩	5.25	13.13	0.75	1.88

2. 剑麻带根种植技术

开展了剑麻袋苗带根上山种植技术研究。试验设置了 1kg、2kg 的剑麻袋苗带根苗与常规裸根苗 4kg、6kg 进行比较。该试验于 2011 年 10 月始实施，2013 年 11 月测产情况来看，组培苗株重 2kg 带土带根种植方式剑麻鲜叶产量 4 670kg/亩，接近常规苗 6kg 切根种植方式，超过常规苗 4kg 切根种植方式。可见组培苗袋苗带根带土上山种植，恢复生长快（表 6－123）。

表 6－123 不同密度种植处理剑麻生长情况

处理	叶长（cm）	叶宽（cm）	单叶重（kg）	总增叶数（片）	年均增叶数（片）	产量（kg/亩）
①组培苗：株重 1kg 带土带根种植	85.8	9.9525	0.33	142.40	65.72	3 823
②组培苗：株重 2kg 带土带根种植	91.3	10.3	0.37	148.62	68.60	4 670
③常规苗：4kg 切根种植	95.4	11.1	0.40	125.84	58.08	4 229
④常规苗：6kg 切根种植	96.7	11.5	0.44	126.81	58.53	4 952

观察几种种植方式下剑麻斑马纹病致病情况发现，斑马纹病死亡率处理①、处理②最低，仅为5.63%，而常规苗斑马纹病死亡率达10%以上，尚有蔓延趋势。紫色卷叶病发病发病率各处理差异不明显（表6－124）。

表 6－124 不同处理剑麻病害发生情况

处理	斑马纹病死亡株数	死亡率（%）	紫色卷叶病发病株数	发病率（%）
①组培苗：株重 1kg 带土带根种植	2.3	5.63	1.00	2.50
②组培苗：株重 2kg 带土带根种植	2.3	5.63	0.75	1.88
③常规苗：4kg 切根种植	5.0	12.50	0.50	1.25
④常规苗：6kg 切根种植	4.0	10.00	0.75	1.88

3. 剑麻间种柱花草技术

开展剑麻间种柱花草发现，间种柱花草 1 年后，与对照区相比，间种区剑麻株高增加 44%，叶长增长 6%，长叶片数增加 2.5%，叶宽增加 15%。剑麻间种柱花草可显著减轻水土流失，增加土壤有机质，培肥地力，提高土地产出率，增加麻农收入。剑麻间种柱花草，可显著促进麻园生态平衡，有利于天敌——草蛉大量繁衍，以及利于控制剑麻粉蚧虫和紫色卷叶病为害。

（四）剑麻抗旱调控机理与高产栽培技术研究

1. 干旱胁迫对剑麻幼苗生理生化的影响

以剑麻（H·11648）幼苗为材料，采用盆栽试验的方法，研究剑麻对干旱胁迫的生理响应。试验对剑麻幼苗进行干旱胁迫处理，每隔 15d 测定叶片相对含水量（RWC）、相对电导率（REC）、丙二醛（MDA）、过氧化物酶（POD）、脯氨酸（Pro）和根系活力（TTC）的变化，共处理 90d。结果表明，随着干旱胁迫时间的增加，叶片含水量有所下降，下降最大幅度为 8.64%，而相对电导率、丙二醛含量和脯氨酸含量却明显上升，最大增幅分别为 86.22%，80% 和 41.54%，过氧化物酶活性和根系活力则呈现先上升后下降的趋势，峰值分别为 1 326.33U/（g·min·FW）和 2.66g/（g·h）（图 6－80、图6－81、表 6－125）。

表 6－125 干旱胁迫对剑麻生理代谢的影响

试验时间	细胞膜透性（%）	游离脯氨酸（mg/g）	过氧化物酶［U/（g·min·FW）］	根系活力［g/（g·h）］	丙二醛［μmol/（g·FW）］
15	41.55	0.22	346.33	2.54	0.18
30	57.59	0.24	647.00	2.66	0.24
45	71.99	0.27	921.67	2.52	0.27
60	84.10	0.29	1 326.33	2.22	0.31
75	88.10	0.31	820.67	1.79	0.33
90	77.38	0.31	254.33	1.40	0.33

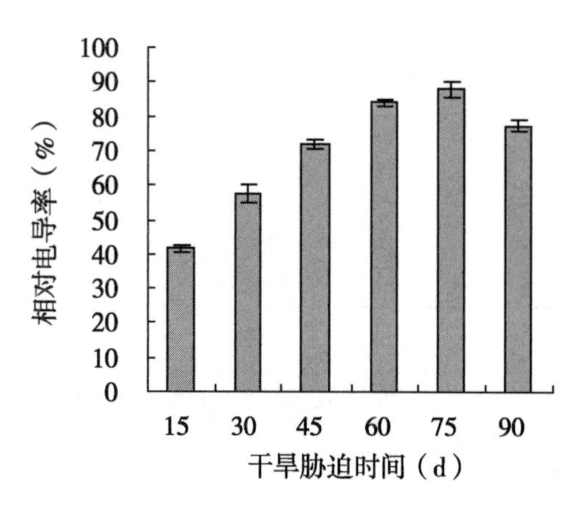

图 6－80　相对电导率变化图

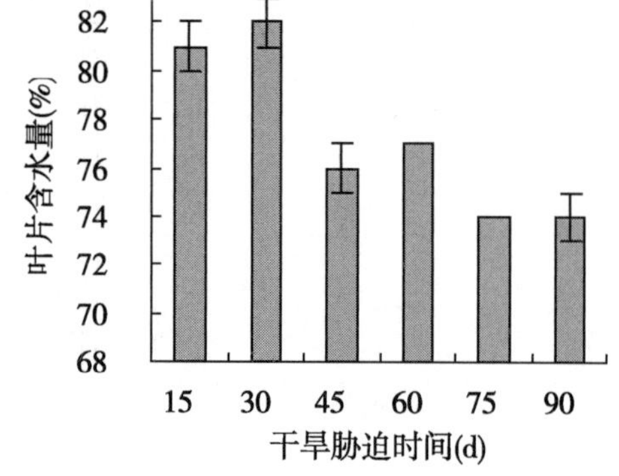

图 6－81　叶片含水量变化图

2. 不同的水分胁迫对剑麻生长和抗逆性的影响

通过盆栽试验，研究了不同水分胁迫处理对剑麻幼苗生长情况和抗逆性的影响。试验设计了 3 个程度的水分胁迫，结果表明：不同水分胁迫处理对剑麻地上部生长影响较为显著，轻度水分胁迫有利于剑麻的生长，而且剑麻抗逆性也有所提高，不同处理的剑麻总重、株高、叶片含水量和细胞膜透性均表现为：轻度胁迫 > 中度胁迫 > 重度胁迫；游离脯氨酸、丙二醛、过氧化物酶这些指标则表现为：重度胁迫 > 中度胁迫 > 轻度胁迫。在轻度干旱胁迫下，有利于提高剑麻根系活力；同时，轻度水分胁迫对剑麻 N、P、K、的吸收效果也好于中度和重度胁迫处理。表明轻度水分胁迫增加了剑麻植株的抗逆性，对剑麻的生长情况有一定的提高（表 6－126、表 6－127）。

表 6－126　干旱胁迫对剑麻细胞膜透性的影响（%）

试验天数（d）	30	60	90	120
轻度水分胁迫	59.55a	62.54a	65.22a	67.81a
中度水分胁迫	53.59b	56.28b	56.30b	53.07b
重度水分胁迫	44.23c	47.72c	43.62c	34.80c

表 6－127　干旱胁迫对剑麻丙二醛的影响　［μmol/（g·FW）］

试验天数（d）	30	60	90	120
轻度水分胁迫	0.22a	0.232a	0.240a	0.252a
中度水分胁迫	0.19ab	0.210b	0.210b	0.228b
重度水分胁迫	0.16b	0.177c	0.152c	0.172c

3. 节水灌溉对剑麻生长及产量的影响

在元谋干热河谷的梯田上设置不灌水 B0（CK）和滴灌 B1 两个处理，对节水灌溉下剑麻生长及产量的差异进行了分析。每年的雨季结束测量记录剑麻的株高、剑麻新增叶片数（片/株）和叶片产量（kg/株）等。从表 6－128 可以看出，灌溉处理的不论在剑麻株高、新增叶片数、叶片重量、全株重量都比不灌溉处理的要高，充分说明在元谋干热河谷剑麻一定的灌溉能促进剑麻生长和提高其产量。

表 6－128　不同灌溉处理对剑麻地上部分生长的影响

处理	株高（cm）	叶片数	叶片长度（cm）	叶片厚度（mm）	叶片宽度（cm）	叶干重（g）	叶鲜重（g）	株鲜重（g）	株干重（g）
B0（CK）	53.5b	18b	41.5a	3.85a	7.2a	1.78a	19.55a	598.7a	135.3a
B1	64.5a	29a	44.2a	3.65a	7.6a	1.65a	20.22a	654.5b	149.8b

4. 干热河谷不同种植密度对剑麻生长及产量的影响

布设的三种种植密度 B1（500 株/亩）、B2（400 株/亩）、B3（300 株/亩）试验，试验小区上继续完成旱季和雨季剑麻的株高（cm）、剑麻年新增叶片数（片/株）、叶片产量（kg/株）等数据的观测。

通过对数据分析，从表 6－129 可以看出，处理 B2（400 株/亩）的剑麻的株高、叶长、叶厚、叶宽以及叶重量、全株重量比较好，但 3 个处理之间差异不显著。这主要原因在于剑麻刚栽种的头两年，剑麻在干热河谷区的生长比较缓慢，各植株间对土壤水分、养分及光能的竞争，还不能构成竞争的格局。

表 6－129　不同种植密度对剑麻生长及产量的影响

处理	株高（cm）	叶片数	叶片长度（cm）	叶厚度（mm）	叶片宽度（cm）	叶干重（g）	叶鲜重（g）	株鲜重（g）	株干重（g）
B1	52.8	21	41.5	3.15	5.2	2.20	20.6	598.40	144.8
B2	54.5	23	44.2	3.35	5.4	2.25	21.7	625.48	146.5
B3	53.6	22	39.6	3.23	5.3	2.15	22.8	599.86	145.3

试验小区布设在元谋干热河谷区的梯田上，试验设计种植密度有 A1（300 株/亩）、A2（400 株/亩）和 A3（500 株/亩）3 种密度处理，在每个处理中有水平沟和鱼鳞坑两种种植方式，共计 40 亩，采用随机区组排列，3 次重复。目前已取得部分试验数据，土壤样品已送昆明检测理化性质。

5. 干热河谷不同施肥水平对剑麻生长及产量的影响

用盆栽试验，肥力设 4 个水平，分别为 B0 不施肥处理；B1 低肥处理，即每 1kg 干土施 N 0.41g、P_2O_5 0.14g、K_2O 0.27g；B2 中肥处理，即每 1kg 干土施 N 0.83g、P_2O_5 0.28g、K_2O 0.53g；B3 高肥处理，即每 1kg 干土施 N 1.24g、P_2O_5 0.41g、K_2O 0.80g；每个处理 3 次重复，随机排列。

通过在干热河谷对剑麻进行不同浓度的施肥处理的实验，发现不同的施肥处理对剑麻根系产生一定影响。从研究结果表明，低肥处理下的剑麻根系的根条数最多，根系长度最长，粗度最粗，说明一定的施肥量对根系的跟条数增加有明显作用，随着施肥量的增加，剑麻根系周围肥料浓度过高，灼伤根系，使其受损，反而可能抑制了根系的生长（表 6－130）。

表 6－130　不同施肥处理对剑麻根系生长的影响

处理	根条数（条）	根长（cm）	根粗（mm）	根鲜重（g）	根干重（g）	根冠比
B0（CK）	35a	41.95ab	3.475a	66.64a	15.23a	0.505a
B1	44b	48.45a	3.515a	78.09b	16.93b	0.556b
B2	33a	37.3b	3.4a	51.28c	13.31c	0.445c
B3	29a	25.7c	3.245a	28.62d	8.31d	0.243d

表 6－131 研究结果表明，低肥处理下的剑麻株高、叶片数、叶片长度、叶片厚度还是在叶鲜重、株鲜重都比对照不施肥处理有所增加，而随着施肥量的增加，剑麻的株高、叶片数、叶片长度、厚度、叶鲜重、株鲜重都比对照不施肥处理明显下降。说明在肥力较高水平下，低肥处理有利于剑麻植株的生长，而浓度过高反而抑制其生长。

表 6－131　不同施肥处理对剑麻地上部分生长的影响

处理	株高（cm）	叶片数	叶片长度（cm）	叶片厚度（mm）	叶片宽度（cm）	叶干重（g）	叶鲜重（g）	株鲜重（g）	株干重（g）
B0（CK）	40.5a	21a	41.5a	3.15a	4.2a	0.62a	6.15a	198.45a	42.49a
B1	44.5b	26b	44.2a	3.45a	4.6a	0.69a	7.25a	218.48d	46.85ab
B2	34.5c	15c	35.6b	2.23b	3.3b	0.61a	5.76a	166.46ab	28.07c
B3	28.6d	11d	27.5b	1.81b	2.9b	0.48b	3.78b	146.24bc	20.07d

用盆栽试验，对不同配比的氮肥、磷肥、钾肥进行试验，测出剑麻产量，找出最佳施肥栽培方案。肥力设 4 个水平，分别为 B0 不施肥处理；B1 低肥处理，即每 1kg 干土施 N 0.41g、P_2O_5 0.14g、K_2O 0.27g；B2 中肥处理，即每 1kg 干土施 N 0.83g、P_2O_5 0.28g、K_2O 0.53g；B3 高肥处理，即每 1kg 干土施 N 1.24g、P_2O_5 0.41g、K_2O 0.80g；每个处理 3 次重复，随机排列。

6. 干热河谷不同的间种方式对剑麻生长及产量的影响

试验小区布设在元谋干热河谷区的梯田上，试验设计间种乡土草被 B1（扭黄茅）和豆科牧草 B2（株花草）2 种作物处理，每小区 30 株剑麻，三次重复。在试验小区持续一年的田间观测，主要观测指标为：株高（cm）、剑麻年新增叶片数（片/株）和叶片宽度（cm）叶片厚度（mm）等的观测。

从表 6－132 可以看出，间作柱花草的剑麻植株平均高度要略高于间作扭黄茅和无间作的，但由于栽种的时间较短，无论是间作了柱花草还是扭黄茅的剑麻，两个试验区内的剑麻在叶片数、叶片厚度、叶片宽度、鲜叶重、叶干重、植株鲜重、植株干重等指标均无显著差异。这主要归因于新栽种的柱花草和扭黄茅生长年限较短，对土壤改良的效益还尚未体现出来，也未能对剑麻的生长提供帮助。

表 6－132　不同间种方式对剑麻生长及产量的影响

处理	株高（cm）	叶片数	叶片长度（cm）	叶片厚度（mm）	叶片宽度（cm）	叶干重（g）	叶鲜重（g）	株鲜重（g）	株干重（g）
B0（CK）	44.5a	21a	41.8a	3.15a	4.2a	1.86a	18.5a	593.95a	137.6a
B1	43.6a	22a	42.2a	3.18a	4.2a	1.95a	18.2a	612.7a	139.5a
B2	45.2a	22a	42.6a	3.22a	4.3a	1.83a	19.8a	596.3a	138.9a

7. 干热河谷不同氮营养水平对剑麻产量和品质的影响

与广西南宁试验站合作研究干热河谷不同氮营养水平对剑麻产量和品质的影响，试验品种为奥西 114、H.11648，孤叶龙舌兰，假菠萝麻，南亚 2 号等。2012 年布置田间试验，常规密度种植，试验区面积 2 亩。试验设置 4 个处理水平，每个处理 3 次重复，试验采用随机区组设计。基肥每株施有机肥 15kg，观测剑麻的成活率（%）、株高（cm）、剑麻新增叶片数（片/株）和叶片产量（kg/株）；试验地土壤理化性质、剑麻叶片养分含量、纤维含量等（表 6－133）。

表 6－133　剑麻各处理施肥量　［kg/（株·年）］

处理	氮肥（尿素，N46%）	磷肥（P_2O_5）	钾肥（K_2O）
N0	0	0.1	0.2
N1	0.2	0.1	0.2
N2	0.3	0.1	0.2
N3	0.4	0.1	0.2

8. 干热河谷不同的覆盖方式对剑麻生长及产量的影响

设计地膜覆盖、秸秆覆盖 B1、自然草覆盖 B2，3 个处理，其中对照（CK）为常规处理。由于元谋光照过强，覆盖的地膜一个月后，地膜就腐化，不利于持续观测。所以地膜覆盖处理就没有进行观测，对其他两个处理按实验设计进行观测。通过对收集的数据进行整理分析。

实验表明，与对照（CK）相比，活覆盖和秸秆覆盖可显著提高剑麻的株高、叶片数、叶片鲜重和整株鲜重。无论是活覆盖还是秸秆覆盖，无论是在雨季还是旱季，均可以显著降低地表温度，减少土壤水分蒸发，为剑麻生长提供更多的水分，进而促进了覆盖处理的整株生物量（表 1－134）。

表 6－134　干热河谷不同的覆盖方式对剑麻生长及产量的影响

处理	株高（cm）	叶片数	叶片长度（cm）	叶片厚度（mm）	叶片宽度（cm）	叶干重（g）	叶鲜重（g）	株鲜重（g）	株干重（g）
B0（CK）	40.5a	18a	38.8b	3.15a	4.0a	1.38a	14.8a	517.5a	126.3a
B1	44.6b	22b	42.2b	3.18a	4.2a	1.95b	18.6b	625.5b	140.5b
B2	45.2b	22b	42.6b	3.22a	4.3a	1.83b	18.1b	598.8c	136.7c

设计地膜覆盖、自然生草覆盖和秸秆覆盖 3 个处理，测量土壤的保水效果及剑麻的产量；采用随机区组排列，每小区 30 株剑麻，3 次重复。目前已完成自然草被覆盖和秸秆覆盖的试验，下一步进行覆膜试验研究。

9. 剑麻固土保水效益研究

应用水土保持的常规方法，在不同坡度（10°、15°、20°）的地块，营建 2m×10m 径流池，水平沟和鱼鳞坑方式种植，以裸地为对照，选取长势正常一致的 H. 11648 剑麻苗、番麻苗和广西 76416 苗进行试验。

通过在 10°、15°、20°坡的标准径流场中以水平沟和鱼鳞坑两种方式种植剑麻，以鱼鳞坑方式种植番麻，监测结果显示，未处理的径流场中 10°坡和 15°坡中以水平沟方式种植剑麻能够显著减少土壤的流失量，分别减少了 42.6% 和 31.3%；20°坡无显著影响，表明剑麻的水土保持效益在 20°坡以上较小。鱼鳞坑方式种植的剑麻和番麻对土壤流失的治理效果较小，可能与种植中植株分散有关，进而很难截留土壤的流失（图 6－82、图 6－83）。

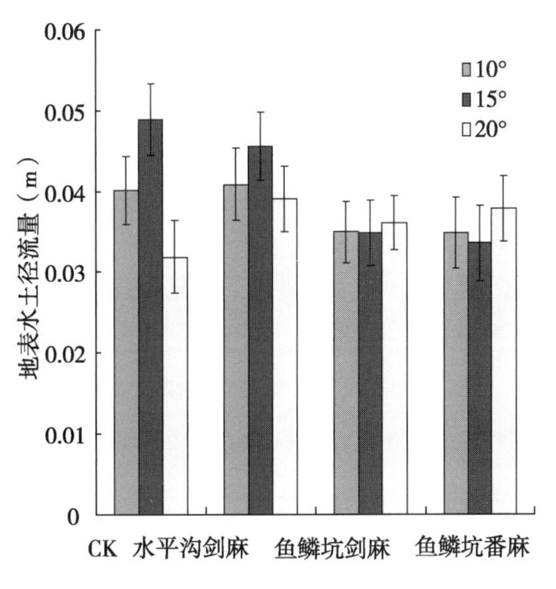

图 6－82　不同处理下径流场地表水土流失

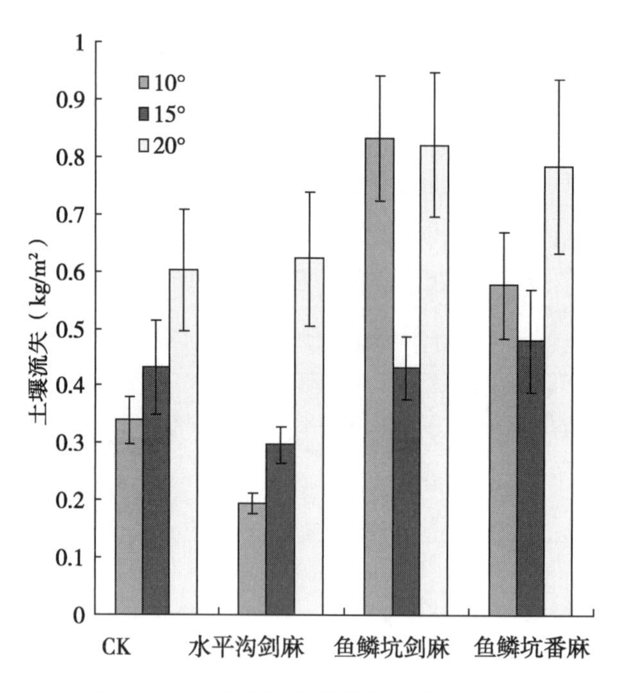

图 6－83　不同处理下径流场土壤流失量

应用水土保持的常规方法，在不同坡度（10°、15°、20°）的地块，营建 2m × 10m 径流池，水平沟和鱼鳞坑方式种植，以裸地为对照，选取长势正常一致的 H. 11648 剑麻苗、番麻苗和广西 76416 苗（称取重量）进行试验。

初步结果表明，未处理的径流场中 15°坡的流失量最大，20°坡最小，而以水平沟方式种植剑麻的 10°坡径流场中流失最小，以鱼鳞坑方式种植剑麻的 10°坡径流场中流失最大，以鱼鳞坑方式种植番麻的 15°坡径流场中水土流失量较大坡度，种植品种、种植方式间存在复杂的交互作用（图 6－84）。

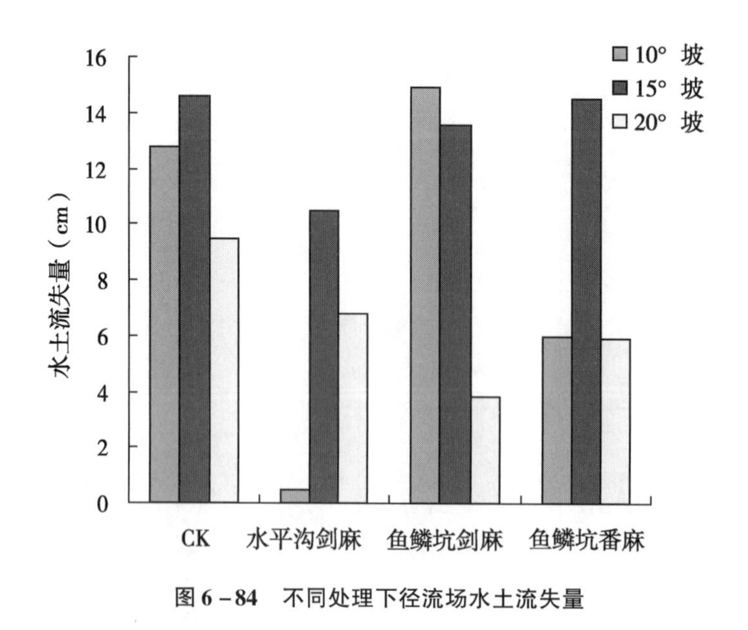

图 6－84　不同处理下径流场水土流失量

（五）剑麻轻简化栽培技术研究

1. 剑麻水肥药一体化技术研究

在广东湛江中上地力苗圃开展了剑麻水肥药一体化技术研究。研究设置了 CK（不滴灌，按常规）、滴灌和滴灌+盖地膜3个处理。初步结果：滴灌+盖地膜的效果最好，尤其是冬季，起到保水保温等作用，其15d便可恢复生长，一个月便100%恢复，麻苗生长量比CK增长20%以上，可提早半年出圃，而CK迟迟不能恢复。但高温雨季麻苗将封行以后不宜再盖地膜，否则易造成局部积水，导致斑马纹病发生为害。大田起畦达标准的可试小行1m宽的位置盖地膜会达到保水保温保肥及防杂草等预期效果。

2. 剑麻轮耕技术研究

在广东湛江中等地里苗圃开展了剑麻轮耕技术研究。试验设置了常规耕作（每年均采用深松柱直接开沟施肥覆土，亩追施剑麻专用配方肥300kg）、隔年耕（隔年中耕开沟施肥与常规耕作方式轮换实施）和免耕（仅每年中耕开沟施肥）3个处理（表6－135）。2012年已收获第2刀；调查初步结果可见该项目实施时间不长，但隔年或年年中耕开沟施肥其叶长、叶宽、增叶片数、单叶重各项指标均比免耕法略高。经方差分析各处理间差异均不显著，主要原因可能是本地区土壤较黏，中耕开沟施肥有利增强土壤透气性，促根系发达和吸收水肥，从而促进地上部生长有密切关系。该项目有待进一步试验示范。

表6－135　不同处理剑麻生长情况

处理	叶长（cm）	叶宽（cm）	增叶	单叶重（kg）
常规耕	96.58	9.34	26.90	0.30
隔年耕	98.72	9.62	29.53	0.32
免耕	98.27	9.59	30.00	0.34

3. 剑麻全程机械化耕作技术研究

在广东湛江中上地里试验田开展了剑麻全程机械化耕作技术研究。技术集成了机械化起畦种麻、机械化中耕施肥覆土、机械化撒施石灰、机械化喷（撒）药剂防治病虫害、机械化化学除草、机械化入田间装麻等措施。经试验示范，剑麻全程机械化可促进标准化质量的提高，如种麻、育苗机械起畦可保证起畦质量，达到排水顺畅，有效减轻斑马纹病为害，仅起畦便每亩比人工降低成本60元；机械施石灰可保障撒施均匀，中和土壤酸性效果达到最佳和提高钙的利用率50%以上，亩减少浪费和降低人工费达30元以上；机械施肥覆土提高工效80倍以上，亩降低人工费25元以上；机械喷（撒）药可提高工效外，还可避免人员中毒，以上全程机械化耕作可亩节省成本80元以上。

第七章　设施设备研究进展

一　可降解麻地膜生产

（一）可降解麻地膜生产技术研究

1. 可降解麻地膜性能参数评估

经过前几年的持续研究，对麻地膜生产工艺和配方的研究已经基本成熟，为进一步改进配方、优化工艺，并开发新用途麻纤维膜产品，需要从根本上对麻地膜的生产工艺与配方进行改进。为此，首先需要对已有麻地膜的各个方面的性能有一个系统完整的分析测定。

（1）水蒸气渗透试验

采用透湿杯蒸发法，将试样覆盖在盛有水的透湿杯上，放置在恒温恒湿的实验室内，利用透湿杯内外的温度差造成的蒸发作用，来检测经一定时间间隔散发的水的质量，计算出透湿量。绝对透湿量：$Aa = A/(t \cdot F)$，其中，A 为绝对透气量，单位为 mg/（cm^2 · h）；t 为时间，单位为 h；F 为透湿杯的蒸发面积，单位为 cm^2。研究表明，3 种麻地膜的透湿性能没有显著差异，其中，1h 后的绝对透湿量均在 0.3～0.4mg/（cm^2 · h）（图 7－1）。

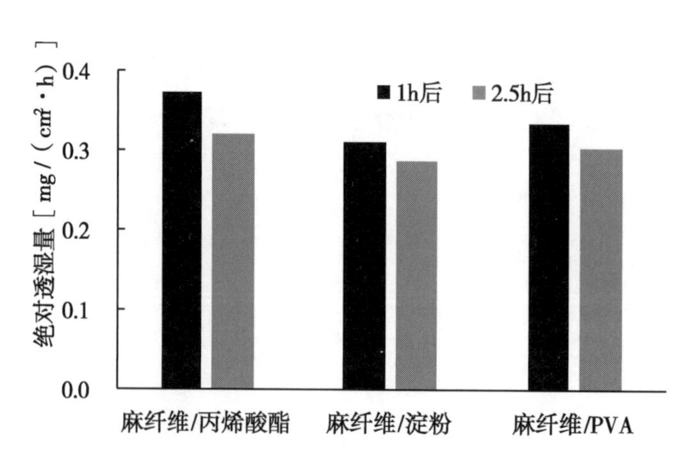

图 7－1　三种麻地膜的透湿量比较

注：温度 19℃，相对湿度 66%

（2）吸湿性

按国标 GB 1034—70 进行了 3 种麻地膜的吸湿性能比较研究。取 10cm×10cm 方块薄膜，于 105℃下烘干至恒重（W_0），然后置于室温下（25℃左右）的蒸馏水中，5min 后取出，用滤纸吸干表面水分，称重（W_1），计算吸水率。每个样品取3块膜条为一组，取平均值。吸湿率（%）＝［（W_1-W_0）/W_1］×100。研究表明，3种麻地膜的吸湿率存在显著差异，其中，麻纤维/丙烯酸酯材料最高，达到了108.19%，其次是麻纤维/PVA，达到了81.52%，而麻纤维/淀粉最低，为50.00%（表7－1）。

表7－1　三种麻地膜吸湿率的比较

材料	干燥后质量	吸水后质量	吸湿率
麻纤维/丙烯酸酯	0.3926	0.7591	108.19%
麻纤维/淀粉	0.3720	0.5580	50.00%
麻纤维/PVA	0.2950	0.5355	81.52%

（3）透光性

利用双光束紫外可见分光光度计测定，在200～900nm范围内进行扫描，测定了3种麻地膜的透光率，并与PE进行了比较（表7－2）。研究表明，麻地膜与PE相比，透光率显著较低；3种麻地膜之间，麻纤维/PVA的透光率显著高于其他两种材料，纤维/丙烯酸酯和麻纤维/淀粉则没有显著差异。

表7－2　三种麻地膜透光率的比较

材料	450nm	650nm	850nm
麻纤维/丙烯酸酯	18.00%	15.80%	15.30%
麻纤维/淀粉	15.60%	16.00%	15.00%
麻纤维/PVA	23.70%	25.30%	24.40%
PE	82.30%	85.90%	87.60%

2. 新型麻纤维机插育秧产品研制

随着社会对环保的要求越来越强烈，可降解原料、可再生的天然胶黏剂在新型机插育秧产品中的应用成为必然趋势。研究采用阿拉伯胶、壳聚糖、明胶等不同天然胶黏剂将缓释肥料和缓释肥料与水稻种子的混合物分别黏附到麻纤维基布上，观察了不同胶黏剂对黏附物（肥料、种子）在机插育秧产品上的稳定性的影响，并与合成胶黏剂PVA进行了比较。

（1）不同胶黏剂对机插育秧产品稳定性的影响

采用1%～12%浓度的阿拉伯胶和壳聚糖胶将缓释肥料和缓释肥料与水稻种子的混合物分别黏合在麻纤维基布上，观察其稳定性（表7－3）。根据两种天然胶黏剂的特性，加工麻纤维基布＋阿拉伯胶材料产品时需要加入与阿拉伯胶同等量的硫酸铝，加工麻纤维基布＋壳聚糖胶材料产品必须在溶解的时加2%的醋酸，并升温到40℃，才能将壳聚糖完全溶解。研究表明，当阿拉伯胶和壳聚糖添加量分别达到12%和10%后机插育秧产品的稳定性达到100%。

表7－3　阿拉伯胶和壳聚糖对机插育秧产品稳定性的影响

浓度	麻纤维基布＋阿拉伯胶		麻纤维基布＋壳聚糖	
	肥料黏附率	肥料与种子混合物黏附率	肥料黏附率	肥料与种子混合物黏附率
1%	25%	20%	18%	15%
2%	35%	33%	30%	25%
3%	45%	42%	38%	35%
4%	55%	51%	50%	48%

（续表）

浓度	麻纤维基布＋阿拉伯胶		麻纤维基布＋壳聚糖	
	肥料黏附率	肥料与种子混合物黏附率	肥料黏附率	肥料与种子混合物黏附率
5%	65%	61%	55%	52%
6%	75%	70%	65%	60%
7%	78%	73%	68%	64%
8%	80%	75%	70%	75%
9%	85%	80%	90%	85%
10%	90%	82%	100%	100%
11%	95%	88%	–	–
12%	100%	100%	–	–

采用1%、2%、3%浓度的明胶和PVA胶黏剂将缓释肥料和缓释肥料与水稻种子的混合物分别黏合在麻纤维基布上，观察其稳定性（表7－4）。研究表明，当明胶和PVA浓度达到3%时，不管是黏附肥料还是黏附肥料和种子，其稳定性都能达到100%。另外，研究还观察了4%明胶浓度的育秧产品，其稳定性虽然可以达到100%，但是材料在一天之内还没干，可见浓度太高将严重影响到产品的质量和生产成本。

表7－4　明胶和PVA胶对机插育秧产品稳定性的影响

浓度	麻纤维基布＋明胶		麻纤维基布＋PVA	
	肥料黏附率	肥料与种子混合物黏附率	肥料黏附率	肥料与种子混合物黏附率
1%	30%	25%	35%	27%
2%	60%	55%	63%	58%
3%	100%	100%	100%	100%

综上所述，阿拉伯胶和壳聚糖的添加量均需达到10%以上才能达到育秧产品稳定性100%的要求，而明胶在保证育秧产品稳定性达标的基础上虽然和PVA的添加量相同，但是其价格高于PVA。因此，结合试验结果和成本核算，以PVA最适宜作为种子、肥料的黏合剂。

（2）不同麻纤维基布对机插育秧产品黏合性的影响

选取了拒水型和普通两种麻纤维基布，分别经过明胶、阿拉伯胶、壳聚糖和PVA4种胶黏剂处理，进行了水稻种子和缓释型肥料的黏合试验。研究表明，利用拒水性型麻纤维基布所生产的机插育秧产品的黏合性均优于普通麻纤维基布。

（二）可降解麻地膜覆盖效应研究

2012—2013年度，团队成员继续在长沙市望城实验基地和全国多地开展露地与大棚条件下的麻地膜覆盖栽培应用技术研究。实验作物包括萝卜、番茄、花菜等，均取得了较好的增产效果。实验结果显示，麻地膜覆盖显著提高了作物的产量，在一些作物上，如萝卜、番茄等，其增产幅度甚至远远高于塑料地膜覆盖。同时，通过对土壤温度的持续监测和分析比较，深入了解了麻地膜覆盖下的土壤温度变化规律及其与其他地膜的差异，以翔实的数据说明了麻地膜覆盖具有温和的增温效应，为不同地区不同作物的麻地膜覆盖栽培应用提供了理论指导依据。

1. 不同地膜覆盖下土壤温度日波动规律

在典型的晴天，不管是覆膜还是不覆膜，也不管所覆地膜的类型，从早上8点到次日早上8点，表层土壤温度基本上显现一个单峰形态的变化趋势，即土壤温度先逐渐增加而后逐渐降低，随着土壤深度的增加，土壤温度的日波动幅度逐渐减小，到土壤30cm时，土壤温度已经比较稳定，日波动幅度较小。

不同天气下，不管是覆膜还是不覆膜，也不管所覆地膜的类型，不同处理下日最高和日最低土壤温度出现的时间基本一致，换言之，不同覆膜处理下土壤温度随时间的变化趋势具有一致性，覆盖地膜并没有使得日最高和日最低温度出现的时间相比于无覆盖明显提前或延后。热量在不同深度土壤间传递时，由于土壤热容及热阻的存在，使得随着土壤深度的增加，日最高温度出现的时间逐渐延迟，一般每隔10cm，日最高土壤温度出现的时间会延迟2～4h，地表的日最高土壤温度一般出现在午后13～15时，而土壤30cm处的日最高温度出现时间则一般在午夜23～24时。若非连续降温天气，地表的日最低温度一般出现在早上5～7时（图7－2）。

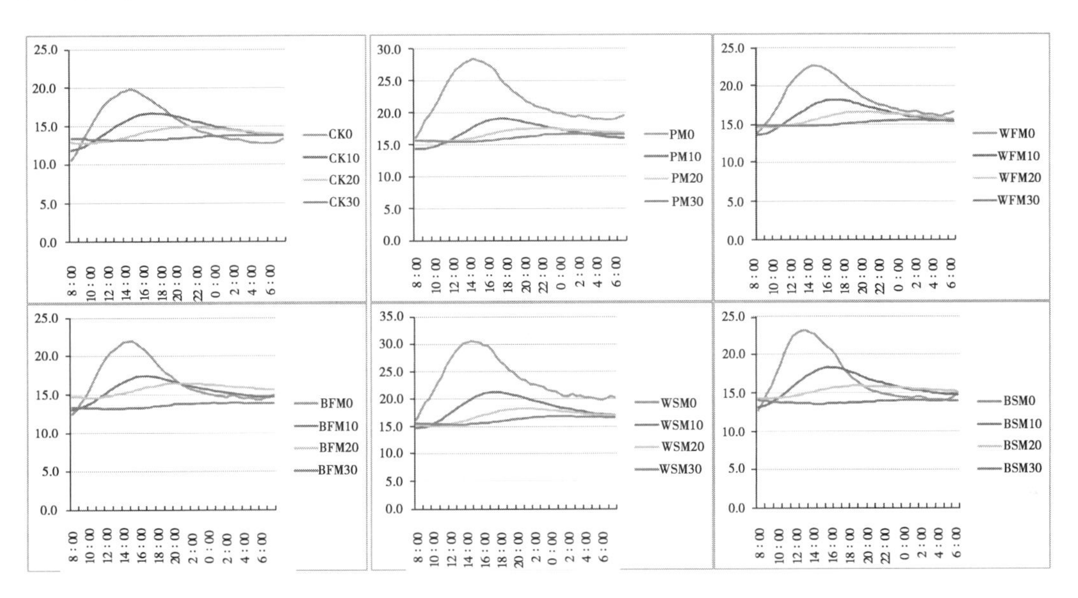

图7－2　典型晴天条件下不同地膜覆盖下土壤温度的日波动

注：横坐标为时间，纵坐标为温度（℃）。CK为对照，PM为白色塑料膜，WFM为白色麻膜，BFM为黑色麻膜，WSM为白色淀粉膜，BSM为黑色淀粉膜，下同

2. 不同地膜覆盖下土壤温度的差异

不同地膜覆盖下土壤温度存在较大的差异，这种差异随着地膜覆盖状况、天气、土壤深度的变化而变化。

由于随着覆膜时间的延长，麻地膜及淀粉地膜会逐渐降解，与此同时塑料地膜则由于杂草的顶撑作用，最终所有的地膜都会逐渐破裂，膜内外空气流通迅速加快，使得地膜的增温效益迅速降低，此时比较不同地膜覆盖的增温效益则不具有代表性，故而此处比较了覆膜初期两种典型天气条件下（4月1日，晴，且前后一天都为晴天；4月8日，雨，且前后一天都为阴雨天）不同地膜覆盖的增温效益。

从图7－3中可以看出，在地膜覆盖初期，覆盖地膜都显著提高了各层土壤的日均温度。在增温幅度上，无论是晴天还是雨天，白色淀粉地膜对各层土壤日均温的增幅是最大的，塑料地膜的增温幅度略小于白色淀粉地膜，其次为白色麻地膜，再次为黑色麻地膜和黑色塑料地膜。随着土壤深度的增加，覆盖地膜引起的增温效应迅速减小，这在晴天更为显著。如在4月1日，覆盖塑料地膜、白色麻地膜、黑色麻地膜、白色淀粉地膜、黑色淀粉地膜分别使土壤0cm处温度提高了6.4、3.1、1.6、7.7、1.7℃，而到了土壤30cm处温度则仅分别提高了2.4、1.6、0.1、2.4、0.5℃，可见覆盖地膜对土壤表层温度的影响最大，不同地膜覆下该层的土壤温度差异也是最大的。

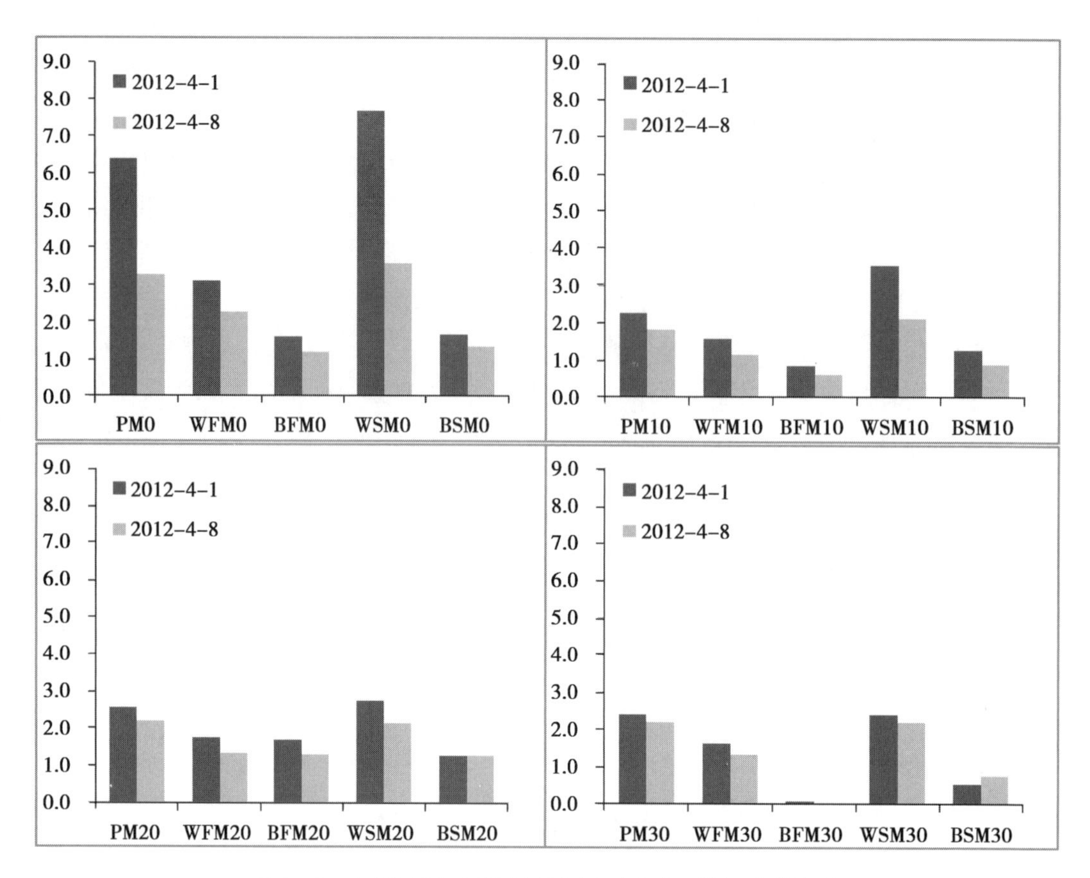

图7-3　不同天气下不同地膜覆盖对日均土壤温度的影响

注：横坐标为不同类型地膜，纵坐标为温度差值（℃）

晴天覆盖地膜的增温幅度要显著高于雨天，这种差异因地膜种类和土壤深度的不同而不同。如4月1日（晴天）塑料地膜、白色麻地膜、黑色麻地膜、白色淀粉地膜、黑色淀粉地膜覆盖对0cm土壤的增温幅度比4月8日（雨天）分别高了3.1、0.8、0.4、4.1、0.3℃，而同期对30cm土壤的增温幅度则仅分别高了0.2、0.3、0.3、0.2、-0.2℃，可见随着深度的增加，天气对温度的影响在减小，另一方面也说明了麻地膜覆盖的增温效应相对塑料地膜和白色淀粉地膜平缓，不会因天气的变化发生剧烈的变化。

从图7-4中可以看出，在地膜覆盖初期，覆盖地膜都显著提高了各层土壤的日最高温度，日最高土壤温度随着地膜种类、天气、土壤深度的变化而变化的规律同日均土壤温度的基本一致。稍有不同的是，白色麻地膜覆盖对土壤0cm最高温度的增加效应与黑色麻地膜和黑色淀粉地膜的基本一致，都远远低于白色淀粉地膜和塑料地膜。如4月1日，白色淀粉地膜和塑料地膜覆盖下的土壤0cm日最高温度提高了10.8和8.6℃，而白色麻地膜、黑色麻地膜和黑色淀粉地膜则仅分别提高了2.9、2.2、3.3℃。另一方面，在白色麻地膜和黑色麻地膜覆盖下，4月1日（晴）的土壤0cm的日最高温度比4月8日（雨）分别只高了1.0、1.1℃，远低于白色淀粉地膜和塑料地膜的6.3℃和4.5℃，也低于黑色淀粉地膜的1.6℃。这些进一步说明了麻地膜覆盖对土壤的增温效应比较温和，膜内温度一般不会过高，也不会随着外界天气状况的变化发生剧烈变化。

图7-5表明了地膜覆盖显著提高了日最低土壤温度。在增温幅度上，无论是晴天还是雨天，白色淀粉地膜对各层土壤日最低温的增幅是最大的，塑料地膜的增温幅度略小于白色淀粉地膜，其次为白色麻地膜，再次为黑色麻地膜和黑色塑料地膜；晴天的增幅一般要大于雨天；随着土壤深度的增加，地膜覆盖对日最低土壤温度的提高效应迅速逐渐减小，不同地膜覆盖间的差异也减小，这些与不同地膜覆盖对日均温的影响基本一致。

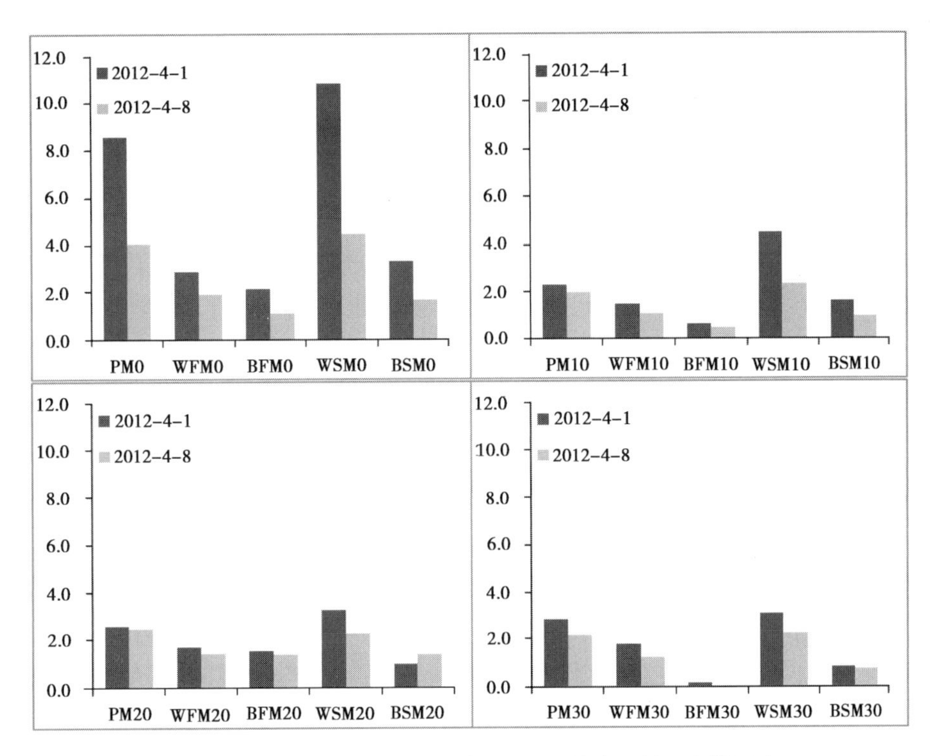

图 7-4　不同天气下不同地膜覆盖对日最高土壤温度的影响

注：横坐标为不同类型地膜，纵坐标为温度差值（℃）

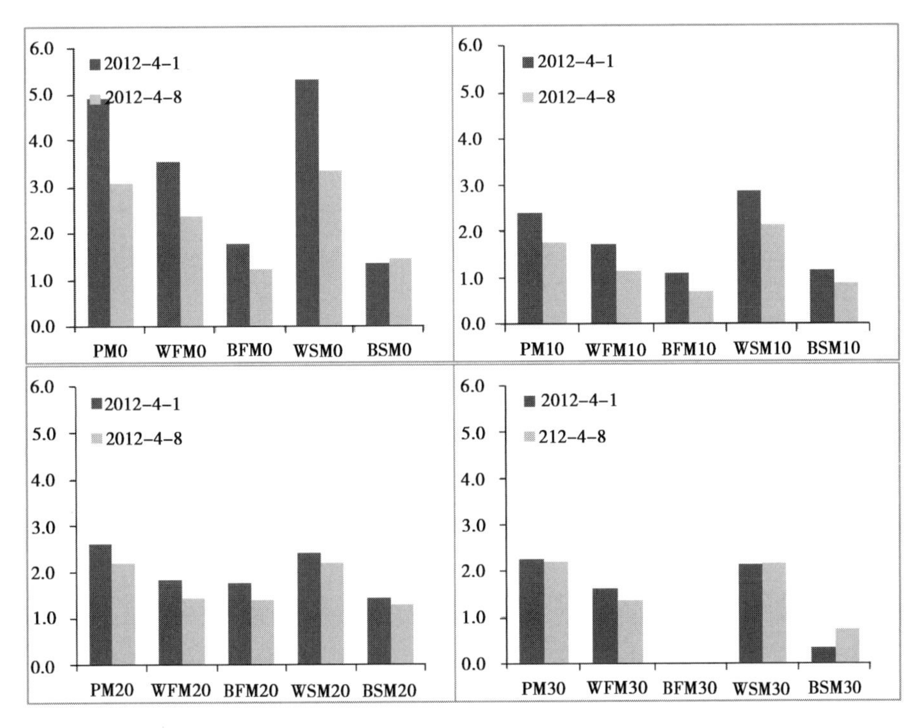

图 7-5　不同天气下不同地膜覆盖对日最低土壤温度的影响

注：横坐标为不同类型地膜，纵坐标为温度差值（℃）

无论是晴天还是雨天，白色淀粉地膜和塑料地膜对土壤 0cm 日最高温度的提高效应要大于对日最低温度的提高效应，而白色麻地膜和黑色麻地膜对土壤 0cm 日最高温度的提高效应则与对日最低温度的提高效应相当甚至是降低了，换言之，麻地膜覆盖下土壤0cm日最高温度要显著低于白色淀粉地膜和塑料地膜覆盖下，而日最低温度则要相当甚至还要高，这造成了麻地膜覆盖下土壤温度的日波动幅度要远远低于白色淀粉地膜和塑料地膜覆盖，同时与对照的差异则很小甚至是减小了，这进一步说明了相比白色淀粉地膜和塑料地膜，麻地膜覆盖下土壤温度更为稳定。

3. 不同地膜覆盖处理增温效益的动态变化特征

随着覆膜时间的延长，覆盖白色淀粉地膜和塑料地膜对土壤日均温度的增加效应急剧减小。在覆膜初期的晴天，覆盖白色淀粉地膜和塑料地膜使土壤0cm日均温度提高了6～8℃，而在覆膜末期，白色淀粉地膜仅使土壤0cm日均温度提高了约2℃，而塑料地膜则完全失去了增温效应，甚至还使土壤0cm温度降低了。覆膜初期的阴雨天，覆盖白色淀粉地膜和塑料地膜使土壤0cm日均温度提高了约4℃，而在覆膜末期，白色淀粉地膜仅使土壤0cm日均温度提高了约1℃左右，而塑料地膜则完全失去了增温效应。类似的规律也可从土壤10、20、30cm处日均温度的变化情况中得到，但相对而言，随着土壤深度的增加，覆膜前后期的增温效应差异越来越小，到土壤30cm时，差异已经不显著了，表现无论是白色淀粉地膜还是塑料地膜，均表现出稳定的增温效应，对日均温的增加幅度约为1～2℃。

在白色麻地膜、黑色麻地膜和黑色淀粉地膜覆盖下，尽管覆膜初期和末期的增温效应有所减弱，但幅度远远低于白色淀粉地膜和塑料地膜，从而使这3种地膜表现出较为稳定的增温效应。整体上看来，随着覆膜时间的延长，不同地膜覆盖对日均土壤温度的增加效应间的差异越来越小，也就是说，不同地膜覆盖下土壤温度越来越趋向于一致。

另一方面，土壤0cm处温度受地膜种类、天气以及覆膜时间的影响要远远大于深层土壤，随着土壤深度的增加，不同地膜覆盖处理间的差异似乎越来越稳定，到土壤30cm时，无论是晴天还是雨天，无论是覆膜初期还是末期，白色淀粉地膜对土壤日均温的增幅是最大的，塑料地膜的增温幅度略小于白色淀粉地膜，其次为白色麻地膜，再次为黑色麻地膜和黑色塑料地膜。

综上所述，不同地膜覆盖初期均显著提高了土壤温度，且白色淀粉地膜和塑料地膜的增温效应最大，但随着覆膜时间的延长，不同地膜覆盖下的差异逐渐减小，到后期，塑料地膜和白色淀粉地膜由于杂草顶撑，破损严重，基本失去了保温效应，同时由于杂草量太多，严重遮挡了阳光辐射到达地面，使得土壤温度反而有所降低，而白色麻地膜覆盖则表现出温和的增温效应，主要表现为其在覆膜初期增温没有塑料地膜剧烈，其随天气变化增温程度也没有塑料地膜及露地剧烈，而其增温效果则能一直稳定维持到作物收获。

（三）可降解麻地膜应用技术研究

1. 可降解麻地膜在萝卜生产上的应用

开展了不同地膜覆盖对春萝卜和秋萝卜产量与品质的影响研究。春夏萝卜和秋萝卜分别于2012年4～5月及9～10月期间在湖南长沙实施，试验目的是探索不同材质不同颜色的地膜覆盖对萝卜产量与品质的影响，并试图探索不同地膜覆盖对萝卜的影响是否存在品种及季节间差异。

试验共设置了6个处理，分别是无地膜覆盖对照（CK）、塑料地膜覆盖（PM）、白色麻地膜覆盖（WFM）、黑色麻地膜覆盖（BFM）、白色淀粉地膜覆盖（WSM）、黑色淀粉地膜覆盖（BSM），3次重复，采用随机区组排列。

春夏萝卜试验中栽培了2个品种的萝卜，分别是韩国萝卜品种碧玉春和日本萝卜品种白玉大根，其中白玉大根的耐热性稍强于碧玉春。于2012年3月27日播种，5月28日收获测产，并测试萝卜的干物质含量，可溶性糖及V_C含量。

秋萝卜试验中栽培了2个品种的萝卜，分别是韩国萝卜品种碧玉春和本地萝卜品种特选908。于2012年8月30日播种，10月29日收获测产，并测试萝卜的干物质含量，可溶性糖及V_C含量。

(1) 不同地膜覆盖对萝卜产量的影响

覆盖地膜显著提高了春夏萝卜产量，不同地膜覆盖的增产效益存在显著的差异（图7-6）。对碧玉春萝卜增产效果最好的为白色麻地膜覆盖，增产幅度为83.8%，其次为白色淀粉地膜和塑料地膜，增产幅度分别为37.6%和35.2%，再次为黑色麻地膜和黑色淀粉地膜，增产幅度分别为20.5%和14.0%。对白玉大根萝卜增产效果最好的也是白色麻地膜，其增产幅度为84.7%，其次为黑色麻地膜、塑料地膜、白色淀粉地膜以及黑色淀粉地膜，其增产幅度分别为62.7%、58.4%、36.7%和30.7%。不同地膜覆盖对白玉大根的增产幅度普遍要远高于碧玉春的。

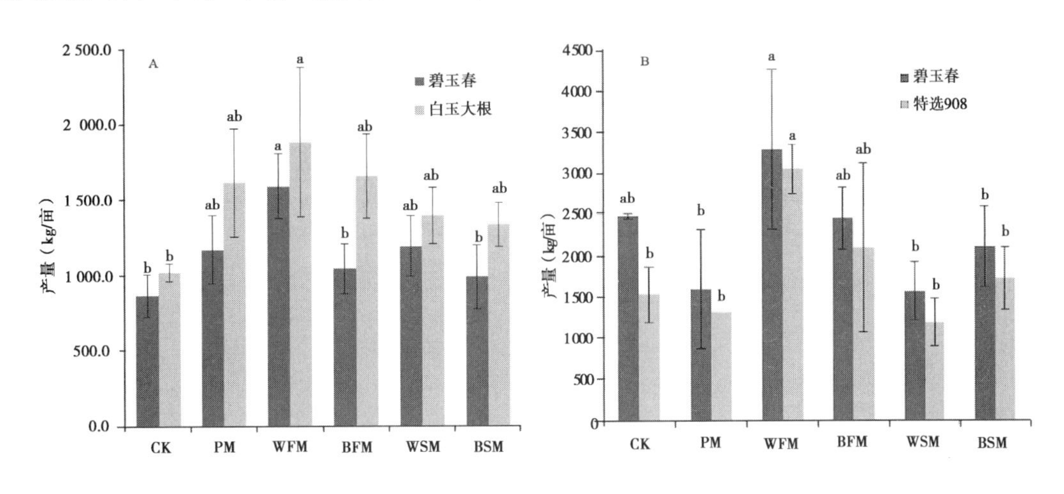

图7-6　不同地膜覆盖对春夏萝卜（A）和秋萝卜（B）产量的影响

不同地膜覆盖对秋萝卜产量的影响迥异（图7-6B）。麻地膜尤其是白色麻地膜显著提高了秋萝卜产量，而塑料地膜和淀粉地膜下的增产效果不明显甚至产量低于无覆盖对照。

在白色麻地膜覆盖下，秋种碧玉春萝卜的亩产量达到了3289.1kg，比对照增产32.5%，特选908的亩产量为3048.8kg，比对照增产99.5%。黑色麻地膜覆盖下碧玉春的亩产量为2449.2kg，略低于无覆盖对照，而特选908的亩产量为2097.5kg，比对照高了37.2%。塑料地膜、白色淀粉地膜、黑色淀粉地膜覆盖下秋种碧玉春萝卜的产量比对照分别低了35.8%、36.9%和15.1%，塑料地膜、白色淀粉地膜覆盖下特选908萝卜的产量则分别比对照低了13.9%和22.2%，黑色淀粉地膜覆盖下则比对照高了12.2%。

(2) 不同地膜覆盖对春夏萝卜 V_C 含量的影响

不同地膜覆盖下萝卜 V_C 含量存在一定差异，黑色地膜覆盖下的 V_C 含量相对较高，但并不显著（图7-7）。黑色麻地膜和黑色淀粉地膜覆盖下碧玉春萝卜的 V_C 含量比对照分别高了21.0%和13.8%，也高于其他地膜覆盖处理；黑色麻地膜和黑色淀粉地膜覆盖下白玉大根萝卜的 V_C 含量比对照分别高了9.5%和24.4%，而塑料地膜、白色麻地膜和白色淀粉地膜覆盖下的 V_C 含量则略低于对照。另一个值得注意的是，在地膜覆盖下，无论是春夏种还是秋种的碧玉春萝卜，以及秋种的特选908萝卜，尽管差异不显著，其 V_C 含量均高于无覆盖对照，如在塑料地膜、白色麻地膜、黑色麻地膜、白色淀粉地膜、黑色淀粉地膜覆盖下，秋种碧玉春萝卜的 V_C 含量分别比无覆盖对照高了41.6%、13.2%、22.9%、13.4%、5.1%，而特选908则分别高了27.6%、20.0%、21.3%、35.4%、35.5%。

(3) 不同地膜覆盖对春夏萝卜干物质含量的影响

不同地膜覆盖对萝卜干物质含量的影响不显著，各处理间均无显著差别（图7-8）。尽管不显著，但在地膜覆盖下，春萝卜的干物质含量均有不同程度的降低，相比无覆盖，不同地膜覆盖下碧玉春萝卜的干物质含量降低了4.0%~16.6%，而白玉大根萝卜则降低了4.5%~13.9%，但不同地膜覆盖下秋萝卜的干物质含量无此差别。

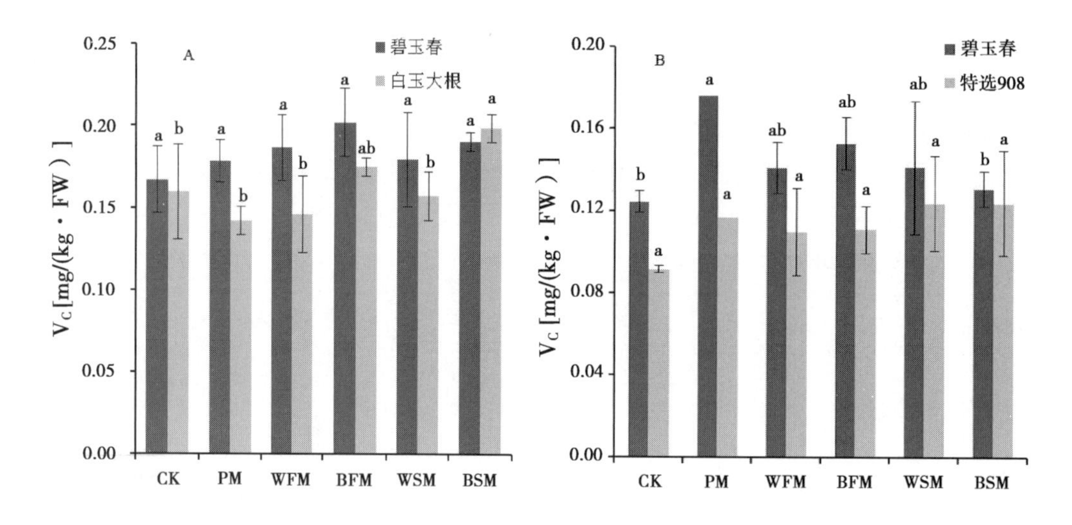

图7-7　不同地膜覆盖下春夏萝卜（左）和秋萝卜（右）的 V_C 含量

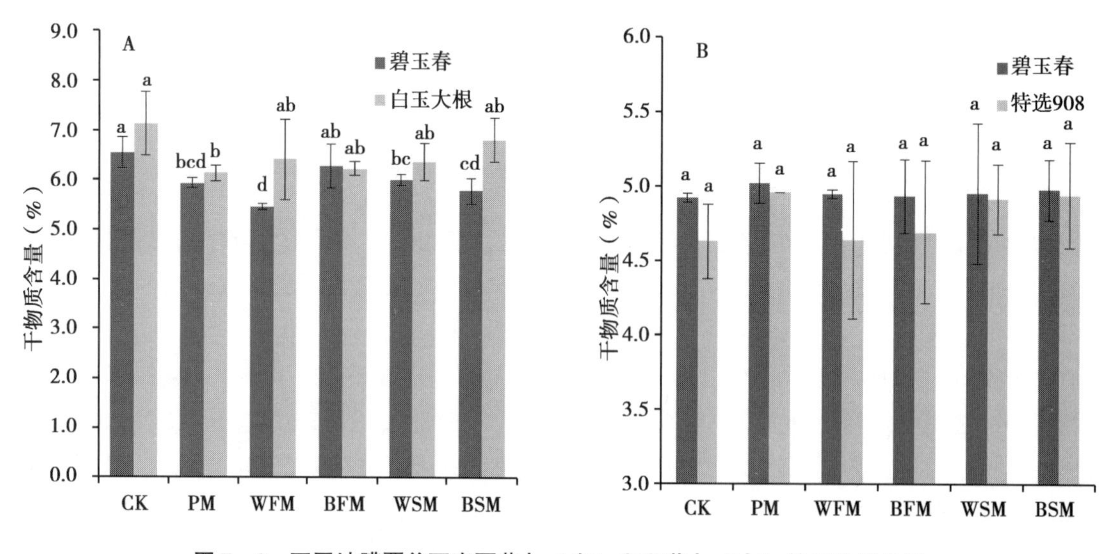

图7-8　不同地膜覆盖下春夏萝卜（左）和秋萝卜（右）的干物质含量

（4）不同地膜覆盖对春夏萝卜可溶性糖含量的影响

地膜覆盖显著降低了春萝卜可溶性糖含量（图7-9）。相比无覆盖，不同地膜覆盖下春种碧玉春萝卜的可溶性糖含量降低了22.0%～33.0%，而白玉大根萝卜则降低了12.8%～26.2%。不同处理下秋萝卜的可溶性糖含量则不存在前述规律。

综上所述，在长沙地区采用麻地膜覆盖栽培春夏萝卜和秋萝卜取得了较好的效果，白色麻地膜覆盖显著提高了萝卜产量，其增产效益远远大于其他地膜。碧玉春萝卜和白玉大根萝卜在长沙地区均可作为春夏萝卜品种栽培，但白玉大根萝卜的产量更高，最高亩产量将近1 900kg；碧玉春萝卜作为秋萝卜栽培品种在长沙地区栽培可取得更高的产量，亩产量最高达3 289kg，是其春夏季栽培产量的2倍之多，高于本地品种特选908的亩产量。不同地膜覆盖下春夏萝卜的品质间存在一定的差异，但差异不是很大，地膜覆盖对萝卜 V_C 含量存在一定影响，对可溶性糖及干物质含量的影响则存在季节差异。

2. 可降解麻地膜在辣椒生产上的应用

2013年在湖南长沙、沅江和浙江萧山等地开展白色麻地膜、黑色麻地膜、塑料地膜和无覆盖等不同覆盖处理对辣椒生产的影响研究。试验结果表明大棚内白色麻地膜覆盖辣椒的株高、茎粗、分枝数

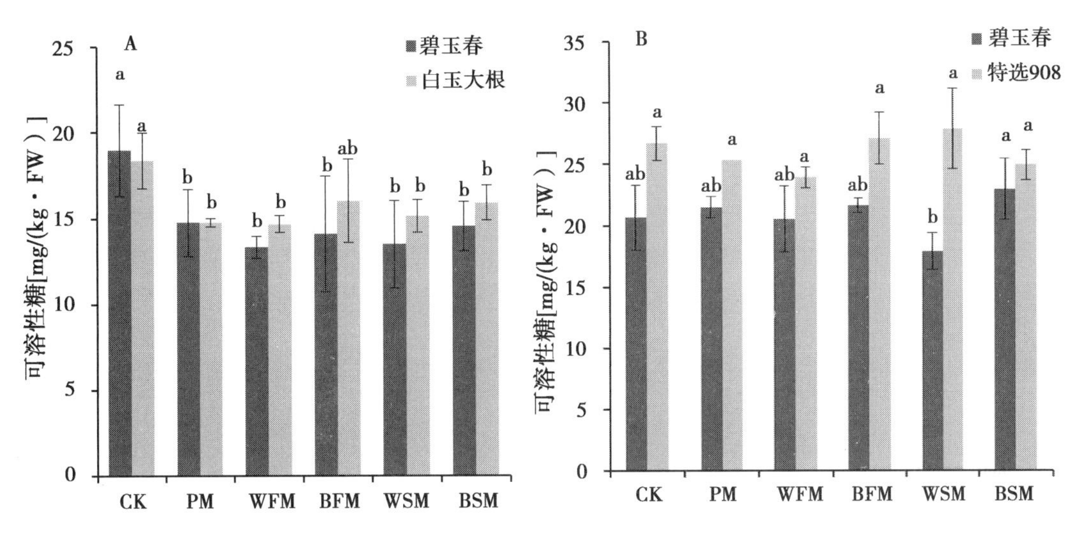

图7-9　不同地膜覆盖下春夏萝卜（左）和秋萝卜（右）的可溶性糖含量

等性状表现最好，产量也最高（表7-5），同时微生物数量、酶活较好，利于作物对养分的吸收。调查各处理地下温度结果表明，白色麻地膜覆盖温度比塑料地膜低，比无覆盖温度高，但是温度变化平稳。

表7-5　不同地膜覆盖对辣椒农艺性状及早期产量的影响

处理	株高（cm）	茎粗（cm）	分枝数（个）	早期单株结果数（个）	早期单果重（g）	早期产量（kg/亩）
白色麻地膜	66	1.77	12.6	3.27	23.58	125.95
黑色麻地膜	63	1.71	11.9	2.1	23.81	82.99
塑料地膜	64	1.69	11	2.2	22.28	82.17
无覆盖（CK）	60	1.5	10.7	2.43	23.44	95.75

（四）麻育秧膜机插水稻育秧技术研究

1. 麻育秧膜育秧对水稻生长及产量的影响

在湖北武汉以水稻“广两优香66”为材料开展了不同育秧方式对水稻生长及产量的影响研究。试验设置了6个处理，分别为对照（CK，秧盘不加膜和肥）、淀粉麻育秧膜（SM）、淀粉麻育秧膜+浅土装盘（SML，即加1cm营养土，常规1.8~2.0cm厚营养土）、PVA麻育秧膜（PVAM）、PVA麻育秧膜+缓释肥（PVAM+F）和PVA麻育秧膜+药剂（PVAM+M，按0.1g/m^{2}苗床喷施多效唑）。播种日期为2012年5月23日，采用自动化播种生产线播种，每盘播种约120g谷芽。2012年6月15日移栽，插秧机为东洋PF355S手扶式高速插秧机，株行距分别为13.9cm和30cm。2012年9月29日收获。

（1）麻育秧膜育秧对水稻根系形态的影响

图7-10显示麻育秧膜辅助育秧显著促进了机插秧苗根系的生长发育，秧苗的根尖数、总根长、根面积和根体积相对对照均有显著的提高。在采用淀粉麻育秧膜、PVA麻育秧膜、PVA麻育秧膜并施肥、PVA麻育秧膜并加多效唑的处理中，其根尖数相比对照提高了48%~166%，总根长提高了64%~170%，根面积提高了70%~237%，根体积提高了73%~318%。尽管差异不很显著，淀粉麻育秧膜育秧下秧苗根系的各指标均略优于PVA麻育秧膜。PVA麻育秧膜并施肥、PVA麻育秧膜并加多效唑处理的根面积比PVA麻育秧膜处理分别高了98.1%和52.5%，根体积则分别高了140.8%和69.4%，并

均达到极显著差异水平，并在其他两个指标（根尖数、总根长）上也可得到基本一致的规律。值得注意的是，在育秧土减半的情况下，采用麻育秧膜育秧，其秧苗根系质量依然可与对照持平甚至略优于对照，但却显著差于采用麻育秧膜的全营养土育秧处理。

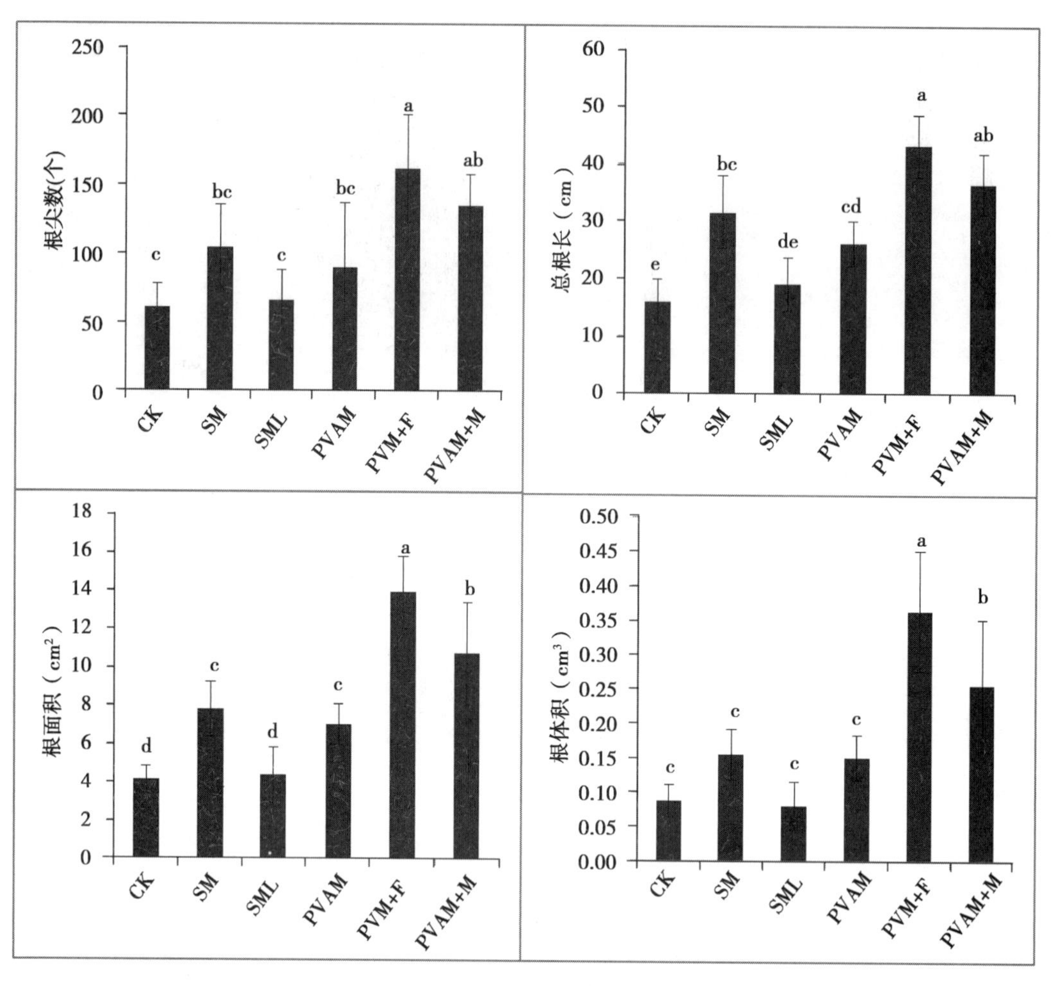

图 7－10　不同育秧处理下机插秧苗的根系形态

麻育秧膜育秧促进了机插秧苗根系的生长发育，进而促进了秧苗根系的盘结成块，同时也一定程度提高了秧苗生物量。从图 7－11 可以看出，采用麻育秧膜育秧后，机插秧苗的根系盘结力有显著的提高，在采用淀粉麻育秧膜、PVA 麻育秧膜、PVA 麻育秧膜并施肥、PVA 麻育秧膜并加多效唑的处理中，其根系盘结力分别达到了 12.63、11.27、13.33、12.17kg，显著高于对照的 9.24kg。不同于根系，机插秧苗的单株秧苗生物量仅在采用 PVA 麻育秧膜并施肥或多效唑的处理中分别比对照高了 72.1% 和 57.5%，并达极显著差异水平，而在仅有麻育秧膜的处理中则与对照接近，差异不显著。

（2）麻育秧膜育秧对水稻根系伤流强度的影响

图 7－12 显示采用麻育秧膜育秧的秧苗机插后具有更高的根系伤流强度。在分蘖前期，以 PVA 麻育秧膜并施缓释肥处理具有最高的伤流强度，为 124.62mg/（stem · h），比对照高了 49.7%，其次为 PVA 麻育秧膜并施多效唑、PVA 麻育秧膜、淀粉麻育秧膜，分别比对照高了 36.6%、33.5%、31.1%。分蘖盛期各处理水稻的根系伤流强度相比分蘖前期均有所降低，降低幅度在 28.7%～35.5%，而各处理间相对差异则与分蘖前期基本一致，仍以 PVA 麻育秧膜并施缓释肥处理具有最高的伤流强度，其后依次为淀粉麻育秧膜、PVA 麻育秧膜并施多效唑、PVA 麻育秧膜，均显著高于对照。

（3）麻育秧膜育秧对水稻生育期生物量的影响

图 7－13 显示采用麻育秧膜育秧的秧苗机插后具有更高的生长速率。从分蘖早期到收获，水稻地

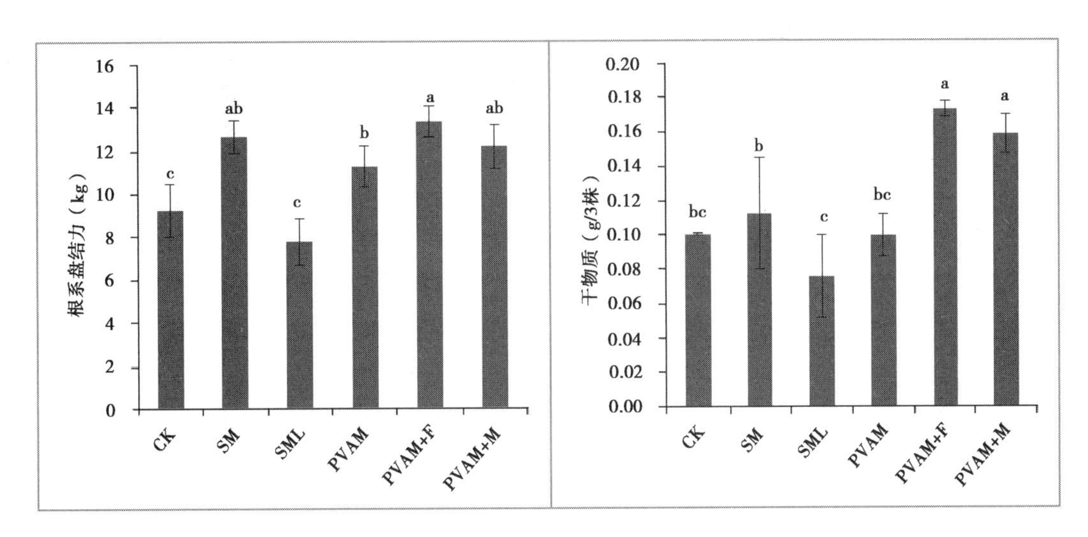

图7－11　不同育秧处理下机插秧苗的干物质量和根系盘结力

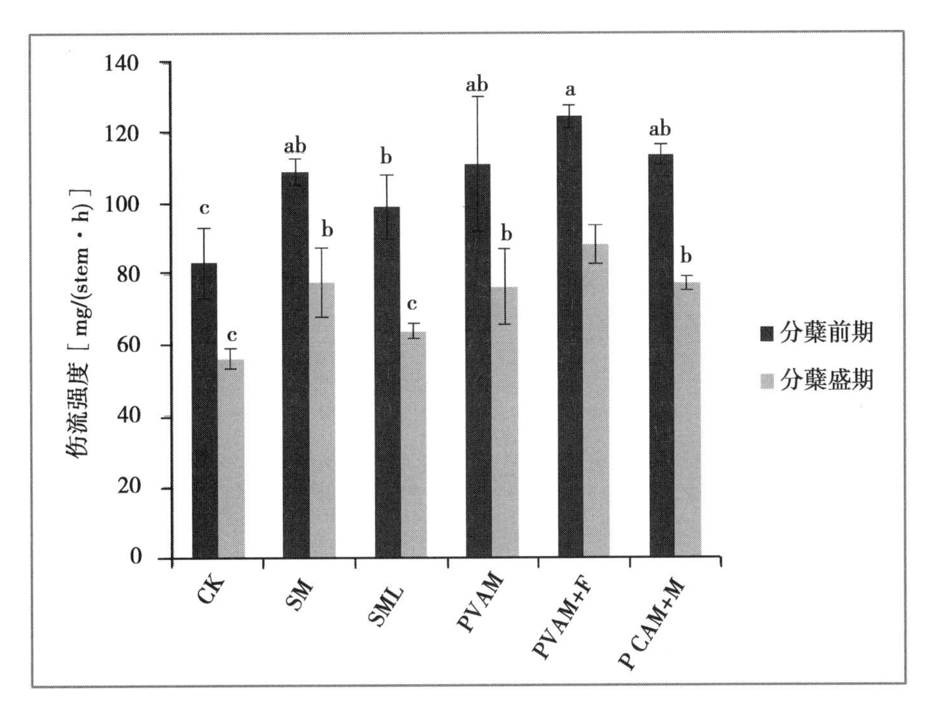

图7－12　不同育秧处理机插水稻的根系伤流强度

上部总干物质量逐渐增加，大致呈“S”型变化。在各个生育时期采用淀粉麻育秧膜和PVA麻育秧膜垫底处理的秧苗在移栽后的地上部总干物质量均显著高于无膜对照（$P<0.01$），直至收获时，采用淀粉麻育秧膜和PVA麻育秧膜垫底处理的水稻地上部干物质量分别达到了90.82g/穴和89.83g/穴，比对照分别高了34.9%和33.5%。并施缓释肥或多效唑进一步提高了秧苗移栽后的生长速率，直至收获时，PVA麻育秧膜并施缓释肥或多效唑的处理中水稻的地上部总干物质量分别为105.72g/穴和103.83g/穴，比PVA麻育秧膜垫底处理的分别高了17.7%和15.6%（$P<0.01$），比对照则分别高了57.1%和54.3%。

（4）麻育秧膜莫育秧对水稻产量的影响

表7－6显示利用麻育秧膜育秧产生的效益一直持续到了收获，表现为显著影响了机插水稻的产量构成，尤其是显著提高了有效穗数量。采用麻育秧膜辅助育秧处理后机插水稻的每穗粒数、结实率、千粒重相比对照略有降低，然这种差异并不显著。麻育秧膜辅助育秧处理显著提高了有效穗数，在采

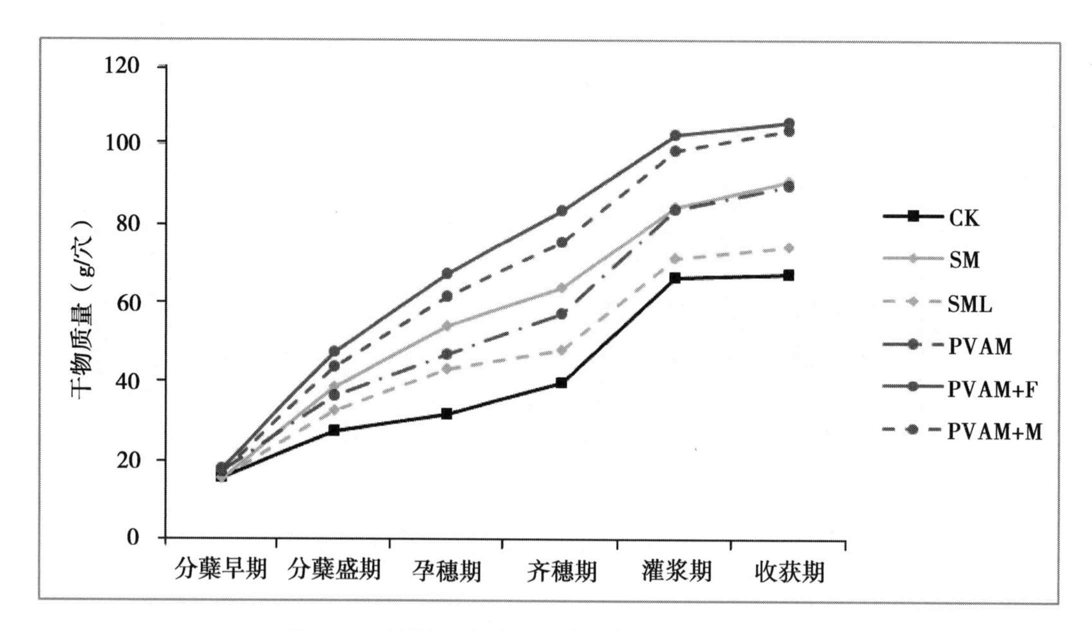

图 7－13　不同育秧处理机插后地上部生物量的变化

用淀粉麻育秧膜和 PVA 麻育秧膜的处理中，亩有效穗数分别达到了 16.93 万和 17.25 万穗，比对照分别高了 12.7% 和 14.8%，并施缓释肥或多效唑进一步提高了亩有效穗数，分别达到了 19.97 万和 18.53 万穗，比对照分别提高了 33.0% 和 23.4%。

表 7－6　不同育秧处理机插水稻的产量构成

处理	每穗平均粒数（粒）	结实率（%）	千粒重（g）	有效穗（万穗/亩）
CK	203.34 ±23.19a	80.38 ±6.86a	27.14 ±0.05a	15.02 ±0.88d
SM	201.72 ±10.52a	76.34 ±5.11a	27.02 ±0.13ab	16.93 ±0.88c
SML	207.85 ±19.48a	80.77 ±4.95a	26.96 ±0.06ab	14.70 ±0.71d
PVAM	201.49 ±18.40a	74.45 ±9.10a	26.90 ±0.15b	17.25 ±0.71c
PVAM + F	192.61 ±14.56a	72.89 ±3.33a	26.90 ±0.16b	19.97 ±0.92a
PVAM + M	198.94 ±18.85a	72.88 ±5.12a	27.04 ±0.21ab	18.53 ±0.88b

图 7－14 显示麻育秧膜育秧显著提高了机插水稻的产量，不同麻育秧膜的增产效益存在显著差异。实际产量以 PVA 麻育秧膜并施缓释肥最高，其次为 PVA 麻育秧膜并施多效唑和淀粉麻纤维膜，再次为 PVA 麻育秧膜，分别比对照高了 13.6%、9.7% 和 8.9%、5.0%，并达极显著差异水平。理论产量间的差异与实际产量间差异基本一致。淀粉麻育秧膜的增产效益要优于 PVA 麻育秧膜的，前者的亩实际产量为 694.4kg，比后者高了 24.9kg。在铺垫 PVA 麻育秧膜的基础上并施缓释肥或多效唑使亩产量进一步分别提高了 55.0kg 和 33.0kg。

2. 麻育秧膜育秧技术对早稻生长及产量的影响

在双季早稻集中产区湖北省赤壁市柳山湖镇，以杂交早稻两优 287 为材料，利用软盘育秧方式，设置了垫无纺布、微膜、麻育秧膜以及垫麻育秧膜 + 壮秧剂四种育秧技术处理，开展了机插水稻育秧技术对杂交早稻生长及其产量的影响研究。

研究表明，秧苗综合素质以麻育秧膜垫软盘加施壮秧剂作底肥（60g/盘）最好，白根多，出叶较快，苗高多 2.2cm 左右。软盘垫麻育秧膜与不垫膜之间比较，秧苗素质以垫盘为好，而其中又以铺垫

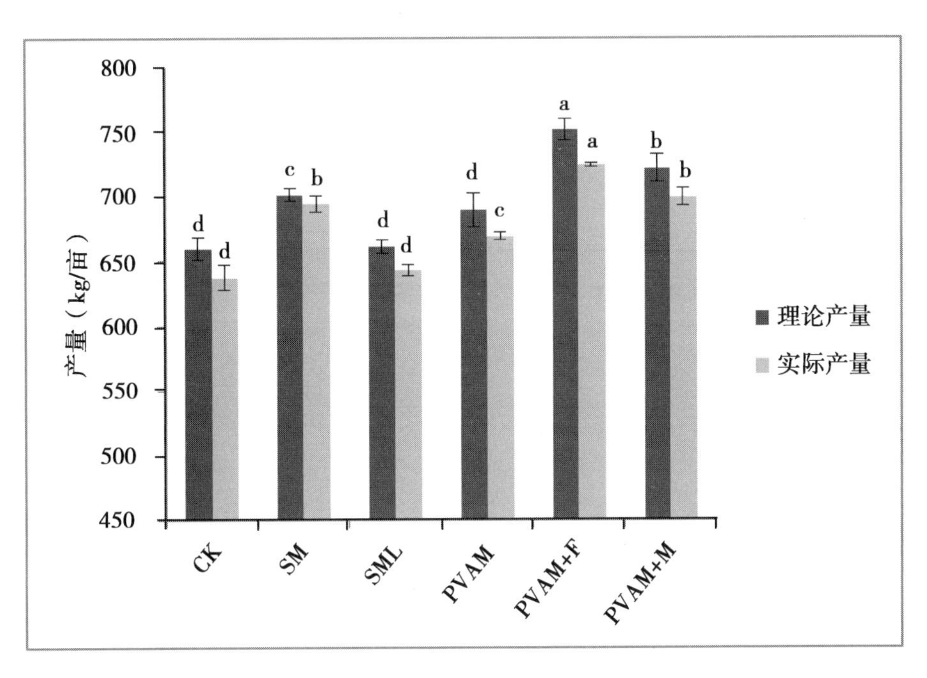

图 7－14　不同育秧处理机插水稻的产量

麻育秧膜的为最好（表 7－7）。

表 7－7　不同育秧处理的秧苗质量

处理	叶片数	白根数	总根数	根长（cm）	苗高（cm）	百苗鲜重 g	基茎宽（mm）
空白对照	3.41	2.1	10.9	6.86	16.76	20.5	2.5
无纺布	3.43	1.2	11.6	6.20	17.85	18.0	2.6
微膜	3.16	0.6	10.3	8.06	14.75	14.0	2.2
麻纤维膜	3.43	2.7	12.3	7.69	17.68	21.5	2.7
麻纤维膜＋壮秧剂	3.52	4.4	11.8	8.96	18.83	27.0	2.8

比较几种育秧技术机插质量的差异发现，采用麻育秧膜育秧后显著降低了机插漏兜率，保证了基本苗数量（表 7－8）。

表 7－8　不同育秧处理的机插缺蔸率

处理	样本数	缺蔸调查		缺蔸率		基本苗平均/蔸
		插秧期	成熟期	插秧期	成熟期	
有麻纤维膜	300 蔸	24 株	21 株	8%	7%	3.3 苗
无麻纤维膜	300 蔸	36 株	45 株	12%	15%	3.1 苗

进一步观察几种育秧技术处理下水道产量的差异发现，在采用麻育秧膜育秧后，水稻的产量有极显著的提高，理论产量和实际产量都比对照提高了 17%（表 7－9）。从产量因子来看，麻育秧膜育秧主要是显著提高了有效穗数，最终提高了产量。

表 7－9　不同育秧处理的产量因子及产量

处理	有效穗数（万/亩）	每穗实粒数	千粒重（g）	理论产量		实测产量	
				产量（kg）	增产幅度（%）	产量（kg）	增产幅度（%）
有麻膜	23.01	103.18	24.5	581	17.5	584.8	17
无麻膜	17	115.56	24.5	481	–	435.6	–

3. 麻育秧膜育秧技术用土量和用种量对水稻生长及产量的影响

在湖北省京山县以“两优 287”水稻为材料，采用软盘育秧方式（秧盘规格为：长 58cm × 宽 28cm），设置了麻育秧膜育秧技术条件下用土量（100%、75% 和 50% 三个梯度）和用种量（100% 和 75% 两个梯度）的二因素试验，确定了该技术模式下土、种的合理用量范围。试验处理中 CK 为常规育种方式，用土量和用种量分别为 3kg/盘和 120g/盘，T1 为 3kg/盘和 90g/盘，T2 为 3kg/盘和 120g/盘，T3 为 2.25kg/盘和 90g/盘，T4 为 2.25kg/盘和 120g/盘，T5 为 1.5kg/盘和 90g/盘，T6 为 1.5kg/盘和 120g/盘。

（1）用土量和用种量对水稻秧苗形态的影响

研究表明，相比对照，麻育秧膜育秧秧苗的株高和叶龄均有所增加，不同用土量和用种量麻育秧膜育秧处理之间的差异不显著（表 7－10）。尽管差异不显著，降低用土量显著降低了单盘秧苗的干物质量。

表 7－10　用土量和用种量对水稻秧苗形态的影响

处理	株高（cm）	叶龄	干物质重（g/盘）
对照	12.8 ±2.0	2.7 ±0.5	176.0 ±22.6
T1	13.0 ±1.1	3.3 ±0.5	132.0 ±17.0
T2	15.2 ±1.5	3.2 ±0.3	192.0 ±11.3
T3	15.2 ±2.7	3.3 ±0.4	124.0 ±5.7
T4	14.6 ±3.0	3.1 ±0.3	156.0 ±50.9
T5	14.9 ±2.5	3.2 ±0.3	116.0 ±17.0
T6	14.9 ±2.6	3.3 ±0.3	136.0 ±0.0

（2）用土量和用种量对水稻根系形态的影响

麻育秧膜育秧显著增加了秧苗的根系盘结力，在不同用土量和用种量的麻育秧膜育秧处理中，根系盘结力相比对照提高了 0.19～3.36kg（表 7－11）。育秧土用量显著影响秧苗的根系发育，在 50% 用土量处理下，秧苗的根长、根面积、根体积、根尖数以及根系盘结力均显著低于 75% 和 100% 用土量下的麻育秧膜处理，也显著低于对照。

表 7－11　用土量和用种量对水稻根系形态的影响

处理	根数	白根数	根长（cm）	根面积（cm^2）	根体积（cm^2）	根尖数	根系盘结力（kg）
对照	12 ±3	12 ±3	18.5 ±7.8	9.30 ±4.98	0.375 ±0.239	48.6 ±26.3	1.38 ±0.29
T1	13 ±3	13 ±3	16.5 ±2.6	7.29 ±2.30	0.287 ±0.208	48.8 ±9.9	3.76 ±0.56
T2	13 ±3	13 ±3	20.1 ±1.0	9.49 ±2.81	0.368 ±0.193	64.8 ±6.6	2.62 ±0.28

（续表）

处理	根数	白根数	根长（cm）	根面积（cm^2）	根体积（cm^2）	根尖数	根系盘结力（kg）
T3	13 ±3	13 ±3	18.0 ±3.1	6.96 ±2.08	0.215 ±0.091	59.4 ±12.7	3.71 ±0.60
T4	11 ±3	11 ±3	16.6 ±2.9	10.81 ±1.27	0.584 ±0.234	43.4 ±0.6	4.73 ±1.02
T5	11 ±2	11 ±2	12.1 ±0.6	6.61 ±1.21	0.295 ±0.121	36.0 ±9.1	1.57 ±0.28
T6	10 ±3	10 ±3	8.5 ±0.7	3.96 ±0.43	0.148 ±0.043	22.3 ±2.7	1.76 ±0.23

（3）用土量和用种量对水稻秧苗根系活力的影响

麻育秧膜育秧大幅度增加了水稻秧苗的根系活力，在不同用土量和用种量的麻育秧膜育秧处理中，其根系伤流强度相比对照提高了 0.50 ~2.72mg/（h·株）不等（图 7 –15）。

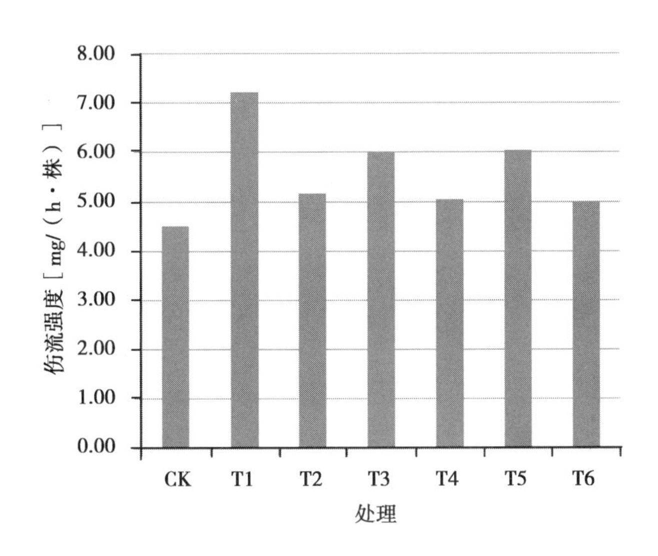

图 7 –15 用土量和用种量对水稻秧苗根系伤流强度的影响

（4）用土量和用种量对水稻植株营养物质储备的影响

麻育秧膜育秧显著提高了秧苗植株内可溶性糖含量和硝态氮含量，随着用土量的降低，植株内可溶性糖和硝态氮含量均有降低的趋势（图 7 –16）。同等用土量麻育秧膜育秧处理中，100% 用种量和 75% 用种量处理间的差异均不显著。

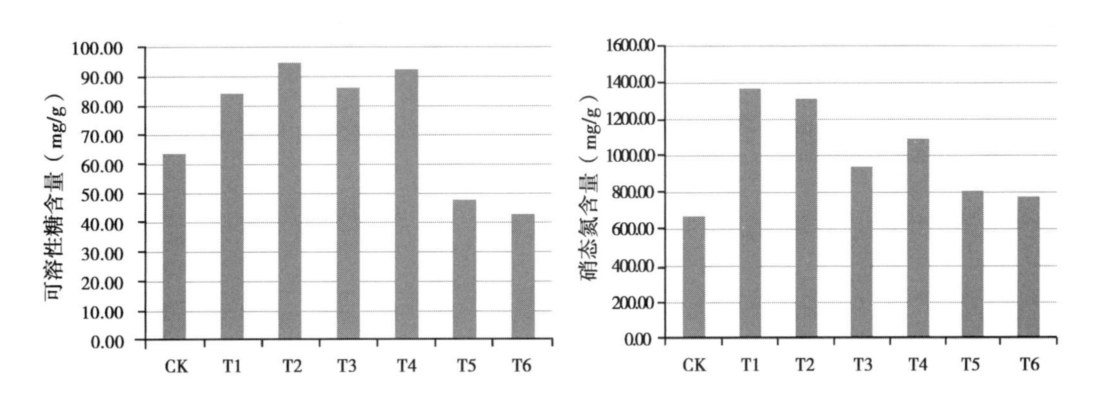

图 7 –16 用土量和用种量对水稻植株可溶性糖和硝态氮含量的影响

（5）不同用土量和用种量下的水稻产量

麻育秧膜育秧显著提高了水稻产量（图7－17）。在同等用土量和用种量下（100%用土量和100%用种量），麻育秧膜育秧处理的水稻亩产量为507.5kg，比对照高了47.1kg（$P<0.01$）。用种量显著影响水稻产量，在同等用土量下，100%用种量麻育秧膜育秧处理的亩产量比相应用土量下75%用种量麻育秧膜处理的高了9.6～33.7kg。降低用土量至75%时，麻育秧膜育秧处理的水稻产量略低于100%用土量麻育秧膜育秧处理的，但依然高于常规育秧对照，但降低用土量至50%则显著降低了水稻产量，75%和100用种量下的水稻亩产量分别只有420.0kg和429.6kg，显著低于对照。

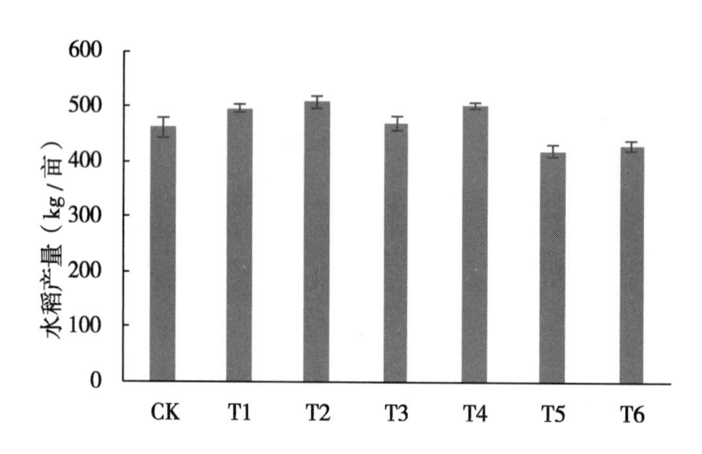

图7－17　不同用土量和用种量下水稻产量的比较

4. 麻育秧膜育秧不同施肥方式对水稻生长及产量的影响

在湖北省京山县以两优287水稻为材料，设置了淀粉麻育秧膜＋缓释肥撒施（FS）和淀粉麻育秧膜＋缓释肥混施（FH）两个处理，并以单用淀粉麻育秧膜（SM，无肥）和缓释肥混施（F，无膜）为对照，开展了施肥方式对水稻生长及产量的影响研究。

（1）麻育秧膜育秧不同施肥方式对水稻秧苗形态的影响

育秧肥料及其施用方式显著影响了秧苗地上部的生长发育（表7－12）。土壤混施育秧肥显著促进了秧苗的生长，与未施加育秧肥的处理相比，土壤混施育秧肥育秧秧苗的株高、叶龄与干物质重均显著提高；相比膜面撒施，土壤混施育秧肥育秧秧苗的株高、叶龄以及干物质重均显著提高。

表7－12　麻育秧膜育秧不同施肥方式对水稻秧苗形态的影响

处理	株高（cm）	叶龄	干物质重（g/盘）
F	16.4±1.7	3.1±0.2	180.0±5.7
SM	12.4±1.9	3.0±0.2	144.0±0.0
FS	11.1±1.5	2.6±0.5	100.0±17.0
FH	15.6±1.3	3.0±0.1	216.0±11.3

（2）麻育秧膜育秧不同施肥方式对水稻根系形态的影响

育秧肥料及其施用方式显著影响了秧苗根系的生长发育（表7－13）。与未施用育秧肥的麻育秧膜育秧处理相比，膜面撒施育秧肥育秧秧苗的根系更为发达，表现为根长、根面积、根体积、根尖数均有所提高，并具有更高的根系盘结力。相较于土壤混施，膜面撒施更有利于秧苗根系的生长发育。

表 7－13　麻育秧膜育秧不同施肥方式对水稻根系形态的影响

处理	根数	白根数	根长（m）	根面积（m^2）	根体积（m^3）	根尖数	根系盘结力（kg）
F	12 ±2	12 ±2	20. 1 ±0. 6	9. 48 ±0. 59	0. 358 ±0. 054	61. 1 ±3. 0	4. 29 ±0. 83
SM	12 ±2	12 ±2	18. 0 ±7. 6	8. 02 ±0. 80	0. 300 ±0. 070	49. 0 ±26. 8	2. 65 ±0. 41
FS	11 ±2	11 ±2	19. 9 ±1. 7	9. 53 ±1. 37	0. 363 ±0. 073	49. 8 ±13. 1	7. 24 ±0. 16
FH	13 ±2	13 ±2	16. 7 ±6. 7	7. 45 ±1. 10	0. 274 ±0. 032	47. 5 ±18. 7	5. 99 ±2. 76

（3）麻育秧膜育秧不同施肥方式对水稻根系活力的影响

膜面撒施育秧肥不仅促进了秧苗根系的生长发育，也提高根系活力（图 7－18）。与土壤混施育秧肥的麻育秧膜育秧处理相比，膜面撒施育秧肥的麻育秧膜育秧秧苗的根系伤流强度提高了 34. 7%，与未施加育秧肥的麻育秧膜育秧秧苗相比，其根系伤流强度提高了 28. 8%。

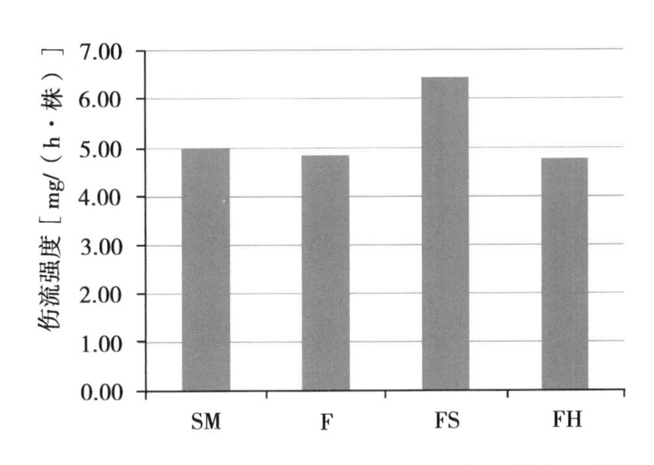

图 7－18　麻育秧膜育秧不同施肥方式对水稻根系伤流强度的影响

（4）麻育秧膜育秧不同施肥方式对水稻植株营养物质储备的影响

育秧肥料及其施用方式显著影响了秧苗的植株营养物质储备（图 7－19）。相较于土壤混施育秧肥，膜面撒施育秧肥育秧秧苗植株的可溶性糖含量相对较低而硝态氮含量更高。

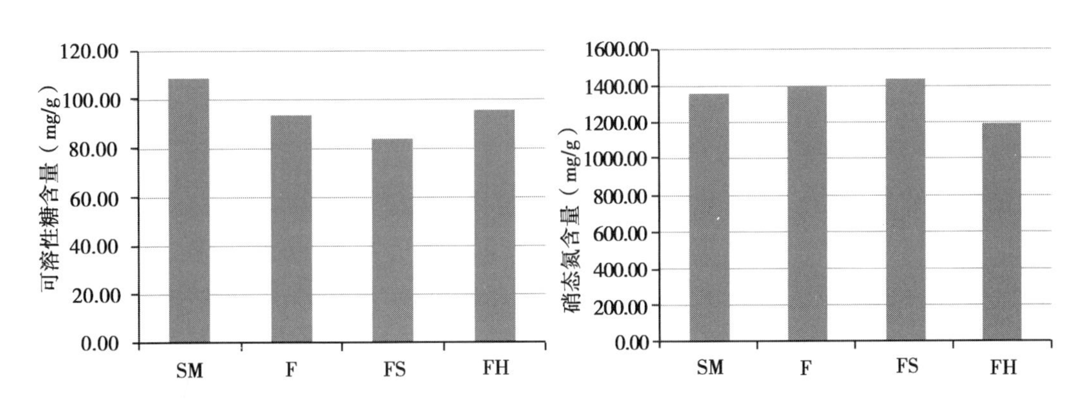

图 7－19　麻育秧膜育秧不同施肥方式对水稻植株可溶性糖和硝态氮含量的影响

（5）麻育秧膜育秧不同肥料方式对水稻产量的影响

麻育秧膜育秧秧苗机插后具有更高的水稻产量，肥料及其施用方式显著影响了实际产量（图 7－20）。与土壤混施育秧肥的常规育秧相比，土壤混施育秧肥的麻育秧膜育秧处理的亩产量增加了 6. 7kg，与未采用育秧肥的麻育秧膜育秧处理相比，膜面撒施育秧肥的麻育秧膜育秧处理的亩产量增加了27.1kg。膜面撒施育秧肥育秧比土壤混施育秧肥育秧具有更高的产量，其亩产量高了16.4kg。

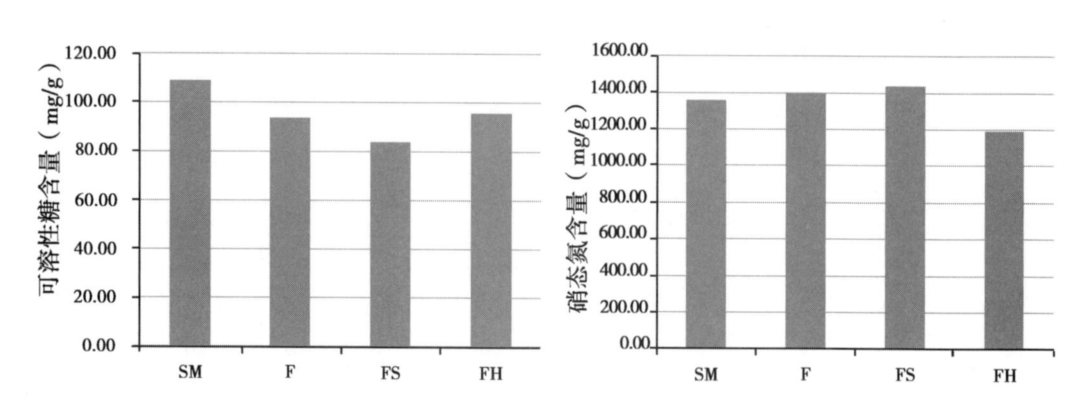

图7－20　麻育秧膜育秧不同施肥方式对水稻产量的比较

综上所述，麻育秧膜水稻机插育秧显著促进了水稻秧苗根系的生长发育，增强了根系盘结，提高了秧苗机插质量和效率；提高了秧苗根系活力和植株营养物质储备，秧苗机插后田间返青快，分蘖多，田间苗数显著增多，并使得最终水稻产量有所提高；育秧土用量显著影响了秧苗素质，在采用麻育秧膜育秧时，育秧土用量适当减少并不会显著影响秧苗素质及水稻产量，但减少至50%则显著降低了秧苗素质和水稻产量；降低用种量会显著降低水稻产量。肥料及其施用方式显著影响了育秧效果进而影响实际产量，膜面撒施育秧肥育秧比土壤混施育秧肥育秧具有更高的产量。

二　种植机械与设备

（一）苎麻收获机械研究

实现机械化收获是解决苎麻生产劳动强度大的关键途径。然而，苎麻收获机械的研发在国内外均属空白。因此，国家麻类产业技术体系在经过反复研究讨论和论证，拟首先通过调研国内现有苎麻收获概况及国内外麻类、高茎秆类作物收获机械技术，并对其主要技术结构、性能进行消化分析，有选择性地吸收和借鉴。其次，分析研究国内现有切割器进行切割苎麻的性能和影响，研究结构和运动等参数的变化对收割机性能的影响。进而根据研究确定收割机的技术参数及结构特点。试制样机后，再通过反复的试验分析和部件优化，完成收获机的制造，进入生产应用。

1. 技术方案

苎麻收割机其由底盘总成、切割总成、输送总成和集秆总成组成（图7－21）。其中，底盘总成有动力、传动部件，液电控制系统，底盘机架，行走部件和操纵部件构成；切割总成有割台机架，切割器和动力传动构成；输送总成有输送机架，输送部件和动力传动构成；集秆总成由集秆箱和动力传动构成。

2. 各总成的设计

（1）底盘总成的设计

根据苎麻垄作的特点，选择履带式底盘，履带选用稻麦收割机常用的橡胶履带，型号为450×90×50，履带轮距为1150mm。根据技术指标，配套40kW的柴油机，以保证机具工作作业时的动力需求。底盘机架空间设计应满足可以放置发动机、驾驶台、切割总成、输送总成和集秆总成等部件的放置，其强度设计应满足在田间工作时各部件的工作要求。由于在相同功率条件下，液压传动具有装置体积小、重量轻、结构紧凑、运动部件换向时无换向冲击等优点，并且液压元件之间可采用管道连接或采

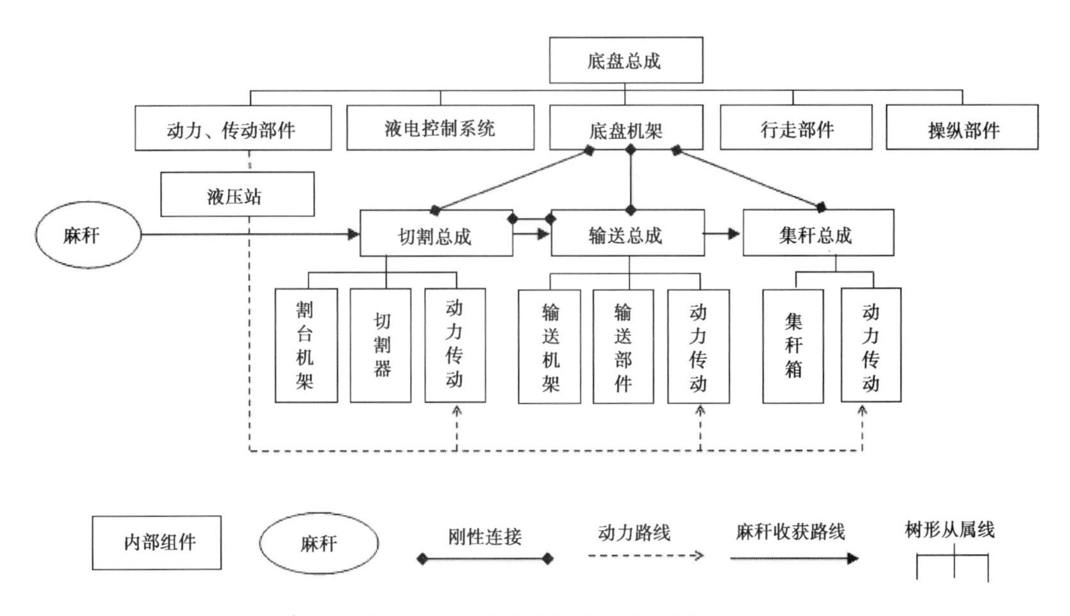

图 7－21　苎麻收割机技术方案图

用集成式连接，其布局、安装有很大的灵活性，可以构成用其他传动方式难以组成的复杂系统。因此，苎麻收割机主要工作部件均采用液压执行元件来驱动。所以在底盘中，应留有空间放置液压站及其传动部件。苎麻收割机底盘机架设计如图 7－22。

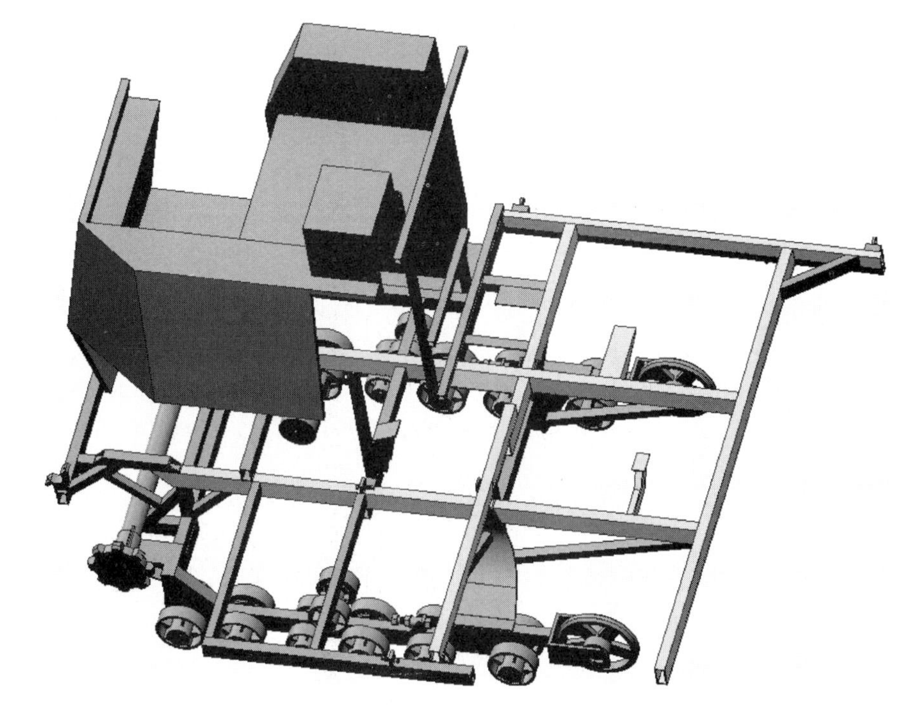

图 7－22　苎麻收割机底盘设计图

（2）切割总成的设计

切割总成的机械部分设计包括割台门框的设计和切割器及其传动设计。

割台门框外门架底端固定在收割机底盘的前端，内门架前端和割台固结，用于承担割台的全部重力；内门架通过固结于外门架底端的液压油缸的举升，可沿外门架两侧的滑轨向上滑动，使割台举升一定高度。根据设计要求，割台最大举升高度为 700mm。割台升降门框的设计如图 7－23。

切割器作为收割机的重要组成部件之一，其性能的好坏直接影响到收割机整机性能的发挥。为了避免传统单动刀切割器易导致切割速度小且惯性力大不便横向输送的问题，以及圆盘刀易导致麻纤维缠绕，且维修不便的问题。苎麻收割机采用双动刀往复式切割器。工作时，双动刀往复式切割器上下动刀作速度相同、行程相等、方向相反往复运动切割麻秆，在行程相同时其切割速度是单动刀的两倍；切割速度大，往复运动惯性力相互抵消，便于麻秆的横向输送，且不存在麻秆缠绕的问题。

图 7－23　割台升降门框设计图

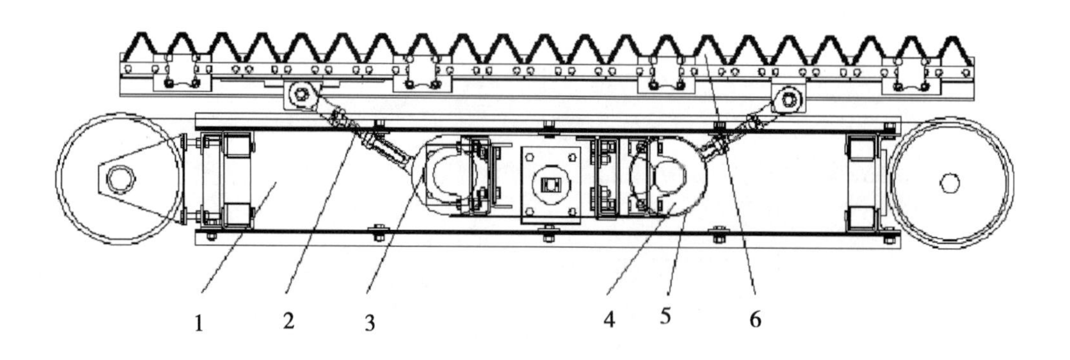

图 7－24　割刀传动装置结构图

1. 割台机架 2. 调节螺柱 3. 偏心轮 4. 链轮 5. 链条 6. 双动刀

割刀传动装置由双动刀与双偏心轮连杆机构组成，主要完成麻秆的切割，如图 7－24 所示。其割幅为 160cm，其切割速度可以通过调整液压马达的转速进行调整。

（3）输送总成的设计

输送总成设计实现麻秆拨入和输送至集秆箱的功能，其机械部分由拨禾装置来实现麻秆的拨入作业，输送装置来实现麻秆的横向和纵向的输送。

拨禾装置采用立式拨禾轮和卧式拨禾轮相结合的设计，如图 7－25。立式拨禾轮与横向输送链条配合，使得切割后的麻秆喂入和输送成为连续的运动。卧式拨禾轮通过油缸调节高度，使得拨禾轮能适应不同高度苎麻的顶部拨禾作业。两种拨禾轮的运动都使得麻秆贴近输送链条，从而保证了麻秆横向输送的流畅。

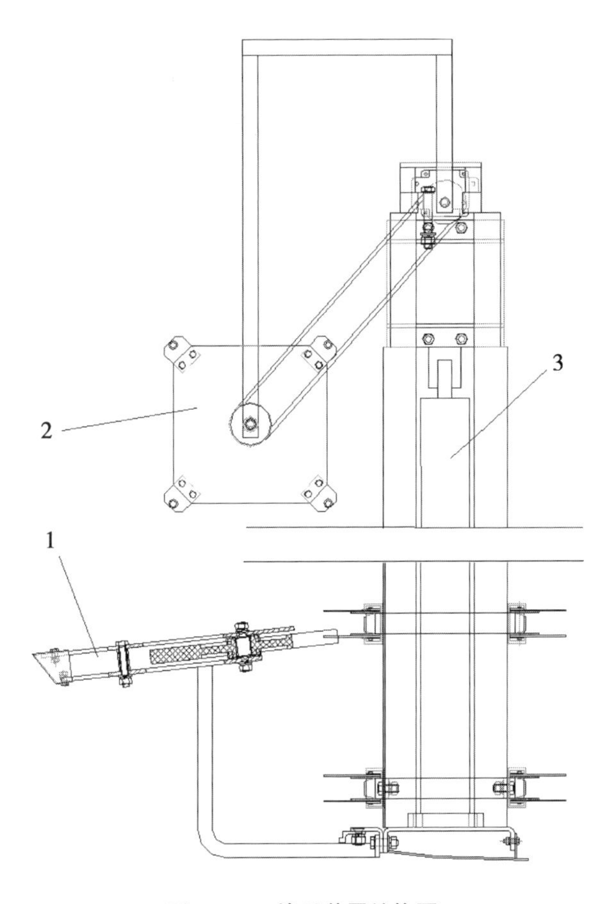

图 7－25　拔禾装置结构图

1. 立式拔禾轮　2. 卧式拔禾轮　3. 升降油缸

横向输送装置采用了两层层链条式输送器（图 7－26），两层链条传动速度保持相同，且链条的拔齿形状都根据麻秆形状进行改进，保证了麻秆横向输送效果。横向输送装置作用是将切断后呈直立状态的麻秆及时、均匀、连续地横向输送到集秆箱一侧，由于麻秆较为粗大，链条拔齿选用钢板齿，拔齿高度为 80mm。

纵向输送装置如图 7－27 所示，4 个纵向夹持部件（图 7－28）以 30°左右倾斜向上组成，主要作用是将横向输送过来的麻秆纵向平稳的夹持输送至集秆箱。为能根据麻秆高度调整纵向强制夹持输送高度，设计有液压升降机构及限位机构，而控制麻秆的压力可以通过调整弹簧的粗细及长短来控制，使在输送过程中不会因为压力过大而致麻秆压断。

（4）集秆总成的设计

集秆总成采用方形集秆箱，集秆箱顶部设有超声波传感器，感知集秆箱内苎麻是否已满，当集秆箱内苎麻到达一定数量时，则传感器出发并联的电信号通过电磁阀控制液压油缸使得集秆箱进行卸料。

3. 关键技术与装置研究

（1）苎麻茎秆机械物理特性参数研究

同甘蔗、高粱、芦竹、玉米及芦苇等粗茎秆作物一样，苎麻茎秆的力学性能参数是研制高效、低耗苎麻茎秆切割器的重要参数依据。研究以“华苎 4 号”三麻为材料，通过 WDW－10 万能试验机进行拉伸、压缩和弯曲试验获取苎麻成熟期底部茎秆的机械物理特性参数（图 7－29）。该材料底部茎秆含水率为 75.6%，选取根部直径 10.5～14.5mm、株高 1.45～1.85m 的通直无病茎秆。贴地无破茬切

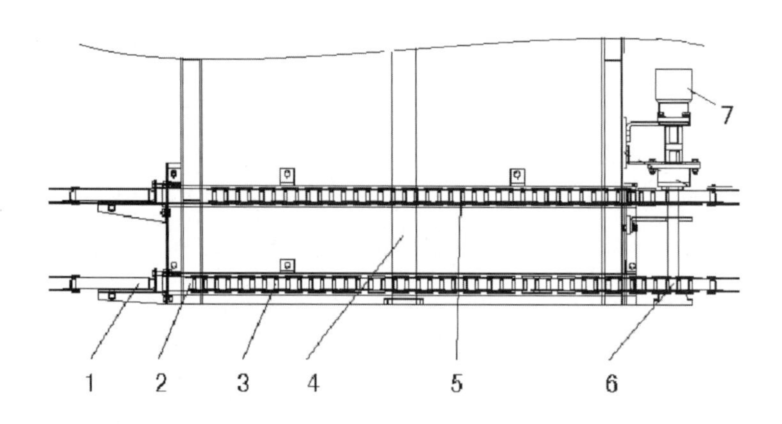

图 7-26 横向输送装置结构图

1. 从动链轮 2. 割台机架 3. 下链条 4. 油缸 5. 中链条 6. 主动链轮 7. 液压马达

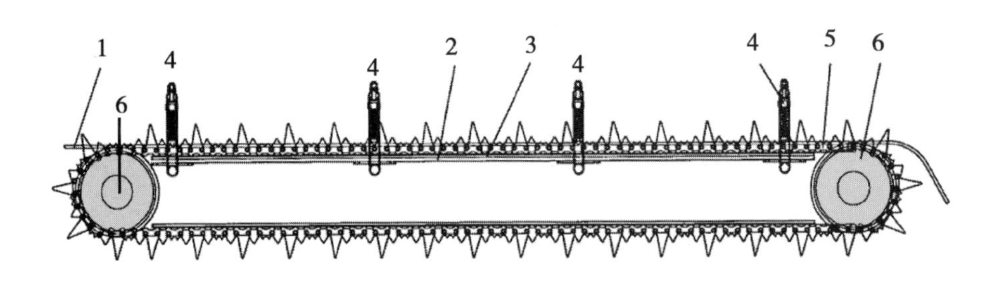

图 7-27 纵向强制输送装置结构示意图

1. 夹持钢丝 2. 连接杆 3. 链条导轨 4. 夹持部件 5. 链条 6. 链轮

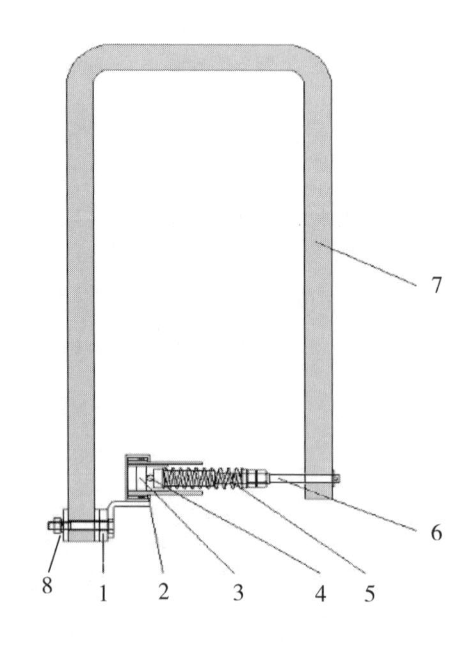

图 7-28 夹持部件结构示意图

1. 固定架 2. 链条导轨 3. 纵向输送链条 4. 限位钢丝

5. 弹簧 6. 调节杆 7. U 型管 8. 连接件

割，截取自基部起 10cm 的部分为试样，采用同一部位制作试验试件：茎秆木质部、韧皮层的拉伸试件，长 100mm、宽 3～5mm、厚 0.7～1mm，截面为矩形；苎麻茎秆和木质部的弯曲试件长 100mm，木质部试件由苎麻茎秆剥去韧皮层获得。

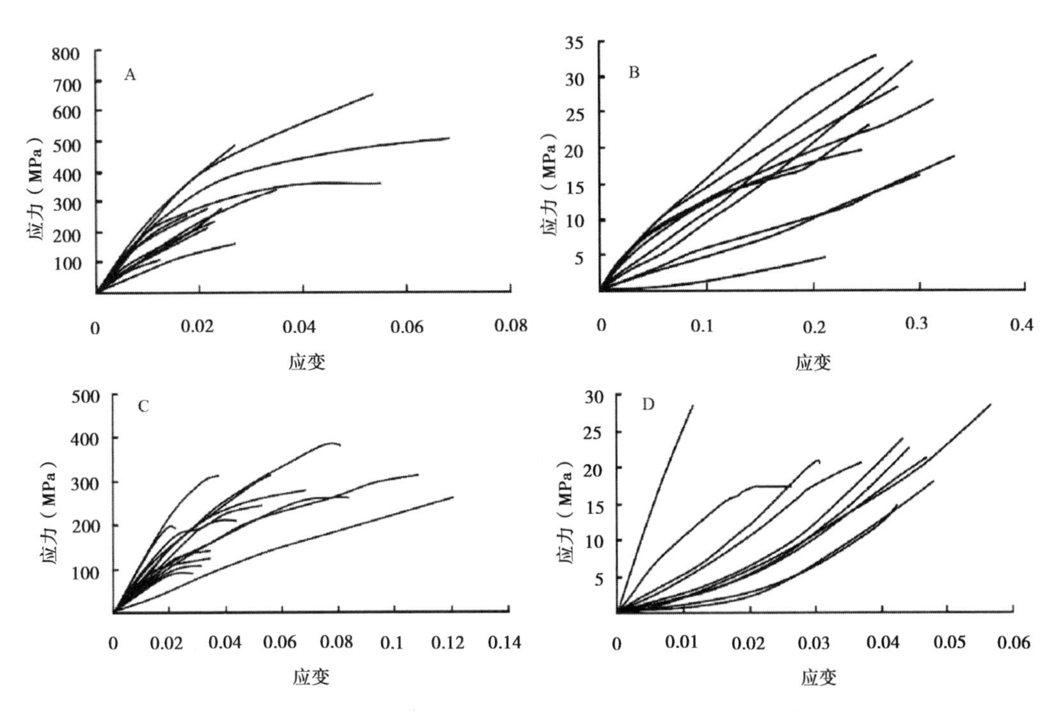

图7－29　苎麻三麻茎秆弹性模量的测定

A. 木质部拉伸应力应变曲线；B. 木质部压缩应力应变曲线；

C. 韧皮层拉伸应力应变曲线；D. 韧皮层压缩应力应变曲线

分析曲线数据，获得木质部试件的轴向拉伸弹性模量 E_{z2} 平均值为1 876MPa；韧皮层的拉伸弹性模量 E_{z3} 平均值为481MPa；木质部的径向压缩弹性模量 E_{x2} 平均值为154. 2MPa；韧皮层的径向压缩弹性模量 E_{x3} 平均值为50. 9MPa。

苎麻茎秆部件弯曲试验表明，茎秆的弯剪模量 G_{xz1} 平均值为155. 7MPa（表7－14）。

表7－14　苎麻茎秆弯曲试验结果

序号	D（mm）	d（mm）	ΔP（N）	f（mm）	f_1（mm）	G_{xz1}（MPa）
1	11. 72	7. 26	420	2. 5	0. 36	123. 2
2	12. 52	7. 28	703	1. 7	0. 44	212. 4
3	13. 22	6. 82	1110	2. 2	0. 20	169. 3
4	12. 48	6. 58	894	2. 0	0. 14	164. 4
5	12. 76	7. 40	736	2. 7	0. 12	102. 8
6	13. 66	7. 28	985	2. 2	0. 42	162. 3
7	13. 28	7. 80	618	2. 0	0. 40	128. 7
8	13. 68	8. 48	873	2. 3	0. 30	143. 8
9	11. 32	6. 26	851	2. 1	0. 20	192. 6
10	13. 82	8. 42	1046	2. 3	0. 20	157. 0

木质部试件弯曲试验表明，木质部弯剪模量 G_{xz2} 平均值为252. 9MPa（表7－15）。

表 7-15　苎麻茎秆木质部弯曲试验结果

序号	D（mm）	d（mm）	ΔP（N）	f（mm）	f_1（mm）	G_{xz2}（MPa）
1	10.04	7.26	260.0	1.6	0.44	190.0
2	10.26	7.90	420.0	1.3	0.28	359.0
3	10.58	6.06	575.6	1.2	0.34	356.3
4	11.24	7.66	693.6	1.5	0.40	358.4
5	10.12	6.58	289.0	1.8	0.20	115.1
6	12.52	7.32	563.0	1.6	0.20	154.3
7	10.44	6.62	427.0	1.0	0.28	350.0
8	11.00	6.90	327.2	1.3	0.11	140.2

（2）行走装置的研究

根据农机与农艺相结合的研发思路，国家麻类产业技术体系种植机械与设备岗位、栽培与耕作岗位、咸宁苎麻试验站等团队，一方面强化了行走履带防脱轨装置，底盘采用液压无级变速行走装置，提升了样机的灵活性；另一方面，将苎麻的种植方式改为畦作，有效地解决了垄高沟深的苎麻地的行走问题。

（3）切割装置的研究

割刀的材料选择。割刀是收割机中的核心工作部件，其工作质量及寿命直接关系到整台收割机的作业效率，割刀的使用寿命是一项重要的参考指标。目前，市场上割刀由碳素工具钢 T8、T10、65Mn 钢高频等温淬火制成。通过对失效刀具进行磨损量对比，可以发现 65Mn 材料制造的刀片的耐磨性要优于其他两种材料。T8、T10 的刀具虽然具有高强度与硬度，但热硬性低、淬透性差、易变性，65Mn 不仅具有高强度和硬度而且淬透性好，经热处理后其综合性能优于普通碳素钢。为了提高切割质量和刀片的耐磨性，苎麻收割机样机采用了 65Mn 材料。

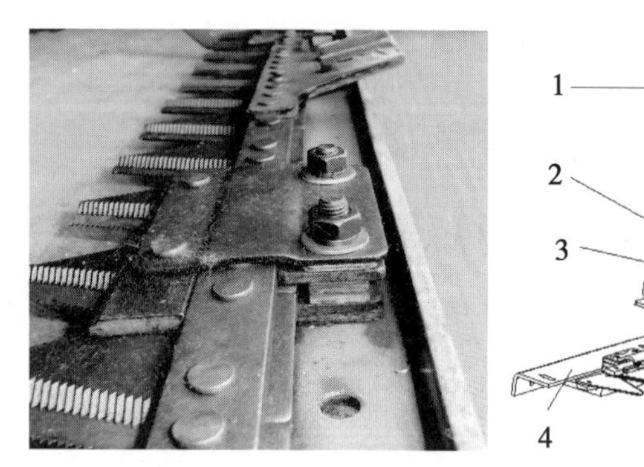

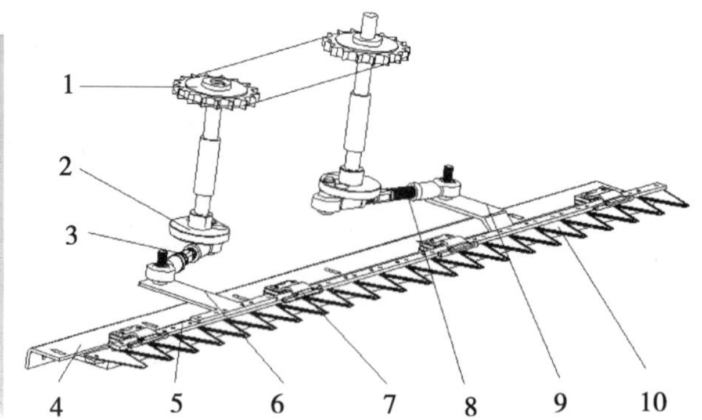

图 7-30　往复式切割器结构图

1. 传动链轮　2. 偏心轮　3. 上动刀调节螺杆　4. 割刀调节板　5. 刀杆
6. 上动刀连杆臂　7. 压刃器　8. 下动刀连杆臂　9. 下动刀连杆臂　10. 刀片

割刀磨损研究。割刀磨损试验表明，采用单列茎秆喂入一对上下动刀磨损量，通过折算收割机割刀田间收割耐磨量，得到一对上下动刀片在刀刃磨损量小于 0.3mm 的苎麻茎秆切割量平均约为 5 978.3 根。假设割刀磨损量和切割根数是线性关系，割刀在刀刃磨损 3mm 时失效，苎麻收割机割刀为 21 对上下动刀，共可切割苎麻 1 255 443 根。按照每平方米耕地苎麻根数为 8.6 根核算，设计的收割机割刀可作业面积约为 219 亩。

切割器的设计。研究针对苎麻收获采用65Mn钢材设计了一种往复式苎麻联合收割机切割器，并运用ProE软件对切割器进行相关运动仿真和结构分析，为苎麻联合收割机的切割器优化设计提供理论依据。往复式苎麻联合收割机切割器割幅1 600mm（图7－30）。主要由传动链轮、偏心轮、调节螺杆、割刀调节板、上动刀连杆臂、下动刀连杆臂、刀杆、压刃器、刀片组成，驱动动力由液压马达提供，利用“双偏心轮远点作反向运动”的原理驱动上、下动刀的连杆臂，连杆臂带动上下动刀部件作速度相同、行程相等、方向相反往复运动。

运动仿真分析。为分析苎麻联合收割机切割器工作时的位移、速度、加速度等具有修正机构设计参照价值的物理数据，对苎麻联合收割机切割进行了运动仿真。偏心轮与调节螺杆采用销钉连接，连杆臂与调节螺杆采用圆柱连接类型，刀杆与刀梁采用圆柱连接类型，组装完成后将帧频选为100，最小间隔为0.01s，终止时间为1s，观察往复式切割器的仿真运动发现：刀片的位移、速度、加速度都是时间t的函数，其变化规律呈现近似正弦或余弦曲线，各时刻的参数大小可以从曲线图中直接读取，对刀片运动参数整理可以得出表7－16结果。

表7－16　刀片运动参数

参数	单位	数值
刀片位移	mm	73
切割器单刀片最大速度	mm/s	858.536 386
切割器单刀片最小速度	mm/s	45.544 505
切割器单刀片最大加速度	mm/s^2	20 039.992 735
切割器单刀片最小加速度	mm/s^2	401.642 990

刀杆静态分析。为了解苎麻联合收割机的切割器结构是否满足设计要求，运用ProE的Mechanica模块对切割器最易变形零件刀杆进行了静态分析和失稳分析。刀杆的材料为45钢，其密度为$7.85\times10^3kg/m^3$，杨氏模量为$2.1\times10^{11}Pa$，泊松比为0.3，刀杆施加均布的轴向8 400N压力，即刀杆与每片刀片连接孔载荷为400N，约束为刀杆与连杆臂连接孔设为固定。数据表明，刀杆的最大位移为$3.881\times10^{-3}mm$，位于远离刀杆与连杆臂连接处；而最大等效应力为3.925MPa，位于刀杆与连杆臂连接处；而45结构钢的屈服极限为355MPa，表明该刀杆结构尺寸设计满足强度要求。

刀杆的失稳分析。对于细长杆、薄板等零件来说，不仅要有足够的强度和刚度，还要防止压力载荷导致零件变形，而丧失了稳定性，又称为“失稳”。失稳是不同于强度破坏的另一种破坏形式，失稳分析就是研究零件在载荷作用下，是处于稳定平衡状态，还是处于失稳状态。刀杆的各阶失稳载荷因子，以二阶失稳进行举例说明，当此刀杆模型当施加的载荷超过$Pcr=BLF\times Po=19.2\times8400=161\ 280N$时，刀杆将发生二阶失稳（表7－17）。

表7－17　各阶的BLF值

阶数	失稳临界载荷因子
1	2.7
2	19.2
3	31.8
4	50.8
5	97.6
6	159.5

（续表）

阶数	失稳临界载荷因子
7	226.0
8	236.3
9	300.2
10	327.9

（4）割台输送

鉴于上轮样机出现割台输送夹持不住等问题，本轮样机采用双层强制性夹持输送。苎麻作物夹持输送装置结构左视图如图7－31所示，立式拨禾装置、下输送装置、上输送装置刚性连接于割台架上，液压缸底部与割台架相连，液压缸的活塞杆与卧式拨禾装置相连。通过控制液压缸，可以实现卧式拨禾装置与下输送装置、上输送装置之间在铅直方向上的相对位移。

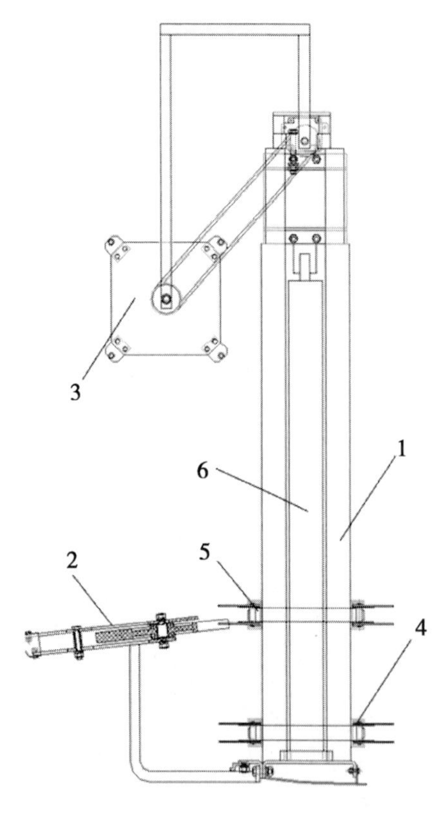

图7－31　苎麻作物夹持输送装置结构图

1. 机架　2. 立式拨禾装置　3. 卧式拨禾装置

4. 下输送装置　5. 上输送装置　6. 液压缸

立式拨禾装置和下输送装置、中输送装置组合俯视图如图7－32所示，立式拨禾器、下、上两组输送装置、下、上两组链条导轨、扶麻装置连接于割台架上。其目的是提供麻杆底部的拨麻和输送的作用力。

卧式拨禾装置主视、左视图如图7－33所示，连接钢架将装置连接于割台的液压缸的一端，支撑板与拨禾栅条、空心管组成拨禾轮，并与连接钢架回转连接，液压马达固定于连接钢架上，并通过带传动机构驱动拨禾轮的旋转。

立式拨禾器结构如图7－34所示，拨禾尖、拨禾星轮、扶禾板、压杆依次相连，其中，压杆材料

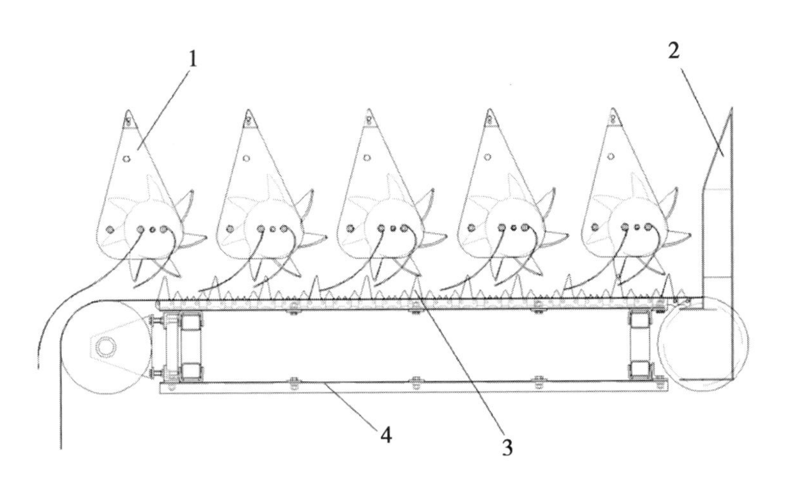

图 7－32　立式拨禾装置和下输送装置、中输送装置组合俯视图

1. 立式拨禾器　2. 扶禾器　3. 输送链条　4. 链条导轨

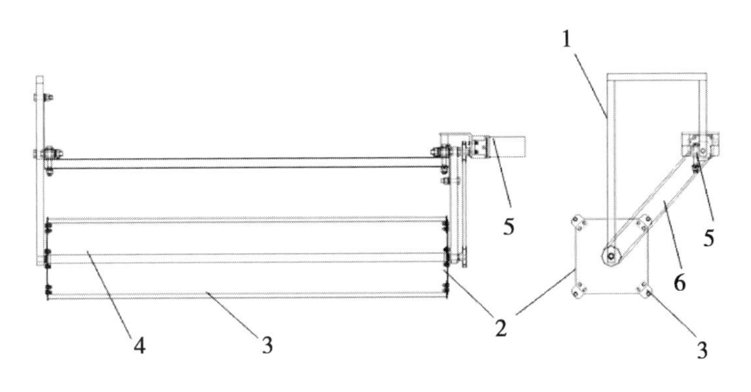

图 7－33　卧式拨禾轮结构图

1. 钢架　2. 支撑板　3. 拨禾栅条　4. 空心管　5. 液压马达　6. 带传动机构

为钢丝，通过钢丝自身的弹性来夹持麻秆底部以实现强制输送，压杆形状根据实际情况进行弯折调节，以达到夹持最佳效果。

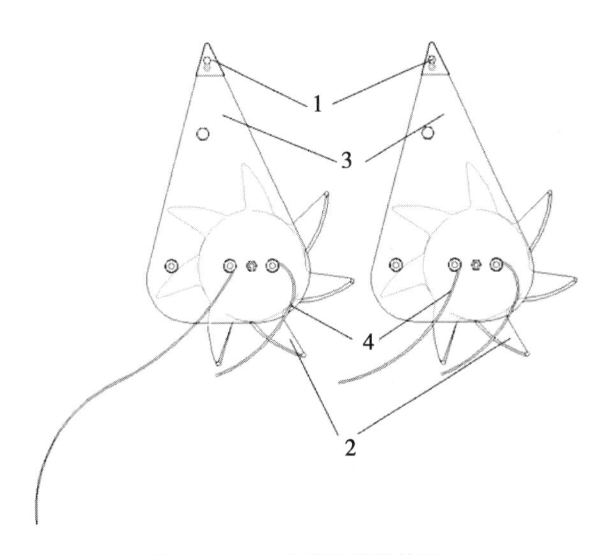

图 7－34　立式拨禾器结构图

1. 拨禾尖　2. 拨禾星轮　3. 拨禾板　4. 压杆弹簧钢丝

两组输送链传动结构如图 7－35 所示，下输送装置、上输送装置如图所示位置刚性连接于割台架

上。两组输送装置各由一套链传动机构组成，每组链条都带有形状相同的拨片，拨片铆合链条上、下端，并且上、下端拨片在俯视视角重合，两组链条拨片也在俯视视角重合。两组链传动机构传动由液压马达实现，通过带万向节的连杆连接两组链轮来保持两组链传动相对同步。这样使得麻秆在两组输送机构中只收到往输送方向上的力，而没有该方向上的力矩，从而确保麻秆在输送过程中不被输送装置给折断。

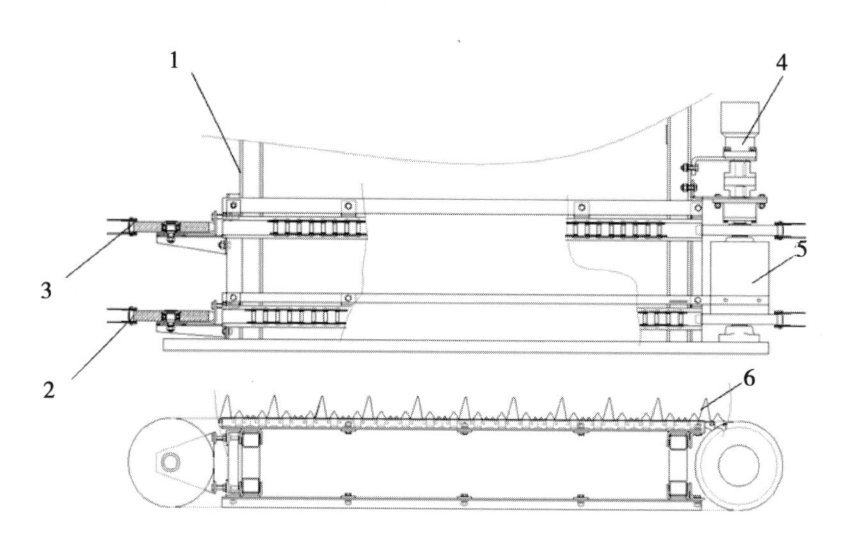

图7－35　输送装置示意图

1. 割台架　2. 下输送链轮　3. 上输送链轮　4. 液压马达　5. 连接杆　6. 输送链

切割苎麻作业前，根据苎麻高度调节液压缸使拨麻输送装置适合该高度的苎麻，切割苎麻作业时，扶麻装置实现扶麻效果，立式拨禾装置、卧式拨禾装置在麻秆底部和顶部共同作用实现拨麻效果，当麻秆进入两组输送装置时，拨禾装置的压秆作用于麻秆起到夹持和导向作用，两组带拨片的链传动机构实现麻秆的输送。

（5）纵向输送

上轮样机采用了环形输送装置，试验结果表明纵向输送能力不够，头尾重叠，不利于后续收集，因此本轮样机采用的输送方式也是强制输送原理。

纵向输送装置如图7－36所示，4个纵向夹持部件（图7－37）以30°左右倾斜向上组成，主要作用是将横向输送过来的麻秆纵向平稳的夹持输送至集秆箱。为能根据麻秆高度调整纵向强制夹持输送高度，设计有液压升降机构及限位机构，而控制麻秆的压力可以通过调整弹簧的粗细及长短来控制，使在输送过程中不会因为压力过大而致麻秆压断。

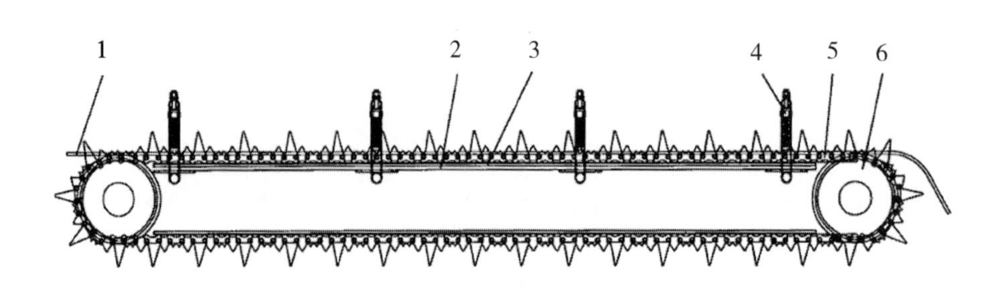

图7－36　纵向强制输送装置结构图

1. 夹持钢丝　2. 连接杆　3. 链条导轨　4. 夹持部件　5. 链条　6. 链轮

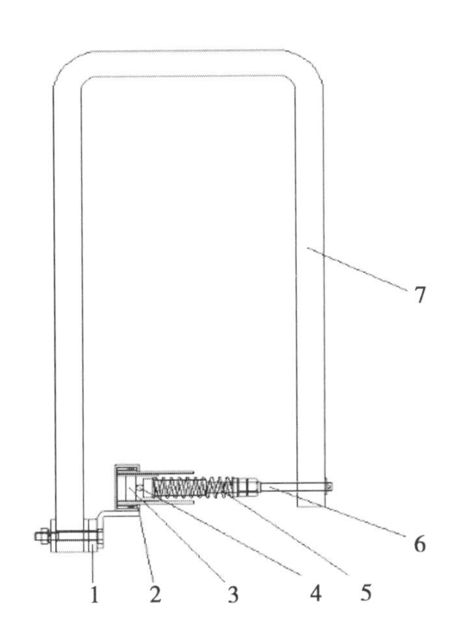

图7－37　夹持部件结构图

1. 固定架　2. 链条导轨　3. 纵向输送链条
4. 限位钢丝　5. 弹簧　6. 调节杆　7. U型管

（二）大麻收割机械研究

经过大量的调研，对大麻品种特性和种植等情况进行了了解。由于各地区生态条件不同、品种特性不同等因素，大麻植株差别很大，高度在120～500cm；茎粗在0.6～4.5cm，切割和输送方式是研制大麻收割机需要解决的首要问题。目前，已制定了大麻收割机技术路线和总体方案，设计、试制了一台样机。设计的大麻收割机采用了双动刀切割装置，卧式扶禾器，主机采用上海－50型拖拉机，利用拖拉机动力输出轴驱动液压系统，各运动部件由液压马达驱动，于2013年9月8～11日在黑龙江省大庆市进行了田间试验（图3－38、图8－39）。试验表明切割装置是可行的，但输送仍然存在较大问题，主要表现在输送堵塞。

图7－38　大麻收割机外形

图7－39　大麻收割机田间试验

三 初加工机械与设备

（一）大型苎麻剥麻机生产线的集成研究

1. 主体结构设计

大型苎麻剥麻机生产线由两套剥麻装置和两套夹麻装置组成，这两套装置配合使用可连续完成苎麻茎秆基部和梢部纤维的剥制过程，以减少剥麻的辅助时间，提高剥麻工效。

该机主要由：1—送麻装置、2—匀麻装置、3—喂麻装置、4—第一夹持装置、5—小剥麻滚筒、6—大剥麻滚筒、7—第二夹持装置、8—水洗装置、9—压轧装置、10—接麻装置等主要部件组成。主体结构如图7－40所示。

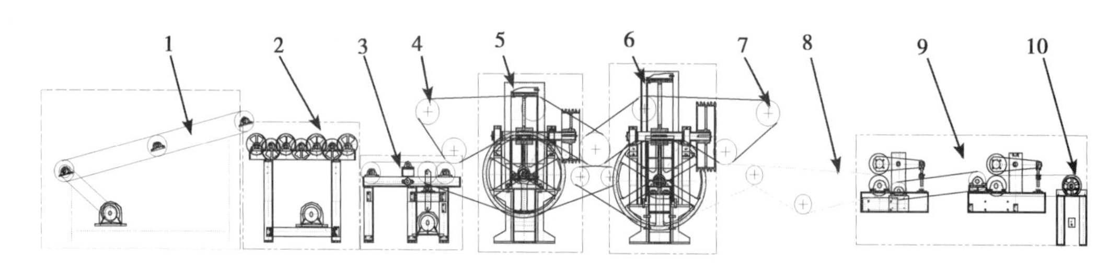

1.送麻装置 2.匀麻装置 3.喂麻装置 4.第一夹持装置 5.小剥麻滚筒装置 6.大剥麻滚筒装置
7.第二夹持装置 8.水洗装置 9.压轧装置 10.接麻装置

图7－40 大型苎麻剥麻机生产线结构示意图

2. 工作原理

大型苎麻剥麻机生产线的工作原理：在夹持装置的作用下，苎麻茎秆横向连续被喂入剥麻滚筒装置中，通过大小剥麻滚筒刮制分别完成苎麻基部和梢部的纤维剥制过程。

机器工作时，首先将苎麻茎秆横向铺放在送麻装置1上，由送麻装置将苎麻茎秆连续输送到匀麻装置2上；通过匀麻装置连续工作，使得苎麻茎秆均匀分配后送到喂麻装置3上，这样喂麻装置3就可以将苎麻茎秆定量地送到第一夹持装置4中。夹持装置由链轮、链条、夹持绳和张紧装置组成，随着机器的运转，第一夹持装置4首先将茎秆的基部喂入小剥麻滚筒5中完成茎秆基部纤维的剥制；随着机器的运转，被剥制好的基部纤维由第二夹持装置7夹持，将未剥制的梢部茎秆喂入到大剥麻滚筒6中完成苎麻梢部纤维的剥制。剥制好的苎麻纤维通过水洗装置8水洗后变得更加干净、洁白；水洗后的苎麻纤维通过压轧装置9去除纤维中的水分，由接麻装置10收集后烘干、打包和贮存。

3. 样机试制、安装调试

2012年2月，在湖南省长沙市望城农业经济开发区建成建筑面积260㎡左右的配套剥麻车间；2012年3月6日，大型剥麻设备试制完成运抵长沙；4月7日开始进行设备安装，至4月12日设备安装完毕，并进行空车运转调试；6月5～8日，进行设备调试并进行剥麻试验（图7－41）。

4. 样机初步试验

6月7日，样机安装调试完成后，在生产企业技术人员指导下，样机进行了剥麻试验。试验结果表明，该机能基本完成苎麻剥制过程，且剥制苎麻纤维质量尚可，可加工苎麻鲜茎设计长度为1.6m，实际最大加工长度为1.8m。由于该机是与过去小型剥麻机完全不同的大型苎麻剥制加工设备，且为第一台试验样机，在苎麻剥制加工过程中还存在一些不足。主要表现在以下几个方面。

①样机剥麻滚筒缠麻。②匀麻机构设计不合理。③剥好的苎麻纤维不能进入接麻绳。④喂麻口发

生堵麻现象。⑤剥麻滚筒出麻渣口没有设计相应收集装置，正常工作时会造成麻渣堵塞现象。

5. 样机改进与调试

针对初步试验出现的问题，和生产企业一起进行了样机的改进设计工作。2012 年 11 月 5 ~ 10 日，课题组人员与厂家技术人员一道对大型苎麻剥麻机生产线进行了改进（图 7 - 42）。主要有：①加长了接麻绳，使大绳轮和接麻轮共用一条接麻绳，解决剥制好的麻纤维不能进入接麻绳的问题。②改进了导麻板，使其表面光滑，减少刮麻现象的发生。③重点解决压麻轮缠麻问题。

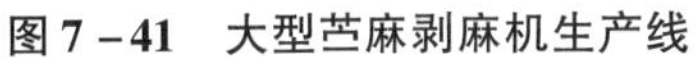
图 7 - 41　大型苎麻剥麻机生产线

图 7 - 42　改进后大型苎麻剥麻机生产线

改进后的大型剥麻机进行了剥麻试验，整个生产线运转基本正常。

通过初步试验，我们得出如下初步结论。

①本机是借鉴剑麻剥麻机的原理进行设计，国内首次用于苎麻试验，虽然出现各种问题，但剥麻过程基本能够完成，且剥麻质量尚可，剥麻原理基本可行。

②该机在喂麻、剥麻和接麻过程中存在一些问题，在经费许可的情况下，通过对各部件结构进行改进设计、对有关参数进行调整以解决上述问题。

③该机在工作正常情况下，剥麻工效有可达 8t/h（鲜茎），出麻率按 4% 计算，剥麻工效可达 0. 32t/h（原麻），每天工作时间按 10h 计算，每天可加工苎麻 30 多亩。该机是大型苎麻基地的高效剥制加工设备。

根据苎麻高产高效种植和多用途产品开发对纤维剥制加工的需求，团队着力研究改进大型苎麻纤维剥制加工生产线。在去年该机苎麻剥麻试验的基础上，根据苎麻纤维的剥制机理，团队与生产企业共同商讨研究，针对苎麻剥制过程中输送不畅和剥麻不净的问题，提出改进设计方案，重点对苎麻剥制后输送过程中堵麻的装置和结构进行部分改进（图 7 - 43 至图 7 - 45）。首先对夹持带进行了改进，由原来的二次夹持输送变成一次输送，输送不畅的问题得到了有效解决。其次针对苎麻纤维的剥制质量主要受刀轮转速和刀轮与刀轮座的间隙所控制的问题（图 7 - 43），调整两对剥麻滚筒的电机频率，改变剥麻滚筒速度；并通过调整调节螺丝的长度，对剥麻间隙的大小进行调整。

为了进一步了解该机的运行特性及样机改进调试后剥麻过程中存在的问题，2013 年 6 月 4 ~ 6 日，在改进后的大型苎麻剥麻机上进行了剥麻试验。

首先准备麻样，将砍好的苎麻鲜茎分为 4 组。第一组，未经任何处理，保持鲜茎原有长度，供试机用；第二组，鲜茎重 10kg，长度 1. 9m，为去梢、叶鲜茎；第三组，鲜茎重 10kg，长度 1. 9m，为去梢、叶鲜茎；第四组，鲜茎重 5kg，长 1. 9m，为去梢、叶鲜茎。

然后进行试剥试验。打开控制总开关，分别启动各部件电机，使机器正常运行。此时，小剥麻滚筒频率 $f1 = 22$Hz，对应的转速 $v1 = 249.1$r/min，大剥麻滚筒 $f2 = 14$Hz，对应转速 $v2 = 121.8$r/min，将第一份未经任何处理的麻茎横向均匀喂入，观察剥制出的麻，发现麻纤维里面含有大量麻骨，且存在

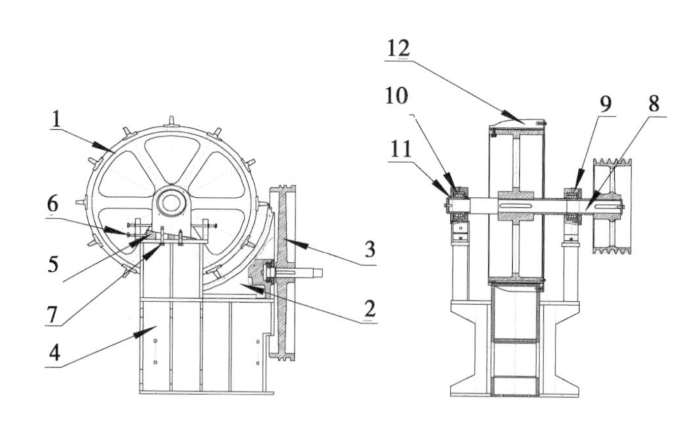

图 7－43　刀轮机构图

1. 刀轮轮体　2. 刀轮座　3. 绳轮　4. 底座　5. 斜铁　6. 调节螺栓　7. 紧固螺栓
8. 刀轮轴　9. 轴承座　10. 轴承　11. 密封圈　12. 刀片

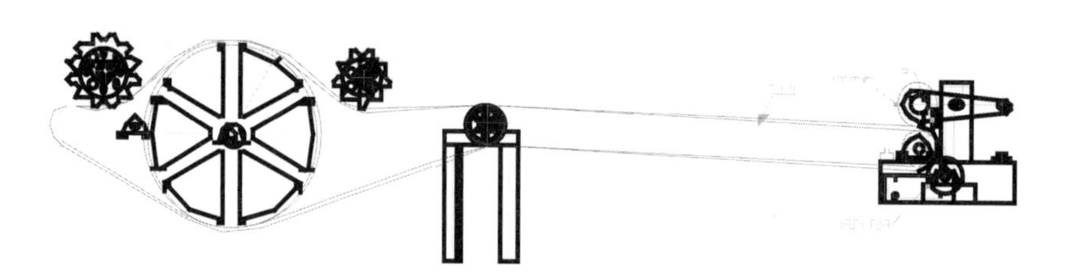

图 7－44　改进前的二次输送机构图

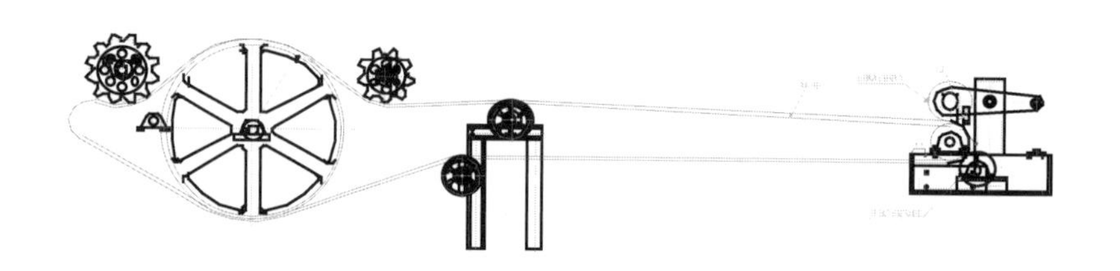

图 7－45　改进后的一次输送机构图

梢部剥制不净的现象。

针对梢部剥制不净等现象，对样机进行调试，通过改变频率，调整大、小剥麻滚筒电机转速，经反复调试，当小剥麻滚筒频率 $f1=28.25$Hz，对应的转速 $\nu1=319.8$r/min，大剥麻滚筒 $f2=25$Hz，对应转速 $\nu2=217.5$r/min 时，剥麻出的麻纤维较干净，效果较好。

进行剥麻试验，在剥麻机生产线正常运转情况下，使机器大、小剥麻滚分别以 319.8、217.5r/min 的转速运行剥麻，分别将第二组、第三组、第四组麻样喂入进行剥麻试验，并收集剥制好的原麻，剥麻质量较好。

收集原麻并称重：第一组麻样（10kg 去叶鲜茎），所得原麻重量 M1 =0.495kg；第二组麻样（10kg 去叶鲜茎），所得原麻重量 M1 =0.490kg；第三组麻样（5kg 去叶鲜茎），所得原麻重量 M1 =0.225kg；鲜茎出麻率平均为 4.783%。

通过试验得出以下结论。

①机器大、小剥麻滚筒的运转速度与所剥制麻的质量有直接关系，经反复调试，初步认为，当大、小剥麻滚分别以 319.8、217.5r/min 的转速运行时，剥麻质量较好。

②经试验，该机器对 1.9m 长去梢、叶鲜茎的原麻出麻率为 4.783%。大型苎麻剥麻机生产线经过

此次改进调试之后，它的运行状态及剥麻效果较之去年有了明显的改善。

由于本次厂家没有在结构方面进行大的改进，仅对生产线局部结构进行调整，因此，仍然还有一些问题有待进一步解决，如喂麻不畅、二次夹持不稳和缠麻等问题。

（二）中小型苎麻纤维剥制机械研究

2012 年在研究改进大型苎麻纤维剥制加工生产线的同时，根据我国水土保持对苎麻剥制机械的需求，筛选轻便型苎麻纤维剥制机械，方便移动，便于坡地使用。筛选出了 4BM－260 型苎麻剥麻机。对该样机图纸进行了详细的检查和修正，并委托宁乡桑莱特农机有限公司试制 2 台（一台配电机，一台配柴油机）。

为了满足麻区植麻农民的需求，将培训苎麻剥麻机操作手作为初加工机械与设备岗位的重要任务之一。在苎麻三季麻的收麻期间，宜春苎麻试验站和张家界苎麻试验站利用 4BM－260 型苎麻剥麻机剥麻测产，并开展了安全使用、维护及培训示范工作，共培训农业技术人员 15 人，培训农民操作手 30 余人。

在开展大型苎麻剥麻机生产线安装、调试与剥麻示范工作的同时，还根据我国苎麻水土保持对麻类剥制机械的需求，开展了 4BM－260 型苎麻剥麻机的改进、试制、样机检测与示范工作，为该机在苎麻产区推广使用做准备。

1. 样机检测

共试制 4BM－260 型苎麻剥麻机 4 台，2012 年 6 月中旬，湖南省农业机械鉴定站在中国农业科学院麻类研究所沅江实验站，对研究设计的 4BM－260 型苎麻剥麻机样机进行了性能检测。测定了鲜茎出麻率、含杂率、样机噪声、生产率等技术指标。性能检测所用苎麻的物料特性如图 7－46、图 7－47，鲜茎长平均值为 155. 08cm，最大值为 193cm，最小值为 100cm；鲜茎粗平均值为 13. 9mm，最大值为 18. 5mm，最小值为 9. 97mm。

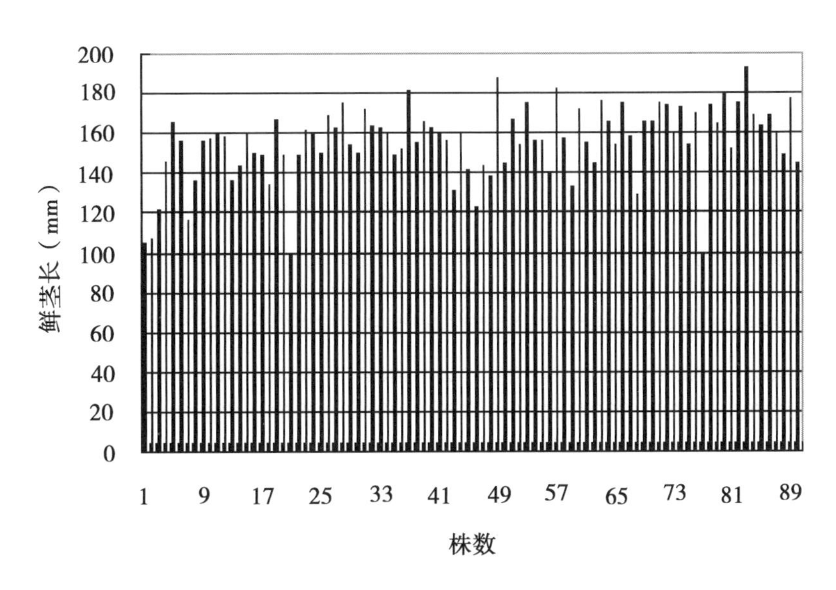

图 7－46　苎麻作物鲜茎长统计图

检测结果见表 7－18。该机鲜茎出麻率 5. 56%，剥麻工效可达 14. 0kg/h，工作噪声 84. 5dB，原麻含杂率 0. 73%。检测证明，样机各项技术指标均满足计划任务书的要求。

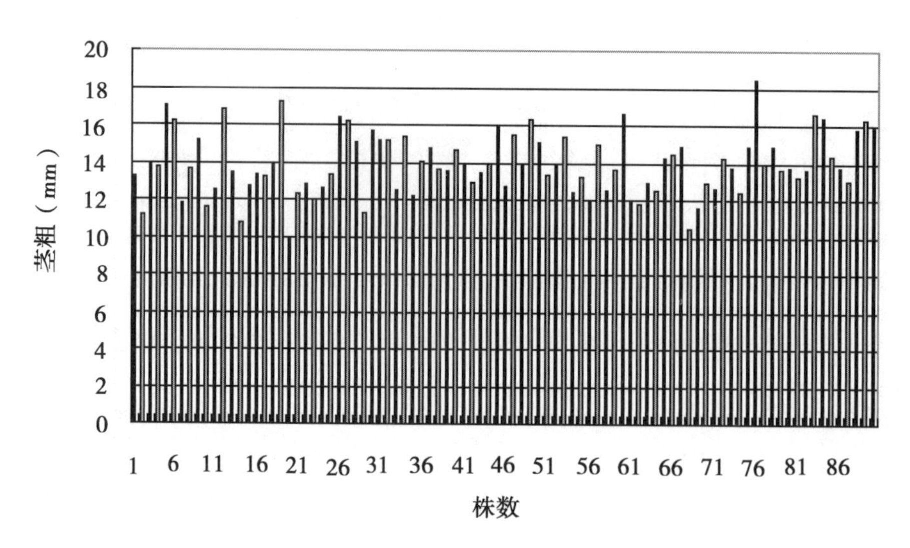

图 7－47　苎麻作物茎粗统计图

表 7－18　4BM－260 型苎麻剥麻机样机性能试验结果

项目	单位	测定值（3 次平行测试均值）
生产率	kg/h	14.0
鲜茎出麻率	%	5.56
原麻含杂率	%	0.73
工作噪声	dB	84.5

2. 样机示范

为了满足麻区植麻农民的需求，我们将培训苎麻剥麻机操作手作为本岗位的重要任务之一。分别在苎麻头麻和二麻收麻期间，到江西省宜春市、湖南省沅江市和张家界市进行了 4BM－260 型苎麻剥麻机的安全使用、维护及培训示范工作。共培训农业技术人员 15 人，培训农民操作手 20 人。

（三）大型红麻鲜茎皮骨分离机械研究

根据我国盐碱地、荒漠地大规模种植红麻的需求，开展大型红麻鲜茎分离机械的集成研究，重点解决红麻大面积种植收获后的剥制加工问题。本研究主要是与大麻鲜茎剥麻机研究相结合，开展了大型红麻鲜茎皮骨分离机械关键部件的研究工作，设计试验台架、绘制图纸，并开始了试验台架的试制工作。

1. 样机的设计

设计了 4 对碎茎辊、2 对直齿型碎茎辊、2 对螺旋形碎茎辊，以期得到较好的碾压效果，尤其是使茎秆的基部梢部均能得到充分的碾压；并对比了碎茎辊用 8 个弹性装置和 2 个弹性装置的差异，结果显示仅用 2 个弹性装置的碎茎辊，就能起到很好的效果且能保证碾压均匀；为达到好的皮骨分离能力又不增加整机重量，减少了一对剥麻滚筒，在另一剥皮滚筒底部增加一凹形护板，这相当于增加了一个剥皮滚筒，使碎茎后的麻皮在通过上剥皮滚筒和凹形护板的过程中被揉搓（图 7－48 至图 7－50），加大皮骨分离能力。为方便剥皮机在麻类作物种植区的大面积推广使用，在结构和传动部分设计时尽量考虑选材和制造的通用性机方便性，以便降低生产、使用和维护的费用。

10 月份，进行了试验，但是由于样机制造误差、作物物料过成熟、含水率低等原因，剥制效果没

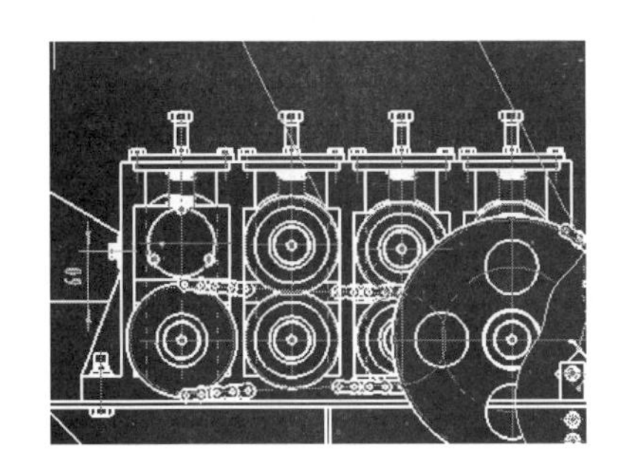
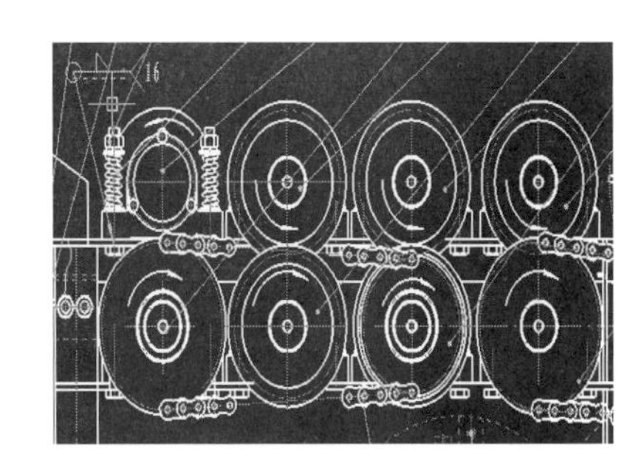

图 7－48　弹性装置改进前后对比

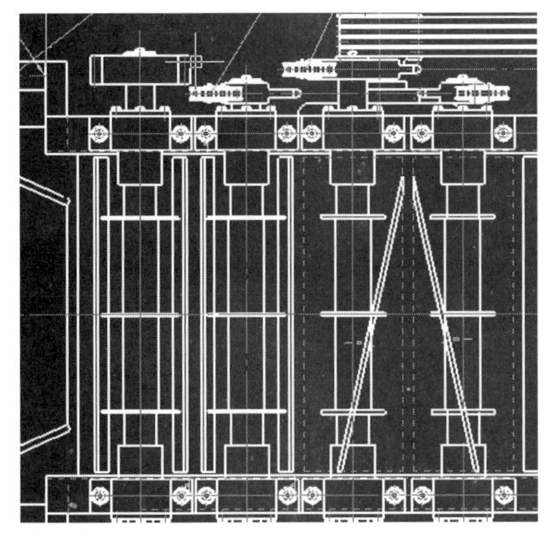

图 7－49　碎茎辊示意图

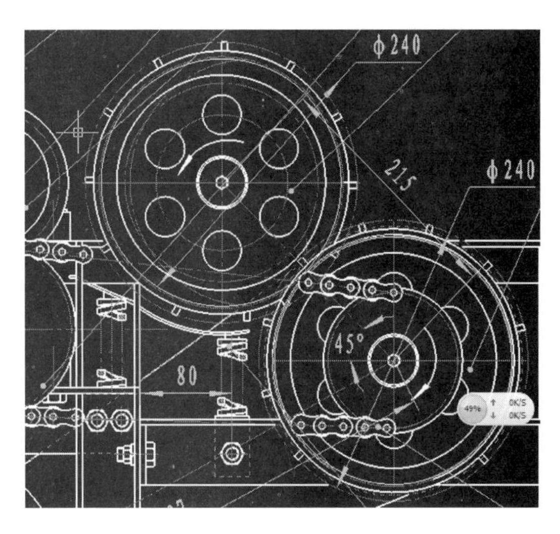

图 7－50　凹形护板示意图

有达到预期要求，样机部分机构参数有待进一步试验验证。

2. 改进与检测

根据生产上使用反馈的情况，对现有的黄红麻剥皮机进行了改进（图 7－51、图 7－52）。一是将第二对压辊轴承座装置改为只能上下移动的可调弹性装置，减少压辊之间的碰撞和摩擦；二是加大输出皮带支架的材料型号，提高其工作稳定性，避免工作过程中接麻皮带的跑偏现象发生；三是设计链条传动输送带进行麻皮输送试验，避免了输送带跑偏现象，输送麻皮效果较好。2013 年，在样机试制厂家试制和改进了样机 3 台，供试验和生产示范使用。

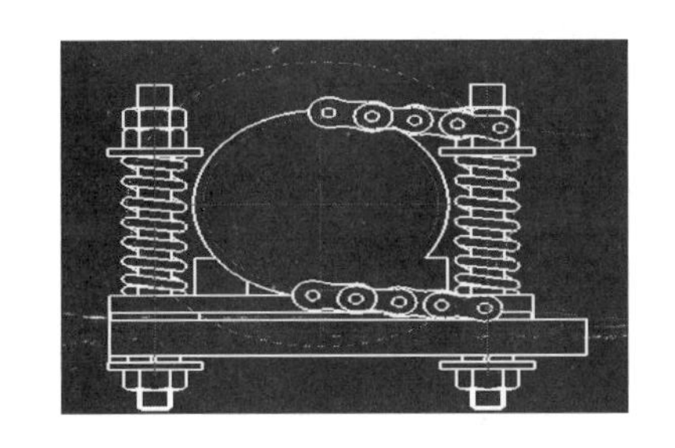
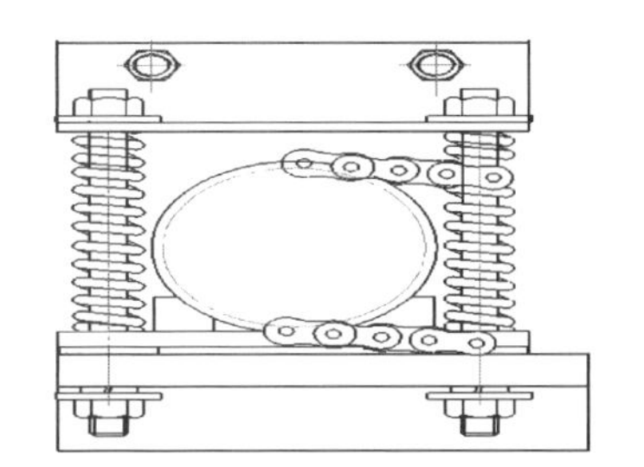

图 7－51　4HB－480 型黄红麻剥麻机改进机构图

2013 年 6 月，在河南信阳红麻主产区开展了 4HB－480 黄、红麻剥皮机剥制大麻的试验与示范，培训操作手 10 人，剥大麻 5 亩多。2013 年 9 月，4HB－480 黄、红麻剥皮机在浙江萧山红麻主产区进行示范使用。2013 年 11 月在望城试验基地进行红麻剥麻试验，试验结果表明：该机剥净率≥90%，鲜皮含骨率 7.5%，鲜皮生产率可达 1 000kg/h 以上，工作噪声 95.5dB。检测证明，样机各项技术指标均满

图 7－52　4HB－480 型黄红麻剥皮机

足任务书要求。

本研究主要是与大麻鲜茎剥麻机研究相结合，开展了大型红麻鲜茎皮骨分离机械关键部件的研究工作，设计了试验台架、绘制图纸、并开始了试验台架的试制工作，以提高该机工作性能的稳定性。

设计了螺旋型多对碎茎辊，以加强红麻皮骨的分离能力；同时，在上剥麻滚筒底部增加一凹形护板，这相当于增加了一个剥麻滚筒，使碎茎后的麻皮在通过上剥皮滚筒和凹形护板的过程中被揉搓，加大皮骨分离能力。试制的台架在红麻收获季节进行皮骨分离性能的试验，为今后样机的设计提供参考。

根据大规模种植红麻的需求，为了解决红麻大面积种植及时收获后的剥制加工问题，团队在突破红麻鲜茎皮骨分离机械关键技术之后，开展了大型红麻鲜茎皮骨分离机械集成示范。

（1）改进

根据生产上使用反馈的情况，对现有的黄红麻剥皮机进行了改进。一是将第二对压辊轴承座装置改为只能上下移动的可调弹性装置，减少压辊之间的碰撞和摩擦；二是加大输出皮带支架的材料型号，提高其工作稳定性，避免工作过程中接麻皮带的跑偏现象发生；三是设计链条传动输送带进行麻皮输送试验，避免了输送带跑偏现象，经剥皮试验链条输送带输送麻皮效果较好（图 7－53）。8 月份，在样机试制厂家试制出样机，供生产示范使用。

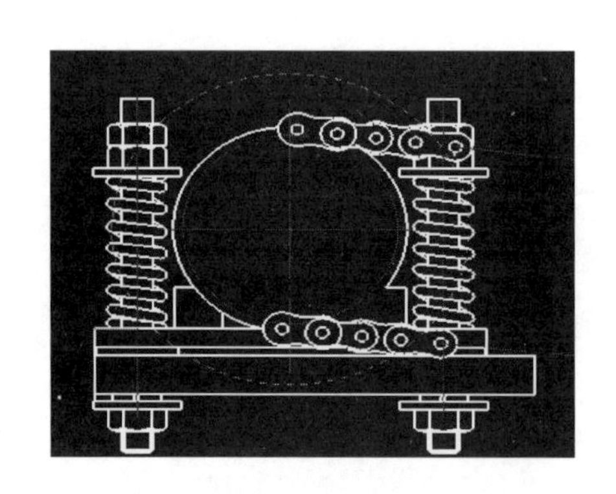

图 7－53　4HB－480 型黄红麻剥皮机改进结构图

（2）样机检测及结论

2012 年 10 月中旬，湖南省农业机械鉴定站在中国农业科学院麻类研究所望城试验基地，对该所研究设计的 4HB－480 型黄红麻剥皮机样机进行了全面技术检测。测定了剥净率、鲜皮含骨率、样机噪声、鲜皮生产率等技术指标。性能检测所用红麻的物料特性如图 7－54、图 7－55，鲜茎株高平均值为 507.63cm，最大值为 560cm，最小值为 440cm；鲜茎粗平均值为 29.05mm，最大值为 38.77mm，最小值为 20.32mm。

检测结果见表 7－19。该机剥净率≥90%，鲜皮含骨率 7.22%，鲜皮生产率可达 1 000kg/h 以上，工作噪声 97.5dB。检测证明，样机各项技术指标均满足计划任务书要求。

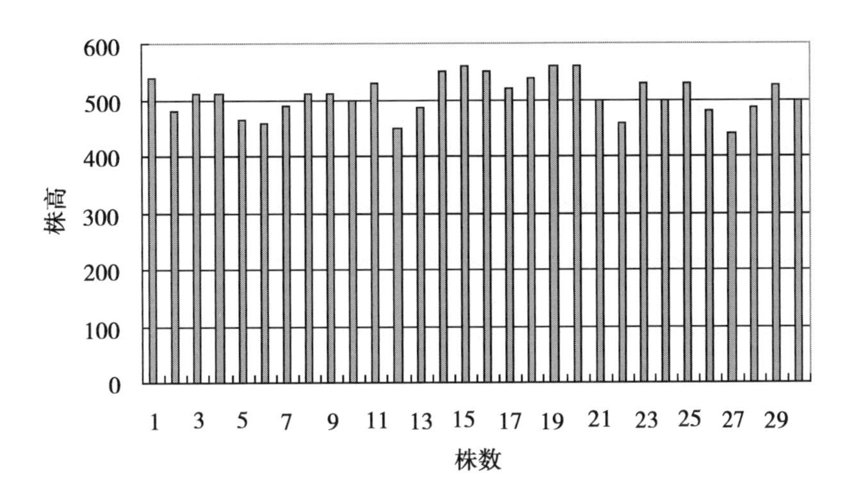

图 7－54 红麻鲜茎株高统计图

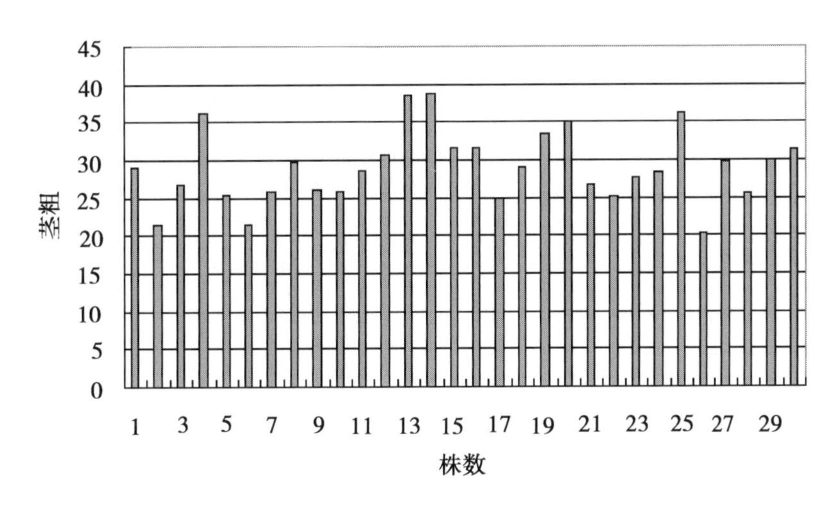

图 7－55 红麻鲜茎茎粗统计图

表 7－19 4HB－480 型黄红麻剥皮机样机性能检测结果

项目	单位	测定值（3 次平行测试均值）
鲜茎生产率	kg/h	1 000
鲜皮含骨率	%	7.22
剥净率	%	≥90%
工作噪声	dB	97.5

（四）大麻鲜茎剥制分离机械研究

设计方案，试制样机 1 台。2012 年上半年完成了大麻剥皮机图纸的绘制工作，并交与样机制造厂家研制。在样机试制过程中，多次到厂家协商解决试制中出现的问题，修改样机设计图纸。

如图 7－56 所示，大麻鲜茎剥皮机主要由喂料斗、4 对碎茎辊、上剥麻滚筒、下剥麻滚筒、弧形凹板、机架和动力等组成。

该机工作时，动力通过皮带传递给上剥麻滚筒，上剥麻滚筒再通过链传动方式将动力分别传递给

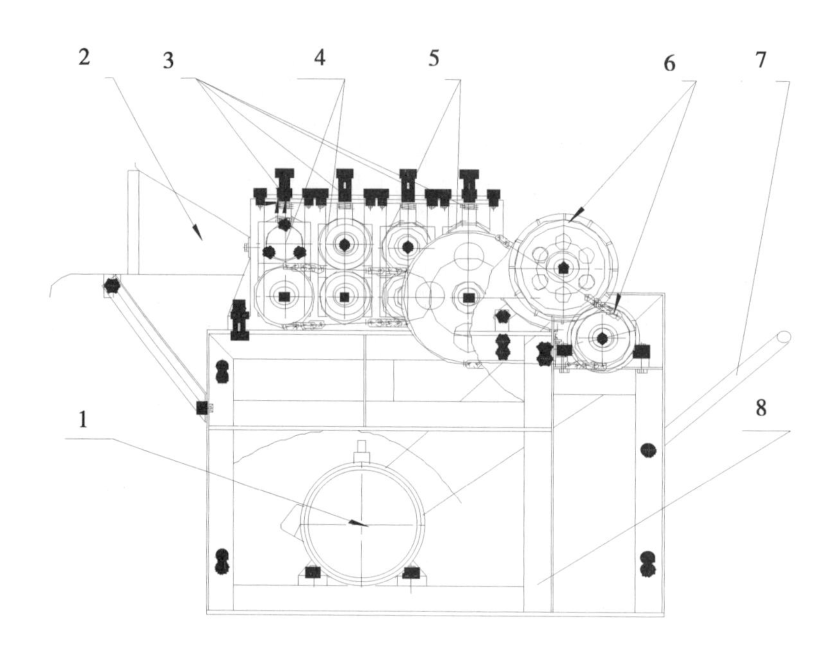

图 7－56　大麻鲜茎剥皮机样机结构图

1. 电机　2. 喂料斗　3. 弹簧调节装置　4. 直齿压辊组　5. 斜齿压辊组
6. 剥麻滚筒组　7. 接麻装置　8. 机架

第 3 和第 4 对碎茎辊，然后它们再通过链传动方式分别带动第 1 和第 2 对碎茎辊运转。每对碎茎辊的上下辊之间和上下剥麻滚筒之间则采用齿轮传动方式。工作过程是，麻茎由喂料斗喂入机器内，在前 2 对碎茎辊的碾压下，麻茎破损，皮骨初步分离。随着机器的运转，初步分离的麻茎进入第 3 和第 4 对碎茎辊的啮合区域。由后面 2 对碎茎辊的表面是螺旋状排列的齿条，因此，这两个碎茎辊在对麻茎产生纵向作用力的同时还产生横向作用力，这使大麻的皮骨分离更加均匀又不损伤韧皮纤维。通过 4 对碎茎辊的碾压与揉搓作用，大部分麻骨被分离后掉到机器下方，少部分麻屑粘连在麻皮上随麻皮进入分离机构。进入分离机构后的麻皮在上剥麻滚筒、下剥麻滚筒和弧形凹板的共同的梳理下，麻屑被去除，剥净的麻皮被抛出机外，完成整个工作过程。

样机试制完成后，于 2012 年 9 月上旬在中国农业科学院麻类研究所沅江实验站，进行了样机性能试验。测得鲜皮平均含骨率为 23.9%，鲜皮生产率平均为 138.48kg/h，空载噪声 91.53dB，负载噪音 94.41dB，基本达到设计要求。

根据大麻产区对大麻纤维剥制机械的迫切需求，课题组着力开展大麻剥麻机的研制，在去年大麻剥麻机一代的基础上，根据去年大麻剥麻机的试验情况，结合大麻产区的实际，团队成员围绕大麻质地轻易缠麻、剥麻不尽等问题，开展设计工作，并完成设计图纸，委托样机生产厂家试制样机 1 台。2013 年 10 月，进行大麻剥皮试验（图 7－57、图 7－58）。根据试验结果来看，缠麻问题已基本解决，但仍存在剥麻不尽的问题。由于物料时效性等原因，未进行全面而系统的试验。有待进一步试验和改进。

表 7－20　大麻剥皮机性能试验结果

大麻品种	鲜茎重（kg）	时间（h）	麻皮重（kg）	净麻皮重（kg）	出皮率（kg）	剥净率（kg）	生产率（kg/h）
Y182	11	0.40	3.0	2.35	21.36%	78.3%	5.875

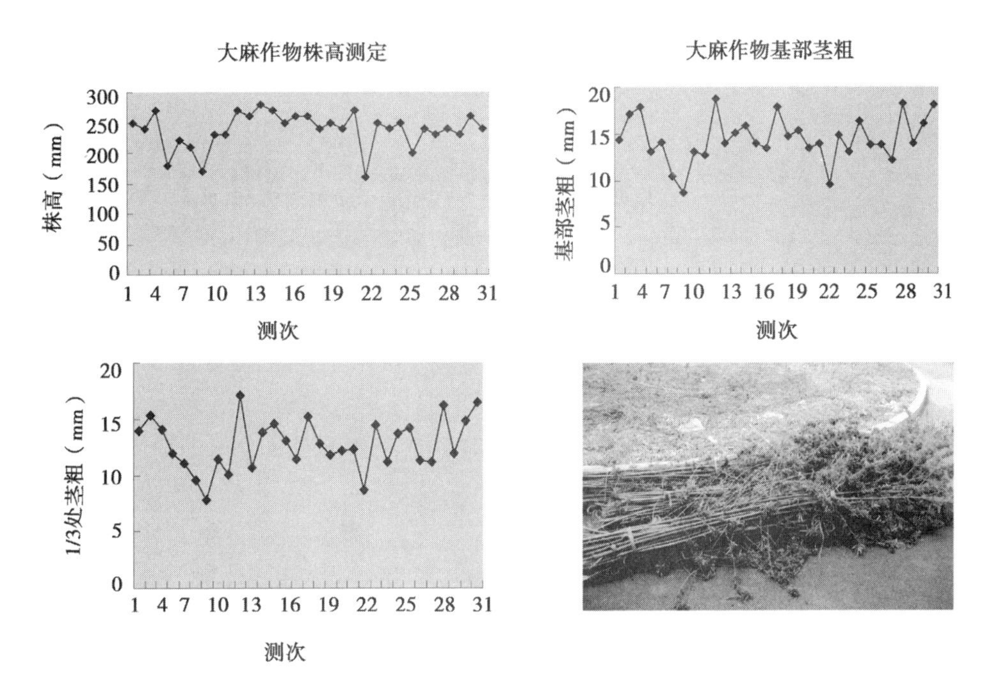

图 7-57 大麻作物物料调查

图 7-58 大麻剥麻机剥麻试验

11 月 1 日，在剥皮机试验的过程中，对大麻剥皮机样机压辊调节装置进行了调整，把弹性装置的螺栓锁紧，剥制 10 月 14 号的收集的大麻原料，查看剥制效果。结果表明，剥制效果与上次试验比较改变不大，考虑是作物茎秆已经过了收获期，水分含量较少，给剥制带来困难。样机运转过程中，第 3 对压辊轴端跳动较大，有制造误差。大麻作物茎秆皮骨联结较紧，梢部分枝较多，且物料已经过了收获期，水分含量减少，大麻剥皮机剥制不干净。对大麻茎秆的物理特性需进一步研究，掌握剥制机理。

第八章　加工技术与工艺研究

一　脱胶技术与工艺研究

（一）微生物资源收集、评价与利用

2012 年 7 月，分别从吉林长春市郊及吉林省农业科学院经济植物研究所试验地采集富有特色的土壤、腐殖质及污水样品 9 份，经富集、分离及纯化，获得了 56 份具有代表性的细菌以及 12 份真菌。纯化菌株进行了形态学、生理生化及部分分子生物学研究，每个菌株采用超低温甘油管保藏方式保藏 2 个备份。

对 2011 年最后一批分离筛选的菌种资源及 2012 年部分新分离菌株进行了分类学研究，经 DNA 抽提、纯化以及 PCR 扩增 16SrRNA 后，送交上海桑尼生物科技有限公司检测。62 个样品，实测 124 个反应，获得 41 个有效菌株信息，经比对分析，涉及 *Pseudomonas fluorescens*（11 个菌株）、*Pseudomonas mosselii*（3 个菌株）、*Pseudomonas putida*（1 个菌株）、*Bacillus subtitles*（16 个菌株）、*Bacillus cereus*（2 个菌株）、*Paenibacillus polymyxa*（5 个菌株）、*Pectobacterium amylovora*（2 个菌株）、*Bacterides finegoldii*（1 个菌株），共 5 个属 8 个种。

经过数据整理，按照菌种资源数据库 38 个指标要求，新增了 21 个麻类加工菌种资源数据库。其 16SrRNA 序列已登录 GenBank，登录号为 KC246036—KC246056。

此外，采用对比法，从菌种资源中筛选出对苎麻、大麻有脱胶功能的菌株 1 个（原始资源编号 2010yj－01）。经水解圈法、脱胶实效法比较检测，该菌株对苎麻和大麻的脱胶功能相当于 DCE－01 菌株的 50% 和 28%。

（二）脱胶菌株的选育与改良

1. DCE－01 菌株的遗传改良

（1）DCE－01 菌株果胶酶基因研究

根据基因组测序结果设计引物后，以 DCE－01 菌株基因组 DNA 为模板，克隆出果胶酶基因 14 个、甘露聚糖酶基因 1 个和木聚糖酶基因 1 个，构建果胶酶、甘露聚糖酶高效表达基因工程菌株 4 个，具有单细胞化脱胶潜能。

经过测序与其他来源的同类基因及其表达产物比对，其 AA 序列的同源性为 84.6%～99.1%，相似性为 85.7%～99.5%，既有氨基酸种类完全不同的区别，也有氨基酸种类不同但结构类似的区别。

将部分基因连接到相关载体后导入大肠杆菌中表达，获得阳性克隆子（基因工程菌株）8 个。其中，发酵液果胶裂解酶活性达到 298.8IU/ml。采用超滤和凝胶层析两步法分离、纯化，获得电泳纯样

品（图 8－1）。研究其酶学性质的结果显示，其最适反应温度为 50℃，最适 pH 值为 9.0，最适底物为聚半乳糖醛酸钠；保温 1h，酶活稳定温度≤45℃，稳定 pH 值为 9.0～10.0。酶催化作用依赖于 Ca^{2+}，其最适作用浓度为 2mmol/L；Zn^{2+}、Ca^{2+} 和 NH^{4+} 促进酶活力，Fe^{3+} 和 Pb^{2+} 严重抑制酶活力。

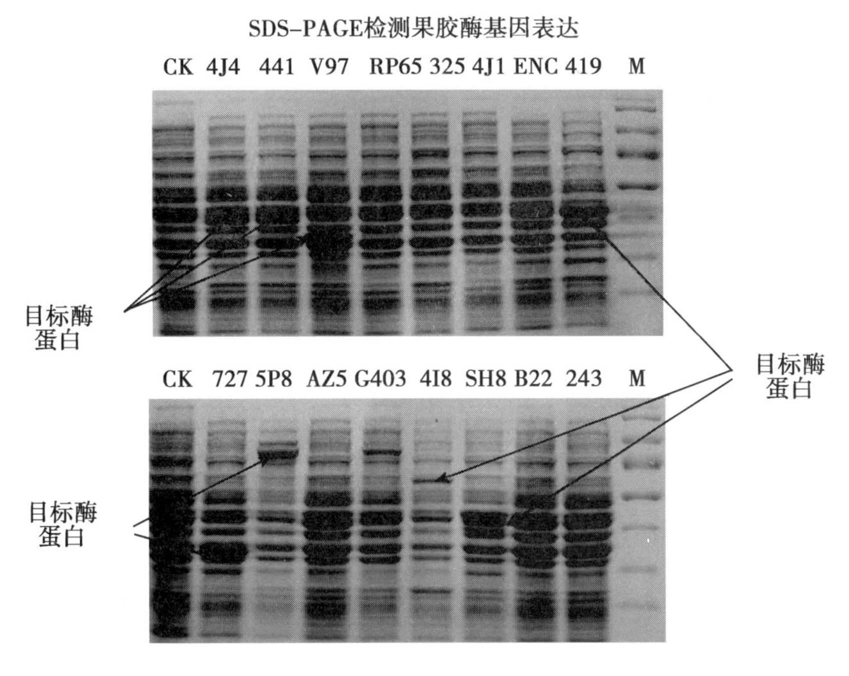

图 8－1 DCE－01 菌株果胶酶基因表达结果

（2）DCE－01 菌株的基因改良

麻类脱胶高效菌株 DCE－01 菌株基因组测序结果成功登陆 GeneBank。该基因组序列是全球有关草本纤维提取功能菌株的第一份基因资源信息，可为国内外从事草本纤维生物提取研究的科学家开展高效菌株选育提供遗传基础和创新平台。

根据基因组测序结果设计引物，从麻类脱胶高效菌株 DCE－01 中成功地克隆出关键酶基因 13 个，包括果胶酶基因 9 个、甘露聚糖酶基因 2 个和木聚糖酶基因 2 个。在 GeneBank 登陆基因 13 个。以大肠杆菌为受体，构建表达体系 13 个（含 2 个基因共表达体系）。其中，*PelG*403 基因与他人报道的 *PelG* 基因比对的核苷酸序列同源性为 96.8%，表达产物的氨基酸序列相似性为 99.2%；*Pel*419 和 *PelG*403 在大肠杆菌中表达的胞外酶活性超过 160U/ml 和 285U/ml。

基于 DCE－01 菌株的全基因组测序预测结果，扩增了广谱性高效脱胶菌株 DCE－01 的以果胶酶基因、甘露聚糖酶基因和木聚糖酶基因，并根据基因和表达载体序列特点分别引入 BamHI、SacI、HindIII、XhoI 酶切位点；将纯化后的 PCR 产物连接到 PMD－19T 载体，分别得到 PMD19－P、PMD19－X、PMD19－M 3 个中间克隆载体；用快切酶分别酶切载体，以多顺反子形式依次连入 pET－28a，获得连接成功（图 8－2：P/X/M 基因单酶切电泳图）。基于 DCE－01 菌株全基因组测序预测结果，根据基因和表达载体序列特点设计引物分别引入 BamHI、HindIII、NdeI、PvuI、XhoI、PacI 酶切位点，将扩增 DCE－01 的果胶酶基因、甘露聚糖酶基因和木聚糖酶基因的 PCR 纯化产物分别连接到 PMD－19T 载体，分别酶切中间克隆载体；凝胶回收片段后再次纯化，以单顺反子形式依次连入 pACYCDuet－1 表达载体的两个 MCS 区，获得成功（图 8－2：重组质粒 pACYCDuet－1－PX 及其质粒单酶切电泳图）。

2. 新型脱胶菌株的筛选与鉴定

（1）新菌株的筛选

通过采样、分离、筛选及宏基因技术，从麻类脱胶富集液中分离、筛选出 84 个具有麻类脱胶功能

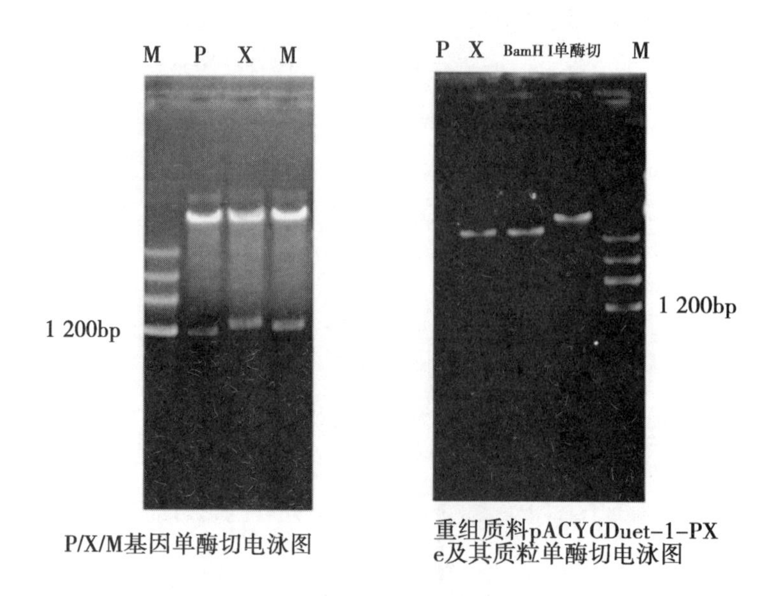

图 8－2 DCE－01 菌株电泳图

的菌株，隶属 8 属 12 种。同时，通过基因操作方法，构建基因工程菌株 3 个（包括多基因共表达体系）。此外，提纯复壮并保存常用高效菌株 500 拷贝（图 8－3）。

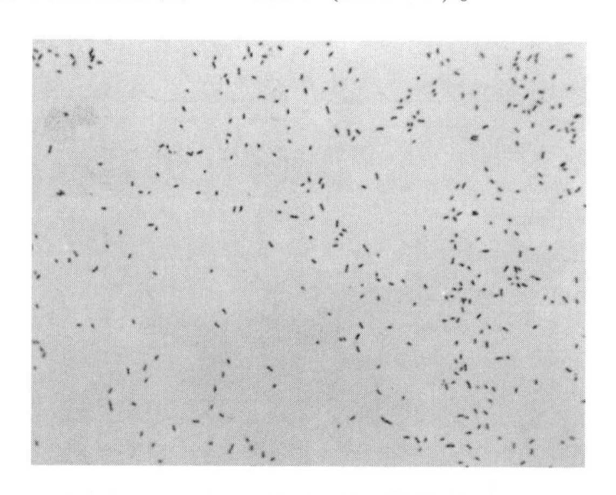

图 8－3 IBFCW20130124 菌株的菌体形态

（2）IBFC2009 菌株的鉴定

初步研究了新种 IBFC2009 菌株的功能特性，经过探索其在木质素、多环芳烃、阿特拉津、苯环甲环唑、絮凝剂以及色素等方面的功能，发现该菌能在原油基础培养基上生长，初步断定其具有降解多环芳烃的能力。经紫外诱变 *Sphingobacterium bambusaue* IBFC2009 菌株，获得一株诱变菌株 S3。菌株 S3 在一定条件下的原油培养基中培养 5d，原油降解率为 42.85%。

这是国内外首次针对微生物新种 *S. bambusaue* IBFC2009 菌株开展功能研究，结果证实该菌降解芳香烃物质的能力较强，具有潜在开发应用价值。

（3）纤维单胞菌 DA8 菌株的筛选和应用

筛选获得了一种纤维单胞菌 DA8 菌株，该菌株具有产果胶酶和半纤维素酶能力，具有亚麻脱胶活性。所筛选的纤维单胞菌菌种具有产酶量大，酶系齐全，无毒性及培养条件粗放等优点；采用该复合脱胶酶液进行亚麻脱胶不仅大大缩短了脱胶周期，降低了成本，而且纤维分裂度提高，脱胶效率达 95%。基于此菌株研发的脱胶方法与现有的温水脱胶所需设备基本相同，因此特别适用于老企业在现有设备基础上进行工艺改进。所筛选的纤维单胞菌菌株可以用于亚麻原茎脱胶、粗纱煮炼、亚麻织物生物前处理外，还可用于苎麻、黄麻、大麻等麻类韧皮纤维脱胶和生物前处理。

（4）荧光假单胞菌 DA4 菌株的筛选和应用

筛选获得了一种荧光假单胞菌 DA4 菌株。该菌株具有产果胶酶和半纤维素酶能力，具有亚麻脱胶活性。所筛选的荧光假单胞菌菌种繁殖速度快，抗污染能力强，耐热性和耐碱性能好；采用该复合脱胶酶液进行亚麻脱胶不仅大大缩短了脱胶周期，体系及培养过程操作安全，无毒性、无环境污染；采用其进行亚麻微生物脱胶可缩短亚麻脱胶周期、提高亚麻纤维的出麻率、提高亚麻纤维的强度、改善亚麻纤维质量，利于推广；除可以用于亚麻原茎脱胶、粗纱煮练、亚麻织物生物前处理外，还可用于苎麻、黄麻、大麻等麻类韧皮纤维脱胶和生物前处理。

3. 宏基因技术在麻类脱胶关键酶基因上的应用

将天然污水、腐殖质菌样接种到苎麻等韧皮纤维原料上富集培养，待草本纤维明显分散后，提取有效、高质量总 DNA 两份。

通过查阅大量相关文献并经过 DNAMAN 软件分析，获得果胶酶、甘露聚糖酶、木聚糖酶等 3 类关键酶基因的通用引物 14 条。设计引物后，以上述有效、高质量总 DNA 为模板，扩增到 8 个相关有效基因。

通过对采集的样品进行可培养分析以及构建宏基因组获得相关基因分析，对脱胶微生物的物种多样性进行分析，明确了脱胶微生物的种类、关系与聚类情况。目前正在对已扩增到的 8 个相关有效基因进行测序、克隆、工程菌株构建及其功能验证研究。

碾压组件、干燥组件、杂物抖落组件以及出料组件，物料经进料组件送入、再依次经碾压组件、干燥组件、杂物抖落组件后由出料组件输出。本实用新型具有结构紧凑、占地面积小、功能齐全、工作效率高、运行成本低等优点。

4. 亚麻粗纱脱胶微生物的选育与应用研究

目前，苎麻的生物脱胶工艺已经比较成熟，而亚麻的生物脱胶手段包括细菌和酶脱胶的研究都相对不够成熟。传统上，亚麻粗纱脱胶使用一种高温碱煮的方法。这种方法，不仅消耗了大量热能，更产生了化学污染的排放。本研究基于现代微生物工程理论，考虑利用生物菌株发酵液或提纯酶液进行亚麻粗纱脱胶的微生物方法，为替代传统化学方法，提供了一种可能。

传统的微生物培养法，通过稀释梯度涂布和划线分离法，可以获得部分脱胶优势菌种，利用分子生物学手段和生理生化测试对其进行鉴定，同时利用酶学性质进行评价。以亚麻粉为唯一碳源，用东海腐烂海草作为微生物来源从富集培养液中分离纯化得 10 株海洋细菌，10 种细菌菌种纤维素酶活较低，木聚糖酶活及果胶酶活较高，都比较适用于亚麻生物煮漂；利用生理生化分析和分子生物学手段，鉴定出 10 种细菌菌种所属种系。研究分析表明：10 株菌株中 D3、D4、D8、D10 用于亚麻粗纱脱胶，残胶率比较低，并且这几株菌种的脱胶能力都好于现有的商品果胶酶，有进一步研究的潜力。另分离出 4 株海洋真菌，利用显微镜镜检结果和分子生物学手段，鉴定出 4 种真菌菌种所属种系。初步测定真菌发酵液酶活，分析其具有脱胶能力，有待进一步研究。

在筛选菌种的基础上，初步构建并优化了亚麻粗纱微生物脱胶的工艺。在摇瓶水平下构建亚麻粗纱的细菌脱胶工艺为：细菌种子→摇瓶活化细菌种子→细菌脱胶液发酵→发酵液粗纱脱胶→湿热灭活后处理。在此基础上聚焦发酵条件和脱胶条件的优化过程。对从海洋环境中筛选到的 D3 和 D4 两株菌种的细菌发酵液进行了发酵条件优化。同时对 D3 和 D4 两株菌种在得到最优纤维性能的发酵条件下制成发酵液的脱胶粗纱进行了纤维性能分析。结果表明，生物脱胶效果明显并且柔和。对 D3 菌种发酵液的脱胶条件进行了优化。在脱胶过程中使得酶活较高的优化条件与使纤维性能较优的优化条件并不相同。要获得较为优化的脱胶后纤维性能，在适当的脱胶基础上，需要一定的高碱性环境和高温环境。

通过对不同发酵水平下 D3 菌种发酵过程中的生长曲线和酶活曲线进行的测定，发现菌种生长曲线符合微生物典型生长曲线的四期模型，酶活在此过程中存在多个顶峰。进一步分析发现摇瓶水平的菌种浓度和酶活要比发酵水平提前到达顶峰，说明在摇瓶水平条件下发酵液产酶活速率较快。酶活曲线结果说明菌种发酵液的酶活存在好几个顶峰，说明菌种发酵液在脱胶过程中可以被反复利用。进一步研究表明，亚麻粗纱脱胶效果与发酵液酶活力呈正相关，与发酵液所含总酶含量也呈正相关。相同发酵条件下，使用粗提冻干混合酶与使用发酵脱胶的效果相当。酶量加倍脱胶效果有所提高，但各项物理参数非成倍提高，效果不显著。对于亚麻粗纱生物脱胶的总体效果来说，从发酵液中提取的果胶与木聚糖混合酶，其应用效果要比单一酶效果要好，接近并达到化学脱胶的效果。但如果考虑生产成本，则单纯细菌发酵液也已经能满足生产要求。

在实验室的研究基础上，分别在浙江金鹰亚麻集团有限公司和湖北精华纺织集团有限公司进行了工厂放大实验的研究。

在浙江金鹰亚麻集团有限公司进行了生物脱胶方案工厂试验，方案在总脱胶时间上优于传统化学脱胶，同时还具备了化学品损耗小、化学污染小和能耗小等优点。从细纱成纱质量看，生物脱胶的纱线质量也不亚于化学脱胶。这说明生物脱胶是完全可以替代传统化学脱胶方法的。

在湖北精华纺织集团有限公司试验的结果表明，生物脱胶方案在这次试验中也能够用来替代传统化学脱胶，同时生物脱胶在化学灭活前的生物脱胶工艺路线是未来较为适合的生物脱胶放大设计工艺方案。酶与生物发酵液效果差异不大，可以考虑在未来生产中在不适合发酵液的生产工艺中使用生物粗酶。此外在增加化学助剂的基础上，脱胶时间达到3h就能满足生产要求。

（三）麻类纤维脱胶技术研究

1. 新功能菌株DCE－01及其生物脱胶技术研究

（1）DCE－01菌株脱胶能力分析

在实验室条件下，应用2009年选育的新功能菌株DCE－01对苎麻、红麻、黄麻、大麻、亚麻、龙须草、麦秆等草本纤维原料进行了生物脱胶处理试验。试验采用本年度筛选出的菌株（2010yj－01）和空白进行了双重对照。结果证实，DCE－01菌株具有剥离各种草本纤维原料非纤维素的能力，发酵6～8h可以实现苎麻、红麻、黄麻、大麻、亚麻完全脱胶，采用适当机械物理作用补充可以达到生物制浆目的。

通过双重对照发现：①菌株2010yj－01在苎麻、大麻脱胶方面具有一定能力。说明同种微生物在不同应用功能方面存在很大差异。②不添加菌种的空白对照，各种材料的失重率可以达到11%（大麻韧皮，DCE－01菌株为31.56%）至19.6%（红麻韧皮，DCE－01菌株为36.69%）（图8－4）。这种现象对于菌种选育及其功能评价具有重要参考价值。

（2）DCE－01菌株脱胶工艺建立

利用麻类加工酶制剂中试车间进行了2批次大麻工厂化生物脱胶中间试验。实验材料涉及不同品种、不同栽培模式生产的大麻韧皮样品130多份，总重量约60kg。其工艺流程为：原料接种与发酵（35℃）→灭活（95℃，30min）→清水洗涤→渍油→烘干。

试验结果表明，该技术工艺发酵周期6.5h，平均脱胶制成率53.8%（比常规方法的48%提高5.8个百分点），工艺废水COD浓度4 930mg/L（图8－5：比化学脱胶方法的16 000mg/L降低了69.2%）。

（3）DCE－01菌株脱胶规律研究

在DCE－01菌株用于苎麻、红麻、黄麻、大麻、亚麻、龙须草、麦秆等草本纤维原料进行生物脱胶处理试验过程中，采用定时采样的方法进行了微生物生长规律、蛋白质和还原性糖含量变化规律、块状脱落物变化规律研究。结果显示，DCE－01菌株对各种材料发酵过程进入2～4h即开始大量繁殖、8～10h即处于稳定生长期（图8－6）；蛋白质谱带除了少数关键酶伴随发酵时间延长而增加亮度以外，

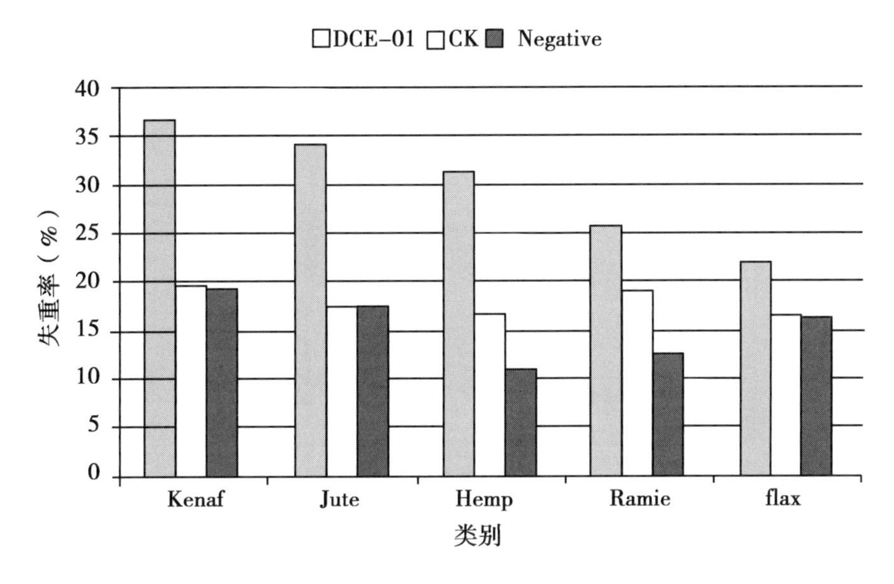

图 8-4　DCE-01 菌株对 5 种麻类脱胶的失重率比较

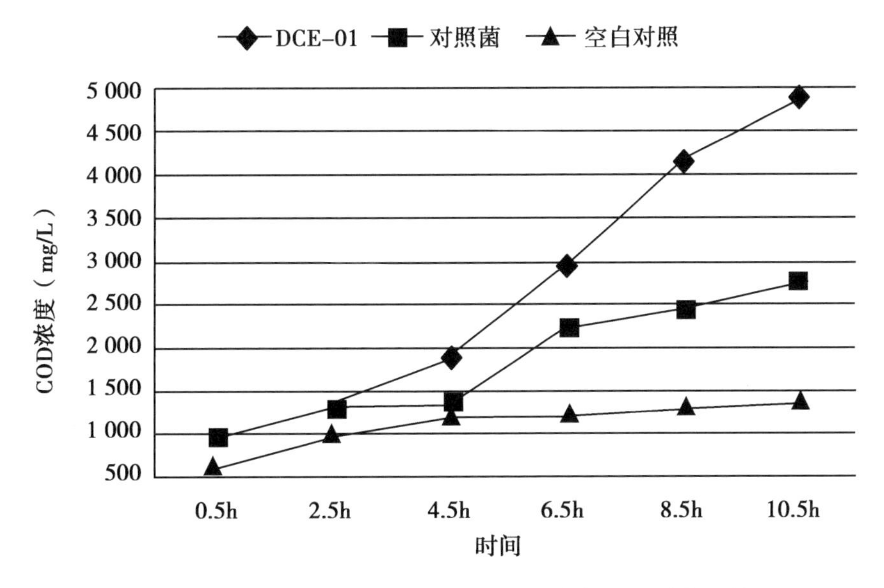

图 8-5　DCE-01 菌株用于大麻脱胶废水中 COD 变化规律

大部分逐步变淡或消失；还原性糖含量先是伴随时间降低，后则伴随时间延长而提高；块状脱落物含量一直伴随时间延长而增加（图 8-7）。

（4）DCE-01 菌株工厂化脱胶模拟

在模拟工厂化条件下，应用 DCE-01 及其模式菌株对 5 种麻类纤维原料进行了生物脱胶试验（表 8-1）。其中，工业大麻韧皮生物脱胶进行了规模为 150kg 的中试，脱胶制成率 61.8%。红麻生物脱胶高浓度废水中 COD 约 4 800mg/L，沉淀物约占污染物总量的 80%；低浓度废水在 60mg/L 以下。同时，为验证用于工厂化脱胶菌株的功能，进行胞外复合酶催化活性分析结果：DCE-01 菌株 8h 纯培养液中果胶酶、甘露聚糖酶和木聚糖酶活性依次为其模式菌株的 4.4、4.6、5.3 倍。由此证明，DCE-01 菌株作为广谱性高效菌株具有重要的酶学基础。

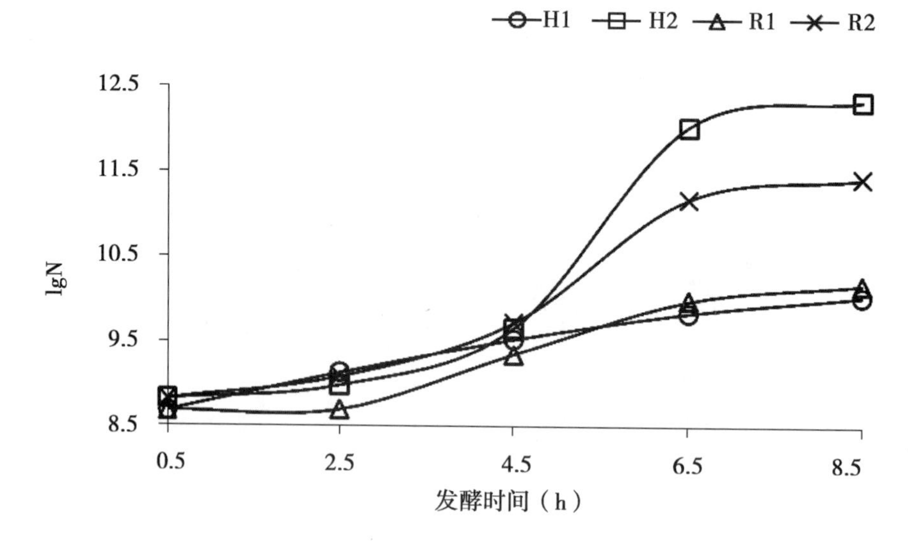

图8-6　苎麻大麻脱胶过程中微生物生长规律

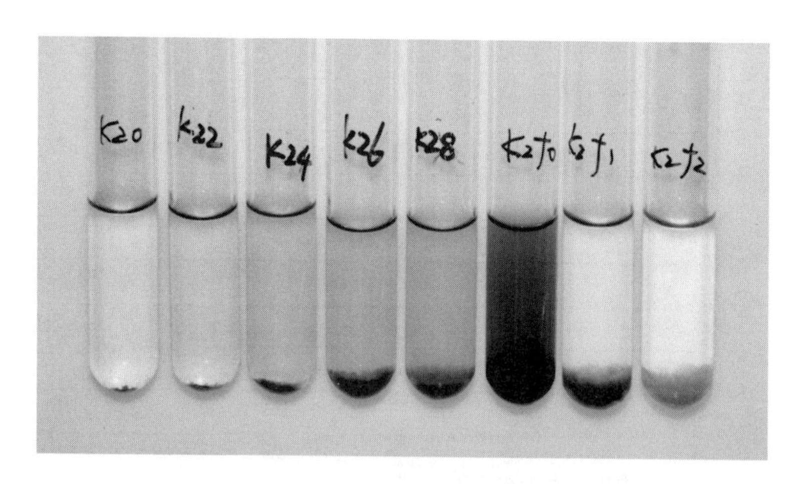

图8-7　红麻脱胶过程中块状脱落物递增趋势

表8-1　五种麻类纤维原料生物脱胶试验结果

材料	DCE-01		模式菌株		空白对照	
	失重率（%）	颗粒状脱落物比重（%）	失重率（%）	颗粒状脱落物比重（%）	失重率（%）	颗粒状脱落物比重（%）
亚麻	21.98	—	16.67	—	16.40	—
大麻	29.31	65.85	16.87	52.66	10.87	52.58
黄麻	32.47	64.74	17.73	46.88	17.80	46.05
红麻	34.36	62.53	19.73	44.72	19.59	44.88
苎麻	25.87	61.36	19.13	45.65	12.73	43.32

2. 苎麻过碳酸钠脱胶工艺研究

针对苎麻化学脱胶工艺存在的流程长、能耗大和污染大等问题，使用新型的环境友好型过氧化物——过碳酸钠对苎麻进行脱胶处理，研究温度、时间、过碳酸钠浓度等因素对苎麻脱胶效果的影响。

过碳酸钠在水溶液会产生碳酸钠和过氧化氢，因此，过碳酸钠的分解速度，以及过氧化氢分解速度对于提高过碳酸钠的脱胶效果具有十分重要的意义。实验发现，中性条件下，过氧化氢在温度低于

70℃时能够保持较为稳定的状态。同时，过氧化氢的分解速度随着过氧化氢浓度的增加而增加。碱性条件下，过氧化氢的分解速度大于中性条件下的分解速度。当氢氧化钠浓度一定时，过氧化氢的分解速度随浓度的增加而增加。当过氧化氢浓度一定时，随着氢氧化钠浓度的增加，过氧化氢分解速度增加。因此，在中性条件下，使用过氧化氢对实验原料进行脱胶或漂白处理时，温度以不低于70℃为宜。在碱性条件下，使用过氧化氢对苎麻进行脱胶处理时，过氧化氢的浓度以不低于6g/L为佳，氢氧化钠浓度为2% ~4%为佳。

升温过程中，当过碳酸钠脱胶原液中放入苎麻原麻后，过碳酸钠的分解速度大于不放入苎麻原麻时的分解速度。这是由于苎麻原麻中含有较多的灰尘、金属等杂质，这些杂质会促进过氧化氢的无效分解；同时，过碳酸钠同原麻中的胶质也发生了作用，导致放入苎麻原麻后过碳酸钠的分解速度大于不放入苎麻原麻时的分解速度。

此外，在升温过程中，当过碳酸钠脱胶原液中不放入苎麻原麻时，过碳酸钠在温度低于80℃的条件下能够保持较为稳定的状态。当温度从80℃升温至90℃的过程中，过碳酸钠能够发生明显的分解现象。但是，过碳酸钠脱胶原液中放入苎麻原麻后，不管温度如何变化，过碳酸钠都会发生较为明显的分解现象。而且，当温度为90℃时，保持温度不变，90min后过碳酸钠脱胶原液中过碳酸钠的浓度接近于0。因此，使用过碳酸钠对苎麻原麻进行脱胶处理时，其煮练时间以90min左右为宜。

为了稳定过氧化氢的分解速度，避免或减少过碳酸钠脱胶过程中过氧化氢的无效分解，降低过氧化氢对纤维素的氧化程度，本课题分析了稳定剂在过碳酸钠脱胶工艺中的应用。结果表明，与不添加稳定剂的过碳酸钠脱胶工艺相比，添加稳定剂P5之后，精干麻的断裂强度和断裂伸长率都得到了改善。江西省恩达家纺的实验验证结果也表明，添加稳定剂P5之后，精干麻的性能指标都有一定的提高。

为了降低过碳酸钠脱胶工艺中过碳酸钠的用量，减少纤维素的损伤。本课题使用碱性果胶酶对苎麻原麻进行脱胶前处理。同时，利用过碳酸钠的氧化性和漂白性对碱性果胶酶脱胶前处理后的苎麻进行煮练，并将生物酶法脱胶工艺中的“失活”、“精练” 和 “漂白” 三道工序合并为“过碳酸钠脱胶”一道工序，缩短工艺流程、提高生产效率。实验发现，碱性果胶酶—过碳酸钠脱胶的前处理最优工艺为：温度60℃，时间3h，碱性果胶酶浓度1.0g/L，pH值8.5。根据过碳酸钠分解情况的实验结果，在过碳酸钠煮练工艺中，煮练时间减少30min，确定为120min，过碳酸钠的用量由18%降低至12%，温度由95℃降低至90℃。SEM图片表明，碱性果胶酶—过碳酸钠脱胶的精干麻中包覆在纤维周围的胶质基本被去除，纤维表面光洁（图8-8）。ATR图谱分析表明，碱性果胶酶—过碳酸钠脱胶的精干麻中果胶得到了有效的去除，但是精干麻中还存在有半纤维素物质。精干麻的化学组成测试结果也对该实验结果作出了证明。XRD分析结果表明，碱性果胶酶—过碳酸钠脱胶的精干麻的结晶度小于过碳酸钠脱胶的精干麻结晶度；但是，碱性果胶酶—过碳酸钠脱胶的精干麻果胶含量和残胶率下降，脱胶更加彻底，故精干麻的断裂强度和柔软度都得到提高。

研究表明：

①过碳酸钠可以应用于苎麻快速脱胶工艺。过碳酸钠脱胶的精干麻中存在氧化纤维素，而且精干麻中半纤维素含量较多。

②过碳酸钠同过氧化氢相似，温度越高，越容易分解；浓度越高，分解速度越快。脱胶原液中放入苎麻原麻时的分解速度要远远高于没有放入苎麻原麻时的分解速度。

③过氧化氢在中性条件下升高至80℃时才发生较为明显的分解现象。在碱性条件下，较低的温度，都可以使过氧化氢就可以发生分解。氢氧化钠浓度一定时，过氧化氢浓度越高，其分解速度越快。

④包覆在苎麻纤维周围的胶质以果胶为主，脱胶过程中首先要脱除的是果胶。通过过碳酸钠对碱性果胶酶处理后的纤维进行脱胶处理后，纤维性能同过碳酸钠脱胶的精干麻相比有了一定的提高，工

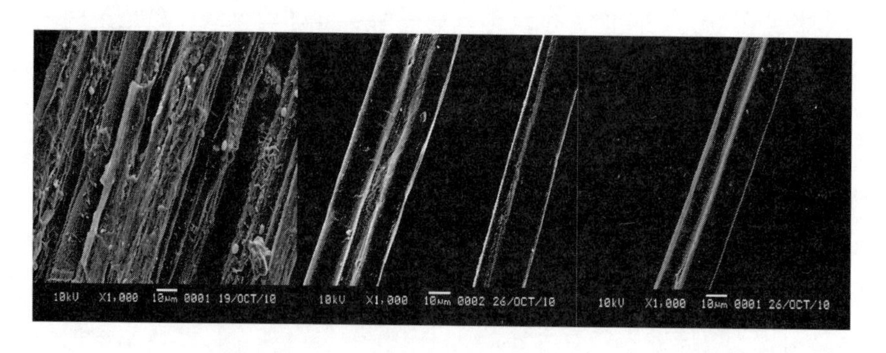

图8-8　原麻电镜照片过碳酸钠脱胶电镜照片传统化学脱胶电镜照片

艺流程也得到了简化。

过碳酸钠脱胶实验研究的最优工艺为：煮练温度95℃，煮练时间150min，过碳酸钠浓度18%，螯合剂（EDTA）2%，三聚磷酸钠2%，耐碱渗透剂2%，浴比1∶12。

研究还将苎麻过碳酸钠脱胶工艺实验研究的成果分别在安徽省华龙麻业有限公司和湖南省沅江明星麻业有限公司进行了实验验证。企业验证实验的结果表明：苎麻精干麻纤维的断裂强度能够达到传统化学脱胶（“二煮一漂”）工艺92%左右的水平。而且，过碳酸钠脱胶的精干麻并丝情况也优于传统化学脱胶。

3. 其他脱胶技术研究

利用筛选出来的各类优质菌株，开展了麻纤维脱胶技术工艺研发工作。目前已经研发了分别利用爪哇正青霉素菌DB4菌株、链格孢DB2菌株、黑附球菌DB3菌株及紫青霉素菌DB1菌株等微生物制备麻纤维的方法。整体上表现出菌株生长周期短、菌种不易被污染、处理成本低、反应条件温和、抗污染能力强、耐热性能好、无环境污染以及处理后纤维质量好等特点，并且工艺简单、适合大规模工业化生产。

二　纤维性能评价与改良研究

（一）麻类纤维性能评价技术研究

1. 苎麻纤维性能与成纱质量关系的研究

采用BP神经网络、灰色BP神经网络和主成分神经网络的方法，依据苎麻纤维的基本性能，建立了苎麻纤维纱线性能的预测模型（表8-2至表8-5）。分析得出纤维各个性能指标对成纱性能影响的重要程度，并结合实际生产得出成纱性能的各个影响因素之间的主次关系。

表8-2　成纱强力（cN）预测结果

预测方法		编号									
		1	2	3	4	5	6	7	8	9	10
BP神经网络	实测值	622	608	646	597	534	559	615	643	532	530
	预测值	739	546	693	615	639	611	575	645	502	562
	相对误差（%）	18.81	10.2	7.27	3.01	19.66	9.3	6.5	0.31	5.64	6.04
	平均相对误差（%）	8.67									

（续表）

预测方法		编号									
		1	2	3	4	5	6	7	8	9	10
主成分分析结合 BP 神经网络	实测值	622	608	646	597	534	559	615	643	532	530
	预测值	672	648	685	614	603	607	612	595	594	585
	相对误差（%）	8. 04	6. 58	6. 04	2. 85	12. 92	8. 58	0. 49	7. 46	11. 65	10. 38
	平均相对误差（%）	7. 5									
灰色关联分析结合 BP 神经网络	预测值	624	599	662	608	614	594	618	626	589	591
	相对误差（%）	0. 3	1. 5	2. 48	1. 84	14. 98	6. 26	0. 49	2. 64	10. 7	11. 51
	平均相对误差（%）	5. 27									

表 8－3　成纱强不匀（%）的预测结果

预测方法		编号									
		1	2	3	4	5	6	7	8	9	10
BP 神经网络	实测值	15. 17	20. 31	18. 43	17. 99	17. 95	20. 21	21. 38	14. 87	22. 98	20. 97
	预测值	20. 62	21. 48	19. 93	21. 24	21. 33	22. 38	25. 33	19. 47	24. 97	22. 87
	相对误差（%）	35. 93	5. 76	8. 14	18. 06	18. 83	10. 74	18. 47	30. 9	8. 66	9. 06
	平均相对误差（%）	16. 46									
主成分分析结合 BP 神经网络	预测值	19. 77	21. 26	16. 72	20. 77	20. 17	22. 1	22. 86	16. 62	20. 79	19. 44
	相对误差（%）	30. 32	4. 68	9. 28	15. 45	12. 37	9. 35	6. 92	11. 77	9. 53	7. 3
	平均相对误差（%）	11. 7									
灰色关联分析结合 BP 神经网络	预测值	13. 47	21. 74	18. 76	19. 67	19. 02	19. 58	19. 79	18. 77	18. 93	19. 27
	相对误差（%）	11. 21	7. 04	1. 79	9. 3	5. 96	3. 12	7. 4	26. 2	17. 6	8. 1
	平均相对误差（%）	9. 77									

表 8－4　成纱条干的预测结果

预测方法		编号									
		1	2	3	4	5	6	7	8	9	10
BP 神经网络	实测值	80	80	70	70	70	80	80	70	70	70
	预测值	81	83	80	81	78	81	73	76	81	80
	相对误差（%）	1. 25	3. 75	14. 3	15. 7	11. 43	1. 25	8. 75	8. 57	15. 71	14. 29
	平均相对误差（%）	9. 5									

（续表）

预测方法		编号									
		1	2	3	4	5	6	7	8	9	10
主成分分析结合 BP 神经网络	实测值	80	80	70	70	70	80	80	70	70	70
	预测值	70	70	76	69	69	70	81	69	62	70
	相对误差（%）	12. 5	12. 5	8. 57	1. 43	1. 43	12. 5	1. 25	1. 43	11. 43	0
	平均相对误差（%）	6. 3									
灰色关联分析结合 BP 神经网络	预测值	78	80	80	69	69	80	69	69	69	78
	相对误差（%）	2. 5	0	10	1. 43	1. 43	0	13. 75	1. 43	1. 43	11. 43
	平均相对误差（%）	4. 34									

表 8－5　成纱麻粒的预测结果

预测方法		编号									
		1	2	3	4	5	6	7	8	9	10
BP 神经网络	实测值	25	28	29	30	31	31	30	29	31	29
	预测值	29	28	34	36	33	23	29	27	32	28
	相对误差（%）	16	0	17. 24	20	6. 45	25. 81	3. 33	6. 89	3. 23	3. 45
	平均相对误差（%）	10. 24									
主成分分析结合 BP 神经网络	预测值	24	27	32	30	31	28	26	32	30	30
	相对误差（%）	4	3. 57	10. 34	0	0	9. 68	13. 33	10. 34	3. 23	3. 45
	平均相对误差（%）	5. 79									
灰色关联分析结合 BP 神经网络	预测值	26	29	32	33	36	29	31	30	30	28
	相对误差（%）	4	3. 57	10. 34	10	16. 13	6. 45	3. 33	3. 45	3. 22	3. 45
	平均相对误差（%）	6. 39									

研究结果表明：①用主成分分析结合 BP 神经网络和灰色关联分析建立的预测模型比单纯的 BP 神经网络模型的预测结果好，平均相对误差小于或接近 10%。②主成分分析是将原有的多个变量转换为几个不相关的综合指标；而灰色分析可以通过计算纤维性能与成纱性能之间的灰色关联度，分析得出纤维各个性能指标对成纱性能影响的重要程度，并结合实际生产得出成纱性能的各个影响因素之间的主次关系。

课题研究工作与湖南明星麻业股份有限公司合作开展，研究论文“苎麻纤维性能与成纱质量的人工神经网络分析”已在《中国麻业科学》2012 年第 4 期发表，并在 ICCSE2012 国际会议上交流。

2. 不同收割期麻纤维脱胶前后性能的比较分析

本岗位团队与苎麻栽培岗位、西双版纳大麻试验站、大理亚麻试验站和涪陵苎麻试验站等合作，在纤维性能测试平台上，对不同收割期的麻纤维脱胶前后性能进行测试比较，为优选最佳收割期，获得性能较优的麻纤维提供帮助。

与苎麻育种、栽培岗位协作，进行了 29 个不同收割时间的苎麻纤维成分苎麻原麻成分、苎麻精干麻成分、苎麻精干麻残胶率和苎麻精干麻物理性能的测试分析。

结果表明：随着生长期的延长，收割期的推迟，苎麻纤维因为木质化程度高而变得粗硬，虽然其强力增强，但纤维易发生破裂，而且刺痒感较重，柔软性差，影响其可纺性能和服用性能，而且对苎麻纤维的细度也有明显影响。若将收割期控制在较短的时间内，可以很好地改善以上问题，既能减少刺痒感，从而帮助提高其传热等性能，又能得到细度较好的纤维，保证品质。通过对细度和强度的分析，可以进一步判断湖南麻的头麻收割期控制在 6 月 9 日左右（即生长期为 78d）为宜；二麻收割期控制在 7 月 19 日（即生长期为 60d）左右为宜。

3. 基于亚麻纤维生物、化学处理前后纤维性能的比较研究

经过长时间的实验与思索，纤维性能改良团队在麻类纤维的生物改性方面进行了一定的远景思考。重点研究了亚麻纤维的粗纱生物精炼技术。

在亚麻长纤维湿法纺纱之前，需要进行一步的粗纱精炼过程，传统上，该过程在碱性环境下使用大量强氧化剂如次氯酸和双氧水等，并需要一定高温（95℃），属于高能耗高污染过程。在自然环境中富集麻脱胶环境，筛选得到高效脱胶菌株（专利脱胶细菌 4 株、W 脱胶真菌 4 株）进行生物脱胶，取得良好应用效果。

纤维性能改良在浙江金鹰集团亚麻纺纱车间进行生物脱胶实验，细菌处理 4h 后 2% NaOH 灭活处理，湿纺成细纱，与化学脱胶效果对比。无论是纱线的不匀率，粗结，细结还是强力指标，均接近或超过化学脱胶。实验结果如表 8－6 至表 8－8 所示。

表 8－6　亚麻纱生物、化学处理前后纤维性能的比较 1

Nr	U%（%）	GVm（%）	CVm 1m（%）	CVm 3m（%）	CVm 10m（%）	DR 1.5m 5%（%）	Rel Cnt（%）	H	Sh	Sh 1m	Sh 3m
DA3	23.63	30.46	12.20	10.06	7.17	63.4	0.0	2.50	0.71	0.10	0.07
DA10	23.02	29.67	10.97	8.55	5.45	58.8	0.0	2.60	0.80	0.11	0.07
Chemical	23.40	30.25	10.83	8.42	5.34	59.3	0.0	2.73	0.89	0.12	0.08

表 8－7　亚麻纱生物、化学处理前后纤维性能的比较 2

Nr	Thin －30%（km）	Thin －40%（km）	Thin －50%（km）	Thin －60%（km）	Thick ＋35%（km）	Thick ＋50%（km）	Thick ＋70%（km）	Thick ＋100%（km）	Neps ＋140%（km）	Neps ＋200%（km）	Neps ＋280%（km）	Neps ＋400%（km）
DA3	12 930	7 548	3 203	925	3 078	1 460	572.5	137.5	8 525	3 125	1 068	297.5
DA10	12 900	7 333	2 943	787.5	3 113	1 550	600.0	122.5	8 265	3 028	1 060	315.0
Chemical	12 660	3 144	879.0	3 139	1 587	583.5	119.0	9 290	3 708	1 353		462.0

表 8－8　乌斯特－4 测试仪测定的麻细纱数据（DA3 和 DA10 均为课题组专利菌株）

Nr	F（cN）	CV%
DA3	864.3	18.5
DA10	871.6	19.1
Chemical	653	22.3

进一步对经过脱胶的纱线样本进行了分析。利用加州大学的便利的高新仪器条件，获得了很多有意义的结果。首先利用 FT－IR 对脱胶前后麻纱的化学组成进行了分析（图 8－9）。

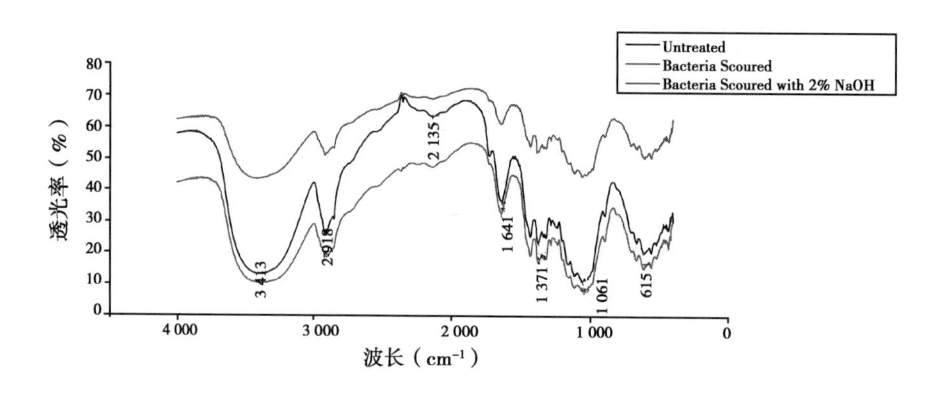

图 8－9　脱胶前后粗纱的 FT－IR 分析谱图

从图中可以看出，经过生物脱胶灭活处理后发生了以下变化，2 918cm^{-1}处有一个双峰，是非纤维素多糖的 C—H 键不对称和对称伸缩振动峰，经生物脱胶明显减弱；1 641cm^{-1}处的单峰是果胶中糖羧酸醛基的伸缩振动峰，经生物脱胶也明显减弱；而 1 171cm^{-1}处的单峰是纤维素的 β－葡萄糖苷键的伸缩振动峰的信号前后保持一致。这些充分说明经过生物脱胶处理，果胶和非纤维素多糖得到去除而纤维素组成得到最大程度保留。

此外，利用 TGA 的热稳定性分析，发现脱胶前后的麻粗纱纤维，在升温过程 260～390℃范围内，质量损失从 62. 282% 下降到 58. 985%，由于这个区域是多糖物质的升温降解区域，所以也可说明纤维中的胶质得到去除（图 8－10）。

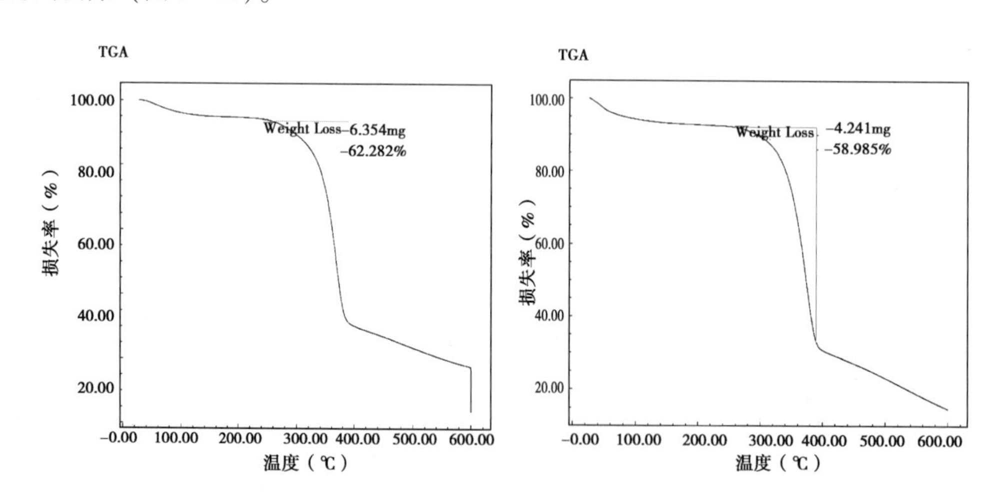

图 8－10　脱胶前后粗纱的 TGA 分析

下一步，将结合岗位麻纤维改性的要求，对麻纤维的生物改性进行更多的实验研究。众所周知，传统的化学改性方法或利用丝光强碱处理麻纤维，或者加入化学催化剂嫁接基团于麻纤维表面进行改性处理。这些方法成本高，化学品消耗大而环境友好性差（图 8－11）。

考虑引入生物酶来催化生物改性过程。由于生物酶提取自自然环境，环境友好性好，使用能耗小，可以替代目前的催化手段。具体方法例如可以利用纤维素酶替代传统碱性溶液进行前期丝光处理或为下一步继续嫁接基团提供预处理等（图 8－12）。

可以预计，如果这些研究得以成功实现，将使得麻纤维的更多功能性纺织品开发得到实现。

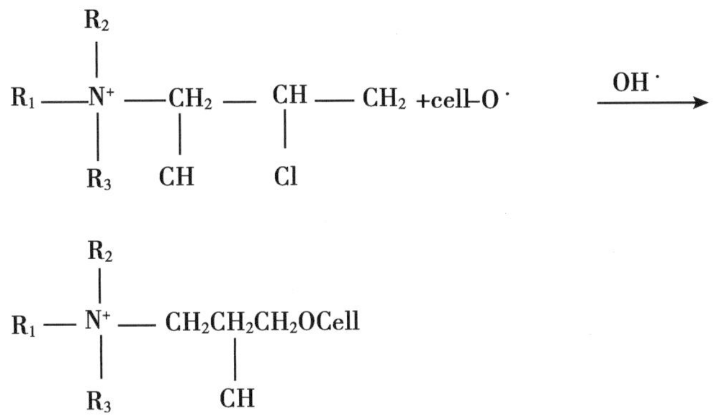

图 8-11　苎麻纤维表面阳离子接枝剂的接枝过程

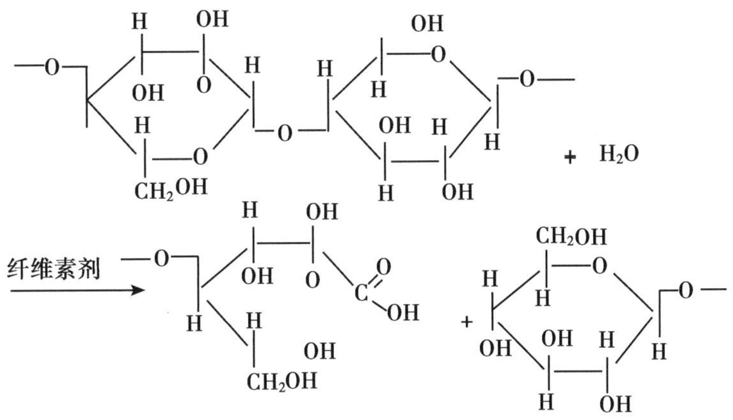

图 8-12　纤维素前期丝光处理示意图

4. 苎麻纤维细度的测定（气流法）方法与标准

按照中国纤维检验局中纤局技发［2012］57 号文下达的由国家麻类产业技术体系纤维性能改良岗位团队牵头，中国纤维检验局等单位参加的国家标准化管理委员会关于制定“苎麻纤维细度的测定（气流法）”国家标准［计划编号：20120663-T-424］的批复任务书要求，《苎麻纤维细度的测定（气流法）》国家标准的制订工作按计划进度要求，完成了苎麻纤维细度的测定（气流法）法与苎麻纤维细度中段切断法检测的对比基础数据的积累、分析的工作，进一步完善了《苎麻纤维细度的测定（气流法）》方法的建立与检测标准的确定。

（1）气流法苎麻纤维细度快速测定

采用气流仪对苎麻纤维的细度进行快速测试，根据通过试样筒中纤维塞的气流流量值与纤维平均支数之间的统计相关来求得苎麻纤维的公制支数值，并规范了测试的方法。

WIRA 气流仪是新型电子羊毛纤维气流仪，量程为 0～300mm，压力差为 180mm 水柱。由于用于 WIRA 气流仪的标准毛样定量为 2.5g，所以选取 1.5、2、2.5、3g 作为苎麻纤维的试验定量，对不同公制支数的苎麻纤维样品进行试验（表 8-9）。

表 8－9　不同纤维重量时 WIRA 气流仪流量值

样品编号	公制支数（Nm）	流量（mm）			
		1.5g	2g	2.5g	3g
1#	947	299.95	243.57	142.38	—
2#	1 682	294.16	184.06	98.14	—
3#	1 823	259.00	153.49	83.93	—
4#	2 512	212.13	128.00	70.21	53.17
5#	3 313	188.75	110.67	59.54	32.54

由表 8－9 可知，当试样重量为 3g 时，试样过多，不能旋紧气流仪的压样塞。该气流仪量程为 0～300mm，当试样重量为 2g 时，用 WIRA 气流仪测得的流量值居于该仪器量程的中间范围，所以在以下试验中选取 2g 为试验定量。

由表 8－10 可看出 1#试样在三种不同放置方式下测得流量的 *CV* 值中，以完全杂乱排列时 *CV* 最小为 1.42%，2#、3#试样也是如此。分析得，纤维在测量室内杂乱放置，有助于纤维的均匀排列，从而避免了由于纤维堆砌不均匀引起的试验误差。所以选取试样在测量室中杂乱排列。

表 8－10　三种不同试样放置方式测试结果

	放置方式	流量（mm）				平均流量（mm）	*CV*（%）
1#	平行对折	182.23	171.54	178.99	190.44	180.8	4.33
	自然压缩	175.74	168.92	187.59	162.82	173.8	6.11
	杂乱	169.41	164.36	169.41	167.58	167.7	1.42
2#	平行对折	238.97	241.19	215.62	232.79	232.1	4.99
	自然压缩	231.84	219.62	229.51	211.78	223.2	4.15
	杂乱	204.65	205.16	207.21	206.48	205.9	0.57
3#	平行对折	136.22	147.29	132.81	129.47	136.5	6.94
	自然压缩	118.62	127.33	130.52	115.64	124.5	6.29
	杂乱	110.08	111.77	109.13	106.79	109.4	1.9

用 WIRA 气流仪测试选取纤维支数从 950～3 300支不等的苎麻纤维样品 20 种，将纤维开松使其完全杂乱排列。每种纤维制作定量为 2g 的 2 个试样，每个试样测 4 次，读取流量值。

用中段切断称重法测苎麻纤维细度。即将 WIRA 气流仪测试后的纤维试样，按照 GB 5884—86 试验方法进行中段切断，测试其公制支数。

为了检验用中段切断称重法测出的公制支数与用气流法测出空气流量后再由回归方程计算的公制支数均值与方差是否相等，采用数理统计方法进行统计假设检验。从湖南源江明星麻业有限公司同一批精梳麻条中取出 10 个小样，分别用气流法和中段切断称重法测试，试验结果见表 8－11。

表 8－11　验证试验结果

处理	气流仪流量（mm）	计算支数 x（Nm）	中段切断支数 y（Nm）
1	206.11	1 867	1 798
2	204.38	1 872	1 764
3	210.22	1 850	1 728
4	214.61	1 827	1 895
5	200.57	1 883	1 826
6	220.39	1 786	1 881
7	218.72	1 799	1 765
8	202.47	1 878	1 804
9	209.15	1 855	1 729
10	200.93	1 882	1 818

由试验得到 WIRA 气流仪测试苎麻纤维流量与中段切断称重法测得公制支数的回归方程，通过检验初步认为由该方程计算得到的公制支数与用中段切断法测得的公制支数均值与方差均无显著差异。由此认为用 WIRA 气流仪测定苎麻纤维空气流量，再由回归方程计算出其公制支数的方法具有一定的可行性。

（2）苎麻纤维测试试样制备（开松）仪的研制

与《苎麻纤维细度的测定（气流法）》方法和标准相配套的用于苎麻纤维长度、细度等性能测试（开松）仪的研制取得新的成效，已基本改变了苎麻精干麻由于纠缠严重，难以直接测试其性能的难题。目前，该制备（开松）仪即将送湖南省纤维检验局进行试运行（图 8－13）。

图 8－13　苎麻纤维测试试样制备（开松）仪

5. 精细化亚麻纤维标准

2012 年 8 月，中国纤维检验局中纤局技发［2012］57 号文下达了由国家麻类产业技术体系纤维性能改良团队牵头，中国纤维检验局、湖南省纤维检验局等单位参加的国家标准化管理委员会关于制定“精细化亚麻纤维”国家标准［计划编号：20120661－T－424］的批复。

按照任务要求，先后赴浙江金鹰集团、深圳贝利爽有限公司和江西恩达集团等开展了“精细化亚麻纤维”国家标准制订工作中的企业标准的调研和收集的工作。系统考察了亚麻纤维线密度、亚麻纤维长度及长度不匀率、强度及强度不匀率、回潮率、含油率、粒结杂质数等主要技术指标，规定了精细化亚麻纤维的产品品种规格、技术要求、试验方法、检验规则、标志包装和运输储存等适用各类生产的精细化亚麻纤维评价技术标准。

6. 苎麻织物刺痒感的评价研究

（1）刺痒感主观评价五点评分法

刺痒感的主观评价试验采用五点评分法。主观评价标尺见图 8－14，其中：

无刺痒（0～1）：一点也不刺痒，指穿着时没有刺痒感觉，相当舒适；

轻度刺痒（1～2）：有一点点刺痒，指刺痒的感觉隐隐约约存在，舒适；

中度刺痒（2～3）：刺痒，指刺痒感觉变得明显，有一些不舒适；

重度刺痒（3～4）：很刺痒，指刺痒感觉明显，不舒适；

非常刺痒（4～5）：非常刺痒，指刺痒感觉难以忍受，非常不舒适。

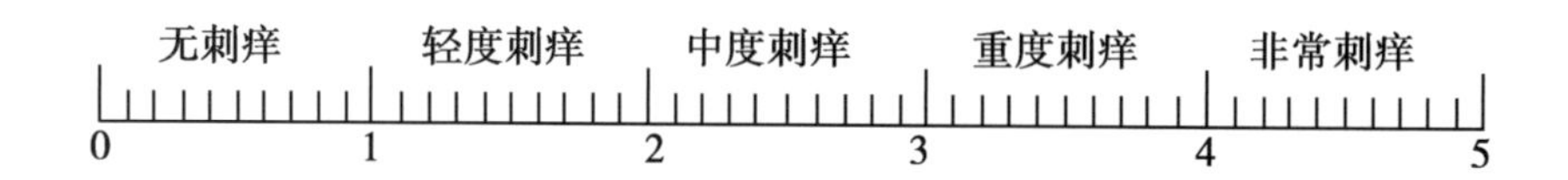

图 8－14　五点评分标尺

（2）苎麻刺痒感评价

苎麻纤维高强低伸、刚度大的特性是引起苎麻织物产生刺痒感的本质因素。

采用织物单面压缩测试法，提取苎麻类织物毛羽特征值，考察苎麻织物压缩时表面毛羽集合体的力学指标来评价刺痒感（表 8－12 至表 8－18）。并从织物结构的角度，对影响苎麻织物刺痒感的因素进行了统计分析和实验验证。

表 8－12　苎麻织物的客观测试及主观评价结果

编号	分界压力（cN）	压缩比功（cN）	表面平均摩擦系数	表面粗糙度（μm）	刺痒程度
4#	0.959	0.412	0.27	10.49	3.24
5#	1.073	0.463	0.301	10.27	2.71
6#	1.034	0.431	0.292	14.22	2.29
16#正	0.902	0.415	0.246	7.33	1.29
16#反	0.865	0.409	0.31	8.41	1.11
17#正	0.756	0.359	0.265	13.02	1.14
17#反	0.782	0.37	0.315	9.26	0.50

注：16#、17#织物试验了正反两面

表 8－13　苎麻织物客观测试指标与刺痒程度的相关性分析结果

		分界压力	压缩比功	表面摩擦系数	表面粗糙度
刺痒程度	Pearson 相关系数	0.810*	0.684	-0.172	0.311
	显著性（双侧）	0.027	0.090	0.712	0.496
	N	7	7	7	7

注：＊在 0.05 水平（双侧）上显著相关

表 8-14　苎麻织物的单面压缩测试和主观评价结果

编号	纱支（s）	分界压力（cN）	压缩比功（cN）	刺痒程度（五点评分）
1#	4.5	1.388	0.504	3.77
2#	6	1.419	0.529	3.94
3#	9	1.176	0.457	3.5
4#	14	0.959	0.412	3.24
5#	21	1.073	0.463	2.71
6#	21	1.034	0.431	2.29
7#	21	1.09	0.394	2.53
8#	36	1.137	0.447	1.97
9#	42	1.126	0.486	1.39
10#	60	1.224	0.522	1.47
11#	14	2.274	0.665	2.71
12#	21	1.017	0.373	2
13#	42	1.18	0.457	1.31
14#正	21	1.224	0.393	1.51
14#反	21	1.066	0.339	2.01
15#	60	1.297	0.517	1
16#正	19	0.902	0.415	1.29
16#反	19	0.865	0.409	1.11
17#正	28	0.756	0.359	1.14
17#反	32	0.782	0.37	0.5

注：14#、16#、17#织物试验了正反两面

表 8-15　苎麻织物单面压缩指标与刺痒程度的相关性分析结果

		分界压力	压缩比功
刺痒程度	Pearson 相关系数	0.482*	0.236
	显著性（双侧）	0.050	0.361
	N	17	17

注：* 在 0.05 水平（双侧）上显著相关

表 8-16　36Nm 以下苎麻织物单面压缩指标与刺痒程度的相关性分析结果

		分界压力	压缩比功
刺痒程度	Pearson 相关系数	0.874**	0.751**
	显著性（双侧）	0.000	0.005
	N	12	12

注：** 在 0.01 水平（双侧）上显著相关

表 8－17　纯苎麻机织物的结构参数及刺痒程度

编号	纱支（Nm）	紧度（%）	重量（g/m^2）	刺痒程度	刺痒程度评价
1#	4.5	67.42	315.02	3.77	重度
2#	6	59.75	240.21	3.94	重度
3#	9	66.05	194.26	3.50	重度
4#	14	66.57	175.51	3.24	重度
5#	21	59.6	123.76	2.71	中度
6#	21	66.23	141.76	2.29	中度
7#	21	77.98	176.64	2.53	中度
8#	36	61.16	97.79	1.97	轻度
9#	42	57.58	83.82	1.39	轻度
10#	60	51.51	60.64	1.47	轻度

注：1～10#均为平纹织物

表 8－18　苎麻机织物结构参数与刺痒程度的相关性分析结果

		纱支	紧度	重量
刺痒程度	Pearson 相关系数	－0.929**	0.403	0.902**
	显著性（双侧）	0.000	0.249	0.000
	N	10	10	10

注：** 在 0.01 水平（双侧）上显著相关

对于纯苎麻机织物，纱线细度是结构参数中影响刺痒感的最重要因素。使用高支纱、混纺纱可以大大减小苎麻类织物的刺痒感，采用交织并对织物组织进行设计可以更有效地减小其刺痒感。

（二）麻类纤维性能改良技术研究

1. 苎麻氧化处理及改性技术研究

纤维性能改良岗位团队选择了新型的氧化剂对苎麻纤维进行氧化处理及改性技术研究。2013 年 7～9 月，先后两次（每次实验时间 15d）在四川大竹金桥麻业有限公司对有关的工艺、助剂等开展了试验研究的工作。实验工作情况汇总如下。

实验安排：

第一批：原麻重量 40kg。浴比 1：10。所用 H_2O_2 浓度按 27.5%，液碱浓度为 46%（计算）。

氧化（一煮）：T＝85℃，t＝1h（多步加入双氧水和液碱）。

第一批氧化所用的化学试剂见表 8－19。

表 8－19　第一批氧化所用的化学试剂

	H_2O_2	三聚磷酸钠	尿素	液碱	乙酰苯胺	消泡剂	HEDP
用量（%）	6	4	2	3	3	2	2
重量（kg）	8.73	1.6	0.8	2.61	1.2	0.8	0.8

改性（二煮）：T＝100℃，t＝60min。

第一批改性所用化学试剂见表 8－20。

表 8－20　第一批改性所用化学试剂

	液碱	异丙醇
用量（%）	6	4
重量（kg）	5.21	1.6

还原：硼氢化钠 3% 为 1.2kg。T＝60℃，t＝30min。

第二批：原麻重量 50kg。浴比 1∶10。所用 H_2O_2 浓度按 27.5%，液碱浓度为 46% 计算。

氧化（一煮）：T＝85℃，t＝1h（多步加入双氧水和液碱）。

第二批氧化所用的化学试剂见表 8－21。

表 8－21　第二批氧化所用的化学试剂

	H_2O_2	三聚磷酸钠	尿素	液碱	乙酰苯胺	消泡剂	HEDP
用量（%）	6	4	2	3	3	2	2
重量（kg）	10.9	2	1	3.26	1.5	1	1

改性（二煮）：T＝100℃，t＝60min

第二批改性所用化学试剂见表 8－22。

表 8－22　第二批改性所用化学试剂

	液碱	异丙醇
用量（%）	6	4
重量（kg）	6.52	2

还原：亚硫酸氢钠 5% 为 2.5kg。T＝60℃，t＝30min。

第三批：原麻重量 50kg。浴比 1∶10。所用 H_2O_2 浓度按 27.5%，液碱浓度为 46% 计算。

氧化（一煮）：T＝85℃，t＝1h（多步加入双氧水和液碱）。

第三批氧化所用的化学试剂见表 8－23。

表 8－23　第三批氧化所用的化学试剂

	H_2O_2	三聚磷酸钠	尿素	液碱	乙酰苯胺	消泡剂	HEDP	水玻璃
用量（%）	6	4	2	3	3	2	2	2
重量（kg）	10.9	2	1	3.26	1.5	1	1	1

改性（二煮）：T＝100℃，t＝60min。

第三批改性所用化学试剂见表 8－24。

表 8－24　第三批改性所用化学试剂

	液碱	异丙醇
用量（%）	6	4
重量（kg）	6.52	2

还原：亚硫酸氢钠5%为2.5kg。T=60℃，t=30min。

第四批：原麻重量50kg。浴比1:10。所用H_2O_2浓度按27.5%，液碱浓度为46%计算。

氧化（一煮）：T=85℃，t=1h（多步加入双氧水和液碱）。

第四批氧化所用的化学试剂见表8-25。

表8-25 第四批氧化所用的化学试剂

	H_2O_2	三聚磷酸钠	尿素	液碱	乙酰苯胺	消泡剂	HEDP	水玻璃
用量（%）	6	4	2	3	3	2	2	2
重量（kg）	10.9	2	1	3.26	1.5	1	1	1

改性（二煮）：T=100℃，t=90min。

第四批改性所用化学试剂见表8-26。

表8-26 第四批改性所用化学试剂

	液碱	异丙醇
用量（%）	7	4
重量（kg）	7.61	2

还原：亚硫酸氢钠5%为2.5kg。T=60℃，t=30min。

第五批：原麻重量50kg。浴比1:10。所用H_2O_2浓度按27.5%，液碱浓度为46%计算。

氧化（一煮）：T=85℃，t=1h（多步加入双氧水和液碱）。

第五批氧化所用的化学试剂见表8-27。

表8-27 第五批氧化所用的化学试剂

	H_2O_2	三聚磷酸钠	尿素	液碱	乙酰苯胺	消泡剂	HEDP	水玻璃
用量（%）	6	4	2	3	3	2	2	2
重量（kg）	10.9	2	1	3.26	1.5	1	1	1

改性（二煮）：T=100℃，t=90min。

第五批改性所用化学试剂见表8-28。

表8-28 第五批改性所用化学试剂

	液碱	异丙醇
用量（%）	7	4
重量（kg）	7.61	2

还原：维生素C 2%为1kg。T=30℃，t=30min。

第六批：大锅500kg。原麻重量500kg。浴比1:10。所用H_2O_2浓度按27.5%，液碱浓度为46%计算。

氧化（一煮）：T=85℃，t=1h（多步加入双氧水和液碱）。

第六批氧化所用的化学试剂见表8-29。

表 8－29　第六批氧化所用的化学试剂

	H_2O_2	三聚磷酸钠	尿素	液碱	乙酰苯胺	消泡剂	HEDP	水玻璃
用量（%）	4.5	4	2	3	3	2	2	2
重量（kg）	81.8	20	10	32.6	15	10	10	10

改性（二煮）：T＝100℃，t＝90min。

第六批改性所用化学试剂见表 8－30。

表 8－30　第六批改性所用化学试剂

	液碱	异丙醇
用量（%）	7	4
重量（kg）	7.61	2

还原：亚硫酸氢钠 5% 为 25kg。T＝60℃，t＝30min。

第七批：大锅 480kg。原麻重量 480kg。浴比 1∶10。所用 H_2O_2 浓度按 27.5%，液碱浓度为 46% 计算。

氧化（一煮）：T＝85℃，t＝1h（多步加入双氧水和液碱）。

第七批氧化所用的化学试剂见表 8－31。

表 8－31　第七批氧化所用的化学试剂

	H_2O_2	三聚磷酸钠	尿素	液碱	乙酰苯胺	消泡剂	HEDP	水玻璃
用量（%）	6	4	2	3	3	2	2	2
重量（kg）	104.7	19.2	9.6	31.3	14.4	9.6	9.6	9.6

改性（二煮）：T＝100℃，t＝90min。

第七批改性所用化学试剂见表 8－32。

表 8－32　第七批改性所用化学试剂

	液碱	异丙醇
用量（%）	7	4
重量（kg）	73.04	19.2

还原：亚硫酸氢钠 5% 为 24kg。T＝60℃，t＝30min。

纤维性能测试：如表 8－33、表 8－34 所示。

表 8－33　束纤维强度测试结果

	第一批	第二批	第三批	第四批	第五批	第六批	第七批
修正前纤维平均断裂强度（g/旦）	4.38	3.85	5.15	5.02	4.62	5.08	
修正后纤维平均断裂强度（g/旦）	3.87	3.50	4.40	4.55	4.02	4.56	4.33
回潮率（%）	8.90	8.35	9.44	8.30	9.09	8.42	

表 8－34　并丝硬条测试结果

	第一批	第二批	第三批	第四批	第五批	第六批	第七批
硬条（根/g）	182	144	200	132	185	182	167
硬条率（%）	13.50	8.60	17.80	9.50	16.00	12.40	12.2

废水 COD 测试结果见表 8－35。

表 8－35　废水 COD 测试结果

		第一批	第二批	第三批	第四批	第五批	第六批	第七批
COD	氧化	7 526.4	6 267	6 688	8 208	7 904	7 142.4	12 953
	改性	8 153.6	4 704	8 816	11 552	10 944	13 987.2	13 248
	还原				2 736	3 572		2 428
	总计	15 680	10 971	15 504	22 496	22 420	21 129.6	28 629
pH 值	氧化	10.19	9.66	9.26	9.56	10.25	9.49	12.0
	改性	12.81	12.07	13.69	12.77	12.92	12.95	13.0
	还原	7 526.4	6 267		7.00	4.45		7.0

氧化脱胶药品成本核算见表 8－36。

表 8－36　氧化脱胶药品成本核算

	药品名称	需要量（t）	单价（元/t）	总价（元）
1	双氧水	0.279	900～1 300	251.1～362.7
2	三聚磷酸钠	0.0512	4 800～7 000	322.56～358.4
3	尿素	0.0256	1 550～1 720	39.68～44.03
4	液碱（46%）	0.278	500	139
5	乙酰苯胺	0.0384	6 100～10 500	234.24～403.2
6	消泡剂	0.0064	25 000	160
7	HEDP	0.0256	6 200～6 800	158.7～174.08
8	硅酸钠	0.0256	650～1 000	16.64～25.60
9	异丙醇	0.0512	11 000～13 800	563.2～706.56
10	亚硫酸氢钠	0.064	2 300	147.2
	总计			2 032.08～2 520.77

注：金桥麻业传统脱胶的药品成本为 1 700元，制成率为 60%～65%

成本核算：按制成率为 78% 测试，制成 1t 精干麻，需要原麻 1.28t。

实验效果：制成率提高 10%～15%；脱胶工艺时间缩短，能耗显著降低。但在纤维的脆性、伸长性等方面还需要进一步的完善与改进。

2. 苎麻牵切条纺纱加工技术

本发明涉及一种苎麻棉型纺纱加工方法及其使用的牵切设备。所述的苎麻棉型纺纱加工方法，包括软麻工序，其特征在于，在软麻工序之后，利用预牵切工序和牵切工序将苎麻精干麻牵断成棉型纤维的长度，即 30～45mm，再在现有的棉型纺纱设备上进行后续的纺纱加工工序。本发明所采用的苎麻牵切棉型纺纱工艺是将苎麻精干麻牵拉成棉型的纤维长度，牵切长度的缩短可以加强对纤维的松解分离作用，从而大大减少硬条和并丝问题，更主要的是，使苎麻条可以直接在流程短、产量高、质量好的棉纺设备上进行加工。目前，在各类纺纱系统中，棉纺的设备和工艺等整体水平远远领先于苎麻纺和毛纺、绢纺等，因此，可以使苎麻纺纱借助棉纺的平台而得到迅速的发展。

研制出用于苎麻牵切的中长型纺纱的加工技术，并配套了牵切设备。苎麻牵切的中长型纺纱加工方法，包括软麻工序，其特征在于，在软麻工序之后，利用预牵切工序和牵切工序将苎麻精干麻牵断成中长型纤维的长度，即 50 ~ 65mm，再利用中长型纺纱设备进行后续的纺纱流程。该技术将苎麻精干麻牵拉成中长型的纤维长度，该长度能较好地兼顾纺纱过程和成纱强力的要求，改善了苎麻纤维的长度整齐度、麻粒等性能，同时，牵切长度的缩短可以加强对纤维的松解分离作用，从而大大减少硬条和并丝问题，更主要的是，本技术使苎麻条可以直接在流程短、产量高、质量好的中长型纺纱设备上进行加工。

为了更有效说明本实验牵切苎麻/棉混纺纱的质量，在恩达公司的同一台细纱机上分别纺制了四种方案的牵切苎麻/棉纱和恩达公司采用精干麻切断法纺制的苎麻/棉精梳纱（简称常规纱），细纱线密度均为 27.8tex，混纺比均为苎麻 55/棉 45，并对比分析了牵切纱和常规纱的质量，如表 8 - 37 和图 8 - 15 所示。

表 8 - 37　牵切纱和常规纱外观性能和毛羽对比

		条干 8 *CV*（%）	细节 8（个/km）	粗节 8（个/km）	棉结 8（个/km）	3mm 以上毛羽数（根/10m）
牵切纱	方案 1	26.77	247	2 515	3 467	200
	方案 2	25.82	407	2 482	3 110	176
	方案 3	27.44	417	2 550	3 510	213
	方案 4	24.32	290	1 320	880	161
常规纱		21.76	327	1 167	1 097	172

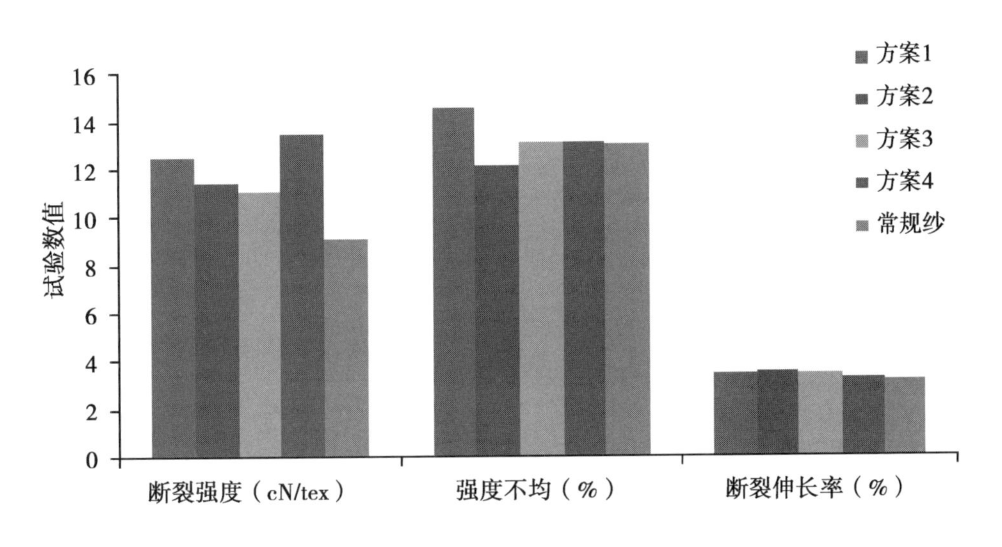

图 8 - 15　牵切纱和常规纱拉伸性能对比

研究表明，牵切苎麻普梳纱质量相对较差，牵切苎麻精梳纱与常规苎麻长纺精梳纱质量接近，但是牵切苎麻精梳纱采用先进的棉纺设备进行纺纱，纺纱效率大大提高，因此牵切苎麻精梳条在棉纺设备上的纺纱技术具有广阔的应用前景；牵切苎麻梳麻条、预并条和二道并条方案的成纱质量较差；牵切苎麻精梳条方案成纱各项质量指标都优于其他 3 种方案，且调整细纱工艺参数后，其成纱的各项质量指标均优于常规苎麻/棉精梳纱。

3. 基于纤维几何特征与成纱性能关系的虚拟纺纱技术研究

（1）关于纤维长度分布表征的研究

在研究纤维性能（尤指长度）时，对纤维长度分布的表征，首先采用现有的参数分布对密度函数进行估计。在实验测得的纤维长度指标及纤维长度分布直方图基础上，进行拟合，通过比较选出最佳的混合分布密度函数为二组分混合 Weibull 分布。通过对长度指标及混合分布函数参数的关系的探讨，利用解析法，从长度指标的角度出发解出混合分布的参数，从而生成一种近似的长度分布函数。

（2）关于纱条中纤维排列的研究

对于理想纱线中纤维排列，在 Rao 给出的理想纱条定义基础上，进一步提出了理想纱条纤维排列的新定义。这个新定义考虑了纤维的长度分布，从纤维头端排列的概率分布角度指出了理想纱条的形态。新的理想纱条定义完全满足 Rao 理想纱条的 4 个条件。对这个新定义的理想纱条使用随机过程进行了分析，证明了这个随机过程是一个弱平稳过程。进一步求出了这个平稳过程的期望、方差和相关函数表达式。对于理解理想纱条的意义和拟合非理想纱条建立了理论基础，也为理想纱条的仿真给出了数学方法和途径。与此同时，在建立随机过程的基础上给出了理想纱条的理想波谱图。按照上述结论，使用蒙特卡洛方法，对各种定量的纱条给出了理想波形图。方法是按照随机过程的生成方法，对截面纤维根数进行生成。在给定纤维长度分布下，得到了纱条截面纤维根数的理想波形图。再使用频域与谱域的转换，给出了理想波谱图。

对于非理想纱条中纤维排列，纤维的排列规律则要更为复杂。目前考虑，采用一个区间上的纤维头端数不是一个定数，而是一个服从正态分布的随机变量，而纤维的头端在这个区间上的排列依然采用均匀分布的方法能够给出非理想纱条纤维的随机排列。这种方法实际上是给出了纤维在纱条中排列的一种拟合。其中区间上纤维的头端数是正态的，同时给出了排列参数 μ 与 σ 的定义，排列参数实际上刻画了纤维在纱线中的基本状态，这个状态对纱线的均匀度影响很大。目前已经进行了一定的试算，试算表明，使用两个参数来描述纤维在纱线中的排列是有效的。进一步的研究还表明，这两个排列参数在一定程度上与纱线的不匀率具有一致性。

（3）关于纤维在纱线中的排列与成纱性能关系的研究

在纱线中纤维排列与成纱强力关系的研究中，由纤维在纱线中的排列模型，根据纤维的临界滑脱长度判断各纱线截面中滑脱与断裂纤维的根数。对于发生断裂的纤维，纤维本身强力贡献了纱线断裂强力；对于发生滑脱的纤维，纤维的滑脱摩擦力贡献了纱线断裂强力。通过计算机编程计算纱线各截面的强力值，其最小值为纱线的断裂强力。由模型计算的纱线断裂强力的变化趋势与实测值是一致的，断裂强力随纤维长度的增加而提高，随着临界滑脱长度的增加而降低。

在纱条中纤维排列与纱条不匀关系的研究中，因 Suh 的极限不匀率公式未考虑纤维细度分布因素，本研究综合考虑了纤维长度分布与纤维细度分布，以每个子片段中所包含纤维的总重量的不匀作为纱条的极限不匀，进一步完善的 Suh 的纱条极限不匀的表达式。在纤维在纱条中随机排列的模拟中，根据纤维长度分布与细度分布给每根纤维分别赋值，通过编程计算子片段中包含所有纤维总重量的不匀作为纱条的极限不匀值。该不匀值与用改善的 Suh 的纱条极限不匀公式计算的结果对比有较高的一致性。

（4）关于成纱质量的分析与预测的研究

采用 WEKA 特征选择法分析了原棉的性能指标对成纱质量的影响，并结合 BP 人工神经网络对成纱条干、成纱强度和成纱强度不匀进行了预测。采用 WEKA 特征选择法可以减少 BP 神经网络的输入节点数，与单纯的 BP 神经网络的预测结果相比，WEKA 特征选择法结合 BP 神经网络预测结果稍准确，预测值与实测值之间的平均相对误差较小。同时，采用数据挖掘技术（如人工神经网络、支持向量机模型等）通过设定不同的核函数来预测环锭和紧密纱的性能，如条干不匀、毛羽、断裂强度、断裂伸长等。通过数据对比，采用支持向量机模型比人工神经网络预测更加准确。此外，分别采用混合遗传算法与支持向量回归模型通过选取影响纱线强力的纤维参数来实现纱线强力的预测。结果表明，通过采用混合遗传算法选择纤维参数来预测纱线强力更为准确，同时初步寻找了纤维性能与最终成纱品质的关系，为进一步理论深入研究提供了基础，也为根据纤维性能预测成纱质量提供了参考。

（5）存在问题及解决办法

①在构建含参的纤维长度分布密度函数公式时，如何找出参数与测量指标之间的关系是一个难点，这不仅需要建立两者之间的关系式，而且需要利用数值解析法进行求解。（解决方法：依赖于 Matlab 软件与 1stOpt 软件强大的计算功能，已能进行数值求解，且结果满足一定的精度。）

②关于非理想纱条中排列参数的计算问题，给出排列参数实际上刻画了纤维在纱线中的基本状态，这个状态对纱线的均匀度影响很大（解决方法：排列参数暂考虑用统计的方法估计得到。方法是：先对纱线进行等距离截面纤维根数的检测，得到纱线截面纤维根数的期望和方差的观测值。使用理想纱条中纤维排列模型类似的理论方法，就可以得到参数 μ 与 σ 的估计值。还可以考虑纱线的捻度，乘以一定的余弦值，就可以得到纱线中纤维排列的参数 μ 与 σ）。

③在成纱断裂强力的研究中，临界滑脱长度是判断成纱断裂截面中纤维滑脱或断裂的标准。由于在前人推导的临界滑脱长度表达式中均含有不易于直接测量与计算的参数，使得临界滑脱长度的表达与表征仍较为困难，这需要进一步的研究计算，从而进一步完善纱线的断裂强力模型（解决方法：参照已有临界滑脱长度模型进一步建立考虑纤维长度分布及细度分布的临界滑脱长度模型，采用几何概率的方法进一步推导临界滑脱长度的近似表达式。）

4. 制定精梳麻棉混纺本色纱行业标准

由纤维性能改良岗位提出，工业和信息化部办公厅（工信厅科［2012］119 号）下达的《关于印发 2012 年第二批行业标准制修订计划的通知》和中国纺织工业联合会科技发展部《关于下达 2012 年行业标准制修订计划的通知》（中纺科函［2012］39 号），《精梳亚麻棉混纺本色纱》列入 2012 年纺织行业标准项目计划，项目编号分别为：2012 -0975T - FZ 和 2012 -0976T - FZ。该标准由全国纺织品标准化技术委员会麻纺织分会（SAC/TC209/SC4）归口，纤维性能改良岗位牵头起草。

2013 年 4 月 25 日，全国纺织品标准化技术委员会麻纺分标准委员会秘书处委托纤维性能改良岗位在上海东华大学召开了《精梳大麻棉混纺本色纱》和《精梳亚麻/棉混纺本色纱》行业标准第一次工作会议；5 ~7 月，完成产品种类补充生产、测试、修改标准文本等工作，形成正式的征求意见及征求意见稿的编制说明；8 月 20 ~22 日，在全国麻纺织行业产品技术标准化工作会议及标准审查会议（哈尔滨）期间，就有关标准工作和与会专家和委员进行了多次的交流，根据专家、委员的意见及建议，对标准草稿作进一步修改；9 ~10 月，为意见征集时间，根据专家意见反馈，进行综合；11 月，根据反馈回的意见再进行了讨论、修改，形成送审稿；12 月 9 ~11 日，《精梳大麻棉混纺本色纱》和《精梳亚麻棉混纺本色纱》两个行业标准分别通过全国纺织品标准化技术委员会麻纺织品分标委会审定。

5. 苎麻精干麻硬条（并丝）率试验方法

本纤维性能改良岗位与湖南省纤维检验局、中国纤维检验局等单位合作承担的“苎麻精干麻硬条（并丝）率试验方法”经过 2 年多的工作，于 2013 年 12 月 20 日通过了由国家纤维检验局组织的专家审定，该方法的制定，为苎麻精干麻品质的评价与检验提供了基础和依据。

6. 基于高速旋转气流的纤维/气流耦合动力学模型研究

由于气流在纺织领域应用的广泛性，纤维/气流两相流体动力学成为纺织领域亟待解决的共性问题。研究纤维在高速气流场中的运动以及纤维和气流的相互作用，并将理论研究结果应用于新型纺织加工技术如喷气（涡流）纺纱、气流喷嘴减少纱线毛羽等之中。

研究构建了一种基于有限单元法的纤维模型，将纤维的柔弹性物理特征纳入其中，实现了纤维在高速气流中位置、取向及变形的合理描述；充分考虑纤维与气流的相互影响（耦合），采用任意拉格朗日—欧拉法构建了纤维/气流的耦合动力学模型，实现了纤维在喷气涡流纺、气流减羽等喷嘴中运动的数值模拟，获得了纤维运动、变形特征及其与高速气流场的相互作用规律；运用高速摄像技术对纤维在喷气涡流纺纱以及气流减少纱线毛羽喷嘴气流场中的运动图像进行了捕捉，与数值模拟的结果进行了对比与验证；实现了纺纱喷嘴内高速气流场流动特性的数值模拟；对纤维/高速气流两相流体动力学理论研究成果在高速气流纺纱中进行应用，揭示了喷气纺与喷气涡流纺加捻、气流喷嘴减少纱线毛羽的机理，设计了具有自主知识产权的纺纱喷嘴，实现了工艺的系统优化与成纱质量的精确预测。

研究所建立的纤维/高速气流两相流模型具有一定的普遍适用性。研究以喷气纺、喷气涡流纺喷嘴等作为研究对象，但是只要改变边界条件，同样可用于计算纺织加工中其他应用气流的环境，如空气捻接、空气变形等。在广泛研究的颗粒/气体两相流问题中，颗粒一般被视为刚性粒子，而本研究的是具有大长径比的弹性柔性纤维与气流的作用，丰富和发展了两相流的内容。

以往的参数优化设计大都采用实验的方法来实现，利用数值模拟进行参数设计和优化有着许多优点，如节约时间，降低成本，能模拟较复杂或较理想的工况，拓宽实验研究的范围，减少实验的工作量等。本研究利用数值模拟对现有的、较陈旧的和初步的设备和成纱装置进行改造和重新设计，尤其是对喷嘴结构参数的合理设计，从而使纺纱装置和机理不断完善，并找出最佳的纺纱工艺。在纺织加工的优化设计方面，探索了一条新的途径。

7. 苎麻毛型化纺纱关键技术开发

鉴于苎麻纺纱系统采用的设备与毛纺系统基本相同，采用新型的毛型设备加工苎麻纤维。与江苏丹阳毛纺厂和江苏江阴华芳毛纺厂等企业的合作，优化了苎麻的毛纺路线纺纱工艺技术。

由图 8－16 可知，同在有捻方式纺纱条件下，毛纺细纱产生的毛羽较麻纺细纱毛羽少。而且，纤维长度越短，毛羽减少的数量越多。这可能是因为毛纺细纱机罗拉隔距较麻纺细纱机小，对纺制纤维长度较短的细纱更有利。

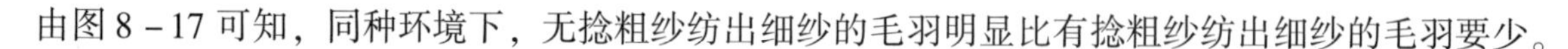
由图 8－17 可知，同种环境下，无捻粗纱纺出细纱的毛羽明显比有捻粗纱纺出细纱的毛羽要少。

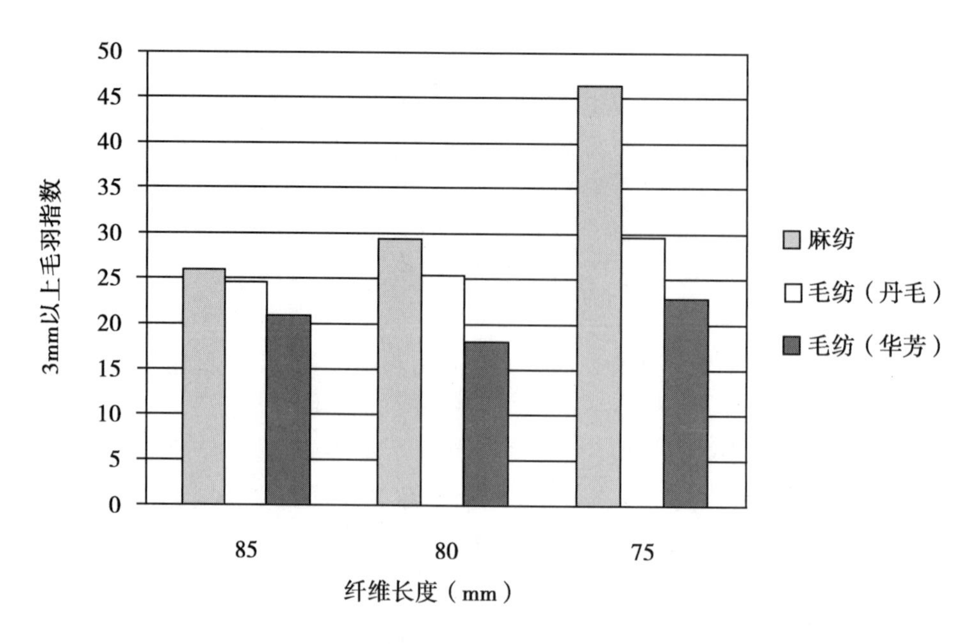

图 8－16　同种纤维长度的粗纱在不同细纱装置条件下的细纱毛羽

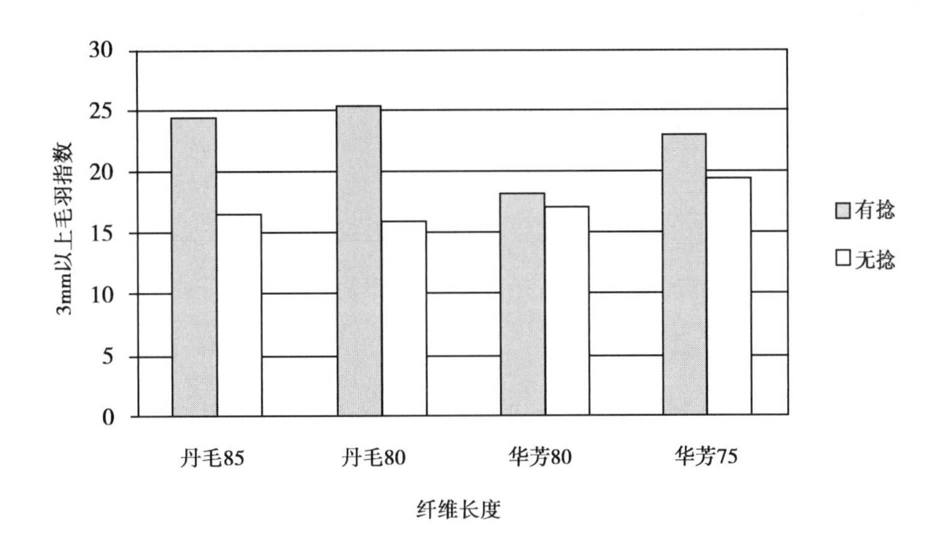

图 8－17　同种长度的纤维在有捻和无捻纺纱方式下的细纱毛羽

三　麻类纤维生物能源研究

（一）红麻纤维糖化技术研究

在前期红麻韧皮预处理及糖化工作的基础上，对酸水解及汽爆＋酶解糖化液进行成分分析（表 8－38）。研究表明，汽爆＋酶解的糖化液以葡糖糖和木糖为主，其中，葡萄糖含量占 67.6%～71% 和木糖含量占 25% 左右，甘露糖、阿拉伯糖等含量较低，且检测不到果糖。由此也可以看出，红麻韧皮糖化液可发酵糖含量较高，适合于乙醇发酵。

表 8－38　红麻糖化液成分分析　（mg/L）

名称	数量	阿拉伯糖	半乳糖	葡萄糖	木糖	甘露糖	果糖	纤维二糖
酸水解	1	127.12	39.57	1 587.6	929.1	158.5	7.66	82.5
	2	141.37	47.37	1 774.9	908.1	124.2	9.15	61.4
	3	133.27	44.45	1 671.3	898.7	123.8	9.98	78.1
气爆＋酶解	1	138.84	45.47	3 293.5	1 209.4	32.2	n. a.	126.7
	2	137.79	44.33	3 282.1	1 242.4	12.6	n. a.	137.5
	3	136.35	46.21	3 273.3	1 134.3	18.9	n. a.	96.0

用 S132 对汽爆＋酶解的糖化液进行初步发酵试验。将糖化液 pH 值调节到 6.5，接种量 5%，摇床转速 180r/min，35℃进行发酵，4h 取一次样，进行酒精浓度监测。从结果看单纯的酿酒酵母发酵红麻糖化液最终的酒精浓度约为 1.1%（图 8－18）。

（二）纤维质能源菌株选育

通过分离、筛选和基因工程改良，选育纤维素酶、木聚糖酶高产菌种及戊糖发酵菌株。

1. 产酶菌株 LY－4 的选育与产酶条件优化

从牛粪便中分离出 1 个菌株具有一定的酶活力，命名 LY－4（图 8－19）。经初步的发酵酶活鉴定，

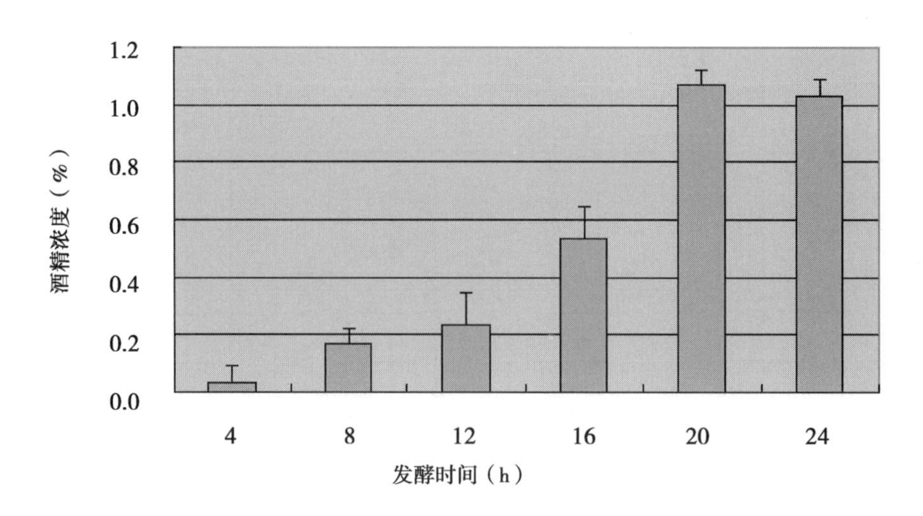

图 8－18　S132 发酵红麻糖化液

纤维素酶活为 22. 8IU/ml，木聚糖酶活为 442. 6IU/ml。下一步进行菌种鉴定。

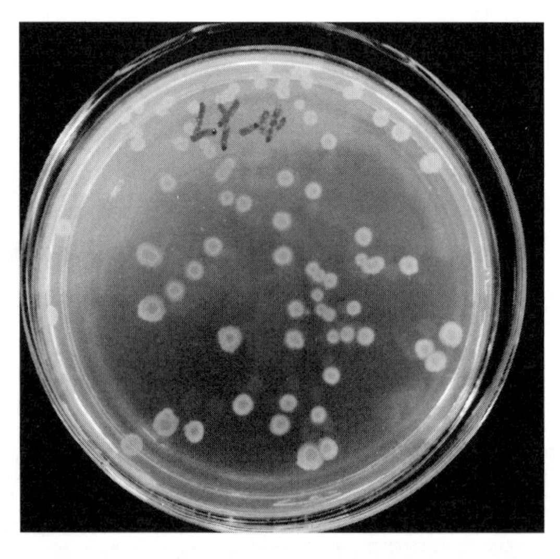

图 8－19　LY－4 菌落形态

LY－4 菌株是 2012 年筛选的具有较好木聚糖酶活性的菌株。今年通过碳源、氮源等单因子试验进行培养基优化。固定培养基成分 0. 5% yeast extract、0. 5% tryptone、0. 2% $MgSO_4$ 和 0. 2% 葡萄糖，通过试验三种碳源（0. 4%）发现，LY－4 菌株以玉米粉为碳源的木聚糖酶发酵活性较高，为 341. 63（表 8－39）。

表 8－39　LY－4 碳源氮源单因子试验

碳源	发酵酶活（U/ml）
玉米粉	341. 63
燕麦木聚糖	150. 32
麦麸	228. 09

固定培养基成分 0. 5% yeast extract、0. 1% tryptone、0. 2% $MgSO_4$ 和 0. 3% 葡萄糖，通过试验尿素、氯化铵和硝酸钾等三种氮源（含量为 0. 4%），结果显示 LY－4 菌株在以硝酸钾为氮源的培养基中木聚

糖酶发酵活性较高（表 8－40）。

表 8－40　LY－4 碳源氮源单因子试验

氮源	发酵酶活（U/ml）
尿素	146.24
硝酸钾	278.33
氯化铵	174.83

以 0.5% yeast extract、0.2% tryptone、0.2% $MgSO_4$ 和 0.2% 葡萄糖、0.4% 玉米粉和 0.4% 硝酸钾为培养基进行发酵，LY－4 的木聚糖酶发酵活性为 403.4U/ml，发酵效果最好。

2. 酿酒酵母重组菌株 C5D－W 的选育

在充分研究 KO11 利用戊糖原理的基础上，拓展了其应用范围，成功将植物源的木糖异构酶基因导入酿酒酵母 CEN.PK113－5D 中，并使获得的重组 C5D－W 菌株具备了较好的己糖木糖共酵能力，木糖利用率达到 52.3%。

通过分析已知的植物木糖异构酶全长基因编码序列，选择并克隆获取大麦木糖异构酶全长基因，将其克隆到由 pYES2 产生的载体上。在该载体中，pYES2 上的 GAL1 启动子用 TPI1 启动子替换来确保木糖异构酶的组成型表达，从而消除培养基中对半乳糖的需求。

将含大麦木糖异构酶基因的重组质粒 pYES－WXI 经电击转化转入酿酒酵母 CEN.PK113－5D 中，在以 2% 葡萄糖作为碳源的 SC 培养基平板上筛选转化子，得到大麦木糖异构酶基因对应的酿酒酵母转化子 W，在酿酒酵母最适温度下以葡萄糖和木糖为混合碳源进行培养木糖异构酶酶活高于 0.5U/mg 总蛋白（表 8－41）。

表 8－41　木糖异构酶酿酒酵母转化子酶活测定

转入酵母的木糖异构酶	条件	培养基糖分（g/L）	木糖异构酶［U/（mg·prot）］
大麦木糖异构酶	48h，加氧	7.5 葡萄糖	0.22±0.08
		5 葡萄糖+2.5 木糖	0.54±0.11

在含有葡萄糖约 20g/L，木糖约 10g/L 的 SC 培养基上，在厌氧条件下利用发酵罐培养（参数：温度 30℃、pH 值 5.5），测定重组菌株 C5D－W 利用木糖发酵乙醇的能力。酿酒酵母对照菌株（转入 pYES2－T 的 CEN.PK113－5D）24h 内即可将葡萄糖代谢完毕，随着葡萄糖急剧减少的这个过程，其菌体呈指数生长，乙醇快速生成。24h 以后，菌体细胞和乙醇均稳定在一个浓度。木糖利用了 0.74g，大部分转化生成木糖醇（最高为 0.49g/L），木糖利用率为 9.3%，乙醇产率可以达到 0.40g/g 消耗糖（图 8－20）。

酿酒酵母重组菌株 C5D－W 在 24h 内即可将葡萄糖代谢完毕，随着葡萄糖急剧减少的这个过程，其菌体呈指数生长，乙醇快速生成。24h 以后，菌体浓度保持稳定，随着木糖较快的利用，乙醇继续较快生成。木糖利用了 4.79g/L，仅有少量木糖醇生成（最高为 0.34g/L），木糖利用率为 52.3%，相比对照菌株提高了 5.59 倍，乙醇产率可以达到 0.42g/g 消耗糖（图 8－21）。

3. 产酶菌株 F1－1 等的筛选

以快速腐烂的苎麻基质为对象进行产酶菌的筛选。初选培养基为：LB（5g NaCl），0.5% Glucose + 0.5% Xylose，1% 琼脂。28℃恒温培养过夜，初步鉴定有约 10 种细菌长势良好。挑取单菌落扩大培养后，取菌液接种到复筛培养基中（复筛培养基为：酵母提取物 0.3%、蛋白胨 0.5%，燕麦木聚糖 1%，

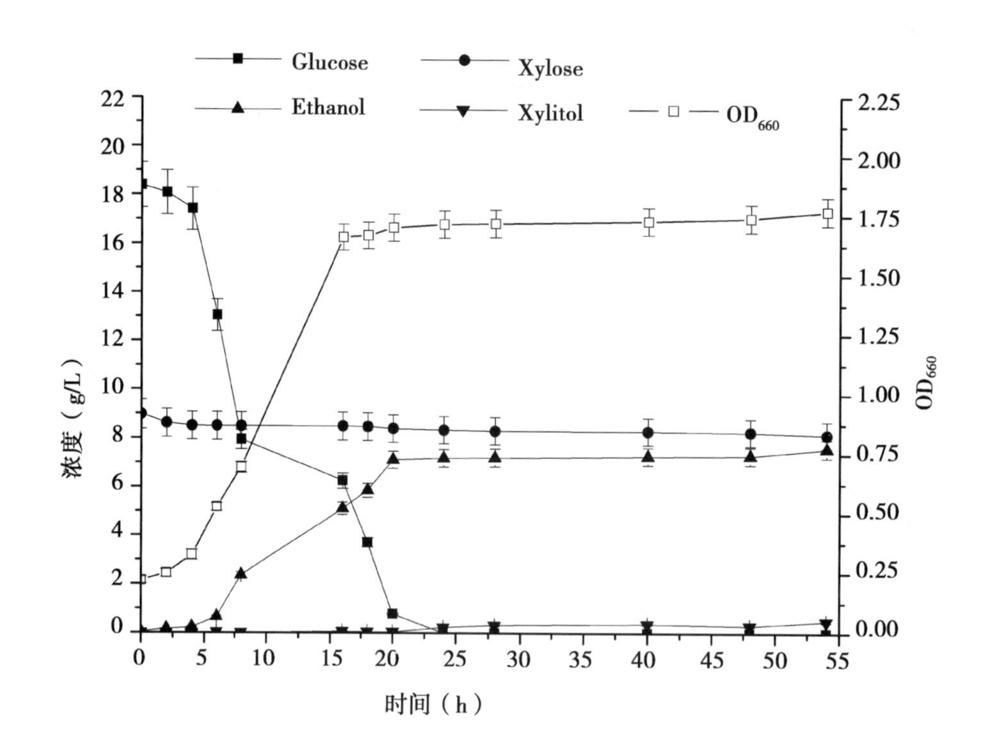

图 8－20　酿酒酵母对照菌株转入 pYES－T 的 CEN. PK113－5D 葡萄糖/木糖厌氧发酵试验

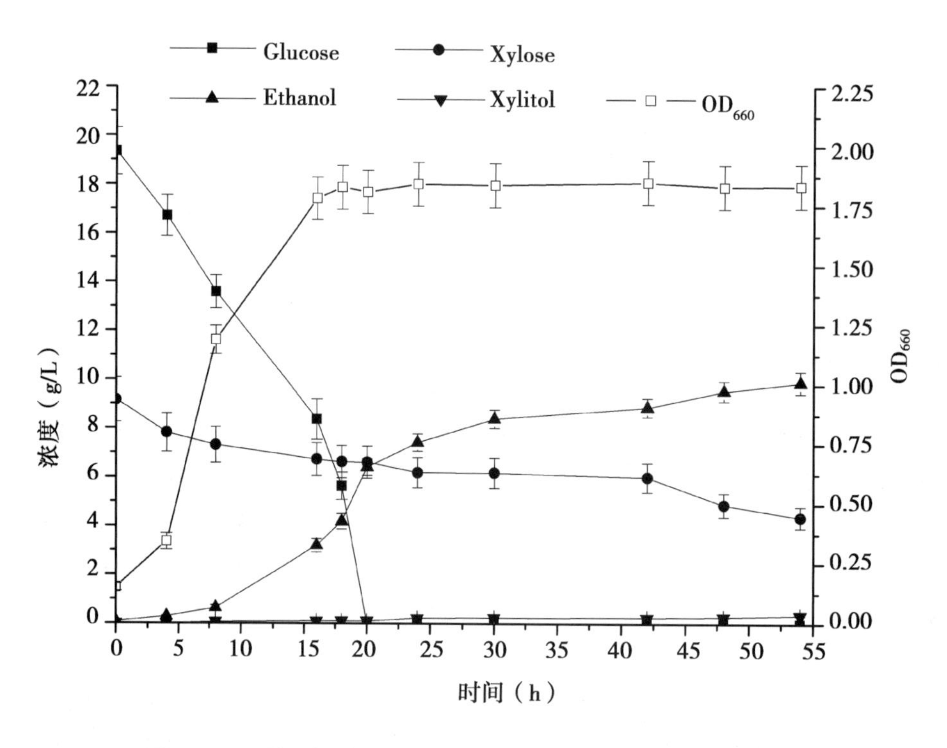

图 8－21　酿酒酵母重组菌株 C5D－W 葡萄糖/木糖厌氧发酵试验

琼脂 1%），32℃培养 24h，获得 F1－1、F1－3 等具有木聚糖水解活力的菌株（图 8－22）。

以含 0.4% 诱导底物（木聚糖和醋酸纤维素钠）、0.5% yeast extract、0.5% tryptone 和 0.5% NaCl 为培养基，30℃、170r/min 摇床恒温培养 72h，进行初步发酵酶活测定，F1－1 菌株的木聚糖酶发酵活性比 F1－3 菌株的高，为 374.40U/ml（表 8－42）；而 F1－3 菌株的纤维素酶发酵活性略高于 F1－1。酵液在 600W、30min（5s/5s）超声波处理后测得的木聚糖酶活性为 638.5U/ml。

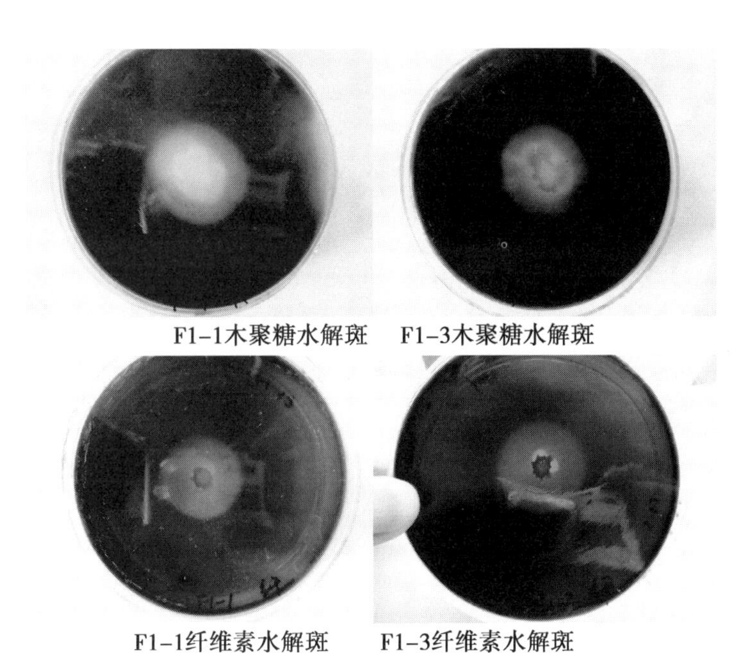

图 8 -22　菌株水解斑

表 8 -42　F1 -1 和 F1 -3 的初步发酵酶活性

酶类	诱导底物	菌株	酶活（U/ml）
木聚糖酶	木聚糖	F1 -1	374.40
		F1 -3	180.06
纤维素酶	醋酸纤维素钠	F1 -1	103.20
		F1 -3	112.67

4. 工程菌株 C2X - pXylB 的构建及发酵条件优化

(1) 载体改造

通过人工合成 SmaI - XbaI - KpnI - SalI - Hind - MluI - XhoI - FbaI - SacI - EcoRI 等 10 个酶切位点的 DNA 序列，以 SmaI 和 EcoRI 酶切位点克隆到 pAUR135 载体上。再用 Sma Ⅰ 和 Xba Ⅰ，Sac Ⅰ 和 EcoR Ⅰ 酶切位点（启动子序列终止子序列以及载体均进行分步双酶切）分步将 PADH1 和 TADH1 构入到 pAUR135 中（图 8 -23），改造后的载体命名为 pAUR135Li。

基因克隆。从引进菌株 KO11 中克隆获得丙酮酸脱羧酶（PDC）、乙醇脱氢酶（AdhB）基因，用于戊糖发酵工程菌构建。

载体构建。用 pACYCDuet -1（简称 p）作为原始载体，在多克隆位点 MCS1 中，利用 Sal Ⅰ 酶切位点将 *AdhB* 基因克隆进 pACYCDuet -1 中获得 pACYCDuet -1：AdhB 表达载体（简称 p - A）。接着在多克隆位点 MCS2 中利用 Xho Ⅰ 酶切位点将 *PDC* 基因构建入 p - A 中，获得 p - A - P 双基因表达载体(图 8 -24)。

通过质粒提取及电泳比较，空的受体菌 DH5α 无质粒条带，空载体（p）菌有 pACYCDuet -1。载体构建过程中产生的 p - A 质粒比 p 质粒（9 号阳性菌株）的条带大。最终构建好的 p - A - P 质粒条带最大，转化阳性菌 10 号、11 号、16 号菌株可提取出相应质粒。用 *AdhB* 和 *PDC* 基因特异引物对空质粒菌和 9 号、10 号、11 号、16 号菌进行 PCR，结果显示：空质粒 p 不能扩增出特异条带，9 号菌有 *AdhB*

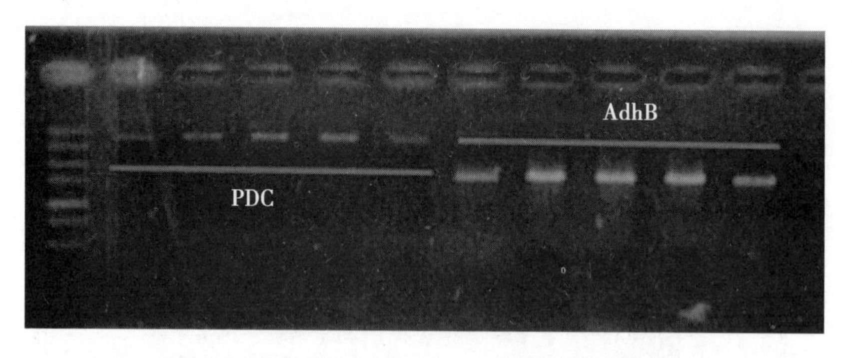

图 8-23 *PDC* 和 *AdhB* 基因克隆

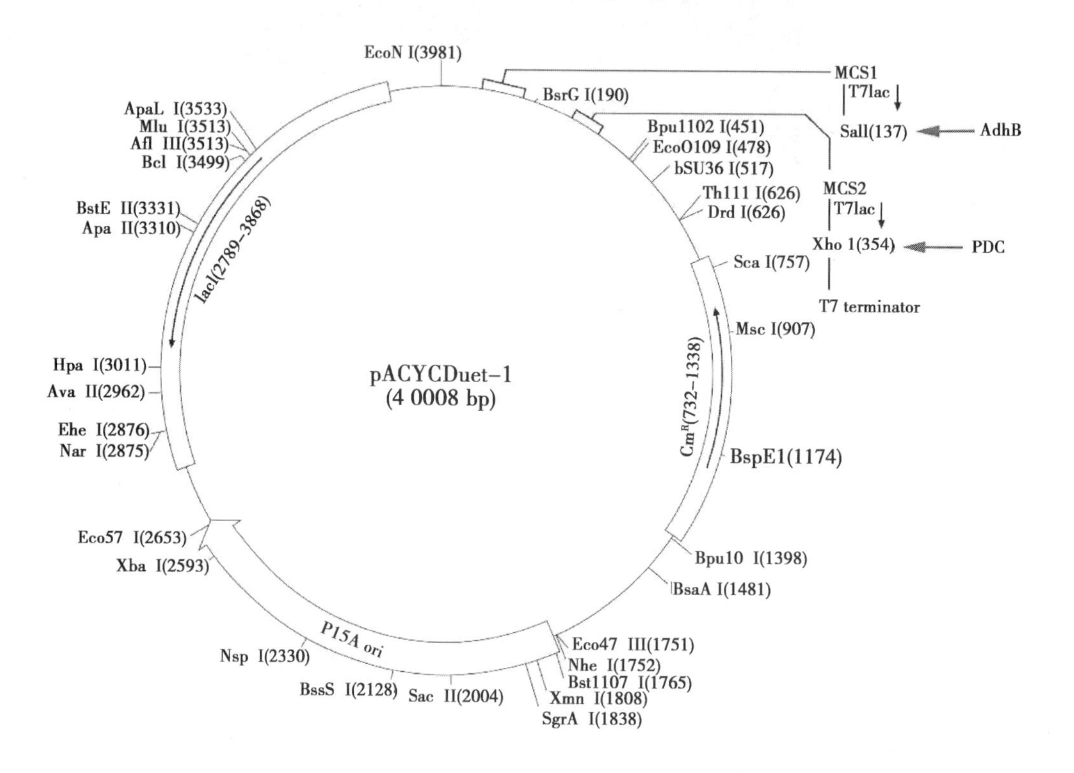

图 8-24 *AdhB* 和 *PDC* 双基因的表达载体示意图

基因特异条带，而 10 号、11 号、16 号菌有 *AdhB* 和 *PDC* 两个基因的特异条带（图 8-25）。证明 *AdhB* 和 *PDC* 双基因表达载体构建成功。

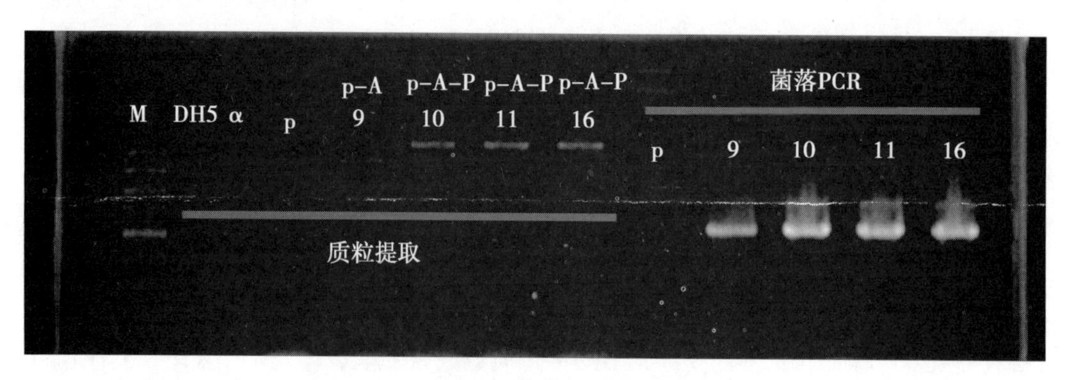

图 8-25 构建的表达载体质粒及菌落 PCR

中间转化菌的表现。对空载体菌及 9 号、10 号、11 号、16 号菌株进行 LB 液体培养，静置 12h 后空载体菌（p）有部分沉淀，9 号菌沉淀情况比 p 菌株稍明显但仍有大量悬浮菌；10 号、11 号、16 号菌株出现明显的沉淀现象，上层培养液清亮。可能是遗传转化 AdhB 和 PDC 双基因后导致 DH5α 菌株表面抗原改变以致产生沉淀效果。

图 8 – 26 不同菌液静置后的菌体凝集现象

重新培养这 5 个菌株，取新鲜菌液进行涂片，结晶紫染色后在 100 倍目镜（油镜）下观察，空载体菌与 9 号菌分散状态良好，而 10 号、11 号、16 号菌出现凝集现象，与三角瓶静置 12h 得到的观察结果一致（图 8 – 26、图 8 – 27）。经初步戊糖发酵试验（含 5% D – 木糖的 LB 培养液，37℃、160r/min 发酵 20h），这 5 个菌株中只有 10 号、11 号、16 号菌具有生产乙醇的能力。

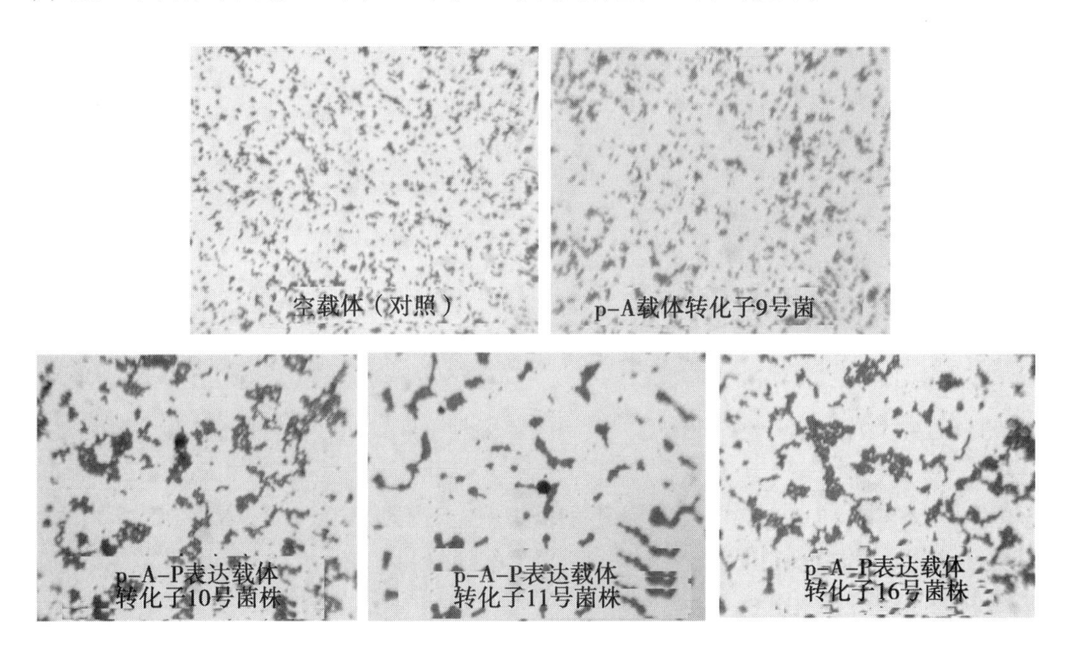

图 8 – 27 油镜观察不同菌株形态

（2）工程酵母菌株的构建

通过人工合成 SmaI – XbaI – KpnI – SalI – Hind – MluI – XhoI – FbaI – SacI – EcoRI 等 10 个酶切位点的 DNA 序列，以 SmaI 和 EcoRI 酶切位点克隆到 pAUR135 载体上。再用 Sma Ⅰ 和 Xba Ⅰ、Sac Ⅰ 和 EcoR Ⅰ 酶切位点（启动子序列终止子序列以及载体均进行分步双酶切）分步将 PADH1 和 TADH1 构入到 pAUR135 中（图 8 – 28），改造后的载体命名为 pAUR135Li。

用改造后的 pAUR135Li 载体，构建基因组整合表达载体 pAUR135Li – XR。初始受体菌 S132 是本课题组执行科技部支撑计划项目时选育的一株高耐受性酿酒酵母。制备 S132 感受态细胞，利用化学转化法进行 pAUR135Li – XR 转化，用 AureobasidinA（AbA）进行抗性筛选（图 8 – 29）。

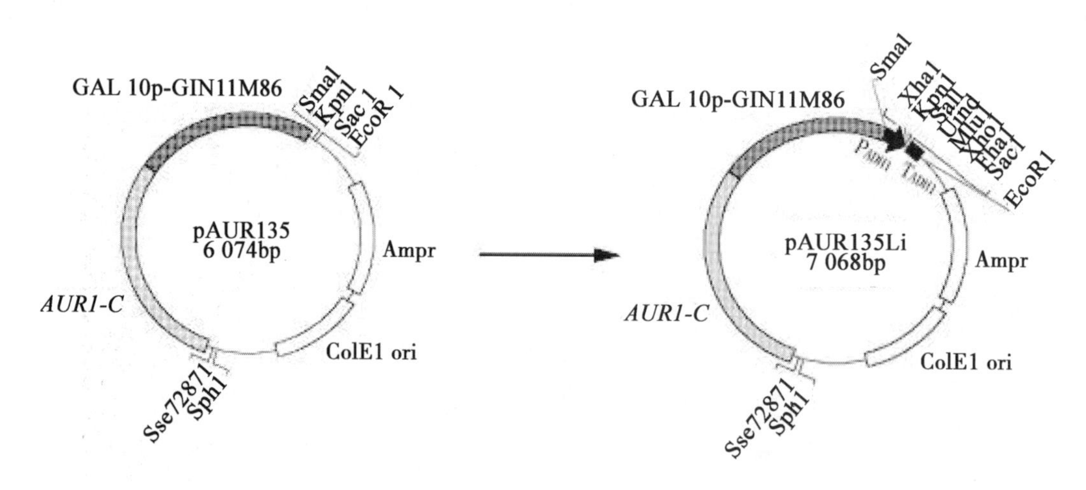

图 8-28　pAUR135 改造示意图

挑取几个阳性菌落扩大培养，提取 RNA 反转录成 cDNA 后用于 PCR 鉴定，获得具有 XR 目的条带的阳性菌株（图 8-30），分别命名 S132-XR1、S132-XR2、S132-XR3。初步认为获得 XR 整合基因组的菌株。

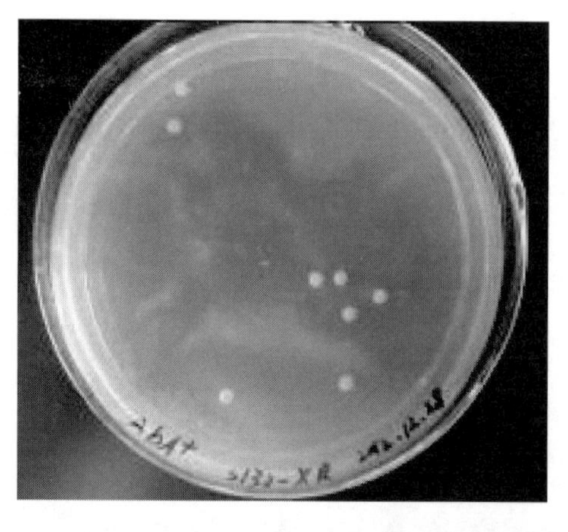

图 8-29　S132-XR 的 AbA 选择阳性菌落

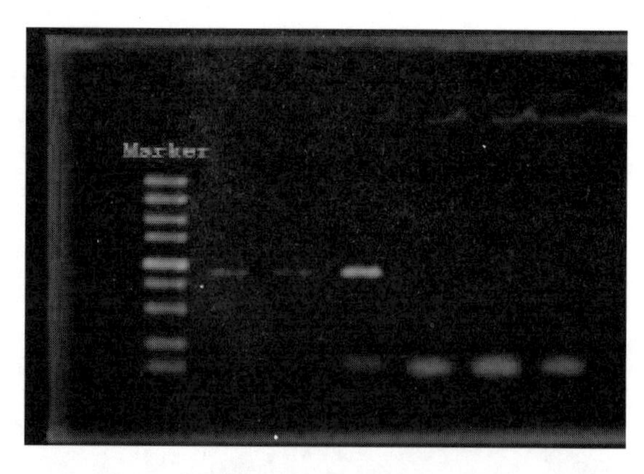

图 8-30　S132-XR 阳性菌 cDNAPCR 鉴定

由于 pAUR135 是可以重复用于基因组重组转化的载体，因此，用 S132-XR1 作为第二次转化的受体菌。构建好整合表达载体 pAUR135Li-XDH 后，用化学转换法转化 S132-XR1 感受态，进行 AbA 抗性筛选，获得几个阳性菌落（图 8-31）。

取阳性菌落扩大培养，提取 RNA 反转录成 cDNA 后进行 XR 和 XDH 特异序列 PCR，获得目的条带（图 8-32）。获得 XDH 整合基因组的菌株 S132-XR1-XDH，并分别进行编号。

用 S132-XR1-XDH1 做第三次转化的受体菌。用构建好的游离表达载体 pAUR123-XylB，转化 S132-XR1-XDH1 感受态，并用 AbA 进行抗性筛选（图 8-33）。

扩大培养阳性菌，提取 RNA 反转录 cDNA 后用 XR、XDH 和 XylB 特异引物扩增，获得目的片段（图 8-34）。

最终获得 S132 基因组整合 XR 和 XDH 基因并带游离质粒表达 pXylB 的工程酵母菌株，命名 C2X-pXylB。

（3）工程菌株 C2X-pXylB 初步发酵试验

用 C2X-pXylB 工程菌株对含有 5% D-木糖的 LB（5g NaCl）培养液进行三角瓶发酵试验。初步发

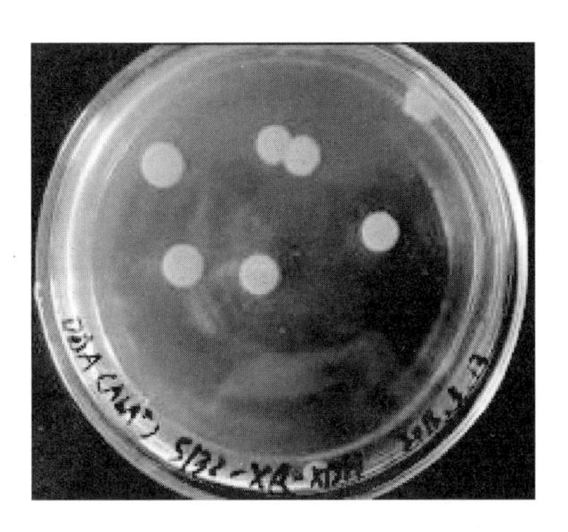

图 8－31　S132－XR1－XDH 的 AbA 选择阳性菌落

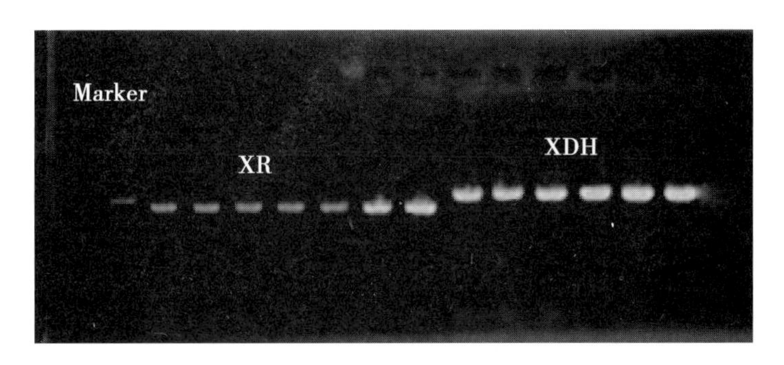

图 8－32　S132－XR1－XDH 阳性菌 cDNAPCR 鉴定

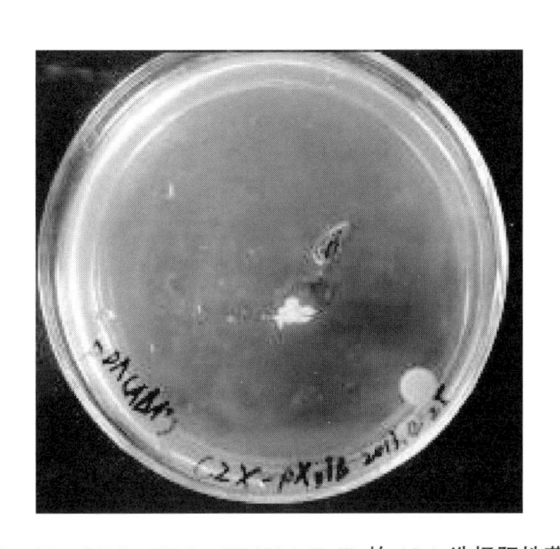

图 8－33　S132－XR1－XDH1/pXylB 的 AbA 选择阳性菌落

酵条件为：接种量 5%，发酵温度 34℃，摇床转速 170r/min，发酵时间 72h。对最后的发酵液进行还原糖浓度进行 DNS 法测定，乙醇含量则经过蒸馏测定后再计算原发酵液的乙醇浓度。不接菌种的作为空对照，分别用初始菌株 S132 和工程菌 C2X－pXylB 进行发酵试验。结果显示，空对照还原糖浓度约为 5.8%，而 S132 发酵后约为 4.7%，工程菌 C2X－pXylB 发酵后约为 3.5%（图 8－35）。还原糖利用率有所提高，说明工程菌利用了其中的木糖成分。

乙醇浓度检测结果显示，S132 在该发酵底物条件下最终产生的乙醇浓度不足 0.1%，而工程菌株 C2X－pXylB 发酵的最终乙醇浓度约为 0.6%（图 8－36）。

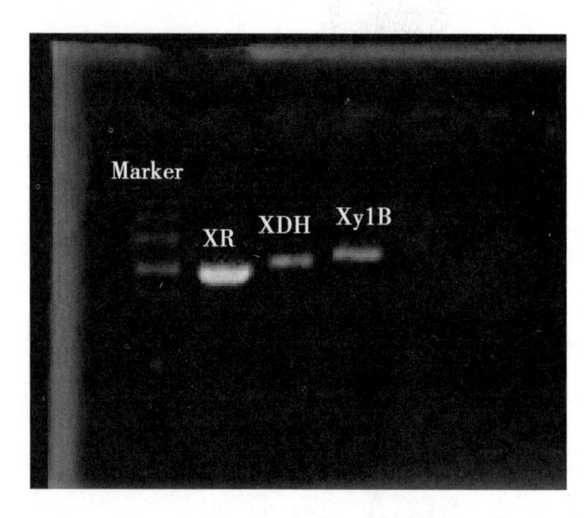

图 8－34　S132－XR1－XDH1/pXylB 的阳性菌 cDNAPCR 鉴定

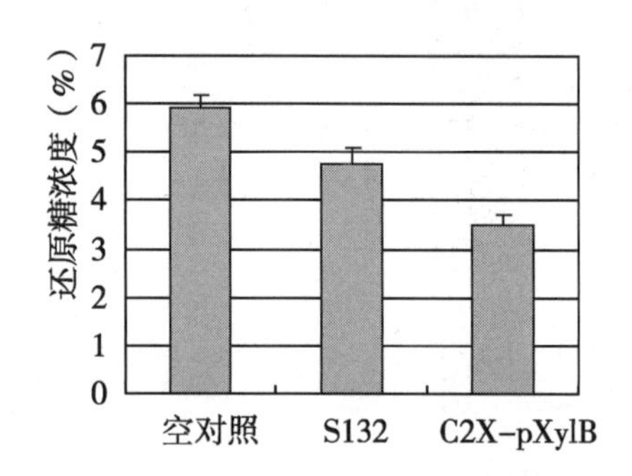

图 8－35　5%D－木糖的 LB 培养液 72h 发酵后的还原糖浓度

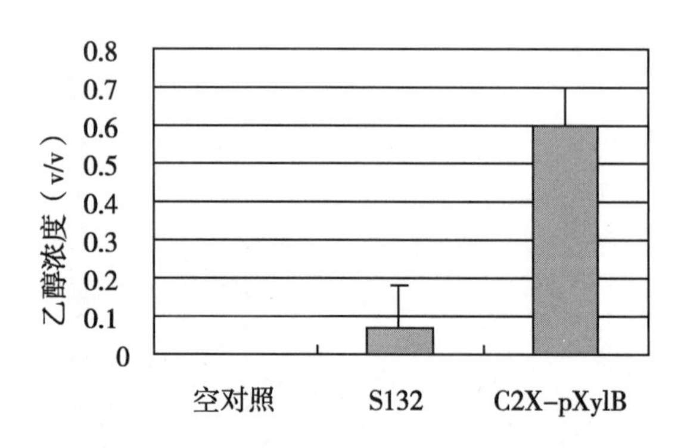

图 8－36　5%D－木糖的 LB 培养液 72h 发酵后的乙醇浓度

（4）木糖发酵条件优化

对工程酵母菌株 C2X－pXylB 进行木糖发酵条件进行了优化。针对 5% D－木糖发酵，通过 NaCl、$MgSO_4$ 和 $FeCl_3$ 等无机盐和 CO（NH_2）$_2$、（NH_4）$_2SO_4$、KNO_3 等氮源单因子试验，结果显示，浓度为 0.2% 的 $MgSO_4$ 和 0.4% 的（NH_4）$_2SO_4$ 能较好地促进木糖的利用。

在单因子试验确定无机盐和氮源后，针对 $MgSO_4$、（NH_4）$_2SO_4$、发酵温度和摇床转速等因子，用 C2X－pXylB 进一步做 5% 木糖发酵的，L9（34）正交试验，实验结果为发酵液最终的还原糖浓度，还原糖浓度越低说明木糖利用率越高。

从正交试验结果看，影响因素顺序为：转速 > 温度 > 硫酸铵浓度 > 硫酸镁浓度。从效应曲线看（因素和试验结果是反相关）这几个因子的优化参数为 $MgSO_4$0.2%，（NH_4）$_2SO_4$0.4%，转速 220r/min 和发酵温度 32℃。

参照之前的工艺顺序 S132→KO11，改为 C2X－pXylB→KO11 工艺。培养基：10% 葡糖糖，5% D－木糖，酵母粉 0.5%，蛋白胨 0.2%，$MgSO_4$0.2%，$(NH_4)_2SO_4$0.4%、生物素 0.015%。C2X－pXylB 接种量 10%、30℃、170r/min 发酵 48h，70℃保温 30min，冷却至 35℃后按体积接种 10% 的 KO11，35℃、170r/min，发酵 36h 和 48h 比较试验。结果表明，KO11 发酵 36h 乙醇浓度为 5.50%，发酵 48h 乙醇浓度为 5.47%，糖醇转化率高于 0.44g/g。

经 DNS 检测 KO11 发酵 36h 发酵液还原糖浓度为 0.84%，即总糖利用率约为 94.4%，则 D－木糖的利用率大于 83.2%。初步优化发酵后的这一工艺，相比之前的 S132→KO11 工艺，乙醇产量等提高不显著，但戊糖发酵周期缩短到 36h。

四 麻类副产物栽培食用菌技术研究

（一）麻类作物副产物贮藏技术研究

1. 常温干燥贮藏技术研究

通过调整水分含量、改变储藏方式等继续研究简便实用的苎麻麻骨的收集、打包与防霉变储藏技术；同时，对红麻麻骨储藏技术进行研究。

收集苎麻麻骨和红麻麻骨等副产物约 1 000kg，自然晒干，用透气袋装好室内常温储藏 10 个月。收集晒干过程中不同时间点样品 5 组，取水分含量分别为 8.2%（1#）、20.6%（2#）和 76%（3#）的 3 组苎麻麻骨以及含水量分别为 7.9%（4#）、20.1%（5#）、66%（6#）进行试验，通过苎麻化学成分系统分析法（GB/T 5889—1986）对常温储藏过程苎麻麻骨和红麻麻骨水溶物、果胶、木质素、纤维素和半纤维素进行分析测定。表 8－43 结果显示，苎麻和红麻麻骨晒干至水分含量 20% 以下，用透气袋装室内常温储藏 10 个月并未发生霉变，各项化学指标正常，仍适合于食用菌栽培。

表 8－43 不同贮藏条件下苎麻化学成分分析

样品编号	水溶物（%）	果胶（%）	木质素（%）	纤维＋半纤维（%）
1#	26.79	5.00	23.12	45.09
2#	28.20	4.97	20.95	45.88
3#	25.85	3.72	29.44	40.99
4#	26.37	5.09	23.67	45.43
5#	27.89	5.03	21.05	46.06
6#	25.15	3.67	30.24	41.25

2. 青贮鲜藏技术研究

青贮技术是保存秸秆资源的有效方法，密闭缺氧的环境，乳酸菌快速繁殖，并利用青贮料中的可溶性糖等进行厌氧发酵，乳酸等有机酸逐渐积累，降低了青贮料的 pH 值，抑制青贮料中其他微生物的活动，从而使苎麻副产物的营养物质得以保存。本实验探讨苎麻青贮原料用来栽培食用菌是否具有可行性。如果栽培成功，苎麻原料的储存问题将得以解决。青贮原料经分析测试得出粗蛋白含量为 13.5%，粗纤维含量为 32.7%。考虑到苎麻青料经过发酵后酸度比较高，不适合杏鲍菇栽培，通过在培养料中加入 NaOH 来调节培养料的 pH 值。实验流程如下：从基地中收集 6 月 16 号储存的苎麻青料粉碎后，按表 15 不同配方比例将各原料混合，调 pH 值至 7.0～7.5，搅拌均匀加水至含水量 65% 左右进行装袋，每个配方装 40 袋。通过记录菌袋内菌丝生长的高度以及接种时间，统计发现 CK 实验组生长速度最快，与其他各实验组之间菌丝生长速度在统计学上无显著差异（表 8－44）。各组菌丝生长洁白浓密。这个结果初步说明苎麻青贮原料用来栽培杏鲍菇是可行的。

表 8－44　杏鲍菇苎麻青料培养基配方

样品编号	苎麻青料（%）	棉籽壳（%）	麦麸（%）	玉米粉（%）	蔗糖（%）	碳酸钙（%）	菌丝生长速度（mm/d）
1#	40	31	21	4	2	2	3.09
2#	50	21	21	4	2	2	3.11
3#	60	11	21	4	2	2	3.07
4#	70	0	22	4	2	2	3.09
5#	CK	71	21	4	2	2	3.14

（二）苎麻副产物栽培食用菌技术研究

1. 苎麻麻骨栽培杏鲍菇技术研究

生产示范菇房管理条件为：催蕾阶段 12～15℃，RH 70%～80%，CO_2 浓度 800～900mg/kg；原基形成阶段 14℃左右，RH 80%左右；出菇阶段 13～15℃，RH 85%～90%，CO_2 浓度 1 000～1 200mg/kg，按工厂化生产要求，使用 17mm×33mm 规格的菌袋，只收一潮菇。

杏鲍菇生产示范：在车间和 87 亩试验基地进行生产示范 14 批次，示范规模为累计 10 000多个菌袋，平均单包菇重 200g 左右，湿料装料量 800g，生物学效率为 60%以上。

（1）减缓杏鲍菇栽培种退化的研究

从优化碳氮配比（更适合菌丝体长期生长的）、维生素、金属微量元素条件等试验，以及探索更适于保持菌丝体性质的培养温度、湿度及通气等条件以达到降低退化的目的。

食用菌菌种长期使用、保藏，以及转管次数过多，都会导致菌丝活力的下降，因此必须经过复壮才能投入生产。复壮的目的就是确保菌株的优良性状、菌种的纯度，防止菌株退化。通过加入维生素、生物素和微量元素等必需物质调节菌丝生长。因此，适时变换培养基成分和原料配方的比例，既可以增强菌种新的生活力，促进良种复壮，又可以提高菌种的成活率，增加产量。因此，本研究针对生产种培养基进行了筛选，配方如表 8－45 所示。

表 8－46　生产种培养基配方筛选　　（温度 25℃，相对湿度 70%）

	红麻麻骨（%）	棉籽壳（%）	麦麸（%）	玉米粉（%）	蔗糖（%）	碳酸钙（%）	维生素 B（‰）	生物素（‰）	菌丝生长速度（mm/d）
1#	10	61	21	4	2	2	0	0.1	3.19
2#	10	51	31	4	2	2	0	0.1	3.13
3#	20	51	21	4	2	2	0.1	0	3.01
4#	20	41	31	4	2	2	0.1	0	2.99
CK	0	71	21	4	2	2	0.1	0.1	3.14

接种后放入菌丝房，温度 25℃，相对湿度 70%。菌种培养完成后分别接种培养基，每配方设 10 次重复，记录菌丝生长速度和长势。

从表 8－44 可以看出，在 1#培养基上菌丝生长最快，其次是 2#培养基，在 4#培养基上生长最差。方差分析表明，1#与 2#、CK 没有明显差异，3#与 4#没有明显差异，1#、2#、CK 与 3#、4#有明显差异。从菌丝长势看 1#、2#、CK 培养基菌丝生长旺盛，浓白，4#培养基菌丝生长稀疏，且生长不整齐。综合分析认为以选择 1#为主料的培养基作生产种为好。

对1#培养基栽培的生产种在不同的温度和湿度条件下进行培养，培养条件和菌丝生长情况如表8－46所示。

表8－46　温度湿度对菌丝的生长影响

编号	温度（℃）	湿度（%）	菌丝生长速度（mm/d）
1#	18～20	60～65	3.13
2#	18～20	65～70	3.15
3#	20～23	60～65	3.15
4#	20～23	65～70	3.18
5#	23～25	60～65	3.18
6#	23～25	65～70	3.19

从表8－46可以看出，1#培养基在温度23～25℃，湿度65%～70%时生长最快，与其余各实验组无显著差异。综合分析认为以选择1#培养基为主料，养菌温度为23～25℃，湿度为65%～70%培养生产种为好。

将1#培养基培养出的生产种进行3次接种，每次接种40袋，第一次接种退化率为<1%，第二次为5%，第三次约为14.5%。整体退化率有所降低。

（2）杏鲍菇发育温度研究

为进一步优化栽培管理，进行了杏鲍菇子实体关键发育阶段的形态界定和不同温度条件诱导子实体三个关键发育阶段的时间界定。

杏鲍菇菌丝结、原基和子实体的形成是较为明显的形态变化（图8－37），通过肉眼就可对这几个关键时期进行形态界定。

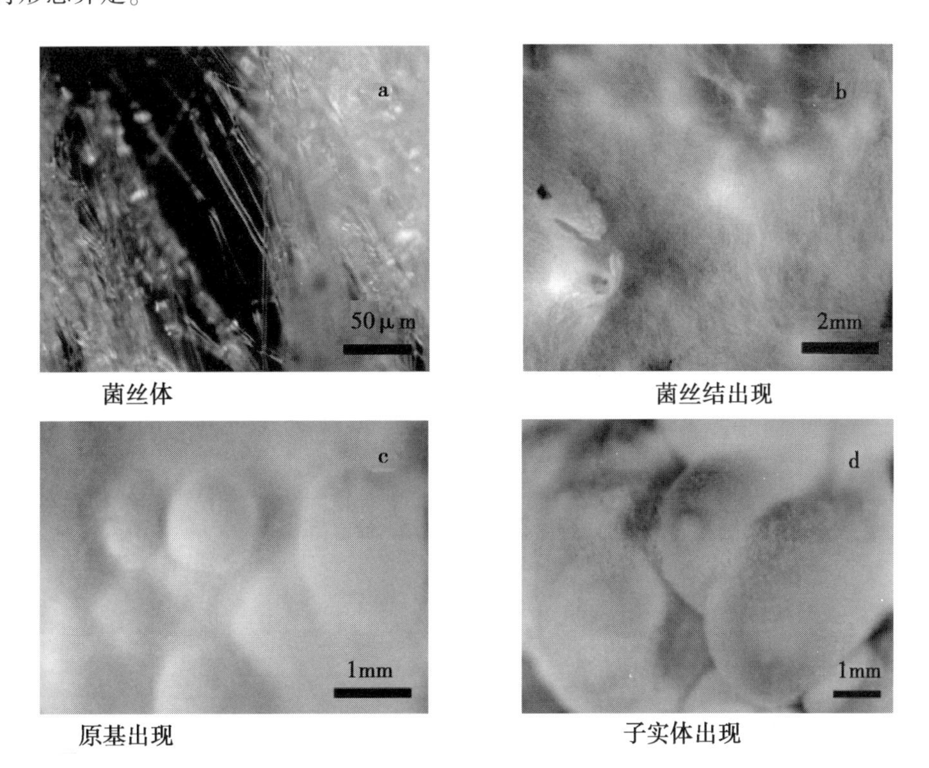

菌丝体　菌丝结出现　原基出现　子实体出现

图8－37　杏鲍菇的4个发育阶段

杏鲍菇子实体关键发育阶段的时间界定。根据杏鲍菇在温度小于8℃及大于21℃难以形成子实体的生理特点，在条件同为：光照100lx和湿度85% RH（空气条件：菌袋不开袋）条件下，进行了5℃、10℃、15℃、20℃和25℃等5个温度诱导子实体发育的实验。发现不同温度条件子实体关键发育阶段出现的时间不一样（表8-47），菌丝结、原基和子实体出现的时间间隔与温度也有密切关系；5℃与20℃处理均有原基形成，但30d未发现有子实体出现（不出现用"—"表示）；而25℃条件下则没有生殖转变的迹象（无子实体发育的相关形态出现）。其中10℃诱导子实体表型正常，而15℃诱导的子实体较为纤细。因此，诱导子实体形成的低温条件10℃左右最为适宜。而据一般的管理经验，后期子实体生长则在15℃左右为宜。

表8-47　不同温度下杏鲍菇子实体关键发育阶段出现的时间界定

温度（℃）	菌丝结出现时间（d）	原基出现时间（d）	子实体出现时间（d）
5	10	14	—
10	3	6	10
15	2	4	13
20	5	7	21
25	—	—	—

2. 苎麻副产物栽培真姬菇栽培管理技术研究

配制50%苎麻副产物培养基，配方如下：苎麻麻骨50%、棉籽壳21%、麸皮21%、玉米粉4%、蔗糖2%、碳酸钙2%，水分含量67.5%左右，自然pH值。接种真姬菇栽培种，移入菌丝房培养两个月以后进行催蕾出菇。经过实验摸索，真姬菇催蕾出菇分为4个步骤。

（1）增氧。菌袋上架后解开袋口，使氧气透进菌丝体。加强通风，更新空气，并加湿，使相对湿度达85%。

（2）搔菌。搔去料面四周的老菌丝，形成中间略高的馒头状。使原基从料面中间残存的菌种块上长出成丛的菇蕾，促使幼菇向四周长成菌柄肥大、紧实、菌盖完整、肉厚的优质菇。搔菌后在料面注入清水，2~3h后把水倒出在适宜条件下历时3~4d。

（3）催蕾。当出现原基时，空气相对湿度要求85%，此时可向袋口喷水保持潮湿，同时降温至13~15℃，并以8~10℃的温差刺激，给150lx光线照射，经过10~15d的管理，料面即可出现针头状菇蕾。

（4）育菇。菇蕾出现后温度控制在15℃左右；并向地面和空间喷雾化水，切忌向菇蕾上直接喷水，室内湿度保持在90%左右；早、中、晚各通风1次，保持空气新鲜；光照度500lx左右，每天保持10h光照，菇质最佳。经10~15d管理，当菌盖直径长至2~3cm，菌膜破裂时，即可采收。经过合适的栽培管理，生物学效率达到150%以上，与对照棉籽壳培养基相比无显著差异（表8-48）。

表8-48　50%苎麻副产物栽培真姬菇效果

样品编号	菌丝生长速率（cm/d）	一茬鲜菇质量（g）	一茬鲜菇质量（g）	生物学效率（%）
50%苎麻	1.89	313.00	102.12	158.09
棉籽壳	1.70	298.97	97.95	150.88

3. 羊肚菌、灰树花和茶树菇栽培技术初步研究

从湖南隆回采到羊肚菌4株，进行组织分离培养。母种培养基有两种：①PDA培养基（马铃薯

200g，葡萄糖 20g，琼脂 15～20g，水 1 000ml，自然 pH 值）；②GYC 培养基（蛋白胨 1g，麦芽糖 20g，酵母膏 2g，琼脂 20g）。将新采集的羊肚菌子实体放在操净台上，首先用酒精棉擦拭消毒，然后紫外线灭菌，将子实体切成小块接种到两种培养基中，24℃恒温培养，实验结果表明 GYA 培养基母种生长情况良好（图 8－38）。配置棉籽壳培养基制作栽培种，效果良好。配置 50% 红麻培养基接种羊肚菌栽培种，菌丝生长速度较快，25d 即可满袋，菌丝生长洁白，出菇有待下一步进行摸索。

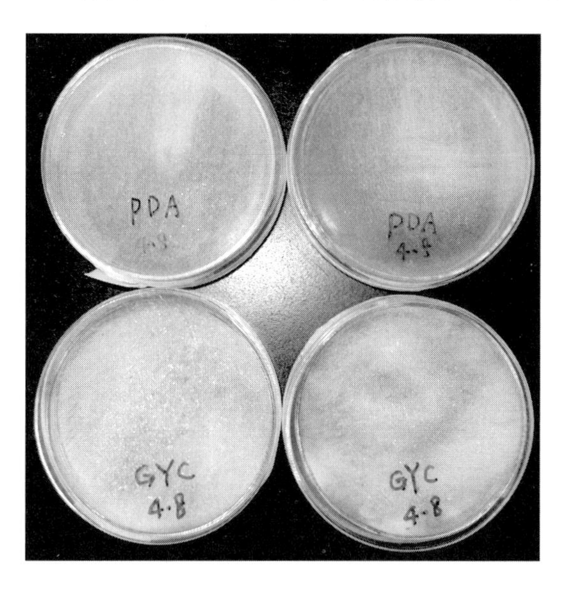

图 8－38　羊肚菌菌丝在 PDA 与 GYC 培养基上生长情况

配置 50% 苎麻培养基以及 50% 红麻培养基接种灰树花以及茶树菇栽培种，灰树花菌丝生长洁白浓密，生长周期 45d 左右，茶树菇菌丝生长缓慢。另外对灰树花和茶树菇液体菌种进行了培养，灰树花液体菌种生长良好，接种 50% 苎麻培养基以及 50% 红麻培养基菌丝生长良好。

4. 苎麻副产品栽培杏鲍菇和金针菇的工厂化示范

生产示范菇房管理条件为：催蕾阶段 12～15℃，RH 70%～80%，CO_2 浓度 800～900mg/kg；原基形成阶段 14℃左右，RH 80% 左右；出菇阶段 13～15℃，RH 85%～90%，CO_2 浓度 1 000～1 200mg/kg，按工厂化生产要求，使用 17mm×33mm 规格的菌袋，只收一潮菇。

杏鲍菇生产示范：在车间和 87 亩试验基地进行生产示范 13 批次，示范规模为累计 10 000多个菌袋，其中苎麻副产物栽培杏鲍菇菌袋 4 000多个，平均单包菇重 205g 左右；红麻副产物栽培杏鲍菇菌袋 6 000多个，平均单包菇重 225g 左右，生物学效率为比棉籽壳高 15% 以上。

金针菇生产示范：在车间和 87 亩试验基地进行生产示范 7 批次，示范规模为累计 5 000多个菌袋，平均单包菇重 210～300g，一茬菇生物学效率为 100%～130%。

5. 苎麻青贮原料栽培杏鲍菇研究

从培养基 pH 值、水分、氮源、碳氮比、添加剂等方面优化栽培基质配方，优化温度、湿度、光照、通气等栽培条件参数，进行青贮苎麻副产物栽培杏鲍菇（杏鲍菇）试验。通过测定不同营养条件下杏鲍菇的菌丝生长速率和生物学效率，确定了青贮苎麻副产物培养基栽培杏鲍菇的适宜配方。结果表明：培养基中含青贮苎麻副产物 50%、水分 67.5%、pH 值 5.5、并添加 1% 碳酸钙和 1% 白糖时栽培杏鲍菇的效果较好，生物学效率达 70% 以上。

（1）适宜培养基 pH 值的选取

分别设置 pH 值为 3.5、4.5、5.5、6.5、7.5 的青贮苎麻副产物培养基（50% 青贮苎麻副产物、21% 棉籽壳、21% 麦麸、4% 玉米粉、2% 白糖、2% 碳酸钙。下同），以棉籽壳培养基（71% 棉籽壳、

21%麦麸、4%玉米粉、2%白糖、2%碳酸钙，自然 pH，含水量 60%，下同）为对照。pH 值为 5.5 时，杏鲍菇菌丝生长速率为 0.346cm/d，与在棉籽壳培养基上的生长速率接近，二者菌丝生长最快；pH 值大于 6.5 或者小于 4.5 时菌丝生长明显减慢，与对照及 pH 值为 5.5 的培养基具有统计学差异。pH 值 5.5 的培养基栽培杏鲍菇的生物学效率为 67.5%，与其他各试验组相比有统计学差异。综合考虑，青贮苎麻副产物培养基的适宜 pH 值为 5.5（表 4－49）。

表 8－49　不同 pH 值青贮苎麻副产物栽培杏鲍菇的效果

培养基编号	pH	菌丝生长速率（cm/d）	单袋鲜菇质量（g）	生物学效率（%）
1	3.5	（0.302 ±1.2）d	（177.3 ±2.2）c	（53.6 ±0.8）c
2	4.5	（0.313 ±0.8）c	（182. ±1.3）bc	（60.7 ±0.9）b
3	5.5	（0.346 ±0.2）a	（205.1 ±1.1）a	（67.5 ±0.7）a
4	6.5	（0.322 ±0.7）b	（188.6 ±0.9）b	（62.5 ±0.6）b
5	7.5	（0.310 ±0.5）bc	（174.2 ±1.9）c	（49.6 ±0.9）c
6	CK（自然）	（0.341 ±0.1）a	（184.5 ±1.4）b	（61.7 ±0.2）b

（2）适宜培养基含水量的选取

分别设置 65%、67.5%、70%、73% 含水量青贮苎麻副产物培养基，以棉籽壳培养基为对照。含水量 65.0% 青贮苎麻副产物培养基栽培杏鲍菇菌丝生长最快，生长速率为 0.343cm/d，与 67.5% 试验组及对照组相比无统计学差异，与其他各试验组相比有统计学差异。结果还表明，67.5% 试验组生物学效率最高，达 68.13%，与 65% 试验组无统计学差异，与其他各试验组相比有统计学差异。含水量大于 70% 时显著降低生物学效率。综合考虑，青贮苎麻副产物栽培杏鲍菇的适宜含水量为 67.5%（表 8－50）。

表 8－50　不同含水量青贮苎麻副产物栽培杏鲍菇的效果

培养基编号	含水量（%）	菌丝生长速率（cm/d）	单袋鲜菇质量（g）	生物学效率（%）
1	65.0	（0.343 ±0.1）a	（201.32 ±0.9）a	（65.61 ±0.9）a
2	67.5	（0.341 ±0.6）a	（204.17 ±1.3）a	（68.13 ±0.2）a
3	70.0	（0.309 ±0.3）b	（192.67 ±2.1）b	（60.52 ±0.5）b
4	73.0	（0.311 ±0.5）b	（188.25 ±2.5）bc	（56.63 ±0.7）c
5	CK（60）	（0.341 ±0.7）a	（184.00 ±1.6）c	（54.70 ±0.3）c

（3）适宜培养基加糖种类的选取

在青贮苎麻副产物培养基中分别加入 1% 白糖、1% 葡萄糖和 1% 红糖，以不加糖培养基为对照。加白糖青贮苎麻副产物培养基栽培杏鲍菇菌丝生长最快，生长速率为 0.346cm/d，与其他各试验组相比有统计学差异。加白糖试验组生物学效率最高，达 64.72%，与加红糖试验组接近，显著高于其他 2 个试验组（表 8－51）。由于加白糖试验组菌丝的生长速率和生物学效率比加红糖的稍高，所以，后续试验均在培养基中加白糖。

表 8－51　不同加糖种类青贮苎麻副产物栽培杏鲍菇的效果

培养基编号	加糖种类	菌丝生长速率（cm/d）	单袋鲜菇质量（g）	生物学效率（%）
1	白糖	(0.346 ±0.7) a	(199.32 ±1.5) a	(64.72 ±0.3) a
2	葡萄糖	(0.331 ±0.3) b	(187.17 ±1.2) b	(56.75 ±0.5) b
3	红糖	(0.336 ±0.8) b	(198.62 ±1.7) a	(64.38 ±0.4) a
4	不加糖	(0.321 ±0.2) c	(184.00 ±2.3) b	(53.59 ±0.2) b

（4）适宜培养基添加钙盐种类的选取

在培养基中添加适量的钙盐有助于食用菌菌丝生长和子实体的成熟。在青贮苎麻副产物培养基中添加1%的碳酸钙、1%的硫酸钙以及0.5%的石灰粉和0.5%的碳酸钙，以筛选出培养基中添加钙盐的适宜种类。

添加碳酸钙培养基菌丝的生长最快，生长速率为0.343cm/d，与添加硫酸钙试验组无统计学差异，与石灰粉＋碳酸钙试验组有统计学差异。加碳酸钙试验组的生物学效率与加硫酸钙试验组没有统计学差异，与加石灰粉＋碳酸钙试验组有统计学差异（表8－52）。综合考虑，青贮苎麻副产物栽培杏鲍菇以添加碳酸钙或硫酸钙为宜。

表 8－52　不同钙盐种类青贮苎麻副产物栽培杏鲍菇的效果

钙盐种类	生长速率（cm/d）	单袋鲜菇质量（g）	生物学效率（%）
碳酸钙	(0.343 ±0.8) a	(203.51 ±1.8) a	(64.98 ±0.7) a
硫酸钙	(0.342 ±0.3) a	(200.71 ±2.7) a	(63.05 ±0.6) a
石灰粉＋碳酸钙	(0.336 ±0.5) b	(189.62 ±0.5) b	(57.38 ±0.2) b

（5）适宜培养基主料量的选择

含量为50%的青贮苎麻副产物培养基栽培杏鲍菇菌丝的生长最快，生长速率为0.341cm/d，显著大于其他试验组。含量为50%青贮苎麻副产物试验组的生物学效率最高，为70.5%，与60%和70%试验组无统计学差异，与另外2个试验组有统计学差异（表8－53）。综合考虑，在生产中用50%的青贮苎麻副产物替代棉籽壳为宜。

表 8－53　不同碳氮比青贮苎麻副产物栽培杏鲍菇的效果

培养基编号	主料量	菌丝生长速率（cm/d）	单袋鲜菇质量（g）	生物学效率（%）
1	40%	(0.329 ±0.1) b	(182.4 ±1.3) bc	(64.3 ±0.5) b
2	50%	(0.341 ±0.3) a	(203.2 ±1.1) a	(70.5 ±0.3) a
3	60%	(0.307 ±0.7) d	(187.1 ±0.7) b	(66.7 ±0.8) a
4	70%	(0.319 ±0.2) c	(185.9 ±0.9) b	(66.3 ±0.7) a
5	CK（71%）	(0.314 ±0.5) c	(178.7 ±2.2) c	(60.9 ±0.9) b

6. 麻蔸栽培杏鲍菇技术研究

据研究，苎麻麻蔸粗蛋白含量为12.8%，粗纤维含量为28.4%，是适用于栽培食用菌的备选原料之一。因此，进行了麻蔸替代部分棉籽壳用来栽培杏鲍菇试验。按表8－53不同配方比例将各原料混合，搅拌均匀加水至含水量65%左右。每个配方装40袋。通过记录菌袋内菌丝生长的高度以及接种时间，统计发现70%麻蔸实验组生长速度最快，为0.383cm/d，60%麻蔸实验组为0.375cm/d，50%麻蔸实验组为0.359cm/d，40%麻蔸实验组为0.321cm/d，对照棉籽壳培养基为0.317cm/d，除40%麻蔸组外，其余实验组与对照组之间菌丝生长速度在统计学上有显著差异，说明麻蔸与棉籽壳培养基相比能缩短菌丝生长周期。通过对生物学效率以及单袋鲜菇重的LSD分析显示，当麻蔸加至50%时，与60%实验组无论菇重还是生物学效率均无显著差异，但与其他组有显著差异。因此，在生产中可以考虑添加50%麻蔸来替代棉籽壳。在这个实验结果的基础上，做了进一步的实验，将50%麻蔸培养基配方（2#）中的棉籽壳换成了30%的红麻麻骨，其余条件不变，用于栽培杏鲍菇，出菇后统计数据发现，加红麻后无论是菌丝生长时间、菇重还是生物学效率与加棉籽壳相比均无显著差异（表8－54），由此实现了杏鲍菇的全麻培养。

表8－54　杏鲍菇麻蔸培养基配方

样品编号	麻蔸（%）	棉籽（%）	麦麸（%）	玉米粉（%）	蔗糖（%）	碳酸钙（%）	菇重（g）	生物学效率（%）
1#	40	31	21	4	2	2	199.37	66.21
2#	50	21	21	4	2	2	220.00	73.68
3#	60	11	21	4	2	2	215.40	72.85
4#	70	0	22	4	2	2	188.67	62.35
5#	CK	71	21	4	2	2	191.34	64.53

7. 菌渣栽培杏鲍菇技术研究

随着食用菌产业的发展，食用菌栽培后产生了大量的菌渣。食用菌采收后，大部分菌渣得不到及时处理，这不仅给农业生态环境造成污染，而且会给之后的食用菌栽培带来很大隐患。菌渣已成为数量十分可观的重要资源，具有较高的利用价值。本研究尝试将菌渣变废为宝，加以资源化利用，替代部分价格较高的棉籽壳、麦麸等传统食用菌原料，用来栽培杏鲍菇。

（1）菌渣加棉籽壳培养基培养杏鲍菇实验

为了最大限度的利用原料，节省成本，将苎麻副产物栽培杏鲍菇后的菌渣再次用于栽培杏鲍菇。将菌渣与棉籽壳培养基（棉籽壳80%，麦麸18%，蔗糖1%，碳酸钙1%）按照10：0（100%），9：1（90%），7：3（70%），5：5（50%），3：7（30%），1：9（10%），0：10（0%，CK）的比例分别混匀后装袋，含水量为65%，灭菌接种。实验结果如表5－54。采用不同比例的菌渣拌料，各处理条件下的菌丝均洁白、浓密。菌丝生长速度各组间无显著差异。通过对生物学效率以及单袋鲜菇重的LSD分析显示，菌渣含量为50%与10%、30%、70%以及CK之间无显著差异，与90%、100%有显著差异。结果表明，50%含量菌渣加棉籽壳培养基适合用来再次栽培杏鲍菇（表8－55）。

表8－55　菌渣加棉籽壳培养基培养杏鲍菇

样品编号	菌渣（%）	棉籽壳培养基（%）	菌丝生长速度（mm/d）	菇重（g）	生物学效率（%）
1#	10	90	3.13	192.33	62.34
2#	30	70	3.14	193.40	63.58
3#	50	50	3.16	195.37	65.36
4#	70	30	3.18	192.15	62.23

（续表）

样品编号	菌渣 （%）	棉籽壳培养基 （%）	菌丝生长速度 （mm/d）	菇重 （g）	生物学效率 （%）
5#	90	10	3.32	173.26	50.57
6#	100	0	3.44	170.57	48.92
7#	CK	100	3.10	188.75	60.19

（2）菌渣加苎麻麻骨培养基栽培杏鲍菇实验

为了尽可能地利用苎麻副产物，将菌渣与苎麻骨培养基（棉籽壳21%，麻骨50%，麦麸25%，蔗糖2%，碳酸钙2%）按照10∶0（100%），9∶1（90%），7∶3（70%），5∶5（50%），3∶7（30%），1∶9（10%），0∶10（0%，阳性对照）的比例分别混匀后装袋，含水量为65%，灭菌接种。实验结果如表8－55所示。采用不同比例的菌渣拌料。各处理条件下的菌丝均洁白、浓密。菌丝生长速度各组间无显著差异。通过对生物学效率以及单袋鲜菇重的LSD分析显示，菌渣含量为50%与10%、30%、70%以及CK之间无显著差异，与90%、100%有显著差异。结果表明，50%含量菌渣结合苎麻麻骨培养基适合用来再次栽培杏鲍菇。与加棉籽壳培养基相比，加苎麻麻骨培养基无论是在菌丝生长速度还是产量上均无显著差异（表8－56）。

表8－56 菌渣加苎麻麻骨培养基栽培杏鲍菇

样品 编号	菌渣 （%）	棉籽壳培养基 （%）	菌丝生长速度 （mm/d）	菇重 （g）	生物学效率 （%）
1#	10	90	3.18	193.13	62.88
2#	30	70	3.19	193.24	62.97
3#	50	50	3.21	197.74	65.76
4#	70	30	3.25	190.47	59.92
5#	90	10	3.34	171.12	50.48
6#	100	0	3.47	170.35	49.02
7#	CK	100	3.14	190.63	60.04

（三）亚麻屑培养基栽培食用菌技术研究

应用亚麻屑栽培食用菌：凤尾菇，平菇和黑木耳。分别设5个处理，以不添加亚麻屑为对照，亚麻屑替代阔叶木屑比例分别为15%、30%、45%和60%。基质配方详见表8－57。

表8－57 亚麻屑栽培食用菌基质组分

处理	阔叶木屑（%）	亚麻屑（%）	稻糠（%）	石灰（%）	石膏（%）
1（对照）	78	0	20	1	1
2	63	15	20	1	1
3	48	30	20	1	1
4	33	45	20	1	1
5	18	60	20	1	1

1. 添加亚麻屑对凤尾菇菌丝生长的影响

在基质中添加亚麻屑，凤尾菇菌丝生长速度、产量和生物学效率均高于对照，详见表8－58。随着亚麻屑比例的升高，菌丝生长速度呈上升趋势；产量和生物学效率均呈单峰曲线变化，smf4 达到峰值，产量为 238. 22 g/袋，比对照增产 10. 00%，生物学效率为 47. 64%，比对照提高 4. 33%。

表 8－58　不同基质配方凤尾菇菌丝生长速度、产量和生物学效率

处理	菌丝生长速度（mm/d）	产量（g/袋）	增产（%）	生物学效率（%）
smf1（对照）	6. 67	216. 57	—	43. 31
smf2	7. 69	222. 40	2. 69	44. 48
smf3	8. 33	229. 85	6. 13	45. 97
smf4	8. 70	238. 22	10. 00	47. 64
smf5	9. 09	220. 43	1. 78	44. 09

2. 添加亚麻屑对平菇菌丝生长速度、产量和生物学效率的影响

在基质中添加亚麻屑，平菇菌丝生长速度、产量和生物学效率均高于对照，详见表 8－59。随着亚麻屑比例的升高均呈上升趋势，smP5 最高，产量为 339. 13 g/袋，比对照增产 9. 09%，生物学效率为 67. 83%，比对照提高 5. 66%。

表 8－59　不同基质配方平菇菌丝生长速度、产量和生物学效率

处理	菌丝生长速度（mm/d）	产量（g/ 袋）	增产（%）	生物学效率（%）
smP1（对照）	6. 45	310. 88	—	62. 17
smP2	7. 69	324. 89	4. 51	64. 98
smP3	8. 00	326. 52	5. 03	65. 30
smP4	8. 33	326. 62	5. 06	65. 32
smP5	8. 33	339. 13	9. 09	67. 83

3. 添加亚麻屑对黑木耳菌丝生长速度和产量的影响

在基质中添加亚麻屑，黑木耳菌丝生长速度均高于对照，产量随着麻屑替代量的增加呈单峰曲线变化，sm3 产量最高，为 4. 57 g/袋，比对照增产 9. 07%，详见表 8－60。

表 8－60　不同基质配方黑木耳菌丝生长速度和产量

处理	菌丝生长速度（mm/d）	产量（g/袋）	增产（%）
sm1（对照）	4. 65	4. 19	—
sm2	5. 13	4. 38	4. 53
sm3	5. 13	4. 57	9. 07
sm4	5. 41	4. 21	0. 48
sm5	5. 88	3. 93	－6. 21

综上所述，基质中添加亚麻屑栽培凤尾菇、平菇和黑木耳明显提高了菌丝生长速度。在凤尾菇栽培基质中，最适亚麻屑替代比例为 45%，比对照增产 10. 00%；在平菇栽培基质中，目前，最适亚麻屑替代比例为 60%，比对照增产 9. 09%，还需继续优化；在黑木耳栽培基质中，最适亚麻屑替代比例为

30%，比对照增产9.07%。

（四）红麻麻骨栽培金针菇及杏鲍菇技术研究

从多种金针菇和杏鲍菇品种中筛选出最适在红麻、大麻基质上生长的品种，从水分、氮源、碳氮比、添加剂等方面优化栽培基质配方，优化温度、湿度、光照、通气等栽培条件参数。

1. 红麻副产品及菌袋化学组分分析

分别对H1—红麻副产品，H2—拌料（50%红麻麻骨，21%棉籽壳，21%麦麸，4%玉米粉，2%蔗糖，2%碳酸钙），H3—长满菌丝，H4—菌渣各部分粗蛋白和粗纤维含量进行测定；用饲料GB/T 6432—1994标准检测粗蛋白含量，用饲料GB/T 6434—2006标准检测粗纤维含量标准，由“农业部麻类产品质量监督检验测试中心”完成检测工作。从结果看，红麻麻骨的粗蛋白含量为9.56%，粗纤维含量为53.2%，拌料后粗蛋白含量为17.16%，粗纤维含量为39.31%，可以作为食用菌生长需要的碳源、氮源，对培养料有一定的营养平衡和调节碳氮比的作用，非常适合用来栽培食用菌（表8－61）。

表8－61 红麻副产品及菌袋化学组分分析

样品编号	H1	H2	H3	H4
粗蛋白（%）	9.56	17.16	19.26	18.48
粗纤维*（%）	53.20	39.31	39.01	38.50

2. 水分对红麻副产品栽培杏鲍菇、金针菇的影响

培养基含水量不同对杏鲍菇和金针菇菌丝生长影响很大。培养料含水量过低，菌丝难以萌发，生长缓慢；含水量过高，培养基易积水，虽然菌丝早期萌发快，但后期长速变慢。为了获得杏鲍菇和金针菇菌丝生长最适合的水分含量，设计了5种含水量不同的培养基（含水量为65%、67.5%、70%、73%红麻麻骨培养基以及含水量为60%棉籽壳培养基）用来栽培杏鲍菇和金针菇。通过对含水量影响生物学效率的LSD分析显示，含水量为67.5%的红麻麻骨培养基栽培杏鲍菇与其他各实验组相比有显著差异。含水量大于70%时显著降低生物学效率；含水量为65%的红麻麻骨培养基栽培金针菇与67.5%没有显著差异，65%、67.5%与70%、73%有极显著差异（表8－62）。含水量大于70%时显著降低生物学效率。适度提高培养料水分含量有利于提高成品菇的重量，综合考虑出菇率，红麻栽培杏鲍菇和金针菇水分含量以67.5%合适（表8－63）。

表8－63 水分对红麻副产品栽培杏鲍菇的影响

水分（%）	菌丝长速（cm/d）	出菇率（%）	单袋鲜菇重（g）	生物效率（%）
65	0.342	100	177.33	53.61
67.5	0.335	100	224.17	67.77
70	0.316	90	140.67	42.52
73	0.317	60	154.25	46.63
CK	0.299	100	184.00	46.70

表 8－63　水分对红麻副产品栽培金针菇的影响

水分（%）	菌丝长速（cm/d）	出菇率（%）	单袋鲜菇重（g）	生物效率（%）
65	0.400	100	149.90	51.49
67.5	0.396	100	152.22	52.29
70	0.394	70	123.00	42.25
73	0.400	50	140.90	48.15
CK	0.313	100	176.30	46.68

3. 糖对红麻副产品栽培杏鲍菇的影响

培养基中适当添加容易被食用菌菌丝利用的糖类物质能促进菌丝生长。为了阐明加糖对红麻副产品栽培杏鲍菇的影响，在红麻麻骨培养基中分别加入 1% 的蔗糖、葡萄糖和红糖，以不加糖培养基做对照。实验结果如图 8－39 显示。通过对糖影响生物学效率以及单袋鲜菇重的 LSD 分析显示，加蔗糖的红麻麻骨培养基栽培杏鲍菇与加葡萄糖没有显著差异，加蔗糖与不加糖有显著差异。综合考虑两方面的因素，添加蔗糖的效果最好。

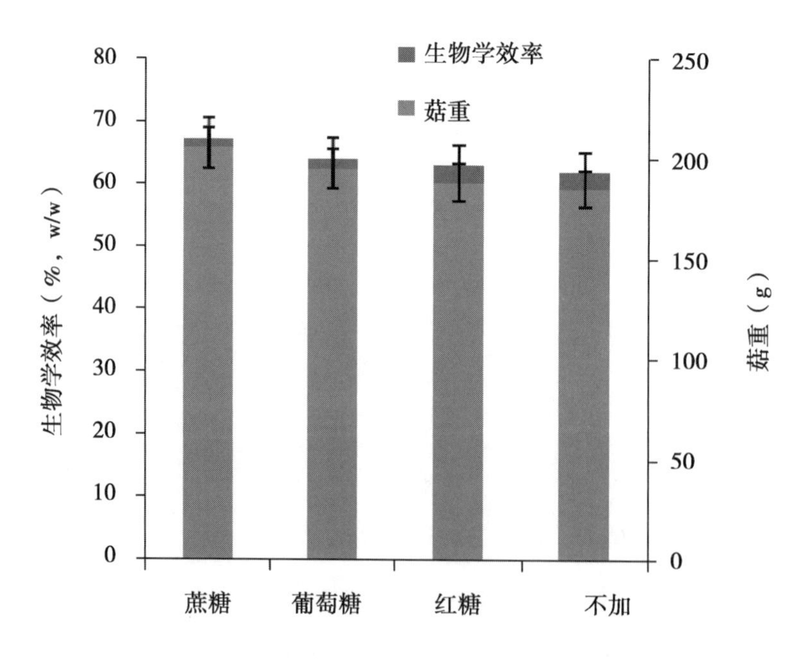

图 8－39　添加不同种类的糖对杏鲍菇生物学效率以及单袋菇重影响

4. 钙盐种类对红麻栽培杏鲍菇、金针菇效果影响

钙离子是细胞生命活动中一种重要的第二信使，因此在培养基中添加适量的钙盐有助于食用菌菌丝生长以及子实体的成熟。表 8－64、表 8－65 的结果显示，不同种类的钙盐对杏鲍菇和金针菇子实体形态和生物学效率有不同的影响。添加 1#—碳酸钙，2#—硫酸钙，3#—石灰粉＋碳酸钙对杏鲍菇和金针菇子实体形态影响不大；通过对生物学效率以及单袋鲜菇重的 LSD 分析显示，加碳酸钙的红麻麻骨培养基栽培杏鲍菇与加硫酸钙没有显著差异，与 3#加石灰粉＋碳酸钙有极显著差异。因此，栽培杏鲍菇适合用碳酸钙，而栽培金针菇适合用石灰粉＋碳酸钙。

表 8-64 钙盐种类对红麻骨培养基栽培杏鲍菇的影响

样品编号	菌重（g）	长度（cm）	棒直径（cm）	盖直径（cm）
1#	252.00	17.25	3.93	6.65
2#	240.00	17.03	4.00	6.67
3#	206.25	17.88	3.86	6.55

表 8-65 钙盐种类对红麻骨培养基栽培金针菇的影响

茬次	测定项目	1#	2#	3#
第一茬	菌重（g）	136.67	128.00	152.56
	长度（cm）	14.33	13.72	13.06
第二茬	菌重（g）	107.00	109.67	105.00
	长度（cm）	11.50	11.92	10.50
生物学效率（%）		58.09	68.59	71.09

5. 培养基碳氮比对杏鲍菇、金针菇栽培效果的影响

适宜的基质碳氮比是工厂化栽培杏鲍菇产量和质量的保证。将棉籽壳、红麻麻骨等作为原料提供主要的碳源，以麦麸和玉米粉为辅料调配氮源，提供杏鲍菇生长所需的氮源，因为工厂化栽培瓶栽方式只采收一潮菇，因此辅料添加量在25%～35%变化，同时调配主料的比例。实验结果如表8-66和表8-67所示。不同的碳氮比对杏鲍菇和金针菇子实体形态影响不大。通过对生物学效率以及单袋鲜菇重的LSD分析显示，红麻麻骨含量为50%，氮源含量为35%的培养基最适合栽培杏鲍菇，而麻骨含量为50%，氮源含量为30%的培养基最适合栽培金针菇。

表 8-66 培养基碳氮比对杏鲍菇栽培效果的影响

麻骨（%）	氮源（%）	菌丝长速（cm）	菇长（cm）	菌柄直径（cm）	菌盖直径（cm）	菇重（g）	生物学效率（%）
50	25	0.433	14.04	3.74	7.46	224.6	62.0
50	30	0.413	12.74	3.29	6.72	226.3	62.0
50	35	0.392	15.9	3.93	6.15	236.1	70.0
60	25	0.413	13.5	3.33	6.63	192.2	67.0
60	30	0.408	10.56	3.42	6.41	189.3	62.0
60	35	0.408	13.39	3.03	6.00	213.7	67.0
65	30	0.400	12.28	3.26	7.80	218.3	68.0
70	25	0.404	12.17	3.15	7.08	171.0	56.0

表 8-67 培养基碳氮比对金针菇栽培效果的影响

麻骨（%）	氮源（%）	菌丝长速（cm）	菇长（cm）	一茬菇重（g）	二茬菇重（g）	生物学效率（%）
50	25	0.472	15.7	132.80	80.40	64.1
50	30	0.484	16.9	162.25	95.60	76.1

（续表）

麻骨（%）	氮源（%）	菌丝长速（cm）	菇长（cm）	一茬菇重（g）	二茬菇重（g）	生物学效率（%）
50	35	0.464	18.4	159.88	89.50	75.3
60	25	0.476	16.8	128.25	95.13	74.8
60	30	0.500	17.0	127.21	82.75	71.4
60	35	0.472	17.5	141.50	84.80	72.7
65	30	0.472	15.5	105.83	85.25	64.1
70	25	0.476	16.6	126.06	54.44	62.3

6. 品种筛选

用50%红麻麻骨培养基，从4个金针菇品种中选出金杂19和长白201两个品种。红麻骨培养基上的金杂19出菇齐，生物学效率可达到75%以上，而长白201具有出菇早，色泽好等特点，生物学效率可达70%以上。考虑在实际生产上的应用，长白201更具有优势。另外，还从3个杏鲍菇品种中筛选到2个品种（杏1和Z杏1）均适合生长在红麻麻骨培养基上，其中，以杏1菇型最好，两个品种生物学效率相当（表8－68）。因此，在后面的示范和实验中均选用杏1。

表8－68　不同品种杏鲍菇菇重测量　（单位：g）

批次	杏1	Z杏1
1#	188.03	194.74
2#	189.00	183.33
3#	202.41	212.33

7. 栽培管理

经过长期的实验摸索，确定栽培管理参数为：待菌袋冷却到室温后接种，每袋接种量为10g固体原种（由湖南省食用菌研究所提供），培养室内24℃左右黑暗培养至菌丝满袋。移入自动控温控湿控气的智能出菇房进行开袋催蕾。出菇按工厂化管理。催蕾条件：光照100lx散射光，空气相对湿度75%左右维持2d后调至85%，温度12℃，通气20min/h；待菇蕾长出约2～3cm后进行疏蕾（每袋只留1～2个子实体）；然后避光、14℃、RH 92%、通气5min/h，直至子实体成熟。

（五）大麻副产品栽培杏鲍菇技术初步研究

1. 大麻麻骨栽培杏鲍菇技术研究

（1）大麻副产物培养基配方

按表8－68不同配方比例将各原料混合，搅拌均匀加水至含水量65%左右。每个配方装40袋。通过对生物学效率以及单袋鲜菇重的LSD分析显示，当大麻麻骨加至60%时，与对照棉籽壳培养基以及其他组培养基无论菇重还是生物学效率均无显著差异。因此，在生产中可以考虑添加60%大麻麻骨来替代棉籽壳。

表 8－68　杏鲍菇大麻麻骨培养基配方

样品编号	大麻骨（%）	棉籽（%）	麦麸（%）	玉米粉（%）	蔗糖（%）	碳酸钙（%）	菇重（g）	生物学效率（%）
1#	40	31	21	4	2	2	190.31	64.43
2#	50	21	21	4	2	2	198.40	65.85
3#	60	11	21	4	2	2	204.00	66.86
4#	70	0	22	4	2	2	183.87	62.57
5#	CK	71	21	4	2	2	191.75	64.99

（2）适宜培养基 pH 值的选取

分别设置 pH 值为 3、4、5、6、7 的大麻副产物培养基（50% 大麻副产物、21% 棉籽壳、21% 麦麸、4% 玉米粉、2% 白糖、2% 碳酸钙。下同），以棉籽壳培养基（71% 棉籽壳、21% 麦麸、4% 玉米粉、2% 白糖、2% 碳酸钙，自然 pH 值，含水量 60%，下同）为对照。pH 值为 5 时，杏鲍菇菌丝生长速率为 0.343cm/d，与在棉籽壳培养基上的生长速率接近，二者菌丝生长最快；pH 值大于 6 或者小于 4 时菌丝生长明显减慢，与对照及 pH 值为 5 的培养基具有统计学差异。pH 值为 5 的培养基栽培杏鲍菇的生物学效率为 67%，与其他各试验组相比有统计学差异（表 8－70）。综合考虑，大麻副产物培养基的适宜 pH 值为 5。

表 8－70　不同 pH 值大麻副产物栽培杏鲍菇的效果

培养基编号	pH 值	菌丝生长速率（cm/d）	单袋鲜菇质量（g）	生物学效率（%）
1	3	0.299 ±1.2	181.3 ±2.2	51.6 ±0.8
2	4	0.303 ±0.8	183.2 ±1.3	52.7 ±0.9
3	5	0.343 ±0.2	211.1 ±1.1	60.5 ±0.7
4	6	0.315 ±0.7	189.6 ±0.9	54.2 ±0.6
5	7	0.312 ±0.5	180.2 ±1.9	51.4 ±0.9
6	CK（自然）	0.341 ±0.1	184.5 ±1.2	61.7 ±0.2

（3）适宜培养基含水量的选取

分别设置 60%、65%、70%、75% 含水量大麻副产物培养基，以棉籽壳培养基为对照。如表 8－71 所示，含水量 65% 大麻副产物培养基栽培杏鲍菇菌丝生长最快，生长速率为 0.342cm/d，与 70% 试验组及对照组相比无统计学差异，与其他各试验组相比有统计学差异。结果还表明，65% 试验组生物学效率最高，达 61.73%，与 70% 试验组无统计学差异，与其他各试验组相比有统计学差异。含水量大于 70% 时显著降低生物学效率。综合考虑，大麻副产物栽培杏鲍菇的适宜含水量为 65%。

表 8－71　不同含水量大麻副产物栽培杏鲍菇的效果

培养基编号	含水量（%）	菌丝生长速率（cm/d）	单袋鲜菇质量（g）	生物学效率（%）
1	60.0	0.331 ±0.1	212.32 ±0.9	60.61 ±0.9
2	65.0	0.342 ±0.6	216.17 ±1.3	61.73 ±0.2

（续表）

培养基编号	含水量（%）	菌丝生长速率（cm/d）	单袋鲜菇质量（g）	生物学效率（%）
3	70.0	0.312 ±0.3	198.67 ±2.1	56.52 ±0.5
4	75.0	0.321 ±0.5	196.25 ±2.5	56.23 ±0.7
5	CK（60）	0.341 ±0.7	184.00 ±1.6	54.70 ±0.3

（4）适宜培养基加糖种类的选取

在大麻副产物培养基中分别加入1%白糖、1%葡萄糖和1%红糖，以不加糖培养基为对照。加白糖大麻副产物培养基栽培杏鲍菇菌丝生长最快，生长速率为0.351cm/d，与其他各试验组相比有统计学差异。加白糖试验组生物学效率最高，达64.72%，与加红糖试验组接近，显著高于其他2个试验组（表8－72）。由于加白糖试验组菌丝的生长速率和生物学效率比加红糖的稍高，所以，后续试验均在培养基中加白糖。

表8－72　不同加糖种类大麻副产物栽培杏鲍菇的效果

培养基编号	加糖种类	菌丝生长速率（cm/d）	单袋鲜菇质量（g）	生物学效率（%）
1	白糖	0.351 ±0.7	209.32 ±1.5	64.72 ±0.3
2	葡萄糖	0.341 ±0.3	197.17 ±1.2	59.75 ±0.5
3	红糖	0.336 ±0.8	202.62 ±1.7	61.38 ±0.4
4	不加糖	0.321 ±0.2	184.00 ±2.3	53.59 ±0.2

（5）适宜培养基添加钙盐种类的选取

在培养基中添加适量的钙盐有助于食用菌菌丝生长和子实体的成熟。在大麻副产物培养基中添加1%的碳酸钙、1%的硫酸钙以及0.5%的石灰粉和0.5%的碳酸钙，以筛选出培养基中添加钙盐的适宜种类。

添加碳酸钙培养基菌丝的生长最快，生长速率为0.352cm/d，与添加硫酸钙试验组无统计学差异，与石灰粉＋碳酸钙试验组有统计学差异。加碳酸钙试验组的生物学效率与加硫酸钙试验组没有统计学差异，与加石灰粉＋碳酸钙试验组有统计学差异（表8－73）。综合考虑，大麻副产物栽培杏鲍菇以添加碳酸钙或硫酸钙为宜。

表8－73　不同钙盐种类大麻副产物栽培杏鲍菇的效果

钙盐种类	生长速率（cm/d）	单袋鲜菇质量（g）	生物学效率（%）
碳酸钙	0.352 ±0.8	203.51 ±1.8	64.98 ±0.7
硫酸钙	0.345 ±0.3	200.71 ±2.7	63.05 ±0.6
石灰粉＋碳酸钙	0.339 ±0.5	189.62 ±0.5	57.38 ±0.2

（6）适宜培养基碳原料量的选择

大麻副产物（碳原料）含量为60%的培养基栽培杏鲍菇菌丝的生长最快，生长速率为0.356cm/d，显著大于其他试验组。大麻副产物含量为60%试验组的生物学效率最高，为68.9%，与其他试验组有统计学差异（表8－74）。综合考虑，在生产中用碳氮比为60%的大麻副产物替代棉籽壳为宜。

表 8－74　不同碳氮比大麻副产物栽培杏鲍菇的效果

培养基编号	碳原料含量	菌丝生长速率（cm/d）	单袋鲜菇质量（g）	生物学效率（%）
1	10%	0.341 ±0.1	235.3 ±0.5	65.3 ±0.5
2	20%	0.331 ±0.3	221.3 ±0.5	61.3 ±0.5
3	30%	0.328 ±0.7	226.4 ±0.5	62.7 ±0.5
4	40%	0.336 ±0.1	230.4 ±1.3	63.8 ±0.5
5	50%	0.348 ±0.3	222.2 ±1.1	61.7 ±0.3
6	60%	0.356 ±0.7	248.1 ±0.7	68.8 ±0.8
7	70%	0.312 ±0.2	205.9 ±0.9	57.3 ±0.7
8	CK（71%）	0.322 ±0.5	218.7 ±2.2	62.9 ±0.9

2. 大麻麻骨栽培金针菇技术研究

（1）配方（表 8－75）

表 8－75　金针菇大麻麻骨培养基配方

样品编号	大麻骨（%）	棉籽（%）	麦麸（%）	玉米粉（%）	蔗糖（%）	碳酸钙（%）	菇重（g）	生物学效率（%）
1#	40	31	21	4	2	2	180.22	60.83
2#	50	21	21	4	2	2	188.35	65.21
3#	60	11	21	4	2	2	198.07	70.24
4#	70	0	22	4	2	2	175.12	55.57
5#	CK	71	21	4	2	2	173.31	54.49

（2）培养基不同碳原料含量栽培金针菇的选择

大麻副产物含量为 50% 的培养基栽培金针菇菌丝生长最快，生长速率为 0.3605cm/d，显著大于其他试验组。含量为 50% 大麻副产物试验组的生物学效率最高，为 110.4%，与其他试验组有统计学差异（表 8－76）。综合考虑，在生产中用含量为 50% 的大麻副产物替代棉籽壳为宜。

表 8－76　培养基碳氮比对金针菇栽培效果的影响

编号	碳原料含量	菌丝长速（cm/d）	菇长（cm）	一茬菇重（g）	二茬菇重（g）	生物学效率（%）
1	10	3.572	15.7	171.80	89.40	102.1
2	20	3.550	16.9	172.25	90.60	104.1
3	30	3.464	18.4	180.88	87.50	105.3
4	40	3.476	16.8	185.25	85.13	107.8

（续表）

编号	碳原料含量	菌丝长速（cm/d）	菇长（cm）	一茬菇重（g）	二茬菇重（g）	生物学效率（%）
5	50	3.605	18.9	190.21	92.75	110.4
6	60	3.478	17.5	169.50	84.80	100.7
7	70	3.475	15.5	155.83	85.25	95.1
8	CK	3.476	16.6	166.06	84.44	99.3

（六）麻类副产物添加花生壳栽培杏鲍菇技术研究

食用菌工厂化栽培目前培养基主料主要是棉籽壳。棉籽壳由于转基因以及棉酚问题，栽培食用菌的安全性受到质疑。为了解决这一问题，本课题组用花生壳代替棉籽壳来栽培杏鲍菇。

1. 不同含量花生壳培养基栽培杏鲍菇实验

配置以下4组培养基：①3kg花生壳，4kg棉籽壳，2.2kg麦麸，400g玉米粉，200g蔗糖，200g碳酸钙，水10kg；②4kg花生壳，3kg棉籽壳，2.2kg麦麸，400g玉米粉，200g蔗糖，200g碳酸钙，水10kg；③5kg花生壳，2kg棉籽壳，2.2kg麦麸，400g玉米粉，200g蔗糖，200g碳酸钙，水10kg；④对照组：8kg棉籽壳，1.8kg麦麸，200g蔗糖，200g碳酸钙，水10kg，灭菌接种。实验结果如表8－77。采用不同比例的花生壳拌料，各处理条件下的菌丝均洁白、浓密。菌丝生长速度各组间无显著差异。通过对生物学效率以及单袋鲜菇重的LSD分析显示，花生壳含量为50%与30%、40%、CK之间有显著差异。结果表明，含量为50%的花生壳加棉籽壳培养基适合用来栽培杏鲍菇。

表8－77　花生壳加棉籽壳培养基培养杏鲍菇

样品编号	花生壳含量（%）	棉籽壳含量（%）	菌丝生长速度（mm/d）	菇重（g）	生物学效率（%）
1#	30	40	3.09	209.33	57.34
2#	40	30	3.18	211.40	58.58
3#	50	20	3.15	227.27	62.50
4#	CK	100	3.12	189.75	60.19

2. 红麻麻骨加花生壳培养基栽培杏鲍菇实验

配置以下4组培养基：①3kg红麻，4kg花生壳，2.2kg麦麸，400g玉米粉，200g蔗糖，200g碳酸钙，水10kg；②4kg红麻，3kg花生壳，2.2kg麦麸，400g玉米粉，200g蔗糖，200g碳酸钙，水10kg；③5kg红麻，2kg花生壳，2.2kg麦麸，400g玉米粉，200g蔗糖，200g碳酸钙，水10kg；④对照组：8kg棉籽壳，1.8kg麦麸，200g蔗糖，200g碳酸钙，水10kg，灭菌接种。实验结果如表8－78。各处理条件下的菌丝均洁白、浓密。菌丝生长速度各组间无显著差异。通过对生物学效率以及单袋鲜菇重的LSD分析显示，红麻骨含量为40%与50%之间无显著差异，与30%、CK之间有显著差异。结果表明，40%含量红麻麻骨加花生壳培养基适合用来栽培杏鲍菇。

表 78　红麻麻骨加花生壳培养基栽培杏鲍菇

样品编号	红麻骨含量（%）	花生壳含量（%）	菌丝生长速度（mm/d）	菇重（g）	生物学效率（%）
1#	30	40	3.28	195.13	61.98
2#	40	30	3.39	207.84	68.97
3#	50	20	3.32	199.74	63.76
4#	CK	100	3.14	190.63	60.04

3. 大麻麻骨加花生壳培养基栽培杏鲍菇实验

配置以下 4 组培养基：①3kg 大麻，4kg 花生壳，2.2kg 麦麸，400g 玉米粉，200g 蔗糖，200g 碳酸钙，水 10kg；②4kg 大麻，3kg 花生壳，2.2kg 麦麸，400g 玉米粉，200g 蔗糖，200g 碳酸钙，水 10kg；③5kg 大麻，2kg 花生壳，2.2kg 麦麸，400g 玉米粉，200g 蔗糖，200g 碳酸钙，水 10kg；④对照组：8kg 棉籽壳，1.8kg 麦麸，200g 蔗糖，200g 碳酸钙，水 10kg，灭菌接种。实验结果如表 8－79。采用不同比例的大麻麻骨拌料，各处理条件下的菌丝均洁白、浓密。菌丝生长速度各组间无显著差异。通过对生物学效率以及单袋鲜菇重的 LSD 分析显示，大麻骨含量为 50% 与 30%、40%，CK 有显著差异。结果表明，50% 含量大麻麻骨加花生壳培养基适合用来栽培杏鲍菇。

表 8－79　大麻麻骨加花生壳培养基栽培杏鲍菇

样品编号	大麻骨（%）	花生壳（%）	菌丝生长速度（%）	菇重（g）	生物学效率（%）
1#	30	41	3.27	208.37	61.42
2#	40	31	3.34	215.00	59.48
3#	50	21	3.42	223.40	65.70
4#	CK	71	3.14	191.34	64.53

五　麻类作物营养成分检测与多用途利用

（一）苎麻

项目针对我国蛋白饲料依赖进口、食用菌基质十分短缺等问题，研究从饲料专用苎麻品种选育入手，充分挖掘苎麻饲用性能，同时进行副产物资源化加工技术研究，形成了“苎麻饲料化与多用途研究和应用”技术成果。

研究通过分子育种与常规育种技术结合，创制出生物量大、蛋白含量高、收割次数多的饲料专用苎麻品种；根据南方高温高湿的气候特点，研究出苎麻副产物拉伸膜裹包青贮技术，突破性实现了废弃物资源化与饲料化；在此基础上，形成了苎麻副产物青贮料食用菌基质化技术，工厂化培育杏胞菇等高档食用菌。本项目主要成果如下。

（1）以高蛋白为目标，成功创制出世界上第一个饲料专用苎麻品种。通过筛选粗蛋白含量高、生物产量大、生长速率快的苎麻种质资源，育成优质饲料专用品种“中饲苎 1 号”，该品种生长速率快、耐割性强，粗蛋白质 22.00%，赖氨酸 1.02%，钙 4.07%，这 3 项指标明显高于苜蓿。

（2）首次提出一麻多用的技术路线，使苎麻资源利用率提高到4倍以上。通过机械收剥，得到苎麻纤维及副产物，纤维用于传统纺织，副产物经青贮发酵后用作草食动物饲料和食用菌培养基质，苎麻生物资源利用率由原来的18%提升到80%以上。

（3）以青贮技术为重点，发明了苎麻副产物加工技术与草食动物饲喂技术。副产物通过机械化收集、晾晒，经过拉伸膜裹包青贮等加工技术，最大限度地保持了营养特性。苎麻青贮饲料达到市场上精饲料水平，适口性好，在保持肉牛正常生长的条件下，可替代30%的精饲料，降低成本20%以上。

（4）以苎麻副产物青贮基质化为基础，形成栽培高档食用菌技术。研究出青贮料栽培高档食用菌培养基质，碳氮比高达26.2。青贮苎麻副产物栽培的杏鲍菇生物学效率达65%，与棉籽壳相比提高13%以上，生长周期缩短6～8d，降低了成本，且无农药残留。

“中饲苎1号”于2005年通过湖南省品种审定，“苎麻副产物饲料化与食用菌基质化高效利用技术”于2012年通过农业部的成果鉴定，均达到国际先进水平；项目依托国家现代农业产业技术体系和当地农村专业合作社等平台，采取企业带动、技术培训、生产示范等方式，先后在湖南涟源、张家界、四川达州和湖北咸宁等地推广应用，累计创经济效益41 273.9万元，新增纯收益18 107.9万元，产生了显著的经济、社会和生态效益。

（二）黄麻

1. 黄麻营养价值评价与利用

对黄麻的营养品质进行了测定和评价（表8－80），并基于菜用黄麻原料开展了高钙高硒片剂食用保健品、帝皇养生麻茶、黄麻酵素及饮料等产品的研发。

表8－80　菜用黄麻的营养成分分析

项目	单位	含量	项目	单位	含量
能量	kJ/100g	1 060.0	铜	mg/kg	8.2
蛋白质	g/100g	21.4	锰	mg/kg	84.0
脂肪	g/100g	3.3	氟	mg/kg	5.0
碳水化合物	g/100g	13.7	镍	mg/kg	5.2
膳食纤维	g/100g	42.5	天冬氨酸	g/kg	18.4
灰分	g/100g	12.5	丝氨酸	g/kg	8.7
水分	g/100g	6.58	谷氨酸	g/kg	23.8
总糖	%	1.0	甘氨酸	g/kg	10.4
粗多糖	%	1.1	组氨酸	g/kg	4.7
β－胡萝卜素	mg/kg	144	精氨酸	g/kg	11.5
维生素A	mg/100g	未检出	苏氨酸	g/kg	9.5
维生素B_1	mg/kg	1.3	丙氨酸	g/kg	13.1
维生素B_2	mg/kg	6.1	脯氨酸	g/kg	10.2
维生素C	mg/100g	14.8	胱氨酸	g/kg	0.6
维生素E	mg/100g	11.1	酪氨酸	g/kg	8.2
维生素K	mg/kg	5.3	缬氨酸	g/kg	11.1
总皂苷	mg/100g	371.0	蛋氨酸	g/kg	2.2

（续表）

项目	单位	含量	项目	单位	含量
绿原酸	mg/kg	0.67	赖氨酸	g/kg	12.8
牛磺酸	mg/kg	未检出	异亮氨酸	g/kg	9.4
钙	mg/kg	1.7×10^4	亮氨酸	g/kg	17.9
磷	mg/100g	4.2×10^2	苯丙氨酸	g/kg	11.4
钾	mg/kg	4.0×10^4	总氨基酸	g/kg	184.0
钠	mg/kg	1.3×10^2	锌	mg/kg	23.0
镁	mg/kg	4.2×10^3	硒	mg/kg	0.02
铁	mg/kg	4.4×10^2			

2. 重金属吸附黄麻材料

已初步明确长果黄麻嫩梢叶重金属吸附的良好效果：叶粉（100 目）对废水中大多数重金属有一定吸附效果，其中 Cd、Cu、Pb、Ni 的去除率分别≥ 98%、96%、98.5%、60%。

利用植物制备吸附剂是目前重金属污水处理研究热点，经多种植物如花生壳、玉米秆、锯木屑等多种植物原料比较，发现黄麻对部分重金属离子具有极强的吸附作用，兼之黄麻生物产量大，种植简单，可作为最合适的吸附剂原料。但是不同黄麻品种对吸附效果差异较大，选育重金属吸附专用品种极为重要。

明确了长果黄麻嫩梢叶对废水中的重金属吸附的良好效果。叶粉（100 目）对 Cd、Cu、Pb、Ni 的去除率分别≥98%、96%、98.5%、60%。黄麻各部位的吸附效果比较研究，发现叶对重金属吸附效果最好，皮次之，骨最差。并已筛选出 5 份产量较高、产叶量大、吸附效果最好的黄麻品种。

开展了原料环保生产流程的规范研究。加强管理和督促，确保达到较好的晾晒效果；对施肥方式（施肥/不施肥）等进行初步研究，以期使产品达到最好的吸附效果，减少肥料对原料污染。

（三）工业大麻

开展了工业大麻嫩茎叶的饲用营养成分分析，在纤维工艺成熟期采集 4 个品种（系）工业大麻嫩茎叶，晾晒干燥后送农业部农产品质量检验测试中心（昆明）进行检测，具体数据见表 8－81。

表 8－81 工业大麻嫩茎叶主要成分

项目	云麻 1 号	云麻 5 号	Ym172	Ym137
蛋白质（%）	29.5	28.9	28.9	32.5
粗脂肪（%）	4.6	2.7	3.6	4.5
粗纤维（%）	21.4	19.9	22.8	22.6
磷（%）	0.3	0.3	0.4	0.5
钾（%）	1.5	3.2	1.5	3.0
钙（%）	2.9	2.8	2.7	2.3
镁（%）	0.4	0.5	0.5	0.5
铁（mg/kg）	194.0	176.0	380.0	235.0
锌（mg/kg）	53.6	62.0	50.0	59.3

（续表）

项目	云麻1号	云麻5号	Ym172	Ym137
铜（mg/kg）	13.5	13.1	16.0	31.3
锰（mg/kg）	175.0	122.0	84.4	91.4
钠（mg/kg）	4.5	6.4	8.6	7.0

检测数据表明，工业大麻嫩茎叶含有较高的蛋白质和粗纤维，一定的粗脂肪，以及丰富的矿质元素，是动物饲料的理想原料，但由于其含有一定的四氢大麻酚（THC），含量远超过食品的限量标准，是否会产生不良影响有待于进一步试验，并出台相关标准。

经过昆明一家养鸡场两年度的添加鸡饲料试验，喂饲添加工业大麻嫩茎叶饲料的鸡较对照在活力、毛色、抗病性等方面有明显提高。另一方面，面对工业大麻嫩茎叶作为提取CBD原料的收购价格达到每千克15元，作为饲料添加剂没有价格竞争力。

（四）剑麻

1. 剑麻渣养分评价

测定了废渣养分含量（表8－82），建成了叶片加工厂房和汇集废渣的沼气池，引入了剑麻小型叶片加工机械并试产，开展了新鲜叶渣用作饲料的青储试验和废渣生产沼气等多用途利用试验。

表8－82　剑麻渣不同养分含量

项目	堆沤麻渣	新鲜麻渣
N（g/kg）	12.04	8.15
P（g/kg）	2.94	1.37
K（g/kg）	5.31	4.78
Ca（g/kg）	91.88	174.69
Mg（g/kg）	1.79	1.24
S（g/kg）	2.08	1.18
Fe（mg/kg）	877.10	916.16
Mn（mg/kg）	111.50	28.62
Cu（mg/kg）	6.80	4.67
Zn（mg/kg）	168.09	154.60
B（mg/kg）	22.13	26.50

2. 剑麻皂苷提取研究

（1）工程菌株库的建立

先后多次分别于桂林市雁山区周边地区（选择无人为开发且腐殖质较多的土壤）、桂林市冠岩地区和南宁市山圩地区采集土壤样品1 200份，水样300份；通过对土壤样品进行活化处理以及特定筛选培养基划线培养观察以及菌株纯化，目前共得到可用菌株18种，已于－20℃斜面保存。

（2）规范在线检测与最终检测标准

本研究建立了两种检测方法：流动注射化学发检测剑麻皂苷元法和HPLC－ELSD检测剑麻皂苷元法（正在申请专利）。

流动注射化学发检测剑麻皂苷元法是应用 IFFM－E 型流动注射化学发光分析仪检测剑麻皂苷元的在线检测方法，该方法具有容易操作且准确性高等特点。采用了操作简便快捷、灵敏度较高的流动注射化学发光方法，可以与常规的在线快速检测方法相互配合，更好地实现剑麻皂苷元在其工业生产中的终端质量控制，是一种在线快速检测剑麻皂苷元的方法。

HPLC－ELSD 检测剑麻皂苷元法是采用硅胶柱层析对剑麻皂苷元纯化，应用高效液相色谱－蒸发光散射检测器检测剑麻皂苷元的方法，容易操作且准确性高，该方法可以应用到剑麻皂苷元的工业生产的终端质量控制。

此外，本研究还使用紫外检测法利用紫外分光光度计检测发酵液中各种成分（蛋白质、单糖和多糖等）含量，并初步确立了整个体系的检测标准。

（3）发酵体系的建立

确定了以自来水在常温下对剑麻残渣进行浸泡，加入皂苷提取菌株，恒温恒湿摇床培养作为发酵环境的发酵体系，并在此基础上进行了单因素（包括发酵温度、pH 值、时间和底物浓度）发酵条件优化，条件优化如图 8－40 所示。经过发酵后离心得到的提取液与以往单一浸泡剑麻残渣的水提液比较，检测皂苷含量发现：皂苷提取率显著提高。表明：通过微生物发酵，使细胞壁降解，释放出了以往被丢弃的皂苷。借助于建立的发酵体系，研究对菌种库进行了发酵实验并初步筛选得到了两株分别对剑麻皂苷和剑麻果胶有较显著降解效果的菌种。

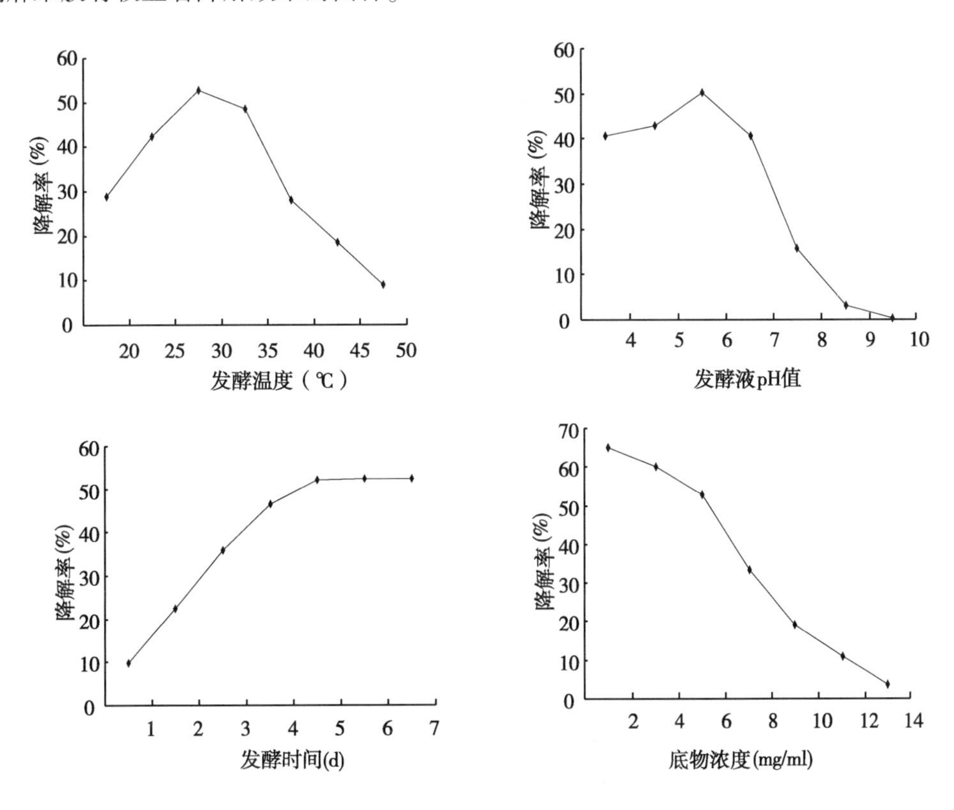

图 8－40　皂苷发酵的优化条件（温度、pH 值、发酵时间、底物浓度）

第九章　产业经济研究

随着替代纤维产品日益丰富，麻类作为传统的纤维原料作物之一，其在生产成本和原料功能方面的优势逐渐被取代。因此，近年来麻类产业的发展一直处于大幅波动的状态，且在今后较长一段时间内，这种替代效应继续增大的趋势很难避免。然而麻类纤维作为天然纤维的重要组成部分，用更长远的眼光观察，势必具有巨大的市场空间和广阔的前景。

从当前产业发展的角度和国家在资源利用方面的战略定位来看，麻类生产除了供给纤维原料外，其生物质的综合利用将是该产业效益持续、资源利用率提升的最大空间。通过国家麻类产业技术体系的努力，麻类作物多用途技术研发方面已经有了重要进展。技术的进步必须与产业相结合才能转化为生产力，麻类多用途产业的经济分析就是为麻类作物多用途技术与产业发展的结合提供理论依据和指导。研究以苎麻为模式作物，对苎麻“369”工程、苎麻食品等多用途利用模式的战略意义、模式构成、经济效益进行了分析，并提出了发展建议。

一　苎麻多用途产业发展战略研究

（一）苎麻多用途产业发展的战略意义

1. 苎麻产业是具有比较优势的特色产业

麻类纤维作为世界四大天然纤维之一，对人类生产生活都产生了重大影响。但是当前世界苎麻纤维总量仅占纺织纤维总量的0.8%。因此，相对于其他纤维来说，苎麻纤维是一种稀缺资源。我国苎麻纤维产量占世界总产量的95%以上，年产约2亿m苎麻纺织物和13万t苎麻纱线，作为我国纺织品出口的重要组成部分出口到世界各国。由于苎麻是中国特有的资源，在中国加入WTO，纺织品配额取消后，出口的苎麻和苎麻产品将不会出现反倾销的问题。进入21世纪之后，人类追求更高质量、更加健康、更加环保的生活，人类对天然纤维的需求将日益增加，在苎麻资源有限的情况下，日益增长的需求将给苎麻产业带来巨大的市场空间和更加广阔的前景，我国苎麻产业的比较优势也将日益突出。

2. 苎麻纤维是解决纤维资源短缺的战略资源

作为不可再生资源的石油将日益短缺。很多化学纤维与石油资源关系密切，随着国际油价飞速上涨，化学纤维价格也随之飙升，油价上涨对化学纤维企业产生了重大影响，部分世界著名的化学纤维企业已经加大对天然纤维及其产品的研发力度，苎麻纤维成为开发重点之一。

棉纺织业是我国纺织业中最重要的组成部分，年棉花需求量超过900万t，但我国棉花产量长期供不应求，缺口巨大。如果棉花种植面积扩大，粮食种植面积将减少，这将不利于我国粮食安全。而苎麻纤维不与粮棉争地，易种植，纤维质量好，产量大，能够作为我国缓解化纤、棉纤资源短缺的重要战略资源，已经受到政府政策的大力支持。相关的规划和纲要都提出要“大力发展麻类天然纤维资源”。因此，用麻纤维来替代化学纤维和棉纤维，不仅能够有效缓解我国对外贸易摩擦，而且有利于我国纺织业资源结构调整，促进我国麻纺织行业平稳健康发展。

3. 多用途是苎麻产业发展的重要保障

传统纤维用苎麻经济效益相对较低，苎麻用途单一，综合利用率低，从而使得中国苎麻产业受市场价格波动影响较大。而像苎麻饲料化和食用菌基质化等苎麻多用途综合利用可以有效地增加苎麻产业经济效益，提高苎麻产品附加值，具有较为广阔的应用前景，苎麻产业要实现可持续发展，必须增加苎麻的经济价值和生态价值，而大量关于苎麻多用途综合利用的研究表明，苎麻多用途综合利用在水土保持、环保型生态地膜和复合材料等方面具有很好的生态价值，在苎麻饲料化和食用菌基质化等方面有很高的经济价值。因此，要实现苎麻产业的可持续发展必须大力发展苎麻产业多用途综合利用。

（二）苎麻多用途产业发展存在的问题

1. 种植方面

随着生产资料价格快速上涨和人民币升值等诸多问题的加剧，生产成本不断上涨，麻农植麻效益和种麻积极性不断降低，我国麻类作物种植面积不断缩减。由于麻类作物种植面积迅速缩减，导致我国麻原料产量急剧下降，供应严重不足，现阶段我国麻原料大量依赖进口。苎麻种植面积缩小（表9－1），导致苎麻多种用途原材料减少，严重影响我国苎麻产业多用途综合利用的可持续发展。根据我国苎麻种植情况，总结归纳我国苎麻种植主要存在以下几个问题。

（1）苎麻种植规模小，麻农抗风险能力低

苎麻种植规模较小是制约苎麻产业可持续发展的重要问题。由于种植规模小，麻农更换新品种的要求不高，对苎麻地投入也不多，任其自然生长。种植规模小将带来一系列问题，收获不一致，原麻刮制品质形形色色。收获期不一，纤维支数存在着较大的差异。而且苎麻年收三季，各季麻的品质不同，许多农户将收获的三季麻等级混合，使得工厂不能分级加工，优麻不能优用。

苎麻价格存在着起伏不定的现象。麻农呈分散经营状态，难以实现规模化种植。麻农抗风险能力极弱，一旦市场低迷，麻农的主要经济来源就会严重受损。

表9－1　2000—2012年中国苎麻生产状况

年份	收获面积（万 hm^2）	原麻总产（万 t）	单产（t/hm^2）
2000	9.54	16.10	1.69
2001	11.37	19.70	1.73
2002	12.52	23.85	1.90
2003	12.78	24.49	1.92
2004	12.58	25.48	2.03
2005	13.20	27.71	2.10
2006	14.18	28.68	2.02
2007	14.28	29.13	2.04
2008	12.60	25.04	1.99
2009	12.20	24.80	2.03
2010	9.81	7.00	0.71

（2）新品种培育和推广困难

新品种在麻区难以推广，除了宣传力度不够之外，还存在以下几个方面的原因：第一，苎麻是多年生的作物，品种更换比较困难。且更换品种将导致农民在头几年的收益下降，不利于麻农种麻的积极性。第二，新品种的繁殖技术体系不健全。目前现有苎麻新品种遗传是以高度杂合为背景，只能通过无性繁殖方法才能够保持优良种性，因此其推广成本高、速度慢，再加上农民现在掌握的无性繁殖技术不成熟，导致苎麻成活率低、成本高。1亩田种植苎麻幼苗需要花费300元以上，使得农民难以承受，并且繁殖系数较低，在生产上难以迅速推广。第三，推广体系不完善，推广人员数量不足且素质参差不齐①。

（3）机械化水平低

目前，苎麻的收获、剥制环节主要采用人工方式，成本高、效率低、劳动强度大，且产出的苎麻产量和品质相对较低，成为制约苎麻产业化发展的主要瓶颈。除种植品种不太适合机械化加工等因素外，单个农户种植面积不大，导致机械化与手工成本差别较小，以及购买农机成本较大等因素也是导致苎麻收获机械化推广程度低的主要因素。使用机械剥麻的地区，由于机械剥麻技术不过关，导致劳动生产率较低。因此，推广机械剥麻、解决机械剥麻的技术问题来降低成本，提高劳动生产率成为苎麻产业发展的又一重大问题。

2. 加工方面

近年来，我国苎麻加工业在生物脱胶技术的完善、梳纺工艺技术及设备的研究、苎麻织物后整理的研究等方面取得了一定成就，但是与欧美国家相比，还是有很大的差距。另外，根据我国的一些实际情况，我国的苎麻生产加工仍然存在明显的不足。

（1）纺织设备陈旧，技术投入和更新速度慢

以中小企业为主的麻纺织业是市场竞争性行业，截至2008年，我国规模以上麻纺织和麻制品制造企业总共为465家，总销售产值仅265亿元。在市场环境约束加剧的条件下，麻纺织企业的经济效益出现下滑，创新能力严重不足等制约麻纺织行业进一步发展的结构性问题日益凸显。麻纺织行业还是劳动密集型行业，出口依存度较高，因此是较早感受到金融危机影响的行业之一。

2007年以来的国际金融危机对苎麻纺织企业影响较大，特别是中小企业表现突出。这些企业多为民营企业，在加工设备、技术工艺方面落后，只能生产低档次产品，利润空间小。为了适应市场竞争，在加工设备改造、先进加工工艺技术的改进方面投入较大，在原料收购等领域的周转资金严重不足，制约了生产规模的扩大，从而失去了良好的商机。

（2）纤维品质差，高档产品原料匮乏

许多地区的麻园新老品种混杂，有的麻农将收获后的头麻和二麻、三麻混杂在一起销售，致使纤维支数不一致。麻类原料在收购过程中未能分等级和品质，导致企业收购的纤维品质不一，另外由于手工剥麻技术的问题，导致加工企业的原料纤维品质较差，难以纺出高档产品。

（3）产品附加值低，结构不合理

苎麻纺织产品仍然以初加工、中、低档次产品为主，出口产品品种单调，尤其是终端产品开发还有很大的差距，行业整体经济效益不高。国际市场竞争的苎麻纺织品绝大部分为麻纱、胚布等初级产品。出现“二多二少”现象：即原料型产品多，加工型产品少，初级产品多，精深加工产品少。由于初级产品附加值低，价格不高而且极易受制于人，市场风险也大。

3. 贸易方面

长期以来，我国苎麻产业的出口依存度较高，但是主导权却在欧美发达国家手中，为此也形成了

---

① 汪波，彭定祥．苎麻产业若干思考［J］．中国麻业科学，2007，29（增刊2）：393～396.

"绿色贸易壁垒"，因此，我国苎麻产业存在抵御市场风险的能力不强、市场集中度偏低、价格波动剧烈等问题，加之苎麻产品宣传力度不够，导致内需市场较小。具体分析如下：

（1）对外依赖大，市场风险抵御能力弱

我国的苎麻产品一直都以出口为主，苎麻产业很大程度依赖国外市场，行业整体风险较高。目前，滞后的原料供给和后加工整理技术导致麻纺企业的产品种类普遍比较单一。出口的苎麻产品一直以具有技术附加值极低的半成品为主，这很难跟上快速变化的国际市场的步调。另外，市场环境约束的进一步加剧，直接影响麻纺织企业的经济效益。同时，创新能力不足等结构性问题也日益凸显，给行业发展带来非常大的阻力。

（2）内需不足，国内市场开拓难度大

我国苎麻产品长期以外销为主，而苎麻成品、半成品等经济附加值高的产品市场长期被日、韩等国以及中国东部沿海地区的企业所垄断，中小麻纺企业的苎麻产品开发和生产处于被动地位，且由于国内市场开发不力，内需较小，国内销量占苎麻总体销量的比重较小，国内市场交易仅限于麻纺企业之间原料或初级产品的交换，市场拓展受到一定局限。

一方面我国国内苎麻企业具有地域集中性和加工优势明显等特点，另一方面也有越来越多的苎麻类服装和床上用品等在国内诸多纺织品交易平台出现，吸引了不少具备一定消费能力且崇尚自然的消费者群体。随着国内市场的普及程度的提高，过去90%的苎麻进行出口贸易的状况可能产生较大的变化①。但苎麻加工属于劳动密集型产业，企业加工规模整体偏小、产品附加值低、产业链短的问题仍然突出。

目前尽管国内市场有所开发，随着国内苎麻市场的认知程度的提高，这种情况很可能会发生改善，但未来很长一段时期里，出口贸易依然是苎麻产品的主要出路。在此背景下，苎麻行业还必须面对频繁发生的国际贸易摩擦，要实现长期平稳的发展还有一定的难度。

（3）市场集中度偏低、价格波动剧烈

我国在苎麻及其产品流通方面，市场化程度较低，规模较小，发展相对落后。当前，尚未形成一个有辐射力、规模大、档次高的苎麻产品集散中心。而且麻农与麻纺企业基本上靠个体商贩维系之间的纽带。因为市场体系不规范，原麻价格波动较大，甚至出现大起大落（表9－2）。当原麻价格上升时，不少不法商贩以次充好，掺杂使假，损害麻纺企业的利益。这不仅严重影响了麻农的抗风险能力，对苎麻加工企业也造成了严重的影响。

表9－2　2003—2013年苎麻原料平均收购价格　（单位：元/t）

项目	2003	2004	2005	2006	2007	2008	2009	2010	2011	2012	2013
年平均价格	6 850	9 041	9 087	8 470	6 275	6 287	5 350	5 942	7 842	4 600	5 350
最高价格	9 600	9 600	9 400	9 300	7 200	6 800	5 600	8 200	8 300	5 200	6 200
最低价格	5 600	7 300	8 600	7 400	5 600	5 600	5 200	5 400	7 200	4 400	5 000

注：数据来源于《我国苎麻纤维产业经济分析及思考》

（4）绿色贸易壁垒加重企业负担

我国加入世贸组织以后，在政策上取消了我国麻纺制品的配额限制，同样它也面临着在产品标准、绿色环保产品、环保加工技术等方面有保护措施的新挑战。鉴定环保类纺织品的重要国际标准是欧盟的"生态标签"和"生态纺织品认证"，这是欧盟麻类纺织品服装领域主要的两种绿色技术认证标准，

① 苏晓洲. 苎麻纺织：前景不容乐观［N］. 经济参考报，2006－06－22.

同样也是我国麻类产品出口所面临的技术壁垒。在众多的贸易保护措施中，“反倾销调查”是最为直接、使用最为频繁的防止我们麻纺产品进入国外市场的保护措施①。尽管我国有些企业在环保加工、污染治理方面进行了科研攻关，同时改进了脱胶技术，减少了污染物的排放量，但因利润微薄，举步维艰。另外，我国麻纺织业是以中小企业为主的市场竞争性行业，布局分散，这些小规模企业资金不足，面临高额的污水处理成本，且无法对排放的污水进行综合处理达标排放，面临停产关闭，麻纺企业的数量将不断减少，制约了苎麻产业的可持续发展。

（三）苎麻多用途产业发展的战略定位

1. 种植方面

要实现苎麻的可持续发展，应从合理布局、加大苎麻栽培研究力度、注重苎麻优良品种的培育及推广应用和种植技术创新策略等方面进行战略定位。

（1）因地制宜，优化布局，减少坡耕地水土流失，增加农民收入

在我国南方种植苎麻，在促进麻农增收的同时，对南方的水土流失治理有积极作用。因为苎麻是多年生宿根性草本植物，相比于亚麻、剑麻、黄/红麻等一年生草本植物，种植苎麻来防治南方坡耕地水土流失的效果最佳，原因有以下几个方面：第一，苎麻宿根年限很长，为10～30年，土地附着能力强，具有很好的水土保持效果；第二，苎麻一年种植可多年收益，而且不用常年翻蔸，同时苎麻的叶面宽大、数量繁多、覆盖时间长，可达9个月左右，种植苎麻能有效减少雨水对土地的冲刷；第三，调查显示，种植苎麻的缓坡或陡坡的年土壤侵蚀强度都小于19t/km^2，只是微度侵蚀②。因此，苎麻的水土保持效果相当明显。

与此同时，与水土保持其他的措施相比，采用种植苎麻的方法可以大大地节约投资，其每亩投入仅为1 000～3 000元，较之传统的“坡改梯”，每亩节约投资850～2 850元。同时，种植苎麻也有一定的经济效应，可增加农民收入，提高种植积极性。

综上可知，在南方大力发展麻类种植业，把宜麻非耕地作为中国特色的麻类资源开发的战略基地，占有“天时地利”的优势，可实现经济、生态效益双丰收。

（2）加大苎麻栽培研究力度，振兴苎麻栽培业

栽培业是整个麻类产业的基础，麻类作物的产量和品质，除品质这一内因条件外，主要取决于田间。因此，对于苎麻应当加大苎麻栽培研究力度，振兴苎麻栽培业。

种麻模式由“单一的麻植被”向“套种模式”转变。森林生态学提出，在一个植物群落中，种群越丰富越复杂，它的生态稳定性就越大，创造出的综合产品就越多，显然单一的麻类植被无论从经济上还是生态上都是不利的。麻类的生长大多都是季节性的，这造成时间和人力的极大浪费。从空间利用来看，麻类作物仅仅对距离地表1m高左右的层次进行了利用，较高层、地表和地下层还没有得到开发。为使麻类生态空间得到多层次的开发利用，我国学者做了大量的试验研究，提出了“苎麻＋经济作物”（包括苎麻＋玉米、苎麻＋高粱、苎麻＋香椿等），“苎麻＋蔬菜”（包括苎麻＋榨菜、苎麻＋青菜、苎麻＋莴笋、苎麻＋豌豆等）等套种模式。

由此可见，麻菜套种不失为一种较好的高产、高效的栽培模式，通过这种立体式的种植方式，不仅为建立新麻园、改造老麻园提供了技术支撑，降低了粮麻争地压力，还可减轻劳动强度、节约生产成本，提高农民经济收入，增强抵抗市场风险的能力。

实施以机械化为主要内容的“麻类种植战略”。麻类作物种植与收获机械化程度低是现阶段制约我

---

① 孙进昌．苎麻销售面临环保压力［N］．中国纺织报，2007－09－10．

② 李仁军，张维凤．浅谈南方坡耕地种植苎麻的作用［J］．四川农业科技，2008（05）15～16．

国麻类产业化的主要因素。解决麻类作物种植与收获机械化程度低问题，通过提升机械化运作程度从而提升麻类种植效益是我国麻类发展的当务之急。

(3) 积极发展麻农协会和各种合作组织

当前苎麻种植户大多是一家一户的分散经营，规模较小，应对市场风险的能力较低。大力发展麻农协会和各种合作组织，以“公司 + 农户 + 基地”的形式结成农工商联合的利益共同体，并采取一系列的措施，稳定苎麻种植面积和苎麻价格，健全农户保障机制，共同抵御市场风险，实现麻农与麻纺企业双赢。例如，进行规模性的收购，规避市场风险，保护麻农利益；指导麻农的种植面积，避免盲目种植，稳定市场供需；建立分类分级标准，进行规范性收购，提高企业和麻农的经济利益，探求农户与企业之间共生互利的良性运行机制，使之充分发挥它自身的市场运行调节机制功能。

在重点乡镇上建立麻农协会，主要负责向麻农推广新技术，通过优质麻类作物生产基地建立，使生产基地生产的优质苎麻原料与纺织集团挂钩，直接销往工厂进行加工，成为纺织加工企业的第一车间。每年纺织集团从利润中按相应的比例给麻农协会一定资金作为发展基金，协会将资金用于品种改良、良种引进及技术培训等，保证原麻的质量，从而使整个产业链保持良性循环①。

(4) 注重苎麻优良品种的培育及推广应用

要改变品种混杂退化的严重局面，必要加强麻类作物良种培育研究，积极推广优良品种。培育出不同环境下可栽培的新的良种，拓展苎麻新用途，促进产业升级。目前，我国已培育诸多苎麻新品种，包括中苎 1 号、中苎 2 号、华苎 4 号、华苎 5 号、川苎 8 号、川苎 11 号、川苎 12 号、湘苎 3 号、鄂苎 1 号、赣苎 3 号等，其中，中苎 2 号耐旱耐肥能力强，丰产性好，已通过鉴定。未来应加大对苎麻新品种的开发力度，在苎麻育种时期充分发挥转基因技术的优势，在苎麻中转入木质素抑制基因和抗衰老基因，从而达到有效延缓苎麻纤维木质化和衰老化的目的，通过改善其纤维的结晶度、刚性和取向度等问题，来解决苎麻脱胶难和刺痒感的问题，使收获的原麻更好地达到良好统一的质量标准②。

(5) 种植技术创新战略

种植与收获新技术有利于全面提高原麻的工效和品质。通过活性生物肥料和带秆收获技术，减少投入、提高苎麻品质与产量。这些将强有力地改变当前手工生产中的不足，不仅能够降低劳动强度，还能提高生产效率，能够大大降低麻农剥皮和打麻的工作量，从而增加农民种植苎麻的积极性。

2. 加工方面

苎麻加工环节是连接种植和贸易的桥梁，加工的半成品或成品的质量直接影响着贸易，同时也能反映苎麻原料的优劣，其在苎麻产业中的地位举足轻重。我国苎麻加工可以从以下几个方面进行战略定位，从而实现苎麻加工的可持续发展。

(1) 加工转向环保化

苎麻加工阶段中的机械化程度低、污染大是制约我国苎麻产业发展的最大瓶颈。成本高、质量差、能耗高、环境污染严重等问题一直是我国现有苎麻加工方法中存在的问题。这将阻碍我国苎麻产业多用途综合利用的可持续发展③。

通过研发“节能、低污染、高效”的苎麻生物脱胶技术、麻织品酶法处理工艺和麻地膜分离生产技术，建立一些麻类加工中心，可使苎麻纺织加工产业向高新技术产业升级，迅速提升我国苎麻产业的科技含量，提高苎麻产品的附加值，提高苎麻产品的出口创汇能力，与此同时也可以保持水资源和

---

① 彭定祥. 我国麻类作物生产现状与发展趋势 [J]. 中国麻业科学, 2009, 31 (增刊1): 72 ~ 80.

② 毛长文, 毛宗礼. 苎麻生态产业的新地位、新机遇、新优势 [J]. 湖北农业科学, 2010, 49 (9): 2 307 ~ 2 310.

③ 熊和平. 中国麻业的几大变化趋势 [J]. 中国麻业, 2002, 24 (5): 1 ~ 5.

生存环境，解决苎麻加工与水产养殖业的发展之间的矛盾，从而促进我国苎麻产业健康快速可持续性发展。

（2）加快产业化调整

麻纺企业应从自身机制出发，主要解决外部市场的适应能力和国内市场的开发问题，从而增强企业的市场抗风险能力，扩大企业市场占有率，增加企业的盈利能力。加大对麻纺设备的投入，实现现有技术和设备的升级。苎麻产业升级换代的方向应围绕终端产品的舒适性做文章，克服苎麻制品“比较硬，感觉不柔软，舒适性差一些”的天然缺陷，并考虑开发符合苎麻特性的产品，比如床上用品、袜子等生活用品。在苎麻纤维资源方面，引进优良品种，建立稳定、高产、优质的种子培育基地，提高苎麻纤维及其剥制质量，在数量与质量上保持与加工能力及市场需求匹配的协调发展。

（3）重视苎麻专门人才的培养

科技是第一生产力，而人才是科技的载体，是第一生产力的第一要素。苎麻研发可持续发展的根本保证是拥有一支结构合理、素质优良的科研和管理服务队伍。因此，必须采取以下措施。一是营造良好的人才成长环境，培养和引进一批高素质创新人才并实施一系列有效的激励手段留住人才。二是人才培养须与实际应用相结合，形成产学研的合作模式。同时，还要采取种种措施培养、激励、留住人才，鼓励其向企业和产业园区发展，为促进科技创新提供有力支撑。三是在科研机构、基地地区、龙头企业建立起技术培训中心，构建培训网络，以此开展苎麻高管培训。此外，形成稳定的技术人才队伍，必须定期开展培训，进一步强化技术普及和指导工作。

（4）政府政策的扶持

麻纺企业作为苎麻种植与苎麻市场的衔接点，在麻类产业链中起到了核心作用。扶持麻纺企业，提高企业核心竞争力，开拓麻类市场是振兴麻类产业的关键。受金融危机的影响，我国麻纺企业处于低迷的困境。帮助和扶持企业正常的生产，改进工艺，扩大加工，提升对麻类原料的需求量是摆脱目前低迷困境、加快麻类产业发展的关键所在。由于国家节能减排的环境政策，麻纺企业数量减少，留下的企业依然面临治理污染、技术改进等各方面的巨大压力，因此政府可以从增加治污、技术改进、体制改革，放松银行信贷，给予税收优惠等各方面给予支持，帮助企业渡过难关，提升企业的生产力。

3. 贸易方面

由于我国苎麻产品主要是以出口为主，国内消费潜力也很大，因此苎麻贸易要实现可持续发展，应从国内市场和国际市场出发，实施市场多元化战略、实施品牌战略和“走出去”战略，规范市场秩序，提高苎麻产品知名度等，具体战略定位如下。

（1）加大开拓国内外市场力度，实施市场多元化战略

首先，为了规范苎麻经营企业的市场行为，避免过度价格战竞争，必须整顿其流通和出口秩序；其次，通过政府和企业的调控来加强行业自律；最后，对出口假冒伪劣产品的打击绝不能手软。此外，有些国外市场的贸易保护主义严重、易引起反倾销调查，我们要注意控制出口量，同时提高出口价格。与此同时，面对消费潜力巨大的国内市场，要积极宣传苎麻产品的特点及功效，进一步提高国内市场的消费量。总之，我们应继续实施多元化战略，积极培育和开发新市场。

（2）实施品牌战略，提高苎麻产品知名度

品牌战略是现代企业市场营销的核心之一。品牌可以体现产品的质量和满足消费者效用的可靠程度。品牌战略凝结着企业的市场信誉、科学管理、追求完美的企业文化，影响并决定着产品服务定位与市场结构。

苎麻纺织品国内外市场需求持续性大幅减少，价格持续低迷，企业开工不足，行业面临严重挑战。应争创一批名牌产品，加大品牌创建力度，实现由低质量向名优品牌的转变，以现有苎麻知名品牌为先导，进一步提高产品质量和市场占有率，引导一批重点企业加强质量管理和认证工作。利用行业龙

头企业建立的良好的经营信誉和营销网络，挖掘客户资源，建立客户档案，培育和发展重点客户；麻纺企业应根据市场需求，积极优化产品结构，引进新的技术和设备，既要深度研发中间产品，更要着力开发终端产品，增加产品附加值。

为了更大程度地推广苎麻服饰品牌，开拓苎麻服饰及礼品市场，可在国内主要城市以及省内中心城市开设加盟店或直销店等措施，进一步扩展产业用麻纺织品的应用领域，从而逐步提高麻纺织品的内销比例。

（3）加强国际交流与合作，实施“走出去”战略

加强国际交流与合作，参加苎麻纤维及其制品的国际标准指定与审核工作，不仅能够了解世界各国的麻类产业发展的基本情况，还可以通过借鉴学习世界各国先进的管理经验和麻业生产技术来提高我国麻类企业的管理水平及生产，更重要的是及时了解苎麻产业发展动态和行业发展标准，指导国内苎麻行业发展，提高国际参与度。

（4）打造信息化平台

建立规范有效的协会增强行业间的沟通交流。麻纺企业价格竞争激烈，缺乏行业组织的有效协调。需要建立一套规范的行业标准进行指导，减少企业组织间的恶性竞争。加大苎麻产供销信息网络平台的建设，完善信息互动机制，及时追踪国际国内市场供求信息，确保信息及时准确地在产业链中传递。同时，强化对苎麻深加工产业服务的信息咨询和技术中介等服务平台的建设，发布苎麻加工业信息，以信息化推动工业化。

（四）苎麻多用途产业发展的战略重点

1. 种植方面

目前，我国苎麻纺织行业面临着苎麻原料供应不足、原麻质量参差不齐，剥麻效率低、机械化程度低等问题。因此，要实现苎麻种植的可持续发展，战略重点主要集中在以下几个方面：

（1）改良、培育苎麻新品种

品种是决定麻类作物产量的先天条件，优良的品种能促进麻类作物的增长增收。目前，我国虽然已经培育了诸多苎麻新品种，如：中苎1号、中苎2号、华苎4号、华苎5号、川苎8号、川苎11号、川苎12号、湘苎3号、鄂苎1号、赣苎3号等优良品种，还需大力推广运用，同时加大对苎麻新品种的开发力度，充分利用转基因技术和其他的一些新技术，开发新品种。

（2）提高种植技术和机械化水平

随着麻纺业的蓬勃发展，我国苎麻在种植技术、机械化生产与收获等方面的需求越来越迫切，为此应建立一套完整的科学技术推广体系，推广经济适用的生产和初加工机械，并不断研究解决麻类作物的产前、产中及产后的全过程的技术问题，使种麻的经济效益不断提高。

要积极开展苎麻标准化种植技术、高产高效生产技术、先进打剥技术等先进技术的示范、培训和推广，提高麻农的科学种麻水平，确保原麻的产量和品质。种植技术方面：利用来自污水处理厂的污泥加工成活性生物肥料，可大幅度提高苎麻的产量和品质；通过集约式种植生产方式与带秆收获技术相结合，再根据量化收割指标进行适时收割，可保证原料的高品质。种麻模式由“单一的麻植被”向“套种模式”转变，包括已经研究出来的“苎麻＋经济作物”（包括苎麻＋玉米、苎麻＋高粱、苎麻＋香椿等）、“苎麻＋蔬菜”（包括苎麻＋榨菜、苎麻＋青菜、苎麻＋莴笋、苎麻＋豌豆等）等套种模式。主要的标准化生产技术措施包括推广品种标准化、田间管理、收获技术标准化等。

苎麻收获剥制难、机械化程度低是现阶段苎麻产业发展的瓶颈问题，也是现阶段需解决的重要问题。现阶段我国苎麻种植与收获主要依靠人力完成，大型收获与剥制机械严重缺乏，机械化程度低，导致苎麻纤维品质低下，难于达到麻纺工业要求。因此，应大力开发和推广直喂式动力剥麻机，并在

麻区实施“农机补贴”，进一步提高剥麻效率，提高农民的种植积极性。

2. *加工方面*

苎麻行业长期以来因为各种原因的制约，技术装备非常落后，且用工多，劳动效率低。而企业也将因综合成本和用工成本的上升而面临着越来越大的压力，所以提高技术装备水平尤为重要。又由于苎麻纤维是重要的纺织原料，其叶、壳、骨以及根等副产品也极具利用价值，开发前景十分广阔，例如苎麻生产麻地膜、苎麻骨做建筑材料、苎麻的药用价值、苎麻的食用价值、苎麻做青贮饲料、苎麻做牧草以及苎麻做生物能源材料等，苎麻的多用途价值也是无穷的。因此，要实现苎麻加工的可持续发展，其战略重点主要为以下几个方面：

（1）积极推动技术创新

苎麻行业应当积极推动技术创新，提升工艺技术装备水平，抓紧开发研制新型轻简化、自动化的高效苎麻专用设备。苎麻行业要与国内纺织加工企业联合，以国内外市场需求为导向，加快新型苎麻纺织工艺和纤维加工技术装备项目的研制，走产学研联盟的道路，促进苎麻行业设备升级换代。

苎麻的初加工必须紧扣国家对环保的要求，实现清洁化生产。苎麻纺织一直是高能耗、高污染的行业，传统化学脱胶生产工艺污染大，助剂、液氯、酸碱等化工原料用量大，实现苎麻生物脱胶产业化能够有效缓解废水处理难、污染大等问题，从而推动我国苎麻产业的长远可持续发展。

（2）加大苎麻多用途产业化力度与进程

目前麻类作物用途单一，综合利用率低，从而使得中国麻类产业受市场价格波动影响较大。进一步深入研究麻类相关特性，加强多用途研究与产品市场开发，加快麻类多用途研究产业化进程，从而实现麻类产品结构多样化，降低麻类产品市场价格波动对麻农的冲击。可以利用苎麻生产麻地膜，在南方水稻种植试验中，麻地膜的应用对改善育秧，提高机插效率，促进水稻单产提高起到显著效果。苎麻纤维除了用于纺织外，还有多种用途功能，如可以制作地毯、麻绳、装饰材料等。同时，苎麻多用途也包括如麻骨活性炭、食用菌培养基、苎麻饲料等，还有水土保持功效。与此同时，还具有食用价值，也可以用作建筑材料等。同时，还应开发新产品，将麻籽、麻叶、麻尖、麻蔸、麻秆等资源的充分开发利用，扩大产业链，进一步提高苎麻资源利用率、增加麻农经济收益等。

（3）争取政府扶持

我国政府的政策对经济活动和社会活动的宏观调控不断得以强化，所出台政策对各产业经济的发展产生的影响程度颇深。苎麻产业链上的企业要积极争取相关政府部门的政策扶持，拓宽融资渠道，力争得到多渠道的信贷支持，以缓解苎麻产业链上企业融资难的问题。对于麻农来讲，也可以寻求政府的资金补贴，政府应根据相关补助政策给予麻农一定补助，或采取在市场价格较低时补贴麻农出售苎麻的差价等。

3. *贸易方面*

对于纺织产业而言，进口贸易战略重点是取消对纺织业的进口高保护结构以适应贸易自由化的要求。目前，纺织品的进口平均关税率为30%，高关税率不利于我国苎麻产品的进口。总体上看，应该尽早对我国竞争力较强的纺织工业取消其进口高保护结构。一方面，通过增加市场竞争促进纺织业产业结构调整。另一方面，由于纺织业自身具有较强的竞争力，取消对纺织业的高保护结构有助于缓解其他行业由于贸易减让而产生的进口压力。但是这种高保护的进口态势应该逐步地、分阶段地放开，同时还应该针对我国纺织业及其细分行业的具体情况具体分析，采用不同的方式区别实施。

长期以来，我国苎麻产业的出口依存度较高，苎麻产品主要以出口为主，但是出口的苎麻产品主要是附加值比较低的苎麻纱线、苎麻织物等，而附加值高的产品的市场长期被日本、韩国和中国沿海地区的商家所垄断，因而中小企业的产品开发和生产都处于一个被动的地位，抵御市场风险的能力不强。同时内需市场也较小。因此，要实现苎麻产品出口贸易的可持续发展，战略重点主要有以下几个方面：

（1）改善出口商品结构

要想可持续发展，苎麻纺织工业必须有低档产品向中高档产品并重的方向发展。目前，我国苎麻的产品主要为苎麻纱线、苎麻织物等初加工低附加值产品，高档面料、服饰和装饰品等苎麻成品的生产和出口严重不足，要改善这种局面，必须改善苎麻出口产品的结构，进行苎麻产品深度加工和高附加值产品开发，提高经济附加值和产品竞争力。通过进行产品研发和技术创新，不断开发出高附加值、高技术含量的产品等，促进我国苎麻产业的可持续发展。

（2）快速开拓国内市场

“苎麻产品”给国内消费者的印象往往是产品类别少、价格高、穿着有“刺痒感”、容易起皱，也没有知名品牌，大众对其了解也甚少，因此快速开拓国内市场是目前振兴苎麻产业的关键所在。现阶段可通过开展诸如苎麻文化节等活动、树立苎麻文化品牌、与其他纺织业联合开发高档麻纺织产品、新媒体与新产品广泛宣传等多种方式来快速提高产品在国内市场的认知度；同时，对规范行业指导标准和竞争制度，制定行业技术标准和行业规划，对未来苎麻行业发展提供方向性指导。

（3）推行绿色生产工艺和管理

苎麻纺织工业生产对环境的污染很大，并且难以治理。企业生产工艺不够环保，因此，产品达不到国际环保标准，难以攻破国际服装市场尤其是欧美发达国家的“绿色贸易壁垒”，因而在国际上缺乏竞争力。要改变这种局面就必须切实解决苎麻纺织行业的环保问题。政府管理部门要加强宣传引导企业提高环保意识；科研机构要加大对苎麻环保生产工艺的研究，让企业能够尽快应用环保生产工艺生产出符合国际环保标准的产品。

（五）苎麻多用途产业发展的战略选择

苎麻产业要实现可持续化发展，就必须处理好种植、加工及贸易 3 个环节中存在的发展问题，再把这些发展问题提高到战略层面，提出发展的重点，并在此基础上进行战略的选择，积极推进整个苎麻产业的可持续发展。

1．种植方面

在前面的战略重点中我们分析了苎麻产业面临的问题，改良、培育苎麻新品种、加快特色原麻基地的建设及提高种植技术和机械化水平的战略重点，提出原料增强战略。原料短缺是抑制我国苎麻产业发展的首要问题，原料增强战略旨在解决苎麻产业原料短缺问题。原料增强战略主要包括：①良种繁育与推广战略。加大苎麻良种的繁育与推广，建立苎麻优质种园基地，保证苎麻种苗的优良性，并进一步通过加大研发提升苎麻种苗质量。②苎麻种植与收获机械化战略。加大苎麻种植与收获机械化资金扶持力度，建立苎麻产业发展基金，重点对苎麻基础设施建设、机械化研发等进行支持，提高苎麻收获和加工纤维品质①。苎麻纺织企业的新技术、新产品重点创新享受国家创新中小企业金融、税收等优惠政策，实行剥麻机和苎麻良种苗补贴；开展苎麻高产创建及副产品综合利用开发活动。与此同时，也要对麻农进行补贴，充分调动农民种麻的积极性。

2．加工方面

苎麻行业技术装备十分落后，机械化水平低，导致加工的产品质量不高，因此提高企业技术装备水平、加快技术改造进程，是苎麻纺织企业需要解决的问题。要实现苎麻加工的可持续发展，我们提出技术创新战略和多元化用途战略。

---

① 吴碧波，吴若云．湖南苎麻产业现状与振兴发展的对策［J］．中国麻业科学，2012，34（1）：43～47.

（1）技术创新战略

一要加强技术研发投入，重点支持工艺技术创新，提高工艺技术装备水平。麻纺企业的设备更新可采用自主研发和引进国外先进技术进行改造两种方式，自主研发主要是通过科研院所、纺织机械制造商、苎麻纺织企业三方联动合作方式进行苎麻纺织设备研发，提高工艺水平。引进国外先进技术进行改造则是通过引入欧洲的先进设备进行改造，并结合我国苎麻纺织实际进行进一步的更新。

二要加快苎麻纺织技术改进。脱胶产生的污染一直是制约着苎麻产业发展的大问题，企业大多采用化学脱胶的方法，严重污染环境，且苎麻脱胶基本是采用人工。苎麻生物脱胶技术在部分企业已经开始应用，基本还是在小试或中试阶段，还没有大规模的推广应用，因此应该加快苎麻生物脱胶技术的改进与推广。另外，苎麻纺织技术改进还应该重点开展以下方面的工作：苎麻带状精干麻工艺技术设备、苎麻牵切纺纱工艺技术、苎麻织物刺痒感、防皱、免烫技术、苎麻纺织品染色技术等。

三要加强麻地资源与苎麻副产品的综合利用等技术攻关，建立不同麻园的高产高效生产模式，积极开发苎麻新产品，为拓宽苎麻产物的新用途、提高苎麻生产的经济效益，提供支撑技术①。

（2）多元化用途战略

长期以来，人们对于苎麻的注意力主要集中在只占整个植株4%左右的纤维部分，而占据整个植株约96%的苎麻叶、壳、骨等副产物的综合开发利用却被忽视。单一纤维用途的低经济效益及国家对于循环生态产业经济的大力支持等因素引发了人们对于苎麻多用途综合开发利用的思考。苎麻纤维除用于纺织外，还有多种用途功能，可制作麻绳、地毯、装饰材料等其他产品，还可用于制作食用菌培养基、苎麻饲料、麻地膜、苎麻板材等。进行苎麻多用途发展战略可以进一步提高苎麻生物质利用率，提升苎麻产业附加值，促进麻农增收，从而提高麻农种植积极性，并进一步促进苎麻产业健康稳定持续发展。

3. 贸易方面

苎麻纤维具有可再生、纯天然、能降解、爽身吸汗、透气抑菌等优良特性，逐渐成为新的消费热点。但是由于国际市场存在很多不确定性因素，整体上来讲苎麻行业存在较大的风险，因此，苎麻贸易可持续发展必须提高风险控制和应对能力。而国内市场极具潜力，我国人口众多，经济快速发展，人们生活水平大幅度提升，加大力度扩展国内市场，提高内需也是苎麻行业工作的一个大重点。为此，提出绿色营销、环境保护战略和品牌战略，据此推进整个苎麻产业的贸易可持续发展。

（1）环保战略

苎麻本身是绿色健康纺织品的优质原料，但是苎麻产品的生产加工都伴随着严重的环境污染问题，加之生产工艺不够环保，产品达不到国际环保标准，因而难以攻破国外的“绿色贸易壁垒”。又因为环境保护是可持续发展中最为基本的战略，因此苎麻纺织企业要推行绿色生产工艺和绿色管理，加强绿色营销，引导绿色消费。苎麻企业应遵守有关环保法规，生产过程中使用更加环保的新技术，加大苎麻绿色产品的宣传，以树立企业良好的绿色形象，巩固和提升企业的市场地位。推行绿色营销、环境保护战略，形成企业的绿色文化，把环境保护的观念融入到企业日常的管理当中，将环境保护视为企业的决策要素。这样，企业就可以有效的打破国外建立的“绿色贸易壁垒”，扩大出口需求，提高出口效益，进而增加企业的收益。

（2）品牌战略

由于国内苎麻纺织企业大多没有自己独立的品牌，在与国外企业的竞争中处于劣势，因此苎麻纺织企业要实现可持续发展必须走品牌之路。实施品牌战略，应以国内知名品牌为主导，提高苎麻产品

① 舒忠旭，张中华．浅谈四川苎麻产业的优势、前景与发展思路［J］．中国麻业科学．2011，33（3）：132～135.

质量和市场占有率。利用龙头企业建立的良好信誉和营销网络，开发客户资源，发展重点客户；与世界级大品牌企业建立长期战略伙伴关系。根据“走出去”战略，在国外建立苎麻加工企业，提高产品质量，丰富贸易方式，扩大出口规模，拓展外销市场。努力开辟国内市场，推广苎麻服饰品牌，扩大产业用麻纺织品的应用领域，逐步提高麻纺织品的内销比例。加强信息和宣传工作。苎麻产品生产和出口企业可以通过参加大型国际展销会或交易会，直接与国外客商交谈，这将有助于国外客商对我国苎麻产品的更深入了解和我国苎麻产品的品牌推广；也可以通过互联网等现代信息通讯手段推广产品和品牌，同时积极开展电子商务和网络营销等活动，从而更快地实现我国苎麻企业和苎麻产品的品牌战略。

（六）苎麻多用途产业发展的战略实施

1. 优化苎麻种植区域布局

我国苎麻种植区域分布地域性较强。应该根据不同地区的地形和气候特点，因地制宜种植不同的苎麻，推广优质高产栽培技术，优化苎麻种植区域布局，建立和完善苎麻产业集群，发挥苎麻产业集群效应，从而实现苎麻产业多用途综合利用可持续发展。

2. 加快产业结构性调整

麻纺企业应从自身机制出发，主要解决外部市场的适应能力和国内市场的开发问题，从而增强企业的市场抗风险能力，扩大企业市场占有率，增加企业的盈利能力。加大对麻纺设备的投入，实现现有技术和设备的升级。苎麻产业升级换代的方向应围绕终端产品的舒适性做文章，克服苎麻制品“比较硬，感觉不柔软，舒适性差一些”的天然缺陷，并考虑开发符合苎麻的产品，比如床上用品、袜子等生活用品。在麻类纤维资源方面，引进优良品种，建立稳定、高产、优质的种子培育基地，提高麻类纤维及其剥制质量，在数量与质量上保持与加工能力及市场需求匹配的协调发展。

我国苎麻产业的发展对国际贸易的依存度很高，产品出口国家和产品种类较为单一，当出现金融危机等国际形势低迷的局面时，麻纺产业影响尤为严重，抗风险能力不强。因此，扩大国外市场范围，积极开拓国内市场需求，调整行业出口结构，以应对不断变化的国际市场需求是我国麻纺产业发展的一个重要方向。

3. 加大麻类多用途产业产业化力度与进程

目前麻类作物用途单一，综合利用率低，从而使得中国麻类产业受市场价格波动影响较大。因此，有必要进一步深入研究麻类相关特性，加强多用途研究与产品市场开发，加快麻类多用途研究产业化进程，从而实现麻类产品结构多样化，降低麻类产品市场价格波动对麻农的冲击。比如，目前可降解麻地膜品种比较单一，较成熟的产品只有渗水型麻地膜和防水型麻地膜两种，且生产成本较高。可进一步通过研究功能型可降解麻地膜产品，提高其附加值，降低生产成本；通过研究可降解麻地膜的配套应用技术，促进应用麻地膜产投比的提升；通过加大麻地膜应用示范与培训，促进农户掌握麻地膜配套应用技术。特别建议加大推进麻地膜作为育秧“基架”以实现育秧、插秧的产业化进程，一来拓展麻类产品市场空间，增加收益，更重要的是取代塑料地膜，解决塑料地膜长期使用造成严重的“白色污染”问题，达到改良土壤结构，保护生态环境，促进我国农业生产可持续发展。

4. 加强技术创新与推广

加强苎麻产业多用途综合利用技术创新，有效降低苎麻种植、加工和贸易成本，提高苎麻利用效率，推动苎麻用途多样化。加强已有苎麻产品新技术的推广应用，可通过树立新技术应用示范工程，组织观摩交流，培训学习，带动相关新技术的广泛应用；对于具有较高经济、社会及生态效益的技术可以申请国家重点推广，并给予相关技术的应用企业减免相关税收的政策，从而加快新技术的市场推广。通过健全国家对农业纤维市场的宏观调控体系，推进现代苎麻纤维体系建设。

5. 加强信息化平台建设

建立规范有效的协会，增强行业间的沟通交流。麻类企业价格竞争激烈，缺乏行业组织的有效协调。需要建立一套规范的行业标准进行指导，减少企业组织间的恶性竞争。加大对于产供销信息网络平台的建设，完善信息互动机制。围绕产业发展需求，进行麻类作物共性技术和关键技术的区域和产业范围内的集成、示范和推广；通过建立麻类作物生产、加工、销售的信息资讯平台，为种植户和加工单位提供及时有效的经济信息资料。通过麻类产业信息网络建设，建立一套全国农业纤维数据的科学采集和分析系统，及时搜集国内外市场供求信息，科学地进行产前预测，逐步规范麻类原料和麻类产品的流通市场，指导全国的麻类产业发展。

二 苎麻多用途利用模式产业经济研究

麻类种植的传统模式只关注苎麻纤维部分，忽视了叶、壳、骨等部分的综合开发利用其他部分，纺织原料生产模式曾是苎麻产业的主要运作方式。在原料生产技术水平不断提升的条件下，根据单位耕地面积产出的纤维量、麻纺厂收购单价，脱胶过程的脱胶费以及麻贩收取的中间差价，最终可以清晰地计算出农户最终毛收入金额。然而除去不断上涨的人工、肥料等成本后，农户几乎没有净收入，这是目前农民缺乏种麻积极性的根本原因，使得麻类产业发展面临巨大挑战（图 9 -1）。

长期以来，人们对于苎麻的注意力主要集中在只占整个植株4%左右的纤维部分，而占据整个植株约96%的苎麻却被忽视。单一纤维用途的低经济效益及国家对于循环生态产业经济的大力支持等因素引发了人们对于苎麻多用途综合开发利用的思考。目前，苎麻用作饲料、食用菌培养基质、环保型麻地膜和麻塑等新型材料等，成为该产业多用途攻关的主要方向。基于相关的技术研发与应用上的尝试，逐渐形成了苎麻“369”、“315”多用途工程技术模式，麻菜套种及水土保持等土地利用模式等。

随着多用途技术研发与生产模式应用地不断深入，开展各技术模式的产业经济分析，优化其发展思路，整合各方资源，才能促进苎麻及其相关产业的更好、更快发展。本章将逐一分析苎麻产业主要多用途利用模式，并提出政策建议。

（一）纤维生产加工模式

麻类过于单一的用途决定了在市场变化情况下麻类产业链的高度动态性和不稳定性，同时用途的过于单一也使得产业前端（种植）和终端（麻纺产品）之间的非对称效应极其显著，即前端只随着唯一终端用途（麻纺）的变化而周期性变化。而如果开发产品的多种用途，这种唯一性的非对称效应便会得到弱化，以避免产业前端种植对于终端（麻纺）的过度反应，保证麻类种植的持续健康发展，满足未来麻类纤维需求增长的趋势要求。

以当前生产水平为例，普通农户种植“华苎4号”，每亩产原麻约145kg，按照6.0~6.4元/kg的价格出售后，可获得870~928元的毛收入。农资成本约为812~870元，则在不计入人力成本的情况下，每亩仅可获得50元左右的收益，其中，种苗（0.5元/株×2 400株/亩）/12年=100元/（亩·年）。

而在高产水平下，农资和人工的投入也相对提升。按照亩产300kg原麻的水平计算，虽然毛收入提升到了1 800~1 920元，但是由于农资投入提升到了1 100~1 200元/亩，其综合效益并没有得到显著提升。可见，原料生产环节几乎没有净收入，这是目前农民缺乏种麻积极性的根本原因，使得麻类产业发展面临巨大挑战。

近年来随着国外市场萎缩，人民币升值，苎麻脱胶、纺织工艺和设备落后等一系列问题的冲击，使得我国苎麻加工纺织企业大量停产关闭，一方面原麻需求量减小，另一方面企业通过在原麻收购方面的定价权优势不断挤压麻农收益来获得利润最大化，从而导致原麻收购价格一直处于低迷状态，麻

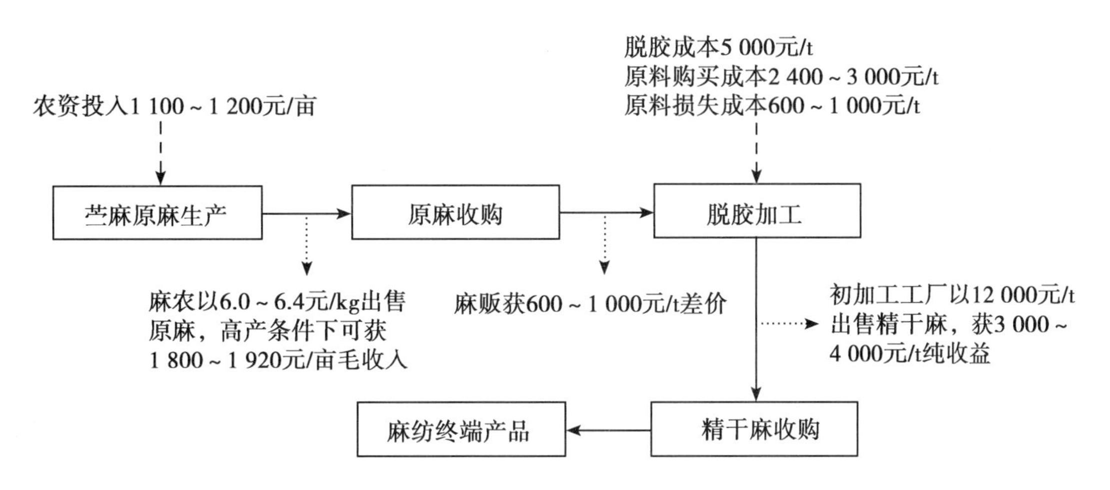

图9－1 苎麻纤维生产加工模式成本与收益分配情况

农收益低微，对我国整个苎麻产业造成了巨大的冲击。可见，单一的苎麻纤维利用不能适应麻纺工业发展的要求，亦不能激发麻农的积极性。因此，为充分发挥苎麻纤维的特色，扭转当前传统苎麻纤维应用的困局，应该加快特色天然苎麻面料的开发、加强开发麻类工业用和民用市场。此外，还应通过加大产业结构的调整，合理布局麻纺织工业力量，开拓新的苎麻产品市场。

（二）“369”工程技术模式

1. 模式简介

苎麻“369”工程技术模式是指，通过科技促进，在苎麻亩产达到300kg原麻、600kg嫩茎叶和900kg麻骨的基础上，利用苎麻原料生产为纽带，充分挖掘苎麻在纺织、草食动物养殖和食用菌生产三个行业的利用价值，推动多个产业的协同发展（图9－2）。

“3”指的是300kg原麻，维持传统麻纺原料生产模式，可以给农户带来每亩毛收入约1 800～1 920元，接近种麻成本，几乎无利润。

“6”指的是600kg嫩茎叶，可以作为蛋白饲料的来源，供肉牛、奶牛等草食动物养殖，再将牲畜的排泄物进行沼气发酵，提供能源和有机肥，形成循环农业模式。此环节主要通过种植与养殖的结合提高生产效益。

“9”指的是苎麻亩产900kg麻骨，用作食用菌培养基的原料。此方式符合国家林木保护政策，且拓宽了栽培原料来源，降低食用菌栽培成本，进一步提升苎麻生产效益。

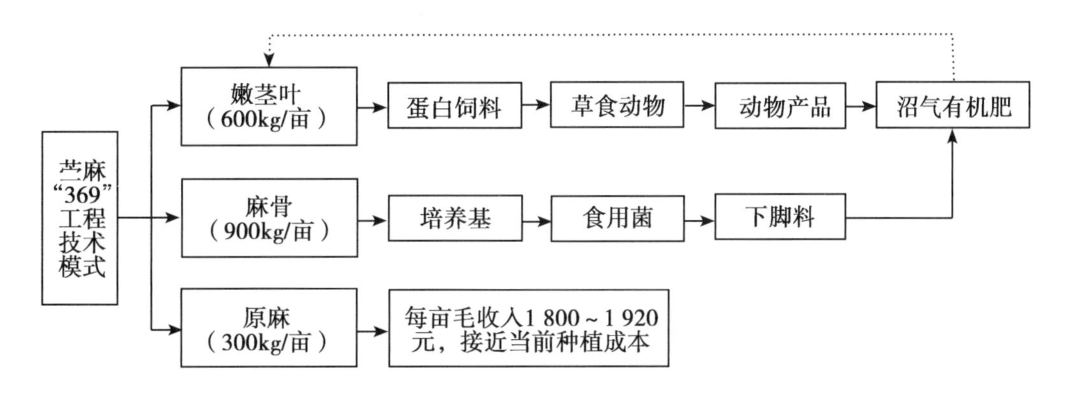

图9－2 苎麻“369”工程技术模式

2. 效益分析

随着畜牧业的发展，蛋白饲料已经成为畜牧业发展的主要障碍和瓶颈。据估算，2010 年需求蛋白饲料约 6 000万 t，供给量约 2 200万 t，缺口达 2 800万 t。同时我国目前配合饲料用草和规模化养殖场用草量缺口很大，据估计我国现有 75% 以上地区的牧畜冬季缺草，随着畜牧业的发展，缺口还会加大。饲料行业稳定快速的增长、蛋白饲料供给缺口的持续放大、苎麻茎叶本身的高蛋白含量以及成熟的技术为开发苎麻饲料提供了难得的历史机遇。

以苎麻叶作为蛋白饲料的来源，供肉牛食用进行的养殖试验，试验用苎麻情况表以及肉牛试验数据分别如表 9－3 和表 9－4 所示。

表 9－3　试验用苎麻种植情况

苎麻品种	苎麻种植面积（亩）	苎麻纤维产量（kg/亩）	苎麻叶产量（kg/亩）	加工人工（工时/亩）	加工机械成本（元/亩）	饲料加工量（kg/亩）	期初饲料总量（kg/亩）	期末饲料总量（kg/亩）
华苎四号	10	145	305	3	120	300	88	305

数据来源：中国农业科学院麻类研究所试验数据

由试验情况来看：饲料用苎麻华苎 4 号一次亩产苎麻嫩叶 305kg，可加工成饲料 300kg，按试验田种植苎麻 10 亩，一年总共可加工成饲料 3 000kg。此外，饲料加工机械成本为 120 元/亩，人工成本为 3 000元，则加工苎麻饲料的总成本为 4 200元，亦即每千克苎麻饲料成本 1.4 元。

表 9－4　试验用苎麻种植情况

养殖数量（头）	上期总重量（kg/头）	本期总重量（kg/头）	精饲料消耗量（kg/头）	精饲料市场单价（元/kg）	麻饲料消耗量（kg/头）	最终出栏单价（元/kg）
6	270	492	400	6.4	270	60

数据来源：湖北省咸宁市苎麻试验站试验数据

肉牛的饲养试验表明：每头牛需要消耗精饲料 400kg，6 头牛共消耗精饲料 2 400kg，饲料成本 2 400×6.4 = 15 360元；买进肉牛时的成本 18 000元（即 6 × 3 000元/头 = 18 000元）；肉牛出栏时体重 492kg，按出肉率 60% ～70% 的比例可得牛肉 295.2～344.4kg，目前市场上牛肉的售价为 59 元/kg，故而可获得毛利润为 104 500.8～121 917.6元（即 6 × 17 416.8～6×20 319.6元），那么当未扣除人工费用等成本费用时可获得的利润为 71 140.8～88 557.6元。而如果采取苎麻饲料喂养，6 头牛共消耗苎麻饲料 1 620kg（即 6×270kg/头），苎麻饲料成本 2 268元，此时当未扣除人工费用等成本费用时可获得的利润为 84 232.8～101 649.6元，较精饲料喂养具有较大的利润提升空间，由此可以看出饲料用苎麻嫩茎叶喂养肉牛经济效益明显，具体如表 9－5 所示。

表 9－5　肉牛喂养试验利润对比

项目	精饲料喂养	苎麻饲料喂养
饲料需求量	2 400kg	1 620kg
饲料价格	6.4 元/kg	1.4 元/kg
肉牛数量	6 头	6 头

（续表）

项目	精饲料喂养	苎麻饲料喂养
买进时犊牛价格	3 000 元/头	3 000 元/头
出栏时肉牛体重	492kg/头	492kg/头
出肉率	60% ~70%	60% ~70%
肉牛市场价格	59 元/kg	59 元/kg
未扣除人工费用等成本的利润	71 140. 8 ~88 557. 6 元	84 232. 8 ~101 649. 6 元

“369”模式的另一个部分是利用苎麻骨等做培养基培养食用菌，苎麻骨、壳和叶作为培养基可用来栽培麻菇和毛木耳（表9－6）。中国农业科学院麻类研究所指出，目前已形成以麻骨等麻类副产物作为基质的食用菌栽培技术，为深化食用菌研究作好了前期准备。

表9－6 食用菌培养基试验数据采集表

培养基原料成分	食用菌品种（巴西菇）		食用菌品种（双孢菇）		食用菌品种（杏孢菇）	
	重量	单价	重量	单价	重量	单价
苎麻骨叶 80%	36kg	9. 60 元	190kg	7. 2 元	200kg	8. 6 元

食用菌培养的种植试验如表9－6所示：在试验培养基中苎麻骨叶占80%，麻骨替代棉籽壳、木屑；棉籽壳2 500元/t，麻骨收购价约800元/t（参照木屑收购价格）。制作1t培养基需要苎麻骨叶0. 8t，棉籽壳、木屑0. 2t，成本为0. 8 ×800 +0. 2 × 2 500 = 1 140元，较单纯使用棉籽壳、木屑每吨节约1 360元。由表9－6可知，在相同的培养基中杏鲍菇的产量最多，故而当选择培养杏鲍菇时，一吨培养基产出的杏鲍菇可获利1 720元，农户每吨培养基增收580元。

3. 发展建议

（1）优化产业带建设

我国麻类种植有较强的地域性，要依据不同地区的生态和气候优势，因地制宜种植不同的麻类，推广优良的麻类品种和优质高产栽培技术，优化麻类区域布局，加速形成新的麻类产业带。

（2）加强国家宏观政策调控

通过健全国家对农业纤维市场的宏观调控体系，推进现代农业纤维市场体系建设，加强麻类纤维和纺织品生产的宏观指导，并在出口退税和配额管理等方面采取优惠的倾斜政策。

（3）通过政策扶持加快技术推广

加强已有麻类产品技术的推广应用，可通过树立新技术应用示范工程，组织观摩交流，培训学习，带动相关新技术的广泛应用；对于具有较高经济、社会及生态效益的技术可以申请国家重点推广，并给予相关技术的应用企业减免相关税收的政策，从而加快新技术的市场推广，例如，加大对应用生物脱胶技术企业实施减税等政策扶持，有利于减少污染，增强麻纺等企业的竞争力；进一步对技术工艺化成本加以研究，以解决技术应用过程中的高工艺成本问题，从而促进相关新技术的快速研发推广。

（4）加快产业结构性调整

麻纺企业应从自身机制出发，主要解决外部市场的适应能力和国内市场的开发问题，从而增强企业的市场抗风险能力，扩大企业市场占有率，增加企业的盈利能力。加大对麻纺设备的投入，实现现有技术和设备的升级。苎麻产业升级换代的方向应围绕终端产品的舒适性做文章，克服苎麻制品“比较硬，感觉不柔软，舒适性差一些”的天然缺陷，并考虑开发符合苎麻的产品，比如床上用品、袜子等生活用品。在麻类纤维资源方面，引进优良品种，建立稳定、高产、优质的种子培育基地，提高麻类纤维及其剥制质量，在数量与质量上保持与加工能力及市场需求匹配的协调发展。

我国苎麻产业的发展对国际贸易的依存度很高，产品出口国家和产品种类较为单一，当出现金融危机等国际形势低迷的局面时，麻纺产业影响尤为严重，抗风险能力不强。因此，扩大国外市场范围，积极开拓国内市场需求，调整行业出口结构，以应对不断变化的国际市场需求是我国麻纺产业发展的一个重要方向。

（5）加大麻类多用途产业化力度与进程

目前，麻类作物用途单一，综合利用率低，从而使得中国麻类产业受市场价格波动影响较大。因此，有必要进一步深入研究麻类相关特性，加强多用途研究与产品市场开发，加快麻类多用途研究产业化进程，从而实现麻类产品结构多样化，降低麻类产品市场价格波动对麻农的冲击。比如，目前可降解麻地膜品种比较单一，较成熟的产品只有渗水型麻地膜和防水型麻地膜两种，且生产成本较高。可进一步通过研究功能型可降解麻地膜产品，提高其附加值，降低生产成本；通过研究可降解麻地膜的配套应用技术，促进应用麻地膜产投比的提升；通过加大麻地膜应用示范与培训，促进农户掌握麻地膜配套应用技术。特别建议加大推进麻地膜作为育秧“基架”以实现育秧、插秧的产业化进程，一来拓展麻类产品市场空间，增加收益，更重要的是取代塑料地膜，解决塑料地膜长期使用造成严重的“白色污染”问题，达到改良土壤结构，保护生态环境，促进我国农业生产可持续发展的。

（6）加强信息化平台建设

建立规范有效的协会，增强行业间的沟通交流。麻纺企业价格竞争激烈，缺乏行业组织的有效协调。需要建立一套规范的行业标准进行指导，减少企业组织间的恶性竞争。加大对于产供销信息网络平台的建设，完善信息互动机制。围绕产业发展需求，进行麻类作物共性技术和关键技术的区域和产业范围内的集成、示范和推广；通过建立麻类作物生产、加工、销售的信息资讯平台，为种植户和加工单位提供及时有效的经济信息资料。通过麻类产业信息网络建设，建立一套全国农业纤维数据的科学采集和分析系统，及时追踪国内外市场供求信息，有效地进行产前预测，逐步规范麻类原料和麻类产品的流通市场，指导全国的麻类产业发展。

（三）“315”工程技术模式

普通农户偏向于简便、单一的生产模式，以利于更好地与区域农业发展特色相对接。在开展苎麻多用途利用技术模式时，更偏向于选择原麻 + 饲料或者原麻 + 食用菌培养基的模式。因此，国家麻类产业技术体系在简化苎麻“369”工程技术模式的基础上，提出了“315”工程技术模式。

“3”的意义跟上两种模式一致，指亩产300kg原麻，可以给农户带来毛收入1 800 ~ 1 920元，接近种麻成本，几乎无利可图。

“15”指的是600kg嫩茎叶和900kg麻骨的总和。跟“369”模式不同的是，此模式把所有副产物同时用作饲料源或者食用菌培养基原料。由于原料的营养结构不同、加工措施有异，因此需要配套不同的技术。

利用（嫩茎叶 + 麻骨）混合饲料喂养肉鹅的养殖试验表明：1只鹅生长周期4个月，每天需要饲料2kg，那么在出栏时需要饲料 4 × 30 × 2 = 240kg。一亩苎麻可收获（嫩茎叶 + 麻骨）混合麻屑1 500kg，可养殖25只鹅。25只鹅出栏时重5kg，以当前市场鹅价30元/kg计算，可收入 25 × 5 × 30 = 3 750元；此外1亩苎麻产原麻（麻纤维）300kg，市场价格7 000元/吨，可收入 0.3 × 7 000 = 2 100元。综上所述，1亩苎麻可收入 3 750 + 2 100 = 5 850元，除去种植成本1 700元，1亩苎麻净收入 5 850 − 1 700 = 4 150元。

利用（嫩茎叶 + 麻骨）混合饲料喂养肉牛的养殖试验：根据表9 − 7中的数据测算，1头肉牛需要苎麻饲料 270kg，按 1 亩苎麻生产饲料 1 500kg 计算则可以供 5 头肉牛食用。由相关数据测算出未扣除人工费用等成本时利用（嫩茎叶 + 麻骨）混合饲料喂养肉牛的经济效益为 69 984 ~ 84 498元。

表 9－7　肉牛喂养试验利润对比

项目	苎麻饲料喂养
饲料需求量	1 500kg
饲料价格	1.4 元/kg
肉牛数量	5 头
买进时牛崽价格	3 000 元/头
出栏时肉牛体重	492kg/头
出肉率	60% ~ 70%
肉牛市场价格	59 元/kg
未扣除人工费用等成本的毛收入	69 984 ~ 84 498 元

总体来说，“315”模式比单纯的苎麻纤维利用更具有经济效益，且抗风险能力更强。

（四）苎麻牧草化利用模式

1. 模式简介

苎麻多用途综合利用已经成为未来苎麻产业发展的大势，上述几种苎麻多用途综合利用模式，在一定程度上提供指明了苎麻多用途综合利用的发展方向，然而，苎麻产业要发展兴盛，除了在产业上开发多用途外，最重要的是增加麻农的收益，激发麻农种植苎麻的积极性。如何便于麻农实施操作，减轻麻农的经济负担，成为苎麻多用途综合利用模式研究中亟待解决的问题。

无论是“369”综合利用模式还是“315”综合利用模式抑或麻地膜做插秧机育秧盘的利用模式，对于普通的麻农而言，其中的机械成本甚至是生产成本是他们难以承受的。一套饲料加工设备动辄上万元甚至是十几万元给麻农带来了极大的经济压力。苎麻做饲料喂养肉牛和肉鹅已经通过了试验，表明这具有可行性和一定的经济效益，考虑到肉犊牛的价格比较昂贵，在苎麻多用途综合利用的起步期，建议麻农用苎麻嫩茎叶喂养价格较低的肉鹅，苎麻骨做培养基培养杏鲍菇等食用菌。因此，在综合上述多用途综合利用模式的基础上，我们对苎麻多用途综合利用的模式进行了优化。

根据对上述各种模式的综合优化，我们设计出便于麻农操作以及推广的模式即“肉鹅苎麻田放养 +315 模式相结合”的多用途综合利用模式（图 9－3）。本模式是将预先规划好的苎麻田分为若干面积相等的区域，然后通过目标优化等方法选取最优的肉鹅放养在苎麻田区域，并将肉鹅集约轮流放牧。此外，还可以充分利用由于雨季、幼鹅放牧初期采食量小等因素导致苎麻生长过高而不宜放牧的麻区，将剩余的苎麻田则采取“315”模式将苎麻嫩茎叶以及麻骨打碎作饲料与轮流放养相结合的方式喂养肉鹅，以获取最大的经济利益；而剥离出来的苎麻纤维可售卖获得少量收入。

由于苎麻种植过程不使用任何化学农药或化学生长调节剂，保障了食品安全，改善了鹅肉品质，提升了高档鹅肉产量，降低了成本；同时提高了肉鹅抵抗力和对环境的适应力，从而减少禽药的使用；且节约了粮食，提高了苎麻土地资源利用率；鹅粪直接作为有机肥还田，减少肥料施用；还可减少麻园生产人力投入，降低生产成本，促进苎麻产业和养鹅产业的共同发展，达到产业发展与环境保护的协调统一。

2. 发展建议

这种新的利用模式尚处于起步阶段，需要做好相应的配套工作，诸如政策扶植、销售渠道、养殖技术推广以及家禽疾病预防治疗等一系列的工作。主要的配套工作如下。

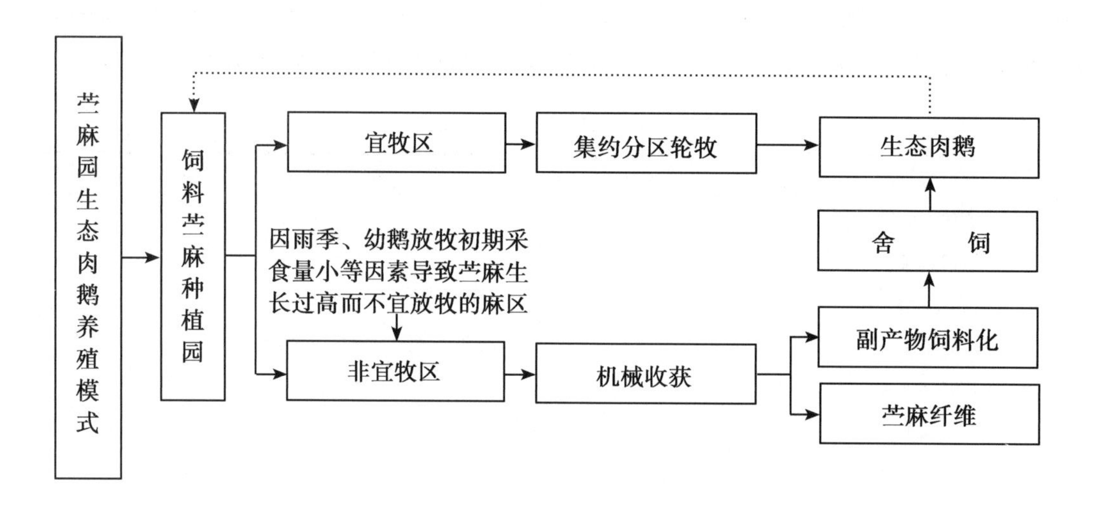

图9－3　苎麻园生态肉鹅放牧模式

（1）加强政策扶植和资金资助，构建金融服务平台

在苎麻种植方面通过健全国家对苎麻的宏观调控体系，加强苎麻种植和养殖业的宏观指导。在畜牧养殖业方面，目前国家对畜牧业的优待政策主要有能繁母猪饲养补贴政策，能繁母猪保险政策，生猪标准化规模养殖扶持政策，生猪良种繁育体系建设政策，生猪良种补贴政策，重大动物疫病免费强制免疫政策。这些政策基本上都是偏重于生猪养殖，对于家禽等养殖的政策扶持则相对较少。为推动饲料用苎麻肉鹅养殖的发展，应该加大家禽养殖方面的政策扶持力度，如养殖补贴和定点保护价收购政策，种禽生产和收购加工实施补贴政策，对种禽场给予生产维持性补贴，对孵化场给予生产维持性补贴，对家禽养殖场（户）给予一次性财政补贴，对加工、冷藏冷冻企业进行初加工、冷藏冷冻禽肉所得减少企业所得税征收额度，对从事家禽养殖、加工的农业产业化企业给予流动资金贷款支持等。

在资金支持方面，加大对种禽场生产维持性补贴、一次性补贴等财政补贴力度，同时减少种禽收购、加工、销售企业所得税征收额度。此外要协调金融机构，建立金融服务平台，拓宽种禽养殖户融资渠道，减轻融资压力，同时努力增加对相关企业流动资金支持，用于收购家禽。

（2）加快肉鹅养殖技术推广

一是开辟畜牧业电视栏目，利用村里常用的宣传工具如大喇叭等进行肉鹅养殖科普宣传，向养殖户提供及时、准确、权威的信息服务。二是建立由兽医和技术员组成的专家组指导员队伍，实行统一管理，挂牌服务。三是组建科技联络员、技术指导员、村科技示范户和农民科技协理员为主体的畜牧科技进村入户队伍和网络体系，建立科技人员直接到户、良种良法直接到场、技术要领直接到人的科技成果快速转化机制。四是实施合同制技术服务，明确各方面的责、权、利以及服务内容、考核指标等。

（3）规划种植区域布局，优化产业带建设

我国麻类种植有较强的地域性，要依据不同地区的生态和气候优势，因地制宜种植不同的麻类，推广优良的麻类品种和优质高产栽培技术，优化麻类区域布局，加速形成新的麻类产业带。

（4）积极建立肉鹅销售渠道

随着国内外市场对鹅肉需求不断增大，再加上鹅本身特有的食草习性，鹅肉及其系列产品作为绿色食品，市场潜力巨大。而且近几年鹅肉餐馆在全国各地越来越多，鹅肉的消费呈现全国普及的局面，市场前景非常广阔。

因为传统的活畜禽交易存在疫病传播的风险，大城市基本已经禁止在市区进行活畜禽屠宰，其他城市也将出台相关规定。今后将畜禽屠宰后进行分割、冷藏销售是趋势。因此，需要积极发展本地肉鹅加工业。

(5) 完善突发疫情预警机制

地方政府部门应建立疫情预警机制。在肉鹅养殖户遇到突发疫情时，首先应该做好疫情报告疾病的监测、预报工作，迅速对疫情作出全面评估并配合上级专家诊断疫病，划定疫点、疫区、受威胁区，提出封锁建议，并参与组织实施。其次，培训动物防疫和疫病控制人员，组织成立疫情处理工作队，开展疫情控制工作并参与组织对疫点内动物的扑杀及动物和动物产品的无害化处理工作以及监督、指导，对疫点、疫区内污染物和场所实施消毒和无害化处理。最后对疫区、受威胁区内的易感动物及其产品生产、储藏、运输、销售等活动进行检疫和监督管理，建立紧急防疫物资储备库，储备疫苗、药品、诊断试剂、器械、防护用品、交通及通讯工具等。

(6) 建立健全农业灾害社会保险

当肉鹅养殖户突遇重大疫情如禽流感灾害时，这种灾害不仅仅是影响着肉鹅养殖户的利益，更是影响了普通大众的生活。禽流感疫情使我国经济尤其是家禽养殖业遭受重大损失，幸运的是，国家及时给予养殖户以适当的补偿。然而作为重要金融工具的保险这一保障机制在抗击禽流感疫情中却没有体现出其应有作用。显然国家对养殖户的损失补偿只是一种“合理补偿”，是一种相对的、不完全的补偿。如果有保险机制的配合，则可使养殖户的损失补偿趋于完全、更加合理化。

因此，我们建议效仿美国等发达国家的做法，在农业灾害方面建立一种由国家提供补贴的强制保险机制，同时规定凡是不参加农业灾害社会保险的肉鹅养殖户，不得享有政府给予的其他福利或税收优惠政策。除了中央、地方政府外，肉鹅养殖户同样也是保险费的缴纳人，其缴纳保险费的多少要视当地居民的收入状况而定。

三　苎麻食品产业发展及前景分析

苎麻叶约占植株总重量的40%，蛋白质含量较高、营养丰富。据测定，干麻叶含粗蛋白23%、粗纤维16.5%、钙3.64%、磷0.33%，还含有微量元素和维生素类。在生物活性物质测定方面，黄酮类、绿原酸等物质是当前的研究热点。在中医古籍中，苎麻叶甘寒、无毒，具有凉血、止血、散淤，治创伤出血、咯血、尿血、肛门肿痛、乳痈、丹毒、脱肛不吸、赤白带下等功效。在人们长期的社会实践中得出，苎麻叶与其他食材经过加工制作的特色食品具有耐饥渴、长力气、除皮肤疾患等一系列功能性价值。因此，为了进一步挖掘苎麻传统食品的价值，研究梳理了其食品类型，并分析了其发展前景。

(一) 传统苎麻食品类型

1. 苎麻松饼

韩国美食苎麻松饼的个头是一般松饼的2倍，别名“长工松饼”。苎麻松饼的馅通常是将一整颗豇豆放入，因而在香味、口感上与一般松饼不同。采用纯天然长成的苎麻所制的松饼具有很高的药用价值，可预防女性子宫出血和糖尿病等疾病。

2. 同里闵饼

闵饼原是江南农家自制的普通小吃食品，距今至少有500多年历史。每年春季苎麻出苗季节，吴江同里镇制作闵饼，制作闽饼时先将闵草（学名苎麻）用石灰先打成汁，然后和糯米粉揉搓做成皮，配以豆沙、桃仁、松仁、糖猪油丁为馅芯，做成月饼状，蒸煮而成。闵草性味甘寒无毒，含有多种营养成分，有清热解毒、消炎止血及安胎等药用价值。闵饼是青团的一种，色泽黛青，清香滑糯，具有独特的江南农家风味。清代，闵饼曾被列为朝廷贡品。民国初年，闵氏在上海创建“大富贵闵饼公司”，闵饼远销海内外。

3．苎叶粄

苎叶粄为客家特产，它以其浓郁的乡土气息备受乡亲和游子的喜爱。苎叶粄一年四季均可制作，尤以春夏两季为佳。制作方法是摘取新鲜嫩苎麻叶片，和适量粳米、糯米和井水于石臼捣烂、粘合，形成青翠欲滴的粄团，然后把粄团捏成小块，放在蒸笼中蒸熟。也可以油炸，油炸后金黄酥脆，清香甘润，别有风味。苎叶粄香气可口，软而不腻，常吃苎叶粄，能耐饥渴、长力气，除皮肤疾患，强身健骨，是老少咸宜的天然食品。

4．绿苎头

青团，又称清明粿、艾米粿、艾粑粑等，是中国南方部分地区清明节时的食品之一，因为其色泽为青绿所以叫做青团。创于宋朝，是清明节的寒食名点之一，当时叫做“粉团”，到了明清开始流行于江浙和上海，现代更多地被人们用来当春天的时令点心来食用。青团外皮松软肉体松糯，不甜不腻，有点黏但不粘牙，青团的馅多为豆沙。

江苏宜兴一带使用苎麻嫩叶制作青团，俗称绿苎头。苎麻叶有清热利尿，安胎止血，解毒的作用。苎麻一年四季常绿，采摘苎麻尖端嫩叶，去掉叶脉（粗的部分），入锅煮，水开后三四分钟捞出，挤掉水分，拌入生石灰粉，放置一夜就可使用，也可以储藏在瓶罐里常年使用。使用的时候，洗掉石灰残渣，拌入米粉即可。

5．麻叶粿

在江西鹰潭和贵溪等地清明节前后盛产麻叶果，究其名称来历大体因为它的外皮在本地是用苎麻或是荨麻的叶子捣烂和糯米粉、粳米粉混合做成的。做好的麻叶果蒸好出笼的时候一个个呈暗绿色，表皮如同墨玉般泛着光泽，一口咬下里面的豆芽瓣和笋丝充满全口，辣油流淌其中，外皮的软糯清甜和馅料的爽脆香辣相得益彰。苎麻叶具有清火、平肝、降压、强心、利尿。主治心脏病、高血压、神经衰弱、肝炎腹胀、肾炎水肿等。

（二）苎麻食品发展及前景分析

1．市场需求

苎麻食品主要是以苎麻叶食品为主，主要包括用苎麻叶制作的饼或青团类食品。当前市场上的糕点和小吃大多是以面粉为材料的面食，比较适合北方人，而部分以大米为主食的南方人就不太喜欢面食。苎麻食品通常利用苎麻叶和大米、糯米等原料制成，对于以大米为主食的南方人来说，苎麻食品符合其口味，存在较大的市场需求。

苎麻食品像闵饼、清明果等都是清明节前后南方地区的传统特产，对很多离开故乡的游子来说，这些苎麻食品都是家乡的味道和儿时的回忆。同时随着野生苎麻的减少，越来越多的地方改用艾草或鼠鞠草制作清明果或青团。物以稀为贵，苎麻食品能够唤起上一代人的需求，并影响带动更大的市场需求。

以闵饼为例，闵饼内含丰富的胡萝卜素、维生素、蛋白质、淀粉、咖啡鞣酸等。而且苎麻草是中草药，性凉味甘，有清热、利尿、解毒、消炎、安胎、止血等功效，且无毒。因此，用苎麻制作的闵饼有很高的营养价值和药用价值，而且同里闵饼不仅色泽黛青，而且油而不腻、清香滑糯，历史上曾远销海外。当年闵饼可以远销海外，说明闵饼市场需求量较大，特别是在南方，存在较大的可开发市场空间。

2．市场定位

目前苎麻食品的主要客户群体是南方某些具有制作苎麻食品传统的地区的居民，而潜在的目标客户群是种植苎麻的地区的居民，特别是广大南方地区的居民。苎麻食品的市场细分可以分为高端市场和中低端市场，然后相应地进行产品定位。对于高端市场，其相应的产品定位为高端糕点，工艺精细，包装精美，以绿色纯天然、环保健康为卖点，相应定价较高，产品的功能定位以节日礼品或特产为主。对于中低端市场，其相应的产品定位为中低端大众化糕点，以工薪阶层或农民为主要客户群体，定价相对较低。目前苎麻食品的生产以手工生产为主，但技术工艺成熟之后，可尝试进行大规模生产，扩大市场份额。

以闵饼为例，闵饼是同里闵家湾特产，颇负盛名的传统糕点，已有400多年历史，其制作仅闵氏一家，世传其业，故称“闵饼”。闵饼用“闵饼草”揉入米粉作皮，以豆沙、胡桃肉作馅，蒸制而成，是青团的一种，色泽黛青，光亮细结，入口油而不腻，清香滑糯，具有独特的江南农家风味。因此，闵饼的产品定位还是作为一种传统的高端糕点。产品定位差异化：制作闵饼的重要原料是苎麻，但现在难以找到野生苎麻，何况只有五六月时的嫩草头才能当食材。新中国成立后，随着闵家老太的过世和闵家后人离开同里，目前同里镇上做闵饼的只有“来军点心店”、“本堂斋”和“林家铺子”等少数几家店。又因为闵饼食材的可贵，店家不能保证日常供应，想要购买只能预订，按照目前的物价，闵饼定价为5元一个，属于青团子中的“王室”了。因此，闵饼的市场定位策略可以采用产品差异化战略，产品定位为高端青团糕点。由于制作闵饼需要一定的技术，因此闵饼的进入门槛较高。闵饼可以通过更加精美的包装和品牌推广，提高市场知名度，产品定价也应该相应提高，可以与传统节日（清明节、端午节等）和同里的旅游业联系起来，产品功能定位为节日礼品和同里特产。

3. 销售方式

（1）经营店直销。这是最为常见的销售方式，苎麻食品可以在糕点店或点心店进行直接销售。经营店直销的优点是客流量大，信誉有保障。不足之处就是租金成本较高，同时如果不开连锁店，苎麻食品的品牌难以推广。以闵饼为例，目前同里镇上做闵饼的只有来军点心店、“本堂斋”和“林家铺子”等少数几家店，而这些经营店都是采用的这种经营店直销的方式。

（2）网上销售。随着互联网技术的发展以及网上支付的不断完善，网上销售成为21世纪最有代表性的一种低成本、高效率的全新商业形式。在互联网销售苎麻食品也是必然趋势。互联网销售辐射广，成本低（无租金成本），方便快捷，符合现代人的消费方式。目前，在互联网上有苎麻食品销售，但是种类不多，销量不大，主要包括麻叶果和苎麻叶等。今后应该扩展网上销售渠道和销售种类，从而提高销量。

（3）通过超市，特产店进行销售。苎麻食品通过超市或特产店进行销售有利于更加广泛地进行品牌推广，扩大市场份额，而且在超市和特产店可以更多地推广苎麻食品的高端品牌。

4. 盈利分析

苎麻食品的盈利分析可分为高端苎麻食品盈利分析和中低端苎麻食品盈利分析。对于高端苎麻食品，采用的苎麻叶通常是质量最优的苎麻叶，其他的原料也是高品质的原料，制作工艺流程也更加精细，产品包装更加精美，因此其相应的定价也越高。虽然高端苎麻食品的成本较高，但是，因为其定位高端糕点市场，其销售价格也相应较高，最终单位产品的盈利较高。物以稀为贵，高端苎麻食品在高成本下仍然能获得较高的盈利。而对于中低端的苎麻食品，将其定位为大众化的糕点。中低端苎麻食品的制作原料、制作工艺流程及产品包装相对不如高端苎麻食品。因此，其成本和销售价格都相应较低，其盈利水平相对于高端产品也较低。但是中低端苎麻食品是大众化的糕点产品，可以通过薄利多销来提高总的盈利水平。同时可以起到更为广泛的品牌推广作用。这两种盈利方式都是不可或缺的。

以闵饼为例，由于闵饼以前具有较高的市场知名度和品牌价值，因此，闵饼可以作为一种高端苎麻食品进行销售。闵饼的制作原料包括：苎麻叶、糯米粉、豆沙、胡桃肉、松仁、瓜子仁、糖猪油等。闵饼的制作过程：先将苎麻草头用清水洗净，放在锅子里煮。等到苎麻烂成糊样，将滚烫的苎麻糊倒进早已准备好的米粉内，草头和米粉的比例大概是2:8。经过10多min的揉粉，草和粉融合后成了淡绿色。然后以豆沙、胡桃肉、松仁、瓜子仁、糖猪油等作馅，做成圆形团状，上蒸笼蒸7min。

从闵饼的制作原料来看，制作的成本价约为3元，而目前来军点心店的销售价格为5元，每个闵饼盈利2元。以来军点心店来看，在旅游者较多，客流量较大时，每天可实现盈利几百元。而这其中，苎麻的成本是很低的，有的甚至是野生苎麻，几乎无成本。这相对于苎麻的传统模式，只利用苎麻的纤维获得收益来说，充分地利用了苎麻叶部分。但是这样的盈利其实还不太高，如果选取更好的制作原料，采用更加精细的工艺流程和更加精美的产品包装，这将极大程度地提高闵饼的附加值。其价格可以定为每个15元，甚至更高。这样每个闵饼的成本可能会增加到7元，但是盈利可以增加到8元。可以借鉴月饼作为节日礼品来进行定价，月饼由于包装精美，价格可以定在几百到上万元不等，如果闵饼也能像月饼一样定价，将带来更多的盈利。

5. 前景预测

从苎麻食品的市场需求、市场定位、销售方式及盈利分析来看，苎麻食品具有较为广阔的市场推广空间，能够产生较高的经济效益。但是苎麻食品在市场推广过程中仍然存在以下问题，如果能解决这些问题，苎麻食品则有希望成为大众化的点心美食。

（1）苎麻食品的品牌推广

目前，苎麻食品的客户群只有那些具有制作苎麻食品传统的地方的居民。别的地方的居民都没有听说过这些苎麻食品，甚至有的人不知道苎麻。在开拓苎麻食品市场的过程中，如何对这些苎麻食品进行品牌推广成为了一大难题。要开拓市场，必须先进行推广，可以选择知名度较大的苎麻食品先进行推广，然后再带动其他苎麻食品的推广。

以闵饼为例，闵饼距今已有500多年历史，闵饼出名是因为清朝时闵饼被选为贡品供慈禧太后食用。民国初年，曾有同里人在上海创建“大富贵”闵饼公司，产品远销海外。而新中国成立后，随着闵家老太的过世和闵家后人离开同里，闵饼已经没有以前出名，没有以前的品牌影响力，出了同里，很少有人知道闵饼，甚至连同里本地人都很少吃到闵饼，因此，在闵饼的市场推广过程中，肯定要先进行品牌推广。

（2）苎麻食品的时节性

因为制作苎麻食品的重要原料之一是苎麻叶，因此，制作苎麻食品具有很强的时节性。只有在苎麻长出嫩叶时，大概在清明节前后才能采摘苎麻草头，制作苎麻食品。苎麻食品的市场推广应该解决时节性的问题，可以考虑采用多季苎麻品种，确保每年能多次采集苎麻叶。或者采用新的苎麻叶储存保鲜技术，增加每年可制作苎麻食品的时间。

（3）苎麻食品的保质保鲜

解决苎麻食品的时节性问题，另一种方式是提高苎麻食品的保质保鲜时间。目前，苎麻食品由于缺少包装和保鲜技术，保质期较短。可以通过真空包装或采用新的防腐技术，延长苎麻食品的保质期，才更有利于苎麻食品的市场推广。

（4）苎麻食品的制作技术

目前，苎麻食品通常都是手工制作，要进行市场推广，必须进行机器大规模生产，但是现在的机器制作技术和制作工艺流程仍然不够成熟和完善，难以高效率地进行大规模机器生产。因此，这个问题也是苎麻食品市场推广过程中亟待解决的问题之一。

第 三 篇

试验示范工作进展

第十章　苎　麻

一　咸宁苎麻试验站

（一）技术集成与示范

1. 苎麻高产高效种植与多用途关键技术示范

（1）苎麻高产高效种植技术集成与示范

选择苎麻高产优质新品种中苎 1 号、华苎 5 号、华苎 4 号连片种植各 5 亩，共 15 亩试验示范片，于 2011—2012 年冬栽植，行距 70cm、株距 40cm，亩种植株数 2 380株。

试验示范地点选择在湖北省咸宁市咸安区横沟桥镇杨畈村是苎麻集中产区，在咸宁苎麻试验站与依托于华中农业大学的栽培与耕作岗位专家团队共建的 150 亩苎麻科技示范园基地中进行。前茬是苎麻华苎 4 号四龄麻园，土壤为红黄壤耕地。

栽植前深翻 35cm 左右，下底肥菜饼 500kg，2012 年二麻、三麻亩施复合肥（25 - 10 - 10）各 20kg，在 9 月中旬对麻园缺蔸进行了补栽。

冬管亩追施菜饼 300kg、鸡粪 1500kg。深翻 10 ~ 15cm、培土 5 ~ 10cm。

体系执行专家组分别于 2013 年 6 月 5 日、8 月 1 日、10 月 15 日、11 月 24 日对 15 亩苎麻高产高效栽培技术集成试验与示范课题进行了验收，验收数据见表 10 - 1。验收结果表明：华苎 5 号原麻单产 351kg，干麻叶 643kg，干麻骨 908kg，达到“369”高产目标。

表 10 - 1　15 亩苎麻高产高效栽培技术集成试验与示范测产结果

华苎 5 号	原麻亩产（kg/亩）	麻叶亩产（kg/亩）	麻骨亩产（kg/亩）
头麻	167	158	302
二麻	82	211	207
三麻	102	206	246
四麻	—	68	153
总和	351	643	908

（2）苎麻多用途关键技术试验与示范

①苎麻骨叶栽培食用菌试验示范。在湖北精逸生物科技有限公司开展苎麻骨叶栽培食用菌杏孢菇的试验示范，已收集苎麻骨叶约 1t，可栽种 3 000袋菇，已在实施进行中。

②苎麻饲料化饲喂肉牛试验与示范。在咸宁市高桥镇澄水洞肉牛养殖专业合作社开展苎麻骨叶饲喂肉牛试验，引进与发展中饲苎 1 号 20 亩，开展了肉牛青贮饲料喂养试验，效果好，计划 2014 年扩大

在多家肉牛养殖小区应用。

在咸安区奶牛良种场栽植中饲苎1号2亩，于2012年5月上旬栽植，三麻开始进行奶牛饲喂试验示范。

2. 非耕地苎麻作物种植关键技术示范

（1）在赤壁市神山镇毕畈村进行了山坡地苎麻高产高效种植试验示范面积5亩，品种为华苎5号，坡地5°~8°，按2014年验收原麻200kg、麻骨400kg、麻叶800kg目标制定示范方案和管理措施。

（2）在嘉鱼县高铁镇八斗村进行了山坡地苎麻高产高效种植试验与示范面积5亩，品种为中苎1号，坡地5°~12°，按原麻200kg、骨叶1 200kg目标进行管理。

（3）在阳新县陶港镇王桥村进行了山坡地苎麻高产高效种植试验与示范面积5亩，品种为华苎4号，坡地5°~8°，按2014年验收原麻225~250kg目标进行管理。

2013年分别在咸宁市嘉鱼县、赤壁市及阳新各试验示范基地进行了初步测产，经测产原麻产量分别是160kg、188kg、161kg。

3. 苎麻固土保水关键技术研究与示范

（1）在崇阳县白霓镇本院试验基地12°~27°坡栽植华苎4号5亩，开展苎麻固土保水试验与示范。间套栾树350株，开展生态麻园试验，2012年头麻、二麻、三麻亩纤维产量分别为28.7kg、35.1kg、26.3kg，共计90.1kg，鲜茎叶（含骨）产量分别为270kg、397kg、395kg，共计1 062kg。

（2）在崇阳白霓镇市农科院科研基地建立了苎麻水土保持长期定位研究观测试验示范基地，试验面积8亩，其中，试验场3亩，坡度27°，设计5个处理：①苎麻深根型品种湘苎3号；②苎麻中根型品种华苎4号；③苎麻浅根型品种黄壳麻；④自然休闲（CK）；⑤农作物（大豆—印度豇豆）。3个重复，随机排列，于2012年9月17~19日栽植，建自动计量分流测量泾流量蓄水池15个（长、宽、高各1.2m），小区间隔50cm，围边用水泥板60cm×100cm分隔。2013年正式开展了雨水分流测量和泥沙流量测定及麻园产量等指标测定，测水流失量比较结果表明：浅根型<深根型<中根型<休闲（自然修复）<农作物（表10-2）。

表10-2　测水流失量比较表

处理	深根型	浅根型	农作物	休闲作物	中根型	合计
重复Ⅰ	0.08	0.64	2.01	1.61	2.79	7.93
重复Ⅱ	0.25	1.18	1.31	0.98	0.89	4.61
重复Ⅲ	1.57	0.35	3.27	3.37	1.47	10.03
合计	2.70	2.17	6.59	5.96	5.15	22.57

4. 苎麻病虫草害综合防控试验示范

在咸安区横沟桥镇杨畈村建基地10亩，开展病虫草害新农药、新技术、新材料的防控试验示范。2012年开展了光电诱捕诱杀苎麻虫害的试验调查，在50亩苎麻园安装6台诱捕诱杀灯设施，从3月底至8月底持续对咸宁麻区苎麻害虫种类、分布及危害期进行了研究和调查分析。开展了新栽麻园草害不同除草剂及浓度、防治时期的试验研究。

在杨畈苎麻科技园建8亩病虫草害技术试验示范园，开展了苎麻田害虫种类和成分调查分析试验。协助完成了岗位专家方案要求的病害、虫害发生样本数据采集和防治技术试验示范。

5. 苎麻轻简化栽培技术试验示范

在杨畈苎麻科技示范园新建五亩苎麻轻简化栽培试验园，按70cm×70cm、60cm×80cm和60cm×60cm、80cm×100cm不同行距设计栽植苎麻，选择适于微耕机、施耕机、苎麻收割机田间作业管理和套种行距安排。

进行了微耕机麻园中耕除草试验，2012 年 10 月套种红菜苔、榨菜、雪里蕻 3 个品种类型蔬菜试验 5 亩，将结合前几年的套菜试验进行示范展示和试验验收。

6. 可降解麻地膜生产与应用技术示范

（1）麻地膜覆盖技术示范

在前两年试验基础上，2012 年在嘉鱼县潘家湾镇蔬菜科技园大棚内开展了可降解麻地膜覆盖蔬菜试验，在辣椒和黄瓜上分别进行，以普通黑色农膜和不覆盖 3 个处理，3 次重复，小区面积 20m^2（厢宽 1m）。2012 年打孔移栽（行距 40cm、株距 15cm）供试品种黄瓜为津优 12 号、辣椒品种为苏椒 16 号，试验结果辣椒试验麻地膜比黑色农膜、不盖膜分别增产 5.2% 和 19.8%，黄瓜试验分别增产 14.5% 和 18.7%。

（2）麻育秧膜在早稻机插育秧上的应用示范

2012 年在赤壁市柳山湖镇成功进行了 100 亩早稻机插育秧麻地膜垫盘试验与示范，并举办了现场观摩与培训会议。2013 年开展了麻地膜早稻机插育秧试验示范面积 2200 亩，分布在咸宁市咸安区汀泗镇、双溪镇、横沟镇，赤壁市柳山湖镇和中伙铺镇，通城县大坪乡和沙堆镇。于 4 月 12 日、13 日成功组织了 2 次有农机部门、农业部门专家和农机大户及基层农技站参加的现场观摩培训会。

7. 苎麻收割机械研究与技术集成

协助体系岗位专家在咸宁开展苎麻收获机研究，在咸宁市农业科学院杨畈苎麻科技示范园建 5 亩适于苎麻收获机的基地，研制 4 台样机进行了连续十季麻的收获行走试验，2013 年 10 月 27 日通过湖北省农业机械鉴定站的农机技术鉴定。咸宁电视台报道相关领导多次现场观摩。

在杨畈苎麻科技园开展了不同的栽培密度试验及改进型小型微耕机在麻园冬管中耕试验，取得专利一项，专利号：ZL 201220418890.4。

（二）基础数据调研

1. 本区域科技立项与成果产出

“十二五”国家重大专项的苎麻科研项目有“苎麻生物脱胶清洁化高品种精干麻及废弃物高值化利用”，项目年限 2011—2014 年，资助经费 500 万元，主持单位湖北省精华纺织集团。国家纺织专项的苎麻科研项目有“纺织行业清洁化生产及废水循环利用应用与示范”资助经费 150 万元，项目年限 2013—2016 年，主持单位湖北省精华纺织集团。省科技立项的苎麻科研项目有“麻地膜机插育秧技术在早稻生产中的应用示范与推广”，项目年限 2014—2016 年，资助经费 30 万元，主持单位咸宁市农业科学院。

2. 本区域麻类种植与生产

“十二五”以来，湖北省内的苎麻种植面积逐年萎缩，现在不到 5 万亩，收获面积也只有零星的几家大户，大部门还是人工收割和手工打麻。

3. 本区域麻类加工与贸易

2013 年咸宁苎麻试验站对湖北省麻纺企业进行了调查摸底，湖北省现在麻纺企业共有 69 家，其中，咸宁麻纺织企业 32 家，麻纺企业前 10 名中咸安区企业占 8 家。这些加工企业大多是以生产麻纱、混纺纱、坯布贸易出口为主。其中，做得好的企业有：湖北省精华纺织集团、咸宁市咸安区马桥纺织有限公司、湖北天化麻业有限公司、湖北阳新远东麻业有限公司、湖北银泉纺织有限公司等。精华、马桥纺织、银泉纺织这 3 家企业年耗原麻超过 3 万 t，原麻 95% 从四川等外地调入，主要生产麻纱（苎麻、亚麻）36 支为主，棉麻混纺纱、坯布等产品。

湖北精华纺织集团年耗原麻 1.6 万 t，生产精干麻 1 万 t，开送麻 1 万 t，各类纱线 1 万 t，坯布 900

万 m，建有苎麻脱胶生产线 24 条，开送麻生产线 30 条，苎麻长纺 2 万锭，短纺 4 万锭，设备总台套 1 086台，2013 年实现总产值 19 亿，利税 3 600万，就业 3 010人，销售收入、出口、利润在全国麻纺企业排名第三。

湖北省涉麻企业加工精干麻 1.5 万 t、麻纺纱锭数 18.3 锭，纺纱 2.13t，麻纺织机数 855 台，年产坯布 1 325万 m，总产值 57 亿元，利润 1.1 亿元，就业人数 1.2 万人。

4. 基础数据库信息收集

(1) 土壤养分数据库

赴 5 示范县苎麻试验示范地采集土样 20 余份，分析 pH 值、有机质、N、P、K 等养分数据。各示范县苎麻示范基地的 pH 值、有机质、N、P、K 等养分数据见表 10－3。

表 10－3　咸宁苎麻产区土壤养分数据

样品采集地	有机质（%）	pH 值	碱解氮（mg/kg）	有效磷（mg/kg）	速效钾（mg/kg）
通山县南林镇南林茶厂	12.3	5.4	105.2	9.8	97
赤壁市神山镇毕畈村	6.3	4.9	91.8	11.6	54
嘉鱼县高铁镇八斗村	22.5	5.8	95.0	10.1	49
阳新县洋港镇洋港村	35.0	6.3	111.3	7.33	75
咸安区横沟镇杨畈村	27.0	6.8	107	13	108

(2) 麻类加工企业

调研本区域主要涉农麻类加工企业 4 家，收集企业信息汇录如表 10－4。

表 10－4　咸宁苎麻产区主要麻类加工企业信息

编号	企业名称	所在地	规模	主要加工对象	主要产品
1	湖北省精华纺织集团	咸宁市咸安区	员工 3 010 人，注册资金 3 000万元，年产值 8 亿元	苎麻、亚麻、棉花	精干麻、棉纱、麻纱、混纺纱、竹纤维纱、亚麻纱、苎麻布、亚麻布
2	咸宁市咸安区马桥纺织有限公司	咸宁市咸安区	员工 790 人，注册资金 800 万元，年产值大于 1 亿元	苎麻、亚麻、棉花	精干麻、落麻、棉纱、麻纱、混纺纱、气流纺纱、织布
3	湖北天化麻业有限公司	咸宁市咸安区	员工 1 017 人，注册资本 2 160万元，年产值超过 2 亿元。	苎麻、亚麻、棉花	精干麻、麻棉混纺纱、高支纯苎麻纱、亚麻棉混纺纱、气流纺纱
4	湖北阳新远东麻业有限公司	阳新县浮屠镇	员工 600 人，注册资本 3 000万元，年产值大于 1 亿元	苎麻、亚麻、棉花	棉纱、麻纱、混纺纱、苎麻布、亚麻布、麻棉布、提花布

（三）区域技术支撑

1. 技术培训与服务

2012 年 4 月 28 日结合麻地膜早稻机插育秧试验示范现场观摩培训 80 人次。10 月 23 日结合咸安区阳光工程开展苎麻多用途技术培训，在横沟桥镇长岭村培训农民 60 人次。

2013 年开展技术培训 3 次，培训农技人员、农机人员和农民共 213 人次。对试验站团队及示范县骨干组织了两次参观学习培训。

2. 苎麻多用途关键技术试验与示范

开展了新品种高产高效试验、展示和培训及苎麻多用途试验示范，与相关岗位专家合作，引起了政府领导及相关部门领导的重视和支持，省财政厅、农业厅把咸宁麻区坚持列入优质优势农产品板块基地建设，咸安区政府在开发区依托精华集团、马桥纺织有限公司建成投产 2 万 t 苎麻生物脱胶和污水处理中心。2013 年咸宁市科技局获批 9 个工程技术中心，其中苎麻作物占 3 个（天化麻业、精华纺织、咸宁市农科院）。

开展的麻地膜旱稻机插育秧技术试验示范已列于省农业厅重点示范项目之一，2013 年在咸宁咸安、通城、赤壁和荆州示范应用 2 200亩，4 月 12 ~ 13 日连续 2 天组织了农技和农机技术人员的培训，试验示范效果好。

2012 年苎麻多用途研发麻地膜覆盖蔬菜试验成功，2013 年在蔬菜大县嘉鱼将扩大应用。苎麻骨叶饲喂肉牛将通过咸宁市畜牧局申报立项加大扶持示范应用，苎麻骨叶栽培食用菌将在湖北精逸生物科技有限公司示范应用，苎麻新品种中苎 2 号、中饲苎 1 号、华苎 5 号、川苎 12 号在咸宁各个示范县建立了母本园更新老品种。苎麻园冬季套种蔬菜技术在咸宁麻区逐步应用。

（四）突发事件应对

（1）调研苎麻学科领域的动态信息和突发性问题，及时向农业部和产业体系提交有关信息和突发性应急、防控技术建议，并组织开展相关应急性技术服务和培训工作。

（2）2012 年完成了农业部体系布置的试验基地树立基地标牌的通知，在 8 个示范基地树立了 8 个标牌。及时上报了示范基地建设材料，及时完成了 2012 年任务书上报，完成了试验站依托单位和试验站成果汇编材料的上报等各项任务。2013 年完成了农业部布置体系征文活动，基层农户对接培训材料上报、组织肉牛专业户到长沙参加苎麻多用途培训等各项任务。

二　张家界苎麻试验站

（一）技术集成与示范

1. 非耕地苎麻种植关键技术研究与示范

①筛选品种：面积 5 亩，引种中苎 1 号、中苎 2 号、湘苎 3 号、华苎 4 号、赣苎 3 号、川苎 8 号 6 个品种进行品种比对试验，由张家界市科技局组织有关专家进行现场考评、测产验产，通过生长适应性、生理抗性、生产丰产性、产品质量优异性的农艺性状及经济性状对比分析，筛选出适宜坡地种植优质高产品种、高产优质品种各 1 个；并进行了良种扩繁。

②高产示范：对筛选出的适地优质苎麻品种进行高产示范栽培，实施了测土配方施肥，加强病虫草害防控。邀请了体系项目验收组分别于 2013 年 6 月 5 日、8 月 10 日、10 月 25 日测产验产和打收原麻，获得原麻亩产 232. 8kg，麻叶、麻骨 1 202. 1kg，平均纤维支数 1 651支（表 10 – 5）。

2. 苎麻固土保水关键技术研究与示范

（1）中陡坡度（25° ~ 45°）山坡地水土保持技术示范

在示范县桃源县黄甲铺乡建设示范基地，面积 4 亩，品种为湘苎 3 号，测定较同等坡地新垦土地土壤侵蚀率指数下降率，降水有效利用率、提高率、等指标。经测定，3 年生麻园较同等坡地新垦土地土壤侵蚀率指数下降 21. 6% ；对降水有效利用率进行测定，苎麻小区比玉米、空白生草小区均提高 10%

以上。

表10－5　山地良种苎麻“248”高产栽培测产验产数据记录

麻季	鲜麻产量（kg/亩）				干麻产量（kg/亩）			纤维支数（Nm）
	总重	原麻	麻叶	麻骨	原麻	麻叶	麻骨	
头麻	2 917.6	344.9	789.0	1 783.7	93.4	135.0	255.4	2 520.0
二麻	1 649.0	250.5	429.8	968.7	74.9	104.7	209.3	1 066.0
三麻	2 461.7	234.3	994.4	1 232.9	64.5	220.1	244.6	1 366.0
四麻	1 238.1	—	—	—	—	33.0	—	—
合计	8 266.3	829.7	2 213.2	3 985.4	232.8	492.8	709.3	—

（2）中陡坡度山坡地饲料苎麻生产技术试验示范

建立中陡坡度山坡地饲料苎麻生产技术试验示范基地，品种选用中饲苎1号、中苎2号，重施有机底肥，分批收获，及时追施N、P、K肥。中饲苎1号全年收获4次，收获全株苎麻嫩茎叶（干重）0.619t；中苎2号全年收获3次，收获全株苎麻嫩茎叶（干重）0.367t。

3. 苎麻重大有害生物预警及综合防控技术研究与示范

在苎麻主产区慈利县许家坊乡建立起苎麻重大有害生物的成灾规律研究试验示范基地20亩，进行了病虫观测；建立了市（试验站）、县（经作站）、乡（农技站）三级苎麻重大有害生物预警技术体系。进行了重大有害生物危害的规律调查与观测，加强病虫害预警，对可能发生的病虫害进行预测预报。分别于2012年6月、8月在试验示范基地开展重大有害生物综合防治各一次，示范基地苎麻产量损失减少12%以上。于2013年6月、7月和9月分别实施重大有害生物危害的防控措施生态调控、物理防治、化学防治等综合性防控措施，通过统计对比，示范基地苎麻产量损失减少13.2%。

4. 苎麻轻简化栽培技术研究与示范

2012年4月在示范县吉首市定植中苎1号，试验面积2亩，设计株行距40cm×80cm；在生长期实行全免耕，当年收获原麻41.5kg/亩；6月在行间套种生姜，当年11月收获生姜，因麻园封行快，生姜生长因密闭采光严重不足，产量不高；已安排于12月中旬前套种蔬菜，品种为：莴苣、排菜。2013年收获原麻157.2千克/亩；11月在行间套种蔬菜抱子芥，预计收获蔬菜800kg/亩，每千克价格1元，收入800元/亩。

5. 苎麻收获与剥制机械应用示范与培训

2012年引进与应用中国农业科学院麻类研究所研制的6BM－350型、4BM－260型苎麻剥麻机用于生产，机械剥麻示范面积120余亩，进行机械剥麻技术推广与培训2期，培训农技人员17人次，植麻农民43人次。2013年又新引进剥麻机5台套用于生产，机械剥麻技术示范面积0.57万亩。进行机械剥麻技术培训班2期，培训农技人员22人，植麻农民67人。采集到剥麻机械使用工作效率、作业成本、剥麻质量的性能数据，并及时向功能研究室专家反馈信息。

（二）基础数据调研

参与苎麻种质资源及主栽品种系谱数据库建设，收集张家界市及周边苎麻种质资源，在咸宁市农业科学院基地集中保存具抗旱、耐贫瘠的地方品种资源2份。参与麻类作物土壤肥料数据库建设，收集并保存本试验站试验示范基地土壤化验的数据5份。参与麻类作物初加工机械数据库建设，在主产区进行苎麻机械剥制示范，收集并提交小型剥麻机械工作性能、效率、加工产品质量等数据。参与麻类作物线虫及病毒病害种类及发生情况数据库建设，收集该地苎麻花叶病土壤、叶片及植株线虫与病毒病防控岗位专家进行化验检测。参与苎麻作物虫害种类及发生情况数据库建设，在主产区进行了苎麻主要虫害夜蛾、蛱蝶发生世代调查和虫口普查3次，并邀请体系岗位专家实地指导工作。进行了麻类作物轻简化栽培技术数据库建设，开展了新栽麻园草害化学除草试验，生长期全免耕，机械剥麻，麻园冬闲套种的试验示范。

1. 本区域科技立项与成果产出

2012年（"十二五"）湖南省张家界市立项的科技支撑计划麻类研究项目"苎麻优良新品种选育"，资助经费2万元/年，苎麻良种筛选及配套栽培新技术推广，被评为2013年度张家界市科学技术进步三等奖；2013年参加中国麻类研究所苎麻副产物青贮饲料喂养肉牛试验，获得湖南省科技进步一等奖，在《中国麻业科技》发表了苎麻副产物青贮饲料喂养肉牛试验论文1篇。项目承担单位：张家界市农业科学技术研究所，主持人庹年初。

2. 本区域麻类种植与生产

2013年，据统计资料，本区域麻类种植面积为6.15万亩，收获面积5.2万亩。应用技术方面，新品种种植面积3.2万亩、机械剥麻面积1.2万亩、产量情况慈利县、桃源县平均亩产在150kg，永定区、桑植县平均亩产在120kg、效益产出每亩在980～1 150元。

3. 本区域苎麻加工与贸易

湖南防治龙头企业华申集团在张家界市建立优质苎麻生产基地，利用优质纤维轻纺高档布料产品；本地龙头企业农丰公司生产、收购苎麻纤维加工精干麻半成品。

4. 基础数据库信息收集

（1）土壤养分数据库

在本区域内慈利县、永定区、桑植县、桃源县、吉首市五个示范基地采集土壤样品30余份，分析速效N、P、K、有机质等养分数据（表10－6）。

表10－6　武陵山区苎麻产区土壤养分数据

样品采集地	碱解氮（mg/kg）	速效磷（mg/kg）	速效钾（mg/kg）	有机质（%）	pH值
慈利县阳和乡桃溪村	136	11.8	103	25.4	5.8
慈利县许家坊乡岩口村	134	14.6	112	25.5	5.6
桑植县龙潭坪镇上杆村	205	14.0	112	42.8	6.2
桑植县两河口乡	190	10.8	51	41.6	6.6
吉首市园艺场苎麻试验基地	110	58	150	20.7	6.2
吉首市双塘镇双塘村	128	24.5	112	19.5	6.5
桃源县黄甲铺长寿村	190	17.8	131	2.38	4.9
桃源县黄甲铺灵岩村	144	6.8	73	2.2	5.1
桃源县黄甲铺莫家坪	124	12.1	146	2.47	8.3
永定区新桥镇远景村	97.9	13.7	92	25.1	5.5
永定区合作桥乡	129.4	23.3	123	31.5	6.8

（2）苎麻加工企业

调研本区域主要涉农麻类加工企业1家，名称为张家界农丰公司。该企业地处张家界市慈利县许家坊乡，总资产1 100万元，主要从事苎麻纤维加工。

（三）区域技术支撑

1. 技术培训

2012—2013 年，开展农技人员机械剥麻技术培训 4 次，共培训农技人员 29 人，植麻农民 104 人；苎麻病虫草害防控技术培训 2 次，培训农技人员 7 人，植麻农民 108 人；山地苎麻技术栽培、苎麻水土保持、生产自救、抗旱技术、苎麻副产物青贮技术、培训共 7 次，培训农技人员 26 人，植麻农民 601 人。两年共培训农技人员 62 人次，农民 813 人次，印发技术生产、病虫害防治技术资料 6 500余份。

（1）到田间地头，技术指导生产

团队成员经常到各示范县、生产基地，开展生产调研和指导生产；示范县技术骨干常年巡回于植麻乡镇，苎麻主产区指导苎麻生产建设。

（2）苎麻副产物饲料化高效利用技术

苎麻副产物利用突破了传统单收纤维的生产方式，通过充分挖掘苎麻副产物高蛋白含量的特点，不仅将苎麻生物质资源的利用率提升到了 60% 以上，而且开辟了资源丰富的南方植物蛋白饲料新来源，并配套了轻简、实用的防霉变的青贮技术。自 2012 年起引进中国农业科学院麻类研究所这一项新成果，在苎麻主产区慈利阳和乡、许家坊乡、永定区合作桥乡收集苎麻副产物原料，2012—2013 年度采用集中培训、现场示范等方式，培训苎麻青贮饲料制作与打包技术，在市农科所基地开展苎麻青贮饲料饲喂肉牛技术示范，带动畜牧养殖合作社、种植、养殖大户进行苎麻青贮饲料运用肉牛、肉羊养殖，种养结合，增加种植者生产效益，降低了养殖户越冬期外调青贮饲料的成本，取得了双赢的结果。

2. 技术服务

（1）为广大生产者提供了产业动态信息服务

近年来，原麻产品市场一直疲软，种麻无利可图，为稳定武陵山区苎麻生产，积极向广大生产者推广苎麻良种，开展饲用苎麻栽培示范，推广苎麻产品多用途副产物青贮饲料加工利用，让麻农们看到麻产业未来前景，激发广大麻农生产积极性。

（2）调查研究

为深入了解生产上存在的主要问题，团队成员先后多次到各示范县苎麻主产区工作调研，针对突出问题，如麻园管理粗放、收麻不及时等问题，向当地政府及主管部门建言，并向体系办公室及有关岗位专家及时汇报。多方工作努力，减轻毁麻现象；调查中陡山坡地苎麻水土保持情况，并向有关岗位专家及时汇报。

（3）工作学习交流

多次到中国农业科学院麻类研究所基地学习苎麻嫩茎叶青贮技术、肉牛喂养经验；配合江西省农业科学院土壤研究室进行苎麻不同坡度土壤化验取样，给兄弟单位咸宁苎麻试验站调运良种苎麻苗和地方种质资源，配合岗位专家开展了中陡坡地苎麻水土保持试验、土壤肥料试验。与达州试验站、宜春试验站、沅江试验站、伊犁试验站、涪陵试验站、漳州试验站进行了工作学习与交流。

（四）突发事件应对

（1）及时监测本区域内苎麻产业发展与产品市场变化，对应急处置与工作情况，及时向体系办公室、首席科学家报告达 16 次。

（2）对发生突发性事件和农业灾害事件，及时制订相应的应急预案与技术方案。2012 年春夏多雨引发较严重病虫草害，2013 年夏秋严重干旱，异常高温导致二麻、三麻遭遇旱灾，为减轻灾害损失，及时制定了抗旱减损技术意见下发至各示范县、苎麻主产区。

（3）组织开展应急性技术指导与培训，试验站团队成员深入苎麻主产区、基地进行苎麻生产抗灾指导，开展病虫防治，加强生产技术指导。

（4）本年度完成了农业部各相关司局和首席科学家临时交办的财务自查审计、体系征文等工作任务。

三 达州苎麻试验站

（一）技术集成与示范

1. 苎麻高产高效种植与多用途关键技术示范

（1）新栽麻高产示范

在达县双庙乡、大竹县连印乡实施，示范品种川苎 11，示范面积共 22 亩，示范了净作模式、玉米—苎麻套作模式、马铃薯—玉米—苎麻套作模式 3 种。

新栽麻净作覆膜栽培技术示范：面积 5 亩，全年收获苎麻三次。经组织科技人员、示范县技术骨干、示范地块麻农测产，示范地块平均原麻亩产 115.3kg（破秆麻 29.5kg、二麻 42.6kg、三麻 43.2kg），最高达 128.52kg。较麻农习惯栽培（产量 67.19kg/亩）增产 71.6%，亩增收 288.7 元。

“玉米—苎麻”套作模式：示范面积 8.5 亩，经组织科技人员、达县示范县技术骨干、示范地块麻农测产，示范地块玉米平均产量 623.6kg/亩，仅玉米产值 1 项较麻农习惯净作苎麻栽培增收 1 370余元，而且，套作模式苎麻移栽成活率明显高于对照，节省了补苗劳动用工。

“马铃薯—玉米—苎麻”套作模式：示范面积 8.5 亩，马铃薯（时令蔬菜用）平均亩产 876.4kg，玉米 587.6kg/亩，按市价计算，仅套作 2 项作物可亩增收 3 700元以上。

（2）优良新品种高产展示

对 2011 年在所内试验基地建立的川苎 8 号、川苎 11、中苎 2 号高产展示，通过加强冬管、合理施肥、防治病虫等技术措施，长势良好。2013 年由于二麻快速生长期至三麻期间持续高温伏旱，二、三麻株高受到严重影响。两年生物产量见表 10－7。

表 10－7 苎麻产量情况表 （单位：kg/亩）

品种	年份	原麻	副产物		
			茎叶	麻骨	合计
川苎 8 号	2012	287.3	569.2	812.6	1 381.8
	2013	279.4	549.9	775.9	1 605.2
中苎 2 号	2012	305.6	583.1	871.3	1454.4
	2013	286.5	563.8	834.6	1 684.9
川苎 11	2012	311.5	586.4	865.5	1 451.9
	2013	285.9	567.1	828.8	1 681.8

（3）成龄麻高效种植技术示范

分别在大竹县石河镇、达县双庙乡实施，品种为“川苎 11”，二龄麻，示范面积 30 亩，其中核心示范面积 10 亩。

达州市科技局、农业局组织专家先后于 2012 年 5 月 30 日、8 月 17 日和 10 月 24 日和 2013 年 6 月 2 日、7 月 31 日、11 月 6 日对示范地块进行了现场测产，其中，2013 年大竹县石河示范基地因土地被政府征用，三麻未能测产。具体测产情况见表 10－8。

表 10－8　示范区产量情况表　（单位：kg/亩）

示范区域	年份	原麻产量	茎叶产量	麻骨产量
大竹县石河高产示范区	2012	307.5	591.2	875.9
	2013	—	—	—
达县双庙高产示范区	2012	311.25	587.32	900.28
	2013	286.47	569.14	872.13

（4）苎麻副产物生产食用菌技术试验示范

在所内试验基地，2012 年开展了利用麻骨、麻壳做基质栽培平菇、姬菇和秀珍菇的不同配方的比较试验，通过数据的分析整理，获得了相应的培养基配方及管理技术。优选配方情况下产量与对照相当（表 10－9），但原料成本明显降低。

表 10－9　苎麻副产物基质栽培平菇、姬菇和秀珍菇的平均产量　（单位：kg/袋）

处理	平菇	姬菇	秀珍菇
苎麻副产物优选配方	0.827	0.785	0.614
对照	0.858（棉籽壳）	0.812（玉米芯）	0.694（棉籽壳）

注：①每袋干料重平菇、姬菇为 1.0kg、秀珍菇为 0.8kg。收获三潮菇。②最佳配方：综合分析产量和原料成本以及销售价格等因素，各地有差异

2013 年开展了苎麻秸秆生料栽培大球盖菇的试验研究，取得了成功。苎麻秸秆生产大球盖菇，生物转化率 41%，产量比稻草栽培大球盖菇提高产量 8% 以上。

（5）高效生产技术示范现场观摩

多次邀请了达州市农业局、达州市科技局、达州市财政局相关领导，组织示范县技术骨干、主产乡镇农技人员和麻农、大竹县玉竹麻业公司、荣昌县嘉禾纺织公司、养鹅大户等共 40 余人，到本所试验基地、达川区双庙乡对本所建立的麻园养鹅、麻骨生产食用菌技术、苎麻新品种、高效种植技术示范点进行了现场观摩。

2. 非耕地苎麻种植关键技术示范

组织达县、大竹、隆昌示范县技术骨干，对 2011 年在本区域建立的缓坡地苎麻种植技术示范点进行了：①2012 年冬闲地套作马铃薯技术示范；②2013 年继续加强示范点肥水、病虫害防治等田间管理。累计示范面积 20 亩，其中，达县 5 亩、大竹县 5 亩、隆昌县 10 亩，取得了良好的示范效果。各示范点组织示范县技术骨干、农户进行现场测产，情况如表 10－10 所示。

表 10－10　苎麻产量情况表　（单位：kg/亩）

项目	达县赵家	大竹县连印	隆昌县普润
原麻	262.46	244.86	219.26
茎叶	516.97	496.27	451.37
麻骨	824.18	806.2	771.68
冬闲地马铃薯	784.5	823.9	693.4

3. 中陡坡地水土保持型饲用苎麻高产种植技术试验示范

与达县技术骨干一道，加强了在木子乡建立的 3 亩川饲苎 1 号山坡地高产示范点的肥水、病虫害防

治等田间管理，开展了收获技术、收获后肥水管理等现场示范 2 次、技术培训 1 次。

经组织达县技术骨干、木子乡农技站、农户对示范点进行测产，按株高 60cm 标准开始收获，共计收获嫩茎叶 7 次，生物鲜产 6 835.7kg/亩，干产 1 121.1kg/亩。

2013 年，新栽川苎 11 面积 10 亩、川饲苎 1 号面积 5 亩。采用等高线开厢、三角形错位栽插、提高种植密度等措施。

4. 川苎 11 制种技术研究

加强对 2011 年在依托单位试验基地建立的 3.4 亩川苎 11 制种技术试验的田间管理。试验设置了不同父、母本种植行比、二麻收获时期、三麻苗期氮磷钾肥施用、植物生长调节剂等处理。目前，试验处理杂交种子收获完毕，平均制种产量 36.73kg/亩。分析总结提出了川苎 11 高产制种的配套栽培技术。

先后扦插繁育川苎 11 亲本种苗 8.5 万苗，完成了 21 亩制种技术示范的移栽工作。

5. 防治新产品、新技术试验示范

先后组织团队成员、示范县技术骨干，在示范区域开展苎麻地杂草、病虫害情况调查 7 次，基本明确四川麻区的病虫害的主要类型、发生时期等情况。除所内试验区域的夜蛾、天牛、蛱蝶相对较为明显外，生产区域发生虫害轻微。

先后在所内试验基地和隆昌县古湖街道办 6 组开展了苎麻种子育苗地播前除草剂、麻园夜蛾机动喷雾器药剂防治的现场技术示范，示范除草剂 3 种（乙草胺、草甘膦、百草枯）、杀虫剂 2 种［敌敌畏乳剂、杀虫双水剂（注：杀虫双不得在蚕桑区使用）］，育苗地除草技术示范面积 6.3 亩、药剂防治技术示范面积 10 亩。

6. 苎麻逆境栽培技术试验示范

与达县、大竹县技术骨干一道，先后在达县双庙乡中华寺村 1 组和 3 组、大竹县石河镇五四村 4 组和 5 组，选择了“土层薄、土壤贫瘠”的坡地苎麻，开展了苎麻抗逆境栽培调控技术示范（表 10－11），主要示范了：①冬管增施有机肥、长效复合肥；②改宽厢为窄厢，利用沟土覆蔸；③叶面追肥等技术措施。每个点示范面积 3 亩。

表 10－11　原麻产量情况表　　（单位：kg/亩）

区域	达县赵家		大竹县连印	
	1 组	3 组	4 组	5 组
示范区	155.64	164.76	146.87	149.36
对照区	136.88	143.92	130.93	141.02
±对照%	13.71	14.48	12.17	5.91

（二）基础数据调研

1. 苎麻品种资源的收集、鉴定

2012 年、2013 年组织团队成员收集苎麻种质资源 10 份，进行了形态特征、主要经济性状、品质、抗逆性的初步观察鉴定。

2. 本区域科技立项与成果产出

2012 年、2013 年四川省立项的农作物育种攻关（“十二五”）项目 3 个子专题、四川省 2014 年科技支撑计划项目 1 个、四川省农业科技成果转化项目 1 个、达州市重大科技专项项目 1 个。详见表10－12。

表10－12　达州苎麻试验站立项项目

序号	项目名称	下达部门	承担单位	实施年限	财政经费（万元）
1	优良苎麻不育材料选育（编号：2011NZ0098－13－1）	四川省科技厅	达州市农业科学研究所	2011—2015	37.5
2	优质高产纤用苎麻新品种选育（编号：2011NZ0098－13－3）	四川省科技厅	达州市农业科学研究所	2011—2015	40
3	饲料专用苎麻新品种选育（编号：2011NZ0098－13－4）	四川省科技厅	达州市农业科学研究所	2011—2015	22.5
4	苎麻特高支原料、制品技术集成示范	四川省科技厅	四川金桥麻业公司、达州市农科所	2014—2016	120
5	优质高产多抗苎麻新品种选育与应用	达州市科技局	达州市农业科学研究所	2011—2015	50

3. 本区域苎麻种植与生产

据达州市统计资料，到2013年末，四川麻区苎麻种植面积为44.71万亩，平均亩产121kg，较2011年（50.5万亩）减少5.8万亩。生产中推广应用品种主要为川苎8号、川苎11、川苎12，川苎6号、川苎4号有少量种植面积；收货方式仍以传统的手工打剥方式为主，极少机械收获，劳动强度大，费工费时；新栽麻种植方式以与玉米、马铃薯、蔬菜间套作为主，确保经济收益，成龄麻冬闲地利用广泛，主要以套作马铃薯、蔬菜为主。

4. 本区域麻类加工与贸易

本区域现有苎麻加工企业6家，其中省级龙头企业2家（大竹县金桥麻业公司、四川玉竹麻业公司）。夏布加工以作坊式生产为主，主要分布在隆昌县。

大竹县金桥麻业公司：为四川省农业产业化经营重点龙头企业，达州市和大竹县重点优势骨干企业，获得了ISO9001：2000国际质量体系认证和出口产品自检资格，"蜀玉"牌苎麻纱被评为全国麻纺产品知名品牌、"蜀锦"牌苎麻布被评为四川省名牌产品、"麻王"牌系列苎麻服装获得达州市首届旅游产品唯一金奖，企业年年获四川省质量管理先进单位称号。公司现有员工550人，总资产16 758万元，固定资产10 423万元，占地面积9万m^2，厂房5.1万m^2，下设苎麻脱胶、纺纱、织布、服装、通用等分厂。现有苎麻加工生产能力为年产精干麻7 000t、长麻纺7 000锭，年产苎麻纱900t，短纺10 000锭，年产混纺纱1 700t，织机450台，其中，剑杆织机121台，年产各种坯布1 000万m，服装生产线3条，年产服装60万件（套）。2011年实现销售收入2 855万元，实现利税120万元；2012年实现销售收入8 147万元，实现利税611万元；2013年实现销售收入10 019万元，实现利税660万元。

四川玉竹麻业有限公司：是专业从事高档苎麻纤维及纱线研发、生产、经营于一体的精加工企业，拥有自营进出口经营权，资产总额3 857万元，员工320人，可年产精干麻5 000t、02号—05号纯苎麻条1 000t、5～72公支纯苎麻纱及混纺纱1 200t。年实现产值、销售收入1亿元以上，实现利税上千万元，出口创汇600万美元。公司是"四川省农业产业化经营省级重点龙头企业"，"四川省工业四大优势产业骨干配套企业"，"四川省创新型培育企业"，"四川省小巨人企业"，先后获"省级企业技术中心"认定，"ISO9001质量管理体系认证"，银行"AA＋信用企业"，四川省质量信誉AAA企业，产品获四川名牌，"玉竹牌"商标获四川省著名商标；拥有6项专利技术，3项省级重点技术创新项目。

5. 基础数据库信息收集

先后组织团队成员、示范县技术骨干36人次，深入麻区加工企业、主管部门、农户、科研单位等开展调研，就四川区域种质资源及主栽品种系谱、研发人员、仪器设备、科技项目、轻简化栽培技术等部分产业相关信息进行了收集、分析与整理，丰富更新了四川麻区产业基础数据库，按期上报给相关岗位专家。

与体系产业经济岗位专家签订了四川麻区苎麻产业经济基础数据采集协议，5个示范县中定点农户定期开展苎麻产业经济调查，每季度以表格形式按时上报上季度5个示范县苎麻生产、销售、市场价格、收货方式、经济效益等数据到产业经济研究室。

按照土壤营养岗位专家要求，积极组织团队成员深入本区域5个示范县就苎麻地土壤肥力进行调查，完成了本区域5个示范县的土壤肥力与高产高效施肥数据库，并提交岗位专家。

（三）区域技术支撑

1. 技术培训与服务

技术培训：2012—2013年，组织示范县技术骨干、基层农技人员和农民在建立的苎麻试验示范区、加工企业基地等累计开展苎麻高产高效栽培技术、病虫害防治技术、种源繁育技术等集中技术培训17次，培训岗位人员13人次，农技人员128人次，农民675人次。通过培训，提高了基层农技人员的业务技能、指导水平，促进了创新成果的推广应用，提高了麻农的科技意识、科学种麻水平和经济效益。

技术指导与咨询：积极组织团队成员深入加工企业、种麻大户进行调研，了解技术需求，及时根据企业基地建设、麻农种植所需的麻园规划、优良品种选择、肥水管理、病虫害防治、收获、原麻储藏等技术进行指导和咨询。

2. 产业调研与建议

积极开展区域内苎麻生产情况的调查，对调查情况及时分析、总结，提出相关建议，并向首席、当地政府及主管部门进行汇报，为领导决策提供科学依据。

3. 成果展示

为促进体系创新科技成果（优质高产新品种、高效种植新技术等）的推广应用，增强麻农的种植技术水平，试验站积极组织5个示范县技术骨干，在麻区开展创新成果的试验示范、高产创建工作，提高了麻农经济效益，稳定了苎麻种植面积。

2012—2013年累计在5个示范区建立新品种、高效种植模式技术的展示片7个，累计示范面积340余亩，示范新品种3个，新技术5项，取得了良好效果，深受麻农欢迎。

4. 突发事件应对

达州苎麻试验站应急性工作继续按照“预防为主”的指导思想，重点做了以下几方面工作：一是要求示范县随时关注天气（大旱、雨涝、大风等）、病虫害发生情况，加强监测；二是按照病虫害危害规律，提前将相关信息以短信方式发送到示范县技术骨干，及时提醒；三是积极开展防治倒伏的田间管理技术、苎麻病虫害识别及防治等技术培训与宣传2次。两年来未发生重大灾害事件。

四 涪陵苎麻试验站

（一）技术集成与示范

1. 苎麻高产高效种植与多用途关键技术示范

（1）纤用苎麻品种筛选

纤用苎麻品种比较试验于2011年6月定植，培育壮蔸，以圆叶青为对照，以中苎1号等6个新品种为参试种，随机排列、3次重复、小区面积0.02亩。2013年正常收麻三季，头麻、二麻、三麻分别于5月30日、7月25日、11月4日达到工艺成熟收获。

不同纤用苎麻品种间主要经济性状存在显著差异（表10－13）。中苎2号株高显著高于其他品种；中饲苎1号的茎粗显著低于其他品种；中苎1号有效株率最高，达87.5%，显著高于其他品种，中苎2号次之。中苎2号鲜茎出麻率4.7%，为各品种最高，平均原麻长度181.8cm，理论产量为232.97kg/亩，显著高于试验其他各品种，比对照品种圆叶青增产18.9%，抗逆性表现也最为优秀，中苎1号次之（表10－14）。

表10－13　纤用苎麻植物学性状表（2013年）

品种	株高（cm）	茎粗（cm）	有效株率（%）
圆叶青（CK）	168.4 b	1.0	79.6
中苎1号	166.9 b	1.0	87.5
中苎2号	183.4 a	1.0	83.0
中饲苎1号	155.9 c	0.8	75.1
川苎11号	166.0 b	0.9	72.9
川苎12号	170.6 b	1.0	78.1
S9439	145.9 d	0.9	77.2

注：表中有不同小写字母者表示差异显著，有相同小写字母表示差异不显著（$P = 0.05$），下同

表10－14　纤用苎麻年原麻产量（2013年）

品种	小区原麻产量（kg）	折合亩产（kg/亩）	比对照增产（%）	鲜茎出麻率（%）	平均原麻长度（cm）
圆叶青（CK）	3.92 b	195.95	—	4.3	166.7b
中苎1号	3.98 b	199.07	1.6	4.4	164.4b
中苎2号	4.66a	232.97	18.9	4.7	181.8a
中饲苎1号	2.39c	119.63	－39.0	3.6	153.0c
川苎11号	3.81 b	190.41	－2.8	4.2	165.2b
川苎12号	3.80 b	190.12	－3.0	4.2	169.0b
S9439	2.15c	107.74	－45.0	3.0	143.2d

由试验结果可知，纤用苎麻品种试验综合表现最优异品种为中苎2号，中苎1号次之。结合中苎2号栽培试验结果，集成苎麻高产高效配套种植技术，其要点是：选用良种、培肥地力、合理密植、科学施肥、防控病虫和及时收获。

（2）饲用苎麻品种筛选

饲用苎麻品种比较试验于2011年6月定植，培育壮蔸，以圆叶青对照，以中苎1号等6个品种为参试种，随机排列、三次重复、小区面积0.02亩。2013年由于7月干旱严重，4月至11月共收获6次。

各饲用苎麻品种主要经济性状具有显著差异（表10－15）。S9439总株数达到16.69万株/亩，处于各品种最大值，说明其分株力最强；中饲苎1号生长速度最快，其株高显著高于其他品种；中苎1号、川苎11号间茎粗无显著差异，均显著高于其他品种。中饲苎1号年鲜草产量最高，为67.71t/hm^2，比对照圆叶青增产28.1%；S9439、川苎12号间干物质含量无显著差异，显著高于其他品种；中饲苎1号、川苎12号间年干生物产量无显著差异，分别为8.90t/hm^2、9.44t/hm^2，比对照增产分别为23.0%、30.6%，显著高于其他品种（表10－16、表10－17）。

表 10－15 饲用苎麻植物学性状表（2013 年）

品种	总株数（万株/hm²）	株高（cm）	茎粗（cm）
圆叶青（CK）	172.63 c	37.8 f	0.5
中苎 1 号	178.70 c	39.6 e	0.5
中苎 2 号	230.90 ab	43.2 d	0.5
中饲苎 1 号	203.43 bc	61.7 a	0.5
川苎 11 号	201.55 bc	53.5 b	0.5
川苎 12 号	225.53 ab	50.9 c	0.5
S9439	250.33 a	34.2 g	0.5

表 10－16 饲用苎麻年鲜草产量（2013 年）

品种	小区产量（kg）	年鲜草产量（t/hm²）	比对照增产（%）
圆叶青（CK）	70.49 d	52.86	0.0
中苎 1 号	74.73 d	56.05	6.0
中苎 2 号	82.60 c	61.95	17.2
中饲苎 1 号	90.28 a	67.71	28.1
川苎 11 号	85.33 bc	64.00	21.1
川苎 12 号	87.63 ab	65.72	24.3
S9439	71.61 d	53.70	1.6

表 10－17 饲用苎麻年干生物产量（2013 年）

品种	干物质含量（%）	年干生物产量（t/hm²）	比对照增加（%）
圆叶青（CK）	13.5	7.23 d	0.0
中苎 1 号	12.9	7.24 d	0.2
中苎 2 号	13.7	8.58 b	18.7
中饲苎 1 号	13.8	8.90 ab	23.0
川苎 11 号	13.4	8.49 bc	17.4
川苎 12 号	14.5	9.44 a	30.6
S9439	14.7	7.75 cd	7.2

综上所述，饲用苎麻品种试验综合表现最优异品种为中饲苎 1 号，川苎 12 号次之，均具有作为重庆地区饲用苎麻优良品种的潜力。

（3）麻菜套作高产高效栽培示范

试验地为 3 年生麻园，苎麻品种中苎 2 号于 2011 年 6 月定植。

榨菜部分：2012 年 10 月割除中苎 2 号三麻后移栽榨菜。处理因素为榨菜密度处理 A（A1：50 窝/区、A2：60 窝/区、A3：40 窝/区）共 3 个水平，均为 1 株/窝；榨菜品种 B（B1：永安小叶、B2：涪杂 2 号、B3：涪杂 7 号）；施肥水平 C（试验小区榨菜统一施用人畜粪肥 2 500kg/亩；C1：复合肥［NPK 养分≥25%］20kg/亩，尿素［N≥46%］7.1kg/亩、C2：复合肥 40kg/亩，尿素 14.2kg/亩、C3：复合肥 60kg/亩、尿素 21.3kg/亩）。采用正交设计，共 9 个处理组合，随机排列，重复 3 次，小区面积 0.02 亩。

苎麻部分：处理因素为苎麻密度和施肥水平，小区排列同榨菜，重复 3 次，每重复 9 个小区。苎麻密度为3个，即高密度（A1：60窝/区）、中密度（A2：48窝/区）、低密度（A3：40窝/区）；施肥水平为3个，即高肥（B1：有机肥［有机质≥30%、NPK养分≥4%］75kg/亩、复合肥37.5kg/亩、尿素25kg/亩）、中肥（B2：有机肥50kg/亩、复合肥25kg/亩、尿素15kg/亩）、低肥（B3：有机肥25kg/亩、复合肥12.5kg/亩、尿素5kg/亩）。2013年正常收麻3季，收获时间分别为6月3日、7月24日、11月7日。

榨菜部分：在该试验设置以内，榨菜密度越高，其总产量越高，高密度处理A2（28.58kg/区）的榨菜产量显著高于其他两个密度处理；各密度处理内，中肥量处理C2对榨菜增产效果最好，其次为低肥量处理C1，而高肥量处理C3不能显著增加榨菜产量，处理C1、C3间差异不显著；试验榨菜品种对榨菜产量的影响差异不显著（表10-18）。

表10-18　不同密度、品种、施肥量对榨菜产量的影响（2013年）

处理	小区产量（kg/区）	折算产量（kg/hm^2）	产量位次
A1B1C1	25.40 b	19 050	5
A1B2C2	25.55 b	19 165	4
A1B3C3	22.39 c	16 792.5	6
A2B1C2	33.47 a	25 102.5	1
A2B2C3	25.60 b	19 200	3
A2B3C1	26.67 b	20 002.5	2
A3B1C3	19.35 d	14 512.5	8
A3B2C1	19.01 d	14 255	9
A3B3C2	22.04 c	16 530	7

苎麻部分：中苎2号株高在A2B3处理下最高，为168.5cm；茎粗在A1B1处理下最低，仅为0.9cm；有效株率在A2B2处理下最大，为83.3%。总体上看，密度越高，施肥量越大，中苎2号原麻产量越大，在A1B1处理下产量最高，为223.88kg/亩，较平均水平（190.20kg/亩）提高17.7%；鲜茎出麻率在A3B2处理下最大，为5.6%，与处理A1B3、A2B1等差异不显著；原麻长度为141.4～165.5cm（表10-19、表10-20）。

表10-19　麻菜套作中苎2号植物学性状（2013年）

处理	株高（cm）	茎粗（cm）	有效株率（%）
A1B1	151.1de	0.9	81.9
A1B2	153.6 d	0.9	79.6
A1B3	166.3 ab	0.9	79.8
A2B1	159.9 bcd	0.9	78.5
A2B2	157.2 cd	0.9	83.3
A2B3	168.5 a	0.9	78.4
A3B1	159.7 abcd	1.0	78.4
A3B2	165.6 abc	0.9	83.1
A3B3	144.6 e	0.9	81.8

表10-20 麻菜套作中苎2号原麻产量（2013年）

处理	小区原麻产量（kg）	折合亩产（kg/亩）	产量位次	鲜茎出麻率（%）	平均原麻长度（cm）
A1B1	4.48 a	223.88	1	5.2	147.9 d
A1B2	4.21 ab	210.53	4	5.2	150.1 d
A1B3	4.26 ab	213.09	3	5.6	163.2 ab
A2B1	4.31 ab	215.43	2	5.5	156.4 c
A2B2	3.80 bc	190.20	5	5.1	153.8 c
A2B3	3.34 cd	167.06	7	5.2	165.5 a
A3B1	3.06 d	153.18	9	5.0	156.1c
A3B2	3.27 cd	163.49	8	5.6	162.0 b
A3B3	3.50 cd	174.93	6	4.8	141.4 e

综上，集成麻菜套作高产高效种植模式配套技术，其要点是：选用苎麻良种，适当增加种植密度，增加苎麻春管及头麻、二麻收割后的追肥水平，提高苎麻单产；抢收三麻后，选用榨菜适宜品种，增加种植密度，中等施肥水平，复种一季榨菜增加一季收入。

具体模式为：选用苎麻中苎2号，密度3 000窝/亩；春管施用有机肥75kg/亩、复合肥37.5kg/亩、尿素25kg/亩。春管时将上述肥料混匀一次施用性均匀窝施、盖土，头麻、二麻收割后3日内按上述水平只施复合肥、尿素。加强病虫害防治，根据情况酌情施药。三麻收割后，配套移栽榨菜涪杂2号（或涪杂7号），密度3 000株/亩，施用人畜粪肥2 500kg/亩、复合肥40kg/亩、尿素14.2kg/亩。复合肥全作底肥一次施用，尿素作追肥分3次施用，施用时间为菜苗移栽后7d（1.1kg/亩）、30d（3.3kg/亩）、65d（9.9kg/亩），底肥及追肥混合人畜粪肥均匀窝施，加强病虫害防治，及时收获。

（4）麻菜套作种植模式示范

2013年2月，榨菜专家及农业技术员对试验站2012年在涪陵区同乐乡、龙潭镇39.6亩麻菜套作高产高效栽培模式示范进行测产。测产结果显示，榨菜平均亩产1 670kg，与当地大面积产量持平，收购均价0.60元/kg，亩增收1 002元。苎麻品种为中苎1号，加强了肥水管理、病虫防治等技术措施，经测产，示范片平均亩产原麻208.5kg，较净作（200.8kg/亩）增产7.7kg，增幅3.8%。

2013年9月至10月，试验站继续在涪陵区同乐乡、龙潭镇等地继续安排苎麻套作榨菜高产高效栽培模式示范片，示范片严格按照苎麻套作榨菜高产高效种植模式技术要点选用优良品种、加强苗床管理，于10月28日移栽榨菜、施足有机肥、NPK肥配合施用。

（5）苎麻新品种扩繁及示范栽培

2013年4~6月，采用嫩梢扦插法，分期分批在所内苗床扦插饲用苎麻S9439、中苎2号、中苎1号、川苎12号麻苗共3.8万株，在重庆清水湾良种鹅业有限公司垫江肉鹅养殖基地示范栽培2.5亩、武隆县示范栽培3.0亩；在涪陵区焦石镇龙井村示范苎麻饲喂肉牛28头，在垫江肉鹅养殖基地也进行了苎麻饲喂肉鹅示范。

2. 山坡地苎麻高产种植技术示范

（1）12°~15°山坡地苎麻种植试验示范

继续在示范县南川区进行适于山坡地种植的苎麻品种试验，采用对比试验法，小区面积0.05亩，比较当地主栽品种圆叶青与新品种川苎8号、中苎1号、中苎2号在12°~15°山坡地的生长适应性。测产结果显示：圆叶青亩产原麻161.48kg，川苎8号亩产原麻175.09kg，中苎1号亩产原麻169.23kg，中苎2号亩产原麻186.24kg。综合2011—2013年示范结果可知，新品种中苎2号生长速度快，原麻产量高，抗逆性强，适合于山坡等非耕地种植，其原麻产量较当地品种圆叶青增产可达15%以上。

（2）苎麻梯田式栽培模式和病虫草害防控技术示范

在南川区鸣玉镇金光村，以5年生中苎1号为示范品种，开展了3.5亩梯田式栽培模式示范、3.8亩山坡地施肥技术示范、2.7亩山坡地病虫草害防控技术示范。示范县于2013年11月完成三麻收获，经测产，三项示范全年亩产原麻分别为187.07、196.41、186.24kg，与2013年当地习惯种植方式的平均原麻产量161.72kg相比，增产15.2%以上。综合2011—2013年示范结果可知，梯田式栽培、山坡地施肥技术、病虫草害防控技术示范增产效果显著。

3. 苎麻抗逆栽培技术示范

（1）贫瘠土壤苎麻逆境栽培调控技术示范

2011—2012年对苎麻典型主产区水土保持现状进行调查，对示范点土壤进行测定分析发现，贫瘠土壤主要为开垦年代较近的壤土，具有酸、黏、板、瘦的特点，土层较薄，有机质偏少。2013年，试验站针对示范点土壤结构特点，以提高示范区纤用苎麻原麻产量及修复土壤为目标，提出调控技术要点，选用苎麻良种，合理密植，重施有机肥（如农家肥等），少施或不施化肥，防控病虫，及时收获。

（2）苎麻水土保持示范

2012年5月考察了三峡库区忠县陡坡地带的苎麻种植情况，完成了10亩苎麻固土保水效应示范片的先期踏勘工作和建设准备工作。2013年于三峡库区忠县任家镇陡坡地带进行10亩苎麻固土保水效应示范，示范苎麻品种为中苎1号、川苎12号，各苎麻品种于5~6月定植。示范县忠县的技术骨干按照试验站要求，定期观测记载苎麻固土保水效应。

4. 苎麻轻简化栽培技术示范

2011—2013年，在丰都县十直镇以中苎1号为参试品种，采用对比试验法进行成龄苎麻园轻简化免耕栽培试验，年收麻三季，原麻产量与常规管理相比有一定下降，下降幅度小于7%，但在人工投入上，免耕栽培比常规栽培节约劳动力6~8个/亩，且劳动强度明显减少，能较好地适应农村劳力不足的现状。试验站总结提出轻简化栽培技术要点，选用苎麻良种，以机耕、机收、机剥为核心，重施冬培肥及春管肥，防控病虫，及时收获。

（二）基础数据调研

1. 本区域科技立项与成果产出

调查了重庆市科委10年来资助的苎麻产业科研项目情况，共3个，其中工业领域2个、农业领域1个。2003年5月至2004年4月立项实施了“苎麻服装面料的开发与生产”，项目类别自然科学基金（院所转制），经费45万元，承担单位重庆市纺织工业研究所，项目负责人管泳秋。2008—2010年立项实施了“丰都县10万亩苎麻新品种改良及加工产业化技术开发”，项目类别三峡移民科技开发，经费40万元，承担单位是重庆一洋麻业有限公司，项目负责人刘家洋。2009年7月至2011年8月立项实施了“苎麻纤维高效脱胶菌株的筛选及应用于研究”，项目编号CSTC，2009SS1302，项目类别自然科学基金（一般），项目资金1.5万元，承担单位西南大学，负责人蓝广芊。

2. 本区域麻类种植与生产

至2013年12月，重庆市苎麻种植面积仍有10万亩左右，较高峰期明显缩减；同时，原麻收购价格回升缓慢，全年最高仅7.2元/kg。各区县在巩固苎麻种植面积方面进行了有益探索，如涪陵、丰都等地采用苎麻+榨菜套作模式，麻农每亩可增加收入1 000元以上；涪陵、垫江、忠县等进行了苎麻多用途技术示范，开展了饲用苎麻种植及饲喂肉牛、肉鹅示范和利用苎麻副产物栽培食用菌。

3. 本区域麻类加工与贸易

2013年年底，重庆市苎麻纺织企业主要有涪陵金龙有限公司（原金帝集团）、重庆美丝农业发展有限公司、重庆颐能有限公司等，主要加工产品有麻球、麻纱、棉纱、混纺纱等。近年来，重庆市荣昌夏布加工贸易发展良好，有重庆荣昌县易合纺织有限公司等4家夏布企业拥有自营进出口资格，主要出口到韩国、日本和东南亚等地，年创汇1 000万美元左右；前期主要是夏布初加工产品出口，目前已成功开发出了夏布画、夏布折扇、夏布床上用品等新产品。

4. 基础数据库信息收集

（1）土壤养分数据收集

2012年4～6月，采集试验站示范点土样60份，分析pH值、有机质，有效N、P、K、土壤酶等数据。2012年6月采集了麻类作物抗逆机理与土壤修复技术研究示范点土样，于2012年11月完成了土壤样品有机质及有效N、P、K含量的测定。观察及测定结果显示：示范点涪陵区同乐乡、忠县任家镇贫瘠土壤主要为开垦年代较近的壤土，具有酸、黏、板、瘦的特点，土层较薄，有机质偏少，主要是坡度较大的陡坡地带，土壤pH值普遍处于3.50～4.20，所采132分土壤样品中，仅14个样品pH值达到了4.70以上；土壤有机质含量较低，所采土样有机质含量最高值仅为9.12g/kg，62%的样品有机质含量低于7.00 g/kg，土壤碱解氮、有效磷、速效钾分别低于60.00、3.50、70.00mg/kg。

调查了重庆市苎麻主产区土壤基本情况并汇总。

（2）麻类加工企业信息收集

调研本区域苎麻主要加工企业，收集企业信息汇录如表10－21。

表10－21　本区域苎麻加工企业

企业名称	所在地	规模	主要加工对象	主要产品	优势与特点
重庆美丝农业发展有限公司	忠县	员工120人，总产值1 500万元，年产值3 500万元	苎麻	麻球、粗纱	
涪陵金龙有限公司（原金帝集团）	涪陵区	员工1 260人，总资产12 000万元，年产值15 000万元	苎麻、棉花	棉纱、麻纱、混纺纱	
重庆荣昌县易合纺织有限公司	重庆市荣昌县龙集镇	苎麻良种基地100亩，固定员工100人，季节性就业达10 000余人，总资产1 000万元，年产值9 000万元，年利税600万元	苎麻	夏布	传统工艺，全手工
重庆颐能有限公司	丰都县十直镇十字村3社	员工65人，总资产2 500万元，年产值4 500万元	苎麻	麻纱	

（三）区域技术支撑

2012—2013年举办“饲用苎麻新品种展示会”、“麻菜套作模式良种榨菜密植技术”、“苎麻嫩梢扦插快繁技术”、“苎麻养鹅综合技术”等培训会11次，培训岗位人员42人次，农技人员79人次，农民193人次，共计培训314人次。经过培训，示范中苎2号、中饲苎1号、川苎12号等新品种4个，培育纤用苎麻新品种示范户2个、饲用苎麻新品种示范户2个及苎麻养牛、养鹅大户各1个。翻印、发放麻菜套作、苎麻田间管理等技术宣传资料3 200余份，包括张德咏、朱春晖主编的《主要农作物病虫害简明识别手册麻类分册》，崔国贤主编的《苎麻栽培与利用新技术》，柏连阳、刘祥英、周小毛主编的《麻田杂草识别与防除技术》等。

1. 饲用苎麻新品种展示会

2012年5月21～22日，涪陵苎麻试验站召开“饲用苎麻新品种展示会”，中国农业科学院麻类研究所专家、试验站依托单位领导及试验站各示范县专业技术骨干、示范大户代表、团队成员等参加了会议。在随后6月、8月、9月已在本站试验基地、涪陵区焦石镇龙井村养牛大户示范种植10.3亩，其中S9439计4.1亩、中苎2号6.2亩。并在涪陵区焦石镇龙井村建设循环农业示范点1个，其主要模式是饲用苎麻和饲草栽培—肉牛饲养—牛粪饲养蚯蚓—蚯蚓养鸡—腐熟牛粪、鸡粪还田栽培苎麻等饲草和核桃等果树。

2. 苎麻嫩梢扦插快繁技术

对各示范县的农技人员及种植大户进行苎麻嫩梢快繁技术培训，并提供扦插苗10万余株。对农技人员和麻农就苎麻品种选择、麻园设计、开沟整厢、中耕除草、平衡施肥、适时收获等方面进行指导。

3. 麻菜套作模式良种榨菜密植技术

该技术是涪陵苎麻主产区的一项特色种植技术，其技术要点为：一是选用苎麻及榨菜良种；二是双膜覆盖、培育壮苗；三是适时移栽、合理密植；四是科学施肥、综合防治病虫草害；五是及时破秆、合理追肥，六是机械剥麻、提高工效，七是套作榨菜、增产增收，适时收获三麻，选用榨菜良种，增加种植密度，合理施肥。

五 宜春苎麻试验站

（一）技术集成与示范

1. 苎麻高产高效种植与多用途关键技术示范

宜春苎麻试验站选择优质、高产“中苎1号”苎麻品种建立15亩苎麻高产高效示范基地，并指定专人负责示范基地的技术实施，对示范基地实行高标准管理。组织试验站团队成员对三季麻进行经济性状调查和测产。

（1）三季麻经济性状调查结果（表10－22）

表10－22　2012年苎麻高产高效种植技术示范经济性状统计表

季别	收获日期（日/月）	亩有效株（株）	平均株高（cm）	平均茎粗（cm）	平均鲜皮厚（mm）	单株麻产量（g）
头麻	12/6	9 436	236.43	1.38	1.08	13.26
二麻	15/8	12 075	155.25	1.17	0.78	4.2
三麻	2/11	9 457	190.60	1.09	0.74	4.78
平均	—	10 322	194.1	1.21	0.87	7.41

（2）三季麻测产结果（表10－23）

表10－23　2012年苎麻高产高效种植技术示范三季麻测产统计表

季别	嫩茎梢麻叶（kg/亩）	麻骨麻屑（kg/亩）	原麻（kg/亩）	合计（kg/亩）
头麻	353.7	205.6	104.2	663.5
二麻	245.0	138.6	49.3	432.94
三麻	234.7	149.5	44.8	429.0
合计	833.4	493.7	198.3	1525.4

说明：①嫩茎梢麻叶晒干至60%～65%的含水量；②麻骨麻屑晒干至12%的含水量；③采用4BM－260型苎麻剥麻机收获

对照年度体系协议考核指标，苎麻原麻产量198.3kg接近任务指标，按苎麻嫩茎梢叶加麻骨麻屑加原麻总产量计算，总产量1525.4kg，比考核指标总产1 000kg超过525.4kg。

“苎麻高产高效种植与多用途关键技术示范”的实施2013年为第三年，经请示体系首席科学家，由首席办组织本体系岗位专家，按照体系统一测产验收方案分别于6月3日、8月3日和10月25日对宜春苎麻试验站的15亩示范田进行了测产验收。

（3）验收结果（表10－24、表10－25）

表10－24　苎麻高产高效种植示范三季麻测产经济性状调查汇总表

季别	平均单蔸有效株	株高（cm）	茎粗（mm）	鲜皮厚（mm）
头麻	6.28	248.53	12.20	0.95
二麻	6.88	176.58	11.74	1.01
三麻	10.4	152.71	10.05	0.66
平均	7.85	192.6	11.33	0.87

注：调查数据来源于头麻、二麻、三麻各季麻取样五个点，每一个点五蔸有效单株的平均

表10－25　宜春苎麻试验站高产高效示范三季麻测产结果汇总表

季别	总株数（株/亩）	原麻产量（kg/亩）	干麻叶产量（kg/亩）	干麻骨产量（kg/亩）	地上部总产（kg/亩）
头麻	17 360	150.73	165.8	403.3	719.8
二麻	14 710	108.3	172.2	263.8	544.3
三麻	19 610	68.86	280.6	241.7	591.2
全年合计	51 680	327.89	618.6	908.8	1 855.3

说明：①嫩茎梢麻叶晒干至7.5%以下的含水量；②麻骨麻屑晒干至5.5%的含水量；③用4BM－260型苎麻剥麻机收获

经专家测产验收，15亩“苎麻高产高效种植与多用途关键技术示范”三季麻测产结果达到和略超过了原麻、嫩茎叶、麻骨麻屑总产1 800kg的目标。

苎麻多用途利用方面宜春苎麻试验站与肉牛牦牛体系岗位专家、江西农业大学畜牧学院院长瞿明仁教授，高安肉牛试验站站长杨食堂合作，开展苎麻嫩梢叶青贮饲料的试验示范，本站示范区三麻嫩梢叶已运到高安试验站用于青贮试验。三麻的麻骨运送到湖南省娄底市涟沅县做食用菌培养基质。9月从湖南购进50羽鹅苗进行苎麻青饲养鹅的试验成功。

2. 非耕地苎麻种植关键技术示范

选用优质高产苎麻品种“中苎1号”，建立20亩的丘陵旱地苎麻种植示范点（万载县马步乡10亩、分宜县双林镇10亩），2012年对万载县马步乡10亩麻进行了测产，结果如表10－26、表10－27。

表10－26　2012年苎麻非耕地种植技术示范测产结果（1）

样点	Ⅰ		Ⅱ		Ⅲ	
	头麻	二麻	头麻	二麻	头麻	二麻
面积（m^2）	40.5	25.5	50.0	25.5	122.4	15.0
亩有效株（株）	5 430	9 980	6 000	10 530	7 870	10 700
单株麻产量（g）	13.35	6.74	13.5	6.65	10.3	7.26
取样点麻产量（kg）	4.4	3.0	6.1	3.15	14.9	2.1
折合亩产（kg）	72.4	66.7	81.0	70.0	81.0	77.7

（续表）

样点	Ⅰ		Ⅱ		Ⅲ	
	头麻	二麻	头麻	二麻	头麻	二麻
全年苎麻产量（kg）	139.1		151.0		158.7	
平均亩产（kg）			149.6			

表 10－27　2012 年苎麻非耕地种植技术示范测产结果（2）

麻季	产量（kg/亩）			
	原麻	嫩梢茎叶	麻骨	地上部生物量
头麻	78.0	258.0	170.0	506.5
二麻	71.5	313.8	180.9	566.2
合计	149.5	571.8	350.9	1 072.6

注：因气候异常影响，全年仅收获二季麻，其中头麻 6 月 25 日收获，二麻 8 月 28 日收获

因 2012 年上半年气候异常头麻收获时间延迟至 6 月下旬，二麻收获期推迟至 8 月下旬，导致三麻无收。二季麻测产结果平均亩产原麻 149.5kg，即将达到体系任务指标。二季麻苎麻嫩茎梢叶青贮饲料 571.8kg，麻骨麻屑 350.9kg，原麻 149.5kg，总产量 1 072.2kg，比考核指标总产 750kg 超过 322.2kg，完成任务。

2013 年宜春苎麻试验站组织技术人员对分宜县双林镇连片 10 亩丘陵旱地种植的中苎 1 号分别于 6 月 5 日、8 月 16 日和 10 月 22 日进行测产，测产方法按照体系统一的方案和技术标准，选择有代表性的 5 个点，测定单位面积总蔸数、总株数、鲜叶重、干叶重、鲜茎重、麻骨重、原麻重等，同时，分别对 5 个点进行 5 个单蔸的株高、茎粗、鲜皮厚等经济性状的测定（表 10－28、表 10－29）。

表 10－28　苎麻非耕地（248）示范三季麻测产经济性状调查汇总表

季别	平均单蔸有效株（株）	株高（cm）	茎粗（mm）	鲜皮厚（mm）
头麻	7.2	166.66	11.2	0.97
二麻	11	126.2	10.74	1.09
三麻	13.2	142.06	9.24	0.66
平均	10.4	144.95	10.39	0.91

注：调查数据来源于头麻、二麻、三麻各季麻取样五个点，每一个点五蔸有效单株的平均

表 10－29　苎麻非耕地（248）示范三季麻测产结果汇总表

季别	总株数（株/亩）	原麻产量（kg/亩）	干麻叶产量（kg/亩）	干麻骨产量（kg/亩）	地上部总产（kg/亩）
头麻	10 854	146.3	231.7	382.6	760.6
二麻	14 666	62.7	106.0	157.8	326.5
三麻	14 783	53.7	76.2	206.0	335.9
全年合计	40 303	262.7	413.9	746.4	1 423

说明：①嫩茎梢麻叶晒干至 7.5% 以下的含水量计算；②麻骨麻屑晒干至 5.5% 的含水量；③用 4BM－260 型苎麻剥麻机收获

从分宜县双林示范基地的测产结果看，原麻亩产超过 200kg，干麻叶超过 400kg，干麻骨亩产低于

800kg，原麻、麻叶、麻骨总产达到1 423kg，基本完成了任务。

3. 苎麻育苗技术示范

针对体系苎麻优异种质繁殖技术的试验示范的任务指标，宜春苎麻试验站应用苎麻嫩梢快速繁殖技术，扩繁苎麻高产优质品种“中苎1号”麻苗10 000株，“中苎2号”2 000株，本站选育品种4 000株，共繁殖种苗16 000株。苎麻嫩梢扦插繁殖成活率99%以上，特别是2013年采用营养钵扦插育苗和移栽成活率提高值得今后推广。

4. 苎麻病虫草害防控技术示范

在本所试验区建成3亩苎麻有害生物综合防控技术试验基地。为岗位专家调查研究创造有利条件，密切配合岗位专家开展工作，按技术进行试验示范，为岗位专家提供准确的试验或示范数据。

2013年按照国家麻类产业技术体系病害防控岗位专家海南省农业科学院植物保护研究所陈绵才研究员的设计，开展了苎麻炭疽病综合防控技术示范试验（表10－30）。分别对试验示范区的二季麻、三季麻进行了苎麻炭疽病的调查及防控试验，并按照专家的要求制作了示范基地标牌，完成了任务。

表10－30　宜春苎麻试验站苎麻炭疽病防治试验结果表（二麻）

调查日期	平均病情指数（%）		防治效果（%）
	防治区	对照区	
6月20日	28.93	16.44	
6月28日	9.27	16.84	69
7月8日	1.04	8.15	77

注：三麻发病轻未达到防治指标

5. 苎麻抗逆机理与土壤修复技术示范

在袁州区寨下乡长乐村建成5亩麻类作物抗逆机理与土壤修复技术研究试验地，为岗位专家工作开展提供便利，协助岗位专家搞好试验研究和示范。2013年本站对三季麻进行了取样测产（表10－31）。

表10－31　红壤荒坡地苎麻栽培调控技术示范三季麻测产结果

季别	测产点面积（m^2）	株高（cm）	茎粗（mm）	鲜皮厚（mm）	测产点产量（g）	折亩产量（kg）
头麻	14.8	224.87	14.3	1.06	1 692	76.2
二麻	9.5	202.8	12.72	1.05	976	68.5
三麻	10.85	203.79	12.34	0.9	1 076	66.1
平均	11.72	210.49	13.12	1.00	1 239	210.8

本试验示范2012年种植，2013年为第二年，测产结果，三季麻亩产超过200kg指标，完成任务。

（二）基础数据调研

1. 本区域科技立项与成果产出

2012年、2013年（“十二五”）江西省立项的科技支撑计划麻类研究项目“高纤维支数苎麻新品种选育”，编号20111BBF60010，资助经费5万元/年，项目承担单位：江西省麻类科学研究所，主持人龚秋林。

2. 本区域麻类种植与生产

经调查统计，宜春苎麻试验站5个示范县苎麻种植面积约3万余亩，在本区域内调查上高、万载、分宜、瑞昌和袁州区等示范县（区）苎麻面积、收获面积、收获方式、产量及效益等见表 10－32。

表 10－32　宜春苎麻试验站示范县苎麻生产情况

示范县	苎麻面积（万亩）	收获面积（万亩）	收获方式	苎麻产量（kg/亩）	产值（元/亩）
袁州区	0.5	0.15	手工收麻	90	800～900
万载县	0.2	0.07	手工收麻	90	900
上高县	0.35	0.20	手工收麻	110	800
分宜县	1.85	1.20	手工、机械	130	800～900
瑞昌市	0.10	—			

3. 本区域麻类加工与贸易

2013 年年底宜春苎麻试验站对江西麻纺企业进行了调查，有一些是做得比较好的企业。如夏布加工企业袁州日德、恩达等，深加工夏布床上用品，其他用夏布制作的各种门、窗帘、桌布、台布装饰品等。家纺产品有恩达家纺，针织袜业有江西井竹、恒康麻业。初加工企业有上高的江西天源麻业、江西青阳棉麻纺织、上高凌峰棉麻纺织、瑞昌鸿达、胜达、昌纬纺织有限公司、吉安永丰的绿宝麻业等加工企业。全省加工精干麻 17 600t、麻纺纱锭数 132 400锭，纺纱 10 665t，麻纺织机数 485 台，其中针织机（织袜机）265 台，年产苎麻布 565 万 m，深加工床上用品 28 000件套，麻袜 374 011双，其他产品 110 000件。苎麻产品的加工用去原麻 28 500t，精干麻 20 589t，麻纱 2 155t。苎麻加工的纱（包括纯麻纱、混纺纱）产品以销往国内纺织、针织企业为主，匹布部分销售国外，部分开发麻纺新产品，如家纺、床上用品、服装等。夏布多数深加工成旅游产品、家用餐、茶具垫，门、窗帘，手包及各种装饰品及丧葬用品等。主要销售日、韩、东南亚及欧洲等国家和地区。

4. 基础数据库信息收集

（1）土壤养分数据库

赴 5 示范县苎麻试验示范地采集土样 30 份，分析速效 N、P、K、有机质等养分数据。

在本区域内上高、万载、分宜、瑞昌和袁州区等示范基地采集土壤样品，分析速效 N、P、K、有机质等养分数据（表 10－33）。

表 10－33　江西苎麻产区土壤养分数据表

样品采集地	硝态氮（mg/kg）	铵态氮（mg/kg）	速效磷（mg/kg）	速效钾（mg/kg）	有机质（%）	pH 值
袁州区寨下乡长乐村	0.163	132	4.3	53.6	0.80	5.7
袁州区洪塘镇保山村	0.137	110.2	6.22	39.0	1.27	6.1
上高县南港镇南港村	0.10	0.94	4.83	40.3	2.10	6.5
上高县南港镇小坪村	0.13	100.2	5.02	50.2	2.50	6.9
万载县马步乡竹山洞	0.142	141.3	3.70	75.8	2.9	5.2
万载县马步乡泉塘村	0.137	135.5	3.60	69.1	2.72	5.4
分宜县双林镇双林村	0.99	92.5	8.90	110.6	1.93	5.9
分宜县双林镇大台村	0.10	98.9	8.60	95.1	1.88	6.1
瑞昌市范镇燕山村	0.145	154.5	2.20	88.7	3.43	5.4
瑞昌市范镇远景村	0.141	148.8	2.05	83.9	2.97	5.5

（2）苎麻种质资源及主栽品种系普数据库

每年按时上报江西省苎麻种质资源保存数量、苎麻新品种引进示范推广的品种名称、个数和推广面积等情况。2013 年江西省保存全省苎麻地方品种资源（包括新育成品种、材料）共 133 份。保存国内苎麻属野生种质资源 31 个种（变种）272 份，引进示范品种：中苎 1 号、中苎 2 号、华苎 4 号、川苎 12 号 4 个品种在科研和生产中试验示范，其中，中苎 1 号为主栽品种，在全省主产麻区推广 5 万亩。

（3）麻类加工企业

调研本区域主要涉农麻类加工企业 13 家，收集企业信息并汇录如表 10－34、表 10－35。

表 10－34 江西省主产麻区传统（夏布）加工企业基本情况统计 2013 年 12 月

企业名称	夏布加工规模		市场收购	夏布加工产品		说明
	织机（台）	织布（匹）	夏布（匹）	床上用品（件套）	其他麻产品（数量或产值）	
袁州日德麻纺织制品厂	95	10 000	40 000	25 000	100 万件（套）	其他麻产品为各种门、窗帘、桌布、台布装饰品等。
恩达麻世纪	100	150 000	600 000	100 万件套		床上装饰用品
上饶宏鑫实业有限公司	100	60 000	40 000		500 000	其他产品主要为孝服
万载双志夏布厂	122	20 352	30 225	700 000	500 000	床上用品为装饰用品 其他麻产品为装饰盒等产品
合计	295	21 万匹	68 万匹	172.5 万件套	200 万件（套）	

（三）区域技术支撑

1. 技术培训与服务

2012—2013 年培训岗位人员 17 人次，农技人员 31 人次，农民 15 人次，共计培训63 人次。通过培训，提高了受训人员的打麻机械技术操作和苎麻高产高效种植技术、苎麻病虫害防控能力。

（1）苎麻嫩梢扦插繁殖与种植技术。对各示范县的农技人员及种植大户进行苎麻嫩梢快繁技术培训，特别是应用营养体育苗新技术能显著提高麻苗移栽成活率，并提供扦插苗 30 000多株。并对农技人员和麻农就苎麻高产高效规范化种植、适时收获等方面进行现场指导和技术服务。

（2）苎麻副产物饲料化与食用菌基质化高效利用技术。苎麻副产物饲料化与食用菌基质化高效利用技术是中国农业科学院麻类研究所的一项新成果。该技术突破了传统单收纤维的生产方式，通过充分挖掘苎麻副产物高蛋白含量的特点，不仅将苎麻生物质资源的利用率提升到了 80% 以上，而且开辟了资源丰富的南方植物蛋白饲料与食用菌基质的新来源，并配套了轻简、实用的防霉变储藏技术。为加速该成果的推广应用力度，本年度试验站收集试验示范区的麻骨运送湖南连沅县的食用菌企业作食用菌培养料，苎麻嫩茎梢叶运送到肉牛牦牛体系高安肉牛试验站作青贮饲料喂养肉牛。

（3）为农业主管部门建立苎麻、黄/红麻科技、生产信息。江西省农业厅建立江西省麻类科技信息库，试验站搜集了近 20 年来的苎麻、黄/红麻的科技发展、科技成果、科技服务、苎麻、黄红麻生产等方面的资料和数据。为政府部门建立基础数据库提供准确数据与信息。

（4）为麻纺加工企业申报企改立项、技术开发评估、信息交流等服务。为江西恩达公司、井竹公司、恒康麻业等企业申报江西省工信委企改项目及新产品开发等评估咨询。江西井竹公司引进国家麻类产业技术体系加工研究室生物脱胶技术工艺，正式签订了合同。在刘正初研究员的指导下完成了工艺设计、施工设计，建厂前的准备工作，设备购置正在进行之中。

2. 突发事件应对

苎麻生产过程中一些突发性的恶劣气象灾害、地质灾害以及市场动荡等突发性事件试验站时刻关注，及时处理并上报到体系。在技术上与相关专家联系，在政策上与相关政府部门沟通和协商，争取

表 10－35　江西省主产麻区加工企业基本情况统计表（现代麻纺加工）

2013 年 12 月

企业名称	加工规模										
	脱胶	麻纱		麻布		麻产品			年加工所需原料数量		
	年加工精干麻（t）	纱锭数（锭）	年产麻纱（t）\[纯麻/混纺纱]	织机数（台）	年产量（万 m）	床上用品（件套）	针织品（麻袜等）	其他麻产品	原麻（t）	精干麻（t）	麻纱（t）
合　计	17 600	纯纺 44 000 混纺 50 000 汽流纺 384	纯 4 070 混 6 595	织机 222 袜机 265	565	28 000	374 011	110 000	28 500	20 589	纯 1 260 混 895
上高县		纯纺 10 000 汽流纺 384	纯 330 混 700	72	65					1 039	160
江西天源麻业		5 000	纯 330							647	
江西青阳棉麻纺织		5 000 汽流纺 384 头	混 380 混 320							209 183	
上高凌峰棉麻纺织				72	65						160
分宜县	15 000	纯纺 1 万 混纺 5 万	纯麻 1 400 混纺纱 5 895	150	500	10 000	372 961 双	服装 10 000	23 100	15 000	纯麻 400 混纺 895
恩达麻世纪	15 000	纯纺 1 万 混纺 5 万	纯麻 1 400 混纺纱 5 895	150	500	10 000	372 961 双	服装 10 000	23 100	15 000	纯麻 400 混纺 895
瑞昌县	2 000	19 000	2 100	—	—	—	—	—	4 500	4 000	—
瑞昌鸿达纺织有限公司		10 000	纯麻纱 1 000							4 000	
瑞昌昌纬纺织有限公司		3 000	纯麻纱 600						1 000		
袁州区	—	—	—	265 袜机		18 000	1 050 万双	10 万			700
江西井竹				120 袜机		18 000	850 万双	10 万			600
恒康麻业				145 袜机			200 万双				100
永丰县	600	5 000	240						900	550	
江西绿宝	600	5 000	240						900	550	

获得更多方面的支持，将损失减少到最低，充分发挥体系对产业的支撑作用。

六　沅江苎麻试验站

（一）技术集成与示范

1. 苎麻高产高效种植与多用途关键技术示范

（1）苎麻高产品种筛选与示范

2012 年在沅江石矶湖试验基地建设 15 亩试验示范基地，树立标示牌。于栽麻前采用低毒农药（2% 阿维菌素）按照推荐剂量施药防治地下病原线虫，防治后采集土壤样品，经蔗糖密度浮选法检测，基本检测不到病原线虫（用药前约为 200 条/100g 土）。采用嫩梢扦插繁殖法育苗，新栽苎麻中苎 1 号、中苎 2 号、NC03 各 5 亩。并于破秆前测量株高、茎粗、皮厚及生物量等农艺指标（表 10－36）。

表 10－36　2012 年苎麻农艺性状调查表

品种（系）	中苎 1 号	中苎 2 号	中苎 3 号（NC03）
株高（cm）	107.63 ±13.81	121.68 ±17.36	120.39 ±14.43
茎粗（cm）	10.88 ±1.47	10.30 ±1.60	11.16 ±1.41
皮厚（cm）	0.0400 ±0.006	0.0397 ±0.006	0.0403 ±0.005
鲜重生物量（kg/20 株）	3.39 ±0.30	3.22 ±0.62	3.74 ±1.43
原麻干重（kg/20 株）	0.091 ±0.028	0.113 ±0.024	0.106 ±0.031

注：中苎 1 号，株高、茎粗、皮厚均为 114 次测量的平均值 + 标准差。中苎 2 号，株高、茎粗、皮厚均为 107 次测量的平均值 + 标准差。NC03，株高、茎粗、皮厚均为 114 次测量的平均值 + 标准差。生物量鲜重、原麻干重均为 5 次测量的平均值 + 标准差

冬培期间采用小型农机具进行厢沟深挖，中耕施肥等管理操作。2013 年三季麻期间，适时开展了地下害虫、苎麻夜蛾和杂草防治，中耕施肥，灌水等操作，对技术工人和农户进行培训与示范；分别在每季麻收获前，取样并调查生物量、株高、茎粗、皮厚等农艺性状（表 10－37）。

表 10－37　2013 年苎麻农艺性状调查表

品种	季	有效株率（%）	生物量（kg）	原麻重（kg）	株高（cm）	茎粗（cm）	皮厚（cm）
中苎 1 号	头麻	—	11.80 ±0.46	0.49 ±0.01	207.04 ±14.81	1.44 ±0.08	0.89 ±0.01
	二麻	75.50 ±5.79	5.68 ±1.41	0.25 ±0.70	115.53 ±18.90	1.16 ±0.05	0.90 ±0.15
	三麻	74.30 ±3.10	8.90 ±0.13	0.21 ±0.04	166.07 ±6.48	1.17 ±0.03	0.61 ±0.02
中苎 2 号	头麻	—	11.57 ±0.31	0.56 ±0.01	231.86 ±7.69	1.37 ±0.12	0.90 ±0.03
	二麻	76.33 ±02.75	6.29 ±1.90	0.28 ±0.06	127.22 ±11.22	1.13 ±0.09	0.81 ±0.06
	三麻	81.62 ±12.42	6.09 ±0.49	0.19 ±0.01	132.41 ±2.62	1.09 ±0.04	0.71 ±0.02
NC03	二麻	82.73 ±4.63	4.35 ±0.17	0.18 ±0.03	113.99 ±8.89	1.11 ±0.08	0.72 ±0.04
	三麻	72.37 ±3.15	6.53 ±0.55	0.16 ±0.02	138.67 ±1.38	1.00 ±0.02	0.58 ±0.01

（2）机械化管理研究与示范

采用小型机械开展冬培开沟，中耕除草，喷药等管理，减少劳动力投入，提高工作效率。开展机械化、轻简化栽培试验示范，小型农机使用操作培训 30 多人次。2013 年 1 月，开展小型农机冬培与人工冬培比较试验，三季麻期间取样调查株高、茎粗、皮厚、生物量、产量等指标，比较发现，机械冬培和人工冬培相比，苎麻产量没有显著差异（表 10－38），说明机械冬培和人工冬培效果类似，可以替代手工冬培。

表 10－38　人工冬培和机械冬培苎麻产量比较

时间	冬培	有效株率（%）	9 蔸生物量（kg）	9 蔸鲜皮重（kg）	9 蔸原麻重（kg）
6 月 2 日	机械	—	6. 57 ±0. 72	0. 95 ±0. 05	0. 24 ±0. 15
	人工	—	6. 00 ±0. 17	0. 87 ±0. 08	0. 22 ±0. 02
7 月 31 日	机械	77. 48 ±4. 72	2. 72 ±0. 70	0. 64 ±0. 46	0. 07 ±0. 03
	人工	81. 53 ±9. 56	2. 63 ±0. 33	0. 33 ±0. 04	0. 09 ±0. 02
10 月 16 日	机械	68. 07 ±1. 63	5. 72 ±1. 36	0. 47 ±0. 03	0. 13 ±0. 04
	人工	71. 70 ±1. 09	3. 95 ±0. 77	0. 37 ±0. 10	0. 09 ±0. 02

（3）苎麻养鹅技术示范

与位于沅江市三眼塘镇南竹山村的湘丰鹅业公司合作，开展苎麻养鹅技术示范，示范面积 10 亩，肉鹅 5 000羽（表 10－39）；在产区开展养鹅大户调研，筛选意向用户，并组织示范县技术骨干和农户参观学习。

表 10－39　生态养鹅意向用户信息

市（县、区）	镇村	用户名	规模（羽）
大通湖区	河坝镇三财垸村	王文清	1 200
大通湖区	河坝镇老河口村	司马征	4 500
大通湖区	北周子镇	农民科学养殖专业合作社	500
沅江市	三眼塘镇南竹山村	蔡立谋	50 000

（4）苎麻青贮饲料打包、麻骨利用技术及推广

在产区开展养牛、食用菌栽培用户调研，筛选意向用户（表 10－40、表 10－41）。在沅江实验站石矶湖基地开展苎麻青贮饲料打包技术示范，为苎麻多用途岗位专家打包苎麻青贮饲料 220 多包，培训技术人员 40 多人次；培训苎麻副产物栽培食用菌示范县技术骨干 30 人次。

表 10－40　苎麻养牛意向用户信息

市（县、区）	镇村	用户名	规模（头）
大通湖区	金盆镇格子湖村	石小春	58
大通湖区	河坝镇银河社区	甘优良	65
大通湖区	北周子镇艺景农庄	黄学宏	80
大通湖区	北周子镇向东村	蔡立忠	130
大通湖区	北周子镇东红村	谢光清	120
汉寿县	龙阳镇仓儿总村	孙道宽	300

表 10－41　食用菌推广意向用户

姓名	面积	电话	地址
陈阳春	0. 40	138 **** 3543	花木兰居委会
彭自宏	2. 00	132 **** 7715	花木兰居委会
余运国	0. 60	151 **** 8754	花木兰居委会
赵绮	0. 40	151 **** 6282	花木兰居委会
姚开荣	0. 30	186 **** 5482	花木兰居委会

2. 苎麻育苗技术示范

在沅江石矶湖试验基地建设苎麻育种及制种试验示范基地 5 亩，并提供杂交育种、扦插育苗、田

间管理、品比试验及田间调研等科研服务。

在沅江实验站建立5亩苎麻扦插苗育苗基地，为示范县及用户提供优质苎麻苗育苗服务。

3. 可降解麻地膜生产与应用技术示范

配合麻地膜岗位专家，在沅江南大膳镇康宁垸村开展5亩麻地膜基布育秧技术示范，培训农技人员及农户22人次。

4. 苎麻收获与剥制机械的研究和集成

在益阳市大通湖区建设苎麻机械收获与剥制试验示范基地建设10亩，树立了标示牌。并于2012年8月16日组织召开了"沅江苎麻试验站机械剥麻技术现场示范会"。为该基地所在村提供剥麻机1台，现场培训示范县技术骨干，麻农20人次。2013年二麻收获期间，协助苎麻栽培岗位，在汉寿开展苎麻机械收获与剥制技术试验示范，对示范县技术骨干和麻农进行现场培训，培训麻农10多人次。

（二）基础数据调研

1. 麻类产业技术国内外研究进展数据库

通过网上搜索麻类研究资料和文献，下载整理苎麻、亚麻、黄红麻、大麻研究及技术资料160余份，主要是麻类栽培、麻类抗逆境生长、麻类遗传育种、麻类纤维加工、麻类脱胶技术等（表10-42）。

表10-42　麻类研究技术数据资料

麻种类	遗传	栽培	抗逆	纤维	收获	脱胶	营养	环保	能源
苎麻	9	5	4	4	—	6	—	—	—
亚麻	17	17	10	—	—	1	—	—	—
黄麻	7	1	8	—	1	—	1	—	—
红麻	14	10	3	—	2	—	—	6	8
大麻	7	9	0	2	—	—	3	—	—

2. 土壤养分数据库

赴5示范县苎麻试验示范地采集土样30余份，分析速效N、P、K、有机质等养分数据。

在本区域内沅江、汉寿、资阳、南县和大通湖示范基地采集土壤样品50余份，分析速效N、P、K、有机质等养分数据（表10-43）。

表10-43　沅江苎麻产区土壤养分数据

样品采集地	硝态氮（mg/kg）	铵态氮（mg/kg）	速效磷（mg/kg）	速效钾（mg/kg）	有机质（%）	pH值
南县华阁镇卫东村	22.81	6.11	59.66	35.64	4.44	6.80
大通湖河坝镇王兴村	13.64	5.02	66.88	56.72	4.26	7.56
汉寿蒋家嘴镇紫阳村	25.76	6.86	166.55	80.30	4.73	6.24
益阳资阳区茈湖口镇	44.87	8.88	121.13	44.97	4.24	6.78
沅江黄茅洲镇民心村	40.77	10.33	123.78	43.56	4.28	6.23
沅江石矶湖试验基地	12.14	5.63	124.34	92.61	3.73	6.33

3. 病虫害数据库

在本区域内开展苎麻病虫害发生情况调研。近两年，沅江地区苎麻头麻各种常见虫害（苎麻夜蛾、黄蛱蝶、赤蛱蝶等）发生较轻，苎麻天牛、苎麻花叶病发生相对较重；二麻、三麻苎麻夜蛾发生均较重。苎麻褐斑病、根腐线虫病均有发生，较轻。采集病虫害图片数据200余份。

4. 麻类加工企业

调研本区域主要涉农麻类加工企业8家，收集企业信息汇录如表10－44。

表10－44　沅江苎麻产区主要麻类加工企业信息

编号	企业名称	所在地	规模	主要加工对象	主要产品
1	沅江腾达棉麻纺织有限公司	沅江市	员工280人，总资产3 000万元，年产值5 000万元	苎麻、棉花	棉纱、麻纱、混纺纱
2	沅江市明星麻业有限公司	沅江市	员工1 400人，总资产9 993万元，年产值大于1亿元	苎麻、棉花	棉纱、麻纱、混纺纱
3	湖南省沅江市荣信纺织有限公司	沅江市黄茅洲镇	员工800人，注册资本2 600万元，年产值过亿元	苎麻、棉花	精干麻、麻纱，纯麻布，棉麻胶织布，牛仔布
4	益阳普华纺织印染有限公司	益阳市大通湖区	员工720人，总资产6 800万，年产值2亿元	棉花、苎麻	棉纱、棉混纺纱、麻纱、化纤纱
5	益阳市金胜纺织有限公司	益阳市大通湖区	员工400人，注册资本8 000万元，年产值2.8亿元	纯、混棉纱、籽棉加工	棉纱、麻纱、混纺纱
6	湖南光源麻业有限公司	常德市汉寿县	员工2 000多人，总资产1.68亿元，年产值过3亿元	苎麻	苎麻精干麻；开松麻；麻棉纱；苎麻布
7	湖南逐鹿苎麻纺织有限公司	常德市汉寿县	员工近1 000人，总资产8 500万元，年产值8 000多万元	苎麻	精干麻，苎麻纱线，高中档纯麻坯布、开松麻
8	汉寿县德乐纺织原料厂	常德市汉寿县	员工近300人，总资产8 000万元，年产值1亿元	苎麻	精干麻、纱线

5. 麻类产业技术相关资料数据库

查阅国内外麻类产业相关研究资料164篇，涵盖6种麻，包括育种、栽培、脱胶、纤维加工、副产物利用、新材料和能源等方面，分类整理（表10－45）。

表10－45　国内外麻类产业不同不同领域相关技术资料份数

	苎麻	黄麻	红麻	大麻	亚麻	剑麻
育种	C，4	I，6；B，4	A，1；C，1；J，2；B，1	As，1；C，2；a，1；It，1	C，3；Cn，7；R，2	C，5
栽培管理	C，1	B，3；C，1；I，2	C，1；G，1；J，1；K，1	G，2；H，1；It，2；w，1；Uk，1	C，1；Cn，2	C，1
副产物	C，5	I，2；J，1；S，1；M，1	Ca，1；I，1；K，1	C，4；I，1	C，2	C，1 T，4
脱胶	C，2	B，2；I，3	M，1；U，1；C，1	C，3；G，2；I，1；k，1；Uk，1	C，2	C，2
纤维加工	C，1；Sd，1	I，1；E，1	Gr，1；I，1；U，1；J，1	C，4	C，2；G，1	C，3；I，3；S，1；T，1
能源	C，2	—	C，4	—	—	C,1；T，4

（续表）

	苎麻	黄麻	红麻	大麻	亚麻	剑麻
新材料	As，1；C，4；J，1；U，4	C，2；I，3	M，2；T，1	C，1；D，1；I，1；S，1	C，3；Cn，1；Uk，1	C，4；T，1

注：A：阿根廷；As：澳大利亚；B：孟加拉；C：中国；Ca：喀麦隆；Cn：加拿大；D：丹麦；E：埃及；G：德国；Gr：希腊；I：印度；It：意大利；J：日本；K：韩国；M：马来西亚；N：荷兰；Rk：朝鲜；S：西班牙；Sd：瑞典；Sw：瑞士；T：坦桑尼亚；Tu：土耳其；U：美国；Uk：英国

6. 麻类机械数据库

通过互联网搜索，已查到国内外苎麻、亚麻、大麻、黄红麻、剑麻收获机械36型号，如表10－46。

表10－46 国内外麻类生产机械

麻类	环节	名称	功用	研制/生产厂家
苎麻	收获	6BL－24刮麻机	苎麻剥麻	嘉鱼县恒达农机有限公司
		BM－32剥麻机	苎麻剥麻	湖南省沅江市新安农机修造厂
		6BMF－28A1剥麻机	苎麻剥麻	云南昆华工贸总公司
		6BZ－400型苎麻剥麻机	苎麻剥麻	中国农业科学院麻类研究所
		FL－235型复刮式苎麻剥麻机	苎麻剥麻	涪陵区世勇建筑机械有限责任公司
		4BM－260型苎麻剥麻机	苎麻剥麻	中国农业科学院麻类研究所
		6BM－350型剥麻机	苎麻剥麻	中国农业科学院麻类研究所
		JBM－100苎麻直喂式动力剥麻机	苎麻剥麻	武汉金麻源科技责任有限公司
		6BX－40型苎麻剥制机	苎麻剥麻	益阳职业技术学院
		CD－2型全浮式打击轮式剥麻机	苎麻剥麻	四川乐山川本电器制造有限公司
		BM－C型苎麻动力剥麻机	苎麻剥麻	江西工业大学
		6BL－24刮麻机	苎麻剥麻	嘉鱼县恒达农机有限公司
亚麻	播种	2BY－14（26）行亚麻施肥播种机	播种，施肥	黑龙江省农业机械运用研究所
		2BXY－1型亚麻小区播种机	小区播种	黑龙江省农业机械运用研究所
	收获	4MBL－1.5型亚麻联合收获机	亚麻、胡麻拔取、脱果，麻秆铺晾晒	黑龙江省佳木斯东华收获机械制造有限公司
		4MBL－1.8型亚麻联合收获机	拔麻、脱籽	黑龙江省佳木斯东华收获机械制造有限公司
		4YZ－1.4型自走式拔麻机	把麻	黑龙江省农业机械运用研究所
		4YM－140前悬挂式拔麻机	拔麻	黑龙江省农业机械运用研究所
		4MBL－1.2型亚麻联合收获机	拔麻、脱籽	黑龙江省勃农机械有限公司
		5TY－140型牵引式亚麻脱粒机	亚麻、胡麻脱粒	黑龙江省农业机械运用研究所
		5TYM－400型亚麻脱粒机		
		YMF－1型亚麻翻铺机	翻铺	黑龙江省赵光机械厂
		4YZ－140型自走式拔麻机	拔麻	黑龙江省农业机械运用研究所
		4YM－110型前悬挂式亚麻收获机	拔麻	新疆农业科学院农业机械化研究所
		6YBM－750×3200型固定式剥麻机	剥麻	黑龙江省农业机械运用研究所
		Vicon Greenland 1601	收割	法国
		New Holland BR740 ＋ KIT LIN	收割	法国
		пк－4A型亚麻收割机	收割	俄罗斯
	加工	6BY－870型亚麻打麻联合机	亚麻干茎加工	黑龙江农垦正通农业机械工程有限公
黄红麻	收获	4GL－180新型黄麻收割机	秸秆收割	禹城市亚泰机械制造有限公司
		4GHM－12型黄红麻收割机	秸秆收割	中国农业科学院麻类研究所
		HB－500黄红麻剥皮机	碎秆、剥皮	中国农业科学院麻类研究所
		6BM－1000型黄红麻剥麻机		
剑麻	剥制	GM25刮麻机	刮麻	淮安市万德机械有限公司

（续表）

麻类	环节	名称	功用	研制/生产厂家
大麻	收获	4GL－185 大麻收割机	收获	山东宁联机械制造有限公司
		hemp harvester	收割	捷克共和国

7. 苎麻野生资源样本收集

2012 年，赴广西地区收集野生资源样本 7 份，具体信息见表 10－47。

表 10－47　苎麻野生种质资源

采集号	地点	海拔	经度	纬度	种质类型	收集材料
1	广西凭祥	423	106.46	22.06	野生	根
2	广西龙州	225	106.87	22.51	野生	根
3	广西靖西	730	106.19	22.52	野生	根
4	广西那坡	1009	105.5	23.27	野生	根
5	广西德保	669	106.35	23.17	野生	根
6	广西河池	200	108.08	24.42	野生	根
7	广西金秀	750	110.11	24.08	野生	根

2013 年从贵州西南部地区共收集资源 42 份，麻类种质资源 32 份，其中栽培种质 7 份，大叶苎麻、水苎麻、序叶苎麻等野生种质 25 份。

8. 本区域科技立项与生产情况

（1）科技立项情况

2012 年、2013 年（“十二五”）沅江苎麻试验站立项科技计划项目有 3 项：

国家自然科学基金项目“根腐线虫诱导的苎麻基因表达谱研究及抗性相关基因的克隆”，编号 31201494，资助总经费 23 万元（2013.01—2015.12），项目承担单位：中国农业科学院麻类研究所，主持人余永廷。

湖南省科技计划项目“苎麻品种 DNA 分子身份证的构建”，资助经费 1 万元/年，时间：2012.01—2013.12，项目承担单位：中国农业科学院麻类研究所，主持人王晓飞。

湖南省基金项目“基于苎麻核心种质的纤维细度全基因组关联分析及有效分子标记验证”，编号 13JJ4116，资助经费 1.3 万元/年，时间：2013.01—2015.12，项目承担单位：中国农业科学院麻类研究所，主持人栾明宝。

（2）生产情况

2012 年，沅江苎麻试验站下属 5 个示范县（沅江、资阳、南县、大通湖和汉寿）区域，苎麻种植面积约 3 万亩，2013 年约 2.5 万亩，呈现逐年下滑趋势。种植主要采用嫩梢扦插繁殖，管理松散甚至没有管理，收获大部分采用人工收获，手工剥制；亩产原麻产量约 200～250kg，原麻价格较低（约 4.6 元/kg），亩收益为 1 000元左右。

（三）区域技术支撑

1. 技术培训与服务

2012—2013 年培训岗位人员 27 人次，农技人员 77 人次，农民 99 人次，共计培训各类人员 203 人次。

（1）苎麻嫩梢扦插繁殖与种植技术

对各示范县的农技人员及种植大户进行苎麻嫩梢快繁技术培训，并提供扦插苗30 000多株。对农技人员和麻农就苎麻品种选择、麻园设计、开沟整厢、中耕除草、平衡施肥、适时收获等方面进行指导。

（2）苎麻副产物饲料化与食用菌基质化高效利用技术

该技术突破了传统单收纤维的生产方式，通过充分挖掘苎麻副产物高蛋白含量的特点，不仅将苎麻生物质资源的利用率提升到了80%以上，而且开辟了资源丰富的南方植物蛋白饲料与食用菌基质的新来源，并配套了轻简、实用的防霉变储藏技术。该技术是中国农业科学院麻类研究所的一项新成果。为加速该成果的推广应用力度，本年度采用集中培训、现场示范等方式，培训苎麻青贮饲料打包技术、苎麻青贮饲料饲喂肉牛与肉鹅技术等。

（3）机械化栽培与剥制技术

应用小型剥麻机对各示范县技术骨干及麻农进行培训，推广使用小型剥麻机，提高苎麻剥制效率，减轻麻农劳动强度。

2. 突发事件应对

调研洞庭湖区域苎麻产业的动态信息和突发性问题，及时向产业体系提交有关信息和突发性应急、防控的技术建议，并组织开展相关应急性技术指导和培训工作。

第十一章 亚 麻

一 伊犁亚麻试验站

（一）技术集成与示范

1. 亚麻高产高效种植与多用途关键技术示范

结合伊犁哈萨克自治州（简称伊犁州、伊犁，全书同）当地生态条件，以亚麻新品种伊 97042 为核心品种，通过技术集成，初步形成与其配套的高产高效种植技术 1 套，在新源县坎苏乡 2012 年示范 20 亩，2013 年示范 30 亩，亩产原茎达 470，比临近亚麻田增产 16.2%，亩效益 480 元。

建立亚麻高产高效种植示范点 50 亩，种植品种为 TX－3，通过配套种植技术的应用，实现亩产原茎 450kg，比对照增产 15.5%，亩效益 460 元。

2. 亚麻育种与制种技术示范

（1）高产亚麻品种示范

2012 年在特克斯县农业科技示范园示范 2 个亚麻新品种 TX－3 和伊 97042，示范面积 8 亩，每个品种 4 亩，亩产分别为 460、450kg，分别比对照（398kg）增产 15.6%、13.1%。在尼勒克县示范 2 个亚麻品种天鑫 13 号和戴安娜，亩产分别为 436、429kg，原茎分别比对照（390kg）增产 11.8%、10.0%。

2013 年在新源县农业科技示范园示范亚麻新品种伊 97042 和中亚麻 2 号，示范面积 8 亩，每个品种 4 亩，原茎亩产分别为 458、455kg，分别比对照增产 12.53%、11.79%。在尼勒克县示范亚麻品种中亚麻 2 号和 Su，示范面积 10 亩，每个品种 5 亩，原茎亩产分别为 438、432kg，分别比对照增产 10.89%、9.36%（表 11－1）。

表 11－1 2013 年亚麻品种示范结果

示范地点	示范品种	示范面积（亩）	平均亩产（kg）	比对照增产（%）
特克斯县	伊 97042	4	458	12.53
	中亚麻 2 号	4	455	11.79
	CK（范尼）	5	407	—
尼勒克县	中亚麻 2 号	5	438	10.89
	Su	5	432	9.36
	CK（范尼）	5	395	—
合计示范面积（不含对照）		18		

(2) 亚麻新品种展示

2012 年在新源县展示黑亚 16 号、中亚麻 2 号 2 个新品种，每个品种 0.5 亩，原茎亩产分别为 480、465kg，分别比对照（420kg）增产 14.3%、10.7%。在伊犁哈萨克自治州农业科学研究所（简称伊犁州农科所，全书同）展示 2011－4、N－22 2 个新品系，每个品种 0.5 亩，亩产分别为 457、448kg，分别比对照（406kg）增产 12.6%、10.3%。

2013 年在特克斯县农业科技示范园展示黑亚 16 号、黑亚 20 号、2011－4（中亚麻 3 号）、N－22（伊亚 5 号）等 4 个新品种，每个品种 0.5 亩，原茎亩产分别为 491.91、451.12、491.65、491.29kg，分别比对照增产 15.23%、5.68%、15.17%、15.09%（表 11－2）。

表 11－2 伊犁亚麻试验站 2013 年亚麻品种展示结果

示范品种	示范地点	示范面积（亩）	亩产（kg）	比对照增产（%）
黑亚 16 号	特克斯县	0.5	491.91	15.23
黑亚 20 号	特克斯县	0.5	451.12	5.68
2011－4	特克斯县	0.5	491.65	15.17
N－22	特克斯县	0.5	491.29	15.09
CK（范尼）	特克斯县	0.5	426.88	—

(3) 亚麻高效繁种技术示范。

2012 年在巩留县羊场示范亚麻高效繁种技术，示范面积 20 亩，种植品种为中亚麻 2 号，亩播量 7kg，比其他生产田少 3kg，种子成熟期收获，亩产种子 75kg，籽粒比周边农户（50kg）亩增产 50%，亚麻原茎 350kg，合计亩增效益 90 元。

2013 年在巩留县羊场示范亚麻高效繁种技术，示范面积 10 亩，种植品种为伊 97 042，亩播量 7kg，比其他生产田少 3kg，种子成熟期收获，亩产种子 77kg，籽粒比周边农户（55kg）亩增产 40%，亚麻原茎 360kg，合计亩增效益 100 元。

3. 亚麻病虫草害防控技术示范

(1) 亚麻白粉病防控技术试验示范

筛选出 40% 福星乳油和 43% 好力克悬浮剂 2 种杀菌剂进行示范，示范面积 10 亩，示范结果，2 种杀菌剂相对防效分别为 84.73% 和 86.22%（表 11－3），基本控制了白粉病的危害，在此基础上以 43% 好力克悬浮剂为主，初步制定出亚麻白粉病防控技术 1 套。

表 11－3 杀菌剂对亚麻白粉病的防治示范效果

处 理	第 1 次调查（6 月 19 日）		第 1 次喷药（日/月）	第 2 次调查（6 月 27 日）		第 2 次喷药（日/月）	第 3 次调查（7 月 9 日）	
	病情指数（%）	相对防效（%）		病情指数（%）	相对防效（%）		病情指数（%）	相对防效（%）
福星（40% 氟硅唑）	0.00	0.00	20/6	0.57	82.74	2/7	9.77	84.73
好力克（43% 戊唑醇）	0.00	0.00	20/6	0.00	100	2/7	7.20	86.22
对照（CK）	0.00	—	20/6	3.31	—	2/7	64.00	—

（2）亚麻田杂草防控技术示范

在尼勒克县科技示范园示范亚麻田杂草防控技术，示范面积10亩，种植品种为中亚麻2号，选用高效、低毒亚麻杂草防控药剂，亩用立清乳油24g（有效含量）防除阔叶杂草、高效盖草能5g（有效含量）防除单子叶杂草，对水30kg混合均匀，苗高8cm时叶面喷洒，防效95%，示范效果明显。

4. 亚麻轻简化栽培技术研究与示范

（1）亚麻机械作业栽培技术

将集成的亚麻机械化作业技术应用于生产，在昭苏县马场示范基地示范亚麻栽培30亩，种植品种为TX-3。从整地、播种、田间管理、收获全程机械化。示范效果良好，亩产原茎440kg，亩节省成本120元，亩收益相应增加120元。通过使用机械化栽培技术，节省了大量劳动力，进一步提高了麻农种植效益。

（2）示范亚麻雨露沤制技术

在昭苏县亚麻示范基地进行亚麻机械收获示范，机械拔麻和脱粒一次完成，麻秆就地进行雨露沤制示范，示范面积10亩，沤制过程中人工翻麻一次，雨露沤制的长麻率为17.7%，比温水沤制的长麻率（16%）高1.7%，明显优于温水麻。

（二）基础数据调研

1. 麻类产业研发人员数据库

收集到新疆维吾尔自治区（简称新疆，全书同）从事亚麻研发人员12人的数据信息等，涉及内容包括姓名、性别、单位、年龄、研究方向等基本信息。12人中有9人在伊犁州农科所从事亚麻育种及栽培研究等相关工作，新疆农业科学院有3人从事亚麻引种及栽培研究。新疆拜城油料试验站有1人从事亚麻引种推广工作。

2. 麻类作物草害种类及发生情况数据库

在亚麻现蕾前，对示范县种植亚麻的主要乡镇进行调查，基本掌握了新疆亚麻主产区亚麻田中13种杂草发生情况等数据。阔叶草和禾本科杂草均有为害，主要是灰藜、卷茎蓼、苋菜、苣荬菜、田菮花、桃叶蓼、大麻、龙葵、小蓟、节节草、野燕麦、狗尾草、稗草等13种。

3. 麻类作物轻简化栽培技术数据库

通过收集本区域亚麻栽培技术，经整理分析，完善了新疆“亚麻机械化栽培技术”等轻简化栽培技术的操作要点、注意事项等数据。操作要点：①实行上年秋翻，利于冬季储备雪墒；②播前整地要求上虚下实；③使用谷物播种机播两遍，播种深度不能超过4cm；④工艺成熟期及时收获。注意事项：机械喷洒除草剂要用标杆标记，避免重复喷洒或漏喷。

4. 本区域麻类种植与生产

2012年伊犁河谷种植亚麻2.66万亩，总产1.11万t，平均单产417kg，亩效益434元；2013年种植面积1.76万亩，总产0.69万t，平均单产392kg，亩效益384元；2012—2013年亚麻原茎收购价为2.0~2.4元。新品种及配套技术应用面积400亩，平均亩产462kg。亚麻成熟期巩留县采用人工收获，其他示范县均采用机械收获。

5. 本区域麻类加工与贸易

2012—2013年连续两年对伊犁亚麻加工企业进行了调查，本区域有巩留县亚麻制品有限公司、昭苏县亚麻制品有限公司、农四师75团金地亚麻厂等3家民营企业。巩留县亚麻采用温水沤制，昭苏县亚麻采用雨露沤制。亚麻加工仍然是初级产品，均为打成麻，每年4~10月加工生产。受市场影响，生产线开工不足1/3，年加工麻8 000多t。打成麻在国内销售，长麻价格1.4万~1.6万元/t。

（三）区域技术支撑

2012—2013 年共举办技术培训和现场观摩会 5 次，培训示范县技术骨干、乡镇农技人员、亚麻种植户 231 人次，重点培训“亚麻新品种应用”和“亚麻高产高效种植技术”，现场发放汉文、维吾尔文、哈萨克文 3 种文字新品种介绍和栽培技术材料 700 份。

（1）开展示范基地建设

按照农业部和首席科学家的要求，结合伊犁河谷各示范县不同的种植特点，在试验站依托单位试验区和本区域 5 个示范县建立 6 个现代农业技术示范基地，总面积 120 亩，其中伊犁州农科所 50 亩、尼勒克县科技示范园 10 亩、新源县坎苏乡 20 亩、巩留县羊场 20 亩、特克斯县农业科技示范园 10 亩、昭苏县马场 30 亩。各示范基地统一标准制作树立了规范的标牌，将示范的核心技术、负责人、联系方式等信息对外公布。6 个示范基地在伊犁河谷不同县、乡、镇发挥着样板作用，有效带动了亚麻产业的技术升级和效益提升。示范基地的建设，为伊犁州特色农业发展提供了有力的科技支撑。

（2）开展科技服务活动

新疆伊犁亚麻试验站根据本区域实际情况，结合伊犁州“科技下乡活动”，在亚麻播种到收获期，先后到 5 个示范县的亚麻田进行现场技术指导 32 人次，亚麻生长期间先后接受技术咨询 30 人次。以解决实际问题为出发点，重点讲解亚麻新品种的特性和优势以及栽培技术的使用、病虫草害防治等，为农民提供亚麻生产全程技术服务。并利用电话、伊犁农业信息网、现场调查指导等途径和方式，为农民提供技术服务，提高了服务效率，为农民节省了时间，解决了问题，以科技服务活动促进产业发展。

（3）新疆亚麻产业基础资料数据收集与建档

按照亚麻育种岗位专家关凤芝研究员的安排，试验站收集、整理了新疆亚麻主产县的亚麻产业基础数据，完善了新疆亚麻生产、研发、试验、示范技术档案，并将有关资料上报相关岗位专家。

（4）积极宣传麻类体系

利用报纸、电视、网络等媒介宣传麻类产业技术体系。在伊犁州农业信息网上刊登了 2 篇关于亚麻产业技术体系的信息和资料。新源、昭苏 2 个示范县的电视台 2 次报道了试验站开展技术培训、试验示范、技术服务、现场观摩会等工作的情况，展示了麻类体系良好形象。

（5）大力推广亚麻高产高效种植技术

通过伊犁州党委远程教育网络开展了《亚麻高产高效栽培技术》视频讲座，据相关部门不完全统计，收看讲座的县、乡、镇农技人员和农民约 234 人。

在伊犁州农科所示范基地进行了亚麻滴灌的示范，逐步完善了滴灌技术，与常规大水漫灌相比，采用滴灌方式，不需雇工浇水，仅需技术人员进行简单的技术操作即可完成浇水任务，可以有效节约劳动力，在节约用水的同时提高亚麻产量和种植效益。

二 长春亚麻试验站

（一）技术集成与示范

1. 非耕地亚麻种植关键技术研究与示范

（1）耐盐碱亚麻品种筛选

2012 年在前郭、乾安两个盐碱地亚麻主产区，结合“亚麻品种筛选”试验进行，主要选择0.3% ~ 0.5% 盐碱度土壤农田，应用的品种为通过盆栽或在重盐碱地压力处理筛选的种子。本年度通过试验鉴定初步结果筛选出耐盐碱亚麻品种2个，为吉亚2号、阿卡塔，原茎产量为4 783.33、4 450kg/hm²，分别比对照提高21.86%、13.37%；长麻率为15.25%、15.42%，分别比对照提高1.77、1.94个百分点；长麻产量525.11、510.48kg/hm²，分别比对照提高34.55%、30.8%；全麻率为26.98%、28.96%，分别比对照提高0.6、2.58个百分点；全麻产量934.04、942.05kg/hm²，分别比对照提高22.29%、23.34%（表11－4）。

表11－4　2012年亚麻盐碱品种筛选试验汇总表

材料名称	原茎产量（kg/hm²）	种子产量（kg/hm²）	全麻率（%）	全麻产量（kg/hm²）
吉亚5号	4 216.7	502.0	26.3	819.2
吉亚2号	4 783.3	676.0	27.0	934.0
吉亚3号	4 216.7	662.3	27.2	870.8
吉亚4号	4 600.0	549.0	26.0	888.3
戴安娜	3 866.7	729.3	30.2	873.7
黑亚19号	3 483.3	661.3	25.1	645.1
中亚麻2号	3 750.0	596.7	26.9	717.4
黑亚14号	4 516.7	560.0	25.8	875.6
黑亚16号	4 166.7	689.7	28.0	840.0
双亚6号	4 600.0	516.0	23.8	807.1
阿卡塔	4 450.0	739.7	29.0	942.1
吉亚1号（CK）	3 925.2	572.5	26.4	763.8

2013年继续在乾安与前郭进行盐碱地品种筛选试验鉴定，结果筛选出的耐盐碱亚麻品种仍为吉亚2号、阿卡塔，原茎产量分别为4 270、4 096.7kg/hm²，分别比对照（为吉亚1号）提高12%、4%；长麻率为15.9%、17.8%，分别比对照提高1.1、2.9个百分点；长麻产量518.4、558.8kg/hm²，分别比对照提高17%、26%；全麻率为28.8%、30.6%，分别比对照提高0.8、2.6个百分点；全麻产量939.2、968.8kg/hm²，分别比对照提高12%、16%（表11－5）。

表11－5　2013年亚麻盐碱品种筛选试验汇总表

材料名称	原茎产量（kg/hm²）	种子产量（kg/hm²）	全麻率（%）	全麻产量（kg/hm²）
黑亚16号	4 390.0	516.3	27.4	919.5
吉亚2号	4 270.0	585.0	28.8	939.2
吉亚3号	4 253.3	470.8	29.5	951.0
吉亚4号	4 296.7	494.1	27.3	913.7
戴安娜	3 920.0	628.5	29.1	874.7
黑亚19号	3 366.7	561.0	26.9	710.1
中亚麻2号	3 810.0	533.3	29.5	848.9
黑亚14号	4 016.7	495.3	27.8	872.8
吉亚5号	3 953.3	506.3	30.1	901.1
双亚6号	4 503.3	492.3	27.9	936.5

（续表）

材料名称	原茎产量（kg/hm²）	种子产量（kg/hm²）	全麻率（%）	全麻产量（kg/hm²）
阿卡塔	4 096.7	529.6	30.6	968.8
吉亚1号（CK）	3 925.3	482.6	28.0	838.6

（2）沿江滩涂地亚麻种植技术示范

2012年及2013年均在蛟河市松江镇松花湖上游沿江滩涂地进行“沿江地亚麻种植技术示范”，示范面积均为15亩。示范亚麻品种为戴安娜、吉亚4号，采取提前播种、适时收获等措施试验示范亚麻种植技术。两年示范效果见表11－6。沿江地亚麻种植技术示范推广，利用非耕地种植亚麻推进了亚麻产业的发展。

表11－6 沿江地亚麻种植技术示范情况表

年份	示范效果
2012	平均原茎亩产358kg，比周边非示范田平均增产11.9%。全麻率为28.4%较非示范田提高0.98百分点。麻农亩增产原茎38.1kg，增加收入76.20元；加工企业吨增效98元
2013	平均原茎亩产333kg，比周边生产田平均增产10.2%。全麻率为27.13%较生产田提高0.83百分点。麻农亩增产原茎30.8kg，增加收入61.60元；加工企业吨增效83元

（3）耐盐碱亚麻品种试验示范

耐盐碱亚麻品种试验示范2012年分别在示范县乾安县水字镇、前郭县八朗镇设置，示范面积各为10亩。示范亚麻品种为吉亚2号、阿卡塔。主要采取选择耐盐碱亚麻品种、改变播种技术（浅播种、轻镇压、加大播种量）、施用酸性肥料等示范技术。示范结果经取样测定示范田原茎产量为318.89kg/亩，较非示范田提高11.24%；全麻率为26.98%，较非示范田提高0.22个百分点；全麻产量为62.27kg/亩，较非示范田提高10.71%；种子产量45.07kg/亩（表11－7）。通过耐盐碱亚麻品种试验示范，使麻农亩增产原茎32.22kg，增加收入64.44元；提高出麻率使亚麻加工企业生产每吨原茎增加效益220元。

表11－7 2012年耐盐碱亚麻品种试验示范效果统计表

地点	品种	处理	原茎产量（kg/hm²）	全麻率（%）	全麻产量（kg/hm²）	种子产量（kg/hm²）
乾安	阿卡塔	示范田	3 000.00	28.34	612.00	533.25
		常规生产田	2 688.45	28.08	560.10	573.00
前郭县	吉亚2号	示范田	6 566.70	25.62	1 255.95	818.70
		常规生产田	5 922.30	25.35	1 119.90	787.50

2013年度继续进行耐盐碱亚麻品种试验示范，设置在乾安县鹿场、前郭县八朗镇，示范亚麻品种为吉亚2号。示范结果经取样测定示范田原茎产量为271.1kg/亩，较生产田提高8.48%；全麻率为29.325%，较生产田提高1.535个百分点；全麻产量为58.885kg/亩，较生产田提高10.88%；种子产量41.13kg/亩（表11－8）。通过耐盐碱亚麻品种试验示范，使麻农亩增产原茎18.8kg，增加收入37.6元；提高出麻率使亚麻加工企业生产每吨原茎增加效益153.5元。

表 11 -8　2013 年耐盐碱亚麻品种试验示范效果统计表

地点	品种	处理	原茎产量（kg/hm²）	全麻率（%）	全麻产量（kg/hm²）	种子产量（kg/hm²）
乾安	阿卡塔	示范田	2 133.00	30.62	531.15	565.20
		常规生产田	1 929.00	28.75	443.70	387.30
前郭县	吉亚 2 号	示范田	6 000.00	28.03	1 235.40	668.70
		常规生产田	5 640.00	26.83	1 210.50	576.75

（4）亚麻品种筛选和展示

在 2011 年试验基础上，2012 年、2013 年亚麻品种筛选和展示继续选择本体系岗位专家、试验站选育、引进亚麻新品种：吉亚 2、3、4 号，黑亚 14、16、19 号，戴安娜、双亚 6 号，中亚麻 2 号，阿卡塔和吉亚 5 号等 11 个品种，进行田间综合鉴定和品种比较试验，随机区组 3 次重复，小区面积 5m²。选择吉亚 2、3、4 号，黑亚 14 号，戴安娜，中亚麻 2 号，阿卡塔等优良亚麻品种 7 个，在本试验站及 5 个县进行品种集中展示，每个品种规范种植 0.5 亩。

在吉林省 6 点次品种筛选试验，通过田间观察、调查检测、室内考种统计分析，综合经济性状表现较好的分别吉亚 2 号、黑亚 16 号、阿卡塔。2012 年及 2013 年试验结果详情分别见表 11 -9、表 11 -10。

表 11 -9　2012 年亚麻品种筛选试验六点次汇总

品种	产量（kg/hm²）				出茎率（%）	长麻率（%）	全麻率（%）
	种子	原茎	长麻	全麻			
吉亚 5 号	371.8	6 205.6	600.9	1 216.8	73.8	13.2	26.5
吉亚 2 号	456.8	6 420.6	692.2	1 293.9	73.5	14.9	27.5
吉亚 3 号	439.8	5 680.6	646.8	1 222.2	75.6	14.7	28.2
吉亚 4 号	407.1	5 830.6	630.8	1 160.0	73.9	14.6	26.9
戴安娜	532.3	5 644.4	610.9	1 269.4	74.4	14.2	30.4
黑亚 19 号	450.6	4 844.4	458.7	1 000.6	74.8	12.4	27.2
中亚麻 2 号	487.1	5 616.7	540.8	1 157.6	73.7	13.1	27.8
黑亚 14 号	401.4	5 627.8	579.6	1 102.0	73.4	13.8	26.4
黑亚 16 号	553.7	5 922.2	640.9	1 285.0	73.0	14.7	29.5
双亚 6 号	406.5	6 361.1	604.1	1 230.4	74.2	12.4	25.7
阿卡塔	628.2	6 358.3	682.4	1 376.4	74.9	14.3	28.9
吉亚 1 号（CK）	426.5	5 613.3	569.4	1 086.9	73.3	13.8	26.4

表 11 -10　2013 年亚麻品种筛选试验六点次汇总

品种	产量（kg/hm²）				出茎率（%）	长麻率（%）	全麻率（%）
	种子	原茎	长麻	全麻			
吉亚 5 号	375.9	5 612.2	675.6	1 193.8	75.5	15.9	28.2
吉亚 2 号	393.4	5 572.2	679.0	1 203.9	75.7	16.1	28.7
吉亚 3 号	342.1	5 018.9	611.4	1 101.4	76.1	16.1	29.1

（续表）

品种	产量（kg/hm²）				出茎率（%）	长麻率（%）	全麻率（%）
	种子	原茎	长麻	全麻			
吉亚 4 号	323.5	5 444.4	674.6	1 130.0	75.8	16.2	27.5
戴安娜	475.0	5 403.3	622.2	1 191.2	77.8	14.8	28.5
黑亚 19 号	393.4	4 395.6	448.8	922.8	76.6	13.2	27.4
中亚麻 2 号	387.5	4 892.2	523.3	1 027.2	75.2	14.2	28.4
黑亚 14 号	336.5	5 176.7	642.1	1 091.4	77.0	16.0	27.5
黑亚 16 号	427.3	5 146.7	565.0	1 156.7	75.8	14.5	29.8
双亚 6 号	308.0	5 450.0	554.8	1 067.8	74.8	13.7	26.4
阿卡塔	459.0	5 328.9	704.3	1 243.5	76.6	17.3	30.6
吉亚 1 号（CK）	384.6	5125.3	572.1	1 089.0	76.4	14.6	27.8

在吉林省 6 点次品种展示试验，经过检测、室内考种统计分析，筛选出经济性状表现较好的分别为戴安娜、吉亚 2 号、阿卡塔。试验结果详情见表 11－11、表 11－12。

表 11－11　2012 年展示区产质量统计（六点次）汇总表

品种	产量（kg/hm²）				出茎率（%）	长麻率（%）	全麻率（%）
	种子	原茎	长麻	全麻			
戴安娜	442.2	6 153.3	670.0	1 334.0	72.6	14.9	29.9
吉亚 4 号	384.4	5 863.3	549.1	1 092.5	75.0	12.3	24.8
吉亚 3 号	446.7	5 460.0	567.7	1 172.1	76.1	13.3	28.0
吉亚 2 号	421.7	6 213.3	635.7	1 272.9	75.0	13.6	27.2
中亚麻 2 号	508.3	5 720.0	573.7	1 176.8	74.9	13.3	27.3
黑亚 14 号	378.9	6 053.3	591.8	1 167.6	73.9	13.0	26.3
阿卡塔	473.3	5 916.7	606.2	1 321.5	74.4	13.5	29.9
吉亚 1 号（CK）	398.6	5 722.4	561.8	1 152.5	74.3	13.2	27.1

表 11－12　2013 年展示区产质量统计（六点次）汇总表

品种	产量（kg/hm²）				出茎率（%）	长麻率（%）	全麻率（%）
	种子	原茎	长麻	全麻			
戴安娜	417.2	5 577.8	704.4	1 207.5	76.4	17.8	29.0
吉亚 4 号	376.3	5 172.2	641.2	1 102.5	77.6	16.3	27.5
吉亚 3 号	352.7	5 111.1	655.7	1 070.1	75.6	17.7	28.1
吉亚 2 号	495.0	5 283.3	646.4	1 156.2	77.4	16.3	28.4
中亚麻 2 号	422.3	5 038.9	593.9	1 087.1	76.0	16.3	28.8
黑亚 14 号	359.2	5 033.3	626.0	1 030.2	76.4	16.9	27.0
阿卡塔	518.2	5 466.7	701.4	1 267.3	76.8	17.5	30.4
吉亚 1 号（CK）	389.5	5 034.3	617.9	1 080.4	75.6	16.2	28.4

2. 亚麻育种与制种技术示范

（1）亚麻新品种（系）试验示范

选择亚麻新品种吉亚4号、黑亚14号在东部亚麻主产区老区龙井进行大面积示范，示范面积各10亩。播种时间5月初。采用20行播种机条播播种，播种前整地，施肥200kg/hm^2，氮、磷、钾比例为1∶3∶1。

每个品种取样10个点，每个点5m^2，进行检测化验分析，具体示范结果见表11－13。通过亚麻新品种（系）试验示范”，最高使麻农每公顷增产原茎859.06kg，增加收入1 718.12元；提高出麻率使亚麻加工企业生产每吨原茎增加效益68元。因此，亚麻新品种（系）试验示范推广促进了亚麻种植产业的发展。

表11－13　龙井亚麻新品种（系）试验示范产质量统计表

年份	品种	原茎产量（kg/hm^2）	出茎率（%）	长麻率（%）	长麻产量（kg/hm^2）	全麻率（%）	全麻产量（kg/hm^2）
2012	吉亚4号	6 715.0	75.2	16.1	814.0	27.6	1 391.7
	吉亚1号	5 856.0	74.5	14.9	648.3	26.9	1 172.7
2013	吉亚4号	5 033.3	72.8	15.5	568.7	27.7	1 013.9
	黑亚14号	5 133.3	75.1	15.5	597.2	27.3	1 053.3
	吉亚1号	4 575.6	72.4	15.0	495.3	27.1	897.9

（2）亚麻繁种技术示范

为满足亚麻生产应用优良亚麻品种需要，2012年、2013年均在乾安、和龙繁殖亚麻良种100亩，品种为吉亚2、3、4号，阿卡塔，黑亚14、16、19号。通过严格的田间管理，2012年、2013年分别在乾安收获良种3 125、3 345kg，亩产良种62.5、66.9kg，两年分别在和龙收获良种3 325、3 512kg，亩产良种66.5、70.24kg。两年平均亩产66.5kg，为2014年亚麻种植提供良种保障。

3. 亚麻病虫草害防控技术示范

进行亚麻病虫害防治技术示范、亚麻田杂草防控技术示范，两年示范面积共40亩。同时，在和龙、龙井、蛟河、乾安、前郭5个示范县均开展麻病虫害防治技术推广工作，并发放亚麻病虫草害防控技术宣传单。

建立了亚麻白粉病与草地螟防控技术示范基地，主要采取品种选择、栽培措施、化学防治等技术措施，亚麻白粉病与草地螟防治效果在85%以上。

杂草防控技术示范主要采取种子处理、栽培措施、化学防治等技术，防治禾本科狗尾草、无芒稗，旋花科菟丝子，藜科的藜，鸭跖草科鸭跖草，苋科皱果苋等杂草效果多数达到80%～100%。

4. 亚麻抗逆机理与土壤修复技术示范

2012年、2013年在前郭、乾安两个盐碱地亚麻主产区进行亚麻盐碱地种植技术示范，选择耐盐碱亚麻品种吉亚2号，每年示范面积20亩，采用20行播种机条播播种和交差播种的方式进行。主要技术措施为选择耐盐碱亚麻品种、改变播种技术（浅播种、重镇压、加大播种量）、施用酸性肥料等。示范结果经取样测定示范田原茎产量达327.75kg/亩、全麻率达28.34%、全麻产量达94.7kg/亩、种子产量达42.78kg/亩，均高于非示范田（表11－14）。通过亚麻盐碱地种植技术示范，亚麻盐碱地种植技术得到推广，对盐碱地种植亚麻起到推进作用。

表 11－14 2012—2013 年亚麻盐碱地种植技术示范效果情况

年份	原茎产量（kg/亩）	种子产量（kg/亩）	全麻率（%）	全麻产量（kg/亩）
2012 平均	387.00	48.75	28.18	109.04
2013 平均	268.50	36.80	28.50	80.35
两年平均	327.75	42.78	28.34	94.70

5. 亚麻轻简化栽培技术研究与示范

（1）适应亚麻雨露沤制的机械化栽培技术示范

2012 年、2013 年在蛟河市松江镇松花湖上游沿江滩涂地进行“适应亚麻雨露沤制的机械化栽培技术示范”，示范面积共 30 亩。示范亚麻品种为戴安娜、阿卡塔，采取选地平整、机械整地、选择适宜亚麻品种、提前播种、适时收获等措施示范适应亚麻雨露沤制的机械化栽培技术示范。示范结果经取样测定，示范田原茎产量、全麻率均较非示范田有所提高，详见表 11－15。通过应用适应亚麻雨露沤制的机械化栽培技术示范，并组织农户、企业等进行收获现场观摩，增加了农民收入，提高了亚麻加工企业的效益，对推广机械化亚麻种植、收获起到积极作用。

表 11－15 适应亚麻雨露沤制的机械化栽培技术示范情况表

年份	效果
2012	平均原茎亩产 360kg，比周边非示范田平均增产 10.2%。全麻率平均提高 1.08 个百分点。麻农增产 33.32kg，增加收入 66.64 元；加工企业吨增效 108 元
2013	平均原茎亩产 324kg，比周边生产田平均增产 13.68%。全麻率平均提高 0.85 个百分点。麻农增产 39kg，增加收入 78 元；加工企业吨增效 85 元

（2）亚麻抗倒伏栽培技术试验示范

2012 年、2013 年在亚麻示范县和龙市龙城镇太平村进行“亚麻抗倒伏栽培技术试验示范”，示范面积共 25 亩。示范亚麻品种为戴安娜、吉亚 2 号，采取品种选择、合理耕作、适时播种、合理密植、使用化学药剂等技术。示范结果经取样测定，示范田原茎产量、全麻率均较非示范田有所提高，详见表11－16。亚麻抗倒伏栽培技术试验示范推广，对提高农民收入和企业效益起到积极作用。

表 11－16 亚麻抗倒伏栽培技术试验示范情况表

年份	效果
2012	平均原茎亩产 346kg，比周边非示范田平均增产 12.2%。全麻率平均提高 0.68 个百分点。麻农增产 37.62kg，增加收入 75.24 元；加工企业吨增效 68 元。
2013	平均原茎亩产 335kg，比周边生产田平均增产 10.92%。全麻率平均提高 0.75 个百分点。麻农增产 33kg，增加收入 66 元；加工企业吨增效 75 元。

（二）基础数据调研

2012—2013 年，长春亚麻试验站按照岗位专家的要求，及时把参与的 9 个数据库建设的信息进行调查、搜集、整理，将吉林省相关情况的基础数据上报给相关专家。

通过国内外考察交流、网络、学术期刊资料、会议等形式，了解国内外亚麻的科研、生产发展动态。

1. 本区域科技立项与成果产出

（1）科研立项

2012—2013 年吉林省立项企业类研究项目“苏打盐碱土土壤改良和生态治理——亚麻盐碱地开发

利用研究”，项目投标单位哈达山水利枢纽管理局，编号 HDSGQ（JZ）－009，资助经费 10 万元，项目承担单位：吉林省农业科学院，主持人：王世发。

（2）成果

2012 年本站选育 2 个亚麻品种通过吉林省农作物品种审定委员会审定，即吉亚 5 号和（引育）陇亚 10 号，为吉林乃至我国亚麻产业发展提供优良品种。

2. 本区域麻类种植与生产

2012 年吉林省亚麻产区种植面积 18 000亩，收获 17 500亩，主要应用亚麻高产栽培技术和非耕地亚麻种植技术，收获 90% 利用机械收获，亩产量 320kg，亩效益 350 元。

2013 年吉林省亚麻产区种植面积 5 630亩，收获 5 600亩，主要应用亚麻高产栽培技术和非耕地亚麻种植技术，收获 90% 利用机械收获，亩产量 328kg，亩效益 360 元。

2013 年种植面积下滑，产量和效益有所提高，原因是粮食价格上涨，麻类产业市场低迷。

3. 本区域麻类加工与贸易

2012—2013 年长春亚麻试验站对吉林省麻纺企业进行了调查，生产加工能力近 4 万纺锭，需要亚麻纤维 5 000 ~ 6 000t，需要亚麻原茎 20 000t。主要产品为亚麻纱；亚麻布，大麻混纺制品。

4. 基础数据库信息收集

（1）土壤养分数据库

2012—2013 年在蛟河、龙井、和龙、前郭、乾安 5 个示范县亚麻试验示范基地采集土样 50 份，分析速效 N、P、K、有机质等养分数据（表 11－17）。

表 11－17　吉林省亚麻产区土壤养分数据

样品采集地	土壤类型	土壤质地	土壤碱解氮（mg/kg）	速效磷（mg/kg）	速效钾（mg/kg）	有机质（%）	pH 值
蛟河市松江镇放牛沟村	白浆土	黄土母质	96	11.8	120	20	5.7 ~ 6.5
前郭县八郎镇八郎村	浅黑钙土	沙壤	96	10.2	109	16.1	7.3
乾安县水字镇大师村	浅黑钙土	沙壤	94	11	112	16	7.6
龙井市老头沟镇奋斗村	黑土	半沙壤土	89	10	101	20	6.3
和龙市龙城镇龙潭村	棕壤土	半黏壤土	96	9.8	98	21	5.2

（2）麻类加工企业

吉林省主要涉农麻类加工企业，收集企业信息汇录见表 11－18。

表 11－18　吉林省主要麻类加工企业信息

编号	企业名称	所在地	规模	主要加工对象	主要产品
1	龙井市大泽亚麻纺织有限公司	吉林省龙井市	亚麻湿纺纱锭 11 000锭；无梭织机 48 台，年加工亚麻纱 1 200t；亚麻布 120 万 m。员工 1 000人	亚麻	10.5 ~ 36 公支亚麻纱；101、2836、2001、3636 等系列亚麻布
2	中铭亚麻有限公司	吉林省松原乾安	员工 1 000人，总资产 8 000万元，年产值 1 亿元	亚麻、大麻	亚麻纱；亚麻布，大麻混纺
3	蛟河市富兴亚麻有限公司	吉林省蛟河市	员工 50 人，加工原茎 15 000t	亚麻	亚麻长短纤维

（三）区域技术支撑

1. 技术培训与服务

2012—2013 年以示范基地建设为目标，以点带面。在亚麻生长重要时期，组织当地农民、农技人员、示范县技术骨干以及相关部门、企业参观示范基地，开展各种亚麻相关培训技术，解答在亚麻种植技术方面的问题，并发放亚麻各种技术资料、宣传单等。共举办各种培训会 25 场次，培训岗位人员 103 人次，农技人员 99 人次，农民 309 人次，共计培训 511 人次。通过培训，提高了受训人员的亚麻种植技术和示范规范化工作能力。

（1）亚麻示范县技术骨干培训

2012 年、2013 年 3 月，对乾安县、前郭县、龙井市、和龙市和蛟河市等 5 个示范县的亚麻技术骨干 23 人进行培训。

介绍了近年亚麻育种、资源等方面取得的可喜进展，并对吉林省亚麻行业的发展现状进行了分析，对 2012 年度工作任务进行了安排。使与会代表对吉林省亚麻科研和生产有了全面了解。

（2）农技人员、麻农培训及现场培训

2012 年、2013 年 2 ~9 月结合亚麻示范基地建设，举办农技、麻农培训及现场观摩会 23 次，培训人员 461 人次，发放宣传单 4 000余份。

主要培训内容：介绍亚麻新品种；亚麻种植技术；亚麻种植沿江地技术与适宜亚麻机械种植品种技术；机械亚麻收获、雨露沤麻、沿江地亚麻种植技术；亚麻盐碱地种植技术、亚麻抗倒伏栽培技术等。

对机械亚麻收获、雨露沤麻、沿江地亚麻种植技术进行现场收获观摩与讲解，并发放各种宣传单 500 余份。

（3）“农业科技促进年”大型讲座培训

2012 年 2 月 17 日在长春亚麻试验站依托单位举办“农业科技促进年”培训，一次培训 40 余人，培训主要内容是本站专家做了“走进亚麻”大型讲座。发放亚麻高产栽培技术等宣传材料 100 余份。

（4）沿江滩涂地亚麻种植技术示范

2012 年、2013 年在蛟河市松江镇松花湖上游沿江滩涂地进行“沿江地亚麻种植技术示范”，采取提前播种、适时收获等措施试验示范亚麻种植技术。沿江地亚麻种植技术的示范与推广，在利用非耕地种植亚麻方面推进了亚麻产业的发展。

（5）适应亚麻雨露沤制的机械化栽培技术示范

2012 年、2013 年在蛟河市松江镇松花湖上游沿江滩涂地进行“适应亚麻雨露沤制的机械化栽培技术示范”，采取选地平整、机械整地、选择适宜亚麻品种、提前播种、适时收获等措施示范适应亚麻雨露沤制的机械化栽培技术示范。通过应用适应亚麻雨露沤制的机械化栽培技术示范，并组织农户、企业等进行收获现场观摩，增加了农民收入，提高了亚麻加工企业的效益，对推广机械化亚麻种植、收获起到积极作用。

（6）亚麻抗倒伏栽培技术试验示范

2012 年、2013 年在亚麻示范县和龙市龙城镇太平村进行“亚麻抗倒伏栽培技术试验示范”，采取品种选择、合理耕作、适时播种、合理密植、使用化学药剂等技术。亚麻抗倒伏栽培技术试验示范推广现场观摩和介绍，对提高农民收入和企业效益起到积极作用。

2. 突发事件应对能力

（1）2012 年 6 月中下旬在示范县乾安、前郭亚麻发生黏虫危害，及时进行技术指导，有效的防治黏虫对亚麻的危害。

（2）2012 年 7 月本站成功承办在长春召开“国家麻类产业技术体系 2012 年中工作总结会暨委托协议签订会”与亚麻高产高效种植示范观摩会。

（3）2013 年 5 月 29 日在示范县乾安亚麻田发现来自其他作物使用除草剂的药害，及时采取措施，未造成亚麻危害。

（4）2013 年 6 月 22～24 日在各地示范县均发现亚麻黏虫危害，及时进行技术指导，有效地防治了黏虫对亚麻的危害。

（5）2013 年 6 月 28 日在乾安亚麻基地发生菟丝子危害，及时派本站技术人员指导防治工作，有效防治了菟丝子。

三 大理亚麻试验站

（一）技术集成与示范

1. 亚麻高产高效种植与多用途关键技术示范

针对低纬度高海拔冬季亚麻生产中存在的技术问题，组织在永平、腾冲示范县开展“冬季亚麻 3414 氮、磷、钾肥效应试验”，探索冬季亚麻主产区氮、磷、钾肥不同施用量及施肥比例与纤维亚麻原茎、籽粒产量等指标的效应关系，在永平点试验结果表明，前作为水稻时，冬季亚麻每亩目标原茎产量达 1 183kg 的最佳施用量为 $N:P_2O_5:K_2O=19.28:4.49:12.66$，折合 46% 尿素 41.9kg、16% 普钙 28.1kg、50% 硫酸钾 25.3kg。并总结出预测精度较佳的原茎产量预测模型：

Y（原茎产量）$=362.1243+40.4852N+79.1164P+38.3470K+2.6271NP+3.3447NK-7.5673PK-2.3876N2-3.9328P2-2.7885K2$

对原茎产量回归方程进行显著性测定结果，$F_{回归}=62.9036>F_{0.01}=14.6591$，达极显著水准；表明原茎产量的二次回归方程有效，能反映亚麻原茎产量与 N、P、K 素施用量之间的综合效应关系。经试验实收产量与模型预测产量的相关分析 $R=0.9965$，可见，该模型预测精度较佳。

采用五因素五水平正交设计，在宾川示范县开展了冬季亚麻优质高产栽培技术研究，试验探索了中亚麻 1 号、中亚麻 2 号、派克斯、5f069 5、双亚 7 号等 5 个亚麻品种在不同种植密度和氮、磷、钾不同施肥水平条件下的原茎产量表现情况。结果表明，稻后田中 5 个因素对亚麻原茎产量的作用大小依次为：品种 > 种植密度 > 氮肥 > 磷肥 > 钾肥；适宜组合是：品种选用双亚 7 号、密度为每平方米 1 950 株，每亩施 46% 尿素 24kg、16% 普通过磷酸钙 44kg、60% 氯化钾 18kg。

2012 年，大理亚麻试验站建立冬季亚麻高产高效核心示范点 2 个，其中，祥云示范县祥城镇马军村 40 亩，平均原茎亩产达 630kg，比对照亩增 84.74kg，增产 15.54%，种子亩产达 57.5kg；宾川示范县金牛镇仁和村 15 亩，平均原茎亩产达 741.01kg，比对照亩增 111.01kg，增产 17.62%，种子亩产达 60.23kg。2013 年，大理亚麻试验站在宾川示范县金牛镇仁和村建立冬季亚麻高产高效核心示范点 1 个，面积 20 亩，平均原茎亩产达 679.5kg，比对照亩增 96.9kg，增产 16.63%，种子亩产达 48.4kg。

2. 冬闲地亚麻种植关键技术示范

（1）冬闲田亚麻优质栽培技术示范

2012 年采用四因素三水平正交设计，在宾川开展了冬闲田种植亚麻肥料控施关键技术试验，研究了氮、磷、钾不同施肥水平和施氮次数对冬季亚麻原茎产量的影响。初步优选出肥料控施方案：每亩施 46% 尿素 27kg、16% 普通过磷酸钙 37kg、60% 氯化钾 14kg、氮肥分 2 次追施。

2013 年在祥云、腾冲两地实施冬闲田亚麻“3414”氮、磷、钾肥效应试验，试验结果表明，前作为水稻时，冬季亚麻每亩目标原茎产量达 819.3kg 的最佳施用量为 $N:P_2O_5:K_2O=14.12:4.83:$

8.92，折合46%尿素30.7kg、16%普钙30.2kg、50%硫酸钾17.8kg。冬季亚麻每亩目标种子产量达56.9kg的最佳施用量为N：P_2O_5：K_2O = 10.53：4.15：5.98，折合46%尿素22.9kg、16%普钙25.9kg、50%硫酸钾12kg。

（2）冬闲田亚麻化学除草技术示范

大理亚麻试验站开展了茎叶处理剂防除亚麻田一年生杂草试验，筛选出50%异丙隆200～300倍液的防治效果较好，药后30d的杂草相对防效达99.63%，鲜重防效90.6%；开展了苗前处理除草剂防除亚麻田一年生杂草的田间试验，试验结果表明，药后30d，48%地乐胺EC 150～100倍液的相对防效达88.90%～92.47%；还开展了二氯吡啶酸与精喹禾灵混用防除亚麻田一年生杂草的田间试验，试验结果显示，75%二氯吡啶酸5 700倍液+8.8%精喹禾灵1 200倍液组合的防治效果较好，药后30d的杂草相对防效达81.730%，鲜重防效73.54%。

（3）建立冬闲地亚麻高产示范点

2012年，大理亚麻试验站在腾冲建立冬闲地亚麻高产示范点1个，面积为30亩，平均原茎亩产达616.07kg，比对照亩增70.81kg，增产12.99%，种子亩产达25kg；耿马示范县勐撒镇建立冬闲地亚麻高产示范片123亩，平均原茎亩产达553.42kg，比对照亩增93.17kg，增产20.24%，种子亩产达30.58kg。

2013年大理亚麻试验站在耿马示范县勐撒镇撒马坝村委会建立冬闲地亚麻高产示范点1个，面积103亩，平均原茎亩产达605.5kg，种子亩产达31.1kg。

3. 亚麻育种技术示范

选择云南省农业科学院选育的亚麻新品种（系）8个，即：7004、7005、7008、7009、7011、7014、7018、云亚1号（对照），统一按照云南省亚麻品种试验办法进行品种（系）多点试验，对各参试品种（系）的丰产性、抗逆性及综合适应性进行系统鉴定，在宾川、永平、耿马、勐海等地实施，两年试验结果，初步筛选出原茎亩产超过800kg的冬季亚麻新品种（系）3个供下年展示，即：7004、7008、7014。

在宾川、祥云示范4F148、中亚2号、派克斯3个亚麻新品种，2012年示范17亩，2013年示范45.5亩。原茎总产达28 943kg，平均原茎亩产达636.1kg，比对照亩增72.91kg，增产12.95%。种子总产达1 790kg，平均种子亩产达39.3kg。

在祥云、永平、腾冲、耿马等四个示范县的亚麻主产乡镇示范云亚1号、云亚2号，2012年示范86亩，2013年示范151亩。原茎总产达92 673kg，平均原茎亩产达627.2kg，比对照亩增91.42kg，增产17.06%。种子总产达5 517kg，平均种子亩产达36.5kg。

4. 亚麻轻简化栽培技术研究与示范

开展"亚麻少免耕技术试验"，研究不同少耕、免耕方式对亚麻产量及效益的影响，为制定轻简化种植技术提高科学依据。

2012年采用随机区组设计，设10种处理、3次重复，以派克斯为试验品种，在宾川仁和村稻茬田中进行了亚麻不同少免耕行播试验，结果表明：不同少免耕行播方式的原茎亩产在762.6～836kg，与正常翻耕种植的原茎亩产768.2kg无实质性差异，而且运用少免耕行行播方式种植亚麻，每亩节约耕地成本100～150元。

2013年大理亚麻试验站于耿马应用派克斯和中亚2号在稻茬田中进行了冬季亚麻少免耕示范，结果表明：6亩少免耕亚麻，平均原茎亩产在522.7kg，比正常翻耕种植的原茎亩产607.6kg减少84.9kg，以每千克原茎1.35元计算，少免耕亚麻比正常翻耕种植亩产值少114.6元，而且运用少免耕行播方式种植亚麻，每亩节约耕地成本170元，少免耕亚麻比正常翻耕种植亩效益增55.4元。

（二）基础数据调研

1. 本区域科技立项与成果产出

2012 年重点新产品开发计划——农业项目“蓖麻、亚麻良种选育与示范”，编号 2012BB018，起止年限 2012 年 6 月至 2015 年 12 月，资助经费 50 万元，项目承担单位：云南省农业科学院经济作物研究所，项目负责人：刘其宁、李文昌。

大理白族自治州农业科学推广研究院经济作物研究所参与云南省农业科学院经济作物研究作所选育的同升福 1 号、云亚 3 号、云亚 4 号 3 个品种通过了由云南省种子管理站组织的非主要农作物新品种现场鉴定，进一步丰富了云南自育冬季亚麻的后备品种资源，为大面积生产用种提供了有力的科技支持。

2. 本区域麻类种植与生产

2012—2013 年大理亚麻试验站联系的祥云、宾川、永平、耿马、腾冲等 5 个示范县累计种植亚麻 14 731. 50亩，原茎总产 6 013. 56t，原茎亩产 408. 21kg，原茎单价 1. 41 元/kg，原茎亩产值 577. 43 元；麻籽总产 358. 18t，麻籽亩产 24. 31kg，麻籽单价 3. 04 元/kg，麻籽亩产值 73. 83 元，综合亩产值 651. 26 元，投入产出比为 1 : 1. 54 ~ 1. 23。亚麻种植生产过程中，土地机械耕整比率较高，但仍缺乏机播、机收等机械化管理技术支持。近年来，劳动力成本不断上升，种植冬亚麻比较效益下降，部分地区麻农积极性受影响，冬季亚麻种植面积缩小。

3. 本区域麻类加工与贸易

据调查，大理亚麻试验站联系的祥云、宾川、永平、耿马、腾冲等 5 个示范县，2012—2013 年有云南省腾冲县鸿源麻业有限责任公司、云南省瑞康麻业有限公司、鑫隆亚麻有限责任公司、云南省永平县鑫联麻业有限公司 、云南省祥云县金鹏麻业有限公司等 5 个亚麻初加工民营企业，每个企业拥有两条初级产品生产线，年可处理亚麻原茎 8 000t，其主要产品是亚麻初纤维，机制长麻率可达 18%，分裂度为 190 ~ 531m/g，强力为 259. 8 ~ 220N，含胶量 23. 2% ~ 23. 6%，纤维质量达国标（GB/T 17345—1998）最高麻号 22#，一般可达 16 ~ 20#。华兴集团在大理市下关镇投资建成纺纱厂 1 个，主要加工棉、麻纤维，年设计加工亚麻纱 5 000锭左右，大理白族自治州（简称大理，全书同）内亚麻可纺支数最高可达 24 支；宾川华宝生物科技开发有限责任公司，以亚麻籽为基本原料，开发生产 α – 亚麻酸。由于国际、国内市场和本区域种植冬亚麻比较效益下降等因素的影响，目前本区域亚麻初加工民营企业多数经营比较困难。

4. 基础数据库信息收集

（1）大理亚麻试验站各示范县亚麻主产区土壤养分数据

赴祥云、宾川、永平、耿马、腾冲等 5 示范县亚麻试验示范地采集土样 10 余份，分析速效 N、P、K、有机质等养分数据（表 11 – 19）。

表 11 – 19　大理亚麻试验站各示范县亚麻主产区土壤养分数据

样品采集地	主要土壤类型	质地	pH 值	有机质（%）	全氮（g/kg）	碱解氮（mg/kg）	有效磷（mg/kg）	速效钾（mg/kg）
腾冲县	水稻土	沙壤	5. 16	5. 812	2. 49	236. 48	29. 59	106. 27
腾冲县	水稻土	沙壤	5. 05	5. 062	2. 4	229. 35	44. 5	180. 75
永平县	水稻土	轻壤	6	30. 7	1. 72	126. 3	23	116
永平县	水稻土	鸡粪土	6. 9	32. 7	1. 92	182	7. 9	82
宾川县	水稻土	胶泥	6. 8	31. 7	2. 71	183. 4	27. 5	297. 1

（续表）

样品采集地	主要土壤类型	质地	pH 值	有机质（%）	全氮（g/kg）	碱解氮（mg/kg）	有效磷（mg/kg）	速效钾（mg/kg）
宾川县	水稻土	胶泥	7.1	29.6	2.45	125.9	31.2	276.4
耿马县	水稻土	沙壤	5.61	29.7	0.162	126.3	17.8	84
耿马县	水稻土	沙壤	5.6	27.1	1.24	105	3.5	61
祥云县	水稻土	轻黏	6.42	42.6	2.41	186.4	26.8	113.5
祥云县	水稻土	轻黏	6.32	46.7	2.29	192.7	32.5	122.4

（2）大理亚麻试验站各示范县亚麻主产区气候数据调查表

赴祥云、宾川、永平、耿马、腾冲等 5 示范县亚麻主产区调查、收集年平均气温、年日照时数等主要气象数据（表 11－20）。

表 11－20 大理亚麻试验站各示范县亚麻主产区气候数据调查表

地点	海拔（m）	年平均气温（℃）	年＞10℃积温（℃）	年降水量（mm）	年日照时数（h）	年平均大气相对湿度（%）	年累计蒸发量（mm）
云南省永平县杉阳镇	1 370	17.7	5 610	865	1 674.1	72	1 806
云南省永平县龙门乡	1 710	15.1	4 491	1150	2 016.5	81	1 621
云南省宾川县金牛镇	1 430	18.2	5 954	559.4	2 907.6	60～70	2 518.5
云南省祥城镇马军村委会	1 962	14.7	4 475	810.8	2 623.9	68	2 525.9
云南省耿马县勐撒镇	1 300	17.2	6 299	1 700	2 212	78	1 602
云南省腾冲县界头镇	1 620	14.8	4 500	1 670	1 430	80	1 580

（3）大理亚麻试验站亚麻产区主要麻类加工企业信息

调研本区域主要涉农麻类加工企业 5 家，收集企业信息汇录如表 11－21。

表 11－21 大理亚麻试验站亚麻产区主要麻类加工企业信息

编号	企业名称	所在地	规模	主要加工对象	主要产品
1	云南省腾冲县鸿源麻业有限责任公司	腾冲县界头镇	两条生产线，年可处理亚麻原茎 8 000t	亚麻	亚麻初纤维
2	云南省瑞康麻业有限公司	耿马县勐撒镇	两条生产线，年可处理亚麻原茎 8 000t	亚麻	亚麻初纤维
3	鑫隆亚麻有限责任公司	宾川县力角镇	两条生产线，年可处理亚麻原茎 8 000t	亚麻	亚麻初纤维
4	云南省永平县鑫联麻业有限公司	永平县杉阳镇	两条生产线，年可处理亚麻原茎 8 000t	亚麻	亚麻初纤维
5	云南省祥云县金鹏麻业有限公司	祥云县禾甸镇	两条生产线，年可处理亚麻原茎 8 000t	亚麻	亚麻初纤维

（三）区域技术支撑

1. 技术培训与服务

2012—2013 年大理亚麻试验站通过邀请专家或参加体系培训活动，组织培训体系内聘用岗位人员

36 人次，协同各示范县组织培训基层农业技术研究与推广人员 119 人次，与祥云、宾川、永平、耿马等 5 个示范县合作培训麻农 848 人次。开展现场观摩会两次，参会人员 85 人。通过培训，进一步提高了受训人员业务能力。

2. 试验研究工作执行情况

（1）品种试验执行情况

从云南省农业科学院引入亚麻新品种（系）8 个，即：7004、7005、7008、7009、7011、7014、7018、云亚 1 号（对照），在宾川、永平、耿马、勐海等地统一按照云南省亚麻品种试验办法进行品种（系）多点试验，对各参试品种（系）的丰产性、抗逆性及综合适应性进行系统鉴定。在 2011 年、2012 年云南省亚麻品种（系）多点试验的基础上，对参与云南省农科院经作所选育的丰产性、抗逆性及综合适应性表现较好的 7004、7008、7014 等 3 个新品种（系）进行生产试验，并通过了由云南省种子管理站组织的非主要农作物新品种现场鉴定，7004、7008、7014 分别定名为同升福 1 号、云亚 3 号、云亚 4 号，3 个品种的鉴定，进一步丰富了云南自育冬季亚麻的后备品种资源，为大面积生产用种提供了有力的科技支持。

（2）栽培试验执行情况

2012 年组织在永平、腾冲开展“冬季亚麻 3414 氮、磷、钾肥效应试验”，探索云南冬季亚麻主产区氮、磷、钾肥不同施用量及施肥比例与纤维亚麻原茎、籽粒产量等指标的效应关系，优选出氮、磷、钾肥的最佳施用量及适宜比例，为实施优质高效种植提供科学依据。配合国家麻类产业技术体系栽培与耕作研究室亚麻栽培岗位专家组织在宾川开展“亚麻少免耕技术试验（单因素随机区组设计，10 种处理、3 次重复）”、“冬闲田种植亚麻肥料控施关键技术试验（四因素三水平正交试验，9 个处理，3 次重复）”、“冬季亚麻优质高产栽培技术研究（五因素五水平正交设计，25 个处理，3 次重复）”等 3 组试验，为实施亚麻优质高产及简约化种植提供科学依据。

2013 年在祥云、腾冲两地完成冬闲田亚麻“3414”氮、磷、钾肥效应试验，腾冲示范县试验结果表明，前作为水稻时，冬季亚麻每亩目标原茎产量达 819.3kg 的最佳施用量为 $N:P_2O_5:K_2O=14.12:4.83:8.92$，折合 46% 尿素 30.7kg、16% 普钙 30.2kg、50% 硫酸钾 17.8kg。冬季亚麻每亩目标种子产量达 56.9kg 的最佳施用量为 $N:P_2O_5:K_2O=10.53:4.15:5.98$，折合 46% 尿素 22.9kg、16% 普钙 25.9kg、50% 硫酸钾 12kg。

（3）化学除草试验

2012 年配合国家麻类产业技术体系病虫草害防控研究室杂草防控岗位专家组织在宾川、耿马、腾冲开展冬季亚麻化学除草试验 3 组，即茎叶处理剂防除亚麻田一年生杂草试验、苗前处理除草剂防除亚麻田一年生杂草的田间试验、二氯吡啶酸与精喹禾灵混用防除亚麻田一年生杂草的田间试验。初步筛选出 50% 异丙隆、240g/L 甲咪唑烟酸、25% 噁草酮、75% 二氯吡啶酸 4 种适宜除草剂 4 种，为冬季亚麻化学除草提供了科学依据。

3. 示范推广工作执行情况

（1）新品种展示

2012 年大理亚麻试验站在宾川、祥云示范 4F148、中亚 2 号、派克斯等 3 个亚麻新品种 17 亩，原茎总产达 12 181kg，平均原茎亩产达 716.6kg，比对照亩增 86.6kg，增产 13.7%。其中，示范“中亚 2 号”9.8 亩，原茎亩产达 727.9kg；示范“4F148”2.8 亩，原茎亩产达 715kg；示范“派克斯”4.4 亩，原茎亩产达 692.4kg（表 11－22）。

表 11-22 2012 年大理亚麻试验站亚麻新品种展示情况调查表

品种	种植面积（亩）	原茎			麻籽			综合亩产值（元）	原茎比对照	
		总产（kg）	单产（kg）	均价（元/kg）	总产（kg）	单产（kg）	均价（元/kg）		亩增（kg）	增幅（%）
中亚 2 号	9.8	7 133	727.9	1.50	605	61.7	3.8	1 329.0	97.9	15.5
4F148	2.8	2 002	715.0	1.50	121.4	43.4	5.0	1 289.3	85	13.4
派克斯	4.4	3 046.5	692.4	1.42	291	66.1	5.0	1 312.0	62.4	9.9
累计	17	12 181.45	716.6	1.48	1 017.4	59.8	4.3	1 318.1	86.6	13.7

2013 年大理亚麻试验站在宾川、腾冲、耿马、永平 4 个示范县展示中亚 1 号、中亚 2 号、派克斯等 3 个亚麻新品种 45.5 亩，原茎总产达 28 943kg，平均原茎亩产达 636.1kg，比对照亩增 72.91kg，增产 12.95%（表 11-23）。种子总产达 1 790kg，平均种子亩产达 39.3kg。

表 11-23 2013 年大理亚麻试验站亚麻新品种繁育示范情况统计表

品种	新品种展示、繁育区			比当地对照区		
	面积（亩）	原茎总产（kg）	原茎单产（kg）	单产		新增总产（kg）
				亩增（kg）	增幅（%）	
派克斯	15	8 813	587.53	33.7	6.1	505.5
中亚 1 号	5.5	3 591.5	653	74.1	12.8	407.6
中亚 2 号	25	16 538	661.52	96.18	17.01	2 404.5
累　计	45.50	28 942.50	636.10	72.91	12.95	3 317.60

（2）新品种繁育示范

2012 年在祥云、永平、腾冲、耿马等 4 个示范县的亚麻主产乡镇组织繁育示范云亚 1 号、云亚 2 号共 86 亩，原茎总产达 53 938kg，平均原茎亩产达 627.2kg，比对照亩增 91.42kg，增产 17.06%。其中，示范“云亚 1 号”60 亩，原茎亩产达 628.2kg，比对照亩增 83.97kg，增产 15.43%；示范“云亚 2 号”26 亩，原茎亩产达 624.8kg，比对照亩增 108.6kg，增产 21.04% 。

2013 年在祥云、永平、耿马 3 个示范县的亚麻主产乡镇示范云亚 1 号、云亚 2 号共 151 亩，原茎总产达 92 673kg，平均原茎亩产达 613.7kg，比对照亩增 34.82kg，增产 6.0%；种子总产达 5 517kg，平均种子亩产达 36.5kg（表 11-24）。

表 11-24 2012—2013 年云亚 1 号、2 号繁育示范情况统计表

年份	面积（亩）	原茎总产（kg）	原茎亩产（kg）	种子总产（kg）	种子单产（kg）	原茎比对照		
						亩增（kg）	增幅（%）	新增总产（kg）
2012	86	53 938	627.2	3 822.7	44.45	91.42	17.06	7 862.1
2013	151	92 673	613.7	5 517	36.5	34.82	6	5 257.8
累计	237	146 611	618.61	9 339.70	39.41	55.36	30.48	13 119.9

（3）高产栽培示范

2012—2013 年大理亚麻试验站与 5 个示范县协作建立亚麻产业技术体系试验示范基地，选择适宜

本地区生产特点的阿卡塔、云亚 1 号、天鑫 13 号等优良品种，配套优化栽培技术，在祥云、永平、耿马、宾川、腾冲建立高产栽培示范区，共完成示范面积 491. 3 亩，平均原茎单产达 608. 9kg，比当地对照平均单产亩增 65. 7kg，增产 12. 1%（表 11 - 25），起到了典型的高产示范作用，有效促进了大面积亚麻种植水平的提高。

表 11 - 25　大理亚麻试验站 2012—2013 年高产示范区基本情况统计表

年份	示范县	亚麻高产示范区					比当地大面积		
		面积（亩）	原茎		种子		原茎单产		新增总产（kg）
			总产（kg）	单产（kg）	总产（kg）	单产（kg）	亩增（kg）	增幅（%）	
2012	祥云	40	25 200	630	2 300	57. 5	84. 74	15. 54	2 289. 6
	永平	66. 8	41 716. 4	624. 50	2 053. 85	30. 75	91. 5	17. 17	6 112. 2
	宾川	15	10 921. 45	741. 01	903. 4	60. 23	111. 01	17. 62	1 665. 2
	耿马	123	68 071	553. 42	3 761. 3	30. 58	93. 17	20. 24	11 459. 9
	腾冲	30	18 482	616. 07	750	25	70. 81	12. 99	2 124. 3
	小计	274. 8	164 390. 85	598. 22	9 768. 55	35. 55	86. 07	16. 81	23 651. 2
2013	祥云	40	24 736	618. 4	1 946. 88	48. 67	35. 8	6. 14	1 432
	永平	43. 5	27 864	640. 6	1 680	38. 6	58	9. 96	2 523
	宾川	20	13 590	679. 5	967. 5	48. 4	96. 9	16. 63	1 938
	耿马	103	62 368. 7	605. 5	3 205. 4	31. 1	22. 9	3. 93	2 358. 7
	腾冲	10	6 195	619. 5	375	37. 5	36. 9	6. 33	369
	小计	216. 5	134753. 7	622. 42	8 174. 78	37. 76	39. 82	6. 83	8 620. 7
累计		491. 3	299 144. 6	608. 9	17 943. 3	36. 5	65. 7	12. 1	32 271. 9

4. 亚麻种植户生产现状调查

在 5 个亚麻生产示范县，采取问卷方式调查 25 户农户的亚麻生产和经济情况，形成年度调查报告，了解麻农生产经营状况和技术需求，为行政决策和技术服务提供参考依据。

5. 突发性事件和农业灾害事件监测

亚麻生产过程中，在祥云、宾川、永平、耿马等 5 个示范县开展病、虫、草害发生种类及消长情况监测，根据病、虫、草害发生情况及时提出防治措施给当地主管部门并及时宣传到农户。

6. 亚麻产业发展动态调研

积极开展亚麻产业发展动态调研，及时掌握本区域亚麻发展规划、地方出台的与产业相关的政策动态变化；掌握初加工企业收购、加工、销售动态变化等，对本区域今后一段时期生产、技术、市场发展趋势进行分析预测。配合育种研究室亚麻育种岗位专家，开展本区域亚麻产业经济基础数据采集工作，完成 2012 年、2013 年亚麻数据采集任务，为区域产业发展计划的制订提供参考依据。

7. 科技创新能力建设

加强与体系岗位专家和各试验站间的交流与合作，提高试验站科技人员专业知识水平，发表科技论文 1 篇。

四 哈尔滨亚麻试验站

（一）技术集成与示范

1. 亚麻高产高效种植与多用途关键技术示范

（1）品种展示

在黑龙江的6个亚麻示范县展示了7个优良品种，包括黑亚14号、黑亚16号、黑亚9号、DIANE、AGATHA、NEW1、双亚11号。

黑龙江省各地降水不均，亚麻生产受到较大影响。如2012年黑龙江北部地区春季干旱严重，而2013年黑龙江省春季又出现严重涝灾。不良的天气情况导致亚麻播种延迟5~10d，并影响了亚麻的开花和快速生长期，导致亚麻减产。2012—2013年品种展示产量结果见表11-26。从产量结果看，表现最好的是黑亚16号，原茎产量4.78t/hm²，种子产量450.6kg/hm²。

表11-26 品种展示产量结果

品种	年份	原茎产量（t/hm²）	种子产量（kg/hm²）	全麻率（%）	纤维产量（t/hm²）
黑亚16号	2012	4.58	450.6	30.1%	1.10
	2013	4.78	450.6	29.9%	1.21
	平均	4.68	450.6	30.0%	1.16
黑亚14号	2012	4.38	440.3	29.5%	1.03
	2013	4.59	460.3	29.8%	1.16
	平均	4.49	450.3	29.7%	1.10
双亚11号	2012	4.01	421.2	29.6%	0.94
	2013	4.15	431.2	28.8%	1.01
	平均	4.08	426.2	29.2%	0.98
NEW1	2012	3.94	520.2	31.6%	1.03
	2013	4.04	520.2	31.6%	1.08
	平均	3.99	520.2	31.6%	1.06
黑亚19号	2012	3.81	390.8	29.5%	0.89
	2013	3.95	400.8	29.5%	0.99
	平均	3.88	395.8	29.5%	0.94
AGATHA	2012	3.79	480.2	31.2%	0.98
	2013	3.83	580.2	31.2%	1.01
	平均	3.81	530.2	31.2%	1.00
DIANE	2012	3.57	500.5	30.6%	0.91
	2013	3.75	500.5	31.6%	1.00
	平均	3.66	500.5	31.1%	0.96

（2）品种筛选

15份试验材料：黑亚11号、黑亚14号、黑亚16号、黑亚17号、黑亚18号、黑亚19号、黑亚

20 号、双亚 13 号、2011－1、2012－1、2013－1、Diane、Agatha、美若琳、New1。

试验采用随机区组设计，三次重复，区长 5m，宽 1.2m，8 行区，行距 15cm，小区面积 $6m^2$，每平方米有效播种数 2 000粒，区间道 0.45m，组间道 1.0m，全区收获测产。

参试 15 个品种中，黑亚 16 号、黑亚 17 号、黑亚 20 号与 2013－1 在原茎产量、纤维产量及全麻率等方面都表现突出。从田间表现来看，这 4 个品种在田间抗倒伏性及抗病性方面也优于其余品种，因此这 4 个品种在参试的品种中表现优异。国外品种 Argatha 出麻率较高，但原茎产量远低于国内品种，且纤维产量显著低于国内品种。

（3）高产栽培技术示范

亚麻高产示范是试验站的重要工作内容，2012 在延寿种植了 $1hm^2$，2013 年在兰西种植了 $1hm^2$，均前茬玉米，品种黑亚 16 号，春整地，整地播种和深施肥联合作业，亩施复合肥 20kg。亚麻种子用多菌灵和百菌清拌种，拌种量 0.3%。4 月底至 5 月初播种，播后镇压。6 月中旬化学除草。8 月中旬机械收获。

取点测产，2012 年平均产量 $4.53t/hm^2$，较对照 DIANE（3.91t）增产 15.8%。种子产量 480.4kg，纤维产量 1 628.4kg。2013 年平均产量 $4.65t/hm^2$，较对照 DIANE（4.01t）增产 16.0%。种子产量 450.4kg，纤维产量 1 181.7kg。

（4）亚麻屑栽培食用菌试验示范

试验在牡丹江综合试验站食用菌标准化示范基地进行，试验采用亚麻屑以 15%、30%、45%、60% 替代阔叶木屑为原材料分别进行凤尾菇、平菇和黑木耳栽培试验，以配方（阔叶木屑 78%，稻糠 20%，石灰 1%，石膏 1%）为对照，试验设 5 个处理，每个处理 3 次重复，每重复凤尾菇（45 袋）、平菇（45 袋）、黑木耳（100 袋），采用熟料栽培，采用 17cm×34cm 聚乙烯塑料菌袋，每袋装湿料 1.1～1.2kg（表 11－27）。

表 11－27　麻屑栽培食用菌基质组分

单位：%

处理	阔叶木屑	麻屑	稻糠	石灰	石膏
1（CK）	78	0	20	1	1
2	63	15	20	1	1
3	48	30	20	1	1
4	33	45	20	1	1
5	18	60	20	1	1

试验结果表明可以用亚麻屑栽培平菇、凤尾菇、黑木耳等，而且以亚麻屑作栽培主料，栽培食用菌吃料快，菌丝洁白、浓密、整齐、粗壮，出菇期提前。生产出的食用菌口感佳，与全木屑栽培无大差别，从产量结果看，麻屑替代量为 45% 时凤尾菇的单产最高、为 60% 时平菇产量最高、为 30% 时黑木耳单产最高，详见表 11－28。

表 11－28　不同麻屑添加量对三种食用菌产量和生物学效率的影响

处理编号	黑木耳			凤尾菇		平菇	
	菌丝愈合时间（d）	耳基出现时间（d）	单产（g/袋）	单产（g/袋）	生物学效率（%）	单产（g/袋）	生物学效率（%）
1（CK）	6	11	4.19	216.57	43.31	310.88	62.17
2	5	9	4.38	222.40	44.48	324.89	64.98

（续表）

处理编号	黑木耳			凤尾菇		平菇	
	菌丝愈合时间（d）	耳基出现时间（d）	单产（g/袋）	单产（g/袋）	生物学效率（%）	单产（g/袋）	生物学效率（%）
3	4	9	4.57	229.85	45.97	326.52	65.30
4	3	7	4.21	238.22	47.64	326.62	65.32
5	3	7	3.93	220.43	44.09	339.13	67.83

在牡丹江食用菌试验站示范了平菇1 200袋。目前普遍用的锯末为1 000元/t，亚麻屑400元/t。当替代量达到30%，就可降低成本13.43%以上，45%可降低成本20.15%。通过试验站的宣传活动，起到了很好的示范效果。也为北方食用菌的栽培找到了新的替代品。对两个产业发展均有很大的促进作用。

2. 非耕地亚麻种植关键技术示范

（1）耐盐碱品种筛选

此项试验在兰西盐碱地进行，前茬玉米，秋整地。取耕层土壤进行土壤成分测定。选择了3个品种，是亚麻育种岗位专家经盆栽试验，筛选出的耐盐碱性比较好的品种。黑亚14号、黑亚16号、双亚7号，Diane为对照。5月初播种，由于墒情好，一次出全苗。亚麻生长后期出现了倒伏，影响了产量，但比较效果明显，抗旱品种有优良表现，黑亚16号最好（表11－29）。

表11－29 产量结果

品 种	年份	原茎产量	增产（%）	种子产量	纤维产量
黑亚14号	2012	3 583.3	7.3	332.1	967.4
	2013	3 879.6	7.7	312.1	923.4
黑亚16号	2012	3 700.1	10.8	360.4	999.0
	2013	3 969.4	10.2	340.4	999.0
双亚7号	2012	3 534.3	5.8	345.2	954.2
	2013	3 857.7	7.1	335.1	954.2
Diane（CK）	2012	3 338.6		390.1	901.4
	2013	3 602.5		360.1	888.0

（2）盐碱地亚麻高产栽培技术示范

主要技术措施是选用耐盐碱品种黑亚19，测土施肥，调整NPK比例，正常黑土为1∶2∶1，盐碱地为1∶3∶1，以高磷为主，总施肥量15kg/亩。前茬为玉米茬。示范面积15亩。5月初播种。为确保墒情，采用整地、播种和镇压同时进行。7d后亚麻出全苗。防除虫害一次。8月中旬收获，取点测产，2012年产量较对照增产11.5%，2013年增产10.2%。

3. 亚麻新品种示范

在各示范县示范新品种黑亚20号，对照为黑亚11号和黑亚14号，大区对比，面积1hm^2，采用高产集成栽培技术。正常田间管理，取5点测产，每点1m^2，在各点均表现增产。黑亚20号田间表现在抗倒伏和抗病性方面明显强于对照，株高达90cm，各产量指标明显优于对照，详见表11－30。

表 11-30　黑亚 20 号 2012—2013 年平均产量结果

项目 品种	年份	原茎产量	全麻率	纤维产量	种子产量
黑亚 20 号	2012	4.52	30.5	1.13	483.5
	2013	4.82	30.5	1.25	474.3
对照（黑亚 11 号）	2012	3.96	28.5	0.92	402.6
对照（黑亚 14 号）	2013	4.36	29.5	1.13	402.6

4. 亚麻病害综合防控技术示范

根据亚麻种子携带的病源菌，选择药剂拌种，防治亚麻苗期病害。这已经成为常规工作，3 月中旬到各示范县对生产用种进行取样，然后在实验室进行病原菌分离。通过分析发现延寿、云山的种子炭疽病病原菌居多，伴有少量其他病原菌，克山和兰西种子枯萎病居多，尾山种子携带枯萎病病原菌，少数样品有炭疽病病原菌。根据分析结果制定了不同的药剂配方，进行拌种。调查数据表明达到了预期效果，5 个示范县，苗期病害的发病率在 5% ~15%（表 11-31）。服务面积 4 万多亩。

表 11-31　各示范县亚麻苗期发病情况

年份	哈尔滨	延寿	云山	尾山	克山
2012	8% ~11%	8% ~12%	7% ~10%	5% ~15%	7% ~13%
2013	8% ~11%	7% ~11%	8% ~10%	5% ~12%	7% ~12%

5. 亚麻机械收获和雨露沤麻技术示范

亚麻机械收获是影响黑龙江省亚麻发展的关键因素之一，机械收获使雨露沤麻实现了标准化。目前，黑龙江省由于收获机械品种单一，大多是牵引式拔麻机，所以亚麻收获仍然需要人工配合，拔出车道，增加生产成本。使用自走式拔麻机及其配套的翻麻、脱粒机械，是提升亚麻生产水平的发展方向，该目标的实现将全面提升黑龙江省亚麻栽培水平。

云山亚麻原料厂实现了翻麻机械化。尾山农场有从国外引进的自走式拔麻机、翻麻脱粒机在生产中应用，佳木斯农业机械厂研制出了翻麻脱粒机。

目前机械收获雨露沤麻技术是：拔麻后在田间铺放，一般 15d 左右 50% 的茎秆变黑，用手揉搓，纤维很容易同木质部分离。此时翻麻，而后继续沤制，约 10d，当 95% 以上的麻茎沤好后，便可捆起，运到原料厂加工。

（二）基础数据调研

1. 本区域科技立项与成果产出

2011—2015 年黑龙江省科技厅立项的“亚麻资源创新与新品种选育”，编号 GB06B102 -5，资助经费 4.4 万元，项目承担单位：黑龙江省农科院经济作物研究所；主持人：关凤芝。

2008—2012 年哈尔滨市科技局立项的“亚麻耐盐碱 QTL 标记”，编号 RC2009QN002009，资助经费 2.7 万元，项目承担单位：黑龙江省农科院经济作物研究所；主持人：赵东升。

2011—2013 年黑龙江省农业科学院立项的“亚麻枯萎病离体鉴定及筛选技术研究”，编号：资助经费 3 万元，项目承担单位：黑龙江省农科院经济作物研究所；主持人：宋喜霞。

2010—2012 年黑龙江省科技厅立项的“亚麻多胚发生机理及无融合生殖诱导技术研究”，编号

QC2009C01，经费4万元，项目承担单位：黑龙江省农业科学院经济作物研究所；主持人：康庆华。

2009—2012年农业部立项的“亚麻种质资源繁种更新与利用”，编号：NB08-2130135-40-01，资助经费1.5万/年，项目承担单位：黑龙江省农科院经济作物研究所。

2011—2015年农业部立项的“东北亚麻实验观测站”，农计函［2013］257号，资助经费330万元，项目承担单位：黑龙江省农科院经济作物研究所，主持人：宋喜霞。

2011—2015年农业部立项的“现代农业产业技术体系岗位专家”，编号CARS-19-E08，资助经费70万元/年，项目承担单位：黑龙江省农科院经济作物研究所，主持人：关凤芝。

2011—2015年农业部立项的“麻类产业技术体系哈尔滨亚麻综合试验站”，编号CARS-19-S03，资助经费50万元/年，项目承担单位：黑龙江省农科院经济作物研究所，主持人：吴广文。

2011—2013年黑龙江省科技厅立项的“俄罗斯亚麻资源引进、创新及利用”，编号：WB10B114，资助经费20万元，项目承担单位：黑龙江省农科院经济作物研究所；主持人：杨学。

2. 本区域麻类种植与生产

黑龙江省亚麻种植面积目前在5万亩，近两年亚麻面积趋于稳定。2010年在8万亩左右，目前亚麻主要分布在林区和北部农场。亚麻生产基本采用高产集成技术，选用优良亚麻品种，药剂拌种防治病害，科学配方进行亚麻除草，机械收获雨露沤麻。亚麻收获主要采用牵引式拔麻机，少数自走式拔麻机在生产上应用。黑龙江省亚麻产量平均在300~350kg/亩，种子产量在25~30kg，亩收入750~880元，扣除成本430元，净收益在320~450元。亚麻生产方式从过去的原料厂加农户的方式，向企业自己种植或农户带加工的方式发展，使农业种植直接与纤维市场对接，减少了中间环节。

亚麻生产全程机械化尚不完善，目前雨露沤制的过程中机械程度不高，使生产成本居高不下。捆麻和加工环节还主要依靠人工操作。

3. 本区域麻类加工与贸易

2013年年底哈尔滨亚麻试验站对黑龙江省亚麻相关企业进行了调查，有一些是做得比较好的企业。如哈尔滨亚麻纺织有限公司等，主要生产亚麻纱和亚麻布。黑龙江省兰西县、宾县和宁安市有亚麻汽车坐垫厂300多家。有多家小型加工厂生产亚麻床上用品亚麻凉席、袜子、厨房用品等。黑龙江省纺纱锭数22.7万，织布机1 374台，年需亚麻纤维6万t。

4. 基础数据库信息收集

（1）土壤养分数据库

赴5示范县亚麻试验示范地采集土样，分析有机质、碱解氮、有效磷、速效钾、pH值等养分数据（表11-32至表11-36）。

表11-32 克山县亚麻产区土壤养分数据

样品采集地	前茬	有机质（g/kg）	碱解氮（mg/kg）	有效磷（mg/kg）	速效钾（mg/kg）	pH值
北兴镇双兴村	大豆	42.3	154.8	24.3	191	6.7
北兴镇双兴村	大豆	47.1	162.1	26.4	196	6.6
北兴镇双兴村	玉米	45.4	173.5	20.9	237	7.7
北兴镇民众村	大豆	48.2	163.7	31.2	172	6.9
北兴镇民众村	大豆	46.3	181.2	34.9	230	6.6
北兴镇民众村	大豆	46.5	174.3	30.8	182	6.6
北兴镇尖山村	大豆	50.1	191.4	32.4	201	6.9

（续表）

样品采集地	前茬	有机质（g/kg）	碱解氮（mg/kg）	有效磷（mg/kg）	速效钾（mg/kg）	pH 值
北兴镇尖山村	大豆	40.8	146.5	17.6	162	6.8
北兴镇保卫村	玉米	42.6	158.4	17.8	256	6.7
北兴镇保卫村	大豆	44.5	201.8	20.8	162	6.7
西城镇联西村	大豆	42.3	154.8	24.3	191	6.8
西城镇联西村	大豆	47.1	162.1	26.4	196	6.0
西城镇自治村	大豆	45.4	173.5	20.9	237	6.7
西城镇自治村	大豆	48.2	163.7	31.2	172	6.6
西城镇自治村	大豆	46.3	181.2	34.9	230	7.1
西城镇胜发村	玉米	46.5	174.3	30.8	182	6.7
西城镇胜发村	大豆	50.1	191.4	32.4	201	6.3
西城镇联众村	大豆	40.8	146.5	17.6	162	6.3
西城镇联众村	大豆	42.6	158.4	17.8	186	6.3
西城镇联众村	马铃薯	44.5	201.8	20.8	162	6.5
古城镇日新村	玉米	34.7	230.0	25.7	198	6.1
古城镇日新村	大豆	40.9	245.0	16.1	175	6.9
古城镇均城村	大豆	38.5	178.0	55.9	186	6.5
古城镇均城村	玉米	35.3	210.0	12.8	168	6.6
古城镇均城村	大豆	23.8	187.0	16.9	206	6.5
古城镇古城村	大豆	36.5	170.0	51.9	186	6.7
古城镇古城村	甜菜	31.8	220.0	61.6	250	6.7
古城镇古城村	大豆	33.9	197.0	32.3	216	6.6
古城镇民和村	大豆	37.5	184.0	9.1	168	6.6
古城镇民和村	大豆	40.1	214.0	99.1	393	6.7
北联镇同富村	大豆	46.7	235.0	32.9	193	6.9
北联镇同富村	大豆	27.4	247.0	22.5	225	6.4
北联镇新兴村	马铃薯	54.8	239.0	40.9	165	6.5
北联镇新兴村	大豆	22.6	210.0	77.8	205	6.7
北联镇新兴村	大豆	29.1	212.0	77.9	197	7.1
北联镇黎明村	大豆	32.2	149.0	50.6	205	6.7
北联镇黎明村	玉米	42.7	153.0	53.5	476	7.1
北联镇黎明村	大豆	23.4	215.0	45.5	300	6.9
北联镇民兴村	大豆	42.5	192.0	28.9	248	6.6
北联镇民兴村	大豆	46.3	231.0	20.6	216	6.4
西河镇西河村	大豆	32.9	195.0	60.9	229	6.5
西河镇西河村	大豆	32.9	186.0	33.6	340	6.3

（续表）

样品采集地	前茬	有机质（g/kg）	碱解氮（mg/kg）	有效磷（mg/kg）	速效钾（mg/kg）	pH 值
西河镇联民村	玉米	31.3	213.0	67.4	280	6.2
西河镇联民村	大豆	20.1	175.0	40.4	256	6.2
西河镇联民村	大豆	19.9	252.0	39.4	280	6.3
西河镇巨河村	大豆	41.9	231.0	49.9	165	6.1
西河镇巨河村	马铃薯	33.7	238.0	80.8	320	6.4
西河镇巨河村	大豆	46.6	148.0	53.1	300	6.6
西河镇清政村	大豆	28.2	234.0	54.1	177	6.0
西河镇清政村	大豆	25.2	215.0	89.7	248	6.2
古北乡东北村	大豆	28.1	209.0	75.2	379	6.9
古北乡东北村	玉米	37.0	215.0	47.5	256	6.5
古北乡东北村	大豆	49.0	205.0	45.4	248	6.5
古北乡东胜村	大豆	55.6	240.0	60.9	248	6.3
古北乡东胜村	玉米	34.7	217.0	25.7	168	6.7
古北乡东胜村	大豆	45.7	181.0	87.9	177	6.3
古北乡更好村	大豆	27.5	214.0	17.9	234	6.4
古北乡更好村	马铃薯	39.9	231.0	19.5	230	6.7
古北乡同结村	大豆	34.7	246.0	9.2	224	6.4
古北乡同结村	大豆	51.3	227.0	16.6	194	6.9

表 11－33　兰西县亚麻产区土壤养分数据

样品采集地	前茬	有机质（g/kg）	碱解氮（mg/kg）	有效磷（mg/kg）	速效钾（mg/kg）	pH 值
长江乡万宝村	玉米	39.4	183.0	34.9	222	8.1
长江乡双城村	玉米	33.7	199.0	35.7	318	8.0
长江乡梁卜村	水稻	26.7	170.0	54.9	220	8.2
长江乡双卜村	玉米	33.6	199.0	47.7	269	7.8
星火乡丰岗村	玉米	50.8	220.0	28.7	273	7.4
星火乡阳光村	玉米	40.4	210.0	33.9	269	8.2
星火乡新胜村	玉米	35.1	207.0	36.9	273	7.5
星火乡新春村	玉米	33.9	169.0	40.4	134	7.9
临江镇春河村	玉米	38.5	168.0	55.3	145	8.0
临江镇富河村	玉米	31.5	199.0	40.2	218	7.9
临江镇民河村	水稻	36.2	164.0	48.0	234	7.9
临江镇裕河村	水稻	38.3	137.0	56.0	334	7.6
燎原乡新阳村	玉米	42.9	187.0	31.1	290	8.1
燎原乡新华村	玉米	30.9	161.0	47.1	206	7.2

（续表）

样品采集地	前茬	有机质（g/kg）	碱解氮（mg/kg）	有效磷（mg/kg）	速效钾（mg/kg）	pH 值
燎原乡双山村	玉米	47. 1	185. 0	42. 7	283	8. 8
燎原乡前进村	玉米	45. 2	190. 0	25. 4	203	8. 0
兰河乡红旗村	水稻	23. 6	209. 0	29. 6	299	6. 7
兰河乡荷花村	水稻	18. 2	187. 0	22. 1	254	7. 6
兰河乡红堡村	玉米	25. 2	207. 0	28. 2	226	8. 1
兰河乡红卫村	玉米	23. 2	181. 0	28. 0	302	7. 3
北安乡平安村	玉米	25. 8	161. 0	37. 4	210	7. 2
北安乡龙安村	玉米	48. 3	218. 0	39. 4	306	8. 2
北安乡城安村	玉米	28. 2	202. 0	19. 2	314	8. 0
北安乡双安村	玉米	22. 4	253. 0	46. 6	234	7. 1
红光乡红光村	玉米	26. 9	194. 0	36. 3	198	7. 5
红光乡义泉村	玉米	38. 2	191. 5	49. 1	213	7. 8
红光乡义丰村	玉米	39. 2	191. 0	39. 9	299	7. 3
红光乡林泉村	玉米	30. 7	196. 0	33. 3	216	7. 9
平山镇北兴村	玉米	24. 4	249. 0	36. 4	321	8. 0
平山镇新兴村	玉米	25. 7	167. 0	35. 8	198	7. 9
平山镇和兴村	玉米	27. 3	244. 0	59. 0	216	7. 9
平山镇复兴村	玉米	30. 4	186. 0	31. 0	250	7. 6
康荣乡荣旺村	玉米	29. 5	154. 0	40. 7	258	8. 1
康荣乡荣显村	玉米	25. 9	253. 0	38. 3	183	7. 2
康荣乡荣泰村	玉米	31. 0	167. 0	24. 7	224	8. 8
康荣乡荣岗村	玉米	30. 7	185. 0	35. 3	228	7. 4
远大乡新发村	玉米	30. 8	174. 0	32. 7	160	8. 2
远大乡西岗村	玉米	36. 5	183. 0	38. 3	186	7. 6
远大乡丰收村	玉米	24. 9	179. 0	29. 5	183	8. 1
远大乡建设村	玉米	36. 0	171. 0	47. 7	209	7. 3
长岗乡长新村	玉米	29. 8	178. 0	31. 6	239	7. 2
长岗乡长荣村	玉米	32. 0	188. 0	35. 7	224	8. 2
长岗乡长太村	玉米	26. 9	247. 0	32. 1	201	8. 0
长岗乡长春村	玉米	35. 1	168. 0	39. 8	205	7. 1
兰西镇向阳村	玉米	36. 9	147. 0	38. 6	220	7. 5
兰西镇永久村	玉米	36. 2	205. 0	46. 1	134	7. 8
兰西镇城东村	玉米	34. 8	203. 0	26. 8	273	7. 3
兰西镇科研村	白菜	37. 0	210. 0	37. 1	160	8. 1
榆林镇林生村	玉米	34. 4	182. 0	35. 1	213	8. 0

（续表）

样品采集地	前茬	有机质（g/kg）	碱解氮（mg/kg）	有效磷（mg/kg）	速效钾（mg/kg）	pH 值
榆林镇林强村	玉米	33.9	170.0	34.1	235	8.2
榆林镇林岗村	玉米	41.4	170.0	30.4	261	7.8
榆林镇林荣村	玉米	34.2	146.0	36.9	254	7.4
奋斗乡团结村	玉米	35.2	169.0	33.1	186	8.2
奋斗乡光明村	玉米	35.3	190.0	25.4	163	7.5
奋斗乡春岭村	玉米	34.3	154.0	40.5	159	7.9
奋斗乡前途村	玉米	32.6	227.0	58.0	205	8.0
红星乡武家村	玉米	43.2	197.0	47.7	220	7.9
红星乡东兴村	玉米	32.2	174.0	35.9	216	7.9
红星乡红星村	玉米	47.0	186.0	29.3	220	7.8
红星乡新星村	玉米	28.4	174.0	29.6	254	7.6

表 11－34　尾山亚麻产区土壤养分数据

样品采集地	前茬	有机质（g/kg）	碱解氮（mg/kg）	有效磷（mg/kg）	速效钾（mg/kg）	pH 值
第一管理区第二居民组 1－1	玉米	46.1	282.5	45.6	223	6.4
第一管理区第二居民组 1－3	马铃薯	44.9	298.9	46.4	215	6.9
第一管理区第二居民组 1－6	玉米	48.8	285.9	52.2	246	6.3
第一管理区第二居民组 2－1	大豆	46.1	284.8	56.7	250	7
第一管理区第二居民组 3－3	玉米	46	218.8	39.8	461	6.1
第一管理区第二居民组 4－南	玉米	39.9	306.7	41.5	291	6
第一管理区第二居民组 5－2	玉米	45.5	283.5	43.7	211	6.5
第一管理区第二居民组 6 号	玉米	42.5	252.3	49.7	457	6.5
第一管理区第二居民组 7－1	玉米	45.2	289	53.2	437	6.3
第一管理区第二居民组 7－2	青贮	51.7	282.7	47.7	273	6.6
第一管理区第二居民组 8－2	大豆	50.4	294.7	53.8	250	5.7
第一管理区第一居民组 1－4	大豆	43.4	239.3	34.5	215	6.9
第一管理区第一居民组 2－1	大豆	42.5	282.5	26.3	303	6.3
第一管理区第一居民组 2－2	玉米	48.1	256.2	51.7	243	7
第一管理区第一居民组 2－4	玉米	37.7	285.4	37.8	285	6.1
第一管理区第一居民组 2－5	玉米	44.9	280.9	47.3	424	6
第一管理区第一居民组 3－1 北	大豆	46.1	281.9	43.4	373	6.5
第一管理区第一居民组 3－3	玉米	45.2	283.5	31.7	299	6.5
第一管理区第一居民组 5－3	大豆	47.6	283.5	50.0	231	6.3
第一管理区第一居民组 6－2	大豆	45.9	279.3	43.5	401	6.6
第一管理区第一居民组 6－3	大豆	43.1	283.6	58.3	322	6.7

（续表）

样品采集地	前茬	有机质（g/kg）	碱解氮（mg/kg）	有效磷（mg/kg）	速效钾（mg/kg）	pH 值
第一管理区第一居民组 6－7	青贮	46.7	268.8	56.2	377	6.7
第一管理区区部 1 号 1	大豆	36.4	278.7	43.2	338	7.1
第一管理区区部 1 号	马铃薯	46.4	271.9	47.4	211	6.9
第一管理区区部 2 号 1	板蓝根	44.5	297.4	50.7	330	6.7
第一管 226 理区区部 3－2113	小麦	41.2	289.4	36.3	369	6.7
第一管理区区部 4	玉米	48.5	332.4	47.3	452	6.7
第一管理区区部 8－1	大麻	38.4	347.4	39.3	255	6.3
第二管理区第一居民组 1－3	马铃薯	46.12	331.5	36.2	294	6.7
第二管理区第一居民组 2－1	大豆	42.5	237.6	50.8	230	6.8
第二管理区第一居民组 2－6	玉米	42.1	200.1	46.6	331	6.9
第二管理区第一居民组 4－1	大豆	40.8	215.4	43.2	226	6.9
第二管理区第一居民组 4－9	水飞蓟	47.1	231.4	35.8	211	6.6
第二管理区区部 1－5	玉米	46	235.6	42.3	231	6.6
第二管理区区部 2－1	青贮	41.8	162.5	34.9	266	6.5
第二管理区区部 3－4	大豆	50	236.7	52.3	335	6.6
第二管理区区部 4－4	大豆	44.5	212.7	41.6	234	7.1
第二管理区区部 5－2	玉米	46	258.2	51.9	283	5.9
第二管理区区部 8－1	大豆	46.7	220.8	45.5	278	6.8
第二管理区区部 10－1	大豆	45.2	249.2	56.7	228	6.8
第二管理区区部 10－3	青贮	45.3	254.5	43.4	310	6.9
第三管理区区部 1－3	大豆	46	253.1	48.7	266	6.9
第三管理区区部 2－4	玉米	51.6	200.6	33.4	266	6.9
第三管理区区部 3－2	青贮	49.2	300.1	42.2	310	6.8
第三管理区区部 3－4	水飞蓟	41.5	261.5	50.9	275	6.7
第三管理区区部 5－2 北	玉米	44.9	246.7	53.3	409	6.7
第三管理区区部 6－1 南	大豆	42.7	297.7	43.4	235	6.7
第三管理区区部 7－1	马铃薯	46	298.7	44.7	407	6.7
第三管理区区部 8－6	大豆	35	196	34.7	226	7.3
第四管理区区部 1－4	玉米	40	259.5	52.1	412	7
第四管理区区部 3－1	马铃薯	46.1	175.5	47.3	286	6.9
第四管理区区部 4－2	大豆	44.9	272	43.3	206	6.9
第四管理区区部 5－5	玉米	48.8	296.9	53.1	211	7.1
第四管理区区部 8－1	大麻	46.1	248.2	39.1	335	6.2
第四管理区区部 9－3	小麦	40.7	311.7	51.7	350	6.6
第四管理区第一居民组 1－2	玉米	48.5	327.2	33.6	282	6.7

（续表）

样品采集地	前茬	有机质（g/kg）	碱解氮（mg/kg）	有效磷（mg/kg）	速效钾（mg/kg）	pH 值
第四管理区第一居民组 2－2	大豆	41.4	174.8	41.8	242	6.8
第四管理区第一居民组 4－1	马铃薯	44.4	228.2	46.2	298	6.8
第四管理区第一居民组 5－1	玉米	36.6	205.7	50.5	250	6.7
第四管理区第一居民组 6－2	玉米	50.3	207.6	42.6	238	6.9
第四管理区第一居民组 8－2	大豆	40.9	207.2	48.5	254	6.8
第四管理区第一居民组 9－1	玉米	46.8	202.2	39.2	326	6.6

表 11－35　延寿县亚麻产区土壤养分数据

样品采集地	前茬	有机质（g/kg）	碱解氮（mg/kg）	有效磷（mg/kg）	速效钾（mg/kg）	pH 值
延寿镇同安村刘子玉屯	大豆	41.9	173.5	24.3	191	6.4
延寿镇城东村富强屯	玉米	42.8	163.7	26.4	196	6.7
延寿镇洪福村洪福屯	大豆	51.4	181.2	20.9	237	7.1
延寿镇洪福村洪福屯	玉米	37.6	174.3	31.2	172	6.0
延寿镇洪福村五间房	玉米	42.8	191.4	34.9	230	6.2
延寿镇班石村周家村	玉米	45.2	146.5	30.8	182	6.5
延寿镇玉山村大烟屯	大豆	42.2	158.4	32.4	201	6.1
延寿镇城郊村韩家屯	大豆	46.4	201.8	27.6	162	6.9
六团镇兴胜村张发屯	玉米	45.2	144.1	37.8	256	6.8
六团镇兴胜村兴胜屯	玉米	47.8	205.8	20.8	192	6.4
六团镇六团村六团屯	玉米	38.3	178.4	24.3	201	6.7
六团镇六团村红升屯	大豆	42.8	185.2	26.4	196	6.3
六团镇奎兴村奎兴屯	大豆	47.6	274.4	20.9	237	6.3
六团镇双安村双安屯	玉米	36.8	164.6	31.2	172	6.4
六团镇桃山村桃山屯	玉米	48.2	240.1	34.9	230	6.4
中和镇中和村中和屯	玉米	51.2	233.2	30.8	182	6.3
中和镇万江村长停屯	玉米	38.5	205.8	32.4	201	6.6
中和镇崇和村兴和屯	玉米	46.1	219.5	17.6	162	6.9
中和镇胜利村天台屯	玉米	46.1	288.1	27.8	256	7.0
中和镇先锋村先锋屯	大豆	51.5	192.1	25.8	182	6.4
中和镇先锋村民光屯	大豆	46.6	185.2	30.69	219	6.6
安山乡安山村安山屯	大豆	45.2	178.4	24.6	382	6.4
安山乡集贤村集贤屯	玉米	37.3	288.1	29.2	249	6.2
安山乡双合村青山屯	玉米	45.2	144.1	33.1	230	6.4
安山乡光明村唐家屯	玉米	45.2	315.6	22.7	202	6.5
安山乡适中村新发屯	大豆	42.7	198.9	28.9	176	7.0

（续表）

样品采集地	前茬	有机质 (g/kg)	碱解氮 (mg/kg)	有效磷 (mg/kg)	速效钾 (mg/kg)	pH 值
安山乡兴山村卧龙屯	大豆	40.6	271	19.3	243	5.9
安山乡兴山村仁义屯	大豆	45.2	140.6	24.4	295	6.2
寿山乡长志村新立屯	玉米	37.5	188.7	30.2	264	6.1
寿山乡双志村永安屯	大豆	39.7	188.7	22.1	249	6.1
寿山乡宝山村向阳屯	大豆	46.1	223	24.5	261	6.0
寿山乡寿山村福山屯	玉米	42.1	229.8	25.4	296	6.0
寿山乡寿山村新星屯	玉米	45	181.8	20.8	250	5.8
寿山乡双星村长胜屯	玉米	54	154.4	39.6	250	6.2
寿山乡三星村新村屯	玉米	42.4	202.4	37.1	185	6.1
寿山乡寿山村前进屯	玉米	50.8	174.9	40.9	178	6.2
寿山乡寿山村老道沟屯	大豆	46.1	163.1	29.7	275	7.0
玉河乡新城村长山屯	大豆	51	188.7	24.8	231	6.7
玉河乡玉河村玉河屯玉	玉米	42.5	325.9	31.1	201	6.3
玉河乡玉河村青山	大豆	45.1	339.6	34.0	221	6.4
玉河乡长胜村福寿屯	玉米	39.2	223	29.3	244	6.9
玉河乡中胜村福兴屯	大豆	46.1	264.1	26.5	187	6.6
玉河乡火星村火星屯	玉米	40.6	216.1	31.7	202	6.9
玉河乡朝奉村八家子屯	大豆	49.8	377.3	33.2	178	6.9
玉河乡朝奉村朝阳屯	玉米	40	198.9	43.7	214	6.4
延河镇福山村靠山屯	玉米	38.1	226.4	35.2	184	6.2
延河镇万家村万家屯	玉米	46.3	274.4	34.8	197	6.3
延河镇万家村北安屯	大豆	42.1	226.4	28.1	187	7.0
延河镇东明村平鲜屯	玉米	50.4	281.3	34.5	219	6.4
延河镇盘龙村一棵松	大豆	45.2	212.7	34.1	224	6.2
延河镇平安村良种场屯	玉米	39.5	226.4	35.5	203	6.4
延河镇星光村星鲜屯	大豆	49.5	233.2	31.6	180	6.4
延河镇南村村王家屯	玉米	49.4	226.4	31.4	172	6.3
青川乡新胜村苏家屯	大豆	45.2	219.5	36.7	265	6.1
青川乡北宁村新安	大豆	51.8	233.2	26.8	193	5.9
青川乡兴隆村倪家屯	大豆	46.7	274.4	28.2	232	6.3
青川乡北顺正屯	玉米	51.2	219.5	34.6	203	6.2
青川乡百合村兴旺屯	玉米	45.2	178.4	29.5	198	6.0
青川乡河福村北甲屯	大豆	41.8	253.8	34.7	200	6.3
青川乡北安村长胜屯	玉米	42.9	226.4	35.3	204	6.3
青川乡石城村万有屯	玉米	46.8	260.7	34.8	186	6.1
青川乡共和村长岗屯	大豆	45.5	185.2	42.1	190	6.2

表 11－36 云山亚麻产区土壤养分数据

样品采集地	前茬	有机质（g/kg）	碱解氮（mg/kg）	有效磷（mg/kg）	速效钾（mg/kg）	pH 值
一连 1 号地	玉米	38.6	164.8	32.3	182	6.6
一连 3 号地	玉米	39.4	172.1	38.8	187	6.7
一连 6 号地	玉米	46.5	183.5	25.7	178	6.7
一连 2 号地	亚麻	45.2	173.7	31.6	193	7.1
一连 9 号地	玉米	47.1	191.2	24.5	190	6.9
一连 4 号地	玉米	37.0	213.5	42.5	195	6.7
二连 5 号地	玉米	46.1	198.6	26.5	187	6.7
二连 6 号地	玉米	45.2	203.4	20.9	205	6.7
二连 7 号地	玉米	36.9	189.3	28.3	180	6.3
二连 2 号地	玉米	36.4	174.2	28.0	214	6.7
三连 8 号地	玉米	45.0	164.8	21.5	182	6.8
三连 4 号地	玉米	51.0	172.1	20.2	187	6.9
三连 2 号地	大豆	45.2	183.5	25.7	178	6.9
三连 9 号地	玉米	43.4	173.7	22.9	193	6.6
四连 2 号地	玉米	46.1	191.2	17.3	190	6.6
四连 5 号地	玉米	48.7	213.5	29.9	195	6.5
四连 1 号地	大豆	46.3	198.6	18.2	187	6.6
四连 3 号地	玉米	45.2	203.4	29.9	205	7.1
五连 3 号地	大豆	48.1	189.3	24.1	180	5.9
五连 6 号地	玉米	37.8	174.2	23.8	214	6.8
五连 2 号地	大豆	48.2	282.5	27.5	215	6.8
五连 7 号地	玉米	35.9	298.9	30.0	332	6.9
六连 1 号地	大豆	37.0	171.6	26.5	233	6.9
六连 2 号地	玉米	45.8	121.6	27.8	206	6.9
六连 6 号地	玉米	36.2	178.1	30.2	188	6.8
六连 4 号地	玉米	46.8	191.5	18.9	296	6.7
七连 4 号地	玉米	45.2	163.1	16.4	242	6.7
七连 8 号地	玉米	45.2	262.0	23.9	260	6.7
七连 1 号地	玉米	46.6	251.1	25.9	206	6.7

（续表）

样品采集地	前茬	有机质（g/kg）	碱解氮（mg/kg）	有效磷（mg/kg）	速效钾（mg/kg）	pH 值
七连 2 号地	大豆	49.8	220.8	28.6	242	7.3
八连 2 号地	玉米	50.7	282.0	24.7	179	7.0
八连 4 号地	玉米	42.6	282.2	17.8	224	6.9
八连 9 号地	玉米	44.9	277.4	27.0	152	6.9
八连 5 号地	玉米	43.6	286.8	28.9	179	7.1
九连 1 号地	玉米	38.6	319.4	31.0	179	6.2
九连 4 号地	玉米	50.2	205.7	20.6	206	6.6
九连 3 号地	大豆	38.4	207.6	21.3	197	6.7
九连 5 号地	玉米	44.4	207.2	25.5	242	6.8
九连 8 号地	大豆	46.6	202.2	23.8	179	6.8
十连 1 号地	大豆	48.4	198.6	32.7	242	6.7
十连 3 号地	玉米	45.9	172.1	27.6	188	6.9
十连 5 号地	亚麻	45.2	189.6	22.9	143	6.8
十连 2 号地	玉米	45.2	182.1	27.6	475	6.6
十一连 3 号地	玉米	45.5	171.2	33.2	170	6.8
十一连 4 号地	玉米	41.5	317.3	32.7	200	6.9
十一连 5 号地	玉米	46.4	230.9	31.8	224	6.7
十一连 1 号地	大豆	45.2	246.2	24.2	179	7.3
十二连 1 号地	玉米	46.9	171.4	44.4	233	6.7
十二连 8 号地	大豆	44.9	184.4	23.7	197	6.7
十二连 4 号地	玉米	42.6	181.5	14.2	260	6.9
十二连 3 号地	马铃薯	36.1	165.1	22.6	260	6.7
十三连 4 号地	大豆	47.3	194.8	17.8	134	6.7
十三连 5 号地	玉米	49.0	200.7	21.5	206	6.6
十三连 8 号地	玉米	45.9	206.8	20.3	152	6.5
十三连 9 号地	玉米	37.2	195.0	22.7	278	6.9
十四连 1 号地	玉米	47.2	160.4	17.2	152	6.7
十四连 2 号地	大豆	48.4	174.0	18.6	269	6.8
十五连 4 号地	玉米	38.3	134.2	36.7	197	6.7
十六连 5 号地	玉米	45.2	218.4	31.1	251	6.9
十七连 2 号地	玉米	47.4	191.7	30.2	215	6.8
十八连 8 号地	大豆	45.2	331.4	33.9	189	6.8
十八连 1 号地	玉米	48.8	246.6	29.8	204	6.7

（2）麻类加工企业

调研本区域主要亚麻纺织企业 8 家，企业信息如表 11 – 37。

表 11－37 黑龙江省亚麻纺织企业情况调查表

编号	企业名称	员工（人）	总资产（亿）	年产值（亿）	纺纱（锭）	年纺纱（t）	织布机（台）	年产量（万 m）	年漂染数量
1	哈尔滨亚麻纺织有限公司	600	4.0	1.0	40 000	1 000	400	400	10 条
2	齐齐哈尔金亚亚麻纺织有限责任公司	500	4.0	1.3	15 000	1 500	90	100	
3	克山金鼎亚麻纺织有限责任公司	500	2.04	0.17	10 000	1 000	200	300	
4	黑龙江农垦九三亚麻产业有限公司	380	2.1	0.7	10 000	1 600	30	停工	
5	延寿继嘉亚麻纺纱有限公司	800	4.0	4.7	10 000	1 200	130	150	
6	青冈青枫亚麻有限公司	700	3.0	2.0	40 000	3 000	300	500	
7	佳木斯三和亚麻有限公司	800	2.4	2.0	22 000	2 200	164	600	
8	黑龙江省朝阳亚麻纺织工业有限公司	1 200	2.5	1.8	20 000	2 000	60	2 000	

（三）区域技术支撑

1. 技术培训与服务

2012—2013 年培训岗位人员 30 人次，农技人员 60 人次，农民 112 人次，共计培训 202 人次。通过培训，提高了受训人员的亚麻高产种植技术和试验示范规范化工作能力。

（1）亚麻高产栽培技术示范

对各示范县的农技人员及种植大户进行高产栽培技术培训，推广了优良品种和先进的栽培技术。在亚麻生长的不同时期，派出技术人员现场指导，同时召开现场会等，宣传和扩大示范效果。

（2）亚麻屑栽培食用菌试验示范

试验在牡丹江综合试验站食用菌标准化示范基地进行，试验采用亚麻屑以 15%、30%、45%、60% 替代阔叶木屑为原材料分别进行凤尾菇、平菇和黑木耳栽培试验。在牡丹江食用菌试验站示范了平菇 2 200袋。目前普遍用的锯末子为 1 000元/t，亚麻屑 400 元/t。替代量达到 30%，就可降低成本 13.43% 以上，45% 可降低成本 20.15%。通过食用菌试验站的宣传活动等，起到了很好的示范效果。也为北方食用菌的栽培找到了新的替代品，对两个产业发展均有很大的促进作用。

（3）碱地亚麻高产栽培技术示范

主要技术措施是选用耐盐碱品种黑亚 19，测土施肥，调整 NPK 比例，正常黑土为 1：2：1，盐碱地为 1：3：1，以高磷为主，总施肥量 15kg/亩。前茬为玉米茬。示范面积 15 亩。

产量较对照增产 10.2%（3 675.4kg/hm^2）。种子产量 350.2kg，纤维产量 1 029.1kg。

（4）亚麻防病技术

根据亚麻种子携带的病源菌，选择药剂拌种，防治亚麻苗期病害。这已经成为常规工作，3 月中下旬到各示范县对生产用种进行取样，然后在实验室进行病原菌分离。根据分析结果制定了不同的药剂配方，进行拌种。调查数据表明达到了预期效果，5 个示范县，苗期病害的发病率在 5% ~13%。服务面积 4 万多亩。

（5）亚麻机械收获和雨露沤麻

黑龙江省 90% 以上的亚麻都采用机械收获，雨露沤麻。主要拔麻机械就是牵引式拔麻机。

云山亚麻原料厂实现了翻麻机械化。尾山农场有从国外引进的自走式拔麻机、翻麻脱粒机在生产中应用，佳木斯农业机械厂研制出了翻麻脱粒机。

（6）亚麻复种技术

由于玉米和水稻等作物价格的提高，加之农业补贴的优势，亚麻作为经济作物的优势在逐渐减弱，所以如何提高种麻的收入，就显得非常重要。根据市场的需要，为提高麻农的收入，示范推广了麻田复种白菜、白萝卜、冰糖萝卜和芥菜。种植的白菜产量 3 000kg、白萝卜 2 000kg、冰糖萝卜 750kg、芥菜 750kg，亩效益在 150～300 元。

2. 突发事件应对

及时对黑龙江省春季涝灾播期延后向有关部门进行了通报，为政府决策提供第一手材料。

2013 年在亚麻快速生长期黑龙江省北部地区遇到了干旱，针对有条件的地区，派人指导节水喷灌。尽最大的努力减少生产损失。

及时完成体系办公室交办的各项临时任务。

第十二章　黄/红麻

一　漳州黄/红麻试验站

（一）技术集成与示范

1. 黄麻高产高效栽培技术示范

2012 年对黄麻新品种闽黄 1 号、福黄麻 1 号和福黄麻 2 号进行高产高效栽培试验，以黄麻 179 为对照品种，种植面积为 2 亩，试验地点：漳州市龙文区。经考种测产，结果表明，闽黄 1 号、福黄麻 1 号、福黄麻 2 号和黄麻 179 原麻产量 515.3 ~ 588.8kg/亩，麻叶产量 190.8 ~ 255.9kg/亩，麻骨产量 736.5 ~ 889.5kg/亩，达到黄麻高产高效任务指标要求（表 12 – 1）。

表 12 – 1　2012 年黄麻品种高产高效栽培技术试验表现

品种名称	株高（cm）	分枝高（cm）	茎粗（cm）	皮厚（mm）	单株鲜茎（g）	单株鲜皮（g）	单株干皮（g）	亩产原麻（kg）	亩产麻叶（kg）	亩产麻骨（kg）
闽黄 1 号	418.2	336.2	1.88	1.09	590	286.5	60.0	538.0	209.3	868.2
福黄麻 1 号	438.9	355.8	1.99	1.20	620	296.5	60.0	552.5	194.2	841.2
福黄麻 2 号	434.7	392.1	1.92	1.30	600	296.4	70.0	588.8	255.9	889.5
黄麻 179	438.5	353.5	1.87	1.07	620	280.5	57.5	515.3	190.8	736.5

2013 年对由黄麻育种岗位提供的黄麻新品种福黄麻 1 号、福黄麻 2 号、福黄麻 3 号、闽黄 1 号及黄麻 179 进行高产高效栽培试验，其中，以黄麻 179 为对照，种植面积为 2 亩。试验地点：漳州市龙文区。经考种测产，结果表明，福黄麻 1 号、福黄麻 2 号、福黄麻 3 号、闽黄 1 号的鲜麻叶产量 187.2 ~ 268.8kg/亩；麻骨产量 602.7 ~ 727.1 kg/亩；原麻产量 485.9 ~ 504.8kg/亩，比对照黄麻 179 原麻产量 413.7 kg/亩分别增产 20.28%、22.02%、17.45% 和 20.11%，增产幅度均超过 15%，完成黄麻高产高效任务指标要求（表 12 – 2）。

2. 红麻高产高效栽培技术示范

2012 年对红麻新品种福红 992、中杂红 318、红优 2 号和闽红 964 进行高产高效栽培试验，以福红 952 为对照品种，并建立高产示范 15 亩，试验地点：漳州市龙海市。经收获考种测产，结果表明，福红 992、中杂红 318、红优 2 号和闽红 964 原麻产量 541.7 ~ 583.9kg/亩，其中，3 个品种超过对照福红 952 产量，1 个品种产量与对照相当；麻叶产量 217.8 ~ 250.4kg/亩，麻骨产量 650.2 ~ 826.5kg/亩，基本达到或超过红麻高产高效任务指标要求（表 12 – 3）。

表 12－2　2013 年黄麻品种高产高效栽培技术试验表现

品种名称	株高（cm）	分枝高（cm）	茎粗（cm）	皮厚（mm）	单株鲜叶（g）	单株麻骨（g）	单株干皮（g）	亩产鲜叶（kg）	亩产麻骨（kg）	亩产原麻（kg）	增产（%）
福黄麻 1 号	458.9	436.0	1.98	1.14	25.8	82.6	56.6	226.6	727.1	497.6	20.28
福黄麻 2 号	478.5	451.2	2.21	1.24	24.8	76.0	60.5	206.7	634.6	504.8	22.02
福黄麻 3 号	462.6	428.2	1.91	1.19	32.0	71.8	57.9	268.8	602.7	485.9	17.45
闽黄 1 号	459.3	398.8	2.09	1.20	24.0	81.9	63.7	187.2	638.6	496.9	20.11
黄麻 179（CK）	434.5	394.6	1.88	1.19	22.5	68.5	55.9	166.5	506.9	413.7	—

表 12－3　2012 年红麻品种高产高效栽培技术试验表现

品种名称	株高（cm）	茎粗（cm）	皮厚（mm）	单株鲜茎重（g）	单株鲜皮重（g）	单株干皮重（g）	亩产原麻（kg）	亩产麻叶（kg）	亩产麻骨（kg）
红优 2 号	410.9	2.06	1.32	705	235	72.5	541.7	220.7	650.2
中红麻 318	378.6	1.97	1.43	610	205	72.5	567.2	217.8	719.6
闽红 964	425.1	2.15	1.37	710	220	75.0	573.7	250.4	817.6
福红 992	424.8	2.19	1.35	700	230	80.0	583.9	239.2	826.5
福红 952	407.1	1.99	1.25	710	200	80.0	545.9	223.8	783.0

2013 年对红麻新品种 H368、H1301、福航优 1 号、红优 2 号、闽红 964 和福红 952 进行高产高效栽培试验，以福红 952 为对照，并建立高产示范 5 亩，试验地点：漳州龙文区。经收获考种测产，结果表明，H368、H1301、福航优 1 号、红优 2 号、闽红 964 亩产麻叶产量 234.0～301.6kg；亩产麻骨产量 665.5～756.8kg；原麻产量 532.9～597.6kg/亩，参试品种均比对照福红 952 增产，增产幅度为 6.34%～19.26%，其中增产 15%以上的品种有 3 个，基本达到或超过红麻高产高效任务指标要求（表 12－4）。

表 12－4　2013 年红麻品种高产高效栽培技术试验表现

品种名称	株高（cm）	茎粗（cm）	皮厚（mm）	单株鲜叶（g）	单株麻骨（g）	单株干皮（g）	亩产麻叶（kg）	亩产麻骨（kg）	亩产原麻（kg）	增产（%）
闽红 964	446.8	2.14	1.21	22.5	79.2	64	245.7	665.5	537.7	7.30
H368	454.6	2.41	1.23	25.5	87.6	68	286.0	756.8	587.5	17.24
H1301	478.5	2.49	1.31	25.6	94.2	75	260.0	735.7	585.5	16.85
福航优 1 号	440.7	2.32	1.25	21.3	81.5	63	234.0	689.5	532.9	6.34
红优 2 号	458.8	2.3	1.4	27.2	83.4	70	301.6	712.0	597.6	19.26
福红 952（CK）	440.5	2.09	1.18	18.1	62.5	52	226.2	601.9	501.1	—

3. 黄/红麻副产物栽培食用菌技术示范

（1）红麻麻骨栽培草菇技术

2012 年 5 月与国家食用菌产业技术体系漳州综合试验站和草菇种植大户开展红麻麻骨栽培草菇试验。试验结果表明，以红麻麻骨和红麻麻骨粉为主要培养基质栽培的草菇产量分别达 4.3、3.95 kg/

m^2，与以稻草为主要培养基质相当，可替代稻草栽培草菇（表 12－5）。

表 12－5 不同培养基质对草菇产量影响

配方	麻骨（%）	稻草（%）	其他	产量（kg/m^2）
A	75（茎段）	0	25%	4.30
B	75（麻粉）	0	25%	3.95
C（CK）	0	75	25%	4.25

（2）红麻秆栽培蘑菇技术

试验蘑菇品种为“W2000”，来源于国家食用菌产业技术体系漳州综合试验站。试验地点：漳州市龙文区。试验结果表明，用 60% 比例麻秆和 60% 比例稻草两类培养基质栽培的蘑菇产量分别达 15.2、14.8kg/m^2，外观品质上无显著差别（表 12－6）。

表 12－6 不同培养基质栽培蘑菇试验

配方	麻秆（%）	稻草（%）	牛粪（%）	石灰（%）	碳酸钙（%）	过磷酸钙	产量（kg/m^2）
处理	60	0	35	1.5	1.5	1.5	15.2
对照	0	60	35	1	1.5	1.5	14.8

（3）黄麻红麻麻骨栽培食用菌比较

2013 年试验蘑菇品种为“W2000”，来源于国家食用菌产业技术体系漳州综合试验站。试验配方：处理 1 为红麻骨 60%，处理 2 为黄麻骨 60%，对照为稻草 60%，处理与对照均加牛粪 30%、麸皮 5%、过磷酸钙 3%、石灰 2%。试验地点：漳州市龙文区、龙海市。试验结果表明，用红麻骨、黄麻骨和稻草作为培养基质栽培的蘑菇产量分别达 17.74、15.95、15.68kg/m^2，生物学效率分别为 44.35%、39.88%、39.20%，外观品质上无显著差别，说明利用红麻骨和黄麻骨作为培养基质可以替代稻草，且节约成本，提高效益。红麻骨栽培的草菇产量达 4.5kg/m^2，生物学转化率达 25.0 %（表 12－7）。

表 12－7 不同培养基质栽培蘑菇试验

培养料	麻骨（%）	稻草（%）	牛粪（%）	麸皮（%）	过磷酸钙（%）	石灰（%）	产量（kg/m^2）	生物学效率（%）
红麻骨	60	0	30	5	3	2	17.74	44.35
黄麻骨	60	0	30	5	3	2	15.95	39.88
稻　草	0	60	30	5	3	2	15.68	39.20

4. 耐盐碱黄/红麻品种筛选

（1）耐盐碱黄麻品种筛选试验

2012 年在莆田秀屿开展 09c 黄繁－9、福黄麻 1 号、福黄麻 2 号、福黄麻 3 号、闽黄 1 号、09c 黄繁－13、黄麻 179、梅峰 4 号和黄麻 831 等 9 个黄麻品种（系）的耐盐碱筛选试验。土壤盐浓度为 0.3%，栽培方式按照黄麻盐碱地栽培技术进行。考种测产的结果表明，初步筛选出福黄麻 1 号、福黄麻 2 号、福黄麻 3 号、梅峰 4 号和黄麻 831 等 5 个黄麻品种的经济性状与产量表现优于对照黄麻 179（表 12－8）。

表 12－8　2012 年耐盐碱黄麻品种筛选试验

品种名称	株高（cm）	分枝高（cm）	茎粗（cm）	皮厚（mm）	单株鲜皮重（g）	单株干皮重（g）	亩产原麻（kg）
09C 黄繁－9	385.7	338.4	1.62	0.802	115.0	30.0	226.2
福黄麻 1 号	377.0	321.4	1.65	1.055	147.5	46.7	329.3
福黄麻 2 号	394.4	367.0	1.67	0.957	125.0	40.6	318.6
福黄麻 3 号	360.0	311.1	1.48	0.913	105.0	36.3	318.6
闽黄 1 号	361.9	361.9	1.54	0.917	110.0	42.5	238.6
09C 黄繁－13	362.7	362.7	1.58	0.936	132.5	41.9	245.4
梅峰 4 号	369.7	352.7	1.39	0.933	130.0	36.8	312.1
黄麻 831	361.6	340.9	1.57	1.019	132.5	41.6	306.2
黄麻 179	357.8	337.5	1.40	1.330	122.5	37.8	278.2

2013 年继续在莆田秀屿开展福黄麻 1 号、福黄麻 2 号、福黄麻 3 号、闽黄 1 号、黄麻 831、梅峰 4 号、黄麻 971、09c 黄繁－13、09c 黄繁－9 和黄麻 179 等 10 个黄麻品种（系）的耐盐碱筛选试验。土壤盐浓度为 0.3%，栽培方式按照黄麻盐碱地栽培技术进行。考种测产的结果表明，初步筛选出福黄麻 1 号、福黄麻 2 号、福黄麻 3 号、闽黄 1 号、梅峰 4 号、黄麻 831、09c 黄繁－13 和 09c 黄繁－9 等 8 个黄麻品种的原麻产量优于对照黄麻 179（表 12－9）。

表 12－9　2013 年耐盐碱黄麻品种筛选试验

品种名称	株高（cm）	分枝高（cm）	茎粗（cm）	皮厚（mm）	有效株数（株/13.3m²）	单株鲜皮（g）	单株干皮（g）	亩产原麻（kg）
福黄麻 1 号	417.2	396.4	1.88	1.12	176	174.5	43.5	340.4
福黄麻 2 号	435.0	410.2	2.10	1.21	147	196.0	46.5	304.0
福黄麻 3 号	420.5	389.3	1.82	1.17	168	173.0	44.5	332.4
闽黄 1 号	395.8	362.5	1.79	1.18	156	176.0	44.5	308.7
黄麻 831	417.5	358.7	1.99	1.17	148	177.5	45.0	296.1
梅峰 4 号	439.4	402.6	1.98	1.28	176	167.5	38.0	297.4
黄麻 971	432.5	379.4	2.06	1.30	175	151.0	36.0	280.1
09C 黄繁－13	408.1	377.4	1.80	1.15	168	156.5	39.0	291.3
09C 黄繁－9	409.0	385.8	1.68	1.14	144	165.0	41.5	304.5
黄麻 179（CK）	413.3	391.2	1.85	1.24	165	190.0	44.0	281.7

（2）耐盐碱红麻品种筛选试验

2012 年在莆田秀屿区开展红麻品种福红优 1 号、福红优 2 号、福红优 3 号、福红优 4 号、杂红 952、杂红 992、福红航优 1 号和福红航优 2 号，以福红 951 为对照，进行红麻品种耐盐碱筛选试验。土壤盐浓度为 0.3%，栽培方式按照红麻盐碱地栽培技术进行，考种测产结果表明，筛选出福红优 1 号、福红优 3 号、福红优 4 号、杂红 952、杂红 992、福红航优 1 号和福红航优 2 号等 7 个红麻品种的经济性状与产量表现优于对照福红 951（表 12－10）。

表 12-10　2012 年耐盐碱红麻品种筛选试验

品种名称	株高（cm）	茎粗（cm）	皮厚（mm）	单株鲜皮重（g）	单株干皮重（g）	亩产原麻（kg）
福红优 1 号	386.9	1.79	1.063	198.0	71.3	463.12
福红优 2 号	380.5	1.85	1.003	179.8	56.1	349.06
福红优 3 号	406.7	1.96	1.016	191.3	56.1	459.07
福红优 4 号	401.8	2.01	1.085	213.0	63.7	430.22
福红 951	403.7	1.92	0.997	163.8	61.9	352.18
杂红 952	426.9	2.01	1.165	221.8	81.4	470.68
杂红 992	423.4	1.99	1.100	218.8	67.1	465.57
福红航优 1 号	407.9	1.91	1.081	195.0	64.9	409.80
福红航优 2 号	405.7	2.04	1.056	212.5	66.8	469.57

2013 年继续在福建莆田秀屿区开展红麻品种闽红 964、杂红 992、福航优 1 号、福航优 3 号、红优 2 号、H368、H1301、福红 952、闽红 321、福红航 1 号、红优 4 号和福红航 5 号进行红麻品种耐盐碱筛选试验，其中以福红 952 为对照，土壤盐浓度为 0.3%，栽培方式按照红麻盐碱地栽培技术进行。考种测产结果表明，筛选出闽红 964、杂红 992、福航优 1 号、福航优 3 号、红优 2 号、H368、H1301、红优 4 号和福红航 5 号等 9 个红麻品种的经济性状与产量表现优于对福红 952（表 12-11）。

表 12-11　2013 年耐盐碱红麻品种筛选试验

品种名称	株高（cm）	茎粗（cm）	皮厚（mm）	有效株数（株/13.3m^2）	单株鲜皮重（g）	单株干皮重（g）	亩产原麻（kg）
闽红 964	415.6	1.90	1.19	170	226.0	41.5	355.2
杂红 992	435.1	2.48	1.40	160	246.0	46.5	371.2
福航优 1 号	443.0	2.14	1.37	166	217.5	42.0	350.2
福航优 3 号	424.1	2.16	1.33	176	220.0	41.0	360.1
红优 2 号	406.4	2.06	1.18	156	240.0	48.0	373.5
H368	426.0	1.94	1.22	177	227.5	44.0	391.3
H1301	428.4	2.26	1.47	180	210.0	42.5	382.7
闽红 321	385.0	1.97	1.19	172	191.0	39.5	319.9
福红航 1 号	391.3	1.95	1.21	169	198.0	40.0	337.9
红优 4 号	391.8	2.04	1.36	166	241.0	43.0	358.5
福红航 5 号	407.9	1.93	1.31	160	223.0	44.0	352.2
福红 952（CK）	390.1	1.92	1.18	189	202.0	36.0	340.2

5. 黄/红麻繁种制种技术示范

（1）黄麻

2012 年开展黄麻品种福黄麻 1 号、福黄麻 2 号、闽黄 1 号、黄麻 179、C2005-43、Y007-10 和宽叶长果 7 个，试验面积 2 亩，试验地点：漳州市漳浦县。考种测产的结果表明，福黄麻 1 号、福黄麻 2 号、闽黄 1 号和宽叶长果种子产量分别为 73.14 kg/亩、75.80 kg/亩、71.13kg/亩和 85.69kg/亩，参试品种中有 4 个黄麻品种种子产量达 70kg/亩以上，达到黄麻繁种任务指标要求（表 12-12）。

表 12－12　2012 年黄麻品种繁种试验结果

品种	有效株数（株/13.3m²）	单株果数	单株产量（g）	亩种子产量（kg）
福黄麻 1 号	211	179	6.92	73.14
福黄麻 2 号	207	155	7.31	75.80
闽黄 1 号	200	166	7.12	71.31
黄麻 179	189	157	6.91	65.60
C2005－43	195	152	5.95	58.26
Y007－10	197	40	4.01	39.57
宽叶长果	189	73	9.03	85.69

2013 年开展黄麻品种福黄麻 1 号、福黄麻 2 号、福黄麻 3 号、闽黄 1 号、黄麻 179 留种试验，试验面积 2 亩，试验地点：漳州诏安县。考种测产结果表明，福黄麻 1 号、福黄麻 2 号、福黄麻 3 号、闽黄 1 号种子产量分别为 65.9、71.8、61.2、64.5、61.5kg/亩，参试黄麻品种种子产量均高于 60kg/亩以上，达到黄麻繁种任务指标要求（表 12－13）。

表 12－13　2013 年黄麻品种繁种试验结果

品种	有效株数（株/13.3m²）	单株果数	单株产量（g）	亩种子产量（kg）
福黄麻 1 号	158	154.2	8.37	65.9
福黄麻 2 号	160	183.0	8.97	71.8
福黄麻 3 号	156	146.4	7.85	61.2
闽黄 1 号	158	169.7	8.17	64.5
黄麻 179	157	149.9	7.83	61.5

（2）红麻

2012 年开展常规红麻品种福红 992、福红 991、福红 952、中杂红 318、中杂红 316、红优 4 号、闽红 964、T17、T19 等 15 个红麻品种的繁种试验示范，试验面积 60 亩，试验地点：漳州市漳浦县。经考种测产（表 12－14），除青皮 3 号种子产量低于 60kg/亩外，其余 14 个红麻品种种子产量为 62.17～85.25kg/亩，福红 991 种子产量最高，达 85.25kg/亩，达到常规红麻种子产量的任务指标要求。

表 12－14　2012 年红麻品种繁种试验结果

品种	有效株数（株/13.3m²）	果长（cm）	果数（个）	单果粒数（个）	千粒重（g）	亩种子产量（kg）
粤 743	87	96.6	47.6	14.4	22.43	66.80
闽红 964	81	76.7	40.4	17.8	28.26	82.10
闽红 321	88	84.8	42.0	15.7	27.94	81.46
红优 4 号	90	73.3	39.4	15.6	29.49	81.52
中杂红 318	93	75.4	46.5	15.0	24.31	78.85
中杂红 316	93	93.8	52.6	15.5	21.33	81.42
福红 952	85	80.5	48.9	18.0	22.57	84.80
福红 992	76	83.5	34.8	15.8	30.56	64.25
福红航 1 号	71	90.8	53.6	13.3	25.52	65.18

（续表）

品种	有效株数（株/13.3m²）	果长（cm）	果数（个）	单果粒数（个）	千粒重（g）	亩种子产量（kg）
青皮3号	64	87.7	44.5	14.1	28.08	56.41
红引135	84	94.2	51.1	15.2	23.02	74.96
福红991	85	97.3	50.0	13.6	29.37	85.25
福红951	78	95.6	50.6	15.7	26.51	81.87
福红航5号	79	89.4	51.3	15.9	24.05	77.76
BT952	84	68.8	36.6	15.3	32.68	76.72
T17	74	74.8	37.0	16.3	27.60	62.17

2013年开展常规红麻品种闽红321、H368、闽红964、福红852、红优2号、福航优1号、H1301和福航优3号等8个红麻品种的繁种试验示范，试验示范面积60亩，试验地点：漳州漳浦县。经考种测产（表12-15），除闽红321种子产量低于60kg/亩外，其余7个红麻品种种子产量61.1~72.0kg/亩，达到常规红麻种子产量的任务指标要求。

表12-15　2013年红麻品种繁种试验结果

品种	有效株数（株/13.3m²）	果长（cm）	单株果数（个）	千粒重（g）	单株产量（g）	亩种子产量（kg）
闽红321	122	72.5	37	26.81	9.1	55.6
H368	128	89.2	49	25.72	10.1	64.4
闽红964	140	92.6	55	26.91	10.2	72.0
福红952	126	93.8	41	23.67	9.9	62.7
红优2号	128	94.6	56	22.77	10.7	68.0
福航优1号	131	68.9	40	25.55	9.8	64.0
H1301	120	104.3	61	26.11	10.9	65.3
福航优3号	128	70.3	29	24.97	9.6	61.1

2012年开展春播红麻不育系制种试验，材料由广西大学黄麻红麻栽培岗位专家提供，试验以父本（P3B）：母本（P3A）行比分别为1：2、1：3和1：4为处理，经考种测产。结果表明（表12-16），父母本行比越大，种子产量越低，行比为1：2的杂交种子产量最高，单株果数与父母本行比成正比，父母本行比1：2的种子产量为45.41kg/亩，达到杂交红麻繁种任务指标要求。

表12-16　2012年春播红麻不育系制种试验结果

♂：♀行比	果长（cm）	单株果数（个）	亩种子产量（kg）
1：2	27.7	29.6	45.41
1：3	31.1	28.3	38.27
1：4	27.1	26.2	32.78

2012年开展了以福红R-2为父本，福红952A为母本，进行父母本行比1：2的夏播杂交红麻繁种试验，并建立示范片10亩，试验地点：漳州市长泰县。考种测产结果表明（表12-17），夏播红麻不育系制种平均种子产量45.4kg/亩，达到杂交红麻繁种任务指标要求。

表 12－17　2012 年夏播红麻不育系制种试验结果

重复	有效株数（株/13.3m²）	果长（cm）	单株果数（个）	亩种子产量（kg）
1	132	87.5	37.7	51.8
2	133	82.8	32.2	44.6
3	126	92.6	30.9	40.5
平均	130	87.6	33.6	45.4

2013 年，以福红 R4 为父本，福红航 1A 为母本，进行父母本行比 1∶2 的夏播杂交红麻制种试验，并建立示范田 10 亩，试验地点：漳州长泰县。经考种测产，结果表明（表 12－18），夏播红麻不育系制种平均种子产量 59.4kg/亩，超额完成杂交红麻繁种任务指标要求。

表 12－18　2013 年夏播红麻不育系制种试验结果

重复	有效株数（株/13.3m²）	果长（cm）	单株果数（个）	单株产量（g）	亩种子产量（kg）
1	150	75.3	34.9	7.81	58.8
2	143	70.3	39.8	8.23	58.8
3	152	85.4	35.9	7.99	60.7
平均	148	77.0	36.9	8.01	59.4

6. 黄红麻病虫草害防控技术示范

（1）黄/红麻炭疽病防控技术

联合病害防控岗位专家，开展黄/红麻炭疽病单项防控新技术试验示范田 20 亩，即选择适合闽南地区种植的红麻品种闽红 964、中红麻 10 号和福红 992；用 20% 福美双＋20% 拌种灵可湿性粉剂 160 倍液进行浸种，浸种 24h；发病初期可以用化学药剂对植株进行喷雾，每隔 7～10d 喷 1 次药，喷药2～3 次药。选用 25% 咪鲜胺乳油 1 500倍液；同时加强麻田管理，深翻土地及时清除病残组织，合理密植，合理施肥，增施有机肥，氮、磷和钾相配合，提高植株的抗病性；雨后及时排水，降低田间湿度。2012 年 9 月，病害防控岗位专家团队成员来本站进行黄/红麻炭疽病单项防控效果调查，黄/红麻炭疽病发病率低于 5%。

（2）黄麻根结线虫病防治技术

施用阿维菌素对 10 份黄麻品种根结线虫病的防治效果明显（表 12－19），有 4 个品种防治效果达 80% 以上，4 个品种防治效果达 70%～80%，2 个品种防治效果在 70% 以下。

表 12－19　不同黄麻品种施用阿维菌素防治效果

品种名称	根结指数（%）（对照区）	根结指数（%）（处理区）	防治效果（%）
09c 黄繁－9	100.00	28.57	71.43
黄麻 971	97.14	10.00	89.71
09c 黄繁－13	100.00	28.57	71.43
黄麻 831	100.00	14.29	85.71
梅峰 4 号	100.00	14.29	85.71
黄麻 179	100.00	25.71	74.29
闽黄 1 号	100.00	34.29	65.71
福黄麻 3 号	100.00	17.14	82.86

（续表）

品种名称	根结指数（%）（对照区）	根结指数（%）（处理区）	防治效果（%）
福黄麻 2 号	100.00	28.57	71.43
福黄麻 1 号	100.00	51.43	48.57

施用棉隆对 13 份红麻品种根结线虫病的防治效果非常明显（表 12－20），有 8 个品种防治效果达 90% 以上，3 个品种防治效果达 85%～90%，2 个品种防治效果达 70%～80%。

表 12－20　不同红麻品种施用棉隆防治效果

品种名称	根结指数（%）（对照区）	根结指数（%）（处理区）	防治效果（%）
闽红 964	100.00	10.00	90.00
杂红 952	100.00	5.71	94.29
福航优 1 号	74.29	5.71	92.31
航优 3 号	97.14	1.43	98.53
红优 2 号	97.14	4.29	95.59
H368	88.57	12.86	85.48
H1301	68.57	4.29	93.75
福红 952	45.71	12.86	71.88
闽红 321	80.00	11.43	85.71
福红航 1 号	85.71	11.43	86.67
福红航 5 号	28.57	2.86	90.00
红优 4 号	91.43	7.14	92.19
杂交种	40.00	8.57	78.57

7. 麻类作物轻简化栽培技术研究与示范

2012 年开展红麻轻简化栽培试验，试验品种为闽红 964、福红 952 和红优 4 号，处理以 1 次性施肥（施用基肥复合肥 30kg/亩＋尿素 10kg/亩）、喷芽前除草剂（丁草胺）、穴播和不间苗；对照以施用基肥复合肥 30kg/亩、追肥尿素 10kg/亩、不喷除草剂、条播、田间管理按照正常栽培技术进行。

经考种测产和成本分析，结果表明（表 12－21）：轻简化技术与常规栽培技术的原麻产量相当，但采用轻简化栽培技术可以有效节约经济成本，经测算每亩可节约成本 480 元，显著提高红麻生产的经济效益。

表 12－21　2012 年红麻轻简化栽培试验

处理	品种	株高（cm）	茎粗（cm）	皮厚（mm）	单株鲜皮重（g）	单株干皮重（g）	原麻产量（kg/亩）	成本（元/亩）	节约成本（元/亩）
轻简化	红优 2 号	375.7	169.8	0.953	137.5	50.0	421.04	860	480
	福红 952	391.0	201.3	1.092	217.5	66.0	442.09		
	闽红 964	394.6	212.6	1.044	209.0	70.0	492.63		
对照	红优 2 号	371.4	169.2	0.881	150.0	47.5	442.37	1 340	0
	福红 952	383.2	176.1	0.867	140.0	47.5	456.42		
	闽红 964	400.6	188.6	0.914	162.5	55.0	552.48		

在2013年的红麻轻简化栽培试验中，试验品种为闽红964、福红952和红优2号，处理以1次性施肥（施用基肥复合肥30kg/亩+尿素10kg/亩）、喷芽前除草剂（丁草胺）、穴播和不间苗；对照以施用基肥复合肥30kg/亩、追肥尿素10kg/亩、不喷除草剂、条播、田间管理按照正常栽培技术进行。

经考种测产和成本分析，结果表明（表12-22）：轻简化处理红麻原麻产量在392.6~450.8kg/亩，正常管理（对照）条件下，红麻原麻产量为377.4~456.1kg/亩。就原麻产量指标，轻简化技术与常规栽培技术的原麻产量相当，无显著性差异。但经成本核算，采用轻简化栽培技术可以每亩节约500元的生产成本，因此可以间接提高麻农种麻的收益率。

表12-22　2013年红麻轻简化栽培试验

处理	品种	株高（cm）	茎粗（cm）	皮厚（mm）	有效株数（株/13.3 m^2）	单株鲜皮（g）	单株干皮（g）	亩产原麻（kg）	成本（元/亩）	节约（元/亩）
轻简化	闽红964	407.3	1.89	1.13	157	202.5	52.3	411.8	1 000	500
	福红952	420.5	2.04	1.05	145	211.5	54.0	392.6		
	红优2号	434.3	2.29	1.26	146	264.0	61.4	450.8		
对照	闽红964	434.8	2.26	1.24	161	240.0	50.4	406.8	1 500	0
	福红952	430.5	2.06	1.14	156	213.5	48.4	377.4		
	红优2号	416.3	1.95	1.19	157	291.0	57.9	456.1		

（二）基础数据调研

1. 本区域科技立项与成果产出

2012—2013年，福建省科技厅公益类项目“黄麻资源耐旱筛选及其机理研究”，编号2012R1015-1，资助经费10万元，项目承担单位：福建省农业科学院甘蔗研究所，主持人：姚运法；农业部作物种质资源保护项目子课题“红麻、黄麻等种质资源收集、鉴定及繁种入库”，项目编号：NB2012-2130135-35-5，资助经费5万元/年，项目承担单位：福建省农业科学院甘蔗研究所，主持人：曾日秋。

“一种黄麻茶及其制备方法和其在食品制备的应用”于2013年6月获国家发明专利授权，专利号：ZL201210023488.0。红麻新品种“杂红952”通过安徽省非主要农作物品种鉴定登记委员会认定（皖品鉴登字第1109003）；圆果种黄麻新品种“闽黄1号”通过国家农作物品种鉴定（国品鉴麻2014010）。

2. 基础数据库信息收集

（1）土壤养分数据库

在本区域福州闽侯、莆田秀屿、漳州龙海、漳浦和诏安5个示范县对黄/红麻试验示范基地采集土样或委托当地农技部门采集，并分别进行土样速效N、P、K、有机质等养分数据分析（表12-23）。

表12-23　福建省黄/红麻产区土壤养分数据

采样地点	土壤pH值	土壤有机质（%）	土壤全氮（g/kg）	土壤碱解氮（mg/kg）	土壤全磷（g/kg）	土壤有效磷（mg/kg）	土壤全钾（g/kg）	土壤缓效钾（mg/kg）	土壤速效钾（mg/kg）
福州市闽侯县白沙镇	6.1	11.4	0.76	105	0.34	14.8	22.3	341	88
福州市闽侯县鸿尾乡	6.1	25.8	1.53	130	0.71	24	12.1	219	157

（续表）

采样地点	土壤pH值	土壤有机质（%）	土壤全氮（g/kg）	土壤碱解氮（mg/kg）	土壤全磷（g/kg）	土壤有效磷（mg/kg）	土壤全钾（g/kg）	土壤缓效钾（mg/kg）	土壤速效钾（mg/kg）
漳州市龙海隆教乡新厝村	6.5	2.02	1.02	64	0.97	11.2	13.3	97	52
漳州市龙海隆教乡红星村	5.6	3.01	1.92	106	0.61	67.1	14.7	79	62
漳州市漳浦县前亭镇	6.6	1.61	1.60	112.0	0.95	42.4	34.3	113.9	83.0
漳州市漳浦县马坪镇	5.1	2.57	1.46	60.4	0.69	105.7	31.6	529.6	33.0
漳州市诏安县桥东镇桥头村	5.2	32.3	0.2	140.6	0.8	20.0	28.2	158.0	24.0
漳州市诏安县桥东镇林巷村	5.1	25.9	0.3	205.5	1.5	17.2	20.2	381.0	34.0
莆田市秀屿区黄石镇	5.6	24.6	1.97	151	0.55	14.3	14.1	121	67
莆田市涵江区白沙镇	6	23.5	1.59	179	0.81	62.5	30.1	479	294

（2）病虫害数据库

福建地区是黄红麻病虫害多发地区，主要虫害：蛴螬、斜纹夜蛾、小造桥虫、金龟子、蚜虫；病害：炭疽病、立枯病、根结线虫病。根据具体的发病时间和条件，分别采取农业防治、生物防治、物理防治和化学药剂防治进行控制。

（3）仪器设备数据库

2012—2013年以来，主要添置了红麻脱粒机2台、烘干机1台，购置电脑1台、打印一体机1台，用于科研项目等。

（4）科研人员数据库

2012—2013年，试验站运行稳定，主要人员未发生变动，站长：洪建基研究员，团队成员分别是：曾日秋、姚运法、何炎森和吴松海，并有1人取得在职博士学位、1人参加福建农林大学博士进修班学习并顺利结业。

（三）区域技术支撑

1. 咨询服务

应示范县示范基地和种植大户的要求，分别到漳州龙文、长泰、诏安、漳浦和莆田、福州等地进行播种、田间管理和收种等指导，向基地和种植大户通报当年黄/红麻存在的病虫害、干旱和市场效益等问题，解决他们的后顾之忧。

2. 技术培训

2012年初，本试验站依托单位作为漳州市科普示范基地正式挂牌，利用体系作为技术平台，先后对漳州市中小学生200人次进行了科普教育，丰富了学生的知识面，也拓展了试验站的功能，从而扩大了宣传本体系的工作。

2012年9月14～15日，福建省农业科学院甘蔗研究所、福建农林大学作物科学学院联合主办的“福建省黄/红麻品种展示与综合利用技术培训会”在福建漳州召开，共有来自福建农林大学、漳州黄/

红麻试验站及福建闽中、闽南各地市示范县共49位代表参加了会议。与会代表观摩了漳州黄/红麻试验站在漳州龙文区、漳州台商开发区的黄/红麻品种展示与综合利用现场，听取了10个专题的技术培训报告，交流了黄/红麻育种、栽培、副产品综合利用及其产业化的最新进展。

2013年9月28～30日，福建农林大学作物科学学院、福建省农业科学院甘蔗研究所联合主办在福建莆田举办“福建省黄/红麻育种与高产高效栽培配套技术培训会”，培训业务骨干、农民技术员及农户51人次。会议就黄/红麻产业的国际国内发展现状、高产高效栽培技术、高效综合利用、病虫害防治等方面进行了深入讨论与交流，并观摩了漳州黄/红麻试验站在莆田市涵江区、秀屿区的三个黄/红麻试验示范和留种基地。

3. 突发事件应对

2012年夏季干旱，特别是漳州漳浦县和诏安县旱情严重，对夏播留种红麻苗期生长造成重大影响，试验站团队成员协助试验示范基地和农户进行抗旱抢苗工作，尽最大力量减少灾害天气造成的损失。

2012年11月，福建漳州地区连绵冬雨持续半个月，正值黄/红麻繁种试验和基地红麻种子收获季节，在试验站站长带动下，团队成员积极行动起来，在晴雨间隙抢收黄/红麻种子，保证黄/红麻繁种试验示范的顺利完成。

2013年7～9月份，先后出现“天兔”、“康妮”和“潭美”台风，分别对漳州地区造成台风和暴雨灾害，给本区域的黄/红麻生产造成了影响，本站团队成员及时到各示范基地和种植农户进行现场指导，共对5个示范县示范基地和种植大户进行排水、扶麻等现场指导达45人次，尽最大力量减少灾害天气造成的损失，保证黄/红麻试验示范的顺利完成。

4. 成果展示

2012年11月18～25日，第四届海峡两岸现代农业博览会暨第十四届海峡两岸花卉博览会在漳州举办。由福建省农业科学院甘蔗研究所承办本届博览会“新品种、新技术”展区。本试验站参与编写《新品种新技术》，免费向参会者发放500本，以长果种黄麻嫩茎叶为原料制作的“香麻茶”产品和黄/红麻品种也在展会中展出，受到国内外参会嘉宾的关注。通过本次展会，不仅提高了广大参会领导、群众对黄/红麻品种及其制品的认知度，而且在更高层面扩大宣传了我国黄/红麻的研究进展、用途和前景，起到了良好的宣传效果。

2013年11月18～24日，第五届海峡两岸现代农业博览会暨第十五届海峡两岸花卉博览会在漳州举行。由福建省农业科学院甘蔗研究所承办本届博览会“新品种、新技术”展区。本试验站团队成员参与农博会筹划、展出和现场解说，并向参观游客发放免费农业生产资料100本，展示以长果种黄麻嫩茎叶制作的“香麻茶”和麻皮、麻籽等产品。通过本次展会，不仅提高了社会大众对黄/红麻品种及其制品的认知度，而且在更高层面扩大宣传了我国黄/红麻的研究进展、用途和前景，起到了良好的宣传效果。

三 萧山黄/红麻试验站

（一）技术集成与示范

1. 黄/红麻高产高效种植与多用途关键技术示范

（1）黄/红麻新品种对比试验

2012年完成了8个黄麻新品种、17个红麻新品种的对比试验（表12－24、表12－25）。综合经济性状及麻皮麻骨产量“摩维1号”较优，主要原因是其株高、分枝节位高、皮厚。试验结果表明，供试品种在常规栽培条件下，生麻产量要达到500kg目标有难度。因此，在加强品种筛选的基础上，应对黄麻高产栽培技术开展深入研究，可以达到亩产600kg麻骨。

表12－24　8个黄麻新品种对比试验结果

品种	株高（cm）	第一分枝高（cm）	茎粗（mm）	皮厚（mm）	收获总株数（株/亩）	生麻产量（kg/亩）	麻骨产量（kg/亩）
宽叶长果	324.5	241.5	14.93	5.29	13 315	232.5	757.62
Y05－2	324.2	280.1	13.96	5.37	12 990	265.5	771.61
摩维1号	321.9	322.4	14.61	6.43	12 600	297.0	716.94
01	289.1	292.9	12.76	5.30	11 975	230.5	508.94
C－1	300.2	280.1	14.40	5.26	14 990	257.5	571.12
C－3	310.7	297.3	13.53	5.76	12 850	266.5	506.28
中黄麻1号	304.4	295.9	13.04	4.84	12 335	284.0	386.08
C005－43	302.9	272.5	14.53	5.09	13 490	207.5	379.07

在常规栽培条件下，参试17个不同育种单位育成的品种没有1个达到600kg生麻，生麻产量500kg/亩以上的有7个，550kg/亩以上的有4个，产量最高的是中国农业科学院麻类研究所“1201”，达582kg。通过高产栽培，优选品种生麻亩产600kg/亩目标能实现。麻骨产量17个品种平均840.5kg/亩，最低的也有562.5kg，700kg以上的有14个，因此，麻骨产量700kg/亩最易达到。最难达到的是300kg嫩茎叶，17个品种按常规收获方式（夹除）平均亩产干品嫩茎叶（工艺成熟期）仅154.4kg，产量最高的是276.8kg/亩。因此，要达到300kg嫩茎叶干品且在常规收获方式、工艺成熟期的条件下，尚待进一步研究。

表12－25　17个红麻品种大区对比试验结果

品种	育种单位	株高（cm）	茎粗（mm）	皮厚（mm）	收获株数（株/亩）	生麻产量（kg/亩）	麻骨产量（kg/亩）	嫩茎叶（干）产量（kg/亩）
83－20（CK2）	中国农业科学院麻类所	419.1	17.14	1.03	11 800	417.0	1 062.0	224.2
1201	中国农业科学院麻类所	437.2	16.76	0.87	13 300	582.0	1064.0	166.3
1202	中国农业科学院麻类所	456.2	15.78	0.92	10 300	544.0	875.5	149.4
1203	中国农业科学院麻类所	422.6	15.57	1.03	11 800	466.0	772.9	135.7
T17	中国农业科学院麻类所	428.7	17.38	1.11	12 000	463.0	942.0	222.0
T19	中国农业科学院麻类所	427.1	17.22	0.96	10 600	531.0	773.8	111.3
福红优1号	福建农林大学	437.8	16.45	1.02	9 700	409.0	751.8	121.3
福红优2号	福建农林大学	442.1	17.73	1.07	9 900	567.1	767.3	118.8
福红优4号	福建农林大学	417.8	16.50	1.06	10 400	453.0	780.0	140.4
福红951	福建农林大学	439.6	17.30	1.11	8 100	519.4	692.6	141.8
福航优2号	福建农林大学	440.8	17.33	1.05	6 700	447.8	619.8	103.9
杂红952	福建农林大学	437.5	17.11	1.05	12 200	562.9	945.5	146.4
福红952（CK1）	福建农林大学	444.4	17.28	1.04	10 100	435.2	833.2	111.1
红优2号	广西大学	433.4	16.29	1.00	13 000	575.0	1 007.5	188.5
浙萧麻1号（中熟）	浙江省萧山棉麻所	405.1	15.82	0.96	10 000	425.0	745.0	150.0
航优1号（中熟）	浙江省萧山棉麻所	410.6	16.55	1.05	13 500	456.0	1 093.5	276.8

（续表）

品种	育种单位	株高（cm）	茎粗（mm）	皮厚（mm）	收获株数（株/亩）	生麻产量（kg/亩）	麻骨产量（kg/亩）	嫩茎叶（干）产量（kg/亩）
ZH－01（中熟）	浙江省萧山棉麻所	404.3	15.25	0.96	9 000	412.0	562.5	117.0
平均						486.2	840.5	154.4

2013年6个黄麻新品种对比试验综合经济性状及麻皮麻骨产量“摩维1号”最优，与2012年结果一致（表12－26）。主要原因是其株高、分枝节位高（迟熟）、茎粗、皮厚。2013年黄麻品比产量普遍高于2012年的主要原因是播种期的提早和增施有机肥。2012年播种期为5月17日，2013年提前到4月26日，提前20天左右。尤其是2013年圆果黄麻也有两个品种产量接近450kg/亩。麻骨产量仅个别品种未达600kg。因此，2014年计划通过优选品种、精选种子、适时早播、增施有机肥等措施，争取达到体系提出的“526”指标。

表12－26　6个黄麻新品种对比试验结果

品种	株高（cm）	第一分枝高（cm）	茎粗（mm）	皮厚（mm）	收获总株数（株/亩）	干皮产量（kg/亩）	麻骨产量（kg/亩）	干嫩茎叶产量（kg/亩）	麻骨麻叶合计（kg/亩）
摩维1号	375.90	375.30	18.59	1.62	9 635	489.46	1 075.94	69.92	1 145.86
中黄麻1号	346.50	340.90	16.13	1.26	10 535	359.98	561.83	59.34	621.17
福黄麻1号	366.90	352.20	16.88	1.37	9 600	391.97	616.03	62.40	678.43
福黄麻2号	362.00	350.40	17.30	1.42	9 335	373.40	567.85	42.47	610.32
福黄麻3号	381.30	373.60	17.28	1.30	10 000	433.00	1 041.70	72.58	1 114.28
MY－118	363.80	340.50	16.89	1.34	10 950	438.00	775.59	86.59	862.18
179（CK）	367.50	296.00	17.29	1.36	9 300	372.00	643.28	56.42	699.70

2013年6个红麻新品种对比试验收获期考查结果：干皮产量“福航优3号”已达600kg标准，“H1301”亦接近标准（表12－27）；麻骨产量均超过700kg；麻骨麻叶总计有3个品种达到“7＋3”标准，2个品种接近标准。表明在现有最新、最优红麻品种中筛选出能达“637”标准的品种是很有希望的。

表12－27　6个红麻新品种对比试验结果

品种	株高（cm）	茎粗（mm）	皮厚（mm）	收获总株数（株/亩）	干皮产量（kg/亩）	麻骨产量（kg/亩）	干嫩茎叶产量（kg/亩）	麻骨麻叶合计（kg/亩）
H1301	409.70	21.66	1.58	7 685	589.44	896.84	82.65	979.49
H368	399.30	20.31	1.46	7 815	527.51	807.28	67.40	874.68
杂红992	399.70	23.45	1.62	8 050	569.94	945.88	82.47	1 028.35
福航优1号	408.30	22.68	1.50	6 915	553.20	812.51	70.01	882.52
福航优3号	423.00	23.83	1.64	7 700	616.00	1091.09	105.68	1 196.95
红优4号	381.40	23.92	1.78	6 235	509.40	857.31	112.98	970.29
ZHKX－01（CK）	405.60	23.02	1.51	7 135	535.13	1 004.61	138.28	1 142.89

（2）红麻免耕栽培技术及高效栽培示范

完成了红麻田（稻茬）免耕与翻耕、大区面积0.1亩的对比试验及精量播种、化学除草与常规播种量播种、人工除草的二因素三水平三重复随机区组试验。结果表明，翻耕田块主根稍长于免耕田块，但差异不显著（免耕17.80cm，翻耕19.42cm），免耕的三级根数达737.80，显著高于翻耕的584.8，根冠比免耕的为0.64，远远高于翻耕的0.20，收获期考查结果见表12-28。

表12-28　免耕与翻耕大区对比试验收获期考查结果

	收获株数（株/亩）	株高（cm）	茎粗（mm）	皮厚（mm）	折合亩产干皮（kg）
免耕	13 667	425.33	15.53	1.12	578.0
翻耕	13 100	421.22	15.18	1.05	529.1

精量播种与化学除草的二因素、三水平三重复随机区组试验结果，48%氟乐灵EC播后喷雾于畦面，封闭防草对禾本科杂草的株防效达62.9%，对双子叶杂草的株防效达39.36%，且对出苗率和苗期生长基本无影响，出苗率达85.91%。与对照不喷除草剂的平均出苗率84.86%差异不大。收获期考查结果见表12-29。

表12-29　精量播种化学除草试验收获期考查结果（亩株数对比）

处理	收获株数（株/亩）	株高（cm）	茎粗（mm）	皮厚（mm）	折合干皮亩产（kg）
1.8万株/亩	9 844	435.15	16.08	1.12	509.89
1.4万株/亩	8 433	437.95	16.13	1.09	449.56
1.0万株/亩	6 933	441.52	16.98	1.20	429.35

1.8万株/亩的处理收获株数和产量明显高于另外两个处理（1.8万株/亩处理的播种量为0.75kg），试验结果表明，精量播种在种子发芽率达80%以上时，以每亩0.75kg为宜，播种量过少将影响收获有效株及干皮产量。

2012年完成了5亩左右红麻生产田常规收获方式下的嫩茎叶产量测定及饲料利用的成本、效益考查、分析，落实了岗位专家提供的红麻麻骨作食用菌培养基质主成分配方的对比试验。

5亩左右红麻生产田常规收获方式手工去嫩茎梢叶和机械剥皮的嫩茎梢叶产量测定及饲料利用的成本效益考查分析。

常规收获方式手工去嫩茎梢叶平均亩产干嫩茎叶113.55kg。机械剥皮的嫩茎梢叶因与碎麻骨混在一起较难分离，测定有难度。其与手工去除的主要差别在于嫩茎梢不能完全打除，再用人工去除经济上不划算，收集后数据亦不客观。

嫩茎梢叶作饲料利用的成本主要是收集和翻晒、装运。人工去除的嫩茎梢叶其收集成本仅在于归堆，可在别的操作时随时完成，用工可忽略不计，其成本主要在翻晒和装运。作为商品，其翻晒、装运的成本很难测算，主要原因是量的多少。因为量多、量少（在一定植麻面积上）在所花用工上差异不是很大。而且对小规模农户来说收集、翻晒、装运几乎是在早晚抽空完成而已。机械剥皮的嫩茎梢叶则主要成本在于混在碎麻骨中的嫩茎梢叶的分拣上，刻意花工去分拣，有可能出售的产值还抵不过分拣、翻晒、装运的成本（因为目前人工价太高）。

2012年还在头蓬试验基地安排了4亩的红麻杂交组合H368节本省工高产栽培示范试验。10月11日，在收获考查测产的同时进行了嫩茎叶产量测定，采用两种方式：手工去嫩茎叶及夹棍去嫩茎叶

（常规方式），各随机取100株植株。测定结果，手工去嫩茎叶100株红麻产鲜品8.5kg，干品1.6kg，折合亩产740.94kg和139.40kg，夹棍去嫩茎叶100株红麻产鲜品8.8kg，干品1.77kg，折合亩产767.10kg和154.29kg。常规方法去嫩茎叶产量高于手工去除的主要原因是夹除时用力较大，去掉的嫩茎较长。同时在萧山、海宁产麻地进行调查，两地均有麻叶喂养猪羊等习惯，麻嫩茎叶一般均由养殖户自行负责收集，若植麻户收集、晒干则每50kg售价30元。按测定结果，亩产150kg嫩茎叶干品产值90元。但植麻户还需投入收集2h、翻晒归仓8h的人工，按女工每8h 80～100元计，所付工本与产值相当，无利可图。

（3）红麻骨作食用菌培养基质的对比试验

2013年进行了二次试验。3月26日第一次试验因主管人员换岗，示范企业接管的技术员误解了试验意图，以为麻骨价格高，用少量麻骨取代玉米芯进行了试验。试验的基本配方为：45%玉米芯+10%棉籽壳+15%麦麸+30%米糠（常规处理）。分别用5种不同用量的麻骨去替代玉米芯，5月26日单包出菇量考查结果如表12－30所示。

表12－30　红麻碎麻骨替代玉米芯栽培金针菇的产量结果

项目	不同处理与结果					
处理（替代量）	2.25%	4.5%	5%	6.75%	9%	对照（不替代）
单包出菇量（g）	229.86	221.93	197.83	217.78	205.34	240.25

考查结果：用不同比例的碎麻骨替代的5个处理，单包出菇量均不及对照，其减产原因有待进一步分析。

原计划6～7月继续的试验因示范企业的工厂化培养车间大维修，一直推迟到11月中旬才进行。第二次试验完全按岗位专家提供的配方：红麻骨50%+棉籽壳30%+麦麸18%+碳酸钙1%+蔗糖1%与示范企业现用常规配方进行对比试验。从近期观察的情况看，岗位专家提供的配方发菌比常规对照好（由于提供的碎红麻骨颗粒较粗，每瓶只能装500g培养基，对照为750g）。只要后期营养跟得上，则产量超过对照可期待。预计试验结果将在2014年1月中旬才能统计分析出来。现已运送100多包（每包15kg）的麻骨屑至示范企业开展示范试验。

2. 盐碱地种植黄/红麻技术示范

（1）抗盐措施对盐碱地红麻生长的影响

2012年完成了不同抗盐措施对盐碱地红麻生长影响的二因素、12处理、3次重复、小区面积0.01亩的裂区对比试验。试验在浙江绍兴03垦种区重盐田块进行，供试田块播前（5月20日）取样测定的EC值为5左右，生长期间（苗期、旺长期）和收获时均取了土样，收获时考查结果见表12－31。

表12－31　不同抗盐措施对盐碱地红麻生长的影响（收获期9月26日考查）

主处理	副处理	株高（cm）	茎粗（mm）	皮厚（mm）	干皮产量（kg/亩）	生物学产量（kg/亩）	收获株数（株/小区）
有机肥	麻地膜	179.15	8.689	0.969	132.52	1 543.58	133
	稻草	183.73	9.178	0.944	146.53	1 663.45	133
	碎麻	186.47	8.965	0.986	140.65	1 945.13	151
	不覆盖	177.58	9.322	0.987	177.22	1 837.48	150
	平均值	181.73	9.039	0.972	149.23	1 747.41	142

（续表）

主处理	副处理	株高（cm）	茎粗（mm）	皮厚（mm）	干皮产量（kg/亩）	生物学产量（kg/亩）	收获株数（株/小区）
土壤改良剂	麻地膜	193.92	10.135	0.983	136.95	1 506.72	107
	稻草	158.18	8.579	0.949	96.97	1 242.50	124
	碎麻	177.33	9.390	0.926	134.05	1455.12	141
	不覆盖	142.87	8.045	0.831	83.06	987.18	100
	平均值	168.08	9.037	0.922	112.75	1 297.88	118
复合肥	麻地膜	166.74	9.305	0.985	109.41	1 020.80	105
	稻草	161.52	8.414	0.880	92.35	971.97	97
	碎麻	185.48	10.870	1.004	144.31	1 849.87	131
	不覆盖	174.45	9.971	0.962	151.48	1 617.33	125
	平均值	172.05	9.640	0.958	124.38	1 364.99	115

结果表明，增施有机肥是改良盐碱地的有效方法，其亩生物产量远远高于施用土壤改良剂和复合肥的处理亩生物产量 1 747.31kg，分别增产 34.63%、28.02%。地面覆盖各处理间表现不一，总体看来碎麻骨效果最好。

（2）不同覆盖材料覆盖对红麻生长及产量的影响

2013 年在萧山围垦外十七工段新围涂地及江苏大丰林场旱地型盐碱地分别进行了各 1 亩左右的抗盐措施组合与常规栽培措施在盐碱地红麻田的对比试验。

萧山围垦外十七工段新围涂地在深沟高畦的基础上，进行了 4 种不同覆盖处理与常规（不覆盖）处理的三重复、小区面积 0.02 亩的对比试验。收获期主要经济性状与产量的考查结果如表 12－32 所示。

表 12－32　不同覆盖处理在涂地型盐碱地的红麻生产及产量结果

处理	株高（cm）	茎粗（mm）	皮厚（mm）	收获总株数（株/亩）	干皮产量（kg/亩）	麻骨产量（kg/亩）	干嫩茎叶产量（kg/亩）	麻骨麻叶合计（kg/亩）
对照（不覆盖）	288.00	12.14	0.91	9 100	135.77	181.27	88.72	269.99
塑料地膜	281.62	11.57	0.87	1 1500	168.71	206.08	79.58	285.66
碎麻骨	298.80	12.79	0.98	9 500	170.24	199.50	81.51	281.01
麻地膜	297.72	12.82	1.08	9 450	152.81	185.03	68.51	253.54
稻草	306.38	13.64	1.06	9 300	186.00	243.38	100.72	344.10

考查结果：涂地型盐碱地因地下水位高，通气性的覆盖材料稻草效果最好。干皮产量分别比对照和塑料地膜覆盖增产 37%、10.25%。

江苏大丰林场旱地型盐碱地进行了稻草、塑料薄膜覆盖与常规对照不覆盖的 3 次重复、小区面积 0.02 亩的对比试验。试验地的基础处理与萧山涂地相同：深沟高畦。收获期主要经济性状和产量考查结果见表 12－33。

表 12－33　不同覆盖处理在旱地型盐碱地的红麻生长及产量结果

处理	株高（cm）	茎粗（mm）	皮厚（mm）	收获总株数（株/亩）	干皮产量（kg/亩）	麻骨产量（kg/亩）	干嫩茎叶产量（kg/亩）	麻骨麻叶合计（kg/亩）
对照（不覆盖）	379.01	15.49	1.08	10 575	484.65	596.85	80.37	677.22
稻草	380.88	16.17	1.09	10 675	533.75	644.56	86.79	731.35
塑料地膜	392.70	16.67	1.10	10 175	568.07	721.20	91.17	812.37

考查结果，旱地型盐碱地，塑料地膜由于效果保墒、抑盐好，其收获时红麻的主要经济技术及产量均优于对照和稻草覆盖。干皮产量分别比对照和稻草覆盖增产 17.219%、6.43%。

（3）红麻耐盐品种的试种示范

2012 年由福建农林大学和广西大学分别提供的“福红 992”和杂交组合“红优 2 号”（P3A/992），在江苏紫花纺织科技有限公司大丰原料基地进行了 5 亩的试种示范，每品种各 2.5 亩，试种结果：杂交组合的耐盐程度比常规品种偏高，收获期考查结果见表 12－34。

表 12－34　红麻耐盐品种收获期考查结果

品种	盐分梯度	收获有效麻（株/亩）	株高（cm）	茎粗（mm）	皮厚（mm）	鲜皮产量（kg/亩）
红优 2 号	低	6 200	447.5	17.76	1.23	1 361.0
	中下	5 000	421.5	16.13	1.01	1 052.5
	中上	5 400	336.7	13.31	1.13	822.0
	高	0	174.6	8.55	0.76	144.0
福红 992	低	8 700	442.9	17.27	1.14	1 528
	中下	6 800	251.5	8.85	0.71	308.0
	中上	104	218.3	7.76	0.98	408.0
	高	0	115.5	6.83	0.66	65.0

结果表明，随着盐碱程度的提高，常规品种福红 992 产量迅速下降。而杂交组合“红优 2 号”则减产幅度相对较小。因此，在盐碱地上，尤其是含盐量较高的田块，建议种植杂交红麻。

2013 年在萧山围垦外十七工段和江苏大丰林场两种不同类型（涂地型、旱地型）盐碱地上，分别进行了 9 个品种的耐盐对比试验（表 12－35）。

表 12－35　江苏大丰林场（旱地型）对比结果

品种	株高（cm）	茎粗（mm）	皮厚（mm）	收获总株数（株/亩）	干皮产量（kg/亩）	麻骨产量（kg/亩）	干嫩茎叶产量（kg/亩）	麻骨麻叶合计（kg/亩）
P3A	371.52	18.13	1.17	8 250	446.90	626.67	103.12	729.79
P3B	370.13	17.85	1.15	7 600	405.31	577.30	87.86	665.16
F3B	367.73	18.24	1.16	7 350	379.77	545.59	90.33	635.92
红优 2 号	381.67	18.01	1.16	9 050	520.38	687.44	115.03	802.47
红优 4 号	381.82	19.23	1.25	7 450	465.63	643.01	114.88	757.89
福红 992	370.50	16.70	1.00	10 400	502.63	682.24	103.48	785.72
H368	384.73	16.71	1.23	7 600	430.69	533.52	68.48	602.00
福航优 3 号	381.47	17.74	1.20	9 850	541.75	748.21	100.08	848.29
ZHKX－01	380.43	16.94	1.14	8 400	441.00	696.02	91.90	787.92

江苏大丰旱地型盐碱地红麻品种耐盐对比试验结果：福航优 3 号第一，已超“526”指标；“红优 2 号”列第二，亦已达“526”指标。

萧山围垦外十七工段涂地型盐碱地试验点是近年新围的涂地，肥力低、熟化程度地，沙性重，地下水位高。因此，其收获时主要经济性状及产量水平均较低。但产量居第一的仍是福航优 3 号，与江苏大丰结果一致。位居第二的是杂交组合 H368（表 12－36）。“红优 4 号”产量偏低的原因是收获株数偏少，因为有个别重复小区大水淹没后塌畦麻株流失造成的。

表 12－36　萧山围垦外十七工段（涂地型）对比试验结果

品种	株高（cm）	茎粗（mm）	皮厚（mm）	收获总株数（株/亩）	干皮产量（kg/亩）	麻骨产量（kg/亩）	干嫩茎叶产量（kg/亩）	麻骨麻叶合计（kg/亩）
P3A	271. 02	12. 52	0. 97	8 400	231. 00	359. 1	80. 89	439. 99
P3B	264. 38	12. 35	0. 94	10 850	307. 38	437. 58	96. 35	533. 93
F3B	270. 22	12. 75	0. 91	9 050	248. 88	395. 21	82. 63	477. 84
红优 2 号	292. 37	12. 70	0. 88	9 900	288. 78	442. 23	79. 20	521. 43
红优 4 号	290. 97	12. 45	0. 98	8 600	255. 00	388. 46	73. 10	461. 56
福红 992	288. 47	10. 99	0. 85	9 700	307. 20	444. 55	76. 44	520. 99
H368	297. 62	12. 22	0. 91	10 550	334. 12	475. 59	69. 95	545. 54
福航优 3 号	310. 20	12. 63	0. 86	11 100	342. 21	528. 14	87. 47	615. 61
ZHKX－01	281. 93	11. 62	0. 80	9 850	221. 63	443. 25	76. 34	519. 59

3. 黄/红麻育种与制种技术示范

2012 年完成了岗位专家提供的 6 份红麻优异种质、7 个黄麻新品种、11 个红麻杂交新组合的大区对比试验，大区面积 0. 1 亩，考查了各品种、组合的生育期、收获期主要经济性状和产量。考查结果：6 份红麻优异种质（资源评价岗位专家提供）生麻产量“FH 航 992”最高，亩产达 548kg，比对照 83－20 增产 7. 87%，7 个黄麻新品种福黄麻 3 号产量最高，亩产生麻 340kg，比对照黄麻 179、梅峰 4 号分别增产 24. 08%、40. 50%，11 个杂交红麻组合 1201 产量最高，比对照“福红 952”增产 33. 79%。考查获得的数据已汇总整理完毕，检查核实后分别报送各岗位专家。

2013 年完成了岗位专家提供的各 6 份红麻、黄麻新品种、优异种质的鉴定、对比试验，大区面积 0. 05 亩。生育期、收获期、主要经济性状、产量等相关数据考查结果如表 12－37、表 12－38 所示。

表 12－37　黄麻新品种、种质的鉴定对比试验主要结果

品种（种质）	株高（cm）	茎粗（mm）	皮厚（mm）	第一分枝高（cm）	收获总株数（株/亩）	干皮产量（kg/亩）	麻骨产量（kg/亩）	干嫩茎叶产量（kg/亩）
福黄麻 1 号	356. 20	16. 50	1. 33	342. 30	10 500	420. 00	656. 25	61. 42
福黄麻 2 号	349. 50	17. 42	1. 25	341. 30	9 550	382. 00	489. 92	41. 96
福黄麻 3 号	370. 60	16. 76	1. 31	361. 70	10 700	428. 00	722. 25	73. 03
179	353. 00	16. 22	1. 22	280. 60	10 500	354. 00	577. 50	59. 79
摩维 1 号	375. 90	18. 58	1. 62	375. 30	9 635	489. 40	1075. 94	69. 33
MY－118	363. 80	16. 89	1. 34	340. 50	10 950	438. 00	775. 59	86. 59

注：播种期 4/26，收获期 9/17，生育期因倒伏未考查

表 12－38　红麻优异种质的鉴定、对比试验主要结果

品种（种质）	株高（cm）	茎粗（mm）	皮厚（mm）	收获总株数（株/亩）	干皮产量（kg/亩）	麻骨产量（kg/亩）	干嫩茎叶产量（kg/亩）	开花期
T17	398.00	21.57	1.32	7 315	420.70	69.46	737.35	9/25
T17－2	398.00	22.38	1.42	6 400	426.70	80.83	698.88	9/30
FH952	396.40	22.66	1.32	7 765	453.10	71.87	847.94	9/30
FH992	409.90	21.64	1.40	6 835	455.60	80.28	768.94	9/25
FHH992	411.70	22.10	1.59	6 835	472.60	67.46	797.64	9/30
KB2	388.40	23.08	1.64	6 085	471.50	104.24	760.63	9/25

注：播种期 4 月 26 日，收获期 9 月 23 日

4. 黄/红麻抗逆机理与土壤修复技术示范

2012 年在示范县浙江省海宁市长安镇辛江村，在示范县技术骨干的配合下，实施了面积为 3 亩的电镀厂废水污泥堆积的重金属污染地红麻种植试验，该地块 2011 年已开展过三次红麻种植，均以旺长期前期麻苗死光而告终。2012 年，示范县技术骨干所在镇农办会同辛江村委会，按要求提早翻耕土地，适时早播（5 月初播种），深沟高畦，采用长势旺盛的超高产红麻杂交组合“H368”良种，种植结果出苗很好，但一进入旺长前期便渐渐死亡，仅杂草多的地方偶尔有几株存活，试种结果，红麻在重金属含量超标太多的田块难以成苗。

2013 年完成了 1 亩左右红麻新品种“ZHKX－01”与主导品种 H368、福红 992（亲本之一）的连作红麻田对比试验（表 12－39）。

表 12－39　“ZHKX－01”与“H368”、“福红 992 大区对比试验主要结果”

品种	株高（cm）	茎粗（mm）	皮厚（mm）	收获总株数（株/亩）	干皮产量（kg/亩）	干骨产量（kg/亩）
ZHKX－01（中熟品种）	429.15	16.85	1.18	6 350	333.38	746.13
福红 992（晚熟亲本）	458.50	17.04	1.28	6 200	356.50	651.00
H368（杂交组合）	470.35	17.58	1.41	62 500	453.13	718.75

注：因收获迟（11 月 1 日）嫩茎叶测定已无意义，所以未测

5. 可降解麻地膜应用技术示范

（1）可降解麻地膜覆盖栽培配套技术

2013 年综合 2009—2012 年可降解麻地膜在大田、设施蔬菜瓜果覆盖栽培上的应用试验结果，初步形成了可降解麻地膜在大田、设施作物覆盖栽培中的配套技术：①适用作物：对土壤通气性要求高的如瓜果类、块根块茎类作物；②适用时间：夏末初秋及初春；③覆盖方法；④与塑薄膜覆盖在栽培管理上的区别；⑤覆盖后未降解完全的麻地膜的处理方法。上述配套技术已形成文字初稿，并已在 2013 年 6 月 15 日的“麻地膜覆盖和麻纤维膜机插水稻育秧现场暨观摩培训会”上作了汇报。在萧山区农业科学技术研究所（萧山区农业新品种新技术引进示范中心）建成了 15 亩的示范基地。

（2）除草麻地膜促早栽培鲜食大豆技术示范

2012 年 3～6 月在萧山区党湾镇新梅村进行了普通麻地膜、除草麻地膜、普通塑料地膜和露地栽培鲜食大豆（品种为“95－1”）的对比试验（4 处理三重复，小区面积 0.02 亩）。试验结果：除草效果除草麻地膜最高，株防效达 80.46%，塑料薄膜仅 4.41%，鲜重防效除草麻地膜与普通麻地膜相当，分别为 87.26%、87.55%，塑料地膜为 53.67%。鲜豆产量普通麻地膜最高为 922.0kg，除草麻地膜为

873.8kg，塑料地膜739.3kg，鲜豆产量三种麻地膜均显著高于露地栽培（693.3kg）。

（3）麻育秧膜在水稻机插工厂化育秧中的应用

1）2012年试验示范结果

①早稻试验结果。设置了2组试验，一是加麻纤维膜作底布，以及加麻纤维膜作底布再分别在秧土中加50%基质或食用菌废料（茹渣）与常规育秧对比；二是麻纤维膜作大田育秧覆盖与小拱棚覆盖对比，试验结果，加麻纤维膜底布的移栽前根长、单株鲜重、根冠比、根尖数均明显优于不加麻纤维膜的处理，移栽后按常规方法在同一田块栽培、收获时考查经济性状及产量（实割称重10m^2），加麻纤维膜折合亩产631.63kg，不加麻纤维膜亩产479.39kg，加麻纤维膜及50%茹渣亩产520.06kg，加麻纤维膜及50%基质亩产467.61kg。

②单季晚稻试验结果。晚稻共设置了4组试验：4个播量对比（150、100、90、75g/盘）以不加麻纤维膜常规播量150g为对照；减少秧土试验，加麻纤维膜，减少20%、40%、不减秧土3个处理，以不减秧土、不加麻纤维膜为对照；5种覆盖处理（大田机插育秧）：覆盖麻纤维膜、覆盖遮阳网、覆盖化纤无纺布、小拱棚覆盖塑料薄膜，以不覆盖为对照。上述5个处理均设AB副处理，即A—加麻纤维膜为底布，B—无底布；秧龄对比试验：常规用土、用种量，加麻纤维膜作底布与不加底布对比，二种秧龄（15d、20d）共4个处理。以上四组试验均考查了秧苗素质和收获期经济性状、并在栽种大田进行了20m^{2}的实割测产。测产结果：播量试验75g/盘处理产量最高为762.68kg/亩，比对照常规播量的720.99kg高5.78%，90g/盘及100g/盘播量的产量均高于对照，说明加了麻纤维膜后，减少播量对单晚（杂交稻）产量影响不大，这主要是杂交稻分蘖强、生长旺，有效穗多。秧土试验，减少40%秧土产量最高为773.39kg/亩，与对照772.79kg/亩相当，说明加了麻纤维膜对减少秧土的机插秧成毯影响不大；秧龄试验，不加麻纤维膜，15d插种产量最高为780.35kg，同处理20d插种产量最低为699.49kg/亩，加麻纤维膜的15d、20d秧龄产量分别为754.21kg/亩和724.72kg/亩，说明单季杂交晚稻对秧龄要求不高，机插育秧提早播种对产量影响不大，反而本田期长，产量增加，同是常规播量，麻纤维膜在单晚育秧时起的作用不大；覆盖试验，考查结果，不覆盖、不加麻纤维膜（CK）产量最高，达830.33kg/亩，小拱棚塑料薄膜覆盖的最低为684.10kg/亩，小拱棚塑料薄膜覆盖加麻纤维底膜的位居第二，达811.56kg/亩，覆盖麻纤维膜的两个处理（加麻纤维膜与不加）则分别为732.48kg/亩和759.83kg。说明机插单晚稻育秧时，气温已高，这时覆盖的主要作用为防鸟、防雨，麻纤维膜覆盖是环保、省工的途径之一。

③示范情况。在开展的麻纤维膜早晚稻育秧试验的同时，进行了示范，2012年早晚稻机插育秧麻纤维膜应用示范，作育秧基布共育秧1524盘，种植本田66亩，平均增产7.89%，作覆盖共育秧11.5亩，每亩育秧3 000盘，共种植本田1500亩，每亩节省用工3.8工，节本65.76元。

2）2013年的试验示范结果

在2012年试验结果分析的基础上，初步总结出麻纤维膜在水初机插工厂化集中育秧中的主要优势：早、晚稻均可降低30%的用土、用种量对秧苗成毯、插种无影响；早稻育秧应用麻纤维膜作基布主要作用是在低温多雨条件下促进根系盘结力、防雨淋散秧盘，2013年早稻8个有膜处理比对照8个无膜处理根系盘结力平均增强37.63%；单晚和晚稻则主要在培育短秧龄秧苗和壮秧上发挥作用。

①麻纤维膜育短秧龄苗试验。2013年在单季晚稻上作了10d和16d的同是有麻纤维膜作基布对比试验，考查结果见表12－40。

表 12－40　10d 短秧龄苗和 16d 常规秧龄苗的产量构成因素考查结果

秧龄	基本苗（万）	最高苗（万）	有效穗（万）	株高（cm）	穗长（cm）	一次枝梗（个）	每穗总粒（粒）	每穗实粒	结实率（%）
10 天	8.06	31.13	21.33	95.80	14.47	13.58	146.16	142.21	97.30
16 天	7.58	30.83	21.17	88.20	12.85	11.77	115.27	107.59	93.34

考查结果：短秧龄的产量构成因素明显优于正常秧龄。当然最主要的是加了麻纤维膜作基布，使之能成毯上机插种，不加膜则难以成毯插种。

②麻纤维膜浸渍壮秧营养剂培育壮秧试验。为了防止晚稻秧苗徒长（育秧期间大棚内高温高湿），育秧中心多使用壮秧剂来培育壮秧。但壮秧剂用量少，需多次稀释、拌和才能使用。而且，拌和不均还会造成秧苗长短不一，影响秧苗素质和插种质量。2013 年晚稻育秧时，我们设计了对比试验，用麻纤维膜浸渍稀释到位的壮秧剂作基布，与不用壮秧剂（有膜）的对比，考查结果见表 12－41。

表 12－41　麻纤维膜浸渍水稻壮秧剂培育壮秧的考查结果

处理	根系盘结力（kg）	5cm×5cm 苗数	株高（cm）	根长（cm）	叶龄（张）	根数（个）	SPAD	根冠比
壮秧剂基布	3.74	49.00	15.62	4.69	3.87	8.87	23.44	0.74
CK	4.78	38.33	28.19	4.86	3.70	4.27	26.52	0.63

考查结果，麻纤维膜浸渍壮秧剂后秧苗素质明显提高，较好地解决了晚稻育秧中壮秧剂使用花工多、拌不匀的问题。

③示范情况。2013 年麻纤维膜作育秧基布早稻本田示范面积 518 亩，晚稻 250 亩；麻纤维膜替代小拱棚育秧，本田插种面积：早稻 185 亩，晚稻 1 832亩。麻纤维膜育秧示范应用面积累计 2 785亩。

（4）麻纤维膜培育无土草坪试验初步结果

2013 年进行了两次麻纤维膜培育无土草坪的试验：3 月中旬进行了两种繁殖材料（种子、茎段）13 种栽培方式（包括单层基布、覆盖、有无着床物、不同着床物、不同厚度的纤维膜、不同种类的纤维膜、大棚内外）的初步筛选试验。11 月底在筛选试验的基础上，选出四个处理进行对比试验，草坪品种为高羊茅。试验结果见表 12－42。

表 12－42　无土草坪生产应用麻纤维膜试验初步考察结果

处理	株数（株/cm^2）	株高（cm）	地上部分鲜重（g/cm^2）	根鲜重（g/cm^2）	地上部分干重（g/cm^2）	根干重（g/cm^2）	总干生物产量（g/cm^2）
黑膜底布＋麻地膜基布＋基质种子＋麻地膜覆盖	213.25	11.20	5.22	10.58	0.73	1.11	1.84
黑膜底布＋麻地膜基布＋基质种子	253.25	9.05	5.28	16.74	0.97	2.02	2.99
黑膜底布＋基质种子（CK1）	230.75	8.63	4.88	14.07	0.94	1.44	2.38
土壤直接播种（CK2）	242.75	9.29	8.86	17.73	1.16	2.00	3.16

初步考查结果：3 种无土草坪生产方式，单用麻纤维膜作基布长势最好。相关的考查还在进行中。

6. 黄/红麻剥制机械示范

完成了 4HB－800 型黄/红麻剥皮机根据本区域收获习惯（带根）改进后 11 亩的试剥试验。试验结果：4HB－800 型黄/红麻剥皮机在剥制阶段可比人工剥皮效率提高 50%（人工 8 工，机械 4 工），经过对轧辊、轴套、输送带装置等的改进，耐用性有所提高。但还存在以下问题：①不论黄/红麻，由于是固定轴距，粗大的麻株尾部也能剥净，但梢部（尤其是带叶部分）剥不尽，只能碎骨，给晒制或沤洗带来麻烦；②打辊部分的轴壳还需改进（由铸铁改成铰钢），防止碎壳；③机体固定轧辊和打辊部分材料欠厚实、牢固，其钢件应加厚；④应对碎麻骨和麻叶的分离及收集作些改进。

7. 黄/红麻生物脱胶与新产品加工技术研发

在 2012 年初步试验的基础上，2012 年对岗位专家提供的韧皮纤维生物浆在木塑、麻塑等产品生产中增强强度的添加技术进行了改进完善（相关技术及参数因涉及企业技术秘密在此不作叙述）。麻塑产品在 2011 年基础上又开发试制了花盆、户外木塑栏杆柱帽盖 2 个新产品。与大豆体系杭州试验站、合作企业联合开发的新产品在 2012 年浙江省优质农产品博览会浙江省农业科学院展区成为主打产品。还与合作企业联合申报了国家发明专利“一种利用可再生资源生产环保型木塑复合材料的方法”（申请号 201210383696.1）。

（二）基础数据收集

1. 本区域科技立项与成果产出

2013 年，在杭州市科学技术委员会申请获准立项科技项目 1 项：“麻纤维膜在机插水稻育秧中的应用技术研究及示范”，项目编号 20130432B42，系浙江省萧山棉麻研究所与杭州市萧山区农业科学技术研究所合作申报，承担单位：杭州市萧山区农业科学技术研究所，项目起业时间 2013 年 1 月至 2014 年 12 月，项目资助经费 10 万元，地方配套经费 5 万元。项目主持人：金关荣。

2. 本区域麻类种植与生产

据浙江省统计年报显示。2012 年浙江省麻类种植面积为 0.17 万亩（黄红麻为主），比 2011 年的 0.15 万亩略有增加。因为浙江省的麻类种植多为小规模种植，零星面积未统计在内，估计种植面积在 0.2 万亩以上。2013 年的统计数据尚未公布。从所了解的情况看，变化不会很大。江苏省的江苏紫荆花纺织科技有限公司原料生产示范基地每年种植黄红麻 500 亩左右。

本区域植麻农户的应用技术情况：一是品种上基本选用萧山黄红麻试验站筛选出黄红麻新品种：摩维 1 号（黄麻长果种）、福黄麻 3 号（黄麻圆果种）、H368（红麻杂交组合）、红优 2 号（红麻杂交组合）、福红 992（红麻常规种）等；二是普遍采用轻简化栽培技术，机械开沟作畦，精量播种（江苏紫荆花基地机械播种），播种量控制在 1.5kg（红麻）、0.75kg（黄麻）以下。化学除草，一次定苗。清理小麻笨麻一次或不清理。

收获手段：小规模农户人工拔麻、去叶、去皮；种植面积较大的农户或基地采用中国农业科学院麻类研究所研制的 4HB－480 型黄麻剥皮机或湖南沅江利佳科技有限公司生产的黄红麻剥皮机。

产量情况：由于种植面积（单块）小、轮作及时、通风透光条件好，农户小面积种植的黄红麻产量均在每亩干皮 500kg 以上。

效益产出：农户小规模小面积种植的黄红麻，由于人工手剥去皮、干皮完整性好、质量优，而且大都出售给墙纸生产企业或食物包扎（扎肉、粽子等）、草席经线等用，售价较高，一般在每 1kg 干皮 6 元以上。沤洗后的纤维直销给墙纸企业则在每 1kg8 元左右，亩产值在 2 500～3 000元。而且由于小面积种植农户不计人工成本（零碎时间自己操作，自己的承包田种植），除去必要的农药、化肥成本外，收益颇丰。净收入可达 2 000～2 500元。有一定规模的种植基地，则由于租赁土地种植（每亩 500～1 000元），雇用人工管理，机械不配套（割麻机、洗麻机），亩产低（干皮 400kg 左右），花工高，效益不如农户种植，能维持收支平衡已很不错。江苏紫荆花纺织科技有限公司原料生产示范基地所产麻皮均为自用，对纤维质量要求不高（主要用作制造 3D 摩维环保床芯），高额的生产成本尚能接受。但也正在力求应用新技术、新设备、新方法降低成本，提高效益。

3. 本区域麻类加工与贸易

本区域的麻类加工与贸易比较发达，主要有：亚麻纺织印染与家纺、服装；黄麻织造；天然麻纤维墙纸；麻编工艺鞋等四大类。另外还有些自产、自销的小宗涉麻产品。由于工作任务多，时间有限，难以对这种大类加工与贸易的情况作全面调查。仅就与黄红麻相关的企业加工贸易在工作交流中涉及的一些情况作大致归纳。黄麻纺织业近年已逐渐淘汰老旧的纺纱设备，而且由于人工艺成本高涨，已基本上不自己纺纱，直接从孟加拉等国进口成品、半成品纱。现有浙江正利时环保材料有限公司、海宁御纺织造有限公司、浙江安吉振兴布业有限公司、安吉青云麻纺织有限公司等麻纺织企业。年进口麻纱 6 000 ~7 000t，产品基本上出口（除包装用品外），外销值人民币 1.5 亿元左右，以家居用品、工艺品为主。天然麻纤维墙纸企业 10 多家，以黄红麻、剑麻为主，少量苎麻为原料生产工艺墙纸，年外销值稳定在 1 000万美元左右。近几年由于优质的符合工艺墙纸用的黄红麻、剑麻原料产量减少，严重影响产业的发展。以黄麻纱为原料生产麻编工艺鞋的企业主要集中在“中国麻编工艺鞋之乡”杭州市萧山区的浦阳镇，有麻编工艺鞋企业 120 多家，生产的麻编工艺鞋基本上出口，年外销值人民币 6 亿元左右。

4. 基础数据库信息收集

（1）土地养分数据库

2012 年在浙江绍兴市滨海新城的 03 垦区抗盐栽培试验田因试验需要按试验小区取播前土样 36 份（5 月 28 日取）。2012 年 6 月 1 日在江苏大丰林场江苏紫荆花纺织科技有限公司原料基地试验田取土样（播前 6 月 1 日），分析有机质、全氮、有效磷、速效钾、水溶性盐、pH 值等。结果见表 12 –43。

表 12 –43　浙江、江苏盐碱地红麻的栽培试验田土地养分数据（2012 年播前）

样品采集地	pH 值	有机质 (g/kg)	全氮 (g/kg)	有效磷 (mg/kg)	速效钾 (mg/kg)	水溶性盐总量 (%)
绍兴 03 垦区	8.62	0.644	0.045	29.47	137.21	0.185
大丰有麻长势好地块	8.72	1.096	0.060	24.91	69.00	0.058
大丰有麻长势好地块	8.89	0.832	0.054	21.93	82.00	0.085
大丰有麻长势一般地块	8.58	1.588	0.078	12.66	154.70	0.217
大丰有麻长势差地块	8.39	0.718	0.035	14.71	210.30	2.083
大丰无麻地块（盐洼）	8.52	1.097	0.041	13.55	210.00	2.332
大丰无麻地块（盐窝）	8.62	0.983	0.044	16.99	191.30	1.184

注：绍兴 03 垦区数据均为 36 点平均数

2013 年在萧山围垦外十七工段盐碱地试验田，头蓬试验基地，江苏大丰林场试验地等取土样 47 份，分析碱解氮、有机质、全氮、有效磷、速效钾、水溶性盐总量、pH 值等数据，分析结果见表 12 –44。

表 12 –44　2013 年浙江、江苏试验田土壤上养分数据

样品采集地	有机质 (g/kg)	全氮 (g/kg)	有效磷 (mg/kg)	速效钾 (mg/kg)	水溶性盐总量（%）	pH 值	备注
萧山围垦外十七工段盐碱地试验田	8.32	0.328	4.90	102.56	0.069	9.07	5 点平均
江苏大丰试验地（高产栽培）	15.11	0.886	35.79	94.44	0.059	8.46	4 点平均
头蓬试验基地（试验田）	待补	0.06104	28.22	82.14	0.189	8.34	9 点平均（氮为碱解氮）

(2) 麻类加工企业

2012—2013 年，初步调查麻类加工企业 13 家，收集企业信息记录如表 12 - 45 所示。

表 12 - 45　浙江、江苏涉麻企业信息

序号	企业名称	所在地	员工人数（人）	资产（万元）	主要加工对象	主要产品	年产值
1	苏州摩维天然纤维材料有限公司	江苏苏州	300	30 000	黄红麻	床垫、家纺用品	10.5 亿
2	杭州新胜鞋业有限公司	浙江杭州萧山	150	980	黄麻纱	麻编鞋底	1 600 万
3	杭州银亚橡塑有限公司	浙江杭州萧山	135	750	黄麻纱	麻编鞋底	1 300 万
4	杭州凯丽鞋业有限公司	浙江杭州萧山	120	520	黄麻纱	麻编鞋底	900 万
5	杭州杉友鞋业有限公司	浙江杭州萧山	300	2 400	棉、麻、化纤布、麻编底	工艺鞋	3 200 万
6	杭州萧山杰杰工艺有限公司	浙江杭州萧山	280	3 000	棉、麻、化纤布、麻编底	工艺鞋	5 000 万
7	杭州福特宝鞋业有限公司	浙江杭州萧山	220	3 500	棉、麻、化纤布、麻编底	工艺鞋	3 000 万
8	杭州萧山佳伟麻织品有限公司	浙江杭州萧山	300	500	黄红麻	黄红麻制品、麻线、麻布、麻绳	2 000 万
9	浙江志成工艺墙纸有限公司	浙江东阳	130	6 000	黄红麻、剑麻、苎麻	天然麻纤维墙纸	7 000 万
10	浙江东南墙纸有限公司	浙江东阳	75	2 600	黄红麻、剑麻	天然麻纤维墙纸	2 200 万
11	浙江中兴墙纸有限公司	浙江东阳	80	2 300	黄红麻、剑麻	天然麻纤维墙纸	2 300 万
12	浙江东阳瑞得墙纸有限公司	浙江东阳	60	1 600	黄红麻、剑麻	天然麻纤维墙纸	2 000 万
13	浙江屏岩墙纸有限公司	浙江东阳	60	2 100	黄红麻、剑麻	天然麻纤维墙纸	2 100 万

(三) 区域技术支撑

(1) 技术培训

2012—2013 年共培训岗位人员 5 人次，农技人员 156 人次，农民 152 人次（包括 3 次培训会议）。

其中岗位人员主要是参加体系或相关单位组织的业务培训。农技人员主要是通过单项技术培训会，参与试验示范实施等途径培训。农民则主要通过田间实地指导培训黄红麻播种、栽培管理、收获的关键技术，试验田的规范操作技术等。2012—2013 年共召开培训会 3 次：2012 年 4 月 20 日召开了示范县技术骨干、相关农技人员、试验示范户共计 30 余人参加的“黄红麻高效生产及多用途利用技术培训会”；2012 年 6 月 15 日与可降解麻地膜生产岗位合作在萧山举办了“麻纤维膜覆盖栽培及水稻育秧技术培训会”，萧山区农科所，安徽六安市农科所，萧山区相关镇街农技人员，试验示范户共 60 多人参加了会议；2013 年 7 月 19 日在萧山区浦阳镇召开了“水稻育秧新技术——麻纤维膜在水稻机插工厂化集中育秧中的应用效果及技术现场观摩培训会，萧山区各育秧中心，乡镇农技人员合计 60 多人参加了培训，麻地膜岗位团队也派员参加。

（2）技术咨询

2012 年—2013 年还通过接访和电话咨询的方式，接受杭州植物园、浙江青田县农业企业、嘉兴市种粮大户、湖州市育秧中心，湖州市农技、农机推广中心等单位、个人咨询黄红麻新品种、栽培技术、麻地膜育秧应用，黄红麻产品应用技术等问题 30 多次。

（3）技术服务

本区域由于土地劳力成本高，植麻经济效益低。因此，大规模成片种植较少。但是，由于民用需求及天然纤维墙纸、麻编工艺鞋、天然纤维床垫等相关产业对优质纤维、麻骨等有较大的需求，仍有不少农户保留种植习惯，零星种植，且经济效益较好。但由于规模偏小，优良品种、优质种子的供应链已断。以前农户都是向贩销商购买不知品种名称、不能保证质量的种子，影响植麻户效益的稳定。为此，试验站每年选择可靠农户，提供 H368、福红 992、红优 2 号等优良品种的优质种子进行示范种植，引导农户种植高产、优质品种。在示范的同时，为麻纤维收购商牵线搭桥，提供优良品种的进货渠道，为稳定本区域的黄红麻种植起到了一定的作用。

本区域涉麻加工企业较多，麻质天然纤维墙纸年产值近 1 亿，麻编工艺鞋 6 个多亿，麻纤维床垫近年发展迅速，而且多为出口产品，对优质麻纤维的需求较大。为此，试验站 2013 年在为这些涉麻产业科技服务上做了如下工作：

为示范县示范企业浙江志成工艺墙纸有限公司在黄红麻主产区河南、安徽建立优质纤维原料基地提供科技服务。2013 年 8 月 13 ~ 15 日、11 月 2 ~ 4 日两次陪同公司负责人赴河南信阳、安徽六安，在信阳红麻试验站、六安大麻红麻试验站的协助下，寻找合适的农户或专业合作社，商讨建立原料基地相关事宜。并实地指导当地麻农麻田就地围塘覆盖沤麻及麻纤维整理技术。

根据萧山麻编工艺鞋行业协会负责人的要求，为解决用木屑制作的麻编工艺鞋跟因甲醛含量超标、重量难控制、质量太差、穿着不舒适等环保和质量问题，联合大豆体系杭州试验站和合作企业康瑞来生物科技有限公司共同研制无甲醛轻质麻骨鞋跟。经过 20 多次的共同探讨和试验现已试制出小样，正在核算生产成本和调研麻编工艺鞋企业对成本的接受程度，协调上下游企业间的利益关系，期望有个好结果，也可为麻副产品的高附加值利用提供新途径。

（4）突发事件应对

2012 年农业灾害事件主要为 6 月 17 ~ 18 日、6 月 22 ~ 23 日两场大雨给麻田带来积水，而且进入梅雨季节高温高湿易发生病害，试验站均有技术人员赴示范县、示范点考察、指导。由于本区域黄红麻生产规模小（单户种植）、种植田块排灌设施好、未造成大的影响。8 月份本区域经历了 3 次较大的台风侵袭，但均因植麻田块较小、通风条件好、秆硬，没有造成大的影响。

2013 年黄红麻的农业灾害事件为 6 月份的持续强降水和 8 月、9 月两次强台风影响。试验站均赶赴示范县、试验点考察、指导。由于本区域黄红麻生产规模小（单户种植）、种植田块排灌设施好均未造成较大影响。9 月底的强台风影响较大，麻株严重倒伏，但已进入收获期，对产量影响较小。

三 南宁黄/红麻试验站

（一）技术集成与示范

1. 黄麻品种筛选与示范

2012 年在广西农业科学院武鸣里建科研基地，以国家麻类产业技术体系黄麻育种岗位专家团队提供的 9 个参试黄麻新品种（系）为材料，开展了黄麻新品种（系）比较及展示试验示范。9 个参试品种分别为 09C 黄繁 -9、09C 黄繁 -13、黄麻 179（CK1）、黄麻 831、福黄麻 1 号、福黄麻 2 号、梅峰 4 号（CK2）、福黄麻 3 号、闽黄麻 1 号。

试验基肥用量：欧丹美牌复合肥，N、P、K 含量为 17 -17 -17 的三元复合肥 15kg/亩，有机鸡粪肥 200kg/亩；播种、出苗期：5 月 11 日播种，5 月 15 日出苗；除草、追肥：6 月中旬定苗除草完成后，于 6 月 18 日趁雨后地湿撒施肥料，每亩复合肥 20kg + 尿素 3kg；田间除草完成后，8 月 7 日，趁雨后地湿追肥，每亩撒施复混肥 5kg + 钾肥 5kg；纤维成熟收获：10 月 11 日取样考种、收获；蒴果成熟收获：因盛花盛果期遇干旱，开花结果很少，进入 10 月底 11 月后雨水较多且时间上分布较均匀，出现腋芽萌发生长现象。

9 个品种（系）在南宁种植均可以正常生长、收获，出苗较整齐，苗期茎色呈浅绿色，除福黄麻 1 号和梅峰 4 号的无腋芽外，其余均有。中后期遇强干旱容易出现萎蔫，影响开花、结果。抗旱性较好的有福黄麻 1 号及福黄麻 3 号。纤维成熟期 10 月中旬每小区取样 20 株考种，3 次重复平均结果如表 12 -46 所示。

表 12 -46 黄麻育种岗位专家提供的各黄麻品种（系）主要性状表

材料名称	株高（cm）	茎粗（mm）	皮厚（mm）	第一分枝高度（cm）	笨麻率（%）	亩株数（株）	亩鲜重（kg）
09C 黄繁 -9	308	13.95	0.87	228	9.8	16 889	1 822.3
黄繁 -13	283	13.04	0.81	217	11.7	18 533	1 648.4
黄麻 179（CK1）	303	14.12	0.8	215	11.7	15 627	1 481.7
黄麻 831	300	13	0.73	229	11.1	15 722	1 970.0
福黄麻 1 号	326	15.69	0.9	225	6.4	14 531	2 005.8
福黄麻 2 号	310	14.77	0.88	212	10.6	13 507	1 936.7
梅峰 4 号（CK2）	297	12.86	0.79	264	7.8	12 244	1 496.0
福黄麻 3 号	301	14.04	0.8	218	9.2	12 578	1 798.5
闽黄麻 1 号	309	13.45	0.69	215	12.4	15 770	2 001.0

从农艺性状、经济性状、产量及田间表现等综合分析，其中，福黄麻 1 号具有抗旱、株高较高、茎较粗、皮厚、笨麻率低、鲜茎产量高的优点，表现最优，其次为福黄麻 2 号。

在该试验基地结合国家黄麻区域试验，以福黄麻 1 号、福黄麻 2 号、闽黄 1 号、黄麻 179（CK1）、C2005 -43、Y007 -10、宽叶长果（CK2）为材料进行了比较（表 12 -47）。研究于 2012 年 5 月 11 日播种，5 月 15 日出苗；间定苗：6 月 13 ~14 日，每个小区 6 行，每行 60 株，共留 360 株；基肥：鸡粪肥 200kg/亩 + 复合肥 15kg/亩；除草、追肥：6 月中旬定苗除草完成后，于 6 月 18 日趁雨后地湿追肥，每亩撒施复合肥 20kg + 尿素 3kg；除草完成后，8 月 7 日，趁雨后地湿撒施肥料，每亩复混肥 5kg + 钾肥 5kg；纤维成熟收获：10 月 11 日纤维成熟收获考种；蒴果成熟收获：除宽叶长果（对照种）10 月 11 日收获时蒴果成熟外，其余品种因 9 月底至 10 月上中旬盛花期受干旱影响，植株出现早衰叶片提早脱落，10 月底、11 月出雨水充足且分配均匀，腋芽萌发，又出现开花现象。

7 个品种中，6 个开花、结实都很晚，植株相对较高大，因盛花期受干旱影响，植株出现早衰叶片提早脱落，结果少。宽叶长果是前期生长快，早熟，分枝多，结果多，容易倒伏。参试材料中以 Y007 - 10、福黄麻 1 号、闽黄麻 1 号的表现较好，其次是福黄麻 2 号、黄麻 179 和 C2005 - 43，宽叶长果早熟、分枝多，应适当早砍收获，以防倒伏。

表 12 - 47　黄麻品种筛选试验主要性状表

材料名称	株高（cm）	茎粗（mm）	皮厚（mm）	第一分枝高（cm）	总果数（个）	亩鲜重（kg）
福黄麻 1 号	312. 1	13. 06	0. 797	242. 4	13. 3	2 275. 7
福黄麻 2 号	306. 6	14. 78	0. 85	230. 7	9	1 980. 7
闽黄麻 1 号	299. 7	13. 73	0. 867	214. 6	118	2 191. 7
黄麻 179	296. 5	12. 97	0. 742	236. 1	25	1 761. 4
C2005 - 43	310. 7	13. 3	0. 74	234. 6	35. 3	1 698. 1
Y007 - 10	369. 5	13. 25	0. 812	297. 4	5. 3	2 194. 7
宽叶长果	359	14. 24	0. 781	261. 9	270. 3	2 263. 8

7 个材料均比 2011 年在广西农业科学院院部试验地表现差，如 Y007 - 10 株高去年为 420cm，皮厚 1. 19mm，结果数量很多，2012 年在武鸣种植只有 369. 5cm，0. 819mm，平均每株结果数不足 1 个，这可能是由于武鸣试验地 2012 年雨水少，长期干旱，另外，武鸣基地的空气工业污染较大，植株受逆境环境影响较大，落叶多，长势总体比上年度差。

2. 红麻品种筛选与示范

在广西农业科学院武鸣里建科研基地，以福航优 1 号、福航优 2 号、福红优 2 号、福红优 3 号、福红优 4 号、杂红 992、杂红 952、福红 952（CK）和福红优 1 号 9 个品种作为材料，进行了红麻品种比较试验（表 12 - 48）。

试验基肥用量：三元复合肥 15kg/亩，有机鸡粪肥 200kg/亩；播种、出苗期：5 月 16 日播种，5 月 23 日出苗；除草、追肥：6 月中旬间定苗除草完成后，6 月 18 日趁雨后地湿撒施复合肥 20kg/亩 + 尿素 3kg/亩；8 月 7 日除草完成后趁雨后地湿每亩撒施复混肥 5kg + 钾肥 5kg；麻种兼收收获期：11 月 20 日收获考种。

9 个品种在南宁种植均可以正常生长收获，可麻种兼收，但因开花结果期遇干旱，造成开花结果少，蒴果提早成熟。蒴果成熟期 11 月 20 日取样 20 株考种，性状表现见表 12 - 48。从田间表现及已获得数据来看，9 个品种在南宁种植均可以麻种兼收，但以福航优 2 号、福红优 4 号和福红优 1 号表现相对较好。

表 12 - 48　红麻品种比较及展示试验示范性状表

材料名称	株高（cm）	茎粗（mm）	皮厚（mm）	结果枝长（cm）	结果数（个）	单株鲜皮重（kg）	单株鲜骨重（kg）
福航优 1 号	410. 9	15. 75	1. 04	23	12	0. 147	0. 135
福航优 2 号	443. 7	18. 91	1. 18	36	20	0. 212	0. 225
福红优 2 号	411. 6	17. 26	1. 1	27	13	0. 179	0. 183
福红优 3 号	404	16. 42	1. 05	23	11	0. 153	0. 160
福红优 4 号	440. 2	17. 91	1. 18	32	16	0. 199	0. 189
中杂红 992	428. 1	16. 89	1. 08	25	14	0. 173	0. 150

（续表）

材料名称	株高（cm）	茎粗（mm）	皮厚（mm）	结果枝长（cm）	结果数（个）	单株鲜皮重（kg）	单株鲜骨重（kg）
中杂红 952	415.7	16.24	1.03	22	10	0.147	0.145
福红 952（CK）	409.4	17.38	1.03	26	12	0.169	0.164
福红优 1 号	445.9	18.52	1.16	27	17	0.198	0.189

3. 红麻高产高效种植技术试验示范

（1）光钝感红麻高产高效种植技术试验示范

在北海市合浦县石湾镇清水村以国家麻类产业技术体系红麻育种岗位提供的红麻光钝感种质为材料，开展了红麻高产高效种植技术示范。配套栽培管理措施主要有：

①整地、播种、基肥：3 月手拖犁耙、三犁五耙→牛犁开行（行距 40cm、东西行向）→每亩施 3 个 15% 复合肥 10kg 于行沟里→ 4 月 7 日人工撒播红麻种子（每亩用种量 1.25kg）→每亩 500kg 农家肥盖种→牛力耙平覆土→喷施除草剂乙草胺（用量按说明）。

②间苗、补缺：当红麻苗长到 15 ~ 20cm 时，开始红麻间苗、补苗。间、补苗原则：补大苗，留中苗和去小苗，目的是保证间苗后的红麻可以保持长势均匀一致。可结合除草，进行小培土工作，以有效防止红麻苗期倒伏。

③定苗：当红麻植株长到 70 ~ 100cm 时进行定苗培土，密度为 1.5 万 ~ 1.8 万株/亩。此时对红麻要进行大培土，防止因台风、暴雨等灾害对红麻造成倒伏等危害。

④肥水管理：一基、一追（重肥）、一补（秆梢肥）法施肥，按当地施肥总量的 50%、30%、20% 分期施用，其中基肥一般为复合肥、农家肥，整地前或播种时施入；在红麻旺长期视生长情况适当追肥一次，尿素 5 ~ 10kg/亩加 5 ~ 10kg/亩钾肥或复合肥 10 ~ 20kg/亩，保证为迅速生长的红麻提供足够养分。

⑤病虫害防治：全生育期对病虫害基本未进行药物防治。

⑥纤维收获：8 月 23 日取样测产收获纤维。

从田间生长来看，光钝感红麻材料前中期田间长势良好，植株粗壮，8 月 23 日收砍部分测产，植株高度在 3.6m 左右，折合亩产纤维达 260kg、亩产麻骨 360kg。但后期不抗涝，9 月因经常下雨，造成不少植株枯死，未枯死植株可以麻种兼收，种子产量比较低，不适合在低洼地进行留种。

（2）麻炭原料红麻高产种植技术示范

在北海市合浦县石康镇，以中杂红 318 为材料，开展了麻炭原料红麻高产种植技术示范。配套栽培管理措施：

①整地、播种、基肥：3 月初手拖犁耙、三犁五耙→小铁牛开行（行距 40cm）→每亩施 3 个 15% 复合肥 10kg 于行沟里→3 月上旬人工撒播红麻种子（每亩用种量 1.25kg）→每亩 500kg 农家肥盖种→牛力耙平覆土→喷施除草剂乙草胺（用量按说明）。

②间苗、补缺：当红麻苗长到 15 ~ 20cm 时，开始红麻间苗、补苗。间、补苗原则：补大苗，留中苗和去小苗，目的是保证间苗后的红麻可以保持长势均匀一致。

③定苗：当红麻植株长到 70 ~ 100cm 时进行定苗，密度为 1.2 万 ~ 1.5 万株/亩。

④肥水管理：一基、一追（重肥）、一补（秆梢肥）法施肥，按当地施肥总量的 50%、30%、20% 分期施用，其中基肥一般为复合肥、农家肥，整地前或播种时施入；在红麻旺长期视生长情况适当追肥一次，尿素 5 ~ 10kg/亩加复合肥 10 ~ 20kg/亩，保证为迅速生长的红麻提供足够养分。

⑤病虫害防治：全生育期对病虫害基本未进行药物防治。

⑥收砍期：11 月中下旬收砍，麻秆直接烧炭。

从田间生长来看，全生育期生长良好，植株高、壮，未倒伏，亩产麻秆 1 100kg，折合亩产纤维 300 kg、麻骨 500kg 左右。

（3）沿海地区春红麻复种术示范

在广西北海市合浦石湾镇垌心村，以中杂红 318、福红 991、红优 2 号、青皮 3 号等为材料，开展沿海地区早红麻—晚水稻种植模式红麻栽培技术高产种植技术示范。合浦地处沿海地区，易受台风影响，因此当地栽培红麻要求抗倒伏力强、麻秆较硬的品种，同时利用沤麻剥取纤维后麻骨做豆扦是当地种植红麻的主要目的之一。栽培技术措施如下：

①整地、播种、基肥：2 月底至 3 月上中旬机械犁、耙平土地→牛力或机械动力开行（行距 40cm）→每亩施 3 个 15% 复合肥 10kg 于行沟里→人工撒播红麻种子（每亩用种量 1.25kg）→每亩 500kg 农家肥盖种→牛力耙平→石磙滚压压实→喷施除草剂（乙草胺或金都尔，用量按说明）。

②间苗、补缺：当红麻苗长到 15～20cm 时，开始红麻间苗、补苗。间、补苗原则：补大苗，留中苗和去小苗，目的是保证间苗后的红麻可以保持长势均匀一致。可结合除草，进行小培土工作，以有效防止红麻苗期倒伏。

③定苗：当红麻植株长到 70～100cm 时进行定苗培土，密度为 1.5 万～1.8 万株/亩。此时对红麻要进行大培土，防止因台风、暴雨等灾害对红麻造成倒伏等危害。

④肥水管理：一基、一追（重肥）、一补（秆梢肥）法施肥：按当地施肥总量的 50%、30%、20% 分期施用，其中基肥一般为复合肥、农家肥，整地前或播种时施入；在红麻旺长期视生长情况适当追肥一次，尿素 5～10kg/亩加钾肥 5～10kg/亩或复合肥 10～20kg/亩，保证为迅速生长的红麻提供足够养分。该区域为早红麻—晚水稻种植区域，一般播种早、收获早（一般 7 月底 8 月初未开花前收获，收获后种一季水稻），所以一定要加强前期田间管理，遇雨季，要注意及时排水防涝，遇干旱，要注意适时灌水，保证红麻优质高产。

⑤病虫害防治：该区域栽培模式为水、旱轮作，在收获前病害相对发生较少，有些年份 5、6 月造桥虫发生比较严重。为了做好病虫害防治工作，播种时，把 3% 地虫灵（2～2.5kg/亩）与红麻同时播种，可以有效防止地下害虫对红麻根部造成的危害；苗期用 10% 氧化乐果乳剂 1 000倍液或马拉硫磷乳剂 1 000～1 500倍液或敌敌畏乳油 1 000倍液喷洒，防治蚜虫和斜纹夜蛾；雨季过后，用 75% 百菌清可湿性粉剂 600 倍液、5% 井冈霉素水剂 1 500倍液或 20% 甲基立枯磷乳油 1 200倍液，进行喷雾，一周 2 次，有效防止立枯病的发生；红麻生长中后期，根据具体病虫害情况，酌情处理。

⑥纤维收获：该区域为早红麻—晚水稻栽培模式春红麻，收获时间以不耽误下季水稻插秧为宜。该区域麻秆主要用途是做豆扦、烧碳以及做完一季豆扦后再卖给烧碳厂烧碳，所以采用的是直接麻秆浸泡沤麻。因此，水源方便的可以收砍整齐平摆放置田里，本田灌水沤麻（既可肥田、亦可减少搬运劳力），水源相对不方便或时间上会影响到水稻插秧的就要收砍后搬运到田埂上或路边 2～3d 后运至沤麻塘里浸沤。沤麻时麻秆上适当压泥并让所有麻秆浸泡在水里，避免麻秆浮出水面影响脱胶而影响麻纤维品质。待充分脱胶后及时剥麻、洗麻、晾晒。

2012 年在合浦示范种植红麻 22 亩，产量达到亩产纤维 210kg、麻骨 350kg。中杂红 318、福红 991、红优 2 号、青皮 3 号四个品种均表现不错，其中中杂红 318 平均单株最高，茎粗最粗，但其麻骨不够青皮 3 号的硬，上述品种均适合在合浦春麻区种植。合浦是重要的豆角产区，利用麻骨作豆扦是菜农的历来传统，麻骨为合浦县的豆角产业提供了重要的支撑。

4. 黄/红麻繁种技术示范

在广西农业科学院院内基地，以福农 1 号（长果种）、桂紫 1 号（圆果种）和桂绿 1 号（圆果种）等为材料，开展了黄麻秋播繁种试验。试验基肥用量：复合肥 7.5kg/亩；播种、出苗期：8 月 27 日播种，播种后28~30d每天安排田间喷淋水，8月30日出苗；除草、追肥：9月中旬田间除草，下旬间、定苗，全生育期未追肥；水分管理：播种后出苗前每天适当喷淋水以利于种子出苗，出苗后视田间土壤干旱程度适当喷淋水。从田间生长来看，苗期生长较弱，前中期长势良好，中后期因受螨类危害、叶片发黄皱缩，人工喷撒杀螨剂类药物防治后，危害被控制，植株能正常现蕾、开花、结果，长果种12月初进入成熟期、12月中旬可以蒴果成熟收获，12月初圆果种叶片已经基本脱落、而蒴果尚未成熟仍在生长，12月中旬气温低、下旬有霜冻，圆果种是否能正常成熟、种子能否饱满还有待收获脱粒后获知。

以编号为13NN1－13NN106共103个红麻材料，开展了晚春播定量稀播红麻繁种技术示范。由于播种的地块在红麻植株进入旺长期间下雨较多，田间土壤水分过饱和时间维持太长，影响了红麻的生长，造成红麻前中期田间生长不整齐而且长势相对较差，中期田间长势表现良好。大部分材料的大部分植株能正常生长发育、开花、结果，部分材料11月才开始开花、蒴果是否能正常成熟还是未知数，11月11日受台风“海燕”影响，刚进入开花期的部分光钝感红麻材料倒伏严重，因这部分材料高、壮，倒伏后无法人工扶立起来，虽倒伏贴地但未折断仍保持其生命力未枯死。11月23日已经先从田间表现好的15个材料中各选取10个左右单株提交到中国农业科学院麻类研究所，由其拿到海南扩繁，待蒴果成熟后再次进行田间筛选留明年播种。从田间生长情况来看，相对现蕾、开花比较早的材料田间长势较差、蒴果已经成熟，现蕾、开花迟的且倒伏贴地的材料在12月上中旬仍保持一定生命力。12月下旬开始出现霜冻，光钝感迟熟材料蒴果估计无法成熟收获，具体情况以及产量、经济性状有待收获后获得。

5. 菜用黄麻品种筛选及高产栽培技术示范

以福农1号、桂紫1号（茎秆红色，叶柄和叶脉带紫红色，圆果种）、桂绿1号（茎秆和叶片均为绿色，圆果种）为材料，进行了菜用黄麻种质资源收集筛选及高产栽培技术示范。主要技术措施如下：

①整地开行：直接旋耕耙碎耙平后起小区，起好小区后在小区上开行，行距50cm，每小区8行，行长5m。

②播种、出苗：4月7日播种后基本未出苗，4月28日重播后，因播种刚出苗时就遇上大暴雨，出苗不整齐、局部缺苗严重，5月21日继续重播，5月24日发现出苗仍不整齐进行部分补播，5月28日发现21日播种的出苗齐苗、24日补播的刚开始冒芽。

③基肥施用及播种程序：人工开行（行距50cm、每小区8行，行长5m，小区面积20m^2）—撒施复合肥（每小区三元复合肥0.5kg＋鸡粪花生麸有机肥5kg）于播种沟内—人工拌肥—人工撒播种子—人工覆土。

④间、定苗：6月8日第一次疏苗，以疏掉弱小和过大苗留相对一致的麻苗且苗不挤苗为原则，6月20日按试验设计密度（3个密度分别为5 000、7 000、9 000苗/亩）要求进行定苗。

⑤肥水管理：除施足基肥外，每次采摘后进行追施一次复合肥，每小区1kg；田间土壤缺水时及时喷淋水，出苗前喷淋水以保证出苗率，生长期间保持土壤湿润利于麻菜生长旺盛。

⑥采摘：6月25日部分小区苗高达到80~100cm开始第一次采摘，7月3日全部小区采摘，然后分别于7月15日、7月25日、8月1日、8月9日、8月16日和8月23日采摘，除前面采摘间隔时间稍长外，从7月25日开始基本都是每间隔1周采摘一次，8月23日采摘后因需要腾空试验地种苎麻，不再采摘称产，若不需要腾空，应该可以再采摘2次后留种。

福农1号表现叶片宽大、株高较高、产量高，食用口感滑腻，而桂紫1号、桂绿1号这两个新品系食用口感筋道。从品质分析结果来看，营养成分好、富硒、高钙、口感佳、产量高、抗性好，但其叶片较小，株高较矮，分枝多，7次采摘合计总产量福农1号达900多kg，桂紫1号接近800kg、桂绿1号700kg。

6. 旱地红麻麻种兼收技术示范

在广西武鸣以福红 991、福红 992、福红 951、T19、青皮 3 号为材料，开展了旱地红麻麻种兼收技术示范。试验基肥用量：三元复合肥 15kg/亩，有机鸡粪肥 200kg/亩；播种、出苗期：5 月 16 日播种，5 月 23 日出苗，因播种时土壤较干、播后到 21 号才下透雨，所以从播种到出苗所需时间相对比较长；除草、追肥：6 月中旬间定苗除草完成后，6 月 18 日趁雨后地湿撒施复合肥 20kg/亩 + 尿素 3kg/亩；8 月 7 日除草完成后趁雨后地湿每亩撒施复混肥 5kg + 钾肥 5kg。

数据表明，2012 年供试材料普遍植株偏矮小，在几个品种中以福红 991 表现相对较好，其结实性、株高、茎粗等表现均较其他品种好（表 12 – 49）。

表 12 – 49　武鸣基地麻种兼收主要性状表

品种	株高（cm）	茎粗（mm）	皮厚（mm）	果枝长（cm）	结果数（个）	单株鲜茎重（kg）	单株鲜皮重（kg）	单株鲜骨重（kg）
福红 991	392	15.66	1.11	61.0	25	0.38	0.136	0.168
福红 992	385	15.3	0.96	17.6	7	0.26	0.12	0.124
福红 951	396	15.67	1.08	30.3	17	0.29	0.132	0.138
T19	374	14.6	0.97	27.0	10	0.254	0.104	0.116
青皮 3 号	331	12.98	0.93	25.6	13	0.206	0.8	0.98
平均	375.6	14.842	1.01	32.3	14.4	0.278	0.258	0.305

2013 年因播种早，植株普遍比较高壮。植株高度大部分都在 5m 以上、最高的超过 6m，平均株高矮的也超过 4.5m；茎也比较粗，大部分在 20mm 以上、粗的超过 25mm；皮也比较厚，厚的接近 2mm、薄的也在 1.2mm 以上；株结果数均 20 个以上，最多的超过 80 个（表 12 – 50）。干皮、干骨以及种子产量待测。从整体来看，适当早播麻种兼收均不成问题。

表 12 – 50　武鸣基地麻种兼收主要性状

品种名称	株高 cm	茎粗（mm）	皮厚（mm）	果枝长（cm）	单株果数（个）
福红 992	489.4	19.86	1.37	68.0	34.8
福红 991	490.7	18.08	1.28	52.6	20.3
福红 952	542.4	21.87	1.52	75.5	30.7
福红 951	555.2	23.94	1.83	83.4	59.2
T19	506.1	20.04	1.29	60.8	35.1
青皮 3 号	475.6	18.14	1.26	55.5	33.7
闽红 321	554.0	23.02	1.83	83.6	60.8
闽红 963	524.2	21.22	1.48	111.8	76.6
中红麻 16 号	589.8	26.38	1.80	98.6	83.8
中杂红 318F5	517.0	19.27	1.57	63.6	41.2
闽红优 1 号 F4	565.2	21.19	1.41	52.0	32.8
福红航 5 号 F4	542.0	22.32	1.70	90.8	65.2
杂交红麻 H328F4	542.8	25.07	1.77	73.6	49.0
杂交红麻 H368F4	532.2	20.97	1.50	56.8	43.0
红优 4 号 F4	458.0	19.16	1.37	54.0	32.6
11 福品 1	516.4	20.89	1.34	35.6	36.6
11 福品 2	518.8	19.44	1.34	38.6	26.0

（续表）

品种名称	株高（cm）	茎粗（mm）	皮厚（mm）	果枝长（cm）	单株果数（个）
11 福品 3	496.6	19.62	1.46	62.2	42.8
11 福品 4	594.2	23.67	1.64	61.4	43.8
11 福品 5	536.6	23.88	1.68	63.4	48.4
11 福品 6	512.4	20.00	1.31	53.0	30.2
11 福品 7	562.0	26.43	1.70	77.0	59.6
11 福品 8	529.4	21.64	1.31	64.6	45.0
11 福品 9	590.0	25.23	1.62	70.0	53.6
11 福品 11	479.0	16.44	1.23	50.8	27.4

红麻麻种兼收栽培技术跟一般栽培技术主要区别在：播期可以适当提早也可以适当延迟，4 月中下旬 ~6 月上中旬都可以播种，收获期比收纤维的迟，收纤维的纤维成熟即可收获（也即盛花期收获），麻种兼收要等到蒴果成熟（即蒴果转褐色后）才收获。适当稀播，加强田间管理防止早衰，有利于麻、种高产。在旱坡地上播种应注意选择抗旱性和结实性较好的品种如中红麻 16 号、福红 951 等，蒴果成熟后及时收获，果枝收砍后运回屋檐或仓库直立堆垛后熟，7 ~ 10d 看天气情况进行脱粒，脱粒后及时晾晒干后入库保存。麻种兼收红麻生育期相对比收纤维的生育期要长，盛花盛果期上部较重，而近年来 10 月甚至 11 月还有台风影响，容易造成植株倒伏，需适当增施钾肥以增加麻秆硬度，其他栽培技术与一般红麻高产栽培技术相近。

7. 晚春播定量稀播红麻繁种技术示范

2012 年以编号为 12NN1 - 12NN54 共 54 个红麻材料、2013 年以编号为 13NN1 - 13NN106 共 103 个红麻材料，开展了晚春播定量稀播红麻繁种技术示范。

2012 年，大部分材料 11 月才进入盛花期，植株高大，11 月 12 日红麻育种岗位专家与本试验站团队成员一起下田观察，从中抽取的两株测量，一株高 640cm，一株 620cm，茎底部直径达 3.6cm。2013 年 1 月 7 日体系相关专家现场测产验收，一致认为该批红麻栽培技术中大部分品种（系）植株长势旺盛，高大挺拔，病虫害少，抗倒伏能力强，产量水平很高，整体表现好；其中随机选取较高而粗的 4 株红麻调查，总鲜重为 10.4kg，最重一株为 2.95kg，4 株株高分别为 7.10、7.02、6.85、6.70m。随机选取的一块 $3m \times 1.5m = 4.5m^2$（3m 长、3 行、50 株）的面积测产验收，鲜茎重 36.5kg（折合亩产 5 407.8kg）、干皮 4.12kg（折合亩产 610.4kg）、干骨 6.66kg（折合亩产 986.7kg）。

2013 年，由于播种的地块在红麻植株进入旺长期间下雨较多，田间土壤水分过饱和时间维持太长，影响了红麻的生长，造成红麻前中期田间生长不整齐而且长势相对较差，中期田间长势表现良好。大部分材料的大部分植株能正常生长发育、开花、结果，部分材料 11 月才开始开花、蒴果是否能正常成熟还是未知数，11 月 11 日受台风“海燕”影响，刚进入开花期的部分光钝感红麻材料倒伏严重，因这部分材料高、壮，倒伏后无法人工扶立起来，虽倒伏贴地但未折断仍保持其生命力未枯死。11 月 23 日已经先从田间表现好的 15 个材料中各选取 10 个左右单株提交到中国农业科学院麻类研究所，由中麻所拿到海南扩繁，待蒴果成熟后再次进行田间筛选留明年播种。从田间生长情况来看，相对现蕾、开花比较早的材料田间长势较差、蒴果已经成熟，现蕾、开花迟的且倒伏贴地的材料仍 12 月上中旬仍保持一定生命力。12 月下旬开始出现霜冻，光钝感迟熟材料蒴果未能成熟收获。

主要技术措施如下：

①基肥用量：复合肥 15kg/亩，有机鸡粪肥 200kg/亩。

②播种、出苗期：5 月 11 日，每个材料播种 50g 种子，播种覆土后喷施芽前除草剂乙草胺，拖拉

机带动，人工拿胶管、喷头喷雾；5月15日出苗。

③除草、追肥：6月中旬间定苗除草完成后，6月18日趁雨后地湿每亩撒施复合肥20kg + 尿素3kg；8月7日除草完成后趁雨后地湿每亩撒施复混肥5kg + 钾肥5kg。

8. 黄/红麻病虫草害综合防控技术示范

红麻播种覆土后喷施除草剂乙草胺或金都尔可以有效抑制苗期杂草生长，但黄麻喷施除草剂要比较慎重，黄麻比红麻对除草剂敏感，可以在平整好试验地后表面喷施除草剂一段时间后再播种，对抑制苗期杂草生长有一定作用又不会影响出苗和幼苗生长。

2012年，黄麻、红麻病虫害均有不同程度发生。6月初菜用黄麻试验地里局部有卷叶虫危害，通过人工对局部虫源进行捻死处理后基本控制其为害；6月为害的造桥虫发生相对较少，武鸣基地部分材料局部发生危害，7月红麻有绿壳甲虫，6月底至7月初院内基地红麻螟虫危害相对较重，但因植株较高不好喷药，故未进行药物防治，进入8月后基本不再危害，蒴果成熟期田间红色甲虫较多。菜用黄麻中后期有少数植株出现由茎秆变黑而干枯、还有少数植株出现花叶现象。红麻发现有白娟病发生（院部基地）造成植株干枯严重、武鸣基地未见。武鸣基地沙草科杂草比较严重，一般除草剂对其无效。芽前除草剂只能抑制前期部分杂草生长，旺长期可结合中耕培土进行除草，后期除行沟需进行适当除草外基本不用进行除草。不进行中耕培土的轻简化栽培，喷施芽前除草剂后可以不再进行除草，杂草长出来时麻植株已经高过杂草，杂草对麻株生长不会造成太大影响。

2013年度，黄麻、红麻病虫害有一定程度发生。武鸣基地，8月中下旬发现5月份播种的红麻地块出现金边叶或叶尖干枯现象以及有些材料部分植株地上30～50cm处因病斑折断现象，4月播种的红麻有1个品种基部往上约10cm处长一圈灰绿的霉点，旁边杂草也有，具体什么病还不清楚；4月播种的红麻，部分材料9月中旬开始出现早衰现象，有些材料很多植株叶片脱落，叶片脱落的植株随后干枯无法现蕾开花结果。2013年虫害相对比较轻，除秋播黄麻始花期螨类为害较重喷农药后控制，其他害虫基本为害不大，也比较少见。院内秋播火麻鸟类啄食麻籽现象较重，鸟害通过拉捕鸟网得到一定控制，武鸣基地秋播火麻老鼠啃食植株严重，通过清除田间杂草及电鼠得到一定控制。

9月中旬发现育苗盘里的大麻麻苗顶部子叶及周围长白色霉菌而死苗；秋播大田里也发现麻苗有猝倒死苗现象，针对上述情况请教院内植保专家并及时到农资公司购买杀菌剂对育秧盘里以及大田的麻苗进行药剂喷施防治，病害被控制。

（二）基础数据调研

1. 本区域科技立项与成果产出

2012年、2013年广西壮族自治区本级科技计划攻关项目均未对黄/红麻、苎麻、大麻（广西俗称火麻）进行立项支持。

2012年国家自然科学基金地区科学基金项目“基于转录组测序研究红麻细胞质雄性不育发生的分子机制”，编号31260341，资助经费55万元，项目承担单位：广西大学农学院，主持人：陈鹏，研究年限2013年1月至2016年12月。

2013年广西区青年基金项目“红麻水肥耦合机制及其水肥一体化应用”，编号2013GXNSFBA019090，资助经费5万元，项目承担单位：北京航空航天大学北海学院，主持人：黄道波，研究年限2013年3月至2016年3月。

2013年国家自然科学基金地区科学基金项目“基于红麻HcPDIL5-2a基因诱导的棉花雄性不育种质创新研究”，编号31360348，资助经费52万元，项目承担单位：广西大学农学院，主持人：周瑞阳，研究年限2014年1月至2017年12月。

2. 本区域麻类种植与生产

广西红麻年播种面积基本维持在7万~8万亩左右，除广西合浦红麻产区因受进口纤维价格波动影响而造成播种面积有小幅度波动外，其余以种植直接剥皮捆绑甘蔗为用途的地方红麻种植面积波动不大。广西播种的黄麻主要是做菜用，广西南宁市周边、武鸣、邕宁以及百色的平果、河池的巴马等地均有播种，面积未统计。

广西合浦红麻麻区，早春播种，7~8月人工砍麻、沤洗，2012—2013年纤维价格较低（3.6元/kg），但麻骨价格相对较高（2~2.4元/kg），麻骨除做豆扦外主要用于烧炭，麻炭价格高麻骨价位也相对提高。

广西蔗区红麻，一般4月底5月初播种，中秋节前后人工砍麻截段适当晾晒后剥皮，麻皮自用捆绑甘蔗或出售给甘蔗种植大户用于捆绑甘蔗，不同区域、不同品质的麻皮价格相差比较大，红麻干皮价格在3~5元之间，该区域的麻骨在2012年以前主要用作柴火烧掉，2013年扶绥一带的麻骨开始用于烧炭。

2012年底至2013年初调研发现在红麻主产区合浦县的红麻熟麻收购价仅为3.6元/kg，而在另一主产区扶绥红麻干皮收购价达到8~9元/kg，零售价10~11元/kg，这两个县份的红麻价格差别非常大，主要原因是合浦产的红麻主要是利用麻骨作豆扦用，麻纤维受进口红麻冲击，加上合浦第二麻纺厂因场地纠纷问题而停产，麻纤维价格下滑严重，麻纤维收购价低，麻农种麻积极性不高。而扶绥是广西甘蔗产业大县，有着很好的用麻皮捆绑甘蔗的优良传统，市场需求具有一定规模，因而其售价高。

广西有1 600万亩的甘蔗种植面积，一亩红麻的麻皮可以捆绑30~40亩的甘蔗（直接用麻皮捆绑既环保又简便），如果全部直接用麻皮来捆绑，那就需要有40万亩的红麻的麻皮，广西目前红麻播种面积为7万~8万亩，只够需要的1/5，其他要靠进口麻纤维来纺麻线解决，一旦进口途径受阻，甘蔗捆绑就会出问题，所以下一步要考虑充分利用种甘蔗剩下的边角地播种植株高壮的红麻品种，提高麻皮产量，减少捆绑甘蔗用麻皮成本。

3. 本区域麻类加工与贸易

本区域涉麻加工企业较少，涉及火麻加工的企业是广西巴马常春藤生命科技发展有限公司，利用火麻籽加工生产巴马火麻油、火麻蛋白粉、火麻仁及其系列产品。涉及黄、红麻麻纺的企业在合浦有2家（2014年停产），主要是利用进口黄麻纤维和本地产的红麻纤维加工麻线、麻绳，加工成麻布和麻袋的数量比较少（麻布、麻袋数量根据订单来加工），桂平和其他地方也有一些小作坊加工麻线等，蔗区种植红麻主要是直接剥皮自用或市场出售（用于捆绑甘蔗）。麻骨烧炭主要是个体户用土炭窑烧制，以麻炭或加工成碳粉销售给本地烟花厂或销给外地烟花厂。

4. 基础数据库信息收集

（1）土壤养分数据库

在院内试验基地采集土壤1份，分析全氮、全磷、全钾、水分、硒和钙等养分数据（表12-51）。

表12-51　广西农科院院本部试验基地土壤养分数据

检测项目	全氮（g/kg）	全磷（g/kg）	全钾（%）	水分（%）	硒（mg/kg）	钙（%）
检测结果	1.07	0.761	0.77	0.81	0.85	0.22

在本区域内巴马示范基地采集土壤样品，分析速效N、P、K、有机质等养分数据（表12-52）。

表 12－52　各示范基地土壤养分数据

样品采集地	全氮（%）	全磷（mg/kg）	全钾（%）	钙（%）	有效氮（mg/kg）	速效磷（mg/kg）	速效钾（mg/kg）	有机质（%）	pH 值
巴马西山（石山区）	0. 35	2 224	2. 35	4. 53	242	7. 14	249. 3	3. 48	7. 95
巴马赐福湖岛上	0. 18	492	0. 93	0. 12	149	1. 98	55. 4	1. 87	5. 05

（2）麻类加工企业

调研本区域主要涉农麻类加工企业家，收集的企业信息见表 12－53。

表 12－53　广西黄/红麻、火麻产区主要麻类加工企业信息

编号	企业名称	所在地	规模	主要加工对象	主要产品
1	广西巴马常春藤生命科技发展有限公司	河池市巴马县	员工 19 人，注册资产 461. 8 万元，总资产 2 500万元，年产值 3 000万元	火麻	巴马火麻油、火麻蛋白粉、火麻仁及其系列产品
2	桂平市江口麻纺厂	广西贵港市桂平市江口镇江口村	员工 127 人，注册资本 1 000 万元，总资产 8 500万元，年产值 3 200万元	黄/红麻	麻绳、麻袋
3	桂平石咀镇旺龙碳厂	石咀镇旺龙村	员工 15 人，注册资本 30 万元，总资产 150 万元，年产值 38 万元	红麻麻骨、竹、杂木	木炭、活性炭
4	桂平市蒙圩镇小江麻绳厂	蒙圩镇曹良村	员工 8 人，注册资本 25 万元，总资产 100 万元，年产值 50 万元	黄/红麻	麻绳
5	合浦县麻纺厂（集体企业）	合浦县廉州镇	原有员工 500 人，2014 年已停产	黄/红麻	麻线、麻布和麻袋
6	合浦县第二麻纺厂	合浦县廉州镇	2013 年因厂房纠纷问题已停产	黄/红麻	麻线、麻绳和麻布
7	合浦县石康麻纺厂	合浦县石康镇	2014 年已停产	黄/红麻	麻线、麻绳和麻布
8	合浦个体红麻麻骨烧炭厂	合浦石湾、石康	个体小炭窑无固定员工	红麻麻骨	麻炭、炭粉
9	扶绥个体红麻麻骨烧炭厂	扶绥	个体小炭窑无固定员工	红麻麻骨	麻炭、炭粉

（三）区域技术支撑

1. 技术培训与服务

2012 年 3 月红麻播种期间提供红麻种子给合浦石湾示范基地农民并现场指导农民春播，指导培训农技人员及农民 10 人；7 月到到合浦石康指导红麻秋播繁种，指导培训农技人员 5 人；11 月到合浦石康查看红麻秋播制种示范基地，并根据田间生长情况指导农技人员做好后期管理及收获脱粒等工作，指导农技人员 5 人。4 月到全州绍水镇福壁村给全州示范县业务骨干及示范户农民讲解中杂红 318 种植管理技术及注意事项，指导培训农技人员及农民 5 人；10 月到全州示范基地根据当时田间红麻生长情况以及将采用的种植模式（红麻—油菜），对全州示范县业务骨干及示范户农民进行技术指导，指导培训农技人员及农民 10 人。在武鸣里建和院内试验基地，播种期间现场指导聘请农民开展春播工作，生长期间根据查看到的田间生长情况，及时当场或电话指导开展田间间苗、除草、肥料施用等工作，培训农民 30 人。10 月去扶绥开展红麻调研及指导麻农生产，培训指导农民 20 人。全年累计培训基层农技人员及农户 85 人次。

2013 年 3 月红麻播种期间 2 次带种子和技术资料到合浦石湾清水示范基地给麻农规划 2013 年红麻种植试验示范工作以及现场指导农民春播，指导农技人员和农民 15 人次；5 月到合浦石湾调查红麻田间杂草并指导杂草防除现场相关农技人员和农民 6 人；7 月到合浦石湾清水示范基地及合浦石康种植大户麻地现场指导红麻中后期田间管理等。指导相关农技人员和农民 5 人；7～12 月，多次到南宁市市区周边乡镇（心圩、石埠、那马、良庆、甘圩等）深入麻田村户调查了解当地黄/红麻生产情况，对其中部分农户进行生产指导，为明年开展工作做准备，指导农民 10 人次；6 月带种子和技术资料到桂平蒙圩示范基地现场指导红麻田间播种，指导相关农技人员及农民 5 人；在武鸣和院内试验基地，在试验示范工作开展的各个工作环节亲临试验基地参与并指导聘请的农场工人及农民开展各项工作，提高聘请农民工的种植及管理水平，整个环节中指导培训农民 50 多人次；7 月到巴马燕洞示范基地、巴马常春藤公司的西山火麻有机栽培基地以及常春藤公司及公司办公楼周边现场查看火麻生长情况，就火麻高产种植管理开展现场指导服务工作，指导业务骨干及相关科技人员等 6 人；11 月到到巴马燕洞示范基地现场查看火麻收获情况，并就 2014 年工作的开展给予现场指导，指导农技人员 3 人。全年累计指导培训基层农技人员及农户 80 多人次。

2. 突发事件应对

2012—2013 年本区域内麻类产业除合浦熟麻和麻骨价格有变动、合浦第二麻纺厂因厂房纠纷停产、合浦红麻播种面积相对减少外，黄、红麻产业未发生重大突发事件和农业灾害事件。

四　信阳红麻试验站

（一）技术集成与示范

1. 红麻新品种筛选

以福建农林大学选育的福航优 1 号、福航优 2 号、福红优 1 号、福红优 2 号、杂红 952、杂红 992、福红优 4 号等 7 个红麻新品种开展筛选试验，以福红 951 为对照。针对信阳地区夏播红麻面积大的特点，将播种期定在 6 月 1 日，筛选适合夏播的红麻新品种，10 月 15 日收获。试验结果表明，7 个红麻新品种的生麻、嫩茎叶、麻骨产量均高于对照福红 951。其中，7 个红麻新品种生麻产量为 381.9～470.5kg/亩，比对照增产 1.8%～25.4%；嫩茎叶产量为 206.2～230.5kg/亩，比对照增产 5.7%～18.1%；麻骨产量为 531.6～609.8kg/亩，比对照增产 7.3%～23.1%。从各种性状综合比较来看，以杂红 952、福红优 1 号、福航优 1 号 3 个品种表现最好（表 12－54）。

表 12－54　红麻新品种筛选试验品种情况

项目 处理	株高 （m）	茎粗 （cm）	皮厚 （mm）	单株鲜茎 重（kg）	单株鲜皮 重（kg）	单株干皮 重（kg）	生麻 （kg/亩）	嫩茎叶 （kg/亩）	麻骨 （kg/亩）
福航优 1 号	3.81	1.91	1.34	0.51	0.208	0.051	427.5	222.3	588.2
福航优 2 号	3.75	2.14	1.66	0.62	0.256	0.054	381.9	206.2	531.6
福红优 1 号	3.92	2.06	1.49	0.53	0.230	0.053	443.3	226.1	599.3
福红优 2 号	3.68	1.99	1.43	0.51	0.219	0.047	411.5	209.9	549.8
杂红 952	3.83	1.87	1.39	0.45	0.209	0.043	470.5	230.5	609.8
杂红 992	3.79	1.81	1.25	0.40	0.183	0.038	427.0	226.3	580.7
福红优 4 号	3.59	2.16	1.37	0.47	0.197	0.041	432.7	215.0	581.5
福红 951（CK）	3.59	2.02	1.43	0.50	0.222	0.045	375.2	195.1	495.3

引进广西大学以F3A、P3A、福红992、R1、R7等为亲本选配的6个红麻杂交组合及后代参加比较试验，以杂红318、福红992为对照。该试验6月1号播种，10月17日收获。试验结果表明，除F3A/992组合外，其余5个组合的生麻、嫩茎叶、麻骨产量均为F_1高于F_2；P3A/992 F_1、P3A/R1 F_1、P3A/R1 F_2、F3A/R1 F_1、P3A/R7 F_1生麻产量高于CK2，仅P3A/992 F_1生麻产量高于CK1；P3A/R1 F_1、P3A/992 F_1、P3A/R1 F_1、P3A/R1 F_2嫩茎叶产量高于CK1和CK2；P3A/992 F_1、F3A/R1 F_1、P3A/R1 F_2、P3A/R7 F_1高于CK1和CK2，综合来看，以P3A/992 F_1、P3A/R1 $F_1$2个杂交组合表现最好（表12－55）。

表12－55　红麻杂交组合及后代表现情况

项目 处理	株高 （m）	茎粗 （cm）	皮厚 （mm）	单株鲜茎 重（kg）	单株鲜皮 重（kg）	单株干皮 重（kg）	生麻 （kg/亩）	嫩茎叶 （kg/亩）	麻骨 （kg/亩）
P3A/R1 F_1	3.83	1.96	1.29	0.458	0.215	0.044	510.4	265.4	673.7
P3A/R1 F_2	3.76	1.83	1.25	0.440	0.197	0.036	477.6	243.6	638.0
F3A/R1 F_1	3.73	1.88	1.13	0.466	0.201	0.039	473.4	255.6	628.6
F3A/R1 F_2	3.58	1.76	1.11	0.410	0.167	0.033	451.2	230.1	602.8
P3A/R7 F_1	3.61	1.92	1.24	0.455	0.196	0.037	476.1	252.3	628.4
P3A/R7 F_2	3.68	1.93	1.18	0.442	0.191	0.038	380.8	205.6	514.8
F3A/R7 F_1	3.59	1.97	1.05	0.449	0.170	0.029	416.0	212.2	559.1
F3A/R7 F_2	3.65	1.92	1.17	0.473	0.184	0.035	373.1	194.0	507.4
P3A/992 F_1	3.66	2.16	1.25	0.475	0.210	0.042	523.5	256.5	686.9
P3A/992 F_2	3.65	1.95	1.32	0.497	0.215	0.040	427.5	226.6	595.0
F3A/992 F_1	3.51	1.92	1.28	0.438	0.181	0.034	415.6	216.1	571.8
F3A/992 F_2	3.69	1.84	1.19	0.423	0.172	0.037	436.9	222.8	608.1
福红992 CK1	3.55	1.93	1.16	0.446	0.188	0.039	510.9	239.6	627.8
杂红318 CK2	3.59	1.75	1.24	0.375	0.171	0.034	465.1	232.5	628.8

2013年，一是对红优2号、中杂红368、杂红952、福航优1号、福航优3号、杂红992等6个红麻品种开展筛选试验，以杂红992为对照。针对信阳地区夏播红麻面积大的特点，将播种期定在6月6日，筛选适合夏播的高产优质红麻品种，试验于10月9日收获。试验结果表明，在5个红麻品种中中杂红368、红优2号、杂红952、福航优3号纤维产量高于对照，分别为240.0、238.0、225.1、215.4 kg/亩，分别比对照增产21.6%、20.6%、14.0%、9.1%。福航优1号纤维产量最低，比对照减产8.8%。中杂红368、红优2号是表现最好的2个品种。各品种主要经济性状表现见表12－56。

表12－56　红麻品种筛选试验经济性状表

项目	株高（m）	茎粗（cm）	皮厚（mm）	单株鲜茎 重（g）	单株干皮 重（g）	单株纤维 重（g）	精洗率 （%）	鲜茎出麻 率（%）	纤维产量 （kg/亩）
红优2号	3.62	1.56	1.02	353	28.9	17.30	59.8	4.9	238.0
中杂红368	3.63	1.64	1.13	372	29.9	19.36	64.77	5.2	240.0
杂红952	3.65	1.75	1.12	398	35.2	21.50	61.00	5.4	225.1
福航优1号	3.51	1.58	1.15	319	26.3	16.70	63.60	5.3	180.0
福航优3号	3.82	1.75	1.14	443	35.8	24.10	67.30	5.4	215.4
杂红992	3.64	1.73	1.10	386	30.9	20.40	66.00	5.3	197.4

二是对以F3A、P3A、福红992、R1、R7、F3B等为亲本选配的4个红麻杂交组合（F_1）及6个后代（F_2）开展田间比较试验，以中杂红318、R7、992为对照。5月29日播种，10月11日收获。试验结果表明，F3A/ R7（F_1）和P3A/992（F_1）的纤维产量均高于3个对照，产量分别为189.1 kg/亩和159.0 kg/亩，是表现最好的2个杂交新组合，并且同一组合F_1代的纤维产量要高于F_2的产量，各组合及后代的主要经济性状见表12－57。

表12－57 红麻杂交组合及后代表现情况

项目	株高（m）	茎粗（cm）	皮厚（mm）	单株鲜茎重（g）	单株鲜皮重（g）	单株干皮重（g）	单株纤维重（g）	精洗率（%）	鲜茎出麻率（%）	纤维产量（kg/亩）
P3A/992F_1	3.15	1.72	1.16	347	152	36	22	61.1	6.4	159
P3A/992F_2	3.16	1.64	1.09	303	132	31	20	64.5	6.5	125.3
P3A/R7 F_1	3.13	1.66	1.03	314	147	29	17	58.6	5.3	117.1
P3A/R7 F_2	3.18	1.71	1.11	349	134	33	22	66.7	6.1	114.5
F3A/R7 F_1	3.51	1.79	1.12	404	155	37	22	59.5	5.5	189.1
F3A/R7 F_2	3.23	1.67	1.09	325	131	30	16	53.3	4.9	141.5
P3A/F3B F_1	3.06	1.71	1.15	347	144	34	21	61.8	5.9	84.1
F3A/R1 F_2	3.31	1.69	1.06	328	136	33	19	57.6	5.7	140.7
P3A/R1 F_2	3.39	1.74	1.17	366	158	36	22	61.1	6	130.8
F3A/992 F_2	3.29	1.69	1.12	358	147	37	22	59.5	6.2	147.7
中杂红318	3.28	1.66	1.2	348	160	38	25	65.8	7.2	147.2
福红992	3.34	1.69	1.13	333	145	37	23	62.2	6.8	149.4
R7	3.28	1.72	1.17	342	144	33	20	60.6	5.9	132.5

2. 红麻高产栽培技术示范

(1) 夏播红麻高产栽培技术研究

针对信阳地区红麻生产中普遍采用大田撒播的特点，通过条播与撒播的比较，考察不同播种方式对红麻主要农艺性状、产量性状以及纤维品质的影响。同时，探索大田撒播的最佳播量，为红麻轻简化栽培提供技术支撑。

红麻品种选用福航优1号，试验共设计撒播、条播2种播种方式。撒播设0.75、1.0、1.25、1.5kg/亩4个处理；条播设起垄条播（垄面宽0.8m和垄沟宽0.5m，每垄种植两行）和作畦条播（每4m作为1畦，每畦种植10行，行距40cm）2个处理。撒播不间苗和定苗；条播间苗2～3次，5～6片真叶期定苗，定苗密度1.2万株/亩。6月7日播种，10月20日收获。试验结果表明，在两种播种方式中，以条播效果最好，撒播时密度大，笨麻多，影响红麻产量。条播时生麻、嫩茎叶、麻骨产量远高于撒播，而起垄条播又优于作畦条播。起垄条播时，生麻产量达到437.7kg/亩，比撒播高25.7%以上；嫩茎叶产量达到236.3kg/亩，比撒播高25.6%以上；麻骨产量达到598.7kg/亩，比撒播高27.1%以上。撒播是随着播种量增加，产量表现为先升后降，以1.25kg/亩时产量最高。从节约生产成本、提高红麻产量两方面考虑，撒播时适宜播量为1.0～1.25kg/亩（表12－58）。

表12－58 高产栽培技术条件下红麻农艺性状表现

处理	株高（m）	茎粗（cm）	皮厚（mm）	单株鲜茎重（kg）	单株鲜皮重（kg）	单株干皮重（kg）	生麻（kg/亩）	嫩茎叶（kg/亩）	麻骨（kg/亩）
0.75 kg/亩	4.02	1.98	1.20	0.584	0.22	0.046	323.7	171.6	445.4

（续表）

处理		株高（m）	茎粗（cm）	皮厚（mm）	单株鲜茎重（kg）	单株鲜皮重（kg）	单株干皮重（kg）	生麻（kg/亩）	嫩茎叶（kg/亩）	麻骨（kg/亩）
撒播	1.0 kg/亩	4.14	1.84	1.19	0.557	0.20	0.049	328.0	170.6	440.9
	1.25 kg/亩	4.16	1.99	1.19	0.652	0.24	0.056	348.3	188.1	470.9
	1.5 kg/亩	3.99	1.97	1.21	0.535	0.21	0.049	336.7	171.7	449.8
条播	作畦	4.09	1.94	1.26	0.547	0.21	0.053	350.9	186.0	474.4
	起垄	4.08	2.08	1.32	0.646	0.25	0.058	437.7	236.3	598.7

（2）红麻高产高效种植技术示范

以福红991、福红992、H318、H368、红优2号等为主导品种在示范县进行红麻高产高效种植技术示范。在信阳市浉河区建立示范基地20亩，重点展示红麻高产高效品种筛选、病虫草害综合防控技术、红麻机械收获技术、麻骨资源化利用技术；在息县小茴乡建立示范基地100亩，重点展示高产高效多用途红麻品种筛选、红麻高产种植技术、麻骨资源化利用技术。

为确保关键技术落实到位，围绕示范基地、农技人员、示范户开展多层次、多形式的技术服务工作。在红麻生长期间共开展技术培训3次，培训农技人员及示范户60余人；田间现场指导5次。通过在不同基地开展不同的红麻新品种、新技术的展示和应用，做到了科研和生产的紧密结合，加快了科研成果的转化和应用步伐，显著提高了当地红麻产量和农民种植技术水平。

（3）大麻—红麻一年两茬种植模式研究

在适期播种的条件下，通过田间试验对大麻—红麻种植模式进行研究，以纤维产量、综合经济效益等指标为主要研究对象，找出大麻—红麻种植模式下两茬作物产量最高、效益最好时大麻的最佳收获期，从而集成信阳地区大麻—红麻一年两茬高产高效种植技术模式。试验结果表明，随着大麻收获时间的推迟，大麻干皮产量逐步增加，而后茬红麻纤维产量逐步降低。在6月20日收获时，大麻和红麻总产最高，且此时收获大麻，经济效益也最高（表12－59）。因此6月20日收获大麻是大麻—红麻种植模式的最佳接茬时间。该种植模式的研究，一是提高了土地复种指数；二是比单种一季红麻每亩增加产值500元以上；三是为纺织企业提供更多优质原材料。

表12－59　不同接茬时间产量及效益

大麻收获时间	产量（kg/亩）			效益（元/亩）
	大麻（干皮）	红麻（纤维）	合计	
6月10日	100.1	180.3	280.4	871
6月20日	125.2	167.2	292.4	1 002
6月30日	133.0	115.9	248.9	972

注：大麻干皮按12元/kg计算，红麻纤维按3元/kg计算

3. 非耕地红麻种植关键技术研究与示范

在潢川县隆古乡建立示范基地50亩，重点展示岗岭薄地适栽红麻品种筛选、田间管理技术、病虫草害防控技术。试验示范红麻品种为中国农科院麻类研究所提供的H368，以74－3为对照。针对该地区土壤肥力低的特点，示范地用$N:P_2O_5:K_2O=15:15:15$的复合肥50 kg/亩作底肥，在红麻苗期、旺长期分别追施尿素10kg/亩、5 kg/亩。并将传统的夏播改为春季播种，采取条播栽培的方式，充分运

用病虫草害综合防控技术，强化示范地田间管理。收获时通过现场测产，H368 纤维产量 306kg/亩，比 74－3 增产达 24.9%。

在潢川县隆古乡建立试验示范基地 50 亩，重点开展岗岭薄地适栽红麻品种筛选，田间管理技术、病虫草害防控技术等技术集成。示范红麻品种为杂红 952。针对示范区土壤瘠薄的特点，示范区用 N：P_2O_5：K_2O＝15：15：15 的复合肥 50 kg/亩作底肥，在红麻苗期和旺长期共追施尿素 15kg/亩。5 月 1 日抢墒播种，采取条播的方式，充分运用病虫草害综合防控技术，强化示范地田间管理。收获时通过现场测产，杂红 952 高产创建示范田纤维产量 230 kg/亩，大面积示范纤维产量 196.4 kg/亩，当地常规品种产量约为 150 kg/亩，大面积示范产量比当地常规品种增产 30.9%，取得了良好的示范效果。

4. 红麻育种与制种技术研究

对红麻岗位专家提供的 6 份红麻优异种质进行农艺性状、经济性状以及优特性状的初步鉴定与评价，明确这批红麻优异种质在信阳地区的丰产、稳定性和生态适应性，为本区红麻引种提供指导。参试品种有 T17、T19、福红 952、福红 992、福红航 992，以 83－20 为对照。6 月 1 日播种，10 月 16 日收获。试验结果表明，5 个红麻优异种质的生麻、嫩茎叶、麻骨产量均高于对照 83－20。其中 5 个红麻优异种质生麻产量为 360.3～494.0kg/亩，比对照增产 4.7%～14.4%；嫩茎叶产量为 172.9～222.3kg/亩，比对照增产 2.3%～32.0%；麻骨产量为 495.7～640.2kg/亩，比对照增产 7.3%～38.6%（表12－60）。从各种性状综合比较来看，以 T19、福红航 992、福红 992 表现最好。

表 12－60　红麻优异种质资源鉴定与评价表现情况

项目处理	株高（m）	茎粗（cm）	皮厚（mm）	单株鲜茎重（kg）	单株鲜皮重（kg）	单株干皮重（kg）	生麻（kg/亩）	嫩茎叶（kg/亩）	麻骨（kg/亩）
T17	3.33	1.65	1.05	0.33	0.137	0.025	360.3	172.9	495.7
T19	3.37	1.80	1.00	0.36	0.145	0.027	494.0	222.3	640.2
福红航 992	3.53	1.80	1.10	0.38	0.160	0.032	444.1	208.7	586.2
福红 952	3.36	1.78	1.20	0.39	0.144	0.025	373.1	179.1	498.5
福红 992	3.34	1.64	1.03	0.32	0.130	0.025	421.7	198.2	553.3
83－20CK	3.36	1.72	1.07	0.30	0.126	0.024	343.6	168.4	461.8

对岗位专家创制的 6 份优质、多抗、适应性强、高产、遗传背景清楚的红麻新种质和优异基因型材料进行精细鉴定和评价，明确这批红麻优异种质在信阳地区的丰产性、稳定性和生态适应性，为红麻优异种质资源数据库建立提供数据。

参加试验的红麻种质资源有 T17、福红 952、福红 992、T19、T15，以 KB2 为对照。6 月 7 日播种，10 月 9 日收获。6 份红麻优异种质的纤维产量为 172.3～201.5 kg/亩，其中，福红 952 和 T19 的纤维产量比对照增产，为 201.5 kg/亩和 201.0 kg/亩，分别比对照增产 5.3% 和 5.1%；T17、福红 992、T15 的纤维产量低于对照，分别为 172.3、177.4、185.1 kg/亩，分别比对照减产 9.9%、7.2%、3.2%。各个种质资源的主要经济性状见表 12－61。

表 12－61　红麻优异种质资源经济性状

项目	株高（m）	茎粗（cm）	皮厚（mm）	单株鲜茎重（g）	单株干皮重（g）	单株纤维重（g）	精洗率（%）	鲜茎出麻率（%）	纤维产量（kg/亩）
T17	3.36	1.67	1.08	368	28.4	18.1	63.8	4.9	172.3
福红 952	3.29	1.65	1.18	379	29.6	18.9	65.7	5.0	201.5
福红 992	3.35	1.73	1.22	349	29.7	18.3	61.4	5.2	177.4

（续表）

项目	株高（m）	茎粗（cm）	皮厚（mm）	单株鲜茎重（g）	单株干皮重（g）	单株纤维重（g）	精洗率（%）	鲜茎出麻率（%）	纤维产量（kg/亩）
T19	3.33	1.68	1.17	390	29.9	19.3	64.7	5.0	201.0
T15	3.44	1.65	1.07	342	30.6	18.7	61.3	5.5	185.1
KB2	3.27	1.61	1.15	376	28.5	18.1	63.6	4.8	191.3

5. 红麻病虫草害防控技术示范

重点对信阳地区红麻田杂草的种类、分布及危害进行了调查，初步了解该地区红麻田杂草的分布规律及危害状况。结果显示该地区杂草共有 34 种，隶属 15 科，发生危害重的有 7 科 22 种，占 64.71%；双子叶杂草 27 种，达 79.41%；单子叶杂草 7 种，占 20.59%；一年生杂草 22 种，占 64.71%，一年生或越年杂草 5 种，占 14.71%；多年生杂草 7 种，为 20.59%。县区出草量以息县地区最高，达 284 株/m^2。其中，莎草和粟米草的多度与频度最高，为本地区优势种群（表 12－62）。根据调查结果，制定了相关的防控措施。在光山县寨河乡建立红麻有害生物的综合防控技术试验示范基地 50 亩，重点展示红麻重大有害生物的检测预警技术、红麻重大有害生物的综合防控技术。

2013 年信阳红麻试验站在红麻生长期间针对红麻主要病虫草害共发布防治情报 4 次，培训技术推广骨干 20 名，科学指导了信阳市红麻病虫草害的防控，做到了预测准确，防治及时。

表 12－62　麻田主要杂草危害情况

杂草	多度（%）	相对多度（%）	频度（%）	相对频度（%）	重要值（%）
莎草	19.45	23.38	83.33	11.90	0.18
凹头苋	9.73	11.69	33.33	4.76	0.08
班地锦	1.00	1.20	33.33	4.76	0.03
铁苋菜	3.80	4.56	33.33	4.76	0.05
马唐	7.40	8.89	66.67	9.52	0.09
无芒稗	3.33	4.00	66.67	9.52	0.07
牛筋草	5.46	6.57	66.67	9.52	0.08
鳢肠	4.60	5.52	66.67	9.52	0.08
马齿苋	3.53	4.24	66.67	9.52	0.07
青葙	1.27	1.52	16.67	2.38	0.02
打破碗碗花	5.46	6.57	33.33	4.76	0.06
粟米草	14.12	16.97	83.33	11.9	0.14
狗尾草	3.20	3.84	33.33	4.76	0.04
田菁	0.87	1.04	16.67	2.38	0.02

红麻田主要病害是根腐病和根结线虫病，严重田块两种病害混合发生，严重影响了红麻的产量和质量。虫害的发生情况，以鳞翅目为优势种群，主要包括黄麻夜蛾、玉米螟、棉大卷叶螟、棉小造桥虫，其次为半翅目的广翅蜡蝉，地下害虫主要是鞘翅目的金龟子。

根据调查结果，制定了相关的防控措施。在光山县斛山乡建立红麻有害生物的综合防控技术试验示范基地 50 亩，重点展示红麻重大有害生物的检测预警技术、红麻重大有害生物的综合防控技术。今年在红麻生长期间针对红麻主要病虫草害共发布防治情报 3 次，培训技术推广骨干 10 名，科学指导了信阳市红麻病虫草害的防控，做到了预测准确，防治及时。

6. 红麻收获与剥制机械示范

从中国农业科学院麻类研究所引进 HB－500 大型红麻剥皮机 1 台，初步在信阳地区进行试验示范。通过连续 3 年的应用，基本掌握了剥皮机的工作性能。HB－500 型红麻剥皮机由三相电动机驱动，4～5 人操作，剥麻工效 600kg/h，比手工剥麻提高工效 8 倍左右，比较适合于红麻大面积收获使用。组织各示范县农技人员对红麻剥皮机使用情况进行了现场观摩，并在罗山县子路乡建立示范基地 15 亩，重点展示红麻鲜茎皮骨分离机械关键技术。

2013 年从中国农业科学院麻类研究所引进 HB－500（改进型）大型红麻剥皮机 1 台，在信阳地区进行试验示范。HB－500 型红麻剥皮机比手工剥麻提高工效 8～10 倍，比较适合于红麻大面积收获使用。组织各示范县农技人员对红麻剥皮机使用情况进行了现场观摩。并在罗山县东铺乡建立示范基地 20 亩，重点展示红麻鲜茎皮骨分离机械关键技术。

（二）基础数据调研

1. 本区域麻类种植与生产

信阳市红麻生产近年来表现不尽如人意，前几年种植面积常年稳定在 20 万亩左右，2014 年降至 10 多万亩，面积有减少的趋势，但是用途从主要收获麻纤维变成了以收麻骨为主，麻纤维降到次要位置，但大麻生产表现抢眼，近年面积稳定在近万亩，红麻、大麻生产采用轻简化栽培方式，整地，轻施肥（亩施 30kg 复合肥），撒播和机械条播皆有，播后乙草胺封闭除草，中途亩追施尿素 5kg。红麻亩生产干物质 1 300kg 左右，麻纤维 200kg 左右，亩产值 1 400元人民币。大麻亩产干麻皮 100kg，麻骨 800kg，亩产值近 3 000元。

2. 本区域麻类加工与贸易

2014 年信阳市主要麻纺企业还有四家分别是息县“信阳颐和非织布有限责任公司”年经营麻纱 5 000t，其他非麻纤维 6 000t；息县“第三麻纺厂”年生产麻片产品 1 000t，产值 8 000万元左右，主要是烟叶产品包装材料及麻袋。息县“通利黄麻精纺织有限责任公司”年生产能力 6 000t 左右，主要产品有麻线，麻布，手提袋，各种工艺布，环保袋和麻袋等，年产值 5 000万元。固始县“河南坤源麻业有限公司”年生产大麻纱线 2 000t，年产值 8 000万元左右。

3. 基础数据库信息收集

（1）土壤养分数据库

赴 5 个示范县红麻试验示范地采集土样 30 余份，分析速效 N、P、K、有机质等养分数据。

在本区域内息县、固始、潢川、罗山和光山示范基地采集土壤样品 50 余份，分析速效 N、P、K、有机质等养分数据（表 12－63）。

表 12－63　信阳市麻产区土壤养分数据

样品采集地	全氮（g/kg）	速效磷（mg/kg）	速效钾（mg/kg）	有机质（%）	pH 值
息县包信镇郑庄村	0.88	10.56	84	1.55	7.1
固始县马岗集乡郭楼村	1.087	13.86	67.3	1.82	6.04
潢川县隆古徐庄村	1.00	15.3	61.0	1.68	6.10
罗山县东铺乡孙庄村	1.14	12.3	100.4	2.10	5.51
光山县槐店乡槐店村	1.1	10.7	83.4	2.12	5.42

（2）麻类加工企业

调研本区域主要涉农麻类加工企业 4 家，收集企业信息汇录如表 12－64。

表 12－64　信阳麻产区主要麻类加工企业信息

编号	企业名称	所在地	年产值（万元）	主要加工对象	主要产品
1	息县第三麻纺厂	河南省息县	8 000	红麻、黄麻	麻纱、麻片、麻袋
2	通利黄麻精纺织有限责任公司	河南省息县	≥5 000	红麻、黄麻	麻线、麻布、手提袋、各种工艺布、环保袋和麻袋等
3	信阳颐和非织布有限责任公司	河南省息县	6 000	黄麻	麻纱、纯麻布
4	河南坤源麻业有限公司	河南省固始县	8 000	大麻	麻纱

（三）区域技术支撑

1. 技术培训与服务

2012—2013 年培训岗位人员 20 人次，农技人员 47 人次，农民 352 人次，共计培训 419 人次。通过培训，提高了受训人员的试验示范规范化工作能力。

根据引种筛选试验结果，确定了以福红 991、福红 992、H318、H368、红优 2 号等为主导品种推介到信阳红麻产区示范推广。并以红麻病虫草害综合防控技术、垄作条播技术、红麻机械收获技术、麻骨资源化利用技术等为主推技术在示范县推广应用。为保证各项技术措施落实到位，信阳红麻试验站通过技术培训、田间指导、媒体宣传、现场观摩等方式使农户了解红麻高产高效种植关键技术，让体系红麻新品种、新技术、新成果得到广泛的应用，加快了科研成果的转化和应用步伐，显著提高了当地红麻产量和农民种植技术水平，为信阳红麻发展提供了有力的技术支撑。

2. 突发事件应对调

调研红麻学科领域的动态信息和突发性问题，及时向农业部和产业体系提交有关信息和突发性应急、防控技术建议，并组织开展相关应急性技术服务和培训工作。完成了农业部和体系布置的各项任务。

第十三章　工业大麻

一　大庆大麻试验站

（一）技术集成与示范

1. 大麻高产高效种植与多用途关键技术示范

（1）高产高效工业大麻品种筛选

2012年在大庆大麻试验站试验基地进行工业大麻的品种筛选试验，供试材料为2010年从黑龙江省北部、内蒙古自治区、吉林等地搜集的材料18份，对照材料为肇州大麻，通过品种比较鉴定试验，筛选适合本地区种植的高产高效工业大麻品种（表13－1）。

试验结论：通过农艺及产量等性状的综合分析比较，筛选出五大连池、汾麻1号、明水和吉林1号4个在本地表现较好的品种。

表13－1　农艺性状及产量情况

品种	株高（cm）	茎粗（cm）	分支高（cm）	原茎产量（kg/hm^2）	纤维产量（kg/hm^2）	种子产量（kg/hm^2）	出麻率（%）
CK肇州	273.83	1.0167	192.23	8 946.67	1 175.59	735.14	13.14
吉林1	269.77	0.9833	198.23	9 940.00	1 628.17	826.00	16.38
吉林2	283.33	1.0700	194.27	10 646.67	1 354.26	736.20	12.72
汾麻1号	276.80	0.9967	191.87	9 480.00	1 666.58	929.55	17.58
五大连池	258.63	0.8867	195.83	9 453.33	1 782.89	986.32	18.86
内蒙古1	265.83	0.9500	186.70	7 993.33	1 046.33	792.59	13.09
加格达奇	270.37	0.9467	183.33	8 826.67	1 039.78	803.60	11.78
内蒙古2	277.00	1.0167	192.93	9 580.00	1 246.36	811.13	13.01
内蒙古3	269.67	1.0033	188.50	9 520.00	1 166.20	918.62	12.25
明水	262.67	0.9700	188.33	9 180.00	1 609.25	903.57	17.53
内蒙古4	265.43	0.9967	185.77	9 120.00	1 206.58	914.32	13.23
大杨树	266.07	0.9867	189.67	8 513.33	1 113.54	847.15	13.08
克东	285.30	1.0800	190.03	1 0973.33	1 092.94	751.88	9.96
拜泉	268.63	1.0400	190.33	10 106.67	1 119.82	637.04	11.08

（续表）

品种	株高（cm）	茎粗（cm）	分支高（cm）	原茎产量（kg/hm²）	纤维产量（kg/hm²）	种子产量（kg/hm²）	出麻率（%）
齐1	248.90	0.9600	140.37	8 740.00	933.43	563.22	10.68
齐2	278.70	1.0633	199.03	10 853.33	1 406.59	705.03	12.96
万发村	270.63	1.0267	183.23	9 133.33	1 146.23	632.14	12.55
尾山	262.53	1.0367	172.00	9 686.67	1 093.63	563.66	11.29
那吉镇	279.80	1.0167	197.80	9 866.67	1 353.71	765.11	13.72

（2）适合盐碱地种植的高产高效工业大麻品种筛选

2013年在大庆大麻试验站试验基地进行适合盐碱地种植的工业大麻品种筛选试验，共10份供试材料，对照品种肇州大麻。通过品种比较鉴定试验，筛选适合盐碱地种植的高产高效工业大麻品种（表13－2）。综合农艺及产量等性状的分析比较，筛选出05086－1、晋麻1号和明水3个在本地表现较好的品种。

表13－2　农艺性状及产量情况

品种	株高（cm）	茎粗（cm）	分支高（cm）	原茎产量（kg/hm²）	纤维产量（kg/hm²）	种子产量（kg/hm²）	出麻率（%）
CK	256.33	10.10	188.70	8 832.00	1 111.33	673.33	12.58
五大连池	264.50	10.37	192.23	9 066.33	1 357.67	802.22	14.97
0318－5－4－4	253.37	10.17	189.63	7 751.00	1 143	802.22	14.75
05086－1	263.93	10.10	212.93	9 901.00	1 690.67	907.78	17.08
吉林1号	250.02	10.03	182.46	9 966.67	1 289	474.44	12.93
吉林2号	265.73	10.30	191.23	10 181.33	1 188.64	176.67	11.67
拜泉	261.30	10.70	201.47	9 966.67	1 265.33	598.89	12.69
晋麻1号	293.57	9.60	270.27	10 686.33	1 727	533.33	16.16
皖大麻1号	295.67	10.27	239.10	10 718.00	1 426	—	13.30
庆003	267.40	10.97	194.20	9 932.67	1 350	—	13.59
明水	254.86	9.53	195.33	9 732.33	1 611.67	555.56	16.56

（3）工业大麻高产优质栽培技术示范

①盐碱地工业大麻配方施肥技术示范。通过“3414”试验设计，来确定当地土壤养分的丰缺指标，从而提出黑龙江省西部盐碱干旱地区工业大麻施肥技术。试验设计N、P、K三因素，各因素4个水平，共14个试验处理，通过土壤测定和数据回归分析，推出工业大麻的最佳施肥量为：施纯氮（N）1.8712 kg/亩，磷（P_2O_5）4.7974kg/亩，钾（K_2O）15.2181kg/亩。

在核心示范基地建立盐碱地工业大麻配方施肥技术示范区1个，示范面积15亩，示范品种肇州大麻。测产结果：平均株高在274.7cm，茎粗0.63cm，原茎产量为806.39kg/亩，比对照品种增产18.67%，纤维产量127.89kg/亩，出麻率为15.86%。

②高产高效耐盐碱品种及配套栽培技术示范。在肇州示范基地建立耐盐碱品种及高产配套栽培技术示范区，示范面积30亩，示范品种：2012年筛选的耐盐碱高产品种引自五大连池的农家品种。5月

10日机械条播，每亩施复合肥40kg，每亩播种量8kg，播后苗前异丙甲草胺机械化封闭除草处理，甲基1605苗期防跳甲2次，纤维成熟期及时收获。

测产结果：平均株高272.3cm，茎粗0.66cm，原茎产量623.06 kg/亩，比对照品种增产4.46%，纤维产量109.2 kg/亩，出麻率为17.53%。

③籽用大麻综合高产栽培技术研究示范。通过对籽用大麻不同播期、密度、施肥的正交试验，探索籽用大麻最佳组合栽培方式，研究本地区籽用大麻高产配套栽培技术。供试大麻品种为2012年筛选的籽麻1号。垄作穴播，垄距67cm，每穴留苗2株，4垄区，行长6m，区间步道1m，3次重复，随机区组排列。试验结果：得出最佳组合为标准67cm垄，穴距50cm（亩保苗3 800株），每亩增施3kg/亩 P_2O_5 +4kg/亩 K_2O 的种子产量最高，种子产量为122.3kg/亩。

在北安示范基地建立籽用大麻高产栽培技术示范区1个，示范面积30亩，示范品种为籽麻1号。垄作穴播，垄距67cm，穴距50cm，每亩施复合肥40kg。收获后经测产平均种子产量为122.00 kg/亩。

2. 大麻育种与制种技术示范

开展工业大麻隔离制种技术示范：在克山县建立工业大麻隔离制种技术示范区，示范材料为2011年、2012年优选出的纤用大麻材料，品种代号：2011-1、庆003，示范面积15亩。由于大麻花粉传播距离较远，隔离上存在着一定的困难，示范区选择在10km范围内没有大麻种植的地块。垄作穴播，垄距67cm，穴距50cm，人工播种，播后异丙甲草胺封闭除草处理，亩保苗株数3 800株。种子成熟期人工收获脱粒，收获后经测产2012、2013年平均种子产量分别为125.57、120.67kg/亩。

3. 大麻病虫草害防控技术示范

（1）大麻跳甲的化学防治药剂筛选

试验在黑龙江省农业科学院大庆分院试验基地进行，供试大麻为尤纱-31，出苗后21d用药。药剂选用当前常用的防治跳甲类药剂6种，对照为90%晶体敌百虫，空白对照为每亩对水30kg喷雾，通过施药前后对跳甲的防治效果，筛选适合大麻田防治跳甲的化学药剂。

试验结果：筛选出大麻田较好的防治药剂两种，分别为混灭威·噻嗪酮和啶虫脒，防治效果分别为90.48%和88.42%，并且这两种药剂在田间均表现出较好的速效性和持效性。在孙吴示范基地建立大麻跳甲综合防治技术示范区，示范面积30亩，防治效果达到85%以上。

（2）赤眼蜂防治大麻螟虫的生态防治技术示范

在逊克示范基地进行利用赤眼蜂防治大麻螟虫的生态防治技术示范，示范面积30亩，示范大麻品种为逊克县高产农家品种，代号线麻027，赤眼蜂为松毛虫赤眼蜂，由逊克县农业技术推广中心提供。于6月22日和7月10日分别释放1次，每次每亩释放量为0.8万头。防治效果达到60%以上，原茎产量每亩比对照增产32kg。

4. 大麻抗逆机理与土壤修复技术研究

在大庆大麻试验站示范基地建立示范区，进行盐碱地工业大麻种植技术示范。通过对耐盐碱品种的选择、水肥的合理调控、加强病虫草害的防控等相关技术的集成，达到了盐碱地种麻增产增收的目的。供试大麻选用大庆地区农家品种肇州大麻。示范面积50亩。收获后经测定：示范区平均株高236cm，茎粗0.51cm，基本无明显分枝。

5. 大麻轻简化栽培技术示范

充分利用宁安示范基地所在地牡丹江市宁安县土地肥沃、雨水丰富、气候温和，适宜雨露沤制和机械化操作的特点。在该示范基地开展了种子包衣、机械化播种、机械化封闭除草、机械化收获、雨露沤制、机械打麻等相关轻简化技术集成的示范，该技术节约了劳动力，降低了生产成本，避免对环境造成的污染，具有显著的经济、社会、生态效益。

示范品种肇州大麻，示范面积30亩。收获后测产结果：平均株高为269.2cm，茎粗0.55cm，基本无明显分枝，原茎产量570kg/亩，出麻率为18.7%。通过机械化作业和雨露沤制，每亩节约生产成本180元。

6. 大麻脱胶与新产品加工技术示范

在示范基地示范工业大麻鲜茎雨露沤制技术，示范品种尤纱31，示范面积50亩。其中分别做了不同收获时期、不同铺麻厚度和使用化学脱叶剂噻苯隆处理的展示工作。还在示范基地进行大麻原麻机械剥制加工技术示范，示范面积50亩。展示，不同熟期收获、不同碎茎方式的原麻加工技术，并组织了1次机械化加工二粗纤维的工业大麻初加工技术培训和现场观摩。

（二）基础数据调研

1. 本区域科技立项与成果产出

2011年黑龙江省农业科技创新工程种子创新基金项目子项目“低毒雌雄同株大麻种质资源创新及配套栽培技术示范推广”，编号2010－07－05，资助经费7万元，项目承担单位：黑龙江省农业科学院大庆分院，主持人：王殿奎。

2012年黑龙江省农业科学院青年基金项目“大麻性别联锁AFLP－SCAR标记技术”，编号2012QN002，资助资金3万元，项目承担单位：黑龙江省农科院大庆分院，主持人：张海军。

2. 本区域麻类种植与生产

黑龙江省工业大麻无论是种植面积，还是加工能力都处于全国领先地位。受世界金融危机的影响，工业大麻产业也受到一定的影响。近些年来，大麻种植面积一直保持在3万～5万亩。而2013年由于受洪涝灾害的影响，大麻收获面积只占种植面积的30%，产量严重下降，致使大麻产品价格攀升，长麻价格最高达到2.4万元/t，短麻价格最高达到1.2万元/t，产品还是供不应求，有效地刺激了大麻生产的发展。

2014年黑龙江省及内蒙古等周边地区亚麻原料厂及一些有识之士纷纷扩大大麻的种植规模和产能。据不完全统计，大麻种植面积至少10万亩，较2013年增加7万亩。

黑龙江省的大麻种植栽培历史悠久，麻农在长期的种植加工过程中积累了丰富的种植经验。主要采用南麻北种，合理密植、雨露沤制、机械化收获等先进技术。收割全部实现了机械化。

产出情况：一般干茎产量在600kg/亩。

产出效益：大麻原料厂产能达到1万t。应用综合高产配套栽培模式年种植大麻1.7万亩，生产大麻干茎1万t，每吨价格2 000元，农业产值达2 000万元。原料加工出麻率按10%计算，可生产大麻打成麻1 000t，每吨销售价格按2.0万元计算，工业产值达2 000万元；生产短麻1 500t，每吨销售价格按0.8万元计算，工业产值达1 200万元；生产麻屑7 800t，每吨销售价格按0.06万元计算，工业产值达468万元。合计工农业总产值5 680万元。如果再延长产业链进行麻屑深加工，可生产火药炭粉1 750 t，按每吨0.5万元等系列产品产值还可增加875万元。

3. 本区域麻类加工与贸易

黑龙江省的大麻生产源于1998年黑龙江省纺织公司的“亚麻大麻”兼容工程。目前，从事大麻生产的企业基本上都是过去从事亚麻加工生产的企业（部分为新建）。据不完全调研，今年有世通麻业有限责任公司、黑龙江省雅格麻业科技有限公司、北疆双旺麻业有限公司、保兴亚麻原料厂，克山亚麻原料厂等分别在黑河市苇山农场，孙吴晨清镇，逊克农场，绥化市海伦市通北镇庆安、肇东农场，牡丹江市云山农场，哈尔滨市延寿县、大庆市萨尔图区，齐齐哈尔市克山县、大兴安岭呼玛县、内蒙古自治区海拉尔市开发种植大麻，种植面积在10万亩左右。长、短麻产品主要销往黑龙江省克山金鼎亚麻集团公司、延寿县继嘉亚麻纺织有限公司、尚志园宝纺织股份有限公司、兰西精美亚麻制品有限公司、明水幸福亚麻纺织公司、大庆莱茵纺织有限公司。还有部分销往安徽星星轻纺集团有限公司、沈阳北江麻业发展有限公司、雅戈尔集团股份有限公司、山西绿洲纺织有限责任公司。主要用于纺纱织布、织袜、制绳、麻粘、麻棉混纺、汽车坐垫等。

4. 基础数据库信息收集

在5示范县大麻试验示范地采集土壤样品，分析土壤速效 N、P、K、有机质等养分数据(表13－3)。

表13－3　大庆大麻试验站示范基地土壤养分情况表

示范县	主要土壤类型	土壤质地	土壤pH值	土壤有机质(%)	土壤全氮(g/kg)	土壤碱解氮(mg/kg)	土壤全磷(g/kg)	土壤有效磷(mg/kg)	土壤全钾(g/kg)	土壤缓效钾(mg/kg)	土壤速效钾(mg/kg)
肇州县	碳酸盐黑钙土	中壤	7.8	2.64	1.93	180.6	3.5	21.7	70.5	356.6	270.1
肇州县	碳酸盐黑钙土	中壤	8.3	2.42	1.67	146.1	2.8	15.7	56.8	320.4	220.7
北安市	黑土	壤土	7.4	5.26	2.86	193.2	2.01	30.2	60.6	299.6	265.3
北安市	黑土	壤土	7.6	4.79	2.01	196.7	2.63	42.1	63.2	302.6	284.1
孙吴县	草甸土	壤土	7.2	4.46	1.79	201.3	2.52	27.3	58.3	323.3	223.1
孙吴县	草甸土	壤土	7.5	4.89	1.98	221.1	2.36	31.2	60	263.5	203.6
逊克县	草甸土	壤土	7.6	4.44	2.02	212.3	2.63	48.6	80.3	333.6	212.9
逊克县	草甸土	壤土	7.4	4.56	1.63	236.9	2.83	43.2	77.6	306.9	236

(三) 区域技术支撑

1. 技术培训与服务

2012—2013年按照试验站计划任务多次在区域内开展科技服务工作，重点针对本区域内大麻主产县的农技人员、种植大户、企业技术人员以及示范县技术骨干进行技术培训，主要围绕大麻高产综合配套栽培技术、雨露沤制技术和产品初加工等关键技术进行培训。同时，广泛开展电话咨询服务，在农忙季节深入到田间地头，了解农民的实际需求，解答大麻生产中的疑难问题。采用现场与培训班相结合的形式，两年共开展种麻技术、雨露沤制与产品初加工等技术培训20次，培训体系内聘用人员和岗位人员112人、农技人员166名、麻农652名，发放宣传资料1 100余份，通过电话或网上进行技术指导40余次。通过培训，使农民学到了更多大麻种植方面的技术，对工业大麻有了进一步的认识，提高了农民种麻的积极性，同时也提高了区域内技术人员以及站内技术骨干的业务水平。

试验站通过对各项工作任务的具体实施、体系管理平台以及与相关岗位专家和其他试验站的密切联系，及时掌握国内外麻类产业信息和产业发展动态，同时对工业大麻新品种和各项新技术进行示范展示，广泛开展各项调研，深入到企业和农户进行技术培训，帮助北安、克山、宁安、孙吴、逊克等地企业制定生产规划方案，并在生产关键环节通过现场指导和电话答疑等形式对大麻制种、施肥、除草、雨露沤制等关键技术进行了全方位的服务，为本区域产业发展和技术支撑起到积极的作用。

(1) 工业大麻高产种植技术

在区域内多次开展工业大麻高产种植技术培训，主要对品种选择、合理整地、平衡施肥、封闭除草、病虫害防治、适期收割、沤制方法等关键技术进行培训与指导。

(2) 工业大麻鲜茎雨露沤制技术

鲜茎雨露沤制主要是针对传统的大麻沤制工艺投入劳动量大、沤制成本高，并且对生态环境污染严重等问题，在大麻纤维形成初期开始收割，收割后放置原地，利用雨水和露水实现沤制脱胶的过程，通过鲜茎雨露沤制技术降低了大麻的生产成本、避免了沤制过程对环境造成的污染，并且实现了工业大麻种植的全程机械化、轻简化。

(3) 工业大麻原麻初加工技术

工业大麻原麻初加工技术多数针对麻类加工企业技术人员，通常结合现场进行技术培训和指导，通过利用脱麻机和打包机对麻纤维的加工、打包实现大麻的初加工。

(4) 工业大麻轻简化栽培技术

轻简化栽培技术主要是在大麻的种植过程中通过机械化整地、播种、施肥、机械化封闭除草、机械打药、机械收割、雨露沤制、机械加工等一系列的机械化操作过程，从而实现工业大麻种植的轻简化。通过大麻种植的轻简化，节约了劳动力、降低了生产成本，并且机械化操作利于在黑龙江省大面积种植推广。

2. 突发事件应对

2012 年针对春季旱情及时进行抗旱灌水工作，以保证本年度大麻试验区、示范区工作顺利开展。2012 年 7 月末持续降雨，造成本站示范基地出现突发性涝灾，试验区和示范区均受到不同程度的危害，为了把洪水造成的损失降低到最小，本试验站站长组织全院科技人员进行抗洪救灾工作。

2013 年 5 月针对春播时期地温较低的情况，本站召开紧急会议，共同研究制定低温播种紧急预案。6 月，区域内大麻跳甲大面积发生，本站研究并制定防治方案，并且到示范县肇州、北安、孙吴、逊克和宁安进行虫害调研，将防治方案提供给当地农业主管部门。7 月，持续降雨，造成本站示范基地出现突发性涝灾，试验区和示范区均受到不同程度的危害，为了把损失降低到最小，本试验站站长组织全院科技人员进行排涝救灾工作。8 月，受持续降雨和外来“客水”的影响，大庆市辖区肇源、林甸等县沿江和部分低洼地区遭受严重的洪涝灾害，为了有效地减轻灾害对农业生产的影响，本站依托单位黑龙江省农业科学院大庆分院制定减灾救灾恢复生产技术措施，组成专家团到受灾地区帮助灾区进行灾后减灾工作，本站站长及 4 名团队成员参加。

二 汾阳大麻试验站

（一）技术集成与示范

1. 工业大麻高产高效种植与多用途试验示范

(1) 旱作大麻高产栽培技术集成示范

在平遥种植 50 亩“晋麻 1 号”展示田，以旱作大麻高产栽培模式进行示范。播前足施农家肥每亩 3 000kg，复合肥 50kg，没有浇水，结合当地墒情，趁雨下种，为保证出苗，防止鸽鸟危害，种子经过 12 小时农药浸种，亩留苗 30 000株，间苗中耕后粗放管理，不再施肥浇水，雄麻开花盛期及时收获，2013 年平均亩产麻皮 181kg，创历史最高水平。

(2) 机械剥麻技术示范

在平遥种植 10 亩“晋麻 1 号”展示田，用了 3 台改进后的小型反拉式剥麻机，连枝带叶一起剥制，效率比起传统手工大大提高，但每台每天只能剥制半亩多，不能适应规模种植需求。剥皮成了制约大麻产业发展的瓶颈。亟须研制直喂式大麻剥皮机。

(3) 工业大麻新品种展示

开展3个工业大麻新品种展示，参试品种为云麻1号、晋麻1号、皖大麻1号，每个品种种植1亩，共3亩。种植方式及密度：种前浇水，人工条播，行距20cm，株距8~10cm，苗高10cm左右间苗锄草，留苗密度3万~4万株/亩。施肥：农家肥4 000kg，氮、磷、钾28-6-6三元复合肥40kg/亩一次施足底肥，80~100cm追施尿素5kg/亩。

从表13-4可以看出，2012年平均亩产达140kg以上，2013年由于麻皮成熟期7月底遭遇大风，造成植株倒伏严重，产量结果受到很大影响，而出皖大麻1号抗倒能力较强，减产相对较少。

表13-4　2012—2013年工业大麻品种试验麻皮产量结果

品种	2012年产量（kg/亩）	2013年产量（kg/亩）
晋麻1号	156	88
云麻1号	140	83
皖大麻1号	148	120

(4) 大麻骨栽培食用菌技术试验示范

在岗位专家彭源德指导下，与汾阳食用菌合作社联合进行了利用大麻秆作原料，粉碎后培养食用菌技术示范，2013年为汾阳食用菌合作社提供麻屑5 500kg，示范大麻屑栽培食用菌技术1 000袋。营养基配方为：麻骨60%（50%），棉籽壳20%（30%），麦麸18%，蔗糖1%，石膏粉1%；加水量一般为物料干重的2~3倍（视麻骨干燥情况而定），湿料含水量63%~65%；自然pH值（无需酸碱调节），平均鲜菇重达180g，取得良好的效果。并开展了麻屑食用菌栽培技术的培训，得到大家的一致好评。

2. 山坡地大麻种植关键技术研究与示范

在陵川进行“大麻山坡地种植技术试验示范”。选用适于山坡地种植的晋麻1号和汾麻3号，以省工简化关键技术模式示范。技术要点：适施底肥（适量施入农家肥、有机肥）、合理密度（纤维用亩留苗30 000株，产籽用亩留苗6 000株）、粗放管理（间苗定苗后即不太管了，省时省工）、及时收获（纤维用雄麻花期收获，籽用植株中部麻籽成熟即收获，避免成熟过度落地浪费）。2012年示范晋麻1号15亩，亩产麻皮123.5kg；示范汾麻3号5亩，亩产麻籽120kg。2013年示范晋麻1号5亩，亩产麻皮107kg；示范汾麻3号15亩，亩产麻籽124kg。比当地种植糜子、小豆、荞麦等作物收入明显提高。带动当地籽用麻种植面积不断扩大。

3. 工业大麻育种与制种技术研究

通过前两年的试验总结，形成了适应本区生产的工业大麻隔离繁种技术。在临县进行工业大麻繁种技术示范，示范品种为晋麻1号，展示面积15亩。

技术要点：合理施肥（底肥施农家肥、适量磷肥，中期追施适量氮肥）、适期迟播（6月中旬播种，当地习惯5月上旬播种）、合理密度（亩留苗6 000~8 000株，当地习惯3 000株以下）、及时割雄（雄花花期后及时割掉）、及时收获（防止成熟过度落籽）。

按照当地种植习惯，播种早、投工多、植株徒长，作物吸收土壤养分多，植株徒长，而麻籽产量少，一般亩产100kg左右。应用改良后的栽培技术，播种迟、投工少、植株矮小、密度增加，土壤养分主要用于籽粒，产量也高，亩产种子120kg以上，增产达20%。

4. 工业大麻病虫草害防控技术示范

在汾阳大麻试验站试验田和平遥宁固镇王郭村各示范乙氧氟草醚大麻田芽前除草技术，共20亩。防除效果达85%以上。筛选除草剂组配配方，发现亩施56%二甲四氯钠WP 20g+120g/L烯草酮 EC 23ml 对大麻田杂草防除效果最好，防除效果达 85% 以上。还在沁水及所本部试验田，采取收获后及时清除田间残株落叶，集中烧毁，大麻苗期、种苗开花结实期从麻田四周向田中间喷洒 50% 对硫磷乳油 1 500倍液、50% 久效磷乳油 1 500倍液的方法，有效防止跳甲危害，防治效果达 98% 以上。

5. 工业大麻轻简化栽培技术研究与示范（表 13 -5）

在芮城进行麦茬复播大麻轻简化栽培技术试验示范，展示品种为云麻 1 号，展示面积 15 亩，亩产麻皮达 135kg。在临县进行旱地大麻轻简化栽培技术试验示范，展示品种为晋麻 1 号，展示面积 10 亩，亩产麻皮达 120kg。应用大麻轻简化栽培技术，除机械剥麻技术不太成熟外，其他环节几乎不用人工投入，大大降低了劳动力成本。

表 13 -5　2012—2013 年汾阳市工业大麻示范县土壤养分基础数据

示范县	全氮（g/kg）	有效磷（mg/kg）	速效钾（mg/kg）	微量元素情况	土壤肥力	施肥种类与施肥量	纤维产量（kg/亩）
临县	0.5867	1.67	6.3	缺 Zn 比较严重	下等	亩施尿素 5kg/亩，氯化钾 5kg/亩，人畜粪 500kg/亩	130
临县	0.65	3.25	39.3	缺 Zn 比较严重	下等	亩施尿素 5kg/亩，氯化钾 5kg/亩，人畜粪 1 000kg/亩	150
平遥	0.81	0.14	187.4	缺 Zn 比较严重	中等	亩施人畜土杂粪 2 000kg 或含 P 高的 N、P、K 三元复合肥 30kg	145
平遥	1.13	15.92	117.3	缺 Zn 比较严重	中等	亩施 N、P、K 三元复合肥 40kg	150
芮城	0.64	17.56	120.3		中等	亩施的 N、P、K 三元复合肥 30 ~ 35kg	160
芮城	0.93	18.3	113.5	Zn、Mn、Cu 比较缺乏	中等	亩施的 N、P、K 三元复合肥 40kg	155
陵川	1.38	21.3	181.3	缺 Mn、Fe、B 比较严重	中等偏上	亩施人畜土杂粪 2 000kg	120
陵川	1.73	26.3	220	缺 Mn、Fe、B 比较严重	肥力中等偏上	亩施人畜土杂粪 2 000kg	130
沁水	0.9	19.1	145.3	Zn、Mn、比较缺乏	肥力中等偏上	亩施人畜土杂粪 2 000kg	130
沁水	1.5	26	180	Zn、Mn、比较缺乏	肥力中等偏上	亩施人畜土杂粪 2 000kg	145

（二）基础数据调研

1. 本区域科技立项与成果产出

2012 山西省立项的火炬计划项目“年产 30 万米湿纺大麻布”，编号：2012061005 -2，资助经费 30 万元，项目承担单位：山西绿洲纺织有限责任公司，主持人：田华。

2013 山西省立项的科技创新计划项目“丝麻系列高档面料研发项目”，编号：2310103901，资助经费 20 万元/年，项目承担单位：山西吉利尔潞绸集团织造股份有限公司，主持人：王淑琴。

2010—2015 年国家麻类产业技术体系项目“汾阳大麻试验站”，编号：CARS -19 - S01，资助经费 50 万/年。项目承担单位：山西省农业科学院经济作物研究所，主持人：康红梅。

2. 本区域麻类种植与生产

山西省近年大麻种植面积 8 万 ~10 万亩，大部分是籽用，纤维用麻 2 000亩左右。多在吕梁、太行山区县种植，籽用麻投入成本很低，种子都是当地品种自己留用，施肥也很少，连投工算每亩投入成本不到两百元。每亩产麻籽150kg左右。刨去成本，每亩纯利润600~800元。大部分麻籽卖给榨油厂，少数自己榨油食用或卖给鸟食饲料厂。麻纤维每亩产量100~150kg，由山西绿洲纺织有限公司收购，每千克10~14元，少数在集市卖，每千克20~30元。但纤维用麻投入成本极高，都是人工沤制、人工剥麻。山区大麻很少有病虫害，偶尔有麻跳甲，用高效氯氰菊酯+阿维菌素+辛硫磷喷治。少数农民用剧毒农药3 911防治。

红麻种植面积5万亩左右，主要分布在永济、临猗、芮城各县的黄河滩上。由山西中鑫洋麻业有限公司采用“公司+基地+农户”的订单模式，亩产麻秆（连皮带秆）1 200kg左右。亩收入近两千元，种子、人工、机械等投入600元左右。

3. 本区域麻类加工与贸易

山西绿洲纺织有限责任公司是我国大麻纺织产品生产的龙头企业和国家纺织产品开发中心大麻纺织产品开发基地。公司有脱胶、梳理、纺纱、准备、织造、服饰5个生产车间，年产麻及混纺纱线5 000吨，坯布及面料1 000万米，服装、家纺150万件套。产品主要出口美国、欧盟、日本、韩国等国家和地区，我国香港也是主要出口地之一。

山西中鑫洋麻业有限公司，主要从事洋麻种植、加工、制造、销售和相关产品的技术研发、技术服务，在黄河滩涂地建立了占地5万余亩的洋麻种植基地，采用“公司+基地+农户”的订单模式，年产天然纤维卷材700万m^2，其他复合材料5 000t，炭粉3 000t，麻塑产品6 000t，麻粒籽新型材料20 000t，年可实现销售收入20亿元。

4. 基础数据库信息收集

（1）土壤养分数据库

汾阳大麻试验站5个示范县示范基地土样养分分析数据。

（2）麻类加工企业

调研本区域主要涉农麻类加工企业3家，收集企业信息汇录如表13－6所示。

表13－6　本区域麻类加工企业

编号	企业名称	所在地	规模	主要加工对象	主要产品
1	山西绿洲纺织有限责任公司	山西阳城县	公司占地面积15.49万m^2，现有职工2 300人。公司有脱胶、梳理、纺纱、准备、织造、服饰5个生产车间，年产麻及混纺纱线5 000t，坯布及面料1 000万m，服装、家纺150万件套	大麻纱、布；大麻棉、毛、丝、粘、涤、亚麻混纺纱、布	大麻系列装饰、床上用品、服装
2	山西中鑫洋麻业有限公司	山西运城市	公司占地1 000亩，注册资金1.2亿元人民币。总投资8.1亿元。年产天然纤维卷材700万m^2，其他复合材料5 000t，炭粉3 000t，麻塑产品6 000t，麻粒子新型材料20 000t，年可实现销售收入20亿元	红麻	麻塑产品、麻粒子新型材料、炭粉
3	山西田禾绿色食品公司	山西榆社县	现有员工106人，注册资本150万元，资产总额2 081万元	大麻籽	大麻油

（三）区域技术支撑

1. 技术培训与服务

2012 年培训岗位人员 6 人、农技人员 25 人、农民 254 人，共计 285 人次。2013 年培训岗位人员 5 人、农技人员 44 人、农民 108 人，共计 157 人。

2. 工业大麻高产栽培技术总结

（1）工业大麻旱作高产栽培技术

技术名称：工业大麻旱作高产栽培技术。

技术适用范围：山西产麻区。

技术拥有单位和主要技术人员：山西省农业科学院经济作物研究所；康红梅、赵铭森、孔佳茜、孟晓康、梁晓红。

技术主要内容：①适期早播：最佳播期在 4 月上中旬。②足施底肥：每亩施人畜土杂粪 2 ~ 2. 5t 或 N、P、K 三元复合肥 30 ~ 35kg。③合理密度：高水肥区为 3 万株/亩；中等水肥区每亩 2 万株/亩。④适时间苗、定苗、中耕除草：在苗高 5cm、1 ~ 2 对真叶时进行第一次间苗，在 3 ~ 4 对真叶时要及时定苗，结合间、定苗可进行 1 ~ 2 次中耕。⑤及时收获：采纤用的大麻在雄花开花末期一次性收获；油纤兼用的大麻适宜分期收获，第一次在雄花开花末期收获雄株，第二次在雌花花序中部种子成熟时收割雌株。

技术要点：适期早播、合理密度、及时收获。

（2）籽用工业大麻旱作高产栽培技术

技术名称：籽用工业大麻旱作高产栽培技术。

技术适用范围：山西吕梁、太行山等籽用大麻主产区。

技术拥有单位和主要技术人员：山西省农业科学院经济作物研究所；康红梅、赵铭森、孔佳茜、孟晓康、梁晓红。

技术主要内容：①适宜播期：在山西麻区产籽的适宜播期为 6 月上中旬。高海拔或无霜期较短地区可提前至 5 月中下旬。②合理密植：高水肥区为 8 000株/亩；中等水肥区为 7 000株/亩。一般行距为 0. 5m。③深耕整地、有条件的可施足基肥、耙平整墒，基肥每亩施人畜土杂粪 2 ~ 2. 5t 或含 P 高的 N、P、K 三元复合肥 30 ~ 35kg。④适时间苗、定苗、中耕除草：在苗高 5cm、1 ~ 2 对真叶时进行第一次间苗，在 3 ~ 4 对真叶时要及时定苗，结合间、定苗可进行 1 ~ 2 次中耕。⑤开花完成后及时去除雄株。⑥及时收获：在雌花花序中部种子成熟时及时收割雌株。防止鸟害。

技术要点：适期迟播、合理密度、及时去雄、及时收获。

（3）工业大麻夏播高产栽培技术

技术名称：工业大麻夏播高产栽培技术。

技术适用范围：山西临汾、运城。

技术拥有单位和主要技术人员：山西省农业科学院经济作物研究所；康红梅、赵铭森、孔佳茜、孟晓康、梁晓红。

技术主要内容：及时抢播（收小麦后及时整地、播种）选择品种云麻 1 号、合理密度（20 000 ~ 30 000株/亩）及时收获。

技术要点：及时抢播、选择品种。

3. 突发事件应对

2012 年，平遥示范县示范基地被淹，及时制订排水应急方案把损失降到最低。

三　六安大麻红麻试验站

（一）技术集成与示范

1. 工业大麻高产高效种植技术示范

2012—2013 年试验站在裕安区韩摆渡镇张湾村、众姓桥村、王桥村等安排了 50 亩的皖大麻 1 号高产高效种植技术核心示范展示试验（表 13－7）。试验于 2 月上、中旬（春节前后）播种，播种前每亩一次性施入含 N、P、K 各 15% 复合肥 40～45kg 作底肥，2 月底至 3 月上旬出苗，3 月下旬至 4 月初进行定苗，定苗密度为 4.0 万株/亩，4 月中下旬进入快速生长期前，每亩追施含 N 46% 的尿素和氯化钾各 10kg 作长秆肥，6 月底收获前清除一次小脚麻，7 月上旬在张湾村试验基地进行定点取样，每点取 3 个样，每个样取 $10m^2$，测试其农艺性状，并进行人工剥皮测产，生长期大约 130d。平均原皮产量达 196.84kg/亩，平均麻秆产量达 710.74kg/亩。可辐射带动周边各乡镇农户种植面积在 2 万亩以上。

表 13－7　“皖大麻 1 号”生长发育及产量表现

年份	播期（日/月）	出苗期（日/月）	定苗期（日/月）	收获期（日/月）	生长期（d）	麻皮产量（kg）	麻骨产量（kg）
2012	16/2	5/3	4/4	10/7	130	189.56	706.12
2013	8/2	20/2	21/3	28/6	128	204.13	715.36

2. 工业大麻山坡地高产种植试验示范

2012—2013 年试验站在裕安区独山镇黄荆滩村安排了 30 亩的皖大麻 1 号高产种植技术核心示范、展示试验。试验于 2 月下旬年后播种，3 月中旬出苗，4 月上旬定苗，留苗密度 4.0 万株/亩。播种前每亩一次性施入含 N、P、K 各 15% 复合肥 40～45kg 作底肥，在进入快速生长期前，每亩追施含 N 46% 的尿素和氯化钾各 10kg 作长秆肥，收获前清除小脚麻。试验于 7 月 10 日取 3 份 $10m^2$ 样测产，生长期 120d 左右，平均原皮产量为 169.8kg/亩，麻秆产量为 660.4kg/亩。

3. 工业大麻新品种筛选及展示

在裕安区张湾村进行夏播工业大麻新品种筛选试验，筛选出云麻 1 号、5 号 2 个大麻品种，5 月 28 日播种，9 月中下旬收获，生长期 110d 左右，亩产大麻原皮分别达到 116.74kg 和 120.16kg，经济效益超过一季玉米的产值，可在六安市麻区作为夏播接茬种植的新品种推广应用。

4. 工业大麻病害调查

2013 年 5 月中旬，六安地区发生暴雨，造成部分大麻倒伏，发生病害，试验站团队成员两次深入发病区进行病情调查和病样的采集，并将采集的样本分别寄送大麻育种、栽培岗位专家和病害岗位专家处，寻求帮助解决方法。经专家鉴定为大麻菌核病，试验站团队成员立即指导麻农进行田间拔除病株，然后喷施 500～600 倍多菌灵液 2～3 次，进行针对性防治病害措施。

5. 工业大麻免耕试验

2013 年试验站在张湾村试验基地安排了 2 亩地的大麻免耕试验（表 13－8），试验分精耕和免耕各 1 亩的 2 个试验区，前茬为上年红麻生产空闲地。试验每区设 3 次重复，每小区面积 $60m^2$，行条播，行距 35cm，定苗株距 8cm，约合每亩 4 万株。2013 年 3 月 15 日播种，25 日达到出苗期，4 月 12 日定苗，7 月 12 日第一次取样收获，生长期 110d。从第一次取样测产结果看，免耕试验区的大麻产量稍高于精耕区，而且还节省了1个用工，间接地增加麻农经济效益80～100元。

表13－8 大麻免耕试验结果比较表

	平均有效（株/亩）	株高（cm）	茎粗（cm）	鲜茎重（kg/亩）	干茎重（kg/亩）	干皮重（kg/亩）	鲜茎出麻率（%）	干茎出麻率（%）	定苗前用工
精耕	1.75万	376	1.266	2 409	687	165.6	6.87	19.42	15.5
免耕	1.82万	387	1.259	2 451	663	169.0	6.89	20.31	14.5

6. 工业大麻栽培多因子耦合试验

试验设16个处理，3次重复，48个试验小区。4个参试品种为：皖大麻1号、云麻1号、云麻5号、汾麻1号；密度分别为每亩2.5万株、4万株、6万株、8万株。试验于2012年2月20日播种，皖大麻1号和汾麻1号于7月10日取样测试农艺性状和原皮产量，生长期130d左右；云麻1号和5号于8月21日取样，测试农艺性状和原皮产量，生长期170d左右。各品种原麻皮产量数据分别为：云麻1号203.75～228.12kg，云麻5号184.67～216.0kg，皖大麻1号167.83～209.17kg，汾麻1号151.0～176.0kg。

（二）基础数据调研

1. 大麻品种资源圃资源繁殖

开展大麻品种资源及育种材料繁殖，试验地点在裕安区张湾村和三十铺试验基地，试验用地各2亩，共繁育引进优异大麻品种资源材料40余份，收获各资源材料的种子20余份。

2. 百户麻农大麻生产情况调查

试验站每年都进行了大麻生产及市场行情的调查，内容包括种植品种，面积，麻产品收入，价格和占家庭收入的比例等。调查表于每年5月上旬发出，6月中旬收回，两年在6个乡镇共发出和收回调查表285份。从调查中可以发现，六安市大麻种植面积2013年有所回升，种植面达到7万亩以上，下半年大麻原皮价格上升到16～18元/kg，比2011年同期翻了一番，麻秆价格也达到了历史最高价2.8～3.0元/kg，麻骨碳粉价格每吨超过12 000元。试验站团队成员每月都通过电话咨询方式，与各试验联系点负责人联系，及时了解大麻生产价格波动行情。

（三）区域技术支撑

为了提高六安市麻农种麻的经济效益和稳定麻区的种植面积，更好地服务于麻农，2012—2013年试验站团队成员多次到所属示范县区主产乡镇开展麻农高产高效种植技术的培训工作。两年中，试验站结合安徽省民生工程培训工作，分别在裕安区苏埠镇苏南村、南楼村、韩摆渡镇张湾村、王桥村、丁集镇光明村、大牛村、金安区木厂镇三十铺村、椿树镇椿树村、淠东乡淠东村等进行了麻类高产栽培技术、麻叶养鹅、麻秆屑生产食用菌及麻类新产品介绍的农民技术培训，累计培训麻农700人以上，为六安市的大麻生产提供了有力的技术支撑。2012年试验站与六安市大麻协会，联合解放军总后勤部军需装备研究所，在裕安区苏埠镇苏北村进行了工业大麻机械收获和机械剥皮展示试验，带领六安凯旋大麻股份有限公司老总到浙江萧山试验站学习麻地膜育秧技术和麻塑产品生产技术，为麻企业开拓新产品提供一些力所能及的帮助。

四　西双版纳大麻试验站

（一）技术集成与示范

1. 工业大麻高产高效种植试验示范

2012 年，在勐宋乡宝塘村和西定乡曼养坎村开展大麻高产高效示范种植 30 亩，采用条播（山地），行距 25cm。示范品种：云晚 6 号。底肥施肥量：复合肥 30kg/亩，钙镁磷肥 25kg/亩，钾肥 5kg/亩。追肥：3～4 对真叶期每亩追尿素 10kg，钾肥 5kg；大麻 50～60cm 第二次追尿素 10kg，即“两期追肥”。经过州级专家通过实地测产，示范点原麻平均亩产达到 183kg，超出计划任务 170kg 的 13kg。干秆芯 474kg、鲜嫩茎叶 464. 8kg。

2013 年，在勐宋乡宝塘村和西定乡曼燕坎村开展大麻高产高效示范种植 100 亩，采用条播（坡耕地），行距 40cm。示范品种：云麻 1 号。底肥施肥量：复合肥 30kg/亩，有机肥 200kg，钾肥 5kg/亩。追肥：3～4 对真叶期每亩追尿素 10kg，钾肥 5kg。经过州级专家通过实地测产，示范点原麻平均亩产达到 200. 65kg，干秆芯 574kg、嫩茎叶 252. 3kg。

2. 工业大麻副产品利用技术示范

与傣乡雨林食用菌专业合作社合作开展大麻骨屑食用菌种植试验。把麻骨粉碎处理后，接种菌种，通过管理，长出菌子，大麻骨屑试种食用菌取得初步成功。

与河南省绿洁有限公司开展合作，在勐宋乡利用大麻麻骨进行碳粉的烧制。烧制 1t 碳粉需麻骨 3. 6t，麻骨 800 元/t，烧制 1t 碳粉成本约 3 500元，碳粉每吨售价 6 000多元，净利润 2 500元，经济效益可观。

3. 大麻育种与制种技术示范

以云麻 1 号为主，开展良种繁育技术试验示范。在永德县德党镇开展麻类作物育种与制种技术研究试验示范 5 亩。试验品种：云麻 1 号。种植规格：80cm×40cm。采用“两期追肥”技术，由于受干旱的影响，大麻生长缓慢，株高低，预计产量 50kg 左右。石屏县预计麻籽亩产量可达 100kg 以上。

在石屏县、永德县开展 300 亩的大麻新品种（包括云麻 1 号、云麻 5 号、勐麻 6 号）的繁育试验示范，株行距以 1. 2m×0. 6m，保持有效株在 1 000株（雌）左右。当年雨水较多，出苗整齐，在长势较好的情况下，麻籽平均单产达到 90kg，最高单产达到 110. 3kg。

4. 大麻病虫草害防控技术示范

协助岗位专家在石屏县哨冲镇开展大麻麻田示范 5 亩。试验品种：云麻 1 号。种植技术主要采用起垄穴播，在大麻种植前对整片地进行百草枯喷洒或乙草胺芽前除草，株行距以 1. 2m×0. 6m，保持有效株在 1 000株（雌）左右，麻秆根部茎粗可达 10 多 cm，提高植株的生物产量。

在石屏县开展 5 亩的汉麻新品种的展示，种植技术主要采用起垄穴播，在汉麻种植前对整片地进行百草枯喷洒或乙草胺芽前除草保持有效株在 2 000株左右。当年雨水较多，出苗整齐，在长势较好的情况下，原麻单产达到 157. 4kg。

5. 大麻轻简化栽培技术试验示范

在石林县雨胜村开展大麻轻简化栽培试验示范 10 亩，试验品种：云麻 1 号，采用条播（20cm）、“两期追肥”技术。大麻长势较好，原麻亩产达 150kg。

2013 年在石林县开展 500 亩面积的大麻轻简化栽培技术研究与示范，按照当年的生长情况，原麻亩产可达 160kg。

6. 工业大麻产量潜力和超高产试验示范

试验设置了播种量和施肥量两个处理的不同水平组合，对工业大麻产量潜力进行了研究（表13－9）。肥料作底肥一次性施完，播种完毕后随即每亩用50%乙草胺乳油135～150g对水30kg，土表喷雾除草（土壤覆盖处理）。）第三对真叶期第一次间苗，第五对真叶期按密度要求定苗。在苗高50cm时进行中耕、除草，最后一次中耕结合培土，在苗高100cm时完成。

表13－9　各处理用种量及肥料组合安排

小区（处理号）	播种量A（克/小区）	施肥量B（复合肥克＋尿素克）/小区）
1（A1B1）	27	600＋60
2（A1B2）	27	900＋90
3（A1B3）	27	1 200＋120
4（A2B1）	45	600＋60
5（A2B2）	45	900＋90
6（A2B3）	45	1 200＋120
7（A3B1）	63	600＋60
8（A3B2）	63	900＋90
9（A3B3）	63	1 200＋120

产量最高为处理9（亩施复合肥80kg＋尿素8kg，折每小区复合肥1 200g＋尿素120g，种植密度70株/m^2，每亩播种量4.2kg，每小区播种63g），亩产118.7kg。其次为处理6（亩施复合肥60kg＋尿素6kg，折每小区复合肥900g＋尿素90g，种植密度70株/m^2，每亩播种量4.2kg，每小区播种63g），亩产113.1kg。处理8（亩施复合肥80kg＋尿素8kg，折每小区复合肥1 200g＋尿素120g，种植密度50株/m^2，每亩播种量3.0kg，每小区播种45g），亩产108.1kg。最低为处理2（亩施复合肥40kg＋尿素4kg，折每小区复合肥600g＋尿素60g，种植密度50株/m^2，每亩播种量3.0kg，每小区播种45g），亩产71.2kg）。最高产量与最低相差47.5kg，产量存在明显差异（表13－10）。

表13－10　各小区产量调查表　（单位：kg）

项目	1	2	3	4	5	6	7	8	9
鲜麻叶	6.67	4.93	6.6	7.6	9.82	7.93	7.23	8.53	12.73
鲜麻骨	15.67	14.5	15.2	15.4	26.46	21.93	18.76	21.46	24.6
鲜麻皮	7.1	6.86	6.86	7.06	11.13	7.26	8.4	9.63	10.9
干麻骨	6.6	6.3	6.5	4.9	4.9	6.2	8.0	6.1	6.0
干麻皮	1.46	1.26	1.3	1.56	1.9	2.0	1.73	1.93	2.1
折合亩产	82.5	71.2	73.5	88.2	107.4	113.1	97.8	108.1	118.7
干麻皮排名	7	9	8	6	4	2	5	3	1

处理9（有效株3.4万株）产量最高，施肥量和用种量最高，亩产达118.7kg。其次为处理6（有效株3.5万株），亩产113.1kg，说明随着用种量和施肥量的增加，原麻产量也随之提高。相比之下，产量最低为处理2，亩产71.2kg，施肥量最少，产量差距明显（与处理9相比相差47.5kg）。试验说明，随着用种量和施肥量的增加，密度增加，有效茎多，原麻产量也随之提高。

7. 工业大麻种植密度筛选

试验种植密度分别设计为9个水平：2万、2.5万、3.0万、3.5万、4.0万、4.5万、5.0万、5.5万、6.0万株/亩，试验设3次重复，27个处理（表13－11）。统一种植水平、管理水平，行距为30cm，根据试验密度调节株距，试验面积为每个小区11.8m^2（5.25m×2.25m，包沟）。

底肥：复合肥、磷肥、钾肥结合播种时作基肥一次性使用。间苗期间，按照去两头，留中间及发布均匀的原则拔除过高和过矮的麻苗，第一次在2～3对真叶期，第二次在4～5对真叶期。

表13－11　不同种植密度小区产量调查表　（单位：kg）

项目	1	2	3	4	5	6	7	8	9
鲜麻叶	8.67	7.6	9.93	6.83	6.26	7.66	8.56	8.63	7.9
鲜麻骨	22.33	27.93	27.93	24.2	21.26	25.2	24	24.16	24.66
鲜麻皮	9.86	11.96	12.03	10.5	9.13	10.46	10.16	10.8	10.73
干麻骨	6	7.4	7	4.8	6.1	6.6	5	8.7	6.3
干麻皮	1.7	2.06	2.2	2.1	1.93	2.5	2.46	2.4	2.3
折合亩产	96.1	116.4	124.4	118.7	109.1	141.3	139.1	135.7	130

试验结果分析：产量最高为处理6（141.3kg），其次为处理7（139.1kg），处理8（135.7kg），最低为处理1（96.1kg），最高产量与最低相差45.2kg，产量存在明显差异。

从以上试验结果说明：处理6产量最高，种植密度为4.5万株/亩，亩产达141.3kg，随着用种量的增加，产量也随之提高，如处理7（种植密度为4.5万株/亩）、处理8（种植密度为4.5万株/亩）、处理9（种植密度为4.5万株/亩），亩产分别达139.1、135.7、130kg，与用种量较少的处理1（亩产96.1kg）相比，产量分别高出45.2、43、39.6、33.9kg，产量差距明显。试验说明，随着有效株的增加，密度增加，有效茎多，原麻产量也随之提高。

8. 工业大麻杂草防控技术示范

芽前除草试验：采用随机区组排列，设3次重复，小区面积10m^2。大麻播种前5～7d施用，均匀喷雾于土壤，对水40L/亩。施药后20d、30d、40d共3次调查杂草株数；每小区随机取1m^{2}调查。施药后40d进行杂草鲜重调查。

试验结果表明，芽前除草试验防效最理想为处理8（40%丁草胺EC 200g），40d后仍对杂草有防控作用（防效29.3%），但用药量太大（表13－12）。处理3（24%乙氧氟草醚EC 40g）从开始到调查结束，对杂草的防控一直有效，用药量较少，防效好，经济实惠。处理4（24%乙氧氟草醚EC 60g）在处理3的基础上增加了用药量的基础上，防效一般。其余处理在用药量较少和较多的情况下，防效不理想。

表13－12　工业大麻杂草防控技术药效调查表

处理		药后20d		药后30d		药后40d		药后40d	
		株数	防效(%)	株数	防效(%)	株数	防效(%)	鲜重(g)	防效(%)
1. 24%乙氧氟草醚EC	20	115	－50.2	131	2.6	109	－32.7	223	12.6
2. 24%乙氧氟草醚EC	30	109	－52.8	132	2.7	133	－17.9	230	16.1
3. 24%乙氧氟草醚EC	40	49	－78.7	54	－48.1	66	－59.2	179	－0.1
4. 24%乙氧氟草醚EC	0	63	－72.7	78	－25.0	84	－48.1	168	－15.1
5. 40%丁草胺EC	50	237	2.6	254	144.2	195	20.3	334	68.7
6. 40%丁草胺EC	100	113	－51.1	113	0.1	87	46.3	209	5.5

（续表）

处理		药后 20d		药后 30d		药后 40d		药后 40 天	
		株数	防效(%)	株数	防效(%)	株数	防效(%)	鲜重(g)	防效(%)
7. 40% 丁草胺 EC	150	99	-57.1	81	-22.1	93	-42.6	222	12.1
8. 40% 丁草胺 EC	200	73	-68.4	73	-29.8	88	-45.6	140	-29.3
9. 对照药剂：20% 乙草胺 WP	50	83	-64.1	95	-0.1	104	-35.8	173	-12.6
10. 人工除草	—	154	-33.3	48	-53.8	33	-79.6	57	-71.2
11. 空白对照	—	231		104		162		198	

9. 工业大麻免耕技术示范

结合除草剂和人工除草进行工业大麻免耕种植试验，以精耕地种植为对照，记录各项投入，以麻皮产量为指标，分析工业大麻免耕种植的可行性和经济效益。

试验设计：小区面积 10～15m^2（包括走道，走道宽 50cm）。施肥量：基肥，每亩用高氮、低磷、高钾复合肥 50kg + 尿素 7kg，在整地时播种前一次性均匀施下；旺长中期追肥，每亩尿素 5kg。播种量为每亩 4kg，条播，行距 20～40cm。苗期进行中耕、除草和间、定苗作业，定苗密度 50 株/m^2。

试验结果以干麻皮折合亩产量进行比较（图 13－1）。

勐海点——间比法：耕地平均亩产 99.6kg，免耕平均亩产 96.6kg，耕地比免耕亩产高 3kg。对比法：免耕地平均亩产 100.2kg，耕平均亩产 99.1kg，耕地比免耕亩产高 4.6kg。

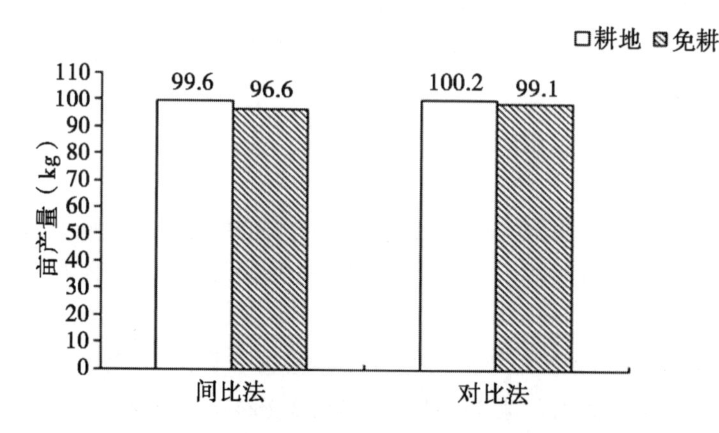

图 13－1　大麻免耕试验干麻皮平均亩产比较（勐海点）

试验说明：耕地与免耕相比较，在相同施肥量、统一管理的情况下，除亩有效株偏少外，在株高、茎粗都优于免耕。而干麻骨产量无论间比法还是对比法免耕都多于耕地，相反干麻皮产量则是耕地优于免耕，但产量差距不大。

勐宋点干麻皮折合亩产量比较如下。

间比法：耕地平均亩产 124.3kg，免耕平均亩产 118.6kg，平均亩产量耕地比免耕高出 5.7kg。对比法：耕地平均亩产 150.6kg，免耕平均亩产 90.4kg，耕地比免耕亩产高 60.2kg。

试验说明：耕地与免耕相比较，在相同施肥量、统一管理的情况下，间比法每小区耕地与免耕干麻皮亩产量 0.1kg，对比法为 1.0kg。折合亩产相比，间比法耕地比免耕高 5.7kg，对比法两者之间干麻皮亩产量相差 60.2kg，耕地与免耕产量存在显著差异（图 13－2）。

勐宋点耕地比免耕产量高的原因分析如下。

间比法：耕地平均有效茎、茎粗与免耕相差不大（表 13－13），但小区平均收获鲜麻皮 8.3kg，免

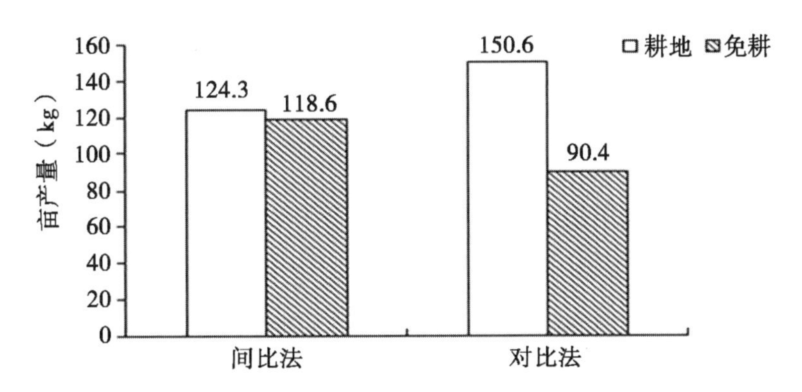

图 13－2　大麻免耕试验干麻皮平均亩产比较（勐宋点）

耕为 7. 3kg，相差 1kg，同时小区干麻皮平均产量也较耕地高 1kg。

表 13－13　耕地与免耕差异比较（小区平均）

处理		株高（cm）	茎粗	有效茎（株）	鲜麻皮（kg）	干麻皮（kg）
间比法	耕地	274. 1	1. 02	21 238	8. 3	2. 1
	免耕	278. 1	1. 03	21 215	7. 3	1. 1
对比法	耕地	266. 5	0. 97	21 894	26. 8	8
	免耕	282. 1	0. 91	22 497	16. 6	4. 8

对比法：小区耕地收获鲜麻皮 26. 8kg，免耕为 16. 6kg，相差 10. 2kg；干麻皮产量相差 3. 2kg。

从以上两个方面可以看出，每小区无论从鲜麻皮还是干麻皮的收获，耕地都要比免耕高，折合每亩产量时当然也会高。

10. 工业大麻施肥技术示范

试验采用“3414”设计，随机区组设计，3 次重复，14 个处理，42 个小区，每小区 10m^2（表 13－14）。亩用种量 2. 0kg，试验磷、钾肥作底肥结合播种一次性施用，氮肥以施肥总的 30% 做底肥，70% 作追肥再快速生长期（5～6 对真叶期）一次性施用。

表 13－14　各小区施肥量搭配

列号处理	尿素（g/10m^2）	钙镁磷肥（g/10m^2）	氧化钾（g/10m^2）
1N0P0K0	0	0	0
2N0P2K2	0	449	74
3N1P2K2	150	449	74
4N2P0K2	300	0	74
5N2P1K2	300	224	74
6N2P2K2	300	449	74
7N2P3K2	300	674	74
8N2P2K0	300	449	0
9N2P2K1	300	449	37
10N2P2K3	300	449	111
11N3P2K2	450	449	74
12N1P1K2	150	224	74
13N1P2K1	150	449	37
14N2P1K1	300	224	37

试验结果：试验搭配最佳效果为尿素300g/小区，钙镁磷肥449g/小区，钾肥74g/小区，即每亩用尿素20kg、钙镁磷肥30kg、钾肥5kg。

11. 工业大麻杂草防控试验

芽前除草试验：采用随机区组排列，设3次重复，小区面积10m^2。大麻播种前5～7d施用，均匀喷雾于土壤，对水40L/亩。施药后20d、30d、40d共3次调查杂草株数；每小区随机取1m^{2}调查。施药后40d进行杂草鲜重调查（表13－5）。

表13－15 药效调查表

处理（ml/亩）		药后20d		药后30d		药后40d		药后40d	
		株数	防效(%)	株数	防效(%)	株数	防效(%)	鲜重(g)	防效(%)
24%乙氧氟草醚EC	10	276	54.23	888	29.07	273	73.60	387	40.28
24%乙氧氟草醚EC	15	204	66.17	675	46.09	252	75.63	279	56.94
24%乙氧氟草醚EC	20	183	69.65	639	48.96	237	77.08	191	70.60
24%乙氧氟草醚EC	30	180	70.15	483	61.42	165	84.04	95	85.42
25%噁草酮EC	50	360	40.30	897	28.38	387	62.57	315	51.39
25%噁草酮EC	90	234	61.19	852	31.95	249	75.92	149	77.08
25%噁草酮EC	130	261	56.77	663	47.07	243	76.50	128	80.32
25%噁草酮EC	180	159	73.63	429	65.73	138	86.65	71	89.12
40%丁草胺WP	150（g）	141	76.62	894	28.59	213	79.40	92	85.88
人工除草		0.00	0	100.00	0	100.00	0	100.00	0
空白对照		603.00	603		1 252		1 034		648

结果分析：施药后40d防效最好为25%噁草酮，每亩用药量180ml，防治效果达89.12%；其次为40%丁草胺，每亩用药量150ml，防治效果达85.88%。

茎叶处理试验：采用随机区组排列，设3次重复，小区面积10m^2。杂草1～4叶期、基本出齐时施药，均匀喷雾，对水40L/亩，试验结果见表13－16。

表13－16 药效调查表

处理（ml/亩）		药后20d		药后30d		药后40d		药后40d	
		株数	防效(%)	株数	防效(%)	株数	防效(%)	鲜重(g)	防效(%)
240g/L甲咪唑烟酸AS	8	861	－24.55	573	－2.87	573	－13.92	381.0	8.85
240g/L甲咪唑烟酸AS	16	597	13.60	598	－7.36	381	24.25	357.0	14.59
240g/L甲咪唑烟酸AS	24	531	23.15	438	21.36	303	39.76	309.0	26.08
240g/L甲咪唑烟酸AS	32	369	46.60	363	34.83	294	41.55	241.5	42.22
24%乙氧氟草醚EC	10	832	－20.45	648	－16.34	531	－5.57	374.7	10.37
24%乙氧氟草醚EC	15	696	－0.72	531	4.73	417	17.10	321.8	23.01
24%乙氧氟草醚EC	20	617	10.66	456	18.19	387	23.06	233.3	44.18
24%乙氧氟草醚EC	30	488	29.33	353	36.68	297	40.95	133.5	68.06
75%二氯吡啶酸SGX	2	771	－11.58	597	－7.18	417	17.10	217.5	47.97
75%二氯吡啶酸SGX	4	669	3.23	567	－1.80	393	21.87	186.0	55.50
75%二氯吡啶酸SGX	6	545	21.13	378	32.14	348	30.82	187.5	55.14
75%二氯吡啶酸SGX	8	431	37.63	348	37.52	255	49.30	137.5	67.11
对照：15%乙羧氟草醚EC	18	282	59.19	438	21.36	330	34.39	195.0	53.35
人工除草		15	97.88	28	94.91	60	88.01	324.0	22.49
空白对照		691		557		503		418.0	

结果分析：施药后40d，防效最好为24%乙氧氟草醚，每亩用量30ml，防治效果为68.06%；其次为75%二氯吡啶酸，每亩用药量8ml，防治效果为67.11%。

两个试验结果分析：4月初，进行了大麻田除草剂的芽前土壤处理和茎叶处理，根据调查结果，芽前除草剂对大麻出苗、生长有一定的影响，而茎叶处理的除草剂对大麻生长安全；由于大麻生长期对除草剂十分敏感，实验设计的最高药剂剂量即为推荐剂量，导致除草效果不理想。

12. 工业大麻田复种技术示范

大麻收获的结束，为了充分利用麻后地块闲置的情况，提高土地利用率，增加农民收入。在勐海县西定乡开展150亩面积的麻后玉米地膜覆盖种植示范，玉米长势良好，有望获得较好产量。勐宋乡蚌岗村开展50亩面积的麻后种植板蓝根示范，苗期长势较好。

麻后一年三熟的开展，在西双版纳州农业科学研究所基地开展大麻试验结束后，根据本地农业生产的特点和市场需求，开展麻后鲜食玉米的示范种植，现在已收获。甜脆鲜玉米亩产500kg，产值1 500元；甜糯鲜玉米亩产516kg，产值1 548元。玉米收获结束后，准备种植番茄。

在勐海县曼真基地开展30亩面积的麻—魔芋套种，大麻和魔芋长势较好，大麻收获后种植玉米，既提高了土地利用率，又增加了经济收入，实现综合效益的提高。

（二）基础数据调研

1. 本区域科技立项与成果产出

2012年成功选育出高产、晚熟、光钝、强力号的勐麻6号和勐麻10号，并在勐海县大面积推广应用，填补了高海拔山区需生长时间长、收获晚的大麻品种问题。

2013年，工业大麻坡耕地高产高效种植技术研究与推广项目获西双版纳州科技进步“二等奖”，项目承担单位：西双版纳州农业科学研究所，主持人：孙涛。

示范区平均亩产达183kg，较常规种植（亩产120kg）增加63kg，增幅50%，亩产值2 196元。带动种植工业大麻6.9969万亩，总产量5 597.52t，总产值67 170.24万元，经济效益显著，为西双版纳州大麻产业的发展起到技术支撑作用，并发表论文5篇。

2. 本区域麻类种植与生产

2012—2013年本区域内共种植大麻3.21万亩，由于市场收购价格偏低、劳动力转移、劳动强度大、比较效益低等问题的存在，勐海县大麻种植面积逐步缩减，由2012年的1.26万亩缩减到2013年的0.7677万亩，直接减少0.5万亩。

本着节本、增效、轻简化栽培的目的，种植主要采用优质良种示范、条播、配方施肥、病虫害统防统治、大麻繁种高垄种植技术、宽行种植等高产高效种植技术，收获时结合机械剥离，有效提高收获效率。勐海县2012—2013年共收获原麻1 216.62t，产值1 459.944万元。

本区域加工企业有3家，分别为：云南麻纤科技发展有限公司、云南汉麻新材料科技有限公司、石屏绿源麻业有限责任公司，总资产4.011亿元。

3. 本区域麻类加工与贸易

2013年对云南汉麻新材料科技有限公司进行了调查，在职员工180人，总资产3亿元，年产值5 000万元，全年加工大麻纤维1 000t，加工用去原麻2 500t。

云南麻纤科技发展有限公司每年生产麻袜93 000双，床上用品130套，面料17 700m，其他产品98 690件。

石屏绿源麻业有限责任公司根据顾客的需要，每年生产火麻油300kg，火麻仁500kg，其他产品还很多。

4. 基础数据库信息收集

（1）土壤养分数据库

在本区域内勐海、石屏、石林等5个示范县采集土壤样品30余份，分析速效N、P、K、有机质等养分数据（表13－17）。

表13－17　西双版纳大麻产区土壤养分数据

采集地点	土壤类型	质地	pH值	有机质（%）	全氮（g/kg）	碱解氮（mg/kg）	全磷（g/kg）	有效磷（mg/kg）	全钾（g/kg）	缓效钾（mg/kg）	速效钾（mg/kg）
石林县长湖镇雨剩村	酸性红壤土	重壤	5.7	22.9		83		25			132
石林县长湖镇蓑衣山	酸性红壤土	轻壤	5.2	32.2		182		34			141
勐海县西定乡巴达村	红壤土	黏壤	5.35	28.4	1.03	116	1.11	26.4	10.8	106	194
勐海县勐宋乡蚌龙村	红壤土	黏壤	4.85	27.2	0.87	99	0.37	2.2	5	243	37
石屏县宝秀镇白洒坟村	酸性红壤土	沙壤	5.2	23.6		136		26.5			41
石屏县哨冲镇龙黑村	酸性红壤土	重壤	5.6	22.7		84		256			133
禄劝县九龙镇	红壤土	沙壤	5.7	27	1.3	105	0.7	17	18	400	120
禄劝县九龙镇	红壤土	沙壤	6	35	1.8	130	1.1	40	20	500	150
永德县德党镇明朗村	红壤土	中壤	6.01	71.41	1.11	308.49		28.37		90.9	109.25
永德县德党镇明朗村	红壤土	中壤	5.22	20.91	1.39	185.89		11.61		122.26	70.4

（2）麻类加工企业

调研本区域主要涉麻加工企业3家，收集企业信息汇录如表13－18。

表13－18　西双版纳大麻产区主要麻类加工企业信息

企业名称	所在地	规模	主要加工对象	主要产品
云南汉麻新材料科技有限公司	勐海县	员工180人，总资产3亿元，年产值5 000万元	大麻	混纺纱
石屏绿源麻业有限责任公司	石屏县	员工12人，总资产100万元，年产值1 000万元	大麻	火麻油、火麻仁、麻豆腐
云南麻纤科技发展有限公司	昆明市	员工20人，总资产911万元，年产值1 000万元	大麻	麻袜、床上用品、面料等

（三）区域技术支撑

1. 技术培训与服务

通过体系平台、参加体系研讨观摩会等活动以及与相关岗位专家和试验站密切联系，及时掌握采用信息和产业发展动态。将最新育成的大麻品种和成熟的种植技术根据各示范县的实际情况开展试验示范，指导本区域产业生产，为本区域产业的发展起到技术支撑作用。2012—2013年开展科技培训42

期，培训岗位人员 111 人次，农技人员 304 人次，农民 2 061人次。通过培训，提高了受训人员的打麻机械技术操作和试验示范规范化工作能力。

（1）工业大麻新品种的展示

在 2012 年成功选育出勐麻 6 号、勐麻 10 号的基础上，2013 年在勐海县开展云麻 5 号、勐麻 6 号、勐麻 10 号 15 亩的示范展示；实际开展完成云麻 5 号、勐麻 6 号、勐麻 10 号 60 亩面积的示范展示。通过对示范点进行实地测产：西定点原麻平均亩产 218. 3kg，干秆芯 732kg，嫩茎叶 303kg；勐宋点平均亩产 183kg，干秆芯 416kg，嫩茎叶 201. 6kg。高产、优质、光钝、晚熟大麻新品育成和展示，为大麻产业继续健康发展提供了良种储备。

（2）工业大麻高产、高效种植技术

在勐宋乡宝塘村和西定乡曼燕坎村开展大麻高产高效示范种植 100 亩，采用条播（坡耕地），行距 40cm。示范品种：云麻 1 号。底肥施肥量：复合肥 30kg/亩，有机肥 200kg/亩，钾肥 5kg/亩。追肥：3～4 对真叶期每亩追尿素 10kg，钾肥 5kg，结合病虫害的统防统治，保证了大麻的良好生长。经过州级专家通过实地测产，示范点原麻平均亩产达到 200. 65kg，干秆芯 574kg、嫩茎叶 252. 3kg。大麻高产、高效种植技术的形成，标志着大麻种植已经更上一个台阶，对未来大麻产业链的延长具有决定性的作用。

（3）工业大麻配方施肥技术

为确定大麻达到高产的最佳施肥量，试验采用“3414”设计，随机区组设计，3 次重复，14 个处理，42 个小区，每小区 $10m^2$。亩用种量 2. 0kg，试验磷、钾肥作底肥结合播种一次性施用，氮肥以施肥总的 30% 做底肥，70% 作追肥再快速生长期（5～6 对真叶期）一次性施用。试验结果为每亩用尿素 20kg/亩，复合肥 30kg，钾肥 5kg/亩，亩产量最高为 168. 1kg。通过使用示范，最终确定使用大面积推广、获得高产的最佳施肥量，为大麻实现高效稳产打下坚实基础。

（4）工业大麻繁制种技术

在不断通过调整种植行距、施肥和高垄栽培试验的基础上，在石屏县、永德县开展 300 亩的大麻新品种（包括云麻 1 号、云麻 5 号、勐麻 6 号）的繁育试验示范，株行距以 1. 2m×0. 6m，保持有效株在 1 000株（雌）左右，麻籽平均单产达到 90kg，最高单产达到 110. 3kg，试验示范效果较好。随着大麻繁制种技术的成熟，对进一步加快产业的发展，稳定种植面积提供种质资源和种子供应保证。

（5）工业大麻轻简化栽培技术

通过免耕、简化施肥、化学除草和一次性间定苗相结合，减少劳动力投入（预期减少耕地费用、减少 1 次施肥和 1 次间苗以及人工除草用工），在石林县开展 500 亩面积的大麻轻简化栽培技术研究与示范，原麻亩产达 160kg。大麻轻简化栽培技术的总结，体现节本、增效、简约化栽培，实现农民增收，农业增长，是今后大麻种植的主要栽培措施。

（6）大麻鲜茎皮秆分离设备研制与应用技术

与中国人民解放军总后勤部军用大麻材料研究中心、云南昆华贸易总公司等单位合作，研发出安全性好、加工效率高的反拉式 6BMF－28A1 鲜茎皮秆分离机械，通过应用推广成为目前纤维型大麻种植区域的主要收获机型，填补了大麻在山区收获最适宜机型的空白。“系列化大麻鲜茎皮秆分离设备研制与应用”项目荣获 2011 年度云南省技术发明“一等奖”，为解决工业大麻产业中皮秆分离效率低的瓶颈问题发挥了重要作用。

2. 突发事件应对

在日常工作中，监测本产业生产和市场的变化，及时向首席科学家上报情况，对发生突发事件和农业灾害事件，及时制订分区域的应急预案与技术指导方案，上报首席科学家办公室及本区域的大麻生产区。组织开展应急性技术指导和培训工作，完成农业部各相关司局及首席科学家临时交办的任务。

第十四章　剑　麻

一　南宁剑麻试验站

（一）技术集成与示范

1. 剑麻高产高效种植技术集成与示范

（1）剑麻高产高效种植技术集成

①剑麻不同栽培模式试验。剑麻不同栽培模式种植试验设立了株行距 2.8m×0.8m、3.1m×0.8m、3.4m×0.8m、2.8m×1.0m、3.1m×1.0m、3.4m×1.0m、2.8m×1.2m、3.1m×1.2m、3.4m×1.2m 共9个处理，3个重复，管理施肥水平与农场相同。该试验已进行了两年多，2013年已达到开割标准，进行了首轮割叶并进行了测产（表14-1）。由于试验时间尚短，处理间差异不显著，因此，最佳种植模式还有待继续试验观察。

表14-1　不同株行距栽培模式试验鲜叶片产量　（kg/亩）

项目	处理1	处理2	处理3	处理4	处理5	处理6	处理7	处理8	处理9
产量	7 330	8 250	8 330	8 250	9 250	8 830	7 950	8 130	8 200

②剑麻健康种苗标准化育苗。南宁剑麻试验站依托山圩农场农业部良种繁育基地，推行剑麻标准化育苗。在山圩农场2队建立了密植苗圃5亩，按照株行距10cm×10cm规格进行密植育苗，育苗数196 000株。同时，布置了剑麻覆膜与裸地育苗对比试验，为剑麻育苗模式采集有效的数据；在山圩农场4队建立了疏植苗圃10亩，按照50cm×50cm规格进行疏植培育，育苗16 800株。标准化育苗，节约了土地约20%，提高了麻苗质量，从源头上抑制了剑麻病虫害的发生。

③新光农场剑麻高产高效种植试验。在新光农场进行剑麻高产高效种植试验，试验按照不同施肥组合，设1个对照，9个处理，4次重复，试验面积50亩，旨在探索剑麻最佳施肥配比。2012年对试验地进行了长叶量测定，2013年进行了首轮割叶并进行了测产，详见表14-2。从测定结果看，处理6、处理8均达到差异显著水平，有待继续优化试验设计。

表14-2　新光农场高产栽培试验年平均长叶量与产量　（kg/亩）

项目	对照（CK）	处理1	处理2	处理3	处理4	处理5	处理6	处理7	处理8	处理9
平均长叶量（2012年）	67.5	62.6	62.4	66.2	56.0	64.6	60.1	64.0	61.4	64.8

（续表）

	CK	处理 1	处理 2	处理 3	处理 4	处理 5	处理 6	处理 7	处理 8	处理 9
平均产量（2013 年）	5 834	6 073	5 636	5 614	5 956	5 042	5 881	5 411	5 760	5 522

④剑麻麻渣饲料化运用研究。2013 年，分别对小机和大机加工的新鲜麻渣及腐熟麻渣进行了营养成分分析（表 14－3），同时进行了新鲜麻渣的青贮及麻渣饲料化的初步试验。

表 14－3　机械加工剑麻鲜麻渣营养成分分析

序号	检测项目	小机加工检验结果	大机加工检验结果
1	无氮浸出物	6.84%	9.07%
2	水分	86.4%	82.9%
3	粗蛋白	1.38%	1.33%
4	粗脂肪	0.26%	0.38%
5	粗纤维	3.04%	4.20%
6	粗灰分	2.08%	2.12%
7	钙	1.10%	1.19%
8	总磷	110 mg/kg	128 mg/kg
9	氨基酸总量	0.98%	1.03%

检测结果表明，剑麻麻渣粗蛋白、粗纤维以及氨基酸总量均接近或超过饲料标准，经过青贮，添加动物必需的营养元素，可以作为山羊饲养的补充饲料。

⑤与其他岗位合作完成项目。在山圩农场与剑麻栽培岗位专家团队一起开展了“3414”肥效试验、剑麻麻园土壤养分丰缺状况研究、高产麻园高产机理研究和剑麻氮肥高产高效管理技术研究等相关试验，试验数据已由剑麻栽培岗位专家进行分析处理。

（2）剑麻高产高效种植技术示范

为顺利完成该项任务，南宁剑麻试验站在 5 个示范县分别布置了 5 个高产高效试验示范基地，其中，山圩农场 30 亩，其他 4 个示范县各 15 亩，两年产量情况如表 14－4。

表 14－4　各示范县试验示范基地 2012 年度产量对比一览表

示范县	年份	全县单产纤维（kg/亩）	示范地对照单产纤维（kg/亩）	示范地单产纤维（kg/亩）	备注
扶绥	2012	427.0	519.8	525.4	2006 年定植
	2013	426.0	519.0	525.3	
灵山	2012	189.4	405.5	409.5	2006 年定植
	2013	280.0	401.2	410.2	
浦北	2012	282.0	292.3	297.0	2008 年定植
	2013	295.3	296.9	355.0	
武鸣	2012	351.0	432.0	454.5	2004 年定植
	2013	480.0	567.3	679.9	
陆川	2012	108.9	175.0	179.5	2009 年定植
	2013	320.0	321.0	350.0	

2. 剑麻固土保水关键技术示范

（1）固土保水专用剑麻的筛选

在云南元谋热区初步筛选了 H. 11648、番麻、广西 76416 等 3 个固土保水专用剑麻品种进行定植、重复验证。目前该 3 个品种剑麻生长良好，还在进行下一步试验。

（2）剑麻固土保水效益研究

2012 年，应用水土保持的常规方法，在不同坡度（10°、15°、20°）的地块，营建 2m × 10m 径流池，水平沟和鱼鳞坑方式种植，以裸地为对照，选取长势正常一致的 H. 11648 剑麻苗、番麻苗和广西 76416 苗（称取重量）进行试验，试验面积 10 亩。

定期测量各小区的径流量、土壤径流、截面径流，结合试验区气象站的降水量、蒸发量计算土壤侵蚀模数和降水利用率；同时观测株高（cm）、剑麻新增叶片数（片/株）叶片和根系的生物量（kg/株）。至 2013 年底采集数据 600 多个，完成数据整理分析，研究结果如图 14 - 1。

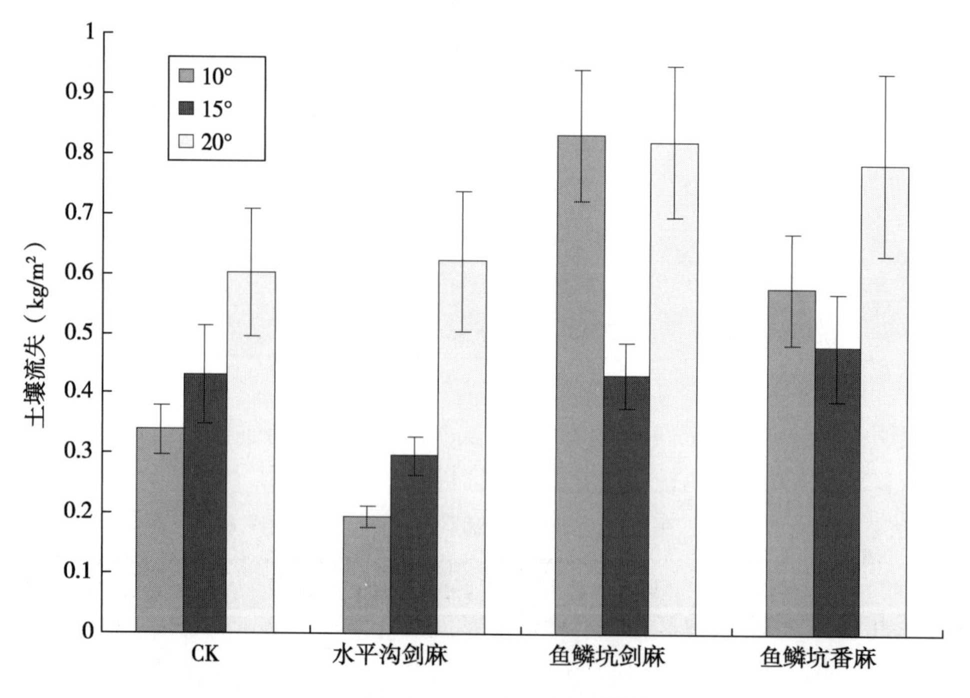

图 14 - 1　不同处理下径流场土壤流失量（kg/m^2）

监测结果显示：未处理的径流场中 10°坡和 15°坡中以水平沟方式种植剑麻能够显著减少土壤的流失量，分别减少了 42. 6% 和 31. 3%，但对水土流失总体作用较小，20°坡无显著影响，表明剑麻的水土保持效益在 20°坡以上较小。鱼鳞坑方式种植的剑麻和番麻对土壤流失的治理效果较小，可能与种植中植株分散有关，进而很难截留土壤的流失。

3. 剑麻抗逆机理与土壤修复技术示范

（1）水分胁迫对剑麻生长发育的影响

取 H. 11648 大苗（生长一年半）、中苗（生长一年）和小苗（生长半年），称取重量，进行盆栽试验。每处理水平 12 次重复。一次灌水充足后，盆内土壤含水量通过自然蒸发，每隔 30d 测定一次，共计测定 12 次。试验期间，每隔 30d 不同处理取 1 次样，每个处理取 3 盆；测定叶片相对含水量、叶绿素含量、游离脯氨酸含量、超氧化物歧化酶（SOD）、过氧化物酶（POD）、丙二醛（MDA）等各种酶活性。部分结果如下：

同一品种不同大小的剑麻苗在水分胁迫下要比对照的叶片含水量低，叶片含水量都有先降低后升高的趋势；同一品种不同大小的剑麻苗在水分胁迫下，无论是叶绿素 a、叶绿素 b、类胡萝卜素，都要比 CK 的含量高；叶片脯氨酸含量大苗与中、小苗的变化规律不同；叶片丙二醛含量干旱下有升高趋势；叶片 POD 活性随着时间的推移有升高趋势，但是水分胁迫下升高更显著；叶片 SOD 活性变化趋势相似。

（2）不同品种剑麻耐旱性筛选

实验组和对照组均选取生长一年半且长势正常一致的 H. 11648 剑麻、肯尼亚 K2 和广西 76416 植株（大苗）进行盆栽实验。待剑麻苗成活后，每盆灌水至土壤饱和含水量，盆内土壤含水量通过自然蒸发，直至麻苗干枯；共 3 个处理，每处理水平 12 次重复。两个实验组的种苗都放置在阳光充足，且无天然降水的环境中进行控制实验，以发现其抗旱规律。实验组每周浇水一次，保证其不受水分胁迫；对照组每 30d 浇水一次。胁迫期间，晴朗天将盆栽苗置于露天接受自然光照，阴雨天置于简易棚中。

试验发现 H. 11648、肯尼亚 K2 和广西 76416 剑麻品种均具有较强抗旱能力。2013 年在云南元谋县建立了剑麻抗旱栽培试验区，面积 15 亩，初步形成了剑麻抗旱栽培调控技术。

（二）基础数据调研

1. 本区域科技立项与成果产出

2013 年广西自然科学基金项目：剑麻叶绿体全基因组测序及其分子系统进化分析，主持人：金刚，项目编号：2013jjBA30201，项目资金 5. 5 万元。

该研究以普通剑麻为供试材料，采用 Roche 454 高通量测序平台技术对其叶绿体基因组进行测序，以期获得其 cpDNA 全序列并对其中所包含的基因进行了注释。同时，拟通过与其他高等植物叶绿体基因组的比较，揭示其分子系统进化的地位，为研究剑麻的生长发育、培育抗病等优良品种、采用安全无基因污染的叶绿体基因工程生产剑麻皂素以实现其药用资源的可持续利用奠定基础。

2. 本区域麻类种植与生产

2013 年，本区域剑麻种植面积 36. 7 万亩，占全国总面积的 77. 39%。2013 年，全国剑麻总产量为 10. 99 万 t，其中，广西 7. 06 万 t，占全国总产的 64. 24%。剑麻单产广西农垦为 385. 47kg，位居全国第二。中国剑麻制品总产量为 8. 4 万 t 左右，由于剑麻纤维供应达不到生产需求，2011 年中国从巴西进口 1. 9 万 t 纤维，从非洲进口 2 万 t 纤维。在纤维使用上，除纸浆使用 5 000t 之外，其他的 7. 9 万 t 用于剑麻制品生产，其中：广西产量 2. 76 万 t，广东产量 1. 05 万 t，海南产量 0. 3 万 t，顺德产量 2 万 t（以地毯为主），江苏和浙江产量 1. 75 万 t，湖南、河南等产量 0. 1 万 t。广西剑麻集团剑麻制品产品 1. 2 万 t，占全国产量约 14%，占广西产量 43%，按单个企业的剑麻产品计算，广西剑麻集团产量为全国最大。

3. 本区域麻类加工与贸易

2013 年，调研了广西剑麻集团等区域内的剑麻企业。其中广西剑麻集团是国内剑麻产业的龙头企业之一，拥有固定资产 2. 69 亿元，是国内最大的剑麻制品加工、销售综合企业。主要产品有剑麻布、剑麻纱、剑麻绳等传统产品以及高支纱、高密度布、钢丝绳芯等高附加值产品，已开发和生产各种规格产品达 300 多种。该集团产能 2. 5 万 t，年销售制品 1 万多 t，销售收入 15 000万多元。同时，该公司加快了“走出去”战略，依托中国—东盟商务平台，与缅甸娃达公司合作开发剑麻替代种植项目“十二五”末项目将完成大田种植 15 000亩，可提供原料 4 000多 t。在剑麻综合开发方面，有广西南剑生物科技有限公司以优质地产剑麻为优势资源综合开发剑麻制品以及利用废弃的剑麻渣（液），采用现代生物工程技术与先进的生产工艺设备研发、生产、销售食（药）品用级果胶产品激素类医药中间体及其下游制品多元化的外向企业，占地 3 万多 m^2，建筑面积 6 020m^2。

2012 年，我国出口剑麻纤维 184t，出口金额 266 580美元。进口 32 133t，进口金额 37 516 698元。我国主要出口剑麻纤维制品，2008—2012 年，年出口制品 6 000 ~ 6 800t。据海关统计，2013 年，我国进口西沙尔麻等纺织龙舌兰类纤维及其短纤和废麻3.32万t、进口金额4 047.02万美元，同比分别增长3.41%和7.86%，其中，从巴西进口1.45万t、从坦桑尼亚进口0.82万t、从肯尼亚进口0.59万t、从马达加斯加进口0.40万t。2013年，我国出口剑麻类纤维及其短纤和废麻147.66t，出口金额23.16万美元，同比下降19.8%和13.1%，其中，出口利比亚79.8t，出口伊拉克25t、出口沙特阿拉伯22.5t。而我国出口剑麻纤维制品达6 000t，剑麻地毯近1 000万 m^2。

4. 基础数据库信息收集

（1）土壤养分数据库

在本区域内武鸣、扶绥、灵山、陆川、浦北等示范县示范基地采集土壤样品30余份，分析速效N、P、K、有机质等养分数据（表14－5至表14－9）。

表14－5　武鸣县剑麻产区土壤养分数据

采样编号	采样地点	土种	pH值	有机质（g/kg）	全氮（%）	有效磷（mg/kg）	速效钾（mg/kg）
1	江元分场	铁砾赤红壤	6.10	2.300	0.135	12.300	125.507
2	青潭分场	红泥土	5.77	2.204	0.119	9.300	215.120
3	龙潭分场	黄泥田	5.70	0.758	0.041	0.200	28.693
4	夏黄分场	中性紫沙土	4.86	1.553	0.098	3.000	46.492
5	敢川分场	红泥土	4.54	2.763	0.149	2.500	64.519
6	岜孟分场	红泥土	5.34	2.327	0.125	0.900	42.916
7	弄盆分场	红壤	6.65	4.208	0.227	5.800	86.817
8	那龙分场	红泥土	6.37	3.114	0.152	2.500	55.385
9	剑江分场	红泥土	4.94	3.503	0.156	13.600	179.000
10	忠党分场	红泥土	5.08	2.085	0.085	4.300	74.462
11	陆翰分场	红泥土	4.21	1.827	0.068	1.000	34.172

表14－6　扶绥县剑麻产区土壤养分数据

采样编号	采样地点	土种	pH值	有机质（g/kg）	全氮（%）	有效磷（mg/kg）	速效钾（mg/kg）
1	岜美分场	铁子土	6.23	2.801	0.128	4.586	94.006
2	渠荡分场	红泥土	7.40	3.069	0.132	21.502	157.968
3	博爱分场	红泥土	6.63	1.556	0.122	13.759	132.301
4	苏圩分场	红泥土	6.40	2.853	0.133	32.850	93.254

表14－7　灵山县剑麻产区土壤养分数据

采样编号	采样地点	土种	pH值	有机质（g/kg）	全氮（%）	有效磷（mg/kg）	速效钾（mg/kg）
1	十一队	红泥土	4.66	2.998	0.063	35.405	61.312
2	十二队	铁子土	5.33	2.121	0.133	39.304	98.771
3	十三队	红壤	4.98	2.344	0.143	31.312	132.233
4	十四队	红壤	4.33	1.98	0.156	38.77	136.52

表 14－8　陆川县剑麻产区土壤养分数据

采样编号	采样地点	土种	pH 值	有机质（g/kg）	全氮（%）	有效磷（mg/kg）	速效钾（mg/kg）
1	四队	红壤	4.77	1.709	0.12	17.331	59.576
2	六队	铁子土	4.97	2.123	0.15	23.103	77.221
3	九队	红泥土	5.48	2.335	0.23	27.321	118.221
4	十队	红泥土	4.35	2.908	0.16	21.335	112.201
5	十一队	铁子土	4.11	1.302	0.13	19.287	117.334

表 14－9　浦北县剑麻产区土壤养分数据

采样编号	采样地点	土种	pH 值	有机质（g/kg）	全氮（%）	有效磷（mg/kg）	速效钾（mg/kg）
1	平阳村	5.2	10.35	0.43	93.7	74.5	62.1
2	十字铺队	4.7	20.36	1.06	3.2	30.8	25.7
3	平阳江队	5.5	17.18	0.89	24.1	48.8	40.7
4	马屋垌队	5.5	27.99	1.72	17.0	93.9	78.2
5	新田子队	4.6	25.66	1.36	7.1	49.4	41.2
6	沙田队	4.6	14.47	0.62	2.1	41.3	34.4
7	官塘队	4.6	36.69	2	36.7	149.2	124.3
8	劳基塘队	4.2	17.29	0.81	3.4	61.7	51.4
9	红峰队	4.8	27.45	1.27	12.7	30.9	25.7
10	竹子唐队	4.8	21.83	1.3	7.5	26.6	22.2
11	符冲队	7.3	29.83	1.53	17.0	173.0	144.2
12	长岭队	4.5	31.38	1.43	5.6	37.0	30.8

（2）麻类加工企业

调研本区域主要涉农麻类加工企业 3 家，收集企业信息汇录如表 14－10 所示。

表 14－10　广西剑麻产区主要麻类加工企业信息

编号	企业名称	所在地	规模	主要加工对象	主要产品
1	广西剑麻集团	南宁市市	员工 380 人，总资产 26 900 万元，年产值 15 000万元	剑麻	抛光轮、地毯、钢丝绳芯、工艺品
2	广西武鸣县西部剑麻有限公司	武鸣县	员工 140 人，总资产 1 000万元，年产值大于 500 万元	剑麻	剑麻纤维、皂素、剑麻机械
3	广西南剑生物科技有限公司	沅江市黄茅洲镇	员工 100 人，注册资本 2 600 万，年产值过千万元	剑麻	剑麻果胶、剑麻皂素、剑麻单烯、剑麻纤维、生物有机肥、蘑菇等

（三）区域技术支撑

1. 技术培训与服务

2012—2013 年培训岗位人员 15 人次，农技人员 45 人次，剑麻种植户 116 人次，共计培训 176 人次。通过培训，提高了受训人员的剑麻高产栽培与病虫害防控技术，增强了市场风险意识。

（1）剑麻标准化种植技术

对各示范县的农技人员及种植大户进行剑麻标准化育苗，成年麻的标准化管护、收割等各个环节的标准化管理，发放技术资料 100 多份。对农技人员和麻农就剑麻病虫害识别、防控等方面进行了实地指导。

（2）剑麻病虫害识别与防控技术

针对近年来广东剑麻产区新菠萝灰粉蚧危害较为严重的情况，未雨绸缪，邀请中国热带农业科学院的虫害防控专家对示范县骨干、种植户进行新菠萝灰粉蚧进行识别以及防控等方面的培训，为本区对新菠萝灰粉蚧严防死守提供较好的技术支撑。

（3）测土配方施肥和叶片营养诊断施肥技术

结合农垦系统的“沃土工程”，深入本区剑麻主产区，指导麻农根据土壤及叶片营养成分情况，制定剑麻肥料专用配方，科学施肥。

2. 突发事件应对

（1）2012—2013 年，本站不间断监测国内外剑麻产业生产及市场的变化情况，到 2013 年底，剑麻鲜叶片收购价已升至 350 元/t，大机加工烘干纤维也在稳步攀升，年底前已达到 10 500元/t，整个产业正朝向良性发展。

（2）2013 年台风“海燕”是罕见的秋冬季台风，该台风来势凶猛，并带来了强降水，博白、浦北、陆川、灵山等剑麻主产区正面受到强台风的袭击，台风来前，本试验站对相关剑麻产区进行了预警，台风离去后，及时组织人员到受灾农场指导排水、做好剑麻病虫防治等工作。

（3）2013 年 10 月份，本站有关专家会同剑麻栽培岗位专家团队、湛江剑麻试验站团队的有关专家到山圩农场进行剑麻病虫害及土壤气象调查，发现部分岗位有紫色卷叶病发生，本站随之向农场反馈，并同农场生产部门的相关技术人员一起制定应对措施，通过调整收割期，挖除严重病株、病株麻片分开处理等措施，防止该病的传播与蔓延，收到较好的效果，最低限度减少了损失。

二 湛江剑麻试验站

（一）技术集成与示范

1. 剑麻高产高效种植与多用途关键技术示范

（1）高产高效种植示范

在本试验站及金星农场、青坎农场继续完善剑麻高产高效种植示范片。

营养诊断配方施肥：对土壤及植株营养普查结果进行统计分析，发现养分极不平衡，尤其 Mg、Cu、Mo 等中微量元素严重不足而不利产量、抗性、质量及效益的提高，为便于机械化施用便进一步与广东省丰收糖业集团公司复肥厂合作，生产 120t 生物有机无机复混肥（简称剑麻专用肥），种植基肥型为：有机质主材料为麻渣 30%，滤泥、鸡粪、鱼粉等 70%，有机质由上年的≥25% 提高到 45%，并配有生物功能菌，无机肥含量为 N 1%、P_2O_5 5%、K_2O 11%，总有效成分≥17%；追肥型为有机质配比不变，仅无机肥含量改为 N 4%、P_2O_5 5%、K_2O 9%，总有效成分≥17%。亩施该肥 300kg。

应用标准化生产技术，并通过机械撒施石灰、机械施肥覆土、机械撒（喷）药防虫等集成技术，综合防治病虫害方面突出应用推广，其中对防治斑马纹病、茎腐病、粉蚧的药剂分别为甲霜灵类药剂、多·硫悬浮剂、亩旺特（主要成分为螺虫乙酯，该药是低毒环保、内吸传导药剂，有效期长达 2 个多月）＋助剂（快润）等，有效解决了发展剑麻的瓶颈问题，尤其是由粉蚧虫作为传播媒介引起的剑麻紫色卷叶病得到有效控制，确保剑麻高产优质高效。

此外，机械化耕作提升了剑麻标准化生产的质量，并提高生产效率，尤其是机械喷药防虫可避免人工中毒，且亩节支劳务费 80 元以上。

（2）麻渣多用途试验示范

2012 年 1 月份研制出麻渣、滤泥堆沤肥技术，并于 3～10 月开展了剑麻育苗、种植基肥及田管追肥试验示范，共示范应用该肥 300 多 t，该技术提高了肥效及便于机械施用；7 月成功利用麻渣制造沼气，生产的沼气可供职工烧水、煮饭、炒菜等日常生活使用，生产沼气产生的肥水及肥渣进行回田，实现了资源循环利用，以上两项技术解决了麻渣直接回田会增加病虫害的问题，减少病原传播。

此外，2013 年 4 月与海南大学畜牧学院合作开发麻渣、蔗叶、柱花草、菠萝皮等进行单青或混配青贮试验，青贮效果理想，将检测其养分含量，待结果出来后便可进行喂牛试验。

2. 剑麻固土保水关键技术示范

在葵潭农场、东升农场实施剑麻固土（防冲刷）示范点的施肥（剑麻专用肥）、防病虫及田管工作。东升农场示范田还实施了小行喷施猪粪水，亩产叶片高达 12t，比对照增产 140%，示范田紫色卷叶病为 4.5%，而对照发病率高达 40%。初步总结出一套中陡旱坡地种植剑麻固土（防冲刷）技术。

3. 剑麻育种与制种技术示范

进一步接种和试种鉴定部分紫色卷叶病老病区，接种试验表明非抗性苗发病率高达 60% 以上，严重的发病率达 100%，而抗性苗发病率 5% 以下，在大田试验示范均不发病，即具有抗性。

2012 年 3～4 月、11 月，通过母株钻心促进腋芽繁育方法，共育抗性苗 19.65 万株；此外，还培育健康种苗（组培苗）20.2 万株，合计育健康、抗性种苗 39.85 万株。并在东方红农场 8 队、10 队、16 队等 7 个生产队及东方剑麻集团示范推广 65.35 万株，2012 年累计示范推广 500 多亩（即育健康、抗性种苗 105.2 万株）。2013 年于东方红、火炬、金星农场繁育及培育示范推广该抗性苗 130 多万株，其中大田已种植 1000 亩，有效控制了紫色卷叶病蔓延为害。

成功研究出健康种苗培育及抗性种苗繁育的配套技术，如组培苗袋苗培育＋微喷，抗性苗滴灌＋盖地膜，此外，以上麻苗还均采用配方施肥、综合防治病虫害等标准化生产配套技术，使麻苗提早半年出圃，组培苗袋苗培育还提高土地利用率，比常规提高 5 倍，每株节省成本 0.6 元以上，组培苗袋苗带根带土种植可提早半年投产，且该苗确保源头上不带病源；抗性苗效果更突出，它抗紫色卷叶病，从而为发展剑麻奠定了良好基础。

4. 剑麻病虫草害防控技术示范

在试验站及示范县的金星农场、五一农场、东方红农场继续布置剑麻斑马纹病、茎腐病、紫色卷叶病和粉蚧虫监测点各 9 个，并建立了综合防治示范田 60 亩。向示范县共发报预警及防御措施 15 次，其中斑马纹病预警及防御措施 5 次，剑麻茎腐病预警及防御措施 4 次，剑麻粉蚧预警及防御措施 6 次。

大面积应用推广 10% 甲霜灵类药防治斑马纹病、40% 多·硫悬浮剂防治茎腐病、24% 亩旺特（螺虫乙酯）＋快润（助剂）防治剑麻粉蚧，获得显著效果，防治效果达 95% 以上。此外，控氮增钾可提高抗虫能力；通过对 5 个示范县的营养普查，进一步验证了剑麻植株 Cu、Mo 等营养元素较缺乏时，紫色卷叶病为害严重。

5. 剑麻轻简化栽培技术研究与示范

完善了麻园小行施肥覆土技术。在试验站及青坎农场实施改常规大行中耕开沟施肥为麻园小行施肥，3 年进行小行培土一次，并配套营养诊断平衡施肥技术、机械化撒施石灰及喷（撒）药防治病虫害，集成轻简化模式栽培技术。应用该技术每亩节省成本达 100 元以上。

（二）基础数据调研

（1）剑麻种质资源基础数据库

协助剑麻育种岗位专家在本站开展剑麻品种比较试验，参试品种共 9 个。此外，配合剑麻栽培岗位、麻类病害防控岗位开展了一系列的栽培、病虫害防控等试验示范工作，并取得了显著成效。

（2）其他相关数据库工作

开展了广东麻区土质、地力、病虫害、种植面积、叶片产量、栽培技术等信息及部分农场纤维含量的调研；开展了本站及示范县和部分农场土壤及叶片样品采集共 380 多个。

（三）区域技术支撑

2012 年共开展培训 9 次，分别对麻渣滤泥有机肥堆沤技术、健康种苗（组培苗）袋苗培育及抗性苗繁育配套集成技术、专用配方肥施用技术、剑麻病虫害安全高效防控技术、剑麻叶片纤维含量测定方法及其他剑麻生产技术进行了培训。2013 年共开展培训 4 次，分别举办了“国家麻类产业技术体系 2013 年度剑麻农技推广骨干人员培训班”、阳光工程培训班和剑麻主要病虫害防治技术培训及观摩会等活动。两年共培训人员 1 600余人，其中，受培训岗位人员 150 人次，受培训农技人员 490 人，受培训农民 960 人。

对剑麻主要病虫害进行监测及发布预警，并提供防御措施。成功大面积示范应用推广亩旺特 + 快润（助剂）防治剑麻粉蚧及甲霜灵类药剂防治剑麻斑马纹病，起到极显著效果，发挥了示范引领作用。此外，通过预警使防治效果显著提高，防治成本大幅度下降，使损失控制在最低水平。

第四篇

咨询与建议

2013 年度麻类产业发展趋势与建议

一 2012 年麻类产业特点、问题

（一）产业特点

1. 麻类生产与贸易仍未走出低谷

2012 年麻类作物种植面积和产量继续呈下行趋势，而单产则有一定程度的提高。2012 年 1 ~ 8 月中国麻纺织全行业工业总产值为 269.8 亿元，比 2011 年同比增长 13.45%，其中，主营业务收入 258.1 亿元，同比增长 13.76%。2012 年 1 ~ 9 月麻类纤维、纺织及制品累计进口金额为 4.61 亿美元，比 2011 年同比下降 23.84%，出口金额 8.30 亿美元，比 2011 年同比下降 11.28%。2012 年麻类产业发展环境复杂，在全球需求萎缩形成的下行压力下，我国麻纺行业和企业经营困难加重，未来工业品出口增长还存在着较大的难度。

2. 麻类作物副产物利用出现新的发展拐点

苎麻、亚麻、红麻、黄麻、工业大麻和剑麻在多用途技术方面均进行了深入尝试。尤其在苎麻副产物饲料化与食用菌基质化高效利用方面有所突破。通过青贮、制粒等方式，将苎麻麻骨、麻叶不经分离，直接转化为优质蛋白饲料与食用菌基质，资源利用率从 20% 增加到 80% 以上，提高了 3 倍，实现了苎麻生物质资源的高效利用。通过拉伸膜包裹技术以及揉碎复配颗粒料技术的研发，提高了青贮和颗粒饲料的营养价值，青贮和苎麻嫩茎叶蛋白等关键营养指标分别达到 13% 和 20%。通过将苎麻副产物青贮料替代棉籽壳作为食用菌的栽培基质，解决了原料防霉变及贮藏问题，显著降低了原料成本。

3. 麻类新用途促进了与粮食、畜牧、食用菌等产业的结合

麻纤维育秧基布在机插水稻育秧上成功应用，在盘根紧密便于机械实施、可避免雨天影响插秧、降低漏插率等方面表现出显著的优势。利用苎麻副产物饲料化技术加工的苎麻青贮饲料喂养奶牛、肉牛，在保持生产性能稳定的条件下，可替代 30% 的精饲料，每天降低饲料成本 6 ~ 7 元/头；其栽培的杏鲍菇生物学效率可提高 13 个百分点，且蛋白质含量提高，总糖与脂肪含量降低。多用途技术的研发促进了麻类产业与粮食、畜牧和食用菌产业紧密结合起来。

4. 麻类产业现代化生产和管理模式逐步引入

以机械化种植和机械化收获为基础，降低劳动生产成本，按照现代化管理方法，为麻类种植服务，解决麻产品生产过程中出现的能耗大、成本高、效益低、污染重等问题，同时建立种植、生产、加工相结合的生产模式，从松散型向行业紧密型发展。生态环保的生物加工技术不断优化，运用现代化的生物科学技术，发展绿色纤维产业，以解决我国天然纤维对国外依赖的问题。

（二）产业问题

1. 种植业与加工业分离，种植效益空间不断受到挤压

当前，麻类产业种植业和加工业处于分离状态，各级政府没有制定、出台相关工业反哺农业的优惠扶持政策。企业在利益最大化的驱动和国际市场形势不容乐观的情况下，采取了压低原麻收购价格以维持效益的方式，进一步加剧了工农业的不协调。原麻收购价格逐年走低，种麻效益下降，种麻收入无保障，种植面积逐年减少，最终导致了麻农弃麻毁麻、企业无麻可纺的恶性循环，严重影响了麻类产业的健康稳定发展。

2. 技术成果转化慢，科研与生产脱节问题仍然严重

麻类是我国传统的特色纤维作物，一直沿用手工方式收获，机械化作业程度低，生产成本过高。在加工过程中，仍沿用烧碱煮炼、水沤洗等传统脱胶方法，水量消耗过大、环境污染严重、麻纤维制成品率低，资源消耗大，效益不高。技术研发工作主要由科研单位完成，尤其是国家麻类产业技术体系的建立，储备了一批高效的技术。但是企业迫于当前低迷的产业形势和缺失的扶持政策，引进、消化新理念、新技术的能力不断下降，科研与生产脱节的问题依然严重。

3. 产品创新缓慢，国内消费群体尚未培养起来

当前麻纤维纺织产品市场由于相关扶持政策的缺失，加上推广和宣传力度不够，国内消费群体还没有培养起来。国内市场对麻产品的认识还局限在“风格粗犷”等传统特点中，与偏好于精细化纺织的消费习惯大相径庭。国际市场的低迷导致企业资金流通不畅，产品创新缓慢，国内消费群体的培养还需要假以时日。在麻类作物多用途中，以副产物饲料化和食用菌基质化为代表产品研发与应用，受限于长期以来处于低迷状态的产业形势，生产规模目前还没有完全恢复，麻类多用途技术潜在的规模效益尚未凸显。

二 2013 年麻类产业发展趋势分析

（一）麻类多用途技术与应用趋向产业化示范

近年来，麻类多用途开发利用不断加深，目前，麻类在用作饲料、水土保持作物、食用菌培养基质、生物能源、制浆造纸、麻碳、环保型麻地膜、麻塑材料、菜用和药用等方面的应用推广逐步向产业化方向发展。尤其是麻类作物副产物饲料化与食用菌基质化技术上的突破，为麻类作物的种植效益提升、草食动物养殖与食用菌栽培成本的降低等方面提供了有力的技术支撑。2013 年麻类作物多用途方面，将进一步加深副产物饲料化等方面的产业化应用与示范。

（二）麻类生产方式向生态与种植园模式发展

将生产方式向种植园模式转变，是解决农业与工业脱节问题的有效手段。通过麻类产业链的运筹布局，应用无污染脱胶技术等，将原料生产环节延伸到初加工环节，消除原料由企业单方定价、挤压农户利益的弊端，形成农业与工业合理分工的格局；或通过企业建麻园和原料基地，保障稳定的原料供给，以原料生产和加工结合的方式，解决农业与工业脱节的问题。

（三）麻类纺织加工技术转向多样化与精细化

纺织加工一直是麻类的主要利用方式。近年来，麻类纺织加工技术不断发展，尤其是在生物加工处理、微波技术在纺织品染整加工中的应用、加工机械改良方面的研究逐步加深，纺织加工技术呈现

多样化、精细化的趋势。

三 2013 年麻类产业发展建议

（一）加大麻类多用途产业化示范与应用推广

麻类作物副产物饲料化和食用菌培养基质化、可降解麻地膜等生产与应用技术上已经成熟，但是，由于人们对于这些用途的不了解，导致麻类新用途的产业化应用和推广步履维艰。因此，为进一步促进麻类多用途产业的发展，需要不断加大对麻类新用途产业化应用的推广。我国麻类种植面积大，副产物多，通过收获、加工、运输技术的整合和新饲料生产与菌类栽培等成果的应用，发展潜力大，建议大规模推广应用，探索产业化模式。

（二）优化麻类生产布局，推进种植园式生产

一是要加大麻类作物种植的政策扶持力度。消除由于补贴造成麻类种植比较效益下降、植麻积极性下降等因素，稳定麻类种植面积。二是重视非耕地的利用。推进苎麻向山坡地、亚麻向冬闲地、黄/红麻向盐碱地发展的战略，提高土地利用率。三是要按照不同地区的区位优势，布局以供给纺织、饲料、食用菌原料等不同目的的种植园。充分考虑该区域麻类多用途产业化应用的适宜性及前景，努力建设麻类种植、研发和多用途产业化应用相协调的麻类产业带。

（三）促进无污染脱胶技术研发和成果转化

加工环节中的技术落后是制约我国麻类产业发展的重要因素，要结合实际情况提升技术，特别注意加强麻类无污染脱胶技术等的推广和应用，以企业自主创新和国家政策扶持双头并进的方式加强技术研发，不断增强麻类产业的竞争力。

（四）加大麻类科技创新和多产品的技术研发

亚麻不仅可以供给纤维，还可以在亚麻油等优质食用油、保健品的生产上有所作为。大麻纤维、大麻籽也有类似的作用。黄/红麻纤维当前受化纤等产品的替代影响，亟须寻找大宗用途。加大麻类作物产品研发的支持力度，一方面通过健全对麻类多用途产业化应用的宏观调控体系，稳步推进麻类多用途产业的发展，另一方面在产品研发方面，给予资金和政策上的支持，加快产品创新，有利于麻类产业的振兴。

2014 年度麻类产业发展趋势与政策建议

一 2013 年麻类产业特点与问题

（一）产业特点

1. 苎麻单产有所突破但原料生产仍处低谷

依托国家麻类产业技术体系重点任务研发的麻类作物高产高效种植技术取得阶段性成果，其中，苎麻在湖北、江西、湖南等地的高产示范田亩产均达到了 300kg 原麻和 1 500kg 副产物的水平，黄麻、红麻亩产也在部分区域分别达到 500kg 和 600kg 生皮的水平，较常规种植均提高了 15% 以上。但是，由于机械化、种植效益等问题未得到解决，2013 年麻类种植面积仍呈现下降趋势，麻农积极性受挫，科学家产量和麻农产量差距进一步拉大。

2. 麻类作物多用途技术开始产业化应用

以苎麻饲料化与多用途技术、麻育秧膜机插水稻育秧技术为代表的麻类作物副产物利用技术取得突破，初步进入产业化应用阶段。其中，基于湖南省设立的重点项目，在全省依托多家农业龙头企业建立试验示范基地，对苎麻饲料化与多用途技术进行产业化推广应用。麻育秧膜机插水稻育秧技术在湖南、湖北、浙江、黑龙江 4 省进行了生产示范。

3. 麻纺加工出现明显复苏和增长

2013 年麻类产业在加工环节出现了较明显的复苏和增长，特别是麻纺织行业进出口金额增长速度较快，企业开工率较高，库存下降。据海关数据，2013 年 1 ~ 9 月，全国麻纺织行业进出口累计总额 15. 62 亿美元，同比增长 20. 99% ，其中，累计进口总额 5. 30 亿美元，累计出口总额 10. 31 亿美元。可见随着国内外市场需求的增长，我国麻类种植与加工行业在 2013 年均获得了较好的发展。

4. 产业结构得到优化

麻业产品结构、市场结构、产业区域布局和企业结构得到优化。麻纺织产业链向下游产品延伸；麻纺织工业由资源产区向纺织集聚的地区发展；麻制品和服装的比重增大；麻制品国内市场逐步拓展；麻纺企业资本结构多元化，民营企业稳步发展，国有企业改革加快。

5. 麻类作物生态功能逐步凸显

国家麻类产业技术体系构建了适于重金属污染严重地区的麻类作物高产栽培技术体系和黄麻—亚麻复种制度，选择湖南省为试点，制订了分区种植规划与具体实施方案，并积极配合地方政府组织实施。麻类作物的生态功能得到了社会各界的广泛关注与认同。

（二）产业问题

1. 麻类作物多用途技术产业化应用尚在起步阶段

一方面，黄/红麻、剑麻、工业大麻的高效、大宗、新型产品的研发还没有取得突破性进展，应用领域比较狭窄。另一方面，苎麻多用途等相关技术成果属新生事物，在宣传力度不够、苎麻种植萎缩等因素的影响下，其产业化应用仍处于小规模示范阶段，对推进整个产业现代化进程的效果还没有体现出来。

2. 纺织原料产业缺乏规划，结构性问题突出

近年来，我国纺织品出口数量不断增加，对纺织原料的要求也越来越严格。但天然纤维与化纤相比，在功能性开发上远远落后，而国家对各种类型纤维也缺乏结构性的调整与规划，导致天然纤维整体产量有所下降。鉴于能源和资源的可持续性，如何协调天然纤维与化纤、天然纤维之间等各纺织原料产业的发展，以保持一个合理的结构将是我国纺织行业面临的一个新问题。

3. 麻类多用途缺乏多产业联合的机制

加强麻类副产物资源化利用是促进麻类产业发展的一个关键任务。随着麻类多用途研究的深入，麻类副产物资源化利用技术不断成熟，如何将这些多用途产业化推广和利用将是接下来麻类产业的重要课题。由于麻类的多用途往往与其他产业相关联，这就要求相关产业能够在研发、生产、销售等方面对麻类多用途产业进行支撑，逐步形成以麻类多用途为核心的多产业联合机制，但目前还没有相关政策。

二 2014 年麻类产业发展趋势分析

1. 麻类作物多用途开发与产业化应用进一步熟化

麻类作物产业技术的研发重点向高产高效种植与多用途开发进一步延伸。在原料生产环节，麻类作物单产将取得更大面积的显著提高，并在生物质原料供给方面取得显著进展；在加工方面，以复合材料为代表的黄麻、红麻等作物的多用途产品研发将加深；在成果转化方面，麻类作物副产物饲料化、食用菌基质化、可降解麻地膜等成熟技术成果的产业化应用进一步深化。

2. 麻类纤维纺织设备与技术更新加快

得益于麻纺国际市场的复苏与较好的前景，麻纺企业的资金等实力有所增长，设备与技术更新的积极性有所提高。为尽快解决脱胶污染治理成本高、麻纺产品档次偏低、纺织设备陈旧等问题，2014 年相关技术应用与设备更新的速度将加快。通过新型麻纺织工艺和纤维加工技术装备项目的研制，走产学研联合的道路，促进麻纺织行业设备升级换代。在技术研发方面，将重点转向满足国内市场需求，努力扩大内需，对内销、出口结构加以调整，降低企业对国际市场的依存度，实现企业的可持续发展。

3. 出现现代麻业

随着现代科技的推进，麻类产业也进入了新的现代化阶段，现代麻业以高效、环保、规模化、多用途为特点，将突破传统的种植方式，不断向机械化、规模化、轻简化方向发展。麻类产业链各个环节的相互渗透不断加深，加工方向也将有所调整，通过密切结合环保、节能、高效的发展趋势，重点着力于生物质材料与复合材料等方向的研究。

三 2014 年麻类产业发展建议

1. 建立健全麻类产业优惠政策，增强种麻积极性

从技术改进、体制改革、放松银行信贷、给予税收优惠等方面实行政策倾斜；制定可行有效的补助政策进行补贴；通过价格调节补助政策，在市场行情低迷时对麻农售麻差价进行补助。以此排除企业和农户在种植上的后顾之忧，增强企业和农户对种植麻类作物的积极性，保障麻类产业健康、持续发展。

2. 加强麻类高新技术研发投入，促进技术成果转化

加大麻类高新技术研发投入，特别是麻类机械化生产与多用途新型产品研发方面的资金投入，以技术链升级推动产业链升级。引导麻类产业走种植、加工和贸易“三位一体”的产业发展道路，实施加工企业向原料生产环节延伸或原料生产者向加工环节延伸的发展模式，促进技术成果转化。

3. 重视挖掘麻类作物生态功能，调整产业结构

麻类作物应用于非耕地的优势被广泛认同，国家麻类产业技术体系已研发了相应技术。进一步加快挖掘麻类作物生态功能，发展非耕地种植，扩大耕种土地面积，调整污染区域农业产业结构，促进生产与生态恢复。

4. 加快现代麻业研究与规划的步伐

积极响应麻类产业现代化的号召，加快研究与整体规划的步伐。重视麻类作物在纺织与新生物质材料等领域的战略地位，制订各层级发展规划与目标。加大对麻类产业科技、先进生产理念与技术的引进力度，配套新型环保、高效生产技术与设备补贴政策，促进产业技术提升与设备更新。

湖南省政协十届五次会议第0480号提案

加快苎麻多用途循环农业模式建设

熊和平

苎麻嫩茎叶具有高粗蛋白含量的特点，常被用作猪、牛、羊、鱼等动物的饲料，但从未形成规模化的苎麻饲料产品。同时，麻骨等生物质资源被低效利用或者废弃，其饲用价值和能源价值远未得到应有的重视。

近年来，我国麻类产业经历了金融危机的洗礼，在产业的低谷时期，经过反复的推敲论证，麻业界在发展多用途、提高苎麻附加值、推进产业发展方面取得了共识。加快多用途技术研发与应用，是提升苎麻产业竞争力的有效途径。

在种植纤维用苎麻的同时，充分发掘苎麻嫩茎叶和麻骨的功能，联合畜牧和食用菌行业，以输出蛋白质饲料和食用菌培养基等大宗利用产品为特点，将不仅可以稳定和促进湖南省原麻生产，而且可以培育出前景广阔的新兴产业，提高湖南省整个苎麻产业的生产效率，形成竞争力强的优势产业。

一 依据湖南省区位优势发展苎麻产业

1. 温润气候和丘陵面积大的生态特点适宜以收获营养体为目的、适宜山坡地种植的苎麻生产

湖南属中亚热带季风湿润气候区，年平均气温高于15℃的持续日数为160～200天，无霜期长达265～310天，常年降水量1 300～1 700mm。湖南省“七山一水两分田”的地理特征，土壤类型也以保水性差、抗蚀能力低的红壤、黄壤等为主。这种独特的生态环境特别适宜苎麻这类以收获营养体为目的、具有适宜山坡地种植、水土保持能力强的作物生产，而且苎麻是多年生作物，种植一次可多年生产利用。同时，苎麻在湖南省各地均能种植，有利于集中种植，可有力保障其他大宗产业的能量来源。

2. 苎麻高产量高蛋白含量的特点可为湖南省发展生态养殖业提供稳定可靠的优质饲料

湖南省人多地少，发展奶业和肉牛业必须走集约化经营的道路，不可能采取放牧式的方法。湖南省奶业和肉牛业的发展必须以健康稳定的牧草产业为基础。苎麻是适合湖南省牧草业发展的优质牧草，它的营养价值、生态适应性、生物产量均是其他牧草难以超越的。苎麻既可青贮，又可制成草粉、草块或其他配合饲料，苎麻饲料业的发展将为湖南省奶业的发展提供可靠的优质饲料供应。饲用苎麻鲜草生产成本低，每千克鲜草的生产成本不到8分钱。添喂苎麻饲料的经济动物肉、蛋、奶产品质量明显优于采用全价饲料喂养的经济动物，绿色食品，市场价值高。

3. 利用麻骨做主料栽培食用菌是解决该行业受限于碳源来源不足问题的出路

长江流域森林禁伐、农业产业结构调整、耕地面积锐减等一系列因素，造成了食用菌行业碳源严重缺乏的现象。目前工厂化生产食用菌以棉籽壳为主料。随着棉花种植面积的减小，棉籽壳的价格逐渐攀升，寻求低成本的碳源成为当前食用菌行业的瓶颈。苎麻麻骨产量大，而且目前已研发出以麻骨为主料的食用菌培养基配方多个，并在杏鲍菇、香菇、金针菇等栽培试验与示范工作上取得了成功。

4. 建立苎麻多用途循环农业模式是提高资源利用效率和产品附加值的有效途径

循环农业是发展我国农村经济的重要模式。将苎麻嫩茎叶生产饲料，用以发展畜牧产业，牲畜排

出的粪便可通过沼气池产生沼气，为农民提供清洁的能源。沼气的残渣又可以生产成有机肥料，回施到大田，提供有机质。利用苎麻麻骨栽培食用菌，不仅可向市场提供优质食品，其下脚料还可以作为牲畜饲料，通过二次利用后再利用沼气发酵，提供清洁能源和有机肥。通过分别以养殖为核心和以食用菌为核心的两个循环的交叉，资源得到了最大化的利用，产品附加值进一步提高，而且有力保障了整个生产系统的清洁化，是环境友好型的农业模式。

5. 迅速调整产品类型可保障苎麻产业健康稳定发展

长期以来，苎麻主要用作纺织原料，产业发展受制于国际市场的变化，苎麻多用途技术的研发，为其发展开辟了新途径。农民可以根据市场需求，决定苎麻是收获纤维、饲料、麻骨，或者纤维饲料兼收等，并通过调节收货时期，即可迅速调整产品类型。这样将促使湖南省苎麻产业健康稳定发展，有利于维护湖南省苎麻业的优势。

二 发展苎麻多用途循环农业模式的建议

1. 以畜牧和食用菌为抓手，加强行业间的协作

以畜牧和食用菌两个产业在湖南省主要呈现分散式小规模经营的特征。与苎麻生产结合，非常适合于当前“一家一户”式的经营模式。规模化生产需要通过建立产业链管理机制，进行政策的指导和提供关键技术研发资金支持，加强行业间的协作。条件成熟时，建议针对苎麻生产出台地方补贴政策。在苎麻产业的发展中，对各个环节的利益分配、苎麻价格的保障机制、跨行业间的沟通等进行宏观调控与协调。

2. 以循环农业模式为基础，发展生态绿色产业

紧抓社会和民众关切的食品健康和环境保护问题，以苎麻多用途循环农业模式为基础，发展生态绿色产业，为提升湖南省农业系统的技术水平做好榜样。建议湖南省政府给予相应的引导和政策、资金支持，将在山坡地发展苎麻多用途产业纳入重点支持对象。

提案时间：2012－01－10

湖南省政协十届五次会议第0481号提案

利用山坡地发展苎麻产业　推动湖南省新农村建设

熊和平

湖南省山地面积达1 333.3万 hm^2，河湖水面135.4万 hm^2，耕地面积333.3万 hm^2 左右，具有“七山一水两分田”的特征。其中，山地大部分属丘陵地带，土壤类型主要是保水性差、抗蚀能力低的红壤、黄壤、紫色土和红色石灰岩土。充分利用山坡地资源，是湖南省发展农业的重要举措。研究表明，苎麻是宿根性作物，具有广泛的适应性。发展苎麻产业是保护和充分利用湖南省土地资源的有效途径，既保护了环境又产生良好的经济效益，有力推动湖南省新农村建设。

一　苎麻是湖南省特色优势产业

苎麻为我国的特产，我国苎麻种植面积、产量均占世界苎麻总面积和总产量的90%以上。苎麻生产是湖南的优势产业之一，目前，湖南省不仅苎麻种植面积和产量在全国占有很大比重（苎麻种植面积、产量、单产水平一直居全国首位），其纺织加工能力也居全国首位，现有规模以上苎麻加工企业47家，综合加工能力占全国的1/3以上，“十一五”期间，湖南省苎麻纺织工业总产值年均稳定在24亿元，年均销售收入21.5亿元。苎麻及其制品出口创汇额年均稳定在9 600多万美元，是湖南出口创汇的拳头产品之一。

二　苎麻产业发展彰显困境

为保障我国粮食安全，“宜粮耕地”的保护成为国家的战略需求，以及国家对粮食生产的各种补贴政策，加上苎麻产业本身的问题，如加工技术、劳动力成本以及劳动强度等原因，直接导致湖南省环洞庭湖等苎麻主产区苎麻种植面积急剧萎缩，苎麻产业发展落入低谷。已经到了重振苎麻传统产业刻不容缓的时刻。

三　山坡地发展苎麻产业前景广阔

1. 苎麻产业是新农村建设的富民产业

湖南省以山地和丘陵地貌为主，合占总面积的66.62%，目前，农村人口占全省人口比重超过50%，其中大部分分布在丘陵地区。因此，如何提高丘陵地区农民收入，关系到湖南省新农村建设事业的成败。之所以利用山坡地发展苎麻产业将成为政府当前建设新农村的重要抓手，其主要原因在于：一是从苎麻的生物学特性角度分析，它本身适宜于丘陵山区种植；二是种植苎麻经济效益突出，按每1hm^2 麻田产值2.4万元计算，苎麻种植净收入约为9 750元/hm^2，其比较效益大大高于粮食和棉花（粮食为5 250元/hm^2，棉花为3 000元/hm^2），按每1hm^2 麻田450～750个工日计算，全省有30多万农村劳动力从事苎麻种植和加工，年人均收入超过4 000元。因此，抓住加快新农村建设这一有利时机，在丘陵山区发展苎麻生产，不仅有利于苎麻生产从平原向丘陵山区的战略转移，同时，也是振兴丘陵山区农村经济的一个重要举措。

2. 种植苎麻是保护当前农村环境的重要措施

当前，湖南省水土流失情况仍比较严重，据统计，水土流失面积达4万多平方千米，占全省面积的近20%，而水土流失大部分集中于丘陵地区，特别是丘陵地区耕地的不合理利用和开发是造成水土流失的重要原因。苎麻是优良的水保植物，既减少水分蒸发，保持土壤湿润，又降低暴雨的侵蚀力和对地面的冲刷，降低土壤侵蚀量和地表径流量，减少表土流失。因此，在山坡地发展苎麻产业，不仅维护当地农村的生态条件，改善农村的环境，同时利用产品自身资源优势进行深加工，增加附加值，实现生态与经济双重效益的有机结合。

四　发展山坡地苎麻产业的建议

1. 建立山坡地苎麻高效种植模式

政府要积极鼓励从事苎麻研究的科研院所积极开展山坡地苎麻高效种植模式研究，以节水灌溉技术为支撑，建立示范点和示范基地，以点带面，带动麻农的积极性。

2. 推广苎麻规模化种植、机械化生产

针对生产成本上涨的问题，建议政府通过扶持“苎麻收获专业户”、“苎麻专业合作社”，引进大型剥制设备等方式，采取集群种植、集中收获与加工的办法，实现苎麻生产的规模化、机械化，减轻麻农劳动强度。同时建立政策支持系统，对农机和农户发放低息贷款或进行补贴，提高生产积极性。

3. 开展苎麻多用途利用，提高产品附加值

除了保证苎麻稳产、高产，提供传统的纺织纤维原料外，还需从多用途出发，全面充分利用茎、叶和骨各部分的产品，开发南方草蛋白饲料，以麻骨为基质培养珍稀食用菌等，以提升苎麻经济总量，提高麻农收入。

4. 出台扶持特色行业的相关政策

建议省发改委成立苎麻产业链管理机构，进行政策的指导和提供关键技术研究资金支持。条件成熟时，建议针对苎麻生产出台地方补贴政策。在苎麻产业的发展中，对各个环节的利益分配、苎麻价格的保障机制、跨行业间的沟通等进行宏观调控与协调。

提案时间：2012－01－10

湖南省政协十届五次会议第0482号提案

利用苎麻副产品栽培食用菌的建议

熊和平

食用菌是世界上公认的优质蛋白质资源，是人类的“第三类食品”。近年来，我国食用菌产业发展迅速，2009年，全国食用菌产量达1 800万t，占全世界的70%以上；湖南省食用菌产量70万t、产值40亿元，占全国的4%左右（在全国居第九位），成为继粮、猪、棉、油、果之后的又一重点农业支柱产业。“十一五”以来，湖南省主推“湘杏98”等优势珍稀菌种，形成了食用菌工厂化周年生产的标准模式。随着国民环保意识的不断加强，可供食用菌栽培的森林资源逐年减少，棉籽壳价格逐年上扬，开发可再生的新的食用菌培养原料是食用菌产业发展的重要课题之一。

苎麻产业是湖南省的传统优势产业之一，但麻类产品结构单一，除了收获韧皮纤维外，占生物产量85%以上的麻骨麻叶没有得到应用。随着近年原麻市场价格走低，种麻的可比经济效益低，麻农种植积极性下降，种植面积锐减，严重影响我国麻类产业原料供应。利用麻类副产品栽培食用菌，既能有效提高麻农收入，促进麻类产业发展，又可有效解决食用菌栽培原料的严重短缺问题。

一　苎麻副产品栽培食用菌可行性与效益

1. 机械化收获，为苎麻副产品的低成本的收集利用提供可能

苎麻韧皮、麻叶和麻骨的比例约为1∶3∶3，每亩可产麻叶和麻骨等副产品1.2t以上。以前，由于苎麻绝大部分采用手工剥制收获，劳动强度大，工效低（尤其是在麻价低的时候，苎麻收获成本占整个产值的近一半），除韧皮部纤维是主要产品外，占麻全株生物产量的85%以上的麻叶、麻秆等副产品分散在田间，难以收集利用而白白废弃。近年来，在国家麻类产业技术体系资助下，加大了对苎麻收获机械、苎麻剥麻机械的引进及研发力度，引进、研制出多种苎麻收获机械，苎麻生产效率提高10～20倍，苎麻机械化生产得到了大面积推广应用。从而大大降低了麻骨、麻叶等的收集成本，为麻类副产品的高效利用创造了条件。

2. 杏鲍菇、金针菇等食用菌工厂化栽培技术取得成功，为苎麻副产品的销路提供了稳定的市场

杏鲍菇、金针菇等食用菌工厂化栽培技术是近年发展起来的食用菌现代化生产技术，发展非常迅速，其特点是实现了环境控制智能化、生产操作自动化、产品质量标准化，全年均可生产，这也使得杏鲍菇等食用菌年产销量快速增长，从而为麻骨、麻叶等麻类副产品的稳定销路提供了保障。

3. 麻叶、麻骨等苎麻副产品是优良的食用菌培养基质

经测定，苎麻麻叶、麻骨等副产品的粗纤维素含量为36%～50%，粗蛋白为6%～12%，与棉籽壳的相当，且质地疏松、吸水性极强、不板结、透气性较好，是优良的食用菌培养基质。

4. 与标准化配方相比有显著的经济和社会效益

近年来，中国农业科学院麻类研究所开展了麻叶、麻骨等苎麻副产品栽培杏鲍菇和金针菇等食用菌的技术研究。研究得出，用50%～70%苎麻副产品代替棉籽壳，杏鲍菇和金针菇的生长周期在60天以内，分别缩短16%和13%；生物学效率可分别达80%和105%以上，分别提高10个和5个百分点。

若全省120万t苎麻副产品的一半用于栽培杏鲍菇，每年可产杏鲍菇48万t，按每吨1.3万元计，年可增加产值60多亿元，经济效益相当可观；另外，还可以减少森林的砍伐，社会生态环境效益十分显著。

二 发展苎麻种植保障食用菌产业原料供给的建议

1. 搞好技术培训、建立示范基地

围绕苎麻副产品收集处理、菌袋制备、接种、菌丝培养、后熟培养、搔菌催蕾、育菇采收、病虫害综合防治等食用菌标准化生产技术规程，市、县相关部门积极组织开展技术培训工作，建立无公害标准化栽培示范基地，结合采取授课、现场指导、参观学习等方式，不断提高菌农素质和新技术应用能力。

2. 加强对食用菌科研与产业化开发的领导

食用菌是一项跨农、林、牧、副、渔以及科研、加工、贸易等多部门的新兴产业，既要充分调动各地有关部门的积极性，又要加强协调指导。要以农民为主体，大力办好食用菌专业合作社，组织农民进行食用菌产业化开发。各级政府成立食用菌产业开发领导小组，切实加强对这项工作的领导，搞好协调，及时帮助解决工作中遇到的困难和问题，推动苎麻副产品栽培食用菌产业的发展。

三 加大对食用菌科研与产业化开发的投入

搞好食用菌优良菌种的选育和引进，开展苎麻副产品栽培白灵菇、秀珍菇和茶树菇珍稀食用菌技术研究。要采取有效措施，鼓励食用菌规模生产和深度加工。对食用菌集中产区，对生产、加工产品科技含量高和商品率高的龙头企业和单位，对引进新技术和开发高新技术产品，各级政府和有关部门要在立项、资金、贷款、税收等方面给予支持。

提案时间：2012－01－10

湖南省政协十届五次会议第0483号提案

湖南省苎麻产业发展建议

熊和平

一 苎麻产业发展现状

苎麻产业是我国传统农业产业，苎麻种植面积占全世界种植的90%。进入21世纪以来，随着国际苎麻市场需求加大，苎麻原麻价格持续上涨，我国苎麻种植也大规模增长，2007年苎麻种植面积增长到14.28万hm^2，总产量为29.13万t。然而，随着国际市场需求的下降，原麻市场供大于求，苎麻价格持续走低，使得我国麻类作物种植面积总体锐减，2008年苎麻种植面积开始出现下降，连续两年降幅均超过10%。

我国苎麻常年产量占世界的95%。世界苎麻在中国，中国苎麻在湖南。湖南苎麻的种植面积、产量以及销售价格对我国苎麻产业的发展起着举足轻重的作用。2000年以来，随着全球对苎麻产品需求的增长，全球苎麻产量陡增，湖南省苎麻产量也节节攀升。湖南省苎麻种植面积由2000年的3.37万hm^2增长到2007年的5.43万hm^2，苎麻产量也由2000年时的6.62万t增长到13.53万t。而2007年之后由于全球金融危机的影响以及国家加大环保要求，许多苎麻企业关停，苎麻种植受到影响，种植面积和产量也不断下降，到2009年湖南省苎麻种植面积下降到4.09万hm^2，产量也下降到了10.24万t。湖南苎麻主产区调研发现，1999年到2006年益阳地区苎麻种植面实现了稳步的增长，2006年苎麻种植面积为3.94万hm^2。但2007年以来种植面积和产量出现了急剧的下滑，2007年种植面积下降为3.38万hm^2，2008年急剧下降到2.37万hm^2，到2009年苎麻种植面积仅剩1.68万hm^2，2011年已几无种植，仅保留一些种麻及示范田。

苎麻种植锐减的原因，是苎麻市场的逐步萎缩，苎麻价格的持续走低。苎麻加工企业的关停与倒闭，大批苎麻纺织加工企业由于市场及环保压力纷纷倒闭或转产。目前我国仅拥有麻纺设备麻布产能40万锭，其中目前在用产能仅占不到50%，全年生产能力少于20万锭。麻纺占整个纺织市场的3%，苎麻纺织所占比例不到1%。

二 现存主要问题

（一）麻农种植积极性严重下降，种植面积锐减

原麻市场需求的下降直接导致收购价格的急剧下滑，从而致使麻农种麻无利可图，出现了大范围的挖麻毁麻现象，直接导致了苎麻种植面积的缩减；另外，我国近年来加大了对部分农作物的惠农政策补贴，部分大宗农产品以及农业机械等获得了一定程度的国家补贴，补贴的作物主要包括大豆、水稻、小麦、玉米、棉花、油菜等六大作物，而麻类种植未列入补贴之列，补贴产生的经济作物之间的收益差别使得农户种麻积极性下降。

（二）企业工艺及加工设备落后，产品质量不高

湖南省苎麻纺织加工量较高，但主要为初级产品，附加值低，价值链短促，大多企业只停留在麻棉混纺纱线的生产和纯麻纱、坯布的初级生产上，多领域、多用途的苎麻产品开发滞后。苎麻企业面临加工技术落后、工艺水平低、产品类型单一雷同、档次不高、技术附加值低的现状。此外，大部分苎麻企业对产品深加工技术的研究与开发认识不足，一方面，表现在科技创新能力不强，研发投入积极性不高，产品加工技术开发与新产品研发投入较少，所采用的技术和设备相对落后，品牌知名度不高；另一方面，表现在企业的产业化经营意识不强，企业发展观念相对陈旧，不敢与人合作，企业小富即安的思想相当浓厚。出口创汇的苎麻产品一直以精干麻和坯布等半成品形式为主，在国际国内市场缺乏竞争力。

（三）治理脱胶污染成本高

近年，环境问题日益严重，环境保护也越来越受到人们的关注。目前，几乎所有的厂家都采用化学脱胶方法，而苎麻的化学脱胶对环境会造成大量的污染。近几年，国家加大了环境保护力度，要求苎麻脱胶加工企业上规模，尽快改进脱胶工艺，污水处理达到国家标准。受此限制，不少苎麻粗加工企业被关停并转。湖南汉寿蒋家咀为湖南原麻加工重镇，原共有苎麻脱胶加工大小企业近 20 家，目前仅湖南广源麻业有限公司在加工苎麻，且原麻加工量已由原来的日加工 40t 降为 10t。湖南沅江市共华镇有苎麻粗加工企业 6 家，目前无一家正常运行。

三　扶持措施与政策建议

苎麻种植是整个苎麻产业发展的基础，而麻纺企业作为苎麻种植与苎麻市场的衔接点，在麻类产业链中起到了核心作用。扶持麻纺企业，提高企业核心竞争力，开拓麻类市场是振兴麻类产业的关键。帮助和扶持企业正常的生产，改进工艺，扩大加工，促进提高企业麻类的需求量是摆脱目前低迷困境、加快麻类产业发展的关键所在。因此，可从苎麻种植和苎麻企业两处着手，制定相关政策机制，以解决目前湖南省苎麻产业存在的困境，保障麻农收益，确保苎麻这一湖南省传统产业健康稳定的发展。

（1）推进苎麻产业多用途应用研究，加强多用途研究与产品市场开发，改进目前苎麻产业单一化应用，提高苎麻产业抗风险能力。根据苎麻蛋白质含量高（22%），适合作为优质饲料原料的特性，现代农业产业技术体系国家麻类研究所运用国家现代农业产业技术体系专项建设资金，于湖南省长沙望城进行苎麻生态麻园循环农业模式示范基地，该示范基地包括优质苎麻种植园、苎麻饲料加工、肉牛（肉鹅）养殖、沼气池等，将苎麻多用途综合利用与现代循环农业结合，已取得了阶段性进展。根据肉鹅可以充分利用闲置土地、闲散劳动力、养殖成本低等特点，肉鹅适合于农户散养模式，可考虑给予养殖农业一定的政策扶持（如免费提供鹅苗等），提高农民受益。肉牛的饲养成本高、饲养条件要求高，适合采用农场形式的大规模养殖，可考虑利用优惠政策引进一些大型肉牛养殖企业，一方面带动区域地方经济发展，另一方面通过企业收购麻饲料增加麻农种植收益。因此，湖南省可以借鉴苎麻多用途的实践经验，积极推进建立苎麻多用途循环农业示范基地，加大对苎麻多用途综合利用技术的扶持。

（2）加大苎麻种植扶持力度，对苎麻产业种植进行一定的政策补贴，增加麻农收益，改善麻农种植现状。一方面稳定农村劳动力，避免农村劳动力过度流失；另一方面改善麻农生活水平，稳定农村经济。我国近年来加大了对部分农作物的惠农政策扶持，部分大宗农产品以及农业机械等获得了一定程度的国家补贴。补贴产生的经济作物之间的收益差别使得农户种麻积极性下降。为促进湖南省苎麻产业的快速发展，政府相关部门在政策上要向苎麻产业上倾斜，提高苎麻农户种植的积极性。此外建议政府投入资金推动科研机构加快品种研发步伐，加工企业和科研机构联合运用市场价格机制引导农户种植优良品种，提升苎麻种植质量。

（3）进一步鼓励苎麻脱胶创新，对生物或物理脱胶等环境污染小的脱胶企业给予政策上的扶持及奖励。近年来，国家不断加大对麻类脱胶技术创新的支持，截至 2011 年国家共授予麻类脱胶发明专利 61 项。但是由于部分申请专利的脱胶技术，推广难度大，使得目前麻类产业发展始终面临脱胶难题。湖南省应制定相应的政策鼓励苎麻企业与地方高校进行校企合作，研发生物脱胶或物理脱胶等对环境污染较小的脱胶技术；对污染较小的苎麻企业进行表彰，并将其脱胶技术有选择地进行推广使用；鼓励苎麻脱胶企业采用生物酶脱胶、生物酶—化学联合脱胶、机械脱胶等先进技术，以降低脱胶成本，不断提高苎麻纤维质量，并减轻苎麻脱胶对环境的污染。

（4）加大苎麻产供销信息网络平台的建设，及时追踪国际国内市场供求信息，确保信息及时准确地在链中传递，形成苎麻深加工产业服务的信息、咨询和技术中介等服务平台，以信息化推动工业化。

（5）鼓励支持苎麻企业开拓国内苎麻市场。当前国际市场苎麻需求下滑，而国内市场则几乎没有打开，应鼓励并给予适当的优惠政策（如税收优惠等）支持苎麻企业通过改善产品或工艺来开拓国内市场。

（6）加大苎麻纺织设备研发投入，支持企业借助棉毛纺织设备改造、研制新型苎麻纺织设备，提高湖南省苎麻纺织整体水平，提升苎麻纺织产品质量，将苎麻纺织推向高端市场，从而增加苎麻产品竞争力。

提案时间：2012－01－10

湖南省政协十届五次会议第0484号提案

关于在湖南省重金属污染地区大力发展苎麻的建议

熊和平

湖南省是“有色金属之乡”，有色金属行业在给湖南省经济发展做出巨大贡献的同时，也给农业环境带来了十分严重的重金属污染。据有关资料报道，湖南省受镉、铅、砷等重金属污染的农田面积已突破1 200万亩，其中不适于种植食用农产品的重度污染面积约180万亩，已严重威胁到了湖南省农业可持续发展和社会的和谐稳定。

国家麻类产业技术体系在麻类作物对重金属的耐（抗）性能力及其修复利用潜力研究过程中发现部分苎麻品种具有超强的耐（抗）重金属污染能力，且苎麻生产与加工一直是湖南省的传统优势产业。因此，在湖南省重金属污染严重地区有针对性地发展苎麻生产，是保留这180万亩重度污染农田性质的最经济、最有效的技术途径。重金属污染区苎麻生产技术在湖南省和全国同类地区的普及推广，将对我国确保18亿亩耕地红线不被突破起到重要作用。

一　完整成熟的重金属污染严重地区苎麻生产技术体系为该区域苎麻生产提供了有力的技术支持

通过试验研究，目前已确定了中苎1号、湘苎3号和川苎1号3个强耐（抗）重金属污染的苎麻品种，即使在镉含量超过100mg/kg、铅超过4 500mg/kg的土壤上也能正常生长，且原麻产量可达150～180kg/亩（仅比未受重金属污染的麻园减产15%～20%）、重金属含量亦控制在我国和欧盟等纺织标准的范围内。同时，还从苎麻繁育、麻园建设和栽培管理等技术出发，研究构建了一套适于重金属污染严重地区的苎麻高产栽培技术体系。目前，该技术已连续4年在株洲新马村（镉镍污染）、安化715矿区（镉铅污染）、嘉禾陶家河流域（砷铅污染）和双峰涵溪塅流域（铅锌砷污染）等重金属污染严重地区累计推广应用了300多亩，新建麻园单产在第二年均可达到175～200kg/亩，对恢复当地农业生产、促进社会稳定起了重要作用。

二　湖南省在苎麻生产与加工等方面的传统优势为提升该产业的竞争力奠定了坚实的基础

苎麻是湖南省传统的优势产业，无论其种植面积、原麻产量、纺织加工能力与科技创新能力均在全国占据绝对领先地位。国内从事苎麻品种选育、苎麻纺织加工研究的中心都在湖南省，一大批从事苎麻纺织的公共服务机构也设湖南省，如国家麻类产业技术体系（5个功能研究室和一半以上的专家岗位设置在湖南省）、全国麻纺织科技信息中心、全国苎麻纺织产品测试中心和湖南省苎麻技术研究（工程）中心等，这些机构为湖南省的苎麻生产与加工提供了良好的技术、信息、检测等服务功能。

三 在重金属污染严重地区发展苎麻产业的建议

(一) 从组织领导与政策层面加以引导与扶持

建议以省政府文件形式出台在重金属污染严重地区发展苎麻生产的引导与扶持政策，促进种植(制定最低保护价、良种补贴、收剥机具补贴政策和实施基地加农户订单生产等)、加工（技改专项、出口退税等)、流通（麻农协会、收购企业、加工企业等)、科技（重点是品种选育、收剥机械、轻简栽培、生物脱胶等）等环节的协调、有序、良性发展，打破条块分割与无序竞争，形成整体合力与优势。并建议省政府将重金属污染土壤修复与治理经费中的一部分设为专项基金，重点支持严重污染地区的苎麻生产，解决新建麻园一次性投入较大（第一年的投入约2 500元/亩）的问题。

(二) 创新苎麻生产经营模式

一是要引导和支持加工企业尤其是国有大企业在重金属污染严重地区建立原料生产基地，推行企业基地型种植和订单生产模式。二是在重金属污染严重地区建立麻农协会或专业合作社组织，并以其为纽带，实行公司加农户的种植模式和委托与订单生产。三是政府应规范原麻购销市场秩序，确保生产、销售和企业等的各方利益。

(三) 加强苎麻科技攻关与技术推广

一是政府科技管理部门每年应安排专项资金，加大对重金属污染严重地区的苎麻科研投入，重点扶持特优超高产强耐重金属污染的苎麻新种质创新与新品种选育及相应配套技术、苎麻剥麻机的引进与创新、原麻与鲜皮生物脱胶及配套工艺等的研究与开发。二是大力推广现有强耐重金属污染的优良品种和其配套技术规范，实现区域化、规模化种植。在湖南省重金属污染比较集中的地区设置苎麻工业园，建成3～5个年脱胶能力5万～10万t的原麻初加工企业，集中处置脱胶污水，解决苎麻初加工中的瓶颈问题，确保原麻购销渠道的畅通。同时，在重金属污染严重地区种植苎麻，其麻叶、茎秆镉、铅等重金属的含量较高，只能就地还田，以免二次污染。

提案时间：2012－01－10

湖南省政协十一届一次会议第0806号提案

关于推进麻基膜水稻机插育秧技术的建议

熊和平

一 目前水稻机插育秧存在的问题

目前，湖南省水稻机插育秧中普遍采用了长方形塑料育秧盘，普遍存在着根系盘结不好、秧苗易散的问题，特别是在阴雨天气，往往导致秧苗在起秧、装秧的过程中散落，严重影响机械插秧的效率。

二 推广麻基膜水稻机插育秧技术的建议

中国农业科学院麻类研究所以解决生产上的重大技术问题为突破口，历经数年科技攻关，成功研发出麻基膜育秧技术，不仅破解了这一难题，而且使早、中、晚稻产量分别提高15%、10%和5%。

麻基膜水稻机插育秧具有如下几大优点：一是麻基膜保温保湿、具有很好的透气性和水分扩散传导性，可确保秧盘内水分分布均匀，促使水稻秧苗出苗整齐、不烂秧；二是能促进水稻秧苗根系生长，有利于盘根固根，培育整齐壮秧，便于取盘、取秧、卷筒，不易散秧，每亩可节约3~5盘秧苗；三是便于秧苗运输和机械化插秧，早稻可提早3~5天取秧插秧，雨天无影响；四是秧苗生长整齐粗壮，弱苗少，插后返青期短，有利于机插秧早插早发高产；五是麻基膜是利用麻、棉等植物纤维原料生产的，可完全生物降解，无污染。

麻基膜水稻机插育秧成本低廉，简便易行，既能显著改善秧苗质量，提高机插效率，又可增加水稻产量，是机插水稻育秧上的一项重大科技创新，建议在湖南省大面积推广应用。

提案时间：2012-01-25

湖南省政协十一届一次会议第0827号提案

关于加快苎麻副产物饲料化与食用菌基质化高效利用技术产业化示范的建议

熊和平

一 湖南省推进畜牧业和食用菌业发展存在的问题

随着人口的增长、人们生活需求的不断提升以及生态环境恶化加剧，粮食、森林、土地资源越来越显得不足。湖南省气候湿热，作物秸秆丰富，但是缺乏蛋白饲料来源。湖南省畜牧养殖和食用菌产业近年来迅猛发展，与蛋白饲料不足、培养基料价格不断上涨的矛盾也越来越凸显。同时，在湿热气候条件下，原料霉变问题严重，干燥贮存造成的初加工成本问题，也影响了产业的高效运行与发展。开辟新的低成本优质蛋白饲料和培养基料成为湖南省当前推进畜牧业和食用菌业发展的重要课题。

二 加快苎麻副产物高效利用技术产业化示范的建议

1. 苎麻副产物饲料化与食用菌基质化高效利用技术是支撑湖南省畜牧业和食用菌业发展的有力保障

该技术通过青贮、制粒等方式，将苎麻麻骨、麻叶不经分离，直接转化为优质蛋白饲料与食用菌基质，资源利用率能从20%增加到80%以上，实现了生物质资源的高效利用；通过拉伸膜包裹技术以及揉碎复配颗粒料技术的研发，青贮和苎麻嫩茎叶蛋白等关键营养指标分别达到13%和20%，提高了青贮和颗粒饲料的营养价值。

利用苎麻青贮饲料喂养奶牛、肉牛，在保持生产性能稳定的条件下，可替代30%的精饲料，每天降低饲料成本6～7元/头。通过将苎麻副产物替代棉籽壳作为食用菌的栽培基质，显著降低了原料成本，其栽培的杏鲍菇生物学效率可提高13个百分点，且蛋白含量提高，总糖与脂肪含量降低。该成果创新性强，总体达到了国际先进水平，并已通过农业部科技成果鉴定。

这一技术较好地解决了我国南方蛋白饲料供给、食用菌培养基原料供给和副产物防霉变贮藏三大难题，为开辟资源丰富的南方植物蛋白饲料与食用菌基质的新来源找到了有效途径，是推动湖南省畜牧业和食用菌产业发展的有力保障。

2. 苎麻副产物高效利用技术在湖南省广泛开展产业化示范的条件已经成熟

苎麻是湖南省重要的经济作物，具有明显的区位优势。借助于湖南省种植苎麻的传统、中国农业科学院麻类研究所等有力的科技支撑机构，以及优势纤维加工企业的经济带动，苎麻副产物的集中生产与加工条件非常成熟。

苎麻嫩茎叶用作饲料、麻骨用作食用菌培养基主料等技术经过多年的攻关研究，已经得到了社会的广泛认可。苎麻副产物饲料化与食用菌基质化高效利用技术通过鉴定后，农业部（中国农业信息网）、《湖南日报》、新华网、人民网、搜狐网等多家媒体对此次成果鉴定会进行了广泛报道，技术的宣传与舆论的导向已经基本到位。

该技术以副产物的轻简化加工为特点，提高了加工工艺的经济与操作可行性。青贮等工序可就地实施，适合于不同规模生产的需求。该技术以产出绿色食品为终端，向社会提供优质、无公害的肉类和食用菌产品，有广阔的市场需求。因此，技术和市场条件已经成熟。

3. 加快该技术产业化示范，推进苎麻种植与畜牧养殖、食用菌生产协同发展

苎麻副产物饲料化与食用菌基质化高效利用技术从原料收集、贮存、加工到应用形成了完整的技术模式，有利于成果的快速熟化与应用，具有广阔的应用前景。建议在湖南主产麻区建立该技术产业化示范点，提供资金和政策上的支持，加快成果转化，推进苎麻种植与畜牧养殖、食用菌生产的协同发展。

（1）提供项目资金支持，以项目推动产业化示范工作，进一步加快技术成果简化、熟化，加大宣传力度，促进成果转化。

（2）以养殖企业、食用菌生产企业建麻园示范技术为主导，通过高效养殖与生产带动企业和农户等经营模式的发展。

（3）以建立苎麻生态种植园为目标，整合苎麻种植、纤维产出、生态种养和食用菌生产等为一体，逐步形成种养加一体化的高效农业模式。

提案时间：2012－01－25

湖南省政协十一届一次会议第 0872 号提案

着力解决“三农”和食品安全问题的建议

熊和平

一 问题

党的十八大提出的中国特色社会主义路线，对当代中国问题进行了探索与解答。当前正围绕建设社会主义这个重大命题而开展各项工作。首先要以实现现代化与民族复兴为历史任务，这不仅是对历史和人民的承诺，也是我国的唯一出路与必然走向。

邓小平提出，发展是硬道理。经过 30 多年来的实践，已经得到了充分的证明。特别是联产承包责任制与改革开放等重大决策的出台，极大地促进了我国各项事业的发展。我国的经济总量从十分落后的行列跃居到世界第二大经济体。

十八大报告中提出的要坚持一个中心，就是以经济建设为中心；坚持一个核心，那就是以人为本；并且要充分体现全面性、公平性。抓住重点，就是要抓住发展中的薄弱环节，包括“三农”问题、民生问题、环境保护与党风廉政建设问题。

我国当前存在的各个薄弱环节中，“三农”问题是第一位的，也是我国实现“四化”当中最难完成的一项历史任务。改革开放 30 年以来，基本实现了工业化，城市化也完成了 50% 左右。而农业现代化是开局最慢、见效最差的一个重要环节。

农业是我国国名经济的重要基础，也是当今世界为数不多的可实现可持续发展的产业，更是一个能够实现再生产的资源性产业。但长期以来，以 GDP 多少为评价体系来评判各级政府官员绩效的情况下，农业被边缘化了。中国是一个以小农经济发展起来的国家，没有农业现代化，怎么谈得上国家现代化，没有农民的小康，怎么谈得上全国人民的小康，如果不改变“城市像欧洲、农村像非洲”的局面，就不能彻底改变我国贫穷落后的局面。

当前，全国上下对食品安全问题谈虎色变。解决好“三农”问题，是解决好食品安全问题的根本出路。全国还有 5 亿农民，生活水平偏低、科技配备不足，而向全国供应着大部分的食品来源，食品生产的效益、效率、安全性均无法保证，安全又从何谈起？

经历过三聚氰胺事件、瘦肉精事件、染色馒头，到如今的塑化剂事件，食品安全问题已然成为国人心中挥之不去的梦魇。当面对这一幕幕丧失道德和法制基准的食品安全事故的时候，应该全面反省在食品安全方面的不足。相比在经济和科技领域建立起来的世界瞩目的成就和光辉文明，食品安全方面的落后和差距是巨大的。

二 建议

（一）拿出林肯解放黑奴的勇气来解决“三农”问题

在美国内战初期，解放黑奴的主张遭到美国南部农奴主的强烈反对，而北方资产阶级并没有做好充分准备。林肯政府面对的是内外夹击的艰难困境。但林肯政府并没有退缩，而是拿出了十足的勇气签署了被马克思称赞为“联邦成立以来的美国史上最重要的文件”的《解放黑人奴隶的宣言》，出台了南方各州的黑奴“永远获得自由”等一系列革命性的措施，从而激发了广大人民群众，特别是黑人的革命积极性。群众的拥护使南方的经济濒于崩溃，战争形势急转，历时四年的南北战争最终以北部的完全胜利宣告结束。

在这一段历史中，我们至少可以获得这两条重要的启示：一是改革要拿出林肯解放黑奴的勇气；二是改革要顺应广大人民群众的根本利益。

党的“十八大”向全社会释放出了迄今最强改革信号，并表示首要经济任务是调整结构，即便这样做会削弱短期经济增长。这充分体现出了中央改革的勇气与决心，尤其是对“三农”这个短板的改革。地方农业主管部门、企业以及科技工作者更应该紧紧围绕中央的路线，集思广益、开拓创新，以十足的勇气、坚决的信心和热情的工作投身改革。

（二）要用治本的办法来解决食品安全问题

食品安全事故频频曝光，表面的直接原因是不良生产者的违法行为，但更深层次原因是中国农业生产方式的转变、社会对食品安全重视程度的提高和政府检测监督机制的失灵。面对形形色色的食品安全事故，很难简单地把问题归咎于某一个环节。在食品加工、储运、检测和销售的生产链上，每一个环节都可能存在不同程度的问题。可以把食品安全问题的原因归结为四类。

第一类是因为自然环境或客观条件的影响，大体上属于不可抗力的外部因素造成食品污染或变质。主要表现在种养殖源头污染、食品加工工艺和卫生条件落后、流通储运手段达不到保鲜要求等。比如，工业三废、城市废弃物的大量排放，造成大面积的水土污染，使很多地方的粮食、饲料作物、经济作物、畜产品和水产品等农产品的质量受到影响。另外，我国13亿多人口每天消耗200万t粮食、蔬菜、肉类等食品，众多的食品供应商具备典型的小生产者特征，在自身条件和外部环境对于食品安全的诉求不高时，加工工艺和卫生条件难以符合安全标准。调查显示，蔬菜在流通环境的损耗平均达到20%左右。

第二类是因为食品供应链上的利益相关者出于私利或营利目的，在知情的状态下人为影响食品质量。中国农业虽然以小农经济为主，但也患上了“大农业病”：反季节蔬果生产，加剧了农产品中的药物残留。更有一些不法生产商逆食品安全法规而行，在食品中加入不利于人体健康的非食用物质和食品添加剂。此类案件数量的持续上升，使我们深刻感受到现代科技与商业伦理之间发展的不平衡。另一方面，由于公众认识的不足，也导致了“打针西瓜”、“速生鸡”等一系列错误舆论的产生，对产业的健康发展造成不利影响。

第三类是因为食品检测监督条件不完善、对食源性病原菌缺乏认识或从业人员非主动性过失，造成劣质食品未被发现继而进入消费环节。我们把这一类原因统称为技术问题。随着转基因技术、现代生物技术、益生菌和酶制剂等技术在食品中的应用，关于应用风险和食品安全的争论就一直没有间断，我国当前的主要问题体现在检测设备不完善，检测覆盖面偏低，抽检频率过低，更谈不上对食品进行普检。而国外的食品安全案例主要集中在这一类，新的动植物病菌在造成实际负面影响之前往往很难被检测发现，以美国为例，食源性疾病每年导致7 600万人生病，325 000人住院治疗，5 000人死亡，其中已知的食源性疾病超过250种，绝大多数是各种细菌、病毒与寄生虫引起的感染疾病。

第四类是因为食品安全和追踪惩罚的法令制度不健全或者徇私舞弊，导致食品安全事故的危害继续扩大。从理论以及发达国家食品安全监管的改革实践看，食品安全监管无疑趋向于专业化、公正性和独立性。国外食品安全监管制度和体系的变迁，很大程度上源于外部环境的变化，包括社会、经济和技术的变化，一系列食品安全危机最后进一步形成监管变革的动力机制。近3年来，我国在食品安全立法和组织体系建设方面做出了巨大的努力，但由于监管模式不清晰和法制松弛，尚未对食品安全事故频发的现象产生实质性的遏制作用。

提案时间：2013 - 01 - 25

第五篇

附　录

A. 体系建设

在2012年中工作总结会暨委托协议签订会开幕式上的讲话

国家麻类产业技术体系首席科学家 熊和平

各位领导、专家、同志们：

上午好！

正当我国南方炎热难耐之时，美丽的长春凉爽如秋，气候宜人。大家来到这里，边开会边避暑，可谓一举两得。

2012年是打好“十二五”麻类产业科技发展攻坚战的关键一年，开好此次会议对及时总结工作经验、做好任务规划具有重要意义。首先，我代表国家麻类产业技术体系向不辞劳苦、远道而来的各位领导、各位专家与各位来宾表示热烈的欢迎！向为大会筹备过程中付出辛勤劳动的吉林省农业科学院经济植物研究所的工作人员表示真诚的感谢！

此次会议的主要内容，一是总结上半年的工作情况，二是审核、签订各团队的委托协议，三是参观依托吉林省经济植物研究所的长春亚麻试验站。

下面我向大家汇报首席科学家办公室上半年的几项重点工作。

一 参加全国农业科技教育工作会议

5月底，参加了在安徽合肥举行的全国农业科技教育工作会议，听取了回良玉副总理、韩长赋部长的重要讲话。此次会议的主要目的是推进全面贯彻落实中央一号文件精神，推动农业科技教育事业又好又快发展。

回良玉副总理指出，党的“十六大”以来，党中央、国务院与时俱进地制定了一系列促进农业科技教育发展的重要方针政策和重大战略举措，农业科技创新取得丰硕成果，农技推广服务水平显著提升，农业人才培养取得新的进展，为实现粮食生产“八连增”和农民增收“八连快”作出了巨大贡献。但我国农业科技教育整体发展水平还不高，与建设现代农业的要求相比依然有较大差距，重大创新成果不足、应用转化效率不高、科技体制机制不顺、人才教育培训能力不强的问题还相当突出。面对农产品需求日益增长、农业资源刚性约束和要素成本快速上升的压力，保持农业稳定发展和农产品供求平衡的难度越来越大。加快发展农业科技教育，比以往任何时候都更加重要、更为紧迫。就我们体系而言，就是要从研发重大创新成果、提高应用转化效率、理顺科技体制机制和加强人才教育培训这几个重点入手，保障农产品的有效供给。

会议强调了依靠科技进步发展农业的重要战略思想，并提出了以保障国家粮食安全和主要农产品供给为宗旨，以主体多元化、服务优质化为方向，以科技资源整合为重点，以培养高素质人才为中心，以保障农业后继有人为目标，以政府投入为主导，以互利共赢为出发点和以多方协同参与为核心的要求。

二 参加首席科学家座谈会

农业部科技教育司组织召开了首席科学家座谈会，刘艳副司长、张国良处长作了讲话。会议要求各体系继续发挥好在支撑产业、技术创新、决策咨询和人才培养中的巨大作用；强调了加强技术创新是体系的生命力所在；介绍了体系配合“农业科技促进年”建立示范基地、加强体系内外协作与对接、优化各岗位的任务分工和岗位专家与试验站的合作关系、通过各种渠道宣传和完善体系工作程序等工作的思路与要求。

三 几项体系的管理工作

1. 签订2012年委托协议

按照农业部科技教育司《关于签订2012年度现代农业产业技术体系任务书的通知》的要求，体系组织各技术总负责人和研究室主任对体系的各项重点任务和基础数据库进行了分解与细化，并于3月26日通过了农业部的审查。之后各岗位专家和试验站按照体系任务书的要求，分别编订了本年度的委托协议。

在审核各团队委托协议的时候，发现了几个比较突出的问题：一是目前普遍存在研发任务过于空泛，没有具体的研究内容与实施方案；二是考核指标量化不够，缺乏具体的数据指标；三是出现了非本岗位分工与职责的工作内容；四是缺少本年度尚未开展的相关工作的计划安排；五是对配合农业部开展“农业科技促进年”的各项技术培训活动缺少培训内容、规模和对象等具体实施方案的说明。针对这些问题，我们再次发通知要求大家修订。目前委托协议已经经过了两次执行专家组的审查。

2. 召开执行专家组会议

6月15～16日在湖南省长沙市召开了执行专家组会议，传达了全国农业科技教育工作会议精神、审议了各团队2012年委托协议、通过了年中会议方案。执行专家组成员及在长沙的岗位专家、试验站站长和团队成员近30人参加了会议。农业部科技教育司产业技术处张国良处长、徐利群副处长出席了会议并发表重要讲话。

徐利群副处长对现代农业产业技术体系今年以来在体系自身管理和配合农业部“农业科技促进年”活动开展的主要工作进行了简要回顾，并对签订2012年任务书、加强与地方创新团队对接、保持体系活力等工作提出了要求。

张国良处长用“品牌”、“稳定”和“懈怠”三个关键词概括了体系当前运行的状态及可能出现的问题。他指出，从学界的关注、领导的关注等方面，都可以看到体系已经成为一个品牌。体系的经费支持、运行机制和人员团队等方面都步入一个稳定状态。而面对可能出现懈怠的现象，希望体系逐步转变为自我管理，依靠体系自身、各团队、执行专家组来管理，维持好这个“自系统”。各体系应进一步把握好发展方向，要做到在产业支撑上有贡献、在技术创新上有亮点、在学术地位上有影响、在决策咨询上有权威、在团队建设上有提升、在经费使用上有规范和在文化建设上有特色。

就本体系而言，麻类是一个小作物，受到国家政策、金融危机的影响以及其他作物、产品的巨大冲击，形势不利于产业的发展，然而麻类体系也找到了很多出路：麻类作物副产品饲料化、麻骨在食用菌工厂化栽培上的应用、麻地膜在水稻机械化育秧上的应用等技术的成功研发、吉林省经济植物研究所开发出亚麻油产品等，丰富了麻类产业的服务对象，促进了社会对麻类产业的重新认识；体系推动着专家走向田间地头、生产一线发明实用技术；体系大协作的运行模式将迅速推动农业发展由粮食安全向食品安全、农业安全、生态安全转变，麻类体系还有很多工作要做，并将通过不断学习，把握好体系发展的方向，积极开展各项工作。

3. 围绕体系任务开展的几项重点工作

今年有几项工作的进展比较突出。

一是麻类多用途的研究与示范取得了可喜的成绩。今年上半年，在苎麻多用途技术研究与示范方面，已经建立369工程苎麻园、肉鹅放牧苎麻园、饲料加工车间、肉牛养殖场、肉鹅养殖场、鹅粪养鱼池和食用菌栽培室，引进了大型剥麻系统，并进行了试运行。在麻类产业技术模式创新、生产试验示范等方面树立了样板。这些技术模式已经在张家界、咸宁、萧山等试验站开始示范与培训。

农业部副部长、中国农业科学院院长李家洋院士一行，农业部科技教育司刘艳副司长、张国良处长、徐利群副处长，湖南省政协委员，长沙市主要负责人，湖南省畜牧局，湖北省咸宁市特产局等领导和农业主管部门考察了苎麻多用途技术研发基地，并做了重要指示。先后接待和培训了国家麻类产业技术体系执行专家组、6个苎麻试验站的站长和团队成员、27个主产县（市、区）的60余名农业主管部门领导、企业代表、种植（养殖）大户、技术骨干等人员，为苎麻高产高效种植与多用途技术的培训以及体系的宣传做出了努力。

二是可降解麻地膜在水稻机插秧育秧中的应用与示范工作，在咸宁苎麻试验站成功举办了现场观摩与培训会，咸宁市、赤壁市及其他各县市的科技局、农业局、农机局等16家单位的领导、专家和农机大户参加了此次会议，取得了非常理想的效果。我们也通过各种渠道，向领导、企业、专家、技术用户等进行了汇报和宣传。

三是体系促进学科交叉与岗站联合的机制作用逐步凸显。栽培与耕作岗位、种植机械与设备岗位、初加工机械与设备岗位、产业经济岗位以及咸宁苎麻试验站等团队联合，从设计轻简化、适于机械化的栽培技术，大型收获机械与剥制机械的研发与试验示范，以及对产业的经济效益与前景的紧密跟踪，形成了一个紧密的协作团队和完善的技术成果孵化体系，有力推动了体系成果研发与转化效率。

在领导的关注与支持、技术用户的认可与协助以及联合协作的机制推动下，麻类体系将进一步围绕“十二五”重点任务，积极开展各项工作，向社会提交一份满意的答卷。

谢谢大家！

在2012年中工作总结会暨委托协议签订会闭幕式上的讲话

国家麻类产业技术体系首席科学家　熊和平

各位专家：

此次会议圆满闭幕了。首先我想用三句话来评价此次会议：

一是准备充分效果好。此次会议包括会务、各团队的汇报材料等都有充分的准备。汇报的内容很丰富，讨论过程思路清晰，取得了很好的交流效果。

二是讨论积极思路宽。在会议讨论中，各位专家不仅仅在关注自己的任务与进展，大家毫无保留地讲出自己的建议，与其他团队交流，达到了相互启迪的效果。

三是认真参与效率高。各团队都在积极参会、认真讨论，有很多后备人才也参与了汇报工作。一天半的时间，对各团队的委托协议进行了两次深入的讨论和修订，全面总结了体系各项工作开展情况，对体系运行提出了很多好建议，并遴选了典型团队，进行了经验交流，会议效率很高。

通过会议，我们也发现了一些问题。在工作开展过程中，仍然存在岗位专家之间研究任务与本岗位职责之间的关系不清晰、岗位专家与试验站之间联合协作的关系不清楚、参与体系任务区别于参与其他项目的运行模式的认识不清楚和工作量不平衡等问题。针对这些问题，我想谈三个方面的认识。

一是对现代农业的认识。三农问题面临越来越严峻的考验，老问题还没有很好的解决，新问题又出现了。在调研的过程中发现，大片农田荒芜、农村劳动力缺乏等问题越来越凸显。我国农业正处于由传统农业迅速向现代农业推进的进程中，农业的发展方式在实现温饱后由注重粮食安全逐步向食品安全、农业安全、生态安全转变，科技工作者所关注的问题也在不断变化，体系专家所承担的任务也应该围绕这个基本思路开展相关工作，推动麻类产业升级。

二是对麻类产业的认识。苎麻目前面临着最严峻的挑战，湖南省的苎麻种植面积降到了历史的最低点。虽然湖南省人大、湖南省政协都在关注这个问题，但是麻农仍然因为低迷的国际市场和麻价而不愿恢复生产。亚麻越来越依赖于进口，红麻尚未找到大宗的用途。但大麻和剑麻由于与企业的紧密联系而处于稳中有升的状态，这显示出市场正在复苏。而且我们研发了麻类作物饲料用、栽培食用菌等副产物综合利用的新技术，为麻类产业找到了一条新出路。抓住市场复苏的机遇，加强麻类作物新用途的研发以及与企业等技术用户的合作，是麻类产业再创辉煌的契机。

三是对体系任务的认识。麻类作物是一个小作物群，通过体系的纽带联系在了一起。在这个国家团队里，我们要做的是国家指定的研究任务。体系专家要适应这种模式来开展工作。麻类体系凝练的任务关键点就是“多用途”、“非耕地利用”和“固土保水”，这是符合两型社会建设的要求。各团队要紧密围绕体系的各项重点任务积极参与、合理分工、细化量化任务与考核指标，一定要在重点任务中有明确的方向、明确的任务和明确的考核指标。

在认识清楚这三个基本原则的基础上，还要积极处理好岗位专家与试验站之间、依托单位的要求与体系的要求之间、体系任务与原来从事的工作之间的关系等问题。我们要通过进一步加强团队建设、明确任务分工，鼓励团队成员承担体系外的项目等方式来解决好这些问题。

今年下半年，在体系管理方面我们将重点开展以下几项工作。

（一）进一步修订委托协议

各团队的委托协议已经经过执行专家组两次审核，目前还存在着形式千差万别、任务承担不平衡、在对待岗位专家与试验站联合协作方式问题上不明确等问题。

岗位专家的研发工作一般要求在本单位完成。如果有些工作还没有完成，还处于研究阶段，没有提出完善的、成型的技术模式，不能直接拿到试验站去。试验站的主要工作是对体系形成的成型的技术模式进行简化、熟化、筛选、示范与培训工作，职责并不是承担岗位专家的研发任务。因此，岗位专家如果有一些针对特定生态区域的技术研发工作，就应该向试验站支付相应的工作经费。

（二）举办成果汇编活动

农业部科教司产业技术处张国良处长在几次会议上都强调了通过成果汇编的方式，检查各团队的技术研发与试验示范的进度，促进各团队形成并展示技术成果。通过执行专家组讨论决定，麻类体系成果汇编将与10月召开的“麻类专业委员会代表大会”相结合，要求每个团队制作两个易拉宝来展示各团队的依托单位和体系技术成果。还要将这些技术成果先行汇编成册，进行宣传。

（三）开展体系机构挂牌工作

挂牌工作是农业部对体系机构再认可的过程。农业部要求执行专家组进行评估和审核，必要时还要进行现场评估。进度安排在8月完成一批，11月完成一批。如果在第二批还没有达到挂牌要求，将视作不承担依托单位建设职责，将根据具体情况予以相应调整。

（四）督查各团队运行情况

暂定分期分批地对各团队的运行情况进行督查。重点依据年度的委托协议和“十二五”任务书的要求，进行督查。督查的目的不仅是看各团队的工作开展情况，更要引起依托单位对麻类体系研发团队的重视。

谢谢大家！

2012 年中工作总结会暨委托协议签订会会议纪要

2012 年 7 月 5 ~ 7 日，国家麻类产业技术体系“2012 年中工作总结会暨委托协议签订会”在吉林省长春市召开。国家麻类产业技术体系岗位专家、试验站长及团队成员共计 90 余人参加了此次会议。吉林省农业科学院罗振锋副院长、吉林省农业技术推广总站梁志业站长、吉林省农业委员会科教处侯宇心副处长出席了会议。

会议由首席科学家熊和平研究员传达了全国农业科技教育工作会议与在安徽合肥召开的现代农业产业技术体系首席科学家座谈会主要精神，强调了依靠科技进步发展农业的重要战略思想；提出了从研发重大创新成果、提高科技成果应用转化效率、加强人才教育培训等几个重点入手开展体系工作的要求；介绍了农业部科技教育司为保持体系活力而提出的“在产业支撑上有贡献、在技术创新上有亮点、在学术地位上有影响、在决策咨询上有权威、在团队建设上有提升和在文化建设上有特色”各项举措。

今年以来，麻类作物高产高效种植与多用途技术的研发取得了可喜的成绩。已经建立了“369”工程苎麻园、肉鹅放牧苎麻园，形成了以麻类作物副产品利用为基点、以养殖与食用菌栽培为核心的循环农业技术模式，并在张家界、咸宁、萧山等试验站开始示范与培训。农业部副部长、中国农业科学院院长李家洋院士，农业部科技教育司刘艳副司长先后考察了苎麻多用途技术研发情况，并做了重要指示。

可降解麻地膜在水稻机插秧育秧中的应用，为麻类纤维产业发展与粮食安全找到了有力的契合点。在咸宁苎麻试验站成功举办了现场观摩与培训会，咸宁市、赤壁市及其他各县市的科技局、农业局、农机局等 16 家单位的领导、专家和农机大户参加了观摩与培训。

此次会议采取大会典型发言和分组讨论相结合的方式，对 2012 年委托协议的主要内容和上半年的工作进行了小结和讨论。

会议认为，各团队的委托协议经过反复的修订，围绕体系总任务进行了分解，提出了具体的、可考核的指标，为下一步工作把握好了方向。多个团队在苎麻多用途、山坡地栽培等技术研发任务上开展了紧密的合作，取得了明显的进展，逐步体现出了体系在促进不同学科联合协作上的有力推动作用。但在工作开展过程中，仍然存在岗位专家研究任务与本岗位职责之间关系不清晰、岗位专家与试验站之间关系不清楚、体系任务与其他项目的运行模式的认识不清楚和各团队工作量极不平衡等问题。

会议指出，“三农”问题面临越来越严峻的考验，我国农业发展在由传统农业迅速向现代农业推进，发展方式由注重粮食安全逐步向食品安全、农业安全、生态安全转变，科技工作者所关注的问题也在不断变化，体系专家所承担的任务也应该围绕这个基本思路开展相关工作，抓住市场复苏的契机，加强麻类作物新用途的研发以及与企业等技术用户的合作，推动麻类产业升级。体系专家要把握体系运行的模式，紧密围绕按照两型社会建设的要求凝练的“多用途”、“非耕地利用”和“固土保水”等几个重点任务，进一步明确岗位职责，细化年度任务，保障各任务的顺利完成。

会议对麻类体系下半年将要开展的成果汇编、体系机构挂牌、督查团队运行情况和体系年终会议方案等主要管理工作进行了部署。挂牌工作是农业部、财政部对体系机构再认可的过程，督查的目的不仅是看各团队的工作开展情况，更要引起各依托单位对麻类体系工作的高度重视。

与会代表还考察了依托于吉林省农业科学院经济植物研究所建设的长春亚麻试验站。

2012年度工作总结与现代麻业学术研讨会闭幕式上的讲话

熊和平

各位专家、同志们：

按照农业部统一部署，2012年终工作总结暨经验交流会经过几天紧张的工作，圆满完成了。虽然每位专家汇报2012年工作和2013年委托协议的时间加起来也不过15分钟，但是也比较全面地体现出了各位专家、站长的工作成果和汗水。2012年是任务非常繁重的一年，也是取得突出成绩的一年。

（一）麻类体系2012年取得的主要成绩

根据目前的初步统计，体系2012年获得的鉴定成果、获奖成果有7项，包括国家级、省部级、地市级，各个层次的成果都有，这也说明麻类体系在支撑产业战略发展、区域经济优化等各个方面都取得了广泛的认可。

提交了5项行业建议、获得专利和标准8个、育成了新品种4个、创制新材料29份、出版了3部专著、发表了97篇论文。并且储备了大量的技术成果，其中，正在申报的专利有33个。这是我们体系得到社会更大认可、为产业提供更优服务的基础。有理由相信，在进一步整合这些单项技术成果的基础上，我们将凝练出麻类体系的标志性成果。

（二）目前存在的主要问题与要求

1. 关于此次人员考评

农业部在2012年11月14日发布了《关于“十二五”现代农业产业技术体系部分聘用人员调整有关问题的通知》，对2011—2012年度人员考评的有关事项专门做了指示。尤其是连续两年年度考评在后10%的岗位科学家和试验站站长，要求执行专家组提出调整和解聘意见。

这个体系内竞争机制的形成，就是为了使体系人员有出有进，输入外界的新鲜血液，解决因为经费稳定支持而产生懈怠的负面影响。这就要求我们必须提高自身水平，努力完成农业部交办的重点任务，力争上游。

为了保证客观、公平、公正地对各个团队进行考评，执行专家组根据农业部出台的《现代农业产业技术体系信用评价管理办法（试行）》等文件，对自2010年以来本体系制定实施的《国家麻类产业技术体系工作日志、考核指标和活动考勤考评办法》，做了一些细化、量化和调整工作。2012年度的考评评分统计将严格按照这个办法执行。

2. 体系成果培育和知识产权保护

技术成果培育，是推动麻类产业发展的必要条件，在目前体系运行、全国协作的良好形势下，进一步加快储备高效的技术成果，形成对产业发展具有重大推动作用的标志性成果，是我们作为体系一员的责任和义务，也是提升我们自身水平的重要方式。

但是我们发现一些不好的现象。体系内的一切研究材料都通过述职汇报等方式在全体系共享。这种做法有利于各个学科领域的深入交流，也有利于各岗位充分把握产业研究动态和岗位职责。但同时带来了一些弊端。一些专家利用别人的研究成果和资料发表论文、出版专著，甚至不加引用说明就利用了别人还没有成形、或者没有鉴定的阶段性研究成果。这些阶段性的研究成果成熟以后，在申报奖项、鉴定的时候，就遇到了查新通不过的问题，严重影响本应该有很大应用前景的新技术无法鉴定。这种因小失大的做法，将影响整个体系的发展进程，也影响到了他人对知识产权的保护和成果的培育。

因此，我们要从全体系的大局出发，充分把握整个体系培育成果的进程，各个团队之间充分沟通、加强协作，真正做到“体系为家”。

3. 举办会议、出国访问等活动

即将出台的《体系管理办法》对体系会议的召开提出了新要求。体系全体会议每年不超过 1 次，牵头举办的全国性产业会议每两年不超过 1 次，功能研究室举办的学术会议每年不超过 1 次。体系会议一切从简。由体系牵头但非体系任务的会议，不从体系经费中支出。目前，从体系办汇总各个团队提交的 2013 年管理工作计划材料可以看出，很多团队承担了一些与体系任务无关的会议。我们要求严格按照农业部的文件精神，把工作安排好和把经费用好，避免过多的财力、人力投入到与体系无关的事情中。

出国访问的计划也存在类似的问题，很多计划与体系任务没有关系。请大家一定要按照《委托协议》的任务要求制订出国计划，提高工作效率。

另外，今年大家对年终会议述职材料无纸化的呼声很高，我们会尽快向农业部有关领导汇报，向其他体系学习，找一个好的解决办法。

（三）2013 年重点工作部署

1. 进一步规范体系的各项工作

贯彻落实《现代农业产业技术体系管理办法》，认真对待科研任务执行、科技支撑服务、人才队伍与基础设施建设、经费使用、日常管理事务等各项工作，切实做到既符合管理要求，又有特点和亮点的目标。

2. 加强人才队伍与基础设施建设

以机构挂牌为契机，真正实现有稳定的研发团队、固定的实验基地、独立的试验场所等基本要求。这样才有利于体系任务的延续、团队的延续和得到政府持续、稳定的支持。

3. 加速成果熟化

形成一批有影响的标志性使用成果。2013 年每个研究室至少有一项鉴定成果，通过观摩与鉴定来完善和催熟成果与技术。这里再强调一下，体系的每项成果在鉴定之前，都需要通过正式文件报送执行专家组，经审核和同意后才可以开展，任何私自开展的鉴定工作都是违反《体系管理办法》的，我们将严格按照《体系信用评价管理办法》处理。

4. 不断提升体系创新文化建设

体系计划在 2013 年全面开展“寻找百年麻园”活动，首先由各位专家在全国各地寻找和征集老麻园、老作坊，体系会组织专门小组进行组考核与遴选，最终选定典型的麻园、麻作坊进行挂牌保护。我们还考虑建立一个麻文化博物馆，让古老的麻文化得以传承，也让年青一代对麻文化有更多的了解。

5. 加大体系宣传力度

在产业低潮，处处能听到体系的声音，为产业振兴打气、鼓劲，争取政府对产业的支持。鼓励、协助团队成员结合体系任务，多申报一些项目，一方面可以完善体系的各项技术成果，另一方面也通过参与项目的方式，向学术界、向政府宣传麻类产业的研究进展与动向。

6. 继续抓好执行进度的督查工作

2012 年开展的督查工作取得了非常好的效果。尤其在促进依托单位与当地农业主管部门的沟通、体系团队与依托单位的沟通、体系任务在试验站的落实等方面，效果非常明显。2013 年我们要继续抓好各项工作执行进度的督查工作。

各位领导、各位专家，春节渐近，在这里我代表国家麻类产业技术体系，向大家拜一个早年。祝大家身体健康、家庭幸福，万事顺意！也祝麻类事业在新的一年里更加辉煌，麻类体系的各项工作更上一个台阶！

谢谢大家！

2012 年度工作总结与现代麻业发展学术研讨会简报

国家麻类产业技术体系 2012 年度工作总结与现代麻业发展学术研讨会于 2013 年 1 月 7 日至 12 日在南宁市召开。全体岗位科学家、试验站站长及部分团队成员参加了此次会议。受农业部委托，广西壮族自治区农业厅经济作物处陈国平处长主持了首席科学家的考评工作。

会议采取审阅述职报告和多媒体相结合的形式，汇报了各岗位科学家、试验站站长的 2012 年全年的工作，并采用无记名打分的方式，进行了 2012 年人员考评。

会议指出，2012 年麻类产业依然低迷，但是我们体系的科研工作热情却仍然高涨，创新能力不断提升、技术储备不断丰富。据初步统计，麻类体系 2012 年获得了成果 7 项，提交了 5 项行业建议、获得专利和标准 8 个、育成了新品种 4 个、创制新材料 29 份、出版了 3 部专著、发表了 97 篇论文，并有 33 个专利正在申报过程中。会议要求各团队加强协作，加快成果产出、技术储备与产业化示范，历练出体系的标志性成果，提高体系的社会认知度，推动麻类产业发展。

会议对各团队 2013 年委托协议进行了分组讨论。会议要求，2013 年每个功能研究室至少有 1 项鉴定成果，逐步形成一批有影响的技术成果；加强团队之间的沟通与协作，保护体系知识产权；进一步规范管理，严格按照委托协议的要求制订会议、出国等工作计划；继续抓好执行进度的督查工作，促进依托单位与当地农业主管部门的沟通、体系团队与依托单位的沟通以及体系任务在试验站的落实；继续加强人才队伍和基础设施建设，实现各团队均有稳定的研发团队、固定的实验基地、独立的试验室等基本要求；不断提升体系创新文化建设，开展“寻找百年麻园”活动，弘扬麻文化；继续加大体系宣传力度，为产业振兴打气、鼓劲，争取政府对产业的支持。

会议还讨论形成了《中国现代农业产业可持续发展战略研究（麻类分册）》编写提纲，考察了广西武鸣剑麻生产示范基地。

国家麻类产业技术体系
2013 年度工作总结暨经验交流会议纪要

2014 年 1 月 8 ~ 11 日，国家麻类产业技术体系 2013 年度工作总结暨经验交流会议在云南省景洪市召开。岗位专家、试验站站长等共计 90 余人参加了会议。农业部科技教育司魏锴副处长主持完成了首席科学家熊和平研究员的年度考评工作，并对麻类体系及首席科学家一年来的工作给予了高度评价。会议对岗位专家、试验站站长进行了考评，对 2013 年度工作进行了全面分析与总结，并对体系经费管理模式、2014 年度的工作等内容进行了研究、展望与部署。

会议指出，经过“十二五”任务的凝练和三年的运行，各团队把握住了麻类体系以技术链提升促进产业链提升的特点，开展技术支撑工作，将工作重点放在了“高产高效”、“多用途”、“机械化”等关键问题上，积极迎接现代农业的挑战，并作出了突出的贡献。据初步统计，2013 年共获得奖励成果 13 项，其中，“苎麻饲料化与多用途研究和应用”获得湖南省科技进步一等奖，迈出了麻类作物多用途研究的坚实一步；育成麻类作物新品种 20 个，其中，苎麻 1 个、亚麻 6 个、红麻 6 个、黄麻 7 个；获得国家发明专利 20 项，实用新型专利 13 项，审定行业标准 5 项，成果涵盖了体系任务设计的各类麻作以及育种、栽培、加工等各个生产环节；出版专著 1 部，发表科技论文 178 篇，提交行业建议 5 篇，为麻类产业发展提供了全面的咨询服务；全年培训人员 10 281 人次，对产业的发展起到了强有力的技术支撑作用。

会议交流了中国及欧洲国家麻类产业发展特点及其在多用途探索方面的成就，分析了当前麻类纺织丢失其纤维特色、种植环节生产方式落后、加工环节环保压力过大、市场环节缺乏高档次产品等问题。提出了走种植、加工和贸易“三位一体”的产业发展道路，以及加工企业向原料生产环节延伸或原料生产者向加工环节延伸的发展模式。要求体系专家争做国家的“代言人”，不能被动等待，要代表政府推进麻类产业技术成果的转化与产业化，通过政府的转化项目、地方经济的产业化应用、体系团队的联合协作、媒体宣传的跟进等“组合拳”，促进麻类产业的现代化。

会议强调了目前体系工作中还存在主要问题，如与企业和技术用户的对接不够；新用途的突破点在个别麻作中还没有找到；创新能力不强，突破性的理论与技术不明显；团队间互动不够，体系联合协作机制的优势没有充分发挥出来，岗位专家和试验站的职能与工作错位等。对此，会议探讨了发展麻类副产物复合材料等研究的可行性，提出了严禁利用体系经费开展与岗位职能无关的工作的要求。

会议对体系成果验收等事项的实施细则进行了部署。提出了体系技术成果验收的基本原则：体系及三大重点任务相关成果由研发中心组织验收，研究室级八大重点任务相关成果由各研究室组织验收；验收专家组组成必须涵盖本研究室外体系执行专家、体系行业专家、体系外行业专家、当地政府主管部门官员和技术用户。

会议研讨了 2014 年的管理工作计划，要求严格按照“中央八项规定”组织会议等活动，通过合并等方式充实会议内容，缩减会议数量和开支；鼓励各团队积极凝练研究成果，通过出版专著等形式，促进成果系统化、精细化；补充出国计划的详细信息，严格限制出国人员，不得申报与体系任务无关、非体系团队人员的计划；经费预算可根据本岗位的需求，适当调整经费预算结构，并严格控制“三公”经费的开支。

按照农业部《现代农业产业技术体系管理办法》的暂行规定，2015 年上半年将进行“十二五”任务的综合考评。体系要求各团队按照 2014 年全面完成体系任务的目标，紧紧围绕《任务书》的要求做好安排，切实考虑“十三五”规划，做好技术创新、产业服务、延续工作的准备。

会议期间，全体参会代表还考察了汉麻投资控股有限责任公司的加工与产品展示现场，学习了工业大麻产业化发展的经验。

国家麻类产业技术体系执行专家组会议纪要

2014 年 1 月 8 日，国家麻类产业技术体系执行专家组召开会议，通过了 2013 年度工作总结暨经验交流会议的主要议程，研究了“十二五”任务执行进度、体系经费管理模式、2014 年重点管理工作计划等事项。

会议听取了关于 2013 年度年终会议的筹备情况，对体系人员工作述职和考评工作方案、2014 年委托协议修订与体系经费管理模式分组讨论等具体会议方案进行了研究和通过。

会议讨论了 2014 年本体系召开会议计划，通过了各研究室申报的会议计划；要求将种质资源评价岗位拟召开的“麻类种质资源发展战略研讨会”和黄麻育种岗位拟召开的“国际黄红麻产业发展研讨会”整合到育种研究室拟召开的“麻类作物育种与产品研发研讨会”中，压缩会议数量；要求纤维性能改良岗位拟召开的“全国新型纺纱技术及新纤维应用学术年会”明确会议类型和开支计划，不列入与体系无关的会议；缩减会议规模，不列入与体系开支无关的会议人员。

会议研究了 2014 年出版计划，通过了《国家麻类产业技术发展报告 2012—2013》、《2012—2013 年度麻类产业经济分析报告》、《麻类作物多用途及战略研究专题》、《麻田杂草防控理论与技术》、《亚麻育种技术与综合利用》和《麻类作物病虫草害原色图谱》的出版方案。

会议审核了 2014 年体系人员出国计划，要求申报出国的团队补充出国的具体工作内容、停留时间、国外对接单位等，并要求将出国人数限制为 1 人，不得在体系经费开支与体系工作无关、非体系团队人员的相关费用。

执行专家组听取了 2013 年经费检查工作的主要情况汇报，讨论了体系经费管理模式，研究了优化体系经费预算结构、加强经费管理指导等事项，要求各分组组长在 2013 年终会议上组织好各团队深入研讨。会议还分析了麻类体系“十二五”任务执行进度和体系成果转化存在的问题，提出了 2014 年全面完成体系任务的要求。

麻类体系建设和运行经验

一 体系建设和运行的成功经验

（一）凝聚力量，重点突破，掌控全局

国家麻类产业技术体系汇集了全国的麻类精英，掌握当今麻类产业发展的主要方向与科技前沿，是中国麻类产业的一面旗帜。麻类体系将全国的产业力量集中到了一起，拧成一股绳，力往一处使，更有利于麻类产业的发展和繁荣。体系工作由首席科学家领导，体系工作可以统一规划布局，通过掌控全局，可以更加准确地找到体系需要突破的重点、面临的问题以及今后发展的方向。

（二）建设民主制度，集思广益

麻类产业技术体系积极开展民主制度建设，体系的各项重大决策、制度建设、发展方向等都是通过会议讨论等方式决定，充分听取各体系成员的意见，集思广益。

（三）分工合作，高效创收

体系设立首席科学家、执行组专家、岗位专家、试验站站长、团队成员等等，层层分工，给各体系成员都分配适当的体系任务，各成员各司其职，又由体系统一协调，避免了工作的重复，有利于工作效率的提高。体系工作分工突破，发现问题可以及时解决，出现困难可以互帮互助，各体系成员团队协作，共同促进麻类产业繁荣。

（四）稳定支撑，持续发展

之前小作物的发展不受重视，麻类科研人员几乎是自生自灭的状态，而组建了国家麻类产业技术体系后，能为各科研单位提供稳定的科技支撑和资金支持，使麻类研究工作持续稳定发展，积累长期的经验和数据，促进成果产出。

（五）走向基层，发现需求

以首席科学家为首的体系领导班子，经常下到田间地头，走到生产的最前线，了解了我国麻类产业从品种、种植、收获、加工以及进出口贸易等各个环节的现状、存在的问题，以及与种植效益、加工效益和市场经营情况，掌握麻类产业的主要技术需求，为国家制定产业政策及国家麻类产业技术体系任务设置提供依据。

（六）发挥优势，促进发展

体系按照各地的地理优势、科研背景以及社会需要设立试验站，使得体系工作能够更高效的开展，并按照岗位专家的特长设置岗位，充分发挥体系成员的专业优势和已有的研究基础，做到专人专岗，为更顺利地解决产业技术难题奠定基础。

（七）鼓励青年工作者，做好人才储备

体系大力培养青年人才，鼓励青年科研人员争取项目，鼓励青年人才开展创新性研究，鼓励青年人才参加学习与交流的会议与活动，积极组织培训，给他们提供充分展现自我的舞台，并开展后备人才遴选会，将部分表现突出的青年人才重点培养，为体系将来的发展做好充足的人才储备。

三 研究体系运行中的存在的困难和问题

在体系运行过程中，伴随着新旧研究方式的冲突、新旧管理体制的磨合等过程，有一些问题也在不断显现，必须引起高度重视：

（一）经费管理制度不完善

各岗位的科研经费直接由农业部拨发，而不是由首席科学家统一监管，各岗位每年有固定的经费支持，不需要用工作成绩去争取经费，经费分配与任务分配不挂钩，工作考核不作为经费支持的依据与限制，这使得许多岗位对体系工作出现惰性，不能保证各个岗位都能按质按量地完成工作。经费管理制度不完善，会给体系工作带来一系列的麻烦与困难，必须制定明确的经费管理制度，使经费支持与工作完成情况挂钩，提高各岗位的工作热情。

（二）体系内部竞争机制不完善

体系对每个岗位都有稳定的经费支持，且同级别岗位支持力度一致，没有工作量与工作成果的体现，体系内部竞争意识薄弱，不能激发工作热情。竞争机制是提高工作效率、促进科研产出的有效手段，应该加强体系内部竞争机制建设，奖惩分明，这样，体系才能发展得更好更快。

（三）年终考评方式有所欠缺

年终考评都是以 PPT 汇报形式进行，考核成绩完全由体系内部专家现场评分决定。这样的考核方式具有许多弊端，如各人的表达能力不同，总有说的不如写的好，写的不如做的好的情况出现，且 PPT 只能展示部分工作，真实的工作情况得不到确切体现，体系内各专家的相互了解有限，单纯依靠听取 PPT 汇报打分，往往有所偏差，很容易出现工作完成的好的岗位得不到高分，而工作一般的岗位却评定为优秀的情况。且年终考评都是体系内部专家相互之间进行评定，没有技术用户参与，也没有体系外的考评专家参与，体系专家碍于人情关系，往往不能做出最公正的评定。所以，最终评定的分数不能很好地反映现实工作情况，考评方法有待改进。

（四）体系运行模式尚未成熟，工作效率有待提高

体系采取由顶层设计向下游分解任务的运行模式。各团队的科研水平与基础参差不齐，所在区域因产业的消长而技术需求不同，体系在任务分解中无法完全做到平衡，导致各团队所承担的任务不均衡。存在部分基础较好的团队、负责区域的产业萎缩的团队等任务不够饱满，部分专家投入过多的精

力在体系外工作上等问题。还有许多专家对该模式的运行方式理解不透彻，无法跳出“自娱自乐”的思维模式，仍有一部分甚至大部分的工作，仅仅是前期工作的延续。这些问题严重影响到了体系合力的形成，工作效率有待大幅提高。

（五）体系运行经费不足

由于麻类作物是小作物，且近年麻类作物的发展一直处于低谷期，麻农种麻积极性降低，全国植麻面积急剧缩减，麻类产业的发展受到前所未有的挑战。麻类科研长期没有得到经国家重大项目的资金支持，许多麻类科研工作者的科研热情也有所减退，许多科研项目由于没有稳定的资金支持而难以完成，麻类科研进展缓慢，如此便形成了资金少—科研工作受阻—科技成果少—麻类产业发展缓慢—体系运行受阻—资金支持更少的恶性循环。麻类作物在纤维领域具有不可替代的地位，虽然如今它处于低谷时期，但是国家此时更应该加大对麻类产业的支持，只有国家的支持，才能促进其发展和复苏。

（六）国际交流合作少

如今已步入全球化、信息化时代，国际交流在此时显现出无可替代的重要性，通过国际交流，我们才可以知道自身的缺点和不足，才能看到我们与他人的差距，并学习其的先进技术与经验。体系在国际交流方面做得还不够，应该加大对外交流与合作，拓展视野和发展空间。虽然我国麻类产业历史悠久，但是如今却面临许多困难与瓶颈，而许多欧洲国家在麻类产业的发展上具有许多先进的技术和成果，在许多方面已经超越了中国，麻类体系是一个开放的体系，应该学习国外的先进技术，并积极参与国际合作项目，将体系推向全世界，在交流与合作中，体系将不断发展壮大，麻类产业也必将蒸蒸日上。

（七）体系的宣传力度不够，社会对体系的认知甚少

麻类体系是为社会服务的农业技术体系，但社会对体系的认知还比较少，对体系的信任度也有待提高，所以导致体系在开展工作时遇到许多困难，许多民众不支持、不理解。为此，我们必须增强对体系的宣传力度，使民众认识到体系的重要性与可靠性，这样，体系工作的开展才能更加顺利。并且通过基层宣传与交流，体系能更直接的接收到民众的反馈信息，更快更直接的知道民众的所需所求，从而为体系的发展指明方向。

（八）试验站示范工作中存在的问题

试验站的主要工作是示范推广，但是许多试验站没有分清自己的主要任务，许多试验站在做岗位科学家的科研工作，而示范工作却没有落到实处，使得体系内部出现了工作重叠，效率偏低的现象。

（九）科研工作中的问题

（1）麻类优质原料生产效率低，当产业快速复苏时，巨大的原料缺口将成为产业发展的瓶颈，另外，优质原料缺乏是阻碍我国高档麻产品纺织的重要因素。

（2）麻类作物副产物资源化利用效率低，而麻骨麻叶等麻类作物副产物占麻类作物生物产量的85%左右，这无疑造成了资源的巨大浪费，且限制了植麻效益的提高，影响了麻农种植的积极性。

（3）我国耕地紧张、麻类作物与粮争地的矛盾日益突出，而且，与种植玉米、大豆等经济作物相比，植麻效益明显偏低，导致全国植麻面积大幅缩减，因此，在“不与粮争地”的前提下，麻类作物走出粮田、拓展种植区域、寻找新的生存空间是实现可持续发展的必要条件。

（4）如今劳动力价格上涨，原始的植麻收麻模式费时费工，劳动力成本过大，收获成本几乎占整个产值的一半，而且收剥质量难于控制，不能适应当代农业的发展。因此，在行业体系的建设中，要充分利用机械收获技术，降低劳动生产成本，提高麻类单位面积生产效率。

（5）麻类产业的发展，缺乏行业联系和协调控制，各环节条块分割，研究原料生产的农业部门与纺织加工、销售机构互不关联。农工科贸沟通渠道不畅，各自为政，各自为战。影响了体系的稳定性，不可避免地出现大起大落的恶性循环。

三　下一步的建设思路

（一）加强制度建设，完善体系管理制度

进一步完善体系的经费管理机制，将工作任务完成情况与经费支持力度有机结合起来，量化任务考核指标，完善考核办法，激发各岗位的工作热情与积极性。

（二）加强协作，打破学科交叉限制

在体系内，按照农业部的统一部署和体系凝炼的各项任务，推选技术总负责人，进行细致的任务分解。围绕重点任务，进一步明确了各岗位的定位，避免工作任务的重叠，加强了岗位之间的交流以及在试验站的集成与示范。

（三）民主决策，促进体系高效运行

建立以全体人员民主讨论、执行专家组决策的运行机制，保障各项工作公平、公正、公开地开展。按照农业部、财政部出台的关于开展体系工作的各项制度，进一步细化论文、专著等文字作品发表以及会议等活动召开的规范，并要求全体系严格执行相关规定，保障体系的有序运行。

（四）壮大人才队伍，服务生产

制定新的人才引进政策，吸引国内外优秀学者加入体系工作，加强技术培训，培养基层技术骨干，在主产区全方位开展农业科技服务活动，并与政府部门、企业代表、农户代表等形成了“产学研”三方对接的服务模式，将先进的产业发展理念和技术快速传播到生产中。同时通过这种方式，体系也能够有渠道经常听取他们的需求，获得新的研究方向和研究动力，从而使自己的研究更有针对性也更有效益。

（五）开拓创新，与时俱进

麻类体系经过“十一五”的历练，在管理和运行上都积累了丰富的经验，体系工作进行的有条不紊，但同时，随着时代的进步，社会需求的改变以及技术的革新，体系的工作也会面临新的挑战。在这样的形势下，麻类体系必须与时俱进，抓住认清新时期的新任务，通过深入调研，确立新时期的研究方向，并系统凝炼，确定重点任务，不断革新各项技术，只有这样麻类体系才能适应时代的发展，蒸蒸日上。另外，各团队还应积极配合，制作体系宣传画册、文件夹、通讯录等材料，加强了体系的宣传力度，提高社会对体系的认知度。

四　下一步具体工作计划

深入开展调研，了解我国麻类产业从品种、种植、收获、加工以及进出口贸易等各个环节的现状、

存在的问题，以及种植效益、加工效益和市场经营情况，掌握麻类产业的主要技术需求，为国家制定产业政策及国家麻类产业技术体系任务设置提供依据。

国家麻类产业技术体系下一步将重点对麻类作物高产高效种植与多用途、非耕地利用和生态恢复三个关键技术进行研发与示范，并以形成高效循环农业模式为目标，通过加强任务实施与管理、科技宣传与培训、团队建设与人才培养、建立健全基础数据库等工作，保障各项任务的圆满完成，并为进一步提升麻类产业科技水平夯实基础。

继续开展麻类作物副产物饲料用，食用菌培养基用等多用途技术的研发，使麻类突破纤维用的单一产品结构，与"米袋子"、"菜篮子"紧密结合起来，稳定麻类作物的种植面积，充分发挥麻类副产物产量大、蛋白含量高等特点，为我国南方畜牧业、食用菌业的健康发展提供坚实的支柱。国家麻类产业技术体系将进一步加强对麻类作物多用途的研发与示范力度，加强行业间的合作，建立示范基地，带动苎麻多用途技术的发展。

继续全面推进麻类作物向山坡地、盐碱地、冬闲地发展的战略大转移，不仅可以为麻类作物生产拓展出广阔的空间，对土地资源的高效利用也具有重要意义。麻类作物走出粮田、拓展种植区域、寻找新的生存空间是实现可持续发展的必要条件。引领麻类产业向极端条件进军，不仅开发麻类作物的经济效益，还能产生生态效益。拓宽麻类作物的发展空间。

紧抓推进农业现代化的根本加强创新，尽最大力气提高麻类科技含量，着力提升麻类生产机械化与清洁化科技水平，解决好劳动力成本高与环境污染两个关键问题。

在运行管理方面，通过每年两次的总结会议，各技术总负责人组织协调和执行专家组的监督与考核，促进各项任务的实施，确保圆满完成，促进产业发展。加强岗位专家与试验站站长工作的衔接，实现体系与体系之间、体系内部成员之间的整体联动，避免因工作的重复而造成不必要的浪费。采取多种形式，加强体系的宣传力度，促进社会对体系的认知，提升麻类体系服务产业的能力。完善体系管理办法，加强经费督查和工作督查，提高体系工作效率。培养一批致力于麻类事业的科技人才和技术骨干。健全基础数据库，为产业技术的不断提升夯实基础。

麻类体系运行主要经验与做法

一 服务于生产一线，工作重点落实到技术需求

体系启动以来，麻类体系把“围绕产业发展需求、解决生产技术难题”作为核心任务，通过一系列的调研、讨论遴选主要技术需求，形成研发任务。在任务实施过程中，采取细化分工、示范带动、工作督查等手段来促进体系专家走向田间、走向生产前线。

每个五年计划的委托协议，我们都进行了5～7次的反复修订，确保每个岗位、试验站的工作都与生产需求紧密相关、与所在的区域条件相符，利用试验示范规模等具体要求，保障专家们在生产一线投入足够的时间，有利于研发实用的技术。

二 发挥示范带动作用，营造团结、积极工作氛围

首席科学家可以说是一个体系文化建设、制度建设、运行管理的灵魂。首席科学家的工作是全体体系人员所认同的标杆，首席科学家的工作作风、工作进度都会深刻影响到全体系的发展。麻类体系坚持在生产前线研发实用技术，大量的田间工作和较快的工作进展在每年的年终总结时，体系人员都感触很深刻，这种示范带动作用对各团队的激励很大。

三 深入体系团队督查，促进体系任务落实与团队建设

在体系经费稳定支持后，各体系产生一些工作懈怠的团队。麻类体系以委托协议、年终总结材料、日常工作态度、日志与经费填报情况等为主要依据，对一些出现懈怠的团队进行督查。采用听汇报与看现场相结合的方式，检查体系任务的落实情况，督促依托单位支持体系团队工作。通过督查不仅发现了很多问题，也切实促进了这些团队的工作。

四 加强联合，推动区域协作

依托麻类体系涉及的六大麻类有不同生产区域分布的特点，形成了若干个产业区域，例如苎麻在长江流域、亚麻在东北、黄/红麻在东南沿海、剑麻在两广海南。借助这种天然优势布局的岗位专家和试验站团队在区域联合上很容易推动，岗站协作，联合攻关是麻类体系的一个特点。

五 坚持民主制度

民主决策是部里对体系的要求，也是我们体系各项管理决策的重要手段。体系作为一个国家级的组织，每一个动作都要以国家的发展为基点，任何的个人主义都会产生强烈的反面影响。麻类体系在民主决策方面，保持着工作严谨的态度，客观公正地推动各项工作的开展。例如，在后备人才遴选过程中，虽然是在推荐体系团队成员，但是没有把这件事情局限在体系内部的认同上，我们外聘了几位麻类专家，与体系专家一起组成了评审专家组，通过体系内外、不同的审视角度评审，进行了遴选工作。这种做法不仅有利于体系的团结，更有利于客观、公正地执行体系任务。

国家麻类产业技术体系 2012 第一次执行专家组会议纪要

为传达全国农业科技教育工作会议精神、审议 2012 年委托协议、讨论年中会议方案，国家麻类产业技术体系执行专家组会议于 2012 年 6 月 15 日至 16 日在湖南省长沙市召开。国家麻类产业技术体系执行专家组成员及在长岗位专家、试验站站长和团队成员共 25 人参加了会议。农业部科技教育司产业技术处张国良处长、徐利群副处长出席了会议并发表重要讲话。

徐利群副处长对现代农业产业技术体系 2012 年在体系自身管理和配合农业部“农业科技促进年”活动开展的主要工作进行了简要回顾，并对签订 2012 年任务书、加强与地方创新团队对接、保持体系活力等工作提出了要求。

张国良处长用“品牌”、“稳定”和“懈怠”三个关键词概括了体系当前运行的状态及可能出现的问题。他指出，从学界的关注、领导的关注等方面，都可以看到体系已经成为一个品牌。体系的经费支持、运行机制和人员团队等方面都步入一个稳定状态。而面对可能出现懈怠的现象，希望体系逐步转变为自我管理，依靠体系自身、各团队、执行专家组来管理，维持好这个“自系统”。各体系应进一步把握好发展方向，要做到在产业支撑上有贡献、在技术创新上有亮点、在学术地位上有影响、在决策咨询上有权威、在团队建设上有提升、在经费使用上有规范和在文化建设上有特色。

会议介绍了体系机构挂牌工作的主要事项，并要求通过任务委托、稳定支持和管理创新等工作把体系凝聚起来，通过任务监督、动态调整等方法保持体系活力。

会议指出，在委托协议签订方面，要紧紧围绕“十二五”五年的规划，将体系级重点任务、研究室级重点任务和基础型数据库建设的考核指标量化、细化，不能泛泛而谈；在加强与地方创新团队对接方面，要通过机制创新等手段，把地方团队吸引到国家体系的周围，向体系提供技术培训等工作的辅助；在配合“农业科技促进年”活动方面，主要开展了依托体系的 1 144个综合试验站，建立 10 006 个示范基地、遴选 150 项轻简化实用技术和开展 10 万农技人员大培训等工作，各体系应将这些工作放在重要位置，积极组织开展；在保持体系活力方面，要本着将体系建成“百年老店”的信念，从保持体系活力、诚信科研、技术实用、服务受欢迎等方面入手，把握住体系技术创新的本职、做好长远发展的顶层设计、制定详细完善的规划、重点突出、建立前瞻性的管理机制和文化理念，树立体系的品牌形象。

会议认为，麻类是一个小作物，受到其他作物、产品的冲击巨大，形势不利于产业的发展，然而麻类体系也找到了很多出路：麻类作物副产品饲料化、麻骨在食用菌工厂化栽培上的应用、麻地膜在水稻机械化育秧上的应用等技术的成功研发，丰富了麻类产业的服务对象，促进了社会对麻类产业的重新认识；体系推动着专家走向田间地头、生产一线发明实用技术；体系大协作的运行模式将迅速推动农业发展由粮食安全向食品安全、农业安全、生态安全转变，麻类体系还有很多工作要做，并将通过不断学习，把握好体系发展的方向，积极开展各项工作。

会议对各岗位专家、试验站2012年委托协议初稿进行了审核，并根据产业技术处的精神，要求各团队严格围绕体系任务分工，进一步细化研发任务、量化考核指标。会议讨论了年中会议方案，确定了会议由长春亚麻试验站承办，通过了“专家代表汇报+分组讨论+集中总结”的会议形式，推荐了初加工机械与设备岗位和咸宁苎麻试验站两个团队在年中会议上做重点汇报。

会议考察了苎麻高产高效种植与多用途技术试验基地，参观了369工程苎麻园、肉鹅放牧苎麻园、饲料加工车间、苎麻剥制车间、肉牛养殖场和鹅粪养鱼池等。了解了通过苎麻副产物饲料化、能源化，结合养殖与食用菌栽培形成的循环农业模式及其构建的思路。张国良处长指出，要加快该技术在山坡地上的应用研究，尽快制订技术标准与规程，在生产上得到认可，把技术成果实实在在物化下来。

国家麻类产业技术体系
2012第二次执行专家组会议纪要

为贯彻农业部“现代农业产业技术体系制度化建设研讨会”精神、部署2012年年底工作，“国家麻类产业技术体系执行专家组会议”于11月25日至27日在四川成都召开。执行专家组共13人，实到12人。

会议通报了农业部“现代农业产业技术体系制度化建设研讨会”会议情况，传达了科技教育司唐珂司长讲话的主要精神。讲话指出体系运行成为支撑农业发展和生产决策的核心技术力量，形成了全国农科教、产学研联合协作新局面，建立起产业导向的科研新思路并取得新进展，构建起产业和农业科技的公共服务平台，以及促进农业科技人员价值观念巨大的转变等五点重要成效。唐珂司长要求全体系成员按照农业部统一部署，进一步加强在支撑产业、联合协作、公共服务等方面的工作，推进产业的发展。农业部会议还强调了将体系建设上升为规律性的认识和制度性的安排的重要性，研究讨论了《现代农业产业技术体系管理办法（讨论稿）》。重申加强信用评价管理，推进体系团队“有出有进”的制度，增强体系内部竞争机制。

本次执行专家组会议对2012年“农业科技促进年”主要活动与示范基地建设、四个试验站的督查情况与整改意见等进行了回顾和总结。2012年本体系配合农业部“农业科技促进年”大培训活动，积极组织，结合示范基地建设，开展了“基层骨干农技人员和种养大户培训活动”，活动以“展示先进技术、培训基层骨干、保障麻类丰收”为主题，通过开展培训班、技术咨询会、科技入户、实地示范指导、发放宣传资料等方式，多途径、全方位地开展了技术培训工作，其中，苎麻高产高效种植与多用途技术培训、可降解麻纤维育秧基布新产品应用技术培训等工作取得了良好效果。前三季度，依托各试验站建立的131个示范基地，共培训人员达4 806名，其中，包括岗位人员437人，农技人员1 657人，农民2 712人，成效显著。

会议讨论了《国家麻类产业技术发展报告（2010—2011）》出版事宜。本书现已交付中国农业科学技术出版社编审、校对，初步统计约52万字。会议决定由全体编委共同承担出版费用。

执行专家组深入传达了产业技术处《关于“十二五”现代农业产业技术体系部分聘用人员调整有关问题的通知》精神，根据体系下半年的工作部署，2012年度总结与考评会将于2013年1月7日至12日在广西南宁召开。

会议参照保护千年茶园、百年桑园的做法，制订了寻找百年麻园、百年麻作坊的方案，提出由6个苎麻试验站和工业大麻相关岗位与试验站重点在次产麻区的老麻园、农家作坊进行调查、征集并上报体系办公室，经过遴选后加以维持与保护。

会议还对成果汇编材料进行了审定，并讨论通过了“苎麻副产物饲料化与食用菌基质化高效利用技术”成果鉴定等事项。

国家麻类产业技术体系执行专家组会暨多用途任务协调会会议纪要

国家麻类产业技术体系执行专家组会暨多用途任务协调会于2012年8月25日至26日在杭州市召开。会议研究了国家麻类产业技术体系功能研究室和试验站挂牌有关事项，审核了体系成果汇编材料，讨论通过了《国家麻类产业技术发展报告（2007—2009）》提纲，总结了“麻类作物高产高效种植与多用途技术研究”任务的进展，并对加快该任务的研发进度与成果培育进行了部署。执行专家组共13人，实到12人，多用途任务各麻类分支技术负责人6人，实到6人。

会议强调，挂牌工作是农业部、财政部对体系机构再认可的过程，主要目的是通过挂牌的形式来推动各机构，尤其是促进薄弱团队的建设。执行专家组审核并充分讨论了各体系机构提交的挂牌申请表，通过不记名投票的方式进行推荐表决，按照同意推荐挂牌票数达2/3及以上为标准，确定了此次推荐的团队。国家麻类产业技术体系6个功能研究室和16个试验站通过了审核。张家界苎麻试验站、涪陵苎麻试验站、南宁剑麻试验站、六安大麻红麻试验站因存在耕地产权、人才队伍建设、试验布置、办公与实验条件配备等方面的疑问，建议加快建设或提交相关证明材料后再审核推荐。

为充分展示各团队依托单位在麻类科研相关工作的基础与成就、各团队在体系启动以来形成的重要成果与重大进展，向社会提供有价值的技术成果、提升社会对麻类体系的认知度，国家麻类产业技术体系启动了成果汇编工作。经执行专家组的审核，提出了进一步规范汇编材料内容的要求：

（1）成果及阶段性成果主要包括获奖成果、新品种（产品）、鉴定成果、专利、标准（规程）、现场观摩意见以及科研重要进展（SCI论文）等。

（2）各团队成果简介的材料内容必须是体系运行获得的成果，具有自主知识产权，并且可以直接服务于生产或科研。

（3）各依托单位介绍应主要围绕本单位麻类科研相关情况进行简要说明，主要内容包括单位（或学院、研究室、课题组）概述、人才队伍与科研条件建设、主要研究方向与立项情况、已获荣誉与成绩等。

（4）材料应图文并茂，简介中列举的成果应有简明扼要的阐述，避免大段文字赘述；简介标题应明确标注体系团队及依托单位名称。

各麻类分支技术负责人分别向会议汇报了“麻类作物高产高效种植与多用途技术研发”任务的进展情况。苎麻多用途技术在“369”工程的基础上拓展出了“315”技术模式，进一步简化了苎麻副产物饲用和栽培食用菌技术工艺，减少了技术实施成本；在纤维应用方面，通过青贮脱胶技术的研发，为低成本生产新型夏布纺织和可降解麻地膜找到了新途径；在饲料加工方面开展了青贮、制粒、压块、制粉等技术手段的应用，为形成高效的苎麻饲料产品奠定了坚实基础；在试验示范方面，各苎麻试验站积极配合，取得了显著示范效果。

红麻通过优良品种、春播、地膜覆盖等技术措施的结合，已经达到“637”的亩产目标。黄麻、红麻、亚麻麻骨栽培食用菌取得了成功，下一步将结合企业开展产业化生产示范；红麻嫩梢部及黄麻麻菜饲料化、吸附材料、共轭亚油酸等保健品开发等研究正在开展。

工业大麻主要围绕纤维的多用途开展了麻编工艺品、医用无纺布等产品开发的研究，并在全秆造纸、叶片饲料化、兰花栽培用基质等方面进行了尝试。剑麻在麻渣制备沼气、生物肥、生物活性物质提取等方面有重要进展。

会议总结了当前麻类作物多用途技术研发与应用存在的种植面积缩小对示范作用的影响、育种岗位缺少在加工研究方面的优势等主要问题，提出了加强技术储备和成果培育工作、促进“十二五”末形成对产业有重大支撑作用的技术成果的要求。

会议还考察了萧山黄/红麻试验站及其依托单位浙江省萧山棉麻研究所的建设与运行情况。

B. 技术服务

苎麻高产高效种植与多用途技术培训会会议纪要

苎麻是优质的纺织原料。苎麻收获后的副产品利用研究获得突破性进展，以苎麻茎叶等加工成草食动物饲料，麻骨用于食用菌培养基质和畜禽废料生产沼气等多用途技术，大大提高了苎麻的经济价值，有利于农民增收。为促进苎麻高产高效种植与多用途技术的交流，加快该技术成果的应用转化，推动苎麻种植、草食动物养殖和食用菌产业的协同发展，结合“农业科技促进年”大培训活动，由国家麻类产业技术体系主办、中国农业科学院麻类研究所承办的“苎麻高效种植及多用途技术培训会”于2012年2月28日至29日在湖南省长沙市召开。

湖南省农业厅兰定国副厅长、湖南省农业厅经济作物处胡耀龙处长、湖南省委组织部人力资源和社会保障厅杜建安主任出席了此次会议并讲话。国家麻类产业技术体系6个苎麻试验站的站长和团队成员，来自27个主产县（市、区）的60余名农业主管部门领导、企业代表、种植（养殖）大户、技术骨干等参加了此次培训会；苎麻育种、酶处理与副产品综合利用岗位专家团队在大会上做了培训报告。会议特别邀请到了湖南大学工商管理学院雷辉副院长进行了苎麻多用途技术实施的可行性分析。

会议由国家麻类产业技术体系首席科学家熊和平研究员主持。他对“苎麻高产高效种植与多用途技术”的研发进展做了简要的介绍，并指出，该技术是针对当前苎麻产业面临收益低下、机械化水平低以及对环境污染严重的问题而摸索出来的一条结合“种养加”、生产机械化的高效循环农业模式，从目前的研究和示范情况看，该技术非常符合中央一号文件对农业技术“高产、优质、高效、生态、安全”的要求，得到了农业部科教司领导的高度肯定，为苎麻寻找到一条发展新出路，要求各试验站做好试验示范工作，将该技术成果迅速应用到生产中。

兰定国副厅长结合2012年的中央一号文件精神，说明了发展“以生产蛋白质饲料和食用菌培养基等大宗利用产品为特点，以循环农业模式为载体”的多用途技术对提升苎麻产业竞争力的意义，并要求会议认真学习、落实该项技术。

会议详细介绍了“苎麻高产高效种植与多用途技术”的实施思路、技术要点和应用效果等内容，并结合现场观摩的形式，重点对新模式不同于传统生产方式的机械化种收、青贮饲料加工、草食动物喂养、食用菌栽培、下脚料沼气发酵、有机肥还田等技术进行了演示与讲解。

会议认真听取并解答技术用户代表对本技术的建议与疑点后，各苎麻试验站站长向会议介绍了本站开展多用途技术试验示范工作的近况和进一步加强宣传、培训与示范工作的计划。剑麻育种岗位专家在发言中指出，苎麻多用途技术模式对开展剑麻相关研究与示范工作有重要的启发意义，用苎麻嫩茎叶提供氮源、剑麻麻渣提供碳源的方式制备饲料，配合水牛养殖，可能是创新剑麻多用途技术的突破点。

首席科学家在会议总结时要求各苎麻试验站在“苎麻高产高效种植与多用途技术”研发团队的技术支持下，要尽快做好以站为单元、以苎麻饲料喂养肉牛示范为主的工作方案，创新与示范县以及技术用户的对接与联动体制，加强技术的宣传与培训工作，为该技术在苎麻产业发展中发挥作用作好铺垫。

国家麻类产业技术体系 2012“农业科技促进年”大培训活动总结

为贯彻落实《农业部办公厅关于现代农业产业技术体系贯彻落实中央一号文件精神 扎实开展农业科技创新和服务的通知》（农办科〔2012〕10号）精神，全力推动“农业科技促进年”活动，国家麻类产业技术体系积极组织，开展“基层骨干农技人员和种养大户培训活动”，活动以“展示先进技术、培训基层骨干、保障麻类丰收”为主题，以“技术覆盖全部生产环节、培训覆盖全部主产县区、展示覆盖全部示范基地”为主要目标，以“全年全程培训千名基层骨干农技人员和种养大户”为重点任务，以“首席科学家牵头、岗位科学家参与、综合试验站负责实施”为组织架构，深入推进农业科技快速进村、入户、到田，推进麻类产业技术提高、提升麻类体系技术支撑能力与社会认知度。

一 总体情况

国家麻类产业技术体系重点结合当前研发重点任务并已取得重要进展的技术成果，通过开展培训班、技术咨询会、科技入户、实地示范指导、发放宣传资料等方式，多途径、全方位地开展了技术培训活动。

前三季度，依托各试验站建立的131个示范基地，共培训人员达4 806名，其中，岗位人员437人，农技人员1 657人，农民2 712人。

培训的内容在种植环节，主要有新品种、高产高效种植技术、盐碱地栽培等非耕地利用技术、抗逆栽培技术、轻简化实用技术、机械收获与剥麻技术、有害生物防控技术等；在加工环节，主要包括副产物青贮饲料加工技术、副产物栽培食用菌技术、可降解麻地膜生产与应用技术；另外麻类体系将高产品种、高效种植技术、副产物多用途技术、机械化生产技术、动物养殖等单项技术整合起来，形成了循环农业技术模式，并在此基础上大力宣传培训，对麻类产业的新型发展思路与新技术的转化起到了重要推动作用。

二 机制创新与典型事例

（一）依托重点任务研发，形成“产学研”结合新格局

为促进苎麻高产高效种植与多用途技术成果的应用转化，推动苎麻种植、草食动物养殖和食用菌产业的协同发展，由国家麻类产业技术体系主办、中国农业科学院麻类研究所承办的“苎麻高效种植及多用途技术培训会”于2012年2月28日至29日在湖南省长沙市召开。

国家麻类产业技术体系6个苎麻试验站的站长和团队成员，来自27个主产县（市、区）的60余

名农业主管部门领导、企业代表、种植（养殖）大户、技术骨干等参加了此次培训会。苎麻育种、酶处理与副产品综合利用岗位专家分别就苎麻高效种植、苎麻青贮加工、草食动物喂养、珍稀食用菌栽培、下脚料沼气发酵、有机肥还田等技术进行了授课和示范。湖南大学工商管理学院雷辉副院长进行了苎麻多用途技术实施的可行性分析。

“苎麻高产高效种植与多用途技术”是针对当前苎麻产业面临收益低下、机械化水平低以及对环境污染严重的问题而摸索出来的一条结合“种养加”、生产机械化的高效循环农业模式，为苎麻寻找到一条发展新出路。以苎麻茎叶等加工成草食动物饲料，麻骨用于食用菌培养基质和畜禽废料生产沼气等多用途技术的实施，将大大提高了苎麻的经济价值，使苎麻产业不仅可提供优质的纺织原料，而且通过“种养加”的结合，资源的循环利用，机械化技术的配套，符合2012年中央一号文件对农业技术“高产、优质、高效、生态、安全”的要求，进一步加强该技术成果的示范与应用，是推动苎麻种植、草食动物养殖和食用菌产业协同发展的有效途径。

农业部副部长、中国农业科学院院长李家洋院士一行，农业部科技教育司刘艳副司长、张国良处长、徐利群副处长，湖南省政协委员，长沙市主要负责人，湖南省农业厅、湖南省畜牧局，湖北省咸宁市特产局等领导和农业主管部门先后考察了苎麻多用途技术研发基地，并做了重要指示，为苎麻高产高效种植与多用途技术的培训以及体系的宣传起到了重要推动作用。

苎麻高产高效种植与多用途技术在沅江苎麻试验站、张家界苎麻试验站、咸宁苎麻试验站、萧山黄/红麻试验站均进行了示范与培训工作。生态种养模式能显著提高麻类作物利用效率，且拓宽了麻类作物的利用途径，起到增产增收效果，社会反应良好，许多单位前去观摩学习。该技术从岗位专家联合研发、试验站技术骨干观摩学习到示范县全面展示，按照生产链条的不同环节，开展技术研发工作，并由试验站和承接研发成果，开展试验示范工作，科技与生产紧密衔接、不同学科联合协作，形成了“产学研”一体化的成果转化流水线。

（二）加强行业联系，拓展麻类产业服务对象

麻地膜作为麻类作物的新型产品，其增产增收效果还不为人熟知。国家麻类产业技术体系设施设备研究室在可降解麻地膜研究的基础上，研制出了可降解麻纤维育苗基布。通过近两年在湖北、湖南、浙江等地的试验探索表明，可降解麻纤维育苗基布用于机插水稻育秧，秧苗盘根好、生长整齐、苗壮根健，机插时减少漏插，机插质量大为提高，有利于秧苗生长和产量提高；同时有利于起秧和运输，提高工效，节省劳力；另外，可降解麻纤维育苗基布培育的秧苗，雨天也能正常进行机械插秧，有利于抢季节及时插秧。此项技术的示范应用深受广大农民的欢迎，将十分有利于提高水稻机械化插秧质量、降低成本、增加产量，加快水稻机械化插秧的推广应用。同时麻纤维在水稻育秧上的应用将开拓麻类的新用途，提高附加值，促进麻类产业的发展。

为进一步加快该成果的转化应用，麻类体系于2012年4月举办了“可降解麻纤维育苗基布机插水稻育秧现场观摩暨培训会”，会议对咸宁市科技局、农业局、农机局、赤壁市农业局、特产局、农机局以及咸宁市其他各县市农业、农机局等16家单位的领导与专家和农机大户近60人进行了培训，并得到了良好效果。

麻类产业与粮食产业通过可降解麻纤维基布这个纽带紧密联系，在发挥麻类新产品特性、提升粮食生产能力的同时，也拓展了麻类产业的服务对象，提升了产业的综合竞争力。

三 存在问题与建议

（一）麻类多用途技术尚属起步阶段，成果转化需多方推动

麻类作物多用途经过多年的凝练和体系启动后的大力推进，现已形成了从高产品种、轻简化种植、机械收获、饲料等多产品加工、种养结合和循环农业模式等一系列较为完备、高效的技术。但其转化应用尚属起步阶段。限于社会对麻类多用途技术的认识不足等现状，该技术还没有得到生产一线的充分了解与掌握。而且多用途技术涉及植物生产、动物生产、微生物生产等多个行业的专业技能。因此，在规模化示范与生产方面，需要多行业、多部门之间的协调与联合推动。

（二）麻类产业仍处于低迷时期，效益潜力还需假以时日

传统的麻类产业是典型的外向型产业。麻类机械的缺乏与粮食作物的补贴，造成种植环节多劳不多得的困境；初加工环节污染的环保压力和生物脱胶技术转化缓慢的局面，导致加工环节受阻；在金融危机的冲击以及国内市场尚未打开的影响下，市场规模锐减。各方面的压力导致麻类产业仍处于低迷时期。

麻类体系的运行，成功集成了机械化生产与清洁型加工，在实现种植环节的轻简化、初加工环节的环保化、多用途产品的市场化方面取得了重要突破。但限于当前的产业规模，技术成果的效益还局限于试验示范、局部生产的范围，全国性的巨大效益潜力还需假以时日。

国家麻类产业技术体系2012年示范基地建设总结

一 基本情况

（一）示范基地建设情况

麻类体系根据全国主产麻区的分布情况以及各地的技术需求情况建设示范基地，在湖南、湖北、江西、四川、重庆等地建设苎麻示范基地42个；在东北、新疆、云南等地建设亚麻示范基地25个；在河南、浙江、福建、广西等地建设黄/红麻示范基地24个；在黑龙江、安徽、云南、山西等地建成大麻示范基地25个；在广西建设剑麻示范基地15个，共建成示范基地131个。2012年麻类体系示范基地建设工作进展顺利，全国共建成苎麻示范基地770亩、亚麻示范基地625亩、大麻示范基地585亩、黄/红麻示范基地795亩和剑麻示范基地800亩。

示范基地遍布全国各主产麻区，集成示范麻类新品种及植麻收麻新技术，示范带动各主产麻区麻类产业的发展与技术的革新。各示范基地针对当地的技术需求开展试验示范工作，做到有的放矢。例如针对苎麻产业的需求：一是要选育出适合山坡地栽培的新品种，二要开发苎麻新用途，沅江苎麻示范基地栽种了抗倒伏能力强的“NC03”苎麻新品种，示范苎麻山坡地种植；张家界苎麻示范基地进行了苎麻饲养肉牛的苎麻多用途试验示范。针对亚麻产业的技术需求：盐碱地高产栽培、轻简化栽培等，东北的示范基地进行了盐碱地高产栽培技术示范和机械收获雨露沤麻技术示范，并试验示范亚麻的高产栽培技术。针对剑麻产业的技术需求：病虫害防控技术、施肥技术等，广西剑麻示范基地进行了剑麻粉蚧、剑麻紫色卷叶病等的防控技术示范，以及化学除草、平衡施肥等方面的试验示范，并开展了剑麻抗旱栽培与固土保水种植技术试验与示范。

（二）技术指导培训情况

各示范基地在开展试验示范工作的同时，积极开展技术培训工作，2012年，共开展技术培训300余次，通过开展培训班、技术咨询会、实地示范指导、发放宣传资料等方式，共培训人员4 806人，其中，包括岗位人员437人，农技人员1 657人，农民2 712人。并积极联系发展麻类加工企业，作为纽带将示范基地、麻农与企业联系起来，共同推进麻类产业的发展。

（三）成果展示或应用情况

试验示范内容主要包括新品种的试验示范以及新技术的试验示范两方面。2012年，苎麻示范基地共示范新品种12个，如高产品种中苎1号，饲用品种中饲苎1号、纤饲两用苎麻新品种中苎2号等；示范新技术24项，如苎麻青贮技术、机械收获与剥制技术、病虫害防控技术、麻菜套种技术、山坡地苎麻种植技术、苎麻固土保水栽培技术、苎麻多用途利用技术等。亚麻示范基地共示范新品种8个，如吉亚4号、吉亚2号、黑亚16号、中亚麻2号、伊97042等；范新技术10项，包括亚麻高产栽培技术、亚麻抗倒伏栽培技术、亚麻盐碱地种植技术、适应雨露沤麻的亚麻机械化栽培技术、病虫草害防治技术、轻简化栽培技术等。黄红麻示范基地共示范新品种13个，如红优2号、福黄麻3号、福红991、闽黄麻1号、中杂红318等，示范新技术10项，包括轻简化栽培技术、黄/红麻骨粉栽培食用菌技术、麻地膜覆盖栽培应用技术、红麻机械脱粒技术、红麻皮籽兼收栽培技术、适时收获及沤洗技术等。大麻示范基地共示范新品种7个，如晋麻1号、汾麻3号、皖大麻1号、勐麻10号、云麻1号等，示范新技术10项，包括工业大麻繁种技术、工业大麻高产高效种植技术、大麻重大有害生物综合防控技术、大麻轻简化栽培技术、工业大麻机械收获核心技术、盐碱地工业大麻种植技术等。剑麻示范基地，示范了剑麻高产高效栽培技术、病虫害防控技术、剑麻组培苗配套栽培技术等7项新技术。

二 示范基地建设成效

示范基地是体现体系工作的窗口，是产业和农业科技的公共服务平台，是支撑产业发展和生产决策的核心技术力量。通过对示范基地的不断建设，全国形成了农科教、产学研联合协作新格局。示范基地根据产业导向开展试验示范工作，广泛深入的技术用户调研，系统梳理长期制约产业发展的瓶颈问题，顶层设计示范任务。在与技术用户的互动过程中，对产业发展中的问题有了更全面、更系统、更深刻的认识，形成了既有宽广视野，又能务实解决产业问题的建设新思路，并挑选出一批适用科技成果，在生产中大面积示范应用。如示范栽种高产高效新品种、推广实用新技术、加强病虫草害防控示范等，均取得了显著成效。

（一）增产增收情况

1. *示范种植新品种增产增收成效*

栽植新品种一直是增产增收的有效手段，各示范基地通过与麻类体系育种专家联系合作，引进麻类新品种进行试验栽植，并与之前的典型品种进行产量与收益对比，示范新品种的增产增收效果。

宜春苎麻示范基地示范种植高产新品种“中苎1号”，纤维产量达198.3kg/亩，比江西以前推广的“赣苎3号”增产50%。

大理亚麻示范基地示范栽植了天鑫13号、阿卡塔、云亚1号等优良新品种，平均原茎单产671.14kg；比当地普栽品种平均单产亩增94.87kg，增产16.46%。综合亩产值达783.06元，比上年增长5.44%。

2. *麻类作物高产高效种植与多用途关键技术示范成效*

各示范基地还积极开展了麻类作物高产高效种植与多用途关键技术，把关键实用技术展示给农民，让麻农看得到样板、学得到技术，起到了典型的高产示范作用，促进了大面积麻类作物种植水平的提高，提高麻农收入。

长春亚麻种植大户杨忠在盐碱地种植亚麻单位净效益较好，仅次于玉米效益，较其他作物如葵花、绿豆、高粱的效益每亩提高67～104元。且通过应用亚麻盐碱地高产高效栽植技术，杨忠亩收入达623元，比2009年每亩提高220元。

沅江示范基地开展了生态麻园种养相结合的模式，利用苎麻副产物制作青贮饲料，并用其喂养肉牛，同时开展了苎麻园放牧肉鹅试验示范，生态种养模式能显著提高麻类作物利用效率，且拓宽了麻类作物的利用途径，起到增产增收效果，社会反应良好，许多单位前去观摩学习。

萧山黄/红麻示范基地试验示范了利用麻骨作为食用菌培养料及作为塑制品的主要原料，通过栽培试验与示范，添加20%～30%黄/红麻麻秆粉栽培杏鲍菇的产量均显著高于对照（蔗渣），投入产出比达3.85以上，能使麻农每亩增收600元左右。

漳州黄/红麻示范基地试验示范了红麻皮籽兼收的栽培新技术，通过效益分析发现，收麻皮、收麻籽和皮籽兼收每亩净效益分别为390元、500元和840元，皮籽兼收技术比单纯收获麻皮或麻籽分别增收115.4%和68%，增收效果达极显著水平。

3. 可降解麻地膜应用技术示范成效

麻地膜作为麻类作物的新型产品，其增产增收效果还不为人熟知，因此，多个实验基地对麻地膜的应用进行了试验示范，并取得良好效果。

咸宁苎麻示范基地开展麻地膜早稻机插育秧试验与示范，体现了麻地膜的增产、省工、省本效果。经测产垫麻地膜较不垫麻地膜增产10%以上。延长秧苗适插期3～5d和提高机插效率20%，同等秧龄条件下（22天）可节省用种20%。

萧山黄/红麻示范基地开展了麻地膜覆盖栽培蔬果的试验示范，平均增产15.19%。

（二）防灾减灾及疫病防控情况

2012年，各示范基地认真开展防灾减灾及疫病防控示范工作，示范常见的病虫草害的防控办法，并积极开展疫病防控宣传工作，让麻农防患于未然，减少病虫草害的发生。并时刻关注天气灾害预报等，及时发布灾害预警，指导麻农提前做好防御工作，使得在灾害发生时，将损失降到最低。

黑龙江省今年春季北部地区遇到了旱灾，哈尔滨示范基地进行了亚麻喷灌。保证了出全苗，为高产打下了基础。相比之下，没有喷灌的地块，减产30%左右。

从2010年冬季开始云南连续三年冬春季节干旱，对农作物的生长产生了严重影响，大理亚麻示范基地针对这这一特殊情况及时撰写《冬季亚麻抗旱技术》等相关材料，并协同各示范县各技术骨干积极组织相关人员开展抗旱保生产工作，并把《冬季亚麻抗旱技术》宣传到亚麻种植户，大大降低了旱灾给麻农带来的影响。

南宁黄/红麻示范基地在合浦施行早春麻+晚水稻的水旱轮作栽培模式，有效地解决了红麻根结线虫等病虫害。

7月新光农场新植剑麻出现大面积叶片干枯现象，南宁剑麻示范基地派出技术员到该场实地观察，采集样本进行营养、植物病理等方面的诊断，并与剑麻栽培岗位专家、湛江剑麻示范基地等岗位进行会商，排除病害可能，并提出了补救措施，为该场减少损失近10万元。

（三）其他

随着近年来经济社会的发展，在建设等用地迅速增加的同时，耕地资源日趋紧张，而且伴随着劳动力价格的不断上涨，作为小作物的麻类作物，其生存和发展受到前所未有的挑战，各示范基地针对当前各局势，开展非耕地麻类作物种植技术、轻简化栽培技术以及机械植麻收麻技术的试验示范，力求做到节地、节本、节力。以下是几个典型的示范基地成功案例。

1. 非耕地麻类作物种植关键技术研究与示范

汾阳大麻示范基地在只适合种糜子、荞麦等低产作物的旱瘠山坡地种植“汾麻3号”，采用山坡地种植栽培技术，亩产麻籽150多kg，比其他作物收入多出1倍。大麻山坡地种植技术，不仅能节省耕地，还能增加农民收入，而且还带动了当地食用健康绿色大麻油产业的发展。

2. 麻类作物轻简化栽培技术研究与示范

张家界示范基地开展苎麻轻简化栽培技术研究试验与示范，麻园免耕，套种生姜，麻园免耕减少人工投入成本每亩400元。套种生姜预计亩产750kg，亩收入2 000元以上。

3. 麻类作物收获与剥制机械的研究和集成

哈尔滨亚麻示范基地通过示范亚麻机械收获，降低生产成本，人工收获在150元/亩，机械收获仅需50元/亩，机械收获具有显著优势。

福建龙文区和长泰县分别使用人工和机械进行红麻脱粒，机械脱粒每亩需要费用227.5元，而人工脱粒费用每亩达705元，采用机械脱粒可以减少脱粒过程费用达每亩477.5元，机械增效贡献率达67.71%。

4. 麻类作物抗逆机理与土壤修复技术研究

在黑龙江北部山区，是不适合种植大豆等作物的盐碱地区，哈尔滨亚麻示范基地试验示范亚麻盐碱地栽植技术，在不与粮争地的前提下，提高了农民收入，为农业种植结构的调整找到了新的出路。

三　运行管理机制创新

（一）以产业为导向进行试验示范

改变了以往的根据上级指示进行试验示范的方式，而将示范的内容定位在技术用户的需求上，将示范的成果定位在快速转化应用、解决生产实际问题上。长春亚麻示范基地实行“政、企、科、民”四位一体的管理机制，即政府引导、企业投资收购、体系科技服务、农民种植管理相结合的机制，有效地将政府、企业、体系、农民联系起来，了解麻农的困难，发现制约产业发展的技术瓶颈，针对需求进行示范指导，解决了麻农的后顾之忧，提高了植麻的积极性，推动产业发展。

（二）实行自上而下的任务委托机制

自下而上调研形成示范基地任务，自上而下部署任务落实，根据各人专长安排工作，最大限度避免人员浪费，工作重复。汾阳大麻示范基地在基地建设中实行“集中管理、职责分明、层层把关、落到实处”。每个团队成员全年在基地时间不得少于30d，技术骨干全年蹲守基地，每位成员各司其职，保证试验示范工作顺利进行。

（三）强化信息交流，实行民主开放的运行管理机制

建立统一的信息交流平台，各示范基地可以相互交流学习，基层信息也可以快速的反馈至决策层。实行了“开放、流动、协作、竞争”的运行机制，可就管理的重大事项在网上公开讨论，凝聚共识，各示范基地之间相互学习、监督。

信阳红麻示范基地在示范基地、示范县和示范基地之间建立起了信息交流平台，通过短信、电子邮件等现代技术手段，及时了解示范基地发展动态。针对示范基地中出现的不同情况适时发布技术信息和田间管理要点，使示范基地各项工作做到有条不紊、协调统一，有力地推动了示范基地建设工作，为其他示范基地工作的开展起到表率作用。

四　存在问题

（1）麻产业市场低迷，麻类产品缺少销路，且多年生麻类作物成效慢，植麻效益低，加之劳动力成本偏高，影响了麻农的积极性，植麻面积持续萎缩、产业规模小。

（2）政府支持力度不够，种麻无政府补贴，种子供应、主副产品收购自由化、无序，使得麻农收益年与年之间不稳定。

（3）宣传力度不够，基层农民对示范基地的信任还不够，对新技术新品种的了解较少。

（4）发展规模化麻类产业无相配套的播种、收割、剥制、沤洗机械，劳动强度大、收益低，影响植麻积极性，机械研发成为规模化种植发展的瓶颈。

（5）深加工产品开发不够，麻秆、枝叶等资源浪费严重。麻类综合利用产品有待开发。

五 明年工作打算

1. 强化管理，实现规范化、制度化发展

加强示范基地制度化建设，深入探索科学的管理机制，完善示范基地管理方式，规范人员管理、任务管理、经费管理和考评管理，加强团队建设和文化建设，形成民主开放、团结协作、务实高效、诚信奉献的文化理念。

2. 抓好示范基地建设，完善各项配套设施

对示范基地提供稳定的经费支持，进一步完善示范基地的各项配套设施，扩大试验示范规模，以便各项工作更加顺利进行。

3. 加大技术指导和培训力度

根据各示范基地的区域特点和技术需求设计示范内容，更好地进行新品种、新技术的示范展示。进一步加大技术指导和培训力度，努力提高示范基地技术骨干的整体素质，进一步提高区域内农民种麻积极性和科学性，促进麻农增产增收。

4. 强化服务，引领和支撑麻类产业发展

充分发挥示范基地成果转化、示范引导、科技培训的作用，将示范基地建设成为与地方创新团队和基层农技推广体系工作对接的重要平台，形成科技服务的巨大合力。

5. 强化宣传，营造健康发展氛围

采取多种形式，开辟各类渠道，宣传示范基地建设和试验示范的成效，宣传先进的管理理念和服务理念，加深基层农民对示范基地的了解与信任，使示范基地持续健康发展。

麻类作物多用途与重金属污染耕地科学利用学术研讨会会议纪要

为充分挖掘麻类作物多用途，发挥其良好的生态修复功能，促进重金属污染耕地种植结构调整，经请示农业部科技教育司同意，由国家麻类产业技术体系主办，于2013年7月9日至10日在长沙市召开了“麻类作物多用途与重金属污染耕地科学利用学术研讨会”。

农业部科技教育司、中国农业科学院有关领导出席会议并讲话。会议邀请了水禽、牧草、兔、食用菌、肉牛牦牛、奶牛6个现代农业产业技术体系首席科学家、岗位专家及试验站站长，农业部环境与保护研究所专家以及纺织业、种植业、养殖业的同行共50余人参加了此次会议。湖南卫视、湖南日报等媒体对会议进行了报道。湖南省农业厅、湖南省科技厅、湖南省畜牧水产局等单位领导参加了会议。

会议听取了苎麻、黄麻与亚麻多用途、麻纤维膜生产与应用、麻类作物与重金属污染耕地利用等专题报告。报告表明，国家麻类产业技术体系自成立以来，较系统地开展了麻类作物耐受重金属能力、富集能力和在重金属污染地区的高产栽培技术等方面研究，构建了一套适于重金属污染严重地区的麻类作物高产栽培技术体系和黄麻—亚麻复种制度，通过整合苎麻饲料化与食用菌基质化技术、亚麻籽与亚麻屑综合利用技术、黄/红麻秸秆炭化吸附材料制备技术、麻塑复合人造板生产技术等，可在科学利用重金属污染耕地的基础上，达到生产高效的目的。湖南省农业厅《重金属污染严重耕地产业结构调整工程实施方案》已采纳了体系提交的以麻类作为首选作物的分区种植规划。

与会代表充分肯定了麻类体系在麻类作物多用途技术研发以及重金属污染耕地科学利用上取得的成果，并对完善麻类作物多用途技术、开展体系间联合协作等方面提出了具体意见。会议认为，在倡导“生产效益型、资源节约型、环境友好型、产品安全型”的可持续发展理念的基础上，重视充分利用多体系联合的全国大协作机制，用效益说话，调动企业和农民的积极性，保障农业生产经济效益和生态效益协调发展。

会议指出，随着农田重金属污染现象加剧，耕地的科学利用成为科学工作者的重要课题；农业科技工作者应对当前重金属污染危害保持科学的认识和清醒的头脑，积极为解决问题做努力。在重金属污染耕地种植麻类等经济作物实现“边利用边修复”是科学利用耕地的重要途径，工作重点放在遏制农田环境继续恶化的前提下，维持高效生产、修复污染耕地。麻类等经济作物需要进一步挖掘综合效益，重视产业链的建设，多体系要联手推进区域问题解决方案的实施，尤其要保持活力、深入技术研发、落实会议精神，为解决全国主体功能区农业机械化和环境污染与土壤修复的关键问题积极献计献策。

以中国工程院刘旭院士为组长的专家组还对中国农业科学院麻类研究所研发的苎麻园生态肉鹅养殖技术进行了现场观摩，并指出该技术可显著降低肉鹅养殖成本，为传统特色产业的转型提供了新的模式，符合可持续发展的要求。专家组建议政府加大扶持力度和加强成果的推广，建立示范基地，进一步完善苎麻多用途发展的技术模式。

苎麻养牛与栽培食用菌关键技术的推广应用项目启动会暨苎麻多用途技术培训会会议纪要

中国农业科学院麻类研究所经过多年攻关，形成了苎麻青贮饲料加工技术、苎麻颗粒饲料加工技术、苎麻养牛技术、苎麻园生态肉鹅放牧技术、苎麻副产物栽培食用菌技术等一系列轻简的、高效的、实用技术。在湖南省科技厅、农业厅、畜牧水产局等单位的促成下，获得了苎麻多用途技术产业化的重点项目。结合国家麻类产业技术体系技术研发与示范工作，由中国农业科学院麻类研究所承办的"苎麻养牛与栽培食用菌关键技术的推广应用项目启动会暨苎麻多用途技术培训会"于2013年9月5日至8日在湖南省长沙市圆满召开。

湖南省委农村工作部、湖南省农业厅、湖南省科技厅、湖南省畜牧水产局与湖南省委组织部人力资源和社会保障厅等单位领导出席了此次会议并讲话。来自涟源市、沅江市、汉寿县、新晃县、张家界市、醴陵市等地方畜牧水产局和农业主管部门的领导、养殖大户、示范基地技术骨干、企业代表、国家麻类产业技术体系6个苎麻试验站的站长、团队成员及示范县代表等共计60余人参加了此次会议。

会议设置了饲料用苎麻品种"中饲苎1号"繁殖与栽培技术要点、苎麻高产栽培与"369"工程关键技术、苎麻饲料青贮加工技术、苎麻颗粒饲料制粒技术、苎麻养殖肉牛关键技术、苎麻园生态肉鹅养殖技术、食用菌栽培概述与理论和麻类副产物工厂化栽培高档食用菌技术等八个专题讲座，分别从种麻、加工、养殖、食用菌栽培等方面做详细的讲解，并结合现场观摩与实地操作指导进行了全面培训。

学员一致认为，苎麻多用途技术以作物为纽带，把原料生产、养殖、食用菌三个行业结合在了一起，解决了苎麻、养牛和食用菌等产业的关键问题，为提升农业综合竞争能力将会起到重要作用；培训会充分结合理论讲述和实际操作，深入浅出，取得了良好效果，学员全面理解了发展苎麻多用途技术的意义，掌握了技术操作规程。

会议还对"苎麻养牛与栽培食用菌关键技术的推广应用"项目的实施内容进行了介绍，部署了下一步的工作，并向完成全部课程的学员颁发了结业证书。

C. 宣传报道

以麻治镉　开辟土壤修复新途径

【中国科学报】被誉为“鱼米之乡”的湖南，近来饱受“镉大米”风波的困扰。中国农业科学院麻类研究所专家近期提出的“以麻治镉”方法，则有望为当地的重金属污染治理开辟新思路。

相关专家日前在接受《中国科学报》记者采访时表示，湖南省已就重金属污染特别严重的耕地上究竟适合种植何种作物广泛征求意见，而麻——这种在南方常见的经济作物有望被列为首选，以替代部分吸镉型水稻，“边利用，边修复”。

吸镉潜力极强

苎麻是一种多年生宿根性草本植物，过去一直是纺织纤维的重要来源。

国家麻类产业技术体系的最新研究显示，苎麻对镉有很强的耐受性，某些品种甚至可在镉浓度高达100mg/kg的土地上生长。麻类家族的另一成员——亚麻，其耐镉能力虽不及苎麻，但某些品种的耐镉能力也达到了20mg/kg。

中国农业科学院麻类研究所所长熊和平告诉记者，苎麻之所以耐镉，“秘诀”之一是其存在一种抗氧化机制，可防止植物被镉“胁迫”时“氧化”。同时，当镉进入根部时，主要停留累积在植株表皮细胞内，仅有少量转移到地上部。

中国科学院亚热带农业生态研究所研究员黄道友的研究也表明，苎麻各部位的含镉量，以根部最高，其次是叶子和茎——根的经济价值本就不大，正好可用来将镉“封存”；叶子和茎部镉含量较低，经济价值却很高，适合多用途开发利用。

“纺织需要的原麻主要来自于茎部。”熊和平介绍说。

尽管苎麻并不属于特别能吸镉的超富集植物，但科学家在对“中苎1号”等品种的试验中发现，在土壤中添加一种化学螯合剂，苎麻地上部的镉富集能力显著提高，对根部的吸附却不造成影响。添加柠檬酸、泥炭后同样如此，显示出苎麻极强的吸镉潜力。

“通过强化和积累，苎麻有可能成为镉富集植物。”黄道友表示。

技术体系初见成效

近年来，新的镉富集植物陆续被发现。然而，由于种植基础缺乏，无论是适应性、经济性，还是生态风险均有待检验。加之栽培和加工等技术不成熟，要大面积推广这些植物，绝非朝夕之功。

苎麻、亚麻、黄麻……这些在南方已得到广泛种植的麻类作物，优势立现。研究人员告诉记者，经技术处理后的原麻纤维制成的衣物，已通过欧盟最高标准的检测。

在重金属污染重灾区湖南株洲新马村，镉镍复合污染严重。2009 年，中央环保专项基金项目“株洲新马村土壤重金属污染防治与示范”通过验收。该项目将农田分为轻度污染、重度污染两类，在轻度污染区种植改进的水稻和蔬菜品种，在重度污染区则种植苎麻。多年筛选结果表明，至少有 3 ~4 个苎麻品种在“高镉”土地治理中表现不俗。

在国家麻类产业技术体系的指导下，研究人员围绕重金属严重污染环境下的麻作品种筛选、高产栽培技术、土壤综合处理、下游产品加工等，构建出了一整套麻作技术体系，连续 3 年在株洲新马村、安化 715 矿区、嘉禾陶家河流域等重金属严重污染地区推广，均取得明显成效。

可穿还可做饲料

经济和环境的矛盾是土壤修复面临的一道难题：既要高的经济价值，又要能修复土地，这样两全其美的事情可能吗?

中国农科院麻类所的专家们作了测算，理论上将重度污染土地中的镉全部“吸净”，约需百年左右。如此漫长的修复周期，如果经济价值不突出，很难说服农民来种。

事实上，我国麻类市场近几年并不算景气，苎麻纤维收购价格不高，很多农民不愿种植。亚麻虽然比苎麻贵，但纤维产出量少，不到苎麻的一半。

为让农民受益，麻类所的研究人员根据不同作物的生长特性，提出了冬种亚麻、夏种黄麻的“黄—亚麻”复种模式。经过双季复种示范，每亩可产出 3 000元，超过了单种苎麻的产值。

在针对苎麻综合利用的长期研究中，研究人员还发现，苎麻叶中含有大量的植物蛋白，有做高蛋白牧草的潜质；麻骨也可当做食用菌的培养基质。

上述结论改变了过去麻只能用来“穿”的传统认识，显示出广阔的开发前景，并得到国家肉牛、水禽、牧草、兔、食用菌、奶牛 6 个产业技术体系专家的初步认可。

中国工程院院士刘旭认为，种植麻类经济作物“边利用边修复”受污染土壤是一个有建设性的思路，希望继续试验，完善方案。

2013 年 8 月 20 日

记者：成舸；通讯员：曹雨骋

重金属严重污染耕地如何利用　种麻效果好

【湖南日报】如何科学利用重金属严重污染的耕地？中外科学家一直在探索。记者从今天在长沙召开的麻类作物多用途与重金属污染耕地科学利用学术研讨会上获悉，国家麻类产业技术体系组织专家研究发现，麻类是有效利用重金属严重污染耕地的首选作物之一。

中国工程院院士刘旭表示，种植麻类等经济作物"边利用边修复"受污染土壤是有建设性的思路，希望继续进行试验，完善实施方案。国家肉牛牦牛、水禽、牧草、兔、食用菌、奶牛等6个产业技术体系的专家，也对该研究成果提出了真知灼见。

据国家麻类产业技术体系首席科学家熊和平研究员介绍，该体系自成立以来，较系统地开展了麻类作物耐受重金属能力、富集能力和在重金属污染地区的高产栽培技术等方面研究。

试验发现，中苎1号、湘苎3号、川苎1号等苎麻品种，湘红2号、湘红早、中红2号等红麻品种，即使在土壤镉含量高于100mg/kg、铅含量高于4 500mg/kg的耕地上也能正常生长，相对于一般农区，其极端减产降幅仅为10%～25%，表现出极强的耐受重金属污染的能力。同时，黑亚18号、吉亚3号、云亚1号等亚麻品种，在土壤镉含量20mg/kg以内耕地可以正常生长，亦表现出了较强的耐受重金属污染的能力。

据此，一套适于重金属污染严重地区的麻类作物高产栽培技术体系和黄麻—亚麻复种制度随之构建起来，并申请了5个栽培方面的国家发明专利。目前，相关技术已连续3年在株洲新马村、安化715矿区、嘉禾陶家河流域等重金属污染严重地区推广应用，在污染治理方面取得了较好效果。

2013年7月10日

记者：胡宇芬；通讯员：王真栋

苎麻青贮喂牛可替代30%精饲料

【中国畜牧兽医报】苎麻除了能纺纱织布，还能做什么？在国家种质长沙苎麻圃里，过去废弃不用的麻骨和麻叶混合而成的青贮料变成了肉牛的美食和杏鲍菇的沃土。2012 年 12 月 10 日，农业部科教司组织专家对中国农业科学院麻类研究所完成的“苎麻副产物饲料化与食用菌基质化高效利用技术”项目进行了成果鉴定。

专家组认为，该项目通过青贮、制粒等方式，将苎麻麻骨、麻叶不经分离直接转化为优质蛋白饲料和食用菌基质，资源利用率从 20% 增加到 80% 以上，实现了苎麻生物质资源的高效利用，总体达到了国际先进水平，并建议大规模推广应用，探索产业化发展模式。

苎麻是人类最早利用的纤维之一，也是我国的特色经济作物，但传统生产苎麻是以收获纤维作为唯一的产品，其原麻占地上部分生物量不足 20%，其纤维只占苎麻全株生物产量的 5%，资源利用率低下，近年来，苎麻种植面积锐减。其实，麻骨、麻叶等苎麻副产物富含蛋白及氨基酸，如开发综合利用技术，可大大提高苎麻种植效益，推动苎麻产业可持续发展。

在国家麻类产业技术体系首席科学家熊和平研究员的带领下，该项目组研发出拉伸膜包裹技术以及揉碎复配颗粒料技术，将麻骨和麻叶混合后青贮，提高了营养价值。利用苎麻青贮饲料喂奶牛、肉牛，在保持生产性能稳定的条件下，可替代 30% 的精饲料，每头牛每天可降低饲料成本 6 ~ 7 元。将苎麻副产物替代棉籽壳作为食用菌的栽培基质，降低了原料成本一半以上，其栽培的杏鲍菇生物学效率提高了 13 个百分点，且蛋白含量也有所提高，总糖含量与脂肪含量降低。

2012 年 12 月 31 日

记者：胡宇芬；通讯员：王真栋

肉鹅养在苎麻地　饲料节省近一半

“苎麻园生态肉鹅养殖技术”为传统产业转型提供新模式

【农民日报】大家都知道，鹅吃百草，各种各样的青草是人们养殖肉鹅的好饲料。可是，你有没有试过将肉鹅放养在苎麻园里呢?

日前，由中国农业科学院麻类研究所研发出的“苎麻园生态肉鹅养殖技术”让苎麻成为了养殖肉鹅的新好饲料，这项技术能帮助养殖户节省精饲料近50%，节本增效非常明显。

苎麻是我国的特色作物，但是在传统生产上用途单一，多以收获纤维为主，其原麻占地上部分生物量不足20%。如何增加苎麻的用途，成为了专家们努力的方向。那么，能否将苎麻用作动物饲料呢?为此，中国农科院麻类研究所培育出了首个饲料用苎麻品种“中饲苎1号”，其嫩茎叶粗蛋白含量达20%以上，且再生能力强、生物产量大，每年可持续供应食草8个月以上。

“正是在培育出‘中饲苎1号’的基础上，我们又不断创新了苎麻用作牧草的生产模式，尤其是用在肉鹅的养殖上。”据项目负责人，麻类研究所所长熊和平介绍，“苎麻园生态肉鹅养殖技术”主要是通过整合高产高效生态栽培、肉鹅分区轮牧、补饲全价饲料、资源循环利用等核心技术，将苎麻的资源利用率从20%提高到了70%，充分发挥了苎麻的饲用价值，同时，在苎麻园实施肉鹅放牧，在保持生产性能稳定的条件下，可节省约50%的精饲料，显著降低养殖成本，实现了种植和养殖的高效结合。

在麻类研究所的苎麻生态园里，记者看到，200多只或大或小的肉鹅，在绿油油的苎麻地里悠闲踱步，不时吃上几口嫩茎叶。熊和平告诉记者，通过两年的试验表明，每亩麻园每年可承载放牧80～120只肉鹅，同时，试验结果显示，以苎麻为食的肉鹅抗性较强，利用苎麻放牧肉鹅，不但能增加肉鹅的活动量，还能改善鹅肉的品质，符合市场对生态、优质农产品的需求。据了解，湖南省宁远县拨清波种植麻养鹅农民专业合作社采用该项技术后，与喂普通饲料的鹅相比，平均每只鹅至少可多获35元以上的利润。

目前，该项技术还正在试验完善阶段，国内有关专家认为，“苎麻园生态肉鹅养殖技术”为传统特色产业的转型提供了新的模式，符合可持续发展的要求。相关专家建议，加强行业间的合作，建立示范基地，进一步完善苎麻多用途发展的技术模式，并建议政府加大扶持力度。

2013年9月4日

记者：吴佩；通讯员：王真栋

麻育秧膜：让水稻机插育秧更高效

◆有了插秧机，育秧盘不给力，咋办？

◆麻育秧膜这么好，价格贵不贵？

◆大面积推广，会对土壤造成污染吗？

【农民日报】时值春耕，在南方地区的水田里，农民们正在忙着水稻机械化插秧。今年，对于湖南省75个县的水稻种植户们来说，一种新型实用技术成果的推广和应用，让他们的水稻机插育秧变得更加容易，更加便捷高效。

“这可不是一种简单的地膜，它叫麻育秧膜。只要把它垫在我们水稻育秧盘里，不但能保护秧苗，还能保证机插不散秧，特别方便。”4月14日，在湖南省沅江市举行的“麻育秧膜在水稻机插育秧中的应用技术”观摩现场，来自沅江市四季红镇农机专业合作社水稻种植大户夏根固一边示范机插秧一边兴奋地说。

麻育秧膜是什么？它有什么好处？它的推广和应用又能给我们农民带来什么效益？带着这些疑问，记者日前采访了麻育秧膜科研技术的负责人、中国农业科学院麻类研究所研究员王朝云。

育秧盘垫上“麻地膜”，保护秧苗促进生长

什么是麻育秧膜？“麻育秧膜是我们利用麻等植物纤维研制出环保型麻地膜，同时进一步改变配方和工艺，研制出的适宜育秧育草的麻纤维育苗基布。”王朝云向记者解释道。

随着现代农业的发展，如今在南方的许多地区，水稻种植都开始采用机插秧的形式，机插水稻要成功，育秧是重要环节。而在传统的育秧环节中，一直存在着秧苗根系不牢、容易散秧、取秧运秧不便、漏插率高等问题。有时，农民们已经准备好了插秧机，可由于育秧盘不给力，散秧多，只能临时又改用人工插秧。这也成为了制约水稻机插技术应用的瓶颈问题。

事实上，为了解决这一问题，农民们自创了一些土办法。一是在育秧盘里加大播种密度，增强盘根，但效果不佳，还影响了秧苗的个体发育；二是让秧苗在育秧盘里多生长发育一段时间，但由于秧苗生长期过长，错过机插的最佳时期。

怎样才能从根本上解决这一问题呢？王朝云和团队成员研究发现，只需要在育秧盘的底下放置一张麻地膜，问题就能迎刃而解。2007年，王朝云和同事们开始研究将麻地膜的技术应用在水稻育秧上，将麻地膜设计改造后进行示范推广。

“麻育秧膜使用方便，只需要将它铺放在育秧的塑料软盘或硬盘里，然后按常用的秧盘育秧方法进行育秧就行。”据王朝云介绍，麻育秧膜的使用，不但能有效固定秧苗，利于机插秧早插早发高产；同时，育成的秧苗根系发达、白根多、整齐健壮；也能提早3~5天插秧，即使是下雨天也可机插，易取秧、运输和装秧，省工节本。更为重要的是，麻育秧膜的使用，保证了插秧机在插秧时易分秧，对秧苗的伤害更轻，漏插的秧苗更少，插秧后返青快，能显著提高水稻机插效率和质量。

多年的对比试验证明，使用麻育秧膜，单位时间内可提高机插功效20%以上，漏蔸率减少30%左右，在均不补蔸的条件下，比无膜育秧机插水稻增产5%~30%，以早稻增产最为显著。

每亩增加成本不到7元，增产增效又环保

薄薄的一张麻育秧膜，却能有效解决水稻机插秧过程中的瓶颈问题。麻育秧膜的作用那么大，它的价格贵不贵？

“如果按照一亩地秧苗的需求量来算，使用麻育秧膜，每亩增加的成本不足7元钱。而节本增效后，早稻增加的收入至少在150元。”王朝云告诉记者，麻育秧膜不仅成本低，而且帮助农民在机插秧的环节中省工省力，效益多多。

在采访中，记者了解到，以前种一亩水稻需要30个育秧盘，而现在用了麻育秧膜，由于秧苗盘根性好，整齐均匀，机插秧成功率高，一亩水田仅需要25个育秧盘，大大减少了育秧成本；麻育秧膜也让秧苗的运输更加方便，原来一个农民一天只能取插20亩的秧，现在可以取插60亩，大大提高了劳动效率，节省了人工费用；同时，麻育秧膜的应用，可减少播种量和秧盘用土量各20%左右，机插的漏插率大大降低，这又省下了人工补秧的工钱；此外，麻育秧膜用在水稻机插秧盘育秧上，具有透气、保温、保湿和水分传导性的特点，能促进秧苗生长，提高了秧苗的质量，增加了水稻的有效穗数，每亩地增产至少在5%左右。如此算下来，使用麻育秧膜的农民，一亩地至少可以节本增效130~150元。

而且，麻育秧膜的好处还不仅限于此。“与其他地膜相比，麻育秧膜非常环保。”王朝云说，早在试验阶段，团队成员就想过使用纸膜，但纸膜一到水田就会全部降解，无法固定秧苗；而化纤材料的地膜，虽然能固秧，但并不适合插秧机进行分秧，同时化纤膜撕不烂，不易于降解，污染环境。“麻育秧膜则完全不同，它由麻类等植物纤维制成，是一种有机质，可以在水田里自然降解，不但不会对土壤造成污染，还能增加土壤中的有机质，起到肥田的作用。”王朝云补充道。

麻育秧膜技术国内外首创，专家建议大面积推广

4月14日，在湖南省沅江市四季红镇阳雀洪村的万亩水田示范片里，10台载满用麻育秧膜培育出来的壮秧的插秧机在水田里欢快地奔跑，秧苗随之齐整整地插下来，间隔匀细，几乎没有漏插。

在现场的国内农业专家们对于中国农业科学院麻类研究所的这项最新研究成果——麻育秧膜忍不住点头赞叹。他们认为，麻育秧膜技术攻克了困扰机插水稻多年的育秧难题，此项技术属于国内外首创。作为一种创新型技术，麻育秧膜水稻机插育秧实现农机农艺的结合，具有较大的推广应用前景，值得大面积推广，让更多的农民受益。

据介绍，从2010年至今，麻育秧膜已先后在湖北的武汉和咸宁、湖南的沅江、浙江的萧山等地进行了水稻机插秧育秧试验与示范。它在水稻机插育秧中的突出效果得到了应用示范所在地农户、育秧专业户和农业部门的肯定。今年，湖南省农业厅更是将此项技术作为重点在全省75个县市进行示范推广。

“我们的麻育秧膜已经获得了国家发明专利，并已授权企业实现量化生产。今年，不仅是湖南的75

个县市，包括江苏、浙江、湖北等地，也都在原有的示范推广的基础上，增加示范点，推广应用我们的麻育秧膜这项新技术。国内专家的肯定，对我们是一种鼓励。”王朝云说，下一步，他和科研团队成员还将继续针对水稻机插秧的育秧特点，进一步改进工艺，尽可能降低麻育秧膜的生产成本，努力提升麻育秧膜的功效，让农民用得起，用得好，推进水稻的现代化生产。

2013 年 4 月 24 日

作者：吴佩

麻育秧膜护秧增产

每亩增加成本不到7元，最高增产超3成

【湖南日报】又到早稻插秧时。今天，沅江市四季红镇阳雀洪村万亩水田示范片里，10台水稻插秧机驶过后，秧苗随之齐整整地插下，间隔匀细，几乎无漏插。由于使用了中国农科院麻类研究所发明的麻育秧膜，困扰机插水稻多年的育秧难题被攻克。今天在此召开的“麻育秧膜在水稻机插育秧中的应用现场观摩与评议会”上，专家们评议此举为国际先进水平。据悉，对这项国内首创新技术，湖南省今年已在75个县市示范推广。

机插水稻要成功，育秧是其中的重要环节。在没有使用麻地膜育秧时，由于秧苗根系不牢，容易散秧、取秧运秧不便、漏插率也很高。而且秧苗遇雨天不能机插，秧龄长则又影响后期产量。特别是在早稻机插育秧环节，因秧龄期短、季节紧、雨水频繁，严重制约早稻机插技术的应用。

在国家现代农业产业技术体系、国家支撑计划项目等资助下，中国农业科学院麻类研究所利用麻等植物纤维研制出了麻地膜和麻纤维育苗基布，将其剪裁成秧盘大小制成麻育秧膜，放在育秧盘进行水稻机插育秧。该所先后在湖北武汉和赤壁、湖南沅江、浙江萧山等地开展麻育秧膜水稻机插育秧试验与示范。结果表明，麻育秧膜育秧不仅克服了长期存在的问题，而且促进了秧苗根系生长，可不择天气提前3至5天插秧，机插效率和质量大大提高。同时，麻育秧膜在田里可降解，有培肥土壤作用。经过多地试验，水稻亩产增幅从5%到34%不等，其中早稻增产幅度最大。

据介绍，相比于现有无膜水稻机插育秧，麻育秧膜水稻机插育秧时可酌情减少20%至40%的育秧土用量，秧盘量和用种量也有降低。麻育秧膜育秧每亩增加用膜成本不到7元，但可少用3至5盘秧苗，算上减少的育秧土和种子量，再算上省工和机插质量及效率的提高，机插成本大幅下降。

2012年4月14日

记者：胡宇芬；通讯员：孙进昌

后　记

这是《国家麻类产业技术发展报告》系列的第三部。第一部以国家麻类产业技术体系2007—2009年的工作为基础，梳理了体系与产业技术需求调研结果、全国麻类科技力量的整合情况、麻类产业体系启动后的主要工作等。第二部以2010—2011年的工作为基础，记载了麻类体系在“十一五”、“十二五”两个五年计划对接、科技问题再凝练和研发与示范任务新布局中所取得的重要进展。第三部则以2012—2013年的工作为基础，是对在前期工作基础上开展更加深入、透彻的研究和试验示范等工作的总结。

相比前两部来看，本书的内容明显更加饱满。国家麻类产业技术体系工作和成效的大小由此可见一斑。然而，这连篇累牍的文字是否说明了我们在产业发展中的贡献越来越大？还是“为科研而科研”、“为成果而成果”的又一写照？现代农业产业技术体系建设“以产业需求为导向”、“从研发到市场各个环节紧密衔接”、“服务于国家目标”的基本思路是否在我们的工作中得到充分落实和体现？科研的道路峰回路转，这些问题就是引导肩负农业现代化使命的科技工作者们不断摸索、自我调整，进而奋力向前的灯塔。

经过麻类体系这几年的运行，我们不仅在传统的育种、栽培、病虫草害防控、加工等环节起到了重要的技术支撑作用，而且在创新麻类作物多用途、我国自主知识产权的麻类专用机械研发、产业经济与信息平台建设等方面取得了突破性进展。2013年的现场测产数据表明，苎麻不仅全面实现了“369”工程目标，即亩产原麻300kg、嫩茎叶饲料600kg和麻骨900kg的超高产目标，而且通过苎麻饲料化与多用途、麻类作物副产物食用菌基质化、可降解麻纤维膜生产与应用、苎麻收割机及农机农艺结合、环保型生物脱胶、精细化纤维纺织、产业经济分析与信息分享等技术的融合，以及与种植业、纺织业、畜牧业、食用菌行业的对接，使得苎麻产业的整体效益显著提升，相关技术迅速在生产中得到关注、认可和应用。亚麻、黄麻、大麻等其他主要麻类作物也有了可喜的进展。这些扎扎实实的数字、技术和成效就是对前述问题的最好回答。

除此之外，非耕地麻类作物高产种植技术、苎麻剑麻固土保水关键技术、麻类作物育种与制种技术、重大有害生物预警及综合防控技术、抗逆机理与土壤修复技术、麻类作物轻简化栽培技术、新产品加工技术等相关的研究均得到了稳步地推进。这些工作的深化和凝练，将是下一步支撑产业发展的重要力量。

当前，麻类作物是一些“小作物”组成的“作物群”。就单个麻作而言，作为一种特色经济作物，重点在于服务区域经济和文化的发展，为了保持其稀有性，或许在长期一段时间内并不会有太大的产业规模。然而，我们已经很明确的看到了两点，将使得麻类作物确保其在国家战略中的重要地位。一是“作物群”，由多种作物构建起来的复杂的产业生态系统，其对人们生活选择的多样性和整个系统的稳定性的增强都是单一产业无法比拟的。二是“多功能”，创新驱动突破传统产业模式的囹圄，将不断创造新历史。这从麻类作物饲料化等工作上已经能看到巨大的潜力。因而，我们下一步的工作就是加强前期工作的延续、凝练和不断创新。

出版这部著作的一个重要目的就是，客观、全面记录国家麻类产业技术体系在相关技术研发、集成与试验示范工作中取得的进展及其过程。这对保障工作的延续、进一步的凝练和寻找新的创新点都将具有重要的意义。由于编者水平有限和时间紧迫，书中可能存在不少对麻类体系岗位科学家和试验站原意的曲解，在此表示歉意，书中难免也有疏漏和错误，竭诚希望能得到同仁的热情反馈和纠正。

国家麻类产业技术体系首席科学家

2014 年 12 月 12 日